Digitale Transformation

Ralf E. Strauß

Digitale Transformation

Strategie, Konzeption und Implementierung in der Unternehmenspraxis

1. Auflage

Schäffer-Poeschel-Verlag Stuttgart

Bibliografische Information der Deutschen Nationalbibliothek

Die Deutsche Nationalbibliothek verzeichnet diese Publikation in der Deutschen Nationalbibliografie; detaillierte bibliografische Daten sind im Internet über http://dnb.dnb.de abrufbar.

Print: ISBN 978-3-7910-4491-0 Bestell-Nr. 10330-0001
ePub: ISBN 978-3-7910-4492-7 Bestell-Nr. 10330-0100
ePDF: ISBN 978-3-7910-4493-4 Bestell-Nr. 10330-0150

Ralf E. Strauß
Digitale Transformation
1. Auflage, 2019

www.schaeffer-poeschel.de
service@schaeffer-poeschel.de

Bildnachweis (Cover): © KC Jan, shutterstock

Produktmanagement: Dr. Frank Baumgärtner
Lektorat: Traudl Kupfer, Berlin

Schäffer-Poeschel Verlag
Ein Unternehmen der Haufe Group

Inhaltsverzeichnis

Geleitwort 11
Vorwort 13

A. Struktur und grundlegende Rahmenbedingungen der Digitalisierung 17

1 Digital – Einordnung und Marktentwicklung 19
1.1 Grundlagen und Einordnung der Digitalisierung 19
1.2 Marktentwicklung und Nutzung seit 2000 25
1.3 Digitale Transformation – Abgrenzung, Umfang und Analyseebenen 28

2 Technologische Rahmenbedingungen 35
2.1 Mobile Business – die Realisierung des mobilen Digital-Paradigmas 35
2.2 Auf dem Weg zum Semantic Web 43
2.3 Von Small zu Big Data 45
2.4 Vom Cloud zum Edge Computing 51
2.5 Künstliche Intelligenz – Automatisierung intelligenten Verhaltens 59
2.6 Blockchain – Abschied von zentralen Governance-Modellen 67

B. Der Blick zurück: Ursachen für das Platzen der »Internetblase« im Jahr 2000 75

1 Problemanalyse: das Phänomen der E-Business-Paradoxie 77
2 Ursachen der E-Business-Paradoxie und das Platzen der Internetblase 79

C. Auf der Suche nach digitalen Spitzenleistungen – Merkmale erfolgreicher Digitaler Transformationen 83

1 Die Suche nach Erfolgsfaktoren 85
2 Merkmale erfolgreicher Digitalisierungen 87
3 Digital Value Web – Bausteine für den Erfolg in der Digitalisierung 91

D. Bausteine erfolgreicher Digitalisierungen 97

1 Strategie zur Digitalisierung und Geschäftsmodell 99
1.1 Veränderte Rahmenbedingungen einer Strategie zur Digitalisierung 99
1.2 Erfahrungswerte mit Strategien zur Digitalisierung 109
1.2.1 Vorliegen einer eigenständigen Strategie zur Digitalisierung 109
1.2.2 Fokus der Strategie zur Digitalisierung 110
1.3 Digitale Geschäftsmodelle 116
1.3.1 Elemente eines Geschäftsmodells 116

1.3.2 Taxonomie von Geschäftsmodellen: das Digital Value Web 120
1.3.3 Geschäftsmodelltypen im Digital Value Web 123
1.3.4 Operationalisierung des Digital Value Web 137
1.3.5 Von singulären zu hybriden Geschäftsmodellen 148
1.3.6 Blockchainbasierte Dezentralisierung von Geschäftsmodellen 170
1.4 Phasenmodell zur Entwicklung einer Strategie zur Digitalisierung und Umsetzung 172
1.4.1 Von der Vision zur Implementierung in vier Phasen 172
1.4.2 Phase 1: Entwicklung der Digital-Vision 173
1.4.3 Phase 2: Digital-Analyse und Strategieformulierung 177
1.4.4 Phase 3: Technologie- und Prozessintegration 198
1.4.5 Phase 4: Implementierung 210

2 Customer Experience 213
2.1 Umwälzungen der elektronischen Anbieter-Kunden-Beziehung 213
2.2 Konzept und Ausgestaltungsmöglichkeiten des Customer Experience Management 217
2.3 Kundendatenerhebung und -management 222
2.3.1 Preismanagement 236
2.3.2 Vertriebskanal-Management – die Ausgestaltung des Vertriebsweges 243
2.3.3 Probleme des elektronischen Kundenbeziehungsmanagements 269
2.4 Abschied vom »One size fits all« – Ziele einer individuellen Kundenbearbeitung 271
2.4.1 Ziele und Probleme der Individualisierung 271
2.4.2 One-to-One-Marketing 276
2.4.3 Mass Customization 286
2.5 Total Customer Experience Management – Konsistenz über alle Kundeninteraktionspunkte 296
2.6 Contentmanagement und Syndiction – die Bereitstellung qualitativer Inhalte 305
2.6.1 Funktionen des Contentmanagements 305
2.6.2 Contentmanagement und Content-Syndication 307

3 Digital Marketing und Digital Communications – vom »Push« zum »Pull« 309
3.1 Abgrenzung und Entwicklung Digital Marketing 309
3.2 Werbemittel im traditionellen Online-Marketing 310
3.3 Online-Angebote, Differenzierung und Usability 315
3.3.1 Überzeugen im Netz nach ***Cialdini*** 315
3.3.2 Usability und Webdesign 316
3.3.3 Differenzierungsmerkmale des Webangebots 317
3.3.4 Aktivierung des Kunden mittels Neuromarketing 319
3.3.5 Entwicklung erforderlicher Webangebote und Mehrwertdienste zum User Centered Design 323
3.4 Markenführung im Internet 326
3.4.1 Notwendigkeit eines systematischen Markenmanagements 326
3.4.2 Markenstrategie – wie soll die Marke im Markt positioniert sein? 327

3.4.3 Markenauftritt – konsistent offline und online präsent sein ... 333
3.4.4 Markenführung im Internet – Der Kunde führt die Marke? ... 334
3.5 Search Engine Marketing und -Optimierung ... 338
3.5.1 Die Logik des Suchmaschinenmarketings ... 338
3.5.2 Struktur des Keyword Advertising (Paid Search) ... 339
3.5.3 Suchmaschinenoptimierung (SEO) ... 342
3.6 Social Media Marketing ... 346
3.7 Video- und Multimedia-Marketing: Online goes Bewegtbild ... 350
3.8 Targeting – die individualisierte Kundenansprache ... 360
3.9 Customer-Journey-Analyse und Attributionsmodellierung ... 363
3.10 Programmatic Advertising – Werbung individualisiert, in Echtzeit ... 368
3.11 Marketing Automatisierung – Qualifizierung entlang des Brand Funnels ... 382
3.12 Mobile Marketing – ubiquitär, ortsbezogen und kontextsensitiv ... 384
3.13 Content Marketing – von Outbound zu Inbound ... 395
3.14 Erfolgsmessung und Optimierung (Marketing-Controlling & -Analytics) ... 401
3.14.1 Online-Marketing-Controlling ... 402
3.14.2 Web und Digital Analytics ... 408

4 Value Chain Management ... 413
4.1 Digital Supply Chain Management (Digital SCM) ... 413
4.2 Besonderheiten des Digital Supply Chain Management ... 417
4.3 Geschäftsmodelle im Digital SCM: über integrierte Wertschöpfungsketten zu elektronischen Marktplätzen ... 430
4.4 Implementierung des Digital SCM ... 434
4.5 E-Procurement – der digitale Einkauf ... 440
4.5.1 Schwachstellen traditioneller Beschaffungsprozesse ... 440
4.5.2 Potenziale des E-Procurement ... 444
4.5.3 Erfahrungen mit der Nutzung von E-Procurement ... 451
4.5.4 Transformation der klassischen Beschaffung zum E-Procurement ... 452

5 Business- und IT Architecture – IT does Matter ... 459
5.1 Prozess-Domain-Modellierung ... 459
5.2 Abstimmungsbedarf zwischen IT- und Fachbereichsstrategie ... 461
5.3 Entwicklung der IT-Strategie ... 464
5.4 Elemente einer Digital Business IT-Architektur ... 468
5.5 Vorgehensmodell zum Aufbau einer IT-Architektur und -Anwendung ... 473
5.6 Datenschutz und Datensicherheit ... 476
5.6.1 Anforderungen an Datenschutz und Datensicherheit ... 476
5.6.2 Anforderungen an den Datenschutz gemäß DSGVO und E-Privacy-Verordnung ... 482
5.6.3 Sicherheitsrelevante Schwachstellen der Internetarchitektur ... 488

5.6.4 Sicherheitsmaßnahmen – insbesondere Sicherheitspolitik ... 491
5.6.5 Verschlüsselung, digitale Signatur und Trusted Third Parties ... 494

6 Organisation und Führung – von der Hierarchie zur Selbstorganisation ... 499
6.1 Rahmenbedingungen von Organisation und Führung im Digital ... 499
6.1.1 Anforderungen an die Unternehmensorganisation im New Work ... 499
6.1.2 Erfahrungen mit der Unternehmensorganisation und -führung im Digital-Kontext ... 501
6.1.3 Ansatzpunkte zur Realisierung einer »Digital-Organisation« ... 503
6.2 Koordinationsmechanismus: Selbstorganisation als Koordinationsprinzip ... 508
6.3 Organisationsstrukturen und -modelle ... 514
6.4 Vorgehensmodell der organisatorischen Transformation ... 517

7 Launch- und Projektmanagement ... 527
7.1 Launch- und Projektmanagement in der Digitalisierung ... 527
7.2 Transformation Map ... 529
7.3 Requirements Engineering ... 531
7.4 Digital Controlling: Festsetzung von KPIs und Controlling mit der Balanced Scorecard ... 535

E. Ausblick: Digitalisierung Next Generation ... 541
Anhang ... 545
Literaturverzeichnis ... 547
Danksagung ... 601
Autor ... 603
Erste Stimmen zum Buch ... 605
Abbildungsverzeichnis ... 607
Stichwortverzeichnis ... 613

The empires of the future are the empires of the mind
(Winston Churchill)

Für meine Frau Brigitte und ihr immer noch währendes Verständnis …

Geleitwort

Standen in der ersten Phase der Digitalisierung auf der Anbieterseite zunächst Zugangsdienste von Internet Service Providern (ISPs) im Mittelpunkt, hat sich der Fokus schrittweise auf Anwendungsszenarien in verschiedensten Industrien verschoben, aktuell etwa verstärkt im Medizinbereich. Damit hat sich auch das Geschäftsmodell eines Telekommunikationsunternehmens wie der *Deutschen Telekom* stark verändert: Der klassische Zugang (Access) bleibt der Kern. Es geht darum, Teilhabe zu organisieren. Nicht wenige sollen angebunden sein, sondern möglichst alle und überall *#dabei* sein. Dies ist eine enorme Infrastrukturaufgabe, die hohe Investitionen und auch neue Modelle des Ausbaus wie Kooperationen erfordert. Diesen Paradigmenwandel hat die Telekom eingeleitet.

Parallel stehen Telekommunikationsanbieter wie die Telekom in einem neuen Wettbewerb. Sprach-, Messaging- und Video-Dienste werden bereits von zahlreichen Anbietern angeboten – oft mit dem Wettbewerbsvorteil der fehlenden Regulierung. Es geht also um einen Wettbewerb der Geschäftsmodelle. Und es geht darum, rund um das Netz neue Angebote zu bauen, die den Kunden Mehrwert bieten. Im Bereich Content etwa ist die *Deutsche Telekom* mit *Magenta TV* und der Eigenproduktion *»Deutsch les Landes«* gestartet, gleichzeitig engagieren wir uns in den Bereichen Connected Home oder auch Health Care.

Die Herausforderung besteht für uns darin, auf mehreren Ebenen zu arbeiten und echte Innovationen zu schaffen: Auf der Ebene der Netzwerke geht es neben der Flächenversorgung auch um neue Dienste, die Teil des Netzwerks werden. Für Unternehmen müssen zuverlässige ICT-Lösungen bereitgestellt werden – aus der Cloud, aber auch virtuelle Netzwerkangebote. Dank 5G als neuen Mobilfunkstandard inklusive des Maschinennetzes auf Basis des sogenannten Narrowband-IoT sowie dem weiteren Ausbau von LTE eröffnen sich hier vollkommen neue Möglichkeiten – etwa im Bereich Internet of Things. Narrowband-IoT zum Beispiel ist eine Technik, bei der zwar wenig Daten transportiert werden, die Zuverlässigkeit der Verbindung ist aber extrem hoch, ebenso die Durchdringung von Gebäuden. Der Energieverbrauch der Endgeräte hingegen ist gering. Das Netz ist also ideal für langlebige Sensoren oder Messgeräte wie Stromzähler in Kellern.

Gleichzeitig müssen wir auf Grundlage der Infrastruktur den Service Layer, der Nutzer und Unternehmen verbindet, mit definieren und gestalten. Dieser Service Layer ist vornehmlich datengetrieben und die Grundlage für weitergehende, hierauf aufsetzender innovativer nutzerzentrierter Anwendungsszenarien, die wir heute ggf. noch gar nicht absehen können.

Die flächendeckende Nutzung inhaltsleerer Buzzwords hilft hier kaum und führt eher dazu, dass sich viele Menschen durch die Digitalisierung in eine Position versetzt sehen, in der sie fürchten, zurückzubleiben. Die Digitalisierung treibt Menschen vor sich her, viele sind überfordert von der Situation. Es herrscht teilweise Angst, dass Jobs von künstlicher Intelligenz und

Robotern übernommen werden. Und die Veränderungsgeschwindigkeit wird auch weiter exponentiell zunehmen. Der Zukunftsoptimismus, den wir als entscheidende Kraft brauchen, um Veränderungen voranzutreiben, fehlt in Deutschland und Europa oftmals. Die leider unvermeidliche Konsequenz: Nostalgie und Aggression. Das zeigen die letzten zwei bis drei Jahre deutlich. Um den teilweise zu beobachtenden passiven Widerstand gegen die Digitalisierung zu überwinden, müssen Unternehmen viel Energie darauf verwenden, ihre Mitarbeiter an neue Technologien heranzuführen. Wer heute noch gute Geschäfte macht, tut sich – verständlicherweise – schwer, sein Unternehmen jetzt neu zu erfinden, damit auch morgen Umsatz und Gewinn stimmen.

Es geht hier nicht um Lippenbekenntnisse und Alibi-Veranstaltungen à la Gründung eines Start-ups fernab der Unternehmensrealität oder das opportunistische Anflanschen eines digitalen Prozesses durch einen Trupp Praktikanten. Vielmehr geht es um die Neuausrichtung des eigenen Geschäftes und darum, den Wert entlang aller Prozesse zu steigern. Es geht hierbei nicht um »*Alt vs. Neu*« oder »Fachbereich vs. IT« – auch wenn diese Diskussionen in der Praxis mit viel Leidenschaft geführt werden. Es geht vielmehr um das Zusammenspiel unterschiedlichster Disziplinen in einem »*sowohl, als auch*«. Auch als *Deutsche Telekom* werden wir uns weiter in Richtung »*Einfach, schnell und agil*« entwickeln. Für die Umsetzung ist dieses Buch dank der praktischen Projekterfahrungen ein lesenswerter Ratgeber – jenseits aller Buzzwords.

Timotheus Höttges, Vorsitzender des Vorstands, Deutsche Telekom AG

Vorwort

Die Digitale Transformation stellt Unternehmen vor Herausforderungen, die Kernstrategien, Unternehmenskultur, Organisation, Wertschöpfungsketten und Prozesse grundlegend verändern. Für Kunden und Verbraucher sind digitale Innovationen längst Teil des Alltags (wie etwa die Nutzung von *WhatsApp* oder *Netflix*) und werden in erstaunlichem Tempo adaptiert. Die Reaktionsgeschwindigkeiten der betroffenen Unternehmen sind hingegen äußerst unterschiedlich: Manche agieren seit Jahren (teilweise gezwungenermaßen) mit einer erfolgreichen Strategie zur Digitalisierung, andere beginnen erst zu ahnen, dass auch sie von diesem größten Wandlungsprozess seit der Industrialisierung betroffen sein könnten. Brian Solis umschreibt die Herausforderung der Digitalisierung in diesem Zusammenhang treffend mit »*When technology and society evolve faster than the ability of companies to adapt*« (Solis, 2015).

Die notwendigen Veränderungen betreffen dabei selten nur einzelne Bereiche, sondern die gesamte Unternehmensstrategie, die Unternehmenskultur, die Organisation und alle operativen Prozesse. Die mit der Digitalisierung einhergehenden Gesetzmäßigkeiten betreffen den Kern eines jeden Unternehmens. Aus diesem Grund ist es nicht verwunderlich, dass anfangs vermeintlich isolierte Digitalprojekte schnell einen kompletten Change-Prozess in allen Unternehmensbereichen erfordern, oftmals verbunden mit einer operativen Restrukturierung. Der Versuch einer Digitalen Transformation bei gleichzeitiger Verteidigung des Bestehenden ist hingegen meist zum Scheitern verurteilt.

Gefragt ist vor diesem Hintergrund umso mehr systematisches Handlungs- und Orientierungswissen, im Sinne von: Was unterscheidet erfolgreiche Unternehmen von nicht erfolgreichen? Welche Themen und Herausforderungen sollten in welcher Form, in welcher Schrittfolge, mit welchen Teilprojekten angegangen werden? Um es deutlich zu sagen: Es geht hier nicht darum, den nächsten »kreativen Meisterstreich« herbeizusehnen, noch permanent dem neuesten Buzzword hinterherzujagen. Es zeigt sich bei den meisten Unternehmen, dass gerade platitüdenhafte Schreckensszenarien, gepaart mit hysterischer Endzeitstimmung à la »digitaler Darwinismus« eher zu blindem Aktionismus führt, der wiederum in einer Vielzahl gescheiterter Projekte mündet. Vielmehr geht es um die systematische Suche nach Strategien und Erfolgsfaktoren, die Unternehmen helfen, Erfolge schrittweise und systematisch in der Digitalen Transformation zu realisieren. Die laufenden Veränderungen bergen enorme Potenziale, gleichzeitig sind Umfang und Tempo für die meisten (etablierten) Organisationen beängstigend bzw. nur schwer zu bewältigen.

Die Vielzahl an Projekten über die letzten fast 30 Jahre zeigen: Digitalisierung ist vordinglich eine Führungsaufgabe, die durch das gesamte Unternehmen getragen werden muss. Alle Teile der Wertschöpfungskette sind durch digitale Veränderungen betroffen: Kommunikation, Marketing, Vertrieb, Produktion (Industrie 4.0) oder auch grundlegende Technologien. Erfolgreiche Digitale Transformationen verfügen deshalb über spezielle Organisationskonzepte, beachten digitale Potenziale und Risiken in ihrer strategischen Planung und stimmen IT-Planung und Unternehmensstrategie eng aufeinander ab. Dem gegenüber steht in den meisten Unternehmen eine seit der Industrialisierung perfektionierte funktionale Spezialisierung. Deren Vorteile: klare Aufgaben-, Kompetenz- und Verantwortungsbereiche, Synergieeffekte durch Funktionsbündelung sowie die Verhinderung von Redundanzen und Kostendegression (Skaleneffekte). Die Digitalisierung erfordert nunmehr das Aufbrechen funktionaler und langjährig etablierter (lieb gewonnener) Silostrukturen, etwa im Zusammenspiel zwischen Fachbereichen und IT, um die teilweise schwierige Zusammenarbeit zwischen den Funktionsbereichen (Koordinationsaufwand), ein damit einhergehendes fehlendes Verständnis für andere Bereiche (Bereichsegoismus und Ressortdenken, z. B. Konflikt zwischen Marketing, Produktion und IT) und einen oftmals immensen Zeitbedarf bis zur Entscheidungsfindung zu überwinden. Mit anderen Worten: Obwohl es in der Organisationstheorie bereits seit Jahrzehnten eine Vielzahl an Studien gibt, die etwa die Vorteile crossfunktionaler Teamarbeit belegen (Tjosvold, 1984), war die Unternehmenspraxis eher geprägt durch funktionale Silostrukturen. Dies unabhängig von der Größe und Branche der jeweiligen Unternehmen. Die Einfachheit in der Umsetzung und die Klarheit der funktionalen Spezialisierung in der Aufbauorganisation hat die damit einhergehenden Nachteile in der Ablauforganisation meist (kurzfristig) überdeckt. Die anstehenden tiefgreifenden Veränderungen können nicht kurzfristig durch crossfunktionale Arbeitsgruppen im Sinne von »... *die sollen sich mal darum kümmern* ...« realisiert werden, sondern müssen auf der Basis klarer Entscheidungsvorlagen aus dem Management crossfunktional vorangetrieben werden.

Erfolgreiche Digitale Transformationen basieren selten auf dem Bauchgefühl, sondern sind kennzahlengetrieben. Der Erfolg hängt dabei wesentlich von der operativen Exzellenz auf allen Ebenen ab und setzt ein effizientes KPI-Management voraus. Je effektiver diese KPIs zwischen den Abteilungen geteilt werden, desto zielgerichteter und leistungsfähiger ist das Unternehmen im digitalen Wettbewerb. Nur die vollkommene Transparenz aller relevanten Kennzahlen ermöglicht eine schnelle und effiziente Anpassung an sich ändernde Marktbedingungen. Die Digitale Transformation erfordert hierfür ein deutliches Umdenken: Statt Fehler um jeden Preis zu scheuen, sollten diese als Ausdruck eines bereits seit den 1960er-Jahren vielfach beschriebenen *Organizational Learning* aktiv gefördert werden (Strauß, 1996). Auch hier zeigt sich: Während in der Organisations- und Führungsliteratur die grundlegenden Konzepte etwa zum Organizational Learning bereits seit vielen Jahren vorliegen, wurden diese in der Praxis meist nicht umgesetzt bzw. sind die hierzu aufgesetzten Projekte meist gescheitert. Die Herausforderung ist immer wieder: »Altes« mit »Neuem« zu verbinden, etwa Konzepte zur serviceorientierten Architektur in der IT mit modernen Anwendungsszenarien in der Kundeninteraktion. Meistens ist das eine nicht per se »falsch« und das andere nicht per se »richtig«, sondern vielmehr in unterschiedlichen Anwendungskontexten immer wieder neu und verschiedenartig miteinander zu kombinieren.

Der Hemmschuh: Für viele technologische Innovationen existieren keine belastbaren Marktdaten. Über einen Minimum-Viable-Product-Ansatz können Innovationen zu geringen Kosten und

Risiken getestet werden, um zu überprüfen, ob ein Produkt auf dem Markt bestehen kann, um nachfolgend gezielt und schrittweise auch höhere Investitionen zu tätigen. Ein solcher Proof of Concept zahlt sich nachhaltig aus und bewahrt meist davor, unübersichtliche Risiken einzugehen. Doch das Karussell dreht sich weiter: Die Digitalisierung und die hier entstehenden Möglichkeiten verkürzen in bester Schumpeter'scher Tradition die Halbwertszeit von Geschäftsmodellen und -prozessen zunehmend. Was heute noch wichtig und richtig war, wird morgen schon wieder durch ein neues Geschäftsmodell und Innovation verdrängt. In der Folge müssen sich Unternehmen und Mitarbeiter immer schneller neu erfinden. Die zwingende Voraussetzung für einen solchen kontinuierlichen Change-Prozess ist der Wandel von einem prozess- zu einem projektgetriebenen Geschäftsansatz. Unternehmen mit einem exzellenten (crossfunktionalen) Projektmanagement bringen daher oftmals auch die notwendigen Voraussetzungen für einen erfolgreichen digitalen Wandel mit.

Als wir im Jahr 2000 am Ende des »Dot-Com-Hypes« die Studie »eReality« zur Ermittlung des betriebswirtschaftlichen Nutzens und der Erfolgsfaktoren der Digitalisierung durchgeführt haben, war noch nicht absehbar, mit welcher Geschwindigkeit die Entwicklung zur Net Economy weiter voranschreiten wird – auch wenn die ersten Anzeichen für die zukünftige Entwicklung bereits überdeutlich waren (Strauß/Schoder, 2001). Mit »Digital Business Excellence« (Strauß, 2013) haben wir in Anlehnung an Peters/Waterman »In Search of Excellence« (Peters/Waterman 2004) in einer quantitativen Untersuchung Erfolgsfaktoren der Digitalisierung analysiert und diese durch eine Vielzahl an Unternehmens- und Projektbeispielen untermauert. Das vorliegende Buch greift nunmehr die Erfolgsfaktorenanalysen als auch die Vielzahl von Projekterfahrungen der letzten fast 30 Jahre auf, erweitert und ergänzt diese um Einzelinterviews, um hieraus ein erweitertes Bausteinkonzept zu entwickeln. Hatte die erste Auflage »Digital Business Excellence« noch den Fokus auf die Beschreibung der (eher statischen) Bausteine, steht nachfolgend die Betrachtung im Mittelpunkt, wie man sich als Unternehmen im Sinne einer Transformation von A nach B entwickeln kann.

Ohne es vorwegnehmen zu wollen, belegt die Vielzahl an Analysen und Projekten eindrucksvoll: Obwohl sich je nach Branche und Unternehmensgröße unterschiedliche Herausforderungen ergeben, bestehen große Übereinstimmungen zwischen den Methoden, um diese erfolgreich zu bewältigen. Das hier vorgestellte und erweiterte Bausteinkonzept soll damit als Managementgrundlage dienen, um Unternehmen zu einer gezielten und erfolgreichen Digitalen Transformation zu verhelfen und den Anstoß für die Lösung aller auftretenden Herausforderungen in Strategie, Konzeption und Implementierung anzubieten. Dabei geht es nicht um »alt versus neu« oder »Innovation versus Tradition« – vielmehr geht es darum, wie entlang heterogener und kontextbezogener Kundenbedürfnisse jeweils Instrumente immer wieder neu orchestriert werden (müssen).

Ihr Ralf Strauß

Hamburg, im März 2019

A. Struktur und grundlegende Rahmenbedingungen der Digitalisierung

1 Digital – Einordnung und Marktentwicklung

1.1 Grundlagen und Einordnung der Digitalisierung

Die digitale Geschäftsabwicklung hat weitreichende Auswirkungen und hat über die letzten Jahre bereits in zahlreichen Branchen und Unternehmen zu umfangreichen Veränderungen geführt. Die erwarteten Auswirkungen der digitalen Geschäftsabwicklung reichen von Kostenreduzierungen etwa bei Personal und Marketing, zeitlichen Einsparungen durch die Verkürzung der Durchlauf- und Abwicklungszeiten, Absatzsteigerungen durch die Ansprache neuer Kunden- und Marktsegmente bis hin zur Schaffung einer stärkeren Kundenorientierung in Form von individualisierten Produkten und Dienstleistungen.

> Unter **Digital Business** soll nachfolgend die über Telekommunikationsnetzwerke realisierte Anbahnung, Aushandlung und Abwicklung von Geschäftsprozessen zwischen Wirtschaftssubjekten verstanden werden. Dies kann im einfachsten Fall den Austausch von E-Mail-Nachrichten bedeuten. Fortgeschrittenere Formen sind der weitgehend automatisierte Austausch von Daten zwischen Applikationen (etwa als Electronic-Data-Interchange-Format, EDI) oder die stark gewachsenen internetbasierten Digital Business.

Während sich für die eher handelsorientierten Business-to-Consumer (B2C)-Anwendungsszenarien der Begriff »E-Commerce« etabliert hat, umfasst »Digital Business« alle Segmente (vgl. Abbildung 1).

Anbieter der Leistung	Consumer	Business	Administration
Consumer	**Consumer-to-Consumer** z. B. Internet-Kleinanzeigenmarkt	**Consumer-to-Business** z. B. Jobbörsen mit Anzeigen von Arbeitssuchenden	**Consumer-to-Administration** z. B. Steuerabwicklung von Privatpersonen
Business	**Business-to-Consumer** z. B. Online-Produkt-Bestellung	**Business-to-Business** z. B. Bestellung bei Zulieferanten per EDI	**Business-to-Administration** z. B. Steuerabwicklung von Unternehmen (z. B. Umsatzsteuer)
Administration	**Administration-to-Consumer** z. B. Abwicklung von Unterstützungsleistungen	**Administration-to-Business** z. B. Beschaffungsmaßnahmen öffentlicher Institutionen	**Administration-to-Administration** z. B. Transaktionen zwischen öffentlichen Institutionen

Abbildung 1 Segmente im Digital Business (Hermanns/Sauter, 1999; Jelassi/Enders, 2008, S. 67)

Das Segment **Business-to-Business (B2B)** beschreibt den elektronischen Leistungsaustausch zwischen Unternehmen. Dabei können Unternehmen wechselseitig sowohl die Rolle des Nachfragers als auch des Anbieters einnehmen. Die Ausgestaltungsmöglichkeiten erstrecken sich von Onlineshops, über B2B-Marktplätze bis hin zur Kunden- und Lieferantenintegration. Im **Business-to-Consumer(B2C)**-Segment stehen sich Unternehmen als Anbieter und Konsumenten als Nachfrager gegenüber. Der Leistungsaustausch kann physische Güter (etwa Textilien, Bücher), Dienstleistungen (etwa Verkehrsinformationen) oder auch digitale Güter (etwa Musik-Downloads) umfassen. **Business-to-Administration (B2A)** umfasst die Abwicklung von Verwaltungsaufgaben zwischen Unternehmen und öffentlichen Behörden über elektronische Informations- und Kommunikationsmedien. Hierunter fällt etwa die Abwicklung von Steuerangelegenheiten (wie Umsatzsteuervoranmeldung) oder auch die elektronische Beschaffung von Büroartikeln für eine Behörde. Das Segment **Consumer-to-Business (C2B)** ist durch den freiwilligen Austausch bzw. die Weitergabe von Daten von Privatpersonen an Unternehmen gekennzeichnet, etwa für Stellengesuche in *Stepstone* oder auch die Einbindung des Kunden in die Produktentwicklung im Rahmen webbasierter **Electronic Product Clinics**, um Produkte vor deren Markteinführung ausgiebig testen und bewerten zu können, bis hin zur ***Customer Co-Creation***, wo Kunden direkt in den Innovationsprozess einbezogen werden. Die Einbeziehung des Kunden kennt mindestens drei Stufen – je nach Umfang der Kundeneinbindung und des Innovationsgrads einer Co-Creation-Idee (Redlich/Moritz, 2018; Walter/Meissner, 2018; Ramaswamy/Ozcan, 2014):

- **Stufe 1: (Temporäre) Produktvariation** – Customer Co-Creation wird hier als Mittel verstanden, um Ideen für Varianten bestehender Produkte zu identifizieren. Kunden geben meist auf der Internet- oder *Facebook*-Seite des Herstellers ihre Ideen ab und andere Online-Nutzer können über die besten Ideen in einem Voting abstimmen. Wichtiges Ziel ist es zudem, die Aufmerksamkeit der Kunden zu steigern und kostenlose Publicity zu bekommen.

> *Ritter Sport* setzt bei seiner Produktpolitik auf eine quadratische 100-g-Packung Schokolade mit hohem Wiedererkennungswert. Die Tafel gibt es in einer Vielzahl unterschiedlicher Geschmackssorten, die durch verschiedene Verpackungsfarben gekennzeichnet werden. Über die Website www.ritter-sport.de/sortenkreation betreibt das Unternehmen seit 2011 Co-Creation. Kunden können hier eigene Sorten in drei Schritten kreieren: (1) Auswahl der Basisschokolade, (2) Zugabe von Zutaten und (3) Gestaltung der Packung. Im Frühjahr 2016 brachte das Unternehmen die Sorte »Hafer & Banane« als schwäbische »Äffle & Pferdle«-Edition heraus. Die Idee eines Kunden wurde über die Plattform eingereicht und ist bis heute (gemessen an den Likes der anderen Online-Nutzer) die Idee mit einer der höchsten Zustimmungsraten, analog zur »Einhorn-Schokolade«. Die Tafel wurde als Sonderedition für begrenzte Zeit online und über den stationären Handel mit Läden in Berlin und am Firmensitz in Waldenbuch verkauft.

- **Stufe 2: Inkrementelle Produktverbesserung** – Hier steht ebenfalls die Ideenfindung durch den Kunden im Vordergrund. Allerdings ist diese nicht nur auf die Findung einer neuen Variante oder eines neuen Produkts beschränkt, sondern sie kann jeglichen Bereich des Unternehmens betreffen. Dem Kunden werden keinerlei Vorgaben gemacht, wie eine

Neuidee auszusehen hat. Alle eingereichten Vorschläge – von Verbesserungen bis hin zu Innovationen – werden aufgenommen. Eine Auswahl aus den meist sehr zahlreichen Vorschlägen erfolgt in der Regel durch das Unternehmen selbst und nicht über ein Online-Voting der Nutzer.

> ***Starbucks*** betreibt rund 24.000 Coffeeshops in über 70 Ländern und versteht sich als Ort, an dem nicht nur qualitativ hochwertiger Kaffee angeboten wird, sondern das Kundenerlebnis im Vordergrund steht (Kaffeeduft, Wohnzimmeratmosphäre, personalisierter Service etc.). Seit 2008 betreibt *Starbucks* unter www.mystarbucksidea.com eine Onlineplattform, auf der Kunden ihre Ideen zu Produkt- oder Serviceneuheiten einreichen können (Walter/Meissner, 2018; Ramaswamy/Ozcan, 2014). Seit Bestehen der Plattform wurden über 190.000 Ideen eingereicht, von denen mehr als 300 von *Starbucks* umgesetzt wurden. Diese beinhalten unter anderem: die Einführung eines »Splash Sticks«, mit dem die Öffnung eines To-go-Kaffeebecherdeckels verschlossen werden kann, damit kein Kaffee auf die Kleidung schwappt, oder auch die Einführung von Mobile Payment, sodass Kunden schnell und bequem mit dem Handy bezahlen können.

- **Stufe 3: Customer Co-Creation** wird hier als integrierter und zentraler Bestandteil des Produktinnovationsprozesses verstanden. Kunden werden in alle wesentlichen Prozessschritte mit einbezogen. Dies schließt auch ein, dass vormalig als »vertraulich« klassifiziertes Know-how offengelegt und mit den Kunden geteilt wird. Der Zeitaufwand einzelner Kunden kann sehr hoch und unter Umständen auch über einen längeren Zeitraum bestehen bleiben.

> ***Fiat*** hat Kunden bei der Entwicklung des *Punto*-Modells internetbasiert in den Produktentwicklungsprozess einbezogen: Via Website konnten Kunden aus einer Vielzahl von Design- und Ausstattungselementen ihr persönliches Wunschauto zusammenstellen und visualisieren. Mehr als 3.000 Rückmeldungen innerhalb von drei Monaten konnten so direkt im Rahmen des Entwicklungsprozesses berücksichtigt werden (Bliemel/Fassott, 2000). Für die Entwicklung des Elektroautos *Fiat Mio* ist *Fiat* abermals völlig neue Wege gegangen: Mehr als 11.000 Vorschläge von Kunden aus 160 Ländern wurden in allen Phasen der Produktentstehung berücksichtigt. Täglich wurden die eingegangenen Vorschläge von *Fiat*-Designern bewertet und – sobald sie sich zu Lösungen verdichteten – als Kurzvideos ins Internet gestellt. Zusätzlich übertrugen Kameras die Arbeit der Entwickler vor Ort live ins Netz (Walter/Meissner, 2018). Die internationale Presse sprach vom *»first crowdsourced car«*. Sogar das Logo des Autos – ein lächelndes Gesicht im Strichmännchenstil – beruht auf dem Designentwurf eines Kunden. Für die Zukunft plant *Fiat*, Teams aus besonders einfallsreichen Kunden und *Fiat*-Designern zusammenzustellen, die gemeinsam neue Modelle entwickeln.

Transaktionen zwischen Privatpersonen sind dem Segment **Consumer-to-Consumer (C2C)** zuzuordnen. Das Spektrum an alternativen Möglichkeiten reicht von der Unterstützung von Kauf-/Verkaufsprozessen wie bei *eBay* bzw. *eBay-Kleinanzeigen* bis zum Tausch digitaler Güter auf Tauschbörsen. Neben den bereits länger etablierten Formen sind eine Vielzahl von Innovationen im Umfeld des **Web 2.0** bzw. **Social Media** als »Consumer Generated Content« entweder neu entstanden (wie Social Media Networking durch *Facebook* oder *Twitter*) bzw. in ihrer Bedeutung erheblich gewachsen (wie Blogs als nutzererstellte Online-Magazine). Dabei verschwimmt die alte Klassifizierung in B2B und B2C zunehmend in einem B2B2C. So möchten selbst klassische B2B-Industrieunternehmen wie *Alcoa* oder auch *SAP* verstehen, wie der Endkunde ihr Aluminium nutzt bzw. welche Anwendungsszenarien mit Endkunden durch Unternehmenssoftware unterstützt werden sollen (Meffert/Meffert, 2017).

Im Segment **Consumer-to-Administration** ist der Staat der Empfänger einer Leistung, wenn Bürger elektronisch vernetzte Hilfsmittel nutzen, um Informationen an staatliche Institutionen zu übermitteln (Hermanns/Sauter, 1999).

> Ein Beispiel ist die elektronische Lohn- und Einkommensteuererklärung ***ELSTER***, über die 2017 in Deutschland bereits knapp 21 Millionen Einkommensteuerbescheide in elektronischer Form übermittelt worden sind. Seit 2013 werden nur noch elektronische Lohnsteuerkarten eingesetzt. Mit der elektronischen Lohnsteuerkarte wurde die bisherige Papier-Lohnsteuerkarte flächendeckend durch das elektronische Verfahren ersetzt (Bitkom, 11.5.2017).

Das Segment **Administration-to-Business (A2B)** fokussiert auf den Leistungsaustauschprozess zwischen Behörden und Unternehmen, etwa im Rahmen von öffentlichen Bau-Ausschreibungen. Bedingungen und Spezifika (Lasten-/Pflichtenheft) einer Ausschreibung werden Unternehmen elektronisch zur Verfügung gestellt. Das Segment **Administration-to-Consumer (A2C)** schließlich umfasst Dienstleistungen, die dem Bürger vom Staat angeboten werden.

> Ein Beispiel für einen Service im A2C-Segment ist die ***Bundesanstalt für Arbeit***, die eine Vermittlungsbörse für Bewerber unterhält und Online-Stellenangebote betreut. Ein ähnlicher Service sind die Zollauktionen des ***Bundesministeriums der Finanzen***, bei denen Privatpersonen vom Zoll beschlagnahmte Waren ersteigern können.

Das **Administration-to-Administration-Segment (A2A)** schließlich beschreibt die elektronische Abwicklung von Informationen zwischen nationalen und internationalen Behörden.

> So übernimmt etwa das ***Bundesverwaltungsamt*** sämtliche Personal- und IT-Aufgaben für den Bund und andere Behörden. International tauschen Behörden wie *Europol* oder *Interpol* elektronisch Informationen aus.

Unter den Begriff *E-Government* werden alle Dienste für die Abwicklung von Verwaltungs- und Demokratieprozessen im Rahmen staatlicher Aktivitäten mithilfe moderner Informations- und Kommunikationstechniken subsumiert. Die hierbei genutzten Anwendungsszenarien können als

- **Citizen-to-Government** (C2G, etwa die Online-Reservierung eines Wunsch-KFZ-Kennzeichens),
- **Business-to-Government** (B2G, etwa elektronische Beschaffung von Büromaterial durch eine Behörde),
- **NPO/NGO-to-Government** (N2G, etwa Ausschreibung des Staates im sozialen Bereich) oder schließlich
- **Government-to-Government** (G2G) zwischen verschiedenen Bundesministerien oder mit Landesministerien

kategorisiert werden (Winkel, 2011).

> *Estland* bietet in Europa im Bereich E-Government das umfangreichste Spektrum internetbasierter staatlicher Dienstleistungen an: Die Anwendungen erstrecken sich von E-Forms für Anträge bei Behörden, elektronischen Regierungssitzungen (E-Cabinet) bis zu E-Voting (Jelassi/Enders, 2008).

Als Unterform von E-Government wird in den letzten Jahren dem Themenbereich *E-Health* etwa für den medizinischen Wissenstransfer oder auch die elektronische Patientenakte zunehmende Bedeutung beigemessen.

> Im Pharma-Bereich kommen etwa bei *Novartis* oder auch *AstraZeneca* sogenannte **E-Detailing**-Lösungen zum Einsatz. In einer Kampagne stößt die Marketingabteilung neben den traditionellen Besuchen durch den medizinischen Außendienst den Versand personalisierter Einladungen (per E-Mail, Post oder via Besuch eines Pharmareferenten) an, mit der Ärzte aufgefordert werden, an einem webbasierten E-Detailing-Programm (z. B. Scripted-Detailing) teilzunehmen (Heutschi/Alt, 2003). Während und nach der E-Detailing-Sitzung haben sie die Möglichkeit, auf weitere elektronische Informationen und Leistungen zuzugreifen, einen Pharmareferenten für weitere Fragen zu kontaktieren (in Echtzeit via Video, Telefon, Chat oder asynchron über E-Mail), Muster zu bestellen oder einen traditionellen (physischen) Detailing-Besuch zu vereinbaren. Während der gesamten elektronischen Interaktion mit dem Arzt können kundenbetreuungsrelevante Daten (etwa Art, Zeitpunkt und Dauer des Kontaktes, nachgefragte Informationen etwa in Form gezeigter Grafiken und Daten) automatisch erfasst und für die zentrale Verwaltung in einem CRM-System aufbereitet werden, wodurch sie sofort für weitere Kundenkontakte auf elektronischen oder physischen Kanälen und zur Analyse der effizientesten Informationen zur Verfügung stehen.

Parallel zum direkten Leistungsaustausch kommen zur Koordination von Nachfrage und Angebot sogenannte **virtuelle Intermediäre** oder auch **Cybermediaries** zum Einsatz, etwa für:

- Suchwerkzeuge, insbesondere Kataloge (wie *Yahoo!*) und Suchmaschinen (wie *Google®*);
- Inhaltsbündler, wie Online-Dienste und elektronische Einkaufszentren (wie *T-Online*);
- intelligente Software-Agenten, wie Search-Bots, Kaufagenten oder Preissuchmaschinen (wie *Swoodoo.de*).

Derartige Mittler reduzieren die Komplexität und koordinieren Angebot und Nachfrage auf elektronischen Märkten. Neben der Informationsphase (Anbahnung) kommt ihnen insbesondere in der Vereinbarungsphase (Aushandlung, etwa zur Zertifizierung, Authentifizierung) und der Abwicklungsphase (wie die Übernahme der physischen Logistik durch die *Deutsche Post* oder *UPS*) eine besondere Rolle zu.

Business-to-Employees (B2E) schließlich umfasst unternehmensinterne Initiativen mit Ausrichtung auf die Mitarbeiter. Beispiele hierfür sind unternehmensinterne Ausschreibungen für Ressourcen jedweder Art (Teammitglieder, Finanzmittel etc.), Employee Self Services (etwa Urlaubsanträge, Lohnabrechnung), die Bereitstellung einer Plattform zur Kommunikation von »Best Practices« und Erfahrungen, Weiterbildungsangebote (E-Learning), Mitarbeiterinitiativen, Brancheninfos, Informationsschriften und Dokumente zu einer Fülle firmen- und mitarbeiterrelevanter Themen.

> Die ***Asklepios Kliniken*** haben ein sogenanntes Blended-Learning-Seminar »Hygienebeauftragte Ärztinnen & Ärzte« entwickelt, das seit 2010 halbjährlich angeboten wird. Dabei erwerben die teilnehmenden Ärzte ein Zertifikat und 40 CME-Punkte. Sie nehmen zunächst vier Monate lang an dem interaktiven E-Learning-Programm teil, mit dem sie sich im Selbststudium die Grundlagen erarbeiten. Es folgt ein zweitägiger Workshop mit Hygiene-Experten. Danach steht das zugehörige E-Learning-Modul noch den Rest des Halbjahres zum Lernen und Nachschlagen zur Verfügung. Während ein »normaler« Kurs für Hygienebeauftragte Ärzte bisher eine volle Arbeitswoche Intensiv-Frontalunterricht bedeutete, können die Teilnehmer im Blended-Learning-Kurs bequem und nachhaltig lernen und dabei die Abwesenheit aus ihrer jeweiligen Klinik auf zwei Tage reduzieren. Der Kurs ist zertifiziert und als professionelles Fortbildungsprogramm durch die Staatliche Zentralstelle für Fernunterricht (ZFU) zugelassen.

Die bisherige Entwicklung vielfältiger Anwendungsszenarien wird durch steigende Investitionen in neue Technologien auf Unternehmensseite sekundiert (vgl. Abbildung 2). So erwartet das Marktforschungsunternehmen *IDC* ein Ansteigen der Investitionen bis auf 2,4 Trillionen US-Dollar bis 2020. Zusätzlichen Treibstoff erhalten diese Investitionen durch reduzierte Nutzungskosten von Technologien wie 3-D-Druck und Robotics. Während Mobile/Social absehbar nach wie vor Hauptanwendungen bleiben werden, büßen diese schrittweise ihre Dominanz gegen Augmented/Virtual-Reality-Anwendungen und Cybersecurity ein. Allen Anwendungsszenarien im Internet of Things (IoT) wird ein Investitionsanteil von stolzen 42 % oder 1 Trillion US-Dollar in 2020 zugewiesen.

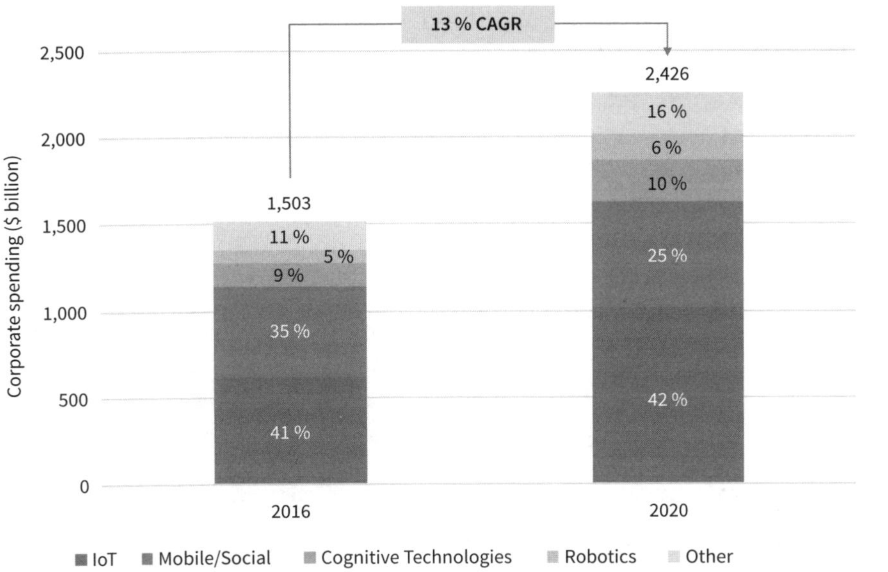

Abbildung 2 Investitionen von Unternehmen in neue Technologien (World Economic Forum, 2018, S. 11)

Unisono erwarten Studien einen positiven RoI jeder einzelnen neuen Technologie, mit einer geschätzten Verdreifachung der Produktivität für den Fall eines kombinierten Einsatzes. Die Voraussetzung über alle Analysen hinweg: eine klare strategische Ausrichtung und ein langfristig ausgelegter Ansatz zur Einführung und Nutzung (World Economic Forum, 2018).

1.2 Marktentwicklung und Nutzung seit 2000

Die deutschen Online- und Versandhändler können laut dem Handelsverband Deutschland (HDE) als wichtiges Teilsegment des Digital Business ihren Umsatz in 2018 in Deutschland auf mehr als 50 Mrd. EUR steigern. Dies entspricht einer durchschnittlichen jährlichen Wachstumsrate von ca. 23 % seit 2000 und einem Anteil am gesamten Einzelhandel von 523 Mrd. EUR von mittlerweile über 10,2 %. Der Onlinemarkt wächst durchgehend ca. 10 % stärker als ursprünglich erwartet, wobei nach wie vor keine Sättigungsgrenze in Sicht ist. Die absoluten Umsatzzuwächse sind leicht steigend (4–5 Mrd. EUR p. a.). Wachstumsmärkte im Onlinehandel sind weiterhin Konsumgüter, Wohnen & Einrichten, Heimwerken & Garten. Das Branchenwachstum stabilisiert sich und passt sich zunehmend untereinander an. Weitergehende Wachstumsimpulse werden älteren Onlineshoppern und dem *Amazon Marketplace* zugeschrieben. Gleichzeitig holt der stationäre Handel auf: Auch wenn der Fachhandel noch unterdurchschnittlich vom Online-Wachstum profitiert, ist der stationäre Handel online stärker gewachsen als sogenannte

Online Pure Player (auch via *Amazon Marketplace*). Für 2018 werden aktuell knapp 54 Mrd. EUR prognostiziert (vgl. Abbildung 3).

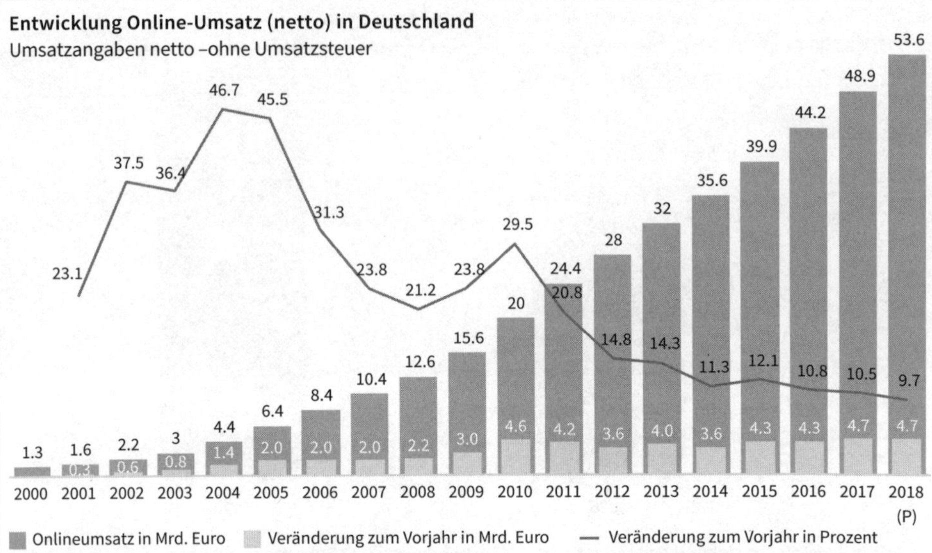

Abbildung 3 Entwicklung Onlineumsatz (netto) 2000–2018e (in Mrd. EUR, Handelsverband Deutschland, 2018; Bundesverband des Deutschen Versandhandels, 2018)

Parallel hierzu hat sich die Internetpenetration und Online-Nutzung seit 2000 von 28,6 % auf 90 % vervierfacht (ARD/ZDF-Onlinestudie 2018; Internet World Stats, September 2018). Selbst Angehörige der »Generation 50+«, die »Silver Surfer«, nutzen heute zu ca. 75 % das Internet. In allen Dekaden bis 59 Jahre sind deutlich über 90 % Onliner zu finden; unter den ab 60-Jährigen sind drei Viertel Online-Nutzer. Die Nutzungszeit nimmt ebenfalls weiter zu – und zwar massiv: Menschen ab 14 Jahren verbringen heute 196 Minuten im Netz, 47 Minuten mehr als 2017. Noch deutlicher ist der Zuwachs bei der jungen Zielgruppe zwischen 14 und 29: 353 Minuten, also fast sechs Stunden – und damit 79 Minuten mehr als im Vorjahr – sind die Jungen online. Die ab 70-Jährigen sind dagegen nicht einmal eine Stunde pro Tag online. Das Internet ist damit seit 2000 vom neuen, jungen Medium zum etablierten Medium für nahezu alle Altersgruppen geworden, mit einer täglichen durchschnittlichen Nutzungszeit von mehr als 196 Minuten (Fernsehen im Vergleich: 202 min/Tag). Unbeeindruckt von der zunehmenden Attraktivität von Videos im Netz – etwa via Videoportalen (wie *YouTube*) oder Mediatheken (wie *Maxdome* oder *Magenta TV* als Video-on-Demand-Angebote) mit ihrer Möglichkeit für zeitversetztes Fernsehen – weitete sich der Fernsehkonsum in den letzten zwei Jahrzehnten immer noch stetig aus. Trotz Internetnutzung wurde mit 202 Minuten täglicher Sehdauer seit Etablierung der kontinuierlichen Fernsehforschung noch nie so viel ferngesehen (ARD/ZDF-Onlinestudie, 2017). Damit bleiben Fernsehen und Radio die dominierenden Medien im Tagesablauf der Bundesbürger, während Online weiter stetig (zusätzlich) an Bedeutung gewinnt. Dabei liegt das Verhältnis der linearen und der On-Demand-Nutzung im Schnitt aktuell bei 163 Minuten zu 39 Minuten – oder prozentual ausgedrückt bei 81 % zu 19 %. Bei den 14- bis 29-Jährigen hat sich das Verhältnis indes bereits zugunsten von On-Demand-Angeboten umgekehrt: Die jungen Nutzer sehen nur noch zu 46 % linear und zu 54 % on demand – mehr als die Hälfte der gesamten Sehdauer entfällt bei den unter 30-Jährigen also bereits auf Mediatheken, *Netflix*, *Amazon Prime Video* & Co. Bei den 30- bis 49-Jährigen liegt das Verhältnis linear zu on demand noch bei 75 % zu 25 %. Gleichzeitig ändert sich die Qualität der Fernsehnutzung: Der passive »Lean-Back«-Fernsehkonsum wird zunehmend durch eine dauerhafte »Hintergrundberieselung à la Radio« substituiert. Damit steht der immer noch hohen (quantitativen) Fernsehnutzung eine geringere (qualitative) tatsächliche Aufmerksamkeit und Erreichbarkeit (Reichweite) der Zuschauer gegenüber. Studien zeigen in diesem Zusammenhang, dass die Entscheidung, welches Medium ein Mensch in einer bestimmten Situation nutzt, stets abhängig von aktuellen Stimmungen, dem jeweiligen Kontext und Zugangswegen und nie eine generelle (dogmatische) Entscheidung für oder gegen ein bestimmtes Medium ist (Berman/Battino/Feldman, 2012).

> Entsprechend nutzen neben Versendern wie *Otto* oder *Zalando* auch große Modemarken wie *Zara*, *Hugo Boss* oder auch *Louis Vuitton* und bekannte Luxusmodemarken das Internet als weiteren Vertriebskanal, wenn auch oftmals das Sortiment wie bei *Louis Vuitton* im Vergleich zum stationären Handel eingeschränkt ist (Warc, 2012). Dies gilt insbesondere für die schnelle Penetration des chinesischen Marktes mit jährlichen Wachstumsraten für bekannte Luxusmodemarken von fast 90 %. Der Fokus von *Zara* (*Inditex*) liegt auf der Geschwindigkeit in einer zentralen Supply-Chain-Steuerung mit dezentraler Exekution, um erratisch verändernde Modetrends bedienen zu können (Ivanov/Tsipoulanidis/Schönberger, 2019, S. 82).

Standen in der ersten Phase der Internetentwicklung zunächst auf der Anbieterseite Zugangsdienste von Internet Service Providern (ISPs) im Mittelpunkt, verlagerte sich der Fokus weiter auf den Handel mit Endkunden (B2C) für geringerwertige und weniger erklärungsbedürftige (low involvement) Produkte wie Bücher, CD-ROMs sowie nichtphysische Produkte etwa im Online-Banking. Nachfolgend wurde dieser Anwendungsschwerpunkt bis ca. 2003 sukzessive durch erklärungsbedürftigere, komplexere, höherwertige (high involvement) Produktkategorien wie Automobile und Versicherungen erweitert. Die nächste Entwicklungsphase wird absehbar durch Möbel, Heimwerken (do it yourself) und Lebensmittel als Produktkategorie geprägt sein. Mit zunehmender Komplexität der Produkte bzw. der Stärke des notwendigen Involvement des Kunden entlang des Kaufprozesses sinkt jedoch in der Spitze die Bereitschaft zum direkten Online-Kaufabschluss: So fokussiert Digital Business etwa im »high involvement« Automobilbereich bis heute vornehmlich auf die Bereitstellung von Produktkonfiguratoren und das Angebot zur Kontaktaufnahme durch den Händler zwecks Probefahrt und den anschließenden Kaufabschluss wieder im stationären Handel (Turban et al., 2006).

> Mit dem Launch seiner Hausratversicherung legt der digitale Sachversicherer ***Coya*** den Grundstein für sein Vorhaben, hochkomplexe Versicherungen für digitalaffine Menschen bezahlbarer, transparenter und einfacher zugänglich zu machen. Um das zu erreichen,

kommt dieses Berliner InsurTech bereits zum Start ohne Papierkram und ohne Mittelsmänner aus. Gelingen soll das mit flexiblen Vertragslaufzeiten, die täglich und mit sofortiger Wirkung kündbar sind, verständlich formulierten AGB, Schadensmeldungen via Smartphone und individuellen Versicherungslösungen ohne zwischengeschaltete Berater. Zum Start gibt es eine digitale Hausratversicherung. Sie ist ab 1,79 EUR pro Monat erhältlich. *Coya* strebt damit eines der besten Preis-Leistungs-Verhältnisse am Markt an. Abgeschlossen wird online in wenigen Klicks per Smartphone oder Computer. Nach Eingabe der Basisinformationen wie Name, Postleitzahl und Wohnfläche erhalten die Nutzer direkt und digital ihr persönliches Angebot. *Coya* verzichtet komplett auf Papierunterlagen, um dem sonst obligatorischen Durchwühlen von Schrankschubladen nach den Vertragsunterlagen endgültig ein Ende zu bereiten. Dahinter steckt vor allem der Wille, Versicherung »von Grund auf neu zu denken« und so ein neues Kundenerlebnis zu schaffen, das sich von anderen und traditionellen Versicherungsangeboten unterscheidet. Durch den Einsatz neuester Technologien wie künstlicher Intelligenz kann *Coya* künftig maßgeschneiderte Produkte entsprechend der Lebenssituation zu niedrigen Kosten anbieten. Neben der Hausratversicherung und anderen klassischen Angeboten soll es schon bald auch möglich sein, einzelne Gegenstände nur für einige Tage oder wenige Stunden über sogenannte Micro-Policen zu versichern.

Noch bedeutender als der B2C-Bereich präsentiert sich die wirtschaftliche Bedeutung der B2B-Umsätze: Wurden in 2015 gerade einmal 33,1 Mrd. EUR B2B-Umsätze ermittelt, wird dieser Wert in 2019 auf ca. 57,9 Mrd. EUR geschätzt, was einer jährlichen Steigerung von 15,9 % entspricht (eco, 2017). Dabei nutzen bereits fast 47 % der deutschen Großunternehmen elektronische Kanäle, jedoch nur ca. 21 % bislang E-Procurement-Systeme und -plattformen (ibi Research, 2017).

1.3 Digitale Transformation – Abgrenzung, Umfang und Analyseebenen

Digitale Transformationen beruhen auf der mittelbaren und unmittelbaren Wirkung des Einsatzes digitaler Technologien und Techniken sowohl in Bezug auf Unternehmen als auch in Bezug auf neuartige Produkte und Dienstleistungen. Neben der stetig steigenden Rechenleistung und Miniaturisierung klassischer IT-Komponenten ist dabei deren Integration in Technik aller Art von Bedeutung, speziell in Verbindung mit:

- dem flächendeckenden Einsatz von Sensoren und Aktoren einschließlich Audio- und Videoaufzeichnung;
- dem Einsatz mobiler elektronischer Kommunikationstechniken zur Vernetzung und automatisierten Kommunikation mit geringen Latenzzeiten;
- der umfassenden Erhebung, Archivierung und Verarbeitung sehr großer Datenmengen mittels Big-Data-Techniken;

- verschiedenen Techniken maschinellen Lernens (künstliche Intelligenz);
- fortgeschrittenen Formen der Mensch-Computer-Interaktion (etwa Voice Recognition).

Die Kombination dieser Faktoren führt zu neuen Automatisierungspotenzialen im kognitiven und gemischt mechanisch-kognitiven Bereich (Laudon/Laudon/Schoder, 2015; Pousttchi/Goeke, 2011).

Unter einer ***Digitalen Transformation*** soll nachfolgend der fortlaufende, in digitalen Technologien begründete Veränderungsprozess beschrieben werden, der die Gesellschaft und in wirtschaftlicher Hinsicht speziell Unternehmen betrifft. Basis der Digitalen Transformation sind digitale Technologien, die in immer schneller werdender Folge entwickelt werden und somit wiederum den Weg für weitere neue digitale Technologien ebnen (Cole, 2015; Schallmo/Rusnjak, 2017). Zu den wesentlichen Treibern der Digitalen Transformation gehören die – traditionell als Informationstechnik bezeichneten – digitalen Technologien, wie digitale Infrastrukturen (etwa Übertragungsnetze, Computer-Hardware), Anwendungen (etwa Apps) sowie die auf den digitalen Technologien basierenden Anwendungsszenarien und damit verbundenen Verwertungspotenziale, wie neue (digitale) Geschäftsmodelle und Wertschöpfungsnetzwerke. Im engeren Sinne wird als Digitale Transformation häufig der durch digitale Technologien oder darauf beruhenden Kundenerwartungen ausgelöste (interne) Veränderungsprozess innerhalb eines Unternehmens bezeichnet (Schallmo/Rusnjak, 2017).

Das Spektrum der verschiedenen Betrachtungsebenen einer Digitalen Transformation kann damit mindestens in drei verschiedene Szenarien unterteilt werden (Meffert/Meffert, 2017, S. 65; vgl. Abbildung 4).

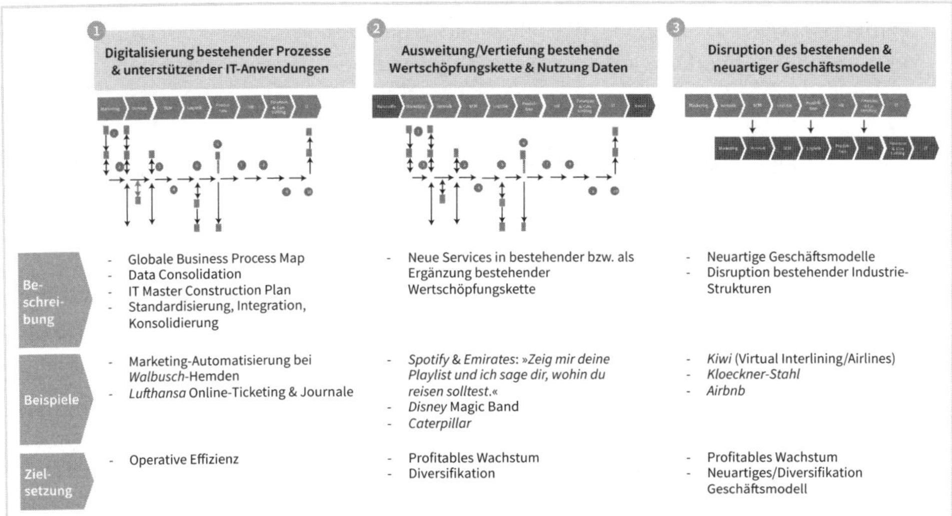

Abbildung 4 Szenarien einer Digitalen Transformation aus Unternehmenssicht

Die rein **unternehmensinterne Digitalisierung (Szenario 1)** bestehender Prozesse und die Erneuerung bestehender IT-Anwendungen präsentiert sich im Kern als ein »(digitales) Business Process Reengineering«. Auf der Grundlage einer globalen Prozesslandkarte und eines Master Construction Plan für den Ausbau der IT-Anwendungen werden Daten konsolidiert, Prozesse und Anwendungen weitergehend standardisiert bzw. konsolidiert. Zielsetzung ist die Steigerung der operativen Effizienz.

> ***Walbusch***, Multi-Channel-Anbieter hochwertiger und bequemer Kleidung, vertreibt seine Waren online, im Fachhandel sowie per Katalog, personalisiert vollautomatisch für ein effektives Cross- und Upselling. Die Personalisierung erfolgt nach Kundenverhalten durch Nachhalten jeder E-Mail, jedes Newsletters sowie per Cookies über die Aussteuerung von Display Advertising. Über die Digitalisierung der internen Prozesse konnte *Walbusch* im Empfehlungsbereich seine Klickraten um bis zu 57 % sowie seine Konversion um bis zu 135 % steigern. Grundlage für die maßgeschneiderten Newsletter-Inhalte sind dynamisch gebildete Kundenprofile. Für die jeweilige Platzierung der personalisierten Kauftipps wird das Klickverhalten in Newslettern herangezogen (CMO Community, 2017). Es fließen zusätzlich im Onlineshop getätigte Klicks und das Surfverhalten mit ein. Maßgeschneiderte Produktempfehlungen werden automatisiert platziert (Marketingautomatisierung). Sämtliche Inhalte werden erst zum Zeitpunkt der Öffnung erstellt und in Echtzeit abgerufen. Alle angezeigten Produktempfehlungen basieren auf den dynamisch erstellten Klick- und Surfhistorien der Empfänger, wobei bereits gekaufte Produkte dynamisch ausgeschlossen werden. So bekommen z. B. Kunden, die im Onlineshop ein blaues Sommerhemd angesehen hatten, neben diesem blauen Hemd auch vergleichbare Kauftipps aus der Produktkategorie »Hemden« angezeigt. Der Empfehlungsalgorithmus speiste sich hierbei aus den zurückliegenden Käufen ähnlicher Kundengruppen (Look-Alikes). Insgesamt werden derartige Empfehlungen in mehr als einer halben Million geöffneter Newsletter angezeigt. Auf diesem Weg konnte unter anderem nachgewiesen werden, dass *Walbusch*-Kunden den personalisierten, verhaltensbasierten Empfehlungen deutlich mehr Aufmerksamkeit schenken als (generischen, unpersonalisierten) Top-Seller-Angeboten und zuletzt angesehenen Produkten (CMO Community, 2017).
>
> ***Lufthansa*** belässt es bei einigen, allerdings weitreichenden Eingriffen in die Wertschöpfungskette von der Information des Kunden, über die Buchung bis zum Check-in und Boarding via QR-Code. Vor dem Start können Passagiere aktuelle Zeitschriften und Zeitungen digital herunterladen (Meffert/Meffert, 2017).

Die **Ausweitung und Vertiefung der bestehenden Wertschöpfungskette (Szenario 2)** beinhaltet das Angebot neuer Services als Vertiefung der bestehenden Wertschöpfungskette (vertikal) sowie die Erweiterung der bereits bestehenden Wertschöpfungskette (horizontal). Zielsetzung ist zumeist die Diversifizierung und Absicherung eines profitablen Wachstums.

Gemeinsam mit dem Streamingdienst ***Spotify*** hat ***Emirates*** als erste Fluggesellschaft für Reisende aus Deutschland ein Tool entwickelt, das den individuellen Musikgeschmack der Passagiere analysiert und darauf basierend Vorschläge für die ideale Reisedestination abgibt. Der »*Playlist Analyser*« arbeitet seit Herbst 2016 innerhalb der persönlichen *Spotify*-Profile mit einem speziell für *Emirates* entwickelten Algorithmus. Wer z. B. viel Musik hört, die der Surfer-Szene zugerechnet werden kann, bekommt Australien als ein ideales Ziel zum Wellenreiten vorgeschlagen. Umgekehrt ist es möglich, anhand einer Zielauswahl aus dem *Emirates*-Streckennetz Empfehlungen für den idealen Songmix abzurufen.

Caterpillar erhöht die Auslastung seines Equipments durch Predictive Maintenance, basierend auf den ständig von den Maschinen gefunkten Betriebsdaten (Meffert/Meffert, 2017).

Analoge Erweiterungen der bestehenden Wertschöpfungskette findet man auch bei ***Ritter Sport*** (neben E-Commerce) mit der *Bunten Schokowelt* mit einem stationären Handelsgeschäft in Berlin oder auch den mittlerweile fast 40 stationären ***Mymuesli***-Handelsgeschäften. Spielzeug, Haushaltsgeräte, Bücher, Spiele, Küchenzubehör und eine Reihe anderer Produkte, die im Onlineshop von Nutzern gut bewertet werden, verkauft ***Amazon*** demnächst in einem eigenen Warenhaus in New York City. Bei der Sortimentsgestaltung setzt *Amazon* auf Big Data und stellt explizit die Dinge in die Regale, die New Yorker sonst gerne online kaufen. Das stationäre Handelsgeschäft soll vor allem bisherige *Amazon-Prime*-Verweigerer davon überzeugen, doch ein Abo abzuschließen. Andernfalls müssen sie im stationären Handel mehr zahlen als *Prime*-Kunden.

Der Möbel-Versender ***Home24*** expandiert munter weiter im stationären Einzelhandel: Zum Portfolio der Berliner gehört jetzt auch ein Showroom in Berlin-Steglitz, wo *Home24* ab Herbst 2018 rund 325 Quadratmeter Fläche in einer *Karstadt*-Filiale belegt. Auch in der Schweiz wurde im Herbst 2018 ein neuer Showroom in Zürich eröffnet. ***Zalando*** will seine Kunden schneller beliefern und baut daher die Kooperation mit stationären Händlern aus. 600 Läden sollen bis Anfang 2019 an die Plattform angebunden sein – fast drei Mal so viel wie bisher. Ziel ist es, Same oder Next Day Delivery flächendeckend in Deutschland anzubieten. Aktuell liegt die durchschnittliche Lieferzeit bei zwei bis vier Tagen. Für die kooperierenden Händler seien Umsatzsteigerungen von durchschnittlich 20–30 % möglich. Zudem sind für die zweite Jahreshälfte 2019 weitere Services wie Click & Collect oder Return to Store geplant, die mehr Traffic auf die Fläche bringen könnten.

In der eher evolutionären Digitalisierung entlang der Szenarien 1 und 2 spielt das Thema der Wissensgenerierung und -aufbereitung mithilfe von Datenanalysen und echtzeitnahen Simulationen eine entscheidende Rolle. Integrierte Systeme werden zunehmend durch End-to-End-Lösungen bzw. eigene modularisierte Anwendungssysteme im Rahmen einer Integrationsarchitektur bereitgestellt.

Die umfangreichste Variante einer Digitalen Transformation stellt die **Disruption des bestehenden und der Aufbau neuartiger Geschäftsmodelle (Szenario 3)** dar. Hierunter fallen alle Ansätze zur Etablierung neuartiger Geschäftsmodelle und der Disruption kompletter Industriestrukturen. Im Vordergrund steht zumeist die Absicherung profitablen Wachstums, die Etablierung neuartiger Geschäftsmodelle bzw. die Diversifizierung. Damit steht hier – konträr zu den Szenarien der Veredelung des bestehenden Geschäftsmodells in Szenario 1 und 2 – die Umwälzung bestehender Marktstrukturen im Fokus, wie es etwa *AirBnB*, *Uber* oder auch *Spotify* gelungen ist.

Klöckner & Co ist weltweit einer der größten produzentenunabhängigen Stahl- und Metalldistributoren und eines der führenden Stahl-Service-Center-Unternehmen. Über sein Distributions- und Servicenetzwerk von ca. 170 Standorten in 13 Ländern bedient der Konzern rund 120.000 Kunden. Als Vorreiter der digitalen Transformation in der Stahlindustrie hat sich *Klöckner & Co* zum Ziel gesetzt, seine Liefer- und Leistungskette durchgängig zu digitalisieren sowie die Einführung einer unabhängigen offenen Industrieplattform voranzutreiben, die sich als dominierende vertikale Plattform der Stahl- und Metallbranche etablieren soll. Über vier strategische Eckpfeiler wird der Wandel zu einer offeneren, kundenorientierteren, flexibleren und digitalen Unternehmenskultur unterstützt (Klöckner, 2018):

- **Digitalisierung & Plattformen**: Fokus auf der Digitalisierung des bestehenden Geschäfts (Eckpfeiler 1). Klöckner möchte sich als Vorreiter positionieren und den Weg für Kunden und Partner bereiten. Im Rahmen von »*Klöckner & Co 2022*« rücken sie die Disruption des Stahl- und Metallhandels über eine Industrieplattform in den Fokus. Die von *Klöckner & Co* entwickelte Digitalisierungsstrategie zielt darauf ab, die Ineffizienzen der Liefer- und Leistungskette in der Stahlindustrie durch die digitale Vernetzung aller Marktteilnehmer zu beseitigen und damit die Effizienz für alle Beteiligten deutlich zu erhöhen (Klöckner, 2018). Alle Projekte und Initiativen rund um die Digitalisierung und Vernetzung von *Klöckner & Co* werden von *kloeckner.i*, dem Group Center of Competence für Digitalisierung vorangetrieben. Bei *kloeckner.i* arbeiten über 80 Mitarbeiter in den Bereichen Produktinnovation, Software-Entwicklung, Onlinemarketing und Business Analytics (Stand Herbst 2018). Durch die Anwendung von Arbeitsmethoden wie Design Thinking, agiler Produktentwicklung und dem Lean Start-up Approach entwickeln sie in kürzester Zeit digitale Lösungen. Auf diese Weise konnten sie ihren über digitale Kanäle generierten Umsatzanteil von 9 % im ersten Quartal 2016 sukzessive auf 21 % zum Ende des zweiten Quartals 2018 steigern (Klöckner, 2018). Auch auf der Beschaffungsseite haben sie sich bereits mit Großhändlern und namhaften Stahlproduzenten vernetzt. Durch die Öffnung des proprietären Onlineshops für Partner mit komplementären Produkten können *Klöckner & Co*-Kunden über diese Marktplatzfunktion auf ein deutlich breiteres Spektrum an Stahl- und Metallprodukten zugreifen, ohne dass sie in die Verbreiterung des eigenen Angebots investieren mussten. Neben der unternehmensübergreifenden (internen) Digitalisierung der Prozesse gewinnt gleichzeitig die intelligente Nutzung der generierten Daten immer mehr an Bedeutung. Im

Februar 2018 sind sie daher mit der ersten Version der offenen Industrieplattform *XOM Materials* live gegangen (xom-materials.com/marketplace/de/). Im Gegensatz zu den *Klöckner & Co*-Onlineshops ist diese Industrieplattform ein vollkommen unabhängiger Marktplatz für den digitalen Handel von Stahl-, Metall- und industriellen Produkten und damit auch für direkte Wettbewerber offen (Klöckner, 2018). Das Wachstum von *XOM Materials* soll durch externe Investoren abgesichert werden, womit sukzessive auch die Unabhängigkeit von *Klöckner* sichergestellt werden soll. Die Verbindung zu externen Start-ups wird über die Venture-Gesellschaft *kloeckner.v* hergestellt. Hier investiert *Klöckner & Co* über ausgewählte Venture-Capital-Fonds und auch direkt in Start-ups, die die Digitalisierungsstrategie mit disruptiven Ansätzen unterstützen sollen.

- **Kulturwandel**: Mit der Digitalisierungsstrategie bei *Klöckner & Co* ist auch ein tiefgreifender Kulturwandel im Unternehmen verbunden. Mitarbeiter müssen von Beginn an die Digitalisierungsstrategie verstehen und wissen, wie sie persönlich zur Erreichung der Ziele beitragen können. Zudem müssen sie in ihrer eigenen Überzeugung den immer dynamischeren Veränderungen in ihrem Umfeld Rechnung tragen und hierfür noch schneller und agiler werden. So kommen die innovativen Arbeitsweisen aus der Start-up-Szene verstärkt im *Klöckner & Co*-Konzern zur Anwendung. Dazu findet ein intensiver Austausch zwischen der Digitalisierungstochter *kloeckner.i* und Mitarbeitern anderer Unternehmensbereiche über alle Landesgesellschaften hinweg statt. Über die *Klöckner & Co Digital Academy* werden Onlineschulungen angeboten, um die Belegschaft »fit« für das digitale Zeitalter zu machen. Mitarbeiter werden so bei der Entwicklung und Umsetzung neuer Ideen unterstützt und können diese über innovative Kommunikationskanäle (wie das unternehmensinterne Social Network *Yammer*) hierarchiefrei mit allen Kollegen über Landes- und Bereichsgrenzen hinweg diskutieren und verfeinern. Vertikale Kommunikationssilos wurden zugunsten einer ungefilterten und auch zunehmend horizontalen Kommunikation aufgebrochen (Klöckner, 2018).

- **Höherwertiges Geschäft**: Fokus auf dem Geschäft mit höheren Margen. Nach vielversprechenden Tests mit ersten 3-D-Druckern bei *kloeckner.i* ist mittlerweile auch die deutsche Landesgesellschaft *Klöckner & Co Deutschland GmbH* mit der Investition in einen 3-D-Drucker für Metalle in den Zukunftsmarkt der additiven Fertigung eingestiegen (Klöckner, 2018).

- **Effizienzverbesserung**: Über das Programm »*VC*^{2} *– Value Creation at the Core*« soll die Effizienz weiter gesteigert werden. VC^2 soll als Beschleuniger für die Strategie dienen, bestehende Optimierungsprogramme zusammenfassen und durch eine Reihe von weiteren Initiativen aus den Bereichen Geschäftsmodellinnovationen, operative Exzellenz und profitables Wachstum ergänzen. Flankiert wird die Strategie »*Klöckner & Co 2022*« von einer Vielzahl unterstützender Aktivitäten sowie einem Kulturwandel in allen Bereichen des Unternehmens (Klöckner, 2018).

Im Gesundheitsbereich als einem der Fokussegmente zukünftiger Geschäftsmodellinnovationen steht weniger die Frage im Raum, ob sich digitale Gesundheitsservices durchsetzen werden, als vielmehr die Frage, wer und wann es sein wird, der diese Services anbieterübergreifend und datenschutzkonform zur Verfügung stellt und reguliert (Meffert/Meffert, 2017, S. 115).

Vergleicht man Digitale Transformationen mit vormals etablierten Begrifflichkeiten und Handlungsfeldern im Kontext von E-Business, so sind bei einer Digitalen Transformation eine Vielzahl von Themenfeldern deutlich anders ausgeprägt (Linz/Müller-Stewens/Zimmermann, 2017):

- stärkerer Fokus auf der Veränderung des bestehenden Geschäftsmodells und die gesamten Industrie-/Marktstrukturen;
- durchgehender Veränderungsprozess von einer analogen Welt zu integrierten, digitalen Prozessen und Anwendungsszenarien mit modernen IT-Anwendungen innerhalb eines bestehenden oder neu definierten Geschäftsumfeldes, anstelle des singulären Aufbaus einzelner Applikationen wie Webshops oder dergleichen;
- weniger Fokus auf den IT-Technologien per se – diese werden deutlich stärker als »strategischer Enabler« gesehen;
- stärkeres Reverse Engineering – also der Ableitung der erforderlichen Geschäftsprozesse rückwärts aus den Kundeninteraktionen und den Kundenanforderungen bzw. dem Kundenerlebnis (outside-in), statt aus dem singulären Anwendungsszenario und der reinen IT-Anwendung aus Unternehmenssicht (inside-out);
- weniger Fokus auf einzelnen Gestaltungselementen und Handlungsfeldern, wie etwa Social Media Marketing als Teil der Marketingkommunikation, stattdessen auf crossfunktionalen, integrierten Anwendungsszenarien;
- in Konsequenz auch stärkere Verpflichtung zur crossfunktionalen, dauerhaft integrierten Zusammenarbeit über verschiedene Fachbereiche und IT hinweg – was meist konträr zu den gelebten Gewohnheiten und Gepflogenheiten in vielen Unternehmen ist.

2 Technologische Rahmenbedingungen

2.1 Mobile Business – die Realisierung des mobilen Digital-Paradigmas

Im Zuge der Entwicklung moderner Übertragungstechnologien und Endgeräte feiert auch das seit 2000 propagierte Mobile Business einen Durchbruch. Grundlage für jede Form von Mobile Business ist neben der Verfügbarkeit hochperformanter Mobilfunknetze und benutzerfreundlicher (Multimedia-)Endgeräte auch eine hohe Anzahl an Nutzern. Expertenbefragungen und Studien (etwa von *IDC*) gehen davon aus, dass die Verbreitung von breitbandfähigen mobilen Endgeräten mit einer durchschnittlichen jährlichen Wachstumsrate von bis zu 30 % konstant weiterwachsen wird. Damit ist die technische Grundlage für Mobile Commerce aufseiten der verfügbaren Endgeräte geschaffen. Gleichzeitig ist ein deutlich langsameres Wachstum in Festnetzanschlüssen im Vergleich zu Mobilfunkanschlüssen zu beobachten. Die Folge: In Europa gibt es heute bereits mehr Mobiltelefonbesitzer als stationäre Internetnutzer. Mobiltelefone – konkret: Smartphones – ermöglichen damit auch denjenigen potenziellen Nutzern den Zugang zum Internet, die bislang keinen stationären Anschluss ihr Eigen nennen konnten. Damit ist das Vorhandensein eines stationären Internetanschlusses keine zwingende Voraussetzung mehr aus Endkundensicht.

> Unter *Mobile Business* soll nachfolgend in einer weiten Begriffsfassung die über mobile Telekommunikationsnetzwerke und mobile Zugangsgeräte realisierte Anbahnung, Aushandlung und Abwicklung von Geschäftsprozessen zwischen Wirtschaftssubjekten verstanden werden.

Die mobile Internetnutzung hat sich – gemessen als Anteil der Bevölkerung, der das Netz auf mobilen Geräten nutzt – seit 2013 fast verdoppelt (D21, 2018). Inzwischen sind fast zwei Drittel der Bevölkerung mit ihren Geräten im mobilen Internet unterwegs. Im Vergleich zu 2017 ist das eine Steigerung von 5 %. Damit wächst die mobile Datennutzung anhaltend schnell. Bereits im Vorjahr nahm das Websurfen von unterwegs um 5 % zu. Die Internetnutzung über Laptop/Desktop-Computer geht vor allem an Wochentagen zurück. Der Nutzeranteil der mobilen Endgeräte am Wochenende ist im Vergleich zu den Vorjahren gestiegen. Fast 80 % der Nutzer zwischen 14 bis 35 Jahren gehen laut BVDW bereits mit einem mobilen Gerät ins Netz (BVDW, 2017). Hierunter fallen neben Smartphones auch Tablet-PCs, internetfähige Mediaplayer (wie *iPod-Touch*) oder *E-Reader*. Zum Vergleich: 2009 lag dieser Anteil noch bei 6 % und 2008 bei nur 3 %. Damit ist auch das mobile Internet auf dem Weg zu einem wahrhaften »Mainstream-Phänomen«: Bis 2020 ist zu erwarten, dass die Anzahl der internetfähigen mobilen bzw. vernetzten Endgeräte in Deutschland auf ca. 800 Millionen ansteigen wird. Dabei ist »mobil« nicht zwangsläufig mit »unterwegs« gleichzusetzen: Mobile Endgeräte werden weiterhin vor allem innerhalb der eigenen vier Wände genutzt (Zugang via WLAN). Vor allem Tablets – ähnlich wie Smartphones –

kommen zunehmend als Multifunktionsgeräte und Zweitbildschirme etwa parallel zum Fernsehen als »Second Screen« zum Einsatz (Egeli, 2017).

Es zeigt sich eine intensivere Nutzung von Smartphones: Es wird länger und auch häufiger am Tag herangezogen als in den Vorjahren. E-Reader und Wearables werden langsam, aber stetig als Zugang zum Internet genutzt. Dennoch liegt die Nutzung in Deutschland noch auf einem marginalen Niveau. Die alte Regel »*Gesucht wird auf dem Smartphone, gekauft wird auf dem Desktop*« gilt nicht mehr; im Digital Commerce sind Cross-Device-Einkäufe der neue Standard. Das Smartphone spielt dabei eine immer zentralere Rolle. Mobile weist sowohl steigende Transaktionsraten als auch einen durchschnittlich größeren Warenkorb auf: Im Schnitt werden 38 % aller Onlinekäufe in Deutschland auf einem Mobilgerät abgeschlossen – ein jährliches Wachstum von 19 % (Kolbrück, 2017). Neuesten Studien zufolge werden in Europa 44 % aller E-Commerce-Transaktionen inzwischen über mobile Geräte getätigt. Der Anteil der über Apps generierten Umsätze stieg um 30 % im Vergleich zum Vorjahr (Southern, 2018).

Die Gründe für die über die letzten Jahre weiterhin zu beobachtende starke Nachfrage nach Tablet-PCs finden sich nicht nur in größeren und damit komfortableren Bildschirmen, sondern auch im Verhalten der Nutzer: Für Tablet-Nutzer steht der Abruf von Websites und die Kommunikation über E-Mails stärker im Vordergrund als Social Networking. Während bei Smartphones die sozialen Netzwerke unter den ersten drei der am wichtigsten erachteten Anwendungen liegen, sind die häufigsten Anwendungen von Tablet-PC-Nutzern Unterhaltung im Sinne von Musik, Videos und Spiele, das Surfen im Netz, der Versand und Abruf von E-Mails sowie der Empfang von Nachrichten im Netz (BVDW, 2018). Der Gebrauch mobiler Endgeräte ersetzt dabei nicht den herkömmlichen, stationären Zugang über PC und Laptop. Vielmehr verstärken sich mobile und stationäre Zugangswege gegenseitig: unterschiedliche Zugangsgeräte werden für jeweils unterschiedliche Anwendungen, Kontexte, Tageszeiten und Inhalte präferiert und genutzt: »*Together they enhance the user experience*« (van Eimeren/Frees, 2012).

Neben gesunkenen Kosten und attraktiven neuen, intuitiv zu bedienenden Endgeräten (etwa *iPhones*) waren neue Software-Lösungen der zentrale Motor der mobilen Nutzung in den letzten Jahren. **Apps** liefern als kleine Anwendungsprogramme schnelle Lösungen für eine Vielzahl spezifischer Anwendungsszenarien und Bedürfnisse. Weltweit wurden 2017 über 27 Milliarden Apps heruntergeladen, was einer Steigerung um knapp 7 % im Jahresvergleich entspricht. Jeder zweite deutsche mobile Onliner nutzt inzwischen derartige Apps.

Gleichzeitig erlaubt der **LTE-Standard** (LTE: Long Term Evolution) als Nachfolger von UMTS durchschnittliche Übertragungsgeschwindigkeiten von bis zu 75 Mbit/s. Zum Vergleich: UMTS verfügt nur über maximale Übertragungsraten von 7,2 MBit/s (Upload). Mit der anstehenden Weiterentwicklung des Standards zu **LTE-Advanced** werden 1000 Mbit/s im Praxisbetrieb erreicht. Aktuell wird LTE vor allem als Internetzugang von Privathaushalten und Geschäftskunden in jenen Regionen genutzt, in denen kein Festnetz-Breitbandanschluss verfügbar ist. Parallel dazu entwickeln die Hersteller neue mobile Endgeräte. Bis 2020 wird die Zahl mobiler

LTE-Breitbandanschlüsse den Auguren zufolge weltweit auf voraussichtlich 5,9 Milliarden steigen.

Der nächste Evolutionssprung steht mit **5G** als neuer Mobilfunkgeneration bereits in den Startlöchern: 5G soll Datenraten von bis zu 10 GBit/s über die Luftschnittstelle, garantierte Bandbreiten von 50 MBit/s für einzelne Anwender, Latenzen von unter einer Millisekunde sowie 90 % weniger Stromverbrauch ermöglichen und hierüber Milliarden von Endgeräten anbinden können (Dahlman/Parkvall, 2018; Sauter, 2017). Roboter können dann in Echtzeit miteinander kommunizieren und mit Menschen interagieren. Unternehmen könnten die dafür nötigen Netze in Eigenregie betreiben, ohne die Infrastruktur selbst aufbauen zu müssen, da es das Network Slicing möglich macht, innerhalb der Netzwerkumgebung eines Providers logisch getrennte Subnetze einzurichten (Sauter, 2017). Durch die geringere Latenz werden Mixed-Reality-Anwendungen profitieren, da die Interaktion zwischen virtueller und realer Welt auf Servern im Netz mit extrem kurzen Verzögerungszeiten erfolgt. Auch das autonome Fahren soll von den hohen Bandbreiten, den geringen Latenzen und der Zuverlässigkeit der 5G-Netze profitieren: Autonome Fahrzeuge müssen und werden zukünftig miteinander kommunizieren, etwa um den Verkehrsfluss zu optimieren und Zusammenstöße zu vermeiden (Hafen, 2018). Die auszutauschenden Datenmengen sind enorm: Laut *Intel* produziert ein autonomes Fahrzeug täglich vier Terabyte an Daten. Kameras und Abstandsmesser generieren zwischen 30 und 100 Megabyte pro Sekunde (Sauter, 2017). Die innovativen Funktionen in 5G beruhen auf dem Einsatz neuer Methoden und der Fortschreibung vorhandener Technologien sowohl im Bereich der Funkschnittstelle als auch im drahtgebundenen Kernnetz. So wird etwa die aus dem WLAN-Bereich bekannte und auch bei LTE eingesetzte MIMO-Technik (Multiple Input Multiple Output) weiterentwickelt, um Kunden mit mehr Bandbreite versorgen zu können. MIMO-Systeme nutzen mehrere Antennen, über die sie Signale senden und empfangen (Dahlman/Parkvall, 2018; Sauter, 2017). So lässt sich neben der zeitlichen auch die räumliche Signalcharakteristik zur Informationsübertragung verwenden. Bei der Kommunikation zwischen Mobilfunkmast und Endgerät werden neue Frequenzen zum Einsatz kommen, die mit über 24 GHz sehr viel höher liegen als in traditionellen Mobilfunknetzen, mit einer Wellenlänge im Millimeterbereich (5G mmWave). Hohe Frequenzen erfordern wiederum eine höhere Zellendichte. Ihre Reichweite beträgt im Freien einige Hundert Meter, im Gebäudeinneren nur wenige Meter (Dahlman/Parkvall, 2018). Auf der anderen Seite bietet das engmaschige Netz aber auch die Voraussetzung für die geforderten Latenzen im Millisekundenbereich und die hohen Bandbreiten in der Übertragung.

Um die Kosten der Funkzellen zu senken, werden diese gleichzeitig technisch verschlankt: Die traditionellen Masten (Remote Radio Head, RRH) sind nur noch für das Senden und Empfangen von Signalen zuständig, die Verarbeitung findet zentralisiert für mehrere RRHs statt, um ein Signal über mehrere Wege zu empfangen und eine bessere Signalcharakteristik zu erhalten (Hafen, 2018). Die Kernnetze werden in 5G weitgehend softwarebasiert konfiguriert und betrieben, sodass die nötigen Funktionen auf virtuellen Maschinen ablaufen und diese dynamisch mit dem aktuellen Bedarf skalieren. Das Signal wird gegen Störungen robuster und kann gezielt auf ein Endgerät ausgerichtet werden (sogenanntes Beamforming), was durch den Einsatz vieler Antennen verstärkt wird (Massive MIMO). Aktuell werden Systeme mit bis zu 128 Antennen pro Zelle entwickelt. In Tests ließ sich dadurch die Datenrate im Vergleich zu LTE auf demselben 20-MHz-Frequenzband um das circa Zehnfache steigern.

Mobile Business kann dabei anhand von vier zentralen Kriterien beschrieben werden (Pichlmeier, 2010):

- **Mobilität**: Nutzer haben jederzeit und an jedem Ort (Netzverfügbarkeit vorausgesetzt) Zugang zu Netzwerken, Produkten und Diensten (**Ubiquität**). Damit werden Dienste möglich, die unter die Kategorie der **Mobilen Telemetrie** fallen, wie etwa mobile Fernüberwachungen, mobile Gesundheitschecks oder auch mobile Car-to-Car-Kommunikation im Automobilbereich.

In Deutschland untersuchte zwischen 2012 und 2013 das Forschungsprojekt *simTD* (Sichere Intelligente Mobilität – Testfeld Deutschland) unter der Führung von ***Daimler*** die Alltagstauglichkeit der Car-to-X-Kommunikation. *simTD* nutzt eine auf dem konventionellen WLAN-Standard aufbauende Funktechnologie und bezieht andere Mobilfunktechnologien wie UMTS und GPRS ein. So wird jedes beteiligte Fahrzeug in die Lage versetzt, mit anderen Fahrzeugen untereinander in Kontakt zu treten für eine zukünftige Fahrzeug-zu-Infrastruktur-Kommunikation. Informationen wie gesperrte Kreuzungen oder schlechte Sicht wurden über sichere Datennetze an einen Server von *Mercedes-Benz* weitergegeben. Dort entsteht eine Art Verkehrsleitzentrale – mit der Fahrzeugflotte als wichtigster Informationsquelle.

Die nächste Stufe der digitalen Vernetzung ist damit erreicht: Das Automobil wird zum Herzstück des »Internet of Things«. Noch dichter wird dieses Netz, wenn auch die Infrastruktur Informationen sendet. Als erstes Bundesland hat Hessen ein flächendeckend einsatzbereites Warnsystem mit Car-to-X-Sendetechnologie an Tagesbaustellen installiert. Das schützt die Autofahrer ebenso wie beispielsweise Mitarbeiter der Straßenmeistereien, die etwa hinter einer Kurve arbeiten. Sogar mit Ampeln könnten Autos bald »sprechen«: Dann erhält das Fahrzeug beispielsweise eine Information, wann genau die nächste Grünphase beginnt. Zukünftige Szenarien sehen ebenfalls vor, dass sich Fahrzeuge vorausschauend über mögliche Hindernisse informieren und Alternativrouten planen (Daimler, 2018).

In Stuttgart haben *Bosch* und *Daimler* in den vergangenen Jahren einen Feldversuch zum »*Community based Parking*« gestartet: Parksensoren an den Autos tasten im Vorbeifahren den Straßenrand nach freien Parklücken ab. Die Informationen teilen sie anonymisiert über die Cloud. Die Grundlage bietet präzises Kartenmaterial von ***HERE*** als Kartendienst, den *Daimler, Audi* und *BMW* 2015 zu gleichen Teilen übernommen haben. Schon heute haben somit vier von fünf Neuwagen das Kartenmaterial von *HERE* an Bord. Die vernetzten Fahrzeuge der neuen Generation können dieses Material nicht nur nutzen, sondern auch selbst ausbauen und verbessern – durch weitergehende Informationen zur Umgebung, die sie selbst über die integrierte Car-to-X-Technologie sammeln (Daimler, 2018).

- **Erreichbarkeit**: Die dauerhafte Erreichbarkeit gestattet es Nutzern jederzeit relevante Angebote zu machen (etwa **Mobile Advertising**). Bei **Pull-Anwendungen** werden von Nutzern Produkte und Dienste aktiv nachgefragt, beispielsweise Wetter- oder Verkehrsnachrichten. Unter die Kategorie **Push-Anwendungen** fallen Anwendungsszenarien wie etwa die Übermittlung personalisierter Verkehrsinformationen von Automobilherstellern auf mobile Endgeräte ihrer Kunden. Voraussetzung ist gemäß der geltenden deutschen Datenschutzbestimmungen die explizite Zustimmung der Nutzer (**Permission Marketing**).
- **Lokalisierung**: Mobilfunknutzer können aufgrund der Mobilfunkzellen bis auf wenige Meter genau lokalisiert werden. Diese Möglichkeit eröffnet spezifische mobile Anwendungsszenarien, wie etwa **Location Based Services** (lokalisierte Dienste). Das Prinzip ist denkbar einfach: mit einem lokalisierungsfähigen Endgerät (meist auf GPS-Basis) können angemeldete Nutzer an jedem beliebigen Punkt der Erde »einchecken« (Turowski/Pousttchi, 2004). Über Lokalisierungsdienste vernetzte Personen werden beispielsweise über den Besuch eines Restaurants informiert und können sich aufgrund dieser Meldung für einen Besuch der gleichen Lokalität entschließen. Das Einverständnis des Nutzers vorausgesetzt, wird der Check-in »Freunden« in *Facebook* oder »Followern« in *Twitter* angezeigt. Location Based Services wie *Foursquare* eignen sich für digitale mobile Coupons und ortsbezogene Angebote ebenso wie *Groupon* (Grabs/Bannour, 2012; Krum, 2012; Wray/Plante, 2011).

Google® zeichnet die Position seiner User auf, selbst wenn diese den Standortverlauf explizit in ihren Smartphones deaktiviert haben. Am Beispiel von *Google® Maps* zeigt *Associated Press*, dass die Deaktivierung der Standortdaten nicht ausreicht, um die Suchmaschine daran zu hindern, die Position der User zu erfassen (Priebe, 2018). So speichert *Google®* beispielsweise einen Screenshot beim Öffnen von Maps, der den Standort zeigt. Neben Wetter-Updates – die logischerweise die aktuelle Position ermitteln müssen, um korrekt zu funktionieren – zeigt selbst eine simple *Google®*-Suche den Verweilort des jeweiligen Nutzers an, auch wenn diese nicht in einem lokalen Kontext stattfindet – also eigentlich nichts mit dem Standort zu tun hat. Diese Daten werden im *Google®*-Account gespeichert und ermöglichen der Suchmaschine bis auf wenige Meter genau zu ermitteln, wann sich die Person wo befunden hat. Dafür verantwortlich ist die Funktion »Web- und App-Aktivitäten« im *Google®*-Account. Erst wenn diese deaktiviert ist, wird das Tracking tatsächlich verhindert (Priebe, 2018). Der Standortdienst allein reicht dazu nicht aus – dieser Umstand dürfte aber den wenigsten Nutzern bewusst sein. Interne Dokumente Ende 2018 sollen belegen, dass ***Facebook*** der Suchmaschine *Bing* erlaubt hat, die Namen beinahe aller Freunde von *Facebook*-Nutzern – ohne deren Einwilligung – einzusehen. Zudem gab das Unternehmen den Werbepartnern *Netflix* und *Spotify* offenbar die Möglichkeit, private Nachrichten von *Facebook*-Nutzern zu lesen (Dance/LaForgia/Confessore, 2018). Gemäß *New York Times* hat *Facebook* von Partnern wie *Amazon*, *Yahoo* oder dem chinesischen Smartphone-Anbieter *Huawei* Daten wie z. B. Kontaktlisten erhalten, die dann unter anderem für Freundschaftsvorschläge genutzt worden seien. Gleichzeitig zeichnet *Facebook* auch ohne Einverständnis der Nutzer offenbar Standortdaten auf, um Location-bezogene Ads auf der Basis von Mobilfunkdaten auszuliefern. Beispiele sind Einwählpunkte ins Internet, aber auch Informationen darüber, wo das Telefon benutzt wird. Dies geschieht mithilfe von IP-Adressen, WLAN- und Bluetooth-Daten. Problematisch erscheint, dass *Facebook* auch dann, wenn die Nutzer alle zur Verfügung gestellten Datenschutzkontrollen anwenden, weiterhin in der Lage ist, diese zu verfolgen und ihnen zielgerichtete Anzeigen zu präsentieren. Gleichzeitig weist *Facebook* aber nirgendwo auf diese Art der Standortaufzeichnung hin.

- **Identifikation von Mobilfunkteilnehmern**: Da beim Kauf eines Mobiltelefons eine persönliche Registrierung vorgenommen wird, kann der einzelne Mobilfunkteilnehmer – sofern er sein Mobilfunkgerät nicht verliehen hat – über die SIM-Karte eindeutig identifiziert werden. Damit wird das Mobiltelefon zu einem persönlichen, mobilen »Ausweisdokument« und kann ebenfalls die Aufgaben einer Kreditkarte etwa im Bereich Mobile Payment erfüllen. Serviceanbieter haben auf dieser Grundlage die Möglichkeit, neben ortsabhängigen Informationen ein personalisiertes, mobiles One-to-One-Marketing zu realisieren. Aus der Registrierung und der Identifikation können personenbezogene Benutzerprofile generiert werden, die wiederum für personalisierte Anwendungen und Dienstleistungen herangezogen werden können.

Die Zukunft mobiler Anwendungsszenarien lässt sich eindrucksvoll bei der vor allem in China allgegenwärtigen Smartphone-App ***WeChat*** nachlesen. Beim Vorreiter für die digitalisierte Zukunft ist die strikte Trennung zwischen analoger und digitaler Welt so nicht mehr haltbar und zielführend. Das Internet ist hier »mobile« – also allgegenwärtig und eine digitale Erweiterung der »realen« Welt. *WeChat* hat bereits Anfang 2018 die symbolische Marke von einer Milliarde Nutzerkonten durchbrochen (Liu, 2017). Einst als reiner Messenger-Dienst gestartet, bündelt *WeChat* inzwischen weitere Funktionen in der App, wie Multimedia Messaging (Video, Image, Text, Voice-Nachrichten), Group Chat & Calls (Gruppen-Chats mit bis zu 500 Teilnehmern), Sprach- und Videotelefonie (qualitativ hochwertige kostenfreie Telefonate), Moments (Teilen von »Best Moments« im persönlichen Foto-Stream à la *Facebook/Instagram*), *WeChat Store* (Onlineshop innerhalb des *WeChat* Eco-Systems für Produktmanagement, Auftragsabwicklung, Auslieferung) oder auch *WeChat Pay* (als Zahlfunktion). Über die Software lassen sich dort sogar Handwerker- und Arzttermine vereinbaren (Liu, 2017). Die Integration von Online und Offline erfolgt über die Distribution von »Entry Points« – also Portalen oder Toren, die den Nutzer beispielsweise auf Landingpages und zu Sonderangeboten in der digitalen Welt führen (Spöde, 2017). Diese finden sich Offline etwa im stationären Handel, in einer Printkampagne oder auf der Straße. Diese offline platzierten Portale ermöglichen dann den Eintritt in die digitale Welt und der Kunde kann mühelos zwischen beiden hin und her wechseln. Am häufigsten werden hierfür QR-Codes genutzt, die in China (im Gegensatz zu Europa) etabliert sind und einen hohen Penetrationsgrad aufweisen, wie etwa in Printkampagnen. Auch Restaurants bieten ihre Speisekarten über QR-Codes an und Ladengeschäfte verlinken vor Ort auf ihre jeweiligen Onlineshops.

> ***TE Connectivity*** als Weltmarktführer von Steckverbindungen, Sensoren und Elektronikkomponenten zeigt, dass das Anwendungsszenario von *WeChat* nicht auf ein B2C-Umfeld beschränkt ist (CMO Community, 2018). Die Aktivierung möglicher Kunden erfolgt bei *TE Connectivity* offline wie online, um diese dann über eine Qualifizierung entweder direkt an den Vertrieb weiterzugeben oder aber die Anfrage vollautomatisiert mithilfe einer direkten und persönlichen E-Mail aus einem Outlook-Client zu beantworten (vgl. Abbildung 5). Über Live Broadcasts in *WeChat* werden auch kompliziertere Komponenten und technische Details erläutert. Im Ergebnis können hier direkt mehrere Tausend Leads und direkt zurechenbare Umsätze in Millionenhöhe ermittelt werden (CMO Community, 2018).

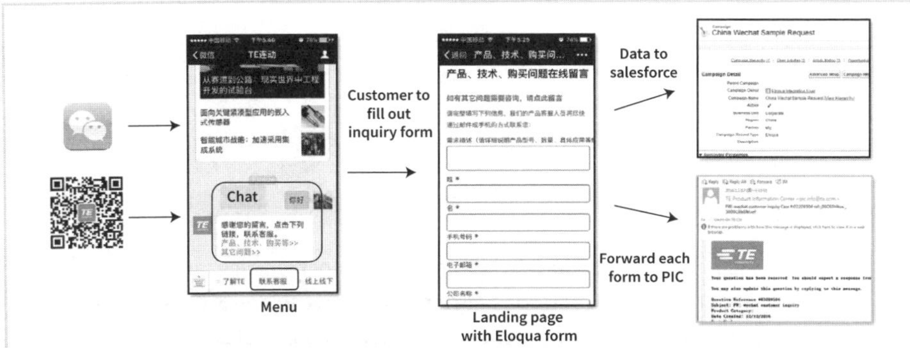

Abbildung 5 Leadgenerierung über Entry Points zur automatisierten Qualifizierung im Vertrieb (TE Connectivity, 2018)

Eine zweite beliebte Offline-to-Online-Strategie (O2O) erfordert das Schütteln des Handys: Befindet sich der Nutzer an der richtigen Stelle und führt dort die Bewegung aus, kann dadurch eine Reihe von Online-Funktionen aktiviert werden, von einem Rabattcoupon bis zum Freibier – die Kreativität der Anbieter wird von den Nutzern mit hohen Interaktionsraten belohnt (Spöde, 2017). Als dritter Entry Point hat sich der mobile Bezahldienst *WeChat-Pay* etabliert. Die knapp 800 Millionen Chinesen, die hier ihre Kontodaten hinterlegt haben, können damit online und im Ladengeschäft Produkte per Smartphone bezahlen und sich bequem untereinander Geld überweisen, was wiederum dazu führt, dass die Bedeutung von Bargeld bereits spürbar abnimmt (Spöde, 2017). Seit der Einführung sogenannter Mini-Programme ist es auch möglich, Nutzern als Location Based Services relevante Angebote und Informationen auf der Basis ihres jeweiligen Aufenthaltsortes zu liefern. *WeChat* scannt hierzu die physische Umgebung in Bezug auf relevante Informationen und macht diese für den Nutzer direkt sichtbar – es entsteht so eine Art digitale Landkarte, die den Kunden in seiner Customer Journey gezielt unterstützen kann (Spöde, 2017).

Der Schweizer Weltmarktführer für medizinische Brustpumpen, ***Medela***, hat über die Aktivierung von Key Opinion Leadern in China, Promotions in Krankenhäusern und der Etablierung von *WeChat Mom*-Gruppen innerhalb eines Quartals im Jahr 2018 allein fast 3.500 neue Registrierungen verzeichnen können, mit fast 27.000 Registrierungen bis April 2018 (CMO Community, 2018). Das Erfolgsgeheimnis: die durchgängige Realisierung eines Conversational Commerce im Always-on-Modus mit der Zielgruppe (vgl. Abbildung 6).

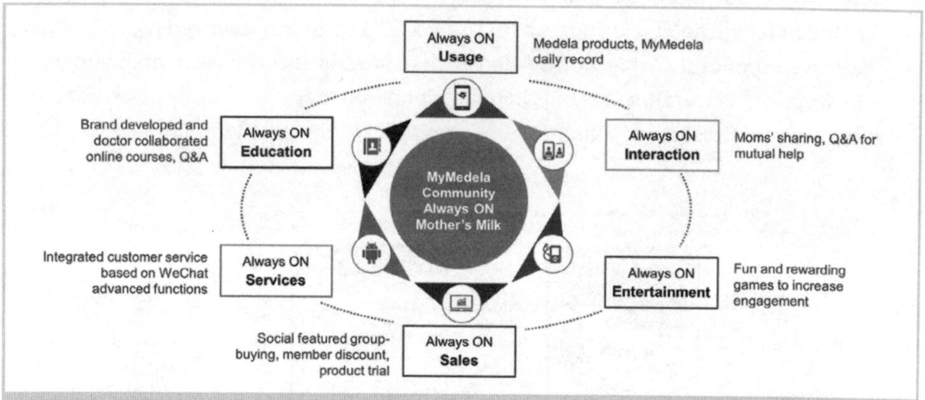

Abbildung 6 *Medela* Funktionsüberblick im *WeChat*-Mini-Programm (Medela, 2018)

Das italienische Handelshaus ***Rinascente*** hat sich auf hochwertige Luxuswaren aus Mode, Accessoires, Beauty und Haushalt spezialisiert und bietet seinen Kunden die Möglichkeit, per *WhatsApp* mit den Beratern zu kommunizieren (Schreiber, 2018). Bereits 2017 hat der Händler einen Concierge-Service per *WhatsApp* gestartet. Wer beispielsweise ein besonders interessantes Produkt unterwegs sieht, kann sich per Messenger an die Kundenberater wenden. Diese versuchen dann, den gleichen Artikel oder ein ähnliches Produkt zu beschaffen. Jetzt startet das Unternehmen einen ähnlichen Service auf der *WeChat*-Plattform (Schreiber, 2018). Die Hälfte des Gesamtumsatzes des Händlers entfällt auf ausländische Kunden, darunter gehören Chinesen zu den Topkunden. Über die neue App können Nutzer von überall auf der Welt nach Produkten im Mailänder Flagship-Store des Unternehmens suchen und Informationen über diese anfordern. Der neue Service funktioniert ähnlich wie auf *WhatsApp*, da *WeChat* aber über mehr Optionen im Bereich E-Commerce verfügt, erhalten die Nutzer zusätzlich die Möglichkeit, ein gefundenes Produkt dann auch gleich zu bestellen und sich zusenden zu lassen. Für eine bessere Interaktion mit *WeChat*-Nutzern wurden im Flagship-Store in Mailand auch Touchscreens aufgestellt, die mittels QR-Code mit *WeChat* kommunizieren. Bereits im ersten Monat wurden 28.000 Interaktionen verzeichnet (Schreiber, 2018).

Gleichzeitig ist durch die von *Google*® bereits Mitte 2015 gestarteten **Accelerated Mobile Pages** (AMP) zu erwarten, dass diese HTML im mobilen Bereich ablösen werden. AMP soll dabei helfen, die Ladezeiten von Websites auf mobilen Endgeräten zu verbessern. Über einen speziellen HTML-Code und die Limitierung bestimmter Elemente einer Website wird das Lesen bereits während des Ladevorgangs ermöglicht. Dafür öffnet AMP die Website in zwei Schritten: Zunächst werden nur die Teile der Website geladen, die direkt nach dem Klick sichtbar sein müssen, weitere Teile werden unbemerkt nachgeladen. Der Effekt: mobile Ladezeiten von weniger als einer halben Sekunde und einer höheren Verweildauer der Nutzer. Für die Nutzung von **Progressive Web Apps** (PWA) wird erwartet, dass bis zum Jahr 2020 bereits die Hälfte aller mobilen Apps für Endverbraucher durch PWAs ersetzen werden. PWAs besitzen die Eigenschaften nativer Apps, bieten ein App-artiges Nutzerlebnis, benötigen keine Installation und passen sich der jeweiligen Verbindungsgeschwindigkeit an. Seit März 2018 können diese auf iOS aufgerufen werden, ohne die ansonsten erforderliche Prüfung durch den App Store.

2.2 Auf dem Weg zum Semantic Web

Bisherige Webtechnologien sind syntaxorientiert und funktionieren auf Basis von Stichwörtern. Die Codes in den Algorithmen der Suchmaschinen wie *Google*® durchsuchen die indexierten Dokumente (Websites) nach den vom Nutzer eingegebenen Suchbegriffen und weisen die Relevanz eines Dokuments zu einem Suchbegriff entsprechend der bisherigen Klick-Häufigkeiten (statistisch) indirekt zu. Die Herausforderung: Viele Suchphrasen sind nicht eindeutig. Webseiten werden lediglich als eine Ansammlung von Zeichen und Verknüpfungen wahrgenommen, also abstrakt gesprochen »Ressourcen mit Links« (Hitzler/Krötzsch/Rudolph/Sure, 2008). Die Suchmaschine »weiß« nicht, was für eine Ressource es jeweils ist und was für eine Beziehung zwischen verschiedenen Ressourcen gegebenenfalls besteht. So kommt es immer wieder dazu, dass Suchergebnisse (SERP) gezeigt werden, die mit der initialen Nutzerintention nichts zu tun haben. Noch deutlicher wird es, wenn komplexe Fragen an eine Maschine gestellt werden. Diesen werden dann entlang der einzelnen Wörter Ergebnisse zugewiesen, was nicht immer zu sinnvollen Resultaten führt. Damit ist der Nutzer gezwungen, abstrakt die »richtigen« Suchanfragen zu stellen und Mehrdeutigkeiten aus dem Kontext selbst einzugrenzen. So kann etwa der Begriff »Bank« Ergebnisse, die zu den Themenfeldern Finanzinstitut, Sitzgelegenheit oder auch Restaurant gehören, umfassen.

> ***Semantic Web*** bezeichnet eine Technologie, bei der die Daten einer konventionellen Website um strukturierte Daten angereichert werden, um die Bedeutung der Information für Maschinen leichter auswertbar zu machen (**Web 3.0**). Auf diese Weise sollen Maschinen die Bedeutung von Inhalten verstehen können (Hitzler/Krötzsch/Rudolph/Sure, 2008).

Im Vergleich dazu erlaubt erst das Semantic Web eine automatisierte Begriffs- und Ordnungsbestimmung. Das heißt, die Suchmaschinen können »verstehen«, worum es sich bei der Datenressource handelt und in welchem Zusammenhang diese mit anderen Ressourcen steht. Damit wird das bestehende Web dergestalt um Konzepte und Technologien erweitert, dass Information über die Ergänzung mit Metadaten eine eindeutig definierte Bedeutung bekommt, die von Maschinen interpretiert werden kann, somit Sinngehalt ausdrückt und zwischen Computersystemen auch ausgetauscht werden kann (vgl. Abbildung 7). Damit entwickelt sich das Web von einem »Netz aus Verweisstrukturen« zu einem »Netz aus Inhaltsstrukturen«.

	Web 1.0	Web 2.0	Web 3.0
Plattformtyp	Datenbankgestützte Online-Shops	Online-Marktplätze und -Communities	Nachfrageorientierte Plattformen
Erstellung von Inhalten	durch Shop-Betreiber	durch Nutzer (»User-generated Content«)	durch alle
Annotation von Inhalten	durch Shop-Betreiber	durch Nutzer, mit ambigen Stichworten (»Tagging«)	durch alle, mit eindeutig definierten Metadaten
Suche nach Inhalten	Stichwortsuche findet Dokumente (»Trefferliste«)		strukturierte Suche findet Daten, erzeugt Dokumente
Schluss-folgerungen	Inferenz durch Nachfrager selbst (»Informationsflut«)		Inferenz durch Plattformen und Software-Agenten

Abbildung 7 Entwicklungsschritte zum Semantischen Web (Kollmann, 2013, S. 85)

Für die technische Realisierung gibt es verschiedene Ansätze. Zum einen gibt es die sogenannte Contextual Browsing Language (CBL). Mit dieser Sprache können Informationen in Relation zueinander gesetzt werden. Zusätzlich können die Verbindungen zueinander gewichtet werden. Zum anderen gibt es die Ontology Web Language (OWL). In dieser semantischen Sprache werden Informationen klassifiziert und in eine Hierarchie eingeordnet. Weitere Standards für die Umsetzung stehen unter anderem mit RDF/RDFa (Resource Description Framework in Attributes) zur Verfügung. RDF ist ein Datenmodell zur Repräsentation von Aussagen. Das Modell basiert auf gerichteten Graphen und dient zur genaueren Beschreibung von Website-Informationen. Mittels der Erweiterung RDFa kann RDF in XML-Dokumenten (wozu auch XHTML zählt) eingefügt werden. Neben Ressourcen, Semantik und Ontologien ist die automatische Regelverarbeitung und Schlussfolgerung durch sogenannte Inferenzmechanismen ein zentraler Baustein des Semantic Web. Fraglich erscheint, ob ein echtes semantisches Netz (skalierbar) funktionieren kann, da selbst innerhalb einer Bibliothek eine Ontologie kaum funktionieren würde, da diese bereits in ihrer Definition zu stark auf eine bestimmte Sichtweise und kontextadaptiv ausgerichtet sein würde. Mit anderen Worten: Eine etablierte Ontologie würde quasi die Ergebnisse direkt präjudizieren. Anwendungsszenarien wie der *Knowledge Graph* von *Google®*, das *Wikidata*-Projekt und die Suchmaschine *Wolfram Alpha* zeigen, wie das Netz dank semantischer Technologien zur Wissensfundgrube werden kann. Es wird erwartet, dass die Erfassung aller Informationen und Umwandlung in semantische Strukturen dank komplexer Algorithmen im Kontext von Big Data lösbar sein wird. Hierbei wird die Bedeutung von Begriffen aus ihrer

Verwendung und in ihrem Kontext herausgelesen, um so im Web 3.0 alle Informationen automatisch in semantische und logische Beziehungen zueinander zu bringen, zu interpretieren und einzuordnen.

> ***Renault*** versucht mithilfe semantischer Technologien auf Basis RDF und OWL die Kosten heterogener Applikationslandschaften über die letzten zehn Jahre zu senken. *Renault* wählte diese Standards zur Entwicklung eines Prototyps zur Autoreparatur- und Diagnostikdokumentation, da gerade in diesen Bereichen traditionell eine Vielzahl heterogener und kostenintensiver Applikationen im Einsatz ist (Servant, 2007). Die Systeme der Fahrzeugdiagnostik bei *Renault* und bei anderen OEM sind historisch gewachsen darauf ausgerichtet, das Management der Dokumente, welche die Reparatur und Diagnostik beschreiben, so einfach wie möglich zu halten, nicht aber den Austausch von Daten zwischen verschiedenen Systemen. Zugleich waren die zur Verfügung stehenden Daten für die geplanten Zwecke nicht präzise genug. Mittels OWL wurde das System modelliert und die erforderlichen Relationen abgebildet. RDF steuert den Austausch von Informationen zwischen Systemen. Mit der neu geschaffenen Architektur mittels RDF und OWL wurde, im Vergleich zum herkömmlichen Durchstöbern der Webseiten des hauseigenen Intranets, die Suche nach Reparaturen vereinfacht (Servant, 2007). Zusätzlich sollte das System dem Servicemitarbeiter, der eine Fahrzeugdiagnose zu erstellen hat, automatisch weitergehende Servicetests vorschlagen, damit dieser im nächsten Schritt die somit erhobenen Testwerte wiederum in das System einspeisen kann. Der so aufgebaute Datenbestand sollte demnach alle möglichen Verfahren zu Reparatur und Diagnostik enthalten, also auch Symptome, Standard-Fehlercodes, Fehler von Autoteilen, diagnostische Testverfahren, Anleitungen zum Ausbau von bestimmten Teilen und eine Vielzahl an Produktspezifikationen. *Renault* entschied sich dazu, diese Fülle an verschiedenen Verfahren mittels URIs eindeutig zu identifizieren. So konnte ein System geschaffen werden, dass bei Eingabe eines bestimmten Symptoms die mögliche Ursache sortiert, nach Relevanz darstellt und den Benutzer auffordert, weitergehende dedizierte Tests durchzuführen. Als Nebeneffekt verfügt *Renault* auf diese Weise über ein integriertes Informationssystem, in dem alte und neue Daten nebeneinander existieren können, ohne eine ansonsten erforderliche (aufwendige) Datenkonsolidierung (Servant, 2007).

2.3 Von Small zu Big Data

Die Menge, Vielfalt und Komplexität der heute verfügbaren Daten machen eine menschliche Analyse und die Identifizierung darin enthaltener Zusammenhänge praktisch unmöglich. Selbst einfache hypothesengetriebene, konfirmative Analysen erfordern Werkzeuge, welche die über Millionen Datensätze verteilte Information verwalten, sinnvoll aggregieren und visualisieren (Baron, 2013). Viele verfügbare Analysewerkzeuge können bei großen Datenvolumina selbst einfachere deskriptive Statistiken nicht mehr generieren. Damit sind die bestehenden Werkzeuge – selbst große relationale Datenbankmanagementsysteme – entweder aufgrund der Komplexität der Datenstrukturen oder dem schieren Umfang des zu analysierenden Datenvolumens nicht gewachsen. Dies gilt insbesondere für das explorative Aufspüren bisher noch unbekannter Muster mithilfe von Data-Mining-Werkzeugen. Diese Verfahren eignen sich eher in einfachen und stark eingegrenzten Anwendungsszenarien mit

- voraggregierten Informationen anstelle von Einzelvorgängen;
- einer eher überschaubaren Anzahl an Datenquellen und Auswertungen;
- keiner Notwendigkeit von Echtzeitanalysen und
- einheitlichen, vergleichsweise einfach strukturierten Datentypen (Mayer-Schönberger/Cukier, 2013).

Big Data ist demgegenüber durch Analysen mit hohen Volumina von Stamm- und Transaktionsdaten in Realtime gekennzeichnet. Hierunter fallen vor allem Datentypen, die es in dieser Form und Vielfalt vormals nicht gab oder die lange als praktisch nicht analysierbar einstuft wurden. Allen voran sind dies Freitexte (etwa Inhalte von Websites, Blog-Beiträge), aber auch Bilder, Videos, Audiodaten und – im Zeitalter mobiler Endgeräte und RFID-Technologie – zunehmend auch Informationen über den Aufenthaltsort von Personen und Objekten in Marketing und Vertrieb als auch beispielsweise in der Logistik (Kormann/Altendorfer-Kaiser, 2017; vgl. Abbildung 8).

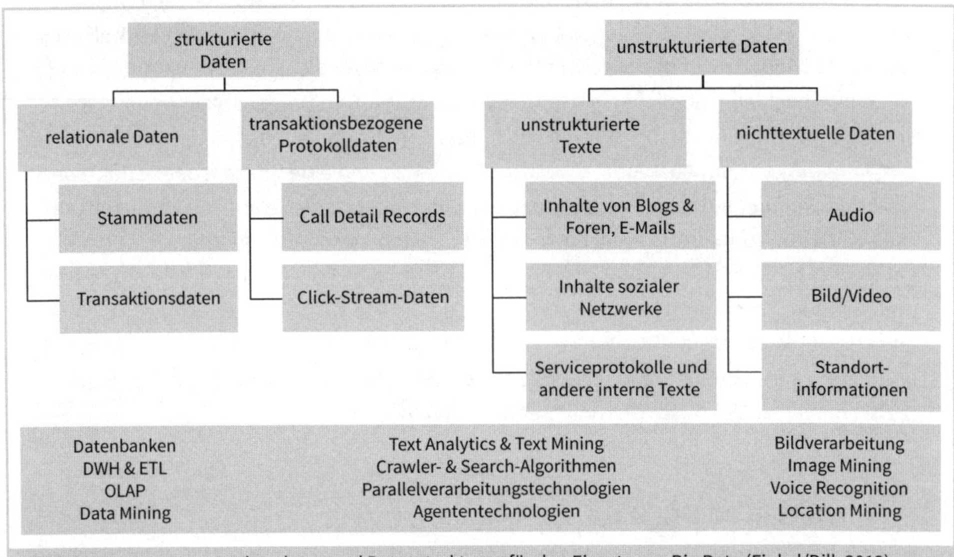

Abbildung 8 Arten von Analysedaten und Datenstrukturen für den Einsatz von Big Data (Finkel/Dill, 2012)

Hinzu kommen Daten, die durch die zunehmend in Produkten enthaltenen Sensoren (wie RFID) an Hersteller zurückgemeldet werden und so die genaue Kenntnis von Nutzung, etwaige Fehler und den aktuellen Zustand von Produkten wie Maschinen, Fahrzeugen oder Software-Installationen erlauben. Damit sind in Bezug auf »Big Data Analytics« mindestens drei Einzelaspekte zu betrachten:

- die größere Vielfalt heutiger und zukünftiger Datenquellen;
- der heutige und zukünftige Bedarf an schnellen und angemessenen Aktionen und Reaktionen im massenhaften Kundenkontakt in Echtzeit (und damit die Notwendigkeit, von Programmen automatisierte Entscheidungen auf der Basis intelligenter Algorithmen treffen zu lassen);
- der Trend, nicht nur (makroskopisch) Muster und Strategien durch Data Mining explorativ zu untersuchen und zu validieren, sondern auf die granulare Detailebene (mikroskopisch) bis zu einzelnen Transaktionen und Nutzern vordringen zu können.

Großes Potenzial wird durch die Analyse von Produktnutzungsdaten erwartet, die von Software-Produkten oder verschiedensten Arten von Maschinen und Fahrzeugen an den Hersteller in Echtzeit übermittelt werden können. Neben der hierbei im Vordergrund stehenden Analyse von Produktdefekten (Produkthaftung) sind diese Daten grundsätzlich auch für die Erstellung von Nutzungsprofilen verwendbar.

Macy's gehört zu den größten überregional tätigen Händlern in den USA. In den 800 Filialen wird ein großes, mehrere Zehntausend Artikel umfassendes Sortiment angeboten. Um möglichst optimale Preise anzubieten, geht das Unternehmen auf die jeweils standortspezifischen Unterschiede der einzelnen Filialen ein. Wenn für eine bestimmte Produktklasse ein starker Wettbewerber benachbart ist, werden die Preise in dieser Filiale aggressiver nach unten angepasst, um auf jeden Fall wettbewerbsfähig zu sein. Ist kein Wettbewerber vorhanden, ist diese Notwendigkeit nicht gegeben. So ergeben sich über das gesamte Sortiment und alle Standorte etwa 270 Millionen Preispunkte. Auf der Basis der in der Vergangenheit erfolgten Abverkäufe bestimmter Waren (etwa zwei Terabyte an Daten) wurden bisher wöchentlich neue Preise für die Sortimente berechnet – was ungefähr 30 Stunden Rechenzeit in Anspruch nahm. Da *Macy's* sieben Tage pro Woche geöffnet hat, konnten regelmäßig bestimmte Abverkäufe gar nicht in die Analyse aufgenommen werden – und man musste sich zwangsweise mit Teilsortimentsoptimierungen begnügen. Durch die Umstellung der vorhandenen Infrastruktur auf eine optimierte Datenhaltung und den Einsatz von In-Memory-Technologien ist es möglich, die Analyse skalierbar über das gesamte Sortiment auf eine Zeit unter zwei Stunden zu drücken. Im Ergebnis ist *Macy's* damit in der Lage, mehrfach pro Tag neue Preise stellen zu können und im gesamten Sortiment noch besser auf lokale Wettbewerber reagieren zu können.

Semikron als Hersteller von Leistungshalbleiterkomponenten fertigt an zehn Produktionsstandorten sowohl standardisierte Leistungshalbleiter als auch maßgeschneiderte Systeme und Lösungen wie etwa Transistoren, Ansteuerungen, spezielle Kühlungen für Anlagen, Kondensatoren oder auch Controller-Software. Während des Produktionsprozesses bei Halbleiterprodukten fallen eine hohe Anzahl von Mess- und Prozessdaten, Materialbewegungen oder Lieferinformationen an. *Semikron* stand vor der Herausforderung, für sein Spezialgebiet Messdatenarchivierung eine flexible Systemlösung zu etablieren, die eine leistungsstarke Speicherung, Auswertung und Rückverfolgung ihrer Messdaten sicherstellt. Das Projekt strebte dementsprechend drei große Ziele an: Archivierung aller qualitätsrelevanter Kennzahlen zu den verkauften Produkten während der vorgeschriebenen Aufbewahrungsfristen, Online-Verfügbarkeit aller archivierten Daten auf Basis von Auftrags- und Artikelnummern mit Recherche nach einzelnen Merkmalen sowie Bereitstellung der Materialbewegungs- und Lieferinformationen zur lückenlosen Rückverfolgbarkeit der Produktionskette.

Bei *Semikron* fallen aus den unterschiedlichsten Datenquellen Informationen an, wie Mess- und Prozessdaten, Daten über Materialbewegungen oder auch Lieferinformationen. Insgesamt müssen in kürzester Zeit ca. fünf Milliarden Rohdatensätze verarbeitet und ausgewertet werden. Nur so kann der Leistungselektronikhersteller zeitnah auf Marktänderungen und Auffälligkeiten im Produktionsprozess reagieren. Mit der Anbindung weiterer Produktionsstandorte und -anlagen wird das Prozesswissen in der Datenbank erhöht, was wiederum eine wachsende Anwenderzahl mit sich bringt. Mit einem ganzheitlichen Mess- und Prozessdatenarchiv kann *Semikron* seine Produktions- und Qualitätskennzahlen der verkauften Leistungshalbleiterkomponenten innerhalb der vorgeschriebenen Aufbewahrungsfristen zurückverfolgen. Präventive Analysen (Statistical Process Control) sind auf den gewonnenen Messdaten ad hoc und ohne Informationsverlust möglich. Auch komplexe Standard- oder Ad-hoc-Reports können auf Knopfdruck erstellt werden. Darüber hinaus ist es jetzt möglich, Produktionsnachweise mit allen verfügbaren Daten zu einem einzelnen Bauteil in Echtzeit abzurufen.

Vormals genutzte Analysewerkzeuge bieten weder die technischen Zugriffsmöglichkeiten auf unstrukturierte Daten, noch den analytischen Zugang zu den vielschichtigen semantischen Differenzierungen und Finessen, die in Blog- und Foreneinträgen mitschwingen und die sogar die eigentliche Aussage darstellen können (Finkel/Dill, 2012): Analysewerkzeuge müssen Synonyme, Wortspiele, Wortkreationen, neue Akronymschöpfungen ebenso wie Humor als Ebenen menschlicher Sprache einbeziehen können, um für bestimmte Fragestellungen brauchbare Informationen etwa aus Textdaten herausdestillieren zu können. Die Kombination technischer Verfahren aus Text Mining und Suchmaschinentechnologien erlauben erst heute systematisch und strukturiert die Beantwortung dieser Fragestellungen (Rentzmann et al., 2011). Analystengespräche zeigen, dass es zu erwarten ist, dass in den kommenden Jahren auch weiterhin vermehrt Inhalte unter anderem aus der Bildverarbeitung oder der Stimm- und Spracherkennung Eingang in hochvolumige Analyseinfrastrukturen finden werden. Viele dieser neuen Technologien beruhen auf parallel und verteilt verarbeitenden Algorithmen und Architekturen (etwa die Analyseplattform *Hadoop*), hohe Rechenkapazität durch gekoppelte Festplatten und Speicher und sind oft nur in Verbindung mit spezieller Hardware sinnvoll einsetzbar. Der Anbietermarkt ist hierbei zweigeteilt: auf der einen Seite kleinere Spezialisten wie *Exasol* und auf der anderen Seite *IBM* mit *Netezza* und *SAP* mit In-Memory-Anwendungen (ultraschnelle Berechnungen im Speicher-Chip, *HANA*-Anwendungen, High-Performance Analytical Appliances; Wartala, 2012).

In neuerer Zeit werden Data Lakes als Methode zur Speicherung von Daten eingesetzt.

> Bei einem **Data Lake** handelt es sich um einen sehr großen Datenspeicher, der Daten aus den unterschiedlichsten Quellen in ihrem Rohformat aufnimmt. Er kann sowohl unstrukturierte als auch strukturierte Daten enthalten und lässt sich für Big-Data-Analysen einsetzen (Gupta/Giri, 2018; Kleppmann, 2017).

Durch die Art, wie die Daten gespeichert werden, ist die Speicherung der Daten (im Vergleich zu einem Data Warehouse), kostengünstiger. Außerdem fungiert der Data Lake aufgrund seines Aufbaus auch als Data-Management-Plattform (DMP). Gespeichert werden die Daten in einer flachen und unbearbeiteten Struktur. Dadurch kann eine nahezu beliebige Menge von Daten in dem Data Lake gespeichert werden. Die Rohdaten in einem Data Lake werden im *Schema-on-Read* erst in ein anderes Format umgewandelt, wenn diese genutzt werden. Aufgrund der flachen Struktur können so neue Zusammenhänge verschiedener Daten zueinander erschlossen werden. Ein Data Lake lässt sich aufgrund seiner riesigen Informationsmenge für flexible Analysen im Big-Data-Umfeld einsetzen. Die aus den verschiedenen Quellen stammenden Daten sind für viele verschiedene Anwendungen und Analysen nutzbar. Der Data Lake muss bestimmte Grundfunktionen bieten, um die Anforderungen der auf den Informationen aufsetzenden Anwendungen zu erfüllen: Unterschiedlichste Daten und Datenformate (unabhängig ob strukturiert oder unstrukturiert) müssen sich ablegen lassen, wodurch verteilte Datensilos vermieden werden (Gupta/Giri, 2018; vgl. Abbildung 9). Um eine möglichst flexible Nutzung der Daten zu ermöglichen, sind die gängigen Frameworks und Protokolle der Datenbanksysteme und Datenbankanwendungen aus dem Big-Data-Umfeld zu unterstützen. Obwohl sowohl Data Warehouse als auch der Data Lake in der Lage sind, große Informationsmengen zu speichern und für Auswertungen bereitzustellen, unterscheiden sie sich in ihren Konzepten und der Art der Datenspeicherung grundsätzlich. Ein Data Warehouse führt Daten aus unterschiedlichen Quellen zusammen und überführt sie in Formate und Strukturen, die eine direkte Analyse gestatten. Der Data Lake hingegen nimmt die Daten aus den unterschiedlichen Quellen in ihrem Rohformat auf und legt diese unstrukturiert ab. Dabei ist es unerheblich, ob die Daten für spätere Analysen relevant sind. Data Lakes besitzen flache Hierarchien und müssen für die Speicherung der Daten nicht die Art der später auszuführenden Analysen kennen. Erst wenn die Daten tatsächlich benötigt werden, erfolgt die Suche, Strukturierung oder Umformatierung. Data Warehouses speichern in der Regel Kennzahlen oder Transaktionsdaten. Unstrukturierte Daten wie Bilder oder Audiodaten sind im Data Warehouse nicht abgelegt (Kleppmann, 2017). Das Data Warehouse sortiert bereits bei der Speicherung der Informationen die Daten aus, die für spätere Analysen nicht benötigt werden (Gupta/Giri, 2018). Da der Data Lake die Daten in ihrem Ursprungsformat bereithält, ist er bei sich verändernden Anforderungen wesentlich flexibler einsetzbar als ein Data Warehouse.

	Data Warehouse	Data Lake
Speicherung von Daten	strukturiert/verarbeitet	unstrukturiert/unverarbeitet
Aufbereitung von Daten	Schema on Read	Schema on Write
Schnelligkeit	Daten müssen erst bereinigt werden	Daten schnell verfügbar
Usability	Business User, keine tiefergehenden Analysen	Alle User, auch tiefergehende Analysen möglich
Technologie	relationale Datenbank/SQL	Hadoop/MapReduce

Abbildung 9 Unterschiede zwischen Data Warehouse und Data Lake (Gupta/Giri, 2018; Kleppmann, 2017)

Dank der Vielzahl an bereitgestellten Informationen sind im Data Lake aussagekräftigere und tiefer gehende Analysen möglich. Aufgrund der Speicherung der Daten in ihrem Rohformat, ohne vorherige Strukturierung oder Umformatierung, erfolgen Speichervorgänge sehr schnell. Die Anforderungen des Data Lake in puncto Rechenleistung sind damit für die Speicherung selbst großer Datenmengen gering. Nachteilig wirken hohe Anforderungen in puncto Datenschutz und Datensicherheit. Je mehr Daten gespeichert werden und je mehr Zusammenhänge sich zwischen den verschiedenen Daten herstellen lassen, desto umfangreichere Schutzmaßnahmen sind erforderlich (Kleppmann, 2017). Weitere Impulse sind über **Time Series Databases** zu erwarten. Ein Time-Series-Datenbankmanagementsystem ist für die Verwaltung von Zeitserien optimiert. Eine Zeitserie ist dadurch gekennzeichnet, dass zu jedem Eintrag ein zugehöriger Zeitstempel vorhanden ist; diese werden häufig als Messwerte von Sensoren oder durch Smart Meters oder RFID's im Internet of Things erzeugt. Time-Series-Datenbankmanagementsysteme ermöglichen das effiziente Speichern und Abfragen von beliebigen Zeitserien mit typischerweise hohen Transaktionsvolumina.

Analysten erwarten, dass über **Augmented Analytics** klassische Analytics- und Datenmanagementaufgaben durch Machine-Learning-Techniken erweitert werden. Dazu gehört beispielsweise eine stärker automatisierte Datenaufbereitung hinsichtlich Qualität, Modellierung und Metadatenmanagement. Auch die Datenintegration und die Verwaltung von Datenbanken und Data Lakes ließen sich damit zumindest teilweise automatisieren. Vorteile ergeben sich ebenfalls in Bereichen wie Business Intelligence (BI). So könnten Anwender aus Fachabteilungen und »Citizen Data Scientists« automatisiert Erkenntnisse aus großen Datenmengen ziehen und diese visualisieren, ohne dafür Modelle oder Algorithmen entwickeln zu müssen. Systemabfragen ließen sich auch in natürlicher Sprache stellen; umgekehrt könnte ein »Augmented System« auch die Ergebnisse via Sprachausgabe präsentieren. Derart automatisierte Analysefunktionen werden nach Prognosen von *Gartner* zunehmend in klassische Fachbereichsanwendungen etwa im HR-, Finanz- oder Marketing-/Vertriebsbereich eingebettet. In den Bereichen Data Science und Machine Learning existieren bereits Systeme, die automatisiert Machine-Learning-Modelle erstellen und verwalten können, bei sinkendem Aufwand und erforderlichen personellen Ressourcen bzw. Fachkenntnissen.

Seit dem Release von *Amazon's* **Graphdatenbank** im Mai 2018 ist zu erwarten, dass diese NoSQL-Datenbank sich stark ausweiten wird, vor allem in Industrien, in denen Beziehungen zwischen Daten eine herausragende Rolle spielen, wie etwa im Bereich Life Sciences oder auch Banking. Eine Graphdatenbank ist eine Datenbank, die Graphen benutzt, um stark vernetzte Informationen darzustellen und abzuspeichern (Robinson/Webber, 2015). Ein solcher Graph besteht aus Knoten und Kanten, den Verbindungen zwischen den Knoten. Die Abfragegeschwindigkeit hängt nicht länger von der Gesamtmenge ab (wie bei relationalen Datenbanken), sondern nur von der Anzahl der konkreten Beziehungen zwischen den einzelnen Daten. Im Vergleich zu relationalen Datenbanken sind Graphdatenbanken je nach Anwendungsszenario bis zu 1000-mal schneller und erzielen auch bei komplexen Suchabfragen Ergebnisse in Echtzeit. Die zwei bekanntesten Konzepte für Graphdatenbanken sind das Resource Description Framework (RDF) und Labeled-Property Graph (LPG).

> Der Spielzeughersteller ***Schleich*** nutzt etwa eine Graphdatenbank für sein Produktdatenmanagement (Kolmar, 2017). Von einem beliebigen Ausgangspunkt kann man Verzweigungen im Graphmodell folgen und so das komplexe Netzwerk aus CAD-Daten, Stücklisten, Teileinformationen, 2-D- und 3-D-Daten und Fertigungsanweisungen eines Produktes einsehen. Die Daten fließen dabei aus unterschiedlichen Systemen und verschiedenen Ländern in das PIM-System ein. Dank der hohen Skalierbarkeit und Flexibilität der Graphtechnologie lassen sich fachspezifische Applikationen mit individueller Benutzeroberfläche entwickeln, die auf die funktionalen Bausteine eines PIM-Systems zugreifen. Die gesamte Supply Chain (vom Design über die Produktion bis hin zum Vertrieb) lässt sich für das Materialmanagement und die Compliance unmittelbar einsehen und rückverfolgen.

2.4 Vom Cloud zum Edge Computing

Seit circa 2010 etabliert sich synchron zu leistungsfähigeren Netzwerken und Web-2.0-Diensten ein klarer Trend zu cloudbasierten Services. Vereinfacht fällt hierunter die Bereitstellung beliebig großer Rechnerleistung und von unbegrenzten Speichersystemen über eine Netzanbindung.

> Gemäß der US-amerikanischen Standardisierungsstelle NIST versteht man unter ***Cloud Computing*** ein Modell, das es erlaubt bei Bedarf, jederzeit und überall bequem über ein Netz auf einen geteilten Pool von konfigurierbaren Rechnerressourcen (z. B. Netze, Server, Speichersysteme, Anwendungen und Dienste) zuzugreifen, die schnell und mit minimalem Managementaufwand oder geringer Serviceprovider-Interaktion zur Verfügung gestellt werden können (Reinheimer, 2018; Erl, 2013).

Während das klassische IT-Outsourcing meist so gestaltet ist, dass die komplette längerfristig gemietete Infrastruktur exklusiv von einem Kunden genutzt wird (**Single Tenant Architecture**), teilen sich in einer Cloud mehrere Nutzer eine gemeinsame Infrastruktur (Sehgal/Bhatt,

2018). Cloud Services sind damit dynamisch, innerhalb kürzerer Zeiträume skalierbar und können so an den tatsächlichen Bedarf des Kunden angepasst werden. Die Steuerung der in Anspruch genommenen Cloud-Dienste erfolgt in der Regel mittels einer Webschnittstelle durch den Cloud-Nutzer selbst. So kann der Nutzer automatisiert die genutzten Dienste auf seine Bedürfnisse zuschneiden. Die erforderliche IT-Leistung kann dynamisch über mehrere Standorte verteilt werden. Nutzer können die genutzten Dienste und Ressourcen einfach über Weboberflächen oder passende Schnittstellen administrieren, ohne (manuelle) Interaktion mit dem Service Provider.

Cloud Services werden hierfür durch mindestens fünf Eigenschaften charakterisiert (Sehgal/Bhatt, 2018):

- **On-Demand Self Service**: Die Provisionierung der Ressourcen (z. B. Rechenleistung, Storage) läuft automatisch ohne Interaktion mit dem Service Provider ab;
- **Broad Network Access**: Die Services sind mit Standardmechanismen über das Netz verfügbar und nicht an einen bestimmten Client gebunden;
- **Resource Pooling**: Die Ressourcen des Anbieters liegen in einem Pool vor, aus dem sich viele Anwender bedienen können (Multi-Tenant Architecture). Dabei wissen die Anwender nicht, wo sich die Ressourcen befinden, sie können aber vertraglich den Speicherort, also z. B. Region, Land oder Rechenzentrum, festlegen;
- **Rapid Elasticity**: Services können schnell und elastisch zur Verfügung gestellt werden, in manchen Fällen auch automatisch. Aus Anwendersicht scheinen die Ressourcen daher (zumindest gefühlt) unendlich zu sein;
- **Measured Services**: Die Ressourcennutzung kann gemessen und überwacht werden und entsprechend bemessen auch den Cloud-Anwendern zur Verfügung gestellt werden.

Neben der Elastizität und dem Self Service werden Cloud Services Eigenschaften zugeschrieben wie (Reinheimer, 2018):

- Als als Grundvoraussetzung für Cloud Computing gilt eine serviceorientierte Architektur (SOA). Die Cloud-Dienste werden in der Regel über ein sogenanntes REST-API (Methode zur Kommunikation zwischen einem webbasierten Client und Server) angeboten.
- In einer Cloud-Umgebung teilen sich viele Anwender gemeinsame Ressourcen, die deshalb mandantenfähig sein muss.
- Es werden nur die Ressourcen bezahlt, die auch tatsächlich in Anspruch genommen wurden (Pay-per-Use-Modell), wobei es auch Flatrate-Modelle geben kann.

Die Service-Modelle stehen bedarfsweise in unterschiedlichen Organisations- bzw. Sicherungsformen zur Verfügung (Deployment Models):

- **Private Cloud**: Hierbei wird die Cloud-Infrastruktur nur für eine Institution betrieben. Sie kann von der Institution selbst oder einem Dritten organisiert und geführt werden und kann dabei im Rechenzentrum der eigenen Institution oder einer fremden Institution stehen.

- **Public Cloud**: Multi-Mandanten-Infrastrukturen erlauben es, dass Services von der Allgemeinheit oder einer großen Gruppe, beispielsweise einer ganzen Industriebranche, genutzt werden können. Die Services werden von einem Anbieter zur Verfügung gestellt.
- **Community Cloud**: Infrastruktur wird von mehreren Institutionen geteilt, die ähnliche Interessen haben. Eine solche Cloud kann von einer dieser Institutionen oder einem Dritten betrieben werden.
- **Hybrid Cloud**: Mehrere Cloud-Infrastrukturen, die für sich selbst eigenständig sind, werden über standardisierte Schnittstellen gemeinsam genutzt.
- **Multi-Cloud**: Sie besteht aus einer Anzahl unterschiedlicher Cloud-Anbieter mit verschiedenartigsten Ausprägungen (IaaS, PaaS, SaaS) und Deployment-Modellen (public, private, managed). Die Cloud-Umgebungen müssen Unternehmen dabei nicht zwangsläufig integrieren: Einzelne Services können Unternehmen auch auf Cloud-Micro-Services oder Plattformen gleichzeitig betreiben. Status quo haben immer noch viele Unternehmen einen umfangreichen Technologie-Stack-On-Premise (ERP, CRM) in eigenen Rechenzentren. Der Betrieb der Infrastruktur muss schon oft parallel auf Cloud-Modelle ausweichen, da erforderliche Rechenleistung fehlt und der Innovationsdruck steigt.

Ein einfaches Multi-Cloud-Szenario ist ein Anwendungsszenario bei einem Konsumgüterhersteller, der in einzelnen Abteilungen auf virtualisierte Desktops von *Citrix* oder *VMWare* und auf klassische Lizenzen für *SAP* (ERP), *Microsoft Office* oder auch ein CRM-System setzt. Andere Unternehmensbereiche setzen Laptops oder mobile Endgeräte ein, die überwiegend mit SaaS-Software operieren, etwa im Vertrieb (Hille, 2018). Dort würde der Laptop ohne virtuelles Betriebssystem auf Windows 10 laufen. Parallel hierzu gibt es Lizenzen für ein *SAP* (ERP), *Office* und das CRM-System von *Salesforce* oder *CAS* als Mobile-Sales-Szenario und als SaaS-Service, wofür jeweils nutzerbasierte Lizenzkosten anfallen. Das Management der mobilen Endgeräte erfolgt über *Mobileiron* aus der Cloud der *Deutschen Telekom*. Hierfür ist sicherzustellen, dass SaaS-Nutzer analog zu den virtualisierten Desktops eine einheitliche Datenbasis wie *Dropbox Business* nutzen und eine Kundenanwendung auf *AWS* betreiben, die als PIM Auskunft über aktuelle Produktinformationen, Kampagnen und einen Webshop bietet, der wiederum jeweils auf verschiedene Daten des eigenen Rechenzentrums oder anderer Cloud-Plattformen zugreift (Reinheimer, 2018). Geplant sind im konkreten Anwendungsfall noch zukünftig IoT-Anwendungen innerhalb von Logistik und Supply-Chain-Management (Warenbestandabfrage, Sperrbestände), die wiederum auf *Microsoft Azure* laufen. Um diese Lösungen erfolgreich betreiben zu können, sind Infrastruktur und IT-Ressourcen zentral zu verwalten und zu orchestrieren (Hille, 2018; vgl. Abbildung 10). Zugleich sind mehrfache Schnittstellen oder Integrationsarchitekturen erforderlich, um den Vernetzungsgrad hoch, übersichtlich und weiter skalierbar zu gestalten. Im Brennpunkt steht die optimale Abstimmung zwischen Integration, Orchestrierung und funktionaler Abdeckung einzelner Anwendungen. Die Integration und Konnektivität der einzelnen Anwendungen entscheidet letztlich über den Erfolg.

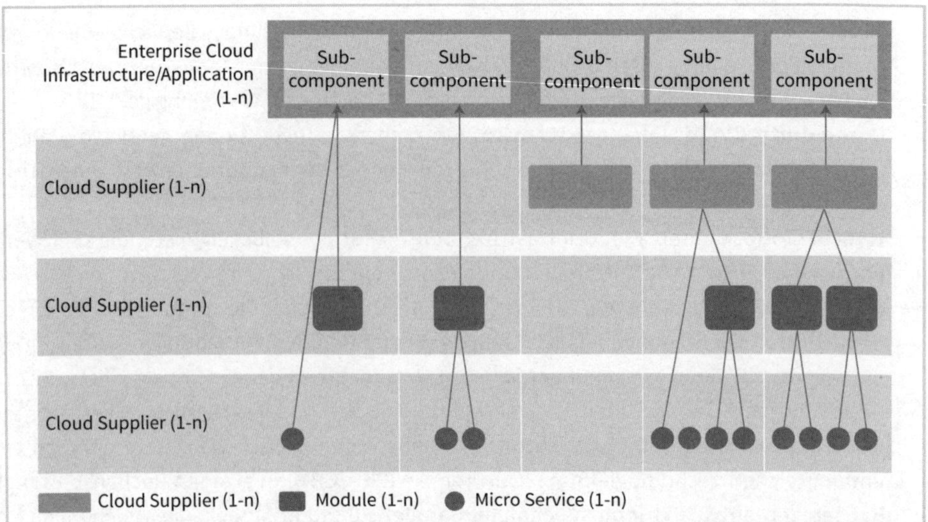

Abbildung 10 Multi-Cloud-Szenario mit Microservices (Reinheimer, 2018; Hille, 2018)

Grundsätzlich können drei verschiedene Kategorien von Servicemodellen unterschieden werden (vgl. Abbildung 11; Reinheimer, 2018; Erl, 2013):

- **Infrastructure as a Service** (IaaS): IT-Ressourcen wie z. B. Rechenleistung, Datenspeicher oder Netze werden als Dienst angeboten. Ein Cloud-Kunde kauft diese virtualisierten und in hohem Maß standardisierten Services und baut darauf eigene Services zum internen oder externen Gebrauch auf. So kann ein Cloud-Kunde z. B. Rechenleistung, Arbeitsspeicher und Datenspeicher anmieten und darauf ein Betriebssystem mit Anwendungen seiner Wahl laufen lassen.
- **Platform as a Service** (PaaS): Ein PaaS-Provider stellt eine komplette Infrastruktur bereit und bietet dem Kunden auf der Plattform standardisierte Schnittstellen an, die von Diensten des Kunden genutzt werden. So kann die Plattform z. B. Mandantenfähigkeit, Skalierbarkeit, Zugriffskontrolle, Datenbankzugriffe etc. als Service zur Verfügung stellen. Der Kunde hat keinen Zugriff auf die darunterliegenden Schichten (Betriebssystem, Hardware), er kann aber auf der Plattform eigene Anwendungen laufen lassen, für deren Entwicklung der Cloud Service Provider in der Regel eigene Werkzeuge anbietet.
- **Software as a Service** (SaaS): Sämtliche Angebote von Anwendungen, die den Kriterien des Cloud Computing entsprechen, fallen in diese Kategorie. Dem Angebotsspektrum sind hierbei keine Grenzen gesetzt, etwa im Bereich CRM, Finanzbuchhaltung, Textverarbeitung oder Kollaborationsanwendungen.

Die verschiedenen Servicemodelle unterscheiden sich auch im Einfluss des Kunden auf die Sicherheit der angebotenen Dienste. Während Kunden bei IaaS die volle Kontrolle über das IT-System vom Betriebssystem aufwärts haben (da alles innerhalb seines eigenen Verantwortungsbereichs betrieben wird), haben sie bei PaaS nur noch Kontrolle über ihre Anwendungen, die auf der Plattform laufen. Bei SaaS übergibt der Kunde praktisch die ganze Kontrolle an den Service Provider. Hybride Cloud-Architekturen lassen es zu, personenbezogene, schutzbedürftige Daten in privaten bzw. dedizierten Cloud-Umgebungen rechtssicher zu halten, während die Applikationsschicht aus einer Public Cloud bedient wird. Die Nutzung verschiedenartigster Anbieter und Servicemodelle erfordert auf Unternehmensseite die Etablierung eines **Multi-Cloud Management**. Die weitere Umsetzung von Multi-Cloud-Strategien wird durch die wachsende Anzahl sogenannter Microservices zusätzlich beschleunigt.

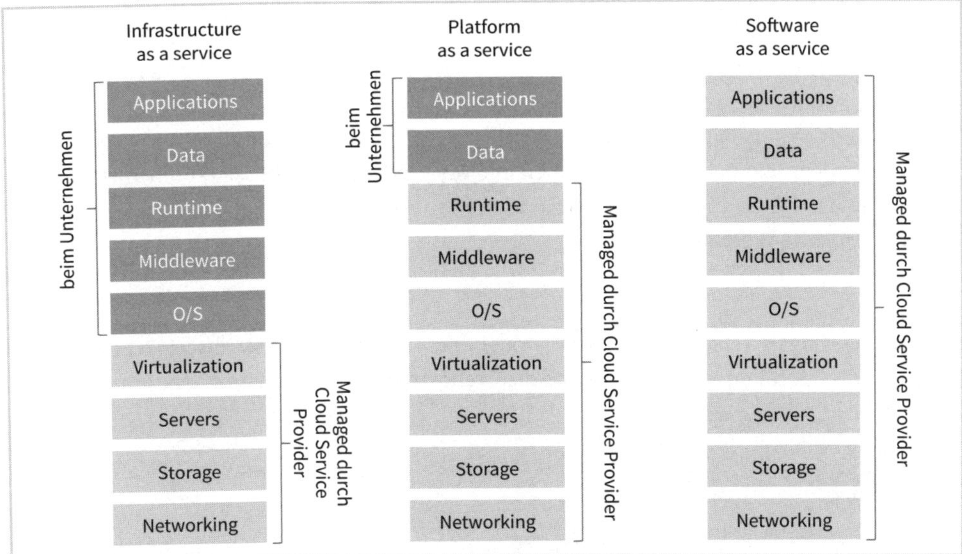

Abbildung 11 Servicemodelle in der Cloud (Reinheimer, 2018; Erl, 2013)

> *Microservices* sind ein Ansatz in der Software-Entwicklung, bei dem komplexe Anwendungssoftware aus einer Suite von kleinen, unabhängigen Services zusammengebaut wird (Wolff, 2018). Jedes Modul unterstützt ein bestimmtes Ziel und verwendet eine einfache, gut definierte Schnittstelle, um mit den anderen Modulen zu kommunizieren. Beispielsweise kann eine E-Commerce App eine Vielzahl von Microservices beinhalten, einen für die Login-Authentifizierung, einen anderen für den Lokalisierungsservice des stationären Händlers etc.

Microservices befinden sich in sogenannten **Containern**, die alle notwendigen Funktionen zum reibungslosen Ablauf dieser Microservices umfassen (Bibliotheken, Konfigurationsdateien etc.; vgl. Abbildung 12). Derartige Container sind leichtgewichtig, was den Ressourcenverbrauch reduziert, die Kosteneffizienz erhöht, ebenso wie die Portabilität zwischen verschiedenen Cloud-Plattformen. Für die Kommunikation zwischen den Containern kommen wiederum Application Programming Interfaces (APIs) zum Einsatz (Wolff, 2018). APIs erlauben Microservices die Zusammenarbeit im Sinne einer vollwertigen Anwendung, unabhängig davon, wo sie lokalisiert sind (selbst über multiple Cloud-Anbieter und Plattformen hinweg). Wenn eine Anwendung erneuert werden muss, wird nur der einzelne Microservice angepasst, statt zwangsweise ein Upgrade einer gesamten Anwendung durchführen zu müssen. Der Nachteil: Der Einsatz von Mikroservices steigert wiederum die Komplexität einer Anwendungslandschaft, da weitere Komponenten in einer Vielzahl an Umgebungen zum Einsatz kommen.

> Mit ***REWE Caro*** wird die künstliche Intelligenz von *Google® Assistant* zur Kochhilfe. Wer beispielsweise die KI auf dem Smartphone oder der *Google®* Home Box nach einem Rezept fragt, wird vom *Google®* Assistant und REWEs Kochhilfe *Caro* dann durch den Kochvorgang begleitet. *Caro* sucht nach Rezepten, liest Zutatenlisten vor und prüft etwa die Garzeit, wenn per Sprachbefehl eine Zeitschaltuhr aktiviert wird. Noch besser dürfte der Service werden, wenn man das Sortiment durchsuchen kann und die Zutaten gleich im Onlineshop kaufen kann. Mit konsequenter Nutzung einer modularen Software-Architektur und Microservices, die sich je nach Aufgaben mit Netzwerken, Sprachassistenten, Chatbots und Geräten (Internet of Things) verbinden lassen, können leicht neue Services und Features implementiert werden.

Für die Steuerung verschiedenartigster Microservices stehen **Service Meshs** wie *Istio* zur Verfügung, um das Container Management und die Orchestrierung der Services zu automatisieren.

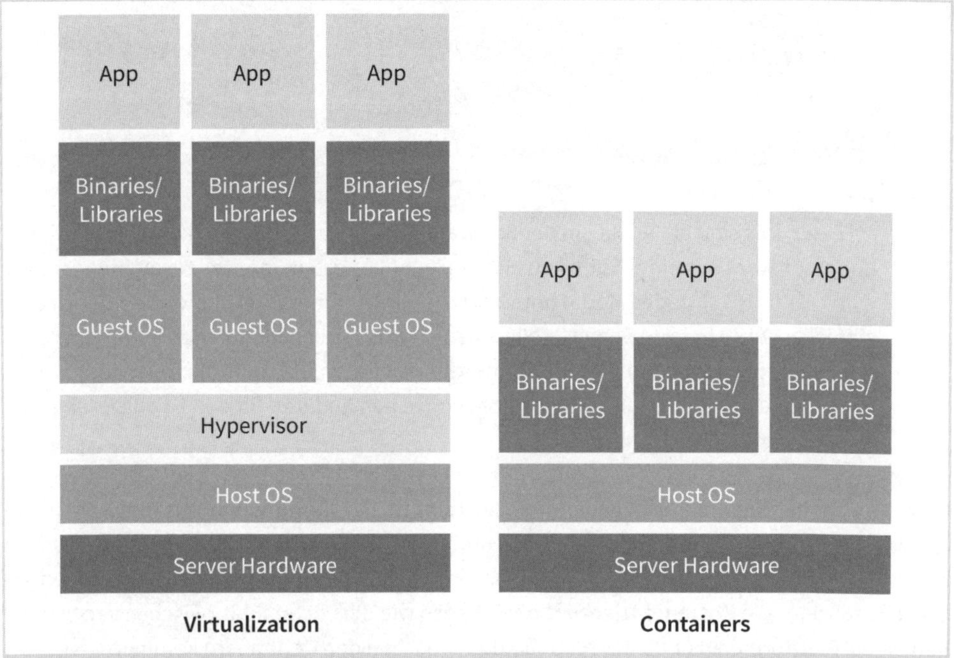

Abbildung 12 Prinzip von Microservices und Containern (Wolff, 2018)

Das am stärksten wachsende Ausführungsmodell eines Public Cloud Services ist **Serverless Computing**. Hier können Nutzer Anwendungen erstellen und ausführen ohne Rücksicht auf die darunterliegenden Server. Bei den häufig auch als »**Function as a Service**« (FaaS) bereitgestellten Produkten handelt es sich um kurzlebige Laufzeitumgebungen, die vom Provider dynamisch zugewiesen und skaliert werden. Zu den Anbietern für Serverless Computing zählen unter anderem *Microsoft* mit *Azure Functions*, *Amazon Web Services* mit *AWS Lambda*, *Google®* mit den *Cloud Functions* oder *IBM Cloud Functions*. Dabei erfordert Serverless Computing auch weiterhin Server (Köbler, 2017). Aus Anwendersicht werden diese allerdings weitergehend abstrahiert, als dies etwa bei Platform as a Service schon der Fall ist. Für Entwickler entfällt die Notwendigkeit, mit einer API der Plattform zu interagieren oder zusätzliche Ressourcen zuzuweisen bzw. freizugeben. Dementsprechend obliegt es dem Serviceanbieter, für die jeweilige Anwendung stets genügend Ressourcen zur Verfügung zu stellen. Als Form eines Utility Computing wird nach verbrauchten Ressourcen abgerechnet, sodass Kunden lediglich für tatsächlich verwendete Rechen- und Speicherressourcen zahlen.

In neuerer Zeit wird versucht über Edge Computing eine weitergehende Optimierung von Kapazitäten zu realisieren. Edge Computing bezeichnet im Gegensatz zum Cloud Computing die dezentrale Datenverarbeitung am Rand des Netzwerks, der sogenannten Edge.

> Beim **Edge Computing** werden Computer-Anwendungen, Daten und Dienste von zentralen Knoten (Rechenzentren) weg zu den äußeren Rändern eines Netzwerks verlagert. Anders ausgedrückt geht es darum, Datenströme ressourcenschonend zumindest teilweise an Ort und Stelle (etwa direkt innerhalb einer Fabrik) zu verarbeiten, aber trotzdem von den Vorteilen der Cloud zu profitieren (Buyya/Srirama, 2019; Al-Turjman, 2018).

Dieser Ansatz erfordert den Einsatz von Ressourcen, die nicht permanent mit einem Netzwerk verbunden sind, wie Controller, Smart Devices, Tabletcomputer und Sensoren. Edge Computing beinhaltet zahlreiche Technologien wie Sensornetze, mobile Datenerfassung, mobile Signaturanalyse, Peer-to-Peer- sowie Ad-hoc-Vernetzung. Dabei kann Edge Computing als Architekturkonzept für das Internet der Dinge (IoT) verwendet werden, die eine Verknüpfung eindeutig identifizierbarer physischer Objekte mit einer virtuellen Repräsentation in einer internetähnlichen Struktur herstellt. Die Vorteile liegen in einem signifikant verringerten zu übertragenden Datenvolumen, wodurch sich Übertragungskosten und Latenzen verringern und die Servicequalität insgesamt verbessert werden kann. Zentrale Rechenzentren als Flaschenhals für den Datentransfer und potenzielle Fehlerquellen werden seltener benötigt (Buyya/Srirama, 2019; Lea, 2018). Die Sicherheit verbessert sich ebenfalls, da verschlüsselte Dateien näher direkt am Netzwerkkern verarbeitet werden. Zudem erhöht die Fähigkeit zur Virtualisierung die Skalierbarkeit mit der Anzahl von Edge-Geräten im Netzwerk. Nachteile entstehen im Fall der Verarbeitung und Speicherung sehr hoher Datenmengen bzw. sofern der Rechen- oder Speicherbedarf eher unregelmäßig ist. Die Vorteile liegen in (Lea, 2018; Buyya/Srirama, 2019; Al-Turjman, 2018):

- **Realtime bzw. schnellere Datenübertragung und -Analyse**: Daten werden direkt an der Quelle verarbeitet, nicht in einem externen Daten-Center oder in der Cloud, was Verzögerungszeiten reduziert;
- **Geringere Kosten**: Es entstehen geringere Kosten für das Datenmanagement für lokale Anwendungen im Vergleich zu Cloud und Daten-Center-Netzwerken;
- **Reduzierung Datenvolumen im Netzwerk**: Mit der Zunahme an IoT-Devices werden die Datenübertragungsraten weiterhin steigen und die derzeitigen Aufkommen in der Cloud übertreffen und perspektivisch zu einem Flaschenhals werden;
- **Zunahme der Effizienz von Anwendungen**: Mit geringeren Latenzen können Anwendungen effizienter und schneller arbeiten.

Analysten rechnen damit, dass Edge Devices in den kommenden fünf Jahren immer leistungsfähiger werden. Dazu würden nicht nur neue Storage- und Compute-Komponenten beitragen, sondern auch spezialisierte KI-Chips, die deren Einsatzmöglichkeiten erweitern. Die Heterogenität der entstehenden IoT-Welten und die in der Regel langen Lebenszyklen von Industriesystemen machen auf der anderen Seite die Verwaltung schwieriger. Verbesserungen werden über die Kombination mit ausgereiften 5G-Mobilfunksystemem erwartet, insbesondere für die Kommunikation der Edge Devices mit zentralen Servern.

Für die Zukunft ist zu erwarten, dass die Grenzen zwischen verschiedenen Cloud-Servicetypen weitergehend verschwimmen werden. Das gilt vor allem für IaaS und PaaS. Die Funktionsbreite der Dienste nimmt weiter zu. Damit ebnet die Cloud den Weg für die nächste Welle disruptiver Technologien, die Unternehmen künftig einsetzen werden. Neben der verstärkten Nutzung von APIs sehen Analysten das Internet of Things (IoT), künstliche Intelligenz, Serverless Computing und Conversational UX als wichtigste Trendthemen. Container-Managementsysteme werden die Interoperabilität zwischen diversen Systemwelten erleichtern und etliche Integrationsprobleme lösen. Sie könnten sowohl On Premise, auf Public-IaaS-Plattformen oder auch in beiden Umgebungen gleichzeitig laufen. Zu empfehlen sind Container-Lösungen insbesondere Organisationen, die sich an einem DevOps-Ansatz orientieren und künftig eine Microservices-Architektur nutzen wollen. Analysten wie *Gartner* sehen Konzepte wie **Site Reliability Engineering** (SRE) am Beginn der Hype-Kurve. Hierunter versteht man eine Sammlung von Systemen und Software-Engineering-Prinzipien, die es im Rahmen von Projekten zur Digitalisierung erlauben, hochskalierbare und besonders stabile (resiliente) Anwendungen zu entwickeln und zu betreiben. SRE-Konzepte versprechen eine Balance zwischen einer schnellen Anpassbarkeit von Anwendungen auf der einen Seite und einer hohen Systemstabilität und -sicherheit auf der anderen Seite. Unternehmen kombinieren SRE-Ansätze in der Regel mit DevOps und agilen Entwicklungsmethoden. **Quantum Cloud Computing** wird perspektivisch aus Sicht aller Analysten die aktuell erreichbare Rechenleistung nochmals exponentiell erhöhen.

2.5 Künstliche Intelligenz – Automatisierung intelligenten Verhaltens

In der vergangenen Dekade hat ein Bündel von Technologien der künstlichen Intelligenz (KI) einen enormen Schub gegeben und als globaler Trend im Rahmen der zweiten Welle der Digitalisierung etabliert (Kuhlmann, 2018).

> **Künstliche Intelligenz** ist ganz allgemein der Überbegriff für alle Anwendungen, bei denen Maschinen menschenähnliche Intelligenzleistungen erbringen. Darunter fallen das maschinelle Lernen oder Machine Learning, das Verarbeiten natürlicher Sprache (NLP – Natural Language Processing) und Deep Learning. Die Grundidee besteht darin, durch Maschinen eine Annäherung an wichtige Funktionen des menschlichen Gehirns zu schaffen – Lernen, Urteilen und Problemlösen.

Das wirklich Neue ist weniger die Wahrnehmung/Eingabe von Daten, als vielmehr das Lernen und Verstehen. Echten KI-Systemen ist gemein, dass sie in der Verarbeitungskomponente trainiert werden und damit lernen können und so bessere Ergebnisse erzielen als herkömmliche Verfahren, die auf starren, klar definierten und fest programmierten Regelwerken basieren. Die eingängigsten Beispiele hierfür sind Sprach-, Text- und Bilderkennung. KI-Systeme erkennen nicht nur in einem Bild Buchstaben, sie wissen auch, was das Wort »Beschwerde« in einem eingescannten Brief bedeutet und können einen Beschwerdebearbeitungsprozess einleiten (Kuhlmann, 2018). Diese Systeme sind in ihren Bereichen leistungsfähiger als Menschen, für die es z. B. unmöglich wäre, Millionen Webseiten zu durchsuchen und gezielt die Bilder oder Fotos bereitzustellen, auf denen ein bestimmtes Objekt wie ein Pferd zu sehen ist.

> ***Bosch*** bietet seinen Kunden Produktionsassistenten in der Maschinensteuerung. Diese sind oftmals unmittelbar in Internet-of-Things-Geräten verbaut, sammeln Daten und werten diese aus bzw. unterstützen direkt die Steuerung von Robotern und Maschinenparks. Intelligente Assistenten bewältigen insbesondere einfache, monotone oder ergonomisch ungünstige Aufgaben. Roboter in der Fertigung können sich mithilfe von KI weitgehend selbstständig auf neue Anforderungen in Fertigungsprozessen einstellen und bilden somit einen wichtigen Faktor bei der massenhaften Herstellung von auf spezifische Kundenbedürfnisse maßgeschneiderte Produkte (Mass Customization; Bitkom/DFKI, 2017).
>
> ***Rocket Fuel Inc.*** setzt in den USA KI-Technologie zur Marketingautomatisierung ein. Personalisiert wird Werbung über verschiedene Kanäle an Kunden ausgespielt – über soziale Plattformen, Smartphone oder über Newsletter (Bitkom/DFKI, 2017). Zu diesem Zweck analysiert *Rocket Fuel* im Internet verfügbare Informationen, um Hinweise zu erhalten, welcher inhaltliche Kontext für Nutzer am interessantesten ist. Mit KI werden Muster in den Nutzerdaten identifiziert, um dann Werbung zum passenden Zeitpunkt und mit relevantem Inhalt anzubieten.

Affinitas, die Muttergesellschaft von *eDarling* als Dating-Plattform, optimiert zur effizienten Ansprache von Kunden automatisiert und mithilfe von KI die Betreff-Zeilen im E-Mail-Marketing. Das Ergebnis: zweistellige Verbesserungen in CTR und Conversions-Raten.

Die Warenhauskette ***real,-*** testet unter anderem das System *adpack*, das die Gesichter der Kunden im Kassenbereich analysiert und automatisch Alter und Geschlecht erkennt. Abhängig davon können dem Kunden zielgruppenspezifische Werbebotschaften gezeigt werden (Bitkom/DFKI, 2017).

Otto konnte durch den Einsatz von selbstlernender KI das Aufkommen von Retouren wirksam senken. Im Laufe der Zeit verbesserten sich Prognosen je nach Angebotsträger um 20–40 % und die Restbestände sanken zum Saisonende drastisch (Strauß, 2013). Außerdem ließen sich mit Prognosen über Retouren andere Maßnahmen bei *Otto* identifizieren, um das Sortiment und die Logistik zu optimieren. Über ein KI-basiertes Forderungsmanagement können von der E-Invoice über Mahnungen bis zum Inkasso alle Forderungsprozesse automatisiert werden. Die selbstlernende Software findet den besten Zeitpunkt und Kommunikationskanal, um die Wahrscheinlichkeit einer positiven Reaktion des Rechnungsempfängers (d. h. konkret die Begleichung der ausstehenden Rechnung) zu maximieren (Bitkom/DFKI, 2017).

Anwendungen wie Autonomes Fahren, Service-Roboter etc., aber auch intelligente, d. h. flexible Automatisierung von nicht nur wiederkehrenden, sondern auch von komplexen Tätigkeiten sind der »schwachen KI« zuzuordnen. Diese unterstützen beispielsweise die Erstellung juristischer Gutachten oder medizinischer Diagnosen als singuläre Anwendungsszenarien. »Starke KI« umschreibt den Zeitpunkt, zu dem IT-Systeme in der Lage sind, menschenähnlich (oder überlegen) zu denken und zu handeln und zwar vernetzt in vielen unterschiedlichen Bereichen (Russel/Norvig, 2012). Beispielsweise wäre ein solches System in der Lage, sowohl Menschen industriell zu unterstützen und gleichzeitig mit Kindern kreativ zu spielen. Fängt ein solches »superintelligentes System« an, sich fortlaufend selbst zu verbessern, dann ist der Zustand der Singularität erreicht, wo maschinelle Intelligenz zukünftig gesamthaft die menschliche Intelligenz überholt. So lernen beispielsweise explorativ-analysierende Algorithmen im Online-Buchhandel, dass es bestimmte Klassen von Büchern gibt, die von bestimmten Clustern von Kunden gekauft werden, ohne vorherige Vor-Kategorisierungen. Autonome Fahrzeuge können dadurch lernen, dass Menschen sie eine Zeit lang steuern. Mit diesem Verfahren wird auch das automatische Beschreiben (Labeln) von Bildern trainiert. Menschen ergänzen hierbei Bilder etwa mit der Information, ob ein Gesicht fröhlich oder traurig erscheint, und nach mehreren Tausenden Beispielen kann dann ein Algorithmus lernen, neue Bilder selbst zu klassifizieren (Russel/Norvig, 2012).

Responsive Suchanzeigen werden bei ***Google®*** mittels maschinellem Lernen ausgesteuert: Der Algorithmus lernt, welche Anzeigenkombinationen aus den Titeln und den Textzeilen bei verschiedenen Suchanfragen die besten Ergebnisse erzielen. Je nach Kontext sehen Nutzer, die dasselbe suchen, unter Umständen andere Anzeigen. Mithilfe dieser Maschine-Learning-Technologie konnte die Anzahl an Klicks um 15 % gesteigert werden.

Der Kassenhersteller ***NCR*** hat im Oktober 2018 *Stoplift Checkout Vision Systems* erworben. Wenn Kunden ihre Waren im Self-Checkout selbst scannen und gleich einpacken, stellt sich naturgemäß die Frage nach Diebstahl und Betrug. Mittels KI wertet das System die Videobilder klassischer Überwachungskameras aus und soll so betrügerisches Verhalten erkennen (Alaimo, 2018).

Die Automarke ***Lexus*** hat einen einminütigen Werbefilm »*Driven by Intuition*« vollständig von KI schreiben lassen. Dafür wurde ein KI-Drehbuchschreiber entwickelt, der mit Werkzeugen und Anwendungen von IBM Watson arbeitet (Herrmann, 2018). Das Skript ging dann an einen Regisseur, der es als Kurzdrama verfilmte: Im Mittelpunkt steht der Takumi-Meister von *Lexus*, der nach vollendeter Arbeit den neuen *Lexus ES* in die Welt entlässt. Dort aber droht dem Automobil die Zerstörung. Verhindern kann das der automatische Notbremsassistent. Der Film betont damit die Bedeutung der intuitiven Fahrzeugtechnik *Lexus Safety System+*. Die künstliche Intelligenz wurde nach Unternehmensangaben mit preisgekrönten Automobil- und Luxuswerbungen gefüttert, die Preise in Cannes gewonnen haben. Dazu kamen Daten von *Unruly*, um zu verstehen, was Zuschauer anspricht und wie Aktionen, Objekte, Orte und Emotionalität in verschiedenen Kombinationen und Sequenzen verwendet werden, um die gewünschten Botschaften zu vermitteln. Um die Vorlieben intuitiv agierender Menschen beim Thema Autowerbung kennenzulernen, flossen außerdem die Ergebnisse einer Studie von *Mind X* (*University of New South Wales*) ein. Um die Austauschbarkeit mit anderen Automobilmarken zu verhindern, flossen ebenfalls Kerndaten und Markenwerte der Marke *Lexus* ein (Herrmann, 2018). Das Ergebnis: ein KI-Drehbuch, reich an menschlichen Emotionen, das sich nicht von einem konventionellen, von Menschen geschriebenen Skript unterscheiden lässt, mit einer überraschenden emotionalen Tiefe, während das menschliche Verhalten mit einem gesunden Zynismus betrachtet wird, wie beispielsweise die Gewohnheit, Katastrophen auf dem Bildschirm zu betrachten.

Erst die Methoden des maschinellen Lernens beschleunigten die Entwicklung des Natural Language Processing (NLP), zu deren wichtigsten Aufgaben die optische Zeichenerkennung (OCR), Übersetzungen zwischen unterschiedlichen Sprachen, die automatische Beantwortung natürlichsprachlicher Fragen und die Spracherkennung selbst zählen. Expertensysteme als Teilsegment der KI präsentieren sich als Computerprogramme, die Handlungsempfehlungen aus einer Wissensbasis ableiten (Rey/Wender, 2010). Über Wenn-dann-Beziehungen kann menschliches Wissen (Zusammenhänge) für Computer verständlich dargestellt werden (Wissensbasis). Ein Expertensystem enthält die Funktionalität, um die Wissensbasis zu erstellen und zu verbessern (Wissenserwerbskomponente), zu verarbeiten (Problemlösungskomponente) und dem Nutzer verständlich zu machen (Erklärungskomponente).

Oft wird maschinelles Lernen mit KI gleichgesetzt, was strenggenommen jedoch ein Werkzeug unter vielen der KI ist (vgl. Abbildung 13).

> **Maschinelles Lernen** (ML) subsumiert alle Verfahren, bei denen Computer-Algorithmen aus Daten lernen, beispielsweise Muster zu erkennen oder gewünschte Verhaltensweisen zu zeigen, ohne dass jeder Einzelfall explizit programmiert wurde.

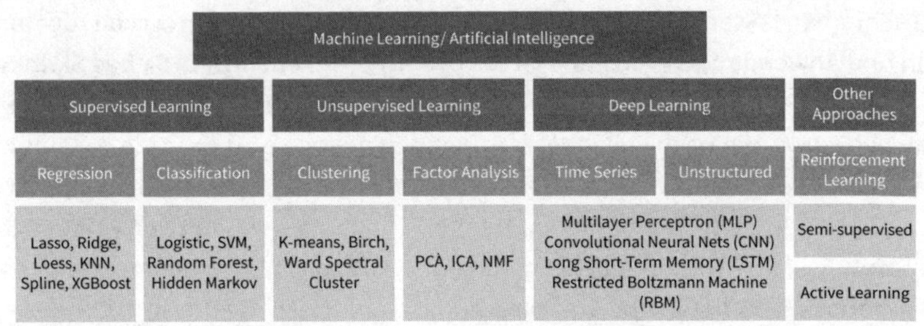

Abbildung 13 Klassifizierung unterschiedlicher Formen Künstlicher Intelligenz im Machine Learning (JP Morgan, 2018)

Supervised Learning (überwachtes Lernen) stellt eines von drei zentralen Ansätzen des Machine Learning dar. Im Rahmen eines angeleiteten Verfahrens werden Trainingsdaten mit annotierter Gruppenzugehörigkeit für den Aufbau eines Modells bereitgestellt.

> Beim **Supervised Learning** versucht ein Lernalgorithmus eine Hypothese zu finden, die möglichst zielsichere Voraussagen trifft. Unter Hypothese ist dabei eine Abbildung zu verstehen, die jedem Eingabewert den vermuteten Ausgabewert zuordnet. Die Methode richtet sich also nach einer im Vorhinein festgelegten zu lernenden Ausgabe, deren Ergebnisse bekannt sind. Die Ergebnisse des Lernprozesses können mit den bekannten, richtigen Ergebnissen verglichen, also »überwacht«, werden (Kuhlmann, 2018).

Die Gruppeneinordnung neuer Daten basiert auf einer statistischen Prognose. Ziel ist es, Daten, die durch den Nutzenden vorgegeben sind, bei denen aber nicht jeder Datensatz manuell bewertet werden kann, einer Klasse oder Gruppierung zuzuordnen (etwa Kreditbewilligung abhängig von Kredithöhe und Bonität). Die Kernaufgabe besteht darin, ein Modell mithilfe von Beispieldaten so aufzubauen, dass es die Zuordnung anschließend selbstständig übernimmt. Diese Beispieldaten enthalten unterschiedliche Features (Eigenschaften), die dazu führen, dass sie einer definierten Gruppe zugeordnet werden. Der Algorithmus zum Modellaufbau erhält während des Trainings einen Datenkorpus, der die zu gruppierenden Daten enthält sowie auch deren Zuordnung zu einer Gruppe. Verallgemeinert gesagt, lernt der Algorithmus daraus, welche Features zu welcher Gruppe gehören (analog zu einer Diskriminanzanalyse). Die Zugehörigkeit neuer, unbekannter Daten wird dann auf Basis des trainierten Modells geschätzt (Kuhlmann, 2018). Je besser das Modell ist, desto zuverlässiger ist die Schätzung. Der Vorteil besteht darin, dass Algorithmen verwendet werden, die auch bei kleinen Datenmengen zu guten Ergebnissen führen können. Für das Supervised Learning können Regressions- und Klassifikationsverfahren verwendet werden. Im Falle einer Regression wird ein Trend in den Gruppen der Modelldaten ermittelt. Typische Regressionen sind die Linear Regression und die Random Forest Regression. Bei einer Klassifikation wird ein Datensatz einer Gruppe zugeordnet (Russel/Norvig, 2012). Für Klassifikationen verwendet man etwa die Support Vector Machine (SVM) oder den Naive Bayes Klassifikator. Einsatzgebiete finden sich z. B. bei der Generierung von Empfehlungen, etwa bei Filmtiteln, Produkten oder in sozialen Netzwerken. Hierbei werden Feature von Artikeln (z. B. Farbe), Filmtiteln (z. B. Genre) und anderen Mitglieder eines Netzwerkes (z. B. Beruf) mit den Daten des Nutzenden verglichen. Zusätzlich kommt es bei der automatischen Klassifizierung von Texten zum Einsatz, wobei diese einem Thema (z. B. Wirtschaft) zugeordnet werden. In der Bilderkennung ist der Ansatz ebenfalls zu finden, um beispielsweise eine Verschlagwortung des Bildinhaltes zu generieren (z. B. Katze, Tisch).

> Der schwedische Modekonzern ***H&M*** hat im Herbst 2018 mehrere Millionen EUR in das Londoner Männermode-Start-up *Thread* investiert, das persönliche Stylisten mit Technologie und künstlicher Intelligenz verbindet, um Männern Einkauf und Styling zu erleichtern (Preuss, 2018). *H&M CO:LAB* hatte bereits einige innovative Start-ups wie *Aday* und *Worn Again* finanziert, die auf Technologie oder auch auf Nachhaltigkeit setzen. *Thread* fungiert als persönlicher Stylist und benutzt einen Algorithmus, um *Thread*-Kunden Styles, Marken und Größen anzubieten, die persönlich auf sie abgestimmt sind. Kunden melden sich an und beschreiben ihre Vorlieben, die dann verwendet werden, um ihnen Mode zu präsentieren, die diesen bestmöglich entspricht (Preuss, 2018). Mithilfe künstlicher Intelligenz soll etwa Kleidung an einem Modell sichtbar werden, das so aussieht wie man selbst, oder die Information in der Beschreibung eines Artikels, dass man groß ist und dass einem diese Schuhe z. B. gut stehen werden. Dabei helfen persönliche Stylisten, die von künstlicher Intelligenz unterstützt werden. Seit seiner Gründung im Jahr 2012 ist *Thread* auf über eine Million Nutzer angewachsen, die von einem Team von 100 Mitarbeitern betreut sowie von über 500 Marken bedient werden (Preuss, 2018).

Unsupervised Learning ist ein Verfahren, bei dem feste Muster in Daten ermittelt werden. Eine Gruppierung der Daten ist hier initial nicht vorhanden.

Beim **Unsupervised Learning** stehen zu Beginn keine bekannten Zielwerte sowie eine Belohnung durch die Umwelt fest. Vielmehr wird im Rahmen der explorativen Datenanalyse versucht, in den Eingabedaten Muster zu erkennen, die von einem strukturlosen Rauschen abweichen (Kuhlmann, 2018). Ein künstliches neuronales Netz etwa orientiert sich an der Ähnlichkeit zu den Inputwerten und adaptiert die Gewichte entsprechend.

Im Kern geht es darum, unbekannte Strukturen und Beziehungen zwischen Daten zu ermitteln. Die Gruppierung und Aufteilung der einzelnen Datensätze ist initial unbekannt, sodass eine erste Gruppierung das Ziel des Verfahrens ist. Die Algorithmen müssen explorativ selbstständig Strukturen (Cluster) finden. Ziel des Lernens ist der Aufbau eines Modells, mit dessen Hilfe Daten zu den vorhandenen Clustern zugeordnet werden können. Die Anzahl und Art der Cluster ändert sich mit den zugrundeliegenden Daten des Corpus (Russel/Norvig, 2012). In der Regel schätzt ein Unsupervised-Learning-Verfahren nicht nur neue Daten, sondern integriert diese in das eigene Modell (Kuhlmann, 2018). Für den Aufbau eines stabilen Datenmodells sind hier größere Datenmengen erforderlich. Im Bereich des Unsupervised Learning wurden verschiedene Algorithmen entwickelt bzw. erweitert. Zu den bekanntesten gehören das K-Means Clustering, das Gaussian Mixture Model und die neuronalen Netzwerke. Anwendung finden diese Verfahren unter anderem in der Textanalyse (Text Mining), bei der inhaltliche und semantische Informationen extrahiert werden (Russel/Norvig, 2012). Analog werden Unsupervised-Learning-Verfahren in der Sprachanalyse eingesetzt, aber auch in der automatischen Bilderkennung und -verarbeitung.

»Deep Learning« als Teilbereich des maschinellen Lernens hingegen fokussiert auf komplexere Anwendungsszenarien.

> **Deep Learning** bezeichnet eine Klasse von Optimierungsmethoden ***künstlicher neuronaler Netze***, die zahlreiche Zwischenlagen (sogenannte hidden layers) zwischen Eingabeschicht und Ausgabeschicht haben und dadurch eine umfangreiche innere Struktur aufweisen (Kuhlmann, 2018). In Erweiterungen der Lernalgorithmen für Netzstrukturen mit sehr wenigen oder keinen Zwischenlagen (wie beim einlagigen Perzeptron), ermöglichen die Methoden des Deep Learning auch bei zahlreichen Zwischenlagen einen stabilen Lernerfolg.

Künstliche neuronale Netze basieren meist auf der Vernetzung vieler Neuronen oder leichter Abwandlungen davon. Die Topologie eines Netzes (die Zuordnung von Verbindungen zu Knoten) muss abhängig von seiner Aufgabe konzipiert sein (Kuhlmann, 2018). Nach der Konstruktion eines Netzes folgt die Trainingsphase, in der das Netz »lernt«. Theoretisch kann ein neuronales Netz Methoden erlernen wie:

- Entwicklung neuer Verbindungen;
- Löschen existierender Verbindungen;
- Ändern der Gewichtung (der Gewichte von einem Neuron zu einem anderen);
- Anpassen der Schwellenwerte der Neuronen (sofern diese Schwellenwerte besitzen);
- Hinzufügen oder Löschen von Neuronen;
- Modifikation von Aktivierungs-, Propagierungs- oder Ausgabefunktion.

Im Rahmen einer programmatischen Werbekampagne setzte beispielsweise der Lieferdienst ***Foodora*** neuronale Netze und KI-basierte Inferenzen ein, um in definierten Wachstumsmärkten dauerhaft neue Kunden zu erreichen und zu binden. Das Marketingteam von *Foodora* hat dafür ein zusätzliches Budget in eine laufende Display-Kampagne investiert. Mithilfe der Daten von konvertierenden Nutzern sowie einem KI-basierten Look-alike Modeling wurden neue Kunden erkannt, die bisher nicht zur Kernzielgruppe des Unternehmens gehörten. Auf diese Weise konnte der Lieferdienst in wenigen Tagen über 3,7 Millionen Neukunden ansprechen und langfristig den Kundenstamm ausbauen. Nach einem kurzfristigen Werbe-Boost lagen die täglichen Conversions um 69 % höher als vorher. Anfang 2019 werden nach der Übernahme des Deutschland-Geschäfts von *Delivery Hero* deren hiesige Marken *Lieferheld*, *Foodora* und *Pizza.de* abgeschafft und nur noch auf *Lieferando* fokussiert.

Praktisch gesehen »lernt« ein Netz hauptsächlich durch Modifikation der Gewichte der Neuronen. Dadurch sind neuronale Netze in der Lage, komplizierte nichtlineare Funktionen über einen »Lern«-Algorithmus, der durch iterative oder rekursive Vorgehensweise aus vorhandenen Eingangs- und gewünschten Ausgangswerten alle Parameter der Funktion zu bestimmen versucht, zu erlernen (Russel/Norvig, 2012). Im Gegensatz zum Machine Learning sind beim Cognitive Learning die lernenden Algorithmen nicht vorbestimmt, sondern es werden offene Algorithmen auf einem höheren, abstrakteren Niveau eingesetzt (Patanjali, 2018). Vereinfacht gesagt bilden diese Systeme aus den erkannten Mustern in den Datenbeständen Hypothesen zu Strukturen und Aussagen, die dann mit Wahrscheinlichkeiten und Hypothesen etwa bei *Watson* (*IBM*) validiert werden (Winkelhake, 2017).

Reinforcement Learning setzt auf die Strategie natürlichen Lernens und steht für eine Reihe von Methoden des maschinellen Lernens, bei denen ein Agent selbstständig eine Strategie erlernt, um erhaltene Belohnungen zu maximieren. Dabei wird dem Agenten nicht vorgezeigt, welche Aktion in welcher Situation die beste ist, sondern er erhält zu bestimmten Zeitpunkten eine Belohnung, die auch negativ sein kann (Kuhlmann, 2018). Anhand dieser Belohnungen approximiert er eine Nutzenfunktion, die beschreibt, welchen Wert ein bestimmter Zustand oder eine Aktion hat.

Lernen kann hier mit einer Art Konditionierung verglichen werden, bei dem das System »belohnt« wird, wenn es richtig reagiert hat, und »bestraft«, wenn das Ergebnis nicht der Erwartung entspricht (Russel/Norvig, 2012). Damit versuchen die Modelle des bestärkenden Lernens das Lernverhalten in der Natur nachzubilden. Vereinfacht beschrieben befindet sich der als Agent bezeichnete Lernprozess in einer Umgebung, die eine distinkte endliche Menge an Status und Aktionen besitzt. Zu jedem gegebenen Zeitpunkt ermittelt der Agent den Zustand der Umgebung und reagiert mit einer der vorhandenen Aktionen darauf. Die Umgebung reagiert auf die Aktion und »belohnt« oder »bestraft« die Aktion des Agenten. Diese Reaktion der Umgebung nimmt der Agent auf und passt das Verhalten bei künftigen Entscheidungen an. Eine »Belohnung« bestärkt dabei die Ausführung der Aktion, eine »Bestrafung« führt zur Änderung künftiger Entscheidungen des Agenten, analog zu einem Hundetraining. Das System bzw. der Agent befinden sich in einem sogenannten Markov Decision Process, in dem die Umgebung, die Status und die Aktionen festgelegt sind. Es bringt den Agenten dazu, herauszufinden, wie dieser zu einer maximalen »Belohnung« gelangt (Kuhlmann, 2018). Die Entwicklung eines Reinforcement Learning Systems ist auf unterschiedlichen Wegen möglich. Oft kommt dabei das Q-Learning zum Einsatz. Hier ist es das Ziel, eine Richtlinie zu lernen, die einem Agenten sagt, welche Aktion unter welchen Umständen zu ergreifen ist. Das »natürliche« Lernen soll zu einem berechenbaren Verhalten führen, das auf die Menschen und Situationen im Umfeld reagiert. Darüber hinaus soll ein selbstständig agierendes System entstehen, dass keine menschliche Kontrolle mehr benötigt, etwa in der Robotik und der Logistik-Planung. In Umgebungen, die das System bzw. der Agent nicht kennt, ist der Einsatz nicht möglich, da es weder über den geeigneten Status noch die erwarteten Aktionen verfügt, die für eine andere Umgebung notwendig sind (Russel/Norvig, 2012).

Amazon versucht schon seit 2014, mit KI den Einstellungsprozess zu optimieren (Dastin, 2018). Die Idee: maschinell aus 100 Bewerbungen die besten fünf Kandidaten zu selektieren. Ein Jahr später bemerkten die Verantwortlichen dann aber einen folgenschweren Fehler: Die künstliche Intelligenz benachteiligte Frauen. Das Problem lag hier, wie so häufig, bei den Trainingsdaten, anhand derer die KI lernen sollte, welche Bewerber *Amazon* gern einstellen würde. Die KI-Modelle wurden anhand von Bewerbungen trainiert, die innerhalb der letzten zehn Jahre bei *Amazon* eingegangen waren – die meisten davon kamen allerdings von Männern. Ein offensichtliches Muster, aus dem das System folgerte, dass Männer die bevorzugten Kandidaten waren. Die *Amazon*-Entwickler versuchten, entgegenzuwirken und die entsprechenden Begriffe wie »Frauen-Schachclub« als neutral zu definieren. Anfang 2017 löste *Amazon* das Team auf, nachdem alle Hoffnungen für das Projekt verloren waren. Personalentscheidungen wurden offenbar nie allein aufgrund des Systems getroffen (Dastin, 2018).

Musterbeispiel für eine KI-gestützte Bewerbungsmanagement-Anwendung ist die zu *Google®* gehörende Recruiting-App *Hire*. Mithilfe von KI analysiert ***Hire*** automatisch die Begriffe in einer Stellenbeschreibung und hebt sie in den Lebensläufen der Bewerber hervor – einschließlich Synonymen und Akronymen. Die Anwendung vergleicht geforderte Fähigkeiten mit Angaben in Bewerbungen. Treffer werden automatisch hervorgehoben. Geplante Interviews mit Bewerbern in *Hire* sind mit dem Zeitplan des Interviewers in seinem *Google®* Kalender verknüpft. *Hire* nutzt KI, um für den Interviewer die passenden Zeitfenster zu finden. Kann ein Interviewer kurzfristig den Termin nicht wahrnehmen, schlägt die KI in *Hire* direkt einen passenden Ersatz vor. Gleichzeitig kann die Kandidaten-Pipeline in *Hire* analysiert und in *Google®*-Tabellen visualisiert werden. Mit einer Click-to-Call-Funktion werden Telefongespräche mit Bewerbern vereinfacht und Anrufe automatisch protokolliert, sodass Teammitglieder wissen, wer mit einem Kandidaten gesprochen hat. Neben der KI-basierten Textanalyse von *Hire* bieten Lösungen wie *Precire* Sprachanalysen, um Bewerbertelefonate intelligent auszuwerten.

Es wird erwartet, dass Machine Learning unter dem Begriff **Augmented Business Intelligence** direkt in Software-Anwendungen wie CRM und ERP eingehen wird, um hier vollständig integriert autonome Datenanalysen durchzuführen und als Next Best Action auch Schlussfolgerungen zu präsentieren. Die KI-Technologielandkarte besteht derzeit aus drei Hauptgruppen (Büst, 2017):

- **Cloud-Machine-Learning-Plattformen** wie *Azure Machine Learning*, *AWS Machine Learning* oder *Google® Machine Learning*. Mit ihnen können Unternehmen ein »Machine Learning Model« mithilfe proprietärer Technologien direkt nutzen. Das heißt aber auch: Außer bei *Google® Cloud ML*, das auf *Tensorflow* setzt, und *AWS Machine Learning* lassen sich mit den meisten Cloud-ML-Services KI-Applikationen auf Basis von etwa *Theano*, *Torch*, *Tensorflow* oder *Caffe* nicht ausführen. Damit liegen hier wiederum proprietäre Anwendungen vor.
- **KI-Cloud-Services** wie *Microsoft Cognitive Services*, *Google® Cloud Vision* oder Natural Language APIs. Mit ihnen können Unternehmen direkt komplexe KI-Fähigkeiten anhand einer einfachen API aufrufen. So können sie selbst Applikationen mit KI-Fähigkeiten entwickeln, ohne in die dafür notwendigen KI-Infrastrukturen investieren zu müssen.
- **Technologien für Private- und Public-Cloud-Umgebungen**: etwa Public-Cloud-Umgebungen wie *Amazon Web Services* oder auf Private-Cloud-Umgebungen wie *Openstack* oder *VMware*. Mit ihnen können Unternehmen auf Basis einer »General KI« kontextübergreifende, KI-basierte Geschäftsmodelle entwickeln und betreiben.

Studien und Analysen erwarten, dass der KI-Einsatz auch die klassische Software-Entwicklung verändern wird. Brauchten Entwickler bislang oft einen Data Scientist, um bestimmte Aufgaben zu lösen, können diese mit vordefinierten Modellen, die als Service ausgeliefert werden, künftig weitgehend autark arbeiten und auf ein Ökosystem aus KI-Algorithmen und -Modellen zurückgreifen. Ergänzt wird dies durch moderne Entwicklungstools, die auf die Integration von KI-Features zugeschnitten sind. Im Software-Entwicklungsprozess selbst können weitere KI-gestützte Funktionen helfen, die beispielsweise das Testing neuer Anwendungen (Test-Man) automatisieren. Marktforscher erwarten, dass bis 2022 mindestens 40 % aller Software-Entwicklungsprojekte von Teams gesteuert werden, die auch mit KI-Spezialisten durchsetzt sind. Weiter gedacht eröffnet dieses Anwendungsszenario das Entstehen eines »Citizen Application Developer«, der ohne ausgeprägte Programmier- oder gar KI-Kenntnisse künftig eigenständig neue Software-Lösungen entwickeln kann.

2.6 Blockchain – Abschied von zentralen Governance-Modellen

Die Blockchain ist als Distributed-Ledger-Technologie im Grunde nichts weiter als ein dezentrales Protokoll für Transaktionen zwischen Parteien, das jede Veränderung auf der Seite aller Beteiligten transparent erfasst. Dezentral bedeutet hierbei, dass das Protokoll – bildlich gesprochen eine riesige Datenbank – nicht auf einem Server oder bei einem Unternehmen liegt (wie bei *Facebook*), sondern über viele Computer verteilt ist. War es bislang ein Hauptbuch, das für die Verwaltung aller Einzelheiten einer Transaktion zuständig war, tritt nun eine transparente Datenbank an seine Stelle. Jede Information, die von dem System erfasst wird, ist verifizierbar (Drescher, 2017). Die Notwendigkeit einer zentralen Autorität, die für die Echtheit der Daten bürgt, entfällt also. Die

Blockchain ist damit ein neutrales System der Informationsverarbeitung, das niemandem gehört und aufgrund der Redundanz der verteilten Datenhaltung nur extrem schwer zu manipulieren oder zu hacken ist. In einem dezentralen System, wie es die Blockchain ist, gibt es keinen zentralen Verwalter mehr, der sagt, was »richtig« und was »falsch« ist (Ali et al., 2018).

Transaktionen können dabei jede Art von Information sein. Die Parteien sind die Teilnehmer, die an einer auf Blockchain basierenden Lösung teilnehmen und den jeweiligen Regeln der Blockchain folgen. Sie ermöglicht Transaktionen direkt zwischen den Teilnehmern ohne Einbezug eines kostenpflichtigen Intermediär. Dadurch werden auch potenzielle Friktionen wie marktbeherrschende Stellungen verhindert. Die Transparenz der Blockchain, also dem Journal oder der Datenbank, entsteht dadurch, dass das Journal ständig durch ein Netzwerk sogenannter **Miner** kontrolliert wird (Drescher, 2017). Miner verifizieren Block für Block die hinterlegten Informationen und teilen sie im Netzwerk, in dem jeder Teilnehmer Zugriff auf dieselbe Blockchain hat. Miner betreiben und sichern das Netzwerk ab, indem sie mehrere Transaktionen zusammenfassen und validieren. Neue Transaktionen werden in einem neuen Block dokumentiert und an das Ende der Kette angehängt. Mit jedem neuen Block aktualisiert sich die Kette auf jedem Knoten im Blockchain-Netz. Damit verfügt jeder Teilnehmer des Netzwerks über die gleichen Informationen und Voraussetzungen, um am System teilzunehmen und neue Informationen hinzuzufügen. Miner kann grundsätzlich jeder sein, der die quelloffene Software herunterlädt und seine Rechnerkapazität zur Verfügung stellt.

Im einfachsten Anwendungsbeispiel besteht eine Blockchain aus einer Reihe von Datenblöcken, in denen jeweils eine oder mehrere Transaktionen zusammengefasst und mit einer Prüfsumme versehen sind, d. h., sie werden jeweils paarweise zu einem Hash-Baum zusammengefasst (vgl. Abbildung 14). Die Wurzel des Baumes wird dann im zugehörigen Header gespeichert. Der gesamte Header wird dann ebenfalls gehasht; dieser Wert wird im nachfolgenden Header abgespeichert.

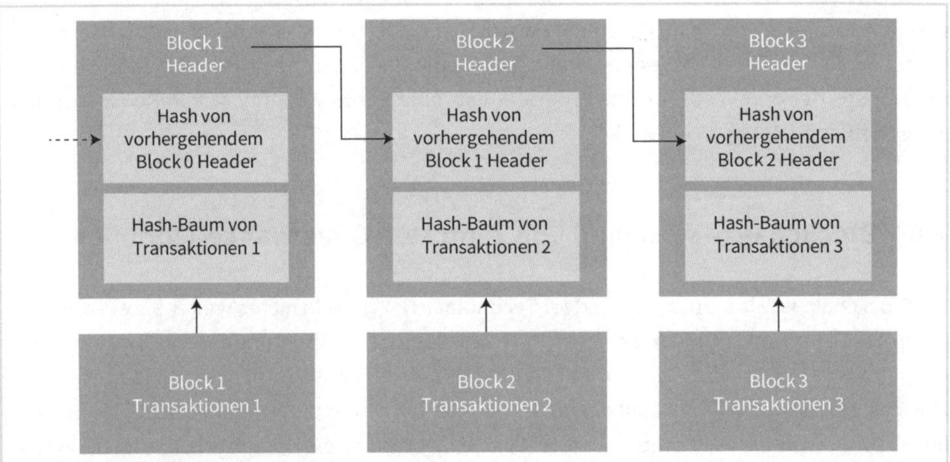

Abbildung 14 Logische Repräsentation einer Blockchain

So wird sichergestellt, dass keine Transaktion verändert werden kann, ohne den zugehörigen Header und alle nachfolgenden Blöcke ebenfalls zu ändern. Durch die aufeinander aufbauende Speicherung von Daten in einer Blockchain können diese nicht nachträglich geändert werden, ohne die Integrität des Gesamtsystems zu beschädigen. Hierdurch wird die Manipulation von Daten erheblich erschwert. Der dezentrale Konsensmechanismus ersetzt die Notwendigkeit einer vertrauenswürdigen dritten Instanz zur Integritätsbestätigung von Transaktionen. Neue Blöcke werden über ein Konsensverfahren geschaffen und anschließend an die Blockchain angehängt.

Vielfältige Anwendungsgebiete sind für die Blockchain denkbar. Beispielsweise in der Musikindustrie, wenn es um das Verwalten von Rechten geht. Ein auf Blockchain basierender Musikdienst ist ein öffentliches dezentrales Musikgeschäft, in dem keine Plattenverträge mehr nötig sind, Künstler die Rechte an der eigenen Musik verwalten und ebenso die Bedingungen für die Nutzung der Musik festlegen. Das Verhältnis zwischen Fan und Künstler verändert sich in diesem System dramatisch. Fans könnten an der Unterstützung der Künstler und dem Verbreiten von Musik partizipieren und damit Teil des Erfolges sein.

> Einen weltweiten digitalen Handel mit Fernsehrechten, Filmen und Serien, aber auch mit Shows und Produktionsaufträgen will Wissens-TV-Produzent ***Welt der Wunder*** starten – auf Basis der Blockchain, welche die Mittlerrolle übernehmen wird (Schwegler, 2018). Über die Blockchain sollen auch im internationalen Medienlizenzhandel alle gespeicherten Daten so gut wie unangreifbar für virtuelle Angriffe werden. Sie sind dennoch überall abgreifbar und – wie es der Blockchain eigen ist – mit der plattformeigenen Kryptowährung Micro Licensing Coin (MILC) bezahlbar. Smart Contracts, die in der Blockchain angelegt und verwaltet werden, dienen als virtuelles Abbild realer Verträge und umfassen alle wichtigen Vertragsnormen. Zum geplanten Start des MILC-Projektes soll der Vertrieb von fertigen Sendungen und Bildmaterial im Mittelpunkt stehen. Als Zielgruppe peilt *Welt der Wunder* Nachrichtenseiten, Streamingdienste und Unterhaltungsportale genauso wie klassische Sender an. *Welt der Wunder* bringt sein eigenes Programmvermögen ein – mehr als 5.000 Stunden Broadcast-Material sowie mehrere Zehntausend Videoclips für die Nutzung auf Onlineportalen. Ziel: Vereinfachung und Standardisierung des Lizenzhandels und damit einhergehend deutliche Kostensenkungen. Die Zahlungsströme sollen über die MILC-Blockchain abgebildet und sicher verwaltet werden. Damit wird der gesamte Lizenzhandel dezentralisiert und digitalisiert.

Smart Contracts, die auf der Blockchain-Technologie basieren, ermöglichen automatische Verträge, die bei bestimmten Ereignissen in Kraft treten. Dabei benötigen diese keine menschliche Überwachung. Das kann für Entwickler interessant sein, um Lizenzen zu vergeben oder sichere Anwendungen zu entwickeln. Unabhängig von dritten Parteien (wie etwa Notaren) können damit Verträge geschlossen werden und trotzdem Rechtssicherheit gewährleistet werden.

Gleichzeitig erlauben Smart Contracts das automatische Inkrafttreten von Verträgen unter bestimmten Bedingungen, ähnlich einer »If ... then«-Bedingung.

Damit weist die Blockchain erhebliche Vorteile im Vergleich zu einer zentralisierten Datenhaltung und Governance-Modellen auf (Ali et al., 2018):

- **Integrität der Daten**: Durch das Hashing in der Blockchain wird es nahezu unmöglich, Daten zu ändern. Ist es einmal im Konsens verifiziert worden, sind die Daten unveränderbar und jeder Änderungsversuch kann nachvollzogen werden.
- **Zuverlässigkeit**: Da Blockchains keinen zentralen Fehlerpunkt haben, ist es fast unmöglich, dass diese ausfallen könnte. Hierdurch kann es Angriffen von außen leicht standhalten. Im Disaster Recovery verfügt jedes System über eine vielfache Kopie der Daten.
- **Geschwindigkeit und Speicherung**: Die Blockchain speichert im (fast) Echtzeitbereich die Daten. Dies erlaubt aktuelles und auch schnelles Austauschen auch größerer Informationsmengen.
- **Analyse und Transparenz**: Durch das unveränderbare und nachvollziehbare System der Blockchain wird es möglich, Transaktionen und deren Auswirkungen auf die verschiedenen Vertragspartner sichtbar zu machen. Das hilft sowohl in Bezug auf die Transparenz als auch bei Analysen.

> Der Payment-Technologieanbieter ***Wirecard*** bietet die Nachverfolgung von Lieferketten mittels Blockchain-Technologien. Grundlage ist eine universell einsetzbare Supply-Chain-Plattform, bei der die Prozesse zwischen Produzenten, Spediteuren, Lieferanten und Händlern über Smart Contracts in einer privaten Blockchain von den jeweiligen Marktteilnehmern geregelt werden (Fröhlich, 2018). Angepasst an die jeweiligen Märkte soll der Handel von Rohstoffen wie Kaffee, Öl oder Stahl von der Vertragsgestaltung bis hin zur sicheren Zahlungsabwicklung in einer dezentralen Datenbank unter Ausschluss aller Zwischenhändler abgebildet werden.
>
> Die *Global Alliance of Merchants on the Blockchain* (***Gamb.io***) wird 2019 in den Wettbewerb mit zentralisierten Marktplätzen wie *Amazon* oder *Zalando* treten. Über einen Marktplatz für Händler, über den diese selbst bestimmen können, werden Smart Contracts in einer öffentlichen Blockchain abgelegt und gesichert. In diesen Verträgen definieren die an *Gamb.io* teilnehmenden Händler die Strukturen, Regeln und das Preismodell des Marktplatzes selbst (Fröhlich, 2018). Die Händler sind selbst Teil der Blockchain, indem sie entweder beim Initial Coin Offering (ICO) oder später über eine Handelsbörse ein »GMB« erwerben, ein Token der *Gamb.io*-Blockchain. Über dieses Token erhalten sie ein Stimmrecht für die weitere Ausgestaltung des Marktplatzes, der für alle Händler offen ist und Anbindungen an alle gängigen Shop-Systeme vorsieht.

Wie alle Blockchains ist auch die Bitcoin-Blockchain eine dezentral organisierte Datenbank, die von mehreren Parteien betrieben wird (vgl. Abbildung 15). In ihr sind alle bisherigen Transaktionen in »verketteten« Blöcken dokumentiert, neue Transaktionen werden in neuen Blöcken hinzugefügt.

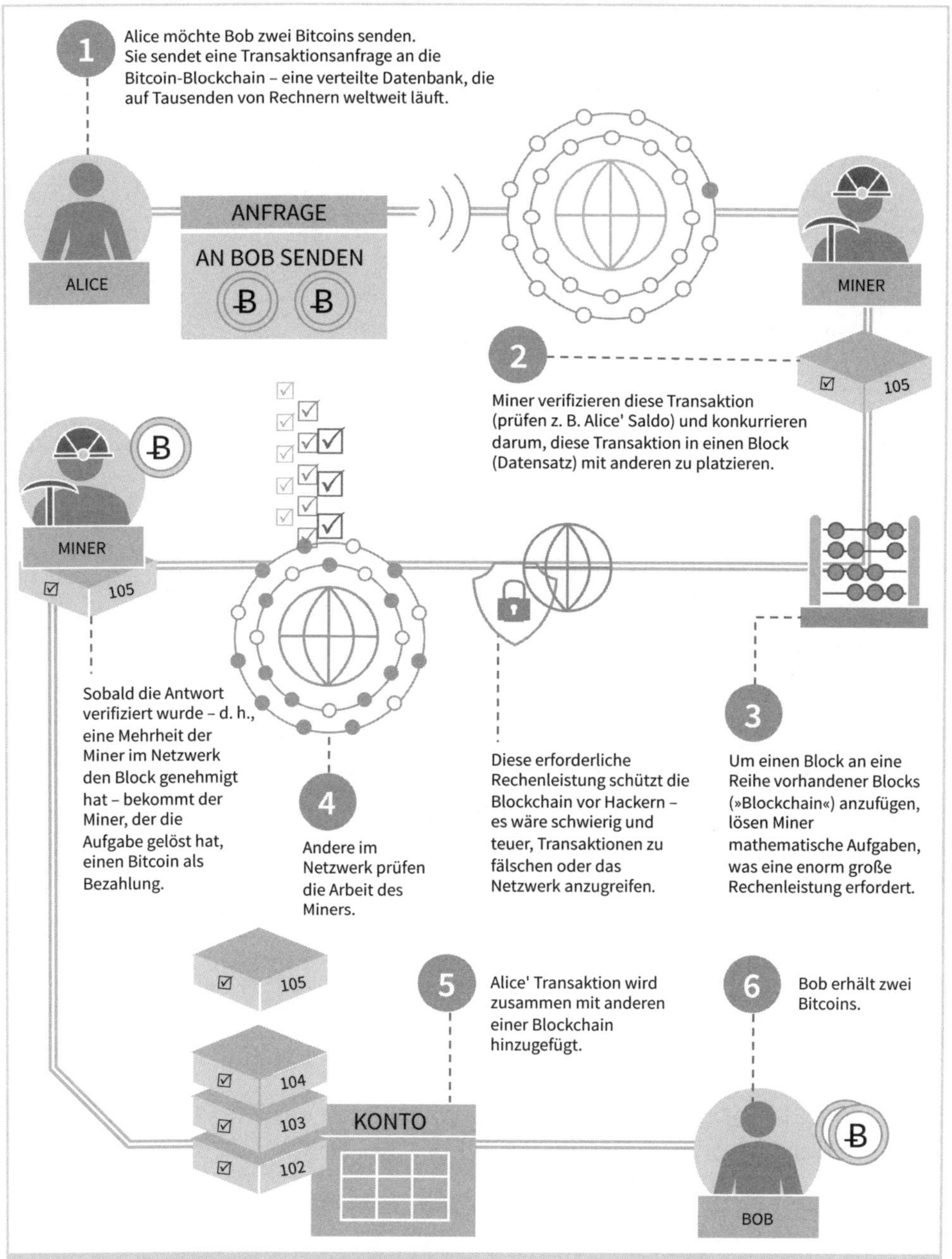

Abbildung 15 Ablauf einer Bitcoin-Transaktion (schematisch)

Die Netzwerkteilnehmer verwalten die dezentrale Bitcoin-Datenbank anhand des zugehörigen Protokolls und tätigen Bitcoin-Transaktionen. Als Sender und Empfänger sind sie Teilnehmer des Netzwerks und können jederzeit nachvollziehen, wie viele Bitcoins von wo nach wo transferiert wurden; die hinter den Adressen stehenden Personen allerdings bleiben anonym. Miner (vgl. Abbildung 15) betreiben und sichern das Bitcoin-Netzwerk, indem sie mehrere Transaktionen zusammenfassen und validieren. Neue Transaktionen werden in einem neuen Block dokumentiert und an das Ende der Kette angehängt. Mit jedem neuen Block aktualisiert sich die Kette auf jedem Knoten im Blockchain-Netz. Damit verfügt jeder Teilnehmer des Netzwerks über die gleichen Informationen und Voraussetzungen, um am System teilzunehmen und neue Informationen hinzuzufügen. Bitcoin-Konten können mithilfe einer virtuellen Wallet verwaltet werden. Die Wallet generiert ein Schlüsselpaar, bestehend aus einem privaten und einem öffentlichen Schlüssel. Der öffentliche Schlüssel (Public Key) wird in eine öffentliche Adresse umgewandelt, in die für jeden sichtbare »Kontonummer«. Der private Schlüssel (Private Key) wird nicht offengelegt. Er ist Teil einer digitalen Unterschrift, mit der jede Transaktion zu signieren ist. Die nahezu unendlich große Anzahl möglicher Schlüssel macht es beinahe unmöglich, einen solchen zu »erraten«.

Eine Bitcoin-Transaktion erfordert jeweils:

- die öffentliche Adresse des Empfängerkontos;
- den Überweisungsbetrag;
- die öffentliche Adresse des Senderkontos;
- den Private Key zu dieser öffentlichen Adresse, um Transaktionen ausgehend von diesem Konto zu signieren.

Weitergehende Informationen wie Kartennummern, Namen oder Adressen sind nicht erforderlich. Die Teilnehmer wickeln ihre Transaktionen zudem ohne Intermediäre ab. Neu angestoßene Transaktionen werden mithilfe der Miner an die Blockchain angehängt. Hierzu fassen die Miner Transaktionen eines bestimmten Zeitraums zusammen und versuchen, einen neuen Block zu erzeugen. Dieser neue Block wird über ein spezielles Konsensverfahren geschaffen. Im Falle der Bitcoin-Blockchain muss für die Erzeugung des neuen Blocks eine kryptografische Aufgabe gelöst werden. Dazu wenden die Miner unter anderem die Hash-Funktion SHA-256 an. Hierfür benötigen sie als Input (vgl. Abbildung 16):

- den Previous Hash (256 Bit): aktuellster Block der Blockchain als Anknüpfungspunkt;
- die Merkle Root: ein Wert, der durch paarweises »Hashen« der einzuwebenden Transaktionen mithilfe eines Hash-Baums/Merkle Tree erzeugt wird. Beim letzten Hash-Wert handelt es sich um den Root Hash/Merkle Root;
- die Nonce: frei wählbarer Wert, um sicherzustellen, dass eine Lösung gefunden werden kann (Variable, nach der die Aufgabe aufgelöst werden muss).

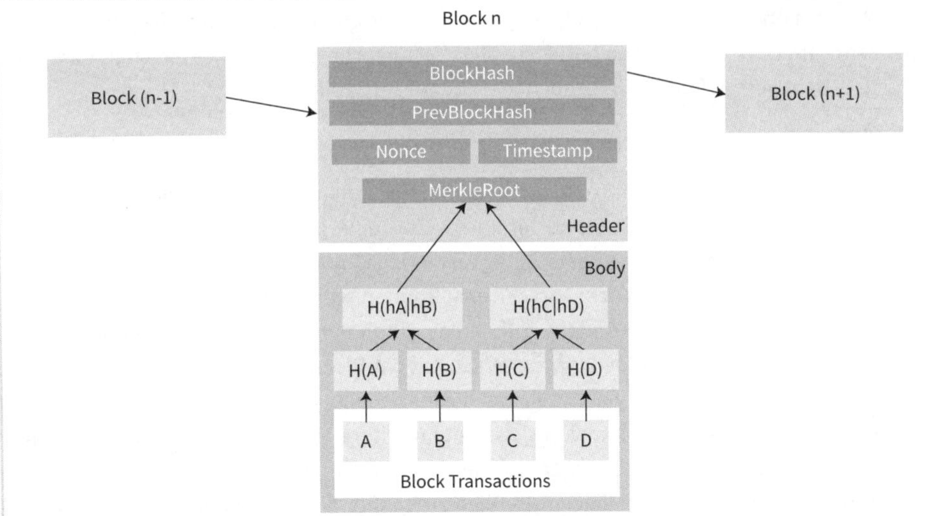

Abbildung 16 Block-Header-Felder und Merkle Tree zur Speicherung von Transaktionen in einem Block (Ali et al., 2018)

Ergebnis muss laut Bitcoin-Protokoll ein neuer Hash sein, bei dem die ersten 17 Bits mit Nullen belegt sind. Dieser neue Hash ist nur zu finden, indem die Miner-Rechner so lange herumprobieren und immer wieder die Nonce austauschen, bis die Aufgabe gelöst ist. Dieses ausgesprochen rechenintensive Konsensverfahren wird »Proof of Work« (PoW) genannt. Der Miner, der zuerst den neuen Hash errechnet, veröffentlicht den Block im Netzwerk. In diesem Moment prüfen die an der Blockchain beteiligten Knoten, ob der neu erzeugte Block valide ist (Phase 4, Abbildung 15). Das ist dann der Fall, wenn die verwendeten Input-Größen (»Previous Hash« und eingewebte Transaktionen) gemeinsam mit der gewählten Nonce den neuen Hashwert ergeben. Die Prüfung dieser Tatsache – d. h. das Nachrechnen der gelösten Aufgabe – dauert lediglich den Bruchteil einer Sekunde, wohingegen das Finden einer Lösung mehrere Minuten in Anspruch nehmen kann. Miner werden für den Erhalt des Netzes durch Bereitstellung von Rechenleistung und Erzeugung neuer Blöcke belohnt. Derjenige Miner, der zuerst den nächsten Block erzeugt, erhält unter anderem eine protokollarisch festgelegte Belohnung von derzeit 12,5 Bitcoin.

> Die meisten Lieferketten, also der Weg des frischen Produkts vom Erzeuger in den Laden, hängen noch in manuellen Prozessen fest. Deshalb ist es schwer bis unmöglich, Auslöser für Probleme (z. B. eine Verunreinigung mit E.Coli) zu lokalisieren und auszumerzen. ***Walmart*** nutzt nun die für diesen Anwendungsfall entwickelte *Food Trust Solution* – und fordert dies auch von seinen Zulieferern: Statt alles in Excel-Tabellen auf Papier einzutragen, müssen ab spätestens September 2019 alle *Walmart*-Lieferanten von Obst und Gemüse ihre Prozesse in die Blockchain verlegen. Davon verspricht sich *Walmart* mehr Geschwindigkeit und Transparenz (Chargen-Rückverfolgbarkeit) innerhalb der Lieferkette. Das Ergebnis klingt verlockend: Bevor der Prozess zur Blockchain verschoben wurde, dauerte es durch-

schnittlich sieben Tage, um die Nahrungsquelle zu verfolgen. Dank Blockchain wurde dieser Zeitraum auf 2,2 Sekunden reduziert. Dies verringert die Wahrscheinlichkeit, dass infizierte Lebensmittel den Endverbraucher erreichen, erheblich.

Den Vorteilen der Blockchain zum Trotz bestehen Restriktionen etwa in Anwendungsbereichen von Bitcoins, in denen viele Teilnehmer in kurzer Zeit eine ganze Reihe von Transaktionen durchführen wollen, ohne auf eine Bestätigung warten zu können. Eine Lösung für dieses Problem besteht im **Lightning-Network**: Micro-Transaktionen werden hier nicht mehr alle direkt auf der Blockchain abgebildet, sondern »off chain« durch ein Netzwerk an Zahlungskanälen geroutet, von denen jeder einzelne kryptografisch mit der Blockchain verbunden ist und durch diese abgesichert wird (Poon/Dryja, 2016). Ziel dieses Second-Layer-Protokolls ist es, die Zahl gleichzeitiger Bitcoin-Transaktionen von sieben auf mehrere Millionen pro Sekunde zu skalieren und damit die Geschwindigkeit einer Transaktion von zehn Minuten auf wenige Sekunden zu reduzieren, die Gebühren im Millicent-Bereich zu halten, die Privatsphäre von Sender und Empfänger zu schützen und Bitcoins gleichzeitig zu alltagstauglichem digitalen Geld zu machen. Die Grundidee: Solange nur zwei Parteien an ihrem wechselseitigen Geldfluss Interesse haben, besteht keine Notwendigkeit, dem gesamten Bitcoin-Netzwerk davon »zu erzählen«. Stattdessen wird zu einem späteren Zeitpunkt nur der Endbetrag in der Blockchain vermerkt. Wenn eine Geldtransaktion beabsichtigt wird, muss zunächst über das Lightning-Netzwerk ein Zahlungskanal geöffnet werden und dieser mit Bitcoins aufgeladen werden. Diese Bitcoins werden mit einem Smart Contract in der Blockchain geblockt. Solange der Zahlungskanal offen ist, können die Bitcoins über den Zahlungskanal verschickt oder von anderen Sendern empfangen werden. Wird der Kanal geschlossen, wird das Saldo (und nur dieses) aller bis dahin ausgetauschten Bitcoin-Transaktionen zurück in die Blockchain geschrieben und die geblockten Bitcoins entsprechend des Saldos für alle »Kanalpartner« wieder freigegeben. Da jeder Kanal sowohl von Sender- als auch Empfängerseite jederzeit geschlossen werden kann, kann auch das »Kanalsaldo« jederzeit in Blockchain-Guthaben zurückgewandelt werden. Damit entsteht eine echte Bitcoin-Transaktion, auch wenn die einzelnen (Zwischen-) Transaktionen nicht in der Blockchain stehen. Im Idealfall wird der Zahlungskanal gar nicht erst geschlossen, sondern bildet wiederum ein eigenes, wachsendes Netzwerk (Poon/Dryja, 2016).

B. Der Blick zurück: Ursachen für das Platzen der »Internetblase« im Jahr 2000

1 Problemanalyse: das Phänomen der E-Business-Paradoxie

Der Blick zurück kann dabei helfen, aus den Erfahrungen der Vergangenheit zu lernen und Fehler nicht abermals zu wiederholen. So war das Digital Engagement aus der Perspektive der Unternehmen trotz einer Vielzahl von Erfahrungen und Weiterentwicklungen über die letzten fast 30 Jahre oftmals durch zwei gegenläufige Entwicklungen geprägt. Einerseits wurde die **Euphorie** genährt

- durch die vielfach in Theorie und Praxis beschriebenen und erzielten herausragenden Nutzenpotenziale wie niedrigere Kosten, Durchlaufzeiten, die Erschließung neuer Absatzmärkte etc. (Jelassi/Enders, 2008); dieser Effekt wird vor allem durch Mobile Business und die hiermit möglichen Anwendungsszenarien wie Location Based Services weiter alimentiert (Faber/Prestin, 2012);
- durch das von Unternehmen artikulierte verstärkte Digital Engagement und die über die letzten 20 Jahre gewonnenen Erfahrungen;
- durch die zunehmende Internet- und Online-Nutzung durch Konsumenten mit einem Internetnutzungsgrad von mehr als 90 % der Bevölkerung und die über die Jahre tatsächlich (und nicht nur in hehren Prognosen) realisierten steigenden Online-Umsätze sowie
- die damit einhergehenden weiterhin hohen Investitionsvolumina in digitale und mobile Anwendungsszenarien, moderne IT-Anwendungen oder auch effizientere Prozesse.

Anderseits herrscht in vielen Unternehmen nach wie vor **Skepsis und Ernüchterung**, weil

- die tatsächlich realisierten Erfolge in vielen Unternehmen bislang teilweise noch deutlich hinter den zunächst euphorischen Erwartungen zurückgeblieben sind;
- in der Zwischenzeit viele Umsetzungsprojekte nicht oder nur in geringem Umfang die initial avisierten Ziele erreicht haben – bzw. teilweise unter Abschreibung erheblicher Kosten eingestellt worden sind;
- nach wie vor eine Vielzahl an Hürden existieren – wie etwa unzureichende eigene Kompetenzen, ausufernde Realisierungskosten oder auch Sicherheitsfragen (wie Datensicherheit, Online-Payments) sowie
- die Unsicherheit hinsichtlich der fairen Bewertung der weiteren Erfolgsaussichten und damit die Investitionsrisiken nach wie vor nicht vollends beseitigt sind.

Eine solche gegenläufige Entwicklung soll hier als **Paradoxie des E-Business** beschrieben werden (Weiber/Krämer, 2001).

2 Ursachen der E-Business-Paradoxie und das Platzen der Internetblase

Projektbeispiele sowie zahlreiche empirische Untersuchungen zeigen, dass sowohl die Gründe für die Paradoxie des E-Business als auch für das Platzen der »Internetblase« in den Jahren 2000/2001 vielschichtig sind (vgl. Abbildung 17). Auf der einen Seite wurde die Bereitschaft der Kunden zur Nutzung des Internets sowohl als Einkaufs- als auch als Informationsmedium gerade in der Anfangszeit des Internets zu euphorisch eingeschätzt (**Prognoseprobleme**): Der Diffusionsprozess der Nutzung internetbasierter Anwendungen auf breiter Basis hat sich als deutlich länger erwiesen, als in den Hype-Phasen initial prognostiziert. Hohen Investitionen steht zu Beginn kein direkter Return on Investment gegenüber, da sich entlang der gesamten Wertschöpfungskette sowohl in Bezug auf Endkunden als auch auf Geschäftsbeziehungen zwischen Unternehmen neue Technologien und Anwendungen erst schrittweise durchsetzen müssen. Teilweise ist es hier erforderlich, dass Schwellenwerte beim Marktanteil und in der Akzeptanz (sogenannte *kritische Masse*, Schoder, 1995) überschritten werden müssen, um eine breite Anwendung und nachhaltige Markterfolge zu generieren. Ein Beispiel für eine zu euphorische Prognose findet sich hinsichtlich der Bereitschaft zu webbasierten Transaktionen bei hochkomplexen, finanzintensiven und stark erklärungsbedürftigen Produkten (etwa Lebensversicherungen). Auf der Seite der Konsumenten realisiert sich eine bereits für das Jahr 2000 erwartete Internetpenetration von mehr als 50 % der Bevölkerung erst mit einer Verzögerung von mehr als vier Jahren. Gleichzeitig konnte die Vielzahl werbebasierter Geschäftsmodelle die in sie gesetzten Erwartungen unter anderem aufgrund des Preisverfalls für Online-Werbung zunächst nicht annähernd erfüllen: Die Preise für Online-Werbung waren mit dem Platzen der »Dot-Com-Blase«, der zunächst nur unzureichenden Nachweisbarkeit der Werbeeffizienz sowie des sich herausbildenden Überangebotes an Werbemöglichkeiten teilweise um weit mehr als die Hälfte gesunken. Ähnliche Fehleinschätzungen fanden sich zu Beginn hinsichtlich des Umfangs notwendiger IT- und Prozessanpassungen etwa zur Nutzung elektronischer Marktplätze oder des elektronischen Einkaufs (E-Procurement).

Neben Fehlprognosen fanden sich selbst bei Unternehmen mit hohen Investitionsvolumina erhebliche **konzeptionelle und strategische Schwächen**. Beispielsweise wurden im Versicherungsbereich oftmals enorme Investitionen getätigt, ohne über eine eigenständige Internetstrategie zu verfügen bzw. diese Strategie auch mithilfe eines Business Case zu fundieren oder diesen spezifischen Strategieansatz zu einem integralen Bestandteil der gesamten Unternehmensstrategie zu machen. Sensitivitätsanalysen zur Überprüfung der Auswirkungen bereits geringfügiger Veränderungen einiger weniger Haupteinflussgrößen auf die finanzwirtschaftlichen Kenngrößen waren meist unterblieben. Für viele Unternehmen war die erste Phase im E-Business eher durch wenig präzise Aussagen und Plattitüden wie der »Erschließung neuer Märkte« anstelle konkreter Zielvorgaben wie der »Erhöhung der Kundenzufriedenheit um x %« oder »Steigerung des Umsatzes um y Mio. EUR« geprägt. Selbst für den selteneren Fall, dass entsprechende Strategien und Konzeptionen entwickelt worden sind, waren diese oftmals durch eine Kombination aus aufwendiger Analytik mit geringer Umsetzungsrelevanz gekennzeichnet oder fokussierten nur auf einzelne Funktional- und Aufgabenbereiche (wie kreatives Webdesign). In Folge blieben diese (Teil-)Konzeptionen im Rahmen der Umsetzung oft unbeachtet und das Vorgehen hat sich stärker an den Notwendigkeiten des operativen Tagesgeschäftes bzw. der Intuition der Beteiligten ausgerichtet. Auf dieser nur unzureichenden konzeptionellen Grundlage stand den herausragenden Potenzialen nur eine spärliche tatsächliche Nutzung der medialen Eigenschaften des Mediums (wie Interaktivität, Individualisierung, Multimedialität) gegenüber. Mehrwerte wurden Kunden im Vergleich mit herkömmlichen Angebots- bzw. Verkaufsformen kaum angeboten. Selbst wenn die Potenziale realisiert werden konnten, wurden diese durch entsprechende Aktivitäten von **Wettbewerbern** meist kurzfristig kompensiert (Strauß, 2013).

Abbildung 17 Ursachen der E-Business-Paradoxie (Strauß, 2013; Gay/Charlesworth/Esen, 2007)

Eine Ursache für konzeptionelle und strategische Schwächen kann auf die zu Beginn fehlende und für technische Innovationen im Bereich von IT-Netzwerken typische *Bandbreitenspirale* zurückgeführt werden: Durch den technischen Fortschritt werden Bandbreiten erhöht und neue Anwendungen ermöglicht. Diese neuen Anwendungen wiederum erzeugen eine starke Nachfrage und Unternehmen können – für einen gewissen Zeitraum – Skaleneffekte realisieren. Die gestiegene Nachfrage und der einhergehend sinkende Preis machen wiederum höhere Übertragungsbandbreiten erforderlich, die wiederum weitere, tendenziell aufwendigere – und für Nutzer wiederum interessantere – Anwendungen ermöglichen. Die Folge: Die Anwendungen werden stärker genutzt und werden für eine größere Anzahl an Nutzern wiederum interessant. Diese Spirale sorgt wie ein sich selbstorganisierendes System für mehr und aufwendigere Anwendungen, erfordert höhere Bandbreiten, generiert als Sogwirkung wiederum mehr Nutzer und damit weiteres Marktwachstum.

Fehlende, wenig abgesicherte bzw. wenig umsetzungsrelevante konzeptionelle Grundlagen haben bewirkt, dass Implementierungen damit zunächst nur in sehr beschränkten und spezifischen Ausprägungen innerhalb einzelner Funktionalbereiche durchgeführt worden sind (**fehlende Integration**). In der Konsequenz entstand eine Vielzahl unterschiedlicher Anwendungen und Systeme mit nicht integrierten Insellösungen sowie Konkurrenzen zwischen unterschiedlichen Funktionalbereichen, etwa zwischen Service und Vertrieb. Eine integrative Betrachtung der Einsatzpotenziale über die gesamte Wertschöpfungskette vom Einkauf über die Produktion bis zum Vertrieb (wie etwa in der Automobilindustrie) blieb in den meisten Fällen ein hehres Wunschziel. Über alle Transformationsprojekte hinweg zeigt es sich, dass »*it is never too early to think integration*« (Henningson/Nishu, 2019, S. 201).

Selbst für den Fall, dass Erfolge in den Unternehmen bereits realisiert werden konnten, ließen sich diese meist nur unzureichend nachweisen. Derartige **Nachweisprobleme** entstanden sowohl durch **Messprobleme** als auch durch **zeitliche Verzögerungen** zwischen Ursache und Wirkung. Die **Zurechenbarkeit** und die **Messbarkeit** der Erfolge eines E-Business-Engagements wurden gleichfalls durch das Fehlen adäquater Verfahren erschwert. So führten die hohe Komplexität sowie die zwischen verschiedenen Einflussfaktoren bestehenden Interdependenzen dazu, dass sich (innerbetriebliche) Effizienzsteigerungen kaum auf eine eindeutige Investitionsmaßnahme zurückführen lassen konnten. Weitere Probleme traten in vielen Unternehmen bei der Frage auf, inwieweit Umsätze dem neuen elektronischen Medium oder eher den bestehenden Vertriebsstrukturen zugerechnet werden mussten. Auch musste sich die Entwicklung spezifischer Controlling-Instrumente – etwa von Kennzahlensystemen – über die Zeit noch weiter ausdifferenzieren: Analog zum *GRP* (*Gross Reach in Percent*), als Messgröße für den Werbedruck in der klassischen TV-Mediaplanung, mussten methodisch abgesicherte und in der breiten Masse eingesetzte Messgrößen zunächst entwickelt werden und sich als allgemeingültige »Währung« durchsetzen.

> Projekte im Automobilbereich zeigen, dass das Internet zwar sehr oft als Informationsplattform zur Sammlung von Informationen und Konfiguration von unterschiedlichen Anbietern genutzt wird, der Kaufabschluss durch den derart vorinformierten Kunden jedoch aufgrund der Höhe des finanzwirtschaftlichen Engagements ohne Nutzung des Web aktuell noch weiter persönlich beim stationären Händler erfolgen wird. Ebenso sind viele Automobilhersteller noch durch eine fehlende Wertschöpfungsketten-Integration geprägt: Anstatt die Autokonfiguration eines Nutzers inkl. seiner Nutzerdaten direkt an den ihm entweder geografisch am nächsten gelegenen Händler bzw. den durch ihn in der Historie präferierten Händler durchzureichen, werden die qualifizierten Anfragen (Leads) auch heute noch häufig zentral erfasst und nur manuell an einen Händler weiter prozessiert. Da Automobilhersteller in vielen Fällen nicht über die Kundendaten verfügen (diese sind im Eigentum jedes einzelnen, rechtlich selbstständigen Händlers), kann für die Zuordnung einer Autokonfiguration bzw. einer Probefahrt weder auf Kundenstammdaten noch auf historische Präferenzen (Attribute) eines Kunden zugegriffen werden. Erfolge eines

Digital Enagements können konsequenterweise kaum mit konkreten Abverkäufen untermauert bzw. nachverfolgt werden.

Zeitliche Verzögerungen zwischen Ursache und Wirkung (**Time Lags**) sind schließlich dann aufgetreten, wenn Unternehmen erst schrittweise E-Business zu nutzen lernten bzw. sich dies entsprechend erst in einer späteren Phase des Investitionszyklus positiv niedergeschlagen hat. Beispielsweise erklärte sich der zunächst nur geringe Anteil an reduzierten Marketing- und Vertriebskosten im E-Business dadurch, dass das Engagement die Kosten im Bereich Marketing und Vertrieb in den meisten Unternehmen initial eher erhöht als gesenkt hat. Webaktivitäten waren in vielen Unternehmen komplementäre Aufwendungen, die sich erst zu einem späteren Zeitpunkt, nachdem die Organisation angepasst worden war und das Angebot entsprechende Aufnahme im Markt gefunden hatte, als in der Summe kostensenkend herausstellen konnten. Gleichzeitig bewirkte der **hohe Innovationsgrad** der eingesetzten Konzepte und Systeme Friktionen hinsichtlich der betrieblichen Koordination, der Motivation, des Lernens sowie (informeller) Machtverschiebungen in den Unternehmen (Hummel, 1996). Derartige Veränderungen wurden nicht notwendigerweise unmittelbar wirksam, sondern erforderten einen längeren Zeitraum, bis diese akzeptiert und entsprechende Umstrukturierungen vorgenommen wurden. Meist konnte in Abhängigkeit von der (zeitlichen) Nutzung und entsprechenden Erfahrungen gemäß der **Erfahrungskurve** eine vollständige Realisierung der Potenziale erst schrittweise beobachtet werden. Die Notwendigkeit zur Kombination von IT-technischem und betriebswirtschaftlichem Anwendungs-Know-how und damit von Mitarbeitern unterschiedlicher Funktionsbereiche, Ausbildungsgänge und Sozialisationen hat die Realisierung der angestrebten Potenziale zusätzlich erschwert (**Kombination IT- und Wirtschafts-Know-how**). **Anwendungsfehler** etwa durch Einsatz des Internets als Informationsmedium ohne integrierte Transaktionsmöglichkeiten, Barrieren aufgrund einer unzureichenden Nutzung bzw. **Akzeptanz** sowie **Informationsüberlastung** aufseiten der Anwender haben bestehende Implementierungsbarrieren weiter verstärkt. In der Unternehmenspraxis hat sich ebenso gezeigt: Traditionelle Strategie- und Umsetzungsprozesse, die davon ausgehen, dass eine einmal festgelegte Strategie für einen Zeitraum von mindestens zwei bis drei Jahren als festgelegter Orientierungsrahmen dient, sind in aller Regel mit der Innovationsgeschwindigkeit im Digital Business überfordert.

C. Auf der Suche nach digitalen Spitzenleistungen – Merkmale erfolgreicher Digitaler Transformationen

1 Die Suche nach Erfolgsfaktoren

Die Analyse von Erfolgsfaktoren zur Digitalisierung ist mehrstufig erfolgt:

- In einer ersten Stufe wurden insgesamt 38 Einzelinterviews mit Digital-Verantwortlichen in Unternehmen verschiedenster Größenklassen und Industriezweige sowie Experten durchgeführt.
- Im Anschluss wurden diese qualitativen Interviews mithilfe einer Vielzahl an Studien zu den Erfolgsfaktoren zur Digitalisierung überprüft und verdichtet (Litré et al., 2018; Strauß, 2013; MIT, 2011; Altimeter Group, 2016; Gassmann, 2016; Disselkamp/Heinemann, 2018; Kollmann/Schmidt, 2016; Bosch/Hentschel, 2018; Rogers, 2016; Sacolick, 2017; Westerman/Bonnet, 2014).
- Überprüft und fortgeschrieben wurden diese Erkenntnisse durch die Begleitung von 35 Umsetzungsprojekten und Workshops zu Digital-, Marketing-, Vertriebs-, CRM- und IT-Konzepten in Unternehmen unterschiedlichster Branchen über die letzten fast 30 Jahre.

Auf dieser breiten Grundlage war es möglich, die Entwicklung europäischen Verhältnissen angepasster Digital-Konzepte zu analysieren und insbesondere die zugrunde liegenden Erfolgsfaktoren zu identifizieren. Ziel des hier vorgestellten Bausteinkonzeptes ist es, die Entscheidungsprobleme in den Unternehmen bei der Entwicklung und Umsetzung von Digital-Projekten aufzuzeigen, praxisorientierte Gestaltungsoptionen für die Unternehmensrealität vorzustellen und zur Erschließung der Potenziale beizutragen. Die ergebnis- und handlungsorientierte Darstellung von Erfahrungswerten und »Best Practice«-Beispielen helfen dabei, die vorgestellten Gestaltungsoptionen zu illustrieren sowie eigene Ideen zu entwickeln. Hierzu

- wurde eine stark nach Qualitätsgesichtspunkten gefilterte Auswahl aus einer Vielzahl von Ansatzpunkten und Realisierungskonzepten aus Literatur und Praxis vorgenommen,
- wurden die relevanten Ergebnisse empirischer Studien sowie
- Erfahrungen aus Implementierungsprojekten aus der Unternehmenspraxis zusammengefasst,
- wurde die Vielschichtigkeit der Thematik auf ein praxiserprobtes Bausteinkonzept verdichtet.

Grundsätzlich wurde dabei auf Erfolgsfaktoren fokussiert, die sich in den empirischen Studien und Umsetzungsprojekten – bei allen Unterschieden – als gemeinsame Merkmale erfolgreicher Unternehmen im Sinne »digitaler Spitzenleistungen« herauskristallisiert haben. Die Modularisierung des vielschichtigen Themas ist dabei ein praxiserprobter Weg zur Strukturierung und Komplexitätsreduktion. Der modulare Aufbau der Bausteine soll allerdings nicht darüber hinwegtäuschen, dass Digitale Transformation in erster Linie eine Integrationsaufgabe ist, die es aktiv zu gestalten und zu managen gilt, im Sinne:

- der Verknüpfung informationstechnischer mit betriebswirtschaftlichen Aspekten,
- des Einbezugs praktisch aller klassischer betriebswirtschaftlicher Funktionsbereiche inkl. IT und schließlich
- der Integration betrieblicher Wertschöpfungsprozesse.

2 Merkmale erfolgreicher Digitalisierungen

Im Jahr 2000 beschränkte sich der Erfolg bei der Digitalisierung noch vornehmlich auf die Verbesserung des Firmenimages, gefolgt von dem Angebot neuer Dienstleistungen und der Erhöhung der Kundenzufriedenheit. Nur wenige Unternehmen haben zu diesem Zeitpunkt von sich behaupten können, durch den Einsatz von Digital-Konzepten bereits finanzwirksame Erfolge etwa in Form von Umsatzerhöhungen generiert zu haben. Die Mehrheit der Unternehmen konnte damit zu diesem Zeitpunkt für ihr Internet-Engagement noch kaum greifbare, finanzwirtschaftliche (»harte«) Ergebnisse festmachen (Strauß/Schoder, 2001). Erschreckenderweise stellt sich das Bild 2018 nach wie vor recht ähnlich dar: So zeigen neuere Studien mit Befragungen von mehr als 400 Topmanagern, dass lediglich 12 % der Unternehmen ihre Ziele im Rahmen der Digitalisierung erreichen (Litré et al., 2018; de la Boutetiere/Montagner/Reich, 2018). Grundlage Digitaler Transformationen ist die Strategie. Doch noch wichtiger erscheint aus Sicht der befragten Führungskräfte ein konsequentes Umsetzungsmanagement: 80 % des Erfolgs sind auf eine konsequente und systematische Umsetzung zurückzuführen. Nur über eine konsequente Orchestrierung im Unternehmen gelingt die Transformation: Sind die Mitarbeiter bereits in einem sehr frühen Stadium involviert, verdoppeln sich die Chancen, die Ziele der Transformation zu erreichen. Dazu gehören nicht nur das Prozessmanagement oder ein systematisches Nachhalten und Messen von Ergebnissen, sondern auch eine rigorose Steuerung der erforderlichen Veränderungsprozesse. Anders formuliert: Bei aller Digital-Euphorie liegt der Schlüssel zum Erfolg in nichtdigitalen, teilweise sehr klassischen Organisations-, Führungs- und Kommunikationsfragen. Die Digitalisierung wirkt hier teilweise als Treibsatz und Verstärker bereits evidenter und längerfristig bestehender Handlungsfelder.

Die empirische Analyse, ergänzende Interviews und Workshops sowie Projektbeispiele bieten Indizien dafür, dass – in der Tradition der Analysen von *Peters/Waterman* (2004) – trotz aller Verschiedenheit zwischen Unternehmen eine Reihe gemeinsamer Merkmale bestehen, die ein »exzellentes« Unternehmen, d. h. ein Unternehmen mit einer erfolgreichen Umsetzung bzw. Nutzung von digitalen Konzepten von weniger guten Wettbewerbern unterscheidet (Litré et al., 2018; Ware et al., 1998). Erfolgreiche Unternehmen konnten bereits deutlicher durch die Nutzung von Digital-Konzepten die Kundenzufriedenheit steigern, neue Dienstleistungen anbieten, neue Märkte erschließen als auch den Umsatz erhöhen. Im Gegensatz hierzu sind bei den Nichterfolgreichen weniger Erfolge (wie Gewinnsteigerungen) zu verzeichnen (Westerman/Bonnet, 2014; Altimeter Group, 2016; Bosch/Hentschel, 2018; Rogers, 2016; Litré et al., 2018).

Digital-Business-Strategie & Geschäftsmodell

Der Grundstein für den späteren Erfolg oder Nichterfolg wird bereits bei der Erarbeitung bzw. Nichterarbeitung einer Strategie zur Digitalisierung gelegt. Unternehmen, welche die zusätzlichen Anstrengungen zur Erarbeitung einer stringenten Strategie und Umsetzungskonzeption zur Digitalisierung auf sich genommen haben, sind meistens vier- bis fünfmal so oft erfolgreich wie die übrigen Unternehmen. Bei den Nichterfolgreichen werden das Engagement und die

Digital-Investitionen anstelle einer wohldefinierten Strategie deutlich eher durch Wunschdenken und die Notwendigkeit, »dabei zu sein«, getragen. Grundlegende und durchdachte Konzeptionen zur Nutzung sind hier nur in wenigen Fällen vorhanden. Damit fehlen bei den »Followern« bereits die konzeptionellen Grundlagen für einen späteren Erfolg und die Digital-Aktivitäten sind noch eher durch Aktionismus geprägt (Litré et al., 2018; Westerman/Bonnet, 2014; Altimeter Group, 2016). Die unzureichende systematische und strategisch geplante Nutzung des Mediums stellt eine wesentliche Erklärung für die teilweise immer noch auftretende digitale Frustration dar. Bei den Erfolgreichen ist die Strategie zur Digitalisierung und die Diskussion über Geschäftsmodellinnovationen stets integraler Bestandteil der gesamten Unternehmensstrategie und wird ergänzt durch eine IT-Strategie, die auch innovative Anwendungsszenarien, IT-Architekturen oder auch Datenschutz umfasst. Zusammen mit der Strategie stehen ebenfalls das kontinuierliche und systematische Überdenken sowie die aktive, kreative und evolutionäre Weiterentwicklung des eigenen Geschäftsmodells im Sinne der »schöpferischen Zerstörung« nach *Schumpeter* im Brennpunkt (Linz/Müller-Stewens/Zimmermann, 2017). Die Interviews zeigen hierzu, dass oftmals in den Unternehmen bereits grundlegende Ursache-Wirkungszusammenhänge vertauscht werden. So wird vielfach von einer »Digitalstrategie« gesprochen. Dies verkennt die Tatsache, dass »digital« abstrakt gesehen ein Instrument zur Erreichung einer höheren Effizienz oder Effektivität bzw. der Türöffner für Geschäftsmodellinnovationen ist. Damit wäre es angemessener von einer »Strategie zur Digitalisierung« oder »Geschäftsmodellstrategie« zu sprechen.

Differenzierung

Im Mittelpunkt einer erfolgreichen Strategie zur Digitalisierung steht eine ausgeprägte Differenzierung, d. h. die Abgrenzung von Wettbewerbern durch z. B. Einzigartigkeit in Bezug auf Qualität, innovative Angebote oder geringe Durchlaufzeiten verbunden mit einer hohen Kundenfokussierung (etwa durch Individualisierung der Kundenbeziehungen oder die Konzentration auf kleinste Kundensegmente). Für einen großen Teil der erfolgreichen Digital-Manager steht gar eine **Hybridstrategie**, die Elemente der Differenzierungs- und Kostenführerschaftsstrategie kombiniert, im Mittelpunkt aller Aktivitäten (Piller/Schoder, 1999). Bei derartigen Unternehmen steht deutlich öfter die Erarbeitung der Strategie zur Digitalisierung im Rahmen des bereits etablierten, strategischen Planungsprozesses an.

Auswirkungen der Digitalisierung

Erfolgreiche Digital-Manager verfügen häufiger über ein ausgeprägteres Verständnis hinsichtlich der Auswirkungen der Digitalisierung, etwa

- eine über alle Kundenkontaktpunkte konsistente Kundenerfahrung im Sinne eines Customer Experience Management bereitstellen zu müssen (Solis, 2017). Dies ist verbunden mit dem Bewusstsein, dass sich Kunden deutlich stärker untereinander austauschen als früher (etwa in Communities, Social Media oder Empfehlungs-Blogs);
- gemeinsam mit der Neudefinition der Geschäftsprozesse auch die Durchlaufzeit als Zeitraum zwischen der Bestellung und der (automatisierten) Auslieferung eines Produktes im Rahmen eines Digital-Supply-Chain-Managementansatzes stark verkürzen zu müssen.

Obwohl eigentlich davon auszugehen wäre, dass ein Grundstein für den Erfolg eine frühzeitige konzeptionelle Lösung möglicher Konflikte mit den bestehenden Vertriebskanälen ist, präsentieren sich erfolgreiche Digital-Manager genau konträr zu dieser Annahme und erwarten sogar deutlich öfter auch für die Zukunft Konfrontationen mit den traditionellen Vertriebskanälen. Die höhere Intensität in der Auseinandersetzung mit den Potenzialen und den Auswirkungen führt dazu, dass die Problematik von Vertriebskanalkonflikten deutlich eher erkannt wird und kontinuierlich an differenzierten – kreativen – Lösungsansätzen im Rahmen eines Omnichannel-Ansatzes gearbeitet wird.

Umsetzung des Digital Marketing

Je ausgeprägter Unternehmen sich selbst als »erfolgreich« klassifizieren, desto mehr nutzen sie vergleichsweise höherwertige Instrumente im Online-Marketing wie Location Based Marketing, App Store Optimization oder Attributionsanalysen. Der Erfolg wird offenbar genährt durch das kontinuierliche und systematische Ausprobieren neuer Instrumente im »dauerhaften Beta«-Test- und Erprobungsmodus. Gleichzeitig verfügen Unternehmen, die bereits Erfolge in der Digitalisierung verzeichnen, über ein ausgeprägteres Bewusstsein hinsichtlich der Veränderungen der Markenführung und überlegen, wie sie dank der Kraft etablierter Marken auch weiter im Markt Anteile und Differenzierungspunkte behalten können – selbst wenn Kunden zunehmend herstellerunabhängige, vergleichende Informationsdienste bzw. neue Anbieter nutzen. Eng verbunden mit der verstärkten Kundenorientierung sind ein systematischeres Contentmanagement ebenso wie die gezielte Etablierung eines (»Pull«) Content Marketings.

Einsatz von IT-Plattformen

Erfolgreiche Digitalisierungen erweisen sich (entgegen der Erwartung) als durchweg problembewusster und kritischer in Bezug auf die bei der Einführung einer Plattform möglichen Probleme und sehen sich tendenziell eher mit

- einem sehr komplexen Auswahlprozess für geeignete Software-Pakete und Plattformen,
- unzureichenden Funktionalitäten von Standard-Software,
- unzureichendem fachlichen Know-how in der Anforderungserhebung (Requirements Engineering) und dem Design,
- einer aufwendigen Integration in die bestehende IT-Infrastruktur oder mit
- der Verteilung der notwendigen Kundendaten oder Warenbestände über mehrere IT-Systeme, ohne einheitlichen Blick auf den Kunden (»360-Grad-Blick auf den Kunden«) bzw. Lagerbestand aufgrund verschiedener Warenwirtschaftssysteme

konfrontiert. Die Ursache für die unterschiedliche Bewertung von Problemen liegt in den größeren Erfahrungen erfolgreicher Unternehmen mit der Nutzung und Einführung moderner IT-Systeme sowie der während der Implementierung sowohl aufseiten der Prozesse als auch aufseiten der IT realiter auftretenden Probleme.

Prozessorientierung

Die Systematik in Konzeption und Umsetzung erfolgreicher Digital-Manager reicht vom Einsatz in einzelnen Fachbereichen wie Marketing und Vertrieb oder auch Supply Chain Management bis zur Gestaltung der operativen Geschäftsprozesse. »Digitale Gewinner« realisieren bis zu dreimal so oft eine Verkürzung der Durchlaufzeiten, reduzieren die Lagerhaltung, etablieren eine automatisierte Auftragsbearbeitung oder nutzen das Internet im Bereich Einkauf und Beschaffung (E-Procurement) als Unternehmen, deren »E-Engagement« bislang durch Erfolglosigkeit geprägt ist. Vorteile eines webbasierten Einkaufs werden in einer deutlich verringerten Lagerhaltung sowie einer verbesserten Datengewinnung und automatischem Reporting gesehen. Die Hoffnung auf diese Potenziale verstellt bei den erfolgreichen Unternehmen nicht den Blick auf die erforderlichen Grundlagenarbeiten wie ein Reengineering des gesamten Beschaffungsprozesses. Am Beispiel von E-Procurement zeigt sich: Mit der Zunahme der bislang gesammelten Erfahrungen sowie der Nutzung aller möglicher Potenziale und Realisierungsoptionen einer derartigen Anwendung steigt systematisch der generelle Erfolg bei weiteren, nachfolgenden Digitalisierungsprojekten. Je besser die interne Digitalisierung gelungen ist, desto öfter werden auch kollaborative Prozesse zwischen Unternehmen im Rahmen eines Digital-Supply-Chain-Managements etabliert oder auch virtuelle Frachtenbörsen genutzt.

Organisationsanpassung

Die Realisierung aller Potenziale und nachhaltiger Erfolge erfordert die Verankerung der Digital-Verantwortung entweder in den Fachbereichen, wie der Bereich Supply Chain, in einer übergreifenden Unternehmensplanung oder in eigenständigen Digital-Bereichen, wie dem Chief Digital Officer (CDO). Unternehmen, die den Besonderheiten zunächst in Form eigener Digital-Business-Bereiche oder sogar Ausgründungen Rechnung getragen haben, konnten die Potenziale häufiger umsetzen und sind konsequenterweise der Gruppe der Erfolgreichen zuzurechnen. Nachfolgend wurde die Verantwortung über die Jahre hinweg in die jeweiligen Fachbereiche (zurück)übergeben, mit zentralen »Competence Centern« als unternehmensinternen Dienstleistern zur übergreifenden Koordination und zum Know-how-Transfer. Nichterfolgreiche hingegen siedeln wie zu den Anfängen des Internets alle mit diesem Thema verbundenen Aufgabenstellungen noch deutlich stärker im IT-Bereich an. Verbunden mit dem Erfolg hat sich die Notwendigkeit ergeben, die bestehende Organisation zumindest in Teilen umzustellen. Im Gegensatz hierzu haben Nichterfolgreiche ihre Organisation bislang kaum jedweden Reorganisationsmaßnahmen unterworfen. Trotz des bereits durchgeführten Reengineerings präsentieren sich selbst Führungskräfte »digitaler Gewinner« nicht weniger oder mehr zufrieden mit der bestehenden Organisation als die »digitalen Follower«: Beide glauben ähnlich wenig, dass die bestehenden Organisationsstrukturen bereits die besonderen Digital-Anforderungen zu erfüllen vermögen. Damit ist die Organisation die »digitale Dauerbaustelle« – sowohl für erfolgreiche, als auch nichterfolgreiche Unternehmen (Litré et al., 2018). Das »dauerhafte Beta« erfordert deutlich mehr Mitarbeiter mit Projekt- und Realisierungskenntnissen bei den »digitalen Winnern«. Mit anderen Worten: Die Organisation befindet sich in einem permanenten Flux, das Sammeln guter wie schlechter Erfahrungen und der damit verbundene Know-how-Zuwachs ist in jedem Fall ein Gewinn.

3 Digital Value Web – Bausteine für den Erfolg in der Digitalisierung

Wie die empirische Analyse der Erfolgsfaktoren der Digitalisierung sowie vielfältige Projektbeispiele belegen, folgen erfolgreiche Unternehmen einem systematisch anderen Ansatz und anderen Leitlinien bei der Nutzung digitaler Anwendungen und Geschäftsmodelle als Unternehmen, denen ein derartiger Erfolg bislang versagt geblieben ist: Letztere nutzen weniger oft E-Procurement, nehmen seltener eine umfassende Reorganisation der Prozesse mit dem Ziel der Reduzierung der Durchlaufzeiten vor und setzen weniger oft Data-Management-Plattformen (DMP) ein. Ein wesentliches Kennzeichen der nichterfolgreichen Unternehmen ist damit eine bislang nur wenig systematische und insgesamt als unzureichend zu qualifizierende Umsetzung und damit verbunden auch tatsächliche Nutzung der Anwendungen bzw. Potenziale digitaler Tools und Anwendungsszenarien. Der Grundstein für den späteren Erfolg bzw. Nichterfolg und den Grad der nachfolgenden Nutzung und Umsetzung wird bereits mit der (Nicht) Erarbeitung einer eigenständigen und ganzheitlichen Strategie zur Digitalisierung und systematischen, evolutionären Weiterentwicklung des eigenen Geschäftsmodells sowie der darauf aufbauenden finanzwirtschaftlichen Operationalisierung in Form eines Business Case gelegt.

Projektbeispiele ebenso wie die Analyse der Erfolgsfaktoren demonstrieren, dass sich einige übergreifende **Leitlinien für digitale Spitzenleistungen** herauskristallisieren lassen:

- **Integrale Betrachtung:** als systematische und durchgehende Verschmelzung von digital mit (klassischen) betriebswirtschaftlichen und IT-Fragestellungen. Digital ist weder eine ausschließlich technische, noch eine rein betriebswirtschaftliche Angelegenheit. Vielmehr bedarf es der Integration dieser unterschiedlichen Sphären im Rahmen eines aktiven Managements. Singuläre Diskussionen und Veröffentlichungen zu Themen wie »Online-Marketing« oder »E-Procurement« sind – zumindest aus der Sicht der erfolgreichen Unternehmen – nur bedingt hilfreich; je mehr bereits Erfolge erzielt werden konnten, desto weniger geht es um die Optimierung einer singulären Funktion, um »online versus offline« oder »mobile versus stationär«. Es geht vielmehr um die bestmögliche Planung, Durchführung und Kontrolle eines ubiquitären, Omnichannel Business mit integraler Betrachtung betriebswirtschaftlicher und (innovativer) IT-technischer Fragestellungen, synchron über alle Funktionsbereiche des Unternehmens hinweg. Damit muss die Optimierung einer einzelnen Funktion Hand in Hand gehen mit einer prozessualen und IT-technischen Integration über alle Interaktionskanäle und Funktionsbereiche.
- **Value Creation & Profit-Orientierung**: Jegliche Digital-Initiative eines erwerbswirtschaftlich orientierten Unternehmens muss letztendlich einem ökonomischen Rational folgen. Im Vordergrund stehen zumindest mittelfristig »harte«, finanzwirtschaftliche Kennzahlen, die unternehmerischen Erfolg dokumentieren. Hierfür bedarf es der Mehrwertgenerierung und vom Markt erkennbarer (und bezahlter) Wertschöpfung.
- **Wertschöpfungsketten-Integration und -Vernetzung**: Der Fokus erfolgreicher Unternehmen ist weniger auf die Nutzung von Digital-Anwendungen innerhalb einzelner funktio-

naler Unternehmensbereiche wie etwa Marketing und Vertrieb oder HR ausgerichtet, sondern vielmehr auf die Vernetzung und ganzheitliche Betrachtung der Dimensionen über unterschiedliche Funktionalbereiche hinweg, wie Einkauf, Forschung und Entwicklung, Fertigung und den Kundendienst. Die Integration über die gesamte Wertschöpfungskette beschränkt sich dabei nicht nur auf innerbetriebliche Prozesse, sondern vernetzt weitestmöglich auch externe Geschäftspartner in der Wertschöpfung. Digital Business hebt damit auf den Prozesscharakter moderner Wertschöpfung ab. Eine konsequente Umsetzung und ein Denken in Digital-Konzepten abstrahiert von suboptimalen Abteilungs- und althergebrachten Funktionszuständigkeiten. Vielmehr werden praktisch alle betriebswirtschaftlichen Bereiche tangiert. Digital Business ist eben nicht eine »Marketingaufgabe« oder eine Herausforderung ausschließlich für »Logistikstrategen«. Hinter »Vernetzung« verbirgt sich die zentrale Herausforderung für Unternehmen: die informationstechnische, organisatorische und gleichzeitig prozessorientierte Anbindung von Geschäftspartnern, von den Zulieferanten bis hin zum elektronisch erreichbaren Abnehmer. Integration und Vernetzung beinhalten die enge und partnerschaftliche Zusammenarbeit zwischen Fachbereichen und IT in gemeinsamen Projektteams, was die »digitalen Gewinner« systematischer und durchgehender gelöst haben. Abermals zeigt sich die Bedeutung von Organisations- und Führungskonzepten in der Transformation.
- **Kombination von Kernkompetenzen mit innovativen Geschäftsmodellen**: Die Realisierung nachhaltiger Erfolge gründet meist auf der Kombination von Kernkompetenzen in traditionellen Geschäftsfeldern mit innovativen Digital-Anwendungen bzw. Geschäftsmodellen (Brick & Click). Die überwältigende Mehrheit der Unternehmen verfügt bereits über Strukturen, Know-how, Märkte und Kunden (Magretta, 2002). An die Stelle eines sequenziellen und eher formalen, hierarchischen Projektmanagements tritt ein permanentes Innovationsmanagement und »Probieren« im »dauerhaften Beta«, unter bewusster Inkaufnahme von Fehlschlägen und -investitionen. Dies wird durch ein systematisches Kompetenzmanagement und die bewusste Verlagerung von Entscheidungsbefugnissen auf operative Ebenen sekundiert. Damit befinden sich auch die Organisationen erfolgreicher Unternehmen tendenziell eher in einem »dauerhaften Projektmodus«.
- **Total Customer Experience Management**: Synchron mit dem Aufstieg von Social Media wächst die Notwendigkeit, sämtliche Kundeninteraktionen konsistent über alle »Touchpoints« hinweg zu orchestrieren, was unter dem Begriff des »Total Customer Experience Management« subsumiert wird (Rusnjak/Schallmo, 2018). Total Customer Experience Management oder Experience Design ist damit als Leitlinie des Bausteinkonzeptes und übergeordnetes Konzept auf der einen Seite Ergebnis einer Vielzahl anderer (operativer) Bausteine (wie Social Media, ein aktives und systematisches Channel Management oder Content Marketing), auf der anderen Seite Katalysator und Auslöser gestiegener Kundenerwartungen über sämtliche Kundeninteraktionen hinweg.

Die Erfolgsfaktorenanalyse, Fallstudien sowie Projekterfahrungen zeigen, dass diese Leitlinien durch ein **Bausteinkonzept** mit sieben Gestaltungsfeldern weitergehend operationalisiert werden können (vgl. Abbildung Abb. 18):

- **Strategie und Geschäftsmodell:** Als erster und zentraler Schritt ist eine Strategie zur Digitalisierung einschließlich eines avisierten Geschäftsmodells zu erarbeiten. Auf dieser Ebene sind nachfolgend alle betroffenen betriebswirtschaftlichen und technischen Funktions- und Aufgabenbereiche einzubeziehen bzw. zu integrieren;
- **Customer Experience Design** wird durch Bausteine wie das Kundendaten-, Preis- und Vertriebskanalmanagement operationalisiert. Die Individualisierung erfolgt entweder im Rahmen einer individualisierten Kundenansprache (One-to-One-Marketing oder Targeting) oder durch eine kundenindividuelle Leistungserstellung (Mass Customization);
- **Digital Marketing** mit operativen Aufgabenstellungen wie der Markenführung, (Realtime-) Werbung, Search Engine Optimization, Social Media Marketing, Video oder auch Content Marketing;
- **Value Chain Management** als Gestaltung und Koordination effizienter Prozessabläufe im Rahmen eines übergreifenden Digital-Supply-Chain-Managementansatzes inkl. Themenfeldern wie der Abrufung der Verfügbarkeit von Warenbeständen bei Zulieferanten (Available-to-Promise, ATP) bzw. eines spezifischeren E-Procurement;
- **Business & IT Architecture** umfassen Aufgabenstellungen im Bereich von spezifischen IT-Architekturen und Anwendungen, Datenschutz und -sicherheit;
- im Rahmen der **Organisationsgestaltung und Führung** durch Wahl der eingesetzten Koordinationsmechanismen sowie der grundlegenden Organisationsstruktur;
- Das **Launch- und Projektmanagement** umfasst die Orchestrierung aller Maßnahmen zur Initialisierung. Hierunter fällt auch das Digital Controlling mit allen Maßnahmen zur Operationalisierung und Messung der Zielerreichung, vornehmlich entlang von Balanced Scorecards.

Die hier vorgestellten Bausteine besitzen vielfältige Überschneidungen. Ihr volles Potenzial erschließt sich häufig durch die Kombination mit anderen Bausteinen. So bildet beispielsweise die eindeutige Identifizierung von Kunden und zugehöriger Nutzerprofile im Rahmen des Kundendatenmanagements die Grundlage für eine nachfolgende Individualisierung im Rahmen eines One-to-One-Marketing oder der Mass Customization in der Produkterstellung. Damit folgen Digitale Transformationen im Kern den gleichen Wirkmechanismen und erfordern ähnliche Bausteine, die bereits in den 1990er-Jahren im Rahmen des **Business Reengineering** beschrieben worden sind (Gouillart/Kelly, 1995).

> Ein Beispiel für die konsequente Verfolgung dieser Leitlinien zur Realisierung digitaler Spitzenleistungen war die britische Supermarktkette ***Tesco***. *Tesco* vereint in UK die Marktführerschaft im stationären Handel mit einem separaten Internetlieferdienst *Tesco.com* (Enders/Jelassi, 2009). Die Kommissionierung online bestellter Lebensmittel erfolgt während der regulären Öffnungszeiten in den bestehenden Supermärkten. Die Distributionslogistik basiert nicht auf einem Zentrallager, sondern auf den dezentral angesiedelten *Tesco*-Supermärkten in unmittelbarer Kundennähe. Durch die Möglichkeit, von jedem Supermarkt Kunden in einem Radius von ca. 25 Minuten Fahrzeit beliefern zu können, wird eine Abdeckung von knapp 90 % der britischen Bevölkerung erreicht, bei gleichzeitiger Fri-

sche der bestellten Lebensmittel, niedrigen Kostenstrukturen in der Abwicklung, unter Vorhaltung eines breiten Offline-Sortiments, niedrigem Ausschuss sowie geringstmöglichen (zusätzlichen) Lagerhaltungskosten. Erfolgsfaktoren sind neben der kostengünstigen Kommissionierung in den bestehenden Ladenlokalen auch mobile IT-Systeme sowohl für das »Order Picking« in den Supermärkten als auch die Distributionssteuerung der Lieferwagen sowie die Einhaltung kundenfreundlicher Lieferintervalle und -zeiten. Die Sammlung von Kundendaten (mittels *Tesco Clubcard*) erlaubt die Identifizierung attraktiver Kundensegmente und die nachfolgende schrittweise Individualisierung von Angeboten und Sortimenten (Mann, 2013). Die Vermarktung erfolgt über die bestehende Infrastruktur hinaus durch das eigene Bankinstitut und den *Tesco Internet Service Provider.* Im Ergebnis konnten bereits bis Ende 2012 fast eine Million Internetkunden gewonnen werden, bei ca. 60.000 Bestellungen pro Woche mit einem Anteil von 40 % Neukunden und deutlichen Umsatzsteigerungen ebenfalls bei Bestandskunden. Mit der starken Fokussierung auf den finanzwirtschaftlichen Erfolg unter geringstmöglichen Kostenstrukturen kombiniert *Tesco* damit bestehende Kernkompetenzen mit einem Online-Angebot (Brick & Click), unter Nutzung hochintegrierter IT- und Prozessabläufe bis zum Endkunden. *Tesco* will künftig in allen Märkten, in denen die Supermarktkette aktiv ist, Lebensmittel online verkaufen.

Das Streben nach Innovationen und die Kombination der Vorteile unterschiedlicher Kanäle führen dazu, dass *Tesco* bereits Mitte 2013 für seine Kunden mit einer Kunden-Clubcard den kostenlosen Online-Streamingdienst *Clubcard TV* gestartet hat (Mann, 2012). In Südkorea hat *Tesco* bereits 2011 Werbeplakate mit QR-Codes versehen, sodass Smartphone-Nutzer ihre Einkäufe »im Vorbeigehen« erledigen können und hierzu in U-Bahn-Stationen große Displays zu virtuellen Supermärkten umfunktioniert wurden. Die mobil bestellten Güter können dann im Supermarkt abgeholt oder direkt nach Hause geliefert werden. Trotz aller Innovationen ist *Tesco* in den letzten Jahren massiv unter Druck gekommen und selbst »disrupted« worden: Galt der britische Heimatmarkt lange als eingefahrenes Oligopol, aufgeteilt zwischen den vier Großen *Tesco*, *Sainsbury's*, *Asda* und *Morrisons*, hat der steigende Wettbewerbsdruck durch den Eintritt von *Aldi* und *Lidl* in Kombination mit veränderten Konsumentengewohnheiten *Tesco* drastisch sinkende Umsätze und Gewinne beschert.

Strategie & Geschäftsmodell	Customer Experience Design	Digital Marketing	Value Chain Management	Business & IT Architecture	Organisation, Führung & Kultur	Launch- & Projekt-management
Geschäftsmodelle Digital	Customer Data	Brand Management	Digital Supply Chain Mgmt.	Prozess-Domain-Modellierung	Anforderungen im New Work	Projekt-management
Strategie-entwicklung und -umsetzung	Analytics & Business Intelligence	Search Engine Marketing	Logistik 4.0	IT-Strategie	Koordinations-mechanismen	Requirements Engineering
Controlling	Preismanagement	Social Media	Elektronische Marktplätze	Digital-Architektur	Lernende Organisation	Design Thinking
	Vertriebskanal-management	Targeting	E-Procurement	Master Construction Plan	Change Toolbaukasten	Rapid Prototyping
	One-to-One und Mass Customization	Customer Journey Analysis & Attribution		Enterprise Integration	Organisations-strukturen	Minimal Viable Product (MVP)
	Customer Experience Mgmt.	Programmatic Advertising		Datenschutz & -sicherheit	Vorgehensmodell Reorganisation	
	Content Syndication	Mobile Marketing				
		Content Marketing				
		Marketing Automatisierung				
		Marketing Controlling & Steering				

Abbildung 18 Bausteine für den Erfolg in der Digitalisierung

D. Bausteine erfolgreicher Digitalisierungen

1 Strategie zur Digitalisierung und Geschäftsmodell

1.1 Veränderte Rahmenbedingungen einer Strategie zur Digitalisierung

Die Nutzung und die Potenziale internetbasierter Anwendungen haben erhebliche Auswirkungen auf das Unternehmensumfeld und damit auf die Unternehmensstrategie (vgl. Abbildung 19, Linz/Müller-Stewens/Zimmermann, 2017). So fördert das Entstehen virtueller Unternehmensnetzwerke und individualisierter (Service-)Produkte die *Virtualisierung* von Organisationsstrukturen und Produkten.

> Die Virtualisierung schlägt sich auch im Wechsel von physischen Produkten zu Dienstleistungen nieder, wie etwa bei ***Netflix*** oder ***Spotify*** von der Videokassette zum Streaming, bei ***Car2Go*** vom Eigentum zu frei buchbaren Mobilitätsdiensten oder auch bei der Virtualisierung von Geld etwa bei ***Paypal*** (Schrader, 2017).

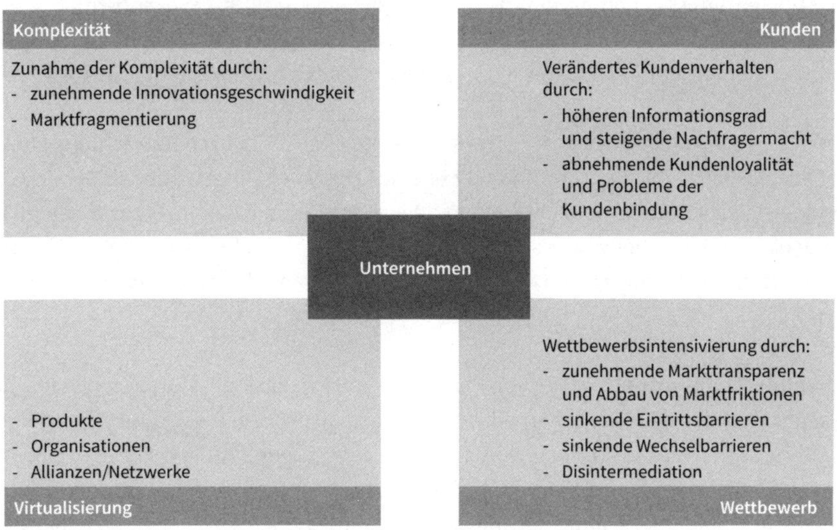

Abbildung 19 Veränderungen im strategischen Unternehmensumfeld (Hartman/Sifonis, 2000; Fitz-Enz, 2001)

Virtuelle Organisationen stellen zeitlich begrenzte Kooperationen unabhängiger Firmen unter Einbeziehung etwa von Lieferanten, Distributoren, Kunden und auch Konkurrenten dar (Fleisch, 2001). Die Virtualisierung und Digitalisierung von Produkten zu Services bezieht sich dabei sowohl auf das Produkt selbst als auch auf den Vertriebsweg und betrifft Marketing und Vertrieb ebenso wie das Supply Chain Management (Shlopak/Myhre/Jünge, 2017; Kastalli/van Looy, 2013; Linz/Müller-Stewens/Zimmermann, 2017).

> Die Fokussierung auf Services statt auf physische Produkte zeigt ***Rolls-Royce***, die das kommerzielle Modell für Flugzeuge komplett verändert haben. Kunden zahlen für Betriebsstunden statt für klassische Motoren. Dies ist nur möglich durch den Einsatz von Sensortechnik und Predictive-Maintenance-Fähigkeiten (Meffert/Meffert, 2017, S. 221).

Ein Kennzeichen **transformationaler Produkte** und Services wie *WeChat*, dem *Apple iPod* oder auch *Amazon Prime* ist es, dass sie

- die **Nutzererwartung**, d. h. das Niveau der Erwartungen an eine Produktkategorie, verändern,
- das tatsächliche **Nutzerverhalten** nachhaltig verändern und
- die **Wertschöpfung** im jeweiligen Industrie-/Produktsegment transformieren, d. h., sie liefern einen signifikanten Umsatz-/Ergebnisbeitrag und/oder sichern das bestehende Geschäftsmodell nachhaltig ab (Schrader, 2017, S. 62).

Bei transformationalen Produkten fallen Produkt, Medium und Vertriebskanal zusammen und sind alles gleichzeitig. Marketing wird de facto durch einen Service-Layer substituiert, der Nutzer und Unternehmen verbindet. Die Produktnutzung erfolgt unmittelbar ohne externe Marketinganstöße, der Wert des Produktes entsteht oft erst durch hochfrequente Nutzung.

> ***WeChat*** ist ein transformationales Produkt par excellence. Je nach Betrachtung stellt sich *WeChat* als Plattform, als Front-end für beliebige Dienstleistungen oder als Serviceschicht für eine Vielzahl unterschiedlicher Produkte dar (Schrader, 2017). Im Front-end konkurriert es um die Kundenbeziehung, als Service-Layer wird es zur datengetriebenen Schicht für eine Vielzahl an Produkten und Dienstleistungen, die damit letztlich austauschbar werden.
>
> Innovator für die Virtualisierung von Produkten ist ***Dell***, die jedes Computersystem kundenspezifisch fertigen und innerhalb von 12 Tagen ausliefern. Die Produktion erfolgt in eng verwobenen Wertschöpfungsketten und in einer produktionssynchronen Beschaffung mit Zulieferanten und Kunden, wofür die Lager der Lieferanten an produktionsnahen Standorten angesiedelt sind. Der Onlinevertrieb und die schlanke Massenproduktion nach dem »build to order«-Prinzip haben den Markt für Computer mit engen Margen revolutioniert. Im Gegensatz hierzu traute sich *Compaq* nicht, das Geschäftsmodell zu verändern, weil Kanalkonflikte gefürchtet wurden und blieb entsprechend bei seinem Geschäftsmodell. 1997 wurde *Compaq* vom Wettbewerber *HP* übernommen (Meffert/Meffert, 2017).

Spreadshirt personalisiert unter Nutzung von *Open Innovation* T-Shirts und Bekleidungsprodukte sowie Accessoires wie Tassen und Schlüsselanhänger (Jelassi/Enders, 2008). Neben der Individualisierung des Designs durch Kunden können diese auch eigene Onlineshops eröffnen und ihre Eigenkreationen gegen Provision über *Spreadshirt* verkaufen und damit selbst zum Anbieter werden. Analog zu anderen Anbietern wie *American Apparel* oder *German Garment* setzt *Spreadshirt* dabei ganz auf eine regionale Produktionskette: Jedes Teil der Kollektion mit dem Titel »*Quality at Heart*« erhält einen individuellen Code, mit dessen Hilfe die Produktionskette im Internet unter www.respect-code.org lückenlos nachvollziehbar ist.

Durch die zunehmende Verbreitung von hochperformanten Informations- und Kommunikationstechnologien können im Sinne virtueller Organisationen und Netzwerke auch hochspezialisierte Unternehmensprozesse effizient über bestehende Unternehmensgrenzen hinaus koordiniert werden. Eine **Netzwerkorganisation** erlaubt die Verbindung der (z. B. Skalen-)Vorteile des vertikal integrierten Großunternehmens und (etwa Flexibilitäts-)Vorteile kleiner Unternehmen (Hagel/Singer, 1999; von den Eichen et al., 2005). Für den Fall einer *interorganisationalen* Netzwerkorganisation schließen sich mehrere rechtlich selbstständige, wirtschaftlich allerdings interdependente Unternehmen zusammen, um durch die wechselseitige Ergänzung oder Bildung von Kernkompetenzen Wettbewerbsvorteile zu erzielen. Aufgrund der vergleichsweise ausgeprägten Autonomie der beteiligten Unternehmen stellt sich die Netzwerkorganisation in Zukunft eher als ein *polyzentrisches* System dar, das sich durch komplexe, eher kooperative und mehr oder weniger stabile Beziehungen zwischen den Partnern auszeichnet (vgl. Abbildung 20; Heintz, 2006). Ist die Bildung einer Netzwerkorganisation strategisch motiviert und verfügt das Netzwerk über ein strategisch führendes (fokales) Unternehmen, liegt ein *strategisches Netzwerk* (wie etwa die japanischen *Keiretsu*) vor. Im Gegensatz dazu verfügt das *regionale Netzwerk,* das eine ausgeprägte geografische Konzentration der (meist kleineren) Unternehmen aufweist, eher über eine informale Struktur und emergente Strategien (Sydow, 2005). Bei der Virtualisierung von Organisationen ist eine Abwägung zwischen der arbeitsteiligen Aufgliederung und Spezialisierung von Prozessen im Unternehmensablauf (und damit verbundenen Skalen-, Lern- und Kosteneffekten) und dem Ausmaß erforderlicher Koordination integrierter Leistungserstellungsprozesse zu treffen. Damit sind stets die Vorteile der Spezialisierung in einem arbeitsteiligen Netzwerk gegen die Kosten der Einzelprozesse abzuwägen (Fink/Knoblach/Wamser, 2005). Moderne IT wirkt hier als Auslöser und Katalysator virtueller Netzwerkorganisationen: Auf der einen Seite forcieren moderne IT-Systeme dezentrale Organisationsstrukturen und Netzwerke, auf der anderen Seite werden derartige Strukturen erst durch den Einsatz von Digital-Technologien möglich.

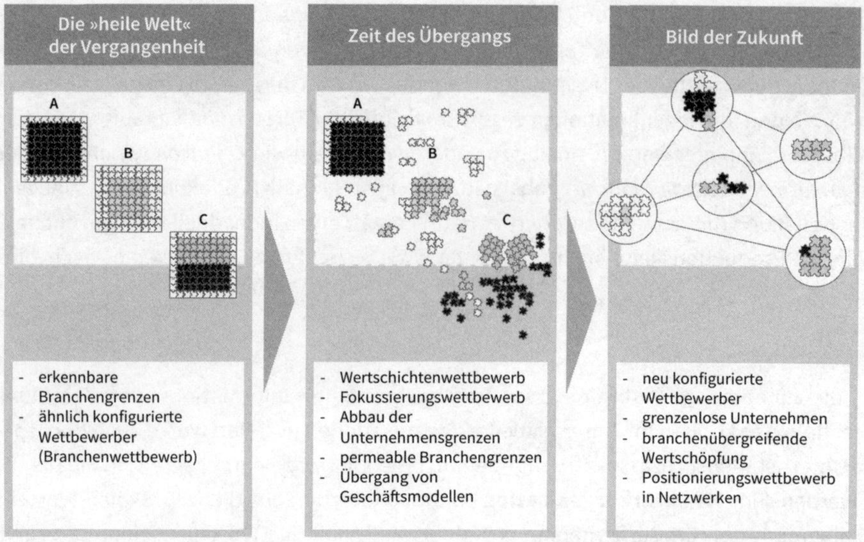

Abbildung 20 Virtualisierung von Organisationen, Übergang zu Netzwerkorganisationen (von den Eichen et al., 2005)

Der Ansatz einer Netzwerkorganisation wird etwa in den seit einigen Jahren stark favorisierten *Shared Service Center* in einem spezifischen Kontext verfolgt: Hier werden unterstützende Dienstleistungsprozesse zusammengefasst, die bisher in dezentral organisierten Konzernen in den Geschäftsbereichen jeweils einzeln erbracht wurden, wie z. B. Lohn- und Gehaltsabrechnung, Rechnungswesen, IT-Support, Personalwesen, Logistik oder auch Einkauf. Das Shared-Service- Center-Konzept wird in den meisten Fällen angewendet, um flexible, transparente und kostengünstige Strukturen im unternehmensinternen Supportbereich realisieren zu können. Zur Klärung der Frage, welche Prozesse virtualisiert werden können und sich für eine Zusammenlegung in ein Shared Service Center eignen, wird initial eine detaillierte Aufgabenanalyse durchgeführt. Diese Aufgabenanalyse beinhaltet die Dekomposition bzw. Zergliederung der internen Serviceleistungen in einzelne Servicepakete bzw. -aktivitäten. **Strategien der Dekomposition und der dynamischen Rekonfigurierung** zielen darauf ab, Prozesse zu zerlegen und auf diese Weise neue, verbesserte Formen einer Organisation zu finden (Gerybadze, 1994). Entscheidend für die Zergliederung und die integrative Zusammenführung von Tätigkeitsfeldern ist, dass sich die einzelnen Aktivitäten in modulare Einheiten aufteilen lassen. Aus diesem Grund ist für die Virtualisierung von Organisationen das Kriterium »Ausmaß an Modularisierbarkeit« ausschlaggebend. Der Grad an Modularisierbarkeit bestimmt, inwiefern sich bestimmte interne Serviceaktivitäten auf externe Partner übertragen lassen bzw. ob es sinnvoll ist, Unternehmensfunktionen und Geschäftsfelder zusammenzuführen. Eine geringe Modularität hat zur Konsequenz, dass eine Prozesszergliederung in einzelne Tätigkeiten bzw. eine Aufspaltung kaum sinnvoll ist. Auf der Basis von Transaktionskosten wird es möglich, unterschiedliche Ausprägungsgrade einer Virtualisierung und die damit verbundenen unterschiedlichen institutionellen Einbindungsformen für die Abwicklung einer Transaktion zu bewerten.

Plastische Beispiele für die Virtualisierung von Organisationen finden sich sowohl in der Automobil- als auch der Konsumgüterindustrie. So brechen bei den **Autoherstellern** nach wie vor Wertschöpfungsketten auf. Hauptzulieferanten (Tier-1-Lieferanten) beanspruchen die Entwicklungsführerschaft von Komponenten für sich, was wiederum weitergehende Kooperationen erforderlich macht. Damit ist die Fähigkeit zum Management komplexer Netzwerkorganisationen eine der schwierigsten Herausforderungen sowohl für Lieferanten als auch für Automobilhersteller. Die traditionell eher monofokal ausgerichtete Wettbewerbsstrategie verändert sich nachfolgend zu einer multifokalen Sichtweise: Das Spektrum alternativer Geschäftsmodelle reicht vom »Global Parts Supplier«, der sich vor allem über Kostendegression profiliert, über den »Component Specialist« als Anbieter technologisch führender Produkte und Innovationsstärke bis zum »System Integrator«, der Systemverantwortung übernehmen kann und sich für komplexe Entwicklungspartnerschaften qualifiziert. Das sicherlich anspruchsvollste Geschäftsmodell des »Supplier Network Manager« bietet für Lieferanten größeres Differenzierungspotenzial und zeichnet sich durch die zusätzliche Fähigkeit zum Partner- und Netzwerkmanagement aus. Damit wird die Unternehmensführung aller an der automobilen Wertschöpfungskette Beteiligten zum multifokalen Balanceakt. In der Konsumgüterindustrie hat es ***Procter & Gamble*** vorgemacht, wie Produktentwicklung, Produktion und Distribution unter Einbeziehung von Kunden im Rahmen ihrer »*Connect & Develop*«-Strategie virtualisiert werden können – bei gleichzeitiger Fokussierung auf Vertriebskanalmanagement und Marketing (Dodgson/Gann/Salter, 2006; Kumar, 2012).

Die auf der anderen Seite steigende ***Komplexität*** in der Entwicklung und Umsetzung von Unternehmensstrategien kann auf zwei unterschiedliche Phänomene zurückgeführt werden: Zunächst steigt die **Innovationsgeschwindigkeit** und führt zu deutlich **sinkenden Produktlebenszyklen** (Brown/Engelhardt, 1998). Untersuchungen belegen, dass selbst extrem zeitaufwendige, bahnbrechende Innovationen (wie etwa bei *Bionade*) vorteilhaft für Unternehmen sind – selbst auf die Gefahr hin, erst mit Verspätung in den Markt eintreten zu können (Goktan/Miles, 2011; CMO Community, 2016).

Ein Beispiel für sinkende Produktlebenszyklen und die »digitale Bedrohung« ist neben *Kodak* die Firma ***Leica***. Mit der Erfindung der Kleinbildkamera 1913 und deren Großserienfertigung in den 1920er-Jahren hat *Leica* die Fotografie revolutioniert. Im Mittelpunkt standen leichte, technisch hervorragende Apparate. Doch das deutsche Traditionsunternehmen hatte große Probleme. Seit 2003 häuften sich die Verluste. Ursache der Krise: Der einstige Technologieführer hatte die Bedeutung der digitalen Fotografie offensichtlich verkannt. Das Management ging lange Zeit davon aus, dass sich anspruchsvolle Kunden nicht für Megapixel interessieren, sondern das fotografische Erlebnis suchen – also höchste Qualität von der Optik über die Mechanik bis zum fertigen Bild (Koch, 2005). Ein ähnliches Muster wie bei *Leica* zeigt sich im Verlagswesen durch das Festhalten am tradierten Geschäftsmodell und der Hervorhebung einer überragenden journalistischen Qualität.

Erst spät entschied sich *Leica* für eine Hybridstrategie. Das Unternehmen entwickelte eine digitale Rückwand für die ursprünglich analogen Spiegelreflexkameras. Zielsetzung war es, den Kunden so die Nutzung der über Jahrzehnte erworbenen Objektive und Kameras weiter zu ermöglichen. Trotz des wachsenden wirtschaftlichen Drucks wollten die Führungskräfte auch bei diesem modifizierten Produkt keine Qualitätskompromisse eingehen. Die Folge: Das bereits auf der *Photokina* 2004 angekündigte Modul kam erst mit deutlicher Verspätung Mitte Juni 2005 auf den Markt.

Das Phänomen *Selbstverstärkung* hatte beim Aufbau und Erhalt der besonderen Kompetenzen von *Leica* eine zentrale Rolle gespielt (vgl. zu ähnlichen Effekten Schoder, 1995): Eine am Markt erfolgreiche Fähigkeit wird zu einem Selbstläufer. Weil sich die Produkte gut verkaufen, greifen immer neue Kunden zu, weil sie den Entscheidungen anderer Verbraucher vertrauen oder auch über die etablierten Handelswege schleichend nur noch ein bestimmter Standard unterstützt wird. Der gute Ruf einer Marke verstärkt diesen Effekt zusätzlich. Ein solcher Kompetenzpfad – im Fall von *Leica* die hochwertige Analogfotografie – kann aber auch dazu führen, dass das Management gar nicht mehr anders kann als wie gestern und vorgestern zu handeln. Das Management befindet sich damit im »Lock-in« seines eigenen Erfolgs, auch als **Innovators Dilemma** bezeichnet. Ein Ausscheren aus dem eigenen Erfolgspfad würde bei nur kurzfristiger Betrachtung unsinnig erscheinen und wäre dem Markt sowie allen Anteilseignern nur schwer zu vermitteln (Christensen/Matzler/von den Eichen, 2011).

Gerade in sehr erfolgreichen Unternehmen beurteilt das Management Marktentwicklungen vor dem Hintergrund und im Rahmen der eigenen, hoch entwickelten Fähigkeiten. Im Fall von *Leica* nahmen die Manager die Digitaltechnik fast zwangsläufig nicht ernst, weil diese zu Beginn, objektiv bewertet, bei Weitem noch nicht an die Qualität der Analogfotografie heranreichen konnte. Das Problem an der Einschätzung der Technologie- und Marktentwicklung ist damit der gesetzte Bezugsrahmen – in diesem Fall die hohe initiale Kompetenz des Unternehmens selbst. Die Firmen stehen sich in einer solchen Situation mit ihrem Wissen somit selbst im Weg, was ein »Unlearning« der über Jahre gewonnenen Erkenntnisse erfordert (Strauß, 1996).

Im Fall von *Leica* gelang erst 2009 nach der Restrukturierung der Turnaround. Zwischenzeitlich hatten die (wechselnden) Hauptaktionäre die Geduld verloren, nachdem mehrfach eine überzeugende strategische Neuausrichtung gefordert worden war. Im Oktober 2011 erwarb der Finanzinvestor *Blackstone* schließlich einen Anteil von 44 % an der *Leica Camera AG*. Die Abwärtsspirale des Unternehmens drohte sich zwischenzeitlich immer mehr zu verstärken, bis zur Stabilisierung auf einem wirtschaftlich deutlich niedrigeren Niveau. Seit dem Geschäftsjahr 2011/2012 erwirtschaftete die *Leica Camera AG* schließlich wieder einen Bilanzgewinn. Im Mittelpunkt steht nach wie vor die hochwertige Fotografie im Bereich Spiegelreflex- oder spiegelloser Systemkameras. Trotz dieser technischen und nachfolgend auch wirtschaftlichen Schwierigkeiten hat die Kultmarke *Leica* nach wie vor eine große Anziehungskraft. Seit Mitte 2016 kooperiert *Leica* mit *Huawei*: Neben der Integration von *Leica*-Technologie in *Huawei*-Smartphones bauen beide Unternehmen ihre strategische Zusammenarbeit mit der Gründung eines gemeinsamen Forschungs- und Innovationszentrums weiter aus. Die Gründung erfolgte direkt nach Bekanntgabe der langfristig angelegten Technologiepartnerschaft im Bereich Optical Engineering sowie nach Einführung der ersten gemeinsamen Produkte, der weltweit erfolgreichen und vielfach prämierten *Huawei* Smartphones P9 und P9 Plus.

Gleichzeitig steigt mit der Nachfrage nach **individualisierten Produkten und Dienstleistungen** die Komplexität in der Marktbearbeitung sowie der Produktion (Zerdick et al., 2001): Die Realisierung von One-to-One-Marketing bzw. Mass Customization erfordert nicht nur die aufwendige Analyse der Kundendaten, sondern auch die darauf aufbauende gezielte Ansprache kleinster Kundensegmente bzw. die Ausrichtung der Fertigung auf kleinste Losgrößen. Mit der Individualisierung steigt die Fragmentierung von Märkten, was im Ergebnis die Komplexität des strategischen Unternehmensumfeldes und -management zusätzlich erhöht.

Auslöser und Katalysator dieser Verschiebungen im strategischen Unternehmensumfeld ist ein sich in zunehmendem Maße veränderndes **Kundenverhalten**. Ein steigender individueller Informationsgrad führt zusammen mit verbesserten Kooperations- und Koordinationsmöglichkeiten etwa im Rahmen elektronischer Interessengemeinschaften (*Virtual Communities*) zu besser aufeinander abgestimmten Vorgehensweisen zwischen Nachfragern. Durch den Austausch positiver wie negativer Erfahrungen mit Produkten bzw. dem Unternehmen (etwa dem Kundendienst) bewirken Virtual Communities eine Bündelung der Nachfragermacht und erhöhen den Informationsgrad für spezifische Themenkreise innerhalb der virtuellen Interessengemeinschaft. Die Steigerung des Informationsniveaus der Konsumenten bei gleichzeitiger Senkung von Markteintrittsbarrieren für neue Anbieter führt zu einem schrittweisen Absinken der Kundenloyalität, was Unternehmen zunehmend zu Maßnahmen der Kundenbindung veranlasst (Eggert, 2001). Wurde in den 1970er-Jahren in Zusammenhang mit der Nutzung von unabhängigen Testberichten (wie der *Stiftung Warentest*) das Paradigma eines umfassend und unabhängig informierten Kunden mit hoher Marken-/Händler-Wechselbereitschaft (**Information Seeker**) prophezeit, bietet die Informationstransparenz im Internet nunmehr eine einfach zugängliche Informationsplattform zur Realisierung dieses Konsumententypus und zum Abbau von Informationsasymmetrien zwischen Anbietern und Nachfragern (Thorelli/Becker/Englewood, 1975; Tölle/Hofacker/Kaas, 1981; Silberer et al., 1984). Aktuellen Untersuchungen zufolge bereiten (abhängig von der Produktkateorgie und dem Involvement) die Mehrheit der Konsumenten einen Offline-Kauf vorher im Internet vor und informieren sich eingehend (unabhängig von Hersteller und Handel) über Produkte, Preise, Service- und Leistungsmerkmale (Research Online – Purchase Offline, **ROPO**; Bruce, 2011).

Analysen zum ROPO-Effekt der Textilkette ***Ernsting's family*** zeigen, dass auf 100 Onlinekäufe 45 Käufe in Filialen kommen, bei denen sich Kunden vorab online informiert haben.

ROPO-Käufer haben dabei einen um 104 % umfangreicheren Warenkorb als reine Filialkäufer. Grund hierfür ist laut *Ernsting's family* der deutlich geringere Warenkorb in den stationären Filialen im Vergleich zum durchschnittlichen Warenkorb im Onlineshop. Darüber hinaus zeigt sich noch ein weiterer Multi-Channel-Effekt: Wird für eine online aufgegebene Bestellung die kostenlose Auslieferung in eine der *Ernsting's-family*-Filialen genutzt, entstehen bei ca. 30 % der Abholungen Zusatzkäufe in der Filiale. Ein Blick auf die ROPO-Käufe in den einzelnen Städten unterstützt die These, dass eine höhere Filialdichte den ROPO-Effekt eher noch begünstigt: In Städten mit einer hohen Filialdichte sind auch die meisten ROPO-Käufe zu beobachten. *Ernsting's family* mit seinem großen Filialnetz verfügt ähnlich wie die *Douglas Parfümerien* über nur sehr geringe Eintrittsschwellen für ROPO- oder Multi-Channel-Nutzer. Kunden können über die kostenlose Lieferung der Online-Bestellungen in eine Wunschfiliale in die stationäre Servicewelt überführt werden. Über besondere Online-Aktionen und ihre Vermarktung in den Filialen werden aus stationären Kunden wiederum Online-User. Ähnlich kaufen bei ***Galeria Kaufhof*** mehr als 10 % der Online-Kunden innerhalb einer Woche sowohl online als auch stationär. Gleichzeitig steigerten Online-Kunden, die bislang bei *Galeria Kaufhof* nur stationär gekauft hatten, im Internet ihre Gesamtausgaben um mehr als 25 % (Ramge, 2013).

Selbst für Modeartikel ist das Internet heute schon für die Kaufentscheidung maßgeblich: In 48 % aller Fälle wird auch hier ein Offline-Kauf vorher online vorbereitet (Bruce, 2011). Im Automobilbereich etwa beträgt der Anteil an Konsumenten, die vollumfänglich informiert den Händler aufsuchen, nach Schätzungen von Händlern mittlerweile mehr als 90 %.

Toyotas Ansatz ist ein gutes Beispiel für die systematische Nutzung der Informationstransparenz und des Multi-Channel-Managements im Internet. Für die meisten Menschen ist ein Autokauf mit einem erheblichen Zeiteinsatz für die Entscheidung verbunden. *Toyota* reagierte (zeitweise) auf dieses Verhalten und bot auf seiner Internetseite einen Link zu einem Webangebot von *JD Edwards*, einer zuverlässigen Quelle für Autotests. Kunden vertrauen auf die Objektivität der unabhängigen Website von *JD Edwards* – und *Toyota* vertraute darauf, dass die eigenen Wagen dort im Vergleich zur Konkurrenz gut abschneiden. *Toyota* hatte damit de facto einem Dritten die Betreuung der Kunden während der Abwägungs- und Präferenzbildungsphase übertragen. Wenn die Kunden gut informiert waren und die genauen Unterschiede zwischen den von ihnen erwogenen Marken und Modellen kannten, wurden sie von *JD Edwards* zurück zur *Toyota*-Website geleitet, um dort (vermutlich zufriedener mit ihrer Wahl eines *Toyota*) in die Kaufphase einzutreten. Da Kunden vielfach über Informationen selbst über die jeweiligen Einstandskosten der Händler verfügen, ist es das Sinnvollste, die Verbindung zum Kunden entlang dessen Kaufprozess proaktiv aufrechtzuerhalten. Eine traditionelle Absatzkanal-Logik würde eigentlich nahelegen, dass *Toyota* bestimmte Kundensegmente (z. B. Laden- und Online-Käufer) definiert und auf Basis dieser von der Lieferantenseite ausgehenden Definition für jedes Segment einen spezifischen direkten, indirekten bzw. hybriden Absatzkanal auf- und weiter ausbaut.

> Stattdessen erkannte *Toyota* wie auch andere Unternehmen, wie sich die Kunden in ihrer Gesamtheit entlang der Customer Journey verhalten. Das (und die besonderen Eigenschaften von Produkten und Logistik auf dem Markt des jeweiligen Unternehmens) brachte sie dazu, auf Vertriebswege zu fokussieren, die den Kundenwünschen – aus Sicht der Kunden – bestmöglich entsprechen (Nunes/Cespedes, 2004).

Durch die Verfügbarkeit umfassender Informationen sowie die verbesserte Vergleichbarkeit von Produkten und Dienstleistungen steigt der Kenntnisstand über Substitutionsmöglichkeiten bisheriger durch alternative Anbieter und damit die **Wettbewerbsintensität**. Als eine Konsequenz sinken Marktfriktionen etwa in Form von Wechselbarrieren zwischen Anbietern in ihrer Bedeutung ab. Besteht auf traditionellen (Offline-)Märkten eine Informationsasymmetrie über die tatsächliche Qualität der Produkte und Dienstleistungen zwischen Anbietern und Nachfragern, wird diese sowohl durch die höhere Informationstransparenz als auch durch spezifische Dienste und **Expertenforen** wie *Ratgeberzentrale.de* bzw. **Meinungsportale** deutlich reduziert. Automatische Preisvergleiche etwa in Form autonomer Agenten erhöhen die Markttransparenz für spezifische Produktwahlkriterien zusätzlich und engen den Spielraum der unternehmerischen Preisgestaltung und -differenzierung weitergehend ein. Der Realisierung vollständig (preis-)transparenter Märkte sind theoretisch lediglich Grenzen durch

- unternehmerische Ausweichstrategien,
- eine eingeschränkte individuelle Fähigkeit zur Aufnahme von Informationen (»Information Overload«) sowie
- eine nur ungenügende Effizienz verfügbarer Suchverfahren

auferlegt. Aus Unternehmenssicht führt dies zu einer zunehmenden Ausrichtung auf Differenzierungsstrategien, um sich dem oftmals ungerechten – da auf den Preis verkürzten – Vergleich entziehen zu können.

> Beispielsweise liegt bei über 400 Angeboten für ein Smartphone der Marke *Samsung Galaxy S9* im Oktober 2018 die Preisspanne zwischen 498 EUR und 868 EUR (Preisvergleichsdienst idealo.de). Das wäre eine Preisersparnis von fast 50 % (Donnella, 2010).

Weitergehende **Wechselbarrieren** für das Wechseln eines Kunden von einem Anbieter zu einem anderen finden sich in technologischen Barrieren (etwa aufgrund einer nur eingeschränkten Kompatibilität von Systemen), ausbildungsbezogenen Barrieren (etwa durch notwendiges Wissen und Lernaufwendungen) und psychologischen Barrieren etwa in Form einer bestimmten Markenbindung (Schoder, 1995; Skiera/Garczorz, 2000). All diese Barrieren bewirken und erhöhen **Switching Costs** (**Wechselkosten**), die dazu führen können, dass eine objektiv, aber nur marginal (unter den Wechselkosten liegende) bessere Alternative unter rationalen Gesichtspunkten nicht gewählt wird, man bildlich auf die bereits gewählte Alternative festgelegt ist (»**Lock-in**«). Die sogenannte Sunk Cost Fallacy entsteht durch den Verlust des

Zugangs zu Nutzerprofilen und damit auch zu den Zahlungen und Aufwendungen der Vergangenheit.

> Ein Beispiel für einen derartigen »Lock-in« findet sich in der Durchsetzung von *VHS* als geltendem Standard im Bereich der Videorecorder Anfang der 1990er-Jahre: Obwohl *VHS* aus Sicht aller Experten technologisch schlechter war als die anderen verfügbaren Standards (wie *Betamax* oder *Video 2000*), setzte sich *VHS* als Standard für Videorecorder durch. Der Grund: Da es *VHS* gelungen ist, sich als Standard bei allen Videoverleihern zu etablieren, verlagerte sich die Nachfrage nach Videoabspielgeräten schrittweise und selbstverstärkend auf diesen – technisch funktional schlechteren – Standard (Schoder, 1995). Ähnlich stellt sich die Situation bei den verschiedenen **Kaffeepad- oder Kaffeekapselsystem-Anbietern** wie etwa *Dolce Gusto* (*Krups* und *Nestlé*), *Nespresso* (*Nestlé*), *Senseo* (*Philips* und *Tassimo*) am Markt dar. Dies ist der Sammelbegriff für Kaffeemaschinen, die mit Einzel- bzw. Doppelportionierung, sogenannten Kaffeepads oder -kapseln, arbeiten. Wesentliche Eigenschaften dieser Kaffeesysteme sind eine einfache Bedienung und eine kurze Zubereitungszeit des Kaffees. Die Systeme sind untereinander nicht kompatibel – so sind für jedes System verschiedene Kaffeepads bzw. -kapseln erforderlich. Ursprünglich waren diese nur vom jeweiligen Hersteller verfügbar, was die Auswahlmöglichkeiten sehr einschränkte. Mittlerweile sind aber auch Kaffeeportionen von anderen Anbietern erhältlich. Um Wechselkosten zu vermeiden, ist man durch den Erwerb des Kaffeesystems eines bestimmten Herstellers auch unmittelbar auf die zum Betrieb notwendigen Pads festgelegt. In der Kritik stehen die Kaffeesysteme aufgrund des »Price Capturing«. Das bedeutet, dass die Anschaffungskosten für die jeweiligen Kaffeemaschinen relativ niedrig sind, die Folgekosten für die Kaffeepads dafür – zum Teil um ein Mehrfaches – über den Kosten von herkömmlichem Kaffee liegen. Erst Mitte 2013 wurde zumindest ein Teil des Lock-ins beseitigt: *Senseo*-Kapseln können jetzt auch in *Nespresso*-Maschinen eingesetzt werden. *Nespresso* ist damit auch ein schönes Beispiel für sogenannte **Razor & Blade**-Geschäftsmodelle: Das Basisprodukt wird günstig oder umsonst angeboten, während die Verbrauchsmaterialien, die erforderlich sind, um das Produkt zu benutzen, teuer und mit hohen Margen behaftet sind (Linz/Müller-Stewens/Zimmermann, 2017). Der niedrige Einstandspreis des Basisprodukts senkt anfängliche Kaufschwellen, während die wiederkehrenden Umsätze aus den Verbrauchsmaterialien das Basisprodukt mitfinanzieren.

Es ist davon auszugehen, dass derartige Hindernisse zunehmend aufgrund neuer technischer Standards, einer breiteren Diffusion von Wissen, einer abnehmenden Hersteller-/Händlerloyalität und einer steigenden Homogenisierung der Produktangebote weitergehend erodieren werden (Seybold, 2001; Srinivasan/Anderson/Ponnavolu, 2002).

Die gleichzeitige Veränderung der institutionellen Rahmenbedingungen im Zuge der Liberalisierung und Deregulierung von Märkten reduziert zusätzlich bislang existierende **Markteintrittsbarrieren und Kundenerwartungen**. Die Folge ist vordringlich

- die Notwendigkeit zur Sicherstellung einer konsistenten Kundenerfahrung über alle Kunden-»Touchpoints«,
- der gegenseitige Austausch zwischen Kunden und
- die Reorganisation der unternehmensinternen Prozesse.

Auch hier zeigt sich, dass Digital-Anwendungen die Pubertät verlassen haben: Dominierten früher noch Fragestellungen etwa nach der Verschärfung des internationalen Wettbewerbs, der Vergleich von Produkten lediglich über den Preis und das Auffinden neuer Geschäftspartner, steht heute eine effiziente und hochwertige Interaktion mit und zwischen Kunden im Fokus. Proportional mit der Dauer der Nutzung und damit einhergehenden Digital-Erfahrungen steigt die Notwendigkeit für ein qualitativ hochwertiges Kundenmanagement. Durch die gleichzeitige Ausschaltung traditioneller Handelsstrukturen im webbasierten Direktvertrieb (*Disintermediation*) wird die Fokussierung auf Differenzierungsstrategien im Rahmen der strategischen Planung weiter verstärkt.

1.2 Erfahrungswerte mit Strategien zur Digitalisierung

1.2.1 Vorliegen einer eigenständigen Strategie zur Digitalisierung

Konform zur Verbreitung des Internets und den Veränderungen des strategischen Unternehmensumfeldes haben sich die meisten Unternehmen der Mühe der Erarbeitung spezifischer Strategieansätze unterzogen: Knapp drei Viertel aller Unternehmen gibt an, über eine eigenständige Strategie zur Digitalisierung zu verfügen (Litré et al., 2018; Strauß, 2013; Altimeter Group, 2016). Dennoch herrscht oftmals Unentschiedenheit, ob die bislang oftmals auf Design, auf Technik bzw. auf einzelne Funktionsbereiche oder Tools (wie E-Commerce) ausgerichteten Konzepte bereits als eigenständige Strategie gewertet werden können (Litré et al., 2018; Altimeter Group, 2016; Gassmann, 2016).

Projekterfahrungen und Management-Workshops zeigen, dass häufig Realisierungskonzepte vorliegen, die stark durch singuläre Technikanwendungen geprägt sind. Geschlossene Konzepte bestehen hingegen nur selten. Betroffen von fehlenden Strategien zur Digitalisierung sind vor allem Unternehmen, die sich erst vergleichsweise spät im Internet engagiert haben, mit ihrem Engagement jedoch zunächst keinerlei definierter strategischer Zielsetzung gefolgt sind. Die Motivation für einen (noch abstrakten) Einstieg »digital« war damit insgesamt oft eher durch die Notwendigkeit begründet »dabei zu sein« und Marktpositionen schnellstmöglich zu besetzen. Eine systematische Vorgehensweise und Bewertung aller möglichen Chancen und Risiken und damit eine Versachlichung der zunächst stark euphorischen, zuweilen skeptischen Diskussion über die Digital-Potenziale findet bislang eher weniger statt. Damit ist das im Jahr 2000 noch angeführte Strategiedefizit mittlerweile in der Mehrzahl der Fälle adressiert worden, jedoch bei erheblicher Unsicherheit, ob die avisierten Strategien Bestand haben bzw. nicht zu stark auf singuläre Anwendungsszenarien abstellen. Mit der Diskussion um die Strategie steht stets parallel die Evaluierung des Geschäftsmodells bzw. die Notwendigkeit, dieses evolutionär weiterzuentwickeln, im Rampenlicht.

1.2.2 Fokus der Strategie zur Digitalisierung

Hohe Entwicklungskosten und geringe variable Kosten bei der Herstellung und dem Vertrieb (insbesondere digitaler Produkte) legen Wettbewerbsstrategien nahe, die auf eine möglichst schnelle Erzielung von Kostendegressionseffekten und Skalenerträgen abzielen, etwa im Rahmen der *Strategie der Kostenführerschaft* (Burr, 2003). Diese ist geprägt durch eine äußerst aggressive Niedrigpreispolitik, einen hohen Standardisierungsgrad des Angebotes als auch die Betonung attraktiver Preise in der Kommunikation (Operational Excellence; Fritz, 2000). Eine im Vergleich zum Wettbewerb günstigere Kostenposition eröffnet dem Anbieter einen größeren Spielraum für die Preisgestaltung (etwa als Niedrigstpreisstrategie). Diese Kostenposition ist meist mit dem Streben nach hohen Marktanteilen und der Produkterstellung in größeren Chargen für Losgrößeneffekte (Economies of Scale) verbunden.

> Ein Beispiel für eine aggressive Wettbewerbsstrategie ist der Online-Händler ***Zalando.*** Der Onlineshop für Schuhe und Fashion setzte seinen rasanten Wachstumskurs mit einer Steigerung von knapp 1,1 Mrd. EUR im Jahr 2012 weiter fort und konnte den Nettoumsatz bis 2017 auf fast 4,5 Mrd. EUR mehr als vervierfachen, bei gleichzeitigem internationalem Rollout. *Zalando* hat es geschafft, das erste europäische Unternehmen zu sein, das bereits vier Jahre nach der Gründung einen Netto-Jahresumsatz von mehr als 1 Mrd. EUR erwirtschaftet hat.

Wird hingegen eher eine Differenzierungsstrategie eingeschlagen, wird entweder im Falle der **Produktdifferenzierung** (Product Leadership) eher auf Merkmale wie eine ständige Optimierung der Leistungsfähigkeit der Produkte und umfassende Innovationsaktivitäten, eine Vielzahl produktbegleitender Dienstleistungen oder auch eine intensive (Produkt-)Markenpflege fokussiert. Aufgrund der zunehmenden Ähnlichkeit vieler Produkte (etwa Angeboten im Online-Banking) kommt es für Unternehmen gleichzeitig darauf an, für den Kunden den Wert der Produkte durch die Schaffung eines Zusatznutzens zu erhöhen und sie dadurch von Konkurrenzangeboten klar unterscheidbar zu machen (*Differenzierungsstrategie,* MacMillan/ McGrath, 1997). Damit steht bei der Differenzierung die Einzigartigkeit des unternehmerischen Leistungsportfolios im Mittelpunkt. Die Produkte eines Unternehmens werden in diesem Fall so ausgerichtet, dass diese von den Kunden im Konkurrenzvergleich als einzigartig wahrgenommen werden. Diese Einzigartigkeit muss sich dabei nicht nur auf objektive Leistungsmerkmale beziehen, sondern kann auch auf subjektiv empfundene Vorteile des Leistungsangebotes (etwa das Image einer Marke) abstellen oder die Besonderheit der Kundenbeziehung beinhalten.

Ein Beispiel für eine innovative Differenzierung auf der Basis überlegener Produkte und produktbegleitender Dienstleistungen findet sich in den USA in ***Geek Squad***, was man am besten als »Computerfreak-Truppe« übersetzen kann (Pulizzi/Barrett, 2009). Statt den herkömmlichen Klischees von IT-Spezialisten zu entsprechen, steht *Geek Squad* für ein Unternehmen, das es mit Witz und dem bewussten Einsatz von Erlebnissen geschafft hat, eine recht undifferenzierte Dienstleistung – für die es in jeder Stadt eine große Zahl von Anbietern gibt – in ein erfolgreiches und einzigartiges Serviceangebot zu verwandeln. *Geek Squad* unterstützt als B2B-Dienstleister Unternehmen, die Probleme mit der IT haben. Die Dienste umfassen Lösungen für typische Netzwerkprobleme, Drucker, die streiken, oder Dateien, die sich nicht mehr öffnen lassen. In einer augenzwinkernden Mischung aus seriösem Service, der mit Witz und Erlebnis dargeboten wird, hat man sich selbst zu einer Art »Spezialeinheit« erklärt, die den Kunden bei ihren Computerproblemen unter die Arme greift. *Geek Squad* kreiert dabei Erlebnisse: Die Mitarbeiter von *Geek Squad* tragen schwarze Anzüge, weiße Hemden mit dünnen schwarzen Krawatten, weiße Socken und Röhrenhosen, die mindestens 10 cm zu kurz sind, sowie einen Special-Agent-Ausweis. Wer sich an die legendären Filmfiguren von Jack und Elwood Blues aus dem Film *Blues Brothers* erinnert fühlt, liegt hier richtig. Es ist der gelungene Versuch, ein aus Kundensicht unglamouröses Geschäft interessanter zu machen. Das Ergebnis ist eine starke Differenzierung vom Wettbewerb, viel Mund-zu-Mund-Propaganda und kostenlose Werbung, ein gewisser Kultfaktor und gute Geschäftserfolge. *Geek Squad* ist ein cleveres Beispiel dafür, wie ein B2B-Unternehmen sich erfolgreich in einer Form von Content Marketing von seinen Wettbewerbern differenziert, indem man zu einem rein funktionalen Angebot Erlebnis- und »Fun«-Komponenten hinzugefügt hat (Pulizzi/Barrett, 2009). *Geek Squad* wurde bereits 2002 von *Best Buy* übernommen.

Die **Differenzierung durch bessere Kundenbeziehungen** stellt den Aufbau und die Pflege langfristiger Kundenbeziehungen in den Mittelpunkt der Wettbewerbsstrategie (Customer Intimacy). Merkmale einer Differenzierung durch bessere Kundenbeziehungen sind eine intensivere Analyse spezifischer Kundenbedürfnisse, eine hohe Individualisierung in der Kundenansprache (One-to-One-Marketing), die Pflege persönlicher Kontakte, Loyalitätsprogramme, individualisierte Produkte (Mass Customization) oder auch vielfältige unternehmensinterne Anstrengungen zur Steigerung der Kundenorientierung.

Selbst traditionsreiche, mittelständische Unternehmen wie der Schreibwaren- und Kalenderhersteller ***Brunnen*** setzen auf die Differenzierung via Mass Customization mithilfe des Werbeartikel-Designers. Hier können Nutzer mit wenigen Klicks Notizbücher sowie Buch-, Taschen- und Tischkalender in individuellen Designs erstellen und anschließend drucken lassen. Zielgruppe für diese Anwendung sind kleine und mittlere Unternehmen und Werbeagenturen. Die Werbemittel werden nach erfolgter Gestaltung in bekannter *Brunnen*-Markenqualität »Made in Germany« gefertigt.

Das tatsächliche Digital-Engagement wird oftmals vom Wunsch nach Differenzierung bestimmt, d. h. der Abgrenzung von Wettbewerbern durch Einzigartigkeit in Bezug auf Qualität, innovative Angebote, Durchlaufzeiten und dergleichen. Eine ausgesprochene Kundenfokussierung steht gegenüber der Differenzierung bereits deutlich im Hintergrund. Günstigste Preise innerhalb einer Branche oder eines Industriesegments als Ausprägung einer Kostenführerschaftsstrategie treten hingegen kaum in Erscheinung.

> ***Signal-Iduna*** ist einer der größten Allroundversicherer in Deutschland und besteht seit mehr als 100 Jahren. Strategisch ist *Signal Iduna* auf dem Weg vom reinen Versicherer zum Lösungsanbieter, da man erkannt hat, dass Kunden umfassende Lösungen für ihre Probleme wollen (o. V., 2018). Eine Versicherung ist gut, in vielen Fällen aber zu wenig. *Signal Iduna* hat aus diesen Erkenntnissen eine kombinierte Lösung aus Versicherung, IT-Sicherheitstraining, Sicherheitskontrollen und Notfallhilfe erschaffen, die kleinere Unternehmen (KMU) Prävention und Versicherungsschutz in einem Produkt beziehen lässt. Dieses Produkt nennt sich »Der digitale Schutzschild«. Zusammen mit dem Start-up *Perseus*, das auf Cybersicherheit für KMU spezialisiert ist, wurde in nur sechs Monaten eine umfassende Kombination aus Prävention und Versicherung geschaffen (o. V., 2018).

Die tatsächliche Realisierung der angestrebten Differenzierung wird ebenfalls weiter operationalisiert: Die Strategie der Differenzierung wird in diesen Unternehmen beispielsweise durch eine deutliche Anzahl an Mehrwertangeboten oder auch Bestrebungen in puncto Verbesserungen der Durchlaufzeiten untermauert. Steigender Wettbewerbsdruck zwingt Unternehmen dazu, neue Güter noch besser an den Kundenbedürfnissen auszurichten, dabei gesteigerten Qualitätswünschen *und* günstigeren Preisvorstellungen im Vergleich zu etablierten oder zu Vorläuferprodukten nachzukommen (Pine, 1993). Unternehmen, die unter diesen Bedingungen erfolgreich agieren wollen, scheinen sowohl an der Kosten- als auch an der Differenzierungsposition gleichzeitig ansetzen zu müssen. Dies steht aber im Gegensatz zu den klassischen generischen Wettbewerbsstrategien nach *Porter* (1980) als Differenzierungs- oder Kostenführerschaftsstrategien, die zum handlungsweisenden Vorbild unzähliger Unternehmen wurden und es auch noch sind (Kotha, 1995). *Porter* folgt in seiner Konzeption dem Postulat der Unvereinbarkeit von Kostenführerschaft und Differenzierungsstrategie. Ein Unternehmen muss sich klar für einen Strategietyp entscheiden, da sonst die Gefahr eines *»stuck in the middle«* (*»zwischen den Stühlen«*) bestehe (Porter, 1980). Empirische Studien (Gaitanides/Westphal, 1991; Miller/Dess, 1993; Reitsperger et al., 1993) und eine ausführliche Argumentation (Corsten, 1998; Fleck, 1995; Proff/Proff, 1997) zeigen jedoch, dass die Wettbewerbsstrategie keine Wahl zwischen den Extremen Kostenführerschaft *oder* Differenzierung darstellt. Vielmehr sollte nach der **Simultaneitätshypothese** die gleichzeitige Realisierung von Kostenführerschaft *und* Differenzierung im Rahmen einer **hybriden Wettbewerbsstrategie** angestrebt werden (Corsten/Will, 1995). Ein Beispiel für eine Hybridstrategie kann beispielsweise die Umsetzung von Mass Customization sein: Kosteneffizient sollen hier Produkte hergestellt bzw.

vermarktet werden, die auf die individuellen Bedürfnisse einzelner Kunden zugeschnitten sind (Piller/Schoder, 1999).

Die Suche nach Möglichkeiten zur Veränderung der herkömmlichen Spielregeln des Wettbewerbs außerhalb der reinen Kostenführerschafts- und Differenzierungsstrategien führt zu Strategien, die entweder auf Innovationen in einem Teilmarkt fokussieren oder auf Änderungen des Wettbewerbs im Gesamtmarkt ausgerichtet sind. Die Veränderung des Wettbewerbs nach neuen Regeln bzw. die Schaffung »neuer Märkte« wird als *New-Game-Strategie* oder auch als *Blue-Ocean-Strategie* bezeichnet (Kim/Mauborgne, 2005).

Prägnanteste Beispiele für eine New-Game- oder Blue-Ocean-Strategie finden sich unter anderem bei *IKEA* und *Southwest Airlines*. ***Southwest Airlines*** hat über die letzten 20 Jahre eine wahre Erfolgsgeschichte geschrieben: Während sich andere Luftfahrtgesellschaften in zusätzlichen Servicekomponenten wie aufwendigen Lounges, Sitzplatzwahl oder Mahlzeiten überboten haben, reduzierte *Southwest* (analog zu *Ryanair*) alle nicht notwendigen Leistungen. Fluggäste erhalten hier an Bord weder Mahlzeiten noch stehen Lounges oder eine Sitzplatzreservierung zur Verfügung. Der Fokus liegt auf niedrigen Preisen, Online-Reservierung, einem freundlichen Service in einer kundenorientierten Kultur sowie in häufigen Verbindungen – jedoch außerhalb der großen »Hub-Flughäfen«. Im Ergebnis wird das frühere Start-up aus dem Jahre 1967 permanent als eines der am meisten wertgeschätzten und profitablen Luftfahrtunternehmen bewertet (Kim/Mauborgne, 2005). Ein positiver und gleichzeitig auch interessanter Nebeneffekt der fehlenden Sitzplatzreservierung: Die Fluggäste erscheinen durchgehend pünktlicher am Abfluggate als bei anderen Fluglinien – getrieben von dem Wunsch, sich die attraktivsten Sitzplätze zu sichern. Das Ergebnis: Während »High-Cost Carrier« wie *US Airways* Kunden zu Kosten von 15,8 US-Cent/Personenkilometer fliegen können, kostet dies *Southwest Airlines* weniger als die Hälfte, nämlich nur 7,6 US-Cent (Rayport/Jaworski, 2005).

Die praktische Umsetzung hybrider Wettbewerbsstrategien wird durch die Potenziale der neuen Produktions- sowie Informations- und Kommunikationstechnologien beflügelt. So lösen moderne Fertigungstechnologien (computerintegrierte Produktion und flexible Fertigungssysteme) die Zielkonflikte zwischen Flexibilität (Variantenvielfalt) oder hoher Qualität versus Produktivität auf – vorausgesetzt sie werden in einem richtigen strategischen Kontext angewendet. Zur Zeit der Entstehung von *Porters* Konzeption waren heute ausgereifte Prozesstechnologien erst in der Entwicklungsphase. Die Alternativstrategie *Porters* ist deshalb noch vom klassischen Trade-off zwischen Variantenvielfalt und Produktionskosten geprägt. Vor allem aber tragen die vielfältigen Potenziale moderner Digital-Technologien dazu bei, dass eine Kombination aus kundenspezifischer und effizienter Leistungserstellung nun realisierbar ist. Wesentliche Voraussetzung hierzu ist die elektronische Vernetzung von Abnehmern und Herstellern sowie der beteiligten Lieferanten.

Projektanalysen zeigen, dass die erfolgreichsten Unternehmen gleichzeitig die deutlichsten Verfechter eines gemischten Strategieansatzes sind. Damit entstehen Wettbewerbsvorteile nicht mehr allein aus möglichst niedrigen Kosten einerseits oder einer ausgeprägten Differenzierung andererseits, sondern aus der Kompetenz zur Differenzierung und gleichzeitigen Individualisierung von Angeboten. Die aus digitalen Anwendungsszenarien resultierenden Kostensenkungs- und Innovationspotenziale sowie die Verbesserung der Informationsqualität im Hinblick auf die Kundenanforderungen lösen die einst von *Porter* proklamierte Dichotomie der Strategieansätze somit auf.

Die große Bedeutung von Informationen als Instrument zur Erkennung und Erfüllung von Kundenbedürfnissen, als eigenständigem elektronischen Produkt und auch strategischem Wettbewerbsfaktor, bewirkt das Entstehen neuer Strategieansätze auf elektronischen Märkten. Die klassischen Strategieansätze des »Cost«- bzw. »Quality Leadership« werden durch Strategiekonzeptionen des **Speed Leadership** (Geschwindigkeitsführer im Sinne einer schnellen Informationsgewinnung) sowie des **Topical Leadership** als Qualitätsführerschaft im Sinne einer qualitativ hochwertigen Informationsgewinnung und hochspezifischen Informationsauswahl substituiert (Weiber/Kollmann, 2000). *Rayport/Jaworski* ergänzen entsprechend das starre Strategieparadigma nach *Porter* und proklamieren sechs Strategieansätze für den Digital-Kontext (Rayport/Jaworski, 2001; vgl. Abbildung 21):

- **Informationsführerschaft**: Fokus auf der Bereitstellung der aktuellsten, glaubwürdigsten oder auch am besten recherchierten Informationen für Kunden. Beispiele finden sich in Finanzportalen oder auch Medianangeboten wie *focus.de* oder *ntv.de*. Das Erlösmodell ist meistens durch eine Mischung aus Werbeeinnahmen und Gebühren für höherwertige oder weiterführende Informationen geprägt;
- **Sortimentsführerschaft**: Fokus auf der Bereitstellung einer größtmöglichen Sortimentsbreite. Beispiele finden sich bei *iTunes* in der Besetzung eines Nischenmarktes oder mit *Amazon* für das gesamte Handelsmarktsegment. Sekundiert wird die Sortimentsführerschaft in der Regel durch das Angebot einer On-Demand-Lieferung, einer starken Marke zur Erreichung einer kritischen Größe sowie Mehrwertdiensten wie etwa individualisierten Empfehlungslisten oder Nutzerbewertungen;
- **Preisführerschaft**: Fokus auf günstigsten Angeboten, wie etwa bei *Swoodoo.de*;
- **Publikumsführerschaft**: Fokus auf dem schnellen und extensiven Auf- und Ausbau eines Nutzernetzwerks. Social-Media-Plattformen wie *Facebook* begründen ihre Marktstellung vornehmlich durch einen »First Mover Advantage«, durch den ein Marktsegment erst initial geschaffen wird;
- **Qualitätsführerschaft**: Fokus auf bester Qualität des Angebots, etwa bei *Fleurop.de*;
- **Individualitätsführerschaft**: Fokus auf der bestmöglichen Anpassung an Kundenbedürfnisse. Ein Beispiel ist etwa *mymuesli.com* für die individuelle Zusammenstellung eines präferierten Frühstücksmüslis (Mass Customization).

Strategie	USP	Umsatzmodell	Haupteinflussgrößen	Beispiele
Informationsführer	zeitnahe, qualitative Informationen	Abonnements, Werbung	Informationsbeschaffung	handelsblatt.de
Sortimentsführer	größtes Produktsortiment	Produktverkäufe, Provisionen	Verfügbarkeit, Mehrwertdienste	Amazon.de
Preisführer	günstigstes Angebot	Produktverkäufe	Einkauf, Supply Chain Management	Flug.de
Publikumsführer	meiste Nutzer	Werbung, Mitgliedschaft	Netzwerkeffekte, Standards	Microsoft
Qualitätsführer	beste Qualität	Produktverkäufe, Gebühren	Marken, Service	Fleurop.de, ard.de
Individualitätsführer	beste Qualität	Produktverkäufe, Gebühren	Adaptivität, Kundenorientierung	Mymuesli.com

Abbildung 21 Digitale Wettbewerbsstrategien nach *Rayport/Jaworski* (Rayport/Jaworski, 2001, S. 94)

Die Diskussion alternativer Geschäftsmodelle und Positionierungsoptionen ist meist mit der Entscheidung verbunden, ob eine **Block-Strategie** (Fokus auf der aktiven Errichtung von Markteintrittsbarrieren gegenüber Wettbewerbern), eine **Run-Strategie** (Fokus auf permanenten Innovationen im Produkt-/Dienstleistungsumfeld bzw. Geschäftsmodell, wie etwa bei *Google*®) oder schließlich eine **Team-up-Strategie** mit der Orientierung auf strategische Allianzen und Joint Ventures auch mit Wettbewerbern verfolgt werden soll (wie es im Fall der Automobilhersteller im Rahmen von *Covisint* ursprünglich geplant war, Afuah/Tucci, 2003).

> ***Covisint*** als Handelsplattform im Automobilsektor repräsentiert den wohl prominentesten Flop aus den Hochzeiten der New Economy. Ab 1999 geisterte *Covisint* durch die Wirtschaftspresse und tatsächlich wurde auf dieser Automobil-B2B-Plattform einst ein wenig gehandelt. 2004 verkauften die Autohersteller diese Tochtergesellschaft. Der Grund für das Scheitern: unterschiedliche Perspektiven der beteiligten Unternehmen (*Daimler Chrysler, Ford, General Motors*), die auf dieser Plattform Handel mit ihren Zulieferern betreiben und so auch Synergien ihrer Einkaufsvolumina realisieren wollten (Jelassi/Enders, 2008). Entgegen der initialen Ankündigungen wurden die bestehenden Plattformen oder Systeme nicht durchgängig zur Beschaffung eingesetzt und mit *Covisint* integriert. Dies wurde sekundiert durch Mängel in der Implementierung und die damit verbundene notwendige manuelle Mehrfacheingabe von Aufträgen. Heute existiert *Covisint* noch als allgemeine Marktplattform für unterschiedlichste Branchen und Segmente und wurde im Juli 2017 von *OpenText* übernommen (Chaffey, 2011).

Unabhängig von der gewählten Strategie zur Digitalisierung ist diese nach Kriterien wie Zweckmäßigkeit (Geeignetheit zur Erreichung der übergreifenden Ziele), Zielerreichung (Geeignetheit zur Erreichung der finanziellen Ziele), Machbarkeit und Umsetzbarkeit sowie des »Fit« der Strategie zur Digitalisierung (Konsistenz mit den Maßnahmen als auch mit der übergreifenden Unternehmensstrategie; Müller-Stewens/Lechner, 2005) zu evaluieren.

1.3 Digitale Geschäftsmodelle

1.3.1 Elemente eines Geschäftsmodells

Charakteristisches Merkmal der Digitalisierung ist eine Vielzahl neuartiger Geschäftsmodelle, die sowohl von Start-ups als auch von traditionellen Unternehmen verfolgt werden. Beispiele für vergleichsweise neue Geschäftsmodelle sind etwa das Meinungsportal *Ciao.com* oder Group-Buying-Anbieter wie *Pharmaplace*. Obwohl oder gerade, weil der Begriff des Geschäftsmodells über die letzten Jahre stark inflationär genutzt wird, liegt keine einheitliche Verwendung vor (Zott/Amit/Massa, 2011; Schlie/Rheinboldt/Waesche, 2011; Zott/Amit, 2008).

> Unter einem **Geschäftsmodell** kann ganz allgemein der Schwerpunkt der unternehmerischen Aktivitäten und der Erlöserzielung verstanden werden (Timmers, 1999; Afuah/Tucci, 2003). Damit handelt es sich nach *Timmers* um die Organisation (bzw. Architektur) aller Produkte, Dienstleistungen und Informationsflüsse sowie des Erlösmodells inkl. aller daraus resultierenden Vorteile für Zulieferanten und Kunden (Timmers, 1999, S. 31). Damit ist ein Geschäftsmodell nicht statisch, sondern wird synchron mit Umfeld-, Technologie- oder auch Organisationsveränderungen im Zeitablauf ebenfalls weiterentwickelt bzw. verändert (Shirky, 2008; Teece, 2010; Smith/Binns/Tushman, 2010).

Ein Geschäftsmodell beschreibt damit alle Material-, Arbeits- und Informationsflüsse zwischen Unternehmen und der externen Umwelt als auch innerhalb eines Unternehmens und erlaubt komprimierte Aussagen über den Ressourcenfluss (Input, Output, Processing), die einbezogenen Akteure und deren Funktionen sowie die Einbindung und wertschöpfende Rolle unterschiedlicher betriebswirtschaftlicher Funktionsbereiche (Afuah, 2004; Zott/Amit, 2011; Osterwalder/Pigneur/Tucci, 2005). Im Endergebnis beschreibt ein Geschäftsmodell in komprimierter Form alle Geschäftsaktivitäten und unternehmerischen Erfolgsfaktoren. Bei Start-up-Unternehmen, bei Ausgründungen (Spin-offs) als auch beim Eintritt in neue Geschäftsfelder dient das Geschäftsmodell der übergreifenden Ideen- und Konzeptfindung und -darstellung. Im Rahmen der oben skizzierten Netzwerkunternehmen sind Zulieferanten und strategische Partner mit einzuschließen (als »Value Webs«; Prahalad/Ramaswamy, 2000; Tapscott/Ticoll/Lowy, 2001). Ebenso dient das Geschäftsmodell als zentraler Baustein eines Businessplans zur Überprüfung der Ideen und Konzepte durch Investoren.

Die noch junge **Insurtech-Szene** hat sich seit 2015 rasant entwickelt: Mit *Clark*, *Knip* oder *Getsafe* kamen erste Start-ups mit digitalen Versicherungsordnern auf den deutschen Markt. Zielsetzung: den Kunden den Überblick über ihre Versicherungen erleichtern. In der jeweiligen App bedurfte es nur weniger Angaben und Klicks, und die Policen wurden übersichtlich angezeigt. Hinzu kam das Versprechen, Vorschläge für günstigere Anbieter zu unterbreiten. Faktisch waren diese Start-ups damit klassische – digitale – Versicherungsmakler (Baumgarten, 2018). Mit der Dateneingabe in der App erteilten Nutzer (oft unbewusst) ein Maklermandat an das entsprechende Start-up. Die Kundenbeziehung zu manchem langjährigen klassischen Versicherungsvertreter wurde damit beendet. Die Folge: Klagen von Maklerverbänden, Verbraucherschützern und Versicherungskonzernen. Wobei die Motive durchaus unterschiedlich waren: Für die Makler ging es um ihre Bestandsprovisionen, die mit dem Maklermandat an Unternehmen wie *Clark* übergingen. Verbraucherschützer äußerten dagegen Zweifel an der Seriosität der Start-ups und der Qualität der Beratung. Die Versicherungen wollten hingegen ihre langjährigen Geschäftspartner schützen (Peverelli/Feniks, 2017). Zudem waren sie unsicher, ob sie überhaupt Kundendaten an die neuen Anbieter übermitteln durften. Tatsächlich taten sich die ersten Insurtechs recht schwer, eine größere Anzahl an Kunden für ihre Dienste zu begeistern. Einige erste Anbieter wie *Knip* entzogen sich der Insolvenz durch Verkauf.

Die positiven Bewertungen heute resultieren daraus, dass viele Anbieter mit Direktbanken kooperieren. So bietet beispielsweise *Clark* den Kunden der Online-Bank *DKB* seine Dienste an. Durch die Kooperationen bekommen die Insurtechs Zugang zu Millionen Kunden und profitieren von einem Marken- und damit verbundenen Vertrauenstransfer. Gleichzeitig weiten alle Anbieter ihr Service-Portfolio weiter aus: Mit Policen-Checks und Berater-Chats sind sie heute vollwertige digitale Versicherungsmakler. Die neueste Welle von Versicherungs-Start-ups begnügt sich nicht mehr mit der Rolle als digitaler Makler, sondern bieten als sogenannter **Assekuradeur** oder als vollwertiges digitales Versicherungsunternehmen eigene Versicherungen an (Esser, 2018). Einige von ihnen positionieren sich dabei dank schlanker Prozesse als Preisbrecher, ohne Rücksicht auf etablierte Strukturen, Bestände, IT-Anwendungen und Prozesse nehmen zu müssen. ***Haftpflichthelden*** beispielsweise konzentriert sich nur auf private Haftpflichtversicherungen, die sie als Assekuradeur der Versicherungsgruppe *NV-Versicherungen* anbieten. Mit transparentem Flatrate-Tarif, schnellem Vertragsabschluss und automatischen Leistungsverbesserungen versuchen sie Nutzer zu binden (Baumgarten, 2018). Den Versicherungsbeitrag kann der Kunde dabei neuerdings auch per Kreditkarte oder *Paypal* bezahlen.

Etablierte Versicherer reagieren mit eigenen Digitalisierungsinitiativen – sowohl im Kundenkontakt als auch im Back-end. Der Fokus liegt dabei in vielen Fällen auf einer Optimierung der eigenen Prozesse, etwa durch einen Ausbau der Dunkelverarbeitung (Abwicklung ohne manuelle Eingriffe) und eine Automatisierung des Schadensmanagements. Aber auch den Online-Vertrieb bauen Versicherungen stetig aus: Intelligente und selbstlernende Chat-Bots können simple Formulare ersetzen und kostengünstig eine persönliche

Beratung (»Robo Advisor«) anbieten (Baumgarten, 2018). Auch entstehen ganz neue Produkte wie Kfz-Versicherungen, die via Telemetrie kilometergenau abgerechnet werden oder die Prämie an das individuelle Fahrverhalten koppeln, wie etwa bei ***Motion-S*** in Luxemburg. In der Kranken- oder Risikolebensversicherung kann gesundheitsbewusstes Verhalten mit einem Fitness-Tracker erfasst und mit Prämienrabatten belohnt werden. Mittels Smart Contracts werden absehbar neue Mini-Policen entworfen und kosteneffizient abgewickelt, wie eine Flugverspätungsversicherung. Hier wird ein Smart Contract so programmiert, dass er über eine öffentliche Datenbank überwacht, ob der versicherte Flug pünktlich abgehoben hat. Ist er verspätet, zahlt der Smart Contract die vereinbarte Versicherungssumme automatisch an den Versicherungsnehmer aus (Baumgarten, 2018; Beenken/Knörrer, 2018). ***Emil*** ist seit Oktober 2018 die erste digitale Kfz-Versicherung, bei der man nur so viel zahlt, wie man auch fährt. Das Angebot richtet sich insbesondere an Wenigfahrer und Zweitwagenhalter, die im Schnitt bis zu 200 Kilometer pro Woche bzw. 10.000 Kilometer im Jahr zurücklegen. Entstanden ist das Angebot in Zusammenarbeit mit der *Gothaer Allgemeine Versicherung AG* sowie der *General Reinsurance AG*.

Die Definition eines Geschäftsmodells erfolgt anhand der Beschreibung der Leistungs- und Wertschöpfungsprozesse der Konzeptfindung, -prüfung und ihrer Anpassung an die betriebswirtschaftlich relevante Umwelt im Zeitablauf, insbesondere im Rahmen von Investitionsentscheidungen (Johnson/Christensen/Kagermann, 2008). Damit stehen weniger Teilanalysen und Partialmodelle einzelner Unternehmensbereiche im Mittelpunkt der Betrachtung, als vielmehr alle Unternehmensbereiche: vom Markt-/Wettbewerbsmodell über die Beschaffung und Leistungserstellung bis zur Distribution und dem zugrundeliegenden Finanzierungsmodell (Afuah/Tucci, 2003). Damit geht ein Geschäftsmodell deutlich über die Grenzen einer reinen Wertschöpfungsketten-Betrachtung hinaus, da es nicht an einen physischen Produktionsprozess gebunden ist, sondern auch Dienstleistungsprozesse abbildet (Amit/Zott, 2001; Casadesus-Masanell/Ricart, 2011).

Ein wesentlicher Bestandteil eines Geschäftsmodells ist die Beantwortung der Frage nach dem **Erlös- bzw. Leistungsangebotsmodell** (Afuah/Tucci, 2003): Womit soll letztendlich Geld verdient werden? Hierfür existieren Ansatzpunkte wie etwa:

- **Erlöse aus Transaktionen**: entweder unmittelbar aus dem Verkauf von Produkten und Dienstleistungen (direkte Erlösgenerierung) oder anteilig bei (erfolgreicher) Vermittlung von Transaktionen (indirekte Erlösgenerierung);
- **Erlöse aus Werbung**: Schaltung von (bezahlten) Werbeeinblendungen auf der Website, Verlinkung zu Anbietern von Produkten (Crosslinks), Vermietung von virtuellen Läden etwa im Rahmen eines Shops, von Portalen oder einer virtuellen Shopping-Mall;
- **Erlöse aus Gebühren**: etwa in Form von Abonnements, Mitgliedsbeiträgen;
- **Erlöse aus Lizenzen**: Vermietung oder Einräumung von Nutzungsrechten, etwa für Software;
- **Erlöse aus Zusatzdiensten**: Gebühren für Beratung, Service und Dienstleistungen.

Der Gabelstapler-Hersteller ***Jungheinrich*** beispielsweise rüstet seine Gabelstapler ähnlich wie andere Hersteller mit Übertragungseinheiten aus und überträgt mittels Bluetooth oder Mobilfunk Daten wie Betriebsstunden und Fehlercodes. Die Auswertung der Daten erlaubt es, ohne Zeitverzug Ersatzteile zu bestellen und Reparaturen bereits vor Schäden (als Predictive Maintenance) durchzuführen. Gleichzeitig eröffnen die Daten neue Geschäftsmodelle, etwa in Form von quantitativen Analysen und darauf aufsetzenden Beratungsdienstleistungen zur Optimierung der innerbetrieblichen Logistik oder auch Gabelstapler-Mietmodelle (Pay-per-Use).

Kaeser als einer der weltweit führenden Hersteller und Anbieter von Produkten und Dienstleistungen im Bereich Druckluft hat mit *Sigma Air Utility* ein servicebasiertes Geschäftsmodell eingeführt (Bock et al., 2019). Kunden zahlen hier nicht mehr wie zuvor für den Kauf eines Kompressors, sondern nur noch monatlich für die Druckluft, die sie genutzt haben.

In der Regel findet sich eine Mischform zwischen transaktions*abhängigen* und transaktions*unabhängigen* Erlösmodellen, die entweder direkt wirken (ohne Zwischenschaltung eines Dritten direkt aus der Nutzerinteraktion, wie etwa Produktumsätze oder Nutzungsgebühren) oder indirekt Erlöse bei dritten Parteien generieren wie etwa Umsätze aus dem Verkauf von Nutzerprofilen (etwa Data-Mining-Erlöse), Sponsoring oder auch Provisionen etwa aus **Affiliate Marketing** – hier entweder über das Setzen von Links mit prozentualer Umsatzbeteiligung oder für ein Pay-for-Performance-Advertising. Bei Letzterem wird nur dann gezahlt, wenn ein gesetzter Werbelink auch tatsächlich angeklickt wird. Dabei variieren die Erlösformen erheblich – in den meisten Fällen werden mehrere Erlösquellen miteinander kombiniert.

Grundlegend für die Geschäftsmodellausrichtung ist die Fokussierung auf unterschiedliche **Kundensegmente** (vgl. Abschnitt D.1.1). Aufgrund der größeren Transaktionsvolumina sowie zumeist bereits bestehender Geschäftsbeziehungen werden dem Business-to-Business-Segment (B2B) größere Potenziale als dem Business-to-Consumer-Segment (B2C) zugeschrieben, allerdings unter Inkaufnahme vergleichsweise komplexerer Beschaffungs- und Distributionsaufgaben.

Studien belegen, dass diejenigen Unternehmen Erfolg haben, die auf der Grundlage eines definierten Geschäftsmodells systematisch und längerfristig an Mehrwertangeboten für den Kunden und Effizienzsteigerungen der Prozesse arbeiten und dabei grundsätzlich an einer einmal definierten Geschäftsidee festhalten und diese eher über die Zeit evolutionär weiterentwickeln; im Gegensatz dazu tendieren nichterfolgreiche Unternehmen dazu, unter hohen Marketingaufwendungen die grundlegende Geschäftsidee und damit auch das gesamte Geschäftsmodell mehrfachen, abrupten und erratischen Änderungen zu unterwerfen (Wiedmann/Frenzel/Buxel, 2001). Analog zum vorgestellten Bausteinkonzept zeichnen sich Unternehmen mit der besten Performance vor allem durch einen klaren Geschäftsfokus, die Übereinstimmung von Produkten und Zusatzleistungen mit der Zielgruppe sowie einer kontrollierten Expansion aus (Litré et al., 2018; Strauß, 2013; MIT, 2011; Altimeter Group, 2016).

1.3.2 Taxonomie von Geschäftsmodellen: das Digital Value Web

Das Verständnis und die Analyse der im Umfeld von Internet und mobilen Technologien entstandenen Geschäftsmodelle erfordert eine hierauf abgestimmte Geschäftsmodelltypologie (Breuer, 2004). Um verschiedenartigste Geschäftsmodelltypen und -konzepte weitergehend analysieren zu können, ist eine möglichst hohe Trennschärfe zwischen verschiedenen Geschäftsmodellen von Vorteil. So sollte eine Taxonomie mit Blick auf eine ausgeprägte Differenzierung und eindeutige Klassifizierung verschiedenartigste Geschäftsmodelle so abbilden, dass sich diese innerhalb eines bestimmten Typus möglichst *homogen* darstellen und zwischen verschiedenen Typen möglichst *heterogen*. Es hat sich in diesem Zusammenhang gezeigt, dass eine starre Abgrenzung verschiedener Geschäftsmodelle den vielschichtigen Ausprägungen, der Komplexität und der Dynamik im Umfeld neuer Medien kaum gerecht werden kann. So muss eine Typologie sowohl Weiterentwicklungen als auch Überschneidungen zu anderen Geschäftsmodellgruppen effizient abbilden können. Ein Unternehmen kann beispielsweise ein Kerngeschäftsmodell besitzen (wie im Falle von *Google®* die Internet-Kontextsuche), gleichzeitig aber auch andere Geschäftsmodellformen verfolgen (wie im Fall von *Google®* das Inhaltsangebot von *YouTube* oder auch *Google® Maps*). Ebenso zieht eine Typologisierung nach Zielkundensegmenten (etwa als »Business-to-Consumer« oder »Mittelstand«) mannigfaltige Überschneidungen nach sich, da in dieser nur sehr grobkörnigen Differenzierung Unternehmen trotz gleicher Zielgruppe stark unterschiedliche Leistungs- und Wertschöpfungsprozesse und damit nachfolgend auch Geschäftsmodelle aufweisen können (Timmers, 1999). Da die jeweilige Geschäftsmodellgruppe maßgeblich von Umfeldfaktoren bestimmt wird, erscheint es als erforderlich, diese ebenfalls als umgebende Rahmenfaktoren in die Typologie einzubeziehen.

Zur Reduzierung der Komplexität einer Beschreibung von Geschäftsmodellen anhand komplexer Wertschöpfungsketten und -prozesse wird zur Typologisierung unterschiedlicher Geschäftsmodelle daher meist auf das Leistungsangebotsmodell als einzelne Komponente einer Wertschöpfungskette abstrahiert. Die Fokussierung auf das Leistungsangebotsmodell zur Beschreibung unterschiedlicher Geschäftsmodelle erlaubt es, auf der einen Seite der Evolution der Geschäftsmodelle zahlreicher Unternehmen zu folgen als auch hinreichend trennscharf zu sein.

> Entstanden als »Pure Digital Player« – etwa im Fall von *Amazon* als Buchhändler (Bereich »Commerce«) –, hat sich deren Leistungsangebot ausgeweitet. Im Falle von ***Amazon*** über das Medienangebot hinaus in alle Produktsortimente, Internet-Video-Streaming, als Suchmaschine (*Amazon* »Search as a Service«) oder als Hosting-Anbieter *AWS*. Seit einigen Jahren produziert *Amazon* auch eigene Fernsehserien. Analog ist die ***Deutsche Telekom*** in

2018 mit dem Serienformat *Deutsch-Les-Landes* im Bereich *Magenta TV* mit einer Eigenproduktion gestartet. Der Konzern will es den großen Playern im Video-on-Demand-Markt wie *Netflix* und *Amazon* gleichtun und regelmäßig neue Eigenproduktionen folgen lassen, um das *Magenta TV*-Produkt attraktiver zu machen. Dazu gehören auch Over-the-Top-Content (OTT), wo sich das Fernsehangebot unabhängig vom Internetzugang der *Deutschen Telekom* buchen lässt.

Eine in der Praxis bewährte Typologisierung unterschiedlicher Geschäftsmodelle folgt dem *Digital Value Web* mit insgesamt vier unterschiedlichen Dimensionen zur Beschreibung eines Geschäftsmodells (vgl. Abbildung 22):

- **Endkunden**: Endkunden stehen im Mittelpunkt aller Produkte und Dienstleistungen;
- Das **5C-Net Business Model**: die Geschäftsmodelle sowohl im B2C- als auch im B2B-Bereich können dem 5C-Net Business Model zugeordnet werden, das aus den Basis-Geschäftsmodellen *Content, Commerce, Context, Connection* und *Coordination* besteht (Afuah/Tucci, 2003). Auch die im B2B-Bereich vorzufindenden Geschäftsmodelle *Sales, Sourcing, Supportive Collaboration* oder auch *Service Broker* sollen nachfolgend unter diese fünf Basis-Geschäftsmodelle subsumiert werden, da sie prinzipiell einem zumindest ähnlichen Leistungsangebotsmodell folgen. Diese Unterteilung greift für alle Ausprägungen, unabhängig von den genutzten Technologien und Endgeräten, wie Mobile Business oder TV-basiertem Business im *Adressable TV* (Kollmann, 2011);
- **Technologien und Dienstleistungen**: Diese beinhalten Software, Hardware, Netzwerkinfrastruktur oder auch Endgeräte. Nutzer-Interfaces wie Smartphones oder Smart TVs bestimmen den Anwendungskontext und definieren den Rahmen für Produkte und Dienstleistungen. Studien zeigen, dass schon jeder zweite Deutsche Sprachsteuerung über Smartphones oder andere Geräte einsetzt. Unter den technikaffinen »Smart Consumer« nutzen sogar mehr als 64 % Helfer wie *Siri, Alexa* oder *Google® Assistant*. Sprachanwendungen in den unterschiedlichsten Lebensbereichen sind damit der prominenteste Vertreter dessen, was man als »Post-Web« bezeichnen kann. Menschen nutzen zunehmend neue Geräte, um sich das Leben leichter zu machen und etwa Bestellungen per Sprachbefehl auszulösen.

Lego hat mit *Lego Duplo Stories* ein interaktives Programm (Skill) für *Alexa* auf den Markt gebracht, das Geschichten mit den Steinchen kombiniert. Der Skill bietet Eltern und Kindern (2–5 Jahre) eine Auswahl an Geschichten mit Audio-Ansagen, die das physische Spiel inspirieren sollen. Die *Duplo Stories* sollen Kinder und Eltern begleiten, während sie mit *Lego* passende Dinge zu der Geschichte bauen. Es gibt mehrere Szenarien zur Auswahl: Hasen, Kühe, Katzen und Hunde sowie Lastwagen, Flugzeuge, Autos und Züge. Man soll auch seinen Spaß daran haben, wenn nicht alle notwendigen Legosteine beisammen sind – beispielsweise um das Flugzeug der Geschichte zu bauen.

Comdirect ist die bundesweit erste Bank mit Überweisungen per *Google® Assistant*. Per Sprachbefehl sind damit im **Voice Banking** Überweisungen und die Abfrage des Konto- oder Depotstands möglich. Die Zugangsdaten für das Online-Banking bleiben bei *Comdirect* und gelangen nicht in die Hände von *Google®*. Im Frühjahr 2017 startete die Bank die Kursabfrage über *Amazons Alexa*. Mittlerweile können dort Push-Benachrichtigungen, beispielsweise beim Erreichen eines Kurszieles, aktiviert werden.

Smart TV setzt sich durch und mit der internetfähigen Geräteausstattung auch die Möglichkeit für ein gezieltes Ansteuern der Zielgruppen mit **Addressable TV**. Im Oktober 2018 wurde mit Addressable TV erstmals in Deutschland der komplexe Austausch von Werbespots getestet. Mit Erfolg: Addressable TV erreicht verschiedene Zielgruppen auch innerhalb eines Werbeblocks. Über einen Zeitraum von vier Wochen wurden parallel die Werbeclips von *Hochland*, *Schwartau* und *Vamos Schuhe* – je nach Standort des TV-Geräts – in Werbeblöcken auf *ProSieben Maxx*, *Sat.1 Gold* und *Kabel Eins Doku* ausgespielt. So haben beispielsweise Zuschauer in Köln im gleichen Werbeblock via IP-Targeting einen anderen Werbespot gesehen als in Hamburg.

- **Umfeldfaktoren**: Faktoren, welche die Entwicklung bestimmen, wie etwa Standards, rechtliche Rahmenbedingungen (etwa die DSGVO) oder auch die bestehende Sicherheits- und Bezahlungs-/Transaktionsinfrastruktur.

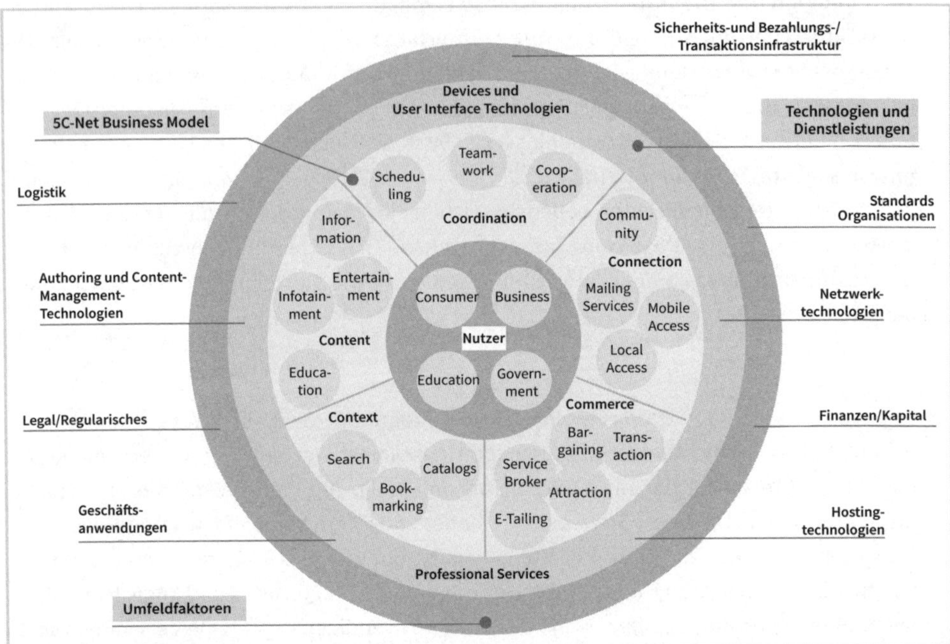

Abbildung 22 Digital Value Web zur Typisierung von Geschäftsmodellen

1.3.3 Geschäftsmodelltypen im Digital Value Web

1.3.3.1 Geschäftsmodell »Content«

Das Geschäftsmodell »Content« besteht aus der Sammlung, Auswahl, Systematisierung, Kompilierung (Packaging) und Bereitstellung von Inhalten auf einer eigenen Plattform. Im Mittelpunkt steht die Online-Verfügbarmachung inhaltlich und visuell aufbereiteter Inhalte. Diese Angebote können dabei informierender, unterhaltender oder bildender Natur sein:

- **Information:** Hier stellen Anbieter den informativen Charakter ihrer Inhaltsangebote in den Vordergrund, etwa zur Lösung eines spezifischen Problems oder auch zur Abdeckung gesellschaftlicher, politischer oder allgemeinbildender Informationsbedarfe.

> Seit Anfang 2011 müssen Leser der ***New York Times*** für die digitalen Inhalte im Internet in Form eines Abonnements bezahlen. Demnach stiegen die Erlöse im 2. Quartal 2018 um 2 % auf 414,6 Mio. US-Dollar, mit einer Gewinnsteigerung von 51 %. Die Verdopplung des Gewinns im Vergleich zum Vorjahr liegt vor allem am Digitalgeschäft. Die Erlöse durch Abonnements der Digitalausgabe machten mit 99 Mio. US-Dollar knapp ein Viertel der Gesamtumsätze aus. Und toppen damit bei Weitem die gesamten (schwächelnden) Werbeeinnahmen. Die sind nur halb so hoch wie die Erlöse aus den digitalen Abos. Knapp 43 % der Werbeeinnahmen kommen aus dem wachsenden Digitalbereich. Insgesamt gewann die Digitalausgabe über 100.000 neue Abonnenten im zweiten Quartal 2018. Damit kommt sie insgesamt auf 2,9 Millionen bezahlte Digitalabos, 24 % über dem Vorjahr. Entsprechend wuchsen auch die Umsätze. Im Vergleich zum Vorjahrsquartal lag das Umsatzwachstum bei Digitalabos bei 20 %. ***Bild Digital*** kommt Ende 2017 auf ca. 430.000 Abonnenten.

- **Entertainment:** Verfügbarmachung unterhaltender Inhalte, wobei die multimedialen Daten nicht direkt zur Lösung eines Problems oder einer Aufgabe dienen sollen. Das Erlösmodell sieht neben Freischaltungsgebühren (wie im Fall von Online-Games) und Werbeeinnahmen auch die Generierung direkter Erlöse vor, meist als Prozentanteil an den ausgeschütteten Gewinnen (etwa im Fall von Glücks- und Gewinnspielen).

> Online-Games fallen unter diese Kategorie ebenso wie Online-Filmangebote (etwa von *maxdome*) oder Musik-Downloads bei *Spotify*. ***Apple*** als Vorreiter im Geschäftsmodell zum Download digitaler Musik und des digitalen Rechtemanagements hat allein im 3. Quartal 2018 einen Umsatz von über 9,5 Mrd. US-Dollar durch digitalen Content und Services generiert.

- **Infotainment:** Die vielfach vorzufindende Integration der Informations- und Unterhaltungselemente ist dem Umstand geschuldet, dass Digital-Anbieter über eine Diversifizierung ihres jeweiligen Leistungsangebotes versuchen, sowohl die (absolute) Nutzeranzahl, als auch die relative »Stickiness« ihres Angebots zu erhöhen (Briggs/Stuart, 2006). In dieser Hybridform zwischen Information und Entertainment sollen Nutzer durch informationsorientierte Websites möglichst lange gebunden werden, gemessen als Verweildauer auf den jeweiligen Websites (Pauwels/Weiss, 2008);

- **Education:** Inhalte werden aufgrund ihrer didaktischen Aufbereitung gezielt für einen Lernprozess entwickelt und durch eine Prüfung bzw. Teilnahmebescheinigung als Indikator eines hierdurch induzierten Lernerfolgs nachgewiesen. Als Weiterentwicklung zu dem seit 1975 bekannten Modell der Fernlehre etwa der *FernUniversität Hagen* werden Studienbriefe durch elektronische Medien ergänzt bzw. abgelöst. Das Erlösmodell sieht meist Kursgebühren und zusätzliche Gebühren (etwa für Tests) vor bzw. wird als Aufgabe von öffentlichem Interesse mit staatlichen Haushaltsmitteln subventioniert.

> Die Managementschule ***INSEAD*** hat bereits 2006 damit begonnen, Kursinhalte in *Second Life* zur Verfügung zu stellen. Die Ergebnisse wurden aus Sicht von *INSEAD* zufriedenstellend bewertet: hohe Akzeptanz bei den Studierenden im Fernstudiengang sowie die größere empfundene Nähe im Vergleich zu reinen Fernstudien (Samad/Samad/Chowdary, 2010). Seit 2016 werden zunehmend digitale ***Microtrainings*** angeboten. Gemäß der EU-Projektdefinition ist ein Microtraining eine Methode, um Information und Wissen in nur 15 bis 20 Minuten auszutauschen.

Inhalte können dabei sowohl durch einen Anbieter initial erstellt als auch am Markt beschafft werden (**Content Sourcing**). Eine eigene Erstellung von Inhalten ist vor allem bei Special-Interest-Angeboten zu beobachten. Im Hinblick auf das Erlösmodell kann der Anbieter im Content-Geschäftsmodell entscheiden, ob die Inhalte als freier Content, Pay-per-View-Modell oder restriktiv nur für Abonnenten angeboten werden sollen. Direkte Erlöse werden in den meisten Fällen durch indirekte Erlöse aus Werbung oder Sponsoring ergänzt.

Im Web 2.0 ist mit **User Generated Content** etwa in Form von Kundenbewertungen oder auch Beiträgen im Online-Lexikon *Wikipedia* eine nachhaltige Änderung der Content-Produktion entstanden (Schmidt, 2011): Die kollektive Wissenssammlung gründet sich auf einer hohen intrinsischen Motivation der verteilten Autoren- und Nutzerschaft. Für User Generated Content steht als Einnahmequelle vornehmlich die Erzielung indirekter Erlöse im Fokus.

> Bei ***YouTube*** als Flaggschiff des User Generated Content wird die eingeblendete Werbung inhaltlich auf das jeweils betrachtete Video abgestimmt. Hierdurch soll sichergestellt werden, dass zwischen dem Interesse des Nutzers – welches er durch die Auswahl eines bestimmten Videos dokumentiert hat – und seinen daraus zu vermutenden Konsumwünschen möglichst Deckungsgleichheit besteht. Laut Angabe von *Google®*, die *YouTube* im Oktober 2006 übernommen haben, vereint *YouTube* täglich mehr als eine Milliarde Nutzer auf sich, Tendenz weiter steigend. Zugleich werden pro Minute 400 Stunden neues Video-

material auf die Plattform eingestellt (2012: 60 Stunden/Minute; Floemer, 2012). Die allgegenwärtige Verfügbarkeit via Smartphones, Tablets oder mittels Smart-TV-Geräten befeuert die weitergehende Entwicklung. Kooperationen mit anderen Content-Anbietern wie Filmverleihern und TV-Sendern rücken für die Ausweitung der Werbeschaltungen auch in Zukunft in den Fokus. Separate Kanäle wie *YouTube Slam*, auf denen man angesagte Videos gegeneinander antreten lassen kann, zielen spielerisch darauf ab, mehr Videos anzuklicken (Floemer, 2012).

Eine neuartige Kooperation zwischen ***Gillette*** und *YouTube* war mit dem *Gillette Football Club* im September 2012 entstanden: Jeder Abonnent des Kanals kann Zusammenschnitte der Spiele seiner Lieblingsvereine ansehen, inkl. aktueller Tore, Highlights als auch Neuigkeiten. *Gillette* hat auf dem Kanal eine eigene Sektion, in der Branded Content und Werbespots zu sehen sind. Die Zulieferung der Fußballinhalte erfolgt durch den Pay-TV-Sender *Sky* (Rentz, 2012). Die Vision sieht vor, dass sich die Zielgruppe der »unter 35-Jährigen« ihr eigenes TV-Programm auf *YouTube* zusammenstellen und konsequenterweise weniger Zeit im klassischen TV verbringen wird. Beim »*True View*« kann der Nutzer die *Pre-Rolls* als Vorab-Werbung wegklicken; berechnet werden dann für Werbetreibende nur diejenigen Nutzer, die einen Werbespot auch tatsächlich gesehen haben.

Anders als bei traditionellen Medien sind bei digitalen Inhalten nur die sogenannten ***First Copy Costs*** ausschlaggebend: Weitergehende Vervielfältigungs- und Distributionskosten fallen kaum ins Gewicht. Dabei kann die Distribution entweder durch einen aktiven Abruf durch den Nutzer erfolgen (Pull) oder wie bei Newslettern durch den Anbieter getrieben (Push), vorherige Registrierung und die Genehmigung des Nutzers vorausgesetzt. Content-Anbieter kapitalisieren in diesem Geschäftsmodell ihre Kompetenz in Bezug auf die Beschaffung hochwertiger Inhalte bzw. Eigenerstellung, unter Nutzung ihrer Marken, der spezifischen (redaktionellen) Kompetenzen ihrer Mitarbeiter als auch etablierter Netzwerke.

1.3.3.2 Geschäftsmodell »Commerce«

Das Geschäftsmodell »Commerce« umfasst alle Phasen eines Kaufabschlusses – von der Anbahnung, über die Aushandlung und bis zur Abwicklung von Geschäftstransaktionen. Im Mittelpunkt steht entweder die Ergänzung der traditionellen Phasen eines Kaufprozesses durch Digital-Dienste oder deren digitale Substitution. Hierfür stehen mit Attraction, Bargaining/Negotiation, Transaction, E-Tailing und Service Broker mindestens fünf unterschiedliche Ausprägungen dieses Geschäftsmodells zur Verfügung (Wirtz; 2010):

- **Attraction:** Aktivitäten, welche die Anbahnung von Transaktionen unterstützen, etwa via Website-Design, der Vermarktung und Vermittlung von Werbeflächen (Bannern) oder der Bereitstellung von Marktplätzen. Für dynamische, kontextbezogene Werbung werden, wie im Fall von *Google® Adsense,* Texte von Seiten, auf denen Werbung platziert werden soll, maschinell (semantisch) ausgewertet. Auf dieser Informationsgrundlage werden automatisiert Anzeigen zugeschaltet, die für die Zielgruppe aufgrund einer hohen inhaltlichen Deckungsgleichheit potenziell interessant sein könnten. In einem anderen (starren) Modell schließen sich Anbieter von Websites zusammen, um im Rahmen eines Banner-Exchanges ihre Werbebanner untereinander auszutauschen. Das Erlösmodell sieht in den meisten Fällen Provisionen für die gehandelten Waren (Pay-per-Transaction), je weitergeleitetem Kunden (Pay-per-Click) oder Grund-/Listungsgebühren vor.

- **Bargaining/Negotiation:** Fokus auf der Aushandlung der Geschäftsbedingungen, beispielsweise dem Preis. Im Mittelpunkt des Geschäftsmodells kann wie bei *eBay* allein die Bereitstellung der technischen Plattform sein, auf der Angebot und Nachfrage gegeneinander abgeglichen werden. Die wichtigsten Dienste sind Auktionen und die Suche nach dem günstigsten Preis wie bei *guenstiger.de* oder *check24.de*. Auktionen kennen vielfältige eigene Ausprägungen: Im Normalfall, wie bei *eBay*, erhält der Bieter mit dem höchsten Gebot den Zuschlag (**englische Auktion**). Bei **holländischen Auktionen** erhält der Bieter den Zuschlag, der im Rahmen einer absteigenden Auktion mit sinkenden Preisen das erste Gebot abgibt. Im Falle der bei öffentlichen Ausschreibungen eingesetzten **Reverse Auction** erhält der Bieter den Zuschlag, der für eine genau spezifizierte Leistung das niedrigste Gebot abgibt. Analog zu Attraction sieht das Erlösmodell in den meisten Fällen Provisionen für die gehandelten Waren (Pay-per-Transaction), je weitergeleitetem Kunden (Pay-per-Click) oder Grund-/Listungsgebühren vor.
- Im B2B-Segment wird mit dem Geschäftsmodell **Sourcing** oder auch **E-Procurement** eine Ausprägung von Bargaining/Negotiation realisiert. Sourcing beinhaltet die Anbahnung und Abwicklung von B2B-Geschäftstransaktionen vom Verkäufer zum Käufer im Rahmen des Beschaffungsmanagements. Diese können entweder als privater B2B-Exchange etwa unter Einsatz von EDI im »1-to-1«-Austausch zwischen Unternehmen organisiert werden oder als »Buy-Side-Marketplace-Auktionen« als »1-to-Many«.

> Reverse Auctions werden oftmals wie bei ***Volkswagen*** im Rahmen von Einkaufsausschreibungen eingesetzt: Vorher registrierte Bieter können auf der globalen *Group-Supply-Platform* für genau spezifizierte Leistungen Gebote abgeben. Über ein *Supplier Cockpit* (personalisierte Einstiegsseite) können Nutzer mit einem einzigen Login auf alle für sie relevanten Bausteine zugreifen sowie Informationen mit den gewünschten Geschäftsbereichen aller Marken und Regionen des *Volkswagen-Konzerns* austauschen.

- **Service Broker**: Vornehmlich im B2B-Anwendungskontext treten Service Broker auf, die Geschäftstransaktionen durch die Bereitstellung von Informationen und Marktplätze unterstützen. Derartige Dienste werden durch dritte Anbieter bzw. Intermediäre bereitgestellt, die keine direkte Beziehung zu den handelnden Unternehmen besitzen. Hierunter fallen Directories als reine Business-Information-Portale und -dienste wie *manufacturing.net*. E-Marketplaces gehen über die reine Informationsbereitstellung hinaus und präsentieren sich wie im Fall von *Intercontinental Exchange* als elektronische Trading-Plattformen, betrieben durch dritte Parteien (Shang et al., 2011). Damit verbindet der Service-Broker im B2B-Anwendungskontext streng genommen über die Directories sowohl Elemente des Content- und Context-(Catalogue)-Geschäftsmodells als auch des Commerce-Geschäftsmodells durch die Integration von Exchanges und Auktionen.

- **Transactions:** Unterstützen die Abwicklung von Geschäftstransaktionen etwa im Bereich Zahlungsabwicklung (Payment) oder der logistischen Auslieferung (Delivery) im Fall physischer Güter über Logistikdienstleister wie *DHL* oder *UPS*.

PayPal hat sich spätestens seit der Übernahme durch *eBay* im Jahr 2002 zum führenden Anbieter von Online-Transaktionen und Micro-Payments entwickelt. Dabei ist das *PayPal*-Konto ein virtuelles Konto: Die Identität des Kontos wird durch die E-Mail-Adresse des *PayPal*-Mitglieds definiert, es existiert also keine eigene Kontonummer. Mit dem Konto können Zahlungen an Dritte ausgeführt sowie Zahlungen von Dritten empfangen werden. *PayPal* fungiert dabei als reiner Dienstleister für den Transfer und übernimmt nicht die Funktion eines Treuhänders. Das heißt, es wird lediglich die Zahlungsabwicklung sofort gemäß der Vereinbarung der Vertragsparteien übernommen, die unabhängig von der (physischen) Leistungserbringung durch den Verkäufer ist. *PayPal* dürfte Schätzungen zufolge in Deutschland auf 33 Millionen Bezahlvorgänge pro Monat kommen. Wettbewerber wie ***Paydirekt*** wickeln Ende 2018 im Vergleich nur ca. 40.000 Transaktionen pro Monat ab. Damit sind die Markanteile des deutschen *PayPal*-Klons auch vier Jahre nach der Gründung noch immer verschwindend gering.

- **E-Tailing:** Querschnittsartig über andere Geschäftsmodelle hinweg bietet die Ausprägung E-Tailing Funktionen an, die bereits aus Funktionen des klassischen Einzelhändlers etabliert sind. Hierunter fällt etwa die Warenpräsentation oder auch die Transaktionsabwicklung. Ein kritischer Erfolgsfaktor ist die Orientierung der Nutzer an den Meinungen und Erfahrungen anderer Nutzer. Über positive Kauferlebnisse und die öffentliche Vorstellung von Kundenmeinungen wird versucht, ein Referral-Marketing zu initiieren. Über Produktbündel werden Nutzern zusätzlich Produkte angeboten, die entweder das erworbene Produkt funktional komplementär ergänzen oder aber von anderen Kunden gekauft worden sind, die ebenfalls vorher ein bestimmtes Produkt erworben hatten. Im B2B-Bereich erfolgt der Verkauf entweder im »1-to-1-Ansatz« direkt zwischen Unternehmen oder als »Sell-Side B2B Exchange« im »1-to-Many-Ansatz« (wie etwa bei *Microsoft* zum Software-Download oder im *Sixt*- Firmenkundenzugang).

Die nächste Evolutionsstufe des E-Tailing nimmt derzeit gerade Gestalt an: Die schnelle und zuverlässige Lieferung physischer Produkte stellt nach wie vor die größte Herausforderung dar. Während große Anbieter wie *Amazon* oder auch *REWE* mit verschiedenen Ansätzen zur **Same-Day-Delivery** experimentieren, scheint ein Start-up schon einen Schritt weiter zu sein: ***Shutl*** will den Markt revolutionieren und Auslieferungen innerhalb von 90 Minuten garantieren. Das Unternehmen fungiert hierfür als Bindeglied zwischen lokalen Zustellern (darunter auch Fahrradkurierdienste) und Händlern. In Großbritannien existieren bereits mehr als 13.000 Drop-off Locations. Dafür kooperiert das Unternehmen jeweils mit verschiedenen lokalen Lieferdiensten und Einzelhändlern. Über ein Webinterface oder eine App kann beispielsweise nach Buchtiteln gesucht werden. Lokale Buchhandlungen, die ihr Warenwirtschaftssystem beim jeweiligen Weblogistiker angebunden und den gesuchten Titel vorrätig haben, werden dann angezeigt und auf einer Umgebungskarte eingeblendet. *Shutl* sucht nach eingegangener Bestellung automatisch den passenden lokalen Lieferdienst aus dem eigenen Händlernetzwerk aus und schickt einen Kurier zum Laden des stationären Händlers. Dieser holt die Ware ab und bringt sie dem Kunden direkt nach Hause. Diese superschnelle Lieferung kostet ab knapp 3 Britische Pfund.

Seit 2013 dient *Shutl* dem britischen Baumarkt ***Jewson*** in London als Kooperationspartner in Sachen Logistik. Kunden, die persönlich oder per Telefon bestellen, werden innerhalb von 90 Minuten aus sechs Londoner Filialen beliefert. Laut Analysen von *Jewson* zeigen Kundenbefragungen, dass die größten Probleme ihrer Kundschaft darin bestehen, dass das erforderliche Baumaterial auf einer Baustelle ausgeht, in London wieder Stau sei oder man schlichtweg keinen Parkplatz finde. Dies wolle man über die Partnerschaft mit *Shutl* lösen. Über die *iPhone-App* von *Shutl* können Kunden Botengänge in Auftrag geben, sodass Kuriere (analog zu Online-Frachtenbörsen) Leerlaufzeiten nutzen können. In Deutschland gibt es mit ***Tiramizoo*** einen ähnlichen Anbieter, der in Städten Fahrradkuriere für kurzfristige Botengänge vermittelt. Analog zu anderen kooperieren diese Dienste aktuell aber nicht mit Einzelhändlern, sondern hauptsächlich mit lokalen Kurieren. Dementsprechend ist das Potenzial von *Shutl* noch wesentlich größer – jedoch: Auch hier wird außerhalb der Ballungszentren das Problem evident werden, diesen Dienst flächendeckend anbieten zu können. Einem flächendeckenden Angebot steht zudem die nur unzureichende Transparenz der Warenverfügbarkeit entgegen: Viele Händler können nach wie vor aufgrund fehlender bzw. integrierter Warenwirtschaftssysteme kaum zeitnah feststellen, welche Produkte in welchen Filialen exakt vorhanden sind.

Neben *Amazon* und *eBay* hat auch ***Google®*** ein eigenes Same-Day-Delivery-Angebot unter dem Namen »*Google® Express*« in San Francisco gestartet. Zu den Startkunden zählten *Staples*, *Target*, *Toys'R'Us*, *Walgreen* und *American Eagle Outfitters*. Damit versucht sich *Google®* auf der einen Seite gegen *Amazon* zur Wehr zu setzen, das für Kunden immer mehr zur Produktsuchmaschine wird. Auf der anderen Seite hat die Same-Day-Delivery für *Google®* das Potenzial, die Brücke zwischen Online- und Offline-Welt zu schließen: Wenn Käufer in Zukunft den gesamten Kauf- und Lieferprozess über *Google®* abwickeln, werden weitere wertvolle Daten zum Kundenverhalten generiert (Miller, 2012). Bislang endet für *Google®* der Tracking-Prozess dann, wenn Kunden Produktwerbung z. B. auf dem *iPhone* anklickten, den Artikel dann aber offline kauften. Allerdings hat *Google®* selbst offenbar nicht vor, Warenlager oder einen eigenen Versanddienst zu eröffnen. Stattdessen wolle das Unternehmen mit Einzelhändlern und Zustelldiensten zusammenarbeiten und nur als Intermediär agieren. Das Engagement in Richtung Einzelhandel wird durch die Bezahllösung *Google® Pay* unterstrichen. Mit der »digitalen Brieftasche« sollen Kunden mit Smartphones bequem und drahtlos ihre Einkäufe tätigen können (Miller, 2012). Fraglich ist, inwiefern sich die im Rahmen einer Same-Day-Delivery stark steigenden Kosten und damit sinkenden Margen auch längerfristig etablieren werden.

Mit ***Walmart*** hat *Google®* in 2017 einen neuen Partner für sein Expressprogramm gefunden: Produkte der Einzelhandelskette können künftig über das Shopping-Portal von *Google®* in den USA bestellt werden. Dieser kann entweder über eine spezielle Internetseite oder auch über den *Google® Assistant* im *Google®* Lautsprecher *Home* genutzt werden. Dadurch können *Home*-Besitzer die *Walmart*-Artikel auch per Spracheingabe bestellen. Wer bereits *Walmart*-Kunde ist und über ein Kundenkonto bei der Einzelhandelskette verfügt, kann dieses mit seinem *Google®*-Konto verknüpfen. Auf diese Weise kann der *Google® Assistant* auf die bisher getätigten Bestellungen zugreifen und Empfehlungen für kommende Käufe tätigen. So soll der *Assistant* beispielsweise wiederholte Bestellungen erkennen und Vorschläge zu Mengen oder Größen machen können. *Google® Express* ist bis Ende 2018 nur in den USA verfügbar. Das Portal ermöglicht Kunden, Waren bei einer Reihe von Einzelhändlern zu bestellen und sich liefern zu lassen. Zu den bisherigen Teilnehmern von *Google® Express* zählen unter anderem die großen Ketten *Costco*, *Target*, *Staples* und *Walgreens*.

Der belgische Anbieter ***Cardrops*** geht daher einen anderen Weg und nutzt das Auto als persönliches Schließfach. Die Idee: Online-Bestellungen werden von einem Lieferservice im parkenden Auto abgelegt, *Cardrops* koordiniert diese Lieferungen. Hierzu installiert ein Techniker das »*Cardrops-Starter-Kit*« im Auto des Kunden. Diese Einheit sendet die GPS-Koordinaten des Wagens, wenn er sich länger als 15 Minuten nicht vom Fleck bewegt hat. Diese Übermittlung kann auch ausgeschaltet werden. Aus den gesendeten Daten erstellt *Cardrops* eine sogenannte Heatmap, an welchen Orten das Auto am häufigsten geparkt ist. Daraus errechnet das System im Voraus, mit welcher Wahrscheinlichkeit der Wagen in den kommenden 36 Stunden an einem bestimmten Ort ist und sendet dann entsprechend den Lieferservice los. Dieser öffnet den Wagen über die zuvor eingebaute Funktechnologie und legt das Paket im Auto des Bestellers ab. Dieser wird über die Lieferung per SMS informiert. Neuere Studien gehen allerdings davon aus, dass Zeitfensterzustellungen eine noch größere Attraktivität für Kunden als Same-Day-Delivery besitzen (Rösch, 2013).

Seit 2017 bieten auch ***DHL Paket*** und ***Smart*** Autos als mobile Lieferadresse für Paketsendungen. Die beiden Partner haben dafür eine eigene Lösung für die Kofferraumzustellung entwickelt und getestet, um eine hohe Sicherheit für Ware und Fahrzeug zu gewährleisten. Mit der Option, das eigene Auto als mobile Lieferadresse zu nutzen, erweitert *DHL Paket* das Spektrum automatisierter Empfangsmöglichkeiten. Mit der *DHL Packstation*, den Paketkästen für Ein- und Mehrfamilienhäuser und der Zustellung an einen vorher definierten Wunschort will *DHL Paket* eigenen Aussagen zufolge dem wachsenden Mobilitätsaspekt und dem damit verbundenen Wunsch nach hoher Flexibilität im Lebensalltag der Verbraucher gerecht werden. Die Nachrüstung der Connectivity Box ist für den *Smart Fortwo* der letzten Modellgeneration, für den aktuellen *Smart Fortwo*, das *Smart Fortwo Cabrio* sowie für den aktuellen *Smart Forfour* möglich. Ebenfalls ist die *Smart-Fortwo*-Edition »ready to« zu Preisen ab 15.930 EUR erhältlich. Um den Service zu nutzen, kann der Kunde automatisch bei seiner Registrierung bei *Smart* die ebenfalls notwendige Vereinbarung mit *DHL* für den Kofferraum als Ablageort in wenigen Schritten durchführen. Hierzu wurde das Kundenportal von *DHL Paket* mit dem Kundenportal des Fahrzeugherstellers vernetzt.

Die Angebotsvielfalt und Verfügbarkeit im Internet sorgt im Geschäftsmodell Commerce für einen als **Long Tail** bekannten Effekt: Während ein gewöhnlicher großer Buchhändler circa 100.000 Buchtitel vorrätig hat, macht *Amazon.com* als Online-Buchhändler ungefähr ein Viertel seines Umsatzes mit Titeln, die in der Verkaufsrangliste weit hinter seinen Top-100.000-Buchtiteln rangieren. Dieses Phänomen der Verkäufe von im Einzelnen schwach nachgefragten Gütern, die zusammengenommen große Umsätze ergeben, wird als »Long Tail« bezeichnet (Anderson, 2007). Dieser »lange Schwanz« ergibt sich rein optisch in einer Grafik, in der auf der y-Achse die Umsätze und auf der x-Achse die verkauften Artikel abgetragen werden (vgl. Abbildung 23). Die Kurve flacht schnell ab, scheint aber kaum enden zu wollen, weil selbst in den entlegensten Nischen eines Sortiments noch Abverkäufe stattfinden.

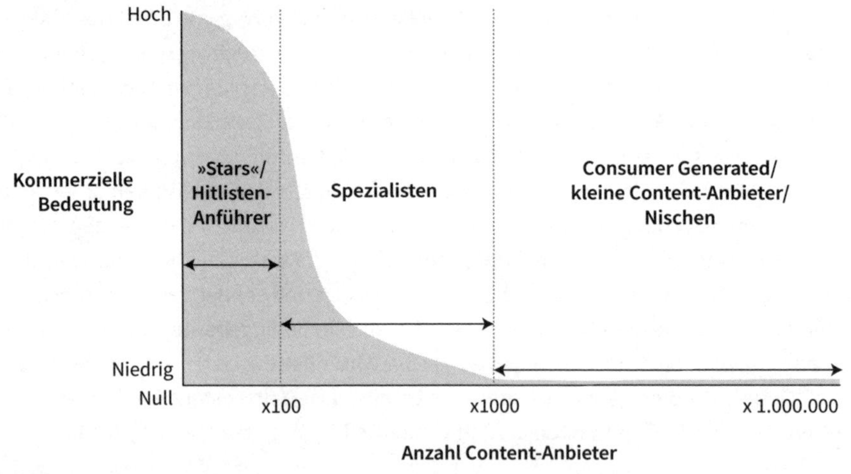

Abbildung 23 Illustration »Long-Tail-Effekt«

Dem entgegen steht die Welt, die dem Pareto-Prinzip gehorcht (Anderson, 2004). Gemäß diesem Prinzip, das auch als »80:20-Regel« bekannt ist, sind 20 % der Produkte oder Dienstleistungen für 80 % der Umsätze verantwortlich. Die Konsequenz: die stringente Ausrichtung an Hits, Ranglisten und Superstars. Aus dieser Orientierung folgen Versuche, bestimmte Produkte wie

Filme mit hohen Produktionskosten und hohem Werbeaufwand so zu platzieren, dass die Umsätze »hitträchtig« sind und sich nachfolgend für eine höherwertige Platzierung in den Ranglisten qualifizieren. Insbesondere im US-amerikanischen Buchhandel gilt die Devise »The winner takes it all«. Im Gegensatz hierzu ist die Grundidee des Long-Tail-Konzeptes, dass der Long Tail des Marktes (also die Produktgruppe, die aufgrund zu geringer Einzelverkäufe nicht im Filialhandel angeboten werden würde) einen wesentlich höheren Anteil am Gesamtumsatz eines Unternehmens ausmachen kann, als es aufgrund des Pareto-Prinzips eigentlich sinnvoll erscheinen würde. Es entsteht eine neue angebotsseitige Orientierung und damit eine Renaissance der Randsortimente – weg von Hits und Hitlisten, hin zur Nische (Brynjolfsson/Hu/Smith, 2006; Ehrmann/Schmale, 2008). Für Online-Märkte kann es damit durchaus lukrativ sein, die Produktpalette auf weniger populäre und obskurere Produkte auszuweiten.

> ***MustHave.de*** fokussiert etwa rein auf noch wenig bekannte Modelabels und Fashion-Artikel europäischer Modemetropolen ebenso wie auf individuelle Stilempfehlungen.

Online-Märkte bieten – im Gegensatz zum Filialhandel – nahezu unbegrenzten Regalplatz, sodass selbst Produkte mit geringer Einzelnachfrage in das Sortiment aufgenommen werden können (Watts/Hasker, 2006; Elberse, 2008). In den USA belaufen sich beispielsweise die Kosten des Angebots eines einzelnen Musik-CD-Titels im filialisierten Einzelhandel – unter Berücksichtigung sämtlicher Kosten – auf mindestens 40–60 US-Dollar jährlich. Schwächer verkäufliche Titel werden folglich gar nicht angeboten. Die geringeren Suchkosten des Internetkanals führen in der Konsequenz zu einer ausgeprägteren Gleichverteilung der Verkäufe.

> Diese »Tyrannei des Regalplatzes« bewirkt, dass selbst ***Walmart*** nur die erfolgreichsten 4.500 Titel rentabel listen kann (Elberse/Oberholzer-Gee, 2006; Ehrmann/Schmale, 2008).

Zugleich kann ein Internethändler kostengünstigere Außenlager nutzen oder sogar das Angebotsrisiko auf die Produzenten abwälzen, beispielsweise durch den Verkauf von Kommissionsware oder Restposten wie bei *Arvelle.de*. Rein digitale Güter wie MP3-Dateien, Filme oder E-Books ermöglichen eine noch intensivere Ausnutzung der Long-Tail-Chancen, da die Lagerhaltungs- und Distributionskosten im Prinzip nur von den verfügbaren Festplatten- und Datentransferkapazitäten abhängen (Brynjolfsson/Hu/Smith, 2006).

> Das Geschäftsmodell von ***eBay*** ist ein exzellentes Beispiel für die Förderung des Long Tail. Kern des Erfolgs ist die Aggregation einer großen Anzahl potenzieller Kunden, was vor allem die Relevanz von Fähigkeiten und Eigenschaften wie die Etablierung einer starken Marke oder die Fähigkeit, Lock-in-Effekte zu schaffen, in den Vordergrund rückt. Im Fall von *eBay* stellen darüber hinaus die Kaufpreisverhandlungen ein eigenständiges Kauferlebnis dar: Selbst Nutzer, die Offline kaum in einem Geschäft handeln würden, genießen die aufregenden Online-Preisverhandlungen. Anbieter nutzen im Rahmen der Gestaltung

des Online-Kauferlebnisses die multimediale digitale Erlebniswelt und binden gezielt Produktvideos oder Feedback-Systeme in die Angebotsgestaltung mit ein. Seit einigen Jahren bietet *eBay* in den USA mit »Sell it forward« einen Dienst, bei dem Nutzer gebrauchte Kleidung, Schuhe oder Taschen kostenfrei via *UPS* an den *eBay*-Partner *Goodwill Industries* schicken lassen können. Dieser prüft, ob sich wenigstens 10 US-Dollar Umsatz damit erzielen lassen, stellt die Produkte dann bei *eBay* ein und überweist 50 % des realisierten Endpreises an den Kunden. Der Rest soll Arbeitslosen dabei helfen, zurück in die Beschäftigung zu finden. Sind die eingeschickten Produkte zu schlecht für den Verkauf, erhält der Kunde zumindest einen Spendenbescheid.

Der Digital-Vertrieb erlaubt die gewinnträchtige Kumulation kleiner Einzelumsätze, ähnlich wie die Möglichkeit, ehemals kleine und geografisch separierte Kundengruppen zu aggregieren. So kann auch mit Nischenprodukten eine kritische Masse in der Nachfrage erreicht werden. Sekundiert wird das Phänomen des Long Tail durch ein verändertes Nachfrageverhalten: Leistungsfähige Suchwerkzeuge und Empfehlungssysteme ebenso wie Web-2.0-Anwendungen senken die Suchkosten für Nachfrager. Dies kann es für den Kunden vorteilhafter machen, nicht das bereits bekannte, populäre Produkt zu kaufen, sondern bequem (mit minimalen zusätzlichen Opportunitätskosten) weitere Suchanstrengungen zu unternehmen (Brynjolfsson/Hu/Smith, 2006). Das Ziel lautet: ein Produkt finden, das den individuellen Präferenzen besser entspricht als das Mainstream-Produkt auf den vorderen Ranglisten. Damit liegen die Long-Tail-Chancen von Konsumenten vor allem in der besseren Bedürfnisbefriedigung durch ein breiteres, individualisiertes Produktspektrum (Watts/Hasker, 2006).

Laut den durchgeführten Expertengesprächen erweisen sich Marktplätze großer Internethändler oftmals als Evaluierungsplattform für Long-Tail-Produkte. So berichten Nischenanbieter etwa für neuartige Bekleidungslabels, dass sie zuerst ihre Produkte auf dem *Amazon Marketplace* angeboten hätten. Nach Eintritt des Erfolgs jedoch hat *Amazon* dieses Label dann selbst in sein Eigensortiment aufgenommen und damit dem kleineren, auf eine bestimmte Nische fokussierten Handelspartner innerhalb von ca. drei bis vier Monaten die wirtschaftliche Grundlage entzogen.

Voraussetzungen zur erfolgreichen Nutzung des Long-Tail-Effektes im Geschäftsmodell Commerce sind unter anderem minimale Lagerkosten, minimale Verkaufs- und Marketingkosten, eine günstige Preisgestaltung als auch ein flexibler Vertrieb mit schneller Auslieferung (Anderson, 2007). Je mehr Zeit die Lieferung von online bestellten Produkten in Anspruch nimmt, desto mehr droht der wahrgenommene Vorteil aus der erhöhten Produktauswahl aufgezehrt zu werden. Eine integrierte Multi-Channel-Strategie, die es auch erlaubt, im Online-Kanal angebotene Produkte in den Filialen auf Bestellung verfügbar zu machen (»Ship-from-Store«), eröffnet hier die größten Potenziale.

> ***Marks & Spencer*** hat in seinen Filialen in England große Touchscreen-Bildschirme aufgestellt, auf denen Kunden Zimmer mit Möbeln, Geräten und anderen Produkten aus dem Sortiment der Warenhauskette konfigurieren können (Demery, 2013a). Der Clou: Kunden oder Verkäufer können gemeinsam via Tablet den Einrichtungsplaner nutzen und die dargestellten Produkte auch gleich im Sinne eines Multi-Channeling bestellen. Alternativ kann ein einmal gewähltes Setting gespeichert und später gekauft werden.

Studien zeigen, dass **Multi-Channel-Kunden** ähnlich viel Geld wie andere Kunden ausgeben, jedoch öfter kaufen (Landgraf, 2011). Die Veränderung des Nachfrageverhaltens erfolgt tendenziell immer noch absatzkanalspezifisch: Derselbe Kunde, der im traditionellen, stationären Vertriebskanal vorwiegend populäre Produkte (des täglichen Bedarfs) kauft, tendiert online eher zur Nische. Für die Suche in einer faktisch »unendlichen« Auswahl muss eine große Sortimentsbreite und -tiefe verfügbar gemacht und kostengünstige Tools und Filter installiert werden, die Nachfrager darin unterstützen, Produkte gemäß ihrer persönlichen Präferenzen bequem zu finden (Ehrmann/Schmale, 2008). Hierzu zählen adaptive Empfehlungssysteme, personalisierte Startseiten, mehrdimensionale Charts, Podcasts, Userforen oder auch Kundenrezensionen, bei möglichst minimalem Wartungsaufwand aufseiten des E-Tailers. In Konsequenz empfiehlt sich der Einsatz von Tools, die entweder automatisiert sind oder sich durch die Nutzer selbst aktualisieren.

> Ein Großteil von ***Amazons*** Produktbeschreibungen, Such- und Empfehlungsroutinen wird durch die Auswertung des bisherigen Kundenverhaltens automatisch generiert. So werden Kunden systematisch immer weiter in den Long Tail geleitet, um dort die Produkte zu finden, die ihren Präferenzen am besten entsprechen (Brynjolfsson/Hu/Smith, 2006).

Ein zentrales Element im Geschäftsmodell Commerce ist die Anzahl an Besuchern und der damit verbundene Kundenstamm: Je mehr potenzielle Kunden eine Online-Plattform frequentieren, desto größer ist die Kaufwahrscheinlichkeit, was die Attraktivität für weitere Anbieter steigen lässt.

> Da kaum etwas so zu emotionalisieren vermag wie (bewegte) Bilder, setzen vor diesem Hintergrund immer mehr Anbieter im E-Tailing auf die multisensorische Produktpräsentation via Video. Der Spezialist für Gartenspielgeräte ***Demmelhuber*** hat ein Video-Interface kreieren lassen, in dem eine junge Mutter die Vorzüge der *Demmelhuber*-Spieltürme schildert. Das Ergebnis: Ein multivariater Test beim Suchmaschinenmarketing, bei dem die Hälfte der Adwords-Anzeigen auf das Video und die andere Hälfte auf eine statische Variante geleitet wurden, zeigt, dass die Video-Lösung die Konversionsrate im Vergleich zur statischen Anwendung um 497 % steigerte. Der Wert pro Besuch stieg im gleichen Zug von 1,17 EUR auf 4,31 EUR (Rose, 2011).

Gleichzeitig steigt aufgrund des **Wisdom-of-the-Crowd-Effektes** (im Sinne von »die Masse kann nicht falsch liegen«) ebenfalls die Attraktivität aus Nachfragersicht. Über die Verlinkung mit Social Media und Kundenbewertungen werden Einkaufserlebnisse öffentlich und Netzwerkeffekte angestoßen. Die notwendige Grundlage hierfür ist ein differenzierter und konsolidierter Kundendatenstamm für den Einsatz von Data-Mining-Verfahren zur Aufdeckung von Mustern und Zusammenhängen im Kundenverhalten.

1.3.3.3 Geschäftsmodell »Context«

Im Mittelpunkt des Geschäftsmodells »Context« steht die Klassifizierung und Systematisierung im Internet verfügbarer Informationen. Context-Anbieter zeichnen sich dadurch aus, dass sie in ihrer Reinform keine eigenen Inhalte anbieten, sondern zur Komplexitätsreduktion Inhalte kontextspezifisch aggregieren und übersichtlich präsentieren. Dieses Geschäftsmodell kennt dabei Ausprägungen wie Suchmaschinen, Webkataloge oder auch Bookmarking-Dienste:

- **Search**: Suchanfragen werden durch den Search-Anbieter mit einem vorab indexierten Bestand an Informationen abgeglichen. Dieser priorisiert die Suchergebnisse in Bezug auf die Nutzungshäufigkeit anderer Nutzer als (implizitem) Indikator für deren inhaltliche Relevanz. Software-Robots (Bots) übernehmen die initiale Indexierung.
- **Catalogs**: Hier erfolgt die Inhaltsaggregation und Indizierung nicht automatisch, sondern ist (wie ein Branchenbuch) einer manuellen Kontrolle unterworfen. *Szeneputzen.de* beispielsweise bietet ein Branchenbuch und einen Veranstaltungskalender.
- **Bookmarking**: Inhalte werden durch Nutzer gemeinschaftlich indexiert. Mit einer zunehmenden Anzahl an Nutzern eines Bookmarking-Dienstes steigt die Wahrscheinlichkeit, dass mit der vorgenommenen Indexierung auch passende Ergebnisse für Suchanfragen generiert werden, was tendenziell wiederum neue Nutzer anzieht.

> *LinkARENA* ist ein deutschsprachiger Webservice für das Speichern und Verwalten von Lesezeichen. In dieser Form eines Social Bookmarkings können Mitglieder Lesezeichen (Bookmarks) speichern und in Ordnern oder mit Tags archivieren. Standardmäßig sind die Lesezeichen eines Mitglieds öffentlich für jedermann sichtbar, können aber auch als privat markiert werden, sodass sie nur noch vom Besitzer selbst eingesehen werden können. Eine Suchmaschine hilft Mitgliedern und Besuchern, die Lesezeichen eines bestimmten oder aller Mitglieder zu durchsuchen. Die Suchmaschine bietet eine Personalisierung der Suchvorgänge; so ist es beispielsweise für eingeloggte Mitglieder möglich, Suchergebnisse zu löschen oder in einem Suchkorb abzulegen, um diese später schnell wiederfinden zu können.

Als Erlösquellen stehen das Keyword Advertising als auch Placements zur Verfügung. Im Fall des **Keyword Advertising** werden mit den Ergebnissen der Suchanfrage über einen AdServer kontextspezifische Werbeeinblendungen ausgeliefert. Die Abrechnung erfolgt im Pay-per-Click-Verfahren, sodass das werbende Unternehmen nur für die tatsächlich angeklickten Werbeeinblendungen zahlen muss. Die tatsächlichen Kosten sind stark vom gebuchten Keyword abhängig: Weniger spezifische »Mainstream-Keywords« eines bestimmten Themenumfeldes (also die linke Seite des Long Tail) verfügen aufgrund der höheren Konkurrenz verschiedener Anbieter um diese Keywords über vergleichsweise höhere Preise als weniger häufig gesuchte, spezifischere Keywords (rechte Seite des Long Tail). Die Relevanz verschiedener Websites für eine spezifische Suchanfrage wird wie im Fall von *Google®* anhand der Anzahl an Verlinkungen einer Website von/mit anderen qualifizierten und indizierten Websites gemessen. **Placements** bezeichnen bei Webkatalogen die Einbindung von Links und Angeboten werbender Unternehmen in das Angebot eines Webkatalogs. Diese generieren Erlöse meist rein aus der Aufnahme bzw. Einbindung des Unternehmens in einen Webkatalog (Pay-for-Inclusion).

1.3.3.4 Geschäftsmodell »Connection«

Das Geschäftsmodell »Connection« fokussiert auf den Informationsaustausch in Netzwerken. Dieser Informationsaustausch kann dabei technischer (etwa im Falle eines Internet Service Providers, ISP), kommerzieller (wie *SAP Community Network*, SCN) oder rein kommunikativer (wie *Skype* für Internettelefonie) Natur sein (Wirtz/Becker, 2001):

- **Communities**: Sie stellen Nutzern eine Plattform für den Austausch von Informationen, Wissen, Meinungen oder auch Daten mit anderen Nutzern bereit. Hierunter fallen Customer Networks wie *Xing*, *Facebook*, Messaging Services wie *Skype* oder *Twitter*, Exchanges wie *Flickr* oder auch Meinungsportale wie *Amazon* sowie vormals *Ciao.de*. Im Mittelpunkt steht die aktive Partizipation von Nutzern in einem Netzwerk.

> ***Ciao.de*** war eine Verbraucher-Online-Community innerhalb der *LeGuide Group,* die es nicht geschafft hatte, auch längerfristig ein tragfähiges Geschäftsmodell zu etablieren. Mit über 8,1 Millionen Einzelbesuchen in Deutschland im Jahr 2013 war es zeitweise eines der größten Shopping-Portale in Deutschland. In Großbritannien, Frankreich, Spanien, Italien und den Niederlanden gehörte *Ciao* zu den jeweils größten Shopping-Portalen. Im Oktober 2008 übernahm *Microsoft* die *Ciao GmbH*, um das Angebot in den Bereichen Suche und E-Commerce in Europa deutlich zu erweitern. Im März 2012 wurde *Ciao* durch die französische Unternehmensgruppe *LeGuide Group* übernommen, die zuvor schon den Mitbewerber *dooyoo.de* gekauft hatte. Anfang 2018 wurde die Plattform dann schließlich vom Netz genommen.

- **Mailing Services**: Ähnlich wie Communities steht der Austausch mit anderen Nutzern im Vordergrund, jedoch mit E-Mails als Standard-Kommunikationsform.
- **Inter-Connection**: Sie stellen den Zugang zu physischen Netzwerken etwa als Internet Service Provider bereit, entweder als Fixed oder Mobile Connection. Leistungsbündel aus Tele-

fon-, Internet- und TV-Angeboten (Triple-Play) oder zusätzlich ergänzt durch Mobilfunkangebote (Quadruple Play) lassen die Grenzen zwischen verschiedenen Zugangsformen nicht nur technisch, sondern auch in der Produktwahrnehmung des Nutzers verschwimmen. Während vor allem bei Communities starke Netzwerkeffekte entstehen, ist dies bei der Inter-Connection kaum der Fall: Das Verhalten eines Nutzers erfolgt weitgehend unabhängig vom Verhalten anderer Nutzer. Dadurch existieren kaum Lock-in-Effekte, was in der Konsequenz zu einer höheren Wechselwahrscheinlichkeit aufseiten der Anwender führt.

1.3.3.5 Geschäftsmodell »Coordination«

»Coordination«-Geschäftsmodelle beinhalten im einfachsten Fall die Terminabstimmung zwischen Nutzern, die Unterstützung kooperativen Arbeitens in Teams als auch die Unterstützung der Zusammenarbeit zwischen Unternehmen. Oftmals finden sich Elemente dieses Geschäftsmodell-Typus ebenfalls (implizit) in den verschiedenartigsten Ausprägungen anderer Geschäftsmodelle:

- **Scheduling**: Hierunter fallen Angebote und Instrumente zur effizienten Terminabstimmung zwischen Nutzern, wie etwa im Fall von *Doodle*.
- **Teamwork**: Dies beinhaltet alle Arten der webbasierten Computerunterstützung des kooperativen Arbeitens. Beispiele hierfür sind *Teamspace* oder *Trello* als Tools zur Projektunterstützung. Die Funktionen von *Teamspace* decken sowohl klassische Kalenderfunktionen ab als auch Aufgaben-, Multi-Projektmanagement, Pinnboards oder Diskussionsforen. Die Praxis zeigt, dass sich durch webbasierte Tools innerhalb eines elektronischen Diskurses häufig dynamischere Gruppenstrukturen bilden als bei reinem »face-to-face«-Teamwork und auch mehr Informationen ausgetauscht werden. Analog zur Diskussion um den Einsatz von Groupware-Systemen (Computer Supported Cooperative Work, CSCW) Anfang der 1990er-Jahre zeigen Praxiserfahrungen, dass das rein quantitative »Mehr« an Informationen nicht zwangsläufig auch zu einem qualitativen »Mehr« an höherer Effizienz und Problemlösungskapazität im Team führen muss, sofern nicht individuelles Erfahrungswissen und Expertise auch tatsächlich ausgetauscht werden (Orlikowski, 1992; Grudin, 1994; Huber, 1991; Grudin, 1988).
- **Supportive Collaboration**: Im B2B-Bereich fallen unter dieses Geschäftsmodell Ausprägungen wie Collaborative R&D, Collaborative Production als auch Cooperative Sale. *Collaborative R&D* (Research & Development) beschreibt die gemeinschaftliche Entwicklung neuer Produkte und Dienstleistungen als Netzwerkinnovation etwa in der Automobilindustrie für die kooperative Entwicklung von Autos. In der Ausprägung *Collaborative Production* erfolgt die Produktion in integrierten Supply Chains verschiedener Partner zur Optimierung der Produktionsprozesse. Beispiele finden sich in der Just-in-Time-Produktion und der hier möglichen vielschichtigen Einbindung von Zulieferanten in den Produktionsprozess. *Collaborative Sale* sieht vor, dass sich mehrere Unternehmen im Vertrieb zusammenschließen und ihre Produkte auf einer gemeinsamen Plattform vermarkten.

GHX wurde 2001 durch Hersteller von Medizinprodukten wie *Johnson & Johnson, GE Healthcare, Baxter International Inc., Abbott Laboratories* und *Medtronic, Inc.* zur Supportive Collaboration gegründet und hat mittlerweile 20 Eigentümer. Dies sind Hersteller, Großhändler, Krankenhäuser und Einkaufsorganisationen von Medizinprodukten. ***Astra-Zeneca*** hat eine Co-Marketingallianz mit *Bristol-Myers Squibb* im Bereich Diabetes und mit *Roche* eine Collaborative R&D-Kooperation initiiert.

1.3.4 Operationalisierung des Digital Value Web

Wie die Beschreibung des Digital Value Web bereits gezeigt hat, erweist sich eine Differenzierung unterschiedlicher Geschäftsmodelle im Rahmen der umfassenden 5C-Modelle oftmals als zu ungenau, nicht überlappungsfrei bzw. existieren diese Modelle in ihrer Reinform in der Unternehmenspraxis nicht (mehr). Während das Digital Value Web die (makroskopische) konzeptionelle Grundlage für die Diskussion unterschiedlicher Geschäftsmodell-Archetypen bietet, sind diese im Rahmen des Planungsprozesses und zur Umsetzung weitergehend zu operationalisieren und auszugestalten. Die aggregierte und komprimierte Darstellungs- und Konzeptionsform im Rahmen des Digital Value Webs bietet daher kaum die erforderliche Granularität, um eingehendere betriebswirtschaftliche Teilanalysen ersetzen zu können. Die konzeptionelle Beschreibung und Chance zur Kategorisierung in einem Gesamtkontext anhand der 5Cs weicht damit einer zunehmend operativen (mikroskopischen) Beschreibung unterschiedlicher Ausprägungen im Rahmen von Partial-Geschäftsmodellen. Die Operationalisierung des Digital Value Web folgt als Partialmodell in einem praxisorientierten Ansatz entweder

- der **institutionellen Ausgestaltung** in Bezug auf das **Leistungsangebot** oder aber
- der Differenzierung anhand unterschiedlicher **Erlösmodelle**

als Grundlage für den weiteren strategischen Planungsprozess und die nachfolgende Umsetzung.

Die Operationalisierung im Rahmen der **institutionellen Ausgestaltung** in Bezug auf das **Leistungsangebot** unterscheidet zehn verschiedene Geschäftsmodell-Ausprägungen (vgl. Abbildung 24, Timmers, 1999; Afuah/Tucci, 2003). **E-Shops** (1.) sehen als einfachstes Geschäftsmodell lediglich eine Abbildung des bestehenden Offline-Geschäftes im Internet vor. Im Mittelpunkt stehen hier die Generierung zusätzlicher Nachfrage sowie die Realisierung einer globalen Präsenz unter geringen zusätzlichen Kosten. Unter diese Kategorie kann auch das Online-Angebot von Tageszeitungen subsumiert werden, die vor der Nutzung eine Registrierung erfordern, beispielsweise die *New York Times*. E-Shops finden sich sowohl bei Internethändlern (»Pure-Play E-Tailers«) als auch bei traditionellen Händlern. Traditionelle Handelshäuser bzw. Hersteller nutzen in Ergänzung ihrer bisherigen stationären Handelsaktivitäten – auch unter Inkaufnahme von Vertriebskanalkonflikten – das Internet als integrierten Vertriebskanal (»**Surf-and-Turf**«, wie etwa *Sony, LandsEnd* oder *Gap*; Prasarnphanich/Gillenson, 2003).

Nr.	Geschäfts-modell	Beschreibung	Vorteile Unternehmen	Vorteile Kunde	Beispiele
1	E-Shop	Online-Marketing	• zusätzl. Absatz • Kostenreduzierung	• Auswahl • Information • 24h-Service	• Fleurop • Merck (B2B Laborbedarf)
2	E-Procurement	• elektronische Ausschreibung • elektronischer Einkauf	• Kosten • Ausschreibungsmöglichkeiten • Kostenreduzierung	• Auswahl • Kosten	• Frankfurter Flughafen • Volkswagen
3	E-Malls	• Ansammlung Shops • Vermarktung	• Technologie, • Werbung, • Marketing	• Vertrauen • Suchkosten • Umsätze	• Shopping24.de
4	E-Auctions	Versteigerungen	• Technologie • Werbung • Marketing	• Kosten • Preisfindung • Nutzung Kapazitäten	• eBay.de
5	Virtual Communities	Austausch von Beiträgen	• Zusatz zu anderen Geschäftsmodellen • Werbung, Mitgliedseinnahmen • Loyalität • Feedback	• Informationen • Kundenmacht	• Hewlett Packard • amazon.de
6	Collaboration Plattform	Zusammenarbeit in und zwischen Unternehmen	• Mitgliedsgebühren • Koordination • Wissensmanagement	• Koordination • Wissensmanagement • Information	E-Fashion
7	Third Party Marktplätze	• Zugang zu Produktkatalogen • Zusatzfunktionen	• Gebühren • Global • Transaktionsunterstützung	• Kosten • Global • Transaktionsunterstützung	Office Supply
8	Wertschöpfungsketten-integration	Integration Wertschöpfungskette	• Honorare • Transaktionsgebühren • Mehrwertdienste	• Implementierung • Transaktionsunterstützung	• Accenture • IBM • MHP
9	Fulfillment	Fokus auf einzelne Leistungen	• Gebühren • Transaktionsunterstützung	• Global • Transaktionsunterstützung	• Deutsche Post • UPS

Nr.	Geschäfts-modell	Beschreibung	Vorteile Unternehmen	Vorteile Kunde	Beispiele
10	Information Brokerage, Search, Trust und andere Dienste	• Informationssuche • Kundenprofile • Expertendienste • Zertifizierung	• Gebühren • Werbung • Technologie	• Innovative Dienste • Transaktionsunterstützung • Sicherheit • Realtime	• Google • Teletrust • Schober.com

Abbildung 24 Übersicht über unterschiedliche (institutionelle) Geschäftsmodelle (Timmers, 1999; Afuah/Tucci, 2003; Strauß/Schoder, 2001)

Die Elektronikmarktketten ***Mediamarkt*** und ***Saturn*** haben im Oktober 2011 als »Surf-and-Turf-Anbieter« einen Onlineshop eröffnet, der das Filialgeschäft künftig ergänzen soll. Damit hat die *Media-Saturn-Holding* in Ingolstadt nach der Übernahme des E-Tailers ***Redcoon.de*** einen weiteren Schritt zur Umsetzung ihrer Online-Handelsstrategie vollzogen. Alle bisherigen Versuche des *Metro*-Tochterunternehmens, neben dem stationären Handel ein funktionierendes Internetgeschäft aufzubauen, blieben eher halbherzig und erfolglos. Die Ursache: inhärente Vertriebskanalkonflikte. Die Händler der einzelnen Märkte operieren als rechtlich eigenständige Unternehmen mit einer Incentivierung des Geschäftsführers vornehmlich mit 10 % der Geschäftsanteile (und damit auch an den Gewinnen) seines jeweiligen Marktes. Dies wird sekundiert durch eine weitgehende Unabhängigkeit in der Sortiments- und Preisgestaltung. Damit kann es passieren, dass sich die Preise für einzelne Produkte sowie das Sortiment verschiedener Märkte selbst in unmittelbarer geografischer Nähe oder innerhalb eines Stadtgebietes deutlich unterscheiden. Ein Online-Angebot hat damit für die *Media-Saturn-Holding* in Bezug auf das etablierte Geschäftsmodell zwei konterkarierende Effekte: Zum einen bewirkt die Vorgabe zentraler Richtpreise im Web aus Sicht der stationären Fachmärkte eine kaum erwünschte Preistransparenz, zum anderen wird so ein (zentraler) Referenzpreis vorgegeben. Selbst für den Fall, dass die Preissetzung zwischen dem Online-Angebot und den mehr als 200 stationären Fachmärkten in Deutschland abgestimmt worden ist, stellt sich das praktische Problem, die Preissetzung und zwischenzeitliche Preisänderungen in allen Läden gleichzeitig umzusetzen. So mussten die Mitarbeiter neben der Produktberatung die neu ausgedruckten Regalpreise jeweils zeitnah in allen Märkten umstecken. Dies bremste wiederum den schnellen Auf- und Ausbau eines umfangreicheren Online-Sortiments (Fischer, 2012). Um die stationären Preise regelmäßig und komfortabel an das Niveau im Web angleichen zu können, hat *Media-Saturn* seit Mitte 2013 die Märkte mit elektronischen Preisetiketten ausgestattet. Eine zusätzliche Herausforderung bestand in der Anbindung des Onlineshops an das selbst erstellte Warenwirtschaftssystem.

Nach vielen kontroversen Diskussionen mit den angebundenen Händlern und zunehmend mächtiger werdenden Online-Wettbewerbern (wie *Elektro24.de*) war der Onlineshop Anfang 2012 mit einem reduzierten Produktsortiment von ca. 2.500 Artikeln oder ca. 5 % der Auswahl des stationären Fachhandels gestartet – vor allem mit Verkaufsschlagern aus Bereichen wie Fernseher, Computer, Handys, Digitalkameras und Haushaltswaren sowie Elektrogroß- und Kleingeräten. Für das Online-Angebot wurde die Preisgestaltung über die Filialen und den Webshop vereinheitlicht und die Auslieferung über die stationären Handelsgeschäfte angeboten. Beim Preisniveau versuchen sich *Mediamarkt* und *Saturn* nach eigenen Angaben »*an den für die jeweilige Produktgruppe relevanten Mitbewerbern im Online-Geschäft*« zu orientieren. Zum Ausgleich der Vertriebskanalkonflikte erhalten die Filialen eine Gewinnbeteiligung. Vielfach kritisiert wurde die nur unzureichende Usability der Website als auch die Vernachlässigung einer systematischen und professionellen Search-Engine-Optimization (Fischer, 2012).

Die Nutzung webbasierter Anwendungen im Rahmen des elektronisch gestützten Einkaufs und von Ausschreibungen (2., **E-Procurement**) eröffnet einen größeren Kreis an potenziellen Zulieferanten zu geringeren Kosten im Vergleich mit der traditionellen Beschaffung. Gleichzeitig entsteht die Option, Bestellvorgänge zu dezentralisieren und die operative Abwicklung und Verantwortung zum Bestellauslöser in die Fachabteilungen zu delegieren. Eine größere Auswahlmöglichkeit potenzieller Zulieferanten, etwa durch die Nutzung elektronischer Marktplätze, führt zu tendenziell niedrigeren Einstandskosten.

Ericsson tätigt bereits mehr als 50 % seiner Einkäufe über das Internet und konnte in Folge die Verwaltungskosten in der Beschaffung um 90 % senken. Bereits seit 2010 sind ca. 100 Länder an *Ericsson Buyer* angeschlossen, mit mehr als 40.000 Bestellungen/Monat und der Einhaltung der Einkaufs-Compliance-Kriterien bei mehr als 90 % der indirekten Güter.

Elektronische Shopping-Malls (3.) können als eine Ansammlung unterschiedlicher elektronischer Shops in einem einheitlichen Layout, mit einheitlichen Abrechnungsstandards, gemeinsamer Infrastruktur (Hosting) und zumeist zentral organisierter Logistik charakterisiert werden. Vorteile für Kunden bestehen im einfachen und direkten Zugang zu einer Vielzahl von Angeboten, einem höheren Vertrauen aufgrund der Nutzung bekannter Marken sowie der Nutzung einer umfassenderen Kundenbasis. Einnahmequellen sind meist Mitgliedsgebühren, Werbung oder Transaktionsgebühren.

Prominente Beispiele wie ***my-World*** von ***Karstadt*** zeigen jedoch, dass die vermeintliche Vorteilhaftigkeit des in der Real-Welt nutzenstiftenden geografischen »Nachbarschaftsmodells« elektronisch in Grenzen zwar abbildbar ist, aber nicht zwingend ähnlich nutzenstiftend ist (Mougayar, 1998). Nach dem Launch Anfang 1996 wurde *my-world* im Frühjahr 2000 wieder geschlossen. Darüber hinaus werden die separaten Shops bis heute in der

Realität meist nur unzureichend integriert. Die Shopping Mall der ***Deutschen Post***, *Evita*, wurde bereits kurz nach Eröffnung an *Lycos* verkauft und später geschlossen.

Der Vorteil der Bündelung unterschiedlicher Anbieter unter einer Oberfläche schwindet aufgrund der Verfügbarkeit unterschiedlichster Anbieter in »Klick-Distanz« (Timmers, 1999).

Auktionen wie *eBay* (4.) transferieren bereits bekannte Versteigerungsverfahren auf das Internet, meist mit integrierten Angebots-, Abschluss-, Bezahlungs- und Distributionsprozessen. Neben direkten, transaktionsabhängigen Erlösquellen erfolgt oftmals die Vermarktung von Werbung oder der Verkauf der Technikplattform. Besondere Vorteile ergeben sich aus der Effizienz der Vermarktung, insbesondere von seltenen oder nur schwierig zu bepreisenden Gütern sowie dem Verkauf von Überkapazitäten (etwa bei surplus.com).

Wesentliche Eigenschaft einer **virtuellen Gemeinschaft** (5.) ist der Austausch von Informationen zwischen Konsumenten und Anwendern, bei deutlicher Fokussierung auf spezifische Themen und umfassende Interaktions- und Kommunikationsmöglichkeiten. Derartige elektronische Interessengemeinschaften stellen häufig eine Zusatzfunktionalität zu anderen Geschäftsmodellen dar und finanzieren sich über Mitgliedsgebühren oder Werbeeinnahmen. Von Unternehmen etablierte Communities fokussieren auf die Steigerung der Kundenloyalität und die frühzeitige Einbeziehung von Kunden-Feedback etwa zur systematischen Verbesserung des Kundendienstes oder marktnahe Anregungen für den Produktentwicklungsprozess (Rüdiger, 2001; Schinzer/Steinacker, 2000).

Plattformen zur Zusammenarbeit in und zwischen Unternehmen (**Collaboration Platforms**, 6.) finanzieren sich über Mitgliedsgebühren bzw. den Verkauf ihrer Technikplattformen (Linz/Müller-Stewens/Zimmermann, 2017). Ein Beispiel im Fashion-Bereich ist die Online-Plattform *KeenOn-Fashion* (*Zitra*) in Deutschland, mit deren Hilfe Logistikleistungen im Rahmen der Bekleidungsherstellung und -vermarktung international koordiniert werden sollen. Marktplätze dritter Anbieter (**Third Party Marktplätze**, 7.) stellen einen zusätzlichen Absatzkanal außerhalb der eigenen Vertriebskanäle dar, teilweise kombiniert mit umfangreichen Zusatzdienstleistungen in der Abrechnung und der Distribution. Erlöse resultieren aus Mitgliedsgebühren, zusätzlichen Dienstleistungen und Transaktionen.

Ein Beispiel für einen noch im Jahr 2000 hochgelobten Shooting-Star unter den B2B-Marktplätzen war ***VerticalNet***, die eine Vielzahl spezifischer, vertikaler Branchenmarktplätze betreiben wollten. Aufgrund langanhaltender Verluste firmierte *VerticalNet* seit Ende 2001 nicht länger als Betreiber von B2B-Marktplätzen, sondern als Anbieter von Software, mit der sich Marktplätze und Beschaffungslösungen aufbauen lassen. Die Gründe für das Scheitern des B2B-Marktplatzes sind ebenso vielschichtig wie teilweise auch trivial (Rickens, 2001): *VerticalNet* verstand sich ursprünglich als Betreiber von herstellerunabhängigen, offenen Marktplätzen. Vordergründig informieren sich die meisten Unternehmen zwar gern auf offenen Online-Marktplätzen über Produkte und Preise, doch nur die wenigsten bestellen dort auch etwas. Das dahinterliegende Problem ist ungleich umfangreicher: Die Strukturen im B2B-Geschäft unterscheiden sich grundlegend von denen im Geschäft mit Endkunden (Rickens, 2001):

- Der Käufer steuert den Beschaffungsprozess und lädt Lieferanten im Rahmen einer Ausschreibung für ein bestimmtes Produkt ein. Neben den rein preislichen Diskussionen wird die Verhandlung stets durch das Wissen erfahrener Einkäufer über die Qualität und Zuverlässigkeit von Zulieferanten sekundiert. Ein Online-Katalog, in dem die Lieferanten die Preise vorgeben und jeder Käufer das Gleiche zahlt, erscheint gewieften Einkäufern eher als Bedrohung ihres eigenen Berufsstandes. Gleichzeitig richten Konzerne zunehmend Beschaffungsauktionen auf ihren eigenen Websites aus – Teilnahme nur nach vorheriger Einladung.

- Dazu arbeiten Großunternehmen bei den meisten Produktgruppen traditionell mit einigen wenigen Zuliefereranten mit festen Rahmenverträgen zusammen.

- Und schließlich verfügen viele Unternehmen (wie *Volkswagen*) bereits traditionell entweder über eigene Einkaufsplattformen oder sind mit Zulieferanten elektronisch via EDI verbunden. Die hohen Investitionen in EDI verhindern einen häufigen Wechsel bei wichtigen Zulieferern und generieren einen technologischen »Investitions-Lock-in«. Damit sinkt für die Einkäufer das Interesse, sich auf Online-Marktplätzen ständig von Neuem nach den billigsten Lieferanten umzusehen.

Eine offene Kataloglösung mit Festpreisen entspricht damit kaum den Bedürfnissen von B2B-Kunden (Rickens, 2001).

Wertschöpfungskettenintegratoren (8.) wie *Accenture, IBM oder MHP* unterstützen Firmen in Strategie und Implementierung. Erlöse resultieren aus Beratungshonoraren, Transaktionsgebühren und Mehrwertdiensten. **Fulfillment-Anbieter** (9.) wie die *Deutsche Post* oder *UPS* offerieren externe Logistikdienstleistungen für die Beschaffung, Produktion, Distribution und Entsorgung.

Information Brokerages und andere Internetdienstleister (10.) schließlich bieten Dienste etwa für die Informationssuche, die Erstellung und Vermarktung von Kundenprofilen oder auch Experten- und Zertifizierungsdienste an. Das Erlösmodell basiert meist auf Abonnement-/Nutzungsgebühren, Werbung und transaktionsbasierten Modellen wie im Fall des Brokerage.

Beispiele finden sich in *Teletrust* als Anbieter von **Trust-Center**-Leistungen oder **Infomediären**, deren Geschäftsmodell auf die Sammlung und Analyse von Kundendaten ausgerichtet ist (etwa *Bisnode*).

Eine andere Ausprägung eines Infomediärs stellen Empfehlungssysteme (**Recommendation Systems**) dar, die es Nutzern erlauben, Informationen über die Qualität von Produkten und Dienstleistungen auszutauschen bzw. die es Verkäufern beispielsweise ermöglichen, auf detaillierte Kundeninformationen wie etwa Kreditwürdigkeits-Ratings zugreifen zu können. Ähnlich wie Infomediäre ist auch das **Affiliate-Modell** der letzten Geschäftsmodell-Kategorie zuzurechnen: Im Affiliate-Modell werden Kunden auf unterschiedlichsten Partner-Sites Kaufangebote vorgeschlagen, wofür Partnerunternehmen entweder im Rahmen eines Pay-per-Click-Modells eine Gebühr für die reine Weiterleitung oder aber eine transaktionsabhängige Gebühr erhalten.

Gleichfalls sind **Portale** unter dieses Geschäftsmodell zu subsumieren. Portale zeichnen sich dadurch aus, dass alle Leistungen, die eine spezielle Kundengruppe für die Lösung eines speziellen Problems benötigt, unter einer einheitlichen Plattform integriert werden. Zu einer zielgruppenspezifischen Komplettlösung gehören neben Fachinformationen auch sachfremde Informationen, Kommunikationsanwendungen, Online-Beratungsdienste und Anwendungen zur Abwicklung der relevanten Geschäftsprozesse. **Multi-Access-Portale** (wie *Yahoo.de*) bieten Informationen und Mehrwertdienste für den Zugang über unterschiedlichste Zugangsmedien an.

Neben diesem institutionellen, organisatorischen Partialmodell mit Schwerpunkt auf dem Leistungsangebot fokussieren *Schlie/Rheinboldt/Waesche* in sieben verschiedenen Geschäftsmodellen (*Simply Seven*) auf die Frage, auf welche Art und Weise Erlöse erzielt werden sollen (Schlie/Rheinboldt/Waesche, 2011). Die unterschiedlichen Partialmodelle können hierfür grundsätzlich in direkte versus indirekte sowie transaktionsabhängige versus nicht transaktionsabhängige **Erlösmodelle** unterteilt werden:

- **Direkte Erlöse** werden ohne Zwischenschaltung dritter Parteien direkt vom Nachfrager der jeweiligen Leistung generiert (klassischer Online-Handel, wie etwa bei *Zalando.de*).
- **Indirekte Erlöse**, die durch die Zwischenschaltung eines Dritten generiert werden (wie im Fall von *eBay.de*).
- **Transaktionsabhängige Erlöse** entstehen durch eine einzelne, vermarktbare Leistung oder aufgrund einer Interaktion mit dem Nutzer einer Leistung wie Nutzungsgebühren oder Abonnement-Gebühren (wie bei *Spotify* als Musik-Streaming-Plattform).
- *Transaktionsunabhängige Erlöse*, zu denen Grundgebühren oder Werbung gehören.

Provisionen wie im Fall von *Groupon* sind indirekte transaktionsabhängige Erlöse, ähnlich wie die Vermittlung von Transaktionen für dritte Partnerunternehmen im Bereich des Affiliate-Marketings für das Setzen von Links etwa über Affiliate-Netzwerke wie *Zanox*. Hier erhält das linksetzende Unternehmen nur dann Zahlungen, wenn auf den gesetzten Link auch tatsächlich geklickt wird bzw. in Form einer Umsatzbeteiligung an getätigten Transaktionen.

In dieser nach verschiedenen Erlösformen fokussierten Differenzierung unterschiedlicher Geschäftsmodell-Archetypen finden sich neben dem klassischen **Online-Handel** (3., wie etwa bei *Zalando.de*) auch Erlösmodelle mit Fokus auf die Generierung von **Service-Umsätzen** (1., vgl. Abbildung 25).

Nr.	Geschäfts-modell	Beschreibung	Vorteile Unternehmen	Vorteile Kunde	Beispiele
1	Service-Vertrieb	Einnahmen aus spezifischen Internetdiensten	• Angebot spezifischer (kostenpflichtiger) Mehrwert-Dienste • Generierung Nutzerschaft	• Kostengünstige Dienste	• Skype.de • Groupon.de • Blizzard Entertainment/World of Warcraft
2	Abonnement	Monatliche Subskription für Leistungen	• Aufbau und Bindung Kundenstamm	• Flexibilität und Unabhängigkeit von Hard- und Software • Kostengünstiges Ausprobieren	• Spotify.com • Statista.de • Echobot.de
3	Online-Handel	Einnahmen aus Online-Vertrieb	• zusätzl. Absatz • Kostenreduzierung	• Auswahl • Information • 24h-Service	• Otto.de • Zalando.de • Westwing.de
4	Provisionen	Einnahmen aus Versteigerung & Vermittlung	• Technologie • Werbung • Marketing • Markttransparenz	• Kosten • Preisfindung • Nutzung Kapazitäten	• ebay.de • E-Lance.com • Smaaya.com • Groupon.de • Dailydeal.de • Square.com
5	Werbung	Werbeeinnahmen	• Cross-Finanzierung Gratisangebote	• Kostenlose/-günstige Dienste	• Google.de • Focus.de • YouTube.de • Tape.tv
6	Lizenzen	• Rechteverwertung • Verkauf digitaler Güter	• Kapitalisierung des Intellectual Property	• Erwerb spezifizierter Rechte und Dienste	• Apple.de • Amazon.de
7	Finanzmanagement	• Kreditvergabe • Zahlungsabwicklung • Absicherung/Risikomanagement	• Online Dienstanbieter	• Integriertes Finanzmanagement & Abwicklung	• LendingClub.com • Smava.de • Prosper.com • PayPal.de • Weatherbill.com • Kiva.com • BWin.com

Abbildung 25 Übersicht über unterschiedliche (erlösorientierte) digitale Geschäftsmodelle (nach Schlie/Rheinboldt/Waesche, 2011)

Kennzeichen von Service-Modellen wie etwa bei *Skype* ist die direkte Umsatzgenerierung für einzelne Leistungen. Die Vorteile dieser Geschäftsmodellform liegen in zumeist nur vergleichsweise geringen notwendigen Anfangsinvestments, jedoch unter Inkaufnahme fehlender wiederkehrender Umsätze (wie etwa in einem Abonnement-Modell), der Notwendigkeit zur permanenten und aufwendigen (Neu-)Kundengewinnung oder einer aufgrund manueller Bereitstellungsleistungen meist nur unzureichenden Skalierbarkeit. Die Vorteile eines Service-Modells finden sich daher in Geschäftsfeldern mit einer hohen Skalierbarkeit, geringen Kosten der (Neu-)Kundengewinnung oder einem Kunden Lock-in, (zwangsweise) etwa im Fall von E-Government. Einfache staatliche Leistungen wie die Zulassung von Autos oder auch die Abgabe von Steuererklärungen sind hochgradig standardisiert und damit skalierbar zu vergleichsweise geringen Kosten der Nutzer-Gewinnung.

Skype als Service-Geschäftsmodell erlaubt Nutzern kostenlose internetbasierte Sprach- und Videoanrufe zwischen Computern oder auch normalen Telefonen. Damit qualifiziert sich *Skype* heute als der größte Anbieter internationaler Sprachkommunikation mit ca. 1,5 Milliarden Nutzern weltweit. *Skype* ist damit der weltweit größte Anbieter im Bereich der internationalen Sprach- und Videotelefonie mit ca. drei Milliarden Minuten an Sprachverkehr pro Tag im Jahr 2018. Die internetbasierte Sprachtelefonie wird grundsätzlich kostenlos angeboten. Die Value Proposition besteht in der Verfügbarkeit kostenloser internetbasierter Chat, Sprach- und Videotelefonate, kostengünstiger Anrufe auf Festnetz- und Mobilfunkanschlüsse sowie zusätzlicher Abonnementdienste für Geschäftskunden wie *Group Video*, *Skype Online Number* oder auch *Skype WiFi*. Das Geschäftsmodell von *Skype* sieht im Premium Service *SkypeOut* vor, dass Nutzer eine Gebühr für die Verbindung mit *Telekom*-Telefonnetzen außerhalb des Internets (wie Festnetzanschlüssen oder Mobiltelefonen) entrichten. Vorteilhaft wirkt der Netzeffekt bei *Skype*: Mit der Anzahl der Nutzer und entsprechender Installation der erforderlichen Software steigt der Nutzenzuwachs im Sinne kostenloser Telefonate für alle Kunden (positiver Netzeffekt). Das kostenlose Abgeben der Software und dahinterliegender Dienste begünstigt das Erreichen der kritischen Masse und bewirkt ebenso wie das durch den Nutzer in *Skype* aufgebaute persönliche *Skype*-Telefonbuch das Entstehen von weiteren Wechsel- und Markteintrittsbarrieren für neue Anbieter. Der digitale Service von *Skype* nutzt die ansonsten nur wenig genutzten Computer-Kapazitäten privater Nutzer und kann entsprechend beliebig skaliert werden.

Die Übernahme von *Skype* durch *Microsoft* im Oktober 2011 dient mindestens zwei strategischen Stoßrichtungen: auf der einen Seite der Integration als Dienst in *Windows Phones*. Während *Apple* in *iPhone* und *iPad* längst den Videochat-Dienst *Facetime* integriert hat und *Google®* sein *Android*-Mobilsystem mit *Google® Voice* ausgestattet hat, fehlte *Microsofts* Smartphone-Betriebssystem eine solche Funktion bislang. Auf der anderen Seite eröffnen sich neue Möglichkeiten, *Windows* für Multifunktionsfernseher zu rüsten, bei denen Videotelefonie zur Grundausstattung gehört. Die *Microsoft*-Konsole *Xbox* ist über die eingebaute Kamera der Gestensteuerung *Kinect* mit *Skype* kompatibel. Das größte Kapital von *Skype* liegt aber in seinem Kundenstamm: Mit mittlerweile ca. 300 Millionen monatlichen Nutzern wird *Skype* sicherlich in Zukunft auch noch stärker als Werbeplattform genutzt werden.

Abonnement-Geschäftsmodelle (2.) wurden spätestens 2003 durch *Linden Lab* und »*Second Life*« als Geschäftsmodell im Internet etabliert. Moderne Musik-Streaming-Plattformen wie *Soundcloud* oder *Spotify* greifen dieses Erlösmodell auf (Laudenbach, 2012).

Bei Diensten wie ***Soundcloud*** oder ***Spotify*** können Kunden Musik nach Wahl beliebig oft hören. Sie erwerben die Musik aber nicht und können sie auch nicht direkt herunterladen. Die Titel aller Major-Labels und kleinerer Musiklabels werden zur Verfügung gestellt und von diesen auch lizenziert. Nutzer können sich zudem Musikabspiellisten (Playlists) erstellen und diese auch mit anderen Nutzern teilen und gemeinsam bearbeiten. Zu diesem Zweck kann der Playlist-Link direkt in ein E-Mail- oder ein Instant-Messaging-Fenster gezogen werden. Klickt der Empfänger auf den Link, lädt sich die Playlist im *Spotify*-Konto des Empfängers. Der kostenlose Dienst, der zunächst als werbefinanzierter Online-Musikdienst gestartet war, wurde seit April 2011 erheblich eingeschränkt, um mehr Nutzer zum Konvertieren in Bezahlmodelle zu motivieren, d. h., den kostenpflichtigen *Unlimited*- (4,99 EUR/Monat mit unbegrenztem Streaming/Desktop) bzw. den *Premium-Account* (9,99 EUR/Monat) zu nutzen. *Premium*-Abonnenten können in den Einstellungen eine höhere Streaming-Bandbreite und damit auch bessere Klangqualität erwarten (320 kb/s anstelle von ca. 160 kb/s). *Premium-Account*-Inhaber können Musik auch im Offline-Modus – also ohne Internetverbindung – abspielen. *Spotify* wurde Anfang 2013 bereits in Autos von *Volvo* und *Ford* integriert. Ähnliche Abonnement-Modelle finden sich bei Business-Networking-Plattformen (wie *Xing.de* oder *Linkedin.de*), dem Portal *Statista*, wo öffentlich zugängliche Daten systematisiert und in anschaulichen Info-Grafiken verfügbar gemacht werden oder auch bei Online-Dating-Plattformen (wie *Elitepartner*).

Allen Abonnement-Modellen ist gemein, dass sie neben einem im Funktionsumfang begrenzten kostenlosen Einstiegsangebot kostenpflichtige Premium-Dienste offerieren. Dagegen sehen **Provisionsmodelle** (4.) als klassische Maklermodelle vor, dass für Vermittlungen wie bei *eBay.de* oder *Groupon.de* für jede Vermittlung Gebühren zu entrichten sind.

Square.com stellt als Provisionsgeschäftsmodell ebenfalls eine Hardware-Komponente bereit: *Square.com* gibt an kleinere Händler und Gewerbetreibende kleine, weiße Plastikquadrate aus, die sich an die Kopfhörerbuchse eines Smartphones anschließen lassen (Ramge, 2012). In den Quadraten befindet sich ein Schlitz für das Einlesen für Kreditkarten, sodass aus dem Telefon ein Online-Kreditkartenlesegerät wird. Vorteile für den Händler: Die Kasse und ein integriertes Kunden-Managementsystem sind mobil einsetzbar, ohne die ansonsten entstehenden Grundkosten für ein (stationäres) Lesegerät. Mittlerweile bietet *Square* die komplette Zahlungslogistik beispielsweise für Gastronomiebetriebe an, was Kassensysteme, Bondrucker, Software-Lösungen bis zur Warenwirtschaft umfasst.

Werbefinanzierte Geschäftsmodelle (5.) nutzen Werbeerlöse entweder als zentrale Einnahmequelle (wie *Google.de*) oder aber auch als ergänzendes Erlösmodell neben Verkäufen oder Abonnements (etwa bei *MediaMarkt.de*).

Im **Vertrieb von Lizenzen** *(6.)* ist es beispielsweise *Apple* mit *iTunes* gelungen, vom Hardware-Hersteller die Transformation zum größten Händler von digitalen Lizenzprodukten zu vollziehen. Im Gegensatz zu analogen Informationen und physischen Produkten lassen sich digitalisierte Inhalte jeglicher Art problemlos vervielfältigen und prinzipiell unbeschränkt weiterverbreiten. Dieser oftmals unkontrollierte Informationsfluss führt allerdings zwangsläufig zu Konflikten zwischen den Nutzern und den Urhebern digitaler Inhalte, da eine unkontrollierte Nutzung gegen das Urheberrecht verstößt und sich in der Regel negativ auf das zugrunde liegende (traditionelle) Geschäftsmodell auswirkt. Es sind daher aus Sicht der Urheber und Verwerter essenziell Schranken zu definieren, die den Zugriff auf geschütztes geistiges Eigentum reglementieren und selbst nach einer Weitergabe beschränken können. Mechanismen der digitalen Rechteverwaltung sind jedoch nach wie vor stark umstritten (Laudenbach, 2012): Befürworter sehen hierin hauptsächlich die Eröffnung neuer Geschäftsmodelle mit bedarfsgerechterer Abrechnung (Pay-per-View) sowie den potenziellen Wegfall von Pauschalabgaben auf Leermedien wie CD-Rohlinge und die damit einhergehende finanzielle Entlastung von Verbrauchern. Kritiker warnen vor allem vor Datenschutzproblemen und möglichen Einschränkungen bei der Benutzerfreundlichkeit und Archivierung sowie davor, dass es unmöglich wird, die Schranken des Urheberrechts effektiv geltend zu machen. Als problematisch wird angesehen, dass durch die Verwendung unterschiedlicher Standards die Interoperabilität der Geräte und digitaler Inhalte eingeschränkt wird.

Die Evolution von **Peer-to-Peer-Plattformen** zum kostenlosen Musiktausch zwischen Nutzern wie *Napster* im Internet hat demonstriert, dass klassische Rechteinhaber wie Musikverlage die rechtlichen Schutzmechanismen überschätzt und rein auf eine formaljuristische Absicherung vertraut haben. Im Gegensatz hierzu haben neuartige digitale Anbieter andere Wege eingeschlagen: Beispielsweise erlauben diese von vornherein eine nur begrenzte Nutzung digitaler Produkte (wie Games) oder haben Allianzen aufgebaut, um einem Missbrauch präventiv vorzubeugen (Ramge, 2012; Röttgers, 2003).

Digitalen Anbietern macht Piraterie und der Missbrauch von Urheberrechten damit vergleichsweise weniger zu schaffen als den (»Incumbent«-)Anbietern jener urheberrechtlich geschützten Produkte, die noch aus einer »vordigitalen« Zeit stammen, sich aber vergleichsweise leicht digitalisieren lassen (wie Musik, Filme, Texte oder Software; Berman/Battino/Feldman, 2011).

Ähnlich wie bei ***Napster*** sorgte auch bei ***Kazaa*** der mangelnde Schutz von Urheberrechten für eine Vielzahl von Klagen wegen Urheberrechtsverletzungen und führte letztendlich zur Schließung bzw. Umwandlung des Geschäftsmodells zu einem Musik-Streaming-Anbieter wie im Fall von *Napster*.

Noch relativ unterentwickelt – im Vergleich zu anderen Geschäftsmodellen – ist das **Financial Management** (7.). Hierunter werden nicht die Online-Ableger traditioneller Bankinstitute wie etwa *Deutsche Bank* subsumiert, wo lediglich das Internet als weiterer Interaktionskanal genutzt wird. Vielmehr fallen hierunter eigenständige Internet-Geschäftsmodelle wie etwa C2C-Kreditmarktplätze wie *Smava*, *Prosper.com* oder *Auxmoney* ebenso wie Dienstleister zur Abwicklung von Micropayments wie *PayPal* (Schlie/Rheinboldt/Waesche, 2011).

1.3.5 Von singulären zu hybriden Geschäftsmodellen

1.3.5.1 Ursachen für die Entwicklung hybrider Geschäftsmodelle

Mit zunehmendem Wettbewerbsdruck erweitern Unternehmen ihre angestammten Geschäftsmodelle durch weitergehende Leistungs- und Wertschöpfungsprozesse und bedienen sich damit Bausteinen anderer Geschäftsmodelle. Die Konsequenz: Aus vormals eindimensionalen Geschäftsmodellen werden hybride bzw. multifunktionale Geschäftsmodelle. Ähnlich konstatieren Caniato et al., dass »*there are no more mono-directional strategies, i.e. (pure) E-purchasers and E-sellers no longer exist*« (Caniato et al., 2009, S. 933).

Prominentestes Beispiel für eine systematische und zielgerichtete Evolution des eigenen Geschäftsmodells ist ***Google®*** (Osterwalder/Pigneur, 2011; Tsai/Lin/Su, 2011). Gegründet 1998, stand bereits nach Beendigung der Testphase für die Suchmaschine ab 1998 unmittelbar der Ausbau weiterer Dienstleistungsangebote im Fokus. Bei den Diensten handelt es sich einerseits um die Suche in verschiedenen Datenquellen, andererseits um Lösungen zur Organisation eigener Daten. Häufig werden neue Einzeldienste gestartet, teilweise sind diese auch das Resultat von Akquisitionen, wie bei *YouTube* im Jahr 2006. Insgesamt verfügt *Google®* über ca. 80 verschiedene Dienste, die jeweils Elemente unterschiedlichster Geschäftsmodelle und Ebenen des Digital Value Webs tangieren.

Die weitere Evolution des Geschäftsmodells von *Google®* wird absehbar maßgeblich durch die Verkaufsplattform *Play* mit einem Angebot von Android-Apps, Musik, Spielfilmen und Büchern bestimmt (Verbindung Geschäftsmodell »Content« und »Commerce«). Aktuell wird das Geschäftsmodell »Commerce« noch mit der Plattform *Google® Ads* als wichtigster Einnahmequelle angeführt: Über diese Plattform können Unternehmen Werbung für eigene Angebote schalten, die dann bei Suchergebnissen oder via *AdSense* verbreitet werden. *AdSense* erlaubt Inhalte-Anbietern die Generierung eigener Erlöse durch die Übernahme von Werbung anderer Anbieter aus dem *Google®-Ads-Programm* auf ihre eigene Website (*Düweke/Rabsch, 2011*). Die Entscheidung, welche Werbung am Ende bei welchem Nutzer erscheint, wird nach dessen Interessen dann jeweils durch automatische Verfahren optimiert. Durch die Statistiken von *Analytics* können Webmaster die Zugriffe auf ihre Website nachverfolgen. Mit dem Website-Optimierungstool kann das Design der jeweiligen Website mithilfe von A/B-Tests schrittweise verbessert werden. *AdMob* schließlich hat sich auf die Vermittlung von Werbung über Mobiltelefone spezialisiert. Für die Zukunft ist unter anderem geplant, eine Internetversion des Bezahl-Fernsehens anzubieten, die herkömmliche TV-Inhalte per Streaming ins Web bringt.

Zeitgleich führt *Google®* immer wieder Gespräche mit deutschen Versicherern über den Aufbau eines eigenen Online-Vergleichsportals und die Listung ihrer jeweiligen Tarife (*Google® Compare*, Verbindung Geschäftsmodell »Context« und Commerce«). Die Finanzbranche gehört neben dem Einzelhandel und der Reisebranche zu den intensivsten Werbekunden von *Google®* und verbucht insgesamt ca. 10 % des Jahresumsatzes von *Google®* auf sich. Während der traditionelle Offline-Absatz über Vertreter etwa von Autopolicen bei den meisten Gesellschaften zurückgeht, legen Online-Verkäufe überproportional zu. Vergleichsportale (wie Marktführer *Check24.de*) weisen hier das größte Wachstum auf. Vorbild für *Google®* ist Großbritannien: Dort übernahm der Konzern bereits 2011 das Portal *Beatthatquote.com* für 38 Mio. Britische Pfund. Seither zeigen *Google®*-Recherchen nach günstigen Autoversicherungen unter den eindeutig gekennzeichneten bezahlten Anzeigen einen »Sponsored Link« – dahinter verbirgt sich das *Google®*-eigene Portal. Ähnlich geht der Konzern in den USA bereits seit 2011 mit seinem Reisevergleichsportal *Flight Search* vor.

Die Attraktivität der Ausweitung des Geschäftsmodells zeigt eine einfache Querrechnung: Die meisten deutschen Versicherungsportale erheben von den Versicherern pro vermitteltem Vertrag zwischen 80 und 100 EUR Provision. Im Gegensatz hierzu würde das Geschäftsmodell mit *Google®* vorsehen, dass pro Klick auf eine Anzeige, die nach dem Suchwort »Autoversicherung« erscheint, ab 6 EUR zu entrichten sind – mit einer Erhöhung auf 15 EUR im November während der Wechselsaison von Versicherungen. Erfahrungen zeigen, dass pro Versicherungsvertrag durchschnittlich bis zu 100 Klicks anfallen. Vergleichsweise zahlten Anbieter in den USA pro Klick auf eine Anzeige im Jahr 2013 nach der Suche »*Krankenversicherung für Selbstständige*« bis zu 44 US-Dollar, bei »*billige Autoversicherung*« bis zu 34 US-Dollar.

Google® diversifiziert damit über die letzten Jahre – ausgehend vom bisherigen Schwerpunkt im Bereich Search (»Context«) – in andere Geschäftsmodelle. Die Aufbereitung von Profilen über das Nutzerverhalten als auch deren Suchprofile erlauben auf der einen Seite die kontinuierliche Verbesserung nutzerindividueller Werbeangebote im Rahmen von *Google® Ads*. Parallel hierzu werden die entstehenden Nutzerprofile mit den Daten aus angebotsorientierten Diensten etwa im Bereich »Content« oder »Commerce« abgeglichen und weiter angereichert.

Damit unterstützt der umfassende und über verschiedene Geschäftsmodelle und Dienste aggregierte Informationsbestand bei der Absicherung des Stamm-Geschäftsmodells »Context«, optimiert Werbeschaltungen und -erlöse (Bereich »Commerce«) und eröffnet weitergehende Potenziale via einem Angebot personalisierter und aus Sicht der Nutzer relevanter Inhalte (»Content«). Einmal akquirierten Kunden und Nutzern werden Angebote in anderen Geschäftsfeldern über das eigentliche Kerngeschäft (Search) hinaus gemacht (Cross-Selling). Über die Vielzahl verfügbarer *Google*®-Dienste hinweg entstehen Netzwerkeffekte: Mit steigender Anzahl der Teilnehmer eines Dienstes – und damit verfügbaren Inhalten wie im Fall von *YouTube* – steigt auch der Nutzen für neue Nutzer, sich diesem Netzwerk anzuschließen (Schoder, 2000). Über mehrere Geschäftsmodelle hinweg erhöht sich die Kundenbindung – sowohl zu dem angebotenen Portfolio an einzelnen Diensten als auch zu *Google*® als Dienstleistungsmarke insgesamt. Ähnlich wie bei anderen Anbietern werden im Rahmen der Hybridisierung neuartige Dienste als »**dauerhaftes Beta**« systematisch getestet und im Nichterfolgsfall entweder wieder geschlossen oder mit anderen Diensten fusioniert wie *Orkut* oder *Google*®+. Die Kombination und Optimierung verschiedener Erlösquellen eröffnet das Potenzial einer »Multi-Revenue-Stream-Optimierung«.

Ähnlich wie *Google*® verfügt ***Amazon*** über ein hybrides Geschäftsmodell: Über lange Zeit fokussierte *Amazon* auf das primäre Geschäftsmodell »Commerce« eines Online-Händlers. Initial gestartet mit einer breiten Palette an Büchern können heute Produkte aus allen Sparten bei *Amazon* erworben und verkauft werden. Bereits 2002 wurde der *Marketplace* initiiert, wo jedermann Produkte kaufen und verkaufen kann. Seit 2010 können sogar verderbliche Güter via *Amazon Fresh* bestellt werden, der als Dienst 2017 auch in Deutschland gestartet ist. Als einer der größten Vorteile von *Amazon* hat sich die Integration einer Leser- bzw. Tester-Community sowie das Vorschlagssystem auf Basis vergangener Käufe und favorisierter Artikel herauskristallisiert (Geschäftsmodell »Connection« und »Content«; Weiner/Renner/Kett, 2010). Erst durch die Empfehlungsdienste konnte ein maßgeblicher Mehrwert gegenüber dem traditionellen Buchhandel manifestiert werden.

Zugleich ist *Amazon* heute einer der bedeutendsten Dienstleister im Bereich des **Cloud Computing**. Angefangen mit den *Amazon Web Services (AWS)*, über den *Amazon Simple Storage Service* bis zur *Amazon Elastic Compute Cloud* betreibt *Amazon* das »Infrastructure as a Service«-Konzept in Perfektion und bietet mittlerweile sogar Plattformdienste an (Geschäftsmodellebene »Connection«). Hierdurch stellt *Amazon* anderen Unternehmen wie etwa *Volkswagen* Speicher- und Rechenkapazität zur Verfügung. Mit den Infrastrukturdiensten baut *Amazon* strategisch wirksam bereits seit 2002 eine allgemein verfügbare Infrastruktur einer Handelsplattform auf, die auch von anderen Unternehmen genutzt werden kann. Mittlerweile können komplette Onlineshops kreiert werden (*WebStore*), ohne dass auf Nachfragerseite eigene Hardware oder Software-Pakete erforderlich sind (http://webstore.amazon.com/). Mit freien Entwicklern, Internet Service Providern und anderen Business-Kunden ist für *Amazon* eine neue Zielkundengruppe entstanden, die sich erheblich von den bisherigen Kunden unterscheidet. Ebenso können nur ausgewählte Teile der

Amazon-Dienste genutzt werden, wie etwa der Payment-Service oder auch der Versand (*Amazon Fulfillment*).

Die Kapitalisierung der Nutzerschaft und das Wissen über Nutzer- und Suchprofile führt dazu, dass bereits mehr als die Hälfte aller Onlineshopper eine Produktsuche – statt vormals bei *Google®* – nunmehr bei *Amazon* starten. Damit ist mit *Amazon* faktisch ein neuer Anbieter im Search-Markt entstanden (Geschäftsmodell »Context«). Zur Kundenbindung vergeben schließlich sowohl *Google®* als auch *Amazon* seit 2012 Kredite (*Amazon Lending*), bei denen die Zinseinnahmen eher sekundär sind (Geschäftsmodell »Commerce«); vielmehr sollen mit diesem Dienst auch weniger zahlungskräftige Kunden gewonnen und langfristig gebunden werden – und quasi als Nebeneffekt – als Kundenbasis für zukünftige weitere Dienste zur Verfügung stehen.

In Indien wurde durch Amazon im September 2018 die *More*-Supermarktkette erworben und damit der Konkurrenzkampf mit *Walmart* auf dem Subkontinent verschärft. *Walmart* hatte im Mai 2018 den indischen Online-Händler *Flipkart* übernommen. Gleichzeitig investiert *Amazon* in einen Fertigbau-Anbieter: *Plant Prefab* baut vorgefertigte, individuelle Ein- und Mehrfamilienhäuser mit nachhaltigen Materialien. Das Start-up zielt auf Automatisierung, um den Hausbau schneller und einfacher zu gestalten. Mit diesem Schritt will *Amazon* weiter in den Wohnungsmarkt vordringen. Erst Anfang September 2018 hatte das Unternehmen verkündet, mindestens acht neue *Alexa*-Geräte herausbringen zu wollen. Unter den sprachgesteuerten Produkten für das »Smart Home« sind ein Mikrowellenofen, ein Gerät, das im Auto installiert werden kann, sowie verschiedene Audiogeräte, die alle über *Alexa* betrieben werden. Die Vielzahl verschiedener Geschäftsmodellansätze von *Amazon* etwa im Bereich von Bankdienstleistungen kann nicht darüber hinwegtäuschen, dass hier bereits eine erhebliche Anzahl an Fehltritten zu verzeichnen ist. Der wichtigste Fehler war *Amazon Local Register*. Nach der Akquisition von *GoPago* wurde *Amazon Local Register* Mitte 2014 gestartet. Damit wollte das Unternehmen vor allem kleinere Unternehmen unterstützten, ihren Kunden die Kartenzahlung zu ermöglichen. *Local Register* bestand dabei aus zwei Teilen: einem Kartenlesegerät, das sich über den Kopfhörerausgang mit einem Smartphone oder einem Tablet verbinden lässt, und der zugehörigen App. Im Oktober 2015 wurde der Dienst wieder eingestellt. Trotz niedriger Gebühren konnte *Amazon* keine kritische Masse in der Anwendung bei Händlern generieren, da sich die Händler davor scheuten, *Amazon* detaillierte Daten über alle Geschäftsvorfälle auszuhändigen. Gleichzeitig wächst die Fracht-Airline des Online-Handelsriesen rasant. Offenbar plant ***Amazon Air*** weitere Drehkreuze und einen massiven Ausbau der Flotte. Auch der Bau eigener Drehkreuze ist in Planung. Sollte *Amazon* diese Pläne tatsächlich in die Tat umsetzen und auch bei der Flotte mitziehen, würde sich die noch junge Cargo-Airline mit ungefähr 400 Flugzeugen mit einem Schlag auf Augenhöhe mit dem bisherigen Marktführer *Fedex* befinden.

Weitergehende Projekte zur Kapitalisierung der Nutzerbasis sind bereits in der Planung. Anfang 2018 gründete *Amazon* gemeinsam mit anderen Partnern einen Krankenversicherer für seine Mitarbeiter. Damit sollen die Ausgaben reduziert und die Vorsorge für die Belegschaft und deren Familien verbessert werden. Hierdurch öffnet sich gleichzeitig der Markt im margenstarken Gesundheitswesen. Gleichzeitig werden Versicherungsverträge bereits aktiv an Usern getestet. Wer etwa ein Smartphone bei *Amazon* kauft, kann zugleich über eine hauseigene Plattform die Garantie erweitern oder eine Versicherungspolice abschließen. Neben Cloud-Lösungen und Filmangeboten arbeitet *Amazon* auch an eigenen Videospielen. Dazu hat das Unternehmen bereits 2012 die Tochtergesellschaft ***Amazon Game Studios*** gegründet, die im stillen Kämmerlein erste Games produzierte. Den Fokus richtet *Amazon* dabei vermutlich gezielt auf Sprachassistenz, künstliche Intelligenz und VR-Equipment. Mittlerweile umfasst das Unternehmen drei Produktionsstandorte in San Diego, Seattle und Orange Country. ***Amazon Restaurants*** liefert Mahlzeiten von lokalen Restaurants an *Prime*-Kunden. Der Lieferservice orientiert sich dabei an dem Konzept von *Lieferheld* und anderen. *Amazon* ermöglicht Lieferungen von nahezu allen Restaurants derzeit unter anderem in 20 Städten der USA. Weil *Amazon* auch weltweite Pläne für *Amazon Restaurants* hegt, reagieren Mitbewerber mit Konsolidierung. Ende 2018 kaufte *Take-Away* das deutsche Unternehmen *Delivery Hero*. Auch bei Medikamenten und Gesundheitsprodukten will *Amazon* vorn mitspielen. Neben einer eigenen Online-Apotheke, die fest im *Amazon*-Shop integriert wird, wird offenbar auch an eigenen Krankenhäusern und Ärztezentren gearbeitet. Gleichzeitig wurde die Online-Apotheke *PillPack*, die auch über die Lizenz für verschreibungspflichtige Arzneimittel in den USA verfügt, für 1 Mrd. US-Dollar übernommen.

Die Hybridisierung bezieht sich dabei sowohl auf das grundlegende Geschäftsmodell als auch den Vertriebskanal.

So bietet der Online-Händler ***Netflix*** sowohl den Verleih von Film-DVDs und -Blu-Rays per Post als auch per Video-on-Demand-Streams an, ebenso wie die entsprechende technische Ausstattung und Endgeräte. Damit ist *Netflix* eigentlich eine Kombination aus einer virtuellen Videothek und einem Elektronikhändler (Heinemann, 2012a). Seit 2013 bietet das Hollywood-Studio ***Warner Bros.*** sein Film- und Serienarchiv bereits als eigenen Online-Streaming-Service an. Das Angebot mit dem Namen *Warner Archive Instant* kann in den USA für monatlich 9,99 US-Dollar abonniert werden. Im Gegensatz zu konkurrierenden Diensten wie *Netflix* und *Amazon Prime* bietet *Warner* jedoch keine aktuellen Titel an, sondern beschränkt sich auf ältere, selten gezeigte Filme und Serien wie etwa *»77 Sunset Strip«* oder *»Gilligan's Island«*, die aus der eigenen Produktion stammen oder aus den Archiven von anderen Hollywood-Studiogiganten wie *MGM* und *Allied Artists*.

Im Gegensatz zur Hybridisierung des eigenen Geschäftsmodells folgen Unternehmen wie *Xerox* einem Spin-off-Modell: Anstelle der Evolution des eigenen Geschäftsmodells werden neue Produkte und Geschäftsbereiche wie *Adobe*, *3C* oder *Documentum* ausgegründet (Chesbrough/

Rosenbloom, 2002). Im Fall von *Xerox* selbst sogar die Transformation von einem Hardware-Unternehmen zu einem Anbieter von Outsourcing von Geschäftsprozessen (Linz/Müller-Stewens/Zimmermann, 2017, S. 161 f.)

1.3.5.2 Hybride und Plattform-Geschäftsmodelle im Digital Value Web 2.0

Seit ca. 2004 ist eine Vielzahl an hybriden Geschäftsmodellen und Innovationen im Umfeld des **Web 2.0** als »Consumer Generated Content« entweder neu entstanden (wie Blogs als nutzererstellte Online-Magazine) bzw. in ihrer Bedeutung erheblich gewachsen (wie Suchmaschinenmarketing):

> **Web 2.0** beschreibt eine Vielzahl innovativer Plattformen und Anwendungen im Internet, bei denen der Nutzer durch die aktive Gestaltung der Inhalte und kooperative Teilnahme den Aufbau sozialer Netzwerke bestimmt, mit dem Ziel der permanenten Vernetzung der Nutzer untereinander als auch der Verbreitung von Inhalten (Alby, 2007; Hilker, 2012; Koch/Richter, 2007). Als **Social Media** werden digitale Medien und Technologien (»Social Software«) bezeichnet, die es Nutzern ermöglichen, sich untereinander auszutauschen und mediale Inhalte einzeln oder in Gemeinschaft zu gestalten (Kaplan/Haenlein, 2010).

Zu den Charakteristika des Web 2.0 zählen damit unter anderem (Wirtz/Schilke/Ulrich, 2010):

- durch die Benutzer generierte und selbstpublizierte Inhalte (Content). Im »User add value«-Prinzip wird der Großteil der Leistungsangebote und der Mehrwert durch die – in aller Regel – unbezahlten Aktivitäten der Nutzer erbracht;
- die Möglichkeit, die kollektive Intelligenz der User zu nutzen. Je mehr Nutzer dazu beitragen, umso wichtiger und wertvoller kann ein Web-2.0-Angebot tendenziell werden (Netzeffekte);
- eine neuartige Anwendungsumgebung zur bidirektionalen und unmittelbaren Kommunikation und Zusammenarbeit;
- Verfügbarmachung und Nutzung von Daten in neuen oder initial nicht beabsichtigten Formen und Formaten (»Mash ups«);
- durch einfache Programmiertechniken und Werkzeuge wird es auch für Nichtexperten möglich, als Entwickler zu agieren (z. B. in Form von Wikis, Blogs, RSS oder Podcasts);
- das permanente Probieren und die Weiterentwicklung unter Nutzung zwischenzeitlicher Feedbacks von Nutzern – an die Stelle von fertig ausgereiften Produkt-Launches tritt ein »dauerhaftes Beta«.

Im »Mitmach-Web« loben und kritisieren Nutzer hemmungslos Produkte und Unternehmen – Verbraucher produzieren bereits heute mehr Marketinginformationen als die Unternehmen selbst. Damit entgleitet den Unternehmen die Kontrolle der Markenführung. Das »Mitmach-Web« ist aus Nutzersicht interessanter, glaubwürdiger und wächst daher nach wie vor rasant.

Web-2.0-Angebote leben von nutzergenerierten Inhalten. Dort schreiben Menschen unverblümt, was sie von Produkten und Unternehmen halten. Das wirkt auf die Leser meist glaubhafter als die tradierten Marketingbotschaften und Unternehmensinformationen (»Social Trust Prinzip«).

Studien von *Ariely* zeigen, dass Informationen aus einer kommerziellen Quelle ebenso wie von einer politischen Partei eine weitaus geringere Glaubwürdigkeit und nachfolgend auch einen geringeren Einfluss auf die Einschätzung etwa einer Produktqualität haben als Rating-Services, Meinungen anderer Nutzer und unabhängige Testgutachten (etwa der Stiftung Warentest oder Consumer Reports; Ariely, 2008; Clemons, 2009). 70 % der Befragten in Studien geben an, dass Mundpropaganda aus ihrem jeweiligen sozialen (Offline-)Netzwerk für sie die bedeutendste Informationsquelle sei – noch vor dem Fernsehen oder gedruckten Berichten (Urs/Körner, 2007). Durch die Nutzung von Social Media ist dieser Wert online auf über 92 % gestiegen. Ähnlich haben *Li/Bernoff* nachgewiesen, dass Werbung und durch Unternehmen gesponserte Blogs als am wenigsten glaubwürdige Informationsquellen über Produkte und Dienstleistungen wahrgenommen werden; Empfehlungen von Freunden und Online-Bewertungen früherer – selbst persönlich nicht bekannter – Nutzer und Kunden (Influencer) erhalten hingegen das höchste Ranking und beeinflussen ebenfalls signifikant die Markenwahrnehmung (Li/Bernoff, 2008; Barwise/Meehan, 2010; Mau/Schulz/Silberer, 2008).

> Forscher der Universität Dortmund haben herausgefunden, dass in nur 69 von 224 getesteten Kategorien der Testsieger bei *Stiftung Warentest* auch das Produkt mit der besten durchschnittlichen Bewertung bei *Amazon* ist. Fazit: Es werden auf der Basis der Nutzerbewertungen nicht unbedingt qualitativ hochwertige Produkte gekauft (Gärtner, 2019).

Neben einer höheren Glaubwürdigkeit bewirkt der Mitmach- und Gestaltungscharakter ein höheres Involvement aufseiten der Nutzer als auch einen höheren Vernetzungsgrad untereinander. Aus Unternehmenssicht erfordert eine intelligente Nutzung des Internets das Angebot eines authentischen Dialogs mit dem Konsumenten – sowohl einzeln, als auch mit der gesamten Community (Kreutzer/Merkle, 2008b; Burmann et al., 2012). Nach dem Fall der New Economy ist mit *Web 2.0* damit ein neuer Hype entstanden: Auch wenn die Mehrheit der Unternehmen Web-2.0-Aktivitäten vornehmen, gibt es in der Zufriedenheit erhebliche Unterschiede: Nutzergenerierte Inhalte liegen in der Präferenz der Kunden als auch der Unternehmen nach wie vor weit vorn. Die Kombination von nutzergenerierten Inhalten und Webanwendungen fördert neue Dienste wie »**Mash-ups**«.

Mash-ups (deutsch »Vermanschung«) verknüpfen die Inhalte und Funktionen verschiedener Webangebote zu einem neuartigen Angebot. Ein Mash-up ist damit als Collage verschiedener Medieninhalte zu verstehen, die Anbieter über offene Programmierschnittstellen (Application Programming Interfaces, APIs) realisieren können.

Der bekannteste Mash-up ist ***Google® Maps***. Als der Suchmaschinenanbieter 2005 die Verwendung und Manipulation seiner lizenzierten Satellitenkarten über eine einfach nutzbare Programmierschnittstelle öffnete, dauerte es nur wenige Tage, bis erste Websites entstanden, die aus dem angebotenen Kartenmaterial neuen ungewöhnlichen Nutzen zogen. ***Housingmaps***, eine Kombination der *Craigslist.org-Immobilienanzeigen* auf den Stadtplänen von *Google® Maps*, ist eines der prominentesten Beispiele der ersten Stunde. Mithilfe von *Google®* können die Standorte von Immobilien direkt online angezeigt werden, zusammen mit weiterführenden Informationen zum Umfeld der jeweiligen Immobilie. ***Chicagocrime*** tut desgleichen mit der Kriminalitätsdatenbank der Polizei von Chicago: Für bestimmte Stadtgebiete werden direkt Informationen zur Kriminalitätsrate vorgestellt. Dank *Google® Maps* und ebenso *Google® Earth* haben Geoinformationen an Bedeutung gewonnen. Die Verbindung zwischen dem realen geografischen Ort und seinem digitalen geokodierten Abbild löste von Anfang an besondere Begeisterungsstürme aus und findet deshalb in mittlerweile unzähligen ortsbezogenen Mash-ups rege Nutzerbeteiligung. Über ***Places*** können Nutzer z. B. verfolgen, wo sich andere Nutzer augenblicklich aufhalten oder welche Personen aus dem eigenen sozialen Netzwerk sich gerade in der Nähe befinden. Bei ***Yelp*** wird die lokale Suche mit einem Empfehlungsnetzwerk gepaart, um die besten Adressen und Dienstleister der jeweiligen Stadt ausfindig zu machen. Auf ***Flickr*** oder ***Pinterest*** können Nutzer ihren Fotos den Aufnahmeort zuordnen, sodass auf der Landkarte genauestens nachverfolgt werden kann, wo welches Foto geschossen wurde (Westphal, 2007).

Der Verbrauchertrend zum **Consumer Generated Content und Advertising** sorgt allerdings dafür, dass Marken gegebenenfalls in einem Kontext dargestellt werden, der nicht der angestrebten Strategie und Positionierung entspricht. Unternehmen müssen sich damit entscheiden: Nutzen sie die Kundenkommentare und binden sie diese gewinnbringend mit ein oder blocken sie Meinungsäußerungen ab, um Imageschäden zu vermeiden.

Time Warner tat das schon im Jahr 2000 und verklagte eine Reihe enthusiastischer Harry-Potter-Fans wegen Verletzung des Urheberrechts. Der Grund: Sie hatten Harry Potter mit selbst gebastelten, nicht autorisierten Websites beworben (Karig, 2007).

Ein Einleiten rechtlicher Schritte wirkt meist kontraproduktiv: Eine verheerende Presse und Boykottaufrufe sind meist die Folge. Markenhersteller – in ihrem eigenen Selbstverständnis die »*Träger von Bedeutung und Sinn im Leben ihrer Kunden*« – müssen es zulassen, dass Nutzer die Gelegenheit ergreifen, mit eben diesen Bedeutungen freudig zu experimentieren und herumzuspielen.

Wie das geht, hat ***Apple*** vorgemacht: Auf einen privaten Promo-Film für den *iPod*, der 2004/2005 für Furore sorgte, reagierte *Apple* genau richtig. Nämlich gar nicht. Frei nach dem Motto: Wozu einen 37-jährigen Lehrer verfolgen, wenn er kostenlos Werbung für ein Produkt macht – selbst wenn er dabei Urheberrechte verletzt – und das Unternehmen über ein *Viral Marketing* zu höheren Markenbekanntheitswerten gelangt (Karig, 2007; Cakim, 2010; Alby, 2007)?

Für manche Marken scheint der kreative Nutzer dagegen eher keine Bereicherung zu sein, sondern wird vielmehr als Bedrohung einer integrierten Marketingkommunikation und der Markenführung angesehen.

Coca-Cola z. B. reagierte vor einigen Jahren zunächst recht humorlos auf ein Video zweier Spaßvögel, die sich mit der explosiven Wirkung von *Coke Light* plus *Mentos* an die Spitze der *YouTube*-Charts katapultierten und nachfolgend eine ganze Serie von Nachahmern inspirierten. Offizielle Erklärungen wiesen stets nur auf die Nutzung von *Coke* als Getränk hin. ***Mentos*** hingegen freute sich über kostenlose Werbung im Wert von ca. 10 Mio. US-Dollar und beobachtete die sich epidemisch ausbreitenden absurden Testreihen. Als die Reaktionen durchweg positiv blieben, sponserte die Firma eine Fortsetzung der Ursprungsversion und verbreitete diese von sich aus im Netz (Karig, 2007). Mit einem kritischen Blick auf das Modeideal der westlichen Frau konnte die Marke ***Dove*** mit dem Video »Evolution« 4,4 Millionen Zuschauer im Web erreichen. Die Parodie durch Nachahmer sorgte dafür, dass die Markenkraft eher gestärkt wurde (Schelske, 2007).

Spektakulär und lehrreich wirkte 2010 der Umgang mit Social Media durch ***Nestlé***. Der größte Lebensmittelkonzern der Welt und damit die personifizierte Markeninstitution hatte innerhalb von nur fünf Tagen einen desaströsen Absturz seiner Reputation zu verzeichnen (Hermes, 2010). Der Auslöser: *Nestlé* benötigt Palmöl zur Herstellung des Schokoriegels *Kitkat*. Sein indonesischer Lieferant *Sinar Mas* rodet zur Palmöl-Gewinnung illegal Urwälder und vernichtet damit den Lebensraum der dort lebenden Orang-Utans. Nachdem Gesprächsversuche seitens *Greenpeace* mit *Nestlé* erfolglos verlaufen waren, startete *Greenpeace* in Anlehnung an den berühmten *Kitkat*-Slogan eine Kampagne *»Ask Nestlé to give rainforests a break«. Greenpeace* torpedierte *Nestlé* auf diversen Kanälen – sowohl mit einem dramatischen Video auf *YouTube* als auch diversen Gruppen und Fanpages in Social Networks. Während *Greenpeace* Social Media geschickt einsetzte, verhielt sich *Nestlé* eher kontraproduktiv und brachte die versammelte Social Media Audience systematisch gegen sich auf: Mit dem Hinweis auf Copyright-Verletzungen bewirkte *Nestlé* eine Löschung des britischen *YouTube*-Videos. Als würde diese ungeschickte Zensur nicht schon allein für eine beschleunigte virale Verbreitung des gelöschten Videos reichen, nutzte *Greenpeace* geschickt *Google® Adwords* (»Have a break«) und die eigenen Social-Media-Fanpages, z. B. auf *Facebook*, um Konsumenten auf ihre Website zu locken und zur weiteren viralen Verbreitung des Videos zu animieren. Zeitgleich wurde zu einer Protestmail-Aktion aufgerufen, womit der Spot sich weiterverbreitete und bei verschiedensten Videoportalen hochgeladen wurde. Im selben Augenblick nahmen sich Blogs und Nachrichten-Websites dieses Themas an. Ergebnis: Auf den Fanpages von *Nestlé/Kitkat* gingen tausende Proteste ein und die Empörungswelle (»Shitstorm«) erhielt zusätzliche Nahrung.

Der zweite Fehler: Allein durch die Androhung von Zensur sowie die Löschung von Pinnwandbeiträgen wurden die Social-Media-Massen weiter mobilisiert (Hermes, 2010). Im Fortgang sprang die Berichterstattung auf die traditionellen internationalen Medien über, was zu einer weiteren Flutung der *Nestlé*- und *Kitkat*-Fanpages mit negativen Kommentaren führte. Durch das Beharren von Nestlé auf dem Standpunkt des »Nichtzuhörens« und »Recht-haben-Wollens« eskalierte die Situation für *Nestlé* weiter. Die größte *Kitkat*-Fanpage mit zuletzt über 750.000 Fans wurde von *Nestlé* aufgrund der Flut kritischer Kommentare aus dem Netz genommen. Damit verzichtete *Nestlé* lieber auf den direkten Kontakt mit einer Dreiviertel Million Konsumenten, als mit diesen in einen ehrlichen und authentischen Dialog zu treten. Gleichzeitig reagierte *Nestlé* nicht auf Anfragen. Die angestrebte Zensur durch *Nestlé* versandete damit nicht nur, sondern die Verbreitung der unliebsamen Botschaft wurde verstärkt. Es entstand ein sich selbst organisierender Netzeffekt: Das System – hier in der Verbreitung des Protests gegen *Nestlé* – beschleunigte sich selbst. Medienberichten zufolge war innerhalb von nur einer Woche ein beträchtlicher Image- und Umsatzschaden für die Marke entstanden, mit mehr als geschätzt 30 % Einbußen sowohl in der Reputation als auch im Umsatz. Der nachfolgend herausgegebene Hinweis auf die Kündigung des umstrittenen indonesischen Lieferanten verhallte weitestgehend. Im Sommer 2011 hat *Nestlé* seinen Marktplatz, eine Mischung aus Bewertungs-, Informations- und Mitmachplattform für 1.400 Produkte inklusive Bestellmöglichkeit mit freien Kommentierungsmöglichkeiten sowohl für Kritiker als auch Marken-Enthusiasten gestartet (www.nestle-marktplatz.de). Das Ergebnis der fortan offenen und transparenten Kommunikation: Mitte 2018 hat *Kitkat* wieder mehr als 320.000 Fans allein in Deutschland.

Aus Unternehmenssicht sind hierfür **Tugenden** wie Ehrlichkeit, Transparenz und Authentizität zwingend erforderlich (Li/Bernoff, 2008; Burmann et al., 2012): Seit 2007 gab es immer wieder eine Reihe von Beispielen, wie Unternehmen durch gekaufte oder manipulierte Blogs oder Wikis einen großen Imageschaden erlitten haben. Kommunikationsmaßnahmen eines Unternehmens müssen für den Nutzer klar erkennbar sein.

Nach dem Umstellen auf ein neues Warenwirtschaftssystem kam der Weinversender ***Wein & Vinos*** in größere Schwierigkeiten in puncto Lieferzuverlässigkeit. Statt die auftretenden Probleme totzuschweigen und die Situation auszusitzen, wurde der offensive und ehrliche Weg gewählt: ein langes Mailing von einem der Geschäftsführer, voll von Bedauern und Entschuldigungen. Am Ende der Mail wird dem Verbraucher ein Angebot gemacht – nicht geschenkt und gefühlt auch nicht viel anders als gewohnte Upselling-Maßnahmen.

Das Marktforschungsunternehmen *Gartner* erwartet, dass in den kommenden Jahren 10–15 % aller Social-Media-Kommentare durch Unternehmen gekauft sein werden. Unternehmen bezahlen für Social-Media-Referenzen, weil Verbraucher immer stärker auf Bewertungen und Kommentare innerhalb ihrer sozialen Netzwerke Wert legen. Das veranlasst Firmen, mehr für

Paid Social Media auszugeben. Da gleichzeitig die Sensibilität der Öffentlichkeit gegenüber »Fake«-Äußerungen zunimmt, sind sowohl juristische Auseinandersetzungen, als auch erhebliche Reputationsverluste im Falle einer Aufdeckung zu erwarten.

> Als Negativ-Beispiel hierfür kann ***Samsung*** herangezogen werden. *Samsung* hatte Ende 2012 einen Sturm der Entrüstung ausgelöst: Das Unternehmen lud verschiedene Gewinner eines Bloggerwettbewerbs nach Berlin zum hauseigenen *Mobile Unpacked Event* im Rahmen der *IFA* ins Tempodrom ein. Flug und Hotel während der *IFA*-Woche wollte der Konzern bezahlen. Die einzige Bedingung war, auch – aber nicht ausschließlich – über *Samsung* zu berichten. Auf der *IFA* sollten die Blogger dann in blau-weiße Promotion-Kleidung mit *Samsung*-Logos schlüpfen und auf dem *Unpacked*-Event nicht als unabhängige Berichterstatter, sondern als *Samsung*-Markenbotschafter auftreten. Bei Arbeitsverweigerung wurde angedroht, den Rückflug zu stornieren, ebenso das Hotel. *Samsung* war in der internationalen Bloggerszene schon einmal durch ein eigenwilliges Verständnis des Wortes »Einladung« aufgefallen: Zu den Olympischen Spielen in London hatten die Südkoreaner per Wettbewerb geladen und hatten die angereisten Blogger prompt zur Gefälligkeitsberichterstattung auf *Facebook* gedrängt.

Der Anthropologe *Grant McCracken* beschreibt in seinem Marketing-Blog *Cultureby.com* den Lernprozess, den eine Marke zu durchlaufen hat: »*Wer seine Marke lebendig und erfahrbar halten will, kommt um offene Diskurse nicht herum*« (Karig, 2007). Damit werden Marken zwangsläufig demokratisiert: Der mündige Internetnutzer kann im Web 2.0 auf ihre Botschaften antworten – in Antworten, die gegebenenfalls wiederum so kreativ und authentisch ausfallen, dass bereits die Form sie weiterträgt. Die kommunikative Kraft gründet in diesem Fall weniger auf umfangreichen Media-Budgets und Strategien, als vielmehr auf Netzwerken, Multiplikatoren und Communities.

> Das Gegenbeispiel für einen offenen Diskurs lieferte Ende 2012 die Fluglinie ***Alitalia***. Weil die Airline doch keine versprochenen Gratistickets ausstellte, waren Tausende Kunden verärgert und der konzentrierte Kundenzorn entlud sich auf *Facebook*. Der Grund: Auf der Website in Japan hatte *Alitalia* für Flüge einen Nachlass von 25.000 Yen gewährt. Das Ziel: sich Social-Media-affin zeigen und möglichst viele Kundenadressen zu generieren. Der Fehler: 25.000 Yen sind umgerechnet ca. 240 EUR, wodurch europäische Kunden Flüge praktisch kostenlos kaufen konnten. Auch auf Rabatt-Portalen wurde die *Alitalia*-Buchung direkt als Geheimtipp weitergegeben. Als das Unternehmen den Fehler bemerkte, annullierte sie kurzerhand alle Tickets, die über die Rabattaktion bestellt wurden. Die Argumentation: Die Buchungen kämen nicht aus Japan, sie seien nicht mit einer japanischen Kreditkarte bezahlt worden, noch hätten sich die Kunden mit einer japanischen IP-Adresse eingebucht. Verärgerte Kunden warfen der Fluglinie auf *Facebook* Täuschung und Betrug vor. Ähnlich wie *Nestlé* hat *Alitalia* selbst Tage danach nicht weiter reagiert. Weder auf der Corporate Website, noch auf Twitter oder auf Facebook: keine Entschuldigung und Erklärung, während die beleidigenden und markenschädigenden Posts immer mehr zunahmen.

Der eklatante Unterschied zwischen den eher klassischen Medien/Kommunikationskanälen und Social-Media-Anwendungen liegt damit

- sowohl im grundlegenden Ansprache- und Nutzungsmechanismus – initiiert durch das Unternehmen, »Push«) oder initiiert durch den Nutzer (»Pull«);
- als auch in der Frage, inwieweit in der Form und den Inhalten dem Markenauftritt des Unternehmens gefolgt wird.

In Social Media entzieht sich damit der Dialogpartner zunehmend sowohl den durch das Unternehmen dominierten Kommunikationskanälen (»Push«), als auch den im Markenauftritt des Herstellers gestalteten Inhalten (vgl. Abbildung 26). Der Nutzer wählt eigenständig die für ihn jeweils komfortabelsten und glaubwürdigsten Kommunikationskanäle und Interaktionspunkte mit dem Unternehmen bzw. direkt mit bereits bestehenden anderen Kunden und Nutzern des Unternehmens. Mit anderen Worten: Der Schwerpunkt der Kommunikation und Interaktion verlagert sich in der Abbildung von rechts unten nach links oben. In der Konsequenz verschiebt sich auch der Vertriebsansatz von einem aktiven »Verkaufen« (»Push«) durch das Herstellerunternehmen zu einem aktiven »Kaufen« (»Pull«) durch den Nachfrager. Das Spektrum der aus Markenführung und Kommunikationsstrategie eher anarchischen Kommunikationskanäle reicht von den Blogs von Drittparteien, über die Suchmaschinen-Optimierung bis zu *RSS-Feeds*. Hand in Hand mit der Verlagerung der präferierten Kommunikationskanäle und Interaktionspunkte zwischen Kunde und Unternehmen generiert Social Media eigenständige Lock-in-Effekte: Sobald eine kritische Masse an Nutzern erreicht ist, haben diese eine starke Tendenz zum Verbleib im jeweiligen sozialen Netzwerk, da die einmal etablierten Kontaktlisten und Informationen in den wenigsten Fällen einfach transferiert werden können.

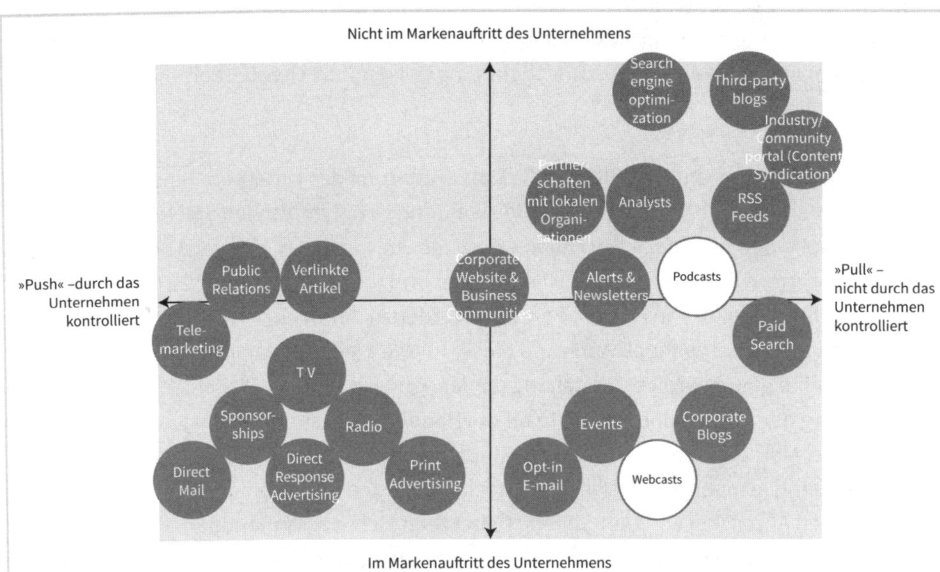

Abbildung 26 »Push«/»Pull«-Medien und Integration in die Markenführung des Unternehmens (Strauß, 2008a)

RSS (*Really Simple Syndication*, auf Deutsch etwa »wirklich einfache Verbreitung«) ist ein elektronisches Nachrichtenformat, das dem Nutzer ermöglicht, die Inhalte einer Website – oder Teile davon – als **RSS-Feeds** zu abonnieren oder in andere Websites zu integrieren. *RSS* ist ein Service, der ähnlich einem Nachrichtenticker meist nur die Überschriften und einen Textanriss enthält; er soll nur auf die Änderung hinweisen, daraufhin soll der Empfänger die jeweilige Website besuchen und den neuen Inhalt dort lesen. Neu veröffentlichte Inhalte werden dann vom »Feedreader« selbsttätig in regelmäßigen, vom Empfänger festgelegten Abständen auf die Endgeräte – PCs oder auch Mobiltelefone, PDAs oder mobile Spieleplattformen – der Abonnenten geladen. Dadurch erhalten diese automatisch alle aktuellen Informationen. Das vereinfacht insbesondere die Beobachtung einer großen Menge von Quellen (z. B. Blogs), in denen es nicht unbedingt regelmäßig zu Änderungen kommt, deren Aktualisierung man aber nicht verpassen möchte. Im Unterschied zur Benachrichtigung per E-Mail geht die Initiative bei RSS vom Empfänger aus, der den »Feed« abonniert hat. Das bedeutet, dass der Anbieter die Leser nicht auswählen kann, sich im Gegenzug aber auch nicht um eine Verwaltung des Leserstammes (z. B. mit einer Mailinglisten-Software) kümmern muss. Der Leser muss nicht offenlegen, dass er die Quelle beobachtet und kann Quellen wesentlich leichter abonnieren bzw. das Abonnement widerrufen, indem er einfach entsprechende Einstellungen in seinem RSS-Aggregator vornimmt. Damit entzieht es sich weitgehend der Kontrolle des Anbieterunternehmens, welche Inhalte aus ihrem Webangebot in welchem Kontext und Layout weiterverwendet, respektive, ob gesetzte Markenwerte eingehalten werden.

Unternehmen geben heute noch an, dass einer Nutzung auf breiter Front noch Probleme mit unzureichenden unternehmensinternen Kenntnissen und Erfahrungen als auch der fehlenden (kurzfristigen) Messbarkeit und unzureichenden präzisen Zurechenbarkeit möglicher Erfolge entgegenstehen.

Die Integration von »Pull«-Medien in die Markenführung des Unternehmens im Sinne eines Content Marketings hat ***Procter & Gamble*** während der olympischen Spiele in London mit dem Social Video Ad »*Thank You Mama – Best Job*« bewiesen. Hierzu wird die Geschichte von vier Müttern, dem Aufwachsen ihrer Kinder und deren Entwicklung zu Olympiasiegern gezeigt. Die Produkte von *Procter & Gamble* werden in dem Video von Müttern in alltäglichen Situationen verwendet. Aufgrund dieser für die Zielgruppe natürlichen Situationen entsteht eine glaubwürdige Darstellung der Marken, ein Product Placement, bei dem die Bedeutung der Marken und Produkte für die Handlung untergeordnet ist, aber dennoch ein starker Marken-Fit hergestellt wird. Studien haben gezeigt, dass die Anzahl der Video Shares steigt, je mehr Gefühle das entsprechende Video im Nutzer auslöst. »*Best Job*« hat allein einen Anteil von 64 % der Shares. Dabei zeigt sich, dass Emotionen Grenzen überschreiten, von allen verstanden werden und mühelos Sprachbarrieren und Kulturgrenzen überwinden. *Procter & Gamble* hat neben einer Vielzahl anderer Initiativen in den USA noch eine gemeinschaftsbildende Seite gestartet (Coleman-Lochner, 2012): *Peopleschoice* (vormals *Pcavote.com*) gibt dem Volk eine Stimme, mit der es seine Meinung rund um den *People's Choice Award* artikulieren kann – einer bereits vor Jahrzehnten von *Procter & Gamble* begründeten Auszeichnung von Fernsehstars durch das Publikum. Die Marken des weltgrößten Werbetreibenden sucht man auf den neuen Seiten jedoch vergeblich: Kein *Pampers*-Blog, keine *Ariel*-FAQs und auch kein *Charmin*-Chat. Nur gelegentlich will *Procter & Gamble* in die Diskussionen durch Verweise auf Expertentipps eingreifen oder einen Newsletter z. B zum Thema »*Eltern werden*« anbieten. Ziel ist es, Lösungen für ein bestimmtes Lebensproblem anzubieten, ohne direkt Markenprodukte als Lösung vorzuschlagen und gegebenenfalls die Nutzer damit eher abzustoßen. Deshalb sind diese Plattformen keine Werbeplattformen. Sie sollen auch nicht die anspruchsvoll gemachten Internetpräsenzen von *Pampers* und anderen *Procter & Gamble*-Produkten ersetzen oder ergänzen. Die neue Internetpräsenz ist vielmehr eines der ersten Ergebnisse der Wende im Marktforschungsdenken des Konsumgüterriesen: Über Communities werden herkömmliche Verbraucherpanels ergänzt, da Konsumenten in Panels nur bedingt artikulieren, was sie über Produkte wirklich denken. Ziel ist, tief in die Welt der Konsumenten einzutauchen. Aus den gleichen Gründen begleiten *Procter & Gamble*-Mitarbeiter zeitweise auch ganz normale Konsumenten in ihrem Alltag, kaufen mit ihnen ein und kochen mit ihnen (DILO, »Day in the Life of«).

Dass der Start einer neuen Community jedoch bei der Vielfalt der Möglichkeiten, im Internet aktiv zu werden, nicht unbedingt gelingen muss, erlebte kein Geringerer als das weltgrößte Einzelhandelsunternehmen ***Walmart***. *Walmart* nahm seine auf Jugendliche zielende Community-Plattform *The Hub* 2007 kurz nach Start bereits wieder vom Netz. Die Jugendlichen versammelten sich lieber auf anderen Seiten. Der Traffic auf *The Hub* blieb überschaubar (Weber, 2007).

Die durchgeführten Interviews und Projektbeispiele zeigen, dass eine konsistente und tragfähige Systematisierung von Geschäftsmodellen im Web 2.0 kaum möglich erscheint, um der Vielzahl permanent neu entstehender Gestaltungsvarianten Herr zu werden (Wirtz/Schilke/Ullrich, 2010). *Enderle/Wirtz* schlagen hierfür eine Unterteilung in neun verschiedene Geschäftsmodelle vor (vgl. Abbildung 27).

	Blogs & RSS-Feeds	File Exchange & Content Sharing	Wikis	Podcasts	Mash-ups	Tagging	Social Networking	Bewertungsportale	C2C-Commerce
Geschäftsmodell	- Systematisierung und Kompilation von Online-tagebüchern - Erträge durch Ad-Sales	- Archivierung und Systematisierung von Consumer-generated Content (z. B. Videos, Fotos) - Erträge durch Banner und Performance Ads	- Sammlung, Systematisierung und Weiterentwicklung von Informationen - Erträge aus Spenden	- Bereitstellung von Audio -und Videoinhalten - Erträge durch Pay-per-Use, Abonnements und Bannerwerbung	- Aggregation und Kontextualisierung von Internet-Services - Erträge durch Placement Fees und Pay-for-Performance Ads	- Klassifikation und Systematisierung von Internet-angeboten - Erträge durch den Verkauf von Click-Streams zu Data-Mining-Zwecken etc.	- Kompilation und Bereitstellung von Consumer-generated Contents auf einer einzigen Plattform - Erträge durch Bannerwerbung	- Aggregation und Systematisierung von Produkt- und produktbezogenen Informationen - Erträge durch Vermittlungsprovision und Bannerwerbung	- Anbahnung, Aushandlung und Abwicklung von C2C-Transaktionen - Erträge durch Verkaufsprovisionen, Angebotsgebühren und Bannerwerbung
Leistungsangebot	- Bereitstellung eines Authoring Tools zur Erstellung von Blogs - Hosting von Blogs - Kategorisierung von Blogs	- Bereitstellung von Online-speicherplatz - Systematisierung von Inhalten, z. B. durch Kategorien und Bewertungen	- Tools zur Erstellung und Editierung von Inhalten durch die Nutzer - Bereitstellung einer Plattform zur Suche und Darstellung von Informationen/Wissen	- themen-spezifische Audio -und Videoinhalte - Möglichkeit eines Abonnements	- Verknüpfung von Basisdaten (meist Landkarten) mit zusätzlichen Informationen (Adressen, Bilder, Events etc.)	- zentrale Archivierung und ubiquitäre Verfügbarkeit von Bookmarks - Verschlagwortung von Bookmarks - Zugriff auf Linksammlungen anderer User	- Selbstpräsentation der Nutzer - Vernetzung von Nutzern untereinander - Vernetzung von Nutzer und Inhalten	- Aggregation von Produktinformationen - User-generierte Produktbewertungen - Preisvergleich mit Links zu Onlineshops	- Bereitstellung einer Plattform zum Angebot von Artikeln durch professionelle und private Nutzer - Bewertungssystem für Läufer und Verkäufer - Transaktionsunterstützung (Zahlungsabwicklung, Käuferschutz)
Kundennutzen	- ungefilterte und persönliche Publikationsmöglichkeit für »Jedermann« - visuelle Aufbereitung der Inhalte	- Broadcasting für »Jedermann« - Bereitstellung eines Publikums	- Aggregation von themenspezifischen Informationen - Freiheit hinsichtlich der Inhalte und Autoren - Nutzer als kollektive Redaktion	- orts-und zeitungebundener Konsum von Inhalten - automatische Aktualisierung	- Mehrwert durch Verknüpfung relevanter Informationen - Mehrwert-dienste für Cross-Nutzung	- individuelle redaktionelle Aufarbeitung des Internets	- Bereitstellung von sozialen Kontakten - Mediation sozialer Kontakte durch virtuelle Interaktion	- unabhängige Produktbewertungen von Nutzern - Vereinfachung und Unterstützung von Entscheidungs- und Kaufprozess	- breites & tiefes Produktangebot - Markteffizienz durch hohe Teilnehmerzahlen und Transparenz des Angebots - niedrige Marktzugangsbarrieren auch für private Nutzer

Abbildung 27 Web-2.0-Anwendungen und Geschäftsmodelle nach *Enderle/Wirtz* (Enderle/Wirtz, 2008, S. 37; Wirtz, 2010, S. 330; Alby, 2007; Faber/Prestin, 2012)

Damit hat Social Media ebenfalls einen maßgeblichen Einfluss auf die Geschäftsmodelle im Internet. *Teece* postuliert anhand von Studien und Beispielen, dass sich Geschäftsmodelle im Web 2.0 signifikant von anderen Internet-Geschäftsmodellen unterscheiden und Unternehmen in Folge dazu zwingt, ihre bestehenden, etablierten Geschäftsmodelle neu zu überdenken (Teece, 2010). Social Media beeinflusst hierbei Internet-Geschäftsmodelle mindestens entlang vier grundlegender Dimensionen (Wirtz/Schilke/Ullrich, 2010):

- **Social Networking**: beinhaltet als menschliche Online-Interaktion Funktionen wie persönliche Nutzerprofile, eine Kontaktliste oder ein Adressbuch samt Funktionen, mit denen die Verbindungen zu den hier verzeichneten Mitgliedern der Netzgemeinschaft (etwa Freunde, Bekannte, Kollegen usw.) verwaltet werden können (etwa Datenimport aus dem E-Mail-Konto oder anderen Portalen), den Empfang und Versand von Nachrichten an andere Mitglieder, Benachrichtigungen über diverse Ereignisse (etwa Profiländerungen, eingestellte Bilder, Videos, Kritiken) oder auch Blogs oder Mikroblogging-Funktionen bzw. das Veröffentlichen einzelner Statusaktualisierungen. Aus Nutzersicht wird Social Networking aus Beweggründen wie etwa der Imagebildung, Unterhaltung, Zugang zu relevanten Informationen oder auch zur Selbstreflektion benutzt und durch die folgenden Faktoren determiniert:
  - *Social Identity*: beschreibt die inhärente Tendenz von Internetnutzern, einer bestimmten Webgruppierung angehören zu wollen und an dieser Referenzgruppe ihr Image auszurichten (Gangadharbatla, 2008). Studien haben gezeigt, dass das Bedürfnis »dazuzugehören« einer der Haupttreiber für die Beteiligung an sozialen Netzwerken ist (Carter, 2005; Shoham, 2004). In der sozialen Umgebung des Internets suchen Nutzer positive, nachhaltige Beziehungen, verbunden mit der Hoffnung, hier soziale Zustimmung zu erhalten. Aktivitäten in sozialen Netzwerken unterstützen die Suche nach Selbstverwirklichung und die Bildung der persönlichen Identität. Die aktive Bildung eines »Online-Images« ist damit ein bedeutendes Motiv für die Beteiligung an Social Networks.
  - *Social Trust*: beschreibt den Umstand, dass Internetnutzer das Vertrauen und das Engagement (analog zur Social Identity) erwidern, das sie in den Interaktionen mit anderen Nutzern erfahren. Plastische Beispiele finden sich bei *Wikipedia* oder Bewertungsportalen wie *tripadvisor* oder *DocInsider*, wo eine Vielzahl an Nutzern teilnimmt und den durch andere Nutzer bereitgestellten Informationen vertraut. Die Inhaltsersteller haben die Möglichkeit zu einer »trusted source of information« zu werden (Bailey, 2005);
  - *Virtual Word-of-Mouth*: charakterisiert den informellen Austausch von Informationen und (Produkt-/Service-)Erfahrungen zwischen Internetnutzern über Blogs, Bewertungen oder E-Mail. Online Communities tendieren zu einer größeren Kundenloyalität und nachfolgend höheren Abverkäufen (Liu, 2006; Villanueva/Yoo/Hanssens, 2008). Virtual Word-of-Mouth ist damit der Faktor mit der größten Bedeutung innerhalb des Social Networking (Forman/Ghose/Wiesenfeld, 2008; Chevalier/Mayzlin, 2006; Yang/Zhou, 2011; Godes/Mayzlin, 2004);
  - *Zunehmende Kundenmacht*: beschreibt einen höheren Informationsgrad unter Zuhilfenahme neutraler Informationsquellen auf Konsumentenseite, bei gleichzeitig höherer Interaktion mit anderen Nutzern und damit steigender Macht auf Seite der Kunden.

- **Interaction Orientation**: betrifft die Notwendigkeit zu einem intensiveren und authentischen Dialog zwischen Unternehmen und Kunden. Die Ausprägung eines höheren Interaktionsgrades wird durch Faktoren geprägt wie (Rayport/Jaworski, 2005):
  - *Customer Centricity*: erfordert die Umsetzung des seit Jahren vielfach diskutierten Konzeptes der kundenfokussierten »Total Customer Experience« in Unternehmen – also die Sicherstellung der bestmöglichen Kundenbetreuung und interaktion über sämtliche Kunden-»Touchpoints« hinweg. Customer Centricity erhält in Studien durchgehend die höchste Priorität und den größten Einfluss auf die Interaction Orientation in Social Media. Social Media und die Interaction Orientation wirken damit als Auslöser und Katalysator einer höheren Customer Centricity über alle Kundeninteraktionen hinweg.
  - *Interaction Configuration*: bezieht sich auf die Strukturierung des Austauschprozesses im Sinne der Informationslogistik entlang aller Kundeninteraktionen.
  - *Customer Response & Learning*: beschreibt die Fähigkeit des Unternehmens zum tatsächlichen, realtime Kundendialog ebenso wie zum kontinuierlichen Lernen aus sämtlichen Kundeninteraktionen und zur Abspeicherung der gemachten Erfahrungen zur Verbesserung des zukünftigen Kundenerlebnisses (Strauß, 1996).
  - *Cooperative Value Generation*: beschreibt die Einbeziehung des Kunden als gleichwertigen Partner in Geschäftstransaktionen, um so aus erster Hand Informationen zur Verbesserung der Produkte, Dienstleistungen und Prozesse gewinnen und nachhaltige, kundenfokussierte Wettbewerbsvorteile generieren zu können.
- **Individualisierung**: charakterisiert die Erweiterung der eher klassischen Formen der Individualisierung im One-to-One-Marketing und der Mass Customization durch Ausprägungen der Personal Customization, Group Customization und Social Customization:
  - *Personal Customization*: etwa in Form des Maßschneiderns von Websites mithilfe dynamischer Inhalte und flexibler Web-Layouts entsprechend der individuellen Präferenzen einzelner Nutzer;
  - *Group Customization*: erfaßt die Individualisierung durch die Herstellung individualisierter Produkte, etwa in Form der Herstellung personalisierter T-Shirts für spezielle Nutzergruppen;
  - *Social Customization*: umfasst die Individualisierung virtueller Angebote in Social Media, wie etwa früher in *Second Life* (http://secondlife.com).
- **Nutzergenerierte Mehrwerte**: beschreibt eine breite Palette unterschiedlicher Phänomene als Erscheinungsformen eines **Crowdsourcing** (Howe, 2009). Das zentrale Merkmal nutzergenerierter Mehrwerte ist die intrinsische Motivation der Nutzer: So findet sich über die Interviews hinweg ein breiter Konsens, dass online zwar explizite Anreize zur aktiven Beteiligung und zur Schaffung von Mehrwerten angeboten werden sollten, diese aber höchstens unterstützend wirken können, etwa in Form von (Li/Bernoff, 2008; Grabs/Bannour, 2012; Gassmann, 2013; Sobczak/Groß, 2010):
  - *User Generated Content*: steht für Medieninhalte und Dienstleistungen, die nicht vom Anbieter eines Webangebots, sondern von dessen Nutzern erstellt werden. Dieser Content sollte Ansprüchen wie einer kreativen Eigenleistung und einer Kreation außerhalb professioneller Routinen entsprechen. Die wohl bekanntesten Beispiele sind *Wikipedia* mit dem Ziel, das Wissen der Welt in einer Enzyklopädie zu sammeln und in vielen Sprachen allen frei zugänglich zu machen oder auch *OpenStreetMap* mit dem Ziel, eine freie Weltkarte zu erstellen.

- *User Generated Creativity*: Neben der Entwicklung von Inhalten tendieren Nutzer in Social Media zur Entwicklung kreativer Ideen. Dies bezieht sich sowohl auf Produkte, Software, Dienstleistungen, Kreationen als auch Konzepte. Die Entwicklung von Open-Source-Programmen sowie flexiblen Schnittstellen zur Anbindung unterschiedlicher Software hat dafür gesorgt, dass sich das Internet zu einer zentralen Quelle von Produkt- und Prozessinnovationen entwickelt hat.

Ein plastisches Beispiel für »User-generated Creativity« ist die Plattform von ***Jovoto***, die sich selbst als »globale Kreativplattform für kollektive Zusammenarbeit« bezeichnet. *Jovoto* schreibt Fragestellungen aus dem Kreativbereich an die Crowd, die aus über 50.000 Kreativen besteht, im Netz aus. Das Spektrum möglicher Vorschläge aus der Crowd erstreckt sich von einer Sammlung von Design-Vorschlägen etwa für die Ausstattung eines Hotelzimmers über die Gestaltung einer Website bis hin zu Kommunikationsstrategien. Jeder aus der Crowd kann nach der Registrierung Lösungsvorschläge für eine Ausschreibung einreichen. Die besten Vorschläge werden mit einem Preisgeld belohnt. Das Besondere hierbei: Nicht der Ausschreibende (Kunde) entscheidet, wer gewinnt, wie bei anderen Kreativ-Plattformen wie *DesignenLassen.de*, *12designer.com* oder auch *99Designs.de*, sondern die Nutzer – die Crowd – selbst stimmen ab. Es wird auch nicht ein Gewinner gekürt, sondern das ausgeschriebene Preisgeld wird unter den vorderen Plätzen verteilt. In einigen Ausschreibungen werden bis zu 20 Plätze honoriert, mit Beträgen auch für den 20. Platz. Diese Gewinne und das ausgesetzte Preisgeld stellen noch keinen Vertrag zwischen dem Auftraggeber und dem kreativen Vorschlagenden dar. Der Auftraggeber muss nicht zwangsläufig einen der Vorschläge annehmen, denn er hat gegebenenfalls ganz andere Vorstellungen von einer guten Lösung als die Crowd. Ein Vertrag kann zwischen dem Ausschreibenden und dem Kreativen zusätzlich abgeschlossen werden, wenn der Auftraggeber einen Vorschlag für gut genug befindet, dass er diesen weiterverfolgen möchte. Dann ist eine zusätzliche Honorierung im Rahmen eines regulären Copyright-Vertrags fällig (CMO Community, 2015).

Entscheidend wirkt bei *Jovoto* die Belohnung guter Qualität, die Animation guter Teilnehmer zur Teilnahme an Ausschreibungen durch hohe mögliche Gewinne sowie ein Auswahlmechanismus, der aus der Vielzahl der Ergebnisse die Besten herausfiltert. Andernfalls besteht die Gefahr, in einem Teufelskreis zu enden: Hohe Preisgelder führen zu hohen Teilnehmerzahlen mit vielen Ergebnissen, welche wiederum zu erheblichem Aufwand aufseiten des Ausschreibenden hinsichtlich der Sichtung und Filterung dieser Ergebnisse führt, was unweigerlich eine eher schlechte bzw. vernachlässigte Qualitätskontrolle nach sich zieht. Schlechte Gewinnaussichten in Massenausschreibungen führen erfahrungsgemäß dazu, dass die Beteiligungsanreize für gute Teilnehmer sinken. *Jovoto* hat dieses Problem an die Crowd ausgelagert: Die Crowd selbst bewertet alle Ergebnisse. So wird dem Auftraggeber schon eine Vorauswahl geliefert, welche Entwürfe gut sind und welche nicht.

Dabei werden gute Entwürfe nicht nur pro Wettbewerb belohnt: *Jovoto* schreibt auch Wettbewerbe aus, an denen nur Kreative teilnehmen dürfen, die in anderen Wettbewerben schon gute Entwürfe geliefert haben. Die Kreativen haben so neben der reinen Gewinnmöglichkeit auch noch die Möglichkeit, sich einen guten Ruf zu erarbeiten und dann an diesen »privaten Contests« teilzunehmen, bei denen das Teilnehmerfeld von vornherein begrenzt wird. Für die Spitzenleute der Crowd, die auch in diesen »privaten Contests« überzeugt haben, gibt es dann noch die »Ehre«, an »Invite-Only Projekten« teilzunehmen (CMO Community, 2015).

Während auf anderen Design-Plattformen große Projekte und wirklich herausfordernde Aufgaben kaum aufkommen, schafft es *Jovoto* namhafte Unternehmen dazu zu bringen, Kreativ-Wettbewerbe auszuschreiben und mit hohen Preisgeldern zu belegen, Kreative zur Teilnahme zu animieren sowie die Qualität der eingereichten Entwürfe selbst sicherzustellen. Auf anderen Design-Plattformen werden meist kleine Aufgaben wie ein Logo ausgeschrieben, die bequem mit Standardmitteln gelöst werden können. Erfahrungen zeigen, dass viele Lösungsvorschläge auf anderen Design-Plattformen eher laienhaft und von einem professionellen Design weit entfernt sind (CMO Community, 2015).

- *User-generated Innovation & Revenues*: Diese umfassen alle Anwendungsszenarien von Social Media, in denen Nutzer selbst Produkte erstellen und sie an Unternehmen und anderen Nutzern verkaufen. Während klassische Innovationsprozesse zumeist innerhalb eines Unternehmens erfolgen, werden in einer derartigen Open Innovation Kunden entlang des gesamten Innovationsprozesses eingebunden. Im Gegensatz zu eher klassischen »Voice-of-the-Customer«-Ansätzen nimmt der Kunde hier eine aktive Rolle auf allen Stufen des Innovationsprozesses ein (Reichwald/Piller, 2009).

Der ***App Store*** von *Apple* ist das prominenteste Anwendungsbeispiel für »User-generated Innovation & Revenues« und baut auf der etablierten Infrastruktur des *iTunes Stores* auf. Seit der Eröffnung 2008 können Entwickler von Apps diese über *iTunes Connect* einreichen. *Apple* unterzieht jede eingereichte App einer Überprüfung und erteilt anschließend die Freigabe für den *App Store*. Die im *App Store* angebotenen Programme stammen zum Großteil nicht von *Apple* selbst, sondern von Drittfirmen und freien Programmierern. *Apple* bietet das *iOS SDK* (Software Development Kit) kostenlos zusammen mit der *Mac*-Entwicklungsumgebung *Xcode* an. Laut Analysten gibt es über sechs Millionen aktive Entwickler. Zum Veröffentlichen einer App im *App Store* ist eine kostenpflichtige Registrierung im *Apple iOS Developer Program* notwendig. Nutzer können Apps via *iPhone*, *iPad* oder *iPod touch* direkt auf dem jeweiligen Gerät installieren, und das Programm wird bei der nächsten Synchronisation mit dem heimischen Computer übernommen. Ebenso kann der *App Store* über den Mediaplayer *iTunes* aufgerufen werden: Die Anwendungen werden dann zuerst in die persönliche Mediathek aufgenommen, bevor sie über die Gerätesynchronisation auf das entsprechende Gerät übertragen werden.

Im Juli 2018 standen über 2,4 Millionen verschiedene Apps zur Verfügung, wobei die Anzahl durch Neuzugänge kontinuierlich weiterwächst. Zur besseren Übersicht werden mehr als 20 verschiedene Kategorien angeboten. Eine Suchfunktion sowie die Anzeige verschiedener Hitlisten sollen die Orientierung innerhalb des Angebots ebenso erleichtern wie Bewertungen (1–5 Sterne) und Kommentare anderer App-Nutzer. Der Preis für eine App kann vom jeweiligen Entwickler frei bestimmt werden, jedoch erhält *Apple* 30 % aller Einnahmen. *Apple* übernimmt im Gegenzug die Zahlungsabwicklung und stellt die Infrastruktur zur Verfügung. Es besteht eine umfangreiche Auswahl an kostenlosen Programmen, jedoch in den meisten Fällen nur mit einem deutlich geringeren Funktionsumfang als vergleichbare kostenpflichtige. Ende 2018 wird die Anzahl an App-Downloads insgesamt mit 180 Milliarden Apps beziffert (Statista, 2018). Die Entwicklung und Markteinführung des *iPods* markierte für *Apple* bereits den Einstieg zu einem Plattform-Geschäftsmodell: War der *iPod* noch als eigenständiges Gerät konzipiert, mutiert *Apple* spätestens seit 2003 mit der Eröffnung des *iTunes-Store* zu einem Plattformanbieter. Diese Plattformstrategie manifestierte *Apple* 2008 mit der Einführung des *App Stores* für das *iPhone* (Osterwalder/Pigneur, 2012; Carare, 2012).

In ähnlicher Form regt ***Ben & Jerry's*** Kunden dazu an, eigene Eiskreationen zu entwerfen und die Kreationen anderer Nutzer zu bewerten. Drei der so entwickelten Eis-Innovationen zählen heute zu den meistverkauften Eissorten des Unternehmens. Die Plattform ***Tchibo Ideas*** sammelt Informationen über Bedürfnisse von Kunden in ihren Alltagsproblemen (und lässt sich so zu neuen Produktideen inspirieren) und bietet Designern die Möglichkeit, Lösungen vorzustellen und diese so dem (virtuellen) Relevanztest der Nutzer-Community zu unterziehen (Gassmann, 2013). Die ***DM-Drogeriemärkte*** haben etwa Ende 2012 das neue *Balea*-Duschgel »Eisschimmer« in rund 1.200 *DM*-Märkten gelauncht. Es ist das erste Produkt, das der Drogeriemarkt in Zusammenarbeit mit Kunden entwickelt hat. Acht Wochen lang designten, erprobten und kreierten über 2.700 User mehr als 2.500 Ideen für die neue *Balea*-Winterdusche. Sie entschieden über Duft, Produktname und Gestaltung. Für das limitierte Duschgel gaben *Balea*-Fans auf *Facebook* über 9.000 Stimmen ab (Horx, 2012a).

Damit beeinflusst und verändert Social Media die verschiedenen Geschäftsmodell-Archetypen nachhaltig: Auf der einen Seite ist Social Media Katalysator und Verstärker für die Hybridisierung von Internet-Geschäftsmodellen (vgl. Abbildung 28; Zollenkop, 2006). Auf der anderen Seite unterstützt Social Media die Ausprägungen der »5C-Geschäftsmodelle« (Kuhn, 2007), denn für das »Content«-Geschäftsmodell besitzen »Social Networking« und »nutzergenerierte Inhalte« die größte Bedeutung. Andere Faktoren wie »Interaction Orientation« oder Individualisierung wirken hier eher unterstützend. Das »Commerce«-Geschäftsmodell profitiert am meisten von der »Interaction Orientation«: Ein hoher Grad an Kundeninteraktion bewirkt Wettbewerbsvorteile und fördert die Etablierung längerfristiger Kundenbeziehungen. Studien und Interviews zeigen, dass eine höhere Ausrichtung auf Kundeninteraktionen zwangsweise auch einen höheren Grad an Automatisierung nach sich zieht. Massenhafte realtime Kundeninteraktionen bewirken eine Renaissance der bereits seit den 1990er-Jahren breit diskutierten CRM-Konzepte. Für das Geschäftsmodell »Context« wirken »Social Networking«- und Individualisierungstools förderlich. Aus diesem Grund bieten *Yahoo!* und *Google*®-Dienste an wie *MyYahoo!* oder auch früher *Google*®*+*, das sich nicht im Markt durchsetzen konnte. Das »Connection«-Geschäftsmodell wird durch »Many-to-Many«-Kommunikations- und Social-Networking-Tools wie Chats und Foren gefördert. In ähnlicher Form profitieren »Coordination«-Geschäftsmodelle von »Social Networking«-Tools sowie »nutzergenerierten Mehrwerten«.

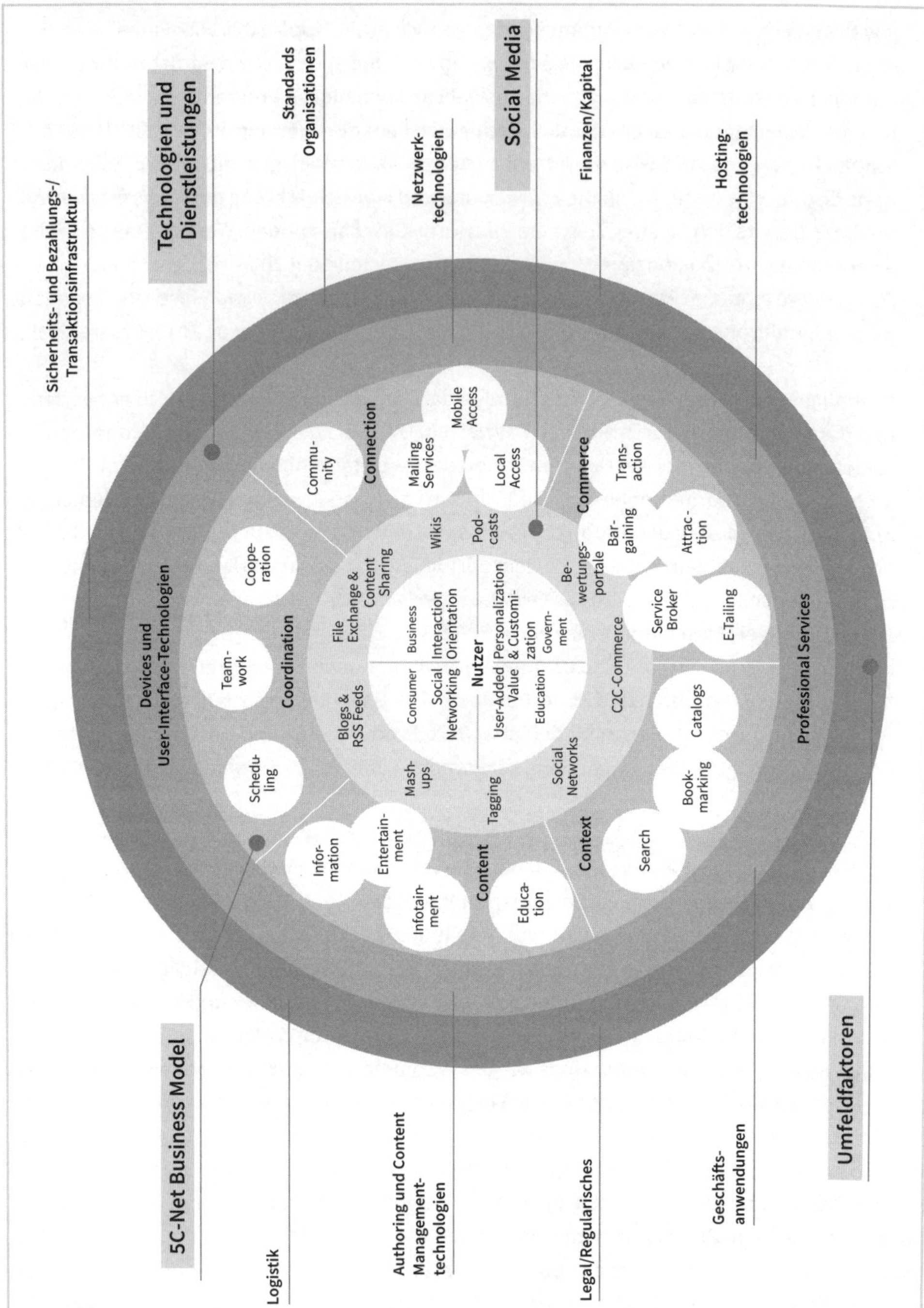

Abbildung 28 Typisierung von Geschäftsmodellen im Digital Value Web 2.0

Während der letzten Jahre erfährt die Social-Bookmarking-Plattform ***Pinterest*** einen wahren Hype – Ende 2018 gehört die Seite zu den 20 meistbesuchten Websites mit mehr als 200 Millionen monatlich aktiven Nutzern und ist das viertgrößte soziale Netzwerk in den USA. *Pinterest* erlaubt das virtuelle »Pinnen« von Grafiken, Fotos und Videos auf eigene, nach Themenbereichen sortierte Pinnwände. Andere *Pinterest*-Nutzer können einzelnen Pinnwänden folgen (abonnieren) und werden so über jeden Inhalt, der dieser Pinnwand neu hinzugefügt wurde, informiert. Über die Integration mit *Facebook* kann jeder Pin automatisch auf der *Facebook*-Wall gepostet werden (Grabs/Bannour, 2012). Der Vorteil von *Pinterest* liegt in der Unterstützung von Marken durch visuelle Reize in Form von Bildern, weshalb erwartet wird, dass *Pinterest* in seiner Nische als dominantes soziales Netzwerk auch neben *Instagram* bestehen bleiben wird (Tantau, 2012). Vor allem in den USA ist der Nutzungsgrad bereits beträchtlich: So sind dort bereits fast drei von zehn Erwachsenen bei *Pinterest* angemeldet. 70 % aller Nutzer sind übrigens Frauen. Jeden Tag pinnen die User der digitalen Bilderwand mehr als 14 Millionen Beiträge – und vergrößern so den Pool der inzwischen über 100 Milliarden Pins, die das soziale Netzwerk ausmachen. Jeder Pin wird im Schnitt elfmal »repinnt« – und die Halbwertszeit auf *Pinterest* ist deutlich länger als bei anderen Netzwerken: Im Schnitt benötigt ein Beitrag 3,5 Monate, um 50 % seiner Engagement-Rate einzusammeln. Das wiederum impliziert, dass sich *Pinterest* besser eignet als *Facebook* und andere Social-Media-Plattformen, um auch im »Long tail« noch Traffic zu generieren, etwa indem Pins öfter wiederveröffentlicht werden.

2018 liegt *Pinterest* an der Spitze aller sozialen Netzwerke, was Umsatzvolumen, Anzahl der gekauften Produkte und Kaufhäufigkeit betraf, mit einem durchschnittlichen Umsatz von 58,95 US-Dollar/Nutzer (Hootsuite, 2018). *Pinterest* ist in den ersten zwei Jahren seit dem Launch schneller gewachsen als *Twitter* und *Facebook* in ihrer Anfangszeit. Das Netzwerk hatte es von 0 auf 10 Millionen Besucher in einem Monat geschafft. Seit Mitte 2013 können Nutzer in Product Pins direkt sehen, was ein Artikel kostet und wo er zu kaufen ist.

Das *Pinterest*-Geschäftsmodell besteht darin, dass Nutzer über Links hinter den Bildern in entsprechende Shops geleitet werden. Das Verlinken passiert weitgehend automatisch. Die Nutzer selbst sind somit die Werbenden. Das Prinzip funktioniert: Laut einer Analyse des amerikanischen Branchenreports *Mashable* bringt *Pinterest* mehr Käufer in Onlineshops als *Youtube* und *Linkedin* zusammen. Zudem sind die Pinwände der Nutzer für Werbetreibende interessant. Sie sagen einiges über die Personen aus und können gezielt analysiert und eingesetzt werden. Für Unternehmen ist *Pinterest* damit kostenlose Werbung – eine entsprechende Aufmachung vorausgesetzt. Ein weiterer Vorteil von *Pinterest*: Der Adressatenkreis ist deutlich größer als bei anderen sozialen Netzwerken. Durch den visuellen Fokus entfällt die Sprachbarriere. Anders als bei *Facebook* und *Twitter* tauschen sich Nutzer nicht notwendigerweise mit Freunden aus, sondern mit Fremden, was wiederum Chancen im Online-Handel nach sich zieht (Keller, 2012). Es entsteht ein virales Marketing, vom potenziellen Käufer betrieben. Meldet sich ein Nutzer bei *Pinterest* an, werden zunächst seine Interessen abgefragt, um ihm dann Profile, die für ihn interessant sind, vorzuschlagen. Er bekommt automatisch eine Auswahl an Bildern und Produkten präsentiert.

Für Onlineshop-Betreiber, die ohnehin Fotos von den eigenen Produkten erstellen, ist *Pinterest* damit eine perfekte Zweitverwertungsplattform neben dem eigenen Shop.

Gore-Tex hat getreu ihrem Motto »*Es gibt kein schlechtes Wetter – nur schlechte Kleidung*« diesen Slogan nicht nur in das Gedächtnis fröhlich-optimistischer Outdoor-Freunde gebrannt, sondern übersetzt dies in eine Gewinnspiel-Kampagne auf *Pinterest*. Um teilzunehmen, müssen Nutzer in ihrem *Pinterest*-Profil ein Pinboard namens »*Rainy Day Essentials by Gore-Tex*« erstellen und dort die »Must-haves« zur Schau stellen, auf die sie an Regentagen nicht verzichten können. Diese Bilder können Nutzer frei wählen. Teilnahmevoraussetzung ist, dass sie auch ein *Gore-Tex*-Produkt von der Website oder dem *Pinterest*-Board der Marke zu ihrem Board hinzufügen. Eine Jury aus Chefredakteuren, Visual Media Artists, einem Szene-Koch und Modefotografen wählt die Gewinner aus, die Preise wie ein Wochenende in Mailand und Produkte aus der *Gore-Tex*-Kollektion erhalten. Analog hierzu registriert ***Walmart***, dass Kunden mehr Produkte entdecken und tiefer ins Sortiment einsteigen, seitdem die »Pins« direkter zum Onlineshop führen und gleichzeitig Zusatzinformationen anbieten.

1.3.6 Blockchainbasierte Dezentralisierung von Geschäftsmodellen

Der Blockchain wird das Potenzial zugeschrieben, bestehende Industriestrukturen nachhaltig zu revolutionieren und zu dezentralisieren (Wöhrle, 2017; Wagner, 2017; Newman, 2017):

- **Produktentstehung und -haftung**: Die Blockchain kann dafür sorgen, dass der Weg einzelner Rohstoffe durch die Zuliefererkette bis zum fertigen Endprodukt nachvollziehbar bleibt. Gerade im Fall von Luxusgütern scheint dies besonders attraktiv, denn hier sind die Erwartungen der Kundschaft an die Herkunft der Materialien sowie den Ort und die Art der Herstellung besonders hoch. Um diese Informationen zu erhalten, müssen Kunden lediglich einen QR-Code mit ihrem Smartphone einscannen.
- **Verhinderung von Fake News**: Nutzern wird ein ökonomischer Anreiz (gegebenenfalls indem sie mit Kryptowährung bezahlt werden) geboten, Inhalte präziser zu ranken, also als eine Art »Prüfpfad« für Inhalte auf Basis der Blockchain-Technologie. Somit können Nutzer besser nachvollziehen, wie und wo Nachrichten entstanden sind und über »vertrauenswürdige« andere Nutzer bewerten lassen, die hierfür wiederum entlohnt werden.
- **Mobile Payment**: Die Blockchain wird es ermöglichen, über Apps Bitcoins oder andere Währungen überall auszugeben, wo Nutzer wollen.
- **Sichere Werbedaten**: Die adChain Registry ist ein blockchainbasiertes Protokoll, das Bots darin hindern soll, Werbedaten zu manipulieren. Dahinter steckt die Idee, dass der Tausendkontaktpreis als Basis für das Auszahlen von Gewinnen falsche Anreize setzt. Stattdessen wird ein Register als große Datenbasis an geprüften, zugelassenen und Bot-freien Domains fungieren, für die Nutzer Webseiten vorschlagen können, indem sie eine gewisse Summe in Form von adTokens bezahlen. Sollte die Seite den Standards nicht entsprechen, verliert der Nutzer seine hinterlegten adTokens. Die Idee: Werber bezahlen für registrierte

Webseiten auf adChain (als eine Art Zertifizierungsinstanz), weil diese von Menschen und nicht von Bots geprüft wurden und sie sich damit der Qualität sicher sein können.

- **Anonymisierte Kundendaten**: Die Blockchain-Technologie bietet die Möglichkeit, Transaktionsdaten dezentral (und damit sicher) aufzubewahren und gleichzeitig effizient einzusetzen. In Zukunft könnten Unternehmen die Blockchain darüber hinaus auch nutzen, um sich das Einverständnis für die Nutzung von personenbezogenen Daten geben zu lassen.
- **Monetarisierung originärer Inhalte**: Autoren und Content-Produzenten erlaubt die Blockchain (wie etwa bei *Decent*), ihre Inhalte über die Blockchain zu verbreiten und sofort dafür bezahlt zu werden. Das System bietet Kreativen damit im Direktvertrieb tendenziell bessere Konditionen.
- **Disintermediation von Kreativagenturen**: Einen ganz ähnlichen Ansatz verfolgt das *DECENT Network*, das es Künstlern ermöglicht, jede Art von Inhalt effizient zu verbreiten – egal ob Text, Musik, Video, eBooks oder Bilder. Der Distributionsprozess kommt dabei komplett ohne externe Dritte aus, Künstler können Urheberrechte und Preise ganz einfach selbst kontrollieren und verwalten. Damit würde das Konzept der Crowdcreativity à la *Jovoto* weitergehend dezentralisiert werden.
- **Direktgeschäft zwischen Advertisern und Publishern**: Trading Desks als Mittler im Medienmanagement werden überflüssig und die lange Wertschöpfungskette, an der viele Dienstleister partizipieren, reduziert sich im Kern auf einen Ad Server. Smart Contracts werden geschlossen, die ihre Wirkung genau dann entfalten, wenn ein vordefiniertes Ereignis auftritt (z. B. der Aufruf einer Website durch bestimmte User).
- **Steigerung der Effizienz von Online-Werbung**: Werbemittel werden nur dann gebucht, ausgeliefert und abgerechnet, wenn ein identifizierter Nutzer eine Seite aufruft und dies in der Blockchain so hinterlegt ist. Werbemittel erscheinen in Folge nur noch dort, wo sie erwünscht sind. Advertiser können in der Werbe-Blockchain wie bei *Brave* gleichzeitig hinterlegen, welche Umfelder und Seiten erwünscht sind und welche nicht (DMT, 2018). Themenstellungen wie Ad oder Brand Safety gehören damit der Vergangenheit an.
- **Auditing-Prozesse werden überflüssig**: Werbetreibende, die im Detail nachvollziehen wollen, wie die jeweiligen Budgets eingesetzt worden sind, erhalten diese Informationen direkt aus der Blockchain. Das gilt übrigens nicht nur online, sondern auch für klassische Werbung – vorausgesetzt, sie wird auf Blockchain-Basis gebucht und bezahlt, z. B. mit Bitcoins.
- **Vermeidung von Werbereaktanz**: In der Blockchain kann hinterlegt werden, welche Art von Werbung jemand individuell für nützlich und akzeptabel hält. Also ein Opt-in-System, das »harte« Opt-outs wie mit Adblockern unnötig macht.

> In der Logistik bearbeitet »***Trade-Lens***« heute schon mehr 150 Millionen Versandvorgänge und wächst pro Tag um rund eine Million. Das System bekommt Daten von 25 Schiffsterminals geliefert und unterstützt elf Millionen Containerfahrten. Ihre Mitarbeit haben mehr als 20 Hafengesellschaften weltweit zugesagt, fünf Zollbehörden, darunter die der Niederlande, sowie etliche weitere Organisationen. Insgesamt umfasst das System mehr als 90

Teilnehmer. In Hamburg ist 2018 das Projekt »*Hansebloc*« (Hanseatische Blockchain-Innovationen für Logistik und Supply Chain Management) gestartet, das den fälschungssicheren elektronischen Austausch von Frachtbriefen gewährleisten soll. Ein Konsortium aus acht Firmen und zwei Hochschulen soll dabei eine Software entwickeln, die eine Verknüpfung der bestehenden Speditions- und Transportmanagementsysteme mit der Blockchain eröffnet. Damit sollen Datenverluste durch Medienbrüche beseitigt werden. Zudem sollen automatisierte organisationsübergreifende Prozesse möglich und die Manipulationsfreiheit und Vertrauenswürdigkeit der Informationen sichergestellt werden. Die Lösung ist vor allem für kleine und mittlere Unternehmen (KMU) gedacht. *Hansebloc* ermöglicht bei der späteren Festlegung der technischen Standards die Berücksichtigung der KMU als wichtige Stakeholder. Entsprechend wird das Projekt überwiegend von KMU aus dem Netzwerk der *Logistik-Initiative Hamburg* be- und erarbeitet.

1.4 Phasenmodell zur Entwicklung einer Strategie zur Digitalisierung und Umsetzung

1.4.1 Von der Vision zur Implementierung in vier Phasen

Eine hohe Veränderungs- und Innovationsgeschwindigkeit ist prägend für den evolutorischen Wandel im Digitalen. Eine Strategie zur Digitalisierung muss vor diesem Hintergrund als mittelfristige Zielrichtung unter Berücksichtigung der Markt- und Wettbewerbsbedingungen, Ressourcenverfügbarkeit, der Kernkompetenzen sowie der technologischen Entwicklung die Erzielung eines nachhaltigen Wettbewerbsvorteils beinhalten (Huizingh, 2002). Damit erfordert die Erarbeitung einer Strategie zur Digitalisierung die Integration mit bestehenden Strategiekonzepten und kann sowohl als Teil der bestehenden Unternehmens- oder Geschäftsfeldstrategie fungieren, aber auch zur Definition eines eigenständigen Geschäftsmodells (Chaffey, 2011; Casadesus-Masanell/Ricart, 2010; Tan/Tang/Forrester, 2004). Die Strategieentwicklung erstreckt sich über die Zielplanung im Sinne der Business-Vision, Mission und Zielwerte, über die Strategieformulierung inkl. der Markt-, Kunden- und Wettbewerbsanalyse (inkl. unternehmenseigener SWOT-Analyse), der Technologie- und Prozessintegration in einer dritten Phase als Vorbereitung der nachfolgenden Implementierung und des Strategieaudits (vgl. Abbildung 29).

Diese vier Phasen werden in der Praxis in den seltensten Fällen streng sequenziell durchlaufen, sondern präsentieren sich als revolvierender Prozess, in dem nachfolgende Phasen immer wieder neue Fragen aufwerfen und diese als Feedback an die vorhergehenden Phasen zurückgeben – mit der Konsequenz, dass die bislang aufgestellte Planung überarbeitet und graduell feinjustiert wird.

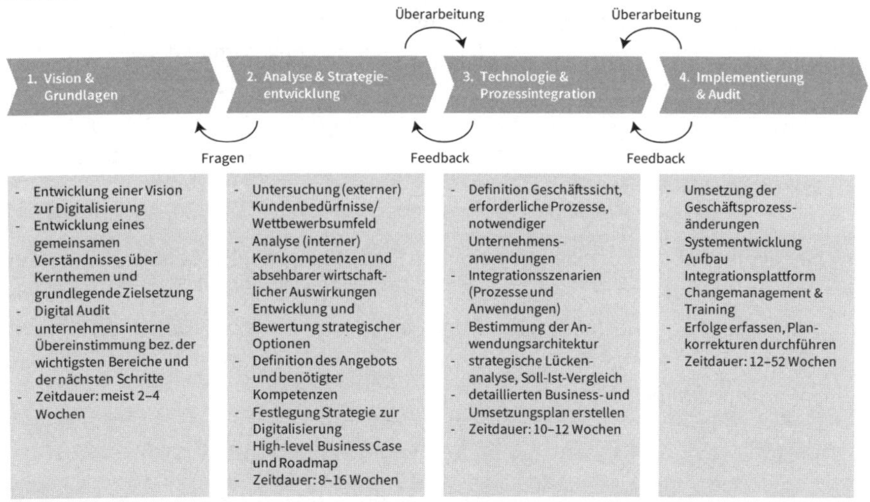

Abbildung 29 Idealtypisches 4-Phasen-Vorgehensmodell zur Entwicklung einer Strategie zur Digitalisierung (Chaffey/Ellis-Chadwick, 2012; Jelassi/Enders, 2008)

1.4.2 Phase 1: Entwicklung der Digital-Vision

Ausgangspunkt für die Festlegung der Strategie zur Digitalisierung sind die grundlegenden Unternehmensziele. Auf der höchsten Ebene der unternehmerischen Zielhierarchie steht die Formulierung der **Digital-Vision**. Diese beschreibt ganz allgemein die Leitidee der unternehmerischen Tätigkeit, welcher Zustand und welche Wirklichkeit angestrebt wird, und gibt somit Orientierung hinsichtlich der strategischen Entwicklung. Dabei sollte diese im Idealfall sinnstiftend und handlungsleitend sein und auch unternehmensintern für Begeisterung und Motivation sorgen.

> Vision ***Google***®: »*Organize the world's information and make it universally accessible and useful.*« Ähnlich stellt sich die Vision von ***Alibaba*** dar, als umfassendste Produktsuchmaschine der Welt, um kleinen und mittleren Unternehmen zu dienen: »*Alibaba's vision is to serve their customers by means of solving problems for small-medium-sized companies in their purchasing, sale, marketing, management and financing by providing IT solutions for them.*« Durch den Zugriff auf über sieben Millionen Lieferanten können insgesamt über 13 Millionen mittelständische Kundenmitglieder aus über 240 Ländern in nur wenigen Klicks hochwertige Produkte in mehr als 40 Produktkategorien auswählen. Die Vision von ***Zappos*** ist auf die Customer Experience und Marktanteile ausgerichtet: »*One day, 30 % of all retail transactions in the US will be online. People will buy from the company with the best service and the best selection. Zappos.com will be that online store. Our hope is that our focus on service will allow us to WOW our customers, our employees, our vendors, and our investors. We want Zappos.com to be known as a service company that happens to sell shoes, handbags, and anything and everything.*«

Gemäß der eigenen Vision steht bei ***Facebook*** nicht das Erreichen einer bestimmten Nutzerzahl im Fokus: »*Facebook is a social utility that helps people communicate more efficiently with their friends, family and coworkers. The company develops technologies that facilitate the sharing of information through the social graph, the digital mapping of people's real-world social connections. Anyone can sign up for Facebook and interact with the people they know in a trusted environment.*«

eBay hingegen strebt in der eigenen Vision die Etablierung einer E-Commerce-Plattform mit Millionen von Nutzern an: »*eBay pioneers communities built on commerce, sustained by trust, and inspired by opportunity. eBay brings together millions of people every day on a local, national and international basis through an array of websites that focus on commerce, payments and communications.*«

Ausgangspunkt der Digital-Vision ist die Festlegung des strategischen Fokus. Hier ist klar zwischen einem eher marktorientierten Engagement (**externe Orientierung**) und dem Ziel der Verbesserung der unternehmensinternen Prozesse (**interne Orientierung**) zu differenzieren. Gleichzeitig ist festzulegen, ob eher **Wachstumsziele** im Mittelpunkt stehen sollen oder eher die Verbesserung der **Effizienz** bestehender interner und externer Geschäftsbeziehungen (vgl. Abbildung 30; Hartman/Sifonis, 2000; Gay/Charlesworth/Esen, 2007). Praxiserfahrungen belegen, dass die Orientierung anhand der vier Felder nicht ausschließlich, sondern eher zeitlich ergänzend zu verstehen ist. So ist oftmals der Start primär durch eine externe Orientierung und Wachstum geprägt, während aufgrund gesammelter Erfahrungen und Know-how-Aufbau in einer zweiten Phase eher die interne Orientierung in Bezug auf die Geschäftsprozesse im Mittelpunkt stehen.

	Externe Orientierung	Interne Orientierung
Ziel: Wachstum	#1. Nutzung u. a. des Internet-Wachstums, um neue Kunden, Inhalte, Produkte, Services und Geschäftsfelder zu entwickeln	#3. Förderung einer kontinuierlichen Weiterentwicklung (Innovation) durch verstärkte interne, gruppenübergreifende Zusammenarbeit
Ziel: Effizienzsteigerung	#2. Aufbau engerer Beziehungen mit bestehenden Kundensegmenten, Lieferanten, externen Dienstleistern und Distributionskanälen	#4. Verbesserung der internen Prozesse und Strukturen durch Nutzung von Internet-/Mobile-Technologien

Abbildung 30 Strategischer Fokus der Strategie zur Digitalisierung (Strauß/Schoder, 2001)

Im Fall der **externen Orientierung** mit Fokus auf **Wachstum** stehen die Etablierung neuer Distributionskanäle, neuer Geschäftsfelder, neuer Dienstleistungen und die Internationalisierung des bestehenden Geschäftes im Mittelpunkt (Quadrant 1). Beispiele für diese strategische Ausrichtung finden sich etwa in

- der Erschließung neuer Kundensegmente mit zum Teil bestehendem Produktspektrum sowie der Erschließung neuer Geschäftsfelder, wie etwa bei *Ikea* mit *IKEA TV* im Bereich Home-Entertainment und zukünftig Studentenwohnheimen und Design-Hotels in Westeuropa;
- medienübergreifenden Marketingallianzen bei gemeinsamen Zielgruppen, z. B. die Allianz zwischen *Nike* und *Apple* zur gezielten Penetration sportbegeisterter *iPod*-Nutzer;
- der Schaffung interessanter und innovativer Plattformen etwa in Form von virtuellen Reisebüros oder Cityguides durch Kooperationen mit unterschiedlichen Partnern und eigenen Inhalten (z. B. die strategische Partnerschaft von *der Deutschen Telekom* mit *Spotify*);
- der Online-Umsetzung von ursprünglich printorientierten Life-Style-Magazinen mit zusätzlichem Mehrwert (z. B. *Burda* mit *Focus Online*) oder
- der kompletten Übertragung des Produkt- und Dienstleistungsangebotes auf das Internet (z. B. *Security First National Bank*).

Liegt der Schwerpunkt der **externen Orientierung** eher auf der Steigerung der **Effizienz** (Quadrant 2), stehen Maßnahmen zur verstärkten Interaktion mit den bestehenden Kunden, die Optimierung der Beziehungen zu Zulieferanten sowie des Datenaustausches und der Effizienz der bestehenden Distributionskanäle zur Disposition. Beispiele aus der Unternehmenspraxis bieten etwa

- *FedEx*, *DHL* und *UPS*: Angebot eines Package Tracking System;
- *UPS* mit dem *On-Call Pick Up*: Aufnahme von Aufträgen zum Abholen eines Paketes beim Kunden über ein Online-Auftragsformular mit genauer Spezifikation der Auslieferungsbedingungen;
- *SupplyOn* als Plattform für die Beschaffung im Automobil-, Luftfahrt- und Fertigungsbereich;
- *SAP CRM* oder C/4 HANA mit weiteren Partnern: Zusammenstellung einer persönlichen Newspage, etwa unter Einsatz von intelligenten »Topic Agents« und Mash-ups zur Informationssuche und -zusammenstellung. *MyBoeing.com* erlaubt Kunden (wie Flugzeugingenieuren oder Wartungspersonal) den personalisierten Zugriff auf alle mit dem Produkt verbundenen Informationen.

Die **interne Orientierung** mit Ausrichtung auf **Wachstum** (Quadrant 3) fokussiert auf die Optimierung unternehmensinterner Lernprozesse (Knowledge Management, Organisational Learning), die Optimierung des Zugangs zu externen Daten (Research) und eine effektivere interne Kommunikation. Im Ergebnis dieser zunächst auf die Effizienz ausgerichteten Maßnahmen wird die Basis für das unternehmensinterne Wachstum gelegt. Beispiele liegen in Form der

- unternehmensweiten Verteilung und Nutzung von Trainingsmaterialien, wie etwa bei *SAP*,
- Unterstützung der Projekt- und Gruppenarbeit etwa durch die Verknüpfung von Gruppenarbeitswerkzeugen wie *Trello*,

- der internen Bereitstellung von Informationen (Stellenausschreibungen, Policies, Handbücher, Pressespiegel);

vor.

Die **interne Orientierung** mit Fokus auf der Steigerung der **Effizienz** (Quadrant 4) konzentriert sich schließlich auf die effizientere Verbreitung von Informationen, die Reduzierung der Kosten bestehender Geschäftsprozesse sowie die Effizienzsteigerung der unternehmensinternen IT-Infrastruktur. Die Umsetzung kann in Form der

- internen Nutzung von Prozessinformationssystemen (z. B. *Package Tracking System* bei *DHL*) für die interne Auftragsverfolgung,
- Zugriffsmöglichkeit auf Vertriebsdaten, »White Papers«, Personalinformationen, Berichtswesen Nutzung von formatübergreifenden Media-Servern als zentralem, unternehmensweit verfügbarem Produktdatenbestand,
- Ermöglichung von Software-Downloads sowie der
- plattformübergreifenden Systemvernetzung

erfolgen.

Hier steht die Frage im Mittelpunkt, ob im Rahmen der Strategie zur Digitalisierung eher auf interne oder externe Anwendungen fokussiert werden soll. Damit verbunden ist auf einer groben Planungsebene ebenfalls der Fragestellung nachzugehen, in welchen Unternehmensbereichen und unter Nutzung welcher Anwendungen und Geschäftsmodelle die gewählte Unternehmens- und Wettbewerbsstrategie optimal unterstützen kann. Die Eckpunkte der Vision sind mit allen betroffenen Funktionalbereichen zu konsolidieren, um die weitere Vorgehensweise bereits frühzeitig mit anderen Initiativen abzustimmen bzw. später ansonsten auftretende Widerstände zu erkennen und im Rahmen der Konzeption sowie nachfolgenden Umsetzung einbeziehen zu können. Es zeigt sich auch hier ein eklatanter Unterschied im Vergleich mit den Anfängen des Internets: Wurden im Jahr 2000 meistens bereichsübergreifende Internetinitiativen entweder top-down von der Unternehmensführung oder aber auch aus der IT gestartet (die dann erst nachfolgend bereichs- und funktionsspezifisch operationalisiert worden sind), ist es heute oftmals umgekehrt. Die Triebfeder für Digital-Initiativen ist heute sowohl bottom-up in den operativen Fachbereichen beheimatet, getrieben von wirtschaftlichen Überlegungen, als auch top-down aus der Unternehmensführung.

Zusätzlich zur Erarbeitung einer Digital-Vision ist die Formulierung einer **Mission** zu empfehlen. Diese beschreibt und konkretisiert den Zweck, die längerfristigen Zielvorstellungen, die hierfür geltenden Verhaltensstandards und gibt den groben Handlungsrahmen für sämtliche Digital-Aktivitäten des Unternehmens vor. Die Mission kann somit *»als der primäre Leitgedanke interpretiert werden, der zur Erfüllung der Kundenbedürfnisse im Internet beiträgt«* (Wirtz, 2010, S. 168).

> Ambitioniert ist die Mission von **Amazon.com** im Handelsbereich: *»to be Earth's most customer-centric company for three customer sets: consumer customers, seller customers and*

> *developer customers.*« Wesentlich operativer richtet sich **Twitter** aus: »*Twitter is a service for friends, family, and co-workers to communicate and stay connected through the exchange of quick, frequent answers to one simple question: What are you doing?*«

Hieraus abgeleitet sind auf der nächstfolgenden Ebene die eigentlichen **Digital-Ziele** festzulegen. Diese Ziele können in Form von finanziellen oder nichtfinanziellen Zielgrößen weitergehend präzisiert werden. Während die finanziellen Zielgrößen zumeist als »Return on Investment« (ROI) festgeschrieben werden, umfassen die nichtfinanziellen Zielgrößen eher Dimensionen wie eine Erhöhung der Kundenzufriedenheit oder auch die Erhöhung der Innovationsfähigkeit des Unternehmens. Dem SMART-Ansatz folgend sollten diese Ziele spezifisch, realistisch, messbar, attraktiv als auch zeitlich terminiert sein (Strauß, 2008b). Dies könnte etwa die Online-Umsatzgenerierung in einem bestimmten Marktsegment oder auch die Steigerung der Effizienz in der Beschaffung sein.

> ***Alibaba*** hat sich beispielsweise zum Ziel gesetzt, in den kommenden zehn Jahren mehr als 100 Millionen kleinen und mittelständischen Unternehmen als Kundenmitglieder zu gewinnen und mehr als eine Milliarde Jobangebote zu generieren. ***Mymuesli.com*** hat sich als Ziel gesetzt, die Umsätze jedes Jahr um 100 % zu steigern (CMO Community, 2013).

1.4.3 Phase 2: Digital-Analyse und Strategieformulierung

In einer zweiten Phase steht die Detail-Analysearbeit im Mittelpunkt, etwa in der ausführlichen Untersuchung der Kunden-, Markt- und Wettbewerbssituation einschließlich der Analyse eigener Kernkompetenzen, eines weiter ausgearbeiteten Geschäftsmodells sowie eines ersten, noch weiter zu detaillierenden Businessplans. Idealtypisch kann für die Strategieerarbeitung ein dreistufiges Verfahren beschritten werden (vgl. Abbildung 31).

Neben der Analyse des Unternehmensumfeldes und allgemeiner Marktbedingungen sind die wichtigsten Gegebenheiten und Veränderungen im Kunden- und Wettbewerbsumfeld für die nachfolgende Formulierung der Strategie zur Digitalisierung von Bedeutung. Neben generellen Marktanalysen (wie dem Marktwachstum) sind hier Veränderungen des Kundenverhaltens zu ermitteln. Ergänzt durch eine unternehmensinterne Analyse der bestehenden Kompetenzen, Prozesse und die Situation des Unternehmens im Markt (wie derzeitige Marktanteile, Kundenloyalität etc.) können differenziert zukünftige Positionierungsoptionen sowie deren Realisierbarkeit diskutiert werden. Ausgehend von der angestrebten Positionierung und den damit einhergehenden Geschäftspotenzialen können im Rahmen der Strategie zur Digitalisierung Konkretisierungen etwa für den konkreten Kundennutzen, die Positionierung gegenüber dem Wettbewerb, die Festlegung der Vertriebskanalstrategie, die Ausgestaltung des Marketing-Mixes oder auch die Integration über verschiedene Vertriebskanäle abgeleitet werden (Strauß, 2008a).

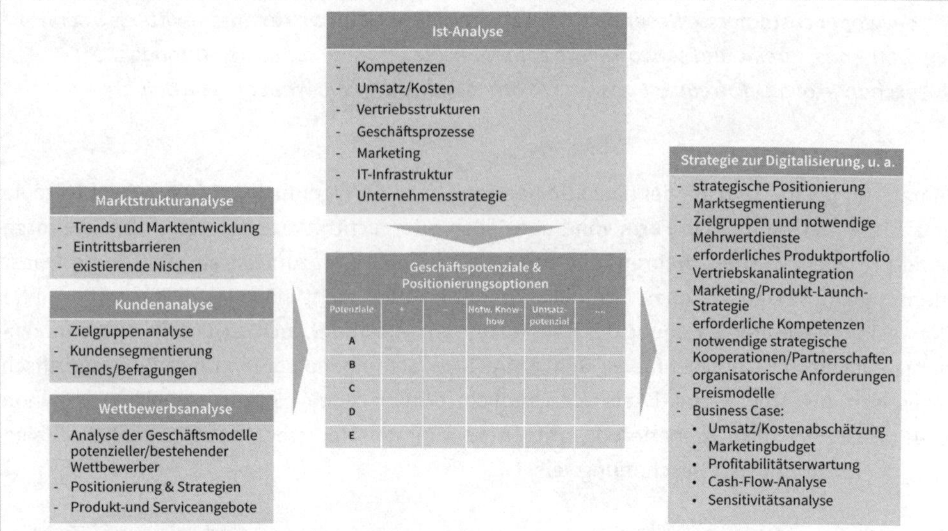

Abbildung 31 Idealtypisches Vorgehensmodell zur Entwicklung der Strategie zur Digitalisierung (Aaker, 2001; Goodstein/Nolan/Pfeiffer, 1993)

1.4.3.1 Markt- und Umfeldanalyse – Welchen Mechanismen unterliegt der Zielmarkt?

Im Rahmen der Markt- und Umfeldanalyse sind alle jene Entwicklungen im gesellschaftlichen, rechtlichen, politischen oder auch technologischen Bereich zu identifizieren, die für die Ausrichtung eines eigenen Ansatzes von Bedeutung sind. Neben generellen Marktcharakteristika wie dem geschätzten Marktwachstum ist hier insbesondere auf die Ursachen dieser Veränderungen etwa aufseiten der Kundenbedürfnisse oder auch des Kundenverhaltens abzustellen. Dieser allgemeine Handlungsrahmen wird der Strategie zur Digitalisierung durch die globale Unternehmensumwelt extern vorgegeben und kann kaum beeinflusst werden. Im Mittelpunkt stehen gesamtwirtschaftliche, technologische und gesellschaftliche Entwicklungen oder auch rechtliche Veränderungen (Götz, 1998).

Der Bereich der **allgemeinen gesellschaftlichen Entwicklungen** bezieht sich auf Veränderungen in den allgemeinen Werten, Einstellungen, Normen und Leitbildern in einer Gesellschaft (Strauß, 1996). Hier sind über die letzten Jahre mindestens vier große Trends erkennbar:

- **»Evolumania«**: Die wissenschaftliche Erklärung der Welt erlebt eine populäre Renaissance, besonders die Evolutionstheorie dient dabei als übergreifende Metapher – auch zur Deutung individueller, sozialer und selbst politischer, wirtschaftlicher oder technischer Entwicklungen. Neu ist dabei die Sicht der Evolutionstheorie, die nicht das »Ausrottungsprinzip« favorisiert, sondern ein positives Entwicklungsprinzip (vgl. Abbildung 32). Der jeweils erreichte Status quo wird als vorläufiger Höhepunkt einer Auslese und gleichzeitig als Zwischenstufe zu noch höherer Qualität erlebt. Evolutionäres Denken entspricht in hohem Maße dem

Selbstverständnis beispielsweise auch im deutschen Mittelstand. Der Mittelstand befindet sich in gewachsenen Strukturen, die durch »natürliche« Auslese, gelebte Tradition und Erfahrung entstanden sind. Abstraktes, theoretisch-konstruierendes, rein logisch initiiertes Denken und Handeln ist diesem Marktsegment eher fremd (Ries/Ries, 2005; Simon, 2007).

Abbildung 32 Beispiel für die natürliche Evolution, aufgegriffen in einer *Mini*-Kampagne

Die Medien haben auf diesen Trend bereits vor etwa zehn Jahren reagiert. Zwar war die Welt von Wissenschaft, Technik und Forschung für das Fernsehen schon immer attraktiv und einschlägige Magazine gehören zu den Standardleistungen des Mediums. Aber sie wurden eher selten gewürdigt. Etwa seit Mitte der 1990er-Jahre lässt sich in allen Medien eine beträchtliche Zunahme der Wissenschaftsberichterstattung feststellen. Dies gilt sowohl für den Printsektor als auch für das Fernsehen. Inzwischen kann man bereits von einem wahren »Wissenschaftsboom« in den Sendern sprechen, der auch die privaten TV-Sender erreicht hat (etwa »Abenteuer Forschung« (ZDF); »Planetopia« (Sat.1); »Welt der Wunder« (Pro7) oder auch »Galileo« (Pro7)). Wissenschaft ist immer noch »in«, das Angebot auf allen Kanälen ist groß und die Zuschauer nehmen es an.

- **Maschine-Mensch-Analogien**: Neurowissenschaften, aber auch Nano- und Gentechnologie liefern eine neue Utopie der restlosen Erklär- und Beherrschbarkeit des Lebens. »Weiche« Faktoren wie Wille, Glaube, Emotionen werden anhand biochemischer Vorgänge »erklärt«. »Neurotheologie« oder »Neuromarketing« ist nur eine der Fortsetzungen dieses Weltbildes in den ethisch-religiösen Bereich. Der Traum von der zentralen Beherrschbarkeit der unfassbaren Seiten menschlicher Existenz fasziniert und weckt gleichzeitig tiefste Ängste. Diese »Ästhetik der reinen Vernunft« (höchst effiziente, reibungslose Prozesse frei von menschlichen Fehlern) fasziniert, ähnlich wie die aufgekommenen ubiquitären, mobilen Dienste. Gleichzeitig widerspricht dieses Bild der eigenen Lebenserfahrung (vgl. Evolumania). Man fürchtet, diese Art von Präzision nur zum Preis der persönlichen und unternehmerischen Identitätsaufgabe zu erhalten (Gehirn & Geist, 2006). Ein Resultat: Ein neues Naturverständnis entsteht für das 21. Jahrhundert. Nicht mehr das beflügelnde Ideal des »Unberührten« steht im Vordergrund, sondern die situative Erfahrung von nichtstädtischem Umfeld als emotionalem Mehrwert. Natur ist damit nicht mehr der Antipode zur Technik, sondern wird durch sie erst richtig schön (»Augmented Outdoor«; Horx, 2012b).

Das US-Sicherheitsunternehmen ***RSA Security*** hat ähnlich wie *Nivid Biometrics* Produkte mit Spracherkennung zur Authentifizierung beim Telefon-Banking eingeführt. Das »Adaptive Authentification Package« wurde um sprachbiometrische Faktoren ergänzt. Das Produkt soll dabei helfen, den Betrug beim Telefon-Banking einzudämmen: Die Lösung bewertet das Risiko mit einem Punktesystem, für das sowohl der Stimmausdruck als auch andere Parameter mit ausgewertet werden – beispielsweise die Telefonnummer und das Nutzerverhalten. Transaktionen mit einem geringen Risiko können ungehindert durchgeführt werden – bei einem hohen Risikofaktor erfolgt eine zusätzliche Verifizierung durch weitere Sicherheitsfunktionen. Derzeitige Techniken zur Telefon-Authentifizierung sind laut *RSA* nur mäßig sicher, da sie in der Regel teilweise noch manuell durchgeführt werden.

- **Optionismus** – **Simplicity**: In nahezu allen Lebensbereichen bieten sich heute unzählige verschiedene Optionen. Individuen erleben sich ständig in anderen Rollen und Entscheidungsmustern. Eine permanente (Über-)Forderung mentaler Ressourcen ist die Folge. Auf der Suche nach dem »Wesentlichen« wird immer häufiger die Option gewählt, Optionen bewusst zu reduzieren. Klarheit, Einfachheit spielen in Design, Lebensgestaltung und auch der Wirtschaft eine immer größere Rolle (Küstenmacher/Seiwert/Küstenmacher, 2006; Iyengar/Lepper, 2000). Die meisten Individuen reagieren dabei auf nichts allergischer, als sich bevormundet zu fühlen und die aufgebaute Komplexität nicht mehr selbst gestalten zu können (»Cyberflaneur«; Horx, 2012b). Fernsehen wird dabei als »Old School« wahrgenommen. Der Charakter als Leitmedium in der Zukunft ist angesichts von mobilen Anwendungsszenarien und dem rasanten Wachstum der Smart Devices zumindest fraglich. Für das »Post-TV-Zeitalter« ist eine Spaltung in Hochfokus-Fernsehen und Diffusions-TV zu erwarten, eine Eventisierung und zugleich Reformatierung als »visuelles Hörspiel«. Damit hat der Fernseher als »seltsamer Attraktor« des Haushalts schrittweise ausgedient (Horx, 2012b). Der neue Pragmatismus im »Lifestyle of Resilience« gibt den Jungen und »Digital Natives« die Möglichkeit, sich abzugrenzen und situationsgerecht handeln zu dürfen (Horx, 2012b). Aus Unternehmenssicht sind die Vereinfachung von Prozessen, Effizienzsteigerung, Verschlankung, Überblick, Klarheit und Transparenz unternehmerische Herausforderungen. Gleichzeitig zwingt ein optionistischer Markt dazu, schnell und flexibel reagieren zu können. Die Beherrschung etwa von Unternehmensprozessen dient dazu, sich auf Wesentlicheres konzentrieren zu können (Brandes, 2005).

Auf der Sortimentsebene beispielsweise erleben Konsumenten Entlastung: In der dargestellten **Angebotsfülle** finden sie sich kaum noch zurecht. So verfügt ein durchschnittlicher *Media-Markt* beispielsweise bereits zwischen 90 und 140 Kameras von mehr als 20 Marken. Mehr Angebote führen jedoch nicht zwangsläufig auch zu mehr Käufen: Vor einem Regal mit 24 Marmeladesorten bleiben zwar 60 % der Kunden stehen, allerdings liegt der Anteil der kaufenden Kunden nur bei 2 %. Bei sechs Sorten bleiben zwar 40 % der Kunden stehen, allerdings kaufen davon 12 %. Zudem fühlen sich Kunden vor dem größeren Regal oft überfordert und frustriert, weil sie möglicherweise die falsche Wahl getroffen haben.

Diese Form von Desorientierung und das damit eskalierende Unbehagen drückt sich auch darin aus, dass etwa ein Drittel der Befragten einer *Allensbach*-Studie angeben, dass sie etwas kaufen möchten, aber nichts Passendes finden – und dies trotz einer Riesenauswahl (Esch, 2007; Riemenschneider, 2006).

Ein plastisches Beispiel für das Verlangen nach Einfachheit in einem optionistischen Umfeld bietet der **Trend zu Pauschalpreisen** (Flatrates). Globalisierung und permanente Nachrichtenflut bescheren den Konsumenten mehr Informationen und Vielfalt als jemals zuvor. Einhergehend mit der neuen Informationsflut war es niemals zuvor für einen Konsumenten anstrengender und mühsamer, die richtigen Informationen zu finden und eine für ihn bestmögliche (subjektive) Entscheidung zu treffen. Stürzte sich der postmoderne Mensch in den Industrienationen noch zu Zeiten des New-Economy-Booms mit Freude in die Lust der Komplexität der entfesselten Konsumwelt, wird diese Welt zunehmend von Zentrifugalkräften beherrscht: Die Suche in der schier unendlichen Informationsvielfalt sorgt dafür, dass der stundenlange Vergleich zunehmend zum öden Lebensmittelpunkt geworden ist. Der tägliche Kampf durch den unübersichtlichen Tarifdschungel und die (kleingedruckten) allgemeinen Geschäftsbedingungen zehrt zunehmend an den Nerven der Konsumenten – diese verlieren den Überblick und verschieben Anschaffungen in der Konsequenz (Berke et al., 2007). Kognitive Entlastung wird in vereinfachten Produkt- und Preismodellen gesucht: Der Fixpreis bietet volle Kostentransparenz und Kontrolle. Neben den seit 2001 bereits etablierten Flatrate-Modellen im Bereich Telekommunikation schwappte die Festpreiswelle auch auf andere Industriebereiche über: So verkauft ***Ford*** seit Anfang 2007 Neuwagen mit der »Ford-Flatrate«, einem Servicepaket, das aus vier Jahren Produktgarantie, einer Mobilitätsgarantie, Wartung und Inspektion sowie einem Finanzierungsmodell mit einem günstigen Zinssatz besteht. Nach vier Jahren kann der Kunde seinen Wagen zurückgeben oder ihn weiterfinanzieren. Laut Aussagen des Herstellers greifen bereits knapp 40 % der Privatkunden zu diesem Flatrate-Angebot. Bei anderen Anbietern wie *VW* und *Audi* schließen die »Rundum glücklich«-Pakete auch Voll- und Teilkaskoversicherungen mit ein.

Optionismus findet seinen Ausdruck im Aufkommen von **Collaborative Consumption** und **Collaborative-Sharing**-Konzepten für Autos in Ballungsräumen (*Car2go*), Unterkünfte für Touristen (*Airbnb*), Musik (*Spotify*), Fahrräder oder hochwertige Mode – der Trend geht weg vom Besitz hin zum Teilen und zum Zugang zu Produkten. Der neue Verbrauchertypus »Transumer« bezeichnet einen hochmobilen Konsumenten, der nach Erlebnissen und Einfachheit in der Wahrnehmung individueller (mobiler) Bedürfnisse strebt und der nach unmittelbarer, komfortabler Befriedigung seiner Bedürfnisse im Hier und Jetzt sucht. Er ist ein prototypischer Vertreter der »Upgrade-Gesellschaft«, in der »Nutzen« wichtiger ist als »Besitz« und in der die »Sehnsucht nach Besonderem und Abwechslung« die Einstellung zum Besitz flexibilisiert (Scholl et al., 2010). Das Auto als klassisches Statusymbol verliert, während das Eigentum beispielsweise moderner Smartphones gewinnt. *Car2Go* hat beispielsweise Ende 2018 bereits drei Millionen Kunden allein in Berlin mit einem Plus von 622.000 Anmietungen pro Jahr.

- **»Deep Support«**: Die schnelle Veränderung äußerer Parameter zwingt zur ständigen Anpassung der eigenen Identität. Die Unterstützung bei dieser Aufgabe muss zwangsläufig hochindividuell sein. »Deep Support« bedeutet individuelles Coaching/Unterstützung spezifischer Fähigkeiten bzw. die Förderung konkreter Fähigkeiten. »Deep Support« erkennt, fördert und antwortet auf Individualität. Diese Entwicklung gründet auf Vertrauen, Gegenseitigkeit, Authentizität und Verlässlichkeit. »Deep Support« in Anspruch zu nehmen heißt, die eigene Identität zu wahren und sich dennoch weiterzuentwickeln und zu lernen. Auch beim Lernen kommt das Wissen in Zukunft von der Crowd. »Peer Education« setzt dort an, wo die herkömmliche Bildung am Individualismus scheitert (Horx, 2012b). Wandel- und Innovationsdruck zwingen in diesem Zusammenhang selbst den Mittelstand, sich an Entwicklungen anzupassen. Dabei muss die eigene Identität gewahrt werden, die oft als entscheidender Wettbewerbsvorteil gesehen wird (Simon, 2007). Gesucht wird deshalb ein bilateraler Austausch mit anderen Unternehmern (etwa am Rande von Messen und in Foren), individuelles Coaching und ein »sensibles Consulting«, das die subjektiv als ganz besonders wahrgenommene Situation des Unternehmens respektiert (Maxmin/Zuboff, 2004).

Die US-amerikanische Kette für Heimwerkerbedarf und Haushaltsgeräte ***Lowe's*** setzt mit ihrem Kundenbindungsprogramm *»MyLowe's«* auf Deep Support und Convenience. Im Kundenprofil werden Online- und In-Store-Käufe so hinterlegt, dass sie für mögliche Wiederkäufe passgenau auf die Bedürfnisse abgestimmt sind. Etwa für den klassischen Fall einer Farbausbesserung: Welche Farbe war es genau? Welche Menge der gleichen Farbe benötigt der Kunde für die Wand im Kinderzimmer? Kunden können so in ihrem Account ein »Home Profile« mit konkreten Abmessungen zu Zimmergröße und Wandfläche anlegen. Zusätzlich können »schnelldrehende« Produkte den eigenen vier Wänden zugeordnet werden und so – beispielsweise Müllbeutel – mit wenigen Mausklicks wiederbestellt werden.

Ähnlich wie die gesellschaftlichen Entwicklungen beeinflusst die **gesamtwirtschaftliche Entwicklung** die Strategie zur Digitalisierung, etwa in Form des allgemeinen Wirtschaftswachstums, seit spätestens 2009 die Auswirkungen der Finanzkrise, die Verteilung der privaten Haushaltseinkommen oder auch die allgemeine Investitionsbereitschaft aufseiten der Unternehmen. **Politische und rechtliche Entwicklungen** wie die Liberalisierung des Telekommunikationsmarktes oder auch eine Novellierung des Teledienstedatenschutzgesetzes führen dazu, dass entweder die gesamte Strategie zur Digitalisierung zu überdenken ist oder auch nur Elemente der angedachten Umsetzung (etwa der Grad der Implementierung, Prozessveränderungen oder auch die Datenhaltung).

Neue Bedrohungen oder Chancen eröffnen **technologische Entwicklungen**, die wiederum im Rahmen der Strategieentwicklung zu berücksichtigen sind. Aus der Sicht moderner IT als wichtigem strategischen »Enabler« geht es hier vor allem um die Erweiterung der unternehmerischen Gestaltungsoptionen, sei es in den unternehmensinternen Abläufen, der Zusammenarbeit mit Zulieferanten oder auch neuen Vertriebskanälen. Entsprechend stellt *Horx* fest: »*Internet-Plattformen verbessern weder das Produkt, noch das Kundenerleben, noch die Beziehungen im Kundenverhältnis.*« (Horx, 2016, S. 21)

Für die Analyse des globalen Unternehmensumfeldes stehen vielfältige Methoden zur Verfügung, wie etwa

- **Frühwarnsysteme**: Ihnen liegt die These zugrunde, dass sich wesentliche Veränderungen im Unternehmensumfeld bereits im Vorfeld durch »schwache Signale« ankündigen. Diese Signale sind meist unstrukturierte, qualitative Informationen aus dem Unternehmensumfeld, die Hinweise auf eine erhebliche Veränderung geben (Simon, 1985; Krystek/Müller-Stewens, 2002). Quantitative Leitindikatoren können volkswirtschaftliche Kennzahlen oder auch Stimmungsindikatoren (wie der Einkaufsmanager-Index) sein, die durch qualitative als auch quantitative Studien von Forschungsinstituten ergänzt werden. Probleme können beim Einsatz von Frühwarnsystemen auftreten, wenn Leitindikatoren, die sich in der Vergangenheit bewährt hatten, auch für die Prognose zukünftiger Entwicklungen herangezogen werden.
- **Prognoseverfahren**: Aus den Erfahrungen von Experten werden Einschätzungen über zukünftige Entwicklungen gewonnen. Dieses Verfahren bietet sich insbesondere bei Entwicklungen an, bei denen nicht genügend Daten für eine quantitative Beschreibung vorliegen. Im prominentesten Ansatz, der Delphi-Methode, werden Experten über mehrere Runden schriftlich über ihre Einschätzungen der zukünftigen Umfeldentwicklung befragt und diese in der Gruppe jeweils diskutiert. In einem iterativen Prozess kristallisiert sich im Idealfall aus der Expertengruppe eine einheitliche Gruppenmeinung heraus. Den vergleichsweise geringen formalen Anforderungen dieses Prognoseverfahrens steht vor allem der Nachteil gegenüber, dass starke Diskontinuitäten in der Umfeldentwicklung gegebenenfalls ein nur unzureichendes Augenmerk erhalten.
- **Szenariotechnik**: Im Gegensatz zu den Prognoseverfahren oder Frühaufklärungssystemen fokussiert die Szenariotechnik nicht nur auf eine mögliche Zukunftsentwicklung, sondern auf mehrere. Neben der Beschreibung der unterschiedlichen Zukunftsentwicklungen (»Szenarien«) werden diese durch Aussagen über deren jeweilige Eintrittswahrscheinlichkeiten gewichtet. Die Bewertung dieser Szenarien aus Unternehmenssicht als »Best Case«, »Worst Case« und »Base Case« erlaubt die Darstellung in sich widerspruchsfreier Kombinationen von Faktorausprägungen (von Reibnitz, 1996). In der Praxis zeigt sich, dass bereits die Diskussion über unterschiedliche Szenarien und die jeweils hinter diesen Szenarien liegenden Annahmen vielschichtige Erkenntnisse bietet. Für die Erarbeitung der Strategie zur Digitalisierung wird meist der Ansatz gewählt, das wahrscheinlichste Szenario (»Leitszenario«) in der Planung weiter zu berücksichtigen. Die Strategie auf der Basis des Leitszenarios ist hinreichend flexibel auszulegen, sodass auch andere Szenarien im Falle einer Strategieände-

rung verfolgt werden können. Entsprechend bietet es sich an, diesen Ansatz auch für die Auswahl alternativer Strategien heranzuziehen (Götz, 1998; Hansmann, 1995).

Aufbauend auf diesen eher allgemeinen Umfeldanalysen ist der relevante Markt eingehender zu beschreiben. Unter dem **relevanten Markt** dasjenige Marktsegment zu verstehen, auf dem das Unternehmen tätig ist bzw. werden möchte. Dieser relevante Markt kann entweder über die Gruppen von

- **Anbietern** (z. B. die Bekleidungsindustrie),
- **Produkte** (z. B. der Markt für Heimtextilien),
- **Nachfrager** (z. B. Familien mit Kindern unter zehn Jahren) oder auch
- **Bedürfnissen** oder Bedürfniskategorien (z. B. der Markt für Skibekleidung)

abgegrenzt werden (Freter/Obermeier, 2000). Meist sind mehrere Kategorien für die Abgrenzung des relevanten Marktes miteinander zu kombinieren. Aus einer kundenorientierten Sicht sollte der Nachfrager unter Zuhilfenahme einer Kundensegmentierung und detaillierten Bedürfnisanalyse im Mittelpunkt stehen. Die erforderliche Datengrundlage kann dabei durch externe Analystenstudien oder auch bereits durch eine geringe Anzahl einfacher Experteninterviews gewonnen werden.

1.4.3.2 Kundenanalyse – Was will der Kunde?

Im Mittelpunkt der Kundenanalyse steht die Frage, wer als Nachfrager im betrachteten Marktsegment auftritt, welche Kundensegmente sich unterscheiden lassen, welches Verhalten diese Kundensegmente aufweisen und welche hier zugrunde liegenden Präferenzen ausgemacht werden können. Nur wenn hinreichend differenzierte Kundensegmente vorliegen bzw. ermittelt werden können, ist eine nach Kundensegmenten differenzierte Strategie zur Digitalisierung nachfolgend sinnvoll. Grundlage für die Erarbeitung der Strategie sind damit die grundlegenden Bedürfnisse und das Verhalten der Kunden. Dabei sind nicht nur die aktuell zu beobachtenden Verhaltensweisen von Interesse, sondern auch die zukünftig zu erwartenden Veränderungen und Entwicklungen im Kundenverhalten.

Die Kundensegmentierung kann hierzu auf vielfältige Instrumente der klassischen **Marktforschung** zurückgreifen. Im Mittelpunkt stehen dabei zwei inhaltliche Aspekte:

- die Identifikation von Marktsegmenten, die sich als Käufer bzw. potenzielle Käufer bezüglich bestimmter Kriterien unterscheiden;
- die Informationsgrundlage für die weitergehende Erarbeitung und Umsetzung von Strategien zur Digitalisierung zu generieren, welche die vorab identifizierten Segmente bestmöglich beschreiben und nachfolgend umsetzen lassen.

Dabei sollten die Segmente im Idealfall in sich möglichst ähnlich (**homogen**) sein, im Vergleich mit anderen Segmenten möglichst verschiedenartig (**heterogen**). Um sicherzustellen, dass eine Segmentierung nachfolgend auch die Erarbeitung differenzierter Strategieansätze erlaubt, sind an eine Segmentierung einige grundsätzliche Anforderungen zu stellen, wie (Paley, 2000):

- **Verhaltensrelevanz**: Die Kriterien für die Abgrenzung unterschiedlicher Segmente sollten das tatsächliche Kundenverhalten widerspiegeln und deutliche Unterschiede zwischen den Segmenten (etwa in Bezug auf das Kaufverhalten) aufweisen.
- **Ansprechbarkeit**: Die Kunden in den Segmenten sollten etwa im Rahmen von Kommunikationsmaßnahmen, Produkten und Dienstleistungen spezifisch ansprechbar sein (Erreichbarkeit).
- **Trennschärfe**: Segmente können deutlich voneinander abgegrenzt und in ihren Ausprägungen beschrieben werden. Diese Segmente sollten unterschiedlich auf verschiedene Produkt- und Dienstleistungsangebote reagieren.
- **Messbarkeit**: Die der Segmentierung zugrunde liegenden Kriterien sollten gut messbar sein, um Größe, Kaufkraft und andere für die nachfolgend zu erarbeitenden Angebote und Programme wichtigen Merkmale festlegen zu können.
- **Zeitliche Stabilität**: Die erarbeiteten Segmente sollten eine gewisse zeitliche Stabilität aufweisen – nicht nur in Bezug auf die Segmentstruktur insgesamt, sondern auch die Zugehörigkeit einzelner Nachfrager zu diesen Segmenten.
- **Wirtschaftlichkeit**: Die Erfassung und Bearbeitung dieser Segmente sollte wirtschaftlich darstellbar sein. Ein Segment muss hinsichtlich Größe und Umsatz-/Gewinnpotenzial ausreichend groß sein (substanziell). Ein Segment ist als die größte homogene Zielgruppe zu definieren, für die sich ein spezifiziertes Angebot lohnt. Selbst für die individualisierte Ansprache im Rahmen eines One-to-One-Marketings ist sicherzustellen, dass die Ansprache und Leistungserbringung noch wirtschaftlich sinnvoll durchgeführt werden kann.

Hotel Chocolat zählt zu den führenden Chocolaterien in Großbritannien und betreibt neben zahlreichen Ladenlokalen einen Onlineshop. Für die Terminals in den Läden wurde eine Microsite entwickelt, über die sich Besucher für den Newsletter registrieren können. Mit dem stetigen Wachstum des Verteilers und der gesammelten Kundendaten stiegen aber auch die Probleme mit der Reputation als Versender. Die Folge waren sinkende Öffnungs- und Klickraten sowie steigende Abmeldezahlen. Um die Menge ungewollter E-Mails zu reduzieren (und den Ruf als Massenversender zu überwinden) und damit die Qualität des Targetings zu erhöhen, implementierte *Hotel Chocolat* einen Prozess zur verhaltensbasierten Segmentierung. Die integrierte Datenbank versetzt *Hotel Chocolat* in die Lage, registrierte Nutzer danach zu unterschieden, ob sie sich (1.) im Laden oder (2.) auf der Website für den Newsletter registriert hatten. Hierauf abgestimmt wurde ein Willkommensprogramm aufgesetzt, das vier Stufen über insgesamt 45 Tage umfasst. Bei beiden Nutzergruppen wurde die jeweils erste E-Mail auf den Erstkontakt zugeschnitten, je nachdem, ob dieser Kontakt offline in einem Ladenlokal oder online auf der Website stattgefunden hatte. Damit ging *Hotel Chocolat* exakt auf das initiale Markenerlebnis der Empfänger ein. Darüber hinaus wurden die Anmelder anhand weiterer Kriterien segmentiert, die Einfluss auf die Markenbeziehung hatten: das Öffnungs- und Klickverhalten im Newsletter, das Surfverhalten auf der Website sowie das Kaufverhalten. Alle Kundendaten fließen laut Firmenangaben im Sinne einer 360-Grad-Sicht auf den Kunden in eine zentrale Datenbank und ermöglichen so die schnelle und automatische Zuordnung der Empfänger zu bestimmten Engagement-Segmenten und Phasen im Kundenlebenszyklus. Für jedes Segment wurde ein passendes E-Mail-Programm eingerichtet, was sich unter anderem in individuell abgestimmten Versandfrequenzen sowie in unterschiedlichen Inhalten und Längen der E-Mails widerspiegelt. *Hotel Chocolat* wird so auch in die Lage versetzt, seine Kunden im Kundenlebenszyklus exakt zu verorten und aus Kundensicht relevante Botschaften zur richtigen Zeit präzise zu kommunizieren. Laut Aussage des Unternehmens konnte so die Gesamtmenge der E-Mails innerhalb des ersten Jahres um 44 % reduziert werden, bei gleichzeitiger Steigerung des Umsatzes um 20 %, der Steigerung des durchschnittlichen Warenkorbwertes um 22 % sowie die Steigerung der Zustellbarkeit sowie der Öffnungs- und Klickraten.

Mit der **Marktpotenzialanalyse** oder auch der **Kundentypologie/Zielgruppenmatrix** stehen mehrere Verfahren für eine qualitativ hochwertige Markt-/Kundenanalyse zur Verfügung. Während bei der Marktpotenzialanalyse eher die quantitative Beschreibung des Marktes (Marktvolumen, Entwicklung) in den Dimensionen »Top-down/Bottom-up« und »eigener Marktanteil versus Wettbewerber« im Mittelpunkt steht, fokussieren Typologien und Zielgruppenmatrix auf eine eher qualitative Beschreibung (Strauß, 2008b). Hier steht die Analyse der Besonderheiten, der Stile und der Beweggründe unterschiedlicher Kundensegmente im Mittelpunkt. Während in der klassischen Segmentierung bereits seit längerem Milieutypologien vorliegen, stehen ähnliche Online-Milieus zur Verfügung, wie das WEB.Milieu (Grether/Markarian, 2007).

1.4.3.3 Wettbewerbsanalyse – zwischen Kostenführerschaft und Differenzierung

Neben der Analyse der bestehenden Marktstrukturen und Kundenanforderungen fokussiert die Wettbewerbsanalyse schließlich auf die Geschäftsmodelle, die Positionierung sowie die Angebote konkurrierender Marktteilnehmer (Wheelen/Hunger, 2001). Die Attraktivität und die durchschnittliche Profitabilität eines Marktsegments können durch Faktoren wie

- die **Wettbewerbsintensität** durch die Rivalität zwischen derzeitigen Anbietern, etwa zwischen den Anbietern im PC-Markt (wie *Dell* und *Acer*), der derzeit zu beobachtenden hohen Wettbewerbsintensität bei den Anbietern von Suchmaschinen (etwa *Google®*, *Microsoft/Bing* oder *Amazon*) oder auch Versandhändlern (etwa *Otto* und *Zalando*),
- den **Eintritt neuer Wettbewerber**, wie etwa den Eintritt von *Amazon* in den Markt für Tablet-PCs mit dem *Kindle*,
- **Markteintrittsbarrieren**, etwa dem Apotheken-Monopol in Deutschland oder rechtlichen Rahmenbedingungen zur Personenbeförderung wie im Fall von *Uber*,
- die **Existenz von Substitutionsprodukten**, beispielsweise MP3-Player oder Streaming-Anbieter wie *Spotify* als Substitut zur CD, wenngleich hier sowohl Produkt als auch Vertriebsweg (Online) substituiert wurden,

- die **Macht der Zulieferanten und der Kunden**, etwa von Automobilherstellern gegenüber Zulieferanten und ihren (selbstständigen) Händlern

beschrieben werden. Im günstigsten Fall zeigen die unterschiedlichen Analysen in diesen Bereichen bereits potenzielle Marktnischen und Positionierungsoptionen im jeweiligen Branchensegment auf (Kim/Mauborgne, 1997). Die Wettbewerbsintensität bestimmt den Erfolg (wie Profitabilität) in diesem Branchensegment: Mit steigender Wettbewerbsintensität sinkt tendenziell die Profitabilität der Anbieter im jeweiligen Marktsegment. Steigender Wettbewerbsdruck zwingt Unternehmen dazu, neue Güter noch besser an den Kundenbedürfnissen auszurichten, dabei gesteigerten Qualitätswünschen *und* günstigeren Preisvorstellungen im Vergleich zu etablierten oder zu Vorläuferprodukten zu entsprechen, um der Nachfrage gerecht zu werden (Pine, 1993). Die Wahl einer geeigneten Wettbewerbsstrategie ist maßgeblich für die spätere Wettbewerbspositionierung verantwortlich, was wiederum zu Steigerungen des Unternehmenserfolgs führen kann.

Die Wettbewerbsanalyse steht dabei vor **Herausforderungen** (Porter, 2001; Aaker, 2001; Timmers, 1999; Slywotzky/Morrison, 2000) wie der

- Wettbewerbsanalyse in einem **unklaren Wettbewerbsumfeld** aufgrund reduzierter Eintrittsbarrieren und verschwimmender Branchengrenzen (Konvergenz). Fokussierte die klassische Wettbewerbsanalyse noch stärker auf einzelne Wettbewerber, steigt die Komplexität der Strategieentwicklung etwa durch die Berücksichtigung unterschiedlichster Unternehmensnetzwerke oder Wettbewerbs-»Cluster« (Porter, 1999);
- Identifizierung **neuer Marktteilnehmer** aus bislang branchenfremden Segmenten, etwa Infomediäre im Internet wie *Apomio.de* oder auch Internet-Apotheken wie *DocMorris*, wobei letztere mittlerweile auch stationäre Apotheken betreibt;
- Notwendigkeit zur Identifizierung von **Partnern mit komplementären Kompetenzen**, die gegebenenfalls in anderen Produkt- und Marktsegmenten wiederum als Wettbewerber auftreten.

1.4.3.4 Unternehmensanalyse – Wie ist der Status quo in Bezug zu Kunden, Wettbewerbern und dem gesamten Markt?

Zusätzlich zu den Kunden-, Markt- und Wettbewerbsanalysen ist die Verortung des eigenen Unternehmens in diesem Umfeld für die nachfolgende Formulierung der Strategie zur Digitalisierung erforderlich. Hierfür sind mindestens drei Betrachtungsebenen im Rahmen der Analyse relevant:

- die Situation des Unternehmens bei den eigenen (Bestands-)Kunden;
- die Situation des Unternehmens bei den Nachfragern im breiteren Marktumfeld (also den »Noch-Nicht-Kunden«);
- die Situation des Unternehmens im Vergleich zu Wettbewerbern.

Die Analyse zur **Situation des Unternehmens bei seinen bestehenden Kunden** rekurriert vornehmlich auf die **Kundenzufriedenheit** und die Loyalität der Kunden zum Unternehmen. Durch den Vergleich der tatsächlichen Kundenerfahrung (IST) bei der Inanspruchnahme einer Leistung oder dem Gebrauch eines Produktes im Vergleich mit einem bestimmten, gesetzten Vergleichsstandard des Nachfragers (SOLL) stellt sich die Kundenzufriedenheit als ein hochgradig kognitiv ausgerichtetes Phänomen dar (Beutin, 2006; Burmann, 1991): Die Zufriedenheit resultiert im Wesentlichen aus den Wahrnehmungsprozessen aufseiten des Kunden. Mittelbar beeinflusst die Kundenzufriedenheit nachfolgend die *Kundenloyalität*, die sich

- im **Wiederkaufsverhalten**,
- in der **Bereitschaft zu Zusatzkäufen** (»Cross-Sell/Up-Sell) oder auch
- in der Bereitschaft, die Produkte an andere Konsumenten weiterzuempfehlen (**Weiterempfehlung**)

manifestiert (Schnaars, 1998; Homburg/Schäfer, 2006; Krafft/Götz, 2011).

Empirische Studien zeigen hierzu, dass die Kundenzufriedenheit nicht nur die Kundenloyalität, sondern auch die Bereitschaft zum Zahlen höherer Preise positiv beeinflusst (Akshay/Monroe, 1957). Weitergehende Analysen im Rahmen einer Absatzsegmentrechnung bieten zusätzlichen Aufschluss über die aktuelle Profitabilität der bestehenden Kundensegmente. Eine Kundenwertanalyse (**Customer Lifetime Value**) weist nicht nur den Gegenwartswert aus, sondern aggregiert die Kosten und Umsätze über den gesamten Kunden-Lebenszyklus (von der Kundengewinnung bis zum Verlust eines Kunden) als Instrument zur Analyse der Situation bei Bestandskunden.

Neben der Situationsanalyse im Kundenumfeld ist die Analyse zur Situation des Unternehmens im gesamten Markt bei allen Nachfragern eine weitere Voraussetzung für die spätere Formulierung der Strategie zur Digitalisierung. Die Analyse kann sich etwa an den Stufen entlang des **Markentrichters** oder **Brand Funnel** orientieren. Defizite in der Wahrnehmung bzw. Kaufbereitschaft können Hinweise auf die Notwendigkeit für intensivere bzw. gezieltere Kommunikationsmaßnahmen oder differenziertere Produkt- und Serviceangebote geben (Strauß, 2008a; siehe Kapitel 3.4.2).

Zusammenfassend und komplementär zur Markt- und Wettbewerbsanalyse sind in einem ressourcen- und kompetenzorientierten Ansatz die heutigen bzw. ausbaufähigen Kernkompetenzen zu identifizieren. Wichtigstes Kriterium für das Vorliegen einer **Kernkompetenz** ist (in einer inputorientierten Betrachtung) eine nur unter Schwierigkeiten mögliche Imitation durch die Konkurrenz sowie das Fehlen von Substitutionsmöglichkeiten im Markt. Kernkompetenzen gehen damit über organisationale Kompetenzen hinaus (Duschek/Rometsch, 2005). Organisationale Kompetenzen stellen im Prinzip eine Koordinationsleistung dar, die auf den sozialen Interaktionsmustern, dem Wissen und den Einzelfähigkeiten der Mitarbeiter basiert. Diese sind eine Form des regelbasierten kollektiven Verhaltens (einer Routine), das durch die wiederholte

Ausübung erlernt wird und sich in der unternehmensbezogenen Sozialisation herauskristallisiert. Die Prägungen, Erfahrungen, Wertschätzungen und Aktivitäten von Individuen im Kontext kollektiver Interaktion bilden eine »Theory-in-Use«, die im Kern die organisatorischen Kompetenzen widerspiegelt (Argyris, 1993; Argyris/Schön, 1974). Kompetenzen bilden damit die Grundlage für das kollektive Handeln im Unternehmen. Kernkompetenzen sind relativ knapp und schwer imitierbar und tragen entsprechend zum wahrgenommenen Kundennutzen bei und verschaffen dem Unternehmen so einen Wettbewerbsvorteil.

Im Ergebnis manifestieren sich Kernkompetenzen damit in einem vom Kunden deutlich wahrnehmbaren Mehrwert sowie der Möglichkeit, sich in den Augen der Kunden mit Produkten und Dienstleistungen von der Konkurrenz deutlich zu differenzieren (Hamel/Prahalad, 1994; Goodstein/Nolan/Pfeiffer, 1993). Kernkompetenzen sind damit die notwendige Voraussetzung für die Schaffung eines angestrebten Kundennutzens. Die Beurteilung der Möglichkeiten zur Differenzierung kann nur bei hinreichend genauen Kenntnissen der Marktentwicklung sowie (heutiger/zukünftiger) Kundenbedürfnisse erfolgen, woraus eine enge Koppelung zwischen Markt- und Kompetenzanalyse resultiert. Gleichzeitig besteht die Notwendigkeit zu beurteilen, inwieweit technologische Innovationen und Marktveränderungen dazu führen, dass Kernkompetenzen überaltern und damit an Wert verlieren. Aus Unternehmenssicht entsteht hier die Forderung, entweder erforderliche Kernkompetenzen systematisch weiterzuentwickeln, neu aufzubauen oder aber via Kooperationen und Fusionen zu akquirieren (Lensker, 2008).

> Als Beispiel für die Nutzung von Kernkompetenzen kann ***Apple*** angeführt werden. *Apples* zentrale Kernkompetenz besteht darin, die – nicht artikulierten – Kundenwünsche in Bezug auf Funktionalität und Lifestyle anzusprechen (ähnlich wie ***Bionade***). Mit dem Musik-Player *iPod* können aufgrund seines Designs als auch der Anbindung an das Portal *iTunes* Mediendateien unmittelbar verfügbar gemacht werden. In Bezug auf das Portal *iTunes* hat *Apple* eine Vorreiterposition für das Management digitaler Urheberrechte eingenommen und nutzte seine technische und Design-Kompetenz, die *Apple* bereits frühzeitig im Bereich Personal Computer aufgebaut hatte, im Rahmen der Produktinnovation mit dem *iPod*. Das *iPad* stellte insofern nur eine konsequente Weiterentwicklung und Nutzung der Kernkompetenzen in den Bereichen Technologie, Funktionalität und Lifestyle dar.

Die **Herausforderung der Kompetenzanalyse** in sich dynamisch verändernden Märkten, Digital-Geschäftsmodellen und Technologien findet sich in (Handy, 1999; Raub/Probst, 2000; Fitz-Enz, 2001; Fellenstein/Wood, 2000)

- der Überprüfung der tatsächlichen Nutzbarkeit vorhandener Kompetenzen;
- dem permanenten Abgleich bestehender Kompetenzen mit deren Nutzbarkeit in hochdynamischen Märkten;
- der systematischen Steuerung eines unternehmerischen Wissensmanagements (Organizational Learning), die sich sowohl auf Kunden, Zulieferanten als auch Konkurrenten im Rahmen der »Co-opetition« erstreckt (Picot/Neuburger, 2000);

- der Fähigkeit, neue Mitarbeiter und Organisationen schnellstmöglich zu integrieren bzw. Schnittstellen zu externen Organisationseinheiten effizient managen zu können (Schein, 1994a).

In einem pragmatischen Ansatz können aus der Vielzahl an verfügbaren Instrumenten zur Unternehmensanalyse das Konzept des Benchmarking oder auch die SWOT-Analyse herangezogen werden (Aaker, 2001; Porter, 2001). Meist kommen diese Verfahren kombiniert zum Einsatz. Im Vergleich zu anderen Verfahren gestaltet sich das *Benchmarking* deutlich einfacher (Karlöf/Östblom, 1993; Jentner, 1998). Im Mittelpunkt des Benchmarking steht der systematische und strukturierte Vergleich zwischen Unternehmen anhand von standardisierten Vergleichsgrößen und Richtwerten. Hauptsächliches Augenmerk ist hierbei auf Unternehmen zu lenken, die in dem jeweils betrachteten Bereich als vorbildlich angesehen werden (**»Best Practices«**).

Der direkte Vergleich bietet Ansatzpunkte für die Leistungsverbesserung in einzelnen Unternehmensbereichen, Aktivitäten oder auch Produktmerkmalen. Kriterien des Benchmarking können entweder Kosten (Kosten der Vertriebsaktivitäten und Vertriebswege), Zeiten (wie Lieferzeiten bei Bestellungen) oder auch die Erreichbarkeit und Qualität der Beantwortung von Serviceanfragen sein (Schober, 1998). Als Benchmark können entweder andere Bereiche innerhalb des eigenen Unternehmens, Unternehmen der gleichen Branche, Wettbewerber oder auch Unternehmen mit ähnlichen Prozessen herangezogen werden. Für die Durchführung eines Benchmarking spricht die Möglichkeit, einen möglichst präzisen, objektiven Vergleich mit den Aktivitäten und Strukturen beispielsweise eines Wettbewerbers durchzuführen zu können. Der Schwerpunkt des Benchmarking liegt jedoch mehr in der Verbesserung der operativen Effizienz und weniger auf der Ebene der strategischen Ausrichtung. Entsprechend wird vielfach kritisiert, dass sich bei einer Überanwendung eines Benchmarking der Fokus rein auf das Kopieren der Lösungsansätze anderer Unternehmen verlagert und die Erarbeitung eigener, kreativer Lösungsansätze und Strategien weitestgehend in den Hintergrund tritt (Jentner, 1998).

Eine zusammenfassende Übersicht und Bewertung qualitativer als auch quantitativer Faktoren wird in aller Regel durch eine Chancen-/Risiken-/Stärken-/Schwächen-Analyse (**SWOT-Analyse**, Thompson/Strickland, 1990; Götz, 1998) abgerundet (vgl. Abbildung 33). Damit verbindet die SWOT-Analyse die Inhalte anderer Analyseinstrumente und stellt in einer systematischen Darstellungsform externe Chancen und Risiken den unternehmensinternen Stärken und Schwächen gegenüber. Auf dieser Grundlage kann eine strukturierte Diskussion und Entscheidung über unterschiedliche Strategien zur Digitalisierung erfolgen.

1. Interne **STÄRKEN** (... auf denen aufzubauen ist)	2. Interne **SCHWÄCHEN** (... die kompensiert werden müssen)
- gute Kundenbeziehungen - kompetentes Produktmanagement - hohe Qualität der Fertigung - ...	- zu geringer Fokus auf Kundenbindung - Fehlen wichtiger Kompetenzen in neuen Themenbereichen und Produkten - ...
3. Externe **CHANCEN** (... die genutzt werden können)	4. Externe **RISIKEN** (... die zu managen sind)
- hohe Markenbekanntheit - qualitativ hochwertiges Händlernetz und geografische Abdeckung - ...	- Auftreten neuer Wettbewerber aus anderen Industrien - aggressives Wachstum der bestehenden Wettbewerber - ...

Abbildung 33 Beispiel für eine SWOT-Analyse (Strauß, 2008b)

Der Vorteil der SWOT-Analyse ist ihre Einfachheit und die Möglichkeit, eine Vielzahl unterschiedlicher Perspektiven unmittelbar integrieren zu können. Jedoch ist für die nachfolgende Diskussion der Strategie zur Digitalisierung wichtig, dass Unternehmen selbst für den Fall, dass sie in einem bestimmten Faktor über eine ausgeprägte Stärke (also eine besondere Kompetenz) verfügen, hieraus nicht zwangsläufig auch ein Wettbewerbsvorteil erwächst. Diese Situation ist beispielsweise dann gegeben, wenn die betreffende Stärke aus Sicht des Kunden irrelevant erscheint bzw. Wettbewerber mindestens das gleiche Leistungsniveau aufweisen. Damit kommt es für die Analyse und die spätere Formulierung der Strategie zur Digitalisierung darauf an, beim jeweiligen Faktor (der auch für Kunden relevant ist) relativ stärker zu sein als die jeweiligen Wettbewerber (Nykiel, 2003).

1.4.3.5 Digital Audit – strukturiertes Benchmarking digitaler Handlungsfelder

Ein verprobtes Verfahren zur Analyse der IST-Situation, Verortung in Bezug auf Kunden, Wettbewerber und genutzte Technologien und damit auch als wesentlicher Impuls für die Entwicklung einer Strategie zur Digitalisierung ist ein Digital Audit (Rogers, 2016, S. 243).

> Unter einem **Digital Audit** wird ein Analyseverfahren verstanden, das auf der Basis von strukturierten Interviews (über alle Fachbereiche und IT hinweg) die bestehende Organisation, Prozesse sowie die hier jeweils eingesetzten Tools und Anwendungen (ebenso wie deren Integration in die IT-Applikationslandschaft) sowie deren Kompatibilität und Nutzbarkeit im (heutigen/einem möglichen zukünftigen) Geschäftsmodell untersucht.

Damit besteht ein Digital Audit im Kern aus mehreren Komponenten zur Entwicklung einer eigenen Digitalisierungsagenda (Schallmo/Rusnjak, 2017; Stöger, 2017): Auf der einen Seite soll hier die **digitale Realität** bemessen werden. Auf der Basis des bestehenden Geschäftsmodells, der Analyse der Kundenanforderungen und der Analyse der bestehenden Wertschöpfungskette kristallisieren sich in den meisten Fällen auf der anderen Seite hier auch unmittelbar bereits erste Handlungsempfehlungen heraus. Hier stehen Fragen im Vordergrund etwa nach (Kofler, 2018)

- der Ausgestaltung des aktuellen Geschäftsmodells und der Ausprägung einzelner Leistungsdimensionen;
- die Analyse der bestehenden Prozesslandschaft, inkl. der einzelnen Wertschöpfungsstufen und das Zusammenarbeitsmodell inkl. Partner;
- ebenso wie die Analyse der Kundensegmente und der hier bestehenden Anforderungen.

Die **digitale Ambition** zeigt unter Berücksichtigung aktueller Marktentwicklungen auf, welche Zielsetzungen für das bestehende und zukünftige Geschäftsmodell gelten sollen. Über Best Practices werden die **digitalen Potenziale** als Ausgangspunkt für das Design des zukünftigen Geschäftsmodells in unterschiedlichen Gestaltungsoptionen skizziert (Schallmo/Rusnjak, 2017). Hierbei wird auf Fragen fokussiert wie etwa:

- Welche Best Practices liegen innerhalb und außerhalb des eigenen Industriesegments vor?
- Welche Enabler für eine Digitalisierung liegen in Bezug auf die Dimensionen Daten, Automatisierung, Vernetzung oder auch digitale Kundeninteraktion vor?
- Welche Optionen bestehen für ein zukünftiges Geschäftsmodell?

Auf der Basis von Best Practices und der wichtigsten Handlungsfelder einer digitalen Transformation können Optionen für die zukünftige Ausgestaltung der Geschäftsmodelloptionen abgeleitet werden. Hierbei richtet sich das Hauptaugenmerk etwa auf Fragen nach den Elementen des Geschäftsmodells, den verschiedenen Funktionsbereichen bzw. Teilen der Prozesslandschaft, die in einer bestimmten Form digitalisiert werden sollen (analog Linz/Müller-Stewens/Zimmermann, 2017, S. 245 f.).

Über den **digitalen Fit** können verschiedene Gestaltungsoptionen im Abgleich mit dem bestehenden Operating Modell, der Erfüllung von Kundenanforderungen und den angestrebten Zielen abgeglichen, bewertet und priorisiert werden. Die Analyse der digitalen Potenziale und des digitalen Fit kann beispielsweise auf der Grundlage eines Benchmarking mit Best Practices aus der Analyse von fast 300 Unternehmen in verschiedenen Funktionsbereichen und Themenfeldern erfolgen (Kofler, 2018; vgl. Abbildung 34).

Die Handlungsfelder umfassen sowohl die Digitalisierung der internen Unternehmensprozesse, als auch die externe Digitalisierung der Angebote sowie den Aufbau zukünftiger Kompetenzen. Diese bilden dann nachfolgend den Rahmen der ***Implementierung***.

Abbildung 34 Beispiel Projektergebnis Digital Audit

1.4.3.6 Strategische Handlungsoptionen der Digitalisierung

Aufbauend auf einem Digital Audit und den Ergebnissen Markt-, Kunden- und Unternehmensanalyse sind die strategischen Handlungsoptionen und die eigentliche Strategie zu formulieren. Hierbei ist zu entscheiden, welche und wie viele Produkt-/Service- und Marktkombinationen adressiert werden sollen. Die Ausdetaillierung der Geschäftspotenziale eröffnet die Möglichkeit, Positionierungsoptionen detailliert zu diskutieren, einschließlich der jeweils angesprochenen Zielgruppensegmente, Vertriebskanalstrategien, organisatorischen Implikationen sowie möglicher strategischer Partnerschaften.

Als Beispiel für ein Ergebnis aus einem derartigen Strategieplanungsprozess können die möglichen Handlungs- und Positionierungsoptionen für ein **Internet-Versicherungsunternehmen** herangezogen werden (Strauß, 2013). Wurde das Internet vormals nur als Informationsplattform für die Produkte und das Unternehmen benutzt, stellt sich die Frage nach der wirtschaftlichen Attraktivität unterschiedlicher digitaler Positionierungsoptionen. Ausgehend von dem bislang vorliegenden Informationsangebot eröffnen sich für das (Offline-)Versicherungsunternehmen die Optionen, den Direktvertrieb im angestammten Versicherungsmarkt zu starten (»Stärkung Kerngeschäft«, Option 1), umfassende Informationsangebote ohne Möglichkeit zum Abschluss zur Verfügung zu stellen (»Portal«, Option 2) oder mit einem umfassenden Informationsangebot unter Nutzung der bestehenden Kundenbasis in neue Geschäftsfelder vorzudringen:

- **Stärkung Kerngeschäft (Option 1):** Dies erfordert die Ausweitung der häufig bei Versicherungen angebotenen geringerwertigen und weniger komplexen Automobil- und Reiseversicherungen (sofern überhaupt bislang die Option zum elektronischen Vertragsabschluss vorgesehen ist) um hochwertige und komplexere Produkte wie Lebens-, Rentenversicherungen oder Investmentfonds;

- **Portal (Option 2):** Hier steht das Angebot eines »Best Advice« unter Einbeziehung von Konkurrenzprodukten sowie der Vermittlung komplementärer Dienstleistungen für spezifizierte Zielgruppen wie Steuerberater oder Wirtschaftsprüfer im Vordergrund. Die endgültige Positionierung fokussiert auf die Bedürfnisse im Lebenszyklus der Kunden (z. B. »junge Familie« oder »Berufseinsteiger«) oder auf spezifische Problemlösungen wie der Online-Schadensabwicklung, der Mietwagenvermittlung im Fall von Kfz-Unfällen oder der Vermittlung von Handwerkern bei Sachschäden. Grundlage für einen als ausreichend groß empfundenen informationellen Mehrwert ist die Einbeziehung einer Vielzahl von Angeboten auch von Wettbewerbern. Für die Transaktion werden Nutzer meist zu den Websites der jeweiligen Anbieter weitergeleitet, wofür Vermittlungsgebühren anfallen.

> *General Motors* integrierte bis ca. 2005 Angebote von Wettbewerbern, sodass der Nutzer unter www.gmbuypower.com nach der Spezifizierung aller Wünsche auch Angebote von Konkurrenzmodellen erhalten konnte.

- **Dienstleister (Option 3):** Dies sieht beispielsweise die Ergänzung um andere Finanzdienstleistungen wie den Aktienhandel vor.
- **Interaktiver Händler (Option 4):** Steht bei Option 1 noch die Stärkung und der Ausbau des bestehenden Geschäftes innerhalb der Versicherungsbranche im Mittelpunkt, verschiebt sich der Fokus bei Option 4 stärker zu neuen Geschäftsmodellen außerhalb der angestammten Branche. Im Mittelpunkt steht die Abdeckung der Bedürfnisse einer homogenen Zielgruppe, was die Integration von Inhaltsangeboten unterschiedlicher Anbieter, das Cross-Selling eigener und fremder Produkte sowie die flexible Ausrichtung auf unterschiedliche, neue Kundenbedürfnisse erfordert. Beispielsweise könnten hier ISP-Dienstleistungen (Zugang, Hosting) für andere Unternehmen oder alle mit Reisen verbundenen Versicherungen und Informationen bis einschließlich der Reisebuchung angeboten werden.

Im Mittelpunkt steht damit die Beantwortung der Frage nach der Marktattraktivität und der Wahrscheinlichkeit der erfolgreichen Besetzung einzelner Marktsegmente und -felder. Dabei können Unternehmen (analog zum vorstehend skizzierten Versicherungsbeispiel) zwischen fünf grundlegenden **Positionierungsoptionen** wählen (vgl. Abbildung 35; Jelassi/Enders, 2008):

- **Fokussierung auf ein Einzelsegment**: Premium-Anbieter wie *Porsche* konzentrieren sich auf ein spezifisches Marktsegment. Dies eröffnet die Möglichkeit, umfassendes Wissen über Kunden, erforderliche Produkte und Dienstleistungen für dieses spezifische Kundensegment zu gewinnen. Das Risiko liegt im Fehlen »strategischer Manövriermasse« im Fall von temporären Marktschwächen in diesem spezifischen Segment.
- **Selektive Spezialisierung**: Hier wird versucht, verschiedene Marktsegmente mit verschiedenen Produkt-/Dienstleistungskombinationen zu adressieren. Dem Vorteil der Diversifizierung von Chancen und Risiken steht der Nachteil einer möglichen »Verzettelung« gegenüber. *Bertelsmann*, die *Deutsche Telekom* oder der *Axel Springer Verlag* diversifizieren mit Tochterfirmen in unterschiedlichste Medien- und Digital-Segmente.

- **Produktspezialisierung**: Spezialisten in einer bestimmten Kategorie fokussieren auf die Bereitstellung eines einzelnen Produktes oder eine Dienstleistung. *Spreadshirt* etwa konzentriert sich auf das Bedrucken von T-Shirts und versucht in diesem Segment möglichst geografisch als auch in Bezug auf weitergehende Dienstleistungen dieses Marktsegment umfänglich abzudecken. Ziel ist es, über Economies-of-Scale Konkurrenzvorteile zu manifestieren. Das Risiko liegt im Lebenszyklus des Produktes bzw. der Dienstleistung in der Gunst der Nutzer.
- **Marktsegmentspezialisierung**: Gemeint ist die Fokussierung auf ein bestimmtes Marktsegment, um dort das Maximum an Know-how als auch das Vertrauen der Nutzer zu gewinnen und schrittweise das Produkt- und Servicespektrum in diesem Marktsegment via Cross-Selling auszuweiten. Die *Postbank* oder *ING* bieten eine breite Palette an Bankdienstleistungen primär für kostensensitive Kunden an;
- **Abdeckung Gesamtmarkt**: Unternehmen wie *Tesco* fokussieren auf die parallele Abdeckung verschiedener Marktsegmente mit unterschiedlichen Produkten und die Etablierung von Plattform-Modellen wie *Danske Bank* mit *MobilePay* (Staykova/Damsgaard, 2019). Ziel ist die Generierung von Economies-of-Scope via Nutzung von Produktionskapazitäten, einem starken Markennamen oder erforderlicher technischer Plattformen.

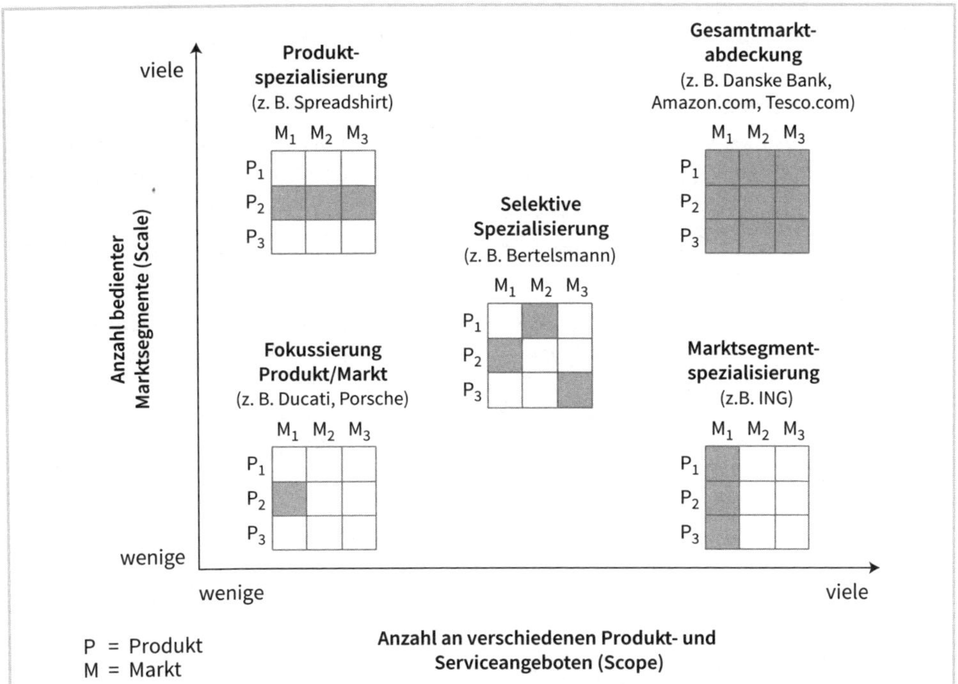

Abbildung 35 Strategische Positionierungsoptionen, abhängig von der Selektion von Zielmarkt und Produkt-/Service-Kombination (nach Jelassi/Enders, 2008, S. 72)

Otto investiert bis zum Ende des Geschäftsjahres 2018/19 rund 100 Mio. EUR, um das Geschäftsmodell vom Händler zur Plattform umzuwandeln. Aktuell finden Kunden heute über 2,8 Millionen Produkte von mehr als 6.800 Marken auf *Otto.de*. Vor allem im Möbelhandel, wo *Otto* 2017 allein 950 Mio. EUR Umsatz erwirtschaftete, sehen die Hamburger Potenzial und wollen der logische Partner für viele Unternehmen der Möbelbranche auf dem Weg in den E-Commerce werden. Ein elementarer Baustein der Plattformentwicklung ist »Brand Connect«, ein Self-Service-Tool, das mit Marken wie *Adidas* oder *s.Oliver* entwickelt wird und alle für Markenanbieter relevanten Prozesse und Services bündelt. Partner können damit mittelfristig eigene Markenshops bauen, Werbemittel buchen und Verkaufszahlen in Echtzeit einsehen.

Aufbauend auf den Positionierungsoptionen ist stets auch ein zumindest grober Business Case zu formulieren. Hier geht es weniger um die detaillierte Analyse aller Parameter, als vielmehr eine grobe Überschlagsrechnung, inwiefern die eingangs aufgestellten Budgets für die Erreichung der Ziele als ausreichend einzustufen sind bzw. welche Implikationen sich in Bezug auf die übergreifende Profitabilität ergeben (Reinecke, 2006). Sollte ein Resultat der Diskussionen um die Strategie zur Digitalisierung ebenfalls eine Kooperations- und Akquisitionsstrategie sein, ist der Business Case zu einem umfassenderen **Business Planning** mit Bewertungsverfahren für potenzielle Akquisitionsziele weiterzuentwickeln. Die Aussagefähigkeit und Validität des »Business Case« hängt hier jedoch von der Qualität und Detailliertheit der Input-Größen wie dem Geschäftsmodell, der Definition und Abgrenzung des relevanten Marktes, der Nutzung von Benchmarks und der Abschätzung realistischer Marktanteile ab (vgl. Abbildung 36). Projekterfahrungen belegen, dass im Rahmen der Erarbeitung des Business Case selbst einfache Plausibilitätschecks (z. B. in Bezug auf den durchschnittlichen Umsatz/Kunde oder den relativen Marktanteil) oftmals unterblieben, ebenso wie die Berücksichtigung unterschiedlicher Rahmenbedingungen im Zuge einer dringend anzuratenden Sensitivitätsanalyse.

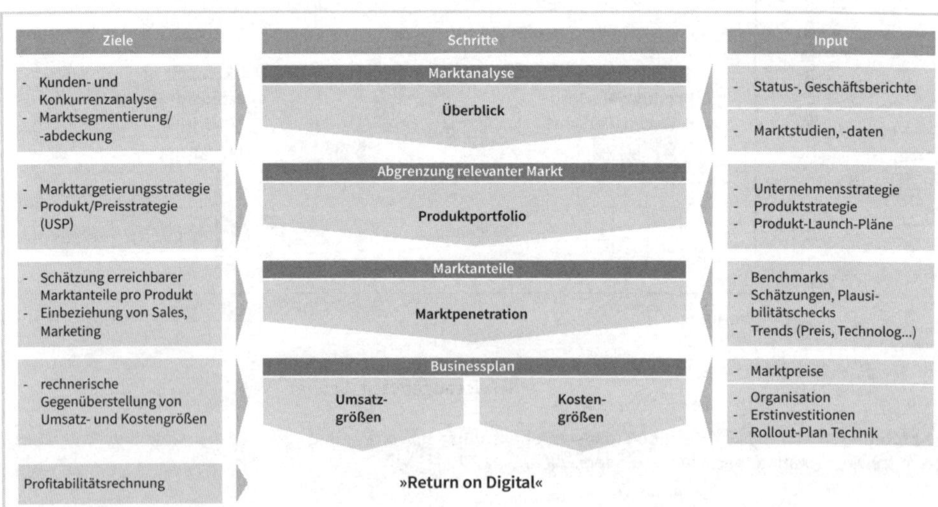

Abbildung 36 Einflussgrößen und Ergebnisse für die Ermittlung des »Return on Digital«

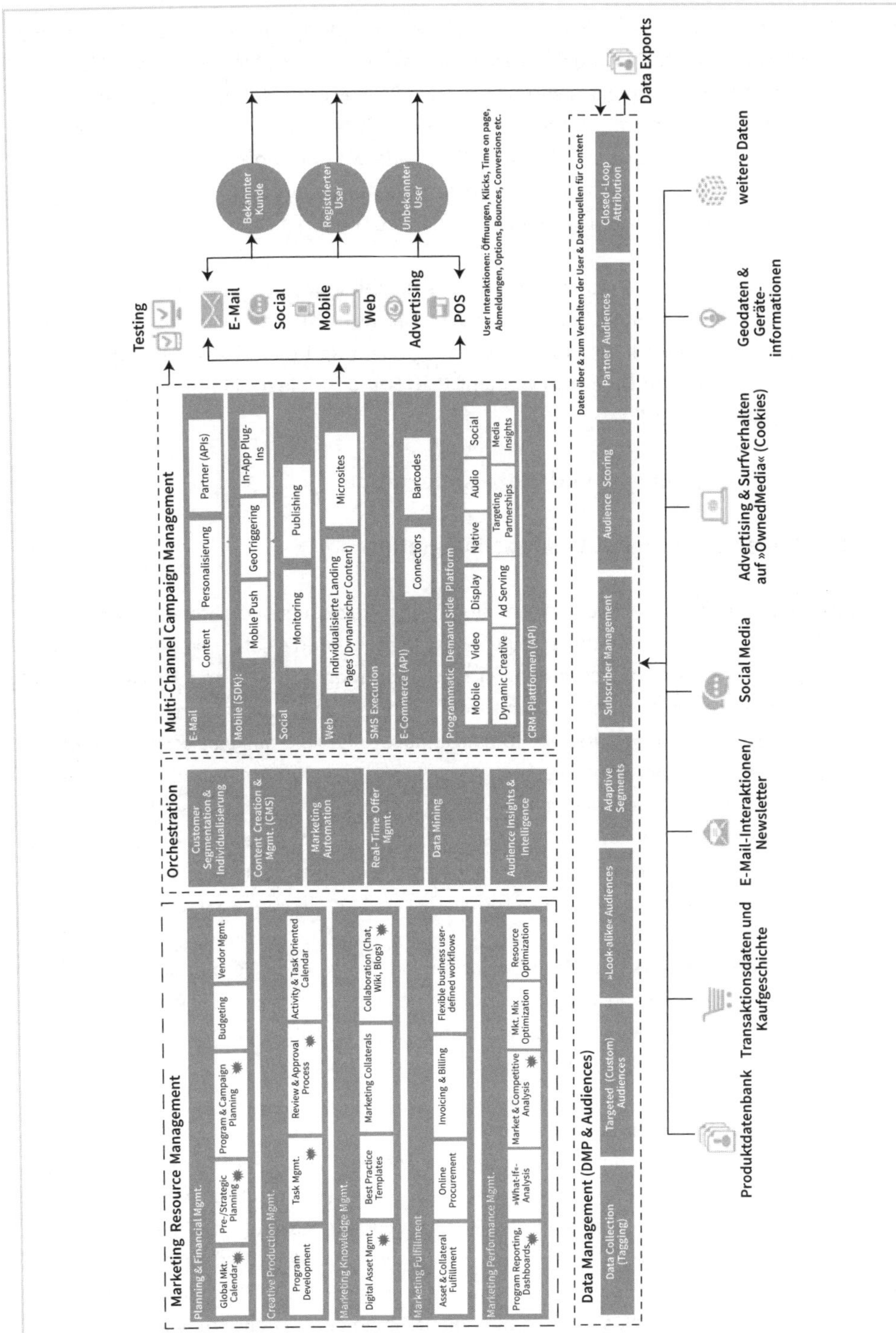

Abbildung 37 Fokusthemen (Architektur) der Digitalisierung im Marketing als Ergebnis der strategischen Priorisierung (Projektbeispiel)

Für die Abschätzung der Kosten-Nutzen-Effekte können unterschiedliche Szenarien im Sinne eines »Best Case«, »Worst Case« und eines wahrscheinlichsten Falles (»Real Case«) evaluiert werden, was eine Einschätzung des wirtschaftlichen Risikos gestattet. Innerhalb des Business Case ist ebenfalls die Preisstrategie nochmals zu diskutieren. Unter dem Eindruck der ausgeprägten Niedrigpreisorientierung auf vielen Märkten (etwa Automobilmarkt, Elektronik) und neuen internetbasierten Geschäftsmodellen (wie etwa Auktionen) ist hier primär die Frage zu klären, welche Preisuntergrenzen akzeptiert werden (können).

In zwei Anwendungsfällen hat sich im Rahmen des Digital Audits und der anschließenden Diskussion der Strategie zur Digitalisierung herauskristallisiert, dass das vordringlichste Themenfeld die Umsetzung von Marketing Resource Management und Digital Asset Management ist, noch vor dem Aufbau einer Data Management Platform oder einem Multichannel Campaign Management (vgl. Abbildung 37).

1.4.4 Phase 3: Technologie- und Prozessintegration

1.4.4.1 Ebenen einer Digital-Business-Integration

Die Strategie wird in einer 3. Phase als Technologie- und Prozesslösung weiter operationalisiert. Studien ebenso wie Praxiserfahrungen zeigen, dass Digitalisierung – abstrakt gesehen – grundsätzlich auf das Herstellen von Verbindungen zwischen Unternehmensbereichen als auch zwischen Geschäftspartnern abstrahiert. Damit steht die prozessuale und informationstechnische Integration im Brennpunkt: »*... first and foremost, about breaking all kinds of ›walls‹ – internal corporate ›walls‹ that exist between functional departments, but more importantly, external ›walls‹ that limit companies' willingness and actual abilities to engage in new business relationships and accept new ideas.*« (Davydov 2001, S. 17). Die durchgeführten Interviews belegen ähnlich eindrucksvoll wie Projekterfahrungen, dass es häufig gerade fehlende Integrationsansätze sind, welche die Digitalisierung und hierzu verwendete Geschäftsapplikationen scheitern lassen.

> Unter der **Digital-Business-Integration** soll nachfolgend die Verbindung von Geschäftsprozessen und Informationssystemen verstanden werden, welche die Zielsetzung haben, in einer verteilten Wertschöpfungskette eine zusammenhängende Leistung (für den Kunden) zu erzeugen (Schubert, 2003, S. 2).

Aus einer IT-bezogenen Anwendungssicht wird allgemein unter dem Begriff **Enterprise Application Integration** *(EAI)* für eine unternehmensinterne und dem Begriff **B2B Application Integration** für eine unternehmensexterne Integration unterschieden (Linthicum, 2004). Ziel ist es in beiden Fällen, durch den Einsatz von definierten Formaten und Protokollen informationstechnisch Prozesse und unterstützende IT-Systeme miteinander zu verbinden. Wird im Praxis-Sprachgebrauch der Terminus »Integration« in erster Linie als technische Integration verschiedener Computersysteme verwendet, stellt sich Integration im Rahmen der Digitalisierung realiter in erster

Linie als Prozess- und Managementproblem dar. Die Interviews als auch Projekte der letzten fast 30 Jahre belegen eindrucksvoll, dass eine erfolgreiche Digitalisierung eine ganzheitliche Betrachtung erfordert: Ausgehend von der Geschäftstätigkeit und den involvierten Prozessen dient die IT-technische Integration der optimalen Unterstützung dieser vorab definierten Prozesse. Der Einsatz moderner Informations- und Kommunikationstechnik ist hier nicht Selbstzweck, sondern hat einen Optionscharakter (»Enabler«), der zu einer Erweiterung der organisatorischen Gestaltungsmöglichkeiten führt; d. h., die organisatorischen Wahlmöglichkeiten können situationsgerecht ausgefüllt werden (Nippa, 1993; Stemmann, 2007; Schubert/Selz/Haertsch, 2001).

Die Umsetzung und Integration besteht hierfür aus mindestens vier Ebenen (Conrad et al., 2006; Schubert, 2003; Linthicum, 2004; vgl. Abbildung 38):

- Die (1.) **Geschäftsebene** untersucht, wie die Wertschöpfung (Produkte, Dienstleistungen) zwischen verschiedenen Geschäftspartnern zustande kommt. Digital-Technologien helfen in einer verteilten Wertschöpfung über mehrere Geschäftsbereiche und Unternehmen hinweg, Produkte und Dienstleistungen effizienter zu erzeugen.
- Die (2.) **Prozessebene** beleuchtet die betrieblichen Abläufe: Mindestens ein Prozess ist entweder zwischen zwei oder mehr Geschäftsbereichen, Abteilungen oder dergleichen mit einem oder mehr Geschäftspartnern integriert.
- Die (3.) **Anwendungsebene** beschreibt, wie diese Prozesse durch das Informationssystem unterstützt werden: Funktionen oder Daten eines Informationssystems werden von einem anderen Informationssystem oder Benutzer aufgerufen bzw. benutzt.
- Die (4.) **technische Ebene** betrachtet die zugrunde liegende technische Architektur und ihre Komponenten: Es findet eine Integration zwischen zwei oder mehr Systemen (intern/extern) statt. Die Anbindung kann sowohl synchron (realtime) als auch asynchron (Batch) erfolgen.

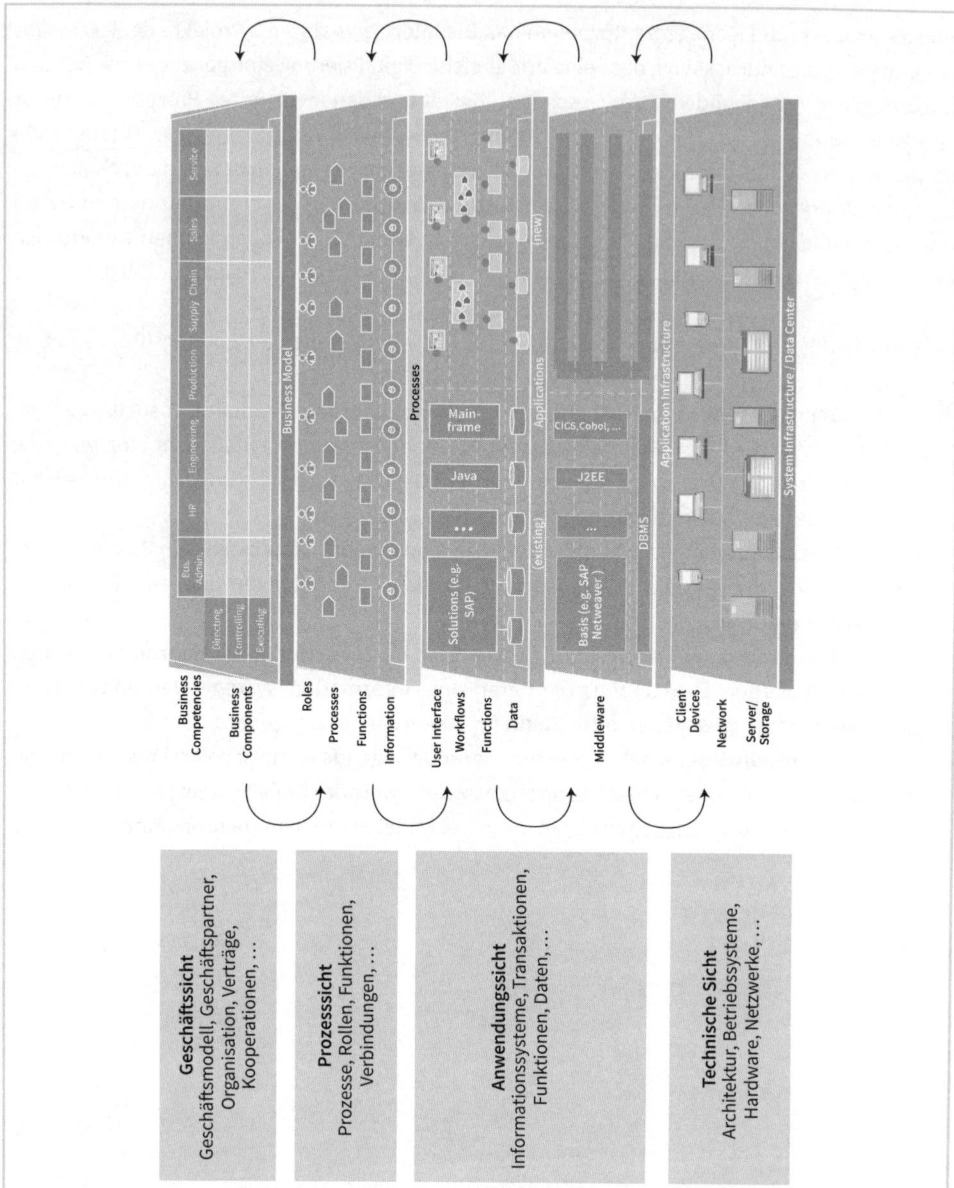

Abbildung 38 Ebenen einer Digital-Integration (analog Schubert, 2003)

1.4.4.2 Geschäftsebene

Mit zunehmender Arbeitsteilung, Spezialisierung und damit auch Fragmentierung steigt auf der Geschäftsebene die Anzahl der Teilnehmer in einer Wertschöpfungskette. Sämtliche Schnittstellen zwischen verschiedenen Akteuren bedingen die Übergabe von Informationen an die jeweils nachfolgende Instanz. Aus einer Geschäftssicht verbergen sich hier Detailfragestellungen entlang des grundlegenden Geschäftsmodells, wie etwa (Schubert, 2003):

- Wie ist die verteilte Wertschöpfung organisiert? Welche Partner erbringen welche Anteile an der Gesamtleistung?
- Welche »Governance Structure« herrscht zwischen den zu integrierenden Einheiten? Etwa Hierarchie (innerhalb eines Unternehmens), Markt (Lieferant, Abnehmer) oder Kooperation (z. B. in Form virtueller Organisationen; Tapscott/Ticoll/Lowy, 1999; Meier/Stormer, 2008)?
- Welche Vorteile können im Markt realisiert werden, wie höhere Markteintrittsbarrieren, Preisführerschaft und dergleichen?
- Kann mit der Integrationslösung ein neuer Absatzkanal erschlossen (z. B. Direktvertrieb) oder neuartige Geschäftsmodelle realisiert werden?
- Wie sieht der Business Case für die Integrationslösung aus, inkl. aller Fachbereichs- sowie Rollout- und Trainingskosten?
- Was soll mit der Integration innerhalb des Unternehmens erreicht werden? Was ist die konkrete und operationalisierbare Zielsetzung?

Eng mit der Frage nach der eingeschlagenen Wettbewerbsstrategie, der Kompetenzanalyse und der Betrachtung der Wertschöpfungsketten ist das Verhalten gegenüber anderen Unternehmen zu diskutieren – respektive festzulegen, mit welchen Unternehmen in welcher Form im Rahmen der Marktbearbeitung zusammengearbeitet werden soll. Die Ziele einer unternehmensübergreifenden Kooperation analog zu den bereits skizzierten Netzwerkunternehmen reichen von

- dem gemeinsamen Aufbau von Markteintrittsbarrieren gegenüber Wettbewerbern,
- dem wechselseitigen Zugang zu Know-how und anderen Ressourcen,
- einem einfacheren Marktzugang und Umsatzsynergien etwa durch »Cross-Selling« an die Kunden des jeweils anderen Unternehmens,
- der Erweiterung des eigenen Leistungsangebotes,
- der Risikostreuung oder auch
- der Erschließung von Kostensenkungspotenzialen (Barney, 2003; Lensker, 2008).

> ***Best Buy*** kooperiert bereits seit Jahren mit dem Re-Commerce-Anbieter *Listia*. Auf der Plattform können Verbraucher gebrauchte Ware abgeben und erhalten dafür *Listia*-Punkte. Mit diesen können sie dann im »Rewards Store«, in den *Best Buy* über eine *Listia*-Schnittstelle Hunderttausende von Produkten einspielt, auf Einkaufstour gehen. Die gekauften Produkte werden entweder per Post geliefert oder können noch am selben Tag in den knapp 1.000 *Best-Buy*-Filialen abgeholt werden (Gomez, 2013). Seit 2013 baut ***MediaSaturn*** nach einem Pilotprojekt seine (taktische) Zusammenarbeit mit *eBay* aus: Restposten der Elektronikfilialen sollen über den Marktplatz vertrieben werden.

Das Spektrum alternativer Formen unternehmensübergreifender Kooperationen erstreckt sich als Kontinuum von reinen Zulieferantenbeziehungen bis zu Beteiligungen und Akquisitionen (vgl. Abbildung 39). Die Form der unternehmensübergreifenden Partnerschaft determiniert dabei in den meisten Fällen auch, inwiefern Prozesse und Systeme integriert werden bzw. welchen Standards gefolgt werden soll. Vergleichsweise wenige Unternehmen haben aufgrund ihrer Marktmacht oder technologischen Führerschaft die Möglichkeit, auch für ihre jeweiligen Partnerunternehmen Prozess- und Systemstandards festzulegen bzw. zu diktieren. Insbesondere für kleine Unternehmen besteht die Herausforderung darin, unterschiedlichste Anforderungen und Standards von großen Partnern oder Kunden vorgegeben und bedienen zu müssen.

Der Begriff der *strategischen Allianz* umschreibt die freiwillige, zielorientierte Zusammenarbeit zwischen rechtlich selbstständigen Unternehmen in abgegrenzten Tätigkeitsfeldern, wobei die betroffenen Unternehmen ihre Entscheidungsfreiheit zumindest teilweise einschränken und sich gegebenenfalls auch wechselseitig finanziell aneinander beteiligen können (Backhaus/Schneider, 2007).

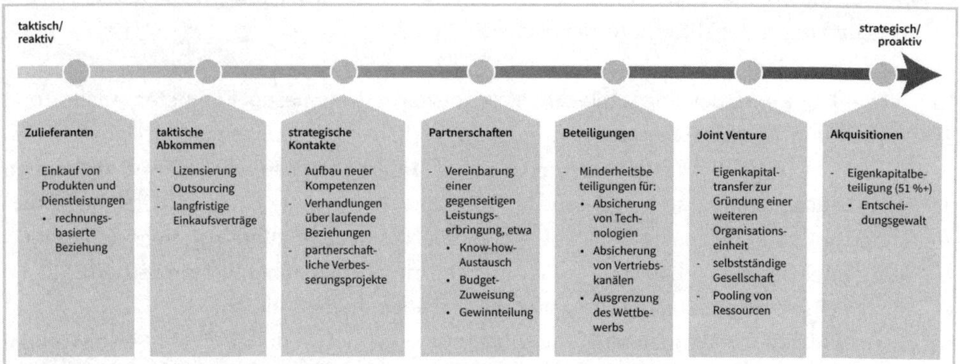

Abbildung 39 Kontinuum möglicher Partnerschaftsformen

> Ein Beispiel für eine Digitalpartnerschaft bestand zwischen 2013 und 2015 zwischen der **Deutschen Telekom** und der *HDI-Versicherung*: *SureNow*, eine neue Smartphone-App, ermöglichte es, spontan eine Versicherung für mindestens 24 Stunden abzuschließen. Erstes Produkt war eine Ski- und Snowboard-Police für 2,90 EUR pro Tag. Die *Deutsche Telekom* hat den Betrieb des Versicherungsportals *surenow.de* Anfang 2015 bereits wieder eingestellt. Das Konzept konnte die Erwartungen des Konzerns nicht erfüllen und wurde, wie das Unternehmen nun bestätigte, bereits im Herbst 2017 gekappt. Nun will sich die *Deutsche Telekom* verstärkt auf die Digitalkooperation mit der *Allianz* konzentrieren – hier auf das Angebot von Kurzzeit-Policen im Rahmen einer Gesamt-App von Versicherungen. So wurde unter anderem eine gemeinsame digitale Lösung für den Bereich vernetztes Heim für Privatkunden entwickelt. Überdies haben beide Unternehmen eine neue Cyber-Security-Partnerschaft geschlossen und wollen ganzheitliche Lösungen für Schadensprävention, Netzwerksicherheit sowie Risikomanagement entwickeln.
>
> Selten liegen die Cross-Selling-Effekte so nah wie bei der strategischen Co-Marketingallianz von ***Nike*** und ***Apple***, die mit dem »*Laufen wie nie zuvor*« bereits in 2007 ins Umsatzren-

nen gestartet sind. Hinter »***Nike+***« steht eine Software, die ausgewählte Schuhmodelle mit dem *iPod Nano* verbindet, um Sportlern die Auswertung ihrer Leistungsdaten zu ermöglichen. Hierzu benötigt der Nutzer einen *Nike+*-Schuh, der ein integriertes Fach unter der Innensohle besitzt, das speziell für den *Nike + iPod Sensor* entwickelt wurde. Ein *iPod nano* synchronisiert die gesamten Trainingsdaten mit *iTunes* und *nikeplus.com*. Ein »Sport Kit« lässt den *Nike+*-Schuh mit dem *iPod nano* kommunizieren. Der Sensor verwendet einen empfindlichen Beschleunigungsmesser zum Erfassen der Aktivität und überträgt die gesammelten Messdaten dann drahtlos an den Empfänger im *iPod nano*. Während des Laufens werden so Geschwindigkeit und andere Leistungsdaten gemessen. Gleichzeitig wird die Song-Auswahl des Nutzers festgehalten, die wiederum *Apple* und *Nike* für weitergehende Analysen zur Verfügung steht. So kann etwa ermittelt werden, zu welchem Zeitpunkt eines »Work-outs« welche Lieder gehört werden und nachfolgend können im *iTunes-Store* dem dann körperlich gestählten *Apple*-Nutzer wiederum entsprechende Angebote vorgestellt werden (Willhardt, 2007).

Vorwerk hat für den *Thermomix* eine digitale Plattform für das FANnetzwerk eröffnet. Über eine offene Schnittstelle können Thermomix-Besitzer auf eine Bibliothek mit mehr als 45.000 internationalen Rezepten zugreifen, die von Partnern wie Gruner & Jahr oder der Sansibar zugesteuert werden und via WLAN direkt auf dem interaktiven Display des Geräts lesbar sind. Daneben gibt es eine lebhafte Online Community und viele Zeitschriften für das »Leben mit dem Thermi«.

Als Coopetition schließen sich Wettbewerber in einem Marktsegment zusammen, um gemeinsam neue Marktstandards zu definieren, wie im Beispiel von HERE.

Die deutschen Auto-Premiumhersteller *Audi*, *BMW* und *Mercedes* haben gemeinsam den Kartierungsdienstleister ***HERE*** von *Nokia* übernommen, um so über exaktes Kartenmaterial für autonomes Fahren zu verfügen.

1.4.4.3 Prozessebene

In einer nachgelagerten Prozesssicht (2. Ebene) bietet es sich in den meisten Fällen an, eine detaillierte *Wertschöpfungskettenanalyse* durchzuführen. Die Vorteile finden sich in der übersichtlichen Darstellung eines (möglichen) Kundennutzens und damit von potenziellen Wettbewerbsvorteilen entlang der Prozesskette für alle Unternehmensaktivitäten als auch für die Betrachtung von Integrationsmöglichkeiten zwischen einzelnen Stufen (Stemmann, 2007). Die Wertschöpfungskette unterstützt hierzu die funktionale Strukturierung der (innerbetrieblichen) Abläufe. Die Nahtstellen zwischen Bereichen und Instanzen entlang der Wertschöpfungskette offenbaren potenzielle Einsatzfelder für Integrationsprojekte. Einzelne Aktivitäten innerhalb der Wertschöpfungskette werden dahingehend untersucht, in welchem Ausmaß sie tatsächlich dem Kunden einen Zusatznutzen bieten, welche Wettbewerber ähnliche Leistungen und Aktivitäten anbieten bzw. welche Integrationserfordernisse bestehen.

Ein einfacher Ansatz zur Erarbeitung und Veranschaulichung der innerbetrieblichen Wertschöpfungskette bietet ein »Packpapier-Workshop« (»**Brown-Paper-Methode**«; Strauß, 2008a). Hier werden alle primären und unterstützenden Prozessschritte im Rahmen eines Workshops auf braunem Packpapier zusammengetragen. Diese Form der Visualisierung erlaubt die plastische Diskussion möglicher Quellen für die Generierung weiteren Kundennutzens und notwendiger Integrationsbedarfe (vgl. Abbildung 40). Eine ergänzende Betrachtung aller Wertströme als **Value Stream Mapping** bietet einen weiteren Erklärungsbeitrag (Moser/Riha, 2019).

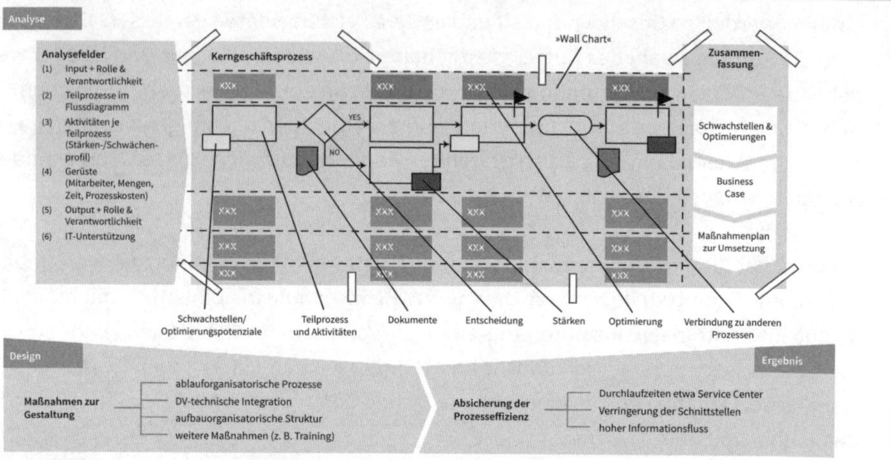

Abbildung 40 Manuelle Methode zur Analyse der Wertschöpfungskette (»*Brown-Paper-Methode*«; analog Merzenich et al., 2011; Moser/Riha, 2019)

Die Ergänzung der Prozessanalyse durch finanzwirtschaftliche Kennzahlen (wie Prozesskosten) erlaubt strukturierte Diskussionen und Aussagen über den tatsächlichen Wertbeitrag. Praxisbeispiele zeigen, dass der Ansatz über einen moderierten Workshop erhebliche Vorteile bietet im Vergleich zu einer rein IT-gestützten Prozessmodellierung: Der pragmatische »*high touch, low tech*«-Ansatz erzwingt einen hohen Grad an Interaktion und Diskussion zwischen den Teilnehmern und fördert eher die Bildung einer konsistenten Gruppenmeinung, sowohl über das eigene Unternehmen als auch für die Verortung von Wettbewerbern. Nachfolgend können die unternehmenseigenen Ergebnisse bei Bedarf für die Realisierung von Prozessverbesserungen und der Anpassung der begleitenden IT-Anwendungen in IT-gestützten Modellierungsverfahren (wie *ARIS*) abgebildet werden. Erfolgt die Prozessmodellierung über das eigene Unternehmen hinaus mit Abnehmern und Zulieferanten im Rahmen unternehmensübergreifender Wertschöpfungsketten (externe Integration), bestehen weitergehende Potenziale zur Optimierung etwa der Schnittstellen zwischen Hersteller und Handelsunternehmen (**Efficient Consumer Response**, ECR).

Eine unternehmensübergreifende Wertschöpfungskette wurde durch ***Walmart*** und ***Procter & Gamble*** realisiert. Die E-Procurement-Lösung von *Walmart* verfügt über die aggregierten Daten der Registrierkassen, der Websites sowie der Absatzplanung für angeschlossene Markenartikel-Hersteller wie *Procter & Gamble*. Die integrierte Lösung verbindet

IT-Anwendungen mit Kunden und Lieferanten, bestehenden ERP- und Planungssystemen sowie ein umfangreiches Data Warehousing/Data Mining (Wildemann, 2000; Brehm/Ferencak, 2001). Durch die kontinuierliche und flexible Nachschubsteuerung aufseiten von *Walmart* konnten signifikante Einsparungen im Vergleich mit der bisherigen Lagerhaltung realisiert werden. Um zusätzliche Transportaufwendungen durch eine Erhöhung der Lieferfrequenzen ebenso wie das Versorgungsrisiko nicht einfach auf den Hersteller zu übertragen, erhält der Hersteller die durchgängige und selbstständige Verantwortung über den Versorgungsprozess (lieferantengesteuerte Bestandsführung, »**Vendor Managed Inventory**«; Chaffey, 2011). Auf Basis der aktuellen (IST-)Lagerbestandsdaten von *Walmart* und der Distributionszentren sowie der Verkaufsprognosen über die einzelnen Distributionsstufen hinweg werden Mengen- und Zeitgerüste einschließlich aller weitergehenden Prozessparameter ermittelt. Lagerbestände wurden durch eine realitätsnahe Planung und Steuerung aller Warenflüsse auf einer einheitlichen informationstechnischen Plattform unter geringstmöglichen Sicherheitsbeständen und verkürzten Wiederbeschaffungszeiten reduziert. Für kleinere Handelsunternehmen erlauben sogenannte Cross-Docking-Punkte außerhalb von Ballungszentren eine effiziente Transportkommissionierung der Produkte verschiedener Hersteller (Werner, 2010).

Mit der Etablierung einer ECR-Lösung zwischen Händler und Hersteller wird faktisch das Bestandsrisiko vom Kunden auf den Lieferanten übertragen. Vereinfacht ausgedrückt wird damit der traditionelle Bestellprozess umgedreht: Statt Bestellungen vom Kunden (Händler) erhält der Hersteller (Lieferant) jetzt täglich alle notwendigen Daten wie Bestand, Verkauf, Wareneingang und Reservierungen und generiert auf Basis dieser Informationen wiederum selbst optimale Lieferaufträge. Rahmenbedingungen und Lieferkonditionen werden dabei im Vorfeld zwischen den Kontraktpartnern festgelegt. So standen etwa bei ***Grohe*** eine bessere Lieferfähigkeit durch Vermeidung von »Out of Stock«-Situationen der Produkte und eine Sortimentsoptimierung beim Kunden (Großhandel) im Vordergrund des ECR-Einsatzes. Über einen normierten Datenaustausch auf Basis von EDIFACT wurden hierzu verbindliche Standards für den Datenaustausch festgelegt, die als Spezifikation für jeden Kunden angewendet werden. Die täglich vom Kunden übermittelten Bewegungsdaten werden im automatischen Dispositionssystem aggregiert. Auf Basis vorher festgelegter Rahmenbedingungen wie Verkaufs- und Liefereinheiten, Preise, Bestell- und Anlieferrhythmen werden dann mithilfe mathematischer Optimierungsverfahren die bedarfsorientierten, optimalen Lieferaufträge ermittelt. Vereinbarte Konditionen können kundenindividuell im System hinterlegt werden.

Die Wertschöpfungskettenanalyse erlaubt damit nicht nur präzise Aussagen für die Verortung des eigenen Unternehmens im Wettbewerbsumfeld, sondern bereitet damit auch die Grundlage für die Analyse von Potenzialen der inner-/überbetrieblichen Prozessoptimierung. Vor diesem Hintergrund erscheint für die Verortung des eigenen Unternehmens im Wettbewerb ebenfalls die Analyse unternehmensübergreifender Wertschöpfungsketten angeraten.

1.4.4.4 Anwendungsebene

Auf der 3. Ebene einer Digital-Architektur werden auf der **Anwendungsebene** die beteiligten Software-Applikationen (wie etwa ERP-System, Warenwirtschaft, E-Shop sowie Spezialapplikationen), zu integrierenden Funktionen, verwendeten Daten und gegebenenfalls erforderlichen speziellen Schnittstellen und Konnektoren betrachtet (Schubert, 2003). Hierbei sind Fragestellungen aufzugreifen wie (Hohpe/Woolf, 2012):

- Welche **Transaktionen** fallen in den zu integrierenden Prozessen an?
- Wie ist der **Ablauf der einzelnen Prozessschritte** und notwendigen Transaktionen auf die beteiligten Anwendungen (»Blueprint«) verteilt?
- Welche **Prozessschritte** und welche **Benutzer** (Rollen) benötigen jeweils welche Informationen? Wie sind die Zugriffsberechtigungen zu regeln?
- Sind für die Transaktionen synchrone oder asynchrone **Zugriffe** notwendig (z. B. synchrone Abfrage der Lieferbereitschaft oder des aktuellen Kreditlimits bzw. asynchroner Austausch von Bestelldaten)?
- Sind spezielle **Formatstandards** für den Austausch von Produktkatalogen, Klassifikationsschemata oder Geschäftsdokumenten (wie EDIFACT im Detailhandel oder auch Automobilzulieferindustrie oder SWIFT im Bankenbereich) zu vereinbaren?

Seit 2000 hat sich in Integrationsprojekten schrittweise XML als Standard für den Austausch von Informationen durchgesetzt.

> Die »Extensible Markup Language« (***XML***) ist eine textbasierte Meta-Auszeichnungssprache für die Beschreibung, den Austausch, die Darstellung und die Manipulation von strukturierten Daten.

XML schafft die Grundlage für eine syntaktische Standardinfrastruktur zur Kopplung von Anwendungssystemen: Durch den Vergleich mit vorgegebenen XML-Schemata lässt sich überprüfen, ob ein XML-Dokument syntaktisch (also im Aufbau) korrekt ist. Über die Semantik (Bedeutung der Inhalte) müssen sich die beteiligten Geschäftspartner zur Sicherstellung eines automatisierten Ablaufs von Transaktionen in integrierten Geschäftsanwendungen in vielen Standardschnittstellen allerdings separat verständigen (Müller, 2005; Dornan, 2001).

> So muss eindeutig sein, ob es sich bei einem Auszeichnungselement (Tag) »Preis« um einen Brutto- oder Nettopreis handelt. Ebenso muss bei einem Datentyp »Auftrag« sichergestellt sein, dass dessen Attribute (wie Produktnummer, Stückzahl, Lieferdatum, Kundennummer etc.) nach Übergabe an ein fremdes Informationssystem dieselbe Bedeutung haben (Linthicum, 2004).

1.4.4.5 Technische Ebene

Die technische Ebene umfasst die Architektur der Informationssysteme, die eingesetzten Betriebssysteme, die Hard- und Software, die Netzwerktechnologie und Datenschutz/-sicherheitskonzepte. Im Sinne der Digitalintegration kann die Koppelung verschiedener IT-Systeme auf der Ebene der Präsentation (User Interface), der Applikation als auch der Datenebene erfolgen (Linthicum, 2004; Conrad et al., 2006):

- Die **Präsentationsebene** beinhaltet grafische Schnittstellen und Kommandozeilenschnittstellen. Gern wird auf der User-Interface-Ebene das »Screen Scraping« eingesetzt. Hier werden Daten aus bestimmten Stellen der grafischen Ergebnisseite einer anderen Anwendung ausgelesen und an die aufrufende Applikation übergeben. Somit können selbst Daten aus Anwendungen, bei denen man keinen Zugriff auf den jeweiligen Quellcode hat, in anderen Programmen weiterverwendet werden. Allerdings unter Inkaufnahme des Nachteils einer zumeist nur geringen Stabilität und Skalierbarkeit.
- Die **Applikationsebene** umfasst funktionsorientierte (etwa als Remote Procedure Call, RPC), methodenorientierte (etwa über BAPI) und nachrichtenorientierte (wie EDI/EDIFACT) Schnittstellen. Ein mittlerweile schon klassisches Beispiel für den nachrichtenorientierten Ansatz ist der Austausch von standardisierten Geschäftsdokumenten zwischen Anwendungen mittels EDI/EDIFACT.
- Auf **Datenebene** schließlich besteht die Möglichkeit für einen direkten Austausch zwischen Datenbanken oder Dateien. Häufig erfolgt ein asynchroner Abgleich von Datenbeständen z. B. zwischen einem E-Shop, der Warenwirtschaft (etwa für Verfügbarkeitsanfragen) sowie einem internen ERP-System (z. B. für den Austausch von Produkt-/Bestelldaten und Faktura). Die technische Integration erfolgt meist asynchron in Batch-Läufen. Teilweise wird auch eine Replikation vorgenommen, innerhalb derer verteilte Kopien (Repliken) einer Datenbank durch Abgleich in definierten Zeitintervallen auf den gleichen Stand gebracht (»repliziert«) werden.

Für die Integration zwischen verschiedenen Applikationen bzw. diesen Ebenen kommt zumeist Middleware zum Einsatz (Hohpe/Woolf, 2012).

> **Middleware** bezeichnet anwendungsneutrale Programme, die den Datenaustausch zwischen ansonsten entkoppelten Software-Komponenten ermöglichen, sodass die Komplexität der verschiedenen Applikationen, gegebenenfalls verschiedenartigen eingesetzten Technologien als auch deren Infrastruktur verborgen bleiben. Damit unterstützt Middleware die Kommunikation zwischen Prozessen und organisiert hierfür den Transport komplexer Daten (»messaging«), vermittelt Funktionsaufrufe zwischen den Komponenten und stellt die Transaktionssicherheit über ansonsten unabhängige Teilsysteme her (Hohpe/Woolf, 2012).

Technisch gesehen stellt eine Middleware Schnittstellen oder Dienste bereit, sodass eine Software-Komponente, die die Middleware-Schicht benutzen möchte, um mit einer anderen Software-Komponente zu kommunizieren, auf vordefinierte Schnittstellen zurückgreifen kann. Ziel einer internen Integration mit Einsatz eines derartigen zentralen »Integrationshubs« ist die Reduktion von Integrationsschnittstellen: Durch die Einführung eines derartigen Übersetzungs-Layers müssen Software-Anwendungen nicht 1:1 verbunden werden, was zu einem exponentiellen Ansteigen an Schnittstellen führen würde. Vielmehr erfolgt der Datenaustausch auf diesem Übersetzungs-Layer (quasi als »Steckdosenleiste«). Die Folge: Bei Änderungen in einem angeschlossenen Teilsystem muss nur die eine zentrale Schnittstelle mit dem »Integrationshub« geändert werden, über die andere Anwendungen auf die geänderte Anwendung zugreifen. Ohne die Middleware müsste selbst bei kleineren Änderungen in Datenformaten oder Protokollen stets eine (mit der Anzahl an Anwendungen und der Komplexität der Integrationsaufgabe exponentiell anwachsende) Anzahl an Einzelverbindungen zwischen den eingesetzten Applikationen modifiziert werden. Der Nachteil von Middleware besteht in Praxisprojekten zumeist in der Größe und Schwerfälligkeit der Middleware – die Komplexität der n:m-Einzelverbindungen zwischen Software-Komponenten schlägt sich meist (wenn auch nur unterproportional) in der Komplexität und Größe der erforderlichen Middleware nieder.

Projekterfahrungen zeigen, dass eine (unternehmensinterne) **Enterprise Architecture Integration** (EAI) eine Voraussetzung für einen leichteren Einstieg in die externe Integration ist; erst durch sie wird die »Digital Readiness« eines Unternehmens für die elektronische Kommunikation mit externen Geschäftspartnern hergestellt. Unternehmensinterne Anforderungen diverser Fachbereiche oder Abteilungen werden aufeinander abgestimmt und nicht mehr isoliert betrachtet, wodurch auch externe Kunden und Lieferanten leichter in die Geschäftsprozesse eingebunden werden können. Mit der EAI wird in aller Regel die (interne) konzeptionelle und technische Grundlage für die Einbindung externer Partner geschaffen. Die in diesem Zusammenhang vielfach eingesetzten Webservices lösen nur strukturelle Austauschprobleme (Format, Syntax); die Bedeutung (Semantik) von Feldinhalten muss nach wie vor zwischen den Partnern explizit vereinbart werden (Müller-Lankenau/Klein, 2004).

Ein **Webservice** ist eine Software-Anwendung, die eindeutig identifizierbar ist und deren Schnittstelle als XML-Artefakt definiert, beschrieben und gefunden werden kann (Neimarlija, 2007). Ein Webservice unterstützt die direkte Interaktion zwischen Software-Anwendungen unter Verwendung XML-basierter Nachrichten durch den Austausch über internetbasierte Protokolle. Ein Beispiel für einen Webservice wäre die Abfrage des Versandfortschritts eines Pakets, das durch einen Logistikdienstleister geliefert wird. Ein Kunde eines Versandhändlers kann seine Bestellung auf der Website des Händlers ansehen, einen Knopf »*Anzeige des Lieferstatus*« drücken und bekommt das Ergebnis anschließend dargestellt. Dass diese Anfrage von dem externen Logistikdienstleister und nicht vom Versandhändler selbst beantwortet wird, bleibt dem Anwender durch den Einsatz von Webservices verborgen (Linthicum, 2004).

Mit jeder neu hinzukommenden Anwendung wächst für den Fall einer 1:1-Anbindung zwischen Anwendungen die Anzahl an Schnittstellen, die gewartet und unterhalten werden müssen, exponentiell an. Dies führt zu einer hohen Komplexität und hohen Kosten, abgesehen von der faktischen Unmöglichkeit der Wartung dieser Schnittstellen. Über Webservices kann dieses Problem umgangen werden, indem ein eindeutig definierter Zugang zu einzelnen Funktionen oder Komponenten einer Applikation zur Verfügung gestellt wird, auf die andere Anwendungen strukturiert zugreifen können (Daigneau, 2011; Herden et al., 2006). Damit erfüllen diese Services die Rolle von Konnektoren zwischen verschiedenen Anwendungen und unterstützen serviceorientierte Software-Architekturen. Bei **serviceorientierten Software-Architekturen** werden vorhandene EDV-Komponenten wie Datenbanken, Server und Websites als Dienste gekapselt und dann so koordiniert (orchestriert), dass ihre Leistungen zu höheren Diensten zusammengefasst und anderen Organisationsabteilungen oder Kunden zur Verfügung gestellt werden können (Herden et al., 2006; Woods, 2004).

1.4.4.6 Bedarf an Digital-Integration

Fallstudien und Projekterfahrungen zeigen, dass mit einer zunehmenden Fokussierung auf Kernkompetenzen – und einem damit nachfolgend höheren Grad an Arbeitsteilung entlang einer Wertschöpfungskette die Ansprüche an die Integration von Geschäftsprozessen signifikant ansteigen (Rebstock/Fengel/Paulheim, 2009). Mit zunehmender Spezialisierung steigt der Bedarf zum effizienten Austausch von Informationen. Am gravierendsten wird dieser Bedarf aus Netzwerkorganisationen gemeldet: Der effiziente Austausch von Informationen ist hier grundlegender Bestandteil des Geschäftsmodells. Je mehr Prozesse innerhalb oder außerhalb einer Organisation aus der ursprünglichen, internen Prozesskette ausgelagert werden, umso wichtiger wird die nachfolgende Reintegration. Eine Auslagerung von Prozessen ohne deren informationstechnische Anbindung relevanter Daten zieht zwangsweise den vollständigen Verlust des Zugangs zu den Prozessen nach sich (Schubert/Dettling, 2004). Die vorstehend skizzierte prozessuale und IT-technische Stringenz sowie die Vielzahl zur Verfügung stehender Tools zur Integration dürfen nicht darüber hinwegtäuschen, dass die Reduktion eines Integrationsprojektes auf das absolut Notwendige meist erfolgskritisch ist.

> Fallbeispiele sowohl im Handelsbereich, bei Konsumgüterherstellern als auch im Automobilhandel zeigen, dass Integrationsprojekte die Tendenz aufweisen, direkt eine allumfassende »eierlegende Wollmilchsau« zu generieren. So sollten in einem Fallbeispiel Prozesse und Anwendungen aus Marketing, Vertrieb, Service und Buchhaltung miteinander integriert werden, was sich de facto als kaum lösbare Aufgabe herauskristallisierte. Hierbei sollten fast 30 Prozesse (jeweils unterschiedlich methodisch definiert und beschrieben, mit unterschiedlicher Semantik in unterschiedlichen Detaillierungsgraden) zusammen mit mehr als zwölf unterschiedlichen IT-Anwendungen unter einer einheitlichen Portal-Oberfläche integriert werden. Die Unterschiedlichkeit der inhaltlich nicht aufeinander abgestimmten Prozesse, das Fehlen eines eindeutigen Topmanagement-Verantwortlichen (»Business Owner«) mit Entscheidungs- und Durchgriffsrechten, unterschiedliche IT-Technologien als auch das Fehlen eines harmonisierten Releaseplanes der verschiedenen – sich kontinuierlich weiterentwickelnden – Anwendungen sorgten dafür, dass sich das Integrationsprojekt de facto zu einem »moving target« entwickelte und schließlich nach mehreren Monaten erfolglos abgebrochen werden musste.

Damit sollte nicht eine technisch optimale Lösung im Mittelpunkt stehen, als vielmehr eine pragmatische und robuste Lösung. Diese kann gegebenenfalls nachfolgend weiter ausgebaut werden. Im Mittelpunkt der Integration stehen zumeist ERP-Systeme, über die Funktionen wie Materialwirtschaft (Beschaffung, Lagerhaltung, Disposition, Bewertung), Finanz- und Rechnungswesen, Controlling oder auch die Stammdatenverwaltung abgebildet werden (Schubert/Detting, 2004). War im Jahr 2000 noch ein Abgesang auf klassische ERP-Systeme zu konstatieren, hat sich auch hier das Bild deutlich gewandelt. Nachdem in einer ersten Phase der Digitalisierung die (kreative) Ausgestaltung des Kunden-Front-ends mehr Aufmerksamkeit zuteil geworden ist, wird nunmehr die Integration und automatisierte Anbindung an Warenwirtschafts- und Fakturaprozesse für den Erfolg hervorgehoben.

1.4.4.7 Business Case und Projektplanung

Parallel zum Business Case ist der Projektplan für die Implementierung zu erarbeiten. Idealtypisch durchläuft ein Projekt zur Digitalisierung die Phasen eines

- **Conceptual Design**: Konzipierung des Projektvorhabens;
- **Technical Design**: technische Übersetzung des Conceptual Design inkl. der notwendigen Integrationsleistungen;
- **Pilot**: Entwicklung eines Prototypen;
- **Go-live & Rollout**;
- **After-go-live Support**;
- **Closing** (Projektabschluss).

Im vorliegenden Beispiel (vgl. Abbildung 41) wird das Conceptual Design beschrieben, das dann in einem Technical Design bis auf die Ebene eines Pflichtenheftes IT-seitig schrittweise operationalisiert wird. Synchron hierzu werden Geschäftsprozesse weiter ausdefiniert. Für einen Prototypen bietet es sich in den meisten Fällen an, im Rahmen eines **Rapid Prototyping** einen ersten rudimentären Piloten zu entwickeln, der bereits ein Gefühl für grundlegende Funktionalitäten ebenso wie Integrationsszenarien beinhaltet (Chaffey, 2011). Im Rahmen des Conceptual Design werden hierfür gern »Mock-up«-Prototypen eingesetzt. Diese verfügen über keinerlei Funktionalitäten bzw. Integration, sondern dienen nur dazu, das spätere Live-System und einige Arbeitselemente grafisch zu veranschaulichen.

1.4.5 Phase 4: Implementierung

Die nachfolgende Implementierung gründet auf dem entwickelten Umsetzungsplan einschließlich der dort definierten Meilensteine im Rahmen des Projektmanagements. Liegt bei Projekten in der Praxis das Hauptaugenmerk meist auf der Systementwicklung, zeichnen sich erfolgreiche Projekte durch gleichzeitige Reorganisations- und Qualifizierungsmaßnahmen aus. Sekundiert wird der Abschluss der Strategieentwicklung durch die frühzeitige Definition von

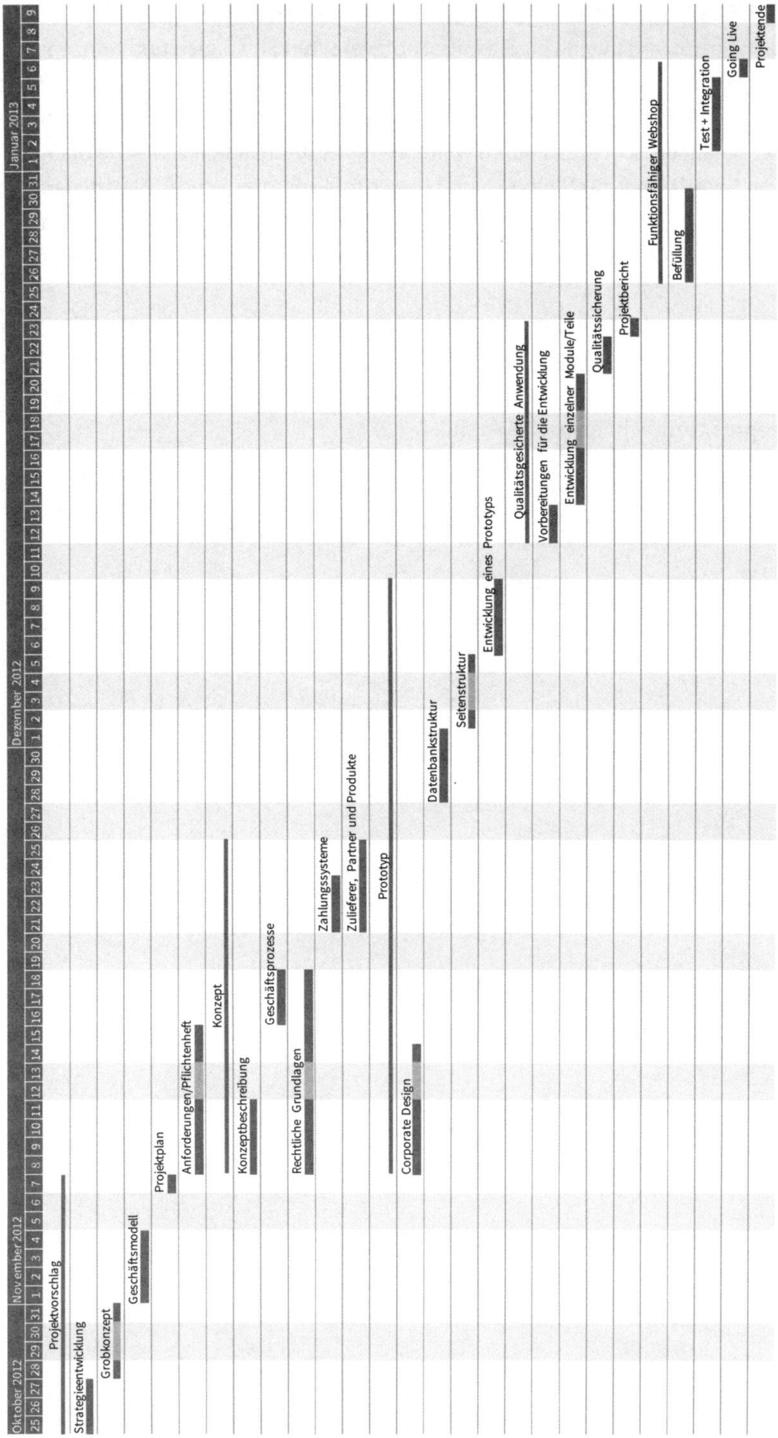

Abbildung 41 Beispielhafter Projektplan E-Commerce-Plattform

Messgrößen für die spätere Erfolgsmessung im Rahmen eines Strategieaudits. Damit kann festgestellt werden, ob und inwieweit die initial aufgestellten Strategien und Konzepte tatsächlich realisiert werden konnten bzw. die intendierte Wirkung gezeigt haben. Die klassischen finanzwirtschaftlichen Profitabilitätskennzahlen wie EBIT, RoI oder Cash-Flow werden traditionell im Sinne einer Balanced Scorecard durch weitergehende Kennzahlen wie etwa die Kundenzufriedenheit, die Bereitschaft zur Weiterempfehlung (Net Promoter Score), die effiziente Ausgestaltung der Prozesse (etwa in Form von Durchlaufzeiten) oder auch die interne Lern- und Wachstumsperspektive (etwa als Anzahl umgesetzter Verbesserungsvorschläge) berücksichtigt.

Während in Phase 3 die Strategie zur Digitalisierung in operationalisierbare Umsetzungskonzepte überführt wird, ist insbesondere Phase 4 als Implementierung eigentlich kein Element des strategischen Planungsprozesses mehr und entsprechend anderen Elementen des Bausteinkonzeptes zuzurechnen (siehe Kapitel D 7.1).

2 Customer Experience

2.1 Umwälzungen der elektronischen Anbieter-Kunden-Beziehung

Unterzieht man die Marketingleitbilder einer Analyse, so ist festzustellen, dass diese im Laufe der Zeit einem erheblichen Wandel unterworfen sind. Folgten unternehmerische Marketingaktivitäten bis in die 1960er-Jahre hinein dem Leitbild des **Massenmarketings**, tritt an dessen Stelle spätestens seit den 1970er-Jahren ein **zielgruppenorientierter Ansatz** in Form des Direktmarketings. Nach Konzepten des **Database Marketing** mit starkem Fokus auf Datenbanken und Analysesystemen wird seit Anfang der 1990er-Jahre unter Zuhilfenahme moderner Informationstechniken zunehmend unter dem Begriff des **Customer Relationship Management** (**CRM**) ein Ansatz zum umfassenden, hoch standardisierten, aber gleichzeitig dennoch individualisierten Kundenmanagement (»*Mass Customizing*«) diskutiert und umgesetzt (Seybold, 2001).

In der Konsequenz bedeutet CRM, die Kundenloyalität und -profitabilität zu verbessern, sowohl im Sinne der Akquisition neuer Kunden als auch der Optimierung bestehender Kundenbeziehungen. Wurde im traditionell geprägten Marketing eher auf die kurzfristig ausgerichtete Umsatzgenerierung, Marktanteile und die unidirektionale Information des Kunden abgestellt, steht im beziehungsorientierten Ansatz die Etablierung langfristiger Geschäftsbeziehungen, die Kenntnis individueller Kunden sowie die Interaktion mit dem Kunden im Mittelpunkt. Die teilweise vorzufindende Fokussierung auf einzelne Transaktionen wird durch eine Fokussierung auf Geschäftsbeziehungen abgelöst. Mit dem Fachausdruck »**Share-of-Wallet**« wird dabei beschrieben, dass es weniger darum geht, eine möglichst große Menge eines Produktes an einen Käufer (mittels zum Teil aggressiver Werbung) zu verkaufen, sondern vielmehr ein möglichst umfängliches Spektrum von Problemen und Bedürfnissen des Käufers in Erfahrung zu bringen, um schließlich darauf abzielende Problemlösungen anzubieten und entsprechend einen großen Anteil (»share«) am »Geldbeutel« (»wallet«) des Kunden als präferierter Problemlöser auf sich zu vereinen (Seybold, 2001).

Der Grund für die zunehmende Fokussierung auf den Kunden besteht in der Erkenntnis, dass **unzufriedene Kunden** meist unwiederbringlich verloren sind und zusätzlich erhebliche negative Signalwirkungen im jeweiligen Absatzmarkt nach sich ziehen können. Die Bindung zufriedener Kunden hingegen erfordert im Vergleich mit der Neukundenakquisition deutlich geringere Aufwendungen und eröffnet Zusatzverkaufspotenziale (**Cross-Selling**, vgl. Abbildung 42).

Unzufriedene Kunden	Zufriedene Kunden
Nur 4 % der unzufriedenen Kunden beschweren sich.	Kundenbindung kostet 1/6 der Akquisitionskosten.
75–90 % der unzufriedenen Kunden sind für die Zukunft verloren.	Zufriedene Kunden sind bereit, mehr für Produkte und Dienstleistungen zu bezahlen.
Jeder unzufriedene Kunde berichtet 9 weiteren Kunden davon.	Jeder zufriedene Kunde wird 5 anderen potenziellen Kunden davon berichten.

Abbildung 42 Vergleich der Auswirkungen zufriedener und nicht zufriedener Kunden (Tiwana, 2001)

Die Analyse von ***Zooplus*** beispielsweise zeigt, dass Nettoumsatz und EBT bei Wiederkäufern eine deutlich höhere Marge ausweisen sowie nachfolgend einen deutlich höheren Gewinn vor Steuern (EBT). Der Fokus sollte dementsprechend im E-Commerce auf der Optimierung der Warenbestände, Logistik, Prozesse (Automatisierung) und des Product Information Management (PIM) liegen, gepaart mit der Fokussierung auf Bestandskunden (o. V., 2018).

Wiederverkäufer (Folgeumsätze)	Net sales	% of total Zooplus	EBT-margin	EBT
Zooplus gesamt	509	72 %	+4 %	18

Neukunden (Umsatz im Jahr der Akquisition)	Net sales	% of total Zooplus	EBT-margin	EBT
Zooplus gesamt	202	28 %	-3 %	-5

12,7 Mio. Euro

Abbildung 43 Nettoumsatz und EBT-Verteilung im Fall von *Zooplus* im Jahr 2017 (o. V., 2018)

Studien zur Untersuchung sogenannter Word-of-Mouth-Effekte belegen den deutlich stärker ausgeprägten Multiplikator-Effekt unzufriedener versus zufriedener Kunden: So haben etwa *Chevalier/Mayzlin* den Effekt von Kundenrezensionen (anhand der Bewertung mit 1–5 Sternen) auf Abverkäufe (»Sales Ranks«, Bestsellerliste) bei *Amazon.com* und *Barnes & Noble* (bn.com) untersucht (Chevalier/Mayzlin, 2006). Bestsellerlisten dienen zur Orientierung von Kunden, Händlern, Kritikern, Autoren und Verlagen sowie für Wettbewerber – und haben so eine hohe praktische Relevanz im Verlagsgeschäft und können als direkter Indikator für Absatzerfolge herangezogen werden (Clement et al., 2008; Chen/Xie, 2008). Im Fokus stand hier der Vergleich der Anzahl und der Wertigkeit der durchgeführten Rezensionen (anhand der Anzahl der jeweils vergebenen Sterne) im Vergleich zu deren jeweiligen Absatzpositionen (»Sales Ranks«) im Rahmen eines Differenzvergleichs. Kurz gefaßt: Es wurde jeweils der isolierte Einfluss einer negativen Buchrezension (gemessen als Anzahl an vergebenen Sternen) auf *Amazon.com* (nicht jedoch auf *bn.com*) auf den Abverkauf bei *Amazon.com* analysiert. Die Anzahl der Sterne dient damit als Proxy für die Qualität und Indikator für den Absatz (Clement et al., 2008). Über die Anzahl an Rezensionen als auch die Anzahl an Sternen werden Netzeffekte verstärkt: Je besser das Buch bewertet wird, je mehr Personen das jeweilige Buch gelesen haben, desto geringer ist das empfundene Kaufrisiko für den Einzelnen (Clement et al., 2008; Cakim, 2010). Gleichzeitig steigt die Besprechungswahrscheinlichkeit durch Kritiker, eine prominentere Auslage im stationären Buchhandel ebenso wie die Positionierung auf der Landing Page von Online-Buchhändlern. Der Multiplikatoreffekt negativer Bewertungen wird anhand der Koeffizienten im eingesetzten Regressionsmodell deutlich: Selbst eine relativ geringe Anzahl an 1-Stern-Reviews (also schlechten Bewertungen) hat absolut gesehen einen nahezu doppelt so großen und effektiven Einfluss auf die Abverkäufe an Konsumenten im Vergleich zu positiven Bewertungen (Chevalier/Mayzlin, 2006; Dellarocas/Xiaoquan/Awad, 2007; Chaffey/Ellis-Chadwick, 2012; Arndt, 1967). Der Einfluß von Word-of-Mouth variiert je nach dem empfundenen Kaufrisiko und der Neuheit des Produktes: Für Produkte mit hohem Risiko und/oder solchen, die bereits bekannt sind, ist die **Überzeugungsfunktion** von Word-of-Mouth umso wichtiger. Für Produkte mit einem geringeren empfundenen Kaufrisiko und/oder solche, die neu auf dem Markt sind, dient Word-of-Mouth in erster Linie dazu, **Aufmerksamkeit** zu schaffen (Berger, 2012). Gleichzeitig wird Word-of-Mouth wichtiger, je näher ein Konsument seiner finalen Entscheidung kommt.

> Ähnliche Effekte lassen sich in den ***Apple App Stores*** nachweisen. Analysen von *Carare* etwa zeigen, dass die Zahlungsbereitschaft von Kunden für eine App mit hohen, positiven Bewertungen (vielen Sternen) um 4,50 US-Dollar größer ist als für die gleiche App ohne jedwede Bewertung (Carare, 2012).

Eine Vielzahl von Studien belegt, dass sich *Kundenzufriedenheit* eher weniger aufgrund einer einzelnen Interaktion mit einem Unternehmen einstellt, als vielmehr das Ergebnis der gesamten Geschäftsbeziehung ist (Homburg/Giering/Hentschel, 1999). Im Mittelpunkt steht der Vergleich der tatsächlichen Kundenerfahrung bei der Inanspruchnahme einer Leistung mit einem bestimmten (erwarteten) Leistungsstandard eines Kunden. Liegt die wahrgenommene IST-Leistung (in etwa) auf dem erwarteten Niveau der (erwarteten) SOLL-Leistung, kommt es zur Bestätigung der bestehenden Erwartungshaltung (»**Confirmation**«). Im entgegengesetzten Fall entsteht ein Zufriedenheitsniveau unterhalb der Erwartungshaltung. Eine hohe Kundenzufriedenheit wirkt sich positiv auf die Kundenloyalität aus: Zusätzlich zu Wiederkäufen kann es zu Zusatzkäufen (»**Cross/Upsell**«) oder auch einer **Weiterempfehlung** kommen.

Die Stärke des **Zusammenhangs zwischen Kundenzufriedenheit und Kundenloyalität** hängt dabei maßgeblich ab von

- Merkmalen der Geschäftsbeziehung (etwa der Dauer der Geschäftsbeziehung),
- spezifischen Kundenmerkmalen (etwa der Risikofreudigkeit des Nachfragers),

- Produktmerkmalen (wie Produktkomplexität und Einführungsaufwendungen) oder auch
- der Wettbewerbsintensität (Schnaars, 1998).

Die Wirkung des Internets auf die Kundenzufriedenheit und -loyalität wird sehr differenziert diskutiert: So gestattet die zunehmende Nutzung und die charakteristischen Eigenschaften des Internets eine effiziente und kostengünstige Umsetzung eines CRM-orientierten Ansatzes, etwa durch die vereinfachte Erhebung von Kundendaten und eine individuelle, interaktive Kundenansprache durch personalisierte Websites oder E-Mails. Via Werbung im Internet können Kunden direkt, ohne Medienbruch, mit dem betreffenden Unternehmen kommunizieren. In Bezug auf die **Kundenloyalität** wirkt das Internet allerdings zweischneidig: Auf der einen Seite kann die Kundenbindung durch individualisierte, interaktive Kundenbeziehungen gestärkt werden. Auf der anderen Seite bewirkt die Informationstransparenz und die direkte Verfügbarkeit alternativer Angebote sowie (herstellerneutrale) Produkt- und Preisvergleichsdienste ein Absinken der Kundenloyalität. So führt die Verschärfung des internetbasierten Wettbewerbs aus Kundenperspektive meist zu einem breiteren Spektrum alternativer Angebote, was wiederum zu einer ausgeprägteren Erwartungshaltung gegenüber den Angeboten aller Anbieter in einem Produkt- oder Branchensegment führt (Strauß/Schoder, 2001).

Das Internet wird in diesem Zusammenhang von vielen Unternehmen eher als Mittel zur Beschleunigung einer bereits sinkenden Kundenloyalität wahrgenommen (Seybold, 2001). Mit einem zunehmenden Online-Engagement der Unternehmen und dem damit verbundenen Umfang an Erfahrungen wird ein weitergehendes Absinken der Kundenloyalität erwartet. Eine bindende Wirkung kommt im stark kompetitiven digitalen Wettbewerbsumfeld nur dann zum Tragen, wenn es gelingt, durch eine kundenindividuelle Ansprache sowie neuartige Dienstleistungen und umfangreiche Informationen den **Bindungseffekt** gegenüber dem **Loslösungseffekt** aufgrund der attraktiven Angebote anderer Anbieter zu vergrößern.

> *American Airlines* hat einen interessanten Ansatz gefunden, der ein Gewinnspiel nutzt, um die Personendaten bekannter »AAdvantage«-Vielflieger und deren Flugmeilen im Rahmen des Loyalitätsprogramms mit deren *Facebook*-Profilen zusammenzuführen. Die Mechanik nutzt den einfachen Hebel des Gewinnspiels im Stile von »*Werde Fan unserer Facebook Fanpage – gib Deine AAdvantage-Teilnehmernummer an – erhalte einen zufälligen Preis zwischen 100 und 100.000 Meilen!*« Auf diese Art konnte *American Airlines* in nur 24 Stunden 163.000 neue Fans einsammeln – und deren soziale Profildaten mit bekannten Personendaten im CRM kombinieren. Nach drei Tagen hatte man sogar schon knapp 220.000 Fans gesammelt und quasi als »Nebeneffekt« die Interaktionsrate von durchschnittlich 41 Reaktionen pro *Facebook*-Posting auf über 1.200 Reaktionen pro Posting gesteigert. Bislang nutzt *American Airlines* die »kombinierten Daten« nicht nur, um fokussiertere Werbekampagnen zu schalten. Sujets werden fortan nach »Likes« aus den *Facebook*-Profilen der Fans erstellt, ebenso wie auch Media-Inhalte stärker entsprechend der *Facebook*-Interessen ausgesteuert, Angebote weiter spezifiziert und Meinungsführer systematisch identifiziert werden. In letzter Konsequenz werden individuelle Belohnungen an solche Vielflieger abgegeben, die sich auf *Facebook* besonders aktiv für *American Airlines* einsetzen.

Studien zeigen, dass ein hoher Grad an Austauschbarkeit der Leistungen verschiedener Anbieter zumindest teilweise durch **gewachsene Vertriebsstrukturen** (und damit gefestigte Kundenbeziehungen, etwa bei Versicherungen), **Markenloyalität** (etwa beim Automobilhandel) sowie der **(technischen) Einzigartigkeit der Produkte** (etwa im Chemie-/Pharmabereich) kompensiert werden kann (Strauß/Schoder, 2001). Zusätzlich besteht insbesondere im B2B-Segment die Option zur engen Zusammenarbeit und Vernetzung mit dem Kunden und seine Integration etwa in die Produktentwicklung bzw. in die übergreifenden Wertschöpfungsketten des Unternehmens (Fleisch, 2001).

> *Amazon* ist es als transformationaler Service-Anbieter gelungen, nachhaltige Kundenloyalität zu generieren: Im Brennpunkt steht eine schnelle und kostenfreie Lieferung, ein sehr großes Sortiment, verknüpft mit den technischen Finessen der personalisierten Einkaufsvorschlagsliste und der extrem zeitsparenden »One-Click-Bestellung«. Nach dem Erstkauf »erkennt« das System einen wiederkehrenden Kunden, begrüßt ihn persönlich und lässt ihn jeden Artikel mit einem einzigen Mausklick – ohne weitere Dateneingabe – bestellen.

2.2 Konzept und Ausgestaltungsmöglichkeiten des Customer Experience Management

Customer Experience Management erlaubt im Idealfall eine Optimierung der Kundenbeziehungen unter Bereitstellung von Realtime-Kundeninformationen und durch einen kontinuierlichen markt- und kundeninduzierten Innovationszyklus in Bezug auf Produkte und Prozesse (Muther, 2000; Seybold, 2001; Peppers/Rogers, 1997; Sterne, 1996). Kundenfeedback und zusätzliche Kundeninformationen etwa aus der After-Sales-Betreuung bilden im Rahmen eines Regelprozesses die Grundlage für ein verbessertes Kundenverständnis und darauf wiederum aufbauende und verfeinerte Marketing- und Vertriebsaktionen. Customer Experience Management hat dabei im Vergleich zu CRM in neuerer Zeit eine größere Bedeutung erhalten (Rusnjak/Schallmo, 2018; Mehn/Wirtz, 2018):

- durch die Notwendigkeit der Verknüpfung von Online und Offline aufgrund einer zunehmenden Digitalisierung und einen durchgehenden Omnichannel-Ansatz. Es gilt, das traditionelle Geschäftsmodell mit digitalen Medien zu verknüpfen;
- Erfordernis der Differenzierung vom Wettbewerb aufgrund zunehmend homogener Produkt- und Leistungsangebote sowie aufgrund einer steigenden Markttransparenz: Zunehmend geringere Qualitätsunterschiede führen zu zunehmend austauschbaren Produkten und Dienstleistungen, die eine Differenzierung vom Wettbewerb erschweren. Neben rechtlichen Bindungsmöglichkeiten, z. B. Vertragslaufzeiten und damit verbundenen Wechselbarrieren, ist es erforderlich, Kunden emotional an eine Marke zu binden und Kundenloyalität aufzubauen. Die Vermittlung von einzigartigen Kundenerlebnissen stellt in diesem Zusammenhang eine bedeutende Möglichkeit zur nachhaltigen Differenzierung von Wettbewerbern dar;

- Verknüpfung funktionaler Eigenschaften des Produktes mit erlebnisstiftenden, emotional geprägten Elementen vor dem Hintergrund einer zunehmenden Erlebnisorientierung in der Gesellschaft. Bedeutungsverschiebungen in der Bedürfnis- und Wertestruktur von Konsumenten tragen dazu bei, dass individuelle Erwartungen und Wünsche immer wichtiger werden.

Erfolgreiche Unternehmen verbinden als Reaktion auf diese Erlebnisorientierung funktionale Eigenschaften des Produktes mit emotionalen Ereignissen. Eine emotionale Verbundenheit des Kunden zu dem Unternehmen sowie zu seinen Produkten und Dienstleistungen bildet letztlich jedoch einen schwer zu imitierenden Wettbewerbsvorteil. Auf diese Weise kann eine langfristige Kundenbeziehung aufgebaut werden.

CRM als Grundlage eines Customer Experience Management wurde zunächst als (technologieneutrales) Marketing- und Vertriebskonzept diskutiert. Unter dem Einfluss des Internets tritt der auf das Internet bezogene Ansatz spätestens seit Mitte 1999 unter dem Begriff des Digital CRM in den Vordergrund (Seybold, 2001; Eggert/Fassott, 2001).

> Unter **Digital CRM** kann ganz allgemein die Analyse, Planung, Steuerung und das Controlling der Kundenbeziehungen mithilfe elektronischer Medien (insbesondere des Internets), unter dem Ziel einer umfassenden Ausrichtung des Unternehmens auf ausgewählte Kunden und der Generierung eines unternehmerischen Erfolgsbeitrags verstanden werden (Eggert/Fassott, 2001, S. 5).

Der vielfach vorzufindende Ansatz, CRM-Konzepte auf die unmittelbare Kundenschnittstelle wie E-Mail-Marketing, Callcenter-Integration, die Schulung des Vertriebspersonals oder die Gestaltung innovativer Websites zu reduzieren, greift im Sinne dieses umfassenden Verständnisses zu kurz. In letzter Konsequenz bedeutet Digital CRM die Erhöhung der Kundenloyalität sowie die Erleichterung der Neukundenakquisition bei gleichzeitiger Verbesserung der Kundenprofitabilität (Chaffey/Ellis-Chadwick, 2012). Traditionelle Ansätze aus den Bereichen Marketing und Vertrieb bilden damit die Grundlage für Digital CRM, die durch Technologien wie Data Mining oder Anwendungen zur Vertriebsunterstützung (als Sales Force Automation, SFA) ergänzt werden.

Die Entwicklung nachhaltiger Kundenbeziehungen kann in Form eines CRM-Kreislaufs als ein längerfristiger und revolvierender Prozess beschrieben werden. Der Schwerpunkt liegt zunächst auf der Kenntnis (**Analyse & Identifizierung**) der bestehenden Kunden (vgl. Abbildung 44) sowie deren Nachfragebedürfnissen. Neben der technischen Plattform auf der Basis eines *Data Warehouse* stehen hierfür unterschiedliche Anwendungen wie fehlertolerante **Abgleich-Tools** und **Data Mining** zur Verfügung (Wieken, 1999; Mena, 1999). Diese erlauben auf der Basis bestehender Kundendaten Aussagen etwa über die Kundenprofitabilität, Präferenzmodelle sowie Wechselwahrscheinlichkeiten (»Churn«, Seybold, 1998). Dieser Prozessschritt im CRM-Kreislauf wird auch als **analytisches CRM** beschrieben (Hippner/Wilde, 2001).

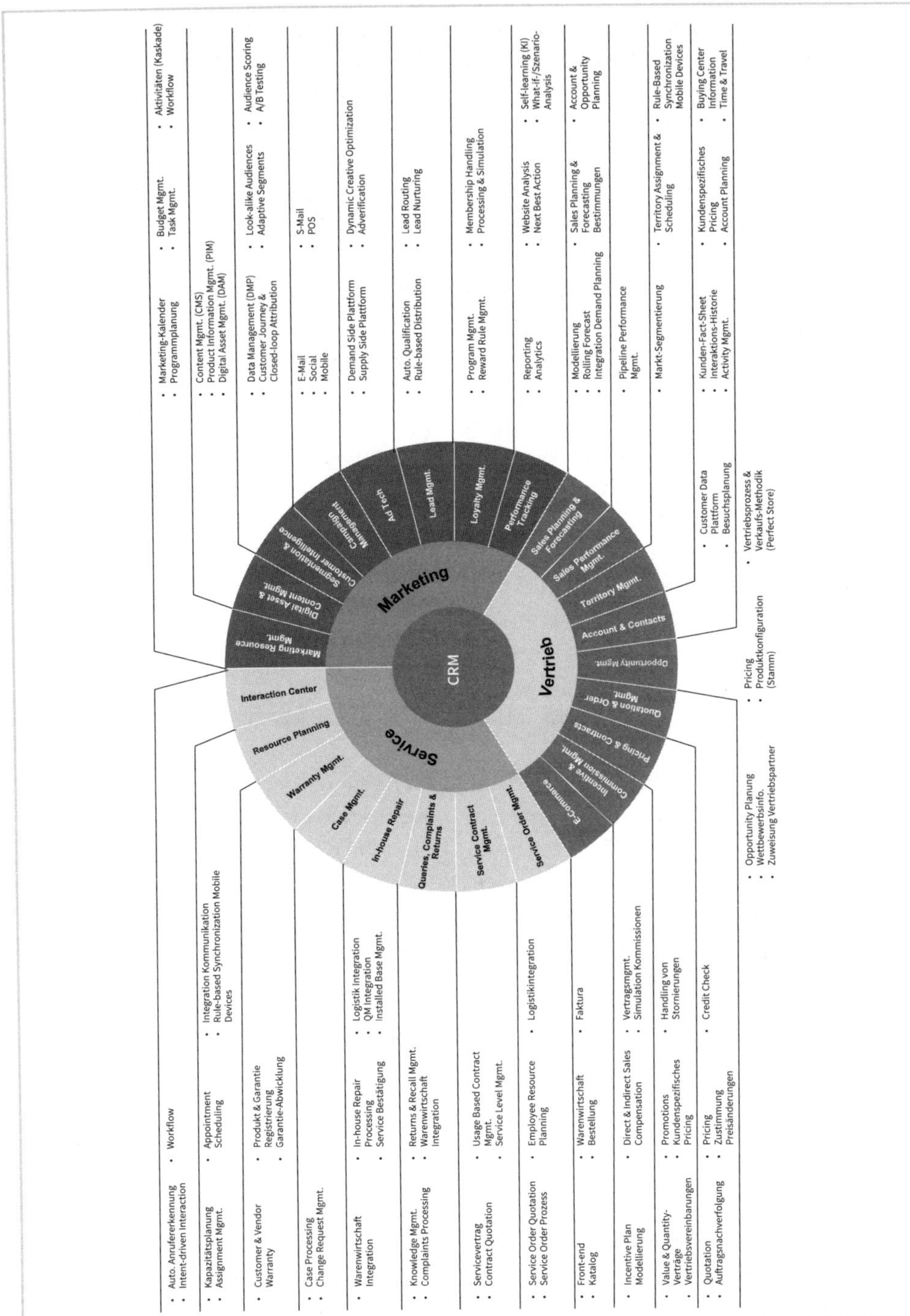

Abbildung 44 Anwendungsszenarien im CRM

Wie das Beispiel von ***BMW USA*** zeigt, können Daten aus bestehenden Kundenbeziehungen in einem übergreifenden Ansatz mit Informationen über potenzielle Neukunden verbunden werden. *BMW* aggregiert hierzu Kundendaten über alle Kundeninteraktionen (wie die Nutzung des Online-Produktkonfigurators, die Teilnahme an Fahrzeugvorführungen oder Produktberatungen) hinweg und analysiert diese hinsichtlich der Kaufwahrscheinlichkeiten. Als potenzielle Käufer eingestufte Kunden erhalten eine personalisierte Information und Kommunikation etwa via E-Mail, Direct Mails oder Einladungen zu besonderen Events beim Händler vor Ort. Nach Abschluss des Kaufs bewerten Kunden den Händler, die Auslieferung des Fahrzeugs sowie alle damit verbundenen Kauferfahrungen. Diese Beurteilung wird der bestehenden Kundendatenbasis hinzugefügt. Als Ergebnis verdreifachte sich für diese Kundengruppe die Kaufwahrscheinlichkeit (Strauß, 2013).

Aufbauend auf der Markt- und Kundenkenntnis können spezifische Kundenangebote entwickelt und positioniert werden (**Strategie & Angebot**). Im Mittelpunkt stehen hier die Entwicklung der Marktstrategie sowie die Integration unterschiedlicher Vertriebs- und Kommunikationskanäle. Unterschiedliche Konzeptionen sind hier für die Vermittlung der Vorteile des eigenen Leistungsangebotes, den Aufbau von Präferenzen beim Kunden hinsichtlich der Produkte und Dienstleistungen sowie die Ausrichtung an den unterschiedlichen Interessenlagen der Kunden zu erarbeiten. Die Entwicklung spezifischer Kundenangebote erfordert in aller Regel die unmittelbare Anpassung der bestehenden Organisationsstrukturen und Prozesse durch Reorganisationen und Schulungen, was als »**kundenorientierte Organisation**« umschrieben wird.

Die Umsetzung der Konzepte erfolgt in **Vertrieb & Service** unter Einbeziehung sämtlicher Kundenschnittstellen. Internetbasierte Vertriebsinformationssysteme umfassen Funktionalitäten wie Kundenanalysen, Terminüberwachungen, Lieferterminierung, Unterstützung bei der Angebotserstellung bis zur Erfolgskontrolle des Vertriebs. Versicherungen etwa nutzen Sales-Support-Systeme zur internen Schulung der Vertriebsmitarbeiter und zur Kalkulation komplexer Versicherungsprodukte. Der Abschluss des eigentlichen Verkaufsvorgangs wird mit der Integration der Auftrags- und Kundendaten in die bestehenden Auftragsmanagement- und Fakturierungssysteme gewährleistet. Dienstleistungen nach Abschluss des eigentlichen Verkaufsvorganges umfassen Kundenbindungsprogramme, Maßnahmen zur Steigerung der Effektivität der Serviceorganisation oder Dienstleistungen von Interaction Centern. Unter **Interaction Center** werden die um Internetanwendungen erweiterten Callcenter subsumiert.

Im Idealfall übernimmt der Callcenter Agent wie bei Call & Surf der ***Deutschen Telekom*** internetbasiert bei Rückfragen des Kunden die gerade betrachtete Website und ergänzt diese gemeinsam mit dem Kunden um gegebenenfalls noch fehlende Informationen oder beantwortet Rückfragen (Browser Sharing). Anbieter wie ***Bomgar*** unterstützen Unternehmen beim Aufbau virtueller Service-Center über eine Remote-Support-Lösung, mit der Supporttechniker über Firewalls von ihrem Computer oder Mobilgerät remote Verbindungen zu Endbenutzersystemen herstellen können.

Die Ausgestaltungsmöglichkeiten eines Tele-unterstützten CRM-Zyklus erstrecken sich dabei von der einfachen Ansprechpartner-Qualifizierung, über die systematische und permanente Kundenbetreuung im Bereich **Telecoverage** bis zum **Televertrieb** und einfachen **Tele-Partnerbetreuungs- und -unterstützungskonzepten** im Rahmen des Partner-Channel-Managements (vgl. Abbildung 45; Goldmann, 2005).

← Outbound & Inbound →				← Inbound →
Telemarketing	Telecoverage (Vertriebsinnendienst)	Telesales	Telepartner-unterstützung	Customer Service
- Datenbereinigung und Ansprechpartner-qualifizierung - Teilnehmer-qualifizierung Bearbeitung von Response auf Anzeigen, E-Mails, Mailings, Web-anfragen - kampagnenorientiertes Call Management - Lead-Qualifizierung	- Beziehungspflege und Betreuung (»Nurturing«) von Hauptkunden (»Key Accounts«) - Vertriebsinnendienst und Unterstützung für eigenen (direkt) oder Partnervertrieb (indirekt)	- Verkaufsabschluss via Telefon	- Partnermanagement, etwa Nachverfolgung der Vertriebsaktivitäten der Partner - Nachverfolgung von Interessenten und Anfragen - Vertriebsunterstützung für die Partner	- Kunden-Kontaktcenter als zentrale Anlaufstelle für alle Kundenanfragen und Wünsche

Abbildung 45 Ausgestaltungsformen Telemanagement (Schauf, 2002; Goldmann, 2005)

Während mit dem Begriff des »**Telemarketings**« eher Aktivitäten im Bereich Daten- und Ansprechpartnerqualifizierung als auch der Qualifizierung von konkreten Kaufinteressenten (»*Lead-Qualifizierung*«) verbunden werden, umfasst »**Telecoverage**« die systematische und permanente Betreuung von Kunden via Telefon und die Unterstützung des unternehmensinternen Partnermanagements im Sinne eines telefonischen Vertriebsinnendienstes (Naudi, 2003). Unter »*Tele-Partnerunterstützung*« fallen sowohl alle Aktivitäten zur aktiven vertrieblichen Betreuung und Nachverfolgung des Partners als auch Unterstützungsleistungen in Form eines Vertriebsinnendienstes (als ausgelagerte Funktion) für Vertriebspartner. Hierunter fällt etwa die Kontaktqualifizierung für den Partner durch das jeweilige Unternehmen. Allen Telemanagement-Funktionen ist gemein, dass sie sowohl **inbound** (reaktiv, initiiert durch Kunden oder Partner), aber auch **outbound** (aktiv, initiiert durch das eigene Unternehmen) eingesetzt werden können (Krumm/Geissler, 2005). Die hier skizzierte Telemanagement-Strukturierungshilfe ist dabei nicht ausschließlich zu verstehen: So können je nach Ausgestaltung der internen Prozesse und der jeweiligen Kundenkategorie bzw. des Marktsegmentes Aufgaben im Bereich Telemarketing auch durch Telecoverage-Funktionen wahrgenommen werden, beispielsweise wenn es im Business-to-Business-Segment (B2B) um die Generierung qualifizierter Vertriebskontakte bei größeren Bestandskunden (Key Accounts) geht. Kriterien bei der Auswahl und Ausgestaltung der jeweiligen Telemanagement-Funktion sollten dabei sein:

- **Kundenbeziehungen:** Die Beibehaltung bestehender Kundenbeziehungen, etwa durch einen Telecoverage-Agenten. Fallbeispiele im B2B-Bereich zeigen, dass wechselnde telefonische Ansprechpartner dafür sorgen, dass die Kundenbindung und die Bereitschaft für weitergehende Käufe überdurchschnittlich absinken.
- **Qualifizierung:** Die Qualifizierung der jeweiligen Agenten für die Bearbeitung der einzelnen Aufgabe. Hier reicht das Spektrum von einfacheren Datenqualifizierungstätigkeiten im

Telemarketing mit vergleichsweise niedrigeren Qualifizierungsanforderungen bis hin zu komplexeren Produkt- und Vertriebsanfragen mit entsprechend vorzuhaltenden Produktkompetenzen im Televertrieb.
- **Ressourcen-Situation:** Die Quantität der vorhandenen Ressourcen im jeweiligen Aufgabenbereich, abgeleitet unter anderem aus der Detailplanung notwendiger Telekapazitäten im Rahmen der Kampagnenplanung im Marketing.

Unter dem Begriff der **Kundenbindung** als einem der wesentlichen CRM-Konzepte sind neben den klassischen Kundenbindungsprogrammen (wie Treuepunkten) ebenso webspezifische Bindungsmaßnahmen wie die aktive Gestaltung von Online-Communities (Seybold, 2001) zu subsumieren. Die Integration des Kunden in den CRM-Kreislauf kann so weit gehen, dass diese auch in die Produktentwicklung eingebunden werden, etwa durch webbasierte »**Electronic Product Clinics**«, um Produkte vor deren Markteinführung ausgiebig testen und bewerten zu können.

> Die ***Webasto AG*** als Automobilzulieferant im Bereich Dach- und Heizsysteme bezieht die Endkunden direkt als Entwicklungspartner in die Produktentwicklung ein. Die Zusammenarbeit erstreckt sich von einfachem Kunden-Input durch klassische Marktforschung über »Lead-User-Workshops« bis zur Integration von Internet-Communities (Lang/Reich, 2008; Reichwald/Piller, 2009).

Das Aufgabenspektrum dieses CRM-Moduls erstreckt sich bis zum **Beschwerdemanagement** (Stauss/Seidel, 1998; Pepels, 2001b). Damit umfassen »Vertrieb & Service« sowohl Anwendungen zur Unterstützung der kundenorientierten Geschäftsprozesse (**operatives CRM**), etwa zur Automation von Marketing, Vertrieb und Service, als auch die gesamte Steuerung und Unterstützung sowie Synchronisation aller Kommunikationskanäle zum Kunden (E-Mail, Web, Communication Center) eines **kommunikativen CRM**-Ansatzes (Hippner/Wilde, 2001).

Im Anschluss an die Umsetzung in Vertrieb und Service erfolgt die Kontrolle (**»Response Tracking & Controlling«**) der eingeleiteten Maßnahmen, etwa durch Errechnung des Wertes des Kunden über die gesamte Kundenbeziehung (*Customer Lifetime Value*) oder durch eine umfassendere Bewertung im Rahmen eines *Balanced-Scorecard-Verfahrens*. Die Kontrolle erlaubt die Bündelung aller Erfahrungen innerhalb des Kreislaufs sowie die Planung weitergehender Maßnahmen (Peppers/Rogers, 1999). Ergebnisse dieser Phase sind wiederum als zusätzliche Kundeninformationen einzupflegen und für weitere Maßnahmen im Rahmen des CRM-Kreislaufs vorzuhalten.

2.3 Kundendatenerhebung und -management

Grundlage eines systematischen Kundenbeziehungsmanagements ist ein möglichst detailliertes Wissen über die Interessen und Präferenzen von Kunden in Form von Kundendaten. Das Spektrum möglicher Mechanismen zur **Erhebung notwendiger Kundendaten** reicht von

- der Erfassung aller Kundendaten und Kundeninteraktionen durch Vertriebsmitarbeiter,
- über den Zukauf von Kundendaten durch professionelle Listbroker oder Adresshändler wie *Schober*,
- die manuelle, formulargestützte und aktive Eingabe durch den Kunden (via Antwortformulare, Registrierung und explizite Filterung via Auswahlmenüs im Internet)
- bis zum webbasierten, passiven, impliziten Profiling unter Zuhilfenahme spezieller Anwendungen und Protokolle (wie der Analyse der Server-Log-Files, Cookies, intelligenten Agenten; Gilbert, 2008; Spengler, 2009).

Um eine zunehmende Profilierung und Anreicherung von Massenkontakten über alle Kanäle erfolgreich umzusetzen, sind bei ***SWISS*** spezifische Rahmenparameter definiert und umgesetzt worden (Maier, 2010). Hierzu gehören ein zentrales Kundendatenmanagement (Data Warehouse), die 360-Grad-Zuordnung von Profilinformationen über alle Kontaktkanäle, ein dedizierter Kriterienkatalog zur stetigen Verbesserung der Datenqualität, die sukzessive Erfassung von Kundenwissen über die Vernetzung aller Online- und Offline-Kanäle, die Anreicherung von Kundenprofilen durch *Miles & More*-Daten oder auch die Segmentierung von Kundendaten für einen Kundendialog entsprechend individueller Präferenzen. *SWISS* führt anhand von Kriterien wie der absoluten Anzahl von Kundenkontakten pro Zeitraum, der Intensität des Kundenkontaktes und dem Grad der Beeinflussungsmöglichkeit des Kontaktpunktes Analysen durch, um die wichtigsten Kontaktpunkte zu identifizieren (Maier, 2010).

Bei interaktiven Webformularen werden neben Adressaten unmittelbar individuelle Interessen und Präferenzen erhoben, beispielsweise mithilfe von Auswahlmenüs, Fragenkatalogen oder eigenständigen Befragungsanwendungen (Janetzko, 1999; Theobald, 2000). Umfangreichere **Log-File-Analysen** im **Web Usage Mining** erfordern eine Registrierung der Kunden auf der Unternehmenswebsite und gestatten detaillierte Aussagen darüber, was, wann und in welcher Reihenfolge vom Server aufgerufen worden ist (Spiliopoulou, 2001; Mena, 1999). Keine aktive Registrierung erfordert im Gegensatz hierzu der Einsatz von Cookies.

Cookies stellen kleine Dateien dar, die Informationen über erfolgte Besuche von Websites auf der Festplatte des Nutzers erfassen und Rückschlüsse auf individuelle Interessen und Präferenzen gestatten (Hass/Willbrandt, 2011; Harding/Reed/Gray, 2002).

Dem Vorteil einer höheren Automatisierung der Datenerhebung steht zunächst der Nachteil einer oftmals nur geringen Kundenakzeptanz gegenüber. Nutzen unterschiedliche Personen etwa einen PC, weisen Cookies überlagernde Profile unterschiedlicher Nutzer aus. Ähnlich können **intelligente Agenten** eingesetzt werden, um Informationen aus unterschiedlichsten Quellen zu sammeln und zu aggregieren (Klusch, 2001; Bocionek, 1995). Je nach Ausgestaltung steht hier die einfache Generierung von Kundendaten oder bereits die tiefergehende Qualifizierung in Form komplexerer Nutzerprofile im Vordergrund. Je weniger die Generierung der Kundendaten auf manuellen, nutzergesteuerten Eingaben beruht, desto eher kann das tatsächliche Kundenverhalten erfasst werden, d. h. von Phänomenen wie sozial erwünschten Antworten abstrahiert werden.

Probleme der systematischen Erhebung von Kundendaten entstehen durch die Abneigung von Konsumenten, sich ohne weitergehende Anreize registrieren zu lassen. Projekterfahrungen zeigen, dass bei einem steigenden Wert von Anreizen die Bereitschaft zur Teilnahme sprunghaft gesteigert werden kann. Neben der grundsätzlichen Erhebung der Daten kann eine wahrheitsgemäße Beantwortung nur unter Einschränkungen sichergestellt werden, sofern nicht wie bei Informationsdiensten (etwa bei *Mein-Yahoo!* oder auch *Xing*) der Nutzen personalisierter bzw. individuell zugeschnittener Informationen unmittelbar ersichtlich ist (Frazier, 2001). Steigerungen der Bereitschaft zur Angabe persönlicher Daten können durch das explizite Vorstellen der späteren Nutzungsregeln der gewonnenen Daten (konform mit der DSGVO) und die explizite Einwilligung durch den Nutzer erreicht werden. Vor einer Registrierung sind Nutzer über die Verwendung der Daten aufzuklären und die explizite Einwilligung zur Verwendung respektive Weitergabe gewonnener Nutzerinformationen einzuholen (Permission Marketing, Dyson, 1997). Ein Ansatz zur Absicherung des Datenschutzes auf der Ebene allgemeingültiger und akzeptierter Konventionen ist *eTrust*, eine Vereinigung zur Festlegung von Grundsätzen zur Nutzung personenbezogener Daten (Dyson, 1997).

Die **Tracking-** oder auch **Web-Controlling-Daten** werden von Shop-Betreibern dazu genutzt, um ein zusammenfassendes Bild über das Nutzerverhalten zu erhalten. Dazu werden alle Informationen gesammelt, anonymisiert und im Hinblick auf vorab festgelegte Kennzahlen analysiert. Damit wird ersichtlich, wie, wo und wann das Gros der Site-Besucher welche Aktionen durchgeführt hat. Aus Sicht des Datenschutzes ist die systematische Sammlung und Analyse von Kundendaten erst dann als kritisch einzustufen, wenn persönliche Kundendaten mit den Kennzahlen aus dem Tracking einer Website in Verbindung gebracht werden. Personalisierte Profile, die eindeutige Schlüsse auf das Nutzerverhalten einer konkreten Person zulassen, dürfen nur unter Einhaltung strenger Datenschutzrichtlinien gemäß DSGVO erstellt werden. So dürfen Webshop-Anbieter auf Basis der getätigten Bestellungen dem privaten Nutzer beispielsweise personalisierte E-Mails nur dann zusenden, wenn sich der Empfänger grundsätzlich vorher damit einverstanden erklärt hat. Das Teledienstedatenschutzgesetz (TDDSG) (als Vorläufer der DSGVO) unterscheidet hierfür zwischen **personenbezogenen und nicht personenbezogenen Daten**. Angaben, die einen konkreten Rückschluss auf eine Person zulassen, wie Name und Adresse, sind klar als personenbezogen definiert. Alle sonstigen Informationen, die keinen Hinweis auf einen bestimmten Nutzer geben und anonym erfasst, gespeichert und verwertet werden, sind im logischen Umkehrschluss nicht personenbezogen.

Strittig ist hierbei immer noch, inwieweit eine IP-Adresse als personenbezogene Information aufzufassen ist. Da inzwischen vorwiegend dynamische statt statischer IP-Adressen vergeben werden, ist ein Personenbezug grundsätzlich nicht herstellbar. Dem entgegnen Datenschutzbeauftragte, dass IP-Adressen immer personenbezogen seien, da Zugangs-Provider – unabhängig von der bei der Vergabe der IP-Adresse verwendeten Technik (also auch bei dynamischer Vergabe) – die IP-Nummer stets einzelnen Nutzern zuordnen können. Die Bestimmung, die einen derartigen **Reverse Lookup**, also die Rückverfolgung von Daten untersagt, wurde inzwischen zwar für Telefonverzeichnisse gelockert, für personenbezogene Online-Daten ist sie jedoch auch nach der

DSGVO immer noch in vollem Umfang gültig bzw. wurde hier erweitert. Dem Werbetreibenden ist es untersagt, aus einem Pool von E-Mail-Adressen und von Versand- und Tracking-Informationen einzelne Daten zu extrahieren und von gespeicherten Kennzahlen auf konkrete Personen zu schließen. Die Datenhaltung ist vorher explizit durch den Nutzer zu bewilligen. Eine Erstellung von Nutzungsprofilen ist nur unter Verwendung von Pseudonymen zulässig, wenn der Nutzer nicht widersprochen hat. Über dieses Widerspruchsrecht ist der Nutzer im Sinne der **informationellen Selbstbestimmung** zu informieren. Die DGSVO fordert, dass der Kunde gezielt auf Sachverhalte wie beispielsweise Datenverarbeitung hingewiesen wird und explizit in bestimmte Abläufe einwilligen muss, etwa wenn personenbezogene Nutzungs- oder Interessenprofile zu CRM-Zwecken generiert und gespeichert werden. Ähnliches gilt für das Setzen von Cookies mit Hinsicht auf Transparenz und Kundenfreundlichkeit: Ein Website-Betreiber muss an prominenter Stelle Hinweise platzieren, die besagen, wann, wie und warum bei einem Nutzer Cookies gesetzt werden.

> US-Werbeverbände haben im Herbst 2018 ein **Data Transparency Label** präsentiert. Über dieses sollen Informationen zur Qualität und zur Herkunft von Datensätzen geliefert werden und als standardisiertes Modell mehr Transparenz erzeugen. Initiiert wurde es unter anderem vom Tech Lab des amerikanischen Branchenverbandes IAB (Interactive Advertising Bureau).

Im Gegensatz zu den Diskussionen über Kundenorientierung in den letzten Jahren ist die systematische Sammlung und Nutzung von Kundendaten als Grundlage aller Marketingaktivitäten in den meisten Unternehmen nur in einem rudimentären Ausmaß vorhanden: Nur halbherzig werden anhand der gewonnenen Kundendaten die wichtigsten Kunden wie Neukunden und »Key Accounts« identifiziert, noch wird in fast drei Viertel der Unternehmen keine Aggregation unterschiedlicher Informationsquellen und IT-Systeme über verschiedene funktionale Unternehmensbereiche hinweg (etwa von der technischen Hotline, dem Bestellwesen bis zum Online-Verhalten) durchgeführt. Empirische Studien und Projekte belegen, dass die Vielzahl an Diskussionen in Theorie und Praxis um die Notwendigkeit zum systematischen Management und die Nutzung von Kundendaten sowie darauf aufbauender Verfahren wie Data Mining für die breite Masse der Unternehmen bislang noch Makulatur geblieben sind. Eine Ausnahme bilden Ausgründungen (Spin-offs) traditioneller Unternehmen und Neugründungen (Start-ups): Hier werden ohne die Hemmnisse eines etablierten Informationsmanagements traditioneller Unternehmen mit einer Vielzahl von Anwendungen Kundendaten aktiv erfasst und über eine Vielzahl unterschiedlicher Quellen in einem einheitlichen System aggregiert.

Selbst Unternehmen, die eher von einer weiter drastisch sinkenden Kundenloyalität ausgehen, verfügen meist nicht über aggregierte Kundeninformationen und die Option zur individuellen Kundenansprache. Damit hinkt die Umsetzung notwendiger Maßnahmen in Form eines Digital CRM-Ansatzes sowie konkrete Veränderungen im Kundendatenmanagement noch der durch die Marktentwicklung vermittelten Einsicht deutlich hinterher. Meist scheitert die Erhebung grundlegender Kundendaten an technischen Hürden bzw. fehlendem Know-how in der Umsetzung, einem hohen Integrationsaufwand mit der bestehenden EDV-Infrastruktur und ungeklärten rechtlichen Aspekten (Datenschutz gemäß DSGVO).

> ***Facebook*** nutzt einer Analyse der Princeton University zufolge auch Schatteninformationen. So können Werbungtreibende bei *Facebook* Nutzer über ihre Telefonnummer ansprechen, auch wenn diese ihre Nummer niemals bei *Facebook* angegeben haben (Hill, 2018). Das Unternehmen nutzt auch Kontaktinformationen, die zu Sicherheitszwecken angegeben wurden oder sogar solche, die der Nutzer niemals selbst übergeben hat, die aber über die Kontaktadressen anderer Leute trotzdem gesammelt wurden. So fanden die Forscher heraus, dass Werbungtreibende innerhalb von nur wenigen Wochen Telefonnummern, die Nutzer bei *Facebook* für die Zwei-Faktor-Authentifizierung oder für Alerts über neue Logins im Nutzer-Account angegeben hatten, zur Zielgruppenansprache nutzen konnten. *Facebook* bestätigte, dass man die Informationen, die die Nutzer angeben würden, für ein personalisierteres Nutzererlebnis verwenden würde (Hill, 2018). Dies beinhalte auch die Einblendung relevanterer Werbeanzeigen. Wer dies nicht möchte, könne die Zwei-Faktor-Authentifizierung inzwischen auch ohne Telefonnummer durchführen. Entsprechende Änderungen gibt es seit Sommer 2018. Teilt ein Nutzer seine Kontakte mit *Facebook* und beinhalten diese Informationen auch die für *Facebook* bislang unbekannte Telefonnummer eines Bekannten, können Werbungtreibende rund einen Monat später auch den Bekannten über seine Nummer gezielt mit Werbung adressieren (Hill, 2018).

Die **Verteilung notwendiger Kundendaten** auf verschiedenen IT-Systemen über mehrere Funktionsbereiche hinweg bewirkt, dass der im Rahmen des CRM postulierte »*einheitliche Blick auf den Kunden*« weitgehend auf die Kundendaten innerhalb eines Bereichs beschränkt bleibt. Eine umfassende, bereichs- und unternehmensübergreifende Kundensicht existiert selten (vgl. Abbildung 46).

Bisherige Ansätze	Implikation für das Vorgehen
Keine definierte Daten-»Ownerschaft« über alle Bereiche hinweg (Vertrieb, Marketing etc.)	Initiale Festlegung und Kommunikation der Daten-»Ownerschaft« als Grundvoraussetzung
Kein Schutz bereits bereinigter Daten, damit abermaliges Überschreiben	Kommunikation der »Data Policies« und Datenzuordnung im CRM, erforderlicher System-Support (etwa Berechtigungen)
Keine Abstufung erforderlicher Bereinigungsmaßnahmen (insbesondere im Rahmen der Grundbereinigung)	Differenzierte Analyse nach »Relevant Set« erforderlich, damit Eingrenzung des erforderlichen Aufwands (kein Löschkonzept)
Kein bereichsübergreifendes Bereinigungskonzept (wer darf/kann was bereinigen?) und Regelprozess	Frühzeitige Abstimmung und Einbindung aller relevanten internen »Stakeholder«, Festlegung Regelprozess (u. a. Rückläufer-Bearbeitung)
Keine differenzierte Analyse über Fehlerklassen und nachfolgende Ableitung für ein effizientes Bereinigungsvorgehen	Differenzierte Analyse über alle Datenbestände inkl. Business Case der Bereinigung und Bereinigungskonzept
Keine »Review«-Mechanismen und Prozesse nach Erstbereinigung	Geschlossener »Feedback-Loop« für die Ermittlung der aktuellen Datenqualität und Ableitung Maßnahmen (Fehlerlisten)
Kein einheitliches Konzept zur Definition und Priorisierung von Marketingattributen	Festlegung »Core-Set« an Attributen und technische Umsetzung in CRM

Abbildung 46 Gründe einer unzureichenden Datenqualität und Implikationen für das notwendige Vorgehen

Amazon hat – ähnlich wie *Zalando*, *Center Parcs* oder *SWISS* – ein übergreifendes Kundendatenmanagement etabliert: Kaufgewohnheiten werden detailliert ausgewertet und Kundenprofile gegeneinander abgeglichen. Auf Basis dieser Daten werden Kunden Produkte und Dienstleistungen angeboten, die sie bisher noch nicht kannten, die für sie aber interessant sein könnten (Maier, 2010).

Grundlage für die Integration und Nutzung erhobener Kundendaten und nachfolgende Analyseverfahren sind meist Data-Warehouse-Systeme.

> Unter einem **Data Warehouse** wird ganz allgemein ein unternehmensweites Informationsmanagement-Konzept zur Realisierung einer logisch zentralen, einheitlichen und konsistenten Datenbasis verstanden (Wieken, 1999).

Im Mittelpunkt steht die Zusammenführung der über mehrere Unternehmensbereiche, Anwendungen und Systeme verteilten Kundendatenbestände in einem einheitlichen und unternehmensweit zugänglichen Datenbestand. Neben **Kundenstammdaten** (wie der Adresse) und anderen soziodemografischen Merkmalen werden hier auch **Aktionsdaten** (etwa Marketingmaßnahmen des Unternehmens), **Reaktions- und Transaktionsdaten** über die Auswirkungen dieser Maßnahmen ebenso wie eventuelle **Potenzialdaten** oder auch **Erfolgsdaten** aggregiert (Löffler/Scherfke, 2000; Link/Hildebrand, 1993).

Zusätzlich zu den unternehmensinternen Datenquellen können Kundendaten mit externen Informationen von Adressverlagen, Listbrokern und Marktforschungsinstituten zu Kaufpotenzialen, Verhaltensmustern sowie Produktpräferenzen angereichert werden (**mikrogeografische Segmentierung**). Auf der Grundlage dieser Datenbestände können Prognosen etwa über den Status im Kundenlebenszyklus oder aggregierte Kundenwerte durchgeführt werden. In der Praxis erweist sich die Eigengenerierung von Adressen und weitergehenden Qualifizierungskriterien über die im normalen Geschäftsablauf erhobenen Daten hinaus meist nur dann als sinnvoll, wenn es sich um sehr spezielle Informationen oder um kleine, überschaubare Kundengruppen handelt (Wieken, 1999).

Ein systematisches Database Management steht in diesem Zusammenhang vor zwei wesentlichen Herausforderungen: Zum ersten besteht für jede Datenbank durch Umzüge, Namensänderungen und dergleichen ein permanenter **Aktualisierungsbedarf**, der innerhalb eines Jahres bis zu 20 % und mehr eines Datenbestandes betrifft. Hieraus entsteht die Notwendigkeit zur permanenten Absicherung der Datenaktualität. Zum zweiten erfordern die in Kundendatenbeständen auftretenden **Dubletten** als auch die Ergänzung mit Fremdadressen und weitergehenden Qualifizierungskriterien die permanente Durchführung von Abgleichverfahren zur *Adressbereinigung*:

- Bei **manuellen Abgleichverfahren** erfolgt die Identifizierung und Aktualisierung unterschiedlicher Datenbestände durch manuelle Überprüfung und Feststellung notwendiger Änderungen.
- **Maschinelle Verfahren** sehen im Gegensatz hierzu einen IT-basierten Abgleich vor, innerhalb dessen unterschiedliche Datenbestände verglichen und bei Übereinstimmung aktualisiert werden (Wieken, 1999).

Praxiserfahrungen zeigen, dass der Abgleich von Kundendaten unterschiedlicher Datenbesitzer ohne einheitliche Zuordnungsmöglichkeiten mithilfe gleicher Entitäten (»Key Identifier«) erhebliche Probleme beim Einsatz automatischer Abgleichverfahren aufwirft. Die automatischen Zuordnungsquoten sinken in diesem Fall teilweise auf unter 20 % eines Datenbestandes ab. An Anwendungen zur Datenbereinigung im Rahmen eines **Master Data Management** werden hier entsprechende **Anforderungen** gestellt wie etwa (Löffler/ Scherfke, 2000):

- **Flexibilität**: Möglichkeit, Toleranzgrenzen der Abgleichverfahren (Schärfegrad) für die Ähnlichkeitsprüfung vorzugeben;
- **phonetischer Abgleich**: Abgleich nicht nur nach fehlerhaften Zeichen, sondern auch nach ähnlich klingenden Anschriften, mit freier Parametrisierung je Datenfeld;
- **Abgleich über mehrere Datenbestände**: Mehrere, unterschiedliche Datenbestände sollten untereinander abgeglichen werden können, wobei unterschiedliche Prioritäten je Datenfeld vergeben werden können (etwa Datenbestand »A« ist führend bei der Adresse, Datenbestand »B« ist führend beim Namen etc.);
- **Fuzzy-Logik-Verfahren**: automatische Berücksichtigung unterschiedlicher Kriterien in der Zuordnung abhängig vom Grad der Übereinstimmung. Nach einer ersten Prüfung werden schrittweise und automatisch zusätzliche Beurteilungskriterien innerhalb des Abgleichs ergänzt, sodass sich das System mit zunehmender Anzahl an Durchläufen justieren und auf die Anforderungen der aktuell zu prüfenden Datenbestände einstellen kann.

Projekterfahrungen zeigen, dass die Komplexität und der Umfang derartiger Projekte eingangs meist unterschätzt werden. Anstelle einer eingehenden Fehleranalyse und der Entwicklung eines grundlegenden Bereinigungskonzeptes treten zumeist aktionistische Bereinigungsmaßnahmen, die nachfolgend aufgrund unzureichender Prozesse wieder zunichte gemacht werden, respektive die einmal bereinigten Daten werden wieder überschrieben (vgl. Abbildung 47).

Initial		Permanente Pflege und Review		
Detail-Fehler-analyse	Bereinigungs-konzept	Bereinigung	Attribut-Pflege	Review
- noch nicht analysierte Fehlerarten - Erarbeitung Business Case - auftretende Fehlerkombinationen - Fehlen wichtigster Ansprechpartner - Segmentierung nach Kundenklassen - notwendiger technischer Support	- Festlegung Daten-»Ownerschaft« - Überarbeitung & Kommunikation Data Policies - Kommunikation CRM-Berechtigungen - Definition »Relevant Set« für Bereinigung und Datenpflege (Positivliste), etwa • Buying Center • Entscheidungsverbereiter • Influencer - Konzept Positiv-/Negativlisten (Rechnungsempfänger etc.) - Löschkriterien und Verfahren - Kundenstrukturen (z. B. Konzernstrukturen) - Verfeinerung initialer Business Case - Incentivierung Datenpflege	- Erstellung Fehlerlisten - Bereinigung entsprechend Bereinigungskonzept: • Priorisierung • »Relevant Set« • Data Policy - alle Ansprechpartner je Kunde - Bereitstellung flankierender Maßnahmen: • Kunden-Self-Service • Analyse & Einpflege Rückläufer • Online-Portal zur einfachen Datenpflege • verbessertes User Interface • »Frühjahrsputz«	- Pflege der Attribute über alle Kundeninteraktionen • Vertriebskontakte • Kundenbetreuung • Marketing Kampagnen/Data Upload • aktive Ansprache (z. B. »Frühjahrsputz«) - Nutzung Customer Self Service für Profilierung	- Generierung Reports (periodisch) • Überprüfung • quantitativ syntaktisch/semantisch - Überprüfung im Rahmen des jährlichen Review - automatische Löschung, sofern über Zeitintervall keine Kundeninteraktionen - Ursache-Wirkungs-Analyse für auftretende Fehler

Abbildung 47 Vorgehensmodell zur Kundendatenbereinigung (Projektbeispiel)

Aufbauend auf dem Data Warehouse und der Datenbereinigung bietet sich der Einsatz von Data-Mining-Verfahren an.

> Unter **Data Mining** können alle Verfahren subsumiert werden, die große Datenbestände auf Informationen und Zusammenhänge untersuchen. Im Data Mining steht damit die explorative Analyse von Zusammenhängen im Mittelpunkt, über die vorab keine Hypothesenbildung auf mögliche Zusammenhänge vorliegt (Wieken, 1999). Hinter dieser Gruppe von Analyseverfahren verbergen sich eine Vielzahl von Algorithmen und Methoden, die weitgehend autonom und automatisiert Zusammenhänge in großen Datenmengen aufspüren, aus denen sich ebenfalls Prognosen für zukünftige Ereignisse ableiten lassen (Predictive Analytics; Siegel, 2013).

Beispielsweise können aus mehrdimensionalen Kundenprofilen Interessenten mit hoher Kaufwahrscheinlichkeit ermittelt und anschließend mittels individueller Werbebotschaften angesprochen werden. Ergänzende **Collaborative-Filtering**-Verfahren vergleichen mehrdimensionale Kundenprofile unterschiedlicher Kunden und identifizieren ähnliche Interessen (Schenk, 2007; Runte, 2000; Bocionek, 1995; Stracke, 2007). Auf diesem Weg können Kunden Produktvorschläge gemacht werden, die bereits von Kunden mit ähnlichen Interessen erworben worden sind. Analog können mit Data Mining Kaufzeitpunkte bei Bestands- sowie Neu-Kunden prognostiziert werden (Linoff/Berry, 2011).

Entgegen der in Realisierungsprojekten oftmals vorzufindenden Auffassung, Database Management auf den einmaligen Aufbau eines Kundendatenbestandes zu reduzieren, ist hier von einem permanenten Prozess auszugehen. Permanente Änderungen von Bestands- und Transaktionsdaten, die erforderliche Justierung der Verfahren zum Datenabgleich sowie die Durchführung etwa einer Werbeerfolgskontrolle erfordern die Etablierung eines eigenständigen

Database-Prozesses. Nach der Datenextraktion und Analyse sind Ergebnisse aller Kundeninteraktionen permanent im Datenbestand nachzuhalten, um so für die weitere Datenanalyse und darauf aufbauende Aktivitäten alle Kundenerfahrungen berücksichtigen zu können (vgl. Abbildung 48).

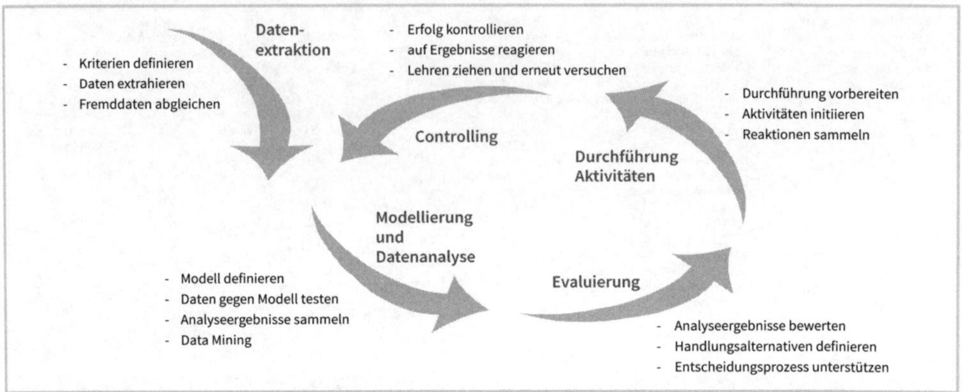

Abbildung 48 Kreislauf des Database Management

Die Verfahren und Prozesse zur systematischen Analyse des eigenen Unternehmens werden meist unter **Business Intelligence** (BI) subsummiert. Dies umfasst die Sammlung, Auswertung und Darstellung von Unternehmensdaten in elektronischer Form. Einsatzfelder bestehen in der Automatisierung des Controllings, des Berichtswesens, der Planung und der Vorschau sowie der Markt- und Kundenanalyse. So werden die in den ERP-Systemen anfallenden Unternehmensdaten etwa genutzt, um unter verschiedenen Blickwinkeln die Situation des Unternehmens zu analysieren und zu bewerten. Die Analyse erfolgt bevorzugt in einem davon getrennten Data Warehouse.

> ***DB Schenker*** soll sich von einem klassischen Spediteur, der Waren von A nach B transportiert, zu einem datengesteuerten Dienstleister transformieren. Das ist ein zentraler Baustein der unternehmensinternen Strategie zur Digitalisierung, hierfür ist die effektive und effiziente Nutzung unternehmensinterner wie externer Daten essenziell (o. V., 2018). Das Fundament, auf dem die datengetriebene Transformation aufbauen soll, ist die im Jahr 2016 gegründete Abteilung »Data Strategy & Analytics« (DSA). Dieser Bereich fällt als Querschnittsfunktion aus der klassischen Matrixstruktur heraus und arbeitet über verschiedene Geschäftsbereiche, Funktionen und Regionen hinweg. DSA soll eine unternehmensweite Datenstrategie entwickeln und diese weiter vorantreiben. Dazu gehört, datengetriebene Geschäftsmodelle zu finden und zu implementieren, genauso wie prozessrelevantes Wissen im Rahmen von Analytik- und Optimierungsprojekten zu generieren. Hierbei kommen moderne Verfahren aus den Bereichen Machine Learning bzw. künstliche Intelligenz zum Einsatz, z. B. statistische Methoden, Verfahren der Mustererkennung, Simulationen und Optimierungsverfahren. Das bestehende Produktportfolio werde mit neuen datengesteuerten Dienstleistungen ergänzt, die über die klassische Spediteurstä-

tigkeit hinausgehen. Bereits im ersten Jahr sind über 30 Use Cases in allen Produktbereichen von *DB Schenker* initiiert und zehn Prototypen entwickelt worden, die noch im Lauf des Jahres 2018 global ausgerollt wurden. Beispielsweise ist es gelungen, komplexe, integrierte Datenanalysen zu Aufkommensprognosen und Netzwerkoptimierung im europäischen Landverkehr in bestehende interne Prozesse zu integrieren. Manche Use Cases generierten bereits Kostenoptimierungen im zweistelligen Millionenbereich. Für einen internen Kunden wurde ein integriertes Forecasting- und Routenoptimierungstool auf Basis von digitalisiertem und analysiertem Disponentenwissen entwickelt. Darüber hinaus konnten mittels Data Mining und mathematischen Optimierungsverfahren die Logistiknetze externer Kunden analysiert und optimiert werden. Eine systematische Analyse von Kundendaten erlaubt zudem Einblicke in das Kaufverhalten der Kunden und half damit, Preise und Kapazitäten besser zu steuern und Produkte stärker an den Kundenbedürfnissen auszurichten. Bereichsübergreifend entstand ein Frühwarnsystem, um rechtzeitig potenziell abwandernde Kunden zu identifizieren und entsprechend gegensteuern zu können.

Um das datengetriebene Geschäft zu forcieren, galt für die Verantwortlichen im Vorfeld, die passenden organisatorischen Voraussetzungen und Abläufe zu schaffen. Als Querschnittsfunktion soll DSA auf agile, abteilungsübergreifende Initiativen setzen. Ideen und Ergebnisse würden dabei – ähnlich wie in einem Start-up – kurzfristig und zügig umgesetzt. Bis das funktionierte, mussten jedoch etliche Hürden überwunden werden. So waren Probleme beim Datenzugang, der Prozesseinhaltung und der Datenqualität zu bewältigen. Durch die Entwicklung erster Prototypen hat sich nach Unternehmensangaben relativ schnell ein »digitaler Mindset« bei den Mitarbeitern in den Geschäftsfeldern entwickelt. Daraus ergab sich in der Folge eine Synergie von gestiegener Datenqualität, wachsenden Nutzungszahlen und verbesserten KI-Algorithmen. Außerdem wurden abteilungsübergreifend regelmäßige Abstimmungsprozesse und neue Querschnittsfunktionen (etwa die eines Business Consultant) etabliert, was abermals zum Abbau interner Prozesshürden beiträgt. Hierfür wurden neue Rollenprofile etabliert, wie zehn Data Scientists und drei Operations Research Specialists. Die überwiegend aus den Bereichen Mathematik, Physik, Informatik und Ingenieurswesen stammenden Experten stehen im engen Austausch mit insgesamt vier Business Consultants. Diese fungierten als Schnittstelle zu den jeweiligen Geschäftsfeldern, pilotieren Projekte und entwickeln neue Geschäftsmodelle. Das Team soll darüber hinaus nachfolgend um Big Data Engineers erweitert werden, die sich unter anderem um die Nutzung des unternehmensweiten Data Lake kümmern sollen.

Studien zeigen, dass aus Sicht vieler Unternehmen das Database Management und die darauf aufsetzende Kundenanalyse eine der zentralen Herausforderung auch der kommenden Jahre sein wird (Minelli/Chambers/Dhiraj, 2013). Der in Social Media umfassend informierte Kunde erwartet eine intelligente, auf die eigenen Belange passende Kommunikation und Angebote in Realtime.

> Die ***Drogeriemarktkette dm*** hat die Umsatzströme mehrerer Jahre analysiert und weiß seitdem exakt, wann eine Filiale wie viel Personal braucht, inkl. der jeweiligen Jahreszeiten, Feiertage und dergleichen. Die Mitarbeiter können damit ihre Einsatzzeiten verlässlich 4–8 Wochen im Voraus planen und müssen deutlich seltener als zuvor mit kurzfristig angesetzten Sonderschichten rechnen (Fischermann/Hamann, 2013). Ähnlich verbessert ***Otto*** mit einer Spezialsoftware seine Bedarfsplanung für das Sortiment. Nach eigenen Angaben analysiert das Unternehmen pro Woche 300 Millionen Datensätze und erstellt hieraus jährlich über eine Milliarde Prognosen, wie sich der Absatz einzelner Artikel in den nachfolgenden Tagen und Wochen entwickeln wird. Laut Unternehmensangaben führt das zu Nachbestellungen bei Herstellern mit durchschnittlich 30 % weniger Ware als zuvor und damit nachfolgend zu deutlich weniger überschüssiger Lagerware und Einsparungen in zweistelliger Millionenhöhe (Fischermann/Hamann, 2013).
>
> ***WalmartLabs*** verbindet für den größten Einzelhändler der Welt Social Media und mobile Technologien für eine umfassende Kundenanalyse: Daten aus sozialen Netzwerken werden analysiert, um das Kundenverhalten in einzelnen geografischen Gegenden zu ermitteln und die Angebote in den Märkten nachfolgend hierauf gezielt auszusteuern. Der US-Handelsriese hat in den USA ein Patent eingereicht, das einen mit Biosensoren ausgestatteten Griff eines Einkaufswagens beschreibt. Darüber können Puls und die Körpertemperatur der Kunden ermittelt werden. In den Teilen im Laden, wo besonders viele Kunden mit hohem Stressniveau sind, sollen dann mehr Mitarbeiter platziert werden (Alaimo, 2018).

Öffnet ein Nutzer beim Location Based Advertising auf seinem Smartphone eine Website oder eine App, werden ihm nur die Werbeanzeigen von Advertisern angezeigt, die in einem genau definierten Radius um seinen Standort gebucht haben und seinem Interessens- und Nutzerprofil entsprechen. Damit das funktioniert, muss der User lediglich die GPS-Ortung zulassen. Die Aussteuerung kann dabei – wenn auch in übersichtlicher Reichweite – bis zu zehn Meter realtime und massenhaft genau erfolgen. Die Entfernung zur Location wird dynamisch in der Werbeanzeige eingeblendet, was die Response-Raten signifikant erhöht: Projekterfahrungen zeigen, dass mit abnehmender Entfernung zum Geschäft die Klickrate exponentiell ansteigt.

Hochentwickelte Attributionsmodelle sind beispielsweise in der Lage, bis zu 800.000 Datenpunkte von einer fünfstelligen Nutzerzahl auszuwerten und in 30–50 ms anhand von einigen Parametern, die dem Nutzer entsprechen, zusammenzustellen und das entsprechende Online-Werbemittel auszuliefern.

So betreibt die ***Capital One Bank*** genaue Cookie-Analysen mit dem Ergebnis, dass bereits beim ersten Click auf die Website jedem Nutzer andere Inhalte und Angebote angezeigt werden. ***Sears*** konnte (bis zur Insolvenz) die erforderliche Zeitdauer für die Analyse von Kunden, Produkten und Promotion-Aktionen von acht Wochen auf eine Woche reduzieren, um hierauf aufbauend eine Palette zielgenauer und attraktiver Werbeangebote zu entwickeln (McAfee/Brynjolfsson, 2012).

Fallstudien schätzen, dass Handelsunternehmen durch Big Data Analytics eine Verbesserung der Marge um bis zu 60 % realisieren können. Damit erlebt mithilfe von Big Data im Prinzip die alte Marketingidee des »Tante-Emma-Laden-Prinzips« eine Renaissance (Bloching/Luck/Ramge, 2012). Der Tante-Emma-Laden definiert praktisch die Anforderungen an datenbasiertes Digital-Business: gezielte, auf den einzelnen Kunden und Nutzer zugeschnittene Beratung – massenhaft skalierbar und in Echtzeit.

Online-Werbung hat einen starken Einfluss auf die Bestellung des Katalogs von ***TUI Cruises*** und die nachfolgende Buchung einer Kreuzfahrt im Reisebüro. Diese Online-to-Store Conversion hat *TUI Cruises* mit einer hochvolumigen Cross-Channel-Analyse analysiert. Hier sollte vor allem untersucht werden, wie Online-Marketingmaßnahmen die Offline Conversion Rate beeinflussen. Über einen Tracking-Zeitraum von 150 Tagen wurden 250 Millionen Werbemittelkontakte nachverfolgt. Hiermit sollte ebenfalls erfasst werden, inwieweit sich Media-Aktivitäten im vierten Quartal eines Jahres auf die Buchungen im ersten Quartal des Folgejahres auswirken, um so die Verteilung der Budgets zeitlich als auch in Bezug auf die gewählten Kanäle zu verbessern. Über Cookies wurden Nutzer wiedererkannt und es konnte nachvollzogen werden, welche Kontaktpunkte Kunden mit Online-Marketingmaßnahmen für den Katalog von *TUI Cruises* hatten. Wenn ein Nutzer einen Katalog online bestellt, werden seine Kundendaten im CRM-System bei *TUI Cruises* gespeichert. Die Tracking-Daten aus Suchmaschinen-, Display- und Affiliate-Marketing wurden mit den Daten im Reservierungssystem abgeglichen. Dadurch wurde die Online Customer Journey mit Offline-Buchungsdaten verknüpft.

Big Data Analytics ist somit zwangsläufig in vollautomatisierte Prozesse eingebettet, in denen der Mensch nur noch im Ausnahmefall korrigierend eingreift. Das größte Potenzial und neue Geschäftsmodelle wird für Big Data im Bereich von Location Based Services erwartet, wo Nutzer die für ihren Aufenthaltsort jeweils passenden Services und Informationen erhalten (Dhar/Varshney, 2011). Aus den Standortinformationen von Personen lassen sich verschiedenste Profile erstellen, wie etwa Bewegungsprofile im Supermarkt oder innerhalb von bestimmten Geografien.

Die französische Supermarktkette ***Casino*** hat gemeinsam mit *SAP* eine Lösung entwickelt, welche die klassische Warenwirtschaft mit dem Design des Handelsgeschäftes und Location Based Services verbindet. Das Ziel: Kunden sollen so einkaufen können, wie sie es bei *Amazon* oder Tante-Emma-Läden auch tun würden. Kern ist eine Smartphone-App, über die Stammkunden, die eine Kundenkarte von *Casino* besitzen, ihre Daten herunterladen und sich am Eingang des Geschäftes mobil via Near-Field-Communication-Technologien (NFC) identifizieren lassen. Die App mutiert dann zum Shopping-Assistenten und der Nutzer erhält anhand seines bisherigen Kaufverhaltens Tipps. Wenn beispielsweise der Kunde einen Wein kauft und diesen per QR-Scan registriert, zeigt die App die dazu passenden Käsesorten. Oder der Nutzer wird anhand seiner Präferenzen genau in den Gang und zu dem Regal geführt, wo er seine präferierten Lebensmittel und Bedarfsgüter findet. Aufgrund der Kaufhistorie können individualisierte Kaufempfehlungen gegeben werden. Im Ergebnis stiegen bislang die Umsätze mit Stammkunden um 10 %, bei einer deutlich höheren Marge durch den gezielten Verkauf von Handelseigenmarken (Ramge, 2013).

Bei ***Walmart*** ist es bereits seit Mitte 2013 in vielen Warenhäusern möglich, die Smartphone-App mit dem stationären Ladengeschäft zu koppeln und Lagepläne zu sehen sowie den Warenbestand zu prüfen. Im Anschluss können die Kunden ihre Einkäufe mit der App scannen und an der Selbstbedienungskasse auschecken. Zudem stellt die Handelskette Schließfächer zur Verfügung, aus denen ihre Kunden online vorbestellte Waren selbst abholen können. Unter den Namen *»Sam's Club Now«* öffnet *Walmart* 2019 in Dallas eine Filiale, in der Kunden mit ihren Smartphones bezahlen können. Dazu müssen sie eine App downloaden, mit der sie dann Waren scannen, bevor sie diese in den Einkaufswagen packen. Anschließend übergeben sie ihren Wagen einem Mitarbeiter, der dann einen Code auf ihrem Smartphone scannt. Der US-Online-Optiker ***Warby Parker*** hat in mehreren US-Städten Flagship-Stores eröffnet. Der Shop ist aber nicht einfach nur ein Shop: Das Unternehmen nutzt darin Sensoren, Wi-Fi®, NFC und andere Technologien, um herauszufinden, wie Kunden das stationäre Geschäft nutzen, um diese Daten und sichtbaren Kundenpräferenzen dann wiederum für die Optimierung des Webshops zu verwenden (Malik, 2013).

Damit verschmelzen Online- und Offline-Welten zu sogenannten »No-Line-Systemen« (Enders/Jelassi, 2009; Heinemann, 2012b). Konsumenten können gezielt über spezifische Angebote in den stationären Handel gelockt werden und über Location Based Service gezielt mit Werbeanzeigen angesprochen werden.

Die Kaufhauskette *Macy's*, der Elektronikhändler *BestBuy* oder auch die Modekette *AmericanOutfitter* haben analog zu *Casino* bereits Hunderte von Filialen aufgerüstet, um zentimetergenau nachverfolgen zu können, wo sich Konsumenten befinden. In England hat ***Holmes Place Lifestyle Clubs*** mit über 75 Standorten und mehr als 300.000 Mitgliedern in zehn europäischen Ländern als einer der größten europäischen Anbieter für Gesundheits- und Fitnessberatung eine Kampagne mit Location Based Advertising durchgeführt (o. V., 2013e). Ziel der Kampagne war es, auch für seine derzeit 14 deutschen Studios neue Kunden zu gewinnen und bei ihnen ein positives Markenimage zu verankern. Dabei legte der Fitnessanbieter Wert auf eine zielgruppengenaue und vor allen Dingen lokale Ansprache möglicher Interessenten im jeweiligen Umkreis der Fitnessstudios. Die Werbung sollte zum einen potenzielle Neukunden so ansprechen, dass sie aktiv weitere Informationen über das Angebot einholen. Zum anderen sollten Bestandskunden motiviert werden, sich langfristig an *Holmes Place* zu binden (o. V., 2013e). Im Rahmen von mehreren Kampagnen wurden lokale Banner auf diversen Websites geschaltet, die nur für die Nutzer eines Smartphones in einer bestimmten geografischen Entfernung ausgesteuert wurden. Diese Aussteuerung erfolgte hochvolumig im Umkreis von zehn Metern um die jeweilige Filiale herum (o. V., 2013e). Interessenten hatten die Möglichkeit, sich per E-Mail einen Gutschein zusenden zu lassen oder sich über weitere Details zu informieren. Das Ergebnis in einer dieser Kampagnen: 10.000 Nutzer haben dieses Informationsangebot angenommen, ca. 500 haben Kontakt zu *Holmes* aufgenommen und 250 qualifizierte Kaufanfragen (Leads) wurden generiert (o. V., 2013e).

In Amsterdam wurden Mitte September 2018 bereits zwei »***Albert Heijn*** *Shop & Go*«-Läden ohne Kassen eröffnet. Die rund um die Uhr geöffneten Geschäfte bieten frische, verzehrfertige Produkte, die entweder sofort verbraucht, schnell aufgewärmt oder zubereitet werden können. Daneben gibt es täglich frisch hergestellte Backwaren sowie Grundnahrungsmittel und eine Auswahl an alkoholischen Getränken und Blumen. Um bei *Shop & Go* kassenlos einkaufen zu können, müssen sich die Kunden bei *Tap-to-Go* registrieren. Sie erhalten dann eine Chipkarte, mit deren Hilfe sie den Preis der gewählten Produkte am Regal scannen, diese einpacken und den Laden direkt verlassen können, ohne hier zu bezahlen. Zehn Minuten später wird der Betrag automatisch vom Konto abgebucht.

Software-Anwendungen wie **Sentimentanalysen** (etwa *Hootsuite* oder *Brandwatch*) erlauben die automatische Analyse der Stimmungen und Einstellungen zu bestimmten Themen, Produkten, Firmen etc. (Finkel/Dill, 2012). Über die Indexierung von Beiträgen etwa in Diskussionsforen kann nachverfolgt werden, welche Themen in welchem Kontext von welchen Teilnehmern angeführt worden sind und mit welcher positiven/negativen Grundstimmung (»Sentiment«). Über eine »Conversation Map« kann aus den Beiträgen eines Forums ermittelt werden, wie eng Kunden sich mit bestimmten Produkten identifizieren (Orenstein, 2001). Neben der systematischen Analyse etwa von Meinungen zu den Produkten des Unternehmens und den im Internet kursierenden Gerüchten dient das Sentiment im Web 2.0 auch als Frühwarnsystem gegenüber eigenen und Konkurrenzprodukten, das mögliche Umsatzrückgänge und das Abwandern größerer Kundengruppen prognostizieren kann (**Social Network Analysis**). Insbesondere Unternehmen im B2C-Segment können auf relativ einfache Weise Analysen durchführen und Hinweise sammeln, in welche Richtung zukünftige Marketingaktionen zielen sollten, welche Produkteigenschaften in naher Zukunft besonders stark nachgefragt werden oder aber auch wer sich als Meinungsführer und Multiplikator herauskristallisiert (Heinrich et al., 2013).

> Anfang 2012 stimmten die Schweizer in einem Volksentscheid über mehrere nationale Initiativen ab (Gloor, 2012). Unter diesen Initiativen war gefragt worden, ob die Schweizer sechs Wochen Ferien pro Jahr festschreiben wollten (»*6 Wochen Ferien für alle*«), ob die Errichtung von Zweitwohnungen in Feriengebieten beschränkt werden sollte (»*Schluss mit Zweitwohnungen*«) und ob das Sparen auf eine Erst-Wohnung teilweise von Steuern ausgenommen werden sollte (»*Bauspar-Initiative*«). Eine Social-Network-Analyse (**Coolhunting**) zeigt, dass durch die Analyse von Inhalten in Social Media sowohl Trends vorausgesagt, Meinungsführer im Internet herausdestilliert, die Bedeutung unterschiedlicher Kommunikationskanäle sowie relevante Attribute ermittelt werden können (Gloor, 2007; Gloor, 2010). Im Fall des Schweizer Referendums wurden Blogs, Websites und Twitter-Beiträge analysiert. Das Referendum »*6 Wochen Ferien für alle*« wurde am meisten diskutiert, vor allem auf *Facebook*. Eine ähnliche Bedeutung – gemessen als Anzahl an Beiträgen – wurde *Wikipedia* und *YouTube* zuteil. Die Vorhersage aus der Social-Network-Analyse wurde bei der Abstimmung bestätigt und die Verlängerung auf sechs Wochen Ferien pro Jahr eindeutig abgelehnt. Die Bausparinitiative wurde eher unter Gesichtspunkten wie Energieersparnis, Umweltschutz und steuerlichen Vorteilen diskutiert; die bei solch einem Thema eigentlich zu erwartenden Emotionen blieben aus.

Sentimentanalysen nutzen hierfür zunehmend künstliche Intelligenz: Erstmalig versteht der Algorithmus die Bedeutung von vollen Sätzen und ist in der Lage, Kundengesinnungen und Kontextreaktionen in Tweets, Posts und Artikeln genau zu erfassen. Mit Deep-Learning-Modellen, welche die kognitiven Funktionen des menschlichen Gehirns simulieren, können komplexe Sprachmuster und ganze Sätze verstanden und sogar grundlegende Formen von Sarkasmus und Ironie erfasst werden.

2.3.1 Preismanagement

2.3.1.1 Herausforderungen des Preismanagements in elektronischen Märkten

Im Vergleich zu traditionellen Märkten unterliegt das digitale Preismanagement erheblichen Änderungen: Kundensegmenten oder sogar Einzelkunden können **individuelle Preise** angeboten (**Price Customization**) und im zeitlichen Ablauf komfortabel geändert werden (**Dynamic Pricing** oder auch **Echtzeit-Pricing**; Frohmann, 2018; Kannan/Kopalle, 2001).

> **Preisvergleichsdienste** wie *Dealtime*, *Check24.de* oder **ShopBots** wie *PricingCentral.com* erlauben es Nachfragern, zu geringen Kosten in kürzester Zeit die jeweils preisgünstigste

> Alternative ausfindig zu machen. Sogenannte Live-Shopping-Anbieter wie ***ZackZack*** locken Tag für Tag mit Angeboten mit Niedrigstpreisen – die Aktionen sind sowohl in der Stückzahl als auch zeitlich begrenzt.

Intelligente Agenten können im Rahmen der Informationssuche (z. B. mysimon.com) oder bei der Produktwahl (Filter- und Produktagenten, z. B. linxx.de) eingesetzt werden (Bocionek, 1995; Maes, 1994; Skiera/Spann, 2001). Werden von Käufern und Verkäufern unterschiedliche Agenten eingesetzt, können sich diese entsprechend der jeweils hinterlegten Verhandlungsfunktion im Zeitablauf gegenseitig unterschiedliche Angebote unterbreiten. Moderne Vergleichsagenten unterstützen die Produktwahl auch bei stark heterogenen Produkten, indem Preiskriterien durch eine Reihe vorgegebener Qualitätskriterien ergänzt und gewichtet werden (z. B. frictionless.com, heute integriert in SAP SRM). Aus Unternehmenssicht führt die Informationstransparenz im Internet dazu, dass

- Kunden zunehmend mithilfe entsprechender Dienste Produkte lediglich über den Preis vergleichen,
- vor allem physische Produkte (mit einem geringeren Anteil an Dienstleistungen) internetbasierten Preisvergleichen unterworfen sind: Die Verschiedenartigkeit von Dienstleistungen sowie eine nur unter größerem Aufwand realisierbare Vergleichbarkeit gestattet es Dienstleistern eher, dem wachsenden digitalen Preisvergleichsdruck ausweichen zu können.

Die Nutzung des Internets erlaubt die in der Offline-Welt bereits bekannten Preisbildungsmechanismen wie etwa eine mengenbezogene Preisdifferenzierung oder Auktionen für eine **dynamische Preissetzung** mit **Echtzeit-Pricing** sowie die automatische Weitergabe gesetzter Preise an Faktura-Systeme. Für eine **flexible Preisgestaltung** erweisen sich Produkte mit folgenden Eigenschaften als besonders geeignet (Frohmann, 2018; Shapiro/Varian, 1999; Skiera/Spann, 2001):

- **Hoher Fixkostenanteil**: Die zunehmende Digitalisierung von Produkten sowie Prozessen führt dazu, dass für die Produktion des ersten Exemplars noch hohe Fixkosten anfallen, während für die Produktion weitergehender Exemplare nur noch vergleichsweise geringere (variable) Kosten entstehen, z. B. bei der Herstellung von Software.
- **Hohe Verderblichkeit**: Dies ist der Fall, wenn der Konsum eines Produktes bis zu einem spezifizierten Verfallsdatum erfolgen muss, wie etwa die Übertragungsbandbreite, Transportkapazitäten in Flugzeugen oder die Vermarktung von Werbefläche (etwa bei *AdScale.de* für die Echtzeit-Vermarktung von Online-Werbeplätzen).
- **Konfigurierbare Eigenschaften**: Unterschiedliche Zahlungsbereitschaften von Konsumenten können durch unterschiedliche Preise für Kombinationen unterschiedlicher Produktattribute (Aktualität, Qualität, Verfügbarkeit) abgeschöpft werden.

Studien zeigen jedoch, dass Konsumenten nicht immer rein rationale Kaufentscheidungen treffen. *Ariely* spricht von der *»vorhersagbaren Irrationalität«* (Ariely, 2008). In einem Versuch testete er eine klassische A/B-Variation gegen eine A/A-/B-Auswahl. »A-« steht für eine etwas schlechtere Variante von »A«. Das Ergebnis: Sobald »A-« als Option aufgeführt wird, bewerten Nutzer »A« als deutlich wertvoller als vorher. Im ersten Versuch entschieden sich rund 40 % für »A«, im zweiten 60 %.

> Analysen von *Forrester Research* etwa gehen davon aus, dass **Dynamic Realtime Pricing** einer der wichtigsten Trends im E-Commerce der kommenden Jahre sein wird (Raschkowski, 2013). Wie Preise mittels Targeting auf den Nutzer zugeschnitten werden können, veranschaulicht ***Staples***. Der Büroausstatter wurde dafür gerügt, dass er die Preise im Webshop davon abhängig mache, wie weit in den USA der nächste Markt seiner Konkurrenten *Office Max* und *Office Depot* vom aktuellen Wohnort des Online-Nutzers entfernt ist. Bei einer Distanz von unter 20 Meilen bekamen die Kunden in der Regel rabattierte Preise angeboten. Analysten berichten, dass ***Amazon*** zur Optimierung der Margen bis zu elfmal am Tag an den Preisen für einzelne Produkte feilt, ***Shell*** insgesamt mehr als 120.000 Preisänderungen in Deutschland pro Tag durchführt. In ähnlicher Form können als Folge des Targeting nutzerabhängige Preise in Abhängigkeit vom bisherigen Surf-Verhalten und hierdurch artikulierten Interessen im Rahmen eines **Behavioral Pricing** gesetzt werden. Projekterfahrungen zeigen, dass nur die wenigsten Händler variable Preise auch für eine Verkaufseinheit vom Controlling über die Einkaufssteuerung, die Auftragsannahme, Warenwirtschaft bis hin zu Rechnungsstellung und Mahnwesen in ihren Prozessen und Systemen abbilden können.

Für digitale Produkte, die in besonderer Weise diesen Kriterien der flexiblen Preisgestaltung entsprechen, hat sich im Internet die (Null-)Preisstrategie des **Follow-the-Free** herauskristallisiert (Fritz, 2000). Die kostenlose Abgabe von Produkten erweist sich im webbasierten Handel häufig aus verschiedenen Gründen als sinnvoll (Frohmann, 2018): Kostenlose Produkte kompensieren zunächst die bei Erstanwendern erforderliche Einarbeitungszeit (z. B. Registrierung). Darüber hinaus werden hohe Kosten für das zukünftige Wechseln zu anderen Anbietern aufgebaut, da diese Einarbeitungskosten bei einem erneuten Wechsel wieder anfallen, sodass **Lock-in**-Phänomene auftreten (Schoder, 1995).

> Die Justizminister der Bundesländer haben Ende 2018 bekannt gegeben, dass sie Online-Händler per Gesetz zu mehr Transparenz beim Einsatz von Algorithmen verpflichten wollen. Für Angebote im Internet, deren Preisbildung durch den Einsatz von Algorithmen für den einzelnen Verbraucher personalisiert worden sei, solle ein »transparentes Preisschild« eingeführt werden, heißt es in einem Beschlussvorschlag von acht Bundesländern für die Justizministerkonferenz.

Zugleich hängt der Nutzen vieler im Internet angebotener Produkte davon ab, wie hoch die Anzahl an anderen Nutzern ist. Beispielsweise ist die wichtigste Erfolgsdeterminante von Diskussionsforen, Chat-Rooms oder auch Blogs eine ausreichende Zahl an Teilnehmern und der damit verbundenen Vorstellung differenzierter Inhalte. Ähnlich steigt der Nutzen des Angebots virtueller Buchhändler mit der Anzahl an Besuchern der Websites, die qualifizierte Kommentare und Bewertungen zu den angebotenen Büchern abgeben. Mit der Anzahl der Nutzer steigt der Nutzenzuwachs für alle Kunden (**positiver Netzeffekt**). Die für den Erfolg des Webangebotes »ausreichende Anzahl an Nutzern« stellt sich als **kritische Masse** dar. Plattform-Geschäftsmodelle wie bei *Otto* oder im *Amazon Marketplace* versuchen durch ein erhöhtes Aufkommen von Interaktionen über den Netzwerkeffekt für ein exponentielles Wachstum zu sorgen (Kofler, 2018).

> Die (in vielen europäischen Ländern verbotenen) Radarwarn-Apps wie *iCoyote, Blitzer.de* oder *Vorsicht Blitzer!* basieren auf den Informationen über mobile Radarfallen, welche die Nutzer während einer Autofahrt erfassen. Je mehr Nutzer eine spezifische App nutzen, desto größer ist durch Netzeffekte die lückenlose Abdeckung aller potenziellen Gefahrenstellen eines Führerscheinentzugs und damit der Nutzen für den einzelnen Nutzer, was wiederum andere Nutzer anzieht.

Das kostenlose Abgeben der Produkte begünstigt das Erreichen der kritischen Masse durch positive Netzeffekte und bewirkt das Entstehen von weiteren Markteintrittsbarrieren für neue Anbieter. Dabei ist »Freemium« mit dem Risiko behaftet, dass derartige Netzeffekte nicht eintreten bzw. sich nicht genügend kostenlose Nutzer zu einem späteren Zeitpunkt in zahlende Kunden konvertieren lassen.

Die Umsetzung eines Follow-the-Free folgt dabei stets einem **zweistufigen Prozess**: Zunächst wird in einem ersten Schritt durch die kostenlose Abgabe (z. B. eines Software-Produktes wie der Antiviren-Software McAfee) und hiermit verbundenen Netzeffekten eine rasch wachsende Kundenbasis mit einer starken Kundenbindung aufgebaut. In einem zweiten Schritt wird versucht, durch den Verkauf von Komplementärleistungen bzw. neueren Produktversionen aus dem etablierten Kundenstamm Umsätze zu generieren (Skiera/Spann, 2001). Aus Sicht des Preismanagements ist dies ein zweischneidiges Schwert: Obwohl diese Preissetzungsstrategie bereits bei einigen Produkten erfolgreich eingesetzt wird, wirkt sich nachteilig aus, dass aufseiten der Kunden eine grundlegende Mentalität zur Ablehnung entgeltpflichtiger Angebote verankert wird (»Free-Lunch-Mentalität«).

> ***Angies List*** zeigt eindrucksvoll, wie für nutzererstellte Inhalte nach einer Einführungsphase Mitgliedsgebühren erhoben werden können. *Angies List* bietet Mitgliedern Konsumentenbewertungen von Dienstleistern, Handwerkern, Mechanikern in Hunderten von Städten in den USA. Entgegen aller frei verfügbaren Inhaltsangebote im Web – insbesondere nutzererstellte Inhalte – schafft es *Angies List*, dass Nutzer dafür zahlen, lokale Dienstleister bewerten und die Bewertungen anderer Mitglieder für durchschnittlich 6 US-Dollar/Monat einsehen zu können. Wenn *Angies List* in einem neuen Stadtgebiet startet, ist der

Dienst zunächst kostenfrei verfügbar. Nach einigen Jahren der Mitgliedergewinnung und der Sammlung einer Vielzahl an Bewertungen lokaler Dienstleister wechselt *Angies List* zu einem Bezahlmodell mit Mitgliedschaften (Tuttle, 2012). Während es Verlagen und anderen Inhaltsanbietern trotz erheblicher Anstrengungen nicht vergönnt ist, Inhalte gegenüber *Google®*, *Wikipedia* oder *Facebook* kostenpflichtig zu stellen, gelingt dies *Angies List*. Die Gründe finden sich a) in der langen Aufbauphase von *Angies List* über mittlerweile mehr als 20 Jahre, b) einer zentralen Qualitätskontrolle aller Beiträge und Bewertungen und c) schließlich in der höheren Vertrauenswürdigkeit von *Angies List* aufgrund des Bezahlmodells (Tuttle, 2012). Nutzer tendieren dazu, Produkte und Dienstleistungen, die etwas kosten, höher zu bewerten als Produkte, Dienstleistungen und Informationen, die nichts kosten. Damit einhergehend weisen Mitgliedschaften und Abonnements eine extrem hohe Kundenloyalität auf: 70 % der Abonnenten des *Wall Street Journals* verlängern im ersten Jahr ihre Abonnements und verbleiben auch nach fünf Jahren zu 87 % ihrem Abonnement weiterhin treu.

Wurde zu Beginn der Internetnutzung verschiedentlich davon ausgegangen, dass die gesteigerte Preistransparenz in Richtung eines **perfekten Marktes** mit identischen Preisen für gleiche Produkte (zu Grenzkosten) führen würde, zeichnet die Praxis ein gänzlich anderes Bild: Studien belegen, dass durch den Einsatz dienstbasierter Preisvergleiche selbst für einfache, homogene, erklärungsarme Produkte wie CDs und Bücher im Internet **Preisdifferenzen** zwischen verschiedenen Anbietern von bis zu 30 % bestehen können (Frohmann, 2018). Am häufigsten wird zur Optimierung von Margen unter Ausnutzung von Preisdifferenzen das Instrument der Verknappung eingesetzt. Im Fall von *Amazon* können Preisdifferenzen im Zeitablauf von mehr als 100 % nachgewiesen werden.

Booking.com etwa zeigt – ähnlich wie andere Buchungsplattformen – die Menge der noch verfügbaren günstigen Zimmer an. Gleichzeitig blendet *Booking.com* aber auch ein, dass sich gerade mehr User die Seite des Hotels anschauen, als günstige Zimmer zur Verfügung stehen. Unterbewusst stellt das Gehirn des Nutzers einen Zusammenhang zwischen beiden Zahlen her und es entsteht Handlungsdruck. Dabei tritt für den Nutzer die Tatsache in den Hintergrund, dass es ein sehr großer Zufall wäre, wenn alle, die sich gerade ein bestimmtes Hotel ansehen, das Zimmer auch zum gleichen Datum buchen wollten. *Booking.com* schürt also bewusst durch Intransparenz und gefühlte Verknappung Angst, um die Kaufentscheidung zu beschleunigen.

Damit sind Internetangebote entgegen der vielfältigen Möglichkeiten für Produkt- und Preisvergleiche vom Leitbild eines perfekten Marktes noch weit entfernt. Aufgabe des unternehmerischen Preismanagements ist es vor diesem Hintergrund, gemäß der gewählten Strategie den optimalen Preis zu bestimmen und am Markt unter Berücksichtigung des Verhaltens der Konkurrenz durchzusetzen. Damit tritt der Preis als aktives Differenzierungsmerkmal neben anderweitige Attribute im Marketing-Mix und erlaubt die Errichtung von Wechselbarrieren durch eine Rabattierung bei zunehmender Absatzmenge. Für Unternehmen entsteht die Herausforderung, Produktkategorien, die sich besonders für eine flexible Preisgestaltung eignen, mit einem aktiven Preismanagement zu positionieren bzw. zu begleiten.

> Eines der besten Beispiele für ein aktives (Offline-)Preismanagement findet sich im Mobilfunkmarkt: Der Preisverfall im Commodity-Bereich der Telefonie (und damit die grundlegende Bedrohung des etablierten Geschäftsmodells) wird durch die Einführung der Flatrate-Tarife deutlich: Während die *Deutsche Telekom* noch Anfang 2011 mit einem Preis von knapp 100 EUR/Monat als Flatrate für Telefonie, Internet und SMS gestartet war, ist dieser Preispunkt aufgrund der zunehmenden Anzahl an Billiganbietern bis Ende 2018 bereits auf unter 20 EUR/Monat im Durchschnitt im Markt geschrumpft.

2.3.1.2 Gestaltungsoptionen des elektronischen Preismanagements

Im Digital Pricing haben sich vier wesentliche Gestaltungsoptionen herauskristallisiert (vgl. Abbildung 49; Frohmann, 2018):

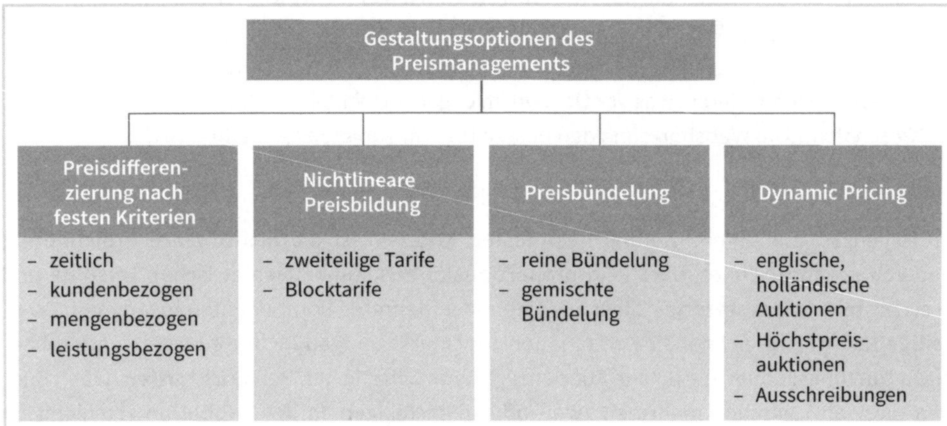

Abbildung 49 Gestaltungsoptionen des digitalen Preismanagements

Eine **Preisdifferenzierung nach festen Kriterien** erfolgt entweder nach dem **Zeitpunkt der Nutzung** (etwa unterschiedliche Tarife für den Internetzugang, abhängig von der Tageszeit) oder nach einer zeitlichen Differenzierung.

> Eine zeitliche Preisdifferenzierung lag beispielsweise zu Beginn bei der verzögerten Weitergabe von Aktienkursen für Nichtabonnenten bei der ***Comdirect-Bank*** vor (Fritz, 2000).

Der Vorteil der Differenzierung nach zeitlichen Kriterien liegt in der einfachen Realisierbarkeit, ohne Notwendigkeit zur individuellen Registrierung der Kunden. Im Gegensatz hierzu erfordert die **kundenbezogene Differenzierung** eine Registrierung, beispielsweise für die Differenzierung von Studenten- und Business-Tarifen bei Software. Eine **mengenbezogene Differenzierung** orientiert sich an der im Rahmen der Transaktion bestellten Menge, etwa in Form von Mengenrabatten im B2B-Segment oder kostenloser Auslieferung bei Übertreten einer Mindestbestellmenge bei Online-Händlern. Über eine **leistungsbezogene Differenzierung** wird schließlich versucht, unterschiedliche Leistungserwartungen an ein Produkt zu berücksichtigen (**Versioning**; Shapiro/Varian, 2000). Beispielsweise können Leistungen von Internet Service Providern (wie Hosting) nur anhand der geeigneten Bündelung unterschiedlicher Produktmerkmale differenziert werden, ohne unmittelbare (technische) Eingriffe in das zugrundeliegende Produktdesign vornehmen zu müssen (Shapiro/Varian, 1999).

Eine Preisanalyse ausgewählter Händler im Internet im Herbst 2018 zeigt, dass im Extremfall der Preis für das gleiche Produkt in einer Monatsfrist teilweise bis zu 32 Mal geändert worden ist. Der Übergrößen-Spezialist ***Schuhplus*** geht als einer der ersten Schuhhändler jetzt einen neuen Weg, um Preissynchronität zwischen Webshop und Ladengeschäft herzustellen (Schreiber, 2018). Über digitale Etiketten wird im stationären Handel nicht nur der aktuell im Onlineshop geltende Preis des Produkts angezeigt, sondern ebenfalls Informationen über den Lagerort. Ist eine Größe im Regal nicht mehr vorhanden, können die Mitarbeiter so schneller die passenden Stücke im Lager identifizieren und auffüllen. Auch im Beratungsgespräch bieten die Etiketten Vorteile, weil die Frage nach einer anderen Größe direkt abgelesen werden kann. Zugleich können sich die Kunden im Laden über TFT-Stelen informieren, was vor Ort und im Lager vorhanden ist. Das Ziel: Kunden im Geschäft und im Webshop stets den besten Preis anzubieten (Schreiber, 2018).

Im Gegensatz zur Differenzierung nach festen Kriterien ist die **nichtlineare Preisbildung** dadurch gekennzeichnet, dass kein proportionaler Zusammenhang zwischen Leistung und Preis besteht. Preise setzen sich hier aus einer oder mehreren Komponenten zusammen. **Zweiteilige Tarife** kennzeichnet die Kombination aus einer Grundgebühr und einer leistungsabhängigen Nutzungsgebühr, die für alle Kundensegmente Geltung hat. Bei **Blocktarifen** haben Kunden die Wahl zwischen mehreren zwei- oder mehrteiligen Tarifen, wobei unterschiedliche Kundensegmente verschiedene Tarifversionen wählen können (Frohmann, 2018; Wirtz, 2010). Im Falle der **Preisbündelung** werden Produkte entweder nur in vorgegebener Bündelung angeboten (**reine Bündelung**) oder dem Kunden die Wahl gelassen, ob er sich aus einer definierten Auswahlmenge ein Produktebündel zusammenstellt (**gemischte Bündelung**). Meistens können auch die Produkte einzeln erworben werden. Im Regelfall ist allerdings die Summe der Einzelprodukte teurer als das Produktbündel.

Die Office-Anwendungen von ***Microsoft*** können entweder einzeln (MS-Excel, MS-Word etc.) oder als Office-Gesamtpaket erworben werden können. Ähnlich bieten Telekommunikationsunternehmen wie die ***Deutsche Telekom*** unter dem Begriff »triple play« Internet, Telefon und TV gebündelt als klassisches IPTV mit *T-Entertain* an. Hier werden Zusatzdienste mittels Breitband übertragen und können in einem geschlossenen Netzwerk über das TV-Gerät genutzt werden.

Auktionen als eine der prominentesten Gestaltungsvarianten des **dynamischen Preismanagements** kommt eine mehrfache Funktion zu: Neben der Koordination von Angebot und Nachfrage zu markträumenden Preisen (Koordinationsfunktion) werden selbst für selten gehandelte Güter Preise ermittelt, ohne aufwendige Schätzgutachten erstellen zu müssen (Preisbildungsfunktion; Bliemel/Eggert/Adolphs, 2000). Zusätzlich gestatten Auktionen die Vermarktung von Produkten, für die sich ansonsten nur unter Einschränkungen ein Markt bilden würde, wie etwa Restplätze auf Linienflügen (Allokationsfunktion). Da Auktionen tendenziell dazu geeignet sind, eine große Anzahl von Anbietern anzuziehen, bilden diese einen separaten Distributionskanal, der auch neue Käuferschichten erreichen kann (Distributionsfunktion).

Bei ***priceline.com*** nennt der Käufer seinen Wunschpreis, den er für eine spezifizierte Leistung (z. B. einen Flug) maximal zu zahlen bereit ist (»name your own price«). Ein Kauf kommt dann zustande, wenn *Priceline* einen Verkäufer zu den vom Käufer eingangs benannten (Preis-)Bedingungen findet.

Vorteile für das Unternehmen gerade im Verkauf von Restposten entstehen dadurch, dass eine gewisse *Preisintransparenz* bestehen bleibt, da der Verkäufer jeweils Individualangebote macht und die entsprechend ausgehandelten Preise nicht einer breiteren Kundenbasis kommuniziert werden, was in der Konsequenz gegebenenfalls eine aktive Preisgestaltung einschränken würde (Afuah/Tucci, 2003).

2.3.2 Vertriebskanal-Management – die Ausgestaltung des Vertriebsweges

2.3.2.1 Vertriebskanal – wo liegt der Mehrwert?

Die meisten Hersteller verkaufen ihre Waren nicht direkt an den Endanwender, sondern bedienen sich einer Vielzahl von Vertriebspartnern. Dem Vertriebspartner kommen im Rahmen des indirekten Vertriebs in unterschiedlichen Rollen folgende **Aufgaben** zu (Tapscott, 1995; Mougayar, 1998):

- **Räumliche Transformation**: Verfügbarmachung der Produkte am Ort der Nachfrage;
- **Zeitliche Transformation**: Lagerhaltung und kontinuierliche Warenversorgung im Rahmen der physischen Distribution, d. h. der Ausgleich zeitlicher Unterschiede zwischen der Herstellung und der Verwendung der Produkte durch Lagerhaltung;
- **Quantitative Transformation**: Umstrukturierung der vielfältigen Angebote aller Hersteller in bedarfsgerechte, kleinere Losgrößen und Warensortimente;

- **Qualitative Transformation**: Bündelung der Sortimente verschiedener Hersteller zu einem Sortiment;
- **Werbefunktion**: Information potenzieller Kunden über Merkmale der Produkte.

Die Vorteile aus Sicht eines Herstellers liegen in der Reduktion der erforderlichen Finanzmittel, um die Produkte absetzen zu können. Wollte ein Hersteller seine Erzeugnisse durchgehend selbst verkaufen, müsste dieser selbst die oben skizzierten Funktionen eines Zwischenhändlers übernehmen und zusätzlich noch Produkte anderer Hersteller – gegebenenfalls auch Wettbewerbsprodukte – mit in den eigenen Vertrieb aufnehmen.

> ***Volkswagen*** verfügt in Deutschland über mehr als 2.300 Vertragshändler. Diese Vertragshändler sind zwar rechtlich selbstständig, jedoch fest über Verträge an die Vertriebsstrategie des Herstellers gebunden. Der Hersteller knüpft den Vertrag an Verkaufs- und Leistungsauflagen wie die ausschließliche Führung der Marken dieses Herstellers oder auch die Übernahme von vertrieblichen Maßnahmen wie gesonderten Verkaufsförderungsaktionen. ***SAP*** vertreibt Software-Unternehmensanwendungen allein in Deutschland über mehrere Hundert Partner. Diese Absatzhelfer fokussieren neben dem Vertrieb von Software-Lizenzen auf die Implementierung der Anwendungen bei Kunden.

Andere Hersteller betreiben teilweise einen vollständig eigenen Vertriebskanal, wie etwa *McDonald's*.

> ***McDonald's*** besitzt mehr als ein Viertel seiner Restaurants selbst, die ansonsten in ein Franchisesystem eingebunden sind.

Vorteile für einen – zumindest teilweise – eigenen Vertriebskanal bestehen aus der Sicht von Herstellern (Stern/El-Ansary, 1992)
- in der Sammlung von Erfahrungen im Management aller Stufen eines Distributionssystems;
- einer besseren Einschätzung der Leistungsfähigkeit der beteiligten weiteren Distributionspartner oder Franchisenehmer;
- der hohen Flexibilität, neue Produkte und Leistungen schnell und flexibel ausprobieren zu können;
- in der Etablierung von herstellereigenen Leistungsstandards für alle anderen Vertragshändler oder Franchisenehmer.

> ***Microsoft*** hat bereits 2011 allen 300.000 Vertriebspartnern weltweit gekündigt. Man werde in Zukunft nur noch direkt über die »Cloud« vertreiben.

Die Ausgestaltung eines Vertriebskanalsystems sollte sich – in Anlehnung an die grundsätzlichen Aufgaben eines Vertriebspartners – an mindestens fünf Bestimmungsgrößen ausrichten (Bucklin, 1972):

- **Absatzmenge**: Während gewerbliche Abnehmer meist größere Losgrößen beziehen, kaufen private Konsumenten meist nur kleinere Abgabemengen. Mit sinkender Abgabemenge steigt umso eher die Mengenanpassungsleistung eines Vertriebspartners.
- **Wartezeit**: Die Warte- oder Lieferzeit ist die Zeitspanne, die der Abnehmer nach der Auftragserteilung auf die Auslieferung warten muss. Endkunden ziehen kurze Lieferzeiten vor, da die Produkte sofort eingesetzt werden sollen und künftige Bedarfe nicht lange im Voraus zu planen sind. Je kürzer die Lieferzeiten, desto größere Zeitanpassungsleistungen werden tendenziell vom Vertriebspartner erbracht.
- **Versorgungsvielfalt**: Mit zunehmender Breite und Tiefe eines für einen Abnehmer bereitgestellten Warensortiments steigt die Sortimentsanpassungsleistung eines Absatzmittlers.
- **Räumliche Präsenz**: Sie wird im Wesentlichen durch die Anzahl und geografische Verteilung möglicher Bezugsstellen bestimmt. Eine höhere Dezentralisierung bedeutet für den Kunden tendenziell eher geringere Kosten für den Besuch der Verkaufsstelle und die Suche nach geeigneten Produkten. Kurze Anfahrten sind damit Kennzeichen einer hohen Distanzanpassungsleistung.
- **Unterstützende Dienstleistungen**: Unter anderem Kreditvergabe, Installation oder Wartung erlauben die Verbreiterung der Leistungen des Vertriebskanals und eröffnen eine nachhaltige Stärkung der Kundenbeziehungen.

Die Entscheidung für ein bestimmtes Vertriebsmodell wird im Wesentlichen durch die **Spezifität** sowie die **Komplexität** des zu vertreibenden Produktes bestimmt. Unter die Spezifität des Produktes fällt der notwendige Grad an Anpassung des Produktes an die spezifischen Bedürfnisse des Kunden. Bei hoher Spezifität und Komplexität des Produktes ist ein Direktvertrieb meistens kostengünstiger als ein Vertrieb über Partner. So würde der Abstimmungsprozess technischer Produktspezifikationen (etwa im Maschinenbau) durch die Einschaltung von Zwischenhandelsstufen eher komplizierter im Vergleich zur direkten Interaktion zwischen Hersteller und Endkunde. Aus diesem Grund findet man im Industriegüterbereich tendenziell eher einen Direktvertriebsansatz. Selbst wenn in diesem Marktsegment die Distribution über Vertriebspartner erfolgt, dann meistens über vorkonfigurierte Lösungen, die durch den Vertriebspartner – in gewissen funktionalen Grenzen – an die Bedürfnisse des Kunden angepasst werden können. In diesem Fall wurden grundlegende Produktspezifikationen bereits im Vorfeld direkt zwischen Hersteller und Endkunden festgelegt. Meist spielt hier auch der **monetäre Wert** des Produktes eine entscheidende Rolle: Bei einem hohen monetären Wert der Produkte birgt der Direktvertrieb relative Vorteile in Bezug auf die Transaktionskosten (etwa Kosten für die Abstimmung der Produktspezifikationen, der Kommunikation und Koordination mit dem Kunden als auch der physischen Distribution) im Vergleich zum Produktwert. Umgekehrt können Produkte mit einem geringeren monetären Wert durch Vertriebspartner mit einem breiten Sortiment zu niedrigeren Transaktionskosten vertrieben werden.

Schon 2015 startete ***b8ta*** mit seinem **Retail-as-a-Service**(RAAS)-Modell mit einem Store in Palo Alto (Scholz, 2018). In nur zwei Jahren eröffnete das Start-up neun Flagship-Stores und 70 Shop-in-Shops in den USA. Bei *b8ta* können überwiegend technische Produkte ausprobiert werden. Zu jedem Produkt gibt es Screens (»Bricks«), die inhaltlich von den Herstellern bespielt werden können. Das Such- und Nutzungsverhalten der Kunden an den Bricks wird getrackt und die Auswertung den Herstellern zur Verfügung gestellt. Das Personal von *b8ta* vor Ort erklärt und berät. Ihre Aufgabe besteht allein darin, den Kunden ein tolles Einkaufserlebnis zu verschaffen. Gekauft wird in den *b8ta*-Läden online und die Ware wird möglichst noch am gleichen Tag nach Hause geliefert (Scholz, 2018). Hersteller haben hier ein kostengünstiges »Labor« für neue Produkte und können durch das Kundenverhalten Rückschlüsse für ihre Produktentwicklung erhalten. Diese zahlen einen festen monatlichen Beitrag, dessen Höhe sich nach der benötigten Fläche und der Lage richtet. Hierin enthalten sind unter anderem Checkout, Inventar, Point-of-Sale, Bestandsmanagement, Personaleinsatzplanung und zu ca. 50 % ansonsten anfallende Kosten. Im Dezember 2017 realisierte *b8ta* einen Store für *Netgear*, einem Hersteller von Routern, Modems und Gateways. Dieses »*Built-by-b8ta*« genannte Konzept ist ein Flagship-Store für nur eine Marke, der für eine monatliche Flatfee und innerhalb von drei Monaten eröffnet wird. Auch hier bietet *b8ta* alles aus einer Hand. Die Marke kann sich voll und ganz auf das Brandbuilding und neue Produkte konzentrieren, den Verkauf übernimmt *b8ta*. Mitte 2018 stieg schließlich *Macy's* bei *b8ta* mit einer Minderheitsbeteiligung ein (Scholz, 2018).

Ein weiteres Kriterium für die Festlegung des Vertriebsweges ist die Anzahl an Kunden bzw. des möglichen ansprechbaren Kundenpotenzials. Im Falle einer hohen **Bedarfskonzentration**, d. h. einer geringen Anzahl an Kunden, bietet der Ansatz über den Direktvertrieb Kostenvorteile. Besteht eine hohe Anzahl an (möglichen) Kunden, überwiegen meist die Vorteile eines indirekten Vertriebsansatzes über Partner. Liegen die Vorteile des indirekten Vertriebsansatzes über Absatzmittler meist im Bereich der Transaktionskosten der Interaktion zwischen Hersteller und Endkunde, bietet der Direktvertriebsansatz neben einer besseren **Kontrolle aller Vertriebsaktivitäten** einen entscheidenden Vorteil für den Aufbau von **Kundenbeziehungen** sowie **Kundenloyalität** beim Endkunden. Die »größere Nähe zum Endkunden« erlaubt nicht nur präzisere (ungefilterte) Informationen über die »wahren« Kundenpräferenzen, sondern stellt auch sicher, dass der Anbieter den Marktauftritt inkl. der durchgesetzten Preise, sonstiger Verkaufsbedingungen, Servicekonditionen oder auch die direkte Interaktion mit dem Kunden und das Auftreten vor Ort (im Sinne der Marke) besser beeinflussen kann. Erfolgt der Vertrieb nur indirekt, erhalten Hersteller einen erheblichen Anteil ihrer Kundeninformationen nur noch »vorgefiltert« über den Vertriebspartner, womit die Gewinnung kundenbezogener Informationen deutlich schwieriger ist als im Direktvertrieb. Oftmals ist im indirekten Vertriebsmodell dem Hersteller nicht einmal die Identität des Kunden bekannt.

Die Präferenzen aufseiten des Kunden für die verschiedenen Komponenten und Leistungen eines Vertriebskanals können hierbei sehr unterschiedlich ausgeprägt sein. So werden etwa hochwertige Lebensmittel eher im Feinkostenladen erworben, während für Lebensmittelprodukte des täglichen Bedarfs zielgerichtet der Discounter angefahren wird. Je weniger wichtig ein Produktkauf eingeschätzt wird und je weniger damit ein (subjektiv empfundenes) Risiko eines Fehlkaufs besteht, desto eher lässt sich dieser *hybride Konsument* oder **multi-optionale Kunde** von seiner Sparorientierung – sowohl in der Wahl des Produktes als auch des Vertriebskanals – leiten (Schmitt, 2005; Schmalen/Pechtl, 2012; Johnigk/Reick/Kähmann, 2018; Heinemann, 2011). Wichtigste Maxime für die Gestaltung des Vertriebskanalsystems ist ein möglichst großer Freiraum für den Konsumenten für die Wahl des für seine Bedürfnisse und aus seiner Sicht jeweils optimalen Vertriebskanals (Heinemann, 2012b). Nicht das Unternehmen bestimmt den letztlich genutzten Vertriebskanal, sondern der Kunde.

Entsprechend gilt aus der Sicht von **Walmart** »*We aim to connect every product in the world with every customer, and let them decide how to shop*« (Davis, 2013).

Die Wahl eines bestimmten Vertriebskanals hängt dabei von der Angebotsqualität im jeweiligen Kanal, der Convenience sowie demografischen Kriterien wie Alter und Geschlecht ab.

Ein prominentes und vielfach ausgezeichnetes Konzept für die Etablierung eines Multi-Channel-Supermarkts und die Vernetzung digitaler und klassischer Einkaufswelten war ***Emmas Enkel***. Produkte wurden in einer Café-Lounge an einer Hauptverkehrsstraße in Düsseldorf auf hauseigenen *iPads* präsentiert, auf denen der Einkaufszettel digital abgearbeitet werden kann. Die Bestellung wurde im Hintergrund konfektioniert und konnte an der Kasse abgeholt werden. Ebenso konnten Kunden online bestellen und dann mit dem Wagen vorfahren und sich die Bestellung direkt in den Wagen stellen oder nach Hause liefern lassen (Ramge, 2013). Über eine in Vorbereitung befindliche App, die virtuellen Filialen, den Onlineshop und den stationären Laden entstand eine durchgehende Omnichannel-Vernetzung. Kunden konnten bequem Lebensmittel kaufen, unabhängig vom Vertriebskanal oder der eingesetzten Technik (CMO Community, 2013). *Vodafone* hatte in Kooperation mit *Emmas Enkel* im Juli 2013 eine digitale Einkaufswand in der Düsseldorfer Firmenzentrale realisiert. Die rund 5.000 Mitarbeiter des *Vodafone Campus* hatten die Möglichkeit, per Smartphone-App über die virtuelle Verkaufsfläche einzukaufen und mit ihrem Handy zu bezahlen. Die Waren wurden kostenlos an den Campus oder nach Hause geliefert. Mit der neuen Shopping Wall in der Firmenzentrale sollte sich der Supermarkteinkauf nach Feierabend für die *Vodafone*-Mitarbeiter erübrigen. Die Produkte wurden an der Wand präsentiert und konnten mittels QR-Codes dem Warenkorb hinzugefügt werden. Über ein fest installiertes Self-Check-Terminal neben der Wall konnte der Einkauf noch einmal geprüft und gegebenenfalls korrigiert werden. Die Bezahlung wurde via Near-Field-Communication(NFC)-Technologie über das Smartphone abgewickelt. Für die Einkaufswand wurde in Kooperation mit *Visa* eine eigene Payment-Lösung eingesetzt, die an jedem gängigen NFC-Terminal funktionieren sollte. Über die App hatte der Kunde zudem die Möglichkeit, alternative Bezahlmethoden zu wählen, wie etwa den Dienst *SQ Wallet*, mit dem *Emmas Enkel* kooperiert hatten (CMO Community, 2013). Ende April 2016 übernahm der *Metro-Konzern*, der zuvor bereits mit 15 % »enkelbeteiligt« war, das Unternehmen fast vollständig. Im Anschluss wurden die Läden Mitte 2016 in Düsseldorf, Essen und Berlin geschlossen und auf den Online-Kanal migriert.

Entscheidungen über den Vertriebskanal beeinflussen andere Marketingentscheidungen maßgeblich. So hängen beispielsweise die Entscheidungen über die Aufgaben des Vertriebs und die notwendigen Werbemaßnahmen davon ab, ob im gewählten Kanalansatz eher ein indirekter Vertriebsansatz (der durch Co-Marketingmaßnahmen zu unterstützen ist) oder aber ein Direktvertrieb im Mittelpunkt steht. Die Entscheidung ist nicht zuletzt auch deshalb kritisch, da eine einmal getroffene Entscheidung für einen spezifischen Vertriebskanal und damit einhergehende Vertriebspartner eine **längerfristige Bindung** erfordern. Der Aufbau eines effizienten (indirekten) Vertriebskanals erfordert meist mehrere Jahre, was einen häufigen Wechsel ausschließt. Im Idealfall sollte der externe Vertriebskanal in seiner Bedeutung entsprechend gleichrangig zu internen Funktionen wie Personalwesen oder Produktion gesetzt werden.

Der gewählte Distributionsweg unterliegt dabei Einschränkungen aufgrund des Produktes (etwa verderbliche oder nichtstandardisierte Güter), durch den Distributionspartner (wie Kosten eines Handelsvertreters), durch Konkurrenten (bereits vorhandene, besetzte Vertriebskanäle) oder auch unternehmenseigene Charakteristika (wie Unternehmensgröße und die angestrebte Kontrolle über den Vertriebskanal). Die Entscheidung über die Anzahl an Partnern auf der jeweiligen Distributionsstufe umfasst die (Wirtz, 2008)

- **exklusive Distribution**: Jeder der ausgewählten Distributionspartner erhält das alleinige Recht, die Produkte des Herstellers zu vertreiben; dieser fordert meist im Gegenzug eine geschäftliche Exklusivität des Händlers für seine Produkte. Beispiele hierfür finden sich im Automobilhandel (z. B. *VW-Vertragshändler*) oder bei Luxusgütern (z. B. *Boss-Shop*);
- **selektive Distribution**: Nutzung mehrerer, jedoch nicht aller möglichen Distributionspartner für die Sicherstellung einer breiten Marktabdeckung. Beispiele finden sich im Bereich des Baustoffhandels, wo viele Hersteller Baustoffhändler unter Zuhilfenahme bestimmter Kriterien für eine Zusammenarbeit auswählen;
- **intensive Distribution**: Produkte sollen für den Kunden in allen durch ihn frequentierten Verkaufsstellen leicht verfügbar sein. Beispiele finden sich vor allem im Pharmahandel über Apotheken; hier werden Arzneimittel stets über alle Apotheken gleichzeitig angeboten.

Nike hat sich für eine selektive Distribution mit mindestens sieben verschiedenen Vertriebskanälen entschieden. Neben spezialisierten Sportfachgeschäften (z. B. Golfläden) mit eigenen Schuhkollektionen werden die Artikel über normale Sportgeschäfte und Kaufhäuser vertrieben, die nur die neuesten Produkte führen. Über Verbrauchermärkte und Warenhäuser werden reduzierte Massenwaren vertrieben. *Nike*-Geschäfte wie auch die ***Niketowns*** in einigen Großstädten bieten das komplette Produktangebot und die neuesten Trends. Parallel hierzu betreibt *Nike* einen eigenen Onlineshop. Über Factory-Outlets werden Zweite-Wahl-Artikel und Auslaufmodelle vertrieben. Konflikte treten hier permanent durch eine Kannibalisierung der unterschiedlichen Vertriebskanäle auf, wie der Aufruf des *Verbandes Deutscher Sportfachhandel vds* und des europäischen Dachverbandes *Feda* zeigen: Diese haben die Mehrkanalstrategie von *Nike* aufgrund der Kannibalisierung der Umsätze der Sportfachgeschäfte in der Vergangenheit mehrfach massiv kritisiert (vds).

Die Internet-Apotheke ***DocMorris*** zeigt, wie ein zweistufiger Distributionsprozess (Großhändler, Apotheken) durch die Nutzung des Internets und relativer Kostenvorteile auf einen einstufigen Prozess reduziert werden kann (Disintermediation). Unter Ausschaltung der klassischen Apotheken (als Beispiel für einen zweistufigen, intensiven Distributionsprozess) werden Arzneimittel aus Holland an Kunden in Deutschland verschickt. Was zunächst kompliziert anmuten mag, ist in der Abwicklung recht einfach: Der Patient erhält ein Rezept vom Hausarzt und schickt dieses per Post an *DocMorris*. Die Medizin wird in der Regel innerhalb von 4–5 Tagen per Kurierdienst ausgeliefert, die Abrechnung übernimmt *DocMorris* direkt mit der Krankenkasse. Durch die Ausschaltung des Zwischenhandels (Apotheken) und der hier anfallenden Rezeptgebühr sowie die relativ niedrigeren Kosten für Arzneimittel in den Niederlanden ist das Preisniveau durchgängig um bis zu 10 % niedriger als in regulären Apotheken (Heiny, 2007).

Adidas reagiert im Herbst 2018 auf die Händlerkritik an der eigenen Online-Offensive: In der zweiten Hälfte des Wachstumsplans »Creating the New« sollen die strategischen Handelspartner von *Adidas* stärker in die E-Commerce-Aktivitäten eingebunden werden. Interessant sei es Unternehmensangaben zufolge vor allem, Kundendaten auszutauschen, zu analysieren und so Konsumenten viel individueller anzusprechen. Auch Logistikkooperationen wie mit *Zalando* seien mit anderen Händlern denkbar. Voraussetzung für die Zusammenarbeit sei allerdings ein attraktiver Webshop. Die aggressive eigene Online-Offensive entschuldigt *Adidas* damit, dass es zwingend notwendig gewesen wäre, digitale Kompetenz aufzubauen – auch um rentabler zu werden.

Die Vorteile eines exklusiven Vertriebsansatzes finden sich in der Gewährleistung eines konsistenten Marktauftritts bei einer geringeren Anzahl an (oft herstellergebundenen) Vertriebspartnern. Der intensive Vertriebsansatz fokussiert eher auf eine breite Marktabdeckung, wobei die hohe Anzahl und eventuell sehr heterogene Qualität der Vertriebspartner die Kontrolle über die Vermarktung der eigenen Produkte und den Marktauftritt erschweren. Konkurrenzen zwischen Vertriebspartnern können schließlich zu erhöhten Koordinations- und Steuerungsaufwendungen aufseiten des Herstellers führen.

Anspruchsvolle und kaufkraftstarke Kunden verlangen nach einem umfassenderen Produkt- und Dienstleistungsangebot, auf das sie offline und online zurückgreifen können.

Studien zeigen, dass diese Kundenschicht, beispielsweise im Bereich Retailbanking, deutlich profitabler ist und zudem 2–4-mal mehr Umsatz generiert, als Kunden, die nur einen Vertriebskanal in Anspruch nehmen. So konnte der US-Händler ***JC Penney*** im Rahmen seiner Omnichannel-Aktivitäten feststellen, dass Mehrkanalkunden im Vergleich zu Einkanalkunden etwa viermal mehr umsetzen. Dabei dient der Omnichannel-Ansatz gleichzeitig auch der Erschließung neuer Kundensegmente, die über die bisherigen Kanäle bislang nicht erreicht werden konnten. So stieg für *JC Penney* durch den Aufbau eines Omnichannel-Vertriebs der Anteil an Neukunden um 26 % (Strauß, 2008a).

Für die Einrichtung eines Omnichannel-Ansatzes sprechen Gründe wie eine breitere Marktabdeckung sowie die kostengünstigere Erreichung verschiedenartigster Kundensegmente genau an dem Interaktionspunkt, den der Kunde jeweils wünscht (vgl. Abbildung 50). Gezielte Angebote können das individuelle Kundenportfolio der nachgefragten Produkte erweitern und bestehende Cross-Selling-Potenziale in oder zwischen den Vertriebskanälen ausschöpfen, um den »Share of Wallet« zu steigern. Gleichzeitig erlaubt die vertriebskanalübergreifende Analyse der Kundenbedürfnisse und die darauf basierende Bündelung des Informations- und Leistungsangebots eine multiple – also auf einem Netzwerk geschäftlicher Beziehungen und Interaktionen beruhende – Kundenbindung. Durch eine umfassendere Kundenbetreuung mit einer Vielzahl an Interaktionspunkten steht der Kunde systematischer als zuvor mit dem Unternehmen in Verbindung (Mehn/Wirtz, 2018).

Gründe für das Entstehen von Omni-Channel

Hebel für Profitabilität	Steigerung Umsatz	Vertiefte Kundenbeziehungen	Steigerung Kundenloyalität	Reduktion Prozesskosten
Rolle des Omni-Channels	- Einfachheit im Zugang und der Abwicklung aus Sicht des Kunden über alle Kanäle hinweg ersetzt die Handelsdichte als Kriterium für »Convenience« - Digital verändert die Customer Journey und Präferenzbildung - indirekter Effekt: erhöhte den Instore-Warenkorb - Omni-Channel als kritischer Treiber für Wachstum	- verbesserte »Customer Experience« steigert die Bereitschaft zur Aufnahme ins »Relevant Set« - mehr Daten = umfangreicheres und kompletteres Bild über den Kunden/personalisierte Ansprache (Targeting) - mehr Touchpoints = mehr Chancen, spezifizierte, auf den Kunden zugeschnittene Angebote zu machen, Inhalte (Cross-/Upsell)	- »Hassle-free« Kundenerfahrung als Treiber für Kunden-Loyalität - höhere Interaktionsrate/höhere »Connectivity« = höhere »Stickiness«	- proaktive Migration von Service-Dienstleistungen ohne größeren Kundennutzen - Fixkosten-degression durch Skaleneffekte in Bezug auf Infrastruktur und Prozesse - digitale Interaktionen = digitale Daten = effiziente Prozesse in Realtime

Abbildung 50 Gründe für das Entstehen von Omnichannel (Ernst & Young, 2015; Gaston, 2014)

> Um die »Share of Wallet« zu steigern bietet der Elektronikversandhändler ***Conrad*** auch Same Day Delivery. Mehr noch: Die Lieferung soll innerhalb von zwei Stunden oder zum Wunschtermin erfolgen. Die Lieferung innerhalb von 24 Stunden ist bei *Conrad* längst Standard. Bereits seit 2013 bekommen Kunden im Großraum einer *Conrad*-Filiale ihre Produkte innerhalb von zwei Stunden oder zu einem Wunschtermin direkt nach Hause geliefert. Der Service wird in Zusammenarbeit mit dem Stadtkurierportal *Tiramizoo* angeboten. Bei *Conrad* sind alle Vertriebskanäle miteinander verzahnt. Wenn also in der Filiale eines der insgesamt 350.000 Produkte nicht vorrätig ist, kann der Kunde es direkt dort bestellen und nach Hause liefern lassen. Umgekehrt kann der Kunde zu Hause online prüfen, ob sein Wunschartikel in der nächstgelegenen Filiale vorrätig ist und sich diesen vom neuen Bring-Service innerhalb von zwei Stunden (gegen eine Servicepauschale von 14,90 EUR) bzw. zu einem Wunschtermin in vier verschiedenen Zeitfenstern nach Hause liefern lassen.
>
> Das Schweizer Modeunternehmen ***Tally Weil*** bietet seinen Kunden ab Herbst 2018 *Order in Store* an: Vergriffene Artikel können im Laden online zur Abholung ins Geschäft oder innerhalb von drei Werktagen zur Lieferung nach Hause bestellt werden. Kostet der Artikel weniger als 50 Schweizer Franken, werden Versandgebühren fällig. Nachfolgend soll der Service auch in Deutschland, Österreich, Frankreich und Italien eingeführt werden.

Zu Konflikten können Mehrkanalvertriebssysteme führen, wenn unterschiedliche Vertriebskanäle die gleichen Kundensegmente avisieren. Ein klassisches Beispiel für Vertriebskanalkonflikte ist das Entstehen und die Nutzung von Factory-Outlet-Stores (Fabrikverkaufsläden) als Konkurrenz zum klassischen Einzelhandel.

> ***Hugo Boss*** hat es geschafft, sein Factory-Outlet in Metzingen über die Jahre erheblich weiter auszubauen – unter Inkaufnahme entsprechender Kritik seitens der Handelsverbände und des Fachhandels. Parallel hierzu besteht auch bei Hugo Boss ein stark frequentierter Online-Store.

Mit der wachsenden Zahl an Kanälen, über die der Kunde mit den Händlern interagieren kann – Einzelhandel, online, Callcenter, Kiosk, Smart TV, mobiler Einkauf – steigen auch die Ansprüche der Konsumenten. So wünschen sich Kunden, Artikel in einem Geschäft zurückgeben oder umtauschen zu können, unabhängig davon, wo der Artikel gekauft wurde (online, im Laden oder per Katalog). Diese Omnichannel-Kunden erwarten ebenso, innerhalb des Kaufprozesses frei agieren zu können und ihre Bestellung überall ändern oder stornieren zu können, unabhängig davon, wie und wo die Bestellung initial aufgegeben wurde. Und schließlich erachten sie es als wichtig, eine Bestellung abschließen zu können, unabhängig davon, wo die Bestellung ursprünglich begonnen wurde (Riedl, 2007). Die Konsistenz im Omnichannel betrifft nicht nur die Kanalwahl und angebotenen Interaktionsmechanismen, sondern ebenfalls die Qualität der Kundeninteraktion im Sinne eines »Customer Experience Designs«.

2.3.2.2 Management des Vertriebskanals – Rekrutierung, Macht und Veränderungen

Die Entscheidung für ein kombiniertes Offline-/Online-Vertriebskanalmodell erfordert in einem ersten Schritt die **Rekrutierung** von Vertriebspartnern. Autoherstellern beispielsweise gelingt es in aller Regel recht einfach, Vertragshändler für ihre Automobile zu gewinnen. Das Versprechen exklusiver oder selektiver Vertriebsrechte lockt meist viele (potenzielle) Partner an.

> In anderen Fällen wie bei ***Polaroid***, dem Hersteller von Fotoapparaten, gestaltete sich die Suche nach Offline-Vertriebspartnern äußerst problematisch. Da der Absatz über den traditionellen Fachhandel stockte, war *Polaroid* gezwungen, Kaufhäuser als Vertriebspartner zu gewinnen (Strauß, 2008b). Seit einigen Jahren unterhält *Polaroid* parallel zu den Offline-Vertriebswegen einen eigenen Online-Store.

In den meisten Fällen sollte für die Suche nach geeigneten Offline-Vertriebspartnern komplementär zum Online-Angebot ein differenziertes Kriterienraster aufgestellt werden. Die Anforderungskriterien an die Auswahl eines Vertriebspartners können die bestehende Kundenbasis des Vertriebspartners, dessen fachliche Expertise, Vertriebsstärke, finanzielle Lage und Unternehmensgröße, Reputation oder auch das bestehende Sortiment umfassen (Homburg/Schneider/Schäfer, 2001).

Da Vertriebspartner aus Kundensicht Teil des Unternehmens sind, bietet es sich an, diese auf die unternehmenseigenen Prozesse, Werte und Produkte eingehend zu schulen. Die Bereiche einer Zusammenarbeit zwischen Hersteller und Absatzmittler können sich über die Durchführung der reinen Vertriebstätigkeit auf eine Vielzahl unterschiedlicher Aufgabengebiete erstrecken, etwa im Bereich der gemeinsamen Produktentwicklung, dem Angebot von Finanzierungslösungen, der Umsetzung vertriebslogistischer Prozesse (wie Just-in-Time-Logistik) oder auch der gemeinsamen Marktforschung.

Die operative Ausgestaltung der Beziehungen zum rechtlich selbstständigen Vertriebspartner und die Durchsetzung von Interessen kennt verschiedenartigste Wirkmechanismen – entweder in Form von Zwang, Belohnung, Fachwissen, Legitimation oder auch durch Ansehen (French/Raven, 1959):

- Bei der ***Machtausübung durch Zwang*** droht der Hersteller beispielsweise einem Vertriebspartner, im Falle der Nichtkooperation bei operativen Fragestellungen die Auslieferung an den Händler (bzw. das »Listing« wie bei *Edeka*) einzustellen. Diese Form der Machtausübung ist nur dann sinnvoll, wenn der Vertriebspartner stark vom Hersteller abhängig ist. Kritisch wirkt hierbei die bei übermäßiger Ausübung von Zwängen meist auftretende Reaktanz aufseiten des Vertriebskanals. In der Konsequenz kann das zum Zusammenschluss mehrerer Vertriebspartner zu einer Interessensgemeinschaft münden.

- Bei der **Machtausübung durch Belohnung** werden den Vertriebspartnern für bestimmte Leistungen Belohnungen angeboten. Meist führt dies zu einer starken Fokussierung der Partneraktivitäten rein auf die dargebotenen Belohnungen.
- Die **Machtausübung durch Legitimation** gründet auf den abgeschlossenen Partner- bzw. Händlerverträgen (wie bei Franchiseverträgen), etwa ein bestimmtes Produkt zu listen oder bestimmte Leistungen zu erbringen.
- Die **Machtausübung durch Ansehen** liegt vor, wenn der Hersteller ein so großes Ansehen (Markenstärke) besitzt, dass die Vertriebspartner stolz darauf sind, mit diesem gemeinsam genannt zu werden. Dies tritt beispielsweise bei hochwertigen Marken wie *Hugo Boss*, *Mercedes Benz* oder *McDonald's* auf.
- Bei der **Machtausübung durch Fachwissen** schließlich gründet die Herstellerposition gegenüber Vertriebspartnern auf speziellem Fachwissen, das von den Vertriebspartnern wertgeschätzt wird. Problematisch wirkt hierbei meist, dass mit der systematischen Schulung des Vertriebskanals und der damit verbundenen Weitergabe des Fachwissens des Herstellers die Machtbasis aus Fachwissen schrittweise erodiert.

Häufig findet sich in der täglichen Unternehmenspraxis ein durch Extreme geprägtes Management des Offline-Vertriebskanals. Nach einer Partnersuche, die nur sehr rudimentär definierten Partnerkriterien folgt, gehen hohe Anreize wie größere Handelsspannen und Werbekostenzuschüsse Hand in Hand mit negativen Sanktionen und Bedrohungsszenarien. Meist werden die Bedürfnisstrukturen sowie Stärken/Schwächen eines Vertriebspartners – im Gegensatz zum Kunden – kaum systematisch im Sinne eines **Channel-Relationship-Management-Ansatzes** analysiert. Die nachfolgende periodische **Bewertung der Leistungen der Vertriebspartner** orientiert sich einzig an Zielwerten wie etwa Absatzquoten, der mittels Fragebogen erhobenen Servicequalität der Partner bei Kunden oder auch der Anzahl an Mitarbeitern des Partners, die ein Schulungsprogramm durchlaufen haben.

> Das klassische Konzept des stationären Handels wird ohne Veränderungen hierbei kaum überlebensfähig sein. Die Zeiten sind unwiederbringlich vorbei, wo es genügte, Regale bis unter das Dach mit Waren zu befüllen und auf die kaufwilligen Konsumenten zu warten. Es geht darum, die Grenzen des Konzepts »stationärer Handel« auch mittels Digital Signage am POS zu überwinden. ***Tommy Hilfiger*** hat mit »*Tommyland*« eine Mischung aus Markenwelt, Musikfestival und Kirmes geschaffen. Genutzt wurde für dieses Erlebnis das Konzept des »*See now, shop now*«. Per App konnte das Publikum Kleidungsstücke auf der Modenschau identifizieren und dann auch gleich erwerben. Und wer nicht vor Ort war, kaufte die Produkte dann über einen extra eingerichteten Livestream. ***Nike*** bietet mit seiner SNKRS-App eine Lösung für mobile Commerce an. In der App werden exklusive Modelle angeboten, sodass neue Sneakers teilweise zuerst nur in der App erworben werden können. Häufiger kann der Nutzer seine Sneakers nur im Rahmen einer Art Verlosung erwerben. Um daran teilzunehmen, muss der Kunde in einer Kombination aus Gamification und Loyalty dann aktiv etwas tun, z. B. nach Art eines Geocachings einen bestimmten Ort aufsuchen oder eine Überraschung in der App finden. In der Melrose Avenue in Los Angeles können Kunden sich die Belohnungen des Kundenbindungsprogramms per App abholen.

Projekterfahrungen zeigen, dass man kaum davon ausgehen kann, dass ein spezifischer Vertriebskanal über den gesamten Lebenszyklus eines Produktes im Wettbewerb führend ist und stabil belassen werden kann. Während Käufer mit einem Hang zu Innovationen und einem Hang zu frühen Produktkäufen noch bereit sind, für teure Distributionsleistungen (etwa im Facheinzelhandel) zu bezahlen, werden Abnehmer in späteren Phasen des Produktlebenszyklus eher nach kostengünstigeren Kaufstätten (etwa in Warenhäusern, Fachdiscountern, Internet-Preisvergleichsdiensten) Ausschau halten.

> Der **Produktlebenszyklus des Personal Computers** ist hierfür prototypisch. Wurde dieser in der Einführungsphase hauptsächlich durch Facheinzelhändler vertrieben (etwa *IBM*-Vertragshändler), wanderte er in der Wachstumsphase in großvolumigere Distributionskanäle wie Bürobedarfs- und Elektronikfachgeschäfte. Bei nachlassendem Wachstum und geringerer Wertschöpfung des Vertriebskanals (aufgrund sinkender Kundenberatungs- und Reparaturnotwendigkeiten) migrierten diese Produkte zunehmend in noch kostengünstigere Vertriebskanäle wie Warenhäuser und Internetanbieter wie *Dell*. Am Ende des Produktlebenszyklus erfolgt heute die Distribution über die kostengünstigsten Kanäle wie Versandhandel, Fachdiscounter oder Internet-Elektronikhändler (etwa *Vobis*, *Saturn* oder *Hardwareversand.de*).

2.3.2.3 Vertriebskanal – zwischen Kooperation, Konflikt und Konkurrenz

Die Adressierung unterschiedlicher Zielmärkte und Kundensegmente lassen in der Praxis häufig ein Multikanal-Vertriebssystem ratsam erscheinen. Die Ansteuerung über möglichst viele Distributionskanäle erlaubt eine größere Marktabdeckung sowie eine optimale Aussteuerung der Vertriebskanalkosten nach Kundensegment und den jeweiligen Kundenpräferenzen. Wird beispielsweise im Großkundensegment der klassische Direktvertrieb präferiert, erfordert die zusätzliche Adressierung des Mittelstandes eine Kombination aus Vertriebskanalpartnern und herstellergebundenen Internet-/Telemanagementfunktionen. Den Vorteilen zusätzlicher Vertriebswege steht allerdings der Nachteil gegenüber, dass unterschiedliche Vertriebskanäle und -partner zueinander in Konkurrenz – und damit in Konflikt – treten und die Steuerung der Vertriebskanäle entsprechend erschweren. ***Vertriebskanalkonflikte*** entstehen in der Praxis immer dann, wenn zwei oder mehrere Absatzwege um die gleichen Kunden im Wettbewerb stehen. Grundsätzlich kann man hier zwischen horizontalen und vertikalen Kanalkonflikten unterscheiden (Bucklin/Thomas-Graham/Webster, 1997; Wirtz, 2008):

- ***Horizontale Kanalkonflikte*** treten zwischen Vertriebspartnern auf der gleichen Vertriebsstufe auf. Beispielsweise treten Franchisenehmer untereinander in gleichen geografischen Gebieten in Konkurrenz, weil Gebiets- oder Preisabsprachen nicht eingehalten werden.
- ***Vertikale Kanalkonflikte*** treten zwischen einem Hersteller und dessen Vertriebspartnern auf. Konflikte entstehen hier meist (a) aufgrund nicht eindeutig geklärter Rollen und Funktionen im Marketing- und Vertriebsprozess, (b) inkompatiblen Zielen zwischen Hersteller und Vertriebspartner, (c) aufgrund von Wahrnehmungsunterschieden über die bisherige

bzw. weitere Geschäftsentwicklung oder auch (d) aufgrund von Defiziten in der Kommunikation zwischen Vertriebspartner und Hersteller (Bucklin et al., 1996). Empirische Studien belegen, dass eine als unzureichend eingestufte Marge an die Vertriebspartner, der direkte Vertrieb unter Ausschluss der Vertriebspartner sowie die Preisgestaltung der Vertriebspartner für den Endkunden die häufigsten Konfliktfelder in der Geschäftsbeziehung zwischen Hersteller und ihren Vertriebspartnern darstellen. Ein weiterer oftmals anzutreffender Grund für Kanalkonflikte ist die Unklarheit in der Zuordnung von Kunden, die sich oft nicht mit absoluter Präzision einem bestimmten Marktsegment bzw. damit verbundenen Vertriebskanal (Direktvertrieb versus indirekter Vertrieb) zuordnen lassen. Beispiele finden sich in der Kundenabgrenzung zwischen reinen Privatkunden und geschäftlich genutzten Heimarbeitsplätzen (*Small Office/Home Office, SoHo*) oder auch in der Abgrenzung zwischen den über einen Partnervertrieb zu betreuenden Mittelstandskunden und im Direktvertrieb zu betreuenden Großkunden (etwa bei mittelständischen Tochterfirmen von Großunternehmen).

Starbucks nimmt horizontale Kanalkonflikte bewusst in Kauf. So ist das Franchisesystem bei *Starbucks* auf eine möglichst hohe geografische Abdeckung ausgelegt: Jeder Kunde soll möglichst direkt bei Bedarf in unmittelbarem Umfeld ein *Starbucks*-Geschäft zur Verfügung haben. Damit wird auch billigend in Kauf genommen, dass neue Geschäfte direkt im Einzugsgebiet bereits bestehender *Starbucks-Shops* eröffnet werden und es zu Kannibalisierungseffekten kommt.

Apple versieht seine Vertriebskanäle mit unterschiedlichen Prioritäten, wobei offenbar der Direktvertrieb gegenüber dem *Apple Online Store* und den hauseigenen Retail-Filialen präferiert wird. Freie Händler erhalten als unterste Vertriebsstufe von *Apple* nur bedingt verlässliche Lieferinformationen etwa für die Auslieferung des neuen *iMac* (Kaulfuss, 2013). Autorisierte Händler und *Apple Premium Reseller* werden direkt von *Apple Deutschland* betreut und gelten allgemein als Fachhändler. Daneben existiert noch die Retail-Sparte (Flächenmarkt, wie etwa *Gravis*). Damit tritt der Fachhandel (vertreten durch die *Apple Deutschland GmbH*) in unmittelbare, firmeninterne Konkurrenz zum *Apple Online Store* und der hauseigenen *Apple Retail Germany GmbH*.

Vertikale Konflikte zwischen Hersteller und Vertriebspartner können positive (funktionale) oder negative (dysfunktionale) Auswirkungen aufweisen. Im Falle **funktionaler Konflikte** wird der entstehende Konflikt als Chance aufgefasst, die Geschäftsbeziehung anhand der auftretenden Probleme systematisch zu verbessern bzw. auftretende Missverständnisse auszuräumen. Im – in der Praxis häufiger auftretenden – Fall eines **dysfunktionalen Vertriebskanalkonfliktes** erfolgt keine kooperative Problemlösung, was in Konsequenz entweder zum Nichterreichen der angestrebten Absatzziele bzw. zu einer systematischen Verschlechterung der Geschäftsbeziehung führt. Meistens manövrieren sich beide Seiten in eine klassische »Pattsituation«, innerhalb derer jede Seite die jeweils andere benötigt, gleichzeitig sich jedoch aufgrund der Orientierung an den eigenen Interessen selbst kaum in der Lage sieht, für eine positive Auflösung der Konfliktsituation zu sorgen.

> Ein plastisches Beispiel für ein aktives Vertriebskanalmanagement und einen Konflikt sind die E-Commerce-Richtlinien für Händler bei ***Adidas***. Zu den wichtigsten Vorschriften zählt Medienberichten zufolge, dass der Verkauf auf Marktplätzen wie *Amazon* oder *eBay* untersagt sei. Außerdem dürften europäische Händler nur noch innerhalb des europäischen Wirtschaftsraums und der Schweiz verkaufen. Das Unternehmen wolle mehr Kontrolle über die Vertriebskanäle gewinnen und offenbar auch den eigenen Direktverkauf fördern. Hintergrund für die Einführung neuer Richtlinien dürften die Preisunterschiede sein, die zwischen klassischem Stationärhandel und Onlineshops bestehen. Ziel und Anspruch von *Adidas* ist es, sich zusammen mit den Händlern im Web zu präsentieren. Um dazu das Potenzial der Marke optimal auszuschöpfen, hat *Adidas* eine fachhandelsorientierte Strategie entwickelt, welche die bestmögliche Darstellung sicherstellen soll. Von diesen Regeln könnte der beratungsintensive Fachhandel profitieren. Ob *Adidas* sämtliche Händler, auch kleinere, überprüfen kann, die auf *Amazon* verkaufen, ist jedoch eher fraglich.

Die Lösung des Kanalkonfliktes mit einer vereinfachten Anreizmechanik via Machtausübung durch Belohnung oder durch Zwang schlägt meist fehl. Obwohl durch eine Machtstrategie (Zwang) oberflächlich ein Konflikt in der Geschäftsbeziehung ausgeräumt werden kann, wird der Konflikt de facto latent weiter schwelen und die Geschäftsbeziehung weiter belasten. Ein fortschrittlicheres Vertriebskanal-Management und die Lösung entstehender Kanalkonflikte ist auf den längerfristigen Aufbau einer vertrauensvollen Partnerschaft ausgelegt (»Channel-Relationship-Management«; Kollmannsperger, 2000). Die Grundlage bilden klare und abgestimmte Erwartungen auf beiden Seiten, etwa in Bezug auf die Unterstützung bei Vertriebsaktivitäten, die Bereitstellung von Markt- und Kundeninformationen oder auch in Bezug auf alle weiteren Beratungs- und Serviceleistungen.

> Die Integration verschiedener Vertriebskanäle und die Nutzung ihrer jeweiliger Spezifika demonstriert die US-Kaufhauskette ***Neiman Marcus***: Stammkunden können sich mit einer App kostenlos einen Personal Shopper als besonders geschulten Verkäufer buchen. Dieser wartet entsprechend der Buchung per App direkt am Eingang auf den Kunden und begleitet diesen bei seinem Einkauf durch alle Abteilungen. Anhand der Kundenhistorie kennt der Personal Shopper die Vorlieben des Kunden und kann diesen spezifischer beraten und wird – Zufriedenheit vorausgesetzt – beim nächsten Shopping-Besuch wieder gebucht (Ramge, 2013). Das Ergebnis: deutlich höhere Einkaufsvolumina, gepaart mit einer deutlich höheren Kundenloyalität.

Sekundiert werden die Vertriebskanalkonflikte durch das zunehmende Auftreten von Handelsmarken. Im Rahmen der Sortimentspolitik kommt seit einiger Zeit den Eigenmarken- bzw. Handelsmarken eine große Aufmerksamkeit zu. Dies gilt in einzelwirtschaftlicher Sicht, weil von vielen Handelsunternehmungen in der Eigenmarkenpolitik ein strategischer Erfolgsfaktor gesehen wird.

> ***Schuhe24*** gab kürzlich bekannt, zur Frühling-/Sommer-Saison 2019 unter der neuen Marke »*Franz Ferdinand*« eine eigene Damenschuh-Kollektion mit 50 Modellen auf den Markt zu bringen. Der Bedarf wurde artikuliert durch die Top 100 Onlineshops 2018 für physische Güter in DACH, die unbedingt eine Eigenmarke wollten, die »konsumig« ist, online in Sachen Preis attraktiv und Spannen von 300 % oder mehr erreicht (Lommer, 2018).

Handelsmarken stehen 2018 immerhin für rund 47 % der Umsätze im stationären Handel.

> Der Tierbedarfhändler ***Zooplus*** z. B. setzte 2017 allein mit seinen Eigenmarken wie *Tigerino*, *Rocco* oder *Smilla* 120 Mio. EUR um – immerhin 13 % des Gesamtumsatzes. Bis 2020 will das Unternehmen den Umsatzanteil der Eigenmarken auf 19 bis 20 % steigern (Lommer, 2018). *Zalando* entwirft bereits seit 2010 unter dem Eigenmarken-Dach *zLabels* eigene Modekollektionen; 18 Marken führt das Unternehmen aktuell. *Amazon*, das 2014 mit einem Satz Batterien seine Eigenmarke *Amazon Basics* einführte, führt in den USA über 80 Eigenmarken, in Deutschland mindestens 15 (Lommer, 2018).

Der Vorteil von Eigenmarken: Diese werden in großen Mengen direkt vom Hersteller bezogen und verkürzen somit die Handelskette im Vergleich zu gewöhnlichen Markenprodukten, was die Marge für den Händler erhöht. Bei einer Eigenmarke besteht kein Abhängigkeitsverhältnis zum Lieferanten. Markenhersteller können andernfalls ihren Händlern Preise und Lieferkonditionen vorgeben und ihnen bestimmte Vertriebswege wie Online-Marktplätze ganz verbieten. Dazu kommt die Konkurrenz durch andere Händler, die vor allem beim Verkauf auf Marktplätzen ruinös sein kann: Beim Kampf um die Buy Box auf *Amazon* zählt eben vor allem der günstigste Preis. Oft genug tritt zudem mittlerweile auch noch der Markenhersteller selbst als Konkurrent zu seinen Händlern auf, indem er etwa selbst einen Onlineshop betreibt oder bei *Amazon* als Anbieter auftritt.

> Sucht man auf ***Amazon*** z. B. nach »kabellose Kopfhörer«, bekommt man über 10.000 Ergebnisse. Viele sind äußerlich und anhand der technischen Features kaum voneinander zu unterscheiden. Neue Namen wie *Holyhigh*, *Zling*, *CYDZ*, *Havit*, *Mpow*, *Ifecco* und *Aukey* dominieren die Liste. Produkte der etablierten Marken wie *Bose* oder *JBL* finden sich weit abgeschlagen auf den hinteren Plätzen. Die meisten der Such-Gewinner sind private Labels, die vielleicht kein so ausgereiftes Produkt wie *JBL* anbieten, aber dank geschicktem Einsatz von *Amazon*-SEO und Produktbewertungen vom *Amazon*-Algorithmus bevorzugt werden.

Damit verkaufen immer mehr Händler auf dem *Amazon Marketplace* immer weniger Produkte von immer weniger Marken. 2016 machten noch 46 % der 10.000 erfolgreichsten Drittanbieter auf *Amazon* über die Hälfte ihres Umsatzes mit nur einer Marke; 2018 sind es bereits 58 %. Gleichzeitig nimmt die Zahl der Listings ab: 2016 verkauften 34 % der Händler weniger als 100 Produkte gleichzeitig auf dem Marktplatz; zwei Jahre später sind es schon 42 %, die sich auf ein kleineres Sortiment konzentrieren (Lommer, 2018). Für Händler bleibt entsprechend nur die Flucht nach vorn: lukrative Nischen entdecken und Eigenmarken entwickeln, die ihnen Exklusivität bieten. So können sie sich dem direkten Preiswettbewerb mit anderen Handelsunternehmen für dasselbe Produkt entziehen. Parallel dazu sind die Entwicklung von Eigenmarken, das Sourcing von Lieferanten (meist in Asien) und der Markenaufbau in den letzten Jahren deutlich leichter geworden.

> Die Gegenbewegung der Konsumgüterhersteller in Richtung Handelsstufe zeigt sich etwa bei *Oetker* (*Henkell, Freixenet, Fürst von Metternich*) mit der Übernahme von *Belvini* im Oktober 2018, dem Einstieg von *Peter Mertes* bei *Geile Weine* im Jahr 2016 oder auch dem Einstieg von *Schloss Wachenheim* beim Handelsunternehmen *Rindchen's Weinkontor* 2017.

Eine konsensuale Berücksichtigung der Bedürfnisse beider Seiten im Rahmen eines programmatischen **Co-Marketingansatzes** beinhaltet etwa die gemeinsame Planung der Vertriebsziele, die erforderlichen Schulungsmaßnahmen als auch die gemeinsame Festlegung aller Werbeaktivitäten. Für den Vertriebspartner bedeutet dies meist einen Paradigmenwechsel: Nicht mehr die Gewinnung möglichst vieler Vorteile bei einem Hersteller (»im Einkauf«) sollte im Mittelpunkt der Bemühungen stehen, als vielmehr die systematische Nutzung des Herstellers für eine gemeinsame, kooperative Planung und Durchführung aller Marketing- und Vertriebsaktivitäten über verschiedene Offline- und Online-Kanäle hinweg. Organisatorisch kann ein derartiger kooperativer Marketingansatz mit

- gemeinsamen Gesprächskreisen zwischen Herstellern und Großhändlern, wie sie etwa im Pharmabereich bestehen,
- einem Marketingbeirat (wie es etwa *SAP* mit seinen Mittelstandspartnern unterhält),
- der gemeinsamen Ausarbeitung von Marketing- und Vertriebsplänen,
- oder auch dem temporären gegenseitigen Austausch von Mitarbeitern, um jeweils in der Rolle des Partners bzw. Herstellers eine bestimmte Zeit zu arbeiten,

unterstützt werden. Die Architektur des Vertriebskanalsystems ist im Idealfall so zu gestalten, dass unterschiedliche Kanäle für unterschiedliche Kundenzielgruppen zuständig sind. So ist wie im Pharmabereich der klassische Direktvertrieb für Großkunden (Krankenhäuser, Key Opinion Leader) zuständig, während Telemarketing auf mittelgroße Kunden (Fachärzte) abzielt und Handelsvertreter schließlich kleinere Kundensegmente in ihrer jeweiligen geografischen Nähe bedienen (Cespedes/Corey, 1990). Übergreifend werden allen Zielkundensegmenten (auch aufgrund der verschärften Compliance im Pharmabereich) spezifische Online-Angebote gemacht, wie aktuelle Studien oder Webcasts.

2.3.2.4 Vertriebskanalmanagement im Internet – das »Aus« für den Handelspartner?

Das Management der Vertriebskanäle mithilfe moderner IT und internetbasierter Anwendungen ist durch die Ausschaltung von Zwischenhandelsstufen als klassischen Intermediären geprägt (**Disintermediation**). Aufseiten der Unternehmen entstehen entsprechende Bemühungen, angesichts der Möglichkeiten der Disintermediation den tatsächlichen Einsatz unterschiedlicher Vertriebskanäle aktiv im Rahmen der *Vertriebskanalintegration* effizient zu gestalten. Als Gegenbewegung zur Disintermediation kommt es in diesem Zusammenhang auch zum Entstehen neuer Intermediäre im Rahmen der *Re-Intermediation* (Bailey/Bakos, 1997).

> Plastische Beispiele für (Offline-)Disintermediation finden sich in der Modeindustrie. Modelabels setzen zunehmend auf den Direktvertrieb, wie etwa ***Desigual*** mit bis zu 100 Läden weltweit oder auch ***Seidensticker*** mit dem Aufbau eines eigenen Ladennetzes (Müller, 2012). ***Adidas*** startete seine Retail-Expansion in Deutschland mit *Neo*, weltweit hat die Gruppe im Jahr 2018 allein knapp 2.500 *Adidas-*, *Reebok-* und *Neo-Stores*. Auch ***Hugo Boss*** hat Ende 2018 bereits mehr als 1.000 Läden.

Erfolgt in traditionellen Handelsstrukturen der Kontakt vom Hersteller zum Endkunden meist über mehrere Handelsstufen hinweg, erlaubt die Nutzung moderner IT und internetbasierter Online-/Mobile-Anwendungen die unmittelbare Interaktion zwischen Hersteller und Endkunden (vgl. Abbildung 51).

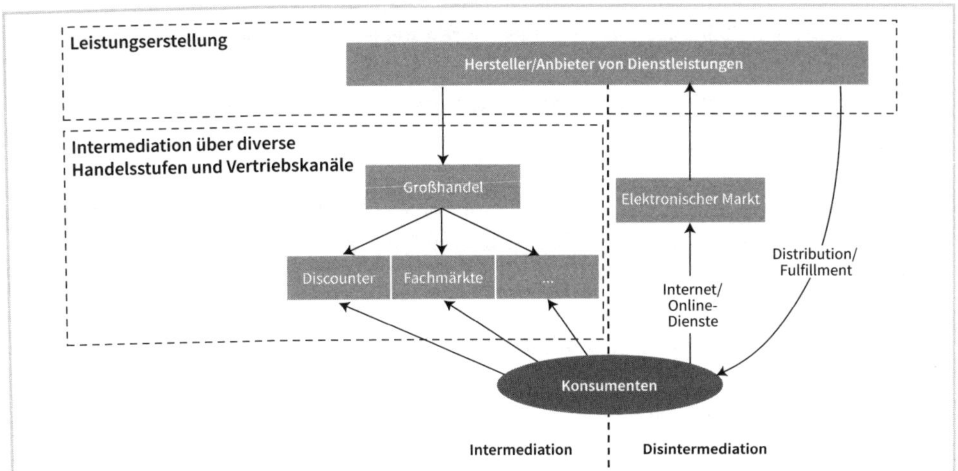

Abbildung 51 Prinzip der Disintermediation (Kalakota/Robinson, 2001; Sarkar/Butler/Steinfeld, 1995)

Die **räumliche Transformation** als Handelsfunktion entfällt für einige Produktkategorien, da diese unabhängig vom Ort der Nachfrage bestellt werden können, ohne die Notwendigkeit zum Vorhalten eines physischen Handelsgeschäftes vor Ort. Hiervon sind vor allem nichtverderbliche Güter (wie etwa Bücher oder CDs) betroffen (Bliemel/Eggert/Adolphs, 2000). Mithilfe moderner Supply-Chain-Management-Konzepte sowie der Verfügbarkeit von Paketdiensten gelingt es zumindest teilweise, die fehlende **zeitliche Transformation** eines direkten Warenzugangs zu kompensieren, die aufgrund der Zeitspanne zwischen Produktkauf und Lieferung entsteht. Die Distribution kann durch den Hersteller oder über dritte Logistikpartner wahrgenommen werden.

Die **quantitative Transformation** erfordert die Anpassung der Distributions- und Lagerhaltungskapazitäten an die Bedingungen des Direktvertriebs. Vorteile aufseiten des Herstellers durch die Internalisierung der ansonsten im Handel anfallenden Marge werden oftmals durch die Kosten für das Vorhalten aufwendiger Logistikleistungen überkompensiert. Die **qualitative Transformation** und Sortimentsbildungsfunktion kann schließlich vollständig durch einen internetbasierten Direktvertrieb übernommen werden, entweder durch den direkten Zugang zu verschiedenen Anbietern, oder durch die Bündelung verschiedener Anbieter oder Produktkategorien etwa im Rahmen einer elektronischen Shopping Mall.

> Der Uhrenhersteller ***Nomos*** kooperiert seit Herbst 2018 auch mit den Online-Händlern *Chronext* und *Chrono24*. Das stößt den Fachhandelspartnern sauer auf. Die Juwelierkette ***Wempe*** hat ihren Vertrag mit *Nomos* im September 2018 gekündigt. Die Begründung: Solche Plattformen stünden im absoluten Widerspruch zur Strategie vom *Wempe,* wonach Luxusprodukte wie Uhren einheitliche Preise benötigen, um das Geschäft nicht grundsätzlich zu bedrohen. Beim Kauf hochwertiger Uhren spielten Emotionen, die Haptik und der Service weiter eine große Rolle. Auch andere *Nomos*-Konzessionäre versuchen in der Konsequenz, den Hersteller in Form einer Petition zur Umkehr zu zwingen.

Multioptionale Konsumenten nutzen alle Interaktionskanäle, um mit einem Unternehmen in Kontakt zu treten. Statt sich lediglich einem singulären Point-of-Sale zu widmen, müssen Unternehmen sämtliche Interaktionskanäle vernetzen. Vor allem das parallele Bespielen von stationärem, Online- sowie Katalog- und Versandhandel stellt vielfach eine besondere Herausforderung dar, nicht nur im B2C-, sondern auch zunehmend im B2B-Bereich. Konsumenten ordern dank des heterogenen Informationsangebots parallel über diverse Kanäle, von Internet über Katalog, dem stationären Handel und Onlineshops bis zu Auktionsplattformen oder auch Applikationen für mobile Endgeräte. Die Bedienung aller Kanäle und Interaktionspunkte im Omnichannel-Management stellt enorme Anforderungen an Strategien (Gefahr der Kannibalisierung und Kanalkonflikte), Organisation und dahinterliegende Prozesse und Systeme.

Die wahrscheinlich stärksten Veränderungen durchlebt in unmittelbarer Konsequenz das Handelssegment. Der Online-Anteil im Baumarktsegment liegt zwar erst bei 5,7 %, doch den etablierten Anbietern droht gleich von mehreren Seiten Konkurrenz: Online-Käufer bevorzugen inzwischen *Amazon* und *Google*®. Gleichzeitig stoßen Lebensmittelhändler, Möbelhäuser und Gartencenter in das DIY-Segment vor – häufig in Form von Online-Aktionsangeboten.

> Geht es um den Kauf von Do-it-yourself(DIY)-Produkten, sind etablierte Baumärkte für Kunden immer seltener die erste Anlaufstelle (Hell, 2018; IFH, 2018). In diesem Segment ist Stand Herbst 2018 kein Pure Player aufgetreten, der den Markt durcheinandergewirbelt hat. Dafür verantwortlich sind laut Analysen die spezifischen Merkmale der Branche. Ein großer Anteil der Baumarktprodukte sei in puncto Online-Fähigkeit suboptimal und generell stelle sich das Sortiment mit mehr als 22 Warengruppen untypisch breit dar. Ein weiterer Grund für den noch recht geringen Online-Anteil ist der Vorteil, dass Kauf und Verarbeitung oder Installation eines Produkts beim Kauf im stationären Handel noch am gleichen Tag erfolgen können. Doch im Rahmen von immer kürzer werdenden Zeitspannen für die Lieferung erscheint es nur eine Frage der Zeit, bis der Online-Anteil auch in diesem Bereich deutlich anziehen wird. Das Haupthindernis sind die Digitalisierung und Konsolidierung der Warenwirtschaft im Back-end, um stationäre Verfügbarkeiten online abzubilden und Kunden kanalübergreifende Services wie Click & Reserve anzubieten.

Die Zeiten einer Maxime getreu dem Motto »Warenmenge erzeugt Umsatz« sind vorbei, der Preiskampf tobt und Online wird auch weiterhin stark wachsen. Die Quintessenz: Wer als Händler mithalten will, muss sich somit konsequent an einem zentralen Maßstab ausrichten, den Bedürfnissen des Kunden. Das erfordert in den meisten Fällen einen Perspektivenwechsel und den Mut, sein eigenes Tun aus Kundensicht zu betrachten. Das Fehlen der Kundenorientierung und der nur unzureichende Mut in der Veränderung hat in den USA bereits zum massenhaften Sterben von Händlern geführt (»Retail Apokalypse«), vor allem in den vormals stark gehypten und als sicher eingestuften Shopping Malls. Analysten weisen in diesem Zusammenhang unter anderem auf eine Halbierung der Anzahl an Mall-Besuchern über einen 3-Jahres-Zeitraum hin (CB Insights, 2018).

> Als Reaktion hierauf startet ***Walmart*** im Herbst 2018 in den USA mit »*Spark Delivery*«. Der Service funktioniert ähnlich wie *Amazon Flex*. Unabhängige Fahrer können sich auf der Crowdsourcing-Plattform Bestellungen aussuchen und diese ausliefern. Das neue Angebot wird in Nashville und New Orleans getestet. ***Kroger*** will als Händler durch den Einsatz automatisierter Lieferfahrzeuge die Zustellung von Lebensmitteln kostengünstiger gestalten, um den Service mehr Kunden anbieten zu können. Technischer Partner ist das Start-up *Nuro*, das einen sehr wandlungsfähigen selbstfahrenden Transporter entwickelt. Bestellungen können die Kunden per App von *Nuro* auslösen, die mit dem Warenwirtschaftssystem von *Kroger* verbunden ist (Lamprecht, 2018a).

Im Mittelpunkt steht die permanente Weiterentwicklung von Dienstleistungen, die den Kunden einen deutlichen Mehrwert bieten, mit innovativen Kundenbindungsprogrammen, der Digitalisierung der bestehenden Wertschöpfungskette und Erweiterung mit neuen Geschäftsmodellen inkl. der durchgehenden Nutzung aller Kundendaten. Für den Handel gilt es umso mehr, den Mehrwert klar zu kommunizieren, die Marktposition zu schärfen und das (komfortable) Einkaufsversprechen einzulösen. Im Wettbewerb mit Online-Playern kann der stationäre Handel mit Persönlichkeit, Vertrauen und Service punkten und muss Antworten auf Shopping-Schnittstellen wie *Alexa* finden, die im Kern dazu führen können, geschlossene (proprietäre, monopolistische) Wertschöpfungsketten zu etablieren. Der stationäre Handel steht daher vor der Herausforderung, sich die Digitalisierung zunutze zu machen und sich ständig immer wieder neu zu erfinden. Der natürliche Einsatz digitaler Techniken im Front-/Back-end, die individuelle Kundenansprache sowie sorgfältig kuratierte und inszenierte Warenwelten, die immer wieder zum Besuch und zum Verweilen einladen, werden dabei ebenso entscheidend sein für den Erfolg wie Überraschungsmomente, Erlebnis und Entertainment.

> Vorbilder für den Handel können Ladengeschäfte wie »***This is Story***« in New York sein. Das Besondere: Alle »Experience Selling«-Formate verkaufen besondere Erlebnisse, die sich von anderen Vertriebsformen deutlich unterscheiden. Sie sind nicht nur »Stores«, sie verkaufen »Stories«. Zwar tritt die Marke selbst mit ihrem Webshop in direkten Wettbewerb, bekommt aber im Gegenzug von den Händlern – auf Grundlage der gesammelten Erfahrungen – entsprechend gute Konditionen. Sorgfältig ausgewählte Warenkompositionen werden wie die »Speisen verschiedener Brands« in einer »Sterneküche« kuratiert. Die Marken lernen von der Customer Experience sowie den dargebotenen »Stories« und können ihre Marken parallel zu ihren eigenen Store-Erfahrungen – ohne direkten Wettbewerb zueinander – individuell profilieren. Zugleich findet sich eine wachsende Generation an »**Statement Stores**«, die in den letzten zehn Jahren eröffnet haben: *Apple*, vor allem auch die internationalen Sportswear-Marken wie die LAB Stores von *Nike*, *adidas originals* und der Conceptstore Generation, angeführt von *Colette*, *Urban Outfitters* und neuerdings auch *Arket* von *H&M*.

Damit kristallisieren sich zwei strategische Handlungsalternativen für den stationären Handel heraus:

- **Speed-Wettbewerb**: Umsetzung der neuesten, sich permanent verändernden technologischen und von der digitalisierten künstlichen Intelligenz getriebenen Entwicklung à la *Amazon*, *Zalando*, *Alibaba* oder *Rakuten*;
- **Sortiments-Qualitäts-Wettbewerb**: um zum in den jeweiligen Warenbereichen präferierten Anbieter zu werden, mit einem auf die Zielgruppe klar ausgerichteten Sortimentsprofil in einer dazu passenden Atmosphäre und einem perfekten Service.

Eine der größten Herausforderungen bleibt in jedem Fall die konsequente Umsetzung des Omnichannel: die Verknüpfung aller »Customer Touchpoints«, damit der Kunde ein nahtloses Erlebnis erfährt und ihn stets die richtigen Angebote zur richtigen Zeit erreichen (Jacobs, 2017). Dafür braucht der Handel detailliertere Informationen (Daten) über seine Zielgruppe, jenseits des blanken Kassenbons. Zudem besteht die Herausforderung darin, die unmittelbare Interaktion mit dem Kunden im Store zu verbessern. Online-Händler stimmen ihre Angebote sekundenschnell auf die Zahl der Kunden, ihre Verweildauer im Onlineshop und ihre Produktpräferenzen ab. Big Data sowie Internet-of-Things-Lösungen werden die Customer Journey im stationären Handel in Zukunft ebenso differenziert unterstützen: Mit Erkenntnissen aus Big-Data-Analysen erhalten Händler in realtime Informationen zum Kundenverhalten in und um den Store sowie Einblick in Präferenzen der Zielgruppe. Durch die Verknüpfung von Warenwirtschaft, Preissetzung und Kundenansprache können individuelle Angebote punktgenau geschaffen und verkauft werden.

> ***Target*** hat beispielsweise in den USA eine Mobile App gelauncht, die den Kunden mithilfe eines Pins (analog zu Navigations-Apps) aufzeigt, wo Produkte im Regal zu finden sind, inkl. einer Übersicht über aktuelle Sonderangebote. Im New Yorker Pop-up Store *Target Wonderland* können über personalisierte RFID-Tags Produkte gescannt und einem virtuellen Einkaufswagen hinzugefügt werden. Kunden können am Ende ihres Store-Besuchs bequem bezahlen, ohne die ganze Zeit ihren Einkaufwagen durch verstopfte Gänge schieben zu müssen. In der Testphase befinden sich Roboter innerhalb der Geschäfte, um die Bestückung der Regale mit fehlerhaften, falsch ausgezeichneten oder leeren Regalplätzen (»out-of-stock«) nachzuhalten. Über RFID Smart Labels als Preisauszeichnung an den Regalen wird die Genauigkeit der Produktverfügbarkeit kontrolliert (»in-stock position«). Auf diese Weise können Kunden die tatsächliche Verfügbarkeit eines Produktes im stationären Handel überprüfen, bevor sie das Ladengeschäft betreten.
>
> Der britische Modehändler ***Monsoon*** bietet Kunden im Onlineshop einen Fashion-Finder-Service, mit dessen Hilfe sich Stücke, die online nicht verfügbar sind, in den Filialen suchen lassen. Von dort werden die gewünschten Artikel dann versendet (Rigby, 2018). Im Ergebnis konnte eine Umsatzsteigerung von 1,4 Mio. Britische Pfund nach nur einigen Monaten realisiert werden.

Aus der Sicht des Herstellers besteht der größte Anreiz zur Ausschaltung traditioneller Vertriebsstrukturen meist in informationsbezogenen Vorteilen. Während in klassischen Handelsstrukturen (wie etwa dem Automobilvertrieb) die meisten **Kundeninformationen** dezentral bei den Händlern erfasst und gespeichert werden, fehlt dem Hersteller meist der Zugang zu einem erheblichen Teil dieser Informationsbasis. Dezentrale Handels- und Betreuungsstrukturen eröffnen neben einer größeren Flexibilität und Ansprechbarkeit auch Vorteile durch lokale Kunden- und Marktkenntnisse. Der Besitz umfassend qualifizierter Kundendaten eröffnet Möglichkeiten sowohl für eine deutlich verbesserte individualisierte Vermarktung als auch für die direkte Einbeziehung der Kunden im Rahmen der Produktentwicklung. Das prominenteste Beispiel für das Ausschalten des Handels durch einen webbasierten Direktvertrieb findet sich im Buchhandel (Tapscott/Lowy/Ticoll, 2001; Mougayar, 1998).

> 2017 wurden nach Berechnungen des ***Börsenvereins des Deutschen Buchhandels*** mit Büchern 9,1 Mrd. EUR Umsatz gemacht. Wachstumsgewinner innerhalb der Absatzkanäle war über die letzten Jahre das Internet, hier stieg der Umsatzanteil von 7,6 % des Gesamtumsatzes mit Büchern seit 2006 kontinuierlich. Der Anteil des stationären Sortiments am Gesamtumsatz ist seit 2011 schrittweise unter die 50 %-Marke gefallen (47,1 %).

Das Spektrum an Alternativen zur Integration von Vertriebskanälen in die bestehenden Vertriebsstrukturen erstreckt sich

- vom **Direktverkauf** unter Umgehung der etablierten Vertriebspartner über
- die Integration der bestehenden Vertriebskanäle (**Kanalintegration**) bis zur
- Unterstützungsleistung für bestehende Vertriebsstrukturen im Rahmen einer **kanalzentrierten Strategie**,

allerdings mit fließenden Übergängen zwischen den unterschiedlichen Ansätzen (Mattes, 1999; De Kare-Silver, 1998).

> Fast schon selbstverständlich scheint im neuen Flagship-Store von ***Zara*** in Mailand der Einbau von interaktiven Spiegeln, die per RFID die Ware erkennen und den Kunden passende Vorschläge für weitere Kleidungsstücke und Accessoires liefern. Außerdem gibt es, wie bereits in London, einen automatisierten »Collection Point«, der die Abholung online bestellter Waren ermöglicht. Die Abholung wird per QR-Code oder PIN angestoßen (Lamprecht, 2018b). Das System kann bis zu 900 Pakete aufnehmen und dann automatisiert an den Kunden ausgeben. Wie wichtig der Online-Kanal für die *Zara*-Mutter ***Inditex*** ist, zeigt das Statement, bis zum Jahr 2020 weltweit die Marken online vertreiben zu wollen. In 96 Ländern ist der spanische Bekleidungskonzern bereits mit eigenen Filialen vertreten. Im Rahmen dieser globalen Online-Offensive werden dann alle Marken (unter anderem *Pull & Bear*, *Massimo Dutti* und *Bershka*) über das Internet erhältlich sein.

Vorteile des **Direktverkaufs** wie eine direkte Kundenansprache, die Einbehaltung ansonsten anfallender Vertriebsprovisionen und die Gewinnung von Kundendatenbeständen steht der Nachteil entgegen, dass die Auswirkungen auf die bestehenden Handelsstrukturen kaum absehbar sind. Die Erwartung eines höheren Wettbewerbsdrucks durch den zusätzlichen, komplementären elektronischen Vertriebskanal führt bei Händlern oftmals bereits im Vorfeld zur Auslistung von Produkten eines Herstellers. Nachteilig wirkt sich ebenfalls aus, dass im Direktvertrieb die bislang von den Vertriebspartnern erbrachten Logistikprozesse sowie die notwendigen Vertriebs- und After-Sales-Support-Leistungen durch den Hersteller zu erbringen sind.

> Als Konsequenz auf das Internetangebot mit maßgeschneiderten Produkten (Mass Customization) wurden ***Levis Jeans*** von großen Distributoren und Warenhausketten in den USA aus dem Sortiment entfernt, was letztlich zur Einstellung des ersten Direktvertriebs durch

Levis geführt hat, der erst sehr viel später mit einem überarbeiteten Angebot wieder aufgenommen wurde. Ähnlich musste die holländische Fluggesellschaft ***KLM*** den ersten webbasierten Direktvertrieb von Frachtraum an Endkunden einstellen, nachdem Großkunden – die ebenfalls Vertriebspartner (Reseller) von Frachtraum sind – zu anderen Fluggesellschaften gewechselt waren (Mattes, 1999).

In der *Kanalintegration* wird wie bei *MediaSaturn* der Kundenkontakt zwar direkt hergestellt, die Abwicklung von Aufträgen erfolgt jedoch einschließlich der erforderlichen Provisionierung durch die bestehenden Vertriebspartner. Vorteilen aus dem direkten Kundenzugang und der Sammlung von Informationen stehen hier Nachteile wie eine geringere Realisierung möglicher Effizienzpotenziale aufgrund einer nur unzureichenden Marktabdeckung bzw. hohen Vertriebskosten pro Vertragsabschluss entgegen.

Das neueste stationäre Geschäft von ***Nike*** nennt sich ***Nike Live Concept Store*** und wurde im Juli 2018 in Los Angeles eröffnet (Gillner, 2018). Das Besondere: Die Warenversorgung richtet sich nach lokalen Bedürfnissen. *Nike Live* ist speziell für *NikePlus*-Mitglieder ins Leben gerufen worden. Die Angebote und Produkte werden von einem Algorithmus ausgewählt, der sich an den E-Commerce-Daten (Kaufverhalten, App-Nutzung und Engagement) der ortsansässigen (Großraum Los Angeles) *NikePlus*-Mitglieder orientiert. Das Produktangebot wird alle zwei Wochen neu zusammengestellt. Konkret zeigen die Analysen der Kundendaten, dass *NikePlus*-Mitglieder in Los Angeles vor allem an den Themen »Running« und »Style« interessiert sind. Auf diese stadtspezifischen Vorlieben ist der Hub abgestimmt, es gibt aber auch andere *Nike*-Produkte, darunter z. B. eine Auswahl an Bestsellern von nike.com. Alle Produkte wurden über die digitalen Handelsdaten von *Nike* ausgewählt. Kunden können hier Waren auch online ordern und am Drive-in-Straßenschalter abholen (Gillner, 2018). In Schließfächern am Store-Eingang können online reservierte Artikel zurückgelegt werden. Retouren wickelt der Curb Services bei *Nike By Melrose* ab. Über das »Swoosh Text-System« (ein SMS-Nachrichtensystem zwischen dem Käufer und *Nike*) können Verbraucher einfach eine SMS an das Geschäft senden und ihre Wünsche respektive Kritik äußern. *NikePlus*-Mitglieder können mit ihrem Mitgliedsausweis am *NikePlus*-Automaten zudem Produkte oder Prämien einlösen. *Nike* plant weitere *Nike Live*-Shops mit lokal angepassten Produkten und Services weltweit auszurollen, ab Frühling 2019 soll ein Store in Tokio starten (Gillner, 2018).

In einer *kanalzentrierten Strategie* schließlich wird das bestehende Vertriebsmodell lediglich unterstützt, jedoch keiner strukturellen und grundlegenden Veränderung unterzogen. Zielgruppe des Vertriebskanal-Managements sind nicht Endkunden, sondern primär die bereits etablierten Vertriebspartner.

Trauriger Höhepunkt für ***Märklin*** war das Jahr 2006, als das Unternehmen kurz vor der Pleite stand. Ein Investor übernahm zwar das Unternehmen, doch war dies nur eine vorübergehende Rettung. Drei Jahre später musste Märklin dann trotz eines harten Sparkurses Insolvenz anmelden. Das Comeback von *Märklin* erfolgt unter anderem im Rahmen der Digitalisierung (van Rinsum, 2018). Dazu zählen beispielsweise der Relaunch der Website und des dazugehörigen Onlineshops. Ähnlich wie andere Markenartikler stand *Märklin* vor der Herausforderung, einerseits E-Commerce-affine Kunden mit einer zeitgemäßen Plattform zufriedenzustellen, andererseits aber den stationären Handel als Kanal zu erhalten, über den nach wie vor ein Großteil des Umsatzes mit anspruchsvollen Produkten (eine Lok besteht aus rund 300 Einzelteilen) getätigt wird. *Märklin* entschied sich deshalb, Onlineshop und Website zu trennen. Die Website www.maerklin.de wurde als Anlaufstelle aller Modelleisenbahn-Fans konzipiert, auf der sich sämtliche Produkte bis zum Jahr 2000 finden lassen – auch wenn diese längst nicht mehr verkauft werden. Daneben umfasst die Site umfangreiche Services wie Ersatzteillisten, bietet einen facettenreichen Content für Liebhaber, Hinweise auf Events und ist Anlaufstelle für den *Märklin*-Club. Über den Onlineshop (www.maerklinshop.de) wiederum kann der Kunde alles erwerben, wenn er den Weg in den Einzelhandel nicht antreten mag oder kann. Im Onlineshop erhalten Kunden alles – selbst kleinste Ersatzteile wie Schaltschiebefedern für Tenderlokomotiven oder Lampenhalter für Kesselwagen. Anhand von Explosionszeichnungen kann der Nutzer genau erkennen, welches Teil er braucht, und dieses dann direkt bestellen. Online dient als Unterstützung aktiver Händler, ergänzt durch das Online-Geschäft (van Rinsum, 2018).

Wie weit die Verzahnung online und offline reicht, wurde im Herbst 2017 bei einer Werbekampagne deutlich. Unter dem Namen *»Deutschland sucht den Märklin Schatz«* wurde im Weihnachtsgeschäft eine breit angelegte Kommunikationsoffensive gestartet, die die Marke *Märklin* verjüngen und gleichzeitig dem stationären Handel neue Kundschaft zuführen sollte (van Rinsum, 2018). Mit einer Austauschaktion zielte *Märklin* darauf ab, eine Brücke zwischen den Generationen zu schlagen. Väter oder Großväter sollten sich auf den Dachboden begeben, dort die alte *Märklin*-Modelleisenbahn von Staub befreien und zusammen mit Sohn oder Enkel reaktivieren. Dazu setzte *Märklin* ein Tauschangebot auf: Auf der Landing Page www.maerklin.de/schatzsuche konnten sich die Verbraucher registrieren lassen, worauf sie per Post ein Info-Package und einen Gutschein erhielten. Mit diesem konnten sie im Handel deutlich verbilligt neue Gleise oder einen neuen digitalen Trafo erwerben, wenn sie dafür ihre alten Teile abgaben (99 EUR statt 169 EUR). Hierdurch wurden ältere Kunden reaktiviert, die Marke für jüngere Menschen interessant gemacht und gleichzeitig dem Handel die Gelegenheit gegeben, neue Beziehungen zum Endkunden zu knüpfen. Im Ergebnis stiegen die Shop-Umsätze zwischen 2017 und 2018 um 11 % (van Rinsum, 2018).

Ein Beispiel für eine kanalzentrierte Strategie sind **Maklerportale** im Versicherungsbereich, wo Versicherungsmakler Zugriff auf alle notwendigen und aktuellen Informationen sowie Preisvergleiche erhalten – meist geht es jedoch um den Versicherungsabschluss – als auch Provisionszuweisung in der traditionellen Form erhalten bleiben. Das Angebot konzentriert sich in diesem Fall auf die Bereitstellung umfangreicher Informationen an die bestehenden Vertriebspartner.

Die hohe Akzeptanz aufseiten der Partner wird durch das Fehlen eines direkten Kundenkontaktes und einer nur geringen Ausnutzung der Potenziale der Direktansprache von Kunden und Interessenten durch den Hersteller konterkariert. Projektbeispiele zur Vertriebskanalintegration im Automobilhandel demonstrieren das vielschichtige Spektrum an Alternativen zur Ausgestaltung, mit fließenden Übergängen zwischen den einzelnen Ausprägungen (vgl. Abbildung 52; De Kare-Silver, 1998; Strauß, 2013).

Option	Information	Bestellung		Transaktion	Auslieferung	Service
1. Status quo	OEM Site (einige Händlersites)	Händler		Händler	Händler	Händler
2. Erhöhung der Frequentierung von Händlersites	OEM Site/ primäre Händlersites	Händler		Händler	Händler	Händler
3. Hosting von Händlersites	OEM Site (einschl. Händler)	Händler		Händler	Händler	Händler
4. »OEM inter@ctive«	OEM Site (einschl. Händler)	OEM Site	Finan-zierung	Händler	Händler	Händler
5. OEM-Händler gemeinsame Handelsfirma	OEM Site/ gemeinsame Site Händlersites	gemeinsame Site		gemein-same Site	Händler	Händler
6. OEM direkt via Händler-Auslieferung	OEM Site	OEM Site		OEM Site	Händler	Händler
7. OEM direct	OEM Site	OEM Site		OEM Site	direkt	Händler/dritte Partei direkt

OEM = Original Equipment Manufacturer, d. h. Hersteller

Abbildung 52 Unterschiedliche Modelle der Vertriebskanalintegration am Beispiel der Automobilindustrie

Bei ***Volkswagen Pkw*** erhalten Kunden seit Oktober 2018 eine spezielle Kundenkennung, eine sogenannte Kunden-ID. Auf diese Weise soll das bisherige Kerngeschäft um digitale Dienste wie Carsharing, Lade- und Abrechnungsdienste für E-Autos sowie E-Commerce-Angebote ergänzt werden. Außerdem könnten Autos via Mobilfunk mit Updates oder auch Upgrades versorgt werden – auch ohne Werkstattbesuch. Eine neue Internetplattform soll den Autokauf im Netz ermöglichen. *Volkswagen* steigt damit in den Direktvertrieb (OEM Direct, 7.) ein. Erwartet wird, dass sich zwischen 2020 und 2025 zunächst etwa 5 % der Kunden für den digitalen Autokauf entscheiden und den Wagen nur noch beim Händler abholen. Im Direktvertrieb solle es aber vor allem um Software und Online-Services gehen. Starten soll das Modell in Europa im April 2020, weltweit erwartet die Marke jährlich fünf Millionen neue Kunden. In Deutschland hatte *VW* bereits neue Händlerverträge abgeschlossen, um künftig direkt Kontakt mit den Kunden aufnehmen zu können. Bisher war dies den Händlern vorbehalten. Die Autohändler sollen als Repräsentanten der Marke dennoch weiter ein wichtiger Baustein sein. Nach *VW*-Angaben geht es um über 3.000

> Händler und Servicepartner der Marke in Europa und rund 54.000 Beschäftigte. Hintergrund ist der branchenweite Trend zur Digitalisierung auch von Autos – die ab 2020 geplante vollelektrische *VW*-ID-Modellfamilie soll vollvernetzt sein. Unter der Submarke »*We Share*« will *VW* 2019 zunächst in Berlin ein rein elektrisches Carsharing-Angebot an den Start bringen – mit einer Flotte aus 1.500 E-Golf, später sollen 500 E-Up-Kleinwagen dazukommen. Eine Studie mit 1.000 Verbrauchern im Herbst 2018 zeigt, dass nur für gut die Hälfte (56 %) der Kunden der Autohändler heute der wichtigste Ansprechpartner beim Autokauf ist. Fast zwei Drittel der Konsumenten können sich demnach inzwischen gut vorstellen, ihr Auto direkt beim Hersteller zu erwerben. Und immerhin jeder Zweite zeigt sich offen für den Kauf über eine Onlineplattform.

Die Bewertung der Attraktivität unterschiedlicher Vertriebskanäle kann sich unter anderem an der **Channel Preference** orientieren. Diese ergibt sich aus dem Verhältnis zwischen dem Response im Direktkanal (etwa Response auf einer Website) und dem gesamten Response auf allen Vertriebskanälen etwa aufgrund von Werbeschaltungen. Damit kann die relative Bedeutung der Website im Vergleich mit anderen »Customer Touch Points« wie Callcentern oder Besuchen im stationären Handel gemessen werden. In ähnlicher Form können die Kanalpräferenzen im Rahmen der Analysen zur Zielgruppenmatrix herangezogen werden (Strauß, 2008b).

Die letztliche Entscheidung über die am besten geeignete Vertriebskanalstrategie orientiert sich im Regelfall an der Vertriebsstrategie des Unternehmens, der Verhandlungsmacht des Unternehmens gegenüber den bestehenden Vertriebspartnern, der innerhalb des Unternehmens vorhandenen Kompetenzen sowie dem zeitlichen Horizont der Implementierung.

> ***Gateway Computer*** verfolgte zunächst den Internetvertrieb und ergänzte später dieses Angebot für die erforderlichen Service- und Reparaturleistungen schrittweise um traditionelle Ladengeschäfte. Der Bekleidungshersteller ***Gap*** erlaubt seinen Kunden, alle Artikel, die im Ladengeschäft nicht erhältlich sind, via Internet direkt im Geschäft bzw. von zu Hause auszusuchen. Im Internet gekaufte Produkte können in jedem *Gap*-Geschäft umgetauscht werden.

Wie die Beispiele bereits zeigen, steht stets die Suche nach einem (neuen) Optimum zwischen Einzelkanalstrategie, Koexistenz und vollkommener Integration der Vertriebskanäle im Mittelpunkt der Multi-Kanal-Strategie (**Covolution**).

Re-Intermediation beschreibt ganz allgemein die gegenläufige Entwicklung zur Disintermediation und der dort erfolgenden Eliminierung von Wertschöpfungsstufen im Vertrieb. Unter **Intermediation** wird die Entstehung neuer Anbieter verstanden, die sich auf einzelne Stufen der Wertschöpfungskette und deren Transaktionsphasen fokussieren (Sarkar/Butler/Steinfield, 1997). Im Mittelpunkt steht der Aufbau weniger Kernkompetenzen. Meist wird nur ein stark begrenzter Bereich der Wertschöpfung am Produkt oder der Distribution selbst übernommen (Mougayar, 1998). Weitergehende Aufgaben und Teile der Wertschöpfungskette werden an ein Netzwerk von Partnerunternehmen ausgegliedert, um Spezialisierungs- und Kostenvorteile realisieren zu können. **Infomediaries** (Infomediäre) übernehmen in diesem Fall vornehmlich die Koordination von Informations- und Transaktionsströmen zwischen den beteiligten Partnern. In der Realität hat sich das Konzept des Infomediärs nur wenig durchgesetzt, zumindest nicht in der ursprünglich propagierten Form. Entsprechende Internetdienstleister wie *FireFly* oder *Yoolia* wurden aufgekauft oder hatten keinen kommerziellen Erfolg. In Industrien mit ausgeprägten traditionellen Handelsstrukturen wie der Automobil- oder Versicherungsindustrie übernehmen Infomediäre als Aggregator verschiedenster Angebote diese Rolle auf elektronischen Märkten – oftmals mit einem starken Offline-Partner im Rücken (Kalakota/Whinston, 1996). Darüber hinaus können Dienstleistungen von Intermediären in der Erfüllung/Auslieferung bestehen, etwa durch Bankinstitute bei der Glattstellung geschäftlicher Transaktionen. Aus Sicht der Unternehmen erstreckt sich das Spektrum alternativer Dienste von Intermediären damit über alle Transaktionsphasen – von der Unterstützung der Geschäftsanbahnung über Online-Vertragsverhandlungen bis zur Abwicklung. Die Verbreitung von Intermediären wird hierfür durch zwei Entwicklungen getragen: Zum einen führt eine sinkende Kundenloyalität aufseiten der Unternehmen zur stärkeren Konzentration auf die bestehenden, eigenen Kernkompetenzen und nachfolgend zur Fremdvergabe von Dienstleistungen, die nicht zu den Kernkompetenzen gehören. Zum zweiten fördern neue Intermediäre ein weitergehendes Absinken der Kundenloyalität durch ergänzende Mehrwertdienste auf herstellerunabhängigen Plattformen und über die Gewinnung von Kundendaten die Ausprägung eines eigenen Service-Layers (Schrader, 2017; Strauß, 2013).

2.3.3 Probleme des elektronischen Kundenbeziehungsmanagements

Die Potenziale zur Realisierung einer höheren Kundenbindung via Internet werden exzessiver ausgeschöpft als noch vergleichsweise im Jahr 2000. Der Fokus hat sich heute in mehrfacher Hinsicht verschoben. Auf der einen Seite werden in den meisten Unternehmen spezifische Instrumente zur Kundenbindung eingesetzt. Gleichzeitig hat sich der Schwerpunkt auf die Bereitstellung von Möglichkeiten zur Interaktion und Individualisierung im Sinne von Social Media verlagert. Trotz der Prominenz der in den letzten Jahren entstandenen Anbieter von **Rabatt-/Treuepunkten** (wie *Payback*) und der intensiv geführten Diskussion über Veränderungen der gesetzlichen Grundlagen (etwa die Abschaffung des Rabattgesetzes) finden sich Treuepunkte und Rabattsysteme eher in Nischenanwendungen. Das Ausmaß der Kundenbindung wird durch externe (indirekte) Informationsquellen wie Erfahrungen von Freunden und Verwandten, neutralen Informationsquellen, bisherigen (individuellen) Erfahrungen sowie der Zufriedenheit mit den genutzten Produkten und Dienstleistungen als direkter und persönlicher Informationsquelle beeinflusst. Eine Ausdifferenzierung des Webangebots wirkt auf die Kundenbindung förderlich, insbesondere durch die Garantie auf günstigste Preise oder großzügige Rückgaberechte. Einschränkungen für die Nutzung des Internets als Instrument zur Kundenbindung bestehen vornehmlich in einem hohen Integrationsaufwand mit der bestehenden IT-Infrastruktur sowie dem Fehlen von Mitarbeitern mit den entsprechenden Realisierungskenntnissen.

Interviews und Analysen zeigen, dass die größte Hürde für eine erfolgreiche Umsetzung digitaler CRM-Konzepte nach wie vor die Verteilung der Kundendaten über mehrere IT-Systeme darstellt, gefolgt von der Überwindung betriebsinterner Widerstände. Wichtigste Kriterien im Auswahlprozess von CRM-Anwendungen sind die Hinlänglichkeit der Funktionalitäten der Anwendungen, die sich auf der Grundlage der funktionalen Anforderungen der Fachbereiche ergeben und gegebenenfalls die Weiterentwicklung der Software in Eigenregie erforderlich machen. Fester Bestandteil des meist anspruchsvollen Auswahlprozesses ist die Unsicherheit, inwiefern die Funktionalitäten als ausreichend eingestuft werden können bzw. mit welchen Weiterentwicklungskosten zusätzlich zu rechnen ist. Meist kann der Umfang der Funktionalitäten bzw. der notwendige Weiterentwicklungsbedarf der jeweiligen Anwendungen zu Projektbeginn nicht wirklich eingeschätzt werden. Damit besteht für die Unternehmen großer Aufklärungsbedarf hinsichtlich der Auswahl geeigneter Software-Pakete, der im Anschluss an die Auswahl verbundenen Anpassung der Funktionalitäten (**Customizing**) sowie der Notwendigkeit grundlegender Eigen- oder Weiterentwicklungen.

Der Prozess der **Auswahl geeigneter Software-Pakete** stellt sich selbst für Unternehmen mit wohldefinierter Strategie zur Digitalisierung noch als schwierig dar. Für die Implementierung der Systeme kristallisiert sich in den Unternehmen ein »**Digital CRM follows Structure**« heraus: Sofern die Digitalisierung bereits zu Änderungen der Organisationsstrukturen geführt hat, muss die nachfolgende Systemimplementierung mit deutlich weniger Kommunikationsmaßnahmen zur Überwindung betriebsinterner Widerstände begleitet werden. Anders formuliert: Je mehr es die bestehende Organisation bereits vermag, alle Anforderungen zu erfüllen und damit eine »Digital-Organisation« vorliegt, desto weniger Notwendigkeit besteht für umfangreiche zusätzliche begleitende Kommunikationsmaßnahmen. Das Problem der (technischen) Integration von innovativen Anwendungen in die bestehende IT-Infrastruktur tritt meist angesichts der Komplexität des Auswahlprozesses in der Bedeutung zurück. Damit bietet es sich an, bei Implementierungen in einer ersten Phase besonderes Augenmerk auf die Evaluierung verschiedener Anwendungen sowie die Erhebung der detaillierten funktionalen Anforderungen im Requirements Engineering zu legen. Praxisbeispiele zeigen, dass sich die beschriebenen Probleme bei der Auswahl und die Komplexität von Software-Produkten in einem **formalen Auswahlprozess** in einem erheblichen Umfang auflösen lassen. Für die Auswahl einer Applikation können hier streng definierte Kriterien erarbeitet werden, wie

- **fachliche Kriterien** (Funktionalitäten als »Use Cases«), abgeleitet aus Aufgabenstellungen etwa für die Durchführung eines Vertriebscontrolling, Bonitätsprüfungen oder die Möglichkeit zur Integration personalisierter Websites;
- **technische Kriterien** wie die Anzahl und Art unterstützter Datenbanken, Anwendungsschnittstellen und Sicherheitsmechanismen;

- ein **Anbieterprofil**, das alle unternehmensbezogenen Anforderungen an einen Anbieter enthält (Zeitraum der Existenz, Finanzstrukturen etc.)
- eventuell vorliegende Besonderheiten der **Endanwender**;
- Kosten.

Abhängig von den Charakteristika und der Komplexität der einzubeziehenden Produkte und Dienstleistungen, der Kontakthäufigkeit, der benutzten Vertriebskanäle, der möglichen Inhalte des Kundenkontakts und der Spezifität des Kundenprofils (B2B, B2C) sind die Systeme im Rahmen einer detaillierten Analyse zu untersuchen. Aus IT-Sicht ist besonderes Augenmerk auf **Standardschnittstellen** zu bestehenden Systemen, die Möglichkeit zur Realisierung eines einheitlichen Datenmodells sowie die reibungslose Datenmigration aus anderen Anwendungen zu legen. Die **Beurteilung des Anbieters** umfasst Fragen nach der vorhandenen Implementierungserfahrung als auch der Qualität der **Referenzprojekte**. Obwohl im Markt umfangreiche Analysen über die verfügbaren Systeme vorhanden sind, helfen diese nur anfänglich. Zum einen sind die Analysen zum Zeitpunkt ihrer Drucklegung aufgrund der zwischenzeitlichen Weiterentwicklung der Anwendungen meist bereits veraltet. Zum anderen sind die Kriterien sowie deren relative Gewichtung jeweils unternehmensspezifisch zu entwickeln.

2.4 Abschied vom »One size fits all« – Ziele einer individuellen Kundenbearbeitung

2.4.1 Ziele und Probleme der Individualisierung

Vielfältige Studien erwarten für die nähere Zukunft einen ungebrochenen Trend zur Individualisierung in allen Lebensbereichen. Gründe hierfür sind ein steigendes Qualitäts- und Funktionalitätsbewusstsein, das Produkte fordert, die genau den spezifischen Vorstellungen eines Abnehmers entsprechen, oder verstärkt Konsumentenwünsche nach Abwechslung bei der Produktwahl (**Variety Seeking Behaviour**). In Konsequenz sind viele Anbieter gezwungen, Konsumenten im Marketing individueller anzusprechen bzw. in der Leistungserstellung variantenreichere Produktsortimente bis zur Einzelfertigung zu realisieren. Entsprechend nimmt die Segmentierung der Absatzmärkte stetig zu. In letzter Konsequenz stehen viele Unternehmen vor der Herausforderung einer massenhaften individuellen Kundenbearbeitung (Piller, 2006; Bellin, 2018; Linz/Müller-Stewens/Zimmermann, 2017, S. 71 f.).

Herkömmlich zielt eine Individualisierung der Leistungserstellung auf eine Erlössteigerung ab, die sich aus dem Mehrwert einer an den spezifischen Bedürfnissen des Kunden zugeschnittenen Problemlösung ergibt (Kleinaltenkamp, 1995). Eine Reihe von Wettbewerbsfaktoren verhindert jedoch, dass ein Unternehmen mit der klassischen Strategie einer Differenzierung durch Varietät und dem Angebot individueller Leistungen – verbunden mit einem **Premiumpreis** – auf die Fragmentierung der Absatzmärkte und den Individualisierungstrend reagieren kann. Herausforderungen wie Preisdruck durch Überkapazitäten, ein sich immer mehr angleichendes Technologie- und Qualitätsniveau sowie der internationale Wettbewerb, der durch die Möglichkeiten der neuen Digital-Technologien stetig zunimmt, führen zu einem wachsenden Marktdruck, der viele Branchen von Verkäufer- zu Käufermärkten mit stark abnehmerseitiger Verhandlungsmacht gewandelt hat. Die Preis-Leistungs-Relation verschiebt sich insofern, als dass die Abnehmer auch bei einem günstigen Absatzpreis relativ hohe Ansprüche bezüglich Qualität, Service, Varietät oder Funktionalität stellen oder umgekehrt bei einer ausgeprägten Differenzierung des Produkts zusätzlich gewisse Mindestanforderungen an dessen Preisgestaltung haben (Kaluza, 1996). Als »Lösung« dieses Spannungsfeldes tritt an die Stelle der Einzelindividualisierung unter Premiumpreisen die **massenhafte Individualisierung** zu Kosten und Preisen, die ungefähr den bislang angebotenen Standardprodukten entsprechen (McKenna, 1997; Pine/Peppers/Rogers, 1995; Mayer, 1993).

Seit Anfang der 1990er-Jahre wird vor diesem Hintergrund in Abkehr von der klassischen Massenproduktion und einem segmentorientierten Marketing mit zunehmender Intensität ein individualisierter Ansatz vorgeschlagen. In letzter Konsequenz bedeutet dieser Ansatz, jeden Kunden als eigenständiges Marktsegment zu begreifen und seinen Bedürfnissen entsprechend sowohl im Marketing als auch in der Leistungserstellung zu bedienen. Die Individualisierung bezieht sich damit sowohl auf den Bereich des Marketing (*One-to-One-Marketing,* Peppers/Rogers, 1993) als auch auf den Bereich der Leistungserstellung (**Mass Customization**, Pine, 1993; Piller, 2006; Schnäbele, 1997). Ausgangspunkt der Individualisierung ist in beiden Fällen die Erhebung der Kundenwünsche und deren Überführung in konkrete Marketingmaßnahmen bzw. Leistungsspezifikationen, was eine stärkere Informationsintensität zwischen Anbietern und Kunden erfordert.

> Das Genanalyse-Unternehmen ***Ancestry*** und der Musikdienst ***Spotify*** wollen über eingeschickte Speichelproben die DNA ihrer Kunden entschlüsseln und daraus persönliche Playlists auf *Spotify* gestalten. Forscher analysieren die ethnische Herkunft des Nutzers und Kunden erhalten basierend auf ihrer Herkunft eigene Playlists mit länderspezifischen Songs – der »Musik der eigenen Gene«.

Die Dynamik und der Trend zur Individualisierung verstärkt sich weitergehend durch die Digitalisierung. Die Industrialisierung brachte das einheitliche Massenprodukt – die Digitalisierung bringt bei vielen Produkten und Dienstleistungen die Individualität zurück. 3-D-Drucker beispielsweise werden derzeit noch vor allem für die schnelle Erstellung von Prototypen, individuelle Prothesen in der Medizintechnik oder selten benötigte Ersatzteile beispielsweise im Flugzeugbau genutzt. Für die Massenproduktion sind traditionelle Herstellungsverfahren immer noch deutlich günstiger. Doch der 3-D-Druck könnte perspektivisch so günstig werden, dass maßgefertigte, individuelle Produkte massenhaft gefertigt werden. Im Rahmen der **additiven Fertigung** ist es zunehmend günstiger, insbesondere bei geringen Stückzahlen, Bauteile im individuellen 3-D-Druckverfahren herzustellen als in klassischen Verfahren wie dem Druckguss, der günstigsten Methode in der Massenproduktion.

Ein Beispiel findet sich bei ***Domin Fluid Power***, die in England unter anderem hydraulische Pumpen und Servoventile herstellt. Beides wird dazu genutzt, Flüssigkeiten in mechanischen Bauteilen beispielsweise in der Flugzeugindustrie zu steuern (Economist, 2017). Dank eines 3-D-Druckers ist eine Design-Änderung bei einem Bauteil nun eine kleine Veränderung in der Software. Noch lohnt das nur bei Bauteilen, die in geringer Stückzahl hergestellt werden, wie im Flugzeugbau.

Die ***Accor-Hotelkette*** testet seit Juli 2018 in den USA das Tool *Seeker*. Dabei werden Personen mit diversen Apparaturen ausgestattet, die ihre biometrischen Daten aufzeichnen, etwa zur elektrischen Aktivität des Gehirns oder auch zur galvanischen Hautreaktion. Auf der Grundlage dieser Daten entsteht ein Psychogramm, auf dessen Basis man dem Kunden Reisetipps geben kann.

Die ***FAZ.NET-App*** gibt Nutzern individuelle Empfehlungen aus präferierten Themenbereichen. Die personalisierten Empfehlungen stehen allen Nutzern zur Verfügung, die sich vorher registriert haben (ca. 10 %). Im Ergebnis steigt die Nutzung der App über alle KPIs sowie Verweildauer und Visits pro Monat auf das Doppelte bis Dreifache an (Hanke, 2018).

Hintergrund des Strebens nach Unikaten oder auf den Kunden zugeschnittene Kleinstauflagen ist das Gefühl des Individuums, von der Marke gesehen und als Individuum wertgeschätzt zu werden. Wenn Kunden die Gestaltung der Interaktion und von Produkten selbst beeinflussen können, erleben diese eine Art Wirkmacht, welche das Selbstgefühl stabilisiert. Der Wunsch, mit etwas Eigenem aus der Masse herausstechen zu können, führt nach *Reckwitz* zu einer »*Gesellschaft der Singularitäten*« (Reckwitz, 2017). Demzufolge honorieren es spätmoderne Gesellschaften, wenn Menschen einzigartig sind, originelle Interessen haben, sich aus den unzähligen Optionen eine unverwechselbare Biografie zusammenstellen und in der Lage sind, ihr Leben zu kuratieren. Durchschnittstypen sind dagegen eher nicht gefragt, Anpassung ist verpönt, sowohl im Sozialen und Privaten als auch im beruflichen Umfeld (Hanke, 2018). Der psychologische Grund: In den meisten Produktbereichen fühlen sich Konsumenten ohnehin durch die gestiegene Variantenvielfalt bestens bedient. Sneakers etwa dienen zur Selbstinszenierung und -stilisierung. Personalisierung bietet sich vor allem bei Produkten an, die Konsumenten in ihrer Individualität unterstützen und stärken, etwa bei »Persönlichkeitsmarkierern« wie Mode und Autos, Kaffee oder auch *Nutella* als Brotaufstrich. Weniger funktioniert Individualisierung in Produktbereichen, in denen man sich an die jeweiligen Marken anlehnen möchte, sich ihrer formenden und orientierenden Macht überlassen möchte, wie in der Pharmazie, bei Versicherungen oder auch bei Energieversorgern.

Für den Endverbraucher steht bei ***Jägermeister*** die Personalisierung im Fokus: Privatkunden können auf dem neuen Webshop unter anderem individuelle Designs erstellen und erhalten dann mittels Laser-Konfigurator personalisierte Flaschen. Außerdem können Nutzer Merchandise-Artikel bestellen. Das Angebot schafft dabei die weite Spanne zwischen Hip-Hop und bürgerlicher Tradition: Man findet sowohl eine Goldkette als auch einen Trachtenhut. Geschäftskunden sollen ab 2019 auf den B2B-Shop zugreifen können. Hier können Gastronomen dann Werbemittel und Barzubehör wie Zapfanlagen online bestellen, allerdings keine Getränke.

Den gepunkteten Ganzkörperanzug ***Zozosuit*** des japanischen Unternehmens ***Start Now*** gibt es seit Herbst 2018 auch in Deutschland. Das Versprechen: Wer den Anzug anzieht und sich mit der entsprechenden App fotografiert, bekommt Kleidung, die wirklich genau passt. Basierend auf den 391 Datenpunkten, die die App ermittelt, wird die exakt richtige Größe errechnet. Mehr als 10.000 Schnittmuster für Hosen, Hemden und T-Shirts werden hierzu bereitgestellt. Wenn die Körpermaße dazu nicht passen, wird das Kleidungsstück maßgefertigt.

Grundlage der Individualisierung ist in jedem Fall eine **Kundendatenbank** zur Speicherung, Analyse und Bereitstellung sämtlicher verfügbarer Kundendaten. Aufbauend auf einer derartigen Kundendatenbank führt die permanente Sammlung von Kundeninformationen zu einem kontinuierlichen Lern- und Anpassungsprozess sowohl im Marketing als auch der eigentlichen Leistungserstellung (als »**Learning Relationship**«, Peppers/Rogers, 1997). Customer Experience Management und CRM als Ansatz zum systematischen Beziehungsmanagement mit dem Kunden bereitet damit auf der einen Seite die Grundlage für die nachfolgende Individualisierung, auf der anderen Seite ist die Individualisierung eine spezifische und konsequente Umsetzung der Idee eines Customer Experience Management.

Obwohl One-to-One-Marketing ebenso wie Mass Customization auch in traditionellen Kunden-Lieferanten-Interaktionen realisierbar sind, bewirkt die Digitalisierung eine erhebliche Vereinfachung und Effektivitätssteigerung der für die Individualisierung notwendigen **Kommunikationsbeziehungen** zwischen Kunden und Lieferanten, etwa durch:

- die **vereinfachte Identifizierung** einzelner Individuen und deren Präferenzen anhand von Registrierungsformularen oder passivem Profiling beim Besuch der Websites (Peppers/Rogers/Dorf, 2000);
- die **unmittelbare Präsentation individualisierter Inhalte**, durch Abgleich der Nutzerprofile und Inhaltsindizes zu einem für den Anwender interessanten und überzeugenden Inhaltsangebot ohne Notwendigkeit zu einem zeitaufwendigen Wechsel des Kommunikationsmediums (McKenna, 2000a/b). Hier ist jedoch zu berücksichtigen, dass es bei Verbrauchern Reaktanzen durch eine übermäßig individualisierte Ansprache etwa durch den Einsatz von Retargeting geben kann: Mehr als 53 % der Verbraucher stehen übermäßig personalisierter Werbung eher kritisch gegenüber (Hanke, 2018);
- die Möglichkeit, Kundendaten ohne Medienbruch über standardisierte Schnittstellen (z. B. BAPI) in die **Produktionsplanungs- und Steuerungssysteme** des Herstellers zu überführen bzw. über Unternehmensgrenzen und betriebswirtschaftliche Systeme hinweg Interaktionen durchzuführen (Piller/Schoder, 1999).

Vorteile der Individualisierung auf Kundenseite ergeben sich durch die Zeitersparnis bei der Suche nach interessanten Informationen ohne zeitaufwendiges Suchen, die Möglichkeit, Nutzererfahrungen zu speichern sowie Produkte zu erhalten, die in allen Merkmalen exakt den individuellen Anforderungen entsprechen.

Aus **Unternehmenssicht** verspricht die Individualisierung in vielfältigen Konzeptionen (Piller/Schoder, 1999)

- die nachhaltige Stärkung der **Wettbewerbsposition** durch höhere Kundenfokussierung und Differenzierung des Leistungsangebots gegenüber Wettbewerbern, verbunden mit einer Steigerung der Umsätze;
- **größeres Markt-Know-how** durch die systematische Sammlung aller verfügbaren Kundendaten und deren Nutzung für Produktentwicklung und Marketing mit der Option zum weitergehenden One-to-One-Marketing und »Cross-Selling« mit anderen, dem Nutzerprofil entsprechenden Produkten;
- die **gezieltere Platzierung** von Werbebotschaften und damit die Vermeidung von Streuverlusten;
- **kundenspezifische Lösungen**, für die der Abnehmer unter Umständen auch bereit ist, im Vergleich zu »Standardprodukten« zu »Standardpreisen« höhere Preise zu zahlen;
- eine **höhere Kundenzufriedenheit** und damit höhere Kundenloyalität, die sich durch das gezielte Angebot von Produkten und Dienstleistungen abgestimmt auf individuelle Präferenzen ergibt. Beispielsweise können sowohl alle bisherigen Bestellungen, ähnliche neue Produkte als auch Produkte dargestellt werden, mit denen der Nutzer noch keinen Kontakt hatte, für die sich jedoch bereits Käufer mit einem sehr ähnlichen Interessensprofil gefunden haben (**Collaborative Filtering**).

> *Amazon* testet seit Herbst 2018 mit *Scout* eine neue Form von Produktempfehlungen. Produkte werden hier auf Basis von Likes und Dislikes empfohlen. Kunden können sich durch Bilder von Möbeln, Küchen, Essgeschirr, Dekoartikeln, Bettwäsche und Frauenschuhe klicken und unter den Bildern einen »Daumen hoch«- oder »Daumen runter«-Button klicken. Anschließend erhalten sie passende Produktempfehlungen. Das Feature soll in der Zukunft auf weitere Kategorien ausgedehnt werden.

Tatsächlich steht in den Unternehmen die Kundenbindung bei den mit der Individualisierung verfolgten Ziele an vorderster Stelle, dicht gefolgt von der Möglichkeit, komplementäre Produkte und Dienstleistungen verkaufen zu können und einer vereinfachten Produktpräsentation gemäß Kundenpräferenzen. Deutlich weniger wird die Gelegenheit zur Realisierung einer individuellen Preisgestaltung (Customized Pricing) ins Feld geführt. Der Grad tatsächlich realisierter Individualisierung kann in einem **Personalisierungsindex** (PI) erfasst werden. Der PI resultiert aus dem Verhältnis zwischen der Anzahl an Nutzerprofilen, die im Rahmen von Kundeninteraktionen eingesetzt werden, zur Gesamtzahl aller gesammelten Kundenprofile. Ist der

PI beispielsweise kleiner als 0,3 werden deutlich mehr Kundenprofile gesammelt als genutzt. PIs über 0,7 signalisieren eine weitreichende Nutzung verfügbarer Kundendaten.

2.4.2 One-to-One-Marketing

2.4.2.1 One-to-One-Marketing als individualisierte Kundenansprache

Unter **One-to-One-Marketing** wird eine kundenorientierte Ausrichtung aller Marktaktivitäten verstanden, deren Ziel die jeweils individuelle Kundenansprache ist (Peppers/Rogers, 1993; Strauß/Schoder, 1999b).

Beispiele für One-to-One-Marketing sind individualisierte Werbeschaltungen in *Mein Yahoo!* (*de.my.yahoo.com/?myHome*) oder individuelle elektronische Newsletter und E-Mails, die im Online-Handel bei *Amazon* kundenangepasst ausgewählte Inhalte kommunizieren (vgl. Abbildung 53):

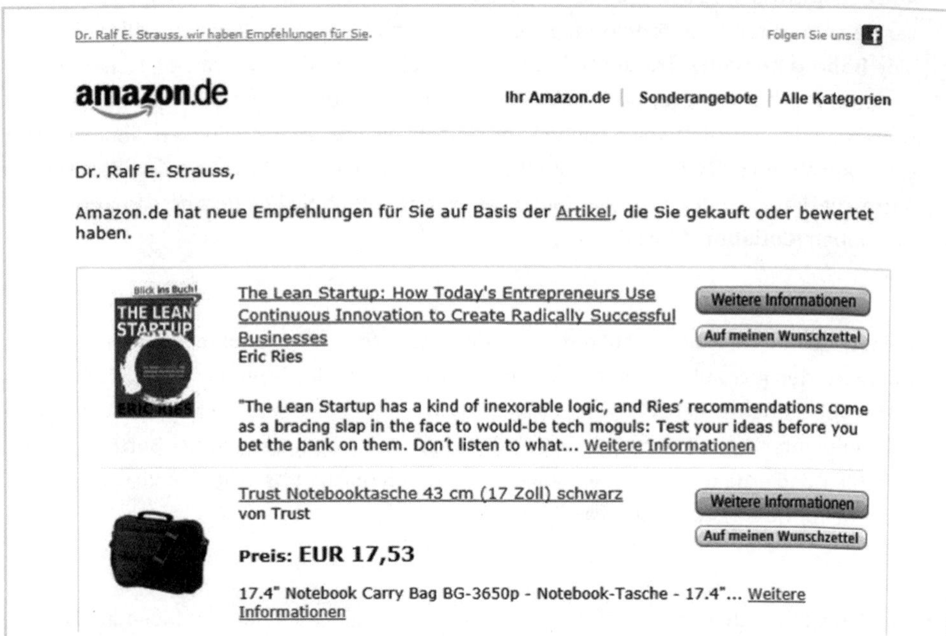

Abbildung 53 Beispiel eines E-Mail-basierten One-to-One-Marketing (Strauß/Schoder, 1999b)

Dabei liegt der Schwerpunkt im Angebot von »passenden« Mehrwerten: Nutzern werden z. B. per E-Mail Angebote unterbreitet, die Produkte, Autoren und Bücher mit einer ähnlichen Stilrichtung betreffen, oder es werden aus Kenntnis der gesamten Büchersammlung des Buchliebhabers die Bücher angeboten, die der Buchfan noch nicht hat, die sich aber bestens sich in die bestehende Sammlung einfügen würden. Unternehmen wie *[x+1]* identifizieren Nutzer in Echtzeit bereits anhand einiger Klicks und können diesen umfangreiche Attribute zuordnen (Bloching/Luck/Ramge, 2013).

Weitergehende Ansatzpunkte zur Realisierung einer massenhaften, kundenindividuellen Kommunikation finden sich in der

- namentlichen Begrüßung und **Ansprache**;
- **Verwaltung kundenbezogener Informationen**, z. B. Kreditkartennummer und Lieferadresse, zur Bequemlichkeit für den Kunden, der diese Information nicht bei jeder Bestellung erneut eingeben muss;
- auf Kundenpräferenzen und -fähigkeiten abgestimmte **Produktpräsentation** durch entsprechend gestaltete Dialogführung auf Websites (Experten erhalten z. B. detailliertere Informationen);
- **Benachrichtigungsdienste**, die gezielt darüber informieren, was den Kunden potenziell interessiert, etwa weil dieser im Vorfeld entsprechende Präferenzen explizit angegeben hat oder weil diese aus dem bisherigen Kundendialog vermutet werden können;
- **Empfehlungsdienste**, gegebenenfalls auch unter Einbeziehung von Profilen und Bewertungen Dritter mit ähnlichen Vorlieben.

> **Curated Shopping** – als Umsetzung eines One-to-One-Empfehlungsmarketings – beschreibt eine teils redaktionelle, teils automatisierte und personalisierte Vorauswahl von Artikeln als inspirativem Einstieg in Handelssortimente. So kann der Nutzer bei ***About You*** eigene Kollektionen zusammenstellen, diese mit Freunden teilen oder einfach die Vielfalt an Kollektionen selbst bereichern. Über segmentierte Stilwelten können Nutzer passende Mode finden und neue Stile und Kombinationsmöglichkeiten entdecken. Aus der Sicht von *Otto* gelingt es damit, über die elektronische Plattform nicht das Erbe des klassischen Versandkataloges inkl. dessen kommunikativer Eigenschaften abzulehnen, sondern dessen Geschichte neu zu erzählen.

2.4.2.2 Rahmenbedingungen und Auswirkungen des One-to-One-Marketing

Die Nutzung bzw. Nichtnutzung von One-to-One-Marketing hat gravierende Auswirkungen auf die Zukunft der klassischen Kaufberatung. Aus empirischen Befunden lässt sich zusammenfassen: Unternehmen, die bereits heute eine kundenindividuelle Ansprache realisiert haben, erwarten deutlich eher die weitergehende Ergänzung bzw. Substitution der klassischen Kaufberatung durch Nutzerkommentare in Social Media bzw. neutrale Qualitätsinformationen dritter Parteien wie der *Stiftung Warentest*. Aus der Sicht der Unternehmen erlaubt erst die Kombination von One-to-One-Marketing und neutralen Qualitätsinformationen und Bewertungen anderer Nutzer die – zumindest teilweise – Ablösung der (persönlichen) Kaufberatung. Über den höheren Automatisierungsgrad eines »Individual-Marketing« entsteht Potenzial auch für eine größere Anzahl an Geschäftsbeziehungen. Obwohl Praxisbeispiele etwa für die Herstellung und den Vertrieb von Bürogeräten wie bei *Xerox* zeigen, dass über einen personalisierten Marketingansatz die Kundenloyalität deutlich gesteigert werden kann, ist der Zusammenhang zwischen **Loyalität** und **individualisiertem Marketing** noch vergleichsweise wenig präsent (Seybold, 2001; Peppers/Rogers, 1999).

One-to-One-Marketing kennt dabei mindestens sieben verschiedene Formen der Personalisierung (vgl. Abbildung 54): **Onsite-Personalisierung** bedeutet, dass einem Shop-Besucher auf ihn zugeschnittene Shop-Inhalte gezeigt werden. Ergebnisse in der Shop-Suche berücksichtigen die (vermuteten) Interessen oder aber soziodemografische Merkmale. Tools für Content-Personalisierung verbinden das Front-end des E-Commerce-Shops individuell mithilfe von Machine Learning: Die Navigation wird angepasst, Banner-Inhalte auf den jeweiligen Besucher zugeschnitten, Content eingeblendet, von dem ein Algorithmus annimmt, dass sich der Besucher dafür interessiert.

> Der Modeshop ***Klingel*** setzt ein Dynamic-Vouchering-Konzept ein: Dazu wurden die Sessions der einzelnen User analysiert und mit gespeicherten Daten verglichen. Ziel war es, den passenden Zeitpunkt für die Ausspielung des Vouchers abzupassen und zu prognostizieren, welcher User überhaupt einen Gutschein als Lockmittel benötigt, um seinen Einkauf zu tätigen, und welcher nicht (van Rinsum, 2018). Durch die anschließende Individualisierung der Ausspielung konnte die Zahl der Gutscheine dann deutlich reduziert werden. Der nächste Schritt ist nun, auch die Höhe der Vouchers individuell anzupassen. Der Golf-Shop ***Function18.com*** passt den gesamten Onlineshop an jeden einzelnen Kunden an. Durch Personalisierung des Contents, der Kundensegmentierung und der Nutzung von Insights setzen sich die Shops in Sekundenbruchteilen individuell zusammen und bieten dem User eine auf ihn zugeschnittene Experience. Das Ergebnis: eine Steigerung des Bestellwerts im Schnitt um 18 % (van Rinsum, 2018). ***REWE*** hat 2018 eine Videokampagne gestartet, die sich an regionalen Gegebenheiten orientiert hat. Am Ende des Werbevideos wurde dem User – je nach Postleitzahl – ein individueller Abspann gezeigt mit dem Hinweis auf einen Landwirt in seiner Region. Über einen Call-to-Action-Button konnte man Informationen zu den Kooperationen von *REWE* mit den Bauern in der Nähe erhalten und an einem Gewinnspiel teilnehmen. Die Zukunft wird hier in »**Self-assembled Ads**« gesehen. In diesem Fall wird das Video in seine Einzelteile zerlegt und datenabhängig für jeden User in Millisekunden zu einem individuellen Clip zusammengesetzt. Bei der Werbung für ein neues Smartphone könnten damit einem User, der sich für Gaming interessiert, vornehmlich Spiele-Features gezeigt werden (van Rinsum, 2018).

Eine weitere Form der Onsite-Personalisierung findet sich in der Einblendung von Pop-ups oder Layers mit unterschiedlichen Motiven. Diese können Besucher beispielsweise auffordern, den Newsletter zu abonnieren, eine App zu installieren oder ihm auch einen Rabatt anbieten (Schutzmann, 2018).

Onsite-Personalisierung (z. B. Content, Navigation, Pop-ups, Einblendungen)	Recommendation Engine	Retargeting/ Remarketing	Marketing Clouds und Marketing-automatisierung	E-Mail-Marketing-lösungen	Digital Experience Platforms	Customer-Data-Plattformen
AB Tasty Adobe Target Apptus Dynamic Yield Econda Emarsys Prudsys Richrelevance Selligent Trbo Qubit Ve	Apptus Econda Epoq Prudsys Richrelevance Yoochoose	Adcrowd Criteo Etracker Google Ve	Adobe Dymatrix Epsilon Hubspot IBM Mapp Oracle Redeye SAP Hybris Salesforce Selligent	Artegic Cleverreach Emarsys Epsilon Hubspot Inxmail Kajomi Promio.net Redeye Xqueue	Adobe Acquia Bloomreach Episerver E-Spirit IBM Magento Oracle Salesforce SAP Hybris Sitecore	Crossengage Commanders Act Evergage Piwik Pro Redeye Selligent Tealium

Abbildung 54 Tools zur Personalisierung im Internethandel (Schutzmann, 2018)

Mit einer **Recommendation Engine** können Shops Produktempfehlungen einblenden, die beim Kunden einen Kaufimpuls auslösen. Dafür wird das Klick- und Kaufverhalten des Shop-Besuchers erfasst. Auf Basis dieser Daten werden diesem entweder auf der Startseite oder auf der Produktdetailseite Produkt- oder Content-Empfehlungen gezeigt, die zu seinem Interesse als **Next Best Action** passen könnten (Scholz/Thess, 2018). Hierfür setzen Tool-Anbieter zumeist ebenfalls auf maschinelles Lernen. **Marketing Clouds** bündeln verschiedene Software-Anwendungen, z. B. E-Mail, Social Media, Mobile und Contentmanagementsystem, oft in Kombination mit einer Analytics-Komponente. Ein Bestandteil einer Marketing Cloud ist die **Marketingautomatisierung** für die regelbasierte Auslieferung von Werbebotschaften. In einer personalisierten E-Mail oder einem personalisierten Newsletter werden Inhalte auf die Interessen des Kunden zugeschnitten. Dazu wird für Cross- und Upsell analysiert, was der Kunde im Shop gekauft und welche Produkte er sich angesehen hat (Schutzmann, 2018). Viele Shopsoftware-Systeme sind so mit einer E-Mail-Marketing-Engine verknüpft, dass sie Kunden, die zwar Produkte in den Warenkorb gelegt, den Kauf aber nicht abgeschlossen haben, identifizieren und ihnen eine Mail senden können. **Offsite-Personalisierung** bedeutet in diesem Zusammenhang, dass die Personalisierungsmaßnahme nicht im Shop stattfindet, sondern außerhalb. Bei der Offsite-Personalisierung wird versucht, Shop-Besucher oder -Kunden auf anderen Webseiten wiederzuerkennen, um ihnen gezielt Werbung für den Shop oder ein Produkt aus dem Shop zu zeigen, etwa durch Retargeting. Das Kundenerlebnis (Customer Experience) umfasst alle Interaktionen eines Kunden mit einem Unternehmen oder einem Händler. Eine **Digital-Experience-Plattform** soll dabei unterstützen, sämtliche Kontaktpunkte zwischen Kunde und Unternehmen über die gesamte Dauer der Kundenbeziehung systematisch zu erfassen und zu orchestrieren. Eine eher vage Definition versteht dementsprechend hierunter Software, die digitale Kundenerlebnisse während jeder Phase des Kundenlebenszyklus lückenlos verwaltet, ausliefert und optimiert. Diese sollen in jedem Fall eine einheitliche Basis für Contentmanagement, Suche, Navigation, Personalisierung, Analytics, mobile und andere Funktionen zur Verfügung stellen. Eine **Customer Data Platform** (CDP) integriert Daten aus verschiedenen Software-Lösungen wie dem Shop-System, der Kundendatenbank (CRM), dem Data Warehouse oder aus dem Cookie-basierten Tracking.

Die ***DB Vertrieb GmbH***, eine Tochter der Deutschen Bahn, setzt eine Customer Data Plattform im Online-/Mobile-Vertrieb und Marketing ein. Ziel war es, durch den Aufbau von Cross-Channel-Fähigkeiten zwischen dem Reiseportal *Bahn.de*, der App »*DB Navigator*« und dem Online-Marketing eine größere Reichweite in der Bestandskundenkommunikation herzustellen und individualisierte Botschaften per E-Mail, über die Webseite und die App aufeinander abzustimmen (o. V., 2018). Bestehende E-Mail-Lösungen und A/B-Testing-Tools wurden an die CDP angebunden und damit die synchronisierte Auslieferung in die gewünschten Kanäle E-Mail, Webseite und App realisiert. Auf der Entwicklungs-Roadmap steht der Anschluss weiterer Kanäle wie *WhatsApp* und Push-Mitteilungen. Die CDP verwaltet integriert die Segmentbildung von Zielgruppen und die Kampagnensteuerung über die verschiedenen Kanäle. Kernsysteme wie die Kundendatenbank wurden nicht ersetzt. Segmentierungen und Potenzialabschätzungen können mit der CDP aufgrund des Echtzeit-Streamings der Daten auf Knopfdruck vorgenommen werden, während komplexe Abfragen auf klassischen Datenbanken dafür in der Regel mehrere Stunden Rechenzeit benötigen (o. V., 2018). Dabei setzt *DB Vertrieb* auf eine **Bimodale IT** als Zweiteilung der IT-Organisation in das Management von sicheren und in ihrem Verhalten vorhersagbaren Kernsystemen auf der einen sowie von experimentellen, agilen und Kunden sowie Partnern zugewandten Applikationen auf der anderen Seite (Fortmann/Haffke/Benlian, 2019). Die grundlegende Idee einer solchen Organisationsform ist, neben der traditionellen IT-Entwicklungs- und -Betriebsorganisation eine Art Überholspur für digitale Transformationsprojekte mit hoher Priorität und hohem Geschwindigkeitsanspruch zu schaffen.

Für die Mehrheit der Unternehmen, die das Problem der über mehrere Systeme verteilten **Kundendatenbestände** bislang noch nicht lösen konnten, steht die Umsetzung eines kundenindividuellen Marketing unter Einbeziehung umfassender Kundeninformationen erst in absehbarer Zeit – nach der Lösung der grundlegenden Probleme im Informationsmanagement – zur Realisierung an. In den Fällen, wo eine systematische und bereichsübergreifende Datenkonsolidierung bereits erfolgt ist, nehmen »**One-to-One-Marketer**« deutlich

- öfter als andere **Einzelauswertungen** in den Datenbeständen vor,
- stärker **Kundensegmentierungen** zur Identifizierung von Key Accounts vor oder
- liegen bereits Ansätze zur Bestimmung des Gesamtwertes eines Kunden über seinen Lebenszyklus (**Customer Lifetime Value**) vor.

Mit den Reorganisationen sind in den meisten Fällen intensive Kommunikations- sowie Schulungsmaßnahmen verbunden. Die Individualisierung im Marketing wird deutlich öfter durch ein individualisiertes Produkt- und Serviceangebot (Mass Customization) sekundiert. Die Erfüllung der im Markt aufgeworfenen Leistungsversprechen reicht hier bis zur kundenindividuellen Fertigung, allerdings nur vergleichsweise selten bis in die Produktentwicklung hinein (Ernst, 2001; Rüdiger, 2001).

2.4.2.3 Entwicklungspfad zum One-to-One-Marketing

Aufbauend auf hinreichend differenzierte Kundendatenbestände erfordert One-to-One-Marketing in einem ersten Schritt die Erstellung, **Systematisierung** und Charakterisierung von Inhalten (»Content«) etwa durch Verschlagwortung (vgl. Abbildung 55). Gleichzeitig sind alle Kundeninformationen sowohl aus der unmittelbaren Kundeninteraktion etwa durch Online-Registrierung oder passive Datenerhebung (**Profiling**) als auch aus den bestehenden Kundendatenbeständen zu aggregieren, was im Rahmen des vorstehend skizzierten Digital-CRM-Ansatzes erfolgt. Neben den Stammdaten sind hier auch Informationen etwa aus den Bereichen Vertrieb, Buchhaltung (z. B. Zahlungsmoral, Zahlungsziele) und Kundendienst von Interesse. Externe Verzeichnisse z. B. von Dialogmarketinganbietern enthalten Informationen bis auf die Ebene von Mikrosegmenten, die eine weitergehende Qualifizierung vorhandener Nutzerprofile erlauben. Durch **Fokusgruppen** kann der bestehende Datenbestand weitergehend qualifiziert werden. Durch Abgleich der Datenbestände entsteht ein umfassendes **Nutzerprofil**. Auf der Grundlage dieses Profils suchen **Vergleichstools** entsprechende Inhalte bzw. weisen bereits vorab indizierte Inhalte dem Profil zu und präsentieren das Ergebnis etwa in Form einer individualisierten Website und kundenindividuellen Angeboten und Ansprachen.

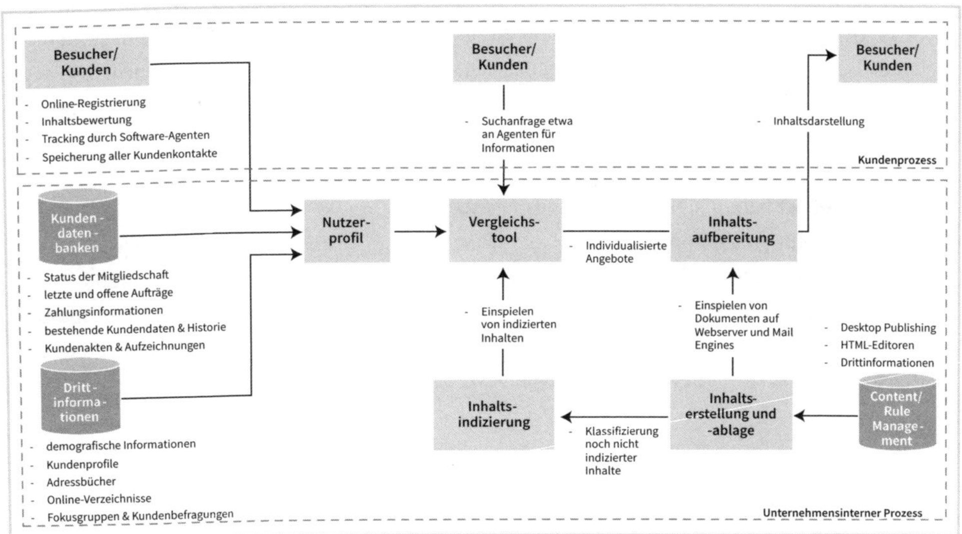

Abbildung 55 Struktur des internetbasierten One-to-One-Marketing (Spengler, 2009)

Zur Individualisierung ist eine Vielzahl von Verfahren verfügbar (Runte, 2000; Strauß/Schoder, 1999b; Maes, 1994; Bayers, 1998; Lüdi, 1997; Spengler, 2009):

- **Matching Agents** fragen Präferenzen explizit beim Nutzer ab und vergleichen diese mit vorhandenen Informationen, z. B. bei *paperball.de,* wo mehr als 3000 aktuelle Zeitungen im Netz durchsucht werden;
- **Collaborative Filtering**: Nutzer mit ähnlichen Präferenzen dienen als Grundlage für Empfehlungen, z. B. bei *HRS*;

- **»Feedback and Learning«**: Bei jedem Besuch des Nutzers der Website lernt das System etwas über die Präferenzen;
- **Regelbasierte Systeme**: Anwendung von zuvor definierten Zuordnungsregeln für den Abgleich indizierter Inhalte mit Nutzerpräferenzen oder -gruppen, z. B. bei *Amazon*.

Erfahrungen zeigen, dass der zukünftige Einsatz der Individualisierung auf der Grundlage dieser Technologien durch zwei wesentliche **Entwicklungen** unterstützt wird:

1. Für Anwender leichtere Verfügbarkeit **sicherer, portabler Nutzerprofile**: Der Open Profiling Standard erlaubt es, Nutzerprofile einmalig zu erstellen und für andere, ausgewählte Anbieter verfügbar zu machen bzw. wiederkehrenden Nutzern die nochmalige Registrierung zu ersparen. Der Aufwand zur Erfassung individueller Informationen wie Adresse und Präferenzen reduziert sich mithin auf eine einmalige Eingabe. Eingeschlossen innerhalb eines digitalen Zertifikates verfügt der Anwender über die Weitergabe personengebundener Informationen. Mit P3P (Platform for Privacy Preferences) wurden bereits Richtlinien verabschiedet, die vor dem Besuch einer Website überprüfen, inwiefern diese P3P-konform ist.
2. Einsatz **nutzerfreundlicher Applikationen**: Der breite Einsatz von Individualisierung erfordert die Verfügbarkeit von nutzerfreundlichen Anwendungspaketen, ohne jedwede Programmieranforderungen an den Anwender zu stellen. Anwendungspakete unterschiedlicher Hersteller passen sich entsprechend gängigen ergonomischen Standards an, etwa durch strukturierte Pull-Down-Menüs und freie Konfigurierbarkeit inkl. der Einbindung von Mash-ups und Widgets.

> Ein **Widget** ist ein kleines grafisches Fenster auf einer Website, hinter dem sich eine Verknüpfung zu einem anderen Programm verbirgt. Diese kleinen Hilfsprogramme (Tools) werden von Browsern oder Betriebssystemen als Widget-Sammlungen für Websites zur Verfügung gestellt und lassen sich einfach installieren. Am bekanntesten sind Widgets wie RSS-Feeds, Social Bookmarks, Wetterkarten, Uhren, Kartenausschnitte und der »Gefällt mir« Button von *Facebook*.

Der Einstieg in die Individualisierung erfolgt in Unternehmen meist in drei Stufen (vgl. Abbildung 56; Gay/Charlesworth/Esen, 2007, S. 256):

- In **Phase I**, der **einfachen Personalisierung**, erfolgt der Aufbau der grundlegenden Infrastruktur einschließlich der Aggregation aller verfügbarer Kundendaten, die Integration an bestehende Auftragsmanagementsysteme einschließlich Rechnungserstellung (Billing). Auf dieser Grundlage können erste Kundensegmentierungen durchgeführt und einfache individualisierte Informationen zur Verfügung gestellt werden.
- In **Phase II** (**fortgeschrittene Inhaltsarchitektur**) erfolgt die Zuordnung von Inhalten zu Kundenprofilen, was die vollständige Indizierung aller verfügbaren Inhalte erforderlich macht. Sind in Phase I nur die wichtigsten Kunden im Fokus, kann in Phase II bereits die Zahl der berücksichtigten Kundensegmente verbreitert und das Informationsangebot dynamisch individualisiert werden.

- **Phase III** schließlich fokussiert auf die Implementierung eines **umfassenden Kundenservice** einschließlich der Justierung der Zuordnungsverfahren auf das gezeigte Nutzerverhalten sowie den unternehmensübergreifenden Einsatz der Individualisierung. Eng damit verbunden ist in aller Regel die Notwendigkeit zur Durchführung weitreichender Reorganisationsmaßnahmen.

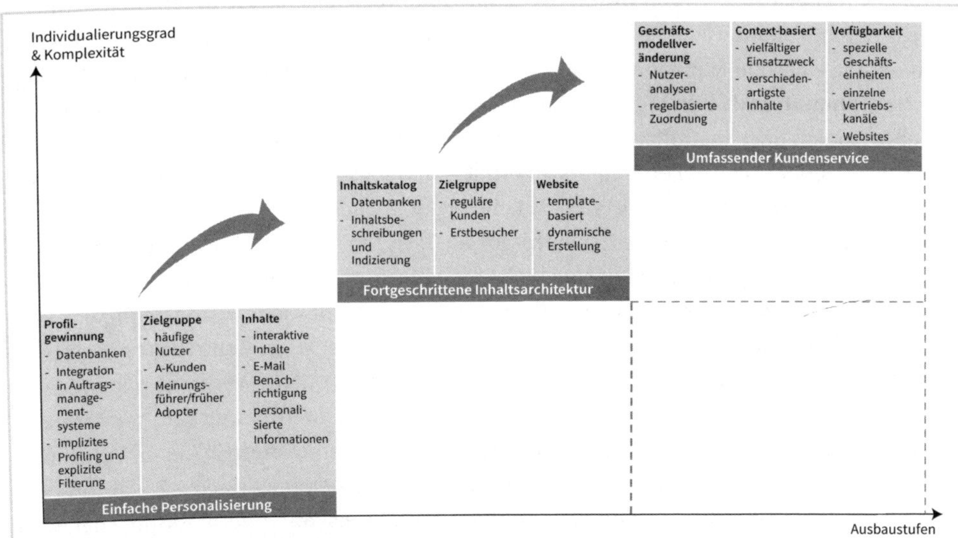

Abbildung 56 Phasenmodell der Individualisierung (Strauß, 2013)

Der Bekleidungshersteller ***Hugo Boss*** hat im Herbst 2018 bekannt gegeben, erheblich in digitale Anwendungsszenarien und algorithmusbasierte Personalisierung zu investieren. In den Algorithmus werden sowohl »Biodaten« wie etwa Körpermaße als auch individuelle Präferenzen einfließen. Der Normalkunde wird aus Sicht von *Hugo Boss* sehr stark auf den Algorithmus vertrauen – aber auch auf seinen Berater im Laden oder Onlineshop. Hieraus erwartet das Unternehmen eine stärkere Personalisierung der Kleidung und somit einen höheren Anteil von »made to measure«. Entsprechend ist aus Sicht von *Hugo Boss* zu erwarten, dass in der künftigen Welt Marken auch noch eine starke Rolle spielen werden, aber möglicherweise eine geringere als heute. Wichtiger als die Orientierung durch Marken werde aus Sicht von *Hugo Boss* tendenziell der Algorithmus.

Für die IT-seitige Umsetzung stehen bereits modular ausbaubare Software-Lösungen zur Verfügung, die als SaaS-Lösungen erhältlich sind, wie etwa von *Salesforce*. Der endgültige Aufwand zur Umsetzung der einzelnen Phasen hängt maßgeblich von dem bestehenden Grad an Datenintegrität, den notwendigen und erwünschten Funktionalitäten sowie der Vielfalt der bestehenden IT-Infrastruktur und damit erforderlichen Integrationsmaßnahmen ab.

Analysen prophezeien, dass durch Big Data und die Kundenansprache mittels Targeting sowie dedizierten Allokations- und Attributionsmodellen klassische Produktwerbung (wie Plakatwerbung) obsolet werden wird, ebenso wie Mediaagenturen. Der Grund: Im Idealszenario kann jeder Konsument einzeln und direkt angesprochen werden, womit Streuverluste, die bei Anzeigen, Großplakatwerbung oder TV-Spots entstehen, deutlich reduziert werden. Vor diesem Hintergrund sprechen Experten von »**Audience Management**«. Dieses weist jedem Online-Nutzer über alle Kommunikationskanäle bestimmte Eigenschaften zu und erlaubt damit eine effiziente Aussteuerung einzelner Maßnahmen und die Allokation damit verbundener Budgets. Im Zuge von »**Programmatic Advertising**« kann jedes Werbemittel erfasst und gezählt werden, das ein spezielles Cookie oder Identifizierungs-Pixel enthält. Diese erlauben jede einzelne Aktivität eines Nutzers oder potenziellen Käufers zu ermitteln, ohne seine IP-Adresse oder gar seinen Namen zwangsweise kennen zu müssen – in Echtzeit, über alle (vorerst digitalen) Kanäle und in jedem beliebigen Website-Kontext (Smith, 2015). Belegten bislang Werbungtreibende wie *Procter & Gamble* bestimmte Umfelder auf Websites, können sie sich mithilfe derartiger Attributionssysteme auf einzelne Nutzer konzentrieren. Damit ist nicht mehr zwangsläufig das Werbeumfeld einer Publikation entscheidend, sondern im Sinne der »User Centricity« der einzelne Nutzer – unabhängig vom jeweiligen Umfeldkontext. Die Konsequenz: Werbungtreibende sind nicht mehr dazu gezwungen, (blind) breitstreuenden Traffic kaufen zu müssen, sondern können sich auf individuelle, eng umrissene Nutzerprofile fokussieren, diese in einem Vorprüfverfahren bewerten und gegebenenfalls (sofern die Kontakte nicht der avisierten Zielgruppe entsprechen) im Rahmen eines sogenannten »Pass-Back-Verfahrens« an ein Vermarktungsnetzwerk auch zurückgeben. Experten erwarten daher für die Zukunft, dass Werbungtreibende nur noch 25 % der angebotenen Page-Impressions akzeptieren und den Rest wieder an das Media Network oder die Agentur zurückgeben werden.

Datengetriebenes One-to-One-Marketing weist damit mehrere Effekte auf:

- die **granulare Bewertung und Selektion** jeder einzelnen Werbekontaktchance bzw. »Lead« vor dem Erwerb durch den Werbetreibenden anhand von Attributionsmodellen;
- die Echtzeit-Entscheidung und Zuspielung einer inhaltlichen Werbebotschaft für exakt diesen Werbekontakt mithilfe von **Programmatic-Advertising**- und **Realtime-Offer Management**-Systemen;
- Nutzer, die den initialen Prüfschritt mithilfe von Attributionsmodellen durchlaufen haben, können nachfolgend individuell ausgewertet und entlang des Markentrichters weiter bis zum Kaufabschluss **spezifisch weiterqualifiziert** werden: über ihr Klickverhalten, die Ansicht eines Banners auf einer bestimmten Website, mobile Werbung etwa in einem E-Mail-Newsletter bis zum Kauf;
- über ein derartiges lückenloses Tracking einzelner Nutzer im Rahmen der **Customer-Journey-Analyse** kann jeder einzelne Schritt bewertet werden, sowohl im Zeitablauf, als auch im jeweiligen Kontext und Umfeld und Maßnahmen und Kampagnen nachfolgend adaptiert werden;
- gelingt die Verknüpfung mit der Kundenhistorie im CRM-System, wird auch diese in die Bewertung eines Nutzers mit einbezogen.

Auf dieser Grundlage können einzelne Nutzer etwa mit Retouren in Verbindung gebracht werden, sodass etwa im Versandhandel Kunden mit hohen Retourenquoten identifiziert werden können und diesen nachfolgend Werbung nicht mehr angezeigt wird oder aber diese Nutzerkontakte im Rahmen eines »Pass Back« wieder an das Netzwerk bzw. den Publisher zurückgegeben werden können.

Über die Aggregation aller Systeme, die Nutzungs- und Verhaltensdaten bereitstellen (wie E-Mail-Kampagnen-Managementsysteme, Data Management Plattformen, Webtracking-Tools oder Adserver) und das Audience-Management-System auf der Grundlage von Attributionsmodellen entsteht ein »**Mischpult der Kommunikationskanäle**«. Eingehende Ströme und Responses werden ausgewertet, Maßzahlen bestimmt, Wechsel- und Kaufwahrscheinlichkeiten berechnet. Aufgrund der permanenten Analyse der Wirksamkeit von Kanälen können fortlaufend Budgets in diejenigen Kanäle reallokiert werden, die aktuell vergleichsweise bessere Ergebnisse ausweisen. Gleichzeitig lassen sich aufgrund des wachsenden verfügbaren Datenvolumens »touchpointorientierte Strategien« entwickeln und feingliedrig aussteuern, welche Kommunikationsinhalte und Angebote, mit welcher Frequenz und Sequenz an welchem Kundeninteraktionspunkt bereitzustellen sind (Strauß, 2008b; Mull, 2018).

Die verfeinerte Auslieferung digitaler Werbemittel zieht unmittelbar Effizienzsteigerungen nach sich. So berichtet der Online-Spieleanbieter ***Bigpoint*** über Steigerungen in CTR und Abverkäufen von 30 % innerhalb einer Kampagne.

Erfahrungen innerhalb der CMO Community sowie bei anderen Unternehmen zeigen, dass sich Effizienzsteigerungen stets aus mehreren Aspekten zusammensetzen: So zahlt ein »Frequency Capping« zu 10–50 % auf die Verbesserung der Effizienz ein, die Ermittlung der »Viewtime« zu 20 %, die Vermeidung eines »Overlay« (also denselben Zielkunden parallel in zwei verschiedenen Networks zu bewerben) um 10 %, genaues Targeting schließlich um 20–50 % (Lodish, 2011).

Frequency Capping bezeichnet die Häufigkeit, wie oft einem einzelnen Nutzer (identifiziert via Cookies) ein Werbemittel im Display-Netzwerk angezeigt werden soll. Diese Maximaleingabe kann in den Einstellungen der meisten Ad-Server direkt vorgenommen werden. Verwendet wird diese Aussteuerung vor allem dann, wenn eine genaue Kontaktzahl erreicht und ein Sättigungseffekt, sinkende Akzeptanz bzw. Reaktanz vermieden werden sollen (Hass/Willbrandt, 2011; Lodish, 2011). Zusätzlich wird hierüber die Netto-Reichweite erhöht, da mehr Unique Visitors die Werbemittel ausgeliefert bekommen. Seit 2010 besteht ebenso die Möglichkeit, Werbeplätze auszuschließen, die sich »below the fold« befinden, also erst durch Scrollen sichtbar sind.

Die Stärke des Ansatzes erweist sich in vielen Unternehmen gleichsam als Schwachstelle. Viele der neuen Instrumente im Online-Kundendatenmanagement und Online-Marketing – seien es

Customer-Journey-Analysen oder Realtime Bidding – erzeugen selbst wiederum enorme Datenmengen. Marketingentscheider benötigen hingegen »Smart Data«: wenige, aussagekräftige Erkenntnisse, visualisiert über interaktive Dashboards, mit denen Aktivitäten und Budgets in Echtzeit geplant und im Rahmen eines Performance Marketings effizient ausgesteuert werden können.

2.4.3 Mass Customization

2.4.3.1 Mass Customization als Herstellung individualisierter Produkte

Kundenindividuelle Massenproduktion oder **Mass Customization** versucht die Vorteile von massenhafter Fertigung (Kostenvorteile durch hohe Losgrößen) und kundenindividueller Produktion (Wettbewerbsvorteile durch Produktvielfalt) zu verbinden, und dies zu einem Kostenniveau, das in etwa der Massenfertigung standardisierter Güter entspricht (Piller/Schoder, 1999; Pine, 1993).

> **Mass Customization** ist ein Produktionskonzept, in dem einerseits die Vorzüge der Massenproduktion (wie Skaleneffekte, Erfahrungskurvenvorteil, Automatisierung) genutzt werden, andererseits dem wachsenden Wunsch des Kunden nach Individualisierung seines Produktes Rechnung getragen wird (Downes/Mui, 1998; Piller, 2006; Reichwald/Piller, 2009).

Zielmarkt ist nicht der differenzierte Nischenmarkt, sondern der Massenmarkt. Hier soll durch Variation aus wenigen, aus Kundensicht jedoch entscheidenden Merkmalen des Produkts eine Individualisierung erreicht werden. Typische Individualisierungsdimensionen sind z. B. Design-Merkmale oder Passform. Häufig basieren diese Produkte aber auch auf dem Konzept der Modularisierung, d. h., das Produkt kann aus diversen, vorkonfigurierten und produzierten Bausteinen individuell zusammengestellt werden. Hierdurch unterscheidet sich Mass Customization von Windowing oder auch Versioning. Im **Windowing** werden Produkte lediglich zeitlich variiert, wie etwa Spielfilme zuerst über Kinos und erst nachfolgend über DVD, Pay-TV oder Free-TV ausgestrahlt werden. Beim **Versioning** wird ein digitales Produkt in verschiedenen Versionen für verschiedene Zielgruppen angeboten, wie etwa Software-Pakete.

> **Praxisbeispiele für die Realisierung von Mass Customization:**
>
> - ***Spreadshirt.com*** kombiniert Konzepte der Open Innovation mit Mass Customization. Neben der Individualisierung von T-Shirts erfolgt ebenfalls die Entwicklung der Produkte und das Corporate Design von *Spreadshirt* durch Kunden in einem Open-Innovation-Ansatz. Zusätzlich können Kunden bei *Spreadshirt* eigene Onlineshops eröffnen

und ihre Eigenkreationen gegen Provision verkaufen. *Spreadshirt* kreiert lediglich die Plattform, innerhalb derer Nutzer ihre eigenen kreativen Gestaltungsideen einfach umsetzen können. Über die Shop-Systeme werden Lead User direkt und unmittelbar in den Innovationsprozess integriert. Für 2017 meldet *Spreadshirt* einen Jahresumsatz von 100 Mio. EUR, was einem Wachstum abermals von 15 % im Vergleich zum Vorjahr entspricht.

- ***notlikeyou.de*** bietet individualisierte *Chucks* an. In diesem Shop kann sich jeder seine ganz persönlichen *Chucks* designen und bestellen. Diese werden dann handgefertigt und ausgeliefert (Göpfert, 2018).

- Der Kunde geht in einen ***Adidas***-Store, läuft nur ein paar Schritte auf einem Laufband und bekommt im Handumdrehen einen neuen Laufschuh aus dem 3-D-Drucker – so sieht die Vision mit dem schicken Namen »*Futurecraft*« von *Adidas* zum Laufschuh der Zukunft aus (Göpfert, 2018). Eine im 3-D-Druck gefertigte Laufschuhzwischensohle lässt sich so ganz individuell an die Dämpfungsbedürfnisse des jeweiligen Läufers anpassen. Das Versprechen sind Schuhe, die keine Belastungsschmerzen mehr verursachen und damit ein ganz grundlegendes Bedürfnis der Läufer-Community befriedigen. Und in Zukunft sollen auch erste Sportschuh-Fachhändler auf die 3-D-Drucktechnik zurückgreifen und Kunden vor Ort vermessen können – was wiederum auf ein angenehmes Shoppingerlebnis am POS einzahlt.

- Nach Taschen und Sneakern können ***Gucci***-Kunden künftig auch Strickwaren personalisieren und mit ihren Intarsien versehen. Möglich ist dies im Onlineshop und ausgewählten Filialen (Salibian, 2018).

- Bei ***Build-a-Bear*** werden Teddybären in stationären Handelsgeschäften individualisiert, mit einem Umsatz von 364 Mio. US-Dollar im Jahr 2017 mit knapp 370 stationären Handelsgeschäften.

- ***Brooks*** bringt Anfang 2019 den personalisierten Laufschuh »*Genesys*« in den Handel. Grundlage dafür ist ein in Kooperation mit *HP* und *Superfeet* entwickelter 3-D-Scanner, der im Rahmen einer Laufanalyse ein digitales biometrisches Profil des Läufers produziert. Branchenkenner gehen davon aus, dass die Laufschuhe 50–100 EUR teurer sein werden als dasselbe Modell von der Stange. Dafür stimmt dann aber vom Obermaterial bis zur Sohle alles und der Kunde erhält seinen persönlichen Laufschuh binnen weniger Tage. Der Prozess beginnt damit, dass der Läufer mit der von *HP* betriebenen Fitstation gescannt wird. Anhand einer Reihe von Datenerfassungen (wie 3-D-Fußaufnahmen, dynamischer Ganganalyse und Fußdruckmessungen) erstellt die Fitstation ein digitales Profil. Diese Daten wiederum werden mit Läuferdaten von *Brooks* abgeglichen, um so den optimalen Schuh für jeden Läufer zu erstellen. Die resultierenden

Daten werden in spezifische Passform- und Gefühlsanforderungen für jeden Schuh übersetzt und der Schuh dann individuell zusammengebaut (Göpfert, 2018).

- ***Lulu.com*** ist ein 2002 gegründeter Print-on-demand- und Self-Publishing-Dienstleister für Bücher, E-Books, Musik, Bilder, Filme und Kalender. Bücher können bei *Lulu.com* eingestellt werden – bei Bestellung durch andere Nutzer wird dann auf Abruf gedruckt. Es wird also immer genau diejenige Anzahl an Exemplaren gedruckt, die tatsächlich auch bestellt worden ist. Aus den Einnahmen werden die Druckkosten beglichen, der Rest geht unter Abzug einer Provision für *Lulu.com* an den Autor. Seit der Gründung hat *Lulu* insgesamt ca. zwei Millionen Bücher publiziert.

- ***Zafu.com*** stellt im Rahmen der Mass Customization von Damen-Jeans neben einigen grundlegenden Maßen zusätzlich elf Fragen, die beschreiben sollen, wie eine Jeans sitzen soll. Beide Informationsarten werden mit einer größeren Passform-Datenbank mit mehr als 30 der wichtigsten Jeansmarken mit Hunderten von verschiedenen Stilrichtungen und Preisniveaus abgeglichen. Die Konsumentin erhält ein Ranking mit Empfehlungen und Links zu den jeweiligen Websites der Marken.

- ***Mars*** bietet als Schokoladenhersteller seit dem Valentinstag 2013 an, mithilfe schwarzer Lebensmittelfarbe Fotos auf *M&Ms* zu drucken, um diese zu verschenken (www.Mymms.de). Neben Fotos und Texten kann auch die Verpackung ausgesucht werden. Freunde von *M&M*-Schokolade können etwa die Vorderseite eines *M&M* mit einem persönlichen Foto bedrucken lassen. Auf der Rückseite bleibt ein »m«. Die Fotos können vom Computer hochgeladen werden. *Mars* druckt die Produkte entsprechend und verschickt sie in einer Verpackung, die Kunden ebenfalls selbst aussuchen können.

- ***Burberry*** bietet seinen Kunden unter dem Namen *Burberry Bespoke* seit 2011 an, ihren neuen Trenchcoat nach eigenen Wünschen zu designen. Sie können den Schnitt, die Farbe und den Stoff auswählen und das Modell dann um diverse Extras ergänzen. Nach 4–8 Wochen kommt der individuell kreierte Mantel per Post nach Hause.

Im Mittelpunkt steht nicht zwangsweise die Fertigung einer **Losgröße von 1** für alle Kunden. Vielmehr beschreibt das Konzept der Mass Customization beispielsweise im Industriegüterbereich ebenso die Fertigung einer großen Anzahl identischer Produkte für nur einen Abnehmer, die allerdings zuvor kundenindividuell angepasst wurden.

Teilweise findet sich ein Begriffsverständnis, bei dem eindeutige Kennzeichen einer konventionellen Einzelfertigung (Vorkalkulation, kundenindividuelle Generierung von Arbeitsplänen und Stücklisten, niedriger Vorfertigungsgrad) als Merkmal der Mass Customization herangezogen werden. Hier ist jedoch eine deutliche Abgrenzung zu ziehen: Mass Customization entspricht weder einer Variantenfertigung, noch unterscheiden sich kundenindividuell massengefertigte

Produkte in ihrem grundsätzlichen Aufbau. Die Individualisierung setzt hier an einigen wenigen, aus Kundensicht aber entscheidenden Bestandteilen an. Der Absatzpreis ist in der Regel für alle Produkte gleich bzw. folgt einem klar festgelegten Preisbaukasten. Stücklisten sind dynamisch und werden automatisch erstellt, ebenso die Arbeits- und Montageanweisungen. Im Gegensatz zur Einzelfertigung zielt Mass Customization zudem auf einen großen Absatzmarkt, dessen Kunden sich bezüglich der Wünsche an bestimmte Eigenschaften des jeweiligen Produkts unterscheiden (Reichwald/Piller, 2009).

> Bei ***NikeID*** erlaubt *Nike* die Individualisierung von Sportschuhen ausgehend von Basismodellen mit verschiedenartigsten Variationsmöglichkeiten. Der Nutzer kann Schuhe konfigurieren und anschließend visuell bewerten. Neben der Personalisierung in Bezug auf die farbliche Gestaltung, Material oder dergleichen können die konfigurierten Sportschuhe anderen Nutzern zur Verfügung gestellt werden. Dies fördert wiederum die Interaktivität der Kunden untereinander als auch mit *Nike*.

Piller beschreibt drei verschiedene Phasen des Konzeptes der Mass Customization (Piller, 2008). Die erste Phase in den 1990er-Jahren war im Wesentlichen geprägt durch **Fertigungstechnologien** wie Computer-integrated Manufacturing (CIM) und Produktionskonzepten wie der Just-in-Time-Produktion. Die Wurzeln der Mass Customization lagen während dieser Zeitphase vornehmlich in Business-to-Business-Anwendungsszenarien. Maschinenbauer wie *Sandvik* waren zu dieser Zeit die ersten Unternehmen mit Mass Customization in größerem Umfang. Die zweite Welle der Mass Customization war mit dem Beginn der **Internet-Revolution** ab 1998 zu beobachten. Über das Internet konnten Unternehmen flexible Fertigungstechnologien effizient mit Kunden in Verbindung bringen. Aus dieser Phase sind viele herausragende Beispiele, aber auch Fehlschläge der Mass Customization zu berichten. Der Fokus einer Vielzahl von Start-ups war weniger durch Kundenwünsche als vielmehr die technische Opportunität getrieben. In den nachfolgenden Jahren reiften diese internetbasierten Mass-Customization-Konzepte weiter und eine Vielzahl an neuen Geschäftsmodellen entstand. Beflügelt durch **Social Media** ist die dritte Welle der Mass Customization seit ca. 2008 zu beobachten.

> Unternehmen bieten Mass-Customization-Konzepte vornehmlich im Bereich Design, Fertigung und Handel an:
>
> - Bei ***Converse*** können Fans der legendären Schuhmarke *Chucks* im Rahmen einer »Create«-Kampagne die Schuhe selbst designen und an Freunde in *Facebook* verkaufen. Über die *Facebook*-Anwendung »Made by« können damit *Facebook*-Nutzer Schuhe individuell gestalten und über eine eigene Ladenfront verkaufen. Im Gegenzug erhalten diese dann selbst gratis ein eigenes Paar dieser Schuhe.
>
> - ***Ponoko*** erlaubt es Nutzern, ähnlich wie *Shapeways*, Produkte anhand deren digitaler Designs über die *Ponoko*-Website zu verkaufen (»Make«). Hierzu können aus dem Mate-

rialkatalog von *Ponoko* vordefinierte Materialien ausgewählt werden. Bei Kaufabschluss werden aus diesen Materialien und den digitalen Designs der Nutzer mithilfe von Laserzuschnitten und CNC-Fräsmaschinen physische Produkte gefertigt. Die fertigenden Unternehmen (»shop-bot manufacturers«) der durchschnittlich 20.000 verfügbaren Produkte befinden sich in einem verteilten Netzwerk, sodass möglichst jeweils der Hersteller den Auftrag erhält, der sich in geografischer Nähe zum jeweiligen Kunden befindet.

- ***Zazzle*** dient als Plattform für hochwertige individuell gestaltete Artikel. Einzelpersonen, professionelle Künstler und große Marken wie *Disney* und *Hallmark* können über *Zazzle* Millionen einzigartiger Artikel gestalten und weltweit anbieten. Die Produktpalette erstreckt sich über T-Shirts, Visitenkarten, Einladungen und eine Vielzahl individuell gestalteter Geschenke. Nach der Gestaltung werden die Artikel sofort und korrekt auf der Website angezeigt und auf dem *Zazzle*-Marktplatz angeboten. Im Anschluss an die Bestellung wird jeder Artikel innerhalb von 24 Stunden gefertigt.

Die dritte Phase der Mass Customization ist damit weniger durch die Herstellung individueller Produkte geprägt, sondern auch durch Co-Innovation der Nutzer und die Generierung und effiziente Belieferung von Mikro-Nischenmärkten.

Kaum ein Web-2.0-Newcomer mit Mass Customization hat über die letzten Jahre so viel Sympathie geerntet wie ***Mymuesli.com***. Doch die Begeisterung wurde schon wenige Wochen nach dem Start im April 2007 zum Problem, denn die Resonanz übertraf die kühnsten Erwartungen. Die Folge: Lieferschwierigkeiten. Dennoch halten die Fans dem Passauer Unternehmen die Stange. Ein Lehrbeispiel für die gelungene Kommunikation im Web und ein erfolgreiches Beispiel für die Umsetzung von Mass Customization.

Die Geschäftsidee ist simpel. Online können sich Kunden ihr Müsli völlig individuell zusammenstellen und dabei aus rund 80 (biologisch angebauten) Zutaten auswählen und via Mausklick eine von 566 Billiarden möglichen Müsli-Kombinationen zusammenstellen oder eine fertige Mischung auswählen. »*Custom made cereals*« lautet der Slogan. Individualität und Nähe bestimmen auch die Tonalität im Auftritt. Kunden werden geduzt. Sich selbst stellen die drei Gründer im Web als »die Jungs« vor. Der eigenen Müsli-Mischung können die Kunden einen Namen geben. Das Prinzip der Mass Customization hat vor allem die »Blogosphäre« elektrisiert. Kein Wunder, denn gerade dort zählt die Selbstbestimmung über Inhalte und Marken zu den Kernüberzeugungen. Blogger sorgten denn auch dafür, dass das Angebot im Internet schnell Kreise zog. Radio und Printmedien griffen die Geschichte beim Start auf und sorgten für zusätzliche PR (Kolbrück, 2007).

Den schnellen Erfolg machen die Gründer aber nicht allein an den Weblogs fest, sondern auch an der Nutzung klassischer Medien zur Erreichung traditioneller Zielgruppen: Printmedien reagieren auf Berichte in Weblogs. Auf entsprechende Artikel folgen neue Blogbeiträge – ein »Ping-Pong-Spiel« startet. Eine Marketingkampagne war zunächst nicht geplant. Kompromisslose Transparenz sollte stattdessen überzeugen und neue Kunden generieren. Wichtigstes Tool war dabei der Unternehmens-Blog, auf dem unter anderem die Gründe für die Lieferprobleme von Beginn an deutlich dargestellt wurden. Auch dadurch heimste *Mymuesli* weitere Sympathiepunkte ein.

Kunden lieferten sogar Vorschläge, wie der Engpass bei den Verpackungen aufgehoben werden könnte oder machten Vorschläge für neue Produkte und weitere Bezugsquellen für Zutaten. Auf E-Mails und entsprechende Offerten auf Blogs reagieren die Müsli-Macher prompt. Dem Image hat nach Unternehmensangaben der Ausverkauf zum Start auch nicht geschadet. Der Blog bleibt auch künftig elementarer Teil der PR-Arbeit. Er soll Transparenz herstellen, neue Produkte und Features ankündigen. Seit dem Start wurde die Website deutlich interaktiver und hat sich weiter in Richtung Community entwickelt. Kunden können heute eigene Mixe vorstellen und bewerten (Kolbrück, 2007).

Seit 2012 geht *mymuesli.com* neue Wege. Neben einem TV-Spot wurden bzw. werden die ersten stationären Handelsbetriebe in Passau, Regensburg und München, nun nachfolgend auch in Stuttgart, Augsburg und Düsseldorf eröffnet. Der Hintergrund: die Notwendigkeit, die Wünsche der Kunden und das Markenerlebnis über alle Kontaktpunkte erfüllen zu können, ebenso wie deren vielfach geäußerten Wunsch nach einem (physischen) Offline-Kauferlebnis – auch wenn das erste *mymuesli*-Ladengeschäft eher durch den Wunsch der Gründer nach einem hochwertigen Cappuccino am Morgen getrieben war (CMO Community, 2013). Für die stationären Präsenzen von Internethändlern wie *mymuesli.com* lohnen sich vor allem Standorte mit hoher Frequenz in deutschen Ballungszentren. Ländliche Regionen werden kaum signifikante Flächennachfrage erhalten. Gleichzeitig zeigt sich eine Erosion der »Coolness« des Konzeptes – Nachahmer wie etwa *mypizza.com* (http://mypizza.com/) oder *meinhundefutter.de* treten zunehmend in den Markt. Im Ergebnis hat *mymuesli* inoffiziellen Quellen zufolge knapp 1.000 Mitarbeiter mit einem Umsatz über 200 Mio. EUR pro Jahr.

2.4.3.2 Erfahrungen mit Mass Customization

Eine Einflussnahme von Kunden auf die Produktentwicklung ist heute bereits bei der Mehrheit der im Internet vertretenen Unternehmen realisiert, mit steigender Bedeutung für die Zukunft. Eine Fertigung von Produkten nach Kundenwunsch mit individuellem Zuschnitt steht hingegen (noch) wenig im Fokus. Eine vergleichsweise einfach zu realisierende **Service-Individualisierung** bewirkt, dass sich der Anteil der Unternehmen mit Mass Customization mit steigendem Anteil an Dienstleistungen erhöht. Es zeigt sich jedoch, dass aufseiten der Unternehmen ähnlich wie beim One-to-One-Marketing noch erheblicher Aufklärungsbedarf über die Voraussetzungen und den Nutzen der Mass Customization besteht. Während Branchen wie das produzierende Gewerbe, Chemie & Pharma oder die Dienstleistungsbranche bereits sehr weitgehend eine individualisierte Leistungserstellung betreiben, sehen sich vor allem Bank- und Kreditinstitute ebenso wie Versorgungsunternehmen noch nicht zur Mass Customization befähigt. Diese Branchen bieten aufgrund des hohen Verwaltungsaufwandes noch keine individualisierten Produkte für die breite Masse an, obwohl die hier jeweils gehandelten Produkte digital bzw. gut modularisierbar sind und sich entsprechend für die Mass Customization eignen.

> Für **Versicherungen** stellt sich die Umsetzung von Mass Customization als problematisch dar. Die Entwicklung neuer, kundenindividueller Produkte erfordert stets die Abstimmung der Produktkonzepte über verschiedene Fachbereiche hinweg, etwa das Produktmarketing, das »Underwriting« für die Risikoabschätzung und auch die Rechtsabteilung zur Prüfung der Frage, ob das Produkt den rechtlichen Voraussetzungen entspricht. Hier wird etwa aus der Perspektive des Verbraucherschutzes die Anforderung erhoben, dass selbst komplexere Versicherungsprodukte für Endkonsumenten noch gut verständlich sein sollten. Als »nicht verständlich« wahrgenommene Produkte erhalten meist umgehend entweder Abmahnungen von Verbraucherschutzvereinen oder von Wettbewerbern.

Für die Zukunft geht eine steigende digitale Kundenbindung Hand in Hand mit der Umsetzung der Strategie der Mass Customization: Eine sinkende Kundenloyalität und steigende Ansprüche der Kunden haben den größten Einfluss auf die Bereitschaft und den Zwang, Mass Customization umsetzen zu müssen. Interessant erscheint der Paradigmenwechsel seit 2000. Zur Jahrtausendwende hat die eindeutige Mehrheit der Unternehmen Zweifel an der Machbarkeit einer One-to-One-Kommunikation des Unternehmens mit jedem einzelnen Kunden sowie an der Existenz eines entsprechenden Marktpotenzials für Mass Customization artikuliert. Es scheint, dass die geübte Tradition der Nutzung von Social Media und die inhärenten Konflikte mit bestehenden Absatzkanälen individualisierte Produkte kaum verhindern können, ebenso wenig die Notwendigkeit zur Durchführung von Reorganisationen. Die Bewertung der Chancen und Probleme der Individualisierung hängt in hohem Maße von der Verfügbarkeit einer dezidierten Strategie zur Digitalisierung ab. Die Verfügbarkeit einer eigenständigen Strategie ist von grundlegender Bedeutung auch für die Bewertung und den Einsatz von Mass Customization.

> Exemplarisch für die Herausforderungen der Mass Customization steht das *Original-Spin-Programm* von ***Levi Strauss***. Über viele Jahre hat *Levi's* in seinen Handelsgeschäften digitale Technologien eingesetzt, um Jeans herzustellen, die perfekt auf die Maße eines individuellen Kunden zugeschnitten sind (Reichwald/Piller, 2009). Der erste Versuch im Bereich Mass Customization war ein herber Fehlschlag für *Levi Strauss*. 2004 wurde das *Original-Spin-Programm* wieder eingestellt. Hier wurden die Kunden in den Läden vermessen, die Maßangaben wurden an die Fabriken übermittelt und die Hosen automatisch passend zugeschnitten und an den Kunden verschickt. Die Gründe für den Fehlschlag: *Levi Strauss* hat es nicht geschafft die individualisierten Produkte auch in individualisierte Kundenbeziehungen umzumünzen. So waren im *Original-Spin-Programm* (zunächst) keine Wieder-

bestellungen möglich, Feedback und Verbesserungsvorschläge der Fangemeinde im Sinne eines Crowdsourcing wurden nicht eingeholt. Und schlimmer noch, oft passten die Hosen nach dem ersten oder zweiten Waschgang nicht mehr. Durch die Verfügbarmachung nur in Handelsgeschäften war die Nutzerschaft von vornherein eher begrenzt. 2010 wurde das Mass-Customization-Programm wieder unter dem Namen *Levi's Curve ID* gestartet. Im Gegensatz zum ersten Mass-Customization-Ansatz erfolgt die Individualisierung Online mithilfe eines Produkt-Konfigurators, nicht mehr im Handelsgeschäft. Kunden werden anhand ihrer Körperproportionen nur noch in vier verschiedene Körpertypen eingeteilt, für die *Levi's* entsprechende Modelle bereits vorproduziert. Dies erlaubt *Levi's* Millionen von potenziellen Kunden anzusprechen. Die Abmessungen der Kunden werden in einer Kundenhistorie gespeichert, sodass Wiederbestellungen beliebig und einfach realisiert werden können. Laut eigenen Angaben konnte *Levi's* aufgrund der Personalisierung die Umsätze um 7 % steigern.

Dabei hat die Personalisierung keinen Kundennutzen per se. Mass Customization und Personalisierung ist ein Vehikel für die Herstellung von nachhaltigem Kundennutzen, jedoch kein Selbstzweck.

So konnten Nutzer bei ***BookTailor*** Reiseführer personalisieren. Die Ursache für den Flop: Den Reiseführern fehlten die wichtigsten Elemente eines guten Reiseführers, wie Informationen und Hinweise zu unerwarteten Situationen (wie schlechtem Wetter) und vorher noch unbekannten Tipps.

2.4.3.3 Implementierung der Mass Customization

Das Spektrum alternativer Formen der Mass Customization erstreckt sich von der Individualisierung ohne Eingriff in die Fertigung (»**Soft Customization**«) wie (Piller, 2006; Pine, 1993)

- der **Serviceindividualisierung**, d. h. der Ergänzung von Standardprodukten um individuelle Serviceleistungen, beispielsweise bei *Hertz Gold Service* durch die Erweiterung der Standardleistung »Autovermietung« um individuelle Zusatzleistungen wie Bustransfers oder vorab ausgedruckte Straßenkarten für die anstehende Reise,
- der **Selbstindividualisierung**, d. h., die Produktanpassung erfolgt durch den Kunden, etwa in Form selbst bespielbarer Glückwunschkarten bei *Hallmark*,
- der **individuellen Endfertigung im Handel**, d. h. die Anpassung der Produkte im Handel nach Kundenwunsch (»Point-of-Delivery Customization«), beispielsweise durch die Individualisierung von Skischuhen bei *Dynafit* durch Ausschäumen des Fußbettes beim Händler oder durch die (begrenzte) Individualisierung von Teddybären bei *Build-a-Bear*,

bis zur **fertigungsbasierten Individualisierung** (»Hard Customization«, vgl. Abbildung 57). Fertigungsbasiert erfolgt

- die **Modularisierung** etwa nach dem Baukastenprinzip, beispielsweise bei *Ohaus* durch ein modulares System für die Fertigung von Präzisionswaagen oder individualisierte, gedruckte Tageszeitungen wie bei *First!* oder dem *Wall Street Journal*,
- die **massenhafte Fertigung von Unikaten** über standardisierte Prozesse, beispielsweise bei *Sandvik Coromant* als individuelle Fertigung von Werkzeugen,
- oder als **individuelle End-/Vorproduktion mit standardisierter Restfertigung**, wo entweder die ersten (wie Metallverarbeitung) oder die letzten Prozessschritte (etwa Montage) kundenindividuell durchgeführt werden. Ein Beispiel hierfür ist der Textilhändler *Dolzer*, bei dem die Maßkonfektion durch den individuellen Zuschnitt der Stoffe am Anfang der Produktion und die anschließende Weiterverarbeitung im Rahmen standardisierter Massenfertigung erfolgt.

Soft Customization: Kein Eingriff in die Fertigung	Hard Customization: Fertigungsbasierte Varietät
Serviceindividualisierung Ergänzen von Standardprodukten um individuelle sekundäre Dienstleistungen	Modularisierung nach Baukastenprinzip Erstellung kundenspezifischer Produkte aus standardisierten kompatiblen Bauteilen
Selbstindividualisierung Konstruktion und Fertigung standardisierter Produkte mit eingebauter Flexibilität, die vom Kunden selbst angepasst werden	Massenhafte Fertigung von Unikaten kostengünstige individuelle Fertigung eines Produkts über die ganze Wertkette hinweg durch standardisierte Prozesse
Kundenspezifische End- oder Vorproduktion	
individuelle Endfertigung im Handel/Vertrieb Auslieferung eines einheitlichen Rohproduktes, das im Handel nach Kundenwunsch vollendet wird	individuelle End-/Vorproduktion mit standardisierter Restfertigung Entweder die ersten oder die letzten Wertschöpfungsschritte werden kundenindividuell durchgeführt, alle anderen standardisiert.

Abbildung 57 Formen der Mass Customization (Piller/Schoder, 1999)

Intelligente Kundenschnittstellen in Form von Design-Werkzeugen helfen, Produkte und Leistungen für einzelne Kunden maßzuschneidern, indem diese schnell und intuitiv genau die Kombination finden, die für sie den höchsten Wert schafft. Vor dem Hintergrund des Internets führen **Online-Produktkonfiguratoren** den Käufer zu »seinem« optimalen Produkt und bringen seine Bedürfnisse mit den Fähigkeiten des Unternehmens in Einklang. Ohne ein solches Werkzeug werden die Kunden (bzw. ihre Vertreter in Form des Handels und Vertriebs) oft mit so vielen Grundformen und Verbindungsmöglichkeiten konfrontiert, dass sie aufgrund einer viel zu hohen Komplexität die passende Lösung kaum finden können (Anderson, 1997; Reichwald/Piller, 2001).

> Zu jedem Automodell mit nur wenigen Klicks das passende Freisprech-Einbauset für die gewünschte *LinTech*-Freisprechanlage finden – das verspricht das Berliner Unternehmen ***LinTech*** mit seinem Online-Konfigurator. Über eine eigene Datenbank können beispielsweise Einbauwerkstätten auf Informationen zu nahezu allen Modellen gängiger Automarken zugreifen. Über die Wahl des entsprechenden Fahrzeuges identifiziert das Tool

schließlich das passende Einbauset. Die Nutzer haben darüber hinaus die Möglichkeit, auch selbst eine Einbauanleitung herunterzuladen (Telecom Handel, 2007).

Verpackung24 bietet im Internet einen Shop für Geschäftskunden an. Über das Portal lassen sich Kartons, Folien, Beutel und Paletten sowie Arbeitsschutzartikel einkaufen. Ein Online-Verpackungskonfigurator ergänzt das Angebot. Das Werkzeug plant und kalkuliert Verpackungslösungen nach kundenspezifischen Vorgaben. Damit lassen sich spezielle Verpackungen konfigurieren, die nicht den Standardlösungen entsprechen.

Inframa bietet einen Online-Konfigurator an, mit dessen Hilfe man im Internet das Aussehen der gewünschten Bankettstühle selbst auswählen kann: vom Rahmen in verschiedenen Ausführungen, über Farbe bis hin zu Stoffen und Mustern. Das gesamte Sortiment umfasst unter anderem stapelbare Bankettstühle aus Aluminium und Stahl, klappbare Banketttische, Zubehör wie Transportwägen für Stühle und Tische sowie eine individuelle Beratung und Anfertigung nach Anforderungen des Kunden. Das Unternehmen hat unter anderem Sitzmöbel und Tische für die Weltausstellung in Japan, die *Allianz Arena* in München und die deutsche *Nestlé Gruppe* entwickelt (Strauß, 2008a).

Eines der wichtigsten Hindernisse der Mass Customization wird daher in der Parametrisierung der eingesetzten Konfiguratoren nach detaillierten Maßgrößen und Optionen gesehen (»**Option-based Customization**«). Hier müssen Kunden eigene Entscheidungen aus einer Liste von vordefinierten Alternativen treffen. Dies erfordert – abhängig von der Anzahl möglicher Konfigurationen – eine Vielzahl an Entscheidungen und hinreichende Kenntnisse über das Produkt. Was im B2B-Kontext aufgrund der vorhandenen Produktkenntnisse kaum Probleme aufwirft, stellt sich in einem B2C-Kontext als maßgeblicher Hemmschuh dar. Aus diesem Grund bietet sich eine bedarfsorientierte Parametrisierung (»**Needs-based Customization**«) an. Hier müssen Nutzer lediglich ihre Präferenzen, Anforderungen oder Erwartungen an ein Produkt artikulieren. Dieser Input wird dann nachfolgend zur Produktkonfiguration verwendet.

Untersuchungen am Beispiel von ***Dell*** haben gezeigt, dass Nutzer eine bedarfsorientierte Parametrisierung deutlich gegenüber einer auf Maßgrößen basierenden Parametrisierung präferieren; also statt der Frage nach einer bestimmten Konfiguration der Grafikkarte eher die Frage nach den Namen der Spiele, die diese auf ihrem Rechner spielen wollen. Die bedarfsorientierte Parametrisierung entspricht eher dem Verhalten eines »guten Verkäufers« im Fachgeschäft (Randall/Terwiesch/Ulrich, 2007).

Alternativen zur Mass Customization werden in besseren Matching-Systemen für Standardprodukte gesehen, etwa durch den Einsatz von Avataren.

> *My Virtual Model* ist ein Matching-Dienst für Bekleidungshändler und die Schmuckindustrie. *My Virtual Model* erlaubt es Konsumenten, sich selbst in Form eines Avatars abzubilden, indem verschiedene Körpertypen, Haarstile, Gesichtscharakteristika etc. erfasst werden. Konsumenten geben auch ihre grundlegenden Körpermaße ein, sodass das virtuelle Modell weitestgehend ihren Körperabmessungen entspricht. Zusätzlich geben Kunden an, welche Arten von Passform sie präferieren (etwa bequem, enganliegend, komfortabel etc.), sodass die nachfolgenden Empfehlungen nicht nur die direkten Abmessungen und das Aussehen berücksichtigen, sondern auch das Gefühl beim Tragen. Das Konzept unter Nutzung von Avataren hat sich weitestgehend etabliert und wird aufgrund der höheren Einkaufswerte als auch Konversionsraten von Firmen wie *Adidas*, *Best Buy* oder *Levis* im SaaS-Betrieb eingesetzt.

Grundlage der fertigungsbasierten Mass Customization ist der Einsatz flexibler Fertigungssysteme, etwa in Form von CNC-Universalmaschinen, flexibler Transferstraßen, flexibler Fertigungszellen und flexibler Fertigungssysteme, mit unterschiedlichen Flexibilitätsgraden (Doringer, 1991; Wildemann, 1994; Mayer, 1993). Dabei erfordert Mass Customization nicht zwangsläufig den Einsatz modernster Fertigungstechnologien. Beispielsweise kann ein Teil des gesamten Herstellungsprozesses die Vorteile der Massenfertigung realisieren und nur auf einzelnen Wertschöpfungsstufen wird eine individuelle Fertigung umgesetzt.

2.5 Total Customer Experience Management – Konsistenz über alle Kundeninteraktionspunkte

Synchron mit dem Aufstieg von Social Media ist die Notwendigkeit gewachsen, sämtliche Kundeninteraktionen konsistent über alle »Touchpoints« hinweg zu orchestrieren, was unter dem Begriff des »Total Customer Experience Management« subsumiert wird (Jaffe, 2010; Webb, 2011).

> **Total Customer Experience Management** (auch **Experience Design**) fokussiert auf die Schaffung qualitativ hochwertiger und konsistenter Interaktionen mit dem Kunden über alle Kontaktpunkte und über den gesamten Lebenszyklus eines Kunden bzw. des Produktes hinweg (Berry/Carbone/Haeckel, 2002; Brodt, 2007). Der Kundenlebenszyklus erstreckt sich vom Beziehungsaufbau mit einem Neukunden über den Leistungsaustausch mit Bestandskunden bis zum Verlust des Kunden am Ende des Lebenszyklus (Jaffe, 2010).

Der Lebenszyklus einer Customer Experience umfasst damit sämtliche Kundenbeziehungen auf allen Ebenen – vom Markenbewusstsein vor dem Kauf bis zur Ersatzbeschaffung oder der Entsorgung von Produkten und Lösungen (Bock, 2012). Der Schlüssel zur Kundenbindung liegt darin, dem Kunden zu jedem Zeitpunkt bestmögliche Erfahrungen (»Moments of Truth«) zu bereiten, online wie offline. Dahinter steht die Erkenntnis, dass die Bewertung der Leistungsfähigkeit im Besonderen von »kritischen Momenten« geprägt wird, in denen eine exzellente Leistung bzw. Nichtleistung besonders deutlich wahrgenommen wird. Die Customer Experience wird maßgeblich geprägt durch die wahrgenommene Qualität sowie den **Experience Flow** – d. h., inwiefern Dienstleistungen und Produkte in wahrgenommenen Attributen und Darbietung als qualitativ hochwertig, auf die Bedürfnisse des Nutzers (relevant) zugeschnitten und in einer natürlichen Abfolge vorgestellt werden (Cruz et al., 2010; Ding et al., 2010). Im Fokus steht der Wunsch nach vielfältigen – aber konsistenten – und qualitativ hochwertigen Dialogmöglichkeiten zwischen Kunden und Unternehmen – anders formuliert: eine optimale Kundenzufriedenheit bei optimaler Potenzialausschöpfung (dem »Share of Wallet«) des Kunden (Schüller, 2013). Das *CMO Council* stellte dazu bereits vor Jahren fest, dass unter dem Eindruck des mobilen Kunden »*Mobile relationship marketing [...] is the new call to action for companies looking to ensure continuous customer touch and interaction, sustained support and service, closer and more dependent connectivity, as well as greater insight and intimacy across all channels.*« (CMO Council, 2012).

Die überwältigende Mehrheit der Befragten im Rahmen einer Studie für die *Marketing Agenda 2019* identifiziert **Customer Experience Management** als herausragenden Schwerpunkt für ihre Arbeit in den kommenden Jahren. Dabei belegen die Diskussionen im Rahmen der Interviews und Workshops eindeutig, dass Total Customer Experience im Wesentlichen einen Katalysator für gestiegene Kundenanforderungen darstellt. Denn die zunehmende Nutzung digitaler Kommunikations- und Interaktionsplattformen mit – und vor allem zwischen – Kunden erfordert zunehmend ein umfassendes, hoch standardisiertes, aber gleichzeitig dennoch individualisiertes Kundenmanagement über sämtliche Kundenschnittstellen hinweg. Der »Social Media«-gestärkte Kunde erzwingt quasi eine einheitliche und qualitativ hochwertige (markenkonforme) Kommunikation und Interaktion über alle Kontaktpunkte, Produkte und Dienstleistungen (Schüller, 2013).

Die Differenzierung gegenüber dem einzelnen Kunden und gegenüber Wettbewerbern ist nicht mehr in einer einzelnen Funktion zu gewährleisten, sondern erfordert zunehmend die Optimierung über alle Disziplinen und Unternehmensbereiche. Einzelthemen müssen zwar in dedizierten Projekten operationalisiert und abgearbeitet werden, diese Einzelprojekte müssen aber auf ein übergeordnetes Gesamtziel einzahlen. Gleichzeitig ist ein Customer Experience Design über alle Kundeninteraktionen und die Marketingkommunikation hinweg durch ein nachhaltiges Loyalty-Programm zu verstärken. Als Vorbild dienen die eher »Loyalty«-traditionellen Branchen wie Transportunternehmen (insbesondere Flugverkehrsgesellschaften). Dabei rückt Customer Experience Management umso stärker in den Mittelpunkt der Betrachtung, je höher der Dienstleistungsanteil am jeweiligen Produkt-/Lösungsangebot ist. Es zeigt sich, dass für die Zukunft schrittweise eine Neuorientierung zu erwarten ist. Wurde früher etwa die »Marketing Excellence« im Wesentlichen durch aufmerksamkeitsstarke Kampagnen und Kreativität bestimmt, kristallisiert sich zunehmend das Management aller verbundenen Prozesse und Kundeninteraktionen als Herzstück des Marketings heraus – kurzum: Die Kreativität in der Kundenansprache ist durch ein systematisches und effizientes Prozessmanagement unternehmensintern als auch in Bezug auf die Schnittstelle zum Kunden zu ergänzen bzw. zu erweitern (Schüller, 2013). Funktionale Herausforderungen werden hierbei als eher marginal im Vergleich zu einem umfassenderen Customer Experience Design bewertet. Die Ursachen hierfür sind sicherlich vielschichtig, lassen sich jedoch in den meisten Fällen auf fünf besondere Herausforderungen zurückführen:

- **Andere involvierte Organisationseinheiten**: Customer Experience Management erstreckt sich weit über die funktionalen Grenzen einzelner Unternehmensbereiche hinaus. Ein plastisches Beispiel bieten Reiseunternehmen. Während das Marketing in den meisten Fällen auf die Marketingkommunikation fokussiert, wird die Kundenwahrnehmung durch sämtliche Kundeninteraktionen in der Nutzung aller Produkte und Dienstleistungen bestimmt – etwa durch die kompetente Beratung durch den Fahrkartenverkäufer oder auch das sympathische und zuvorkommende Auftreten des Schaffners bzw. Flugpersonals. Diese Bereiche gehören jedoch meistens organisatorisch zu anderen Unternehmensbereichen außerhalb des Marketings – etwa zum Personenverkehr oder angegliederten Dienstleistungsbereichen. Ähnlich ist es in der Automobilbranche. Während das Marketing meist die Lufthoheit über die Marketingkommunikation proklamiert, liegt die Verantwortung für das eigentliche Produkt meistens im Produktmanagement oder der Entwicklung.
- **Changemanagement**: Projekterfahrungen zeigen, dass neben unzureichenden Prozessen und Systemen die größten Hürden für die Umsetzung eines systematischen Customer Experience Management in der Veränderung des Verhaltens der Mitarbeiter zu finden ist. Das Ergebnis: Ein derartiger Veränderungsprozess zur Neuausrichtung aller Kundenschnittstellen erfordert nicht nur erhebliche Anstrengungen, sondern erstreckt sich in aller Regel über einen längeren Zeithorizont.
- **Unzureichende Messbarkeit**: Der Erfolg einer qualitativ hochwertigen und markenkonformen Orchestrierung aller Kundeninteraktionen lässt sich (ähnlich wie Content Marketing) nur in den wenigsten Fällen unmittelbar in Messgrößen nachverfolgen, geschweige denn in ihrer mittelbaren Umsatzwirksamkeit direkt belegen.
- **Unzureichend integrierte Prozesse und Systeme**: Wenig integrierte, übergreifende Prozesse und unterstützende IT-Systeme lassen den Anspruch einer durchgängig qualitativ hochwertigen Kundeninteraktion Makulatur werden. So weiß etwa der Callcenter-Agent in den meisten Fällen nicht, dass der Kunde bereits durch einen Partner in der Vertriebsorganisation (z. B. einen eigenständigen Händler im Automobilhandel oder auch im Mobilfunk) kontaktiert worden ist. Selbst nach vielen Jahren Interneterfahrung werden Kundenanfragen möglicherweise durch den Hersteller über das Web angenommen, jedoch nur mithilfe manueller Arbeitsschritte zur Überbrückung bestehender Medienbrüche an einen lokalen Vertriebspartner weitergegeben. Was sich bei niedrigen Kundenvolumina noch als ein unangenehmes – aber noch akzeptables – Vorgehen erweist, scheitert regelmäßig im hochvolumigen B2C-Umfeld.
- **Unzureichende Datenqualität**: Im Gegensatz zu den vielfältigen Diskussionen über Kundenorientierung ist die systematische Sammlung und Nutzung von Kundendaten als Grundlage für ein übergreifendes Total Customer Experience Management in den meisten

Unternehmen nur in einem rudimentären Ausmaß vorhanden. Sowohl die passive Datenerhebung durch die Erfassung aller Vertriebsinteraktionen als auch die aktive Erhebung von Kundendaten (durch direkte Befragung) werden kaum systematisch und integriert genutzt. Der Aufschrei nach einer exzellenten Datenqualität verhallt in den meisten Fällen ungehört. Die Ursachen liegen:

- in der **Verteilung notwendiger Kundendaten** auf verschiedenen EDV-Systemen;
- Kundenkontakte und Interaktionen werden gerade im Vertrieb als »**Herrschaftswissen**« angesehen und eher in den individuellen Kontakten (etwa *Microsoft Outlook*) gepflegt als in einem auch für andere Bereiche zugänglichen CRM-System, das dieses (intime) Kundenwissen replizierbar und transparent machen würde;
- die **Pflege** der Kundendaten wird aufgrund des damit verbundenen Aufwands im Tagesgeschäft eher zurückgestellt;
- die Kundendaten liegen nicht unmittelbar in der erforderlichen **Granularität** vor.

Damit geht es bei einem Customer Experience Design in der einhelligen Meinung weniger darum, das Thema konzeptionell weiter zu durchdringen, als vielmehr effizient umzusetzen (Schüller, 2013). So berichten selbst Unternehmen (wie etwa Versicherungen), die sich bereits seit längerer Zeit mit diesem Thema intensiv beschäftigen, dass sie sich dennoch selbst als »*noch weit entfernt vom Ziel*« einstufen würden. Die vorstehend skizzierten Herausforderungen bewirken, dass sich die Umsetzung meist über Jahre erstreckt, meistens nur mit kleineren, zwischenzeitlichen Erfolgen.

Die Customer Experience kristallisiert sich demzufolge immer mehr als die Messlatte heraus – integriert nicht nur über alle Kommunikationskanäle, sondern über die gesamte Kundenerfahrung mit der Marke, mit den Produkten und den dargebotenen Services. Das sollte – konsequent zu Ende gedacht – auch Auswirkungen auf die Unternehmensführung haben, insbesondere für den Fall, dass die Verantwortung für ein Total Customer Experience Management über mehrere Unternehmensbereiche hinweg verteilt ist. In Unternehmensworkshops zeichnen sich für eine zielführende organisatorische Umsetzung drei unterschiedliche Szenarien ab:

- **Das Marketing ist im »Customer Experience Lead«**: In diesen Unternehmen hat Marketing bzw. der CMO anerkannterweise die Führungsrolle inne, teilweise unter Bezeichnungen wie »Customer Experience Officer«.
- **»Customer Experience Lead« liegt in der Unternehmensführung**: In diesen Firmen wird das Thema »von oben vorgelebt« und hat einen bereichsübergreifenden Stellenwert. Es zeigt sich in den Interviews und Projekten, dass die hierarchische Aufhängung des Themas »oberhalb einzelner Funktionen« positiv korreliert mit der Zufriedenheit der derzeitigen Initiativen. Der Grund: Alle Unternehmensbereiche werden an der »Total Customer Experience« bemessen.
- **Kein anerkannter »Customer Experience Lead«**: In diesem eher ungünstigen Szenario proklamiert zwar meist das Marketing das Führungsmandat für eine Total Customer Experience, ist aber de facto nicht in der Lage a) dieses Thema nachhaltig als übergreifendes

Vorstandsthema zu platzieren und b) andere Unternehmensbereiche für eine gemeinsame Priorisierung und Maßnahmenplanung im Sinne einer übergreifenden Optimierung zu gewinnen.

In der Diskussion zur Einschätzung der eigenen Customer Experience Performance kristallisiert sich oftmals eine unerwartet deutliche Diskrepanz zwischen der (gefühlten) Bewertung für Konzeption auf der einen Seite und der operativen Umsetzung auf der anderen Seite heraus. Im Schnitt bewegt sich die Differenz zwischen der Benotung der Konzeption und der operativen Umsetzung in einem Bereich von mehreren Noten. Damit mangelt es aus Sicht der Befragten weniger am Verständnis der Relevanz oder des Anspruchs eines »Customer Experience Designs«, vielmehr wird die hauptsächliche Herausforderung in der Operationalisierung und in der konsequenten Umsetzung über alle dafür relevanten Unternehmensbereiche hinweg gesehen (Strauß/Heydecke, 2010).

Als Vorbilder und wahrhaftig herausragende Benchmarks zur Orientierung für eine gute Total Customer Experience werden in diesem Zusammenhang häufiger genannt (Schüller, 2013):

- ***Amazon***: Hier wird immer wieder die nahezu perfekte Orchestrierung aller Auswahl-, Bestell- und Abwicklungsprozesse (inkl. Beschwerden) angeführt. Alle *Amazon*-Prozesse sind kundenseitig über das Web-Front-end ansprechbar, mit vorbildlichen Response-Elementen und Bearbeitungszeiten, ohne dass ein persönlicher (aufwendiger) Kundenkontakt erforderlich wird. Dieses Beispiel belegt weniger einen Trend zum anonymisierten Einkaufen, sondern ist eher ein Beleg für die kundenorientierte Gestaltung aller Prozesse, ohne auf den andernfalls erforderlichen persönlichen Kundenkontakt zurückgreifen zu müssen (mit entsprechenden Implikationen für Erreichbarkeit, standardisierte Qualität, Messbarkeit, Prozesskosten, Skalierbarkeit etc.).

- ***Apple***: Als Beispiel für ein durchgehendes Qualitäts-, Design- und Service-Verständnis, das z. B. auch in kleinsten Produktdetails reflektiert wird. Das Auspacken eines *Apple*-Produktes ist ein Erlebnis für sich. Für *Apple*-Fans sind »Unboxing«-Fotoserien nach Erscheinen neuer Produkte ein gefeiertes und diskutiertes Event. Jenseits der Produkte investiert *Apple* sehr erfolgreich in eine ganzheitliche Kundenerfahrung – ausgehend von den Produkten an sich, über die eigenen Retail Stores (vor allem in den USA, zunehmend auch in Europa), über die Online-Präsenz (Beratung, Verkauf, Schulung, Support etc.) bis hin zum telefonischen und Online-Service. Der Kundenservice und die *Apple Retail Stores* erhalten regelmäßig »best in class«-Bewertungen. In der Folge führen *Apple*-Produkte regelmäßig mit hohem Abstand gegenüber dem Wettbewerb bei Kennzahlen wie Kundenzufriedenheit, Weiterempfehlungsrate etc. (z. B. für Laptops, *iPhone*, MP3-Player).

- ***Deutsche Lufthansa***: Das Unternehmen versteht es durch einen durchgängig hohen Qualitäts- und Servicestandard sowohl die Kundenzufriedenheit als auch -bindung nachhaltig zu stärken. Aufgrund der vergleichsweise hohen Flexibilität der Kunden bei der Auswahl zwischen verschiedenen Anbietern und dem damit verbundenen (preislichen) Wettbewerbsdruck erweist sich eine durchgehend hohe Kundenzufriedenheit über alle Interaktionen als zentrale Stellgröße für die Absicherung der Kundenloyalität. Die Marke *Lufthansa* steht am Markt für einen hohen Standard über alle Kundenkontaktpunkte hinweg: vom Flugplan, dem Preis-Leistungs-Verhältnis, dem »Bodenprodukt«, dem »Bordprodukt«, dem Kundenbindungsprogramm *Miles&More* bis hin zum Direktverkauf etwa im Callcenter. Durchgängig werden Kunden qualitativ hochwertig angesprochen. Ein konsequentes Kundenzufriedenheits-Monitoring sowie die nahezu perfekte Orchestrierung aller Produkte und Dienstleistungen an der Kundenschnittstelle verhelfen – neben wirtschaftlichem Erfolg – auch regelmäßig zu Auszeichnungen als »besonders kundenfreundliche Airline« bzw. 5-Star-Airline.

Seltener genannt, aber dennoch Vorbilder einer herausragenden Umsetzung für Customer Experience Management waren in den Interviews:

- ***Die Automobilbranche***: Weltweit stehen Modelle von Marken wie *Audi, BMW, Porsche* oder auch *MINI* für uneingeschränktes Fahrvergnügen und höchste Kundenzufriedenheit. Das bestätigen regelmäßig Studien renommierter Marktforschungsunternehmen wie *J.D. Power*. Um Klassensieger in der Kundenzufriedenheit zu werden, hat sich *BMW* etwa zum Ziel gesetzt, den Premiumanspruch der Kunden bei jedem Kontakt mit dem Unternehmen zu erfüllen. Der Grund: Kunden verbinden mit den Marken *BMW, MINI* und *Rolls-Royce* komplexe Leistungsversprechen. Positiv überrascht wird der Kunde selbst noch am Ende der Garantiezeit seines Kfz, denn selbst komplexe und teure Ersatzteile werden auch weit nach Ablauf der gesetzlich vorgeschriebenen Garantiezeit regelmäßig auf Kulanz zur Verfügung gestellt. Die Häufigkeit des vorliegenden Schadenfehlers legt der Hersteller gegenüber dem Kunden offen. Der Kunde hat so jederzeit das Gefühl, mit der Marke *BMW* selbst im Schadenfall einen verlässlichen Partner zu haben, mit entsprechenden Auswirkungen auf Kundenloyalität und Wiederkaufraten.

- ***McDonald's***: Rund zwei Millionen Gäste bedient *McDonald's* täglich in seinen über 1.200 Restaurants allein in Deutschland. Für das weitere Wachstum setzt der Konzern zunehmend auf qualitative Ziele: Kundenbindung durch Kundenzufriedenheit ist oberstes Gebot. Jeder Gast erlebt weltweit das gleiche Geschmackserlebnis, die gleiche Atmosphäre in den Restaurants, die gleiche Servicequalität sowie die gleich lange Wartezeit (z. B. *McDrive*: durchschnittlich 90 Sekunden Wartezeit pro Kunde). Im Mittelpunkt einer nachhaltigen Kundenbindung steht ein festes Leistungsversprechen: Egal zu welcher Uhrzeit oder an welchem Ort der Welt sich Kunden befinden, bei *McDonald's* erhalten sie immer das, was sie bereits kennen und erwarten. Zudem nutzt *McDonald's* die Serviceprozesse als Dialogmöglichkeit (etwa Beschwerdemanagement) mit dem Kunden. Das sofortige Aufgreifen und die Behebung von Problemen und Beschwerden vor Ort stärkt nachhaltig die Kundenzufriedenheit und nachfolgend die Kundenloyalität gemäß des Serviceanspruchs: »*Kein Kunde verlässt das Restaurant, ohne dass man dessen Reklamationen unmittelbar behoben hat.*« Sollte dies nicht sofort möglich sein, wird über den Customer Service im Nachhinein Abhilfe geschaffen und der Kunde hierüber informiert. Auch die laufende Aufwertung vieler *McDonald's* Restaurants (Ausstattung, *McCafé*-Konzept, Erweiterung des Food-Portfolios, Bedienungskonzept) wird konsequent und durchgehend umgesetzt, mit entsprechend positiven Folgen für die Qualitätsanmutung und das Markenimage.

- ***Land's End***: Zu Beginn der Firmengeschichte des amerikanischen Modeherstellers, der mit einer lebenslangen Garantie für seine Produkte wirbt, verkaufte dieser ausschließlich Segelbekleidung. Der Einfluss dieser Sportart ist heute nach wie vor auch im Kundenservice zu spüren: »Teamplay« steht ganz oben auf der Agenda der Mitarbeiter, ebenso wie der Kunde mit allen seinen Anliegen und Reklamationen als gleichwertiger Dialogpartner wahrgenommen wird. *Land's End* ist in jeglicher Hinsicht darum bemüht, seinen Kundenstamm zufriedenzustellen und durch hochwertige Produkte im Bekleidungsbereich und jederzeit überraschend guten Service an sich zu binden. Bereits vor dem Zeitalter der Internet-Flatrates bot *Land's End* seinen Kunden und Interessenten ein kostenloses Einwahlprogramm an, um unbegrenzt auf der Website von *Land's End* surfen zu können. Die *Land's End*-Garantie »ohne Wenn und Aber« ist einzigartig: »*Falls Sie nicht zu 100% mit einem bei uns bestellten Artikel zufrieden sind, können Sie ihn jederzeit an uns zurücksenden und wir erstatten Ihnen den vollen Kaufpreis.*« Die erstklassig geschulte Hotline wird durchweg extrem positiv bewertet: stets freundlich und immer bemüht, die Belange des Kunden ernst zu nehmen und bei allen Problemen unmittelbar Abhilfe zu schaffen. Der Leitsatz des Firmengründers von *Land's End, Gary Comer*, wirkt auch als Maxime im Service: »*Kümmere Dich nicht darum, ob es das Beste für das Unternehmen ist. Sorge Dich darum, dass es das Beste für den Kunden ist!*«

- ***Luxushotels***: Hotels der Luxusklasse wie z. B. die *Radisson Hotels & Resorts* oder *Ritz Carlton Hotels* zeichnen sich nicht nur durch erstklassige Hotels mit hochwertiger Ausstattung aus. Vielmehr machen eine durchgängige und unaufdringliche Kundenbetreuung einen Besuch zum Erlebnis und Ermuntern zum Wiederkommen. In der Sparte der Geschäftsreisenden und Business-Tagungen werden beispielsweise zusätzliche Services angeboten, welche die Organisation und die Durchführung von Business

Events erleichtern: IT-Concierges helfen bei IT-Problemen aller Art. Auch der After Sales Service als Bestandteil eines Customer Experience Designs wird etwa bei *Radisson Hotels* großgeschrieben. Die Hotelkette wurde daher laut dem Power 2018 North America Hotel Guest Satisfaction Index durch seine Kunden auf Platz 1 im Luxussegment bewertet. Als größter Kundenluxus wird ähnlich wie bei *Ritz Carlton Hotels* die Zeit des Kunden angesehen, die dieser nicht mit unnötigen Administrativa (z. B. dem Check-in) verbringen muss.

- ***Nespresso***: *Nestlé* als Pionier auf dem Markt für fertig portionierten »High End«-Kaffee ist auf Erfolgskurs. Im Mittelpunkt der Wettbewerbsstrategie dieser Luxusmarke steht die Qualität in der Tasse, im Design, im Service sowie eine große Auswahl unterschiedlicher Kaffeesorten. Mittels einer systematischen Differenzierung gelingt es *Nespresso*, seinen Kundenstamm stetig auszubauen. Dabei steht das emotionale Verhältnis zum Konsumenten im Vordergrund; der *Nespresso Club* und die *Nespresso*-Boutiquen sind Premium-Imageträger der Marke und lassen die Kunden zu einem Mitglied einer weltweiten »Community« von Kaffee-Connaisseurs werden. Jeder Kunde soll zum Botschafter der Marke werden und wird bei seiner ersten Kaffeebestellung in den »*Nespresso Club*« aufgenommen. Ähnlich qualitativ hochwertig ist der Service rund um die Kaffeekapseln oder die Maschinen. Bei einem Defekt einer Maschine wird diese (innerhalb der Garantiezeit kostenlos) am nächsten Werktag beim Kunden abgeholt sowie eine Ersatzmaschine zur Verfügung gestellt. Eine garantierte Reparatur innerhalb von sieben Tagen liegt in den meisten Fällen weit unter der Erwartungshaltung der Kunden. Die Kombination aus einem Premiumprodukt, exklusiven Vertriebswegen sowie entsprechenden Werbeträgern (wie *George Clooney*) gepaart mit einem exzellenten Kundenservice haben dafür gesorgt, dass sich *Nespresso* mit zeitweise fast 30 % Marktanteil als weltweiter Marktführer etablieren konnte. Aus Sicht der Befragten tritt bei *Nespresso* ein interessanter Effekt ein: Die eigentliche Produktqualität (nämlich des Kaffees) wird durch die Qualität des Einkaufserlebnisses überlagert.

Für die Überprüfung und Operationalisierung des Customer Experience Designs sind – aus der Perspektive des Kunden – in unterschiedlichen Funktionsbereichen entlang der Wertschöpfungskette interaktive Angebote ebenso wie spezifische Mehrwertdienste zu definieren und anschließend zu überprüfen, in welchem Bereich die Kundenerfahrung nicht optimal ist (vgl. Abbildung 58; Strauß/Heydecke, 2010).

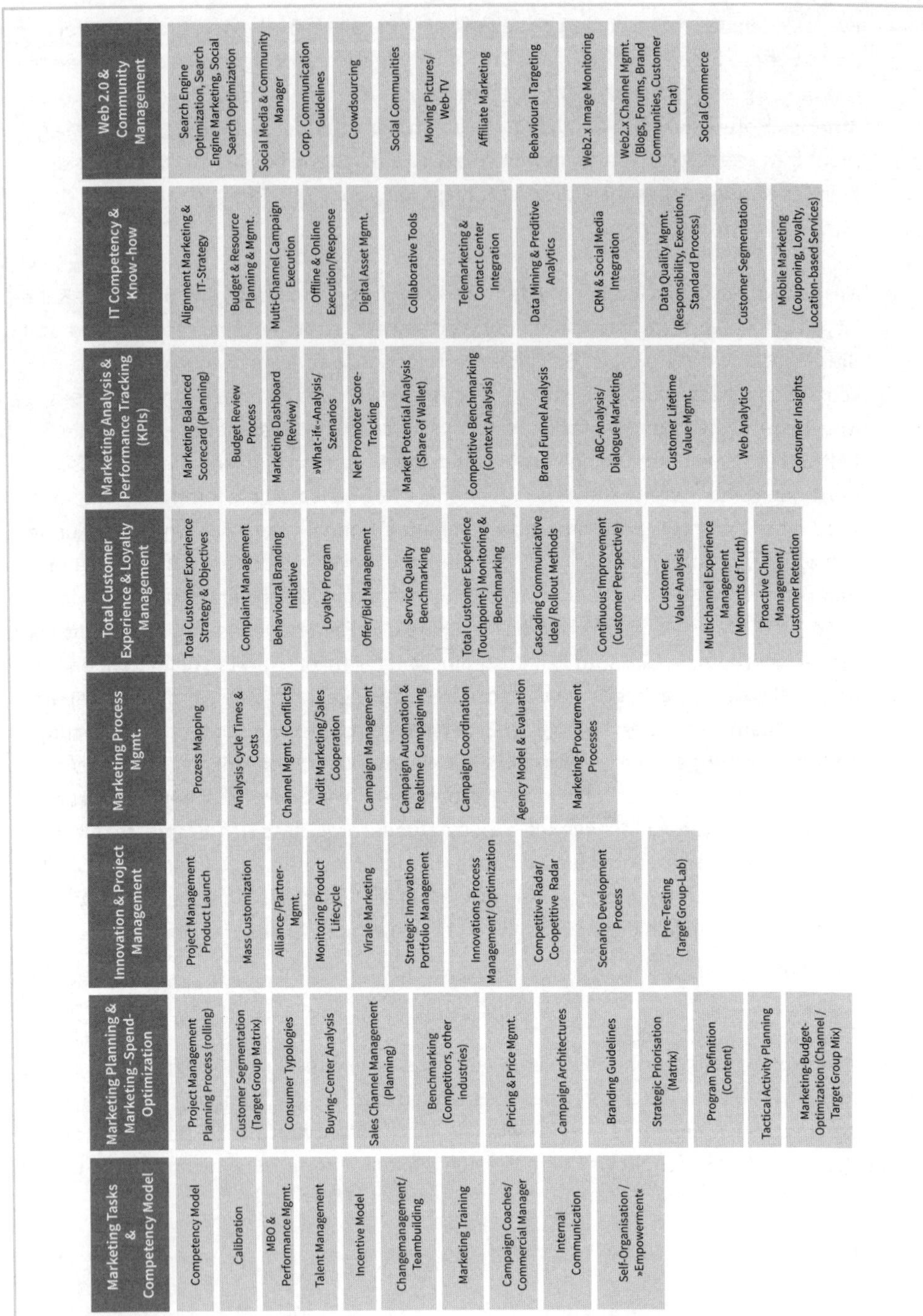

Abbildung 58 Bausteine zur Umsetzung eines Total-Customer-Experience-Ansatzes aus Projektbeispiel (Strauß/ Heydecke, 2010; Schüller, 2018)

2.6 Contentmanagement und Syndiction – die Bereitstellung qualitativer Inhalte

2.6.1 Funktionen des Contentmanagements

Contentmanagement bezeichnet die Kombination definierter Rollen, formaler Prozesse und unterstützender Systemarchitekturen für die Erstellung, Bearbeitung, Verwaltung sowie Veröffentlichung von Inhalten in Form von Texten, Grafiken und Anwendungen (Rothfuss/Ried, 2001). Das Management von Websites als internetbasiertem Contentmanagement stellt sich als Ansammlung verbundener Web-Dateien dar und erfordert die Sicherstellung sowohl der Qualität als auch Aktualität der dabei verarbeiteten Inhalte (Koop/Jäckel/van Offern, 2001).

Die steigende Anzahl präsentierter Informationen und zunehmende Funktionalitäten der Websites (bis zu personalisierten Websites) macht den Einsatz von **Contentmanagementsystemen (CMS)** insbesondere Web-Contentmanagementsystemen erforderlich (Skuplik, 2012). Ein Contentmanagementsystem dient der systematischen Sammlung, Erstellung, Speicherung und Veredelung von strukturierten Inhalten und Mediadaten aller Art in einem einzigen, fein granulierten (logischen) medien- und formatneutralen Bestand (Rothfuss/Ried, 2001). Diese Systeme unterstützen darüber hinaus den Zugang und die Verwaltung unterschiedlicher Benutzergruppen. CMS unterstützen (Halvorson/Rach, 2012)

- die **Workflow-Prozesse** zur Erstellung (Authoring), Qualitätssicherung und Versionsverwaltung der dargestellten Informationen und steigern damit den Genauigkeitsgrad,
- die Verwaltung unterschiedlicher Rechte an erstellten Inhalten im Rahmen einer **Rechteverwaltung**,
- einfache **Einbuchungsmöglichkeiten** neuer Inhalte und die Vollständigkeit und Aktualität der Informationen,
- **automatische Erstellungsprozesse** etwa für personalisierte Websites, die wiederum die Effektivität steigern und Personalaufwendungen sowie Kosten senken,
- das **Cross-Publishing** (Mehrfachverwertung prinzipiell gleicher Inhalte) über mehrere unterschiedliche Kommunikations- und Vertriebskanäle,
- die automatische Überwachung von **Verfall- und Archivierungsdaten**.

Als Web-Contentmanagementsysteme dienen diese damit der Erstellung der Site-Struktur, der Erstellung von Inhalten als Authoring-Tools, der Gestaltung von Anwendungen sowie der eigentlichen Veröffentlichung auf der Website (vgl. Abbildung 59). Zielsetzung eines Contentmanagements ist die Konsistenz, Aktualität, Zuverlässigkeit sowie leichte Erschließbarkeit (relevanter) Inhalte für den Nutzer (Gersdorf, 2002). Die abgerufenen Daten stehen im Idealfall wiederum dem System für die fortlaufende Anpassung, Aktualisierung und Individualisierung der Informationen zur Verfügung. Mit **Asset-Management-Systemen** oder **medienneutralen Datenbanken** werden meist Datenhaltungssysteme beschrieben, die neben strukturiertem Text vielfältige Medientypen wie Bilder oder Multimedia-Inhalte umfassen. Meist integrieren diese Systeme eine Vielzahl weitergehender Dokumente und externe Datenbanken. Im unternehmensinternen Einsatz können Contentmanagementsysteme im Rahmen eines **Knowledge Management** als »Wissensplattform« die Aggregation und Präsentation von Wissen unterstützen, etwa durch Integration in **Groupware-Systeme** (Grudin, 1994/1988). Werden Contentmanagementsysteme entlang einer gesamten Content-Wertschöpfungskette eingesetzt, werden diese meist als **Redaktionssysteme** oder Publishing Systeme bezeichnet (Balci/Bülbül, 2007).

Im Rahmen des Bausteinkonzeptes unterstützt Contentmanagement andere Bausteine, etwa

- im **E-Procurement** die Implementierung und Pflege von Standard-Einkaufskatalogen,
- im Rahmen der **Individualisierung** die Verfügbarmachung umfangreicher Inhalte, die über Vergleichstools individuellen Nutzerprofilen zugewiesen werden oder auch
- im Rahmen des **Digital CRM** als Grundlage für Mehrwertdienste und aktualisierte Informationen.

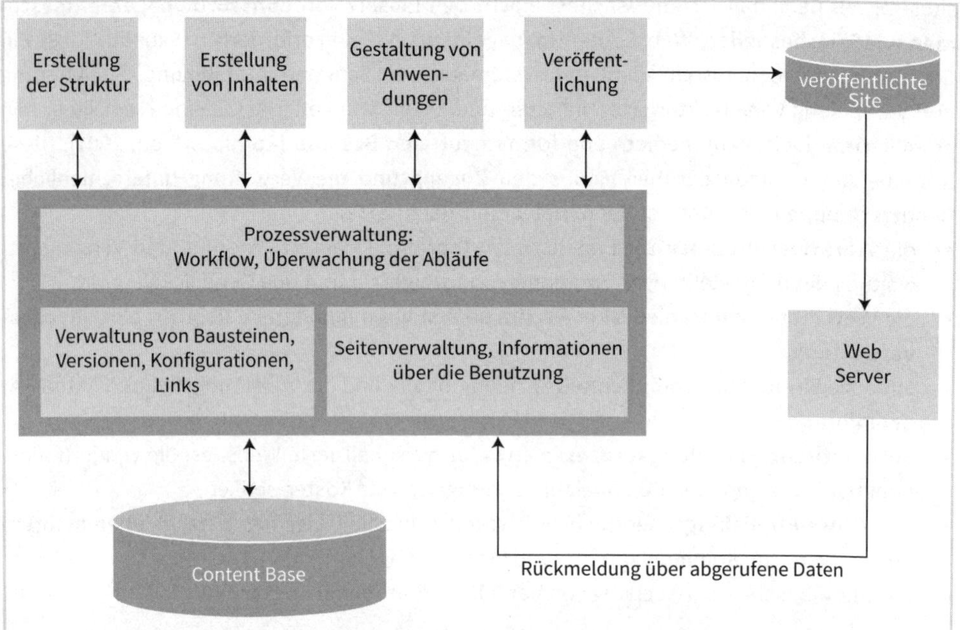

Abbildung 59 Struktur und Funktionalitäten eines Contentmanagementsystems (Bullinger/Schuster/Wilhelm, 2000)

Die Grundlage eines Contentmanagementsystems ist eine meist komplex aufgebaute **Content Base** oder **Content Repository**. Neben Inhalten verschiedener Datentypen wie Bildern und unstrukturierten Texten werden hier auch 3-D-Animationen und Videos eingestellt. Grundprinzip dieser Content Base ist stets die Trennung von Struktur, Darstellung und Rohinhalten, am besten im Rahmen einer XML-basierten Datenbank. XML erlaubt die inhaltliche Beschreibung der Daten sowie die Manipulation der Inhalte durch clientseitige Prozesse außerhalb des eigentlichen »Content-Servers«. Interaktionen mit der Inhaltsdatenbank werden durch eine

Vielzahl von Verwaltungsfunktionen und -informationen sowie Zugangskontrollen reglementiert. Die Zugangsberechtigung eines Nutzers entscheidet über die zulässigen Interaktionen innerhalb des CMS. Über definierte Benutzergruppen, -rollen und -profile können Zugangsberechtigungen präzise auf den Nutzer zugeschnitten werden. Diese können anstelle globaler Benutzerrechte bis auf die Ebene einzelner Objekte wie etwa Bilder, Texte oder Layouts festgelegt werden. Parallel zur Daten- und Inhalteverwaltung ist eine zentrale Rechteverwaltung zu implementieren, um zu verhindern, dass Inhalte unautorisiert genutzt werden. Protokollfunktionen erfassen sämtliche Bestandsänderungen innerhalb einer Content Base auf diesen unterschiedlichen Abstraktionsebenen. Neben der Datensicherung und Mehrplatzfähigkeit verfügen CMS über Rollback-Funktionen. Diese gestatten es, Änderungen an Inhaltsbeständen rückgängig zu machen, sodass diese im Bedarfsfall in einen zu definierenden (konsistenten) Zustand gebracht werden können. Die Grundlage für ein »Rollback« bildet eine differenzierte Versionsverwaltung. »Check-in-« und »Check-out-Funktionalitäten« erlauben die exklusive Reservierung und Bearbeitung von Inhalten durch einen Nutzer. Cross Media Publishing bezeichnet in diesem Zusammenhang als Erweiterung des Contentmanagements den parallelen Einsatz verschiedener Werbemedien und die Automatisierung und Erstellung von Inhalten (Dokumenten) für verschiedene Endgeräte bzw. Ausgabemedien (Balci/Bülbül, 2007).

2.6.2 Contentmanagement und Content-Syndication

Angesichts der Möglichkeit, interaktive Inhalte verschiedenartiger Content-Anbieter internetbasiert weitgehend automatisch präsentieren zu können, werden Aktualisierungen der Inhalte heute in der Mehrzahl der Unternehmen regelmäßig vorgenommen. Oftmals existieren auch Content-Kooperationen. Als externe, branchenfremde Inhaltsanbieter kommen vor allem Druck- und Verlagshäuser in Frage, ebenso wie Social Media und Content-Syndikatoren. Es zeigt sich in den Interviews und Fallbeispielen, dass extern zugelieferte Inhalte nicht beliebig automatisch und damit unüberarbeitet für die unternehmensbezogenen Kommunikationszwecke übernommen werden können (Halvorson/Rach, 2012). Oft ist eine – wenn auch nur marginale – Anpassung durch eigens instruiertes Personal erforderlich. Allerdings kristallisiert sich nach wie vor das Fehlen von innerbetrieblichen Mitarbeitern mit entsprechenden Kenntnissen im Online-Journalismus als größte Hürde für die Aufbereitung und Darstellung von Inhalten im Web heraus (Pulizzi/Handley, 2013; Benady, 2012). Teilweise fehlen auch Kenntnisse hinsichtlich der Auswahl von langfristigen und vertrauenswürdigen Inhaltsanbietern, die für einen längeren Zeitraum die Zulieferung interessanter Inhalte übernehmen könnten.

Eine Überwindung der Hürden des Contentmanagements ist durch die weitergehende aktive Vermarktung von Inhalten im Rahmen der **Content-Syndication** oder dem »vernetzten Publizieren« zu erwarten. Content-Syndikator aggregieren und bündeln Inhalte unterschiedlicher Inhaltsanbieter (Originator) und verkaufen diese Inhalte an andere Unternehmen (Werbach, 2000). Content-Syndikatoren wie *Acquiremedia* oder *Plista* fallen unter die Kategorie der Infomediäre.

Durch den kombinierten Einsatz von automatischen Filtersystemen (ähnlich zum One-to-One-Marketing) und Journalisten wird jeder zur Verfügung gestellte Artikel eingehend erfasst und kategorisiert. Geschäftsmodelle bestehender Content-Syndikatoren umfassen Content-Shops bzw. Abonnement-Dienstleister wie das Content Delivery Network von *Akamai* ebenso wie Content-Marktplätze wie *Contilla*, *iCopyright* oder *iFixit* als digitaler Content-Anbieter. In gleicher Form dienen verschiedene Social Media Networks als Content-Kanäle (Lieb, 2011; Cramer, 2012). In neuerer Zeit helfen Textroboter wie *AX Semantics*, die aus einer im Onlinehandel ohnehin vorhandenen Feature-orientierten PIM-Artikeldatenbank Texte in mehr als 100 Sprachen generieren kann. Das Regelwerk für 27 Sprachen generiert mithilfe eines neuronalen Netzes die Grammatikregeln für weitere 80 Sprachen.

3 Digital Marketing und Digital Communications – vom »Push« zum »Pull«

3.1 Abgrenzung und Entwicklung Digital Marketing

Online-Werbung verzeichnet als Haupttriebfeder verschiedenartiger Disziplinen eines umfassenderen Online-Marketings seit Jahren kontinuierlich steigende Wachstumsraten. Laut *Online-Vermarkterkreis OVK* haben die Online-Werbeinvestitionen 2017 die 7,6-Mrd.-EUR-Grenze überschritten (OVK; 2018). Auch 2018 hat sich das Internet als zweitstärkstes Werbemedium im Mediamix behauptet. Mit knapp 31 % entfällt in Deutschland ähnlich wie in anderen Ländern mehr als ein Fünftel des gesamten Bruttowerbekuchens auf das Internet. Durch vielseitige Analyse- und Aussteuerungsoptionen im laufenden Kampagnenbetrieb, in Kombination mit kampagnenbegleitender Werbewirkungsforschung und umfassenden Planungsdaten hat sich das Internet als effizientes Medium etabliert. Dabei ist Online-Werbung nur ein Baustein im Rahmen eines umfassenderen Online-Marketings und der Kommunikation.

> Unter **Online- oder Digital Marketing und Digital Communications** sollen nachfolgend alle Maßnahmen oder Maßnahmenbündel subsumiert werden, die darauf abzielen, Besucher auf die eigene oder eine ganz bestimmte Webpräsenz zu lenken, von wo aus Kaufabschlüsse weiter angebahnt bzw. getätigt werden können (Lammenett, 2017, S. 23).

Damit fallen unter diese begriffliche Abgrenzung neben der skizzierten Online-Werbung ebenfalls das Suchmaschinen-Marketing, Online-PR, Affiliate Marketing sowie Social Media und Mobile Marketing. Die Nutzung moderner Internet- oder Mobilanwendungen gestattet eine präzisere Ermittlung der Werbeträgerleistung, als dies bei traditionellen Medien der Fall ist. Durch die Interaktivität des Mediums und den Einsatz von AdServer-Technologien zur **automatischen Anzeigenplatzierung** besteht die Möglichkeit zur präzisen und individualisierten Zielgruppenansprache. Die darauf aufbauende **Werbeerfolgsmessung** ermöglicht zuverlässige und auf der Basis der konkreten Medialeistung planbare Kampagnen (Mena, 1999; Werner, 2000). Auf dieser Grundlage kann eine permanente Optimierung von Werbekampagnen mit der Zielsetzung hoher Wirkungsgrade durchgeführt werden. Zusätzlich verfügt Web-Werbung über ein weitaus größeres Spektrum text- (E-Mail) und multimediabasierter (etwa Filmtrailer) Gestaltungsformen.

> Die Integration verschiedener Instrumente mündet in vergleichsweise neueren Marketingausprägungen wie etwa **Performance Marketing** als integrierter, leistungsbezogener Honorierung messbarer Reaktionen und Transaktionen von Kunden und Interessenten.

Diese eher auf Marketingkommunikation ausgerichtete Definition grenzt weitere Elemente eines E-Marketings wie etwa Distribution, Pricing oder Produktmanagement bewusst aus – diese werden anderen Bausteinen zugerechnet. Hingegen wird in den Interviews immer wieder darauf verwiesen, dass Online-Marketing selbst über verschiedene Unternehmensbereiche hinweg in Planung, Inhalten und Exekution mit allen PR-Aktivitäten eng zu verzahnen ist – gleichzeitig jedoch Absendertransparenz gewahrt werden muss (Jodeleit, 2010).

Es zeigt sich, dass erfolgreiche Unternehmen einen deutlich größeren Schwerpunkt auf höherwertige Instrumente wie Customer-Journey-Analysen legen bzw. vice versa der systematische Einsatz und das Ausprobieren innovativer Instrumente einer der Grundpfeiler für einen Digital-Erfolg ist. Einzig mobile Anwendungsszenarien stecken sowohl bei den Erfolgreichen als auch den Nichterfolgreichen nach wie vor noch in den Kinderschuhen. Die größten Herausforderungen in der Online-Marketingkommunikation werden zuallererst in der Entwicklung einer 360-Grad-Kommunikation, d. h. integrierten Offline-/Online-Kampagnen gesehen, gefolgt vom Business Case für die Verschiebung von Budgets von klassischen Medien in Online bzw. den hierzu erforderlichen Konsens im Topmanagement bezüglich Verschiebungen und dem konkreten Fokus der Aktivitäten im Online-Marketing.

3.2 Werbemittel im traditionellen Online-Marketing

Werbung im Internet wird hauptsächlich durch Homepages und verschiedenste Arten von Bannerwerbung realisiert.

> Unter dem Begriff der ***Bannerwerbung*** werden allgemein alle Werbeanzeigen subsumiert, die auf Websites im Internet geschaltet werden.

Bannerwerbung entspricht etwa der Schaltung von Werbung auf Werbeplakaten. Die Platzierung erfolgt auf viel frequentierten Internetseiten sowie Websites, die über zielgruppenaffine Inhalte und Communities verfügen. Die Wirkung der Bannerwerbung geht damit weit über die unmittelbar messbaren Reaktionen (Clicks) hinaus: Zielsetzung ist sowohl die Response auf konkrete Angebote und damit die Umsatzgenerierung durch den Online-Verkauf von Produkten, die Bekanntmachung der Marke (Brand Awareness) als auch die Generierung vorqualifizierter Zielgruppenadressen.

Für die Werbung im Internet hat sich bereits eine Vielzahl unterschiedlicher **Werbeformen** herausgebildet, wie animierte oder auch transaktive Banner (Düweke/Rabsch, 2011). Neuere Bannertypen jenseits des klassischen GIF-Formats finden sich in Rich-Media-Bannerformaten wie HTML-Banner, DHTML-Banner, Java-Banner, Shockwave-Banner, Flash-Banner und Flying-Banner. Zu den weiteren Werbeformen, teilweise in Abwandlung von Bannern zählen Newsletter, Layer Ads oder auch Dynamites als überraschend auftauchende Werbebotschaften, die sich meist durch Sound untermalt unabhängig von sonstigen Bestandteilen der Website über den

Bildschirm bewegen. Zusätzlich gibt es eine Vielzahl von Kombinationen unterschiedlicher Werbeformate, die als Tandem-Ads oder Triple-Ads bezeichnet werden. Aufgrund des oftmals vorzufindenden Widerstandes gegen Bannerwerbung und Klickraten von teilweise unter 0,5 % haben sich weitere Formen wie Werbeframes herausgebildet.

> **Werbeframes** sind größere Werbeflächen am Rande einer Website, die mehrere Buttons enthalten oder abwechselnde Werbespots zeigen.

Zu den subtileren Werbeformen zählen:

- **die Einbettung von Textlinks in zumeist redaktionelle Umfelder**, sodass, ähnlich wie bei einem Advertorial, vordergründig dieser Textlink nicht als Werbung zu erkennen ist. Standardmäßig wird schließlich auf die hinterlegte Site verzweigt, wenn der Link angeklickt wird;
- **Blogs** als Instrument, um in einen offenen Dialog mit Konsumenten und Interessenten zu treten bzw. direkt über neue Angebote zu informieren und Rückmeldungen über Produkte einzuholen;
- **Keyword Advertising**, worunter bei Suchmaschinen kontextsensitive Werbeflächen verstanden werden, die erst auf der Ergebnisseite einer Suchanfrage – idealerweise mit direktem inhaltlichen Bezug zur Suchanfrage – platziert werden. Hierzu erwirbt der Werbetreibende Keywords bei einem Suchmaschinenanbieter. Der Preis des Keywords wird durch einen Bieterprozess gebildet und hängt maßgeblich von dessen Popularität ab. Werben mehrere Werbetreibende mit dem gleichen Keyword, wird die Reihenfolge, in welcher die Werbung angezeigt wird, durch die Zahlungsbereitschaft des Werbetreibenden bestimmt. Das **Network Keyword Advertising** basiert auf einem Netzwerk an Websites, die gegen Bezahlung bereitgestellte Werbung platzieren. Die Werbung wird dabei dem Kontext der Website, der wiederum durch Keywords charakterisiert wird, angepasst;
- **Wasserzeichen**, die dezent im Hintergrund des Seiteninhaltes stehen. Als Motiv eignen sich Logos, entweder großflächig oder in Form vieler kleiner Logos, die aneinandergereiht den Hintergrund ausfüllen;
- **SmartTags,** eine von *Microsoft* propagierte Informationsvariante, die sicherlich auch für Werbezwecke entdeckt werden wird. Zu ausgewählten und auf der Website gesondert gekennzeichneten Begriffen werden korrespondierende Informationen in einem kleinen, temporären Fenster eingeblendet.

Es ist auch in Zukunft mit einer dynamischen Weiterentwicklung der benannten und weiteren, innovativen Werbeformen wie Advergaming, Sponsoring-Modelle oder auch Floating-Ads zu rechnen. Zuweilen sinken initial hohe Aufmerksamkeitswerte mit der Zeit, da der Neuigkeitseffekt naturgemäß abnimmt und der übermäßige Gebrauch von Werbeformen im Werbemarkt zu (unter-)bewussten Ausblendungseffekten führt, sodass die Werbebotschaft zwar auf dem Bildschirm erscheint, aber kognitiv nicht wahrgenommen wird. Wenngleich mit weiter abnehmenden Werbewirkungen gerechnet wird (etwa gemessen anhand von Click-through-Raten), wurde die Wirksamkeit unterschiedlicher Formen von Bannerwerbung bereits vielfach unter Beweis gestellt. Es zeigt sich auch hier, dass Unternehmen, die erfolgreich digitalisiert haben, eher dazu tendieren, kontinuierlich innovativere Werbeformen auszuprobieren und deren Einsatzmöglichkeiten und Effizienz nachzuverfolgen, während die weniger Erfolgreichen eher dazu tendieren, an einmal etablierten Formaten festzuhalten. Mit **Native Advertising** ist eine Form von Werbung im Internet entstanden, bei der werbliche Inhalte analog zu einem Advertorial so gestaltet sind, dass sie nur schwer von redaktionellen Artikeln zu unterscheiden sind und die Aufmerksamkeit der Nutzer auf sich ziehen.

> Ein Test über den **Einfluss von Bannerwerbung** auf die Produktperzeption bei *Volvo* hat beispielsweise gezeigt, dass Bannerwerbung geeignet ist, eine höhere Wertschätzung der Marke, des Unternehmens bzw. der Produkte zu erreichen (Werner, 2000; Bauer et al., 2010).

Die Konzentration auf Click-Through-Raten bei einem Banner wird der Leistung dieses Werbemittels kaum gerecht (IAB, 1997). Studien belegen, dass insbesondere die Wirkungen auf die Markenbildung nicht zu vernachlässigen sind. Ähnlich wie bei klassischer Werbung sollte der Einsatz von Bannern im Interesse des Werbeerfolgs bestimmte Anforderungen erfüllen, beispielsweise die Animation, die Aufforderung des Nutzers zu direkten Aktivitäten, die Abstimmung auf das kreative und inhaltliche Umfeld, den regelmäßigen Austausch der Banner, die Kommunikationen eines konkreten Produktnutzens oder die Fokussierung auf bestimmte Zielgruppen. Bannerwerbung sowie die anderen vorgestellten Werbeformen sind als integraler Bestandteil eines übergeordneten Marketing-Mix und einer Mediaplanung (Media-Mix) zu verstehen und entsprechend sowohl visuell, als auch inhaltlich aufeinander abzustimmen (Strauß, 2008a).

Als Werbeträger kommen grundsätzlich alle Websites in Frage, die entweder über hohe Besucherfrequenzen oder über sehr spezielle Zielgruppen verfügen. Für erstere Kategorie kommen Suchmaschinen (wie *Yahoo.de*), thematisch und redaktionell geordnete Webkataloge (wie *web.de*), General-Interest-Angebote (wie *Spiegel*, *Focus*) in Frage, die eine möglichst große, wenngleich gemischte Zielgruppe abdecken. Bei **General-Interest**-Angeboten stehen einer hohen Anzahl an Besuchern eine große Heterogenität und damit vergleichsweise größere Streuverluste gegenüber (Briggs/Hollis, 1997). Aus diesem Grund bietet es sich in Abhängigkeit von dem Produkt, der Marke sowie den Werbezielen an, Werbung eher auf Sites mit geringeren Nutzerzahlen, jedoch größerer Homogenität der Nutzer und damit fokussierter Zielgruppenansprache (**Special Interest**) bzw. in einem stark themenbezogenen Umfeld (**Affinity Groups**) zu platzieren. Redaktionelle Special-Interest-Angebote (wie *DM-Online*) erlauben die Ansprache einer höher spezifizierten Zielgruppe.

Die Buchung des Werbeplatzes erfolgt direkt beim Betreiber der Seite oder einem Vermarkter. Die Integration der Werbemittel wird über einen Ad-Server gesteuert (Düweke/Rabsch, 2011). Als Steuerungsparameter kommen Einblendungen in Abhängigkeit vom geografischen Standort des Besuchers (Geo-Targeting), des Wochentags, der Tageszeit, eines besonderen Angebotes oder aber auch bestimmter Affinitäten der Besucher auf der Basis von Cookies in Frage. Über Rotationen und tägliche Mindest-/Höchstwerte der Auslieferung kann die Werbewirksamkeit granular ausgesteuert und kontrolliert werden.

> *eBay* verfügt erlaubt über ein Contextual Advertising, Angebote und Anzeigen in Abhängigkeit vom Inhalt einer Website anzubieten. Beim *eBay*-Partnerprogramm implementieren die Partner einen Code auf ihrer Website, der automatisch inhaltsbezogene Werbemittel (passende Produkte, Sonderaktionen und Kampagnen) auf der Website des Partners einblendet. Diensteanbieter wie *Resultlinks* oder *Trafficvance* unterstützen Werbetreibende im Contextual Advertising.

Damit können laufende Kampagnen über mehrere Kanäle nach individuell festzulegenden Kriterien optimiert werden. Für einige der Kampagnen kann das zentrale Kriterium die Klick-Rate sein, bei anderen die ausgelieferten Impressions in einem bestimmten Zeitraum und bei einer weiteren die Conversion Rate zum Kaufabschluss. Die **Optimierung** setzt dabei an mindestens drei verschiedenen Stellschrauben an:

- **Kommunikationskanäle**: Bei Kampagnen, die mehrere Kanäle nutzen, werden Werbemittel automatisch häufiger in denjenigen Kanälen ausgeliefert, die das bessere Ergebnis im Sinne vorab definierter Kriterien generieren.
- **Werbemittel**: Aus einem Pool von Werbemitteln (meist in einem Web-Contentmanagementsystem hinterlegt) werden diejenigen häufiger eingeblendet, die das beste Ergebnis in Bezug auf eine Zielsetzung erreichen.
- **Timing**: Werden vorab definierte Zielkriterien zu bestimmten Tageszeiten besser erreicht, liefert der Ad-Server einen höheren Anteil an Werbemitteln zu diesen Zeitpunkten aus.

> *Google®* bietet hierzu mit dem »Placement-bezogenen Targeting« die Option, Anzeigen auf spezifischen Orten im Content-Werbenetzwerk von *Google®* ausliefern zu lassen. Bereits seit 2005 besteht die Möglichkeit, Werbung auf den Websites der *Google®*-Partner (»Display-Netzwerk«) zu schalten. Damit übernimmt *Google®* ebenfalls die Rolle eines Online-Werbevermarkters.

Experteninterviews weisen darauf hin, dass die Auslieferung von Anzeigen zwar weitestgehend automatisiert erfolgen kann, dennoch eine inhaltliche Marketingplanung notwendig ist, um Inhalte, Angebote (Call-to-Action), Ausgestaltung, Kommunikationskanäle als auch Kampagnen-Architekturen bestmöglich in Bezug auf die Zielsetzung sowie die Zielgruppe abzustimmen (Gay/Charlesworth/Esen, 2007). Gleichzeitig ist im Rahmen der **Umfeldbuchung** zu kontrollieren, dass Werbemittel auch tatsächlich in thematisch relevanten und passenden Umfeldern ausgeliefert werden. Eine automatisierte Auslieferung von Anzeigen sorgt immer wieder dafür, dass Werbung in Themenumfeldern geschaltet wird, die sowohl für die jeweilige Marke als auch das Angebot und Ziel einer Maßnahme eher kontraproduktiv sind (»Bad Ads«). Das rein syntaktische Matching kann diametral zum inhaltlichen Hintergrund der Umfeldbuchung sein.

> Im Dezember 2012 wurde etwa auf *stern.de* neben einem Artikel zum Thema »*Ryanair-Maschine im Sturzflug über Deutschland*« eine Anzeige des Reiseveranstalters *Windrose* ausgeliefert: »*Es gibt nur eine Art, richtig zu reisen*«. Auf *Bild.de* wurde über die tränenreiche Entschuldigung zweier australischer Reporter für einen Spaßanruf in einem Krankenhaus der englischen Königsfamilie mit anschließendem Suizid der Krankenschwester berichtet, neben der Anzeige eines Handy-Anbieters (»*Handy kaputt?*«).

Die ständige Verbesserung und Auswahl effizienter Werbeträger hat in den letzten Jahren dazu geführt, dass der Markt für **Affiliate-Programme** stark gewachsen ist. Über Affiliate-Programme können Besucher mithilfe von Links direkt zur Internetseite eines verbundenen Unternehmens geleitet werden (Düweke/Rabsch, 2011).

> *Affiliate Networks* vermitteln zwischen registrierten Advertisern, also Anbietern von Produkten und Dienstleistungen (**Merchants**), und registrierten Publishern (Online-Vertriebspartner bzw. Website-Betreiber, **Affiliates**). Damit sind Affiliate-Netzwerke streng genommen das digitale Pendant zu einem im Vertriebskanal-Management bereits lange etablierten Partnervertriebs.

Affiliates können auf der Plattform spezielle Web-Codes zu Werbekampagnen (Kampagnen-Codes) der Advertiser herunterladen und diese Codes auf ihre Websites einbinden. Über die Kampagnen-Codes als Tracking-ID werden die Kaufdaten von der Advertiser-Website in die Datenbank des Affiliate Networks übertragen. Das Tracking kann entweder über die URL des Partners, Cookies oder auch Pixel erfolgen. Beim Tracking über Pixel wird auf der Website des Anbieters ein für den Besucher unsichtbares Image in der Größe eines Pixels als HTML-Code, der **Transaction Tracking Code**, hinterlegt. Wenn dieses Pixel (etwa von der »Danke-Seite« nach Kaufabschluss) vom Webserver des Netzwerkbetreibers angefordert wird, wird ein Kaufabschluss dokumentiert. Gleichzeitig können auch Parameter wie die Gesamtsumme des Kaufs zur Berechnung von Provisionen übermittelt werden. Für jeden Werbeerfolg (Klick, Kauf, Anreicherung Adressdatensatz etc.) erhält das Partnerunternehmen (der Affiliate) eine Provision.

> Das Affiliate Network ***Zanox*** etwa umfasst nach eigenen Angaben ca. 4.000 Merchants (wie *Groupon*, *VW Bank* und *Immonet*) und übernimmt Funktionen wie das Finden und Vermitteln von zueinander passenden Affiliate-Partnern (nach Branchen, Produkten oder auch auf bestimmte Marketingaktivitäten wie Suchmaschinenmarketing spezialisiert), die Unterstützung und Betreuung der Affiliate-Partner als auch die Verwaltung von Kampagnen und Werbemittelaktionen (wie Gutscheinen) sowie Reporting und Abrechnung (»Settlement«).

Damit stellen Affiliate-Netzwerke beiden beteiligten Parteien die Infrastruktur für die Verwaltung des Kampagnen-Codes, für das Tracking des Website-Besuchers und für die Provisionsermittlung (Vergütungsmodelle) zur Verfügung.

3.3 Online-Angebote, Differenzierung und Usability

3.3.1 Überzeugen im Netz nach *Cialdini*

Online-Marketing und Online Communication folgt den gleichen Gesetzmäßigkeiten wie klassische Werbung und Kommunikation: Im Mittelpunkt stehen alle Maßnahmen, um Einfluss auf potenzielle Kunden auszuüben und diese zu überzeugen. Eine wesentliche Determinante für die Motivation und Überzeugung ist der Grad des Involvements eines Konsumenten bzw. Nutzers. Ein hohes Involvement liegt in aller Regel dann vor, wenn die dargebotenen Informationen für den Konsumenten relevant und/oder interessant – und damit für ihn überzeugend – sind (Petty/Cacioppo, 1986). *Cialdini* unterscheidet sechs Schlüsselfaktoren der Überzeugung (Cialdini, 2001a/b; Goldstein/Martin/Cialdini, 2008; Guadagno/Cialdini, 2002):

- **Reciprocation** (Anbindung, Beziehung, Wechselwirkung): Menschen fühlen sich gegenüber anderen, die Gutes tun, verpflichtet. Übertragen auf das Online-Marketing ist es entscheidend, den ersten Schritt zu machen und etwa durch die Versorgung mit Informationen, Gratisproben oder anderen positiven Erfahrungen Nutzer zu öffnen und eine virtuelle Verpflichtung entstehen zu lassen, etwas »zurückgeben zu wollen«.
- **Social Proof** (Reputation): Unentschlossene tendieren dazu, aus ihrem privaten Umfeld Feedback und Bewertungen einzuholen und ihr Handeln danach auszurichten. Nutzerbewertungen und Feedback in Communities kommt daher aus sozialpsychologischer Sicht eine hohe Bedeutung zu.
- **Commitment and Consistency**: Menschen suchen Widerspruchsfreiheit in ihren Verpflichtungen, weshalb sie ungern von getroffenen Vereinbarungen zurücktreten, und handeln nach bestehenden Einstellungen, Werten und Handlungen. Hierdurch sind sie für eine intelligente Zielgruppenansprache (Targeting) empfänglich.
- **Liking**: Menschen bevorzugen es, »Ja« zu sagen zu dem, was ihnen bereits vertraut ist und was sie mögen. Gleichfalls favorisiert werden äußerliche Attraktivität, das Erhalten von Komplimenten oder Gemeinsamkeiten (wie Namen). Das Herausstellen von Ähnlichkeiten zur Zielgruppe oder auch die Kommunikation mit Bildern von Mitarbeitern des eigenen Unternehmens beflügeln die Wahrnehmung und nachfolgende Verkaufschancen.
- **Authority**: Menschen respektieren Autoritäten. Damit sind Titel, Auszeichnungen, Kleidung oder Statussymbole bestätigende Faktoren bezüglich der Glaubwürdigkeit eines Individuums und eines Unternehmens. Mit zunehmender (wahrgenommener) Autorität steigt die Wahrscheinlichkeit, dass Anfragen von außen herangetragen werden.
- **Scarcity** (Knappheit): Je knapper und ungewöhnlicher ein Produkt oder eine Dienstleistung erscheint (wie etwa bei der Markteinführung eines neuen *iPhones*), desto größer ist die

Nachfrage. Damit wird die Tendenz alimentiert, empfindlicher auf mögliche Verluste oder entgangene Opportunitäten zu reagieren als auf Gewinne.

3.3.2 Usability und Webdesign

Neben Mehrwerten, der Relevanz vorgestellter Inhalte für die Zielgruppe und einer hohen Aktualität sollte sich der Nutzer die Inhalte im Idealfall intuitiv erschließen können. Hierzu gilt es, den gelernten »Web-Lesefluss« des Nutzers zu unterstützen und ihn in einen »Flow« zu bringen, bis zur Durchführung einer beabsichtigten Interaktion, wie etwa einem Kaufabschluss. Studien zeigen, dass Nutzer sich bereits innerhalb von 50 Millisekunden ein erstes Bild von einer Website machen und eine Einschätzung treffen (Lindgaard et al., 2005; Villa, 2009; Lazar, 2006). Immerhin 60 % der Käufer verlassen einen Onlineshop trotz gefüllten Warenkorbs noch während des Check-out-Prozesses. Der Grund: mangelnde Usability und Vertrauen der Kunden in den Anbieter. Entsprechend kommt Kriterien der Usability eine besondere Bedeutung zu, etwa in Form von (Garrett, 2012; Baraglia/Silvestri, 2007; Hassan/Li, 2005):

- **Verständlichkeit**: Wie intuitiv und leicht sind Inhalte zu verstehen und können Funktionen der Website genutzt werden?
- **Effizienz**: Wie schnell können Nutzer einmal erlernte Funktionen wiederholt nutzen?
- **Stabilität der Lernergebnisse**: Wie einfach ist es für Nutzer, nach einer gewissen Zeit der Nichtanwendung wieder eine hohe Effizienz in der Anwendung zu erreichen?
- **Grad der Individualisierung**: Hier geht es um individualisierte Inhalte und Anwendungen, die vom Nutzer als relevant eingestuft werden.
- **Fehlerhäufigkeit**: Wie häufig werden Fehler gemacht, wie schwerwiegend sind diese und mit wie viel Aufwand lassen sich diese wieder beheben?
- **Nützlichkeit**: Wie hilfreich und (intuitiv) unterstützend ist das Webdesign, um das vom Nutzer angestrebte Ziel zu erreichen?
- **Zufriedenheit**: Wie angenehm ist es für den Nutzer, dem Webdesign zu folgen?

> Die Bank ***HSBC*** berichtet, dass sie allein durch die Reduzierung der notwendigen Schritte und Formulare sowie eine besser verständliche Beschreibung der Angebote für Offshore-Bankkonten den Absatz um 47 % steigern konnte. Zugleich haben 75 % mehr Nutzer den gesamten Verkaufsprozess durchlaufen. Ähnlich konnte ***T-Mobile*** den Abverkauf eines Textdienstes allein durch eine klarere und verständlichere Beschreibung des Dienstes sowie der erforderlichen Schritte um 33 % steigern (Hargrave, 2011).

Fallbeispiele und Erfahrungen im Webdesign belegen, dass Nutzer den Website-Besuch umgehend abbrechen, wenn diese schwer zu bedienen sind, das Angebot nicht deutlich wird bzw. wie dieses in Anspruch genommen werden kann, Informationen und Inhalte nur schwer verständlich sind oder sich Nutzer auf der Website verlieren (Jakobsen, 2011; Huang/Cappel, 2012;

Xie/Barnes, 2008). Als wichtigste **Fehlerquellen** in Bezug auf die Usability haben sich entsprechend folgende Punkte herauskristallisiert (Jakobsen, 2011; Broschart, 2011):

- **Fiktion eines Profi-Nutzers**, der sowohl mit allen Abkürzungen, Fachbegriffen als auch Funktionalitäten der Website bereits vertraut ist. Teilweise findet sich hier im Webdesign eine »Inside-out«-Perspektive in der Konzeption. Anstelle der Einbindung realer Nutzer im Rahmen des Pre-Testing treten – nicht validierte – Hypothesen über die meist nur wenig bekannte Zielgruppe;
- **leserunfreundlich aufbereitete Texte** (Fasel, 2007);
- die **Verwendung einer fixen Schriftgröße** für die Bildschirmanzeige (Barrierefreiheit; Charlier, 2007);
- das Nichtvorhandensein zentraler, **relevanter bzw. hochkomprimierter Informationen** etwa bei Landing Pages (wie Suchmöglichkeiten oder Preisinformationen; Puscher, 2007);
- die Notwendigkeit, vor der Nutzung eine bestimmte **Zusatz-Software** (Plugins) installieren zu müssen;
- **Inkonsistenzen beim Navigieren**, d. h. Abweichungen von dem durch den Nutzer gelernten Verhalten und damit das Verhindern von Gewöhnungseffekten;
- **technische Probleme** wie Browser-Inkompatibilitäten.

Website-Optimierungstools erlauben ein kostenbewusstes (technisches) Austesten und Optimieren der Inhalte sowie des Aufbaus von Websites. Hier liegt das Hauptaugenmerk auf der Steigerung der Conversion Rates über die Website, der Reduktion von Absprungraten, die Erhöhung der »Stickiness« als Messgröße für die Bindungskraft (auch Verweildauer und Nutzungsintensität) einer Website oder auch die Erreichung einer stringenten und leicht erlernbaren Nutzerführung (Fischer, 2007; Briggs, 2006).

> Während unter dem Begriff der »**Usability**« alle technischen und weitestgehend objektivierbaren Faktoren subsumiert werden, schließt die »**User Experience**« auch alle psychologischen und subjektiven Faktoren (wie Farbgestaltung) mit ein (Hoffmann, 2013).

Neben die Usability treten Faktoren wie der **Joy of Use** (Spaß an der Bedienung) und die Schaffung einer Vertrauensbasis inkl. eines positiven Gefühls bei Nutzung der Anwendung (sogenannte **Volition**; Moser, 2012; Broschart, 2011; Ahrholdt, 2010).

3.3.3 Differenzierungsmerkmale des Webangebots

Wichtiges Kriterium neben der Erhöhung des Kundennutzens ist die Möglichkeit, eine webbasierte Differenzierung angesichts einer höheren Wettbewerbsintensität zu erzielen. Wettbewerbsvorteile können nur dann erreicht werden, wenn es gelingt, durch den Webauftritt bei für Kunden wichtigen Angebotsmerkmalen eine bessere Leistung zu erbringen als Wettbewerber.

Gerade im schnell drehenden Textilgeschäft sind die Kosten oder der Zeitaufwand für Fotoshootings nicht zu unterschätzen. Aus diesem Grund und zur Differenzierung vom Wettbewerb können Kunden im ***Otto-Trendshop*** in *Facebook* Kleidung virtuell anprobieren. Dazu wählen sie verschiedene Kleidungsstücke sowie Farben und Muster aus und probieren diese mittels Videokamera virtuell an. Über die Funktion »Mix & Match« können unterschiedliche Kombinationen erprobt werden und via *Facebook* als Social Shopping an Freunde verschickt werden (Grabs/Bannour, 2012). Seit 2012 bietet *Otto* mit *UPcload* eine genaue Körpervermessung per Webcam für zu Hause an. Neben der relativ genauen Vermessung durch die Kamera bietet *UPcload* zusätzlich ein Schätzverfahren anhand der Parameter Größe, Alter, Geschlecht und Gewicht. So erhalten Benutzer eine detaillierte Anzeige, wie der Artikel an den wichtigsten Stellen passen sollte. Das schnelle Finden der richtigen Schuhgröße wird durch *Mifitto* unterstützt: Die optimale Größenempfehlung erfolgt auf Basis der Fußmaße für jeden vermessenen Schuh in der Datenbank. Benutzer benötigen wahlweise ein Blatt Papier und einen dunklen Stift, um ihren Fußumriss nachzuzeichnen, ein Smartphone mit Kamera oder ein Maßband bzw. Lineal.

Fitiquette gestattet eine virtuelle Anprobe, mit der Kunden prüfen können, ob ihnen Kleidungsstücke passen. Aus verschiedenen Körperteilen und den eigenen Körpermaßen wird hier ein virtuelles Mannequin erstellt und Bekleidungsstücke in den passenden Größen vorgeschlagen. Benutzer können die Passgenauigkeit dann in einer 3-D-Ansicht überprüfen. Fraglich ist hierbei, inwiefern sich Nutzer bei der Angabe ihrer Körpermaße von der Realität oder eher einem verbrämten Wunschdenken leiten lassen. Bei *Swivel* können sich Benutzer mittels *Microsoft Kinect* oder einer normalen Webcam digital und in Echtzeit mit verschiedenen Bekleidungsstücken einkleiden. Hierzu stellen diese sich lediglich vor ein Display mit adaptierter Kamera, wo das Bekleidungsstück mittels einer Augmented-Reality-Software über den Körper gelegt wird. Hintergründe können flexibel angepasst werden, um die Wirkung des Outfits in verschiedenen Umgebungen zu prüfen.

P&C verfügt mit *Fashion ID* über einen Onlineshop, der drei Viertel des stationären Angebots abdeckt. Die Zusatzfunktion »Freunde fragen« ermöglicht es Nutzern, Produkte mit *Facebook*-Freunden zu teilen und per Video-Chat zu besprechen. Vorteil für den Kunden: sich während des Onlineshoppings von Personen seines Vertrauens beraten zu lassen. Vorteil für *P&C*: Das Sortiment wird einer breiteren Nutzerschaft nähergebracht – kostenlose Werbung durch Nutzer inklusive.

Ähnlich setzt die schwedische Modekette ***H&M*** bereits seit Längerem im Onlineshop virtuelle Modells ein. Ähnlich nutzt auch der französische Shopping-Club ***Vente-privée*** virtuelle Models bei unterschiedlichen Verkaufsaktionen – trotz der Fokussierung auf hochwertige Inszenierungen der Abverkäufe als »Shopping-Events«. Erfahrungen zeigen, dass weder Kunden noch die bei *Vente-privée* präsentierten Marken und deren hochwertige Inszenierungen durch den Einsatz virtueller Models gestört werden. Analog hierzu bietet ***IKEA*** Möbelfans via Smartphone oder Tablet mithilfe einer Gratis-App Videos und Fotogalerien

> zu ausgewählten, extra gekennzeichneten Möbelstücken. Besonderes Highlight ist ein »X-Ray«-Tool, das den Katalogbetrachtern einen Röntgenblick ins Innere der Möbel ermöglichen soll.

> *Adidas* setzt ebenfalls auf virtuelle Umkleidekabinen. Das Ziel ist die Senkung der Retourenquote. Über die Software *Fits.me* können Kunden anhand von Ankleidepuppen (welche die eigenen Maße haben) sehen, wie das gewählte Kleidungsstück am eigenen Körper aussehen würde (Kolbrück, 2013). Die virtuelle Umkleidekabine von *Fits.me* wird dabei als Software-as-a-Service angeboten und kann ohne großen Aufwand in Webshops integriert werden. Laut Anbieter kann über die virtuelle Umkleidekabine gemäß bisheriger Pilotanwendungen in UK die Zahl der wegen falscher Größe zurückgeschickten Artikel um bis zu 77 % gesenkt werden. Ein Grund: Der Zwang, sicherheitshalber mehrere Konfektionsgrößen zu bestellen, wird geringer. *Fit Advisor* gibt aufgrund der eingegebenen Maße und Wünsche des Online-Kunden mit grafischen Indikatoren verschiedene Größenempfehlungen. Anders als bei der virtuellen Umkleidekabine von *Fits.me* werden dabei aber keine Artikelfotos angezeigt. Der *Fit Advisor* ist sogar lernfähig: Er nutzt anonymisiert die Eingaben von *Fits.me*-Nutzern und soll so vorhersagen, welches Kleidungsstück zu welcher Körperform passt (Kolbrück, 2013).

Eine Möglichkeit zur Differenzierung besteht in **Push-Informationen**. Hier werden von einem Content-Provider Informationen zentral aufbereitet und den Kunden über ein Netzwerk direkt zur Verfügung stellt. Die Anwendungsmöglichkeiten derartiger Push-Systeme erstrecken sich von einfachen Produkt- und Preisinformationen bis zur automatischen Verteilung von Software-Updates. Der Vorteil besteht darin, dass vonseiten des Abnehmers nicht alle möglichen Angebote untersucht werden müssen, sondern nach der einmaligen Angabe eines Interessenprofils permanent relevante (individuelle) Informationen automatisch übermittelt werden, wie etwa bei ***PointCast***.

> ***Ford*** nutzt Push-Dienste um Informationen an die Händler zu übermitteln. ***Trilogy*** oder ***Hewlett-Packard*** übermitteln Software-Updates mithilfe von Push-Technologien.

3.3.4 Aktivierung des Kunden mittels Neuromarketing

Im Neuromarketing geht es um den Blick in das Gehirn des Kunden, um das Verständnis, wie Kaufentscheidungen gefällt werden. Das Ziel: Die Gestaltung einer möglichst effizienten Kundenansprache. Die Marketing- und Hirnforschung zeigt uns, dass der bewusste und rationale Kunde eine Illusion ist. Kaufentscheidungen fallen erstens weitgehend unbewusst und sind zweitens immer emotional (Ariely, 2010). Etwa 70 % der Kaufentscheidungen werden erst direkt vor den Regalen bzw. auf der Website getroffen. Dabei denken und handeln Konsumenten bei Gewohnheitskäufen anders als bei Spontankäufen. Bei Gewohnheitskäufen wird auf bestimmte

Produkte oder bestimmte Marken vertraut, mit denen schon positive Erfahrungen gemacht worden sind, positive Emotionen verbunden werden und die potenzielle Nachkauf-Dissonanzen ausschließen. Impulsiver verlaufen Spontankäufe: Hier reagieren Konsumenten auf bestimmte Reize, wie Düfte, Werbebotschaften im Kaufhausradio oder auf Sonderangebote – an denen man »einfach nicht vorbeigehen« kann. Der Schuldige ist das eigene Gehirn, das stets unbewusst auf der Suche nach neuen Möglichkeiten ist, Bedürfnisse zu befriedigen. Das Auslösen positiver Emotionen basiert auf Stimulanz (Ambiente erzeugt ein einzigartiges Einkaufsgefühl), Dominanz (Wohlfühlen) und Balance (in welchen Lebenssituationen ein Produkt nicht fehlen darf; Häusel, 2006).

> Hirnforscher hatten bereits 2002 herausgefunden, dass *Coca-Cola* und *Pepsi* jeweils zwei unterschiedliche Gehirnbereiche beim Konsumenten aktivieren. *Coca-Cola* schaffte es im Gegensatz zu *Pepsi*, sowohl den Hippocampus (verantwortlich für Erinnerungen) als auch den dorsolateralen präfrontalen Kortex (verantwortlich für Emotionen) zu aktivieren (Raab/Gernsheimer/Schindler, 2009).

Neuromarketing beschäftigt sich damit, wie Wahl- und Kaufentscheidungen im menschlichen Gehirn ablaufen und wie man diese beeinflussen kann. Damit stehen hier Fragen im Vordergrund wie (Raab/Gernsheimer/Schindler, 2009):

- **Bewusstsein**: Ist das Bewusstsein die Vormacht unbewusster Entscheidungsprozesse?
- **Multisensorische Verarbeitungsprozesse**: Wie werden Gestaltungen, Markenauftritte etc. im Gehirn verarbeitet und welche Implikationen hat das auf die Markenführung insgesamt oder auch die Produkt- und Verpackungsgestaltung im Besonderen?
- **Emotional-kognitive Verarbeitungsprozesse**: Wie werden Anzeigen und TV-Spots im Gehirn aufgenommen und verarbeitet?
- **Neurolinguistik**: Wie wird Sprache verarbeitet und welche Form von Sprache sorgt für welche Aktivierung in welchem Kontext aus Sicht des Konsumenten?
- **Neurowissenschaftliche Persönlichkeitsforschung**: Wie unterscheiden sich Menschen in ihrer Produkt- und Markenpräferenz? Aus der Einteilung der Kunden in verschiedene Persönlichkeitstypen lassen sich nicht nur Zielgruppenstrategien ableiten, sondern gegebenenfalls auch bisherige Buyer-Persona-Studien kritisch hinterfragen.

Studien haben herausgefunden, dass sich Emotions- und Kognitionssysteme im Laufe eines Lebens zum Teil erheblich verändern. Damit unterscheiden sich Zielgruppen nicht nur hinsichtlich ihrer Vorlieben und Präferenzen, sondern auch hinsichtlich Gender und Alter. Die Aktivierung erfolgt über Geschichten (Furr/Nel/Ramsoy, 2018). Ein derartiges Storytelling war schon immer eine wichtige Möglichkeit für Menschen, Bedeutsames zu kommunizieren. Sie transportieren vor allem implizite, kulturell erlernte Bedeutungen über das Offensichtliche und Explizite hinaus, lösen häufig starke Emotionen aus und machen neugierig (Smith, 2012). Kleine Geschichten lassen sich gut merken und werden im episodischen Gedächtnis gespeichert, wo auch unsere eigene Lebensgeschichte bewahrt wird, etwa eine Erinnerung an den ersten Schultag, an ein Märchen etc. So sind Märchen und Mythen von Generation zu Generation übertragen worden und werden immer wieder für Marketingzwecke genutzt (Häusel, 2006). Sie sind effizient, weil sie Symbole integrieren (Furr/Nel/Ramsoy, 2018).

> Beim *Maitre Chocolatier* bei ***Lindt*** steht z. B. die Kochmütze für handwerkliche Meisterkunst und Tradition.

Darüber hinaus geben die Geschichten Hinweise auf strukturiertes Wissen, reduzieren die Komplexität und erleichtern das Voraussagen möglicher Handlungen. Der Einsatz von Storytelling ist weitreichend und gewinnt immer mehr an Bedeutung (Smith, 2012; Smith, 2016). Digitale Medien ermöglichen es dem Nutzer, die Geschichten zu beeinflussen und interaktiv zu handeln bzw. auch mit den Protagonisten zu interagieren. Über User Generated Content in Social Media und Bewertungsportale erzählt jeder Kommentar, jede Produktbewertung die Geschichte des jeweiligen Käufers oder Nutzers. Storys bauen emotionale Brücken, liefern Fakten in Bildern, regen an und überraschen.

Als dritter Code in der Markenkommunikation, der Bedeutung und Botschaften übertragen kann, gelten Symbole. Diese transportieren, ähnlich zu Geschichten, implizite und kulturell erlernte Bedeutungen. Symbole können besonders schnell unmittelbare Verhaltensprogramme im Autopiloten aktivieren und Menschen reagieren darauf automatisch. Voraussetzung für diese automatische Reaktion auf ein Symbol ist, dass die Bedeutung des Symbols erlernt ist (Furr/Nel/Ramsoy, 2018). In der Markenkommunikation stehen Symbole für Markenlogos zur Verfügung sowie menschliche Protagonisten, Tiere, Rabattzeichen etc. Diese Symbole versucht unser Gehirn mit bestimmten Erwartungen zu verknüpfen, beim Rabattzeichen z. B., ein Schnäppchen machen zu können. Wird so ein Instrument permanent überstrapaziert und schließlich gar kein besonders günstiges Angebot mehr dargestellt, merkt das Gehirn schnell, dass das Symbol diesen Erwartungen widerspricht, und wird darauf nicht mehr reagieren. Mittels Sensorik gelangen weitere Bedeutungen in das Gehirn des Nutzers, wie Farben, Geräusche, Formen, Haptik und Bildsprache. Im Gehirn laufen alle Sinnesdaten zusammen und werden dort analysiert, unabhängig von der Kodierung eines einzelnen Sinnes. Dabei leisten die verschiedenen Sinneskanäle unterschiedliche Beiträge zur Informationsaufnahme bei Reizgegebenheiten, etwa das Gehör zu ca. 10–20 % oder das Auge zu ca. 20–30 %. In der Kombination verstärkt sich die Aufnahmefähigkeit mit jedem weiteren Sinneskanal, z. B. Auge und Gehör ca. 40–50 % oder Auge, Gehör und Fühlen ca. 80–90 % (Häusel, 2006). Darüber hinaus ist die Stimmigkeit der Sinneskanäle von großer Bedeutung. Transportieren mehrere Sinneskanäle die gleiche Bedeutung, entsteht ein Muster, das stark genug ist, Wirkung zu erzeugen (**multisensorische Verstärkung**).

Vor allen anderen Kommunikationskanälen weist das Internet für das sensorische Marketing zentrale Vorteile auf (Pispers/Rode, 2018). So kann durch die Interaktion, das Selbsttun, ein tiefer, langanhaltender Eindruck von einer Website erhalten bleiben. Dazu muss eine Website multisensorisch und interaktiv ausgestattet sein. Damit können nicht nur Emotionen hervorgerufen und das Interesse des Nutzers geweckt werden, sondern auch die Entscheidung für das Produkt beeinflusst werden. Fehlende Haptik kann etwa durch eine 3-D-Darstellung und Animation zumindest teilweise kompensiert werden. Schmecken, Riechen und Fühlen kann mit passenden emotionalen Bildern beeinflusst werden (**Priming-Effekt**). Dabei nimmt der Kunde bestimmte Reize unbewusst wahr, die bei ihm gewünschte Assoziationen und Handlungen auslösen (Pispers/Rode, 2018). Das haptisch Gelernte lässt sich über jeden Reiz wieder abrufen. Auch wenn man später nur ein Bild eines Essens sieht, weiß man ungefähr, welchen Geschmack es hat.

Die oben skizzierten Konzepte des Neuromarketing sind digital zu transferieren (Pispers/Rode, 2018):

- **Reziprozität**: Ob man einen Onlineshop betreibt oder eine Dienstleistung anbietet, mit einer (großzügigen) Gratis-Kostprobe in jeglicher Form (Probe, E-Book, Fachartikel, Trainingsvideos u. v. m.) kann dieser Effekt stimuliert werden.
- **Scarcity (Knappheit)**: Verknappung kann auf verschiedene Art und Weise erfolgen – zeitlich oder etwa aufgrund einer limitierten Anzahl. Eine oft genutzte Variante ist die zeitliche Limitierung. Wenn ein Angebot zeitlich begrenzt ist, hat der Kunde das Gefühl, dass er es nur jetzt bzw. nur zu diesem Zeitpunkt zu diesem Preis erwerben kann und nimmt es dadurch als »begrenzt« und in gewisser Weise auch als besonders »begehrenswert« wahr. Eine Begrenzung ist das typische »first come – first serve«. Gibt man dem Kunden das Gefühl, jetzt noch die Gelegenheit für eine fristgerechte Bearbeitung des Auftrags zu erhalten, so liegt die Verknappung in der Wahrung der bevorzugten Frist. In Kombination mit einer Deadline, bis zu der er sich entschieden haben muss, um in dem gewünschten Zeitrahmen zu bleiben, erhöht sich die wahrgenommene Verknappung zusätzlich, beispielsweise mithilfe eines *»Angebot endet in 4 Min.«* als Shopware Premium Plugin oder durch eine nur begrenzte Anzahl *»Nur noch 2 Plätze verfügbar!«*. Möchten Anbieter ihr Produkt verknappen, produzieren sie nur eine begrenzte, kleinere Menge dieses Produktes. Möchten sie nur vortäuschen, es sei knapp, werden Informationen wie *»Nur noch x verfügbar«* oder *»x weitere Personen schauen sich gerade das Produkt an«* proklamiert. Für den Fall einer Dienstleistung reicht oftmals bereits die Information, dass *»neue Termine verfügbar sind«*, weil dies (implizit) darauf hinweist, dass bereits eine Ausbuchung vorlag.
- **Konsistenz**: Das Streben nach Konsistenz im Handeln und in nach außen getragenen Werten ist veranlagt. Anders ausgedrückt: Man versucht sich und seiner Meinung treu zu bleiben. Daraus folgt aber auch, dass man dazu neigt, einer einmal getroffenen Entscheidung auch unter sich gegebenenfalls ändernden Umständen treu zu bleiben. Hat ein Nutzer einmal »Ja« gesagt, bleibt es dabei. Also versucht man diesen Nutzer entlang der Customer Journey zum ersten »Ja« zu bewegen. Im digitalen Kaufentscheidungsprozess wird innerhalb der Informationssuche gern auf die Meinung anderer zurückgegriffen. Möchte man zu diesem Zweck eine Bewertung von seinen Kunden für die erbrachte Leistung, sollte man zunächst nach ihrer Zufriedenheit fragen. Bestätigt der Kunde nämlich seine Zufriedenheit mit der Leistung, so wird er die Frage nach einer Bewertung kaum verneinen (können).

- **Autoritätsprinzip**: Die Meinung eines (auch persönlich unbekannten) Experten wird höher gewichtet als die eines Laien. Referenzen, Fachartikel und das Aufzeigen der Tradition eines Unternehmens auf der Website forcieren diesen Eindruck. Analog fördern Zertifikate (»Trusted Shop«) und Zahlmethoden wie *PayPal* das Vertrauen in die Seriosität.
- **Sympathieprinzip**: Menschen, die einem Kunden sympathisch erscheinen, wird eine erhöhte Glaubwürdigkeit zugeschrieben. Bei Onlineshops sowie auf den Social-Media-Plattformen sollte die Auswahl der abgebildeten Personen und Inhalte eine möglichst hohe Identifikation mit der Zielgruppe aufweisen. Zielgruppennähe wirkt sympathisch, jedoch unter Beachtung der Authentizität der vorgestellten Inhalte und Posts.
- **Soziale Bewährtheit**, der Mehrheit folgend: Genutzt wird dieses Prinzip durch Produktbewertungen, Angaben darüber, wie viele Personen dieses Produkt bereits gekauft haben oder wie viele Personen mit dem Produkt zufrieden sind. Die Integration von derartigen Informationen in die Website und den Onlineshop ermöglichen Unternehmen, gute Bewertungen hervorzuheben und somit den Kaufentscheidungsprozess maßgeblich zu beeinflussen.
- **Glaubwürdigkeit**: Wird die Beeinflussung übertrieben, verlieren Aussagen wie *»nur noch 2 verfügbar«* an Glaubwürdigkeit. Der Effekt wird dabei hinfällig und die wahrgenommene Manipulation eher negativ aufgefasst.

> Ein gutes Beispiel hierfür liefert ***Booking.com***, die sich stark an der Grenze zur Unglaubwürdigkeit befinden: Bei dem Großteil der Hotels wird angezeigt, dass sie heiß begehrt sind und in den vergangenen Stunden oft gebucht wurden.

3.3.5 Entwicklung erforderlicher Webangebote und Mehrwertdienste zum User Centered Design

Projektbeispiele im Handel, Maschinenbau, der Automobilherstellung, bei Konsumgütern ebenso wie im Online-Banking zeigen, dass sich die Definition der Nutzerangebote und Mehrwertdienste anhand einer *Customer Experience Chain* orientieren kann (vgl. Abbildung 60). Aus der Perspektive des Kunden sind in zehn unterschiedlichen Bereichen Webangebote als auch spezifische Mehrwertdienste zu definieren. Die Prozesse zur Schaffung einer möglichst optimalen »User Experience« werden mit »User Centered Design« umschrieben.

> Unter den Begriff des **User Centered Design** werden alle Anstrengungen subsumiert, einen möglichst vollständigen Eindruck von den Bedürfnissen und Vorlieben eines Nutzers zu erhalten, um Angebote so passgenau wie möglich auf der Website darstellen zu können. Im Mittelpunkt steht die Frage, was ein Nutzer kann (**Ability**) und seine Bedürfnisse, also was er möchte bzw. sucht (**Volition**; Broschart, 2011).

Die zu definierenden Kundenservices erstrecken sich über die notwendigen Kommunikationsmaßnahmen zur Bewerbung des Angebotes im Markt, die Gestaltung der Zugangsvoraussetzungen, ein aktives Markenmanagement mittels des Webdesigns, Mehrwerte und potenzielle Abrechnungsverfahren (Siegel, 1997). Ausgehend von den Anforderungen des Kunden können auf einer zweiten Ebene unterschiedliche Wertschöpfungsstufen definiert werden, die für die Erfüllung der Kundenanforderungen aufseiten der Unternehmen zu erfüllen sind. Diese wiederum sind in unterschiedlichen Arbeitsstufen durch konkrete Anwendungen, Funktionalitäten bzw. Prozessanforderungen weitergehend zu präzisieren (Baier et al., 2019).

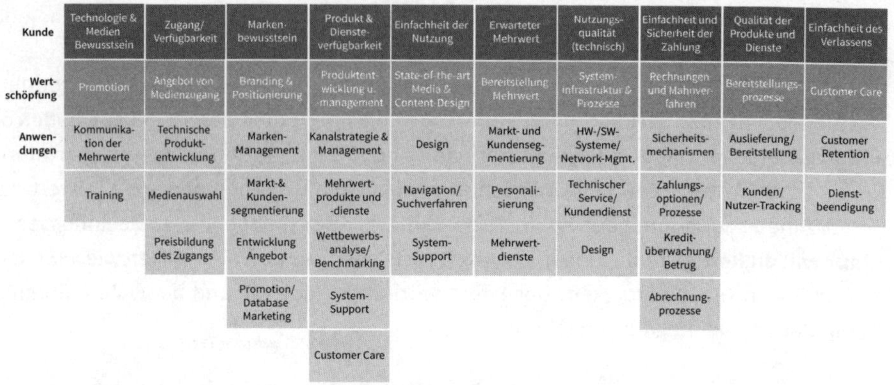

Abbildung 60 Beispiel zur Entwicklung von Nutzerangeboten im Rahmen der zehnstufigen »Customer Experience Chain« (Baier, et al., 2019; Strauß/Schoder, 2001)

Das hier vorgestellte Verfahren anhand der Wertschöpfungskette aus Kundensicht kann als ein Hilfsmittel eingesetzt werden, um systematisch kundenorientierte Dienstleistungen und Mehrwerte zu definieren. Dieses Verfahren sollte stets durch andere Methoden wie ein Benchmarking oder ein Brainstorming ergänzt werden. Die endgültige Definition der Angebote erfolgt idealerweise unternehmens- und projektspezifisch noch vor der Umsetzung und Beauftragung der Realisierung durch externe Dienstleister wie Webdesign-Agenturen.

Für die Bewertung der Customer Experience steht eine Vielzahl unterschiedlicher Methoden bereit. Die Methode der **Inspection** umfasst die analytischen, theoretischen Untersuchungsmethoden. Derartige Methoden zeichnen sich durch den Vorteil aus, dass sie kostengünstig und schnell durchgeführt werden können, jedoch das reale Nutzerverhalten ausgeklammert wird. Bei der **heuristischen Evaluierung** erfolgt die Bewertung der Customer Experience nach Faustregeln, also um eine Validierung gegen einen Kriterienkatalog, der sowohl Ability- als auch Volition-Kriterien umfasst (vgl. Abbildung 61). Ähnlich wie bei der heuristischen Evaluierung wird beim **Cognitive Walkthrough** als Inspektionsverfahren das funktionelle Zusammenspiel mehrerer Websites getestet, ebenso wie die leichte Erlernbarkeit der Anwendungen (Wiener, 2005).

Ability	Volition
Erfassbarkeit, wie: Scanning, zeitliche Steuerung, Informationsverhältnis	Aktualität, als Motivator und zur Erhöhung der Differenzierbarkeit, etwa via RSS-Feeds

Ability	Volition
Navigation & Suche, wie Aufbau, Orientierung, Menüführung, Prozesssteuerung, Suche	Ansprache, etwa in Form korrekter Sprache, Qualität, Distanz in der Ansprache
Seiten- und Inhaltsstruktur, wie Seitenlänge oder Abstracts	Erwartungserfüllung, als Kontextrelevanz, unterschiedlichen Detailstufen an Information (Informationsarchitektur) und Call-to-Action
Interaktion, wie Links	Mehrwerte, in Form von unerwarteten Zugaben
Funktionalität, wie eingesetzte Formulare, Fehlertoleranz oder verfügbare Hilfestellungen	Optische Präsentation, in Bezug auf Farbgebung, genutzte Bildwelten
Kommunikation, wie Kontaktformulare	Vertrauenswürdigkeit, etwa durch Referenzen & Testimonials, Transparenz und Sicherheit
Notwendige technische Voraussetzungen, etwa Server, Clients	
Grad an Personalisierung	
Umfang geschalteter Werbung	

Abbildung 61 Kriterien zur heuristischen Evaluierung der »Customer Experience« (Broschart, 2011; Düweke/Rabsch, 2011; Wiener, 2005)

Bei den **Testing-Methoden** handelt es sich um empirische Verfahren, bei denen wie beim Mousetracking die Bewertung der Customer Experience auf Basis des realen Nutzerverhaltens etwa anhand von »Heatmaps« vorgenommen wird (Rymer/Gualtieri, 2012). Dem Vorteil, dass in diesem Testverfahren das reale Nutzerverhalten berücksichtigt wird, stehen deutlich höhere Kosten gegenüber. Probleme, die auf einer unzureichenden Usability basieren, sind hier vergleichsweise einfach adressierbar (Farney, 2011; Rose et al., 2012). Subjektive Kriterien der Volition sind ergänzend zu erheben. Bei der **virtuellen Aufmerksamkeitsanalyse** werden (ohne Einbeziehung realer Probanden) die ersten Sekunden der Wahrnehmung eines Erstbesuchers auf der Grundlage eines neuronalen Modells und mehrerer Hundert Eyetracking-Untersuchungen der Vergangenheit bereits in der Planungsphase abgeschätzt (Broschart, 2011).

Die nutzbare Auslieferung von Inhalten eigener Websites auch auf Tablets und Smartphones erfordert ein **Responsive Webdesign**. Diese Art der Website-Gestaltung ermöglicht eine Anpassung der Website bzw. deren Auslieferung an die verschiedenen Displaygrößen unterschiedlicher Geräte.

> Einem Responsive-Design-Ansatz hat sich das ***Hotel Hollmann Beletage*** verschrieben und hat das Buchungstool und damit einen der wichtigsten Bereiche der Hotel-Website für die mobile Nutzung angepasst. Ziel ist es, die komplette Buchungsstrecke auch am Smartphone und Tablet funktional und leicht bedienbar zu gestalten. Die Formularfelder passen sich automatisch der Bildschirmgröße an, gleichzeitig erscheinen diese aber in fingerfreundlicher Größe für Smartphone und Tablet. Der Fokus der Navigation liegt auf der

Suche; feste Platzierungen gibt es nicht. Je nach Gerät und Ausrichtung erscheinen die einzelnen Elemente an unterschiedlichen Stellen.

3.4 Markenführung im Internet

3.4.1 Notwendigkeit eines systematischen Markenmanagements

Eine Marke stellt grundsätzlich eine im Bewusstsein des Kunden verankerte Vorstellung dar, die das Angebot eines Unternehmens von anderen differenziert.

> **Marken** repräsentieren das Leistungsspektrum eines Anbieters und erlauben die emotionale Abgrenzung in Form von Orientierung und der subjektiven Schaffung von Vertrauen (Aaker, 1996; Upshaw, 1995; Esch/Wicke, 2000).

Auf der Seite der Nachfrager stellt eine Marke eine Orientierungshilfe dar, um in einem unübersichtlichen Leistungsspektrum Produkte und Dienstleistungen einfacher identifizieren zu können (vgl. Abbildung 62). Die Signalwirkung über Leistungen des Anbieters stellt gleichzeitig ein Qualitätsversprechen dar, was wiederum das empfundene Kaufrisiko mindert.

Abbildung 62 Funktionen von Marken

Damit bieten Marken eine Form der kognitiven Entlastung im Kaufprozess (Esch, 2007). Bei vielen, funktional gleichwertigen Gütern kann eine Marke emotionale Zusatzerlebnisse vermitteln (*emotionaler Zusatznutzen*) bzw. zur persönlichen Selbstdarstellung genutzt werden. Für den Anbieter gelingt es durch eine ausgeprägte Markierung eine Profilierung gegenüber dem Wettbewerb zu erreichen und durch die Signalisierung einer bestimmten Qualität besondere Präferenzen aufseiten der Kunden zu schaffen.

Empirische Analysen haben in der Vergangenheit bereits belegt, dass markenloyale Kunden weniger preissensibel sind (Krishnamurthi/Raj, 1991). Nutzen Vertriebspartner Herstellermarken, können diese die eigenen Absatzrisiken reduzieren: Die Markenloyalität der Nachfrager und die Qualitätsvermutung in Bezug auf die Herstellermarke strahlt auch auf die eigenen Dienstleistungen und Produkte ab. Im Ergebnis lässt sich hierdurch meistens unter anderem der Erklärungsaufwand innerhalb des Verkaufsgesprächs ebenso wie die Anzahl erforderlicher Qualifizierungsschritte bis zum Kaufabschluss entlang einer Customer Journey reduzieren (Spies, 2012; Hienerth, 2010).

Die Handlungsfelder des Markenmanagements können aus Unternehmenssicht in die Bereiche

- der **Markenstrategie**,
- des **Markenauftritts** und
- der **Markenkontrolle** unterteilt werden (Strauß, 2008a).

In Ergänzung zu diesen Handlungsfeldern ist eine Diskussion über ein *Internal Branding* entstanden. Die Ursache für diese Diskussion ist die Einsicht, dass eine effektive Markenstrategie und ein konsistenter Markenauftritt nur gelingen können, wenn sich die zugrunde gelegten Markenwerte in jedweder Kundeninteraktion widerspiegeln. Beispielsweise wird sich aufseiten der Kunden kein einheitliches Markenbild herauskristallisieren, wenn sich zwar die gesamte Marketingkommunikation an den Markenwerten und einem einheitlichen Marktauftritt ausrichtet, die Aktivitäten anderer Interaktionspunkte des Kunden mit dem Unternehmen (wie im Vertrieb oder im Servicebereich) jedoch diametral zu dieser Kommunikation wahrgenommen werden. Damit geht es um die Schaffung eines breit verankerten Bewusstseins und Verständnisses für die Markenwerte im eigenen Unternehmen (Schauer, 2008; Burmann/Zeplin, 2005).

3.4.2 Markenstrategie – wie soll die Marke im Markt positioniert sein?

Die Markenstrategie kann in die Dimensionen der Markenreichweite, Markenpositionierung und der Markenarchitektur unterteilt werden. Im Rahmen der **geografischen Markenreichweite** ist festzulegen, inwieweit eine Marke als Orientierungspunkt eher in einem regionalen Marktumfeld, national oder auch international auftreten und wirken soll. In Bezug auf die vertikale Markenreichweite ist die Frage zu erörtern, über welche verschiedenen Wertschöpfungsstufen eine Marke wirken soll. Gehen Markenprodukte im Rahmen der Fertigung in andere Produkte ein und werden nicht weiter kenntlich gemacht, handelt es sich um eine **reine Verarbeitungsmarke** (z. B. *Kugelfischer*-Kugellager bei Automobilen). Werden die im Rahmen der Fertigung über verschiedene Wertschöpfungsstufen eingehenden Marken hingegen kenntlich gemacht, liegt der Fall des *Ingredient Branding* vor.

Ingredient Branding bezeichnet die Markenpolitik für eine Produktkomponente, die zumeist wesentlicher Bestandteil des Endproduktes wird, im letzteren aber »untergeht« und für die Abnehmer auf nachfolgenden Stufen unsichtbar bleibt (reine Verarbeitungsmarke). Um dieser Anonymität und damit der Substituierbarkeit zu entgehen, versuchen Komponentenhersteller eine stufenübergreifende Markenpolitik zu betreiben.

> ***Intel***, einer der Pioniere auf diesem Gebiet, definiert Ingredient Branding als die *»Promotion of a brand within a brand to the end user«* (Sebastian/Simon, 1995). Mit der seit 1991 lancierten »***Intel Inside***«-Kampagne wendet sich das Unternehmen direkt an PC-Nutzer und versucht diese zur Anschaffung eines PCs zu animieren, gleichgültig von welchem Hersteller. Hauptsache, er hat im Inneren einen Mikroprozessor von *Intel* (Sebastian/Simon, 1995; Clark, 1994) und liefert damit den wohl bekanntesten Fall einer Metamorphose vom »unbekannten« Zulieferer zum »starken« Markenartikler.

Im Falle eines *Co-Branding* werden mehrere Marken im Marktauftritt miteinander kombiniert, verbunden mit der Hoffnung, dass sich beide Marken im gemeinsamen Marktauftritt gegenseitig stärken und neue Absatzpotenziale erschließen.

> ***Expedia.com*** verfügt über ein eigenes Co-Branding-Programm für bereits etablierte Online-Reiseanbieter mit bestehender Kundenbasis.

Erfolgsfaktoren für eine Markenkooperation sind daher:

- Die **Markenstärken** (unter anderem Begehrlichkeit, Kaufabsicht, Empfehlungsbereitschaft) der Partner: Für eine erfolgreiche Kooperation sollten beide Kooperationspartner eine hinreichende Bekanntheit und Stärke aufweisen, um sich gegenseitig stützen zu können.
- Die **Verträglichkeit des Images des Partners mit der eigenen Marke**: Die durch die Kooperation übertragenen oder hervorgerufenen Assoziationen müssen inhaltlich zueinander passen und die eigene Marke stärken bzw. eine (gewünschte) neue Dimension hinzufügen. Das Image von *Alessi* steht für Exklusivität und Ästhetik, während das von *Henkel* eher für Hygiene und Qualität steht. Der für eine erfolgreiche Markenkooperation notwendige »Image-Fit« liegt hier also nicht vor (Strauß, 2008b).
- Die **Komplementarität der Markenkerne**: damit die Markenkerne der beteiligten Marken trotz des gleichsam geforderten Image- und Produktfits klar erkennbar bleiben. Die im Gedächtnis der Konsumenten verankerten Assoziationen mit den beteiligten Marken sollten sich so ergänzen, dass sich daraus sowohl wünschenswerte als auch relevante Assoziationen für die Co-Brand ergeben. Kooperationen von Marken, die sich in ihren Eigenschaften und Kompetenzen ergänzen, werden durchweg positiver beurteilt als Marken mit deckungsgleichen Eigenschaften.

> ***Tesco*** ist für den Online-Lebensmittelversand eine Kooperation mit der *BBC* eingegangen. Diese verlinkt bei ihren Kochrezepten unter *BBC* GoodFood.com auf den *Tesco*-Webshop, wo die benötigten Zutaten gleich online gekauft werden können (Chloe, 2013).

Im Rahmen der **Markenpositionierung** geht es damit vornehmlich um die Definition und das aktive Management des *Markenkerns* (vgl. Abbildung 63). Dieser repräsentiert in kurzer Form die Identität der Marke.

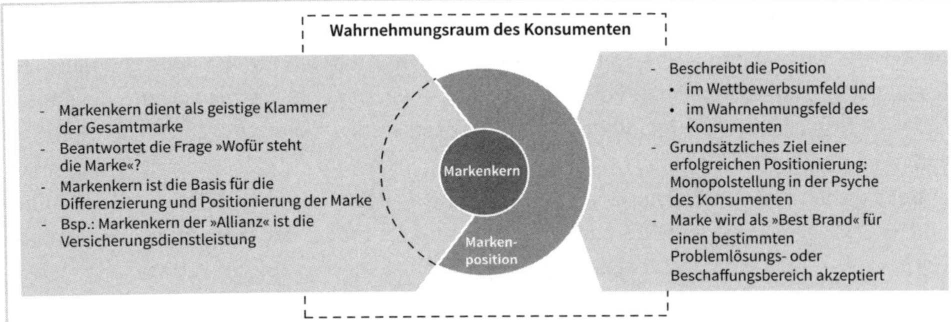

Abbildung 63 Definition des Markenkerns und der Positionierung (Spies, 2012)

Der *Markennutzen* beschreibt, welches Nutzenversprechen bei Nachfragern suggeriert werden soll. Zentrales Ziel ist es, eine Marke mit bestimmten Nutzenversprechen in der subjektiven Vorstellung der Konsumenten zu verankern. Für die Erarbeitung des Markenkerns, des Markennutzens und der Markenpositionierung bieten sich mindestens zwei in der Unternehmenspraxis bewährte Methoden an: Zunächst erlaubt die Analyse des *Markentrichters* eine Aussage über die tatsächlichen Stärken und Schwächen einer Marke (vgl. Abbildung 64; Riesenbeck/Perrey, 2005). Dabei werden alle Marken-Dimensionen – von der Bekanntheit über das Image und die engere Auswahl bis hin zum Kauf und zur Loyalität – für jede Zielgruppe quantitativ über Leistungsindikatoren empirisch erfasst und mit denen der Wettbewerber verglichen.

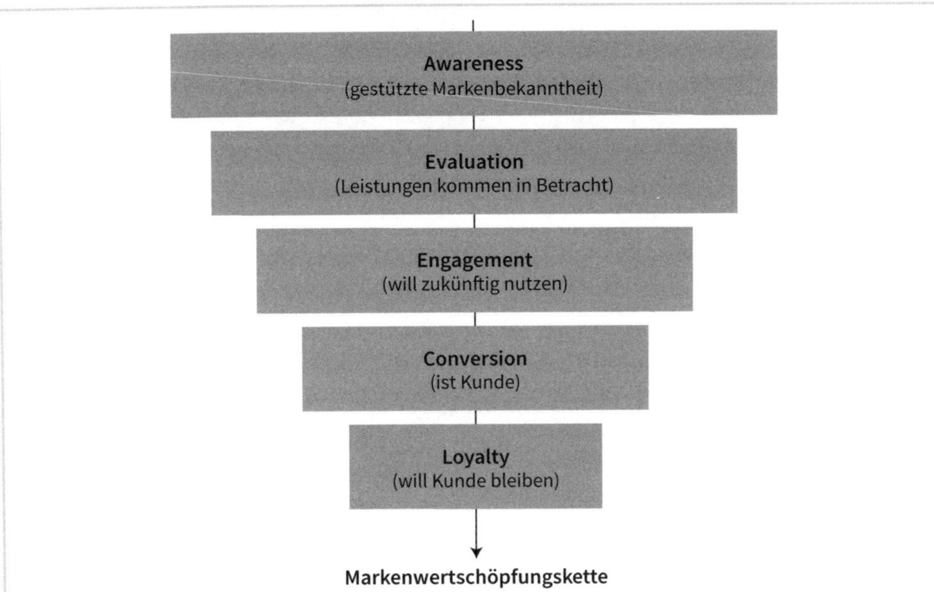

Abbildung 64 »Markentrichter« oder Markenwertschöpfungskette

Erhebliche Rückgänge der Werte beim Übergang von einer Stufe des »Trichters« zur nächsten weisen dabei auf konkrete Probleme der Marke hin. Diese lassen sich mit spezifischen Marketinginstrumenten bewältigen, wie etwa Aktivitäten zur Steigerung der Bekanntheit oder der Loyalität. Die Konvertierungsraten (in %) je Stufe in Relation zur befragten Stichprobe geben etwa an, welchen Status quo die Marke im Vergleich mit Wettbewerbern – differenziert nach Kunden und Nichtkunden – bei verschiedenen Subzielgruppen ausweist (vgl. Abbildung 65; Strauß, 2008a). Im vorliegenden Beispiel zeigt sich etwa, dass bei Wettbewerbern ein starker Markentrichter vorliegt: Insgesamt bestehen sehr starke Umwandlungsraten von der Stufe der Evaluierung bis zur Loyalität. Bei Nichtkunden hingegen besteht ein eklatanter Bruch zwischen der Bekanntheit und der Evaluierung, ebenso wie zusätzliche Hemmschwellen bei der Kaufbereitschaft (»*Conversion*«). Im Mittelpunkt der Bestrebungen sollte daher ein Abbau der Evaluierungsbarriere und der dahinterstehenden (subjektiven) Wahrnehmung und Einstellung stehen.

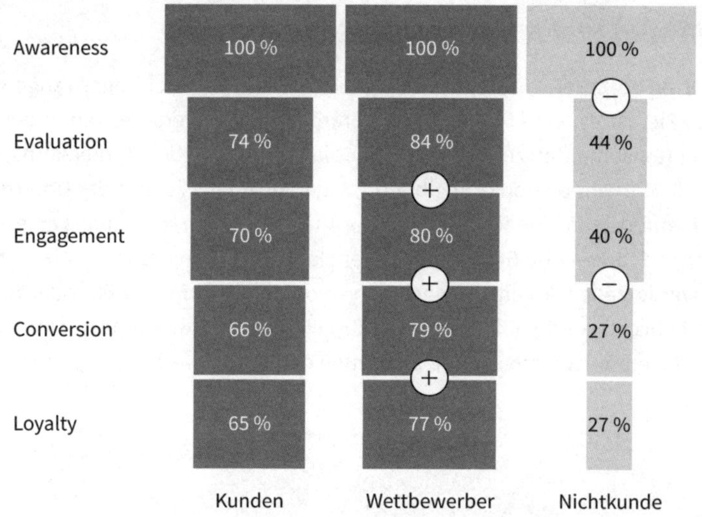

Abbildung 65 Markentrichter, differenziert nach Kunden, Nichtkunden und Wettbewerber (Projektbeispiel)

Neben der Analyse der gegenwärtigen Markenpositionierung gestattet dieses Verfahren direkte Aussagen über die Effektivität der aktuell eingesetzten Kommunikationsmaßnahmen. Besteht wie im vorliegenden Beispiel eine sehr hohe Markenbekanntheit (Stufe 1, »*Awareness*«, 100 %), jedoch nur eine unterdurchschnittliche Kaufbereitschaft (»*Leistungen kommen in Betracht*«, »*Evaluation*«, Stufe 2), sind Aktivitäten zur Akquisition von Neukunden (Stufe 3) kaum sinnvoll, da die grundsätzliche Kaufbereitschaft (noch) nicht gegeben ist. Defizite in der Bekanntheit (Stufe 1) können durch eine breit angelegte Massenkommunikation, etwa TV-, Plakat- oder auch Bannerwerbung ausgeglichen werden. Einem deutlichen Abfall der Kaufabsicht gegenüber dem Markenimage kann durch punktuelle Preisaktionen oder eine stärkere Darstellung des Nutzenversprechens der Marke und der Geeignetheit der Produkte entlang der »Value Proposition« begegnet werden. Problemen bei der Kaufrate ist beispielsweise durch eine intensivere Kommunikation der Distributionspartner (»*Wo bekomme ich das Produkt?*«) sowie durch eine Direktansprache mit konkreten Kaufanstoß-Reizen entgegenzuwirken. Auf der untersten Ebene des Markentrichters schließlich erlauben Loyalitätsprogramme die Erhöhung der Wiederkaufrate sowie der Anzahl an Stammkunden.

Unter Zuhilfenahme des Markentrichters und der Erhebung des Status quo in den jeweiligen Trichterstufen durch eine empirische Analyse lassen sich »bottom-up« (also für jede einzelne Stufe des Trichters) die erforderlichen Aufwendungen zur Erreichung vorgegebener Markenziele bewerten und die Kommunikationsmaßnahmen systematisch planen. In die Praxis umgesetzt bedeutet dies, dass die Schwerpunkte innerhalb eines Werbeetats gegebenenfalls neu zu bestimmen sind. Dadurch erhöht sich die Wirkung der einzelnen Maßnahmen, während das Budget um durchschnittlich 15–25 % effizienter eingesetzt werden kann.

Weitergehende, qualitative Aussagen für die Positionierung der Marke, die wahrgenommenen Nutzenversprechen als auch die nachfolgende Conversion bieten die bereits skizzierten Stärken-Schwächen-Analysen (*SWOT-Analysen*), hier eingesetzt in Bezug auf die Markenwahrnehmung. Diese beschreiben jeweils die Stärken und Schwächen, weisen aber gleichzeitig auch Chancen und Risiken der Marke aus. In Fallbeispielen zeigt sich, dass bereits eine kleine Anzahl von 10–15 Kundeninterviews ausreicht, um hinreichende Anhaltspunkte für notwendige Maßnahmen ableiten zu können. Durch qualitative Kundeninterviews (»Face-to-Face«), Workshops mit anderen Bereichen (wie Vertrieb oder Service) oder einfache Online-Befragungen entstehen meist bereits verblüffende Einsichten für die Markenpositionierung und notwendige Handlungsfelder.

Sowohl die Analyse des Markentrichters als auch die Stärken-/Schwächenanalyse sind als Methode dazu geeignet, für die **Markenkontrolle** herangezogen zu werden. Hier stehen Fragen etwa nach der **Markenstärke** (gemessen unter anderem als Markenbekanntheit bei Nachfragern) dem **Markterfolg einer Marke** (gemessen etwa als Loyalität der Kunden gegenüber der Marke) oder auch dem **Markenwert** (Wert der Marke in Geldeinheiten) im Mittelpunkt. Für die Bemessung des Markenwerts als rein monetäre Größe stehen vielfältige Messverfahren zur Verfügung, wie etwa von *Interbrand* (Strauß, 2008b).

Marken zeigen ihre Stärke im Vergleich zu Wettbewerbern entlang von Faktoren wie

- **Wahrnehmung**: Relevanz, Differenzierung und Authentizität;
- **Erfahrung**: Präsenz, Engagement und Konsistenz;
- **interner Führung**: Klarheit, Commitment, Governance und Responsiveness.

Das Thema »**Purpose**« und damit auch die Verbindung einer Marke zu Themen gesellschaftlicher Relevanz und Verantwortung ist seit Jahren eine wesentliche neue Stoßrichtung für Marken. Doch das Vertrauen in Marken ist vielfach erschüttert: Nur wenige Marketingexperten bescheinigen Unternehmen Glaubwürdigkeit – viele vertrauen nicht einmal der eigenen Marke. Damit sinkt die Glaubwürdigkeit von Marken. Zwei Drittel der Marketingmanager bescheinigen ethischen Themen in der Markenführung eine zunehmende Bedeutung (DMT, 2018). Aspekte wie Nachhaltigkeit sowie gesellschaftliche und ökologische Verantwortung spielen für sie eine größere Rolle als noch in früheren Jahren. Da überrascht es fast, dass zugleich rund 70 % glauben, Marken würden nicht halten, was sie versprechen. Fast jeder Fünfte vertraut nicht einmal der eigenen Marke. Ein ähnliches Ergebnis bescheinigt die Studie »*Meaningful Brands*« (Havas Group, 2018). Entgegen der vorherrschenden Meinung, dass Marken Orientierung geben, Verantwortung übernehmen oder auch wichtigen Content liefern, geben Konsumenten hier an, dass es ihnen egal wäre, wenn 74 % aller Marken verschwinden würden. International werden mehr als drei Viertel der Marken von Verbrauchern als »verzichtbar« eingestuft. Marken, denen es gelingt, als »sinnstiftend« wahrgenommen zu werden, sind hingegen wirtschaftlich erfolgreich. Sie übertreffen die Entwicklung des Aktienmarktes innerhalb von zehn Jahren um bis zu 206 %. Ein Grund für dieses Dilemma wird meist in der Führungskultur und der Umsetzung eines markengerechten Verhaltens gesehen.

Gleichzeitig erreichen neue Marken wie ein Duschschaum namens »*Bilou*« von der Beauty-Bloggerin *Bianca Heinicke* alias Youtube-Star »*Bibis Beauty Palace*« in kürzester Zeit enorme Abverkaufszahlen und werden unter anderem via *dm*-Drogeriemarkt vertrieben. Den Duschschaum (3,95 EUR) gibt es in Duftrichtungen wie »*Tasty Donut*« oder auch »*Creamy Mandarin*« und er wird als »cremig« angepriesen. Selbst Kritik in sozialen Medien, unter anderem aufgrund von Hautreizungen, kann den Erfolg kaum stoppen. Selbst wenn Marken wichtig bleiben, wird stärker hinterfragt, ob es so etwas wie Kultmarken in Zukunft noch geben wird. Markenloyalität spielt insbesondere für Millennials so gut wie keine Rolle mehr. Die Zeiten, in denen es auf Schulhöfen noch wahre Grabenkämpfe gab zwischen der *Nike*- und der *Adidas*-Fraktion, sind weitgehend vorbei. Qualitätsmarken sind dieser Generation zwar weiterhin wichtig – doch um welche Marke es sich handelt, ist eher sekundär. Für Millennials zählt Funktionalität, Convenience, Flexibilität und vor allen Dingen der »Best Deal«. Damit steht eher das Produkt im Vordergrund, weniger die Marke. So sinkt auf der einen Seite das Vertrauen in Marken, auf der anderen Seite gegebenenfalls auch deren grundlegende Bedeutung.

Ein möglicher Ausweg, der von vielen Marketingverantwortlichen diskutiert wird: **Purpose Driven Marketing** erlaubt es einem Unternehmen oder einer Marke über gemeinsame Wertvorstellungen und Bedürfnisse mit einer Zielgruppe eine Verbindung herzustellen (Kotler/Hessekiel, 2012). Die Grundlage ist ein allgemein als »gute Sache« anerkannter höherer Wert. Während viele Organisationen die grundsätzliche Bedeutung eines abstrakten »etwas Zurückgeben« erkannt haben, steht die Umsetzung mit aktivierenden Inhalten in der Realität noch deutlich hintenan. Fallbeispiele zeigen: Erfolge sind strategisch getrieben und beinhalten authentische, aktivierende Kreativ-Ideen (»Big Idea«), die in Konsequenz auch Abverkäufe nach sich ziehen, etwa bei:

- *Dove Real Beauty of Women*: »*Helping women reconsider and refine what beauty is*«;
- *American Express*: Spende zur Restaurierung der Freiheitsstatue von 0,01 US-Dollar bei jeder Nutzung der Kreditkarte;
- *Apple*: »*To empower creative exploration and self-expression*«;

- *Nike*: »*To bring inspiration and innovation to every athlete in the world (everybody is an athlete)*«;
- *Philips*: »*Improve three billion lives a year by 2025*«, etwa mithilfe sogenannter »new green healthcare«-Produkten.

3.4.3 Markenauftritt – konsistent offline und online präsent sein

Nach der Festlegung der Markenstrategie »bestimmt« der **Markenauftritt** die tatsächliche Erscheinung im Markt. Dabei handelt es sich sowohl um die Gestaltung des *Markennamens* (die eigentliche Markierung) als auch um die Ausgestaltung aller Marketinginstrumente (wie kreativer Layouts).

Für die Markierung im Markenauftritt ist wichtig, dass diese

- beim Konsumenten **Assoziationen** hervorruft, die konform sind mit der angestrebten SOLL-Positionierung nach der Markenstrategie (etwa »*Bionade*« für die Assoziation mit einem biologisch-gesundheitlichen Erfrischungsgetränk; CMO Community, 2018);
- eine **prägnante Gestaltung** aufweist, die durch Einfachheit, Einheitlichkeit über alle Kundeninteraktionspunkte hinweg gut zur Differenzierung gegenüber Wettbewerbern ist (Kontraststärke). Als Negativbeispiel mag hier »*Brand New You Tube*« herangezogen werden, bei dem sich die Verwechslung mit »*YouTube*« (www.youtube.com) geradezu aufdrängt (Strauß, 2008b);
- sich stark gegenüber anderen Marken **abhebt** (Paley, 2000).

Über die Kommunikationsinstrumente ist sicherzustellen, dass der Marktauftritt stets einzigartig und konsistent ist und durch eine hohe Kontinuität gekennzeichnet ist.

> Ähnlich wie bei *Samsung* oder *Philips* wurden bei ***SAP*** für die Etablierung eines konsistenten Markenauftritts globale Branding Guidelines entwickelt und durchgesetzt. Diese umfassen neben detaillierten Vorgaben für Anzeigen und den Media-Auftritt auch eine umfassende Marketinginfrastruktur für detaillierte Vorgaben zur Verwendung des Logos, der Farbschemata, der verwendeten Bildwelten, des Online-Auftritts, der »One-Voice«-Regeln (Tonalität) oder auch Social Media Guidelines (Strauß, 2008a).
>
> Ein Paradebeispiel für einen konsistenten Markenauftritt über alle Kundeninteraktionspunkte ist ebenfalls die ***Deutsche Lufthansa***. Kennzeichen des Markenauftritts ist eine hohe Konsistenz beispielsweise von Check-in, Online, Lounges bis zu den Mitarbeitern im Callcenter (Eisenächer, 2005).

Eine weit verbreitete Systematisierungsmöglichkeit zur Beschreibung von Marken bietet das *Markenpersönlichkeitsmodell* (Hieronimus/Burmann, 2005):

- Die *Markenkraft* differenziert gegenüber der Konkurrenz und zeigt ihre Relevanz auf.
- Die *Markenstatur* beschreibt Ansehen und Vertrautheit. Statur und Kraft zeigen das Entwicklungspotenzial der Marke auf.
- Die *Markenwerte* beinhalten Image und Eigenschaften.
- Die *Markenerscheinung* ist die Umsetzung in Zeichen, Bild und Sprache.

Aus der Perspektive der Markenpersönlichkeit verfügen auch Marken über »menschliche Merkmale« im Sinne einer eigenen Persönlichkeit. Durch die Verleihung menschlicher Eigenschaften sollen Artefakte »beseelt« werden und die Beschreibung und Interaktion mit diesen Objekten vereinfachen.

> Die Marke ***Mini*** hat etwa als Lifestyle-Marke eine junge, moderne Persönlichkeit, die unkonventionell auftritt und versucht, in der Kommunikation mit Witz (wie etwa dem Evolutionspfad des *Mini*) zu überraschen (Burmann/Meffert, 2005).

Die genannten Faktoren Markenkraft, Markenstatur, Markenwerte und Markenerscheinung liefern die Definition der Markenpersönlichkeit. Die Markenpersönlichkeit findet ihre Ausprägung in den vier Dimensionen:

- *Brand Identity*: beschreibt die charakteristischen Eigenschaften;
- *Brand Design*: beschreibt die optischen/akustischen Merkmale, z. B. Namen, Farben, Logo, Claim, Figuren, Musik, Symbole, etwa die typische Form von *Coca-Cola*-Flaschen;
- *Factual Performance*: rationale Differenzierungsmerkmale, welche die Marke eindeutig vom Wettbewerb unterscheiden;
- *Emotional Performance*: emotionaler Nutzen, welcher die Marke über die rationalen Argumente hinaus attraktiv macht.

3.4.4 Markenführung im Internet – Der Kunde führt die Marke?

Für die Orientierungs- und Vertrauensfunktion von Marken sind im Digital-Umfeld zwei gegenläufige Effekte zu erwarten. Auf der einen Seite fördert die verfügbare Informationsvielfalt das Entstehen von umfassend (unabhängig) informierten und damit weniger markenloyalen Konsumenten. Auf der anderen Seite geht für Konsumenten mit der (unübersichtlichen) Angebotsflut sowie dem Wegfall unmittelbarer persönlicher Bindungen zum Händler bzw. Hersteller eine Erhöhung des wahrgenommenen Risikos des Online-Kaufs einher, wodurch das Bedürfnis nach Orientierung und Vertrauen durch bekannte Marken eher zunimmt. Konsumenten nutzen in diesem Fall die Marke umso stärker als Informationsfilter und Vertrauensinstrument und orientieren sich sowohl in der Informationsaufnahme als auch der eigentlichen Produktauswahl an bekannten (Offline-)Marken. Neuere digitale Geschäftsmodelle und damit verbundene Marken wie *Amazon*, *Google®* oder *AutobyTel* im Autohandel haben bereits demonstriert, dass das Internet eigenständige Handelsmarken (der Absatzmittler) mit einer hohen Bekanntheit und

Vertrautheit hervorbringt (Ibeh/Luo/Dinnie, 2005). Fraglich ist insbesondere vor dem Hintergrund von Social Media, inwieweit eher bekannte Produktmarken oder prominente Internetmarken in Zukunft die Aufgabe übernehmen, innerhalb des Online-Kaufentscheidungsprozesses Orientierung und Vertrauen zu vermitteln und welche Bedeutung diese Marken in der Folge erlangen (Knapp, 2001). *Rubinstein/Griffith* stellen in diesem Zusammenhang die Bedeutung von **Branded Experiences** heraus (Rubinstein/Griffith, 2001), eine Konzeptualisierung, die viele Unternehmen unter anderem im Rahmen eines »Content Marketings« bzw. in Projekten unter dem Begriff »Customer-Experience-Management« aufgreifen.

Die Unsicherheit über die zukünftige Rolle der Marke im Rahmen der Digitalisierung resultiert maßgeblich aus den geänderten Rahmenbedingungen einer **internetbasierten Markenführung**, wie (Aaker/Joachimsthaler, 2000; Henseler, 2011; Hau/Theobald, 2011; Suckow, 2011):

- **Interaktivität**: Während Markenunternehmen im traditionellen Marketing nicht nur die vorgestellten (Produkt-)Inhalte, sondern auch den umgebenden Kontext kontrollieren, verliert sich dieser Einfluss. Der bislang (passive) Markenkonsument wird Teil einer interaktiven Kommunikation und kann Erfahrungen und persönliche Eindrücke von dem Produkt bzw. der Marke unmittelbar an andere Konsumenten, etwa im Rahmen von virtuellen Gemeinschaften (Communities), Expertenforen oder Blogs (Consumer Generated Content in Social Media), kommunizieren (Hagel/Armstrong, 1997; Armstrong/Hagel, 2000). Virtuelle Erlebnis- und Markenwelten weisen damit Charakteristika auf wie (Bottler, 2011):
  - **Räumliche Inszenierung**: Innerhalb eines räumlichen Kontextes kann sich ein Nutzer bewegen. Durch die Lokalisierbarkeit des Bewegungsraumes wird die Themenwelt einer Marke durch Inhalte erweitert, die in der klassischen Kommunikation nicht vermittelt werden können.
  - **Explorative Navigation**: Das Erkunden und Entdecken ist Teil des interaktiven Prozesses der Markenwelt und des Markenerlebens.
  - **Visualisierung der Inhalte**: Über Verlinkungen und exploratives Suchen werden andere Inhalte in einer Marken-Erlebniswelt verbunden.
  - **Narrative Rahmenhandlung**: Virtuelle Marken-Erlebniswelten sind meist in eine narrative Rahmenhandlung eingebettet. Themen und Inhalte aus klassischen Medien können aufgegriffen, vertieft und um weitere inhaltliche Facetten erweitert werden.
  - **Multimediale Inhalte**: Durch Online-Spiele, Kreativ-Tools oder auch Simulationen entsteht ein situatives Involvement, in das die formalen und inhaltlichen Bezugspunkte des eigentlichen Kommunikationsobjektes integriert sind.
- **Informationsreichtum** und **Informationsqualität**: Der Informationsgehalt der Website wird unmittelbarer Bestandteil für die Beurteilung der Marke durch den Konsumenten, etwa durch permanent aktualisierte Inhalte oder interaktive Anwendungen. Reichhaltige Informationen bewirken einen Lernprozess über die Marke, etwa über deren Herkunft und Werte (Pine/Peppers/Rogers, 1995). Ähnlich fungieren Aktualität, Nutzerfreundlichkeit, ansprechendes Design, Unterhaltung, Glaubwürdigkeit oder auch Lesbarkeit der Inhalte als Identitätselemente der Markenbildung (Suckow, 2011).

- **Personalisierung**: One-to-One-Marketing und damit verbundene kundenspezifische Informationen erlauben im Gegensatz zum Marketing einer vormals breiten Massenmarke ebenfalls die Vermarktung einer auf den einzelnen Kunden zugeschnittenen, *individuellen Markenerscheinung*. Die Darstellung der Erzeugnisse in einem kundenindividuellen Kontext provoziert entsprechend (graduell) unterschiedliche Vorstellungsbilder über die Marke. Je nach verwendetem Kontext und Website-Design erlaubt das Internet damit die Schaffung einer Vielzahl von virtuellen, kundenspezifischen (One-to-One-)Markenerfahrungen (Briggs/Hollis, 1997; Sorrell, 1997).

Für die meisten Unternehmen bleibt nach wie vor die Bedeutung bekannter Marken bei der Produktwahl trotz der generellen Niedrigpreisorientierung im Internet erhalten. Damit reduziert sich die Kaufentscheidung im Internet vor dem Hintergrund des bereits geprägten Markenbewusstseins maßgeblich auf die Auswahl eines preisgünstigen Anbieters. Dies gilt für etablierte ebenso wie für neue Marken im Digital-Kontext. Diesen neuen Marken wird trotz der grundlegenden Orientierung an bekannten Marken die Chance zugeschrieben, auf breiter Front und in kürzerer Zeit nachhaltig zu etablierten Marken aufzuschließen (Strauß, 2013).

Der Online-Kauf kann durch eine Vielzahl unabhängiger Qualitätsinformationen, etwa in Form neutraler, institutionalisierter Testurteile, ergänzt werden. Dies lässt zunächst vermuten, dass die Bedeutung der Marke relativ sinkt. Damit greifen die **Orientierungs- und Vertrauensfunktion bekannter Marken** tendenziell umso eher,

- je mehr physische Produkte im Mittelpunkt stehen,
- je länger Unternehmen auf dem Web vertreten sind und damit
- bereits einschlägige Erfahrungen im Online-Branding machen konnten.

Analysen zeigen, dass der steigende Konkurrenzdruck durch internationale Wettbewerber in allen Branchen bewirkt, dass Marken zunehmend als aktives Wettbewerbsinstrument im Vergleich zu einem ruinösen Preiswettbewerb erkannt werden.

> Einen gänzlich anderen Weg hat 1998 das Bankhaus ***Prudential*** in England eingeschlagen: Mit ***Egg*** wurde durch *Prudential* eine neue Internetmarke kreiert, mit der private Bankdienstleistungen vollständig über das Internet abgewickelt werden. Zielgruppe sind *Young Professionals* und geschäftige junge Leute. Der Erfolg gibt *Prudential* Recht: Bereits am Starttag verzeichnete *Egg* 1,75 Millionen Hits auf der Website und 100.000 Anrufe im Callcenter. Bis 2000 erreichte der Markenname *Egg* bereits einen Wiedererkennungswert von 75 % in der Zielgruppe. Dabei verbindet *Egg* Werte wie Dynamik und Kundenorientierung mit einer hohen Sicherheit der Dienstleistungen. *Egg* gehört mittlerweile zur *Yorkshire Building Society.*

Gleichzeitig hat die Orientierung an bekannten Marken im Kaufentscheidungsprozess direkte Auswirkungen auf die **Wahl des Vertriebswegs**. So unterstützt die neu entstehende Markttransparenz zwar das Entstehen eines »Information Seekers« als umfassend (unabhängigen) Social-Media-informierten, differenzierten und weniger händlerloyalen Konsumenten (abnehmende **Loyalität zum Vertriebsweg**), die **Hersteller- und damit Markenloyalität** bleibt dennoch erhalten (Tölle/Hofacker/Kaas, 1981; Silberer et al., 1984). Für Unternehmen oder Industriebereiche mit hoher Kundenloyalität besteht damit weniger die Gefahr einer Verdrängung etablierter durch neue Internet-Marken. Neuere Untersuchungen zeigen, dass Konsumenten mit hoher Markenaffinität dementsprechend auch häufiger direkt beim Hersteller kaufen. Laut *IFH* etwa gibt knapp die Hälfte der eher markenaffinen Käufer an, Markenprodukte üblicherweise direkt in Onlineshops von Herstellern zu kaufen – deutlich mehr als Konsumenten mit geringerer Markenaffinität. Onlineshops entwickeln sich besonders im Mode- und Lifestyle-Segment im Vergleich zu allen anderen Absatzkanälen zunehmend zum bedeutendsten Flagship-Store von Herstellern. Ein Grund für den Kauf im Webshop eines Markenherstellers liegt auch in der hohen Verfügbarkeit von Produktinformationen: Mehr als die Hälfte markenaffiner Käufer gibt vor, im Online-Direktvertrieb ausführlichere Informationen zu dem gewünschten Markenprodukt zu finden als bei einem Händler, der mehrere Marken führt. Konsumenten mit geringerer Markenaffinität attestieren Hersteller-Shops als hauptsächlichem Kaufgrund vor allem eine größere Auswahl an Produkten einer Marke.

Marken erhalten durch die Nutzung personalisierter Dienste und One-to-One-Marketing eine zusätzliche Bedeutung, etwa als Möglichkeit zur Gestaltung personalisierter Markenauftritte. Unternehmen, die eine individualisierte Kundenansprache realisieren, erweisen sich in der Unternehmenspraxis eher in der Lage, die Stärke ihrer Marken trotz herstellerunabhängiger Informationsdienste zu sichern. Der Einsatz des One-to-One-Marketings fördert damit die Bedeutung der Marke (also die Markenstärke) in der Kaufentscheidung, etwa unter Einsatz individualisierter Informationen oder Dienstleistungen in Form von personalisierten Websites oder E-Mails. Wichtig erscheint hierbei, dass – unter der Nutzung aller medialer Möglichkeiten – grundsätzlich die Markenartikelhersteller allein für die **Markenführung** verantwortlich bleiben. Nur dann kann auf Dauer ein konsistenter Markenauftritt sichergestellt werden (Halliburton/Ziegfeld, 2009). Markenhersteller können Konsumenten entlang des **Markenführungsprozesses** einbinden. Erfolgt die Einbindung von Konsumenten in den Markenleistungsprozess (wie die Verpackungsgestaltung) oder die Marketingkommunikation, ist diese meist nur von kurzer Zeitdauer und erfolgt eher punktuell. Eine Beteiligung der Nutzer an der **Positionierung und der Identität der Marke** würde allerdings den Kern der Marke treffen und ist daher abzulehnen. Nur eine nach außen bestehende Konsistenz zwischen den Aussagen und den Handlungen einer Marke stärkt ihre Identität und die Glaubwürdigkeit gegenüber Konsumenten (Brexendorf/Henkel, 2012). Vor diesem Hintergrund ist allen Avancen, in Social Media die Markenführung dem Nutzer anheimzustellen, eine deutliche Absage zu erteilen.

Studien zeigen, dass ca. 15 % der Markenloyalität durch Interaktionen zwischen Konsumenten in sozialen Gemeinschaften aufgebaut wird (Kreutzer, 2018). Damit reicht es für Marken nicht mehr aus, nur einen hohen Markenwert zu haben, sondern dieser muss auch durch das Engagement in Social Media ausgebaut und verteidigt werden. Ungeklärt ist hingegen derzeit noch, mit welchen Instrumenten die Markenführung in Social Media in den vielschichtigen Anwendungen beeinflusst werden kann – die ja per Definition nicht durch das Unternehmen kontrolliert werden.

> Der frühere Marketingleiter *Jim Stengel* von *Procter & Gamble* hat hierzu den Schluss gezogen, dass der sich gerade vollziehende Wandel im Marketing weniger ein rein technologischer sein wird als vielmehr ein »geistiger Kraftakt«. Die Zukunft gehört nach *Jim Stengel* nicht den Media-Modellen und dem metrischen Marketing (etwa im Performance Marketing), sondern der »gebenden Mentalität«, dem Engagement in der Zwei-Wege-Beziehung mit dem Kunden. Mehr denn je »*will der Verbraucher heute wissen, wer mit dem Herzen, mit der Seele und Integrität hinter einer Marke stehe*« und es tatsächlich vermag, den Kunden (inhaltlich) zielgruppenspezifisch, relevant und visuell spannend anzusprechen und (etwa via Content Marketing) als wirklichen Dialogpartner wahrzunehmen (Stippel, 2007).

Social Media mit »User-generated Content« wird diesen Trend der direkten Kundeninteraktion weiter verstärken – verbunden mit neuen und weitreichenden Freiheitsgraden aufseiten eines breiter und besser informierten Kunden. Beim Marketing der Zukunft müssen Marke und Kunde gleichermaßen im Mittelpunkt stehen – auf Augenhöhe. Für das Markenmanagement bedeutet dies, sich stärker auf die bidirektionale Interaktion mit dem Konsumenten auszurichten und durch zusätzliche Instrumente im Social Web Konsumenten näher kennenzulernen, die Beziehung des Konsumenten zur Marke zu festigen und die Markenidentität zu aktualisieren (Brexendorf/Henkel, 2012).

3.5 Search Engine Marketing und -Optimierung

3.5.1 Die Logik des Suchmaschinenmarketings

Seit 2000 haben Suchmaschinen die vormals dominanten Portale (wie *T-Online*, *Yahoo!* und *AOL*) als Einstiegspunkt in das Internet abgelöst bzw. wurden diese Portale um Suchfunktionen erweitert. Laut einer Studie des Marktforschungsunternehmens *comscore* werden täglich mehr als vier Milliarden Suchanfragen gestellt, bei *Google®* davon allein mehr als 3,4 Milliarden. Dabei verbringt der Durchschnittsnutzer 21 % seiner Online-Zeit mit der Suche und fast 50 % der Besucher eines Onlineshops kommen über Suchmaschinen. Dies gilt selbst für ca. zwei Drittel der Nutzer für die Informationssuche via Suchmaschine und Kauf im stationären Handel. Während in anderen Ländern wie China eigene Suchmaschinen wie *Baidu* oder in Russland *Yandex* bestehen, dominiert im deutschsprachigen Raum aktuell *Google®*.

Suchmaschinen arbeiten hierfür mit **Robots** (Crawler), die das Internet durchsuchen und einen Katalog (**Index**) aller (registrierten) Websites erstellen. Die Crawler folgen dabei den Links auf einer Seite, analysieren den Inhalt, bewerten diesen nach verschiedenen Kriterien und nehmen die Seite in den Index der Suchmaschine auf (Düweke/Rabsch, 2011). Somit entsteht ein Index aller Wörter, die auf den Websites vorkommen. Ebenso wird die Stelle erfasst, wo diese Wörter vorkommen. Die Relevanz einer Website für eine bestimmte Anfrage und damit die Rangfolge der Anzeige wird bei *Google®* laut eigenen Angaben aus mehr als 200 Faktoren errechnet. Hierzu werden unter anderem Verlinkungen auf andere Websites als Empfehlungskriterium herangezogen (*PageRank*), ebenso die Qualität der Inhalte, die Ladegeschwindigkeit einer Website oder die Click-Through-Rate. Das hierauf aufbauende Suchmaschinenmarketing unterteilt sich dabei in Keyword Advertising und Suchmaschinenoptimierung (Search Engine Optimization, SEO):

> **Suchmaschinenoptimierung (SEO)** bezeichnet alle Maßnahmen, die dazu geeignet sind, eine bessere Platzierung in Suchmaschinen zu erreichen, unabhängig davon, ob diese Platzierung über redaktionelle Ergebnisse oder über Universal-Search-Elemente wie Videos bei *Youtube* oder News erzielt werden (**Organic Search**). **Keyword Advertising** oder **Search Engine Advertising (SEA)** umfasst die entgeltliche Schaltung von Werbeanzeigen, meist in Form einer kurzen Textbeschreibung auf der Ergebnisanzeige einer Suchmaschine (**Paid Search**).

3.5.2 Struktur des Keyword Advertising (Paid Search)

Im **Keyword Advertising** wird jede Anzeige mit einem Link zu einer bestimmten Website oder einer besonderen Landing Page verknüpft. Gleichzeitig ist die Anzeige bzw. die aus mehreren Anzeigen bestehende Kampagne mit speziellen Keywords verknüpft. Die Auslieferung der Anzeige erfolgt nur dann, wenn eine Suchanfrage mit einem vorab für eine einzelne Anzeige oder auch umfassendere Kampagne festgelegten Keyword in Zusammenhang steht. Das *Google® Merchant Center* operiert dabei im Grunde wie eine Preissuchmaschine. Speziell für Händler ausgelegt, dient dies der Verwaltung von Produkten und Angeboten. Damit etabliert *Google®* de facto auch hier bereits ein eigenes Preisvergleichsportal.

Der Hauptvorteil gegenüber herkömmlicher Bannerwerbung ist die Anzeige im Kontext mit einer spezifischen Suchanfrage, weshalb im Durchschnitt höhere Klickraten als mit herkömmlicher Bannerwerbung generiert werden (0,1 % versus 3 %, Lammenett, 2017; Greifeneder, 2010). Die Positionierung der Anzeige wird in einem Auktionsmodell bestimmt: Höhere Gebote stehen weiter oben, wo die Klickraten in aller Regel höher sind. Bei *Google®* wird zusätzlich noch die bisherige Klickrate der Anzeigen für deren Positionierung berücksichtigt, weshalb für eine höhere Platzierung sowohl die Gestaltung der Anzeige, das Angebot sowie dargestellte Inhalte relevant sind.

> *Coffee Circle* gehört zu den jungen Unternehmen, die auf nachhaltigen Anbau von Kaffee-Spitzensorten setzen und verkauft seinen Bio-Kaffee aus Äthiopien ausschließlich Online. Im Rahmen ihrer Keyword-Advertising-Strategie wurde durch *Coffee Circle* zunächst strategisch festgelegt, bei welchen Inhalten ein hoher Mehrwert für die Suchenden entsteht.

Aus diesem Grund wurden bewusst Begriffe ausgeblendet, bei denen davon auszugehen war, dass die Suchenden einen Vollsortimenter (z. B. »*Kaffeemühlen*«) oder Rabatte auf Markenware (z. B. »*Kaffee kaufen*«) erwarten. Stattdessen legt *Coffee Circle* Keywords rund um den Begriff »*Kaffeebohnen*« an, in verschiedenen Schreibweisen, dazu Kombinationen mit anderen Keywords (etwa »*Kaffeebohnen für Vollautomaten*«). Zur besseren Übersicht wurden Anzeigen zu Gruppen zusammengefasst. Für jede Anzeigengruppe wurde festgelegt, wie viel für einen Klick bezahlt werden soll (Gehl, 2012). Um von *Google®* bei allen Kaffeebohnen-Suchanfragen als relevant eingestuft zu werden, werden allein für dieses Keyword rund 100 Anzeigen angelegt. *Google®* vergleicht für alle mitbietenden Wettbewerber die jeweilige Zahlungsbereitschaft, also das maximale CPC-Standardgebot, und zweitens den Quality Score. Auf diesen wirkt sich unter anderem (1.) die Click-Through-Rate aus, (2.) die Qualität der Landing Page anhand der Ladegeschwindigkeit und der durchschnittlichen Verweildauer der Suchenden auf der Seite. Hieraus wird eine Platzierung errechnet. *Coffee Circle* betreut rund 10.000 aktive Keywords, Hotelbuchungsportale wie *HRS* mehr als 120.000 Keywords.

Der Gebotspreis im Rahmen des Auktionsverfahrens je Anzeige bzw. für eine gesamte Kampagne ist unter Berücksichtigung bestehender Mindestgebote grundsätzlich frei wählbar, die Abrechnung erfolgt anhand der tatsächlich geklickten Anzeigen (Cost-per-Click). Der tatsächlich zu zahlende Preis pro Klick hängt vom Wettbewerb um das jeweilige Keyword ab. Stark nachgefragte Keywords aus Branchen mit vielen Anbietern bzw. Branchen mit hohen Margen sind in der Regel teurer. Eine effiziente Kostenkontrolle erfolgt über die Definition von Tages- oder Monatslimits.

Im Oktober 2018 wird das Ranking der Top Keywords in Deutschland angeführt von »*Permanenzen*« und »*Babylon Berlin*«.

Die Reichweiten einer Keyword-Advertising-Kampagne hängen zusätzlich von Kooperationen mit anderen Suchmaschinen sowie die Einblendung in weiteren (privaten) Websites oder Portalen ab. Bei der Einblendung auf anderen Websites wird deren Betreiber an den generierten Werbeumsätzen via *Google® AdSense* beteiligt.

Im Fall von *Google®* erfolgt über *Google® Ads* die Festlegung der Reichweitengestaltung über Kampagneneinstellungen, via *Adsense* die kontextbezogene Aussteuerung der Auslieferung der Anzeigen. Bei Website-bezogenen Kampagnen (Placement Targeting) kann zwischen Cost-per-Click (CPC)- und Cost-per-Impression (CPI)-Abrechnungsmodi gewählt werden.

Vorteile des Keyword Advertising liegen unter anderem in der Erfolgsorientierung. Grundsätzlich werden im CPC-Modell nur tatsächlich erfolgte Klicks vergütet, unabhängig von der Häufigkeit der Auslieferung einer Anzeige. Gleichzeitig ist die Position der Anzeige auf der Ergebnisseite der Suchmaschine über den Preis steuerbar, wozu über Anzeigendiagnose-Tools die Ergebnisse einzelner Keywords überprüft bzw. optimiert werden können. Die Auslieferung kann kurzfristig erfolgen, sodass auch kurzfristige Umbuchungen problemlos vorgenommen werden können. Schließlich stehen umfangreiche Analyse- und Reporting-Tools zur Verfügung, welche die Verkaufskraft einzelner Keywords permanent analysieren und den RoI einer Kampagne in Echtzeit messen. Im Vergleich zur klassischen Werbung kann die Werbewirksamkeit – das heißt hier, welche Keywords werden wie oft nachgefragt und angeklickt – kontinuierlich nachverfolgt werden. Neben der Darstellung der Stärke der Buchung eines Keywords durch Wettbewerber (»Mitbewerberdichte«) können über den »Traffic-Estimator« das zu erwartende Suchvolumen sowie die voraussichtlichen Kosten abgeschätzt werden.

Über **Conversion-Tracking**-Werkzeuge wie *Google® Analytics* kann nachverfolgt werden, welcher Kampagnenbaustein bzw. welches Keyword zu welcher Anzahl an Interessenten (Klicks) bzw. Umsatz geführt hat. Hierzu stehen Kennzahlen wie die Anzahl der Einblendungen der Keyword-Anzeige (Impressions), Kosten pro 1000 Impressions oder auch Kosten pro Klick (CPC) zur Verfügung (Lammenett, 2017). Die auf das Keyword Advertising und auf jedes einzelne Keyword zurückzuführenden Transaktionen lassen sich durch Conversion Tracking exakt ermitteln. Das Tracking basiert auf einem Cookie, das in der Regel eine Haltbarkeit (Bestand) von 30 Tagen hat.

Projekte und Interviews zeigen, dass viele Unternehmen immer noch den Erfolg einzelner Bausteine einer Keyword-Advertising-Kampagne nach dem Wert beurteilen, der auf Basis der direkten Transaktionen bzw. 30 Tage nach dem ersten Besuch einer Zielwebsite zustande gekommen ist. Aufgrund der längeren Kaufzyklen bzw. Qualifizierungsprozesse (z. B. für Versicherungen) über einen 30-Tage-Zyklus hinaus erscheint eine qualifizierte Beurteilung der Ergebnisse eher anhand eines Customer-Lifetime-Value-Ansatzes angeraten (Lammenett, 2017). Praxiserfahrungen zeigen unter anderem, dass

- über qualitativ **hochwertige und optimierte Landing Pages** bis zu 50 % höhere Transaktionsraten (Conversion Rates) im Vergleich zu deren Ursprungsversion erreicht werden können (Düweke/Rabsch, 2011);
- die Optimierung nur durch einen **iterativen Prozess des Veränderns** der Landing Pages und der Messung des Effekts dieser Veränderung auf die Conversion Rate erreicht werden kann;
- über den **Einsatz von Videos** die Conversion Rate um weitere ca. 20 % gesteigert werden kann;
- die Einbindung des Keyword Advertising in eine qualitativ/inhaltliche als auch quantitative **Marketingplanung** mit operativen Zielsetzungen (KPIs) – kaskadierend von einer Programmplanung (unter anderem mit inhaltlicher Festlegung relevanter Keywords), der Keyword-Gruppierungen, Anzeigengruppen oder auch des inhaltlichen und angebotsseitigen Kontextes der Landing Page wie im Fall von *Coffee Circle* – notwendige Vorbedingung ist.

Es ist im zentralen Interesse von Suchmaschinenbetreibern wie *Google®*, dass die bezahlten sowie die organischen Suchergebnisse für die Suchenden so relevant wie möglich sind. Die bezahlte Keyword-Suche führt allerdings schnell zu steigenden Kosten, sofern Inhalte und Angebote sich nicht mit dem decken, was in der Anzeige initial versprochen wird. In Zukunft ist zu erwarten, dass über die IP-Adresse des Besuchers ein Geo-Targeting mit einer auf Städten oder Regionen basierenden Aussteuerung von Keyword-Kampagnen durchgängig realisiert wird, analog zum mobilen Marketing.

3.5.3 Suchmaschinenoptimierung (SEO)

Suchmaschinen sind die erste und wichtigste Anlaufstelle für Internetnutzer. So nutzen bis zu 80 % der Internetnutzer Suchmaschinen, wenn es um eine Kaufentscheidung geht (Lammenett, 2017). Mehr als 80 % der Nutzer orientieren sich an den ersten drei Ergebnisseiten, womit der Nutzen von Platzierungen jenseits der ersten 30 Platzierungen weitestgehend irrelevant ist. Ziel der Suchmaschinenoptimierung ist es daher, Platzierungen in den oberen Rangplätzen zu erhalten (Fischer, 2009). Seit der Einführung von *Universal Search* bei *Google®* im Jahr 2007 werden auch Einträge aus anderen *Google®*-Diensten wie *Google® News*, *Youtube* oder *Google® Maps* mit einbezogen. 2009 wurde unter dem Namen *Google® Suggest* die automatische Vervollständigung bei der Eingabe von Suchbegriffen eingeführt. Hierdurch werden Fehler bei der Eingabe von Suchbegriffen vermieden und damit der Suchprozess beschleunigt, gleichzeitig jedoch auch der **Long Tail** verkürzt: Es findet eine Konzentration auf häufig genutzte Suchbegriffe und Top-Keywords statt. Via *Google® Instant* werden seit 2010 bereits beim Eintippen die Suchergebnisse angezeigt, was abermals zu einer Verkürzung des Suchprozesses führt. Grundlage ist bei *Google®* der *PageRank-Algorithmus*, der einen zufällig durch das Internet surfenden Nutzer und dessen Wahrscheinlichkeit, mit der dieser auf eine bestimmte Website stößt, nachbildet. Entsprechend werden Websites mit höherem PageRank umfassender analysiert als andere (Enge, et al., 2012).

> Eine Software-Panne beim Online-Netzwerk ***Google***®+ hat App-Entwicklern 2018 unberechtigten Zugang zu privaten Nutzerdaten gewährt. Als Reaktion wurde die 2011 als Konkurrenz zu *Facebook* gestartete Plattform für Verbraucher im Oktober 2018 geschlossen. Für die interne Kommunikation in Unternehmen will *Google®* sie weiter betreiben. Außerdem werden auch die Möglichkeiten von App-Entwicklern eingeschränkt, auf Nutzerdaten auf Smartphones mit dem *Google®*-System Android zuzugreifen.

Trotz der hohen Popularität in den Unternehmen weisen die Expertengespräche im Rahmen der Studie darauf hin, dass sich SEO im Vergleich zu Keyword Advertising oftmals als deutlich komplexer und schwieriger darstellt:

- **Unterschiedliche ökonomische Steuerungsmodelle**: Beim Keyword Advertising verursacht jeder Klick direkt Kosten, während SEO keine klickbezogenen Kosten generiert.

- **Zeitlicher Versatz**: SEO führt häufig erst mit einem zeitlichen Versatz von 3–4 Monaten zu greifbaren Ergebnissen, während beim Keyword Advertising über qualifizierte Anfragen und Käufer bereits nach Stunden erste Ergebnisse vorliegen.
- **Traditionelles Werbungsmodell**: Keyword Advertising entspricht eher dem traditionellen Modell der Schaltung von Anzeigen – anstelle des Tausender-Kontaktpreises (TKP) treten Sichtkontakte (Ad Impressions), während SEO neuartige Kompetenzen und Kenntnisse in den Bereichen Semantik, Programmierung oder auch Psychologie erfordert.
- **Nichtlinearer Zusammenhang**: Aufgrund der Einführung des Universal Search etwa bei *Google*® besteht kein linearer und direkt nachvollziehbarer Ursache-Wirkungs-Zusammenhang zwischen eingesetzten Maßnahmen und Ergebnissen in Form eines bestimmten Rankings. Darüber hinaus ändern Suchmaschinen in unregelmäßigen Abständen die Kriterien für die Bewertung von Einträgen und die Content-Qualität.
- **Frequenz**: SEO stellt sich in den Unternehmen aufgrund der Komplexität als permanenter Prozess dar, während Keyword Advertising eher auch sporadisch und punktuell genutzt werden kann.

Suchmaschinen arbeiten textorientiert – daher können Grafiken, Bilder, Flash-Anwendungen oder Videos nur bedingt indiziert werden. Aus diesem Grund hat der Text eine elementare Bedeutung im Rahmen der Suchmaschinenoptimierung. Im Kern geht es daher bei SEO darum, über intelligente, suchmaschinenfreundliche Texte auf der Website eine hochwertige Platzierung zu erreichen. Die zentrale Frage ist daher, welche Suchworte bzw. Wortkombinationen in den Vordergrund gestellt werden sollen (Enge et al., 2012). Die Optimierung nach Suchworten muss auf der einen Seite eine hohe Relevanz in Bezug auf das eigene Internetangebot haben, auf der anderen Seite aber in Suchmaschinen auch stark nachgefragt werden.

> Die **Onsite-** oder **Onpage-Optimierung** bezieht sich auf alle Maßnahmen, die auf der zu optimierenden Website selbst durchgeführt werden (Erlhofer, 2011).

Website-Texte sind demnach so zu verfassen, dass die Suchwortdichte (**Keyword Density**) zuvor festgelegter Suchworte hoch ist. Gleichzeitig sollte der Text auch für den Leser und Nutzer gut verständlich und leicht lesbar sein. Im Mittelpunkt stehen damit Inhalte sowie die Navigationsstruktur der Website und eine Sitemap zur leichteren Auffindbarkeit. Über einen optimierten Programm-Code und die Aufnahme wichtigster Keywords in den Website-Titel (Title Tag), in Überschriften, in die URL (als »sprechenden Link«) oder auch in Linktexte kann die eindeutige Identifizierung relevanter Suchbegriffe unterstützt werden (Fischer, 2009). Nichttext-Formate wie Bilddateien können durch Bildbeschreibungen und beschreibende Attribute einer Indizierung zugänglich gemacht werden.

Aus der Sicht von Suchmaschinen hat eine Website, auf die häufiger verlinkt wird, eine höhere Qualität als eine eher selten empfohlene Website (**Link-Popularität**). Damit wird einer häufig verlinkten Website implizit eine höhere Relevanz unterstellt, weshalb es aus der Sicht des Rankings vorteilhaft ist, viele Links (Backlinks) auf die eigene Website zu erhalten.

Als *Offsite*- oder **Offpage-Optimierung** werden alle Maßnahmen (wie Backlinks) bezeichnet, die nicht auf der eigenen Website, sondern auf Websites von Dritten durchgeführt oder initiiert werden (Erlhofer, 2011).

Zusätzlich kann die Link-Popularität in der Offpage-Optimierung über die Teilnahme an Diskussionsforen, Blogs, Social Booksmarks, Veröffentlichungen, Affiliate-Programme und Partnerlinks oder auch Pressemeldungen gesteigert werden. Über die letzten Jahre wird im sogenannten **Link-Baiting** versucht, durch interessante, herausstechende Inhalte die Verlinkung anderer Website-Betreiber zu steigern. Die jeweiligen Links sind hierfür intelligent im redaktionellen Bereich der jeweiligen Websites zu verankern (Enge et al., 2012).

Ähnlich wie im *Google® Merchant Center* erscheint aus der Sicht der Suchmaschinenoptimierung ein Engagement bei Preissuchmaschinen und Preisvergleichsportalen (etwa *guenstiger.de* oder *check24.de*) sinnvoll: Häufig werden die Preis- und Vergleichsportale aufgrund ihres Inhaltsvolumens und der hohen externen Verlinkung gut in Suchmaschinen gerankt. Der Vorteil eines hohen Rankings geht Hand in Hand mit Nachteilen etwa durch den Umweg über ein Portal, die Zahlung notwendiger Listungsgebühren und Provisionen ebenso wie einer geringeren Präsenz der eigenen Marke. Dazu generieren Preisportale über eigene Maßnahmen wie SEO oder auch TV-Werbung Nutzer-Traffic und vermitteln diesen weiter an Shop-Betreiber. So geben mehr als 80 % der Internetnutzer an, sie würden Preisvergleichsportale »häufig«, »gelegentlich« und »bei Bedarf« zurate ziehen.

> Vereinzelt stehen Preisvergleichsportale allerdings im Ruf, sie würden zwar auf einer offenen Plattform neutrale Angebote darstellen, den Nutzer jedoch noch vor einem Kaufabschluss im Hintergrund telefonisch kontaktieren, um dann – entsprechend seiner bereits artikulierten Präferenzen – entgegen der Absprachen mit den registrierten Anbietern (Kunden) der Preisvergleichsseite – andere Angebote vorzustellen. In Klagen war etwa *Check24* unlauterer Wettbewerb vorgeworfen worden. Der Grund: Das Portal präsentiert sich seinen Besuchern als Dienstleister, der über die günstigsten Versicherungstarife informiert. Gleichzeitig kassiert *Check24* aber wie ein normaler Versicherungsvertreter eine Provision, wenn über die Seite ein Versicherungsvertrag abgeschlossen wird. Die klagenden Versicherungskaufleute argumentieren, dass das für die Verbraucher nicht auf den ersten Blick erkennbar ist.

Der skizzierte Long-Tail-Effekt findet sich auch im Bereich der Suchmaschinen-Optimierung. Der Long Tail beinhaltet Tausende von Keywords und Begriffskombinationen, die jede für sich gesehen nur selten gesucht/geklickt werden, in der Summe aber immens sind (vgl. Abbildung 66). So sind ca. 25 % aller Suchanfragen, die an *Google®* gestellt werden, Keyword-Kombinationen, die niemals zuvor gestellt wurden. Dies entspricht täglich rund 30 Millionen Suchkombinationen, nach denen zuvor noch nie gesucht worden war (o. V., 2012d). Damit gewinnt auch die Long-Tail-Optimierung einer Website an Bedeutung. Wurde früher nur mit einem Suchbegriff gesucht, geht der Trend immer mehr zu 2–4 Wortkombinationen.

> Eine Website zum Thema »*Kochen*« erhält sicherlich die meisten Besucher über Keywords wie »*Rezepte*« und »*Kochen*«. Das Gegenstück zu diesen Mainstream-Keywords ist der Long Tail, der Suchbegriffe wie »*Karottengemüse garen*« oder »*Fleisch schnell marinieren*« abdeckt.

Über den Long Tail kann der Betreiber der Website zahlenmäßig meist mehr Besucher erhalten als über die wenigen, einzelnen Haupt-Keywords.

> Besucher, die mit einem Begriff wie »*Kochen Tomaten Ruccola Buch*« auf der Website landen, sind verständlicherweise die aus Sicht des Site-Betreibers potenziell attraktiveren Kunden, da diese bereits ein spezifisches Interesse haben und eine höhere Wahrscheinlichkeit für Transaktionen aufweisen (o. V., 2012d).

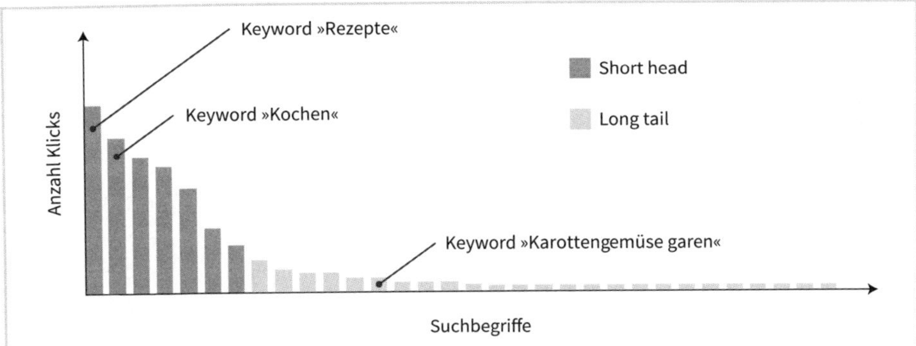

Abbildung 66 Der Long-Tail-Effekt am Beispiel einer Suchmaschinen-Optimierung (o. V., 2012d)

Die Kontrolle der eingesetzten Maßnahmen kann sowohl für die Onsite- als auch die Offsite-Optimierung über die **Logfile-Analyse** der Besucherströme erfolgen. Hier werden neben Besucherzahlen auch die Suchbegriffe ausgewertet, welche die Besucher auf die jeweilige Website geführt haben. In ähnlicher Form stehen Tools zur Überprüfung der **Link-Popularität** wie *Backlink-Spider* oder *Linkdiagnosis* zur Verfügung. Die Analyse der Positionierung von Hunderten von Begriffen und Begriffspaaren in Suchmaschinen kann über Tools wie *Cleverstat* erfolgen. Andere Anbieter wie *Searchmetrics* bieten umfassende Tools für die gesamte Suchmaschinenoptimierung und das Keyword Advertising.

Die Zukunft des Search wird auf der Grundlage von künstlicher Intelligenz (KI) und neuronalen Netzen erfolgen. Neuronale Netze werden einen entscheidenden Schritt weiterhelfen, wenn es darum geht, nicht nur Worte zu verstehen, sondern semantische Konzepte. Mit sogenannten **Neural Embeddings**, einer Form neuronaler Netze, kann *Google®* Worte in allgemeinere Darstellungen der zugrunde liegenden Konzepte verwandeln. Diese Konzepte gleicht das Unternehmen in der Suchanfrage mit den Konzepten der Websites als »Neural Matching« ab. Auf diese Weise kann der Algorithmus Suchanfragen wie »*Wo ist ein leckeres Restaurant in*

Zürich?« beantworten und die passenden Ergebnisse liefern, selbst wenn der genaue Wortlaut nicht auf der Website enthalten ist. Im Laufe des Jahres 2017 hat *Google®* den Algorithmus von *Google® Bilder* überarbeitet, um Suchergebnisseiten einzuordnen, die sowohl passende Bilder als auch qualitativ hochwertige Inhalte bieten. Damit ist die Autorität einer Website jetzt ein noch wichtigeres Signal für das Ranking. Wenn Nutzer z. B. nach »*Regale selbst bauen*« suchen, ist die Website hinter dem Bild jetzt eher eine Website für Do-it-yourself-Projekte. Hierbei werden neuere Inhalte priorisiert, sodass es wahrscheinlicher ist, dass Nutzer eine Website besuchen, die erst kürzlich aktualisiert wurde. Die Priorisierung erfolgt anhand von Websites, bei denen das Bild zentral auf der Seite selbst und weiter oben auf der Seite eingebunden ist. Wenn ein Nutzer beispielsweise ein bestimmtes Produkt kaufen möchte, wird eine Produktseite, die eigens für dieses Produkt erstellt wurde, priorisiert, im Gegensatz zu einer Übersichtsseite, die eine Reihe unterschiedlicher Produkte mit unterschiedlichsten alternativen Ausstattungsmerkmalen zeigt. Seit Herbst 2018 wird auch mehr Kontext zu Bildern angezeigt, inkl. Bildunterschriften, die über den Titel der Webseite informieren, auf der jedes Bild veröffentlicht wird.

3.6 Social Media Marketing

Teilnehmer sozialer Netzwerke outen sich in Bezug auf ihre Vorlieben und Interessen in sozialen Netzwerken in zuvor nicht gekanntem Umfang und unerwarteter Tiefe. Dies eröffnet Möglichkeiten zum One-to-One-Marketing mit der Einblendung personalisierter Werbung. Seit Oktober 2007 besteht beispielsweise bei *Facebook* bereits die Möglichkeit, bei den mittlerweile über eine Milliarde aktiven *Facebook*-Nutzern personalisierte Werbung in mehr als 18 verschiedenen Formaten zu schalten. Voraussetzung für ein erfolgreiches Social-Media-Marketing ist gemäß *Cialdini* ein hohes Maß an Glaubwürdigkeit, die sich aus folgenden Kriterien konstituiert (Safko/Brake, 2009; Weinberg, 2012; Grabs/Bannour, 2012):

- **Ehrlichkeit/Authentizität**: verstanden als »Echtheit« in der Kommunikation;
- **Offenheit/Transparenz**: offen und authentisch, auch auf Kritik unterschiedlicher Stakeholder zu reagieren;
- **Kommunikation auf Augenhöhe**: anstelle belehrender, kritisierender Reaktionen;
- **Relevanz**: inhaltliche und gestalterische Relevanz und Nutzen für die Zielgruppe, auf Basis von
- **Mehrwerten**: als begehrenswerter Mehrwert etwa durch Spiele oder Apps;
- **Wiedererkennungswert**: in Zusammenhang mit der Marke;
- **Zugriffsmöglichkeit**: problemloser Zugriff auf Inhalte, etwa durch Downloads, RSS-Feeds oder Social-Bookmarking-Dienste und
- **Kontinuität/Nachhaltigkeit**: als langfristige Beziehung auf der Grundlage gegenseitiger Wertschätzung, Loyalität und Vertrauen.

Vordringlich durch das Social-Media-Marketing initiiert haben sich drei unterschiedliche Medienkategorien herauskristallisiert:

- **Owned Media**: alle in der direkten Verantwortung des Unternehmens liegenden Online-Aktivitäten wie Corporate Website, Blogs, *Facebook*-Kommunikation oder auch unternehmenseigene Communities;
- **Paid Media**: alle Maßnahmen, die das Unternehmen bei Drittpartnern einkauft wie Banner oder Sponsored Links;
- **Earned Media**: Medienpräsenz und Inhalte, die sich Unternehmen durch ihre Aktivitäten verdient haben.

Red Bull hat 2012 durch den spektakulären Sprung von *Felix Baumgartner* aus der Stratosphäre bei Kosten von 50 Mio. EUR insgesamt Medialeistungen von geschätzt mehreren Milliarden EUR als Earned-Media-Leistungen »erhalten« (Iezzi, 2012).

Dabei präsentiert sich die überwältigende Mehrheit (52 %) der Social-Media-Nutzer als passiv. Meist lesen diese nur die Beiträge anderer Nutzer sowie Bewertungen und Beiträge in Online-Foren (als Zuschauer), beteiligen sich aber nicht selbst in sozialen Medien (vgl. Abbildung 67). Je jünger Nutzer sind, desto mehr werden unterschiedliche Social-Media-Plattformen für unterschiedliche Anwendungskontexte genutzt, bei den Millenials teilweise bis zu sechs verschiedene Social-Media-Plattformen.

Nutzertyp (prozentuale Verteilung)	Charakteristika
Creators (9 %)	• Haben eigene Websites und veröffentlichen Blogs • Laden selbst erstellte Videos/Audio-Dateien ins Internet • Verfassen Artikel und veröffentlichen diese Online
Conversationalists (15 %)	• Aktualisieren ihre Profile in sozialen Netzwerken • Posten Updates auf *Twitter*
Critics (12 %)	• Bewerten und besprechen Produkte und Dienstleistungen • Kommentieren Blogs bzw. Posts anderer Nutzer • Liefern Beiträge auf Online-Foren/Wikis
Collectors (4 %)	• Abonnieren RSS-Feeds • Fügen bei Fotos und auf Websites Tags hinzu • Nutzen Möglichkeiten zum Voting auf Websites
Joiners (21 %)	• Besitzen Profile in sozialen Netzwerken • Besuchen Sites in sozialen Netzwerken
Spectators (38 %)	• Lesen Tweets und Blog-Beiträge • Lesen Bewertungen und Beiträge in Foren • Sehen/hören sich Videos und Podcasts anderer Nutzer an
Inactives (52 %)	• Keine Beteiligung an Aktivitäten innerhalb sozialer Medien

Abbildung 67 Nutzertypen des Social Technographics Profiles nach *Forrester Research* (Li/Bernoff, 2008; Hilker, 2012)

Aus Unternehmenssicht erstreckt sich das Spektrum möglicher Handlungsoptionen über (1.) das reine Zuhören (Web-Monitoring, etwa mittels Text-Mining-Tools), (2.) zu reagieren und sich in die kommunikativen Prozesse innerhalb sozialer Medien zu integrieren oder sich schließlich auch in der (3.) umfassendsten Form des Engagements über eigene Plattformen in sozialen Netzwerken aktiv und kreativ einzubringen (Grabs/Bannour, 2012). Die Zielsetzungen eines Social-Media-Engagements variieren dabei von (Werner, 2013; Sterne, 2011)

- dem Aufbau eines positiven **Corporate Image**;
- der Gewinnung von **Aufmerksamkeit** für Unternehmen, Marken und Produkte;
- der Steigerung der **Markenbekanntheit** durch das Markenerlebnis in sozialen Medien;
- der Nutzung und Gewinnung der **kollektiven (Schwarm-)Intelligenz** in den Innovationsprozess von Produkten und Dienstleistungen (Lause/Wippermann, 2012) als auch
- der **Kundengewinnung und -bindung** durch Stärkung des »sozialen Markenwerts«.

Eine Untersuchung über den Zusammenhang zwischen dem Engagement von Konsumenten in Social Media auf die Beziehung zu einer Marke und auf die Kaufbereitschaft für ***Kia Motors Deutschland*** zeigt, dass Aktivitäten in sozialen Netzwerken positive Effekte auf die Markenwahrnehmung und den Absatz haben können. Die in Social Media aktiven Fans sind laut Studie nicht unbedingt *Kia*-Kunden. Fast 50 % der aktiven Fans fahren aktuell kein Fahrzeug der Marke *Kia*, treten mit der Marke aber dennoch in Kontakt. Aktive Fans nehmen laut Untersuchung die Marke *Kia* bis zu 30 % positiver wahr als nicht aktive, fühlen sich stärker in die Marke integriert, vertrauen ihr mehr und fühlen sich stärker emotional mit ihr verbunden. Gleichzeitig liegt die Bereitschaft, ein Modell der Automarke zu kaufen, bei aktiven Fans um 20 % höher als bei den nicht aktiven. Die Drogerie-Kette ***Rossmann*** fand heraus, dass Fans eine deutlich höhere Kundenbindung aufweisen (+73 %), sich aber auch durchweg preisbewusster zeigen. Diese geben doppelt soviel Geld für *Rossmann*-Eigenmarken aus wie Nichtfans und geben 1,5-mal mehr Geld in den Filialen aus als Nichtbesucher der *Facebook*-Seite. *Rossmann* betreibt eine aktive Fanpage, die mit mehreren Apps z. B. zu den Themen »Foto«, »Kind« oder »Karriere« angereichert ist. Das Unternehmen veröffentlicht auf der Seite unter anderem Links zu im Markt einlösbaren Gutscheinen, die ausschließlich auf *Facebook* zu finden sind. Dadurch werden Fans belohnt und dazu ermuntert, die Sichtbarkeit der Marke durch eigenes Teilen zu erhöhen. Zudem sind Links eingebunden, die auf andere hauseigene Medien hinweisen, wie Kundenmagazine, die Website oder Kampagnen in anderen sozialen Netzwerken. Seit Mitte 2013 bewirbt das Unternehmen die *Facebook*-Fanpage mit Werbeanzeigen und Sponsored Posts, um die Anzahl von 1,6 Millionen Fans im Oktober 2018 noch weiter zu steigern.

Für Marketing und Werbung in sozialen Netzwerken bestehen wie etwa im Fall von *Facebook* mindestens vier verschiedene Optionen (Hilker, 2012):

- Die *Schaltung von Anzeigen in Facebook* (Facebook-Ads): Obwohl ideale Voraussetzungen für One-to-One-Marketing auf der Basis der Nutzerprofile bestehen, können *Facebook*-Ads in den meisten Fällen aufgrund des fehlenden aktiven Suchinteresses nicht die Conversion-Raten eines Keyword Advertising erreichen.

- Das Erstellen einer eigenen *Facebook-Fanpage* (als Community-Page oder *Facebook*-Gruppe): Dies wirkt wie Word-of-Mouth-Marketing, unter der Voraussetzung, dass die Inhalte für die Zielgruppe interessant sind.
- Die manuelle Integration eines Shop-Buttons mit Angeboten aus einem Onlineshop in *Facebook*.
- Die automatische Anbindung eines *Onlineshops an die Facebook-Fanpage*: *Facebook* bietet eine eigene Shop-Funktionalität an, wo entweder Plugins direkt in *Facebook* bestehen oder auch für die Anbindung externer Shop-Systeme.

> ***Facebook Gifts*** macht auf der Grundlage der Nutzerprofile Geschenkvorschläge, die auch unmittelbar erworben werden können. Bisher fanden Nutzer in ihrem Account neben der Meldung, welcher Freund heute Geburtstag hat, nur die Möglichkeit zu einem Pinnwand-Gruß. Mit *Facebook Gifts* steht daneben die Aufforderung, dem Geburtstagskind doch ein Geschenk zu schicken. Mitglieder müssen noch nicht einmal die Adresse des zu Beschenkenden wissen: Empfänger bekommen von *Facebook* eine Nachricht und haben dann die Möglichkeit, sich das Geschenk an die eigene Adresse schicken zu lassen und die Grußkarte zu lesen. Gegebenenfalls können Empfänger auch noch Details wie Farbe und Stil auswählen oder aber ein anderes Geschenk wählen. *Facebook* erhält jeweils eine Verkaufsprovision (Costine, 2012).

Interviews und Fallbeispiele belegen, dass Marketingmaßnahmen in sozialen Netzwerken stärker attraktive und kreative Angebote erfordern als etwa im klassischen Dialogmarketing. Als attraktiv werden hierbei unter anderem exklusive Sonderangebote (wie Rabatte, limitierte Angebote), exklusive Dienstleistungen und Informationen, Aufrufe zu Mitmach-Aktionen oder auch die Einbindung in angebotsspezifische Kreativprozesse angesehen.

> Regelmäßige Analysen zum Weihnachtsgeschäft zeigen, dass via *Facebook* als Werbekanal der Neukunden-Umsatz im Vergleich zu Mediaplänen ohne *Facebook*-Anzeigen 20–30 % gesteigert werden konnte. Außerdem wird die Cost per Acquisition um rund 70 % niedriger beziffert als in anderen Kanälen.

Das **Emotional-Contagion**-Experiment im Jahr 2014 hat gezeigt, dass in Social Media Emotionen von einem Nutzer auf den anderen übertragen werden (Kramer/Guillory/Hancock, 2014). Data Scientists haben hierfür im Newsfeed Algorithmus systematisch positive/negative Statements gepostet, um herauszufinden, ob Nutzer in Abhängigkeit von diesen Posts mit eigenen negativen/positiven Posts reagieren würden. Das Ergebnis: Mit zunehmender Anzahl an negativen/positiven Statements der Sender im Netzwerk stieg die Anzahl eigener negativer/positiver

Posts auch aufseiten der Empfänger signifikant an. Die Ergebnisse implizieren, dass z. B. auf *Facebook* Emotionen von anderen Personen die Gefühlswelt des Empfängers beeinflussen können. Die Herausforderung bei Social Media besteht damit in der Verstärkungslernschleife menschlichen Verhaltens. Plattformen wie *Facebook* haben die Möglichkeit, nicht nur unser menschliches Verhalten in realtime zu beobachten, sondern auch durch gezieltes Informationsmanagement Nutzer einer **sozialen Manipulation** zu unterwerfen, z. B. durch (Chollet, 2018):

- **Identitätsverstärkung**: Nutzer erhalten nur Inhalte und Informationen, bei denen die Ansichten, die wir haben sollen, mit den eigenen Identitätsmarkern übereinstimmen und umgekehrt Ansichten, von denen es eher »erwünscht« ist, dass wir uns von ihnen abwenden, eher nicht ausgestrahlt werden.
- **Negative soziale Verstärkung**: Der Kontroll-Algorithmus kann eigene Beiträge, die nicht zu dem sonstigen Wertesystem des Nutzers passen, nur dann anderen Nutzern zeigen, wenn diese gegenteilige Ansichten vertreten und entsprechend absehbar scharf kritisieren werden.
- **Positive soziale Verstärkung**: Beiträge werden nur anderen Nutzern gezeigt, welche die gleichen Wertvorstellungen tragen und damit den Eindruck erwecken, Teil einer größeren Mehrheit von Unterstützern zu sein.
- **Stichprobenverzerrung**: Informationsblase, die nur Beiträge von Nutzern anzeigt, welche die gleichen Ansichten unterstützen.
- **Personalisierung der Argumente**: Auslieferung von Beiträgen an die Nutzer, bei denen eine maximale Wirksamkeit der Argumente zu erwarten ist.

3.7 Video- und Multimedia-Marketing: Online goes Bewegtbild

Parallel zur Nutzungsentwicklung des Internets wird aufgrund der explosionsartig steigenden Nachfrage nach multimedialen Anwendungen im Netz der seit den 1990er-Jahren vieldiskutierte Begriff »Multimedia« schließlich Realität: 2018 sehen drei Viertel der Bevölkerung zumindest gelegentlich bewegte Bilder im Netz, 60 % nutzen mindestens wöchentlich und 33 % täglich Online-Videos. Die Zuwächse zeigen sich bei fast allen Angebotstypen. *YouTube*, *Mediatheken* und Video-Streamingdienste konnten gegenüber dem Vorjahr auch die Nutzungsfrequenz steigern (Kupferschmitt, 2018). Mediatheken werden weiterhin als Ergänzung des traditionellen Fernsehens wahrgenommen und vor allem dort genutzt, wo das Fernsehgerät nicht zur Verfügung steht. Die Mediatheken positionieren sich damit zwischen *YouTube*, auf dem kurze Videos überwiegen, und den Streamingdiensten, die nahezu ausschließlich längere Videos anbieten. Dies könnte erklären, weshalb bei Streamingdiensten die Nutzungsanteile auf Fernsehgeräten höher ausfällt als bei Mediatheken. Die wichtigsten Argumente für die Nutzung des TV-Geräts in diesem Zusammenhang sind der große Bildschirm und die gute Bild- und Tonqualität (Kupferschmitt, 2018).

Der Zuwachs in der Nutzung bewegter Bilder geht im Prinzip auf alle Abrufmöglichkeiten zurück. So hat der zeitversetzte Abruf von Videos von speziellen Videoportalen sowie generell der Abruf von Fernsehsendungen und Videos – und hier sind die Sender-Mediatheken führend – noch einmal über die letzten Jahre deutlich zugenommen. Auch die Nutzung von Fernsehen via Internet ist weiter angestiegen (Kupferschmitt, 2018). Differenziert man die einzelnen Videoanwendungen, sind es vor allem die Videoportale, bei denen mit mehr als 37 % wöchentlichem und 30 % täglichem Abruf der höchste Grad an Habitualisierung auftritt (Kupferschmitt, 2018). Je jünger die Nutzerschaft ist, desto größer ist die Rolle einer routinierten und regelmäßigen Bewegtbildnutzung (Kupferschmitt, 2018). Mobile Bewegtbild-Kampagnen steigen weiterhin im Vergleich zum Vorjahr um mehr als 250 %. Damit einhergehend verändern sich die eingesetzten Taktiken sowohl aufseiten der Werbetreibenden als auch aufseiten der Rezipienten der Marketingkommunikation. Der Fokus verlagert sich schrittweise von den vormals starren Text-(Blogs) und Bild-/Fotobeiträgen (à la *Flickr*) in Richtung bewegtes Bild. Mittels Video-Advertisements kann eine Zielgruppe präzise adressiert und zur Interaktion mit der Marke animiert werden. Die direkte Messbarkeit und Erfolgskontrolle (etwa in Form von Clickraten) erhöht die Attraktivität des Einsatzes von Bewegtbildkommunikation aus Sicht der Werbetreibenden zusätzlich.

> Bereits 2006 hat ***Cadbury*** seine Marketingstrategie komplett überarbeitet und drastisch den Schwenk in Richtung »Viral Marketing« vollzogen (Cakim, 2010). Die Kampagne »*Gorilla*« wurde auf dem Web gestartet und generierte in der ersten Woche bereits mehr als 500.000 Pageviews. Die gesamte Kampagne wurde mehr als sechs Millionen Mal über eine Vielzahl von Video-Tauschbörsen wie *YouTube* abgerufen. Eine Vielzahl an Nutzergruppen auf *Facebook* hat sich in Reaktion auf den Online-Werbefilm gegründet. So etwa auch die Nutzergruppe »*The Cadbury Gorilla is a Legend*« mit mehr als 4.000 Teilnehmern.
>
> Der Großhändler von Networking-, Storage- und Security-Produkten ***RADirect*** hat durch die Platzierung von Videos auf der eigenen Website »Above the Fold« die Quote qualifizierter Kundenanfragen (Leads) um 50 % steigern können. Die Verbleibedauer auf der Website konnte verdreifacht werden, bei gleichzeitiger Verbesserung weiterer KPIs wie etwa der Bounce-Raten im E-Mail-Marketing (Bannan, 2008).

So sieht der *Online-Vermarkterkreis (OVK)* im *Bundesverband Digitale Wirtschaft (BVDW)* bei den eingesetzten Werbeformaten entsprechend Video-Banner an erster Stelle (OVK Online-Report 2018). Studien der *Tomorrow Focus AG* untermauern die überragende Bedeutung von Online-Werbefilmen: Kontaktiert man eine Zielgruppe mit unterschiedlichen Medien und Werbemitteln, so weisen Personen, die Kontakt mit Online-Werbefilmen hatten, eine deutlich höhere Werbeerinnerung auf als diejenigen, die rein mit klassischer (statischer) Online-Werbung kontaktiert wurden. Als Konsequenz werden die Investitionen in Online-Filme nach Prognosen von *Jupiter Research* und des *BVDW* weiter jährlich signifikant zulegen. Online-Filme vereinen im Idealfall hierfür das Beste aus zwei Welten: die Erfahrungen aus dem Fernsehen sowie die Interaktivität, Aktivierung entlang der Erkenntnisse aus dem Neuromarketing, die unmittelbare Messbarkeit und die geringeren Mediakosten im Internet.

> Aufgrund des weiterhin steigenden Trends zu Video-on-Demand baut ***RTL*** die eigene Mediathek TV weiter aus, ***Disney*** plant für 2019 den Start eines familienaffinen Angebots als Streaming-Service, bei gleichzeitiger Kündigung der bestehenden Kooperation mit *Netflix*.

Dabei führen Online-Bewegtbilder zu einer höheren Awareness (gemessen als Werbeerinnerung), einer höheren Markenbekanntheit als auch einer höheren positiven Produkteinschätzung mit damit verbundener Kaufbereitschaft. In Studien zeigt sich, dass der ungestützte Recall eines Produktes bei TV-Werbung durch die Vielzahl der Produkte in einem Werbeblock eher erschwert wird (Barkewitz/Rieß 2008). Online hingegen erinnern sich gestützt mehr als doppelt so viele Befragte an die Werbung für ein Produkt und 80 % der Befragten erkennen den Spot nach Vorlage wieder. Laut *Madvertise* liegt die Wahrnehmung und Erinnerung an mobile Video-Kampagnen mit bis zu 255 % und Klickraten von bis zu 16 % weit über dem Durchschnitt (madvertise.com). Gerade Bewegtbildern gelingt es, online Markenwelten zu transportieren und Markenimages zu aktualisieren. Studien etwa von *Millward Brown* zeigen, dass Werbetreibende ihre Zielgruppen besser mit Videowerbung als mit traditionellen TV-Spots erreichen: Online-Videowerbung ist beliebter und erzeugt eine höhere Markenaufmerksamkeit. Das bewegte Bild ist und bleibt damit das Herzstück zum Transport von Werbebotschaften und Markenwerten – unabhängig ob offline oder online – und wird in Zukunft noch stärker an Bedeutung gewinnen. Bewegte Bilder werden damit zum wichtigsten Grundstoff im digitalen Zeitalter. In Social Media suchen Menschen nicht nur Informationen, sondern vor allem das, was sie aus dem Fernsehen kennen, nämlich Entertainment und große Emotionen in bewegten und bewegenden Bildern. Daraus entstehen neue Möglichkeiten der Kundenansprache.

> ***Facebook*** hat bereits 2013 Auto-Play-Videos eingeführt. Ähnlich wie bei *Youtube* können Werbekunden hierdurch Videos einspielen lassen, die automatisch starten und erst nach vorgegebener Zeit übersprungen werden können.

Für eine Analyse der Erfolgsfaktoren, Trends für den Einsatz von Online-Werbefilmen und globalen »Best Practices« wurden sämtliche verfügbaren Analysen zur Entwicklung und zu den Trends im Bereich »Bewegtbildkommunikation« ausgewertet, Erfolgskriterien aufgestellt, nachfolgend weiter verdichtet sowie schließlich mit fast 300 als erfolgreich geltenden, bekannten und kreativen Werbespots abgeglichen (Strauß/Olesch, 2009). Die Analyse auf der Grundlage von Sekundärmaterial wurde durch mehr als 30 Interviews mit Regisseuren, Agenturen und Werbetreibenden weitergehend fundiert. Im Mittelpunkt der Interviews standen unter anderem Fragen nach der Bedeutung von Bewegtbildkommunikation in Zukunft im Web oder auch den Erfolgsfaktoren und »Best Practices« in der Nutzung von Online-Bewegtbildkommunikation.

Die durchgeführten Interviews belegen, dass Online-Bewegtbildkommunikation absehbar eher komplementär zum klassischen TV fortbestehen wird – selbst wenn sich *YouTube* als ein neues Leitmedium herauskristallisiert und Online heute bereits höhere Media-Budgets auf sich vereint als TV. Die Gründe liegen neben einer fast 60-jährigen Sozialisation mit dem Medium TV in einigen nach wie vor bestehenden konzeptionellen Hindernissen:

- **Live**: Viele der dargebotenen Inhalte leben davon, dass sie live und in einem bestimmten, vorher kommunizierten Programmformat erscheinen, wie etwa ein bedeutendes Fußballspiel. Der Austausch im Kollegenkreis am Folgetag über die Sendungen (»Watercooler-Talk«) ist nach wie vor einer der wichtigsten Gesprächsaufhänger. Inhalte stellen damit eine Form von »sozialer Währung« dar, welche Nutzer täglich im Rahmen von Interaktionen eintauschen.
- **Reichweite**: Klassische Medien bieten vor dem Hintergrund der heute noch vorherrschenden Mediennutzung und ihrer Reichweite nach wie vor einen erheblichen Vorteil für den Aufbau einer Marke sowie einer umfassenden Produktpräsenz.
- **Messung**: Die klassischen Medien verfügen – Stand heute – über die am weitesten ausgereiften und standardisierten Messverfahren (etwa als GRP). Im klassischen TV können Werbetreibende in garantierten Streuplänen exakt ermitteln, was eine bestimmte Reichweite wert ist.

Die Interviews unterstreichen unisono, dass der Trend zum einen eindeutig in Richtung Online-Film geht, gleichzeitig werden sich die dargebotenen Filmformate auch in Zukunft zunehmend ausdifferenzieren. Auf der einen Seite stehen private Filmbeiträge individueller Nutzer, die etwa auf *YouTube* meist mehr durch Absurdität und verwackelte »Nonsense-Videos« herausstechen. Auf der anderen Seite ist eine weitergehende Steigerung in puncto Qualität und Professionalität aufseiten professioneller Werbetreibender zu beobachten. Qualitätsstandards, wie sie im professionellen Werbefilm angesetzt werden, kommen zunehmend auch online zur Anwendung. Gleichzeitig werden bewusst auch Filme produziert, die ausschließlich einer Idee folgen und freien Gestaltungsspielraum zulassen.

> So besticht der legendäre »*Adidas Originals*«-Film mit Kevin Garnett und David Beckham durch die Spontaneität und Authentizität und die freie Kameraführung des spaßhaften Basketball-Spiels der beiden Sportler (www.youtube.com/watch?v=AkNlEtN2KwQ).

Aus den Interviews als auch der Analyse der weltweit eingesetzten Online-Filme kristallisieren sich dabei mindestens sieben gemeinsame **Merkmale und Erfolgskriterien** heraus (vgl. auch Düweke/Rabsch, 2011; Karle, 2012; Jarboe, 2011; Berger/Milkman, 2011). Diese sollten sein:

- **authentisch**, d.h. eine »objektive Echtheit« eines den filmischen Abbildungen zugrunde liegenden Ereignisses darstellen. Authentizität ist damit für den Rezipienten eine Empfindung, die Zustimmung zu dem Gesehenen und »kann visuell gefühlt werden«;
- **entertaining**, d.h. eine Vermittlung der Werbebotschaft auf unterhaltende und überraschende Weise vornehmen, um beim Zuschauer eine positive Reaktion hervorzurufen. Lineare Anstoßketten als Grundlage der Konzeption und werden zunehmend durch »Storytelling« ersetzt. Die Kommunikation muss in episodenartigen Versatzstücken unterhalten

und auf eine Climax hinarbeiten. Die Interviews zeigen, dass dies deutlich mehr Investitionen in die Architektur einer Kampagne erfordert, im Gegensatz zum klassischen Abspielen eines 30-Sekunden-Werbefilms (Smith, 2012; Taylor/Strutton/Thompson, 2012);

- **emotional**, d. h., Gefühle (subjektiv wahrgenommene innere Erregungszustände) werden primär übermittelt oder Empfindungen der Konsumenten gezielt hervorgerufen, um diese mit einem emotionalen Erlebniswert zu verknüpfen. Adjektive wie »fesselnd«, »fühlbar«, »bewegend« oder »ergreifend« setzen Prozesse der emotionalen Involvierung voraus;
- **visuell interessant**, d. h., es wird ein Bezug zu inneren Bildern hergestellt und so zu einzelnen Wahrnehmungen, die durch eine längere Betrachtung verfeinert werden;
- **informativ und relevant**, d. h., Filme müssen sich mit den jeweiligen Faktoren beschäftigen, die das Informationsverhalten der Konsumenten bzw. ihrer Zielgruppe prägen;
- **Aktualität**, bezeichnet die zeitnahe Berichterstattung und Weitergabe von Informationen und Nachrichten. Aktualität lässt sich an dem zeitlichen Abstand zwischen dem Ereignis und der Vermittlung, der Veröffentlichung dieses Ereignisses, messen;
- **überraschend und unerwartet**, bezeichnet unvorhergesehene Situationen, Gefühle oder Begegnungen und Ähnliches. Fast immer löst Überraschendes Verwirrung und/oder eine heftige Emotion aus.

Die Kombination dieser Erfolgskriterien erlaubt es, Zielgruppen effektiv zu erreichen und gleichzeitig die Werbebotschaft wirksam vermitteln zu können. Online-Werbefilme werden – folgen sie diesen Kriterien – zunehmend einem innovativen »Advertainment« (also der Verbindung von Werbung und Entertainment) näherkommen. Durch einen hohen visuellen Unterhaltungswert im Onlinefilm wird die Aufmerksamkeit des Zuschauers hochgehalten. Der große Vorteil des Unterhaltungswertes innerhalb eines Werbefilms besteht darin, dass der Zuschauer die Werbung direkt und bewusst nachfragt (»Want to see again«). Gleichzeitig kann er im Internet für die weitere Verbreitung des Spots sorgen und damit eine Multiplikatorfunktion übernehmen. Für den Online-Film bedeutet dies, dass die Einstellung gegenüber der beworbenen Marke nach der Präsentation des Entertainment-Werbefilms direkt von der Einstellung gegenüber dem Gesehenen beeinflusst wird.

Als problematisch wird es von allen Interviewpartnern erachtet, wenn Marken ohne Rücksicht auf die Markenwerte mit Images und Gefühlen überfrachtet werden. Im Vordergrund steht die Entwicklung von Themen, Erlebniswelten und Ideen, mit denen man das Publikum erreichen und emotional bewegen möchte. Erfolgreiche Online-Filme zeichnen sich laut den durchgeführten Studien und Interviews dadurch aus, dass sie auf der einen Seite den skizzierten Erfolgskriterien folgen, es gleichzeitig aber auch schaffen, Geschichten zu erzählen und den Zuschauer (analog zu TV und Kino) kurzfristig dem Alltag zu entreißen. Dabei können die bekannten Formate, Wirkungsmechanismen und Genres aus der klassischen Filmwelt adaptiert bzw. transferiert werden.

Über alle möglichen Einsatzmöglichkeiten von crossmedialer Bewegtbildkommunikation hinweg kristallisieren sich acht unterschiedliche Formate heraus (vgl. Abbildung 68).

Format	Inhaltliche Merkmale	Länge	Einsatzgebiete
Spots	große Präsenz des beworbenen Produkts	ca. 15-60 sek.	TV, Internet, Kino
Imagefilm	hochwertige Bilder, keine Geschichte, beschreibt zusätzliche Bereiche einer Firma, außerhalb des eigentlichen Produkts	ca. 1-10 min.	Internet, Kino, Lifstyle Screens
Unternehmensfile, Porträt	selbstdarstellend, dokumentarisch, Interviewsituationen	ca. 2-15 min.	Internet, Messen, Lifstyle Screens
Produktfilme	konzentriert sich auf ein konkretes Produkt, erklärend, informativ	ca. 2-15 min.	Internet, Kino, Lifstyle Screens
Showfilme	begleitend, klare Handlung, Event	ca. 2-12 min.	Internet, Lifstyle Screens
Webisoden	Episoden von Serien, fiktive Geschichten, kurze Folgen	ca. 4-10 min.	Internet
Virals	witzig, unterhaltend, qualitativ hochwertig	ca. 30-90 sek.	TV, Internet
Kurzfilme	Story, assoziative Handlung um das Produkt	ca. 2-12 min.	Internet

Abbildung 68 Unterschiedliche Filmformate (Strauß/Olesch, 2009)

Grohe ist es etwa im Bereich **Imagefilm** gelungen, anstelle der ansonsten vorherrschenden einfachen, erklärend-beschreibenden Machart bisheriger Industriefilme ein eigenes, positiv besetztes und unverwechselbares Markenimage aufzubauen.

Der Imagefilm »*Enjoy Water*« von ***Grohe*** verbindet die Elemente Qualität und Technologie und verleiht der Verschmelzung mit Wasser eine besondere Gestalt (www.youtube.com/watch?v=rVeWtW3CmWE&list=PL861E780BE81EB264). Das Design im Einklang mit der Natur transportiert einen hohen Grad an Faszination und besticht bereits durch die Kraft der Bilder. Im Mittelpunkt des Imagefilms stand weniger die Positionierung von *Grohe* im Technologiebereich als vielmehr im Bereich gehobener Badezimmerausstattungen und -armaturen. Dem Film kam dabei die Rolle zu, den konzeptionellen Grundgedanken, die kreative Umsetzung und die neue Grohe-Positionierung und Wettbewerbsvorteile einem breiten Publikum visuell eindringlich und verständlich zu vermitteln. Markenbekanntheit und Erinnerungswerte konnten in Bezug auf die *Grohe*-Kerntechnologien signifikant gesteigert werden konnten. So hat sich das Markenimage positiv entwickelt, ähnlich wie der »Net Promoter Score«, der die Bereitschaft zur Weiterempfehlung durch bestehende Kunden misst.

Honda hat in der Kategorie **Unternehmensfilm** mit »*Dream the Impossible*« einen wahrhaften Standard definiert.

> Im Rahmen einer ***Honda***-Kampagne »*Power of Dreams*« wurde eine umfassende Serie von Unternehmensfilmen/Dokumentationen und Porträts produziert. »*Power of Dreams*« beinhaltet mehrere dokumentarische Unternehmensfilme zwischen sechs und acht Minuten Länge, innerhalb derer Firmenangehörige und Meinungsführer auf sehr persönliche, empathische und gleichzeitig sehr authentische Art ihre Vision zum Thema »*Mobility 2088*« skizzieren (www.youtube.com/watch?v=Q4i2g0jvxyM). Dabei wird die emotionale Verbindung zum Zuschauer in den Mittelpunkt gestellt, umgesetzt durch persönliche und emotional erlebbare Statements einzelner Personen. Der Dokumentarstil wird als eine herausragende Möglichkeit genutzt, eine Geschichte in einer authentischen Art, ohne jegliche Verkünstelungen zu erzählen und ohne sich allzu weit vom eigentlichen Gegenstand der Story zu entfernen.

Die Vielzahl an Interviews hat immer wieder darauf hingewiesen, dass *Adidas* im Bereich **Produktfilm** als erstklassiges Best Practice heraussticht.

> *Adidas* hat im Rahmen des »*Left-Right-Projektes*« zwei gigantische Schuhe erstellen lassen und diese dann an die amerikanische West- und Ostküste geschickt (www.youtube.com/watch?v=bo2e0SPbi_8). Dort wurden sie von Künstlern nach ihren Vorstellungen gestaltet, um nachfolgend das Ergebnis in Form zweier kreativ gestalteter Riesenschuhe wiederum zusammenzuführen. Ziel des Projektes war es, einen Produktfilm zu erzeugen, der auf natürliche Art im Bereich »Sports Style« eine »Lifestyle-Verknüpfung« zwischen dem Produkt und der Zielgruppe herstellt. Damit konnte in einer überhöhten und zeitgemäßen Form die Entstehung des Schuhs durch wahre Künstler vorgestellt werden. Durch die Einbettung in die Geschichte mit dem Schuh als Hauptdarsteller gelingt es virtuos, ein Lifestyle-Gefühl zu erzeugen. Der Film war schließlich auch Teil des Retail-Launchs für *Adidas SuperStar*. Parallel hierzu hat *Adidas* auf adidas.tv permanent kleine Film-Clips zur Verfügung gestellt, die ausschließlich für das Web produziert worden sind. Ein Augenmerk liegt für *Adidas* darauf, immer wieder der Tagline »celebrate originality« im Bereich Sports-Style zu folgen und durch aktuelle, frische und kreative Produkt- und Lifestyle-Inszenierungen zu untermauern.

Burger King schlägt mit dem **Showfilm** »*Chicken Sandwich World Championchip*« einen ganz anderen Weg ein, analog zu *Kentucky Fried Chicken* im Rahmen der *World Wrestling Entertainment Series*.

> Um die neuen ***Burger King*** Produkte *TenderCrisp* und *Spicy TenderCrisp* zu promoten, wurde ein »Wrestlingkampf« veranstaltet, dem Muster der bereits in Kino und TV bekannten Boxkämpfe à la »Rocky« folgend (www.youtube.com/watch?v=oW-jcBp2av8). *Burger King* hatte für die Show ein 20-Minuten-Zeitfenster gebucht und auf einer speziellen Internetseite wurde die Zielgruppe auf das Event aufmerksam gemacht. Es ist zu erwarten,

> dass diese Art des Showfilms auch in Zukunft weiter fortgesetzt werden wird, da die Satire und der Schwindel von den Zuschauern unmittelbar verstanden wird. Mehr als fünf Millionen Besucher haben bereits vor dem Event auf der *Burger King* Website für ihr favorisiertes Hühnchen ihre Stimme abgegeben. Der eigentliche Boxkampf wurde im amerikanischen TV und auf der Internetseite live übertragen. Einem ähnlichen Wettkampfmuster folgt der *Road Chip* der amerikanischen Tortilla-Marke *Doritos* im »Crash the Super Bowl«-Wettbewerb zwischen einem kleinen Mädchen und einem Hund beim Verzehr eines Dorito (Heine, 2013; www.youtube.com/watch?v=HvyAlEfnoYg).

Webisodes sind die einzelnen Episoden von Serien, die speziell für die Verbreitung im Internet produziert werden. Die Länge einzelner Folgen ist streng an das Rezeptionsverhalten im Internet angepasst. Eine Folge dauert normalerweise zwischen vier und 15 Minuten. Der Rezipient soll dabei nicht nur passiv zusehen, sondern mit den fiktiven Protagonisten oder den Produzenten der Serie interagieren können. **Virale Werbefilme** werden von Unternehmen dazu genutzt, auf unterhaltsame und überraschende Art und Weise Aufmerksamkeit für Marken und Produkte zu erregen und sich gleichsam in einem epidemischen Ausmaß zu verbreiten.

> Ein herausragendes Beispiel hierfür ist der legendäre Werbespot von ***Heineken***, der sowohl Frauen als auch Männer als Zielgruppe hat und bestehende Klischees überzogen aufgreift. *Heineken's* Bier schafft es dabei gekonnt und witzig als passiver Nebendarsteller in dem Viral aufzutreten – unaufdringlich und sympathisch. Unabhängig von der Domain hat *Heineken* den begehbaren Bierschrank und Kleiderschrank publik gemacht (www.youtube.com/watch?v=ylutgtzwhAc). Eigens dafür wurde ein *YouTube*-Channel »Heineken Walk-in Fridge« angelegt, der sich epidemisch verbreitet hat. Die im Rahmen eines Pre-Tests betrachteten Indizes wie Awareness und die Bereitschaft zum Weitersenden an Freunde und Bekannte erreichten teilweise den dreifachen Wert bisheriger Werbefilme. Die Idee fokussiert auf einen universal verstandenen Humor (hier in Form der Verschiedenartigkeit und dem Zusammenleben von Mann und Frau), der sich auch über verschiedene Sprachen und Kulturen hinweg als tragfähig erweist. Initial wurde der Viral durch Blogs angekündigt, mit dem Ziel, für den später folgenden TV-Werbefilm eine höhere Aufmerksamkeit zu generieren. Durch die Online-Schaltung und den Abruf auf insgesamt mehr als 60 verschiedenen Video-Plattformen entstanden keinerlei Media-Schaltungskosten. Das Ergebnis: Bereits innerhalb von zwei Wochen generierte das Viral mehr als drei Millionen Page Views, bis Ende 2018 insgesamt fast 16 Millionen Abrufe.

Im Bereich **Kurzfilm** wurde das Internet bereits 2007 als zentrale Kommunikationsplattform für den *Pirelli*-Film gewählt – eine Idee, die sich als sehr erfolgreich erwiesen hat.

> Dank der breit gefächerten Zugangsmöglichkeiten erreichte der ***Pirelli***-Film innerhalb nur weniger Monate eine weltweite Resonanz. Aus über 200 Ländern wurde darauf zugegrif-

fen. Besonders großen Zuspruch fand der Film in Europa und Südamerika, aber auch Filmfreunde und Internetsurfer aus entfernten Gebieten, wie den Komoren, den Fidschi-Inseln oder sogar aus der Antarktis sorgten für über fünf Millionen Zugriffe in weniger als einem Jahr (das entspricht rund 1,1 % der weltweiten Internetnutzer mit Breitbandverbindung). Um *Pirelli*-Reifen auf der ganzen Welt berühmt zu machen, produzierte Pirelli schon 2006 einen aufwendigen Werbefilm mit dem Hollywood-Schauspieler *John Malkovich* und dem Topmodel *Naomi Campbell*. Der *Pirelli*-Movie »The Call« ist nur online zu sehen und wurde niemals im öffentlichen Fernsehen ausgestrahlt. Der Film stellt den Leitspruch von *Pirelli* »*Power is nothing without control*« als sakralen Kampf zwischen Gut und Böse dar. Die actionreiche Geschichte über schnelles Fahren stellt die Unterhaltung in den Mittelpunkt – das Produkt wird eher als notwendiges Instrument für schnelles Autofahren positioniert. Durch den Erfolg des ersten Films erschien Anfang 2007 gleich das zweite *Pirelli*-Movie. Der Kurzfilm »*Mission Zero*« als Fortsetzung von »*The Call*« mit *Uma Thurman* wurde mehrere Millionen Mal im Internet heruntergeladen und inszeniert gleichzeitig den *Lamborghini Gallardo* (http://www.youtube.com/watch?v=uGUrtcpEkP4).

Mit der zunehmenden Nutzung von Bewegtbildkommunikation im Web werden sich nicht nur die eingesetzten Online-Filmformate weiter ausdifferenzieren, sondern sie werden auch in ihrer Qualität und Professionalität eher steigen. Der Grund liegt in der Notwendigkeit für Werbetreibende, sich qualitativ im Markt zu differenzieren – nicht nur über eine blanke Erhöhung der eingesetzten Maßnahmen, sondern durch das Bestreben, qualitative und emotionale »Fußabdrücke« beim Nachfrager zu hinterlassen. Hierzu bieten sich Online-Filmformate – ein entsprechender Qualitätsstandard vorausgesetzt – am besten an.

Für einen effizienten Einsatz von Online-Bewegtbildkommunikation kristallisieren sich grundlegende Handlungsmaxime heraus wie (Bscheid/Frank/Klaus, 2009; Jarboe, 2011):

- **Qualität und Relevanz für das Image einer Marke**: Die Qualität der Werbefilme wird sich weiter ausdifferenzieren. Entweder werden Filme im gleichen Qualitätsniveau wie klassische Werbefilme oder aber ganz bewusst eher in Form »aktueller Schnappschüsse« (ohne Skript) wie etwa im *Adidas*-Basketball-Beispiel mit *Kevin Garnett* und *David Beckham* produziert. Die angestrebte Produktionsqualität muss lediglich zur jeweiligen Marke passen – andernfalls überträgt sich der »Low-Budget-Eindruck« des Spots als angenommene Qualität auch auf die Einschätzung der Produkte. In diesem Fall würde das Medium die Botschaft bestimmen. Damit kann sich die Schaltung der Online-Werbespots wie im Fall von *Adidas* auf die eigene Website als auch auf Online-Plattformen wie *YouTube* beziehen, um den Effekt der viralen Verbreitung auszunutzen. Ein derartiger viraler Effekt ergibt sich hierbei entweder aus der Unterhaltung/Kreativität oder aber inhaltlichen Relevanz für die Zielgruppe. Nur durch die Kombination von Involvierung und Glaubwürdigkeit/Relevanz gelingt es, einen viralen Verbreitungsprozess anzustoßen.
- Studien zeigen, dass Online-Werbevideos die **Markensympathie, Markenassoziation und Kaufbereitschaft** erhöhen – insbesondere dann, wenn der Bewegtbildinhalt entlang den

Faktoren der Überzeugung nach *Cialdini* positiv bewertet wird. Als effektiv hat sich Branded Entertainment erwiesen.

> **Branded Entertainment** stellt als Weiterentwicklung des Product Placements die gesamte Handlung eines Unterhaltungsformats unter den Namen einer Marke, sodass es zu einer Verschmelzung der Marke und des Geschehens kommt.

- Die **ungestützte Markenerinnerung** ist beim Branded-Entertainment-Angebot besonders hoch. Dabei ist die Länge der dargestellten Inhalte nicht entscheidend für die Werbewirkung. Insbesondere nach dem Konsum von Branded Entertainment entsteht ein langfristiger Effekt: Auch Wochen nach dem Erstkontakt besuchen die Rezipienten entweder die Unternehmens-Website, haben nach der Marke recherchiert oder sich in sozialen Netzwerken bzw. in persönlichen Gesprächen mit der Marke auseinandergesetzt.
- **Seeding – die systematische Platzierung**: Sie zielt auf das Erreichen einer kritischen Masse an Nutzern, um eine epidemische Verbreitung kommerzieller Inhalte wahrscheinlicher zu machen.

> »**Seeding**« steht in diesem Zusammenhang für die strategische Platzierung von Werbefilmen auf hochfrequentierten und vor allen Dingen glaubwürdigen Online-Plattformen mit einem größtmöglichen Verbreitungspotenzial (Grabs/Bannour, 2012; Langner, 2007). Beim **Targeted Seeding** wird versucht, Erstplatzierungspunkte wie stark vernetzte Nutzer oder Medien gezielt anzusprechen, die für die Zielgruppe und für andere Meinungsführer relevant sind. **Touchpoint Seeding** nutzt hingegen markenspezifische Kontaktpunkte mit der Zielgruppe, von der Verpackung bis zum TV-Spot. Statt wie beim Targeted Seeding mühevoll Meinungsführer auszuspähen und für kommerzielle Inhalte zu interessieren, setzt man beim Touchpoint Seeding darauf, dass diese Meinungsführer in der Zielgruppe normalverteilt sind, sodass man sie per Zufall erreichen kann (Liu-Thompkins, 2012).

Hierzu zählen etwa themenspezifische Portale, Foren, Communities oder auch egozentrische Netzwerke wie Blogs, auf denen sich Multiplikatoren und Innovatoren (Trendsetter, Meinungsführer) aufhalten. Wird auf diesen Online-Knotenpunkten ein Werbefilm (respektive eine virale Botschaft) platziert, kann sich dieser schnell epidemisch verbreiten und eine kritische Masse in der Verbreitung erreichen. Eine einfache (eher passive) Platzierung auf den »Broadcast-Yourself«-Plattformen wie *YouTube* oder *Watchbox* birgt die Gefahr, dass die Inhalte in der unüberschaubaren Fülle von täglich mehreren 100.000 neuen Uploads schlichtweg untergehen. Ein Seeding kann dabei in zwei Stufen erfolgen: Nachdem in einer ersten Stufe systematisch und themenspezifisch Multiplikatoren, Meinungsführer und prominente Blogger addressiert werden, erfolgt – das Erreichen eines gewissen ersten Marktmomentums vorausgesetzt – im nächsten Schritt die breitere Platzierung auf Plattformen oder auch themenspezifischen Kanälen auf Videoportalen. Die Messung erfolgt über Online-Tracking und der Kunde zahlt nur die garantierten Viewer-Zahlen (Cost-per-View). Die hohe Attraktivität des Einsatzes von Online-Werbefilmen aufgrund der direkten und präzisen Messbarkeit und Erfolgskontrolle (etwa in Form von Clickraten) darf nicht darüber hinwegtäuschen, dass Online-Filme auf unterschiedlichsten Plattformen auftauchen können und sich damit bis heute noch einer durchgehenden Messbarkeit über alle Plattformen und Nutzer hinweg entziehen. Zumindest hilfsweise können Dienste wie *Unruly* herangezogen werden. Um herauszufinden, auf welche Online-Videos am meisten Bezug und über welche Videos am meisten gesprochen wird, werden hier täglich mehrere Millionen Blogs gescannt. Gezählt wird in erster Linie die Anzahl an Links auf einen spezifischen Film. Über ein Video-SEO gelingt ein hochwertiges Ranking in Suchmaschinen, wozu Titel, Beschreibung und Tags (Schlagwörter, Keywords) hinterlegt sein müssen (Grabs/Bannour, 2012).

Neben gesponsorten Videos (Promoted Videos) sehen Videoportale wie *Youtube* auch die Schaltung von Werbung vor. Neben den klassischen Bannerformaten im Umfeld eines Videoclips sehen **In-Stream-Ads** Werbeformate vor wie Pre-Roll-Ads (vor dem eigentlichen Videoclip wird Werbung geschaltet. Zuschauer haben nicht die Möglichkeit, die Einblendung zu überspringen).

3.8 Targeting – die individualisierte Kundenansprache

Bereits seit 2000 wurden spezifische Methoden zur Messung und Optimierung der Reichweite und Wirksamkeit von Online-Werbung entwickelt. Targeting bietet (als Ausgestaltung eines One-to-One-Marketings) eine Vielzahl von Varianten zur Ermittlung, der gezielten Auslieferung von Online-Werbung zur Reduzierung von Streuverlusten sowie zur Optimierung von Werbeeffizienzdaten. *Forrester* kommt entsprechend bereits 2006 zu der Einschätzung: »*Targeting will be the most important way of doing Interactive Marketing.*« (VanBoskirk, 2006; Hegge, 2008).

> *Targeting* oder **Online-Targeting** bezeichnet als Ausgestaltungsvariante eines One-to-One-Marketing das zielgruppenorientierte Einblenden von Werbung auf Websites. Ziel ist es, durch eine möglichst genaue Definition der Zielgruppe dem Nutzer entsprechende Werbung einzuspielen. Im Idealszenario bedeutet das, jeden Nutzer individuell zum richtigen Zeitpunkt mit der richtigen Werbebotschaft zu erreichen.

Zentrale Vorteile des Targeting liegen in der Nutzung der Echtzeitfähigkeit und hierauf aufbauender dynamischer Reaktionen sowie in der Qualität und Zeitnähe verfügbarer Nutzerdaten. Dabei bleiben Nutzer anonym – fast alle Targeting-Formen verwenden HTTP-Cookies, die neben den bisherigen Surf-Präferenzen allenfalls Rückschlüsse auf den geografischen Standort zulassen. Die nutzerindividuelle Auslieferung von Online-Werbung im Rahmen des Targeting kennt dabei mindestens neun verschiedene Ausprägungen (Plummer et al., 2007; Hass/Willbrandt, 2011; Greve/Hopf/Bauer, 2011):

- **soziodemografisches Targeting**: richtet sich an spezifischen Merkmalen und Profildaten von Nutzern aus. Die Informationen werden durch Selbstauskünfte etwa im Rahmen von

Registrierungen und Online-Befragungen erhoben. Analog können umfassende Nutzerprofile durch Login via *Facebook* genutzt werden. Studien zeigen, dass über soziodemografische Merkmale bereits ca. ein Viertel des Online-Nutzerverhaltens erklärt werden kann (Naseri/Elliot, 2011);

- **Geo-Targeting**: Ausrichtung anhand der regionalen Herkunft des Nutzers aufgrund der IP-Adresse seines Rechners, die als Proxy für den Nutzerstandort dient. Analog zur regionalen Bedeutung von Werbung variiert die Werbewirkung mit der Zeit. So nutzen Berufstätige das Internet morgens meistens beruflich und am Abend bzw. Wochenende meistens privat (**Zeit-Targeting**);
- **technisches Targeting**: zielt darauf ab, digitale Werbung anhand der technischen Ausstattung eines Nutzers auszusteuern. Anbieter von Hard- und Software-Produkten können auf der Grundlage technischer Informationen über die Hard- und Software-Ausstattung eines Nutzers (etwa verfügbare Netzwerkbandbreiten, Bildschirmauflösung der Endgeräte, Verfügbarkeit von Plugins wie dem *Adobe Flash Player* oder auch eingesetzte Betriebssysteme) spezifische Angebote unterbreiten;
- **Keyword-Targeting**: Auslieferung von Werbung in Abhängigkeit von eingegebenen Suchbegriffen durch Suchmaschinenbetreiber;
- **semantisches Targeting**: Analog zum Keyword Advertising werden Inhalte von Websites realtime gescannt und in Bezug auf ihre Inhalte und Bedeutung klassifiziert. Werbemittel werden nur dann ausgeliefert, wenn die Wörter einer Website in ihrer semantischen Gesamtheit einem zuvor vom Werbetreibenden definierten Thema entsprechen. Die Auslieferung von Werbung orientiert sich in diesem Fall an den Inhalten der Websites, die der Nutzer gerade besucht. Die Herausforderung besteht darin, Synonyme, Metaphern und dergleichen korrekt zu erkennen, ebenso wie Vermischungen unterschiedlicher Sprachen (Broder et al., 2007; Petty/Cacioppo, 1986). Über Ausschlussbegriffe können nicht gewollte Kontexte (wie »Bad Ads«) zumindest eingegrenzt werden. Da die jeweils gerade besuchte Website die Grundlage des Targeting darstellt, sind keine personenbezogenen Daten notwendig;
- **Content-**, **Placement-** oder **Context-Targeting**: Die Auslieferung von Werbung wird (wie etwa im Affiliate-Marketing) am kontextuellen Umfeld bzw. am Inhalt einer Website ausgerichtet. Analog zur klassischen Werbeplanung wird durch den Werbetreibenden zu Beginn festgelegt, wo sich potenzielle Zielkunden mit welchen Inhalten und Angeboten am effizientesten adressieren lassen. Inhalte und Online-Angebote fokussieren hier auf ein spezifisches Themengebiet der jeweiligen Website. Insbesondere für »High-Involvement-Produkte« ist das thematische Umfeld für die effektive Platzierung von Werbung relevant (Shamdasani/Stanaland/Tan, 2001; McDougall, 2006). Bei »Low-Involvement-Produkten« ist weniger die inhaltliche Nähe als vielmehr die Reputation der werbetragenden Website entscheidend;
- **Behavioral Targeting**: Ausgangspunkt ist hier das bisherige Surf- und Suchverhalten des Nutzers. Damit wird der impliziten Annahme gefolgt, dass aus dem bisherigen Such- und Surf-Verhalten eines Nutzers Rückschlüsse auf dessen momentane Interessen- und Bedürfnisdisposition gezogen werden können (Steel, 2007; Jaworska/Sydow, 2008). Hierzu wird

das Verhalten anonymisiert in einem von einem Werbenetzwerk gesetzten Cookie gespeichert. Während bei einer Umfeldplanung Werbung inhaltlich auf die entsprechenden Inhalte abgestimmt wird, wird beim Behavioral Targeting die feste Verbindung von Werbung und Inhalt aufgebrochen und die Zielgruppenansprache orientiert sich am konkreten Surf- und Suchverhalten (Goldfarb/Tucker, 2011). Die vorab definierten Werbeflächen einer Website werden nutzerzentriert automatisch und individuell mit Werbemitteln gefüllt (Lorenz/von Oheimb/Schögel, 2009). Damit können Werbemittel unabhängig vom jeweiligen Umfeld an definierte Zielgruppen ausgeliefert werden. Da in diesem Fall die inhaltlich begrenzten thematischen Umfelder einzelner Websites verlassen werden, kann eine größere Reichweite erzielt werden. Die Interviews belegen, dass die Kosten für Behavioral Targeting fast dreimal so hoch sind wie für andere Targeting-Ansätze, jedoch im Gegenzug die Konversionsraten im Durchschnitt mehr als verdoppelt werden können (Beales, 2010; McStay, 2011; Schögel/Walter, 2008; Alreck/Settle, 2007; Yan et al., 2009);

- **Retargeting**: erlaubt es als Spezialform des Behavioral Targeting Nutzern, die sich auf einem Onlineshop verschiedene Produkte angesehen haben (jedoch noch nicht gekauft haben), innerhalb eines Display-Netzwerks bei den nachfolgend aufgerufenen Websites Anzeigen des vorher besuchten Onlineshops zu präsentieren (Graham, 2009; Feist, 2011). Hierdurch können Werbetreibende optimal weitere Kaufinformationen und -Argumente ebenso wie Sonderangebote oder Cross-/Up-Selling-Angebote wiederholt vorstellen, um den Nutzer doch noch zum Abschluss auf dem jeweiligen Onlineshop zu motivieren. Auch hier ist keine Speicherung personenbezogener Daten notwendig, lediglich die Speicherung relevanter Nutzungsinformationen in Form von Cookies. Da der Nutzer (aus zunächst unbekannten Gründen) vorab den initialen Kaufprozess abgebrochen hat, sollten Reaktanzen aufgrund einer stupiden Wiederholung der entsprechenden Werbemittel vermieden werden und stattdessen alternative Produkte und Dienstleistungen angeboten werden. Diese Werbeform kann im Display-Netzwerk für Text- als auch Display-Anzeigen verwendet werden;
- **Predictive Behavioral Targeting**: eine weiterentwickelte Form des Behavioral Targetings ist das Predictive Behavioral Targeting. Dabei werden nutzerspezifische Daten durch statistische Daten (etwa aus anonymen Online-Befragungen) ergänzt, um so Vorhersagen in Bezug auf das erwartete Verhalten bzw. Interessengebiete vorzunehmen (Chen/Pavlov/Canny, 2009b; Yan et al., 2009). Durch das Hochrechnen der Verhaltensmuster einer Teilmenge an Internetnutzern sollen deren Erwartungen besser erkannt und erfüllt werden. Hierzu wird einem Nutzer anhand dessen direkt zu beobachtenden Nutzungsverhaltens ein vordefiniertes Profil zugeordnet. Anhand dieses Profils und den diesem Profil jeweils zugeordneten Interessen-, Bedürfnis- und Verhaltensmustern können Werbeauslieferungen in Bezug auf den Zeitpunkt, die Wiederholungsrate sowie Inhalte segmentspezifisch optimiert werden. Damit entstehen **buchbare Zielgruppenprofile**, die in ihren Inhalten gegebenenfalls weit über das von dem einzelnen Nutzer ermittelte Präferenzprofil hinausgehen (etwa »Hot Spots« wie »Fitness & Sport Enthusiasts«, »Home Movers«, »Discount Shoppers« oder »Young Mobile Communicators«; Chen et al., 2009a; Hegge, 2008; Grether/Markarian, 2007; Mendrina, 2011).

> ***L'Oréal*** konnte durch Predictive Behavioral Targeting im Rahmen einer Kampagnen-Studie für das Körperpflegeprodukt *Garnier Men Minerals* eine bis zu 168 % gesteigerte Reichweite innerhalb der Zielgruppe erreichen. Um eine möglichst gute Basis für die Vergleichsstudie zu schaffen, wurde eine Kampagne in zwei identische Teilkampagnen unterteilt: Eine Teilkampagne wurde ausgesteuert mit Predictive Behavioral Targeting, die andere basierend auf Umfeldrotation (www.nurago.de). Beide Kampagnen wurden von vier führenden deutschen Vermarktern an die vordefinierte Zielgruppe »*Männer im Alter von 20–39 Jahren*« ausgeliefert. Das Gesamtvolumen (Pre-Roll, Mid-Roll, Video-Interstitial) betrug ca. neun Millionen Ad Impressions. In ähnlicher Form wird von ***Opel*** aufgrund eines Predictive-Behavioral-Targeting-Ansatzes eine Erhöhung der Kaufabsicht von 27 % gemeldet. ***Brokerjet*** hat in Österreich demonstriert, dass durch ein Predictive Behavioral Targeting sowohl die Klickrate als auch die Conversion Rate drastisch steigen. So konnte bei 770.091 gelieferten Sichtkontakten die Klickrate um 67 % gesteigert werden, die Conversion Rate um 42 %.

Viele der unterschiedlichen Targeting-Arten werden häufig verknüpft miteinander eingesetzt. So werden unter dem Begriff des **Social-Media-Targeting** im Anwendungskontext Social Media sämtliche Formen des Targeting subsumiert. Diese Targeting-Varianten können sowohl in Werbenetzwerken als auch im Rahmen eines Onsite-Targeting bei größeren Websites eingesetzt werden.

> ***Facebook*** nutzte als erstes großes soziales Netzwerk eine eigens entwickelte Social-Media-Targeting-Technologie und ermöglichte somit das Einblenden von personalisierter Werbung.

In der Planung besteht ein Zielkonflikt zwischen Targeting und der reinen Optimierung der Reichweite einer Kampagne. Durch die Nutzung einer Targeting-Option verringert sich die erzielbare Reichweite. Ebenso verringert sich durch die Nutzung einer (qualitativen) Targeting-Variante (vordergründig) das erreichbare Volumen quantitativer Page Impressions etwa auf der Grundlage des CPCs.

3.9 Customer-Journey-Analyse und Attributionsmodellierung

Notwendig für ein effizientes Targeting ist die Beantwortung von Fragen wie:

- Welche Berührungspunkte mit Werbung hatte ein Nutzer vom ersten Produktkontakt bis zum Kaufabschluss?
- Welches Werbemittel und welcher Kanal haben welchen Beitrag zum Kaufabschluss geleistet?

Hierfür wird zunehmend die Customer-Journey-Analyse eingesetzt.

> **Customer Journey** bezeichnet die »Reise« eines Nutzers bzw. potenziellen Kunden über verschiedene Kontaktpunkte mit einem Produkt, einer Marke oder einem Unternehmen vom initialen Bedürfnis bis zur Problemlösung bzw. bis er eine gewünschte Zielhandlung durchführt (Broschart, 2011; Janson, 2012). Relevante Kontaktpunkte erstrecken sich von klassischer Werbung (Anzeigen, TV- oder Radio-Spot etc.) über Online-Marketingmaßnahmen bis hin zu Informationen auf Bewertungsportalen (Fidelman/Hinchcliffe, 2012). Mithilfe von Cookies können die Stationen des Nutzers auf seinem Weg zum Online-Kauf nachvollzogen werden. Die Customer Journey ist damit ein Ansatzpunkt für ein umfassenderes Customer Experience Management.

Die Analyse der Kundenkontaktpunkte und Werbemittel erfolgt mittels mathematisch-statistischer Verfahren und unter Zuhilfenahme von Attributionsanalysen und -modellen.

> **Attributionsanalysen und -modelle** beschreiben im Rahmen der Customer Journey den quantitativen, qualitativen als auch zeitlichen Einfluss verschiedener Werbekanäle auf die Kaufentscheidung.

Im Ergebnis soll der Nutzer bei seiner digitalen Shoppingtour an jedem Touchpoint auf der Grundlage von Attributionsmodellen zur richtigen Zeit mit den richtigen Inhalten adressiert und damit Streuverluste gesenkt sowie die Effizienz gesteigert werden. In den meisten Fällen beginnt die Customer Journey mit einer initialen Suchanfrage und endet mit der Conversion durch den Kaufabschluss. Der Suchprozess startet in der Regel mit einer Intention, also einer Zielvorgabe oder Zielvorstellung. Diese können entweder

- **informationsorientiert**: Beschaffung einer speziellen Information;
- **transaktionsorientiert**: Auffinden eines Handelspartners und den Abschluss einer konkreten Kaufabsicht als Ziel;
- **navigationsorientiert**: Wiederbesuch einer bereits besuchten Website anhand von assoziierten Begriffen

sein. Die Customer Journey ist derzeit noch vorrangig im Online-Marketing bzw. in digitalen Kanälen von Interesse, da hier das Verhalten der Konsumenten mithilfe von Tracking-Technologien (Cookies) exakt abgebildet werden kann. Wirkungszusammenhänge zwischen verschiedenen Kanälen und Kontaktpunkten werden aufgedeckt und weitergehende Optimierungspotenziale können abgeleitet werden. Bisher galt hierfür das Prinzip »Last Cookie Wins«: Wem es gelang, das letzte Cookie zu setzen, der durfte den Kampagnenerfolg für sich beanspruchen – im Affiliate Marketing etwa wurde diesem Vermittler sodann die Provision des Werbetreibenden (Händlers) zugesprochen. Es kristallisiert sich jedoch zunehmend heraus, dass ein Kauf bereits viel früher angestoßen wurde und das letzte Cookie nur von der Werbewirkung vorausgegangener Kontaktpunkte profitiert hat (Zunke, 2012b). Damit ist zu klären, ob der letzte Kontaktpunkt allein für einen Kauf eines Produktes ausschlaggebend war oder dieser durch ein

Zusammenspiel bzw. eine bestimmte Abfolge mehrerer Kontakte, Kanäle und Inhalte bzw. spezifischer Angebote entstanden ist.

Eine notwendige Voraussetzung ist die durchgehende Aufzeichnung verschiedener Phasen einer Customer Journey, um so Werbekanäle sinnvoll bewerten und Attributionsmodelle generieren zu können. Dabei macht eine Customer-Journey-Analyse vor allem bei erklärungsbedürftigen oder hochpreisigen Produkten Sinn. Online-Kunden kaufen bei niedrigpreisigen Produkten gern spontan, wodurch die »Reise des Kunden« bis zum Kaufabschluss in ihrer Bedeutung eher zurücktritt (Bockhorni, 2013). Für die Ermittlung der Attributionsmodelle werden nicht nur Klicks, sondern ebenfalls reine Blickkontakte (Views) erkannt und gespeichert. Anschließend können diese Daten ausgewertet und die aus Unternehmenssicht optimale Customer Journey mit den meisten Conversions identifiziert sowie Budgets entsprechend allokiert werden.

> Das Touristikunternehmen ***Aldiana*** hat im Rahmen einer Customer-Journey-Analyse die Wirkung unterschiedlicher »Kunden-Touchpoints« auf die Kaufentscheidung untersucht. Es zeigt sich, dass einzelne Kundeninteraktionen eine unterschiedliche Bedeutung im Rahmen des Kaufentscheidungsprozesses haben. So wurden etwa im SEA Keywords wie »*Cluburlaub*« zuerst aufgrund vergleichsweise hoher Kosten und niedriger Conversion-Raten herausgenommen. Die Kettenanalyse zeigte jedoch, dass genau dieses Keyword unmittelbar am Entscheidungsprozess beteiligt ist und somit doch maßgeblich zur späteren Conversion beigetragen hat. Über die Analyse und Bewertung jeder einzelnen Maßnahme konnte bei *Aldiana* insgesamt eine Umsatzsteigerung von 7 % erzielt werden, bei einer Steigerung des Traffic auf den Websites um 17 % (o. V., 2013c).

Bei statischen Attributionsmodellen wie »Last Click« oder »U-Modell« steht der Einfachheit in der Ermittlung der Nachteil gegenüber, dass eine objektive Bewertung der Werbeleistung unterbleibt (vgl. Abbildung 69; Zunke, 2012b). Damit sind statische Attributionsmodelle eher als Interpretationsmodelle zum Verständnis einer Customer Journey geeignet und weniger für eine exakte Quantifizierung. Fallbeispiele zeigen, dass für die Ermittlung von Werbewirkungen zweistufig vorgegangen werden sollte. In der Regel wird mit einem statischen Modell gestartet, das dann auf der Grundlage von Erfahrungswerten und (dynamischen) Data-Mining-Methoden kundenindividuell angepasst wird und somit schrittweise die Beiträge aller Online-Kanäle berechnet werden können.

Attributionsmodell	Beschreibung
Last Click	Die Conversion wird dem letzten Werbemittelkontakt, der vor dem Kauf stattfindet, zugerechnet
Gleichgewichtung	Jedem Werbemittelkontakt wird der gleiche Anteil an der Conversion zugerechnet (z. B. bei 5 Kontakten erhält jeder Kontakt 20 %)

Attributionsmodell	Beschreibung
U-Modell	Dem ersten und dem letzten Werbemittelkontakt wird mehr zugerechnet als den dazwischenliegenden Kontakten. Den mittleren Kontakten wird lediglich eine unterstützende Wirkung zugebilligt
Time Decay	Die zeitlich näher am Conversion-Ereignis liegenden Werbemittelkontakte erhalten eine höhere Bedeutung als diejenigen, die weiter vom Ereignis entfernt sind
Kampagne hat einen negativen Einfluss	Die Conversion wird dem ersten Werbemittelkontakt in der Customer Journey zugerechnet

Abbildung 69 Statische Attributionsmodelle zur Analyse der Customer Journey (Zunke, 2012b, S. 22)

Bestandteil jeder Attributionsformel sind Faktoren wie Engagement, Impuls, Aktivierung oder auch Position (Zunke, 2012b):

- **Engagement**: Messung anhand der Ad Impressions, also wieviele Klicks auf Unterseiten von einem einzelnen Werbekontaktpunkt ausgingen.
- **Impuls**: Die Impulswirkung sollte umso größer sein, je geringer der zeitliche Abstand zum nächsten Kontaktpunkt ist. Je kürzer dieser zeitliche Abstand, desto wertvoller ist demzufolge der Kontaktpunkt.
- **Aktivierung**: Wird ein Nutzer über einen Kontaktpunkt aktiviert, der lange Zeit inaktiv war, so gewinnt dieser Kanal an Wert.
- **Position**: Stelle des Kontaktpunkts innerhalb der Customer Journey.

Ein einfaches Reporting zeigt bereits, welche Kombinationen von Kanälen in welchen Phasen des Markentrichters die beste (höchste) Conversion Rate mit entsprechenden Verkaufsabschlüssen erzielt hat (vgl. Abbildung 70). Ähnlich wird aufgezeigt, welche Kanäle in welcher Phase jeweils eine Rolle spielen, sodass Landing Pages exakt auf die Bedürfnisse der Nutzer angepasst und getestet werden können (Beck, 2012). So kann etwa eine reine Marken-Landing-Page sowohl in der »Awareness«- als auch in der »Intent-to-Purchase«-Phase verwendet werden (Upper Funnel; Broschart, 2011). Ein Nutzer, der sich zunächst in der Awareness-Phase nur sehr grundlegend mit Produkten und Angeboten beschäftigt, ist inhaltlich gänzlich anders anzusprechen als ein Nutzer, der sich bereits in der Kaufphase befindet (Lower Funnel).

> Die britische Fluggesellschaft ***Monarch Airlines*** hatte ihre Online-Verkäufe in der Vergangenheit immer dem letzten Werbemittel-Klick zugeordnet (Zunke, 2012a). Die Analyse der Customer Journey brachte Überraschendes zutage: Der Besuch und die nachfolgende Buchung über Flugpreisvergleichsseiten führt bei 30 % der Nutzer direkt zur Konversion. Die Nutzer wurden in diesen Fällen nicht durch andere Werbemaßnahmen beeinflusst; der Besuch einer Vergleichsseite führte direkt zur Kaufentscheidung. Von allen anderen Online-Käufern – die also nicht über eine Vergleichsseite auf das Buchungsportal von *Monarch Airlines* gelangt waren – hatten 40 % bereits zu einem früheren Zeitpunkt eine Vergleichsseite aufgesucht (Zunke, 2012a). Auch diese Besucher könnten demnach eventuell von einem Besuch auf einer Preisvergleichsseite zur Kaufentscheidung bewogen worden sein. Gleichzeitig zeigte sich im Search-Bereich, dass – entgegen aller Annahmen – Nicht-

marken-Begriffe schlechter als Marken-Keywords konvertierten. Die Konsequenz: Ein Großteil des für teure Reiseziel-Keywords reservierten SEA-Budgets wurde reallokiert für Marken-Keywords und für Suchmaschinenoptimierung (SEO). Gleichzeitig wurde das Budget verdoppelt, was in der Folge auch zu einer Verdoppelung der Umsätze und Passagierzahlen führte (Zunke, 2012a). Die Kosten pro Passagier wurden im Suchmaschinenmarketing um 73 % gesenkt (SEO und SEA). Eine 14 %-Steigerung der SEO-Ausgaben ließ die Umsätze, die mit diesem Marketinginstrument generiert wurden, um 55 % steigen und führte letztlich zu 45 % mehr Buchungen (Zunke, 2012a).

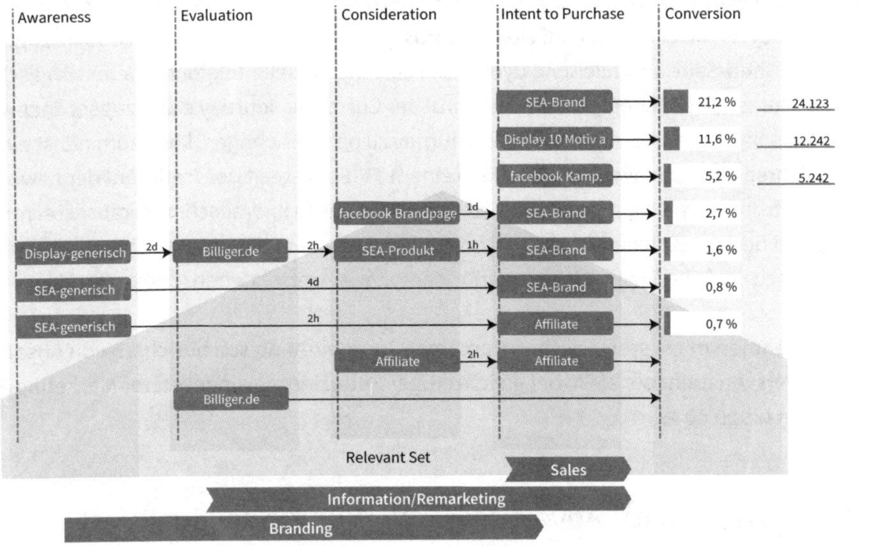

Abbildung 70 Beispiel für eine Customer-Journey-Analyse entlang des Markentrichters (Beck, 2013)

Mit der Erforschung der Customer Journey werden neue Erkenntnisse über das Verhalten und die Präferenzen der Zielgruppe bezüglich der Nutzung und Reaktionen auf Werbung im Internet gewonnen. Fallbeispiele zeigen, dass sich eine Customer-Journey-Analyse auf die Berührungspunkte mit der größten Bedeutung – analog zu den **Moments of Truth** – konzentrieren sollte. Aus Kundensicht bedeutende Momente sind diejenigen, in denen ein Unternehmen die höchstmögliche Performance liefern sollte, da der Kunde dort am nachhaltigsten beeinflusst werden kann bzw. es sich entscheidet, ob eine Marke ein positives, negatives oder gar kein Bild beim Nutzer hinterlässt (Spies, 2012).

In Fallbeispielen und den Interviews zeigt sich, dass digitale Multikanal-Strategien in Bezug auf die Conversions und Kaufabschlüsse erfolgreicher sind als eine Monokanal-Strategie. Nutzer, die sich durch mehrere Online-Kanäle klicken, weisen eine höhere Conversion-Wahrscheinlichkeit auf als diejenigen, die nur einen Kanal benutzen, um auf eine Ziel-(Kauf-)Website zu gelangen. **Informationskanäle** wie Affiliate Marketing, Display Advertising oder direkte Verlinkungen dienen eher zum Stöbern, während **Navigationskanäle** wie SEO, SEA oder Newsletter eher dazu genutzt werden, um gezielter vorzugehen. Dabei ist die Kaufwahrscheinlichkeit in einem Navigationskanal (wie SEO) deutlich höher. Es gibt auch hier keinen besseren Vorhersage-Indikator für einen zukünftigen Kauf als den vergangenen Kauf. Über ein Cookie als Käufer identifizierte Bestandskunden konvertieren in auch in Zukunft absehbar erheblich besser als reine Neukunden (Mangiaracina/Brugnoli/Perego, 2009).

Die größte Hürde einer Customer-Journey-Analyse ist die kanalübergreifende Betrachtung – insbesondere, wenn verschiedene Online- oder Offline-Kanäle einbezogen werden sollen. Ähnlich lassen sich auch Social-Media-Aktivitäten derzeit kaum erfassen. So können beispielsweise weder *Facebook Ads* und die *Likes* auf der Kunden-Website für eine Journey noch Posts in sozialen Netzwerken berücksichtigt werden. Kreative Lösungen pilotieren die Integration von Telefonanrufen in die Customer Journey: Wenn ein Nutzer auf eine Adwords-Anzeige klickt, wird ihm ein Cookie zugewiesen und auf der Shop-Seite anschließend dynamisch eine individuelle Telefonnummer vorgeschlagen. Wählt der Nutzer diese Nummer, kann der Anruf der Customer Journey exakt zugeordnet werden. Um TV-Werbung im Rahmen der Customer Journey zu berücksichtigen, kann zumindest ein Näherungsverfahren eingeschlagen werden. Nach einem TV-Spot steigt der Traffic auf der beworbenen Kunden-Website in der Regel sprunghaft an. Nachdem das Grundrauschen herausgerechnet worden ist, wird den zusätzlichen Besuchern bis fünf Minuten nach Spot-Ausstrahlung ein TV-Cookie gesetzt und zusätzliche Online-Nutzer der TV-Kampagne zugeschrieben (Zunke, 2012b).

> Unternehmen mit systematischen Customer-Journey-Analysen berichten von Absatzsteigerungen von mehr als 25 %, bei gleichzeitiger Reduzierung eingesetzter Marketing-Budgets um bis zu 40 %.

3.10 Programmatic Advertising – Werbung individualisiert, in Echtzeit

Die bereits im Zusammenhang mit One-to-One-Marketing skizzierte Echtzeit-Vermarktung von Online-Werbung, das Programmatic Advertising, dient als Auslöser und Katalysator für Targeting: Werbungtreibende können bei der Auslieferung von Online-Werbemitteln automatisiert und in Echtzeit auf Werbeplätze (Ad Impressions) bieten (Liu/Chen/Whinston, 2009; Weidemann, 2011). Für jede (verfügbare) Ad Impression wird das Werbemittel des jeweils Höchstbietenden ausgeliefert. Die Auslieferung kann entweder nach einem Festpreis-Modell erfolgen oder im Real-time Bidding (ähnlich einer Börse) als Auktionsverfahren.

Damit ist Programmatic Advertising im Kern eine Weiterentwicklung des klassischen Bietprozesses bei der Auslieferung von Online-Werbung durch Ad Server. Hier geben Werbungtreibende bereits vor Kampagnenstart Gebote für Ad Impressions auf den verschiedenen Websites oder in verschiedenen Werbekanälen und -netzwerken ab. Über den Ad Server werden Werbebanner dann immer auf Werbeplätzen ausgeliefert, für die andere Konkurrenzangebote überboten werden. Im Gegensatz zu diesem eher linearen Verfahren erlaubt Programmatic Advertising ein individuelles Gebotsverfahren noch während der Nutzer die jeweilige Webpage aufruft, für jede einzelne Ad Impression in Echtzeit. Hierfür legen Publisher (Website-Betreiber bzw. Verkäufer von Werbeplätzen) initial fest, welche Werbeflächen sie verkaufen möchten und welchen Mindestpreis sie hierfür realisieren wollen. Anschließend werden diese Flächen mit einer Demand-Side-Plattform verlinkt, die sich um die Auslieferung kümmert. Die durchschnittliche Ladezeit einer Website von ca. 2–3 Sekunden wird genutzt und Werbeplätze innerhalb von wenigen Millisekunden automatisiert entweder zum Festpreis zugewiesen oder versteigert (Lovett, 2011; Dietrich, 2011; Schroeder, 2011). Plattformen ermitteln den Auktionspreis bereits innerhalb von 30 Millisekunden über bis zu zehn Werbenetzwerke hinweg, sodass der Nutzer (theoretisch) keine Verzögerung bei der Ladezeit der Seite bemerkt (vgl. Abbildung 71). Dabei wird – ganz im Sinne des Targeting – jede Ad Impression mit einem dazugehörigen Nutzerprofil gekoppelt und in Echtzeit auf einem elektronischen Marktplatz angeboten. Der Advertiser kann für spezifische Nutzerprofile jeweils Angebote abgeben – gewinnt er, wird seine Werbung geschaltet. Statt wie im regulären Display-Advertising reine **Umfelder** einzukaufen, kaufen Werbetreibende hier **buchbare Nutzerprofile**, die in Echtzeit ausgesteuert werden (Dietrich, 2011).

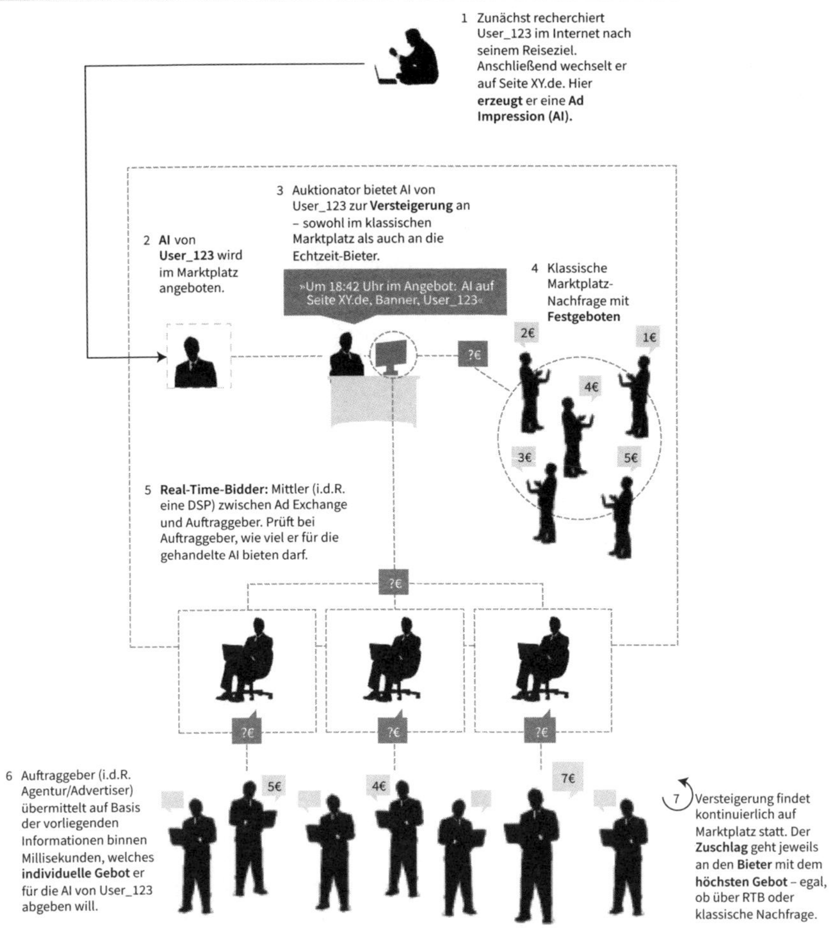

Abbildung 71 Schematischer Ablauf Real-time Bidding

Werbetreibende werden als Käufer initial gefragt, welchen Preis sie für eine bestimmte Ad Impression in einem bestimmten Attributionsraster bzw. Zielgruppenprofil auf der Basis von CPM (Cost-per-Million, analog Tausender-Kontaktpreis) zu zahlen bereit sind. Damit werden aus Käufersicht sowohl der Werbeplatz, das Zielgruppenprofil als auch das Inhaltsumfeld der Platzierung festgelegt. Werbetreibende markieren Nutzer und deren Suchanfragen mittels Cookies, um diese im Rahmen des Retargeting beim Besuch anderer Websites nachfolgend weiter identifizieren und ansprechen zu können. Über die Markierung einzelner Nutzer mittels Cookies steigt der Wert einer Ad Impression für ein bestimmtes Zielgruppenprofil, je mehr über den einzelnen Nutzer bekannt ist. Gleichzeitig werden das Budget (pro Tag, Woche, Monat) und die Anzahl an Einblendungen eines bestimmten Werbemittels festgelegt. Aus IT-Sicht erfordert Programmatic Advertising damit das Matching zwischen Zielgruppenprofilen und Ad-Impression-Angeboten hochvolumig in Echtzeit.

Programmatic Advertising hat sich als Oberbegriff für den vollautomatischen und individualisierten Ein- und Verkauf von Werbeflächen in Echtzeit etabliert.

> Im **Programmatic Advertising** werden auf Basis der vorliegenden Nutzerdaten gezielt auf den Nutzer zugeschnittene Werbebanner oder Werbespots ausgeliefert. Die Individualisierung der Werbeflächen geschieht dabei meist über einen Auktionsprozess, bei dem, nach der Überprüfung der Nutzerrelevanz für die Kampagne des Werbetreibenden, der Höchstbietende den Zuschlag erhält und den Werbebanner aussteuern darf. Dieser Prozess dauert üblicherweise nur wenige Millisekunden. Der Begriff Programmatic Advertising wird fälschlicherweise häufig als Synonym für den Begriff Real-time Bidding (RTB) verwendet, das lediglich den Auktionsteil beschreibt.

Die Vorteile des Programmatic Advertising kommen allerdings nicht nur durch die Auktion oder automatisierte Abwicklung von Anzeigenplatzierungen zum Tragen, sondern durch den Einfluss von Daten. Zielgruppen können inzwischen datenabhängig automatisiert online gefunden und angesprochen werden. Während es bei der reinen Auktion im RTB in der Regel um eine hohe Reichweite geht, bei der Streuverluste aufgrund des günstigen Preises pro Impression in Kauf genommen werden, kann die programmatisch aufgesetzte Kampagne durch Daten kontinuierlich automatisch optimiert werden. Die Auswirkungen von Anzeigen können in Echtzeit mit den Zielen der Werbekunden (wie Abverkauf, Sichtbarkeit usw.) verglichen werden. Das System optimiert Kampagnen ständig, sodass die am besten funktionierenden Anzeigen auf dem für die Kampagne idealen Inventar in der optimalen Frequenz ausgespielt werden.

Im Programmatic Advertising existieren drei grundlegende Gruppen von Akteuren bzw. Plattformen (Busch, 2016; Lovett, 2011; Schroeter et al., 2012; Schroeder, 2011; vgl. Abbildung 72):

- **Supply-Side-Plattformen** (SSP, auch **Sell-Side-Plattform**, **Yield Optimierer**) übernehmen für Publisher die bestmögliche Monetarisierung des bestehenden Werbeinventars (Werbeplätze). SSPs wie *Rubicon Project*, *Pub Matic* und *Google® DoubleClick Ad Exchange* bieten hierfür Werbetreibenden in Echtzeit für sie jeweils geeignete Werbekontakte an. Verschiedene Nachfragekanäle (Ad Networks, Ad Exchanges, Demand Side Platforms) können angeschlossen und ihnen auf RTB-Basis Werbeeinblendungen angeboten werden, die über ein verdecktes Auktionsverfahren (Vickrey Auction, auch Zweitpreisauktion) unter den Nachfragern versteigert werden.

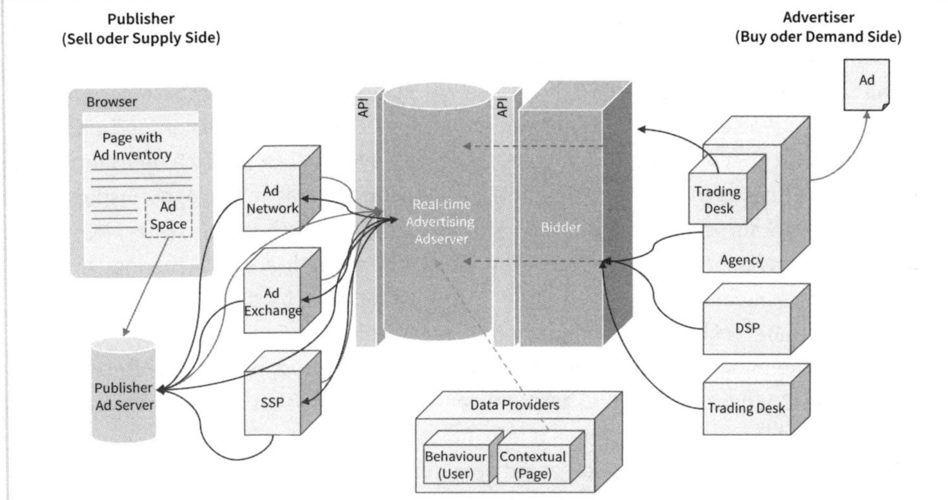

Abbildung 72 Ablaufschema Demand-Side- und Supply-Side-Plattformen im Programmatic Advertising

Durch Konkurrenz um jeden einzelnen Werbeplatz wird sichergestellt, dass für den Publisher der höchstmögliche Tausender-Kontaktpreis (TKP) erzielt wird. Aus Sicht eines Publishers ist nicht nur die Maximierung des durchschnittlichen TKP die oberste Prämisse, sondern auch die Vereinfachung des Verkaufsprozesses, da die Plattform verschiedene Nachfrager aggregiert und die gesamte Abwicklung der Nachfrage (Anbindung, Auktionsverfahren, Abrechnung) vornimmt. Der Publisher erhält jeweils am Monatsende eine Gesamtabrechnung und Gutschrift über die generierten Erlöse. SSPs behalten für ihre Leistungen in der Regel 10–30 % der Werbeerlöse als Servicegebühr. Da selbst in Premium-Werbeumfeldern das Restplatz-Werbeinventar bis zu 80 % des gesamten Inventars ausmacht, sind derartige Plattformen auch für reine Vermarkter interessant. Partnerschaften mit Netzwerken garantieren in der Regel einen festen Preis und geben Planungssicherheit. Vorteile für den Publisher liegen in der Maximierung der erzielten Werbeumsätze durch eine maximale Verbreitung des Werbeinventars über verschiedene Nachfragekanäle, bei minimalem Aufwand und maximalem TKP dank des eingesetzten Auktionsverfahrens. Nachteile liegen gegebenenfalls in der Kannibalisierung von Umsätzen eines Premium-Direktverkaufs. Gerade Vermarkter im Premiumsegment drängen auf Kundenausschlusslisten, um Premium-Werbekampagnen nicht zu kannibalisieren. Da das Auktionsverfahren theoretisch auch extrem niedrige Preise zulässt, werden in der Regel Mindestpreise festgeschrieben. Die zukünftige automatisierte Kaufabwicklung auch von Premium-Inventar (**Programmatic Premium**) kann innerhalb sogenannter **Private Market Places** stattfinden. Im Gegensatz zum offenen automatisierten Markt können Publisher innerhalb eines Private Market Place mit ausgewählten Käufern verhandeln und im Detail definierte Auktionen oder Vertragsabschlüsse für Inventar mit einem höheren TKP aufsetzen. Hier erscheint es wichtig, dass es die Supply-Side-Plattform dem Publisher ermöglicht, seine jeweilige Verkaufs- und Preisstrategie – inkl. aller hierzu gehörender Geschäftsregeln – so präzise und granular wie möglich für den automatisierten Markt vorzugeben. Programmatic Premium stellt damit auch für viele Premium-Publisher den ersten Schritt in den automatisierten Markt dar.

- **Demand-Side-Plattformen (DSPs)** agieren als Dienstleister für Werbetreibende bzw. deren Agenturen. Sie ermöglichen mit einer zentralen Plattform den effizienten Einkauf von Werbeinventar über verschiedene Angebotskanäle (Ad Networks, Ad Exchanges und SSPs) hinweg. Die Effizienz wird anhand des Einkaufspreises und vorab festgelegter Erfolgsmetriken (z. B. Abverkauf) gemessen. Demand-Side-Plattformen (wie *AppNexus* oder *MediaMath*) ermöglichen es Agenturen sowie Werbekunden, direkt auf mehrere AdExchanges zuzugreifen, die unterschiedliche Werbevermarkter untereinander verbinden (*AppNexus exchange* oder *Oath*). Dabei erfüllen DSPs mindestens drei verschiedene Funktionen:
  - Sie übernehmen die technische Anbindung an die Angebots-Kanäle. Die Herausforderung besteht darin, laufend mehrere Tausend potenzieller Werbe-Einblendungen innerhalb von Millisekunden zu prüfen und zu bewerten.
  - Sie ermöglichen über im Hintergrund ablaufende Optimierungsalgorithmen die maximale Effizienz von Kampagnen. Die Einkaufsstrategie wird im Algorithmus und den hier vorab manifestierten Biet-Regeln hinterlegt.
  - Sie können Daten von Drittanbietern einbinden, um so das vom Angebotskanal angebotene Nutzerprofil weiter zu qualifizieren, aufzuwerten und so eine höherwertige Bewertung eröffnen.
- DSPs positionieren sich meist als technologische Dienstleister, die nur die Plattform bzw. ein Cockpit gegen eine Lizenz- oder Service-Gebühr bereitstellen. Kampagnen werden in diesem Fall vom Advertiser bzw. dessen Agentur selbst angelegt und gesteuert, Gebote festgelegt, Inventare ausgewählt, Conversions nachgehalten, Performance gemessen, Werbemittel hochgeladen oder auch zusätzliche Daten eingepflegt. Für diesen Fall eines **Self-Service DSP** wird meist ein Jahresvertrag geschlossen, bei dem der Werbetreibende sich verpflichtet, eine monatliche Mindestkommission zu bezahlen. Die Kommission für die DSP beträgt 10–20 % des Budgets, das über die jeweilige Plattform ausgegeben wird. Viele Agenturen wählen eine **White-Label DSP-Lösung** und setzen diese dann als Inhouse DSP (**Inhouse Trading Desk**) ein. Daneben gibt es den **Managed Service DSP**. Hier legt der Werbetreibende nur Kampagnenziele und Rahmenbedingungen fest, die Plattform übernimmt anhand dieser Eckparameter die Aussteuerung und berichtet die erreichten Kennzahlen zurück an den Werbetreibenden. Ähnlich wie bei der Zusammenarbeit mit Ad Networks bildet die DSP dabei sämtliche Prozessschritte wie Ad Serving oder auch das Datenmanagement ab. Bei der Managed Service DSP erfolgt die Abrechnung meist über eine Kommission, die aufgrund des höheren Steuerungsaufwandes normalerweise über der eines Self-Service-DSP liegt. Managed DSPs differenzieren sich im Wesentlichen über ihre Optimierung. Vorteile eines DSP-

Modells liegen im effizienten Einkauf relevanter Display-Reichweiten als auch einer höheren Transparenz über die Kosten pro Kontakt.

- **Data-Management-Plattformen** (DMP, auch Data Exchanges) aggregieren Nutzerdaten und bieten diese zum Verkauf an. Diese Daten können dazu verwendet werden, angebotene Nutzerprofile anzureichern und auf dieser Grundlage bessere Entscheidungen bei der Bewertung angebotener Werbeplätze treffen zu können. Je besser das Nutzerprofil zu den Zielgruppenkriterien der Advertiser-Kampagne passt, umso mehr erhöht sich die Erfolgswahrscheinlichkeit und die Werbeauslieferung wird zielgerichteter und somit effizienter (Blokdyk, 2018). Dabei werden soziodemografische Daten (z. B. Geschlecht, Alter, Einkommen) als auch Interessen und Kaufintention gehandelt. Die Sammlung der Daten erfolgt ausschließlich anonymisiert auf Basis eindeutiger Nutzer-IDs.

> Beispielsweise kann eine Autohandel-Plattform erheben, für welches Auto sich ein Nutzer besonders interessiert. Diese Information könnte dann im zweiten Schritt vom Automobilhersteller verwendet werden, um genau diesem Nutzer das gerade erschienene neue Automodell vorzustellen bzw. auszuspielen.
> Data-Management-Plattformen wie *Tradedoubler*, *arvato Infoscore* oder *nugg.ad* erlauben über detailliertere Nutzerprofildaten eine zielgerichtetere Werbeauslieferung und ein verfeinertes Zielgruppentargeting. Hemmnisse bestehen in der gesetzlichen Regelung für den Datenhandel in Deutschland, der unterschiedlichen Güte verschiedener Datenquellen als auch deren intelligente Verarbeitung, Analyse und Verknüpfung. Es wird erwartet, dass die Kombination des Einkaufs über eine DSP und das Data-Management durch eine DMP den Mediaeinkauf, die Mediaplanung und auch Marktforschung schrittweise und grundlegend revolutionieren werden (Kosorin, 2018).

Der Funktionsumfang einer DMP kann auf einige Kernfunktionen reduziert werden (Blokdyk, 2018):

- **Tag Management**: Erstellung und Verwaltung der Tracking-Codes, die das Datensammeln übernehmen sollen;
- **Daten Sammlung**: auch Data Ingestion, Data Collection, Intake oder Datenaufnahme;
- **Daten-Verarbeitung**: Klassifizierung und Normalisierung, Data Mining, Data Enrichment, Attribution, Profilierung, Datenanreicherung;
- **Datenspeicherung**: Data Storage;
- **Datenanalyse**: Audience-Analyse, Kampagnenanalyse, Insights, Predictive, Forecasting, Inventory Discovery, Customer-Journey-Analysis;
- **Segmentierung**: Bildung von Zielgruppen/Audiences, Scoring;
- **Look-alike Modeling**: Bildung von Segmenten aus Usern, die ähnliche Profile aufweisen wie die bestehenden Segmente/Audiences;
- **Medienintegration**: Datenintegration, Data Syndication, Wiederverwendung, Mehrfachverbreitung, Datentransfer, Anbindung an Drittsysteme;
- **Automatisierung von Prozessen**: Rule Based Automation.

Prozessual begleitet die DMP den gesamten Prozess vom Anschluss relevanter Kanäle, der Sammlung von Daten, der Bildung (Segmentierung) von Audiences, der Übertragung von Audiences an Drittsysteme (Werbenetzwerke, soziale Medien, E-Mail-Kampagnen etc.), dem Monitoring der Performance (Verarbeitung der Responses) und schließlich bis zur Optimierung der Audiences (Kosorin, 2018). Manche DMPs können wie Marktplätze verwendet werden, auf denen die selbst gesammelten Daten mit Daten anderer Partner angereichert werden können (wie *Adobe Audience Manager* oder *MediaMath*):

- **First-Party Data**: eigene Daten, die selbst in direktem Kontakt mit dem Kunden vom Unternehmen/Werbetreibenden oder vom Publisher erhoben wurden, z. B. aus eigenen Websites, Apps oder CRM. Aufseiten des Werbetreibenden können First-Party-Daten beispielsweise E-Mail-Adressen, die Kaufhistorie oder das Browsing-Verhalten der Kunden sein. Aufseiten des Publishers geht es meist eher um die Interessengebiete des Besuchers per Cookie, z. B. ob er sich oft in der Rubrik Sport oder Wirtschaft bewegt;
- **Second-Party Data**: nicht selbst gesammelte Daten von Partnern, die diese Daten mit ihrem Unternehmen teilen;
- **Third-Party Data**: Daten aus weiteren, externen Quellen, die nicht in direktem Kontakt zu dem Kunden stehen.

Der Prozess der Datensammlung erfolgt wie bei einem Web-Analyse-Tool mithilfe eines integrierten JavaScript Code im Quellcode des Mediums, der nun bei jedem definierten Ereignis die gewünschten Daten an die DMP sendet. Gleichzeitig wird noch ein Cookie gesetzt, damit die DMP einen wiederkehrenden Besucher einer Website wiedererkennen kann.

Verschiedene DMP bedienen sich auch der Methode des **Canvas Fingerprintings**, um Besucher auf verschiedenen Kanälen wiederzuerkennen. Canvas-Fingerprinting verfolgt einen anderen Ansatz als Cookies und stellt die individuellen Merkmale des benutzten Endgeräts in den Fokus. Hierfür wird ein sogenanntes Canvas-Bild mitsamt einem kurzen Text generiert (Domin, 2019). Canvas ist ein HTML-Element, in dem durch die Verwendung von JavaScript gezeichnet werden kann. Beim Website-Aufruf wird ein solches Bild im Hintergrund generiert und greift auf die Systemkonfigurationen des Client des Anwenders zurück. Aufgrund unterschiedlicher Endgeräte kann das Rendering des individuellen Bildes des ausgewerteten Clients stark variieren, etwa aufgrund des verwendeten Betriebssystems, des benutzten Browsers, installierter Fonts, der verwendeten Grafikkarte oder auch installierter Treiber. Da das Bild jedoch vor dem Nutzer versteckt bleibt, kann dieser keine ungewöhnlichen Aktivitäten feststellen. Insgesamt wird bei dem Verfahren also eine Art »Fingerabdruck« des Nutzers erzeugt, der im Anschluss eine ID vom Server zugewiesen bekommt. Mithilfe eines solchen Fingerabdrucks kann der Nutzer im Internet auch über mehrere Blogs, Onlineshops, Werbebanner oder Soziale Medien wiedererkannt werden. Studien zeigen, dass mit nur rund 84 % Wahrscheinlichkeit Internetnutzer mit Canvas-Fingerprinting eindeutig identifiziert werden können. Der Grund: Systemkonfigurationen garantieren noch keine Einzigartigkeit und können bei mehreren Nutzern identisch sein. Vor allem auf mobilen Endgeräten ist das Verfahren vergleichsweise inakkurat, da sich dort die Systemkonfigurationen noch häufiger überschneiden. Unter Berücksichtigung der DSGVO weist Fingerprinting den Vorteil auf, dass keine personenbezogenen Daten erfasst werden, die Methode jedoch als verwendete Tracking-Methode angegeben werden muss. Eine weitere Alternative ist die Ermittlung des Aufenthaltsorts des Users über den Browser oder über ein mobiles Endgerät. Algorithmen schätzen als Proxy, dass es sich um ein- und denselben User handeln muss, wenn er sich immer am selben Ort aufhält. Im Falle des Login und der Authentifizierung per E-Mail-Adresse oder mit einem eigenen Nutzerkonto liegt nicht länger ein anonymer User vor, sondern dies eröffnet die Kontaktaufnahme auch über andere Kanäle wie beispielsweise E-Mail.

Ein großer Unterschied besteht zwischen einer **Customer Data Platform** (CDP) und einer **Data Management Platform** (DMP): CDPs wurden ursprünglich als Verwaltungssystem für Kundendaten entwickelt. DMPs hingegen wurden entwickelt, um Daten aus mehreren unterschiedlichen Quellen zu sammeln, um diese anschließend in Ad-Netzwerken nutzen zu können. Einer der Hauptunterschiede zwischen CDPs und DMPs ist damit die Art der Datenerhebung und welcher Datentyp gesammelt wird. Die CDPs arbeiten mit First Party Data, die direkt vom Nutzer erhoben werden, nutzen verschiedenste Identifier und können neben anonymen IDs auch persönliche Identifier wie E-Mail- oder Postadressen zur Datensynchronisation heranziehen. DMPs arbeiten Cookie-basiert hauptsächlich mit Third Party Data, also Daten, die über viele unterschiedliche Kanäle gesammelt werden und anschließend von dritten Parteien gekauft werden können (Cristal, 2017).

Ziel in allen Plattform-Modellen ist es, möglichst viele Agenturen oder Werbungtreibende auf das Werbemittelinventar eines in Publishers anzuziehen, um Wettbewerb in der Auktion sicherzustellen. Der Einsatz von Programmatic Advertising bringt augenscheinlich allen Beteiligten Vorteile: Werbetreibende erhalten über Optimierungs- und Reporting-Technologien eine höhere Flexibilität, bessere Möglichkeiten zur Aussteuerung sowie eine höhere Treffsicherheit eingesetzter Kampagnen. Werbekunden kaufen nicht mehr »blind« Werbeplätze nach dem Gießkannenprinzip ein, sondern können jede Impression einzeln bewerten und ein spezifisches Gebot abgeben. Kampagnen können ohne lange Vorläufe umgesetzt werden, da Auktionen den Last-Minute-Einkauf von Werbeplätzen ermöglichen. Publishern wird es auf der anderen Seite möglich, neben einer besseren Auslastung ihres Inventars höhere Preise für ihre Werbeplätze zu erzielen, da für jede einzelne Ad Impression das jeweils (zweit-)höchste Gebot gewinnt. Dazu ist der administrative Aufwand geringer, da keine Preise verhandelt werden und Buchungen verschickt werden müssen. Die kompletten Mediadaten zur Kampagne (Budget, Laufzeit, maximale CPMs etc.) werden direkt im System eingestellt. Im mobilen Programmatic Advertising stehen ebenfalls Informationen über das Endgerät und zur Location sowie andere Möglichkeiten zur »Unique User«-Identifizierung zur Verfügung.

> Rund um die UEFA Champions League schaltete ***Heineken*** im November 2018 Spots als Digital Out of Home (DOOH), eine Kampagne auf Basis eines Private-Auction-Modells im digitalen Airport-Netz auf insgesamt zehn Flughäfen. Durch den programmatischen Ansatz wird die Kampagne so ausgesteuert, dass das passende Motiv zum aktuellen Spiel

des Tages dann auf den Screens erscheint, wenn besonders viele Menschen am jeweiligen Touchpoint ankommen. Dabei lassen sich diverse Motive je nach Spiel in Echtzeit anpassen. Über ein übersichtliches Dashboard sehen Kunde und Agentur in Echtzeit die Daten zur Kampagne. *Heineken* konnte in Echtzeit auf die zur Verfügung stehenden Werbeplätze zum jeweils gültigen Floor-Preis bieten. Vorher gab es im Bereich der digitalen Außenwerbung nur Guaranteed Deals: Werbungtreibende kauften vorher ein bestimmtes DOOH-Inventar zu einem garantierten Preis ein. DOOH nähert sich damit einem offenen Realtime Bidding-Verfahren an, bei dem jeder Auktionsteilnehmer auf Werbeplätze bieten kann.

Programmatic Advertising bereitet damit die prozessuale und technische Plattform für die Umsetzung des Targeting im Massenmarkt: Unternehmen können Website-Besucher und deren Suchanfragen mit Cookies markieren und so wieder erreichen, wenn sie andere Websites besuchen (Retargeting). In Echtzeit können Unternehmen um Werbeplatz auf der entsprechenden Website bieten, über den Besucher ein weiteres Mal gezielt angesprochen werden sollen und z. B. das von diesem zuvor gesuchte Produkt beworben werden soll. Ebenso können die gehandelten Ad Impressions mit semantischem Targeting veredelt werden: Nutzer erhalten Werbung nur in einem für sie relevanten redaktionellen Kontext (Google, 2011; Lovett, 2011; Schroeter et al., 2012).

Dass sich Werbung in Echtzeit lohnt, belegen die Ergebnisse einer Kampagne, die ***O2*** umgesetzt hat. In einer Testkampagne, die insbesondere junge Zielgruppen ansprechen sollte, wurden die Leistungswerte von Programmatic Advertising mit der Schaltung von Display-Werbung in Ad Networks verglichen. Dabei erzielte der programmatische Ansatz im Durchschnitt eine um 220 % höhere Conversion Rate als die des einfachen Ad Networks. Bei denjenigen, die innerhalb von 30 Tagen nach dem Klick auf das Werbemittel das Produkt kauften, lag die Conversion sogar 379 % über dem Vergleichswert (Postclick Conversion Rate). Außerdem lag das Verhältnis von Postclick zu Postview Conversions Rate um 87 % über dem Durchschnitt klassischer Display-Werbung. Im Hinblick auf die Kosten lagen die Costs-per-Order (CPO) im RTB um 27 % niedriger, bei den Postclicks lag die CPO sogar um 51 % niedriger als bei den ansonsten standardmäßig belegten Werbenetzwerken. Zur Erreichung der überdurchschnittlich guten KPIs wurde fast ein Fünftel des Budgets für Retargeting eingesetzt, woraus 36 % der Conversions generiert werden konnten.

Programmatic Advertising wird eingesetzt, um Zielgruppen möglichst effizient und präzise erreichen zu können. Dazu ist es auf Nachfragerseite notwendig, spezifische Bietregeln zu definieren. Bietregeln legen grundsätzlich fest, für welches Nutzerprofil welcher Betrag seitens der Werbetreibenden (DSP) für angebotene Werbeeinblendungen geboten werden kann. Je mehr Daten ein Nutzerprofil enthält, desto besser lässt sich die Erfolgswahrscheinlichkeit der Werbebotschaft ermitteln, was wiederum die Höhe der Gebotsabgabe und den maximalen Preis beeinflusst. Aus Käufersicht liegt der Fokus von RTB in einer intelligenten Nutzung der zur Verfügung stehenden Daten und darauf jeweils abgestimmter Bietstrategien. Als **Bietstrategien** bieten sich entweder ein Retargeting, ein Audience Targeting oder auch ein Statistical Targeting an (Schroeter et al., 2012; Zunke, 2012d):

- Im **Retargeting** (auch Remarketing) werden über Programmatic Advertising Werbeeinblendungen für Nutzer gekauft, die bereits auf der Website eines bestimmten Werbetreibenden gewesen sind. Ziel ist es, diese »verlorenen« Nutzer wieder zurück auf die Website des Advertisers zu holen, um sie bis zu einem Kaufabschluss weiter zu qualifizieren. Interessierte Nutzer, welche bereits die Website eines bestimmten Anbieters besucht haben, können vergleichsweise einfacher »gewonnen« werden.

Sobald ein Nutzer beispielsweise auf die ***Zalando***-Seite surft, wird ein Cookie zum Tracking gesetzt, anhand dessen dieser Nutzer über programmatisch gehandeltes Werbeplatzinventar per Retargeting wiedergefunden werden kann. Ist das der Fall, bekommt dieser einen auf ihn zugeschnittenen Banner angezeigt. *Zalando* zeigt im Retargeting jeweils mehrere Produkte derselben Produktkategorie an.
Dynamisches Retargeting differenziert Nutzer genauer, etwa in Bezug darauf, auf welchen Seiten dieser zuvor gewesen ist, welche Produkte und Kategorien er betrachtet hat, wie lange und wie oft er auf einer Website gewesen ist. Auf dieser Grundlage lässt sich ein differenziertes Bild des Nutzers erstellen, etwa welches Produkt für ihn relevant und wie hoch das tatsächliche Interesse an einem Kauf ist. Durch die Kategorisierung von Nutzern können in der RTB-Auktion als Bietstrategie unterschiedliche Beträge für Nutzer geboten werden (vgl. Abbildung 73). Experteninterviews weisen darauf hin, dass auch für das Retargeting ein **Frequency Capping** zu erfolgen hat, um Reaktanzen aufseiten des Nutzers aufgrund von penetranter, ihn permanent nachfolgender Werbung zu vermeiden. Im Allgemeinen wird empfohlen, den Nutzer pro Monat 7- bis 12-mal via Retargeting anzusprechen und die eingesetzten Werbemittel öfter auszutauschen (Lovett, 2011; Schroeder, 2011). Über Abgleiche mit dem CRM-System ist zu analysieren, ob bzw. wann ein Kunde das umworbene Produkt bereits tatsächlich erworben hat, um ihn nicht weiter mit einem aus seiner Sicht mittlerweile bereits hinfälligen Angebot zu bedrängen und stattdessen komplementäre Produkte anzubieten.

Nutzerprofil	Beschreibung	Taktik/Angebot	Voraussichtlicher Bietpreis
Schaufensterbummler	kurz Website besucht, keine Detailseiten angesehen	Marken-Bekanntheit erhöhen und Vertrauen in Marke schaffen über Branding-Banner	Niedrig
Interessent	Nutzer hat sich Produkt-Detailsites angesehen, Abbruch vor Klick auf »in den Warenkorb legen«	Generelles Interesse nutzen, um relevante Produkte anzubieten über spezifische Produkt-Kategorie-Banner	Mittel – hoch, abhängig von Verweildauer und Anzahl besuchter Sites

Nutzerprofil	Beschreibung	Taktik/Angebot	Voraussichtlicher Bietpreis
Kritischer Kaufinteressent	Hat Produkte verglichen, hat sich Leistungsmerkmale genau angeschaut, hat Details zum angebotenen Service bereits abgerufen	Überzeugung (»Reason-to-Believe«) durch Hervorhebung von Produkt/Service-Merkmalen (z. B. externe Testsiegel, Kundenzitate, Verkaufsargumente) zur Beantwortung noch offener Fragen	Hoch
Kaufabbrecher	Hat Produkt bereits im Warenkorb und während des Kaufprozesses abgebrochen (kein technischer Grund, wie fehlende Bezahlmethoden)	Spezifische Angebote einsetzen, um Kunden noch zum Kauf zu bewegen, z. B. kostenloser Versand, Gutscheine auf Erstbestellung, Rabatt o. Ä.	Hoch
Käufer	Hat Produkt bereits gekauft	Komplementär ergänzende Produkte anbieten und auf weitere relevante Angebote aufmerksam machen (z. B. Shopping Club bei Schuhkauf), auf Social Media Angebote hinweisen (z. B. »jetzt *Facebook*-Fan werden und am Gewinnspiel teilnehmen«)	Hoch

Abbildung 73 Bietstrategien im dynamischen Retargeting (Schroeter et al., 2012; Dietrich, 2011)

- Im **Audience Targeting** soll die maximal anzusprechende Zielgruppe und somit auch potenziell neue Kunden erreicht werden – also bewusst nicht nur diejenigen Nutzer, die bereits auf der Website des Werbetreibenden gewesen sind. Hierzu werden die von der Supply Side Platform angebotenen und eigenen Nutzerprofile mit der durch den Advertiser für eine Werbemaßnahme avisierten Zielgruppe abgeglichen. Bei einer Übereinstimmung von Zielgruppenkriterien wird ein Preis, der durch weitere Einflussfaktoren (etwa Qualität des inhaltlichen Umfeldes, Mindestpreis des Publishers) festgelegt wird, geboten. Die Qualität der Nutzerprofile wird gegebenenfalls durch Drittdaten von DMPs angereichert. Ein aussagekräftigeres Nutzerprofil erlaubt eine bessere Abschätzung des Kaufinteresses des Nutzers und somit einen auf das Kaufinteresse zugeschnittenen Bietpreis (Schroeter et al., 2012). Da auch hier die zur Verfügung stehenden Daten Ausgangspunkt der Bietstrategie sind, wird auf der Grundlage einer möglichst großen Anzahl an Attributen eine Segmentierung nach Zielgruppenkriterien vorgenommen. Die Anreicherung der Nutzerprofile kann sowohl durch die vom Nutzer automatisch mitgelieferten Attribute (etwa besuchte Website, IP-Adresse für Geo-Targeting, Datum, Uhrzeit etc.) sowie Offline-Daten aus dem CRM-System (etwa zur Kaufhistorie; Greve, 2011) erfolgen.
- Im **Statistical Targeting** wird die Zielgruppe nicht a priori definiert, sondern per »Trial and Error«-Prozess ermittelt und durch eine im Hintergrund ablaufende statistische Auswertung optimiert. Voraussetzung hierfür ist eine tiefe Einbindung der DSP in den Nutzer-Conversion-Prozess beim Advertiser. Mithilfe des Conversion Tracking erstellt der DSP dann

nach und nach Zielgruppenprofile aus den bislang aufgelaufenen Erfahrungswerten (Zunke, 2012d; Schroeter et al., 2012). Ähnelt ein Nutzerprofil einem anderen Nutzerprofil – das bereits eine Conversion erzeugt hat – sehr stark, wird automatisch ein hoher Bietpreis angesetzt.

Fallbeispiele zeigen, dass eher abverkaufsorientierte Kampagnen hauptsächlich Retargeting nutzen, hingegen Audience Targeting vermehrt für die Aufmerksamkeit und Reichweite in ausgewählten Zielgruppen herangezogen wird. Hürden für die Umsetzung des Inventar-Einkaufs mittels RTB-Auktionshandel bestehen darin, dass Premium-Werbeflächen wie etwa reichweitenstarke Fixplatzierungen oder Premium-Videoinventar entweder nur vereinzelt oder überhaupt nicht mittels Echtzeit-Auktionen gehandelt werden. Die anfänglichen Befürchtungen von Publishern im Premium-Segment, ihre Alleinstellungsmerkmale zu verlieren, ebenso wie eine Bedrohung ihrer traditionellen Geschäftsmodelle durch den Einsatz von Programmatic Advertising, haben sich zwischenzeitlich weitestgehend erledigt. Die Gefahr, dass die Mediaplanung auf einen IT-basierten Preisvergleich reduziert und damit wegrationalisiert wird – ähnlich wie das Geschäftsmodell von Mediaplanungsagenturen insgesamt, ist mittlerweile eher gelebte Praxis. Studien prognostizieren entsprechend, dass derzeit bereits fast 45 % der Online-Werbe-Spendings programmatisch gehandelt werden – Tendenz steigend (BVDW, 2018).

Die Kombination von Programmatic Advertising und Customer-Journey-Analysen wird absehbar zu nachhaltigen Verwerfungen nicht nur in den Medienhäusern, sondern auch in Unternehmen führen. Grundvoraussetzung ist, dass Kanalmanager ihr Wissen in das »große Mischpult« einspeisen und damit an Gewicht verlieren könnten, da ihr Wissen und ihre Erfahrungen in einem größeren Kontext quasi »absorbiert« und (beliebig) elektronisch replizierbar gemacht werden. Aus Unternehmenssicht lassen sich beim Zusammenspiel unterschiedlicher Kanäle, Werbemittel und Inhalte entlang der Customer Journey eindeutige Conversions zuordnen, was bei getrennter Betrachtung vormals noch unmöglich gewesen war. Im Gegenteil: Wurde früher im Zweifel mehreren Kanälen ein Kaufakt zugeordnet, weil grundlegende Ursache-Wirkungs-Zusammenhänge sowie Wechselwirkungen nicht klar herausdestilliert werden konnten, können jetzt eindeutige Wirkbeziehungen analysiert werden. Im Endergebnis wird erwartet, dass vor allem Mediaagenturen in Bedrängnis geraten werden. Die Chancen der werbungtreibenden Kunden, auch ohne Agenturen auskommen zu können, steigen signifikant und können allenfalls über eine qualitative Beratung und über den Nachweis der Qualitätsmerkmale der verfügbaren Inventarplätze kompensiert werden.

Die bereits absehbare Konsequenz ist, dass sich das Verständnis von Kunden ändert, ebenso wie die Art, wie Werbungtreibende Mediakäufe planen und umsetzen. Einfach formuliert: Es wird weiter automatisiert, manuelle Vorgänge werden abgeschafft und die Effektivität von Marketingkommunikation weiter gesteigert. Diese Vorteile reichen schon jetzt über die »traditionelle« programmatische Umgebung hinaus in Mediakanäle, die man üblicherweise nicht mit Automatisierung assoziiert – in Zukunft auch im Out-of-Home-Segment. Neuere Entwicklungen verknüpfen Programmatic Advertising mit Optionsmarktplätzen, wo Call-/Put-Optionen auf einen zukünftigen Preis für einen bestimmten Werbeplatz (Inventar) gehandelt werden.

Aus der Entwicklung kristallisieren sich mehrere nachhaltige Trends heraus (Bacher, 2016):

- **Werbung wird zu 100 % programmatisch**: In 2–3 Jahren werden sämtliche Werbeformate programmatisch gemanagt und klassische Adserver mit Supply-Side-Plattformen verschmelzen. Advertiser greifen auf alle Inventararten über ein einziges Interface zu, von Fernsehspots über *Spotify*-Werbung bis hin zur Außenwerbung an Autobahnen – und sogar Print-Inserate. Dadurch steigt nicht nur der programmatische Anteil an den Werbeausgaben schrittweise auf fast 100 %. Damit werden klassische CRM-/Marketing-Resource-Management-Funktionen über durchintegrierte Prozesse und Systeme mit der digitalen Exekution verbunden – unter Ausschaltung bestehender Intermediäre bzw. diese werden gezwungen, andere Aufgaben entlang der Wertschöpfungsprozesse zu übernehmen. Hand in Hand mit dieser Entwicklung wird Programmatic Advertising zunehmend bei den werbungtreibenden Unternehmen inhouse angesiedelt.
- **Individualisiertes Echtzeit-Targeting als Mainstream**: Was *Facebook* und *Google®* dank 100 %iger User-Erkennung auf allen Endgeräten beherrschen, wird sich auf die gesamte Programmatic-Landschaft ausweiten: eine personalisierte Nutzeransprache auf Basis individueller Interessen, unabhängig von Raum und Zeit (Zugang zu den Daten gemäß DSGVO vorausgesetzt). Es ist die Traumvorstellung aller Advertiser, ihre Zielgruppe im richtigen Moment über den richtigen »Touchpoint« mit der richtigen Botschaft zu erreichen. Neue Plattformen mit ungeahnten Stärken in der Datenverarbeitung entscheiden darüber in wenigen Millisekunden.
- **Künstliche Intelligenz sorgt für weitergehende Vernetzung**: Mit Programmatic Advertising hat der Automatisierungsgrad für die Planung, Einrichtung und Steuerung von Werbekampagnen deutlich zugenommen. Dennoch führen alle Beteiligten noch immer viele Aufgaben manuell aus, mit all den unliebsamen Folgen, die darin resultieren, dass die Kampagnen nicht optimal ausgesteuert werden. Künstliche Intelligenz wird diese Aufgaben Schritt für Schritt übernehmen und letztendlich eine crossmediale und kampagnenübergreifende Aussteuerung ermöglichen.
- **Big Data ermöglicht Customer Lifecycle Management**: Wer seine Zielgruppe mit personalisierten Botschaften in Echtzeit ansprechen möchte, braucht eine qualitativ hochwertige Datenbasis. Statt Werbung nach dem Gießkannenprinzip ermöglicht Programmatic Advertising User-Targeting mit Präzision – und dank dynamischer Werbemittel optimal individualisiert. Wenn fast jede User-Interaktion nachgehalten wird, werden große Datenmengen generiert, die in Echtzeit verarbeitet und ausgewertet werden müssen. Ohne Big Data ist eine maximale Werbeeffizienz hier kaum möglich. Gelingt dies, können Advertiser den Kampagnenkreislauf stets aufs Neue optimal an die Bedürfnisse ihrer Kunden anpassen – über den gesamten Customer Lifecycle hinweg – und so zufriedene Kunden zu »Brand Loyals« konvertieren.
- **Blockchain**: Die Bekämpfung von Ad Fraud mittels der Blockchain wird zunehmend Bedeutung erlangen. Unternehmen wie *Unilever* investieren in die Blockchain im Programmatic Buying. Noch schafft es die Technologie nicht, mit der Geschwindigkeit eines Programmatic

Buying mitzuhalten. Themenfelder sind die Nachhaltigkeit der Modelle, Skalierbarkeit, Sicherheit und Regulierung.

Die vormals teilweise dogmatische Diskussion über Automatisierung und Branding löst sich dabei schrittweise auf. Die Auslieferung von aufmerksamkeitsstarken Formaten wie Skins, Roadblocks und Take-overs ganzer Seiten durch Programmatic Advertising eröffnet Marken, die im Performance-Marketing geschaffenen Strukturen und Möglichkeiten zu nutzen. Dadurch wird zunehmend mehr Budget in diesen Bereich verlagert. Die Verbindung von Daten mit fantasievoller Werbung ermöglicht nicht nur eine Koexistenz von Markenführung und Technologie, sondern verschiebt die Grenze der programmatischen Werbemöglichkeiten in ein völlig neues Territorium. Bei Publishern folgt der programmatische Handel bis heute üblicherweise der klassischen Wasserfall-Struktur: Publisher bieten ihre Anzeigenplätze (Inventar) über unterschiedliche Verkaufskanäle an, zunächst über den, der den höchsten Preis verspricht, dann mit sinkenden Preisen, bis ein Käufer endlich »anbeißt«.

> Beim **Header Bidding** (auch Vorfeld-Gebot oder Pre-Bidding) können Publisher einen bestimmten Code im Header-Bereich ihrer Seiten einbauen. Dadurch kann das Inventar über mehrere Ad Exchanges gleichzeitig angeboten werden, bevor der Ad-Server angesprochen wird.

Üblicherweise kann der Ad-Server eines Publishers zu einem Zeitpunkt X nur einen einzigen Anfragepool ansprechen. Das beschneidet die Umsätze künstlich und senkt den TKP. Publisher, die beispielsweise *DoubleClick for Publishers* mit *Enhanced Dynamic Allocation* nutzen, geben den eigenen Nachfragequellen von *Google®* einen Vorsprung. Header Bidding eliminiert dieses (eher ineffiziente, weil begrenzte) Vorgehen. Bisher wurde dieser Trend durch technische Hindernisse ausgebremst – nicht zuletzt durch die Ladezeiten, die der zumeist komplexe Code ausgelöst hat. Damit wird absehbar der Traum einer effektiven Gesamtauktion, bei der unterschiedliche Nachfragequellen auf einem Level konkurrieren, Realität.

Programmatic Advertising war für Publisher und Werbungtreibende gleichermaßen bislang ein großer Erfolg. Jedoch wollen sich manche Publisher und Werbungtreibende nicht in einer Welt bewegen, in der auf offenen Exchanges alles frei gehandelt wird. Dennoch möchten diese die Vorteile der Automatisierung nutzen. Aus diesem Grund hat **Automated Guaranteed** Fahrt aufgenommen und wird absehbar ein prägender Trend.

> **Automated Guaranteed** beschreibt die Möglichkeit für Einkäufer und Verkäufer von Werbeflächen, Werbung für eine garantierte Auslieferung zu planen und zu kaufen. Der antiquierte manuelle Planungs- und Verkaufsvorgang wird damit überflüssig.

Der direkte An- und Verkauf von Online-Anzeigen schließt damit endlich zur Revolution der Werbetechnik auf. Neben der Abwicklungs- und Marktplatz-Logik entsteht (zwangsweise) mit Programmatic Creativity ein neues Handlungsfeld.

Mit **Programmatic Creativity** wird Werbung bezeichnet, die auf die speziellen Interessen einer Zielgruppe zugeschnitten ist.

Die nutzerindividuelle Ansprache erfordert in der Konsequenz auch ebenso individualisierte Werbemittel. Folglich wird ein Produkt oder eine Dienstleistung nicht mehr ausschließlich mit einer Kreation beworben, sondern es existieren zahlreiche unterschiedliche Versionen innerhalb einer Kampagne. Alle Zielgruppen werden mit maßgeschneiderten Varianten einer Werbung angesprochen, da Werbebotschaften besonders effizient sind, wenn sie exakt die Bedürfnisse und Wünsche des einzelnen Nutzers ansprechen und individuell auf die Interessen des Users abgestimmt sind. Aus diesem Grund wird nicht mehr eine einzelne Kreation verwendet, um die Botschaft zu übermitteln, sondern zahlreiche Varianten. Die Abweichungen beziehen sich nicht nur auf die Kernaussage der Botschaft, sondern auch auf die Produkte selbst. In Abhängigkeit von der Zielgruppe kann ein und dasselbe Duschgel beispielsweise mit unterschiedlichen Farbdesigns vermarktet werden. Ein Werbeclip wird beispielsweise in Dutzenden unterschiedlichen Varianten gedreht, wobei jede einzelne Version die speziellen Bedürfnisse einer bestimmten Zielgruppe anspricht.

> Von der Baumarktkette ***OBI*** wird beispielsweise berichtet, dass diese für eine Kampagne insgesamt mehr als 2.500 verschiedene Werbemittel produziert hat (CMO Community, 2017).

Auf diese Weise kommt es durch Programmatic Creativity zunehmend zu einer Personalisierung der Werbebotschaft. Die Herausforderung für Marketer besteht darin, das passende Werbeumfeld für die jeweilige Kreation aufzuspüren, um Streuverluste so gering wie möglich zu halten und diese im Vorfeld zu erstellen.

3.11 Marketing Automatisierung – Qualifizierung entlang des Brand Funnels

Analysten erwarten unisono, dass sich die exponentielle Wachstumsrate im Bereich der Marketing Automatisierung auch in den nächsten Jahren fortsetzen wird.

Marketing Automatisierung beschreibt softwaregestützte Methoden, um Marketingprozesse zu automatisieren. Dabei werden Nutzerprofile basierend auf deren Nutzerverhalten mit Informationen angereichert, um automatisierte Kampagnenprozesse für eine individuelle Kommunikation einzurichten. Marketing Automatisierung ist eines der zentralen Instrumente, um Inbound Marketing zu unterstützen (Schlömer, 2018).

Damit werden alle Technologien umschrieben, die Marketingaufgaben und -prozesse vereinheitlichen, kanalübergreifend automatisiert, skaliert und effizient aussteuern und messen. Das Ziel: die Effizienz erhöhen und Kundenzahlen und Umsätze steigern. Während sich Marketingautomatisierungstools zunächst vor allem auf Funktionalitäten im E-Mail-Marketing fokussiert haben, decken diese mittlerweile viele Funktionalbereiche ab, wie die Erstellung und das Management von Landing Pages und Webformulare, im Kampagnen-Management, Content Marketing, der Lead-Generierung, der CRM-Integration, im Tag-Management, im Social Marketing oder auch in Analytics (Hannig, 2017).

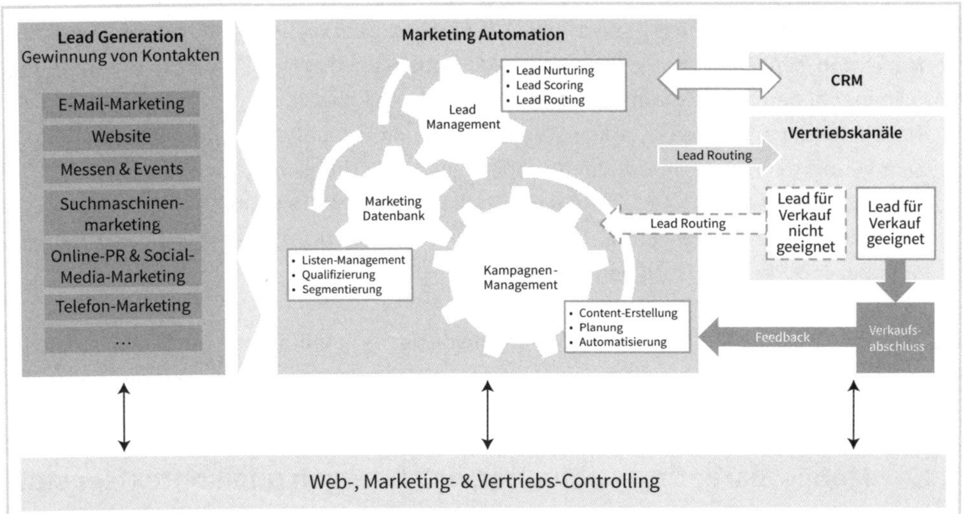

Abbildung 74 Marketingautomatisierung (Janning, 2015)

Im Bereich der Marketing Automatisierung handelt es sich damit vordergründig um Software-Plattformen, die Web-Controlling und Kommunikationskanäle in frei definierbaren »Workflows« integrieren und mit traditionellen CRM-Systemen von Unternehmen verbinden. Durch automatisierte Prozesse können sogar mehrstufige Marketingkampagnen geplant, gesteuert und ausgewertet werden. Ähnlich können Funktionen wie Lead Scoring, Lead Nurturing oder auch die Übergabe und Weiterverfolgung im Vertrieb steuern.

- Der Nutzen von Marketing Automation Tools besteht unter anderem in
  - der strukturierten und flexiblen Planung und Durchführung von Kampagnen;
  - der einfachen Adaption erfolgreicher Kampagnen;
  - der Zeitersparnis durch die Automatisierung von Kampagnen;
  - koordinierten Marketingaktivitäten;
  - dem Feedback über den Erfolg der Kampagnen an einer Stelle.
- Der Nutzen von Marketing Automation Tools aus der Sicht des Vertriebs besteht unter anderem in
  - aktuellen Informationen über jeden Besucher der Unternehmenswebsite/Landing Pages;
  - der Zeitersparnis durch die Qualifizierung von Interessenten durch das Marketing;
  - der zielgruppenspezifischen Ansprache durch Interessentenqualifizierung.

Parallel hierzu steht aus Sicht der Unternehmens-IT nicht länger der Aufbau sicherer, leicht skalierbarer Server-Infrastrukturen im Brennpunkt, sondern vielmehr die effiziente und kostengünstige Nutzung cloudbasierter Dienste etwa von *Amazon*, *Google®* oder einem der anderen Platform-as-a-Service-Anbieter. Zusätzlich können ganze Software-Funktionen und Funktionsklassen ausgelagert werden, indem moderne API-Dienste in Anspruch genommen werden. Kunden können derartige Systeme in der Regel entweder on demand einsetzen oder aber auch in Eigenregie im eigenen Unternehmensnetzwerk betreiben. Die weitere Entwicklung wird entsprechend weiter gefördert, unter anderem durch:

- Lösungen werden für ein größeres Publikum immer besser zugänglich. Anbieter, die neu am Markt sind, senken die Kosten immer stärker, sodass auch mittelständische Unternehmen in immer höherem Maße von den Vorteilen profitieren können.
- Nachholbedarf: Trotz des starken Wachstums ist die absolute Durchdringungsrate noch sehr gering, denn viele Unternehmen haben hier noch erheblichen Nachholbedarf.
- Mittelstand: Er beginnt erst schrittweise, Marketing Automation für sich zu entdecken.
- Prominente Live-Referenzen: Viele Unternehmen wie *American Express*, *Walbusch Hemden* oder der *TÜV Rheinland* sind bereits live.

Die Euphorie wird – wie die letzten 20 Jahre zuvor bei der Einführung von CRM-Systemen – Stand heute eher durch aufwendige Einführungs- und Integrationsprojekte gebremst.

3.12 Mobile Marketing – ubiquitär, ortsbezogen und kontextsensitiv

Synchron mit der zunehmenden Verbreitung mobiler Endgeräte steigt die Anzahl an Anwendungsszenarien für Mobile Commerce sowie für Mobile Marketing.

> **Mobile Business** bezeichnet jede Art von geschäftlicher Transaktion, bei der die Transaktionspartner im Rahmen von Leistungsanbahnung, Leistungsvereinbarung oder Leistungserbringung mobile elektronische Kommunikationstechniken (wie z. B. Mobilfunk, Wireless LAN oder Bluetooth) in Verbindung mit mobilen Endgeräten einsetzen (Dushinski, 2012). *Mobile Marketing* fokussiert entsprechend auf alle kommunikativen Maßnahmen, die Unternehmen über mobile Endgeräte initiieren, um damit das Verhalten von Kunden und Interessenten zu beeinflussen.

Hierunter fallen Anwendungsszenarien wie die Übermittlung von (standortabhängigen) Informationen durch die Unternehmen, die Gewinnung von Informationen (etwa durch Umfragen oder Gewinnspiele) oder auch den mobilen Verkauf und die Übermittlung von Produkten und Dienstleistungen (etwa als Mobile-Payment-Dienste). Das Spektrum **alternativer Mobile-Marketing-Anwendungen** erstreckt sich damit über einfaches SMS-Text Messaging, MMS-Diensten, Mobile Search, Mobile Shopping Websites, Mobile Shopping im stationären Handel (unterstützt durch sogenannte Store Locator), Mobile Apps, QR-Codes, Click-to-Call, Mobile Videos, Social Mobile Networking bis zu Location Based Services (Dushinski, 2012; Krum, 2012; Hopkins/Turner, 2012). Es wird erwartet, dass mobile Werbung bis 2019 ca. 20–25 % des gesamten Online-Werbeaufkommens auf sich vereinigen wird.

Der Schuhhändler ***Deichmann*** hat seine Pläne zum QR-Code-Shopping erweitert. In der Bremer Innenstadt präsentiert der Schuhversender an frequentierten Lagen wie Haltestellen, Fußgängerzonen und Unterführungen ausgewählte Schuhsortimente auf Plakaten und hat diese mobil bestellbar gemacht. Über die *PayPal QR-Shopping-App*, die nach dem Scannen zum Download angeboten wird oder sich bereits auf dem Smartphone befindet, können Interessenten die Produktauswahl durch die Eingabe von Schuhgröße und Farbe spezifizieren, ein oder mehrere Paar Schuhe in den Warenkorb legen und dann über das Bezahlverfahren von *PayPal* direkt bezahlen, um sich anschließend die Ware nach Hause senden zu lassen (o. V., 2013b).

Durch die inflationäre Verfügbarkeit von Apps in Kombination mit dem vereinfachten Zugang zu standortbezogenen Informationen nimmt die Informationsdichte, über die ein Interessent oder Kunde vor dem Kauf verfügt, weiter zu (Mullan, 2012).

Der Trend, Preise im Laden per Smartphone zu vergleichen, um dann das Produkt in einem anderen Shop oder Online günstiger zu kaufen (*Showrooming*), entwickelt sich (quasi als Gegenstück zum ROPO) zu einer ernsthaften Bedrohung für den Einzelhandel. Bereits vor Jahren gaben etwa 25 % der britischen Käufer an, dass sie im vergangenen Weihnachtsgeschäft ihr Smartphone genutzt haben, um Preise im Laden mit anderen Angeboten zu vergleichen. Laut Studien haben 40 % dieser Käufer das Produkt anschließend bei anderen Händlern gekauft, wo es zu einem günstigeren Preis angeboten wurde. Je jünger die Käuferschicht, desto eher wird Showrooming betrieben. In den USA sieht sich laut einer Mobile-Life-Studie von *TNS Infratest* bereits mehr als die Hälfte der Verbraucher Produkte im Einzelhandel an, um anschließend mit dem Handy den besten Preis zu ermitteln. Über die *woabi-App* können Nutzer die Barcodes von Produkten scannen und sich anzeigen lassen, wo diese im direkten Umkreis zu welchen Preisen erhältlich sind. Vor diesem Hintergrund hat sich ***Best Buy*** dazu entschieden, »*Best Buy's Price Match Guarantee*« zu starten. Indem man sich gegenüber Online-Anbietern wie *Amazon*, *Buy.com*, *HomeDepot.com*, *Staples.com* oder *Walmart.com* preislich wettbewerbsfähig zeige, soll der Showrooming-Effekt minimiert werden.

Studien und Fallbeispiele belegen die Bedeutung von Social Media im Bereich Mobile Marketing. Nutzer ziehen es vor, promotionale Inhalte (Werbung) eher von anderen Nutzern im Rahmen von Word-of-Mouth zu erhalten und bewerten diese durchgehend positiver im Vergleich zu Werbung mit dem Hersteller als direktem Absender (Wais/Clemons, 2008; Yang/Zhou, 2011). Faktoren wie die explizite Erlaubnis durch den Nutzer (Permission), die Usability, die Akzeptanz oder auch Mehrwerte und Inhalte (mit Relevanz aus Nutzersicht) erweisen sich (den Kriterien nach *Cialdini* folgend) als erfolgskritisch im Mobile Marketing, während Faktoren wie »schnelle Antwortzeiten« oder auch ein »guter technischer Support« vergleichsweise eher weniger Bedeutung zuteil wird und diese eher als grundlegende Hygienefaktoren eingestuft werden (Huang, 2012; Yousif, 2012; Weinberg, 2012).

Während Web-Cookies im Browser platziert werden und damit eine universelle Plattform über alle besuchten Websites hinweg teilen, ist die Erfassung von Daten in mobilen Apps viel fragmentierter. Erschwerend kommt hinzu, dass mobile Apps jeweils in ihrer eigenen Box leben und eine Kommunikation mit anderen auf dem Smartphone installierten Apps nicht möglich ist. Man ist also auf die Benutzung der Device-spezifischen Werbe-Identifier angewiesen (IDFA und GPS ADID von *Apple* und *Google®*). Diese wiederum lassen sich nur in mobilen Apps, nicht aber im Browser abgreifen. Mobile Measurement Partners (MMPs) wie *Adjust* oder *AppsFlyer* schließen die Lücke zwischen Web und App, indem sie über verschiedene Fingerprinting-Methoden auch die Zuordnung von App-Installationen zu Klicks auf eine Werbeanzeige im Webbrowser ermöglichen (vgl. Abbildung 75). Nur so kann man in der App-Welt überhaupt die Quelle der eigenen App-Installationen erfassen und entsprechend attribuieren (zuordnen).

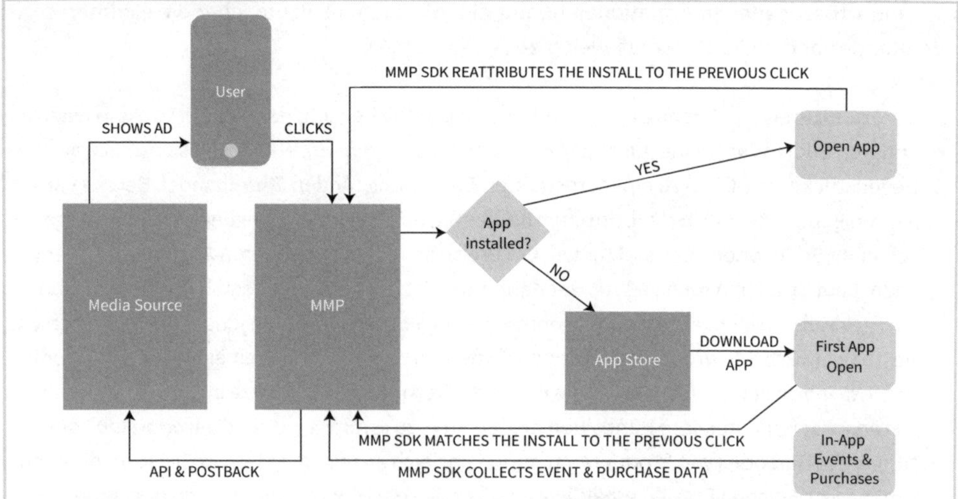

Abbildung 75 Prozess App-Analytics im Mobile Marketing

Augmented Reality geht noch einen Schritt weiter als Location Based Services. Hier geht es um eine Erweiterung dessen, was Nutzer wahrnehmen können, quasi als Ergänzung der realen Welt. So hatte *Google®* Anfang 2013 mit dem Project »*Glass*« eine Brille mit Mikrodisplay und Kamera angeboten, die über eine Spracheingabe bedient werden kann. Zu den Funktionen des Geräts gehörte unter anderem, dass der Träger der Brille Informationen seiner Umgebung in Form von Navigationshinweisen erhält, Daten aus dem Internet abrufen kann sowie die Möglichkeit hat, Videokonferenzen durchzuführen (CMO Community, 2012). Nach der Einstellung bereits im Jahr 2014 ist 2019 ein Relaunch geplant.

Unter **Augmented Reality** versteht man die computergestützte Erweiterung der Realitätswahrnehmung, meist als visuelle Darstellung von Informationen, also als Ergänzung von Bildern oder Videos mit computergenerierten Zusatzinformationen oder virtuellen Objekten mittels Einblendung/Überlagerung. Damit ist Augmented Reality vornehmlich im Bereich mobiler Anwendungen zu finden.

Einsatzszenarien für Augmented Reality bestehen in praktisch allen Alltagsbereichen: Monteure könnten sich den nächsten Arbeitsschritt direkt in ihr Sichtfeld einblenden lassen, Katastrophenhelfer könnten sich Ziele und Gefahrenzonen im Gelände anzeigen lassen und Designer können mit tatsächlich sowie nur virtuell anwesenden Kollegen am selben dreidimensionalen Modell arbeiten. Beispiele für Augmented-Reality-Anwendungen im Marketingkontext sind die in Echtzeit eingeblendeten virtuellen Marken bei Sportübertragungen, gegebenenfalls ergänzt um interaktive Elemente. Neuere Studien zeigen, dass Nutzer vor allem bei der Wohnungseinrichtung Augmented Reality für attraktiv erachten. Jeder zweite Internetnutzer gab an, dass er die Möglichkeit nützlich findet, bei der Planung einer Wohnungseinrichtung Räume zu filmen oder zu fotografieren und Einrichtungsgegenstände anschließend so in das Bild einzublenden, als ob sie sich tatsächlich in dieser Umgebung befänden (www.w3b.org). Besonders interessant ist dies offensichtlich bei kostspieligeren Anschaffungen mit höheren Ansprüchen an die Anmutung wie Möbeln und Kücheneinrichtungen.

Mit der App »*Make-up Genius*« können zahlreiche Beauty-Produkte von ***L'Oréal*** (Lippenstifte, Eyeliner, Lidschatten etc.) einzeln oder in Kombination auf dem eigenen Gesicht getestet werden – wie in einem virtuellen Spiegel. Dank Facetracking-Technologie passen sich die ausgewählten Produkte auch den Mimiken und Bewegungen an. Die verschiedenen Looks können fotografiert/gefilmt und mit Freunden via Social Media geteilt werden. Zudem gibt es diverse Learn-Clips, um verschiedene Looks nachzuschminken. Ebenfalls Bestandteil der App: Beschreibungen der einzelnen Produkte inklusive Shop-Anbindung, wo man diese auch gleich bestellen kann.

Bereits seit Längerem bietet ***Lego*** mit der *Digital Box* in allen *Lego Stores* einen virtuellen Blick in die angebotenen Legokästen an. Hält man die Box seiner Wahl vor ein spezielles Terminal, erscheint auf der Verpackung das vollständige, animierte virtuelle Modell. ***Ikea*** macht Augmented-Reality-Inhalte auf den Tablet-PCs in den Wohnzimmern hoffähig: Im Katalog finden sich augmentierte Inhalte, über 20 % der Inhalte bieten Zusatzinformationen (Geiger/Pagel, 2012). Laut *Ikea* halten sich die Konsumenten mit durchschnittlich acht Minuten deutlich länger in dieser Augmented-Reality-Anwendung auf als bei anderen Diensten, die nur etwa drei Minuten Aufmerksamkeit auf sich ziehen können. Mit 211 Millionen gedruckten Exemplaren in 43 Ländern erreicht der Katalog und damit auch die Augmented-Reality-Technik einen globalen Massenmarkt.

Alibaba hat gemeinsam mit der Shanghai Fashion Week demonstriert, wie das Mode-Shopping der Zukunft unter Einsatz von Virtual Reality aussehen kann (Henkel, 2018). Auf der Shanghai Fashion Week hat *Tmall* als B2C-Onlineshop die vier chinesischen Modemarken *Me&City*, *IMMI*, *Banxiaoxue* und *Zhangshuai* eingeladen, eine neue Technologie zu implementieren. Anhand der Design-Muster der Marken konnte die *Tmall*-Software visualisieren, wie ein Kleidungsstück in Bewegung fällt oder zu verschiedenen Körpertypen passt (Henkel, 2018). Die Nutzer konnten die virtuellen Looks sowie die live übertragenen Fashion Week Shows in den Apps *Mobile Taobao* und *Tmall* während der gesamten Veranstaltung sehen. Damit will *Tmall* auch jungen Designern, die sich keine »echte« Runway Show leisten können, mehr Präsenz ermöglichen. Der Virtual Runway war nur eine neue Technologie von vielen. Zum Paket gehörte auch ein »Showroom-Roboter«, mit dem Käufer Produkte näher betrachten, mit Designern sprechen und Bestellungen in Echtzeit aufgeben konnten (Henkel, 2018). Die *Tmall*-Technologie lieferte auch Fußgänger-Heatmaps über Dutzende von Showrooms, die analysierten, welche Marken, Artikel, Kleidungsstile, Farben und Stoffe die größte Aufmerksamkeit erregten. Beim Betrachten der virtuellen Show konnten die Benutzer auf jedes Kleidungsstück tippen, um es detailliert in 360 Grad zu sehen. Sie konnten zudem die Körpermaße ändern (von Größe und Gewicht über Brust-, Taille- und Hüftumfang) und sehen, wie Outfits an einem virtuellen Modell aussehen. Zudem konnten sie eine »Stretchkarte« öffnen, um zu zeigen, wo das Kleidungsstück wohl zu eng sitzen würde. Gemäß der *Alibaba*-Strategie des »New Manufacturing« soll die 3-D-Modellierungslösung in naher Zukunft für Bekleidungsmarken zur Verfügung gestellt werden. Wenn alle Eigenschaften eines Stoffes bekannt sind (inkl. Farbe und wie der Stoff auf verschiedene Kompressions-, Reibungs- und Beleuchtungsstärken reagiert), würde jedes Kleidungsstück in nur fünf Minuten bis zu einer Stunde virtuell nachgebildet werden können. *Tmall* will seinen Modeanbietern damit Tools an die Hand geben, mit denen Designer direkt ihre virtuellen Muster auf *Tmall* erstellen können. Im Ergebnis wird erwartet, die Kosten der Produktentwicklung um bis zu 80 % zu reduzieren (Henkel, 2018).

Zusätzliche ortsgebundene mobile Anwendungsszenarien wie Mobile Payments, Smart Posters, Handy-Ticketing oder Pricing-Dienste befinden sich unter dem Begriff der »Near Field Communication« im Erprobungsstadium (Wiedmann/Reeh/Schumacher, 2008; Faber/Prestin, 2012; Hopkins/Turner, 2012).

Near Field Communication (NFC) beschreibt einen internationalen Übertragungsstandard zum kontaktlosen Austausch von Daten über kurze Strecken von bis zu 20 cm und einer Datenübertragungsrate von maximal 424 kBit/s (Alby, 2008).

Mithilfe von NFC können mobile Endgeräte wie Smartphones oder auch Tablets untereinander sowie mit feststehenden Einheiten wie Kunden- und EC-Terminals verbunden werden. Dabei ist NFC nur eine von mehreren möglichen Netzwerk-Optionen für Mobile Marketing (vgl. Abbildung 76).

In Zukunft soll es Anwendern via NFC möglich sein, durch einfaches Navigieren auf ihren mobilen Endgeräten mit anderen Mobiltelefonen, Kundenterminals oder Bankautomaten verbunden zu werden und eingebundene Dienste unmittelbar nutzen zu können. Bisher kommt diese

Technik vor allem in Lösungen für Micropayment, d. h. bargeldlosen Zahlungen von Kleinstbeträgen, zum Einsatz.

Characteristic	Instances							
Initiation	Push	Pull						
Supporting medium	Print	Outdoor advertising	Radio	TV	Internet	On-pack	Mobile device	other
Added value	Information	Entertainment	Raffle	Coupon				
Cost	Premium rate	Transmission costs	none					
Opt-in	Mobile	Online	Offline	none				
Communication type	Dialogue	Message reaction	One time message					
Mobile network type	Cellular phone network	Wireless local area network	Bluetooth	Radio frequency identification	Infrared	Near field communication		
Enabling technology	High-level language	Wireless Application Protocol	Multimedia Messaging Service	Short Message Service	Interactive Voice Response			
Positioning	Mobile network dependent technology	Specialized positioning system	Manual	none				

Abbildung 76 Optionen zur Ausgestaltung des Mobile Marketing (Pousttchi/Wiedemann, 2009, S. 4)

Visa und die ***Douglas-Gruppe*** haben in allen deutschen Filialen des (früheren) Konzerns die kontaktlose Bezahlung per Near Field Communication (NFC) eingeführt. Die Übertragungstechnologie ermöglicht auf kurze Distanz das Bezahlen per Kreditkarte oder Smartphone. Hierzu wurden die 3.500 Terminals in den Filialen der *Douglas*-Parfümerien, *Thalia*-Buchhandlungen, *Christ*-Juweliergeschäfte, *Appelrath-Cüpper*-Modehäuser und *Hussel*-Confiserien auf NFC umgestellt. Zusätzlich können Kunden mit einem NFC-fähigen Smartphone die kontaktlose Bezahlmöglichkeit nutzen. Getüftelt wurde in Hamburg zwei Jahre daran, jetzt kommt der Test mit echten Kunden. Die Otto-Tochter ***Bonprix*** will im 1. Quartal 2019 unter dem Motto »*Fashion Connect*« ein Shopping Lab eröffnen, das die Vorzüge des stationären Handels mit denen des Onlineshoppings verbindet. Die Kundin soll komplett App-assistiert durch den Store-Besuch geführt werden und aktuelle Modetrends mit intuitiver Technologie präsentiert bekommen.

Bei der Auswahl der richtigen Haarfarbe will jetzt ***Henkel*** die Kunden direkt am Regal im Laden unterstützen. Eine neue App, die aktuell bei *dm* getestet wird, soll das möglich machen. »*Choicify*« heißt das Programm, das auch Drittmarken berücksichtigt (Schreiber, 2018). Der Produktberater berücksichtigt bei der Auswahl nicht nur Produkte von *Schwarzkopf*, die zur Konzernfamilie gehören, sondern auch Marken anderer Hersteller wie *L'Oréal* oder auch Eigenmarken der Kette *dm*. In den Drogeriemärkten der Kette kann die App auch ausprobiert werden. Diese stellt Fragen zur aktuellen Haarfarbe und zum gewünschten Farbton und soll die Kundin dann mit wenigen Klicks zum passenden Produkt führen. Die Ergebnisse basieren auf Big-Data-Algorithmen und farbmetrischen Messungen, um das optimale Produkt zu identifizieren. Initiiert wird die App per QR-Code oder NFC-Kommunikation. Die Empfehlungen werden auch stets mit einem »Jetzt kaufen«-Button ergänzt. Dieser soll dann in die jeweiligen Onlineshops des Handels führen (Schreiber, 2018).

Über die mobile Bezahlung hinaus ist das Spektrum alternativer Möglichkeiten durch den Einsatz von NFC-Applikationen nahezu unbegrenzt. Hierunter fallen auch »Smart Poster« mit RFID-Tags (Wiedmann/Reeh/Schumacher, 2008): Wenn ein Nutzer sein Smartphone an eine mit dem NFC-Logo markierte Stelle bzw. den Touchpoint auf dem Poster führt, erkennt das Mobilgerät automatisch den RFID-Tag und führt eine Datenabfrage und ein »Peering« durch. Das damit geladene Kontextmenü auf dem Display erlaubt das Abspielen auditiver oder visueller Interaktionselemente. Die Identifikation des Nutzers über die SIM-Karte seines Endgerätes erlaubt weitergehende Angebote und Verlinkungen entsprechend dem Kunden- bzw. Ortsprofil. In der Erprobung befindet sich die Erstellung von Bewegungsmustern mithilfe der WLAN-Signale von Smartphones, die mithilfe von speziellem Video-Equipment zu einem Gesamtbild kombiniert wird. Hierdurch lassen sich eindeutige Profile erstellen, die dem Händler wertvolle Informationen liefern wie etwa: Wie lange stehen die Konsumenten vor einem Regal, bevor sie zugreifen, wo halten sie sich am längsten auf, welches Geschlecht haben sie? Besonders interessant: Da Smartphones bei ihrer Suche nach WLANs eine eindeutige Kennung ausschicken, können wiederkehrende Konsumenten leicht identifiziert werden.

Von der hohen funktionalen Bedeutung von Apps als auch deren Bedeutung als Synonym für digitalen Lifestyle profitieren App Stores. So zählt *Apples App Store* als prominentester Vertreter im Oktober 2018 über 2,5 Millionen Anwendungen, die im virtuellen Software-Kaufhaus zum Download bereitstehen, dicht gefolgt von *Androids Marketplace* (*Google® Play*). Im ersten Halbjahr 2018 haben Nutzer weltweit gut 34 Mrd. US-Dollar für Apps ausgegeben. Die Summe liegt um knapp 28 % höher als im Vergleichszeitraum des Vorjahres.

Der Nukleus und Ausgangspunkt für weitere mobile Anwendungsszenarien besteht vor diesem Hintergrund in zwei Aufgabengebieten (Krum, 2012; Bouchard, 2012; Lynch, 2012; Hopkins/Turner, 2012):

- **Mobile Search Engine Advertising**: Mobile SEA orientiert sich konzeptionell am Online SEA und hat als **direkte Mobilisierung** das Ziel, die Nutzung der Angebote eines Anbieters zu fördern, gemessen etwa als Cost-per-Lead (CPL) und unterstützt durch mobile Kooperationen und Mobile Affiliates (Lawrence, 2012; Yaniv, 2008);
- **App Store Optimization**: Die **indirekte Mobilisierung** von Interessenten erfolgt über das Generieren von App Downloads, gemessen als Cost-per-Download (CPD) und unterstützt durch App-Store-Optimization-Maßnahmen sowie mobile Display-Werbung (Van der Graaf, 2012).

Im Bereich des ***Mobile SEA*** bietet *Google®* beispielsweise kanalspezifische Suchergebnisseiten (Search Engine Result Pages, SERP) und Anzeigenformate an (Lawrence, 2012; Krum, 2012).

ImmobilienScout24 setzt auch im mobilen Kanal auf SEA. Über eine Device-spezifische Landing Page-Strategie wird angestrebt, den mobilisierten Traffic optimal zu konvertieren. Aus diesem Grund sind Ergebnisse für das gleiche Keyword auf verschiedenen Endgeräten (Smartphone, Tablet etc.) nicht nur in der Darstellung, sondern auch inhaltlich – ähnlich wie bei *Otto* – unterschiedlich. Für Tablets werden hybride KPI's nachgehalten: neben dem auch im Desktop-Bereich verwendeten KPI »Lead« auch die »Anzahl an Downloads«. Die Landing Page dient jeweils zur weiteren Qualifizierung eines Interessenten. Für Smartphones erfolgt die direkte Verlinkung in den jeweiligen App Store und zur mobilen Website. Damit basiert bei *ImmobilienScout24* die Mobile-SEA-Strategie auf den Variablen »Keyword« und »Device & Plattform«. Je nach Kombination werden spezifische Inhalte ausgesteuert und unterschiedliche KPIs (CPL oder CPD) nachgehalten. Darüber hinaus werden kanalspezifische Extensions eingesetzt (digital CMO Community, 2018). Mobile Marketingkooperationen bestehen mit verschiedenen Medien und Markenartiklern. In einem ähnlichen Aufbaustadium befindet sich der Mobile-Affiliate-Markt bei *ImmobilienScout24*, der derzeit noch keine kanalspezifischen Standards aufweist.

Eine gerätespezifische Aussteuerung wird durch die Einführung von **Enhanced Campaigns** von *Google®* nicht mehr in der Form wie bisher möglich sein. Ziel von Enhanced Campaigns ist nur noch eine Kampagne für alle Kanäle/Endgeräte mit der Folge, dass es nicht mehr möglich ist, Kampagnen für »Smartphones only« aufzusetzen. CPC-Gebote für Smartphones können nur noch in Relation zum Desktop Bid gesetzt werden, mit einer Bandbreite von + 300 %/-100 %.

Ziel einer **App Store Optimization** ist eine hochwertige Platzierung im jeweiligen proprietären App Store. Studien gehen davon aus, dass mindestens 5.000 Downloads täglich notwendig sind, um sich in einer Top-25-Liste zu platzieren (Lynch, 2012; Bouchart, 2012; Thibaut, 2012). Statistiken belegen, dass etwa 80 % aller Nutzer von App Stores rein über die statische Top-25-Liste und die Kategorieverzeichnisse stöbern, weshalb es für App-Anbieter von entscheidender Bedeutung ist, in den Topkategorien platziert zu sein. Die Anzahl an Downloads ist zwar ein zentraler Ranking-Faktor im Rahmen einer App Store Optimization, jedoch nicht der einzige. Das Ziel, native Software-Anwendungen über App Stores zu verkaufen, erfordert die Berücksichtigung weiterer Faktoren bzw. weist deutliche Unterschiede zu SEO auf (Lynch, 2012; Machuret, 2012; Van der Graaf, 2012; Huang, 2012; Mroz, 2013):

- **Name einer App**: Analog zum Title Tag bei Websites ist der Name einer App der wichtigste Keyword-Träger. Während die Platzierung wichtiger Keywords einen der wichtigsten OnPage-Faktoren für das Website-Ranking darstellt, wird der auf 10–14 Zeichen begrenzte Name einer App nur einmalig und App-übergreifend deklariert.
- **Name des Publishers**: Der Name eines Publishers/Entwicklers ist ebenfalls ein wichtiger OnPage-Keyword-Träger und wird innerhalb des Ausschnitts (Snippets) in der Listenansicht des App Stores angezeigt. Ein selbstsprechender und auf die App-Funktion bezogener Name führt zu einer höheren semantischen Bewertung und nachfolgenden Einstufung.
- **Beschreibungstext**: Die Beschreibung der Anwendung ist der klassische Textinhalt, den

der App Store auswerten kann und der damit zugleich mehrere Funktionen erfüllt. Der erste Abschnitt dient als Kurzbeschreibung ebenso wie als Keyword-Träger. Dieser Kurztext sollte in komprimierter und prägnanter Form die Funktionalität der jeweiligen App beschreiben.

- **Korrekte Kategorisierung**: Eine korrekte Verzeichniskategorie im entsprechenden App Store gewährleistet eine bessere Wiederauffindbarkeit der Anwendung und bietet gleichzeitig dem Store wichtige Keywords für das Ranking. Über die Kategorisierung können bestimmte Keywords bereits im Vorfeld systematisch eingeschlossen werden. Strategisch können Apps auch in Kategorien mit verhältnismäßig geringem Wettbewerb platziert werden, um hier ein hohes Ranking zu erreichen und über Kreuz-Referenzierung auch das Ranking von Apps in anderen Kategorien zu unterstützen.
- **Nutzerbewertungen und -reviews**: Die Form und Ausprägung des Bewertungsprofils stellt einen der wichtigsten Ranking-Faktoren dar. Der durch die Nutzer generierte Content (hier in Form von Bewertungen) belegt auf der einen Seite die allgemeine Qualität der App in Form eines Ratings, auf der anderen Seite kann der durch die Nutzer-Reviews generierte Text in Form semantisch verwandter Keywords wiederum analysiert werden. Parallel wird von *Google®* (ohne dass dies für den Nutzer erkennbar ist) ein eigenständiges Performance-Rating vergeben, basierend auf einem Durchschnittswert der Qualität der bisher eingereichten Apps eines Publishers, sofern noch keine Nutzer-Reviews für die jeweilige App vorliegen. Erfasst wird nicht nur die Höhe der Bewertungen, sondern die jeweils ins Verhältnis gesetzte reine Anzahl an Bewertungen.

> *Barilla* hat mit der App aufgrund eines hohen funktionalen Nutzwertes (etwa durch Rezepte, Ernährungshinweise) und Nutzerbewertungen nachhaltigen Erfolg erzielt, der deutlich über den reinen Abverkauf der Pasta-Produkte hinausgeht (Chiem et al., 2010).

- **Suchfunktionen**: Suchfunktionen werden viel seltener als Einstieg in das Software-Angebot genutzt als im Fall von Mobile SEA.
- **Zugang und Präsentation mobiler Apps**: *Google®* als Suchmaschine bietet organische Suchergebnisse ebenso wie bezahlte Adwords-Anzeigen als Kanäle zur Generierung von Traffic. Beide Kanäle sind getrennt voneinander optimierbar, verhalten sich jedoch dynamisch, in Abhängigkeit von der getätigten Suchanfrage. Im Gegensatz hierzu bieten App Stores Verzeichnisse und Toplisten, die sich unabhängig von einer Suchanfrage verhalten.
- **Inhalts- und Qualitätskontrollen**: Eine Platzierung einer Anwendung in den App Stores stellt sich aufgrund der Inhalts- und Qualitätskontrollen etwa im *Apple App Store* um einiges aufwendiger dar als vergleichsweise die Indexierung einer Website bei *Google®*.
- **Konkurrierende Technologien**: Es existieren mindestens zwei konkurrierende Netzwerke; während eine Website im Internet theoretisch von allen Suchmaschinen gelesen werden kann, bauen die App Stores jeweils auf unterschiedlichen Programmiersprachen (*iOS* in *Objective-C* für *Apple* und *Java* für *Android*) auf.
- **Dedizierte Entwickler-Guidelines**: Die Eingangskontrolle überprüft etwa, ob der Inhalt

die jeweiligen Content-Guidelines erfüllt oder ob die technische Umsetzung den Richtlinien von *Apple* im Hinblick auf den selbst ausführbaren Code eingehalten werden. Der Umgang und die Bewertung dieser Richtlinien werden durch die Analyse bisheriger – nicht zugelassener – Apps transparent.

- **Download- und Installationswachstum** (als wichtigsten Ranking-Faktor für die Top 25 Apps): Die absolute Anzahl an Downloads wird hier ergänzt durch die Anzahl neuer Installationen innerhalb eines kürzeren Zeitraums, gemessen als Wachstum der Installationen im Vergleich zur Vorwoche, ebenfalls ergänzt durch das prozentuale Wachstum über einen längeren Zeitraum. Unbekannt ist, inwieweit durch *Apple* und *Google*® die Anzahl der durchschnittlichen Deinstallationen gemessen wird, also die Anzahl der aktiven Installationen im Verhältnis zur Anzahl aller bisherigen Installationen.
- **Icon und Screenshots**: Ein attraktives Design der App-Icons und Screenshots bewirkt als Lifestyle-Element einer App einen Klick-Anreiz beim Nutzer. Als »Eyecatcher« sollte das Icon einen Klickanreiz beim Nutzer bewirken. Mit ca. fünf Screenshots kann eine kleine Geschichte darüber erzählt werden, wie die App funktioniert.
- **Nutzungsfrequenz**: Sie wird gemessen als durchschnittliche tägliche Nutzungsdauer und -frequenz eines Anwenders, gemessen etwa als Verhältnis zwischen »Daily Active Users« und »Monthly Active Users«. Sie hängt maßgeblich von der Funktionalität, Qualität und Usability der Anwendung ab. Dieser Indikator korreliert normalerweise hoch mit anderen zeitlich stark genutzten Apps wie *WhatsApp*, *Twitter* oder *Facebook*.
- **Updates, Lite-Versionen, Price-Drops**: Aktuell ist noch unklar, ob (ähnlich wie bei der klassischen Suchmaschine von *Google*®) ein »Freshness«-Faktor als regelmäßiges Update einer App und als Indikator für deren Aktualität ebenfalls in die Bewertung eingeht. Über »Lite-Apps« kann in vergleichsweise wettbewerbsarmen Umfeldern der Einstieg in kostenpflichtige Apps angeboten werden. Drastische Preisreduzierungen verstärken ein höheres Ranking.
- **Orientierung an Toplisten**: Sie erlaubt Einblicke, welche der Apps populär sind und welche Trends derzeit bestehen. Gleichzeitig helfen Keywords der auf den oberen Rangplätzen stehenden Apps bei der Optimierung der eigenen Beschreibung und des App-Namens.
- **Vermarktung über Webquellen**: Hier nutzt man die eigenen, Traffic-starken Websites zur Vermarktung einer nativen Anwendung sowie die direkte Verlinkung aus externem Web-Content analog zum Affiliate-Marketing.
- »**Family of Apps**«: Ein Netzwerk an verschiedenen Apps in unterschiedlichen Kategorien erlaubt die Abdeckung eines umfangreicheren Themenkomplexes und die gegenseitige Cross-Promotion zur besseren Vermarktung. Über die Verlinkung zwischen den einzelnen Apps und der Abdeckung eines gesamten Themenkomplexes innerhalb einer oder mehrerer Kategorien können einzelne »Flagship-Apps« gezielt gefördert werden.

Ähnlichkeiten mit klassischem SEO hat die App-Store-Optimierung aufgrund der Onpage- und Offpage-Faktoren (Krum, 2012; Kraft, 2005):

- Im **Onpage-Bereich** geht es ebenfalls um die Auszeichnung und Integration wichtiger Keywords in die Inhalte und Beschreibungen.

- Im **Offpage-Bereich** werden das Ranking und die Reputation nativer Software primär über die Anzahl der getätigten Downloads und das Bewertungsprofil ermittelt.

Dabei bestehen Unterschiede zwischen den Algorithmen in ***Apples App Store*** und dem ***Play Store von Google***®, über die teilweise nur Mutmaßungen angestellt werden können. Dennoch sind grundsätzlich die SEO-Prinzipien auf App Stores zu übertragen, ergänzt mit redaktionellen Informationen und Stilmitteln (Krum, 2012). Eine Optimierung sollte sich hierfür am Wettbewerb orientieren, über eine ausgeprägte, externe Vermarktung verfügen, eine durchdachte Preisstrategie, ein ansprechendes Layout sowie die gezielte Besetzung bestimmter Themenkomplexe. Über **In-App-Werbung** können Apps mithilfe von Performance-Netzwerken wie *Google*® (*AdMo*) und *Apple* (*iAd*) ein höheres Ranking erreichen (Krum, 2012). Derartige Werbenetzwerke schalten Anzeigen in verschiedenen Apps und generieren über Banner wieder Downloads der eigenen, beworbenen App. Empfehlungs-Apps oder Discovery-Dienste – also Apps für App-Empfehlungen wie etwa *Discovr*, *Zwapp*, *crosswalk* oder *AppsFire* – generieren ein höheres Ranking gegen entsprechende Gebühren. Eine große Reichweite und ein nachfolgend höheres Ranking lassen sich ebenfalls erzielen, wenn die App von *Facebook* als »Timeline-App« geführt wird. Eine andere Option ist die Nutzung von Mobile Performance Networks (»Push Networks«) zur Erhöhung des organischen Rankings über gezielte Downloads und Recommendation Apps (z. B. »App Gratis« oder »App des Tages«). Hier ist jedoch die Nutzung nach einem initialen Download, das Verhältnis zur Anzahl aller Downloads oder auch das Matching mit (regionalen) Zielgruppen fraglich.

Um den Erfolg von mobilen Websites und Apps zu erfassen, ist ein entsprechendes **Mobile Tracking** erforderlich. Für die Messung und Optimierung der auf Smartphones ausgerichteten mobilen Websites sind Nutzungsdaten relevant wie (Machuret, 2012; Mroz, 2013):
- **Gesamtreichweite via Mobile Web** (Page Views, Visits und Visitors);
- **technische Ausstattung der Nutzer**: mobiles Endgerät, Browser, Betriebssystem;
- **Entry Pages und zugehörige Traffic-Quellen**: Suchmaschinen, Direktzugriffe etc.;
- **Engagement**: Page Views pro Visit, Dauer eines Visits etc.;
- **Top-Ausstiegsseiten und Absprungrate**.

Anhand der Reichweitenverteilung wird deutlich, wie gut die bestehenden Website(s) bzw. spezielle Mobile Websites angenommen werden und ob bzw. welche zusätzlichen Versionen für bestimmte Systemumgebungen und Endgeräte bereitzustellen sind. Eine Erfolgsmessung hängt maßgeblich vom Geschäftsmodell und dem präferierten Erlösmodell (etwa Verkauf von Apps, Verkauf von Werbeplätzen, Sponsoring oder Lead Generation) ab. Um die Popularität, den erzielten Umsatz sowie Optimierungspotenziale bezüglich der Usability von bestimmten Apps zu ermitteln, kommen **Messgrößen** in Betracht wie (Van der Graaf, 2012; Thibaut, 2012; Krum, 2012):
- **Availability und App-Downloads**: Version der genutzten App, Positionierung im App Store bzw. außerhalb auf der eigenen Website oder auch anderen Websites, Anzahl der Downloads;

- **Umsätze**: etwa aus Downloads, aus Ads, aus Videoclips etc.;
- **Reichweite**: gemessen als Anzahl Visitors, App-Launches, Page Views oder Visits als auch der Positionierung im Vergleich zu verwandten Apps;
- **technische Ausstattung der Nutzer**: mobiles Endgerät, Browser, Betriebssystem, Bildschirmgröße etc.;
- **Nutzerinteraktionen/Event-Tracking**: zur Optimierung der App-Inhalte und Nutzerführung.

Fallbeispiele als auch die durchgeführten Interviews unterstreichen die Notwendigkeit, Mobile-Marketing-Anwendungsszenarien in jedem Fall im Rahmen der Planung bereits frühzeitig mit anderen Maßnahmen crossmedial zu verzahnen, sowohl in Bezug auf die Zielgruppen, die Inhalte als auch in der (taktischen) Programm- und Kampagnen-Exekution (Leppäniemi/Karjaluoto, 2008; Okazaki/Barwise, 2011). Dies gilt umso mehr, nachdem *Google® Enhanced Campaigns* gestartet hat und erweiterte AdWords-Kampagnen zum Standard macht.

3.13 Content Marketing – von Outbound zu Inbound

Im Gegensatz zu werbenden Techniken, wie Anzeigen, Banner oder Werbespots, stellt Content Marketing nicht die positive Darstellung des eigenen Unternehmens mit seinen Produkten in den Mittelpunkt, sondern fokussiert darauf, dem Interessenten bzw. Kunden nützliche Informationen, weiterbringendes Wissen oder relevante, ansprechende Unterhaltung über die für ihn jeweils adäquaten Kommunikationskanäle anzubieten (Soat, 2013; O'Reilly, 2012).

> **Content Marketing** kann als eine Marketingtechnik beschrieben werden, die mit informierenden, beratenden und unterhaltenden Inhalten profilbasiert und individualisiert Interessenten und Kunden anspricht, um sie vom eigenen Unternehmen und seinem Leistungsangebot zu überzeugen und sie als Kunden zu gewinnen oder zu halten (Handley/Chapman, 2012; Lieb, 2011; Pulizzi/Barrett, 2009).

Die Inszenierung der Marke erfordert einen Richtungsschwenk von tradierten Push- zu Pull-Mechanismen. Der Einzelne wird quasi zum »Gravitationszentrum eines individuellen Universums«, in dem Inhalte kreisen, bei passender Gelegenheit auf ihn zukommen und die Marke jeweils in einen aus Nutzersicht relevanten Dialog treten muss. Gemeinsam mit selbstlernender Software werden Medienhäuser und Marketers als »Content-Orchestratoren« dafür zuständig sein, dass sich Botschaften, Produkte und Dienstleistungen den persönlichen Universen und dem Kontext ihrer Adressaten anpassen. Die Marke wird als »Corporate Brand Story« inszeniert, eingebettet in ein inhaltlich relevantes Umfeld und ersetzt damit quasi klassische Display-Werbung (Pulizzi, 2012; Bashford, 2012; Ballantyne/Warren/Nobbs, 2006). Während bei klassischen Medien und Display-Werbung Inhalte dem Interessenten vornehmlich im »Push«-Verfahren angetragen werden (Outbound Marketing), steht im Content Marketing die »Pull«-Wirkung im Fokus, d.h. die Aktivierung durch ein höheres medien- und inhaltsspezifisches

Involvement (Inbound Marketing; Abel, 2012; Pendleton/Lundstrom/Dixit, 2012; Belz, 2007; Ward, 2018).

> ***Globetrotter*** publiziert ein Magazin mit aufwendigen Fotoreportagen, Reiseberichten und Berichten aus fernen Ländern. Natürlich dreht sich alles um Abenteuer, bei denen eine Ausrüstung von *Globetrotter* gute Dienste leisten kann – aber es ist keine Werbung im klassischen Sinn. Verweise auf bestimmte Marken, Kleidungsstücke oder Ausrüstungsgegenstände sind hier nicht zu finden – vielmehr Geschichten, die von eigenen Abenteuern träumen lassen. Das eigene Leben und Reisen werden so auch ein wenig zum Abenteuer, wodurch der eine oder andere Nutzer dazu angeregt wird, bei *Globetrotter* seine Ausrüstung zu erwerben.

Henseler stellt zum Thema Content im Rahmen von Online-Branding fest: »*Wenn Dinge ihre situative Relevanz verlieren, wenden sich Menschen anderen Dingen zu.*« (Henseler, 2011; Smith, 2012). Für die Ermittlung der situativen Relevanz ist es notwendig, das momentane Interesse und den Nutzungskontext von Nutzern zu kennen, um darauf adäquat reagieren zu können. Nach *Prox* müssen hierzu Marken interessant, facettenreich und beweglich sein. Nur über eine lebendige Markenpersönlichkeit können Marken spannend sein, facettenreich und dabei doch ganz sie selbst bleiben. Ausgangsbasis für ein Content Marketing ist damit neben einem differenzierten Verständnis der Bedürfnisse unterschiedlicher Zielgruppen und deren Kanalpräferenzen auch eine nachhaltige Strategie zur Differenzierung und Pflege der Markenpersönlichkeit (Prox, 2013; Zoratti/Gallagher, 2012). Entsprechend erachten fast drei Viertel der Unternehmen Content Marketing als relevant (71,4 %).

> ***Best Buy*** hat – neben der 2005 akquirierten *Geek Squad* – das *Best*-Magazin gelauncht, das Topkunden Informationen ohne jeglichen vertrieblichen Inhalt zur Verfügung stellt (Pulizzi/Barrett, 2009). Nach *Barry Judge*, dem vormaligen CMO von *Best Buy*, unterstützt das Engagement in Content Marketing für *Best Buy* ähnlich wie bei *Boeing* oder *Kodak* mittelbar die Kundenbindung und nachfolgende Abverkäufe: »*When we invest in our customers, they will invest more heavily in us*« (Pulizzi/Barrett, 2009, S. 168; Bernoff/Schadler, 2010).
>
> ***McDonald's Canada*** hat eine Content-Marketing-Strategie etabliert, die bislang noch ihresgleichen sucht. »*Our Food. Your Questions*« heißt die Aktion auf der Website, *Facebook* oder *Twitter*, auf der Kunden Fragen rund um die angebotenen Nahrungsmittel an *McDonald's* stellen können. Die Fragen beantwortet das Unternehmen in der Regel innerhalb weniger Tage. Dabei verzichtet *McDonald's* auf eine überladene Marketingsprache, informiert seine Kunden ehrlich und offen und erzielt weit mehr positive Reaktionen als vorangegangene Kampagnen. Laut *McDonald's* haben die Kanadier Anfang 2013 bereits über 19.000 Fragen gestellt. Ein Grund dafür dürfte sein, dass *McDonald's* sich auch unangenehmen oder eher humorvollen Fragen nicht verschließt. Neben den Antworten in Text-

form wendet sich *McDonald's* auch direkt per Video an die Fragenden. Der Kunde kann beispielsweise sehen, wie *Chicken McNuggets* hergestellt werden und erfährt gleichzeitig, was es mit den immer selben Formen der Nuggets auf sich hat. Kunden lieben die Videos von *McDonald's*. »*Behind the scenes at a McDonald's photo shoot*« hat auf *YouTube* bereits mehr als acht Millionen Views. Mit ihrer Content-Marketing-Strategie hat sich *McDonald's* in Kanada einen großen Gefallen getan. Nachdem das Unternehmen sich vor einigen Jahren zu dem Film »*Supersize Me*« nicht äußern wollte, geht man nun den entgegengesetzten Weg: Offenheit und Transparenz kommen bei den Kunden gut an. Ein weiterer positiver Effekt: Sucheingaben führen nun in der Regel direkt zu »*Our Food. Your Questions*«. Möchte jemand wissen, wie gesund oder ungesund ein *BigMac* ist, landet er nicht mehr in einem Anti-*McDonald's*-Forum, sondern bei *McDonald's* selbst.

Im Gegensatz zum abverkaufsorientierten Performance Marketing orientiert sich Content Marketing in der Ansprache und der Thematik eher an Fachpresse-, Beratungs- und Unterhaltungspublikationen. Im Fokus steht die Positionierung und Profilierung des Inhaltsproduzenten als Experten, Berater und Entertainer, der Kompetenzen, Know-how und Wertversprechen durch den Inhalt demonstriert, anstatt diese nur zu behaupten. Social Media dient hierbei sowohl als Content-Quelle als auch als Kommunikationskanal (Pulizzi/Handley, 2013; Cramer, 2012). Gleichzeitig unterstützt Content Marketing andere Marketingdisziplinen wie SEO (Lieb, 2011; Rose/Pulizzi, 2011; Bloomstein, 2013). Hierfür ist es essentiell, medienneutrale Content-Ideen und kreative Leitideen zu entwickeln, die medienspezifisch über alle Kanäle adaptiert werden können. Ein »transmediales Erzählen« rückt damit in den Mittelpunkt (Jefferson/Tanton, 2013).

Coca-Cola versteht sich nicht primär als Produktanbieter, sondern möchte die Welt – nach eigener Aussage – in einen besseren Ort verwandeln. Erfrischen, inspirieren, bleibende Werte schaffen – und das anders als andere, so das Credo. Der Content-Marketing-Ansatz besteht aus drei wesentlichen Elementen: Unter dem Stichwort »*Liquid & Linked*« will *Coke* in erster Linie Inhalte erzeugen, die so außergewöhnlich sind, dass sie im Netz als Virals geteilt und weiterverbreitet werden (Blinman, 2012). Nur ungewöhnliche Ideen wirken ansteckend und inspirierend und sorgen für flüssigen (»liquid«) Content. Wo soziale Netzwerke wie *Facebook* Nutzern Plattformen bieten, mühelos Ideen, Videos und Fotos auszutauschen, heißt die Aufgabe: Content erschaffen, der geradezu ums Weiterschicken bettelt – egal ob Bild, Video oder Artikel. Dabei will das Unternehmen keine Zeit mit einer programmatischen Diskussion über hochwertige Inhalte und »guten« Content verschwenden. Der Abverkauf muss immer das klare Ziel bleiben (»Linked«). Nur mit den Unternehmenszielen, der Marke und den Bedürfnissen der Kunden verlinkter Content ist aus Sicht von *Coke* relevanter Content, da dieser mit den Zielen und der Marke eng verknüpft ist – um eine Botschaft zu kommunizieren, die in ihrer Mission und ihren Werten stimmig ist. Nur außergewöhnliche Inhalte können viral werden und Abverkäufe nach sich ziehen, weshalb sich Anstrengungen für die Gestaltung von etwas wirklich Besonderem lohnen. Aus Sicht von *Coke* gilt dabei: Wer wachsen und durch soziale Netzwerke profitieren will, muss

> von einer »Content-Marketing-Einbahnstraße« zu einer dynamischen Form des Geschichtenerzählens wechseln. Das heißt, Geschichten zu erlauben, sich im Verlauf von Interaktionen mit Konsumenten weiterzuentwickeln, innerhalb zahlreicher Medienformate und sozialer Netzwerke (Blinman, 2012). In den USA hat *Coca-Cola* daher bereits vor einiger Zeit die klassische Corporate Website durch ein Online-Magazin namens »*Journey*« ersetzt.

Im Mittelpunkt des Content Marketing steht damit die Kombination aus einem hohen Content Fit für die Zielgruppe in Kombination mit Kreativität in der Umsetzung in unterschiedlichen (»Pull«-) Kommunikationskanälen (Langner, 2009). *Perrey et al.* haben hierzu in einem kreativen Forschungsdesign gezeigt, dass zielgruppenspezifische Inhalte, kreativ verpackt die maximale Wirkung erzeugen (Perrey/Wagener/Wallmann, 2007). In Kooperation mit dem *Art Directors Club* (ADC) wurden hier mehr als 100 TV-Werbekampagnen untersucht, die für den *GWA Effie Award* eingereicht worden waren. Für alle Einreichungen wurden als Proxy für den Vergleich zwischen Content Fit und Kreativität jeweils die Jurynoten mit den Werbeerinnerungswerten (psychologischer Werbeerfolg) sowie den Marktanteilsänderungen (ökonomischer Werbeerfolg) verglichen. Hierzu wurde die Kreativität durch die Juroren anhand von fünf Kriterien beurteilt:

- **Originalität**: Ist die Werbung neu, originell und innovativ? Durchbricht sie gängige Normen? Überrascht sie?
- **Klarheit**: Ist die Werbung leicht erfassbar? Werden die Inhalte sofort begriffen?
- **Überzeugungskraft**: Werden die Argumente für das Produkt glaubwürdig und überzeugend wiedergegeben? Ist die Werbung in sich schlüssig?
- **Machart**: Ist die Werbung handwerklich gelungen? Stimmen die Einzelteile und bilden sie ein homogenes Ganzes?
- »**Want to see again«-Faktor**: Macht es der Jury Spaß, die Werbung anzusehen? Hat sie Unterhaltungswert? Möchte man die Werbung gern nochmals sehen?

Die Bewertung der Kreativität wurde nachfolgend ins Verhältnis zu den Werbeerinnerungswerten (psychologischer Werbeerfolg) sowie den Marktanteilsänderungen (ökonomischer Werbeerfolg) gesetzt, die den Kampagnen zugerechnet werden konnten. Es zeigt sich hierbei, dass …

- … je kreativer die Werbung ist, desto höher ist auch die Wahrscheinlichkeit, dass der Kunde sich daran erinnert;
- … je kreativer die Werbung ist, desto höher ist auch die Wahrscheinlichkeit, dass sich das Produkt auch besser verkauft (gemessen an der relativen Veränderung des Marktanteils, Perrey/Wagener/Wallmann, 2007).

In der »**Content-Fit-Dimension**« wurde nachfolgend die Qualität in der Struktur und der Präsentation untersucht. Insbesondere von Interesse war die Fragestellung, ob es »Boring Winners« geben würde – also Kampagnen, die sich nicht durch besondere Kreativität und Originalität auszeichnen, aber dennoch kommerziell sehr erfolgreich gewesen sind. Zusätzlich befragte Marketingexperten bewerteten den Content anhand von Kriterien wie

- **Relevanz**: Ist die Werbung für die jeweilige Zielgruppe und Botschaft relevant? Passt sie zur Unternehmensstrategie sowie zum beworbenen Produkt bzw. zur Marke?
- **Differenzierung**: Hebt die Werbebotschaft das Produkt von seinen Konkurrenten ab?
- **Konsistenz**: Passt die Werbung zu früheren Kampagnen? Steht sie im Einklang mit der generellen Produkt- und Markenkommunikation?
- **Glaubwürdigkeit**: Wirken die Argumente glaubwürdig? Wird das Produkt/die Marke das angepriesene Nutzenversprechen halten?
- **Aktivierungswirkung**: Wird sich die Zielgruppe durch die Werbung zum Kauf motiviert fühlen?

Ähnlich wie zuvor bei der Kreativbewertung wurde auch der »Content Fit« im Anschluss zu den Werbeerinnerungswerten (als psychologischer Werbeerfolg) und den Marktanteilsänderungen (ökonomischer Werbeerfolg) in Beziehung gesetzt. Entgegen der Erwartung zeigt sich in dieser Studie, dass …

- … sich ein hoher Content Fit in Kampagnen tendenziell eher negativ auf die Werbeerinnerung auswirkt;
- … ein hoher Content Fit auf der anderen Seite die Wahrscheinlichkeit erhöht, dass sich Konsumenten verstärkt ein Produkt kaufen (Perrey/Wagener/Wallmann, 2007).

Konsequenterweise hat die Abstimmung der Inhalte auf die Bedürfnisse der Interessenten und Käufer den größten Effekt in der letzten Phase des Kaufprozesses, dem eigentlichen Kaufabschluss. »Content Fit« adressiert bzw. unterstützt eher den rationalen Aspekt. Stellt man die Effekte der Kreativität und der Werbeerinnerung sowie der relativen Marktanteilsveränderung gegenüber, zeigt sich Folgendes (Perrey/Wagener/Wallmann, 2007):

- **Zusammenspiel von Kreativität, Content Fit und (psychologischer) Werbeerinnerung**: »Exciting winner« – also Kampagnen mit einer hohen Kreativität – zeichnen sich (wie etwa bei Automobilherstellern) dadurch aus, dass sie durch kreative Werbespots bestechen, während die inhaltliche Stimmigkeit und Relevanz nur eine untergeordnete Rolle spielen. Anders die »boring winners«: Bei diesen eher wenig originell auftretenden Unternehmen (etwa im Konsumgüterbereich) gibt weniger die Kreativität ihrer Kampagnen den Ausschlag als vielmehr der Content Fit.
- **Zusammenspiel von Kreativität, Content Fit und kommerzieller Werbewirkung bzw. Marktanteilsveränderung**: Für die »exciting winners« etwa in der Automobilindustrie garantiert eine kreative Gestaltung sowohl einen psychologischen als auch ökonomischen Werbeerfolg (vgl. Abbildung 77). Die »boring winner«-Kampagnen von Konsumgüterherstellern erreichen ihren Markterfolg primär über den Content Fit. Die Kategorie der »boring losers« enthält viele Finanzdienstleister, deren Inhalte meist abstrakt und schwer zu vermitteln sind. Eine geringe Originalität geht hier Hand in Hand mit einer nur geringen Stimmigkeit und einem geringen Werbeerfolg. So zeichnet sich *Dove* in der oberen rechten Ecke durch ein hohes Maß an Kreativität und eine hohe Marktanteilsänderung sowie einen hohen Content Fit aus.

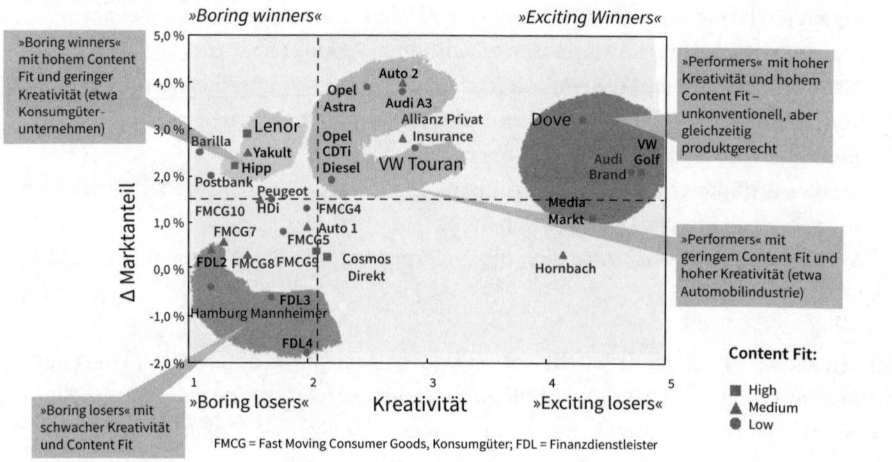

Abbildung 77 Zusammenspiel von Kreativität und Content Fit beim ökonomischen Werbeerfolg (Perrey/Wagener/Wallmann, 2007, S. 37)

Wie die Analyse zeigt, spielen sowohl die Dimensionen »Kreativität« als auch »Content Fit« eine zentrale Rolle für die Werbewirksamkeit. Branchenspezifisch werden unterschiedliche Schwerpunkte gesetzt. In Bezug auf den ökonomischen (Marktanteil) sowie psychologischen (Werbeerinnerung) Erfolg beinhalten optimale Kampagnen ein hohes Maß an Kreativität bei gleichzeitig hohem Content Fit, was nachfolgend zu einem signifikanten ökonomischen Werbeerfolg führt. Erst die Kombination beider Komponenten führt zum überragenden Werbeerfolg.

> Plastische Beispiele finden sich neben den *Evian Roller Babies* (www.youtube.com/watch?v=XQcVllWpwGs) bei der ***Deutschen Telekom*** mit dem Gesangsauftritt von *Paul Potts* (www.youtube.com/watch?v=QzSc1914NrI). In der Talent-Show *»Britain's got Talent«* brillierte der unscheinbare Mann und gewann mit seinem herzergreifenden Operngesang von *Nessun Dorma* von *Puccini* und bewegte Millionen Menschen weltweit. Der unvergessliche Moment seines Auftritts verbreitete sich millionenfach um den ganzen Globus. Der TV-Spot kombinierte Originalmaterial der damaligen TV-Show und nachgedrehte Szenen mit Menschen, die dieses einzigartige Ereignis mithilfe moderner Telekommunikationsmittel wie Handys oder Laptops miteinander teilen und gemeinsam erlebten. Der psychologische Erfolg für die Marke zog nach Aussage des Unternehmens signifikante ökonomische Erfolge im Abverkauf nach sich.

Eine Befragung von insgesamt 111 Marketingleitern und -vorständen im Oktober 2018 zeigt hierzu:

- In nur 16 % der befragten Unternehmen gibt es ein zentral gesteuertes Content-Marketing-Team mit erfahrenen Spezialisten, die übergreifend für das gesamte Unternehmen arbeiten. Fast die Hälfte aller Unternehmen organisiert Content Marketing dezentral, dabei ist kaum oder gar keine Vernetzung gegeben. Dadurch gehen Synergieeffekte verloren, die Effektivität von Content Marketing sinkt und das Silodenken steigt.

- Content Marketing ist momentan eher Beiwerk im Marketing-Mix. 60 % der Unternehmen geben weniger als 10 % ihres Gesamtbudgets für Content Marketing aus.
- Content Marketing professionalisiert sich, aber nur langsam. Fast 80 % der befragten Unternehmen arbeiten mit einem Redaktionsplan, 43 % halten regelmäßig Redaktionskonferenzen ab. Aber jedes zweite Unternehmen arbeitet ohne Content-Marketing-Strategie oder -Konzept. Tools sind eher die Ausnahme.
- Paid Content statt SEO: Nur 13 % der Unternehmen setzen zur Verbreitung ihres Contents auf Suchmaschinen. Das strategisch wichtige Zusammenspiel zwischen Content Marketing und Suchmaschinenoptimierung bleibt unbeachtet. Hingegen setzen 90 % der Unternehmen auf kostenpflichtige Distribution. Spitzenreiter sind Content Seeding in Blogs und Promoted Posts in Social Media.
- Content Marketing ist erfolgreich. Fast 60 % bewerten ihre Maßnahmen als erfolgreich mit Potenzial für »mehr«. Weitere 7 % halten ihr Content Marketing für sehr erfolgreich.
- Timing is King: 64 % der befragten Unternehmen nennen bestimmte Frequenzen bei der Veröffentlichung als Erfolgsfaktor. Auch die Aktualität des Contents wird von 64 % als besonders wichtig erachtet.
- Ressourcenmangel ist das größte Problem. 74 % der Marketingverantwortlichen klagen über zu wenige Ressourcen. Weitere 49 % verfügen nicht über ausreichend Expertise für Content Marketing. Die fehlende Strategie wird von 37 % ebenfalls als hinderlich erachtet.
- Content Marketing wird weiter wachsen. 78 % der befragten Unternehmen geben vor, Content Marketing in den kommenden drei Jahren weiter zu intensivieren.

3.14 Erfolgsmessung und Optimierung (Marketing-Controlling & -Analytics)

Die zielgerichtete Optimierung einzelner Maßnahmen sowie des Zusammenspiels aller Online-Marketingbausteine untereinander erfordert die Quantifizierung aller Effekte.

> Im **Online-Marketing-Controlling** geht es um die Erfolgskontrolle aller Online-Marketingaktivitäten und Maßnahmen (also SEO, Newsletter, Online-PR oder auch klassische Display-Werbung). **Web Analytics** (oder auch Web-Controlling, Traffic-Analyse, Clickstream-Analyse) hingegen fokussiert rein auf die Sammlung und Auswertung des Verhaltens von Besuchern auf Websites (Lammenett, 2017). Mithilfe von Analytic-Tools wird typischerweise untersucht, woher die Besucher kommen, welche Bereiche auf einer Website aufgesucht werden und wie oft und wie lange welche Unterseiten und Kategorien angesehen werden bzw. bestimmte Interaktionen durchgeführt werden (Kent/Carr/Husted, 2011).

Damit ist Web Analytics eine Unterform eines umfassenderen Online-Marketing-Controllings mit Fokus auf Methoden zur Erfolgskontrolle und Steuerung von Webauftritten bzw. der Optimierung einer Website für vorab definierte Zielsetzungen.

3.14.1 Online-Marketing-Controlling

3.14.1.1 Analyse und Reporting – Zahlenbasierte Planung und Lernen aus (Miss-)Erfolgen

Die Analyse aller Online-Marketingmaßnahmen setzt auf der Marketingplanung auf und erfordert vielfältige Informationen über die Effizienz und Effektivität der durchgeführten Programme und Aktivitäten (Strauß, 2008a). Beispielsweise sind Fragen zu beantworten wie etwa:

- War die zu Beginn der Planung aufgestellte Markteinschätzung korrekt?
- Welche Zielgrößen sollen der Marketingplanung und -exekution im Online-Marketing zugrunde gelegt werden?
- Wie harmonieren diese Kennziffern und Zielgrößen mit den übergeordneten Marketing- und Unternehmenszielen?
- Wie können diese Zielgrößen aus der übergreifenden Marketingplanung bis auf die Ebene der Online-Kampagnen und Aktivitäten heruntergebrochen werden?
- Wie können diese Kennziffern gemessen bzw. erhoben werden?

Hierzu ist ein systematisches Vorgehen anzuraten, um sicherzustellen, dass die Aktivitäten und eingesetzten Prozesse wirkungsvoll durchlaufen werden. Die Hauptaufgabe des Online-Marketing-Controllings besteht entsprechend in der Informationsversorgung sowohl entlang des gesamten Planungsprozesses als auch der abschließenden Kontrolle aller Maßnahmen als »Feedback-Schleife« (Farris et al., 2007). Damit erstreckt sich das Aufgabenspektrum der Online-Marketinganalyse von der Festlegung von Zielen und Aktivitäten bis zum Herunterbrechen von Budgets. So sind im Rahmen der strategischen Marketingplanung die inhaltlichen Aussagen der Marketingstrategie in ein konsistentes Gerüst von Zielen und Budgets zu überführen. In der operativen Marketingplanung werden die Online-Aktivitäten und dahinterliegenden Ziele weiter konkretisiert und detailliert, meist für den Planungszeitraum des jeweils anstehenden Geschäftsjahres (Strauß, 2008b).

Grundlage ist stets das Zusammenwirken zwischen den (a) avisierten Marktzielen, (b) den hierauf im Rahmen der Kampagnenplanung angedachten Aktivitäten und den dazu (c) erforderlichen Budgets. Für die Festlegung dieser drei Planungsparameter ist ein **Gegenstromverfahren** zu empfehlen:

- Während in einer Top-down-Planung die Ziele, Aktivitäten und Budgets durch eine hierarchisch übergeordnete Ebene (etwa Unternehmensleitung oder regionales Marketing) festgelegt und schrittweise auf die nachgelagerten Ebenen und Aktivitäten kaskadiert werden,

- werden in einer Bottom-up-Betrachtung die Vorstellungen und Wünsche der nachgelagerten Unternehmensebenen zu übergeordneten Gesamtplänen aggregiert und
- wird bei Einsatz des Gegenstromverfahrens die Zielvorgabe der oberen Instanzen in mehreren Schritten der aggregierten Planung der einzelnen Teilbereiche gegenübergestellt und abgeglichen (Strauß, 2008b).

Der Einsatz des Gegenstromverfahrens im Rahmen der Planung stellt eine hohe Konsistenz der Planungsinhalte sicher (analog zum Top-down-Ansatz), bei gleichzeitiger Realitätsnähe und Akzeptanz der Planung durch die jeweils betroffenen einzelnen Fachbereiche (analog zum Bottom-up-Ansatz; Schäffer/Weber, 2001). Der Nachteil liegt in einem höheren Planungsaufwand – insbesondere, wenn die Planung und die hier vorgesehenen Online-Taktiken im Rahmen eines Performance-Marketings sehr detailliert sind.

Als Bezugsobjekt der Analyse und des Reportings muss dabei zwischen
- einzelnen Marketingaktivitäten, etwa der Steigerung des Bekanntheitsgrades nach Mediaschaltungen, der Erreichung einer bestimmten Anzahl von »Leads« oder den Kosten einer Targeting-Kampagne (Beispiele für eine Ergebniskontrolle);
- den handelnden Akteuren im Marketing- und Vertriebsbereich, etwa der Zufriedenheit der Kunden, der Anzahl akquirierter Neukunden oder auch der Termineinhaltung bei der Online-Kampagnen-Exekution (Beispiele für eine Verhaltenskontrolle);
- bestimmten Absatzobjekten, etwa der Zufriedenheit in einem Marktsegment, der Höhe der Loyalität (wie Weiterempfehlungsbereitschaft, Anzahl der »Likes«) oder der Profitabilität eines bestimmten Kundensegments

differenziert werden (Farris et al., 2007; Cornelsen, 2006).

Wichtig ist in jedem Fall, einen *Lernzyklus* zu etablieren, innerhalb dessen Erfolge als auch Misserfolge systematisch nachverfolgt und transparent gemacht werden und in einer Rückkoppelungsschleife wiederum für weitere Aktivitäten bzw. Planungen zur Verfügung stehen (Strauß, 1996).

Empirische Untersuchungen zeichnen jedoch vielfach ein gänzlich anderes Bild. So verfügen die meisten Unternehmen nur über unzureichende Kontrollverfahren im Marketing (Strauß, 2008b):
- Insbesondere kleinere Unternehmen versäumen es, klar definierte Ziele aufzustellen und Systeme zur Bemessung der Zielerreichung einzurichten.
- Eine systematische Kosten-/Nutzenrechnung für Marketingprogramme und -aktivitäten unterbleibt.
- Es werden in der Mehrheit der Unternehmen keine regelmäßigen Vergleiche mit Konkurrenten angestellt oder auch keine formale Bewertung der Werbewirksamkeit durchgeführt.
- Selbst für den Fall, dass Kontrollberichte erstellt werden, kommen diese mit deutlicher Verspätung im jeweiligen Funktionalbereich an und weisen zusätzlich hohe Ungenauigkeiten

auf. Eine Unterstützung zur zwischenzeitlichen Planungs- und Prozessaussteuerung ist dementsprechend nur selten realisierbar.

Dienstleistungsanbieter wie *Analyx* helfen bei der Cross-Channel-Optimierung eingesetzter Budgets über eine LogIT-Modellierung kategorialer Daten.

3.14.1.2 Analyseinstrumente für eine effiziente Planung und Umsetzung

3.14.1.2.1 Kosten- und Erfolgsrechnung

Für die Durchführung eines Marketing- und Vertriebscontrollings und die hier notwendigen Analysen stehen vielfältige Methoden und Instrumente zur Verfügung: die ABC- und Portfolio-Analyse eher im Bereich der Planung oder die Kosten- und Erfolgsrechnung eher im Bereich der Kontrolle. Kennzahlen und Kennzahlensysteme können sowohl im Rahmen der Planung als auch im Bereich der Kontrolle eingesetzt werden und relativ einfach bis auf die Ebene einzelner Online-Maßnahmen und Kanäle nachverfolgt werden (Daum, 2001; Farris et al., 2007):

- **ABC-Analyse**: Als Instrument der Konzentrationsanalyse wird hier auf die Identifikation von wichtigen und weniger wichtigen Produkten und Kundensegmenten abgestellt, um die Priorisierung in Marketing und Vertrieb zu unterstützen. So können etwa 80 % des Umsatzes 20 % der Kunden zugeordnet werden oder durch eine Fokussierung auf die 20 % der Kunden, die entlang der Customer Journey bereits ihre Kaufabsicht bekundet haben, der RoI um 70 % gesteigert werden. Trotz des Vorteils der Analyse der wirtschaftlichen Bedeutung der jeweiligen Betrachtungsobjekte wirkt es sich nachteilig aus, dass stets nur eine Dimension (wie Umsatz) betrachtet wird und Verbundeffekte etwa über alle Online- als auch Offline-Marketingmaßnahmen (Cross Media) außen vor bleiben (Lammenett, 2017).
- **Portfolio-Analyse**: Sie dient als Instrument zur Analyse einzelner Produkte, Kunden(-segmente) und Online-Marketingmaßnahmen etwa in Bezug auf die Kundenattraktivität und Anbieterposition. Ähnlich wie bei der ABC-Analyse kommt es auch hier zu einer Vernachlässigung von Verbundeffekten zwischen verschiedenen Kanälen, Aktivitäten, Produkten, Angeboten und Kunden.
- **Kosten- und Leistungsrechnung**: Sie erlaubt eine Zuordnung von Kosten zu bestimmten Produkten oder Kundensegmenten, um die Profitabilität des Unternehmens in Bezug auf einzelne Produkte und Kunden zu ermitteln.

3.14.1.2.2 Analyse mit Kennziffern

Im Vergleich mit den Verfahren zur Kosten- und Leistungsrechnung oder auch der Portfolio-Analyse sind Kennzahlensysteme meist einfacher im betrieblichen Alltag zu erheben. Die einfache Einsetzbarkeit darf jedoch nicht darüber hinwegtäuschen, dass die initiale Ermittlung der Kennzahlensysteme wiederum mit größeren Aufwendungen verbunden ist – etwa der Frage, mit welcher Kennzahl welches Ziel bemessen werden soll und wie diese korrekt ermittelt werden können (»*Metrics that matter*«, Gay/Charlesworth/Esen, 2007; Bhatnagar, 2009; Sterne, 2011; vgl. Abbildung 78).

	Effektivität	Effizienz
Potenzial-bezogene Kennzahlen	z. B. - Kundenzufriedenheit - Markenimage - Preisimage des Anbieters - Bekanntheitsgrad des Leistungsangebots - Lieferzuverlässigkeit	z. B. - Anzahl erzielter Kontakte/Kosten der Werbeaktion - Kundenzufriedenheit mit der Verkaufsunterstützung/Kosten der Verkaufsunterstützung - Kundenzufriedenheit mit der Lieferbereitschaft/Kosten der Vertriebslogistik - Customer Lifetime Value
Markterfolgs-bezogene Kennzahlen	z. B. - Anzahl qualifizierter Kundenanfragen (Leads) - Anzahl Page Impressions/Page Views - Anzahl verlorener Kunden (»Churn«) - Anzahl der zurückgewonnenen Kunden - Marktanteil eines Produktes - am Markt erzieltes Preisniveau - Loyalität der Kunden, gemessen als Anzahl Wiederkäufer	z. B. - Anzahl an qualifizierten Kundenanfragen (Leads) pro Auftrag - Anzahl der Kundenbesuche/Klicks pro Auftrag - Anzahl der erfolgreichen Neuprodukteinführungen (Erfolgs- und Floprate) - Anzahl gewonnener Neukunden/Kosten der Aktivitäten im Targeting - Click-through-Rate - Umsatz pro Coupon
Wirtschaft-liche Kennzahlen	z. B. - Umsatz oder Anzahl an Bestellungen - Umsatz bezogen auf Kunden/Kundengruppe - Site-Stickiness/Verweildauer - Umsatz aufgrund von Sonderangebotsaktionen - Umsatz aufgrund von Aktivitäten der Direktkommunikation - Retouren, Anzahl an Rücklieferungen	z. B. - Gewinn - Conversion Rate als Anzahl von Website-Besuchern, die die gewünschte Transaktion durchgeführt haben - Kundenprofitabilität - Cost per Order, als Kosten für eine Bestellung - Cost per Click, als Kosten für einen neuen Website-Besucher - Cost per Lead, als Kosten für einen qualifizierten Kunden-Neukontakt

Abbildung 78 Mögliche Kennzahlen im Rahmen der Online-Marketinganalyse und -reporting (nach Hassler, 2012; Wiese, 2012; Schmitz-Axe/Többens/Wilkoszewski, 2012)

Von herausragender Bedeutung sind die sorgfältige Auswahl der richtigen Kennzahlen und deren konsequente Nachverfolgung. Fallbeispiele in Unternehmen zeigen, dass die Erhebung und Nachverfolgung von bis zu 20 – in sich sicherlich sinnvollen – verschiedenen Kennzahlen meist dazu führt, dass nach einer ersten Phase der Euphorie die Nachverfolgung aufgrund der hohen Komplexität und des meist geringen tatsächlichen Erklärungsbeitrags entweder bald ganz eingestellt wird oder eine »natürliche Fokussierung« auf einige ausgewählte Kennzahlen stattfindet. Am meisten eingesetzt werden eher unmittelbar abverkaufsorientierte Messzahlen wie »Kosten je generiertem Neukunden« oder CTR. Die größte Herausforderung wird unisono in den Unternehmen in der Optimierung des Media-Mix und der eingesetzten Budgets über verschiedene Kanäle mit jeweils spezifischen Besonderheiten und Messgrößen hinweg gesehen (Schmitz-Axe/Többens/Wilkoszewski, 2012).

3.14.1.2.3 Customer Lifetime Value Management

Stehen im klassischen Marketingverständnis noch der unmittelbare Verkauf sowie die Neukundengewinnung im Mittelpunkt, so fokussiert CRM auf die Etablierung langfristiger Geschäftsbeziehungen und die Bewertung jeder einzelnen, individuellen Kundenbeziehung. Die Beurteilung der Kundenattraktivität bezieht sich dabei auf das gesamte in einer Geschäftsbeziehung realisierte Umsatz- und Gewinnpotenzial (Helm/Günter, 2006). Dahinter verbirgt sich die Einsicht, dass sich allgemeine Bestimmungsgrößen wie der Marktanteil oder der Produktlebenszyklus für die Ermittlung profitabler Kunden als wenig aussagekräftig erweisen (Weiber/Weber, 2001). Eine weitaus größere Bedeutung besitzt der Anteil eines Anbieters am Gesamtbedarf eines Kunden (**Share-of-Wallet**; Rust/Zeithaml/Lemon, 2000). Die Beurteilung der Kundenprofitabilität muss dabei am **Kundenlebenszyklus** ansetzen, der sich vom Beziehungsaufbau mit einem Neukunden über den Leistungsaustausch mit Bestandskunden bis zum Verlust des Kunden am Ende des Lebenszyklus erstreckt (Reichheld, 1997; vgl. Abbildung 79).

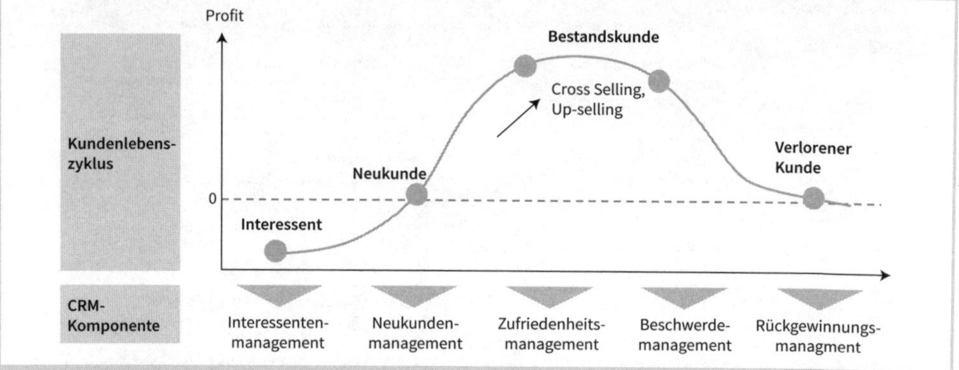

Abbildung 79 CRM-Management der Kundenlebenszyklusphasen

Sind die ersten Phasen einer Geschäftsbeziehung meist aufgrund des Aufbaus der Kundenbeziehung durch Kostenfaktoren geprägt, treten Umsatz- und damit Gewinneffekte erst im weiteren Verlauf eines Kundenlebenszyklus in Erscheinung. Das klassische **Management von Produktlebenszyklen** wird damit durch ein **Management von Kundenbeziehungen** substituiert. Damit sind im Idealfall auch Aussagen über die Rentabilität des Einsatzes von One-to-One-Marketing oder das Angebot individualisierter Produkte möglich (Mass Customization; Rust/Zeithaml/Lemon, 2000). Die Beurteilung der **Kundenprofitabilität** bleibt nicht auf die unmittelbar nachgefragten Produkte und Leistungen (und damit Umsätze) beschränkt, sondern bezieht ebenso die zukünftig realisierbaren Kaufpotenziale sowie die Möglichkeit zum »Cross-Selling« mit anderen Produkten eines Anbieters ein (Jackson, 1989). Diesen meist direkt zurechenbaren Umsatzeffekten sind sämtliche Kosten gegenüberzustellen, die einer einzelnen Kundenbeziehung über die Zeit anzulasten sind, beispielsweise aufgrund der Kundenakquisition, der Kundenbetreuung im Customer Service sowie aller Maßnahmen zur Kundenbindung (Krafft, 1999).

Die zusammenfassende Bewertung aller Umsatz- und Kosteneffekte einzelner Kunden erfolgt in einem **Customer-Lifetime-Value**-Ansatz (CLV), der sich als Differenz aus dem Barwert aller Erlöse abzüglich des Barwertes aller Investitionen einer Kundenbeziehung ergibt (Pepels, 2001a; Jackson, 1989; Weiber/Weber, 2001; Berger/Nasr 1998; Krafft, 1999; vgl. Abbildung 80).

$$CLV_c = \sum_{t=1}^{T} \frac{\left[\sum_{u=1}^{U} E_{cut} - K_{cut}\right] - K_{ct}}{(1+r)^{t-1}}$$

mit

CLV_c	CLV des Kunden c
E_{cut}	der Transaktion u mit Kunde c in Periode t zurechenbare Erlöse
K_{cut}	der Transaktion u mit Kunde c in Periode t zurechenbare Kosten
K_{ct}	nicht transaktionsbezogene, der Periode t zurechenbare Kosten der Geschäftsbeziehung zum Kunden
T	Dauer der Geschäftsbeziehung in Perioden
U	Anzahl der Transaktionen in einer Periode t
r	Kalkulationszinsfuß

Abbildung 80 Berechnung des Customer Lifetime Value (Weiber/Weber, 2001)

Je nach CLV ergeben sich aus Unternehmenssicht unterschiedliche Ansatzpunkte, wie etwa

- der **systematische Aufbau** neuer Geschäftsbeziehungen bei bisherigen Nichtkunden, die anhand eines positiven CLV als potenziell attraktiv eingestuft werden können,
- die **Beendigung existierender Geschäftsbeziehungen** bzw. systematische Reduktion von Betreuungsaufwendungen bei bestehenden Kunden mit negativem CLV sowie
- die **Erhöhung der Profitabilität** (und damit des CLV) existierender Geschäftsbeziehungen durch eine effizientere Gestaltung der Geschäftsprozesse bzw. eine Erhöhung des Umsatzanteils eines Kunden durch »Cross-Selling« (andere Produkte eines Anbieters), »Up-Selling« (höherwertige Leistungen) sowie Weiterempfehlungen.

Trotz der Vorteile des CLV-Ansatzes im Sinne der Abbildung aller Kundeninteraktionen und der hohen Zukunftsorientierung im Rahmen der Planung bestehen im praktischen Einsatz einige Herausforderungen (Farris et al., 2007): In einem beziehungsorientierten Ansatz ist nicht davon auszugehen, dass Transaktionen zwischen einem Anbieter und einem Nachfrager isoliert voneinander stattfinden. Vielmehr entstehen wechselseitige Interaktionen in einem langfristigen Beziehungsgeflecht. Selbst Kunden, die mit einem Anbieter nur wenige (verlustbringende) Transaktionen tätigen, erweisen sich unter Umständen als profitabel, sofern diese als Meinungsführer durch **Weiterempfehlungen** andere Nachfrager, etwa im Rahmen von Social Media, als Multiplikator zu Transaktionen mit einem spezifischen Anbieter veranlassen.

Gleichzeitig können Nachfrager, deren Meinung bzw. deren tatsächliches Verhalten größere **Ausstrahlungseffekte** besitzt, andere Kunden vom Wechsel zu einem anderen Anbieter abhalten, Noch-Nicht-Kunden zur Aufnahme von Geschäftsbeziehungen bewegen bzw. durch negative Empfehlungen die Abwanderung zu anderen Anbietern erst auslösen. Selbst das **Informationsverhalten** von Kunden mit negativem CLV kann dazu beitragen, Verbesserungen und Neugestaltungen in den Leistungserstellungs- und Produktentwicklungsprozessen zu initiieren, was wiederum einen Wert über die eigentliche Kundenbeziehung hinaus darstellt (Rust/Zeithaml/Lemon, 2000). Der rein auf finanzwirtschaftlichen Kenngrößen basierende Entscheidungsansatz des CLV findet ebenso seine Grenze bei Kunden, die beispielsweise aufgrund eines herausragenden **Markt-Images** (als »Leuchtturm-Kunden«) eine hohe strategische Bedeutung für einen Anbieter besitzen, sodass eine Fortsetzung der Geschäftsbeziehung selbst bei rechnerisch negativen CLVs außer Frage steht (Weiber/Weber, 2001). Damit sind Effekte des **Referenzpotenzials** (Ausstrahlung auf andere Kunden) bzw. des **Informationspotenzials** eines Kunden (Informationen zur Verbesserung der Produktqualität oder interner Prozesse durch den Kunden) gesondert auszuweisen (Rust/Lemon/Zeithaml, 2000).

Problematisch erweist sich vor dem Hintergrund dieser Sonderfaktoren bzw. **indirekten Bestimmungsgrößen** in der Ermittlung des CLV sowohl

- die **Zuordnung** aller geschäftsbeziehungsrelevanten Umsatz- und Kostengrößen – d. h. der hierfür notwendigen Aufwendungen,
- die **Bewertung** nichtmonetärer Bestimmungsgrößen wie etwa das Potenzial für Weiterempfehlungen sowie
- die Notwendigkeit zur Berücksichtigung zukunftsgerichteter **Prognosen**.

Die Analyse der Kosten erfordert in jedem Fall eine umfassende Analyse aller verfügbaren Kundendaten. Schwer quantifizierbare Größen (wie die Wahrscheinlichkeit zur Weiterempfehlung oder die strategische Bedeutung eines Kunden für das Unternehmen) können parallel zum CLV unter anderem durch Auswertungen anhand **mikrogeografischer Segmentierungen** oder anhand von **Scoring-Modellen** unterstützt bzw. ergänzt werden (Berger/Nasr, 1998). Ein bekanntes Scoring-Verfahren zur Bestimmung der Kundenattraktivität ist die **RFM-Methode**, bei der Kunden nach der Zeit seit ihrer letzten Bestellung (»Recency«), ihrer Kontakthäufigkeit (»Frequency«) und dem Kaufvolumen ihrer letzten Bestellung (»Monetary Value«, als Anteil am Erlös oder Transaktionsdeckungsbeitrag) bewertet werden. Die Prognose des zukünftigen Kundenverhaltens bis zum Ende des Kundenlebenszyklus kann durch **Extrapolationen** aus dem bisherigen Verhalten oder durch **Analogieschlüsse** gewonnen werden.

Trotz der konzeptionellen Begrenzungen des CLV-Ansatzes haben empirische Untersuchungen bestätigt, dass durch die Anwendung dieser Methode eine signifikant höhere durchschnittliche Kundenprofitabilität erzielt werden kann. Eine Steigerung der Aussagefähigkeit des CLV-Ansatzes gelingt durch die Berücksichtigung von Real-Optionen (Haenlein/Kaplan/Schoder, 2006; Schoder, 2007).

3.14.2 Web und Digital Analytics

Web- und Digital-Analytics-Verfahren werden vor allem zur Optimierung der Website und zur besseren Erreichung von Zielen der Website (etwa der Häufigkeit von Besuchen, Vermehrung von Seitenaufrufen, Bestellungen, Newsletter-Abonnements) eingesetzt. Wichtige Kennzahlen beziehen sich beispielsweise auf die Wirksamkeit einzelner eingesetzter Werbemittel (z. B. Banner, SEO, Newsletter), die Anzahl der Besucher einer Website bzw. eines Webshops, den Anteil der Besucher, die etwas in den Warenkorb legen, den Anteil von Kaufabschlüssen oder auch den durchschnittlichen Warenkorbwert (Kent/Carr/Husted, 2011; Hienerth, 2010).

3.14.2.1 Verfahren zur Datensammlung

Web und Digital Analytics kennt eine Vielzahl unterschiedlicher Analyseverfahren: die Server-basierte Logfile-Analyse, das Cookie Tracking und das Pixel Tracking bzw. Page Tagging. Ein Teil dieser Verfahren kommt sowohl beim klassischen Online-Marketing als auch Mobile Marketing zum Einsatz (Hassler, 2012; Thibaut, 2012; Popova/Tanglertpanya, 2011):

- **Logfile-Analyse (serverbasiert)**: Die Software zum Betrieb einer Website, ein Webserver, produziert ein fortlaufendes Protokoll aller Aktivitäten der Software bzw. den Aufruf eines jeden Objektes (meist als »Hit« bezeichnet) einer Website. In der Log-Datei werden alle Informationen erfasst, die der Webserver protokolliert, wie etwa die URL des abgerufenen Objektes, Datum und Uhrzeit des Aufrufs oder auch die IP-Adresse des zugreifenden Endgerätes. Auf dieser Grundlage können Aussagen zur Beliebtheit einer Website, zur Häufigkeit von Seitenabrufen oder auch zur Aktivität der Website-Besucher getroffen werden. Der Vorteil liegt darin, dass keine technischen Eingriffe in die Website notwendig sind und das Verfahren relativ kostengünstig ist. Dem steht als Nachteil gegenüber, dass nur quantitative, grobe Kennzahlen über die Nutzung erhoben werden. Wirtschaftliche Kennzahlen respektive die Frage, was sich ein Nutzer tatsächlich angesehen hat, unterbleiben ebenso wie wirtschaftliche Aussagen. Durch Caching-Verfahren kommt es zudem zu Messfehlern.
- **Cookie Tracking (clientbasiert)**: Der Klick auf ein Werbemittel leitet nicht direkt zum eigentlichen Angebot, sondern zu einem Mess-Server. Dieser zählt den Klick und übergibt die Anfrage weiter zum eigentlichen Angebot, nachdem auf dem Client ein Cookie für die weitere Auswertung gesetzt worden ist.
- **Pixel Tracking (clientbasiert)**: Beim Pixel-Tracking werden kleine, unsichtbar ausführbare Programme in abgerufenen Bildern als »Web Beacons« versteckt. Dabei handelt es sich typischerweise um transparente, 1x1 Pixel große Bilddateien, die in eine Website bzw. Bilder eingebunden sind und beim Aufruf geladen werden. Im Gegensatz zu Webbannern sind diese Bilddateien für den Nutzer nicht sichtbar. Beim Aufruf einer Website wird vom Mess-Server eine Grafik abgefordert, die den Seitenabruf signalisiert. Die Pixel-Datei muss sich dabei nicht auf dem gleichen Server wie die eigentlichen Inhalte der Website befinden. So können ASP-Dienstleister die Sammlung, Speicherung und Auswertung der Daten übernehmen.

  Nachdem **Page Tagging** das Hauptinstrument von Web Analytics ist, wird im allgemeinen Sprachgebrauch der Begriff »Web Analytics« gleichgesetzt mit »Page Tagging«. »Page Tagging« kann somit als »Web Analytics im engeren Sinne« verstanden werden.

- **Page Tagging**: Bei jedem Zugriff auf ein Web Beacon registriert der ausliefernde Server Informationen wie die IP-Adresse des Nutzer-PCs, die verweisende Website sowie die Zeit des Zugriffs. Die Anzahl der Abrufe des Bildes bzw. der Ausführung des Programms erlaubt damit Rückschlüsse auf die Anzahl an Visits. Neben den noch immer genutzten 1-Pixel-Bildern wird heute von fast allen Lösungen in Ergänzung ein Javascript-Code zur Datenerhebung eingesetzt. Diese Javascript-Tags werden ebenso in den Quellcode der Seite integriert, können aber zusätzliche technische Informationen erheben, etwa im Browser installierte Plugins (Hassler, 2012).

- **HTTP Header-Analyse**: Sie liefert im Mobile Marketing Basisinformationen etwa über das Mobiltelefon und den verwendeten Browser.
- **IP-Adressen-Analyse**: Die Datenbank des Netzwerk-Operators wird im Mobile Marketing benutzt, um Operator und Länder auf der Basis der IP-Adressen zu identifizieren. Grenzen besitzt dieses Verfahren durch die Nutzung eines physischen Netzwerks durch unterschiedliche Telekom-Operatoren.
- **Packet Sniffing**: Bei dieser Methode wird ein separater Analytics-Server installiert und eine weitere Komponente (Switch) integriert, die den einlaufenden Datenstrom zum Webserver überwacht, alle Anfragen kopiert und an den Server sendet. Dieser analysiert und visualisiert die Zugriffsdaten. Der Vorteil ist, dass keine Tags in die Seite integriert werden müssen, alle Nutzer über sämtliche Zugangsgeräte hinweg erfasst werden können und kein Java-Skript, Cookies, Server Logs oder weitergehende Plugins notwendig sind. Ein Nachteil ist die Notwendigkeit, zusätzliche Hard- und Software zu installieren.
- **Redirects**: Hier werden Zugriffe auf einen Analytics-Server geleitet. Dieser registriert zunächst den Zugriff und leitet dann auf die eigentliche Zielseite weiter. Der Vorteil besteht in der verlässlichen Aufzeichnung aller Clicks aus Anzeigen, Search und anderen Aktivitäten. Ebenso werden Nutzer erfasst, die auf Links klicken, um die Site zu verlassen.
- **Apple's IFA Tracking (im Mobile Marketing)**: Der *Identifier for Advertising* (IFA) ersetzt im Mobile Marketing den früheren *Unique Device Identifier* (UDID), eine permanente und eindeutige alphanumerische Identifizierung (Seriennummer) eines Endgeräts mit *Apples iOS*-Betriebssystem. Im Gegensatz hierzu ist der IFA keine dauerhaft für ein spezifisches mobiles Endgerät festgelegte Kennung. IFAs mit persönlichen Daten können durch den Nutzer jederzeit gelöscht werden, um Anforderungen an den Datenschutz zu gewährleisten.
- **Fingerprinting (im Mobile Marketing)**: Dies bezeichnet die Registrierung eines Nutzers mit digitalem Fingerprint (»Hash«). Hierzu wird ein speziell angepasster Code (SDK) in die App integriert, der die entsprechenden Nutzer-Events verarbeitet und an den Trackingserver sendet. Der »digitale Fingerabdruck« wird im Speicher aus IP-Adresse, Zeitpunkt in Millisekunden, dem Land, der Sprache, dem Betriebssystem und der Betriebsversion sowie der App-Version pro Nutzer generiert.

Die Identifizierung von eindeutigen Besuchern ist im mobilen Web teilweise eingeschränkt, da ältere Endgeräte kein Cookie-Handling besitzen und die genutzte IP-Adresse nicht eindeutig ist (Hassler, 2012). Damit kann ein (stationäres) Online-Web Analytics nicht zu 100 % mobil transferiert werden. Zufrieden erweisen sich Werbetreibende mit dem Reporting über die Performance mobiler Websites. Bei Apps und App Stores hingegen stößt das Reporting auf grundlegende Herausforderungen, da Kampagnenparameter nicht durch einen App Store gezogen werden. Einige Endgeräte bzw. Mobilfunk-Provider übermitteln im Mobile Marketing »Unique

IDs«, z. B. die Telefonnummer, die von Analytics-Anbietern zur Erstellung **anonymisierter Visitor IDs** herangezogen werden können. Diverse Spezialanbieter aber auch Mobile-Webanalytics-Software-Anbieter (wie *Adeven*) bieten die Möglichkeit, Zugriffe und Nutzeraktionen auf mobilen Apps über »digitale Fingerprints« zu messen, insbesondere der Frage nachzugehen, welche Werbemittel tatsächlich angesehen worden sind.

> *ImmobilienScout24* bietet neben dem Kerngeschäft der einfachen und komfortablen Immobiliensuche weitere Dienstleistungen an. Eine dieser Services ist die Möglichkeit, sich für einen geplanten Umzug komfortabel von verschiedenen Unternehmen Angebote erstellen zu lassen. Der Prozess hierfür ist relativ einfach: Nachdem der Nutzer ein Adressformular ausgefüllt hat, gelangt er auf eine Ergebnisliste mit Umzugsunternehmen zur Auswahl. Danach erhält er kostenfreie, unverbindliche Angebote.
>
> Nach einem technischen Plattformwechsel sank bei *ImmobilienScout24* die Konversionsrate – also der Anteil der Nutzer, die sich ein Angebot für Umzugsservices zusenden ließen – drastisch ab. Im Rahmen eines Web-Analytics-Projektes wurden die Interaktionen von einigen tausend Nutzern aufgezeichnet. Die detaillierte Analyse offenbarte, dass Nutzer eher selten damit beginnen, das Formular auszufüllen, sondern stattdessen sehr oft lieber direkt auf die Symbolbilder der Umzugsunternehmen klicken, um mit diesen direkt zu interagieren. Diese Bilder waren jedoch nicht verlinkt. Ziel war es, dass der Nutzer zunächst das Formular ausfüllt, um dann Umzugsunternehmen vorgestellt zu bekommen. Dieser Zusammenhang wurde jedoch von vielen Nutzern nicht verstanden. Durch mehrfache Adresseingaben versuchten viele Nutzer, den Prozess erneut zu starten, um doch noch mit einem einzelnen Anbieter direkt interagieren zu können. Die meisten verließen die Seite, ohne ihr Ziel zu erreichen sowie ohne das Formular, wie angestrebt, zu befüllen. Die eigentliche Ursache für die sinkende Konversionsrate war, dass sich der Text der Klickaufforderung geändert hatte. Aus »*Kostenlos Informationen von allen ausgewählten Firmen anfordern*« war ein »*Fordern Sie hier kostenlos Informationen von ausgewählten Firmen an!*« geworden. Gleichzeitig waren die Umzugsunternehmen nun nicht mehr in der einheitlich blauen Formularfarbe hinterlegt. Selbst diese eher marginalen Änderungen hatten dazu geführt, dass der Zusammenhang zwischen der Auswahl eines Umzugsunternehmens und dem Ausfüllen des Formulars für viele Nutzer nun nicht mehr verständlich war. Durch Maßnahmen wie die Vereinheitlichung des Hintergrunds, eine andere Positionierung der Überschrift direkt über dem Formular und eine eindeutige Nutzeransprache konnte die Konversionsrate um 4 % gesteigert werden.

Entgegen der fast 25-jährigen Tradition und Erfahrungen im Online-Marketing erstaunt es umso mehr, dass es nach wie vor keinen einheitlichen Standard für grundlegende Messparameter gibt, etwa wann genau ein Banner oder Pop-ups als »gesehen« eingestuft werden dürfen. Die Kontaktqualität hängt davon ab, a) wieviel der Nutzer von einem Banner gesehen haben muss (»Visibility«), damit er als sichtbar gewertet werden kann, und b) wie lange dieser das

Werbemittel sehen können muss, damit es als wahrgenommen gelten kann (»View Time«). Teilweise hat sich hierzu die 50:1-Regel etabliert: 50 % eines Werbemittels müssen eine Sekunde zu sehen sein.

3.14.2.2 Methoden zur Erfolgsmessung

Grundlegend kann bei Digital Analytics zwischen Auswertungsverfahren zur permanenten Messung der Site-Effektivität und Methoden zur Auffindung von Schwachpunkten in der Site und Verbesserungsmöglichkeiten unterschieden werden (Hassler, 2012):

- **Regelmäßiges Monitoring der Effektivität der Website und dazugehöriger Kampagnen**: Analog zum Online-Marketing-Controlling lassen sich durch die Definition von Kennziffern (z. B. Kosten, Umsatz, Konversionsrate, Page Views pro Sitzung, Sitzungen pro Besucher) die Daten aus Einzelanalysen zu sinnvollen Informationen verdichten und in einen Kontext der Vergleichbarkeit setzen, wie etwa den Verlauf des Umsatzes über das Jahr, die Kosten pro Kampagne oder auch die Konversionsrate im Vergleich zu einem initial gesetzten Ziel etc.
- **Strategien zur Optimierung der Website**: Pfad-Analysen helfen bei der Suche nach besonders beliebten und unbeliebten Unterseiten innerhalb einer Website. Über Segmentierungen können Besuchergruppen unterschieden werden (z. B. Besucher von Suchmaschine A im Vergleich zu Besuchern von Suchmaschine B). Konversionspfade (entlang des Marken-Funnels) helfen bei der Messung und Optimierung von definierten Seitenabfolgen innerhalb einer Website.

Über Testing – wie A/B-Tests, multivariate Tests, Umfragen oder Beobachtungen – können Websites, Landing Pages, einzelne Maßnahmen und Aktivitäten ebenso wie rein taktische Elemente kontinuierlich optimiert werden (Pakkalaa/Presserb/Christensen, 2012; Bhatnagar, 2009).

> Analysen von *ImmobilienScout24* haben gezeigt, dass Mobile Search Engine Advertising (Mobile SEA) das Format »Display« deutlich schlägt. So liegen die Downloads bei Mobile SEA insgesamt 335 % über den Vergleichswerten von Mobile Display, der Cost-per-Download bei 21 % und die Erlöse zu 300 % über den Kosten pro Lead pro Download. Lediglich in Bezug auf die Reichweite (gemessen als Ad Impressions) liegt Mobile Search weit abgeschlagen bei nur 4 % der Vergleichswerte von Mobile Display (CMO Community, 2015).

Studien zeigen im Einklang mit den durchgeführten Interviews und Projekten, dass nach wie vor selbst für den Fall, dass Analytics systematisch eingesetzt wird, erhebliche Herausforderungen in der Synthese der Daten, hierauf aufbauender Entscheidungen und der anschließenden Umsetzung bestehen (Marr, 2017; Hyman, 2011). Dies gilt insbesondere für die Integration von Analytics im Rahmen einer Omnichannel-Analyse mit weiteren Metriken im Rahmen eines umfassenderen Enterprise-Business-Analytics-Ansatzes und dem konzeptionellen Abgleich mit der verfolgten Strategie (Lamont, 2012; Bose, 2009; Hienerth, 2010).

4 Value Chain Management

4.1 Digital Supply Chain Management (Digital SCM)

Die digitale Transformation erfordert neben den Ansätzen zur Verbesserung der Kundenbeziehungen (CRM) ein verbessertes Management der gesamten Wertschöpfungskette, was unter dem Oberbegriff des Supply Chain Management (SCM) erfasst wird. Die Gründe für die gestiegenen Anforderungen an das SCM finden sich sowohl aufseiten der Kunden als auch in den grundlegenden Spezifika des webbasierten Handels:

- **Wunsch nach individualisierten Informationen und Produkten**: Der steigende Wunsch von Kunden nach massenhaft individualisierten Informationen und Produkten erfordert einen höheren Grad an individualisierten Lieferketten über verschiedene Lieferanten/Abnehmer-Beziehungen hinweg und macht die Migration zu intelligenten, flexibel konfigurierbaren Wertschöpfungsketten notwendig. SCM dient damit dazu, die im Rahmen der Individualisierung erhobenen Kundenversprechen zu realisieren.
- **Grundlegende Anforderungen des webbasierten Handels an das SCM**: Eine steigende geografische Fragmentierung zwischen Anbietern und Abnehmern bewirkt eine höhere Komplexität sowie Arbeits- und Informationsintensität der Prozesse zwischen Unternehmen mit der Gefahr von Überbeständen und Planungsproblemen entlang der gesamten Lieferkette. Derartige Problemstellungen sind ein Grund für Klagen über eine teilweise nur unzureichende Lieferbereitschaft digital bestellter physischer Produkte. Die Ziele einer erhöhten Prozessorientierung im SCM sind entsprechend
  - die schnelle und zuverlässige Belieferung interner und externer Kunden;
  - die Beschaffung und Herstellung qualitativ hochwertiger Produkte und Dienstleistungen;
  - die Kostenreduzierung in Beschaffung, Produktion und Distribution;
  - die Reduzierung von Durchlauf- und Auftragsabwicklungszeiten;
  - die Steigerung der Kundenzufriedenheit;
  - die Reduzierung von Beständen auf allen Stufen der Wertschöpfung (Wannenwetsch/Nicolai, 2004; Wang/Pettit, 2016).
- **Direkte Verfügbarkeit von Informationen**: Die direkte Verfügbarkeit von Informationen seitens der Anbieter erhöht den Wunsch der Nachfrager nach ebenso direkter physischer Erfüllung und Belieferung.

Die Ursache als auch die Konsequenz dieser Trends ist eine zunehmende Arbeitsteilung zwischen Unternehmen unter Reduzierung der Fertigungstiefe, eine steigende Orientierung am Kerngeschäft, die Bildung von (virtuellen) Unternehmensnetzwerken sowie die Steigerung der Komplexität von Wertschöpfungsprozessen. Die gesteigerte Prozesskomplexität kann auf die steigende Vielfalt entlang der gesamten Wertschöpfungskette, etwa in Form einer höheren Lieferanten-, Material-, Teile-, Varianten-, Distributionskanal- und Kundenvielfalt, zurückgeführt werden (Wang/Pettit, 2016; Wildemann, 2000).

Unter **Supply Chain Management** (**SCM**) wird die koordinierte Planung, Steuerung und Kontrolle des gesamten Material- und Dienstleistungsflusses, der damit verbundenen Informations- und Geldflüsse innerhalb eines Netzwerks von Unternehmen und deren Bereichen verstanden, die im Rahmen von aufeinanderfolgenden Stufen der Wertschöpfungskette an der Entwicklung, Erstellung und Verwertung von Sachgütern und/oder Dienstleistungen partnerschaftlich zusammenarbeiten, um Effektivitäts- und Effizienzsteigerungen zu erreichen (Hahn, 2000, S. 12; Kaufmann, 1999; Werner, 2010).

So verstanden ist es das Ziel, die Lieferkette und Beziehungen zwischen verschiedenen beteiligten Unternehmen im Rahmen eines unternehmensübergreifenden Ansatzes so zu optimieren, dass aus der Sicht des jeweiligen Kunden stets das richtige Material zur richtigen Zeit in der richtigen Menge und Qualität am richtigen Ort bei minimalem Lagerbestand und Kosten zur Verfügung steht. Damit erstreckt sich SCM im Extremfall von der Produktentstehung, über die Auftragsgewinnung, die Produktionsplanung, Beschaffung und Produktion bis zur Distribution und Entsorgung (Wang/Pettit, 2016; Thaler, 2001; Otto/Kotzab, 2001).

> *REWE* hat im September 2018 ein neues Hightech-Verteilzentrum in der Lagerhaltung eingeweiht, das hochgradig automatisiert ist. Während die Mitarbeiter bisher bei der Kommissionierung von Kundenbestellungen pro Schicht für den Lebensmittel-Lieferservice bis zu 15 Kilometer zurückgelegt haben, ist dies bei »*Scarlet ONE*« nun umgekehrt. Dort kommen die Produkte mittels automatisierter Shuttle-Technologie aus mehreren verschiedenen Kühlzonen zum Kommissionierer. *REWE* verspricht sich davon, die Warenverfügbarkeit für die Kunden zu erhöhen, neue Sortimente aufzunehmen, künftig das Belieferungsgebiet auszuweiten und die Wirtschaftlichkeit zu erhöhen.

SCM geht weit über die DV-technische Betrachtung hinaus und umfasst in einem prozessorientierten Ansatz die bereichs- und unternehmensübergreifende Integration und Optimierung (etwa mit Realoptionen; Cohen/Huchzermeier 1998) einschließlich aller Material- und Informationsflüsse. Im Mittelpunkt stehen damit alle innerhalb eines vertikalen Güteraustausches beteiligten Unternehmen. Jegliche Änderungen in der Prozessabwicklung sind in ihren Auswirkungen auf alle vor- und nachgelagerten Wertschöpfungsstufen zu berücksichtigen. So führen beispielsweise Auftragsschwankungen und die verzerrte Weitergabe dieser Nachfrageinformationen über miteinander verbundene Wertschöpfungsstufen zu einem kumulativen Verzerrungseffekt in der Planung, ausgehend vom Konsumenten über verschiedene Prozessstufen (wie Einzelhändler-, Großhändler-, Herstelleraufträge) bis zu den Zulieferantenaufträgen (»Peitscheneffekt« oder »Bull-Whip-Effekt«; Busch/Rüther, 2001).

Der **Bull-Whip-Effekt** beschreibt den Bedarfsverlauf entlang der logistischen Kette, der flussabwärts wie ein Peitschenhieb kumulieren kann. So kann sich eine relativ konstante Nachfrage beim Handel zu einer stark schwankenden Nachfrage beim Zulieferer aufschaukeln (Wannenwetsch/Nicolai, 2004; Werner, 2010).

Der letztliche Erfolg wird damit stets durch die Verfügbarkeit des jeweils schwächsten Prozesselementes der Wertschöpfungskette determiniert. Im Mittelpunkt des SCM stehen damit Zielsetzungen wie (Walther, 2001; Thaler, 2000; Heß, 2010; Ho/Lin, 2004)

- die Erhöhung des Kundenservice (in Bezug auf die Termin- und Liefertreue),
- die Verkürzung der Produktentwicklungs- und Durchlaufzeiten,
- die Reduzierung von Beständen entlang der gesamten Wertschöpfungskette,
- die Erhöhung der Flexibilität integrierter Lieferketten sowie
- die Nutzung von Synergieeffekten und zusätzlichen Geschäftschancen.

Ein hoher Integrationsgrad über die gesamte Wertschöpfungskette reduziert im Idealfall sämtliche mit der Transaktion verbundenen Kosten (etwa durch eine geringere Lagerhaltung oder weniger Expresslieferungen), Zeiten (etwa Liege- und Durchlaufzeiten), sichert eine hohe Termintreue (etwa durch die Integration von Echtzeit-Planungsmodulen) und erlaubt allen beteiligten Partnern rechtzeitig auf Störungen im Sinne eines Frühwarnsystems zu reagieren (So/Sun, 2010; Wang/Pettit, 2016).

Konsequenz der Forderung nach einem hohen Integrationsgrad der Wertschöpfungskette ist gleichzeitig, dass SCM kaum von Zielen im Marketing und Vertrieb zu trennen ist. Nur über die Integration von Vertriebsinformationen gemeinsam mit logistischen Leistungen (wie der Auslieferung) können Vertriebs- und Beschaffungskosten gezielt reduziert sowie eine schnellere Reaktion auf Kundenwünsche und eine höhere Kundenbindung realisiert werden. Solange Versorgungsengpässe aufgrund unzureichender Planungen entstehen, ist dieses Optimierungsziel kaum realisierbar.

> Projekte in der Konsumgüterindustrie zeigen, dass es aufgrund einer nur unzureichenden Abstimmung zwischen Vertriebs- und Produktionsplanung immer wieder entweder zu Überbeständen oder aber Lieferengpässen kommt. So weicht die Jahresplanung der Key-Account-Manager im Demand Planning mit den Handelskunden in einzelnen Teilsortimenten teilweise drastisch von den später abgerufenen Kontingenten ab, was aufgrund eines mehrmonatigen Produktionsvorlaufs dazu führt, dass Bedarfe selbst in Standardprodukten nicht bedient werden können.

Eine Umsetzung des Prozessgedankens in der Logistikkette erfordert die Umsetzung des **Prinzips der Prozessorganisation** auch in der internen Organisation der Kooperationspartner sowie den Einsatz leistungsfähiger Informations- und Kommunikationssysteme (Ivanov/Tsipoulanidis/Schönberger, 2019).

> Bei ***Grohe*** wurden im Rahmen einer Prozessreorganisation die Schritte Gießerei, mechanische Bearbeitung, Oberfläche, Galvanik und Montage mit einer durchschnittlichen Laufzeit von 20 Tagen durch eine Linienfertigung auf vier Tage reduziert (Brauckmann, 2019, S. 61).

Diese Systeme steuern die **Informationslogistik** über die Unternehmensgrenzen hinweg sowohl während der Erarbeitung von Prognosen als auch der Bereitstellung aktueller Ist-Prozesskennzahlen. Radio-Frequency-Identification(RFID)-Technologien gestatten die detaillierte Nachverfolgung, Kontrolle und nachfolgende Steuerung der Lieferkette.

> Beispiel für eine informatorische Integration der Wertschöpfungskette ist die Verfügbarmachung von **Tracking & Tracing-Funktionalitäten** im Vertrieb, die den Online-Zugriff auf alle auftragsrelevanten Informationen entlang der gesamten Wertschöpfungskette erfordern.

Fallstudien zeigen, dass die **Synergiepotenziale** einer übergreifenden Wertschöpfungsketten-Optimierung deutlich höher sind als bei einer Verbesserung einzelner Segmente der Lieferkette und sich entsprechend in erheblichen **Kostensenkungspotenzialen** niederschlagen können, etwa (Holland, 2001; Walther, 2001; Wannenwetsch/Nicolai, 2004; Ivanov/Tsipoulanidis/Schönberger, 2019)

- einer Reduzierung der **Bestände** (zwischen -25 % und -60 %),
- der **Prognosegenauigkeit** (zwischen +25 % und +80 %) und
- der Supply-Chain-**Kosten** (zwischen -25 % und -50 %).

> Eine **integrierte Lösung** wurde durch *Walmart* und *Procter & Gamble* realisiert. Die E-Procurement-Lösung von *Walmart* verfügt über die aggregierten Daten der Registrierkassen, der Websites sowie der Absatzplanung angeschlossener Markenartikelhersteller wie *Procter & Gamble* (**Efficient Consumer Response**, ECR). Die integrierte Lösung verbindet Anwendungen wie Web und EDI mit Kunden und Lieferanten, bestehenden ERP- und Planungssystemen sowie ein umfangreiches **Data Warehousing/Data Mining** (Wildemann, 2000; Brehm/Ferencak, 2001). Durch die kontinuierliche und flexible Nachschubsteuerung aufseiten von *Walmart* konnten signifikante Einsparungen im Vergleich mit der bisherigen Lagerhaltung realisiert werden. Um zusätzliche Transportaufwendungen durch eine Erhöhung der Lieferfrequenzen sowie das Versorgungsrisiko nicht einfach auf den Hersteller zu übertragen, erhält der Hersteller die durchgängige und selbstständige Verantwortung über den Versorgungsprozess (lieferantengesteuerte Bestandsführung als **Vendor Managed Inventory**). Auf Basis der aktuellen (Ist-)Lagerbestandsdaten von *Walmart* und der Distributionszentren sowie der Verkaufsprognosen über die einzelnen Distributionsstufen hinweg werden Mengen- und Zeitgerüste einschließlich aller weitergehenden Prozessparameter ermittelt. Lagerbestände werden durch eine realitätsnahe Planung und Steuerung aller Warenflüsse auf einer einheitlichen informationstechnischen Plattform unter reduzierten Sicherheitsbeständen und verkürzten Wiederbeschaffungszeiten vermindert. Für kleinere Handelsunternehmen erlauben **Cross-Docking-Punkte** außerhalb von Ballungszentren eine effiziente Transportkommissionierung der Produkte verschiedener Hersteller (Werner, 2010).

4.2 Besonderheiten des Digital Supply Chain Management

Die Einhaltung gegebener Leistungsversprechen umfasst demnach im Rahmen des Digital SCM sowohl die Beziehungen zu Zulieferanten im Einkauf (E-Procurement), die unternehmensinterne Kommunikation etwa in Intranets oder auf der Grundlage von Groupware-Anwendungen bis zum Endkunden mit Einzelfunktionen in Marketing und Vertrieb (vgl. Abbildung 81).

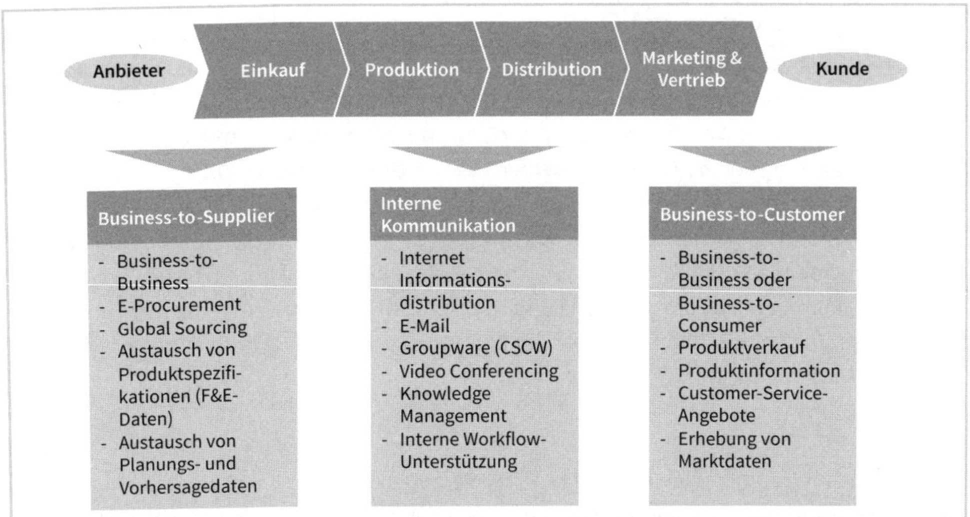

Abbildung 81 Ansatzpunkte einer Digital Supply Chain

Mit **Digital SCM** wird die Planung, Steuerung und Integration sämtlicher Waren, -Informations- und Finanzflüsse entlang der Supply Chain bezeichnet, sowohl innerhalb eines Unternehmens als auch unternehmensübergreifend mithilfe moderner Informations- und Kommunikationstechnologien (Ivanov/Tsipoulanidis/Schönberger, 2019; Wang/Pettit, 2016). Damit fallen unter den Begriff des Digital SCM eine Vielzahl von Unternehmensfunktionen wie E-Procurement, digitale Fertigung oder auch digitale Distribution.

Um für den Kunden (**Pull-Prinzip**) Liefertreue und Reaktionsflexibilität bei gleichzeitiger Kosteneffizienz zu maximieren, sind über alle Lieferbeziehungen hinweg zeitlich eng abgestimmte Prozesse zu realisieren. Hierfür werden die Wertströme entlang der Supply Chain und Schnittstellen zu Anwendungen wie ERP und SCM der Supply-Chain-Partner miteinander vernetzt. Damit wird eine Supply-Chain-weite Planung und Steuerung durch einen Datenaustausch in Echtzeit über Ressourcen, Bestände und Absatzprognosen als auch eine effiziente Geschäftsabwicklung über digitale Technologien und Konzepte wie elektronische Marktplätze sichergestellt (Wang/Pettit, 2016). Die **Produktionsplanung und -steuerung** kann durch internetbasierte Kapazitätsabgleiche sowie Frühwarnsysteme bei Auftrags- und Mengenschwankungen bei gleichzeitigem Zugriff auf die Liefervorschaudaten von Kunden und Zulieferanten unterstützt werden. Aufseiten der **Distributionsprozesse** und dem Handel besteht neben der Sendungsverfolgung die Möglichkeit, die Lagerführung sowie Distributions- und Logistiknetze über mehrere Stufen zu koordinieren oder Abrufsysteme auf Web-Basis zu realisieren (Gimenez/Lourenco, 2008; So/Sun, 2010; Wang/Pettit, 2016).

> Aufgrund durchgehend digitalisierter Auslieferungsprozesse weiß ***Amazon*** als Logistiker nicht nur genau, was in den Paketen ist, sondern vor allem auch, was wo auf Lager ist, und kann so seit Herbst 2018 seinen Münchner Kunden den *München Express* für die Feierabendzustellung am selben Tag anbieten (*»Über 100.000 Bestseller. Bis 12 Uhr geklickt. Heute da«*). Damit geht in München bereits der vierte Zustellservice an den Start: Auf *Amazon Logistics*, *Prime Now* und *Amazon Fresh* (die inzwischen organisatorisch in einer Hand liegen) folgt der *Evening Express* am selben Tag. Ein Grund: *Amazon* dürfte mit dem Aufbau seiner City-Depots schon am weitesten sein. Das Interessante aus Sicht des Geschäftsmodells: Während Konkurrenten nicht müde werden zu jammern, nutzt *Amazon* problemlos die vorhandenen Potenziale, setzt auf Arbeitskräfte am Feierabend, gern auch im Nebenjob, und kümmert sich um die Zustellung zu Zeiten, an denen die Empfänger am ehesten zu Hause sind, inkl. der Verfügbarkeit der Zustelllogistik (*»20.000 Prime-Sprinter für die Amazon City Logistik«*).

Im Vergleich mit traditionellen Ansätzen des SCM ergeben sich durch den Einsatz von internetbasierten Anwendungen im **Digital SCM** vielfältige Vorteile (Gimenez/Lourenco, 2008; Zadek, 2001; Wang/Pettit, 2016; Dedrick/Xu/Zhu, 2008):

- Eine **kostengünstige Informationsversorgung** entlang der gesamten logistischen Kette: Internetzugänge sind meist vorhanden, ebenso wie Erfahrungen im Umgang mit Digital-Anwendungen, weshalb im Rahmen der IT-Einführung nur vergleichsweise geringe Zusatzkosten auftreten.
- Eine **höhere Informationstransparenz** (Markt- und Prozesswissen) entlang der Wertschöpfungskette, etwa durch den Zugang und die direkte Integration elektronischer Marktplätze, Virtual Communities und Social Media.
- Eine ständig **aktualisierbare Informationsversorgung** über Routing-Mechanismen und Push-Anwendungen.
- Die Möglichkeit zur **Koppelung** mit den meisten Planungs- und Steuerungssystemen, entweder via XML oder Webservices.
- Die Möglichkeit, eine hohe **zentrale Kontrolle** mit weitgehender **dezentraler Ausführung** zu verbinden, etwa für die Koordination der Wertschöpfungskette direkt auf der Ebene der Planer unter Einsatz von Intranet- bzw. Groupware-Anwendungen (**Collaborative Planning**).
- Eine **kostengünstigere Beschaffung** als Folge eines zunehmend »perfekten Einkaufswissens« über Preise, Verfügbarkeiten und alternative Produkte bzw. Zulieferanten.
- Bessere Möglichkeiten, Zulieferanten und neue Mehrwertdienste selektiv in die Wertschöpfungskette zu **integrieren**.

- Die **kostengünstige Informationsbereitstellung** im Vergleich mit Unternehmensnetzwerken (Wide Area Networks) und Electronic-Data-Interchange-Anwendungen (EDI).

Die amerikanische Modekette ***Urban Outfitters*** setzt auf einen zentralen Warenbestand in den stationären Filialen zur Bedienung von Online-Bestellungen, sodass Online-Kunden auch direkt aus den Filialen beliefert werden können (Blair, 2013). Ziel ist es (ähnlich wie bei *Best Buy*), Warenbestände zu reduzieren, indem man Waren zwischenzeitlich selbst dann in den Filialen präsentieren kann, während man darauf wartet, dass diese Online bestellt werden (»Click & Collect«). Ähnlich setzt die amerikanische Sportartikel-Kette ***Dick's Sporting Goods*** auf »Ship-from-Store« als Fulfillment-Methode und weitet den Versand von Online-Bestellungen auf 520 stationäre Filialen aus. Seit 2013 gibt es bereits einen Pick-up-Service für Online-Bestellungen im stationären Shop.

Praxisbeispiele belegen die Potenziale des Einsatzes von Digital SCM wie etwa eine (Wannenwetsch/Nicolai, 2004; Wang/Pettit, 2016)

- Steigerung der Liefertreue um 40 %;
- Reduzierung der Lieferzeiten um 10 %;
- Reduzierung der Durchlaufzeiten in der Produktion um 10 %;
- Reduzierung der Lagerbestände um 20 %;
- Steigerung der Kapazitätsauslastung um 10 %;
- Reduzierung der Einkaufskosten um 8–10 % oder auch
- Reduzierung der Vertriebskosten um 3–5 %.

Wurde zu Beginn der 1990er-Jahre noch erwartet, dass der Einsatz von **EDI** bereits den Geschäftsverkehr revolutionieren und vielfältige neue Geschäftsmodelle eröffnen würde, tritt dieser Effekt erst auf der Grundlage einer digitalisierten Supply Chain ein. Insbesondere bei kleineren und mittelständischen Unternehmen hat sich EDI aufgrund

- der fehlenden DV-technischen Ausstattung,
- fehlendem Know-how,
- starker branchenspezifischer Standardisierungserfordernisse,
- der Unmöglichkeit, Communities und Markttransparenz bei 1:1-Verbindungen zu schaffen,
- hoher Kosten von EDI-Transaktionen sowie
- hohen finanziellen Eintrittsbarrieren in der Implementierung

kaum in nennenswertem Umfang durchsetzen können. Webbasierte Wertschöpfungsketten nutzen entweder EDI als Standard mit Übertragung via Internet als Kommunikationskanal (**WebEDI**) oder direkt auf der Grundlage von **XML** als standardisiertem Format zum Datenaustausch (Mattes, 1999; Dörflein/Hennig, 2000). Der Übergang von EDI-basierten zu webbasierten Anwendungen erlaubt die Flexibilisierung der Kommunikation bei geringeren technischen Anforderungen und hoher Penetration (vgl. Abbildung 82).

	EDI	*webbasiert*
Häufigkeit der Kommunikation	Oft und regelmäßig	Unregelmäßig, ad hoc
Datenformate	genau festgelegt, normiert, z. B. EDIFACT	z. T. nicht normiert, XML: Branchen-Schemata vorhanden
Geschäftsbeziehungen	bereits etabliert	neue Geschäftspartner
Sicherheit der Datenübertragung	hoch, weil geschlossene Netzwerke mit speziellen Sicherheitsstandards (z. B. X.400)	gering, zusätzliche Sicherheitsmaßnahmen erforderlich, z. B. Verschlüsselung
Kommunikationspartner	meist innerhalb einer Branche	branchenübergreifend
Art der Geschäftspartner	B2B	B2B, B2C
Integration	Integration mit betrieblichen Anwendungssystemen wichtig	kaum Integration mit betrieblichen Anwendungssystemen, daher oftmals noch Medienbrüche
Form der Verarbeitung	asynchron (Batch-Orientierung)	online, interaktiv
Technische Anforderungen	hoch (Konverter) bzw. sehr hoch bei Integration in Anwendungssoftware ERP	mittel (Web)
Akzeptanz und Penetration im Markt	eher gering	sehr hoch

Abbildung 82 Unterschiede zwischen EDI und webbasierter Unternehmenskommunikation (Werner, 2010)

Basis eines Digital SCM ist ein hoher interner und externer Integrationsgrad von DV-Technik und Prozessen auf der Grundlage einer einheitlichen, internetbasierten technischen Plattform. Wurde in früheren **MRP-Ansätzen (Manufacturing Resource Planning)** zunächst auf der Grundlage festgelegter Parameter schrittweise die gesamte Materialbedarfs- und Fertigungsplanung in einem zeitaufwendigen Verfahren durchgeführt, erlauben moderne internetbasierte **APS-Plattformen (Advanced Planning Systems)** eine restriktionsorientierte Simultanplanung einschließlich der Bedarfs-, Produktions-, Transport- und Distributionsplanung über die gesamte Lieferkette und unter Berücksichtigung der kapazitäts- und terminbezogenen Restriktionen aller Kooperationspartner (Ivanov/Tsipoulanidis/Schönberger, 2019). Ausgelöst durch eine Kundenanfrage im Internet kann beispielsweise eine Verfügbarkeitsprüfung eingeleitet werden und direkt mit einer verbindlichen, realistischen Lieferterminzusage (**Available-to-Promise**, ATP) beantwortet werden.

Der Schreibwarenhersteller ***Herlitz*** kommuniziert beispielsweise mit Zulieferanten und Händlern (d. h. Kunden) in Echtzeit über Lagerbestände, Lieferzeiten und Kapazitätsengpässe. In ähnlicher Form hat ***Staples Inc.*** für seine fast 2.100 stationären Handelsgeschäfte in 22 Ländern eine Advanced-Planning & Forecasting-Lösung realisiert (Ivanov/Tsipoulanidis/Schönberger, 2019, S. 98 f.). Planer (etwa im Merchandising-Bereich) können jetzt – statt mehrere Excel- und Access-Planungen konsolidieren zu müssen – auf Knopfdruck aktuelle Reports generieren. Im Ergebnis konnte *Staples* – neben der höheren Qualität der Informationen über Abverkäufe – einen halben Tag/Woche Zeit einsparen. Statt wie bisher den Hauptteil der Zeit auf die Konsolidierung und Verifizierung aller eingehenden Informationen zu verwenden, rückt nunmehr die Analyse und Synthese der Zahlen in den Brennpunkt. Der Zeitbedarf für unterjährliche Neuplanungen konnte laut Firmenangaben um 75 % reduziert werden – von einem Monat auf eine Woche. Gleichzeitig konnten Margen, die Nettokapitalrendite ebenso wie die Lagerreichweite um 25 Punkte auf der eingesetzten Supply Chain Scorecard verbessert werden.

Landwirte werden im Plattform-Modell bei ***John Deere*** oder auch ***Claas*** mit einer Software ausgerüstet (wie der *365FarmNet-Plattform* bei *Claas*), in der sämtliche Informationen, die für das Geschäft und die Bewirtung ihrer Anbauflächen relevant sind, aggregiert werden. Dabei werden auch die Maschinenparks mit vernetzt. Sensoren, die den Bodenzustand messen, erlauben gemeinsam mit Wetterdaten die effiziente Bewirtschaftung der jeweiligen Anbauflächen.

Die IT-Unterstützung der Digital Supply Chain erfordert neben den eher klassischen Funktionen der Produktionsplanung und -steuerung sowie dem Einkauf die **Anbindung an CRM-Lösungen** etwa zur Nachfrageprognose, für einen automatisierten Vertrieb oder ein Data Warehouse als Grundlage des gesamten Unternehmensdatenmanagements (Ho/Lin, 2004). Im Sinne des **Collaborative Planning** sind über die gesamte Wertschöpfungskette hinweg im Rahmen einer rollierenden Abstimmung die Verkaufsprognosen unterschiedlicher Vertriebsorganisationen aufeinander abzustimmen. Durch einen internetbasierten »Alert-Monitor« werden alle beteiligten Planer über Veränderungen der Bedarfsplanung informiert. In Folge können Mehraufwendungen durch Bedarfsschwankungen und -spitzen verhindert werden, stehen aktuelle Prognose-, Verkaufs- und Planungsdaten für die nachfolgenden Produktionsplanungs- und -steuerungsprozesse zur Verfügung und wird die Planung insgesamt transparenter (Thaler, 2001). Im Vordergrund stehen SCM-weite Simulationsrechnungen, um Ressourceneinsätze optimal zu gestalten.

Im Gegensatz zu klassischen ERP-Systemen operieren **Manufacturing-Execution-Systeme** (MES) auf der operativen Ebene mit direkter Anbindung an Maschinensteuerungen, DNC-Systeme, Personal-, Qualitäts- und Materialmanagementsysteme (Kletti, 2016). Damit sind MES im Grunde genommen eine Weiterentwicklung klassischer Maschinen- und Betriebsdatenerfassungssysteme (MDE bzw. BDE). Hiermit wird die Fertigung praktisch in Echtzeit transparent und steuerbar gemacht. Hierfür greift ein MES auf Stammdaten des ERP zu, wie Stammdaten von Artikeln (Arbeitspläne), Stücklisten oder auch Auftragsdaten. Umgekehrt meldet ein MES an das ERP die aktuellen Status aller Maschinen, den Auftragsfortschritt oder auch Termine in Echtzeit.

Die schrittweise Etablierung des **Internet of Things** (IoT) als nächstem Evolutionssprung des Digital Supply Chain Management fördert den direkt Datenaustausch zwischen Maschinen: Ein Informationsaustausch über alle Stufen der Produktion – im Idealfall bis zum Kunden, sodass sich Produktion, Logistik und Lagerhaltung jeweils auf den aktuellen Bedarf flexibel einstellen können. Gleichzeitig erhalten Produktionsanlagen einen **digitalen Zwilling**, einen präzisen Nachbau der eigenen Produktionsanlage mittels eines 3-D-Modells, das alle Eigenschaften der echten Maschinen simuliert. Jeder Teil einer Anlage hat damit eine simulierte virtuelle Abbildung. Der reale und der virtuelle Zwilling tauschen ständig Daten über ihren Status aus, die von Sensoren erfasst werden (Meffert/Meffert, 2017). Der digitale Zwilling erfüllt dabei eine Reihe von Aufgaben: Unternehmen können beispielsweise Produktfehler schon in der Simulation erkennen. Auch sorgen sie für eine größere Produktvielfalt und Flexibilität, weil Produkte bereits testweise virtuell gefertigt werden und Produktionsanlagen schneller in Betrieb gehen können.

> Bei einer Produktionsanlage für industrielle Computerbauteile von ***Siemens*** konnte die Leistung auf 15 Millionen Einheiten pro Jahr auf derselben Fläche gesteigert werden – das Zehnfache der Produktionsleistung bei der Eröffnung 1989. Das soll auch durch Effizienzgewinne mittels des digitalen Zwillings ermöglicht worden sein (Economist, 2017). Der Sportwagenhersteller ***Maserati*** konnte die Sportlimousine *Ghibli* Berichten zufolge dank digitalem Zwilling bereits nach 16 Monaten statt nach 30 Monaten produzieren. Eine höhere Qualität und geringere Fertigungskosten der Produkte sind weitere Ziele beim Einsatz virtueller Zwillinge (Economist, 2017).

Probleme einer derartigen Simultanplanung entstehen in der Unternehmenspraxis einmal aufgrund der umfangreichen Menge einzubeziehender Daten. Mittels einer geeigneten Modellbildung und IT-Architektur bietet der Einsatz von APS-Systemen eine gesteigerte Performance, da Berechnungen und Prognosen nicht zwangsläufig über das gesamte System durchgeführt werden müssen. Durch die Auswahl, Kombination und Parametrisierung der zugrunde liegenden Algorithmen (wie genetischen Algorithmen oder In-Memory-Datenbank-Anwendungen) können Teilprobleme abgebildet und miteinander verknüpft werden (Ivanov/Tsipoulanidis/Schönberger, 2019). Aufgrund heterogener ERP-Anwendungen bestehen erhebliche Hürden in der Integration der Daten unterschiedlicher Partner in einem einheitlichen Planungstool (Linthicum, 2001). Aus diesem Grund wächst der Einsatz von APS-Systemen erst schrittweise über die Unterstützung unternehmensinterner Planungsprozesse hinaus (Walther/Guß, 2001).

Während frühere Anwendungsszenarien oftmals getrennt auf

- Marketing und Vertrieb (Front-end-Internetangebote, Bestellung und Inkasso wie Websites, Vertriebsunterstützungssysteme),
- interne Netzwerke und Intranets (wie Back-end-Auftragsabwicklung, Groupware) und
- Beschaffung (direkte elektronische Anbindung von Lieferanten und Dienstleistern, E-Procurement)

abgestellt haben, ist der nächste Innovationssprung im Digital SCM vor allem durch die Integration aller drei Anwendungsszenarien zu erwarten (Ivanov/Tsipoulanidis/Schönberger, 2019; Wang/Pettit, 2016).

Eine **integrierte SCM-Lösung** findet sich seit einigen Jahren bereits bei ***Fruit of the Loom***. Hiermit soll – ähnlich wie bei anderen Bekleidungsherstellern wie *Zara* – der schnellen Überalterung modischer Lagerbestände entgegengetreten werden. Über *activewear.com* werden bei *Fruit of the Loom* webbasiert alle Marketing- und Logistikaktivitäten für die Distributoren gegenüber den Händlern auch für Produkte von Konkurrenten (vgl. Abbildung 83) koordiniert. Auf der Plattform werden alle Bestellungen, Realtime-Preisinformationen und Bestandsdaten der einzelnen Lager für die Distributoren gebündelt sowie sämtliche Transaktionen und Bestellungen der Distributoren abgewickelt. Die verfügbaren Informationen werden wiederum den Websites der Distributoren zur Weiterleitung für die Händler zur Verfügung gestellt. Die Händler können direkt von den Distributoren-Sites bestellen; die Bestelldaten werden über die Distributoren und *activewear.com* an das Herstellerlager durchgereicht und die Produkte für den Versand kommissioniert (Mougayar, 1998).

Einem ähnlichen Muster folgt der Einkauf von ***Karstadt*** für Bekleidung bei ***Esprit***. Für das Standardsortiment von *Esprit* erfolgt eine automatische Bestellung, sobald der für jede Position in jeder Filiale hinterlegte Bestellpunkt mit der jeweiligen Bestellmenge erreicht wird. Die Bestellung erfolgt per EDI direkt im zentralen Lager von *Esprit*, die Ware wird über die *Karstadt*-Logistik ohne weitere Kommissionierung direkt an die Filialen ausgeliefert. Als Ergebnis wurden verkürzte Durchlaufzeiten, kürzere Lieferzeiten, ein Umsatzplus von 20 % durch rechtzeitige Nachbestellungen, die Vermeidung von Sortimentslücken sowie festere Kooperationen mit den angeschlossenen Partnerunternehmen erzielt.

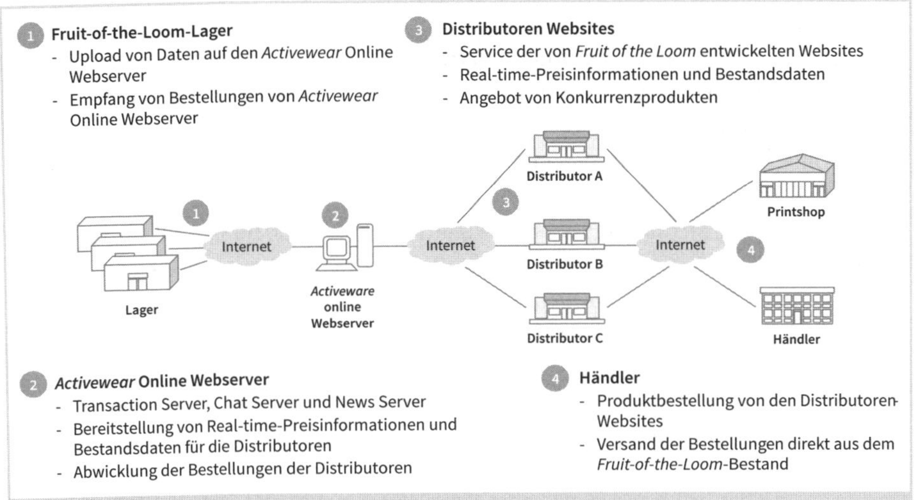

Abbildung 83 Modell einer integrierten Lösung bei *Fruit of the Loom*

Wie die Beispiele bereits belegen, erweitert die Migration von ERP-Systemen zu integrierten APS-Anwendungen einer Digital Supply Chain die Möglichkeiten zur Optimierung der integrierten Prozesskette signifikant. Während im »einfachen« ERP-Ansatz primär die Reduzierung von Kosten im Vordergrund steht und die Koordinationsspanne weitgehend auf Fabriken und Lager in einem eher reaktiven Ansatz beschränkt bleibt, weitet sich der Fokus beim Einsatz integrierter digitaler Supply-Chain-Anwendungen in Richtung einer erhöhten Prognosefähigkeit, Kundenorientierung und einer umfassenden Koordinationsspanne unter Einbeziehung von Zulieferanten und Kunden (Wiengarten et al., 2013; Wang/Pettit, 2016). Ein weiterer Schwachpunkt des »einfachen« ERP-Einsatzes liegt in der sukzessiven Auflösung übergeordneter Pläne in spezialisierte Teilpläne, weshalb Wechselwirkungen zwischen verschiedenen Teilplänen in der Planung (meist) unberücksichtigt bleiben. Die ERP-typische Stapelverarbeitung erfordert infolge einzelner, situativer Änderungen jeweils komplette, zeitaufwendige Planungsläufe (Ivanov/Tsipoulanidis/Schönberger, 2019; Prockl, 2001).

Aus der Perspektive der Unternehmen erlangt eine ganzheitliche Betrachtung der Logistikkette durch die zunehmende **Verkürzung der Durchlaufzeiten** weiter steigende Bedeutung. Verkürzungen der Durchlaufzeit werden maßgeblich durch die bisherigen Erfahrungen mit digitalen Anwendungen geprägt: Die Erwartungshaltung auf reduzierte Durchlaufzeiten steigt mit zunehmender Web-Erfahrung deutlich an. Mit zunehmender Digitalerfahrung verlagert sich der Betrachtungsschwerpunkt schrittweise von einzelnen Funktionalbereichen auf Verbesserungspotenziale entlang der gesamten Wertschöpfungskette. Aus der Sicht des Managements steht der Realisierung kürzerer Durchlaufzeiten eine umfangreiche Anpassung der bestehenden Abläufe und Prozesse entgegen. Möglichkeiten zur Realisierung von Innovationen bzw. zur Verbesserung innerbetrieblicher Abläufe durch die Implementierung eines Digital SCM stehen in den Unternehmen bislang meist nicht direkt im Fokus: Vorteile werden zunächst in der Nutzung umfangreicher Informationsfunktionen entlang der Wertschöpfungskette gesehen, erst dann folgt die Möglichkeit zur Implementierung einer automatisierten Auftragsbearbeitung.

> Die Buchhandels- und Verlagsgruppe ***Weltbild*** hat zur Reduzierung der Durchlauf- und Lieferzeiten und zur Bereitstellung großer Sortimente im Frühjahr 2013 ein vollautomatisches Kommissionierlager in Betrieb genommen: 120 selbstfahrende Shuttles bringen die Ware innerhalb des 40 x 65 Meter großen und 24 Meter hohen Gebäudes automatisch an den Arbeitsplatz der Kommissionierer. So sollen lange Laufstrecken für die Versandmitarbeiter entfallen. Pro Stunde können die Shuttles bis zu 5.600 Boxen mit Ware an die Kommissionierplätze bringen (Buchreport.de). Zur Absicherung kurzer Auslieferungszyklen werden nach einer Studie von ***Jones Lang LaSalle*** in Europa bis Ende 2018 bis zu 25 Millionen Quadratkilometer zusätzlicher Logistikfläche benötigt. Um den Anforderungen durch den Online-Handel gerecht werden zu können, seien Logistikzentren mit über 100.000 Quadratmeter auf der grünen Wiese, spezialisierte Paketvertriebszentren und kleinere, lokale Auslieferungsdepots in der Nähe oder innerhalb größerer Städte notwendig.

Kritisch betrachtet wird jedoch die in diesem Zusammenhang erforderliche wechselseitige Transparenz zwischen unterschiedlichen Akteuren entlang der Wertschöpfungskette (Specht/Hellmich, 2000). Die **Transparenz über unternehmensinterne Daten** birgt für Unternehmen die Gefahr der Übervorteilung durch marktstarke (Partner-)Unternehmen. Die Neigung aufseiten der Unternehmen zur Preisgabe ihrer Plan- und Ist-Daten hängt aus diesem Grund stark vom Vertrauen in die unterschiedlichen Partner entlang der gesamten Wertschöpfungskette ab. Damit bildet Vertrauen die Grundlage für eine erfolgreiche und übergreifende Optimierung der Wertschöpfungskette. **Vertrauensbildende Maßnahmen** bestehen etwa (Wang/Pettit, 2016; Bund/Granthien, 2001) in

- der Vereinbarung kooperationsbezogener **Zielsetzungen**,
- dem Aufstellen von **Regeln** zur Aufteilung des kooperationsbezogenen Nutzens (»Win-win-Situation«) oder
- der **Zusicherung** der vertraulichen Behandlung sensibler Informationen gegenüber Dritten.

> Das chinesisch-amerikanische Joint Venture ***Neway Valve***, ein Hersteller für industrielle Ventile mit knapp 1.000 Mitarbeitern in China, konnte durch die Einführung von Digital-SCM-Prozessen Vorteile realisieren wie eine höhere Transparenz über alle Lagerbestände in Echtzeit, eine höhere Qualität und Präzision in der Kommissionierung als auch eine effektivere Zusammenarbeit mit Kunden und Zulieferanten (Bose/Pal/Ye, 2008). So wurde die Quote der eingehaltenen Lieferzusagen von 80 % auf 98 % gesteigert, die durchschnittliche Abschlusszeit zur Bearbeitung qualifzierter Kundenanfragen (Leads) von 45 Minuten auf 30 Minuten reduziert, die zeitgerechte Auslieferung von 80 % auf 95 % gesteigert und der Sicherheitsbestand im Lager von 40 Tagen auf 25 Tage reduziert, bei gleichzeitiger Steigerung der Präzision der Lagerführung von 85 % auf 99 %. Im Ergebnis sank die monatliche Wiederbestell-Frequenz von 50 auf 10 Bestellungen. Gleichzeitig konnte der Lagerbestand für Rohmaterial um 15 Tage reduziert werden, was zu einer Kostenreduzierung von 1 Mio. US-Dollar/Jahr geführt hat (Bose/Pal/Ye, 2008). Ähnliche Einsparungspotenziale werden von anderen Digital-SCM-Einführungen wie etwa von ***Taiwan Semiconductor*** (TSMC) berichtet (Hwang et al., 2008).

Unternehmensbezogene Regelungen sind durch vertrauensbildende Maßnahmen der beteiligten Akteure wie die Einhaltung von Zusagen oder die Bereitschaft zur ständigen Kommunikation abzusichern.

Die Verfügbarkeit umfangreicher Informationen im gesamten Prozess führt aus der Sicht der Unternehmen noch nicht zwangsläufig zu einer höheren Mitarbeiterproduktivität. So sieht die Mehrheit der Supply-Chain-Verantwortlichen nicht zwangsweise eine höhere Produktivität der eingesetzten Mitarbeiter bereits auf der Grundlage einer höheren Informationstransparenz. Dies zeigt, dass für eine erfolgreiche Einführung eines Digital SCM innerhalb der Unternehmen der **Informationsreichtum** des Mediums nur mittelbar entscheidend ist; unmittelbar entscheidend ist die **Reichweite und Akzeptanz** im Rahmen des Einführungsprozesses sowie die Möglichkeit, eine ausreichend hohe Anzahl an Nutzern (**kritische Masse**) zu akquirieren und für den Einsatz weiter zu qualifizieren (Hummel, 1996). Wichtigste Trends für die Zustellung an Endkunden in Ballungsgebieten sind die lokalisierte Lieferung, flexible Zustellnetze, eine saisonale Logistik sowie der Einsatz neuer Technologien wie etwa maschinelles Lernen, eine bessere Routenführung in den Städten und eine stärkere Automatisierung der Zustellnetze (Lanzinger, 2018). Das angestrebte Zielbild im Sinne der vertikalen Integration kann als **Manufacturing Integration & Intelligence** beschrieben werden. Diese verbindet die Produktionsprozesse einer prozessorientierten Fertigung mit der Faktura. Für die Etablierung einer zentralen Informationsdrehscheibe werden Daten unterschiedlicher Quellen (z. B. Shop-Floor-Systeme) verdichtet und vielfältige Monitoring-, Controlling- und Steuerungsmöglichkeiten zur Prozessoptimierung und Steigerung der Effizienz in der Produktion angeboten.

Unter dem Begriff der **Logistik 4.0** wird als Teilfunktion des Digital SCM die Vernetzung von Wertschöpfungsketten innerhalb und zwischen Unternehmen verstanden (Bousonville, 2016; Kleedorfer/Huemer, 2017). Analog zur Industrie 4.0 dominieren hier Charakteristika wie Dezentralisierung, Flexibilität, Intelligenz, Vernetzung, Selbststeuerung und Autarkie. Prominente Beispiele finden sich in autarken Drohnen für die Auslieferungslogistik, fahrerlosen Transportsystemen oder auch einer automatisierten Kommissionierung. UHF-RFID-Band-Funkchips ermöglichen es beispielsweise Informationen zwischen Versender, Versandspediteur, Frachtführer, Empfangsspediteur und Empfänger auszutauschen. Diese agieren als kostengünstige und universell einsetzbare **Smart Labels**. Es ist zu erwarten, dass **Capacity as a Service**, also die Bereitstellung und das Management flexibler Transportkapazitäten für die Hersteller von Nutzfahrzeugen ein attraktiveres Geschäftsmodell werden kann als der Verkauf der Fahrzeuge (Meffert/Meffert, S. 145).

Eine Renaissance erlebt in diesem Zusammenhang das sogenannte Streckengeschäft oder **Dropshipping** im E-Commerce (Ezeanaka, 2018). Hier hat der Händler keinen physischen Kontakt mit der Ware, sondern verkauft direkt aus dem Lager des Großhändlers. In einigen Fällen wird die Ware auch direkt vom Hersteller verschickt. Die Vorteile beim Dropshipping für den Händler liegen auf der Hand (Ezeanaka, 2018):

- **Kosten für die eigene Lagerhaltung** entfallen bzw. fallen deutlich geringer aus;
- **keine Kosten für nicht verkaufte Artikel**, da nur das ausgeliefert wird, was auch von den Kunden bestellt wurde; keine Remissionen;
- **geringerer Kapitaleinsatz**;
- das **Sortiment** ist aktuell und ständig wechselnd, was für Kunden interessant ist;
- um den Einkauf kümmern sich, im Falle eines Großhändlers, die dort angesiedelten **Profis**;
- schnellere **Skalierung** des eigenen Geschäfts bei positiver Nachfrageentwicklung.

Nachteilig wirken Effekte wie

- **einfache Kopierbarkeit** durch andere Händler;

- **kein Einfluss auf die Qualität der Ware**: Die Sicherung der Qualität der vertriebenen Produkte wird deutlich erschwert. Der Händler muss sich auf Hersteller oder Großhändler verlassen, dass die ausgelieferten Produkte auf dem gleichen Niveau sind wie die Testmuster, die er sich angesehen hat, während schlechte Qualität einzig auf den Händler zurückfällt;
- **Haftung verbleibt beim Händler**: Dropshipping ändert nichts in Hinblick auf die Gewährleistungsansprüche des Kunden;
- **Komplexität in der Warenwirtschaft steigt**: Damit Kunden online nicht Produkte bestellen, die gar nicht mehr lieferbar sind, muss die Warenwirtschaft in möglichst kurzen Intervallen mit dem Lagerbestand des Großhändlers bzw. Herstellers kommunizieren. Dies gilt insbesondere, wenn mehrere Händler den gleichen Bestand nutzen. Das lässt sich zwar durch ein Konsignationslager lösen, das aber in aller Regel, was die Kosten betrifft, wieder deutlich teurer ist. Und der Großhändler besteht möglicherweise auf einer Abnahmeverpflichtung;
- **anspruchsvollere Kostenkalkulation**: Gleichfalls komplexer wird die Kalkulation der Gesamtkosten und damit der eigenen Marge bzw. die Ermittlung eines optimalen Verkaufspreises. Die Lagerkapazitäten beim Partner gibt es genauso wenig kostenlos wie den Aufwand des Versands. Berechnet werden müssen auch noch die Kosten für die Abwicklung von Retouren zulasten des Händlers. Und schließlich kann auch die Frage nach der Verteilung der Versandkosten schwierig sein. Gerade wenn ergänzende Produkte aus einem Fremdlager stammen, die der Kunde gemeinsam mit Waren aus dem eigenen Direktbestand erwirbt, gehen gleich mehrere Pakete auf die Reise. Es sei denn, beide Bestände stammen aus dem gleichen Lager, wie bei *Amazon*.

Neben Dropshipping finden sich in der **Logistik** als Teilsegment eines Digital SCM unterschiedliche digitale Anwendungsszenarien, die in der Mehrheit eng mit der Steuerungsphase verbunden sind, weniger jedoch mit der Planungs- und Überwachungsphase (Stölzle et al., 2018; Ivanov/Tsipoulanidis/Schönberger, 2019; vgl. Abbildung 84), wie:

- **Flexförderer-Technologie**: erlaubt eine Ad-hoc-Rekonfiguration der fördertechnischen Komponenten, womit sich die Entwicklung eines zentralen Steuerrechners erübrigt, was sich unmittelbar auf die Wirtschaftlichkeit von Flexförderer-Lösungen im Vergleich zu konventioneller Stetigfördertechnik auswirkt.
- **Intelligente Behälter**: Szenarien für mit Sensorik ausgestattete (»intelligente«) Behälter reichen von der Bestands- und Zugriffsüberwachung in der Kommissionierung über die Lokalisation von Containern bis zur Erhöhung der Transparenz und Sicherheit von Lager- und Transportprozessen bei sinkenden Kosten.
- **Mobile Robotik**: Ziel ist es, den Menschen physisch zu entlasten (etwa bei ergonomisch ungünstigen Bedingungen, wie der Handhabung großer Lasten) und ihm unproduktive Zeitanteile (Laufzeiten bei der Kommissionierung im Lager) abzunehmen. Durch eine im Vergleich zum Menschen deutlich höhere Wiederholgenauigkeit schafft sie Prozessstabilität und reduziert die Fehlerhäufigkeit.
- **Platooning**: bezeichnet die digitale Kopplung von Lkw mithilfe von Assistenzsystemen, die eine Echtzeitkommunikation zwischen den Fahrzeugen ermöglichen. Bei der Anordnung der Lkw in einem Konvoi beeinflusst das Verhalten des führenden Lkw das der folgenden

(synchrones Bremsen etc.). Ohne dabei andere Verkehrsteilnehmer zu gefährden, können die Fahrzeuge im Abstand von wenigen Metern hintereinanderfahren und so Kraftstoff durch den Windschatteneffekt sparen. In einem Platoon (Konvoi) können mehrere Fahrzeuge miteinander vernetzt sein. Durch den Einsatz von Platooning kann eine Effizienzsteigerung (über Kraftstoffeinsparung und Freigeben von Personalressourcen) des gesamten Konvois erzielt werden.

- **E-Dokumentenmanagement**: ist die Aggregation digitaler Dokumente wie Bestellung, Zahlungsauftrag, Transportdokument (Frachtbrief) usw.
- **Logistics Control Tower**: Dies ist eine übergeordnete Einheit, welche die Abläufe plant, steuert und kontrolliert und als zentraler Beobachtungspunkt fungiert, der alle Informationen bündelt und zur Planung bzw. Steuerung der Logistikströme weiterverarbeitet. Der Vorteil ist die Erhöhung der Transparenz entlang der gesamten Supply Chain über Kennzahlen, mittels derer Prozesse feinabgestimmt werden können, um so Potenziale wie die Verbesserung der Ressourcenplanung zu eröffnen.
- **Supply Chain Event Management** (SCEM): ist ein Werkzeug zur Steuerung logistischer Prozesse, welches die rechtzeitige Reaktion auf kritische Ausnahmeereignisse (»Events«) in Lieferketten ermöglicht. SCEM überprüft die Einhaltung von Standards, indem es einen Abgleich aktueller Statusinformationen mit Toleranzgrenzen des Prozessstandards vornimmt. Bei Überschreitungen der Toleranzgrenzen werden Meldungen (»Alerts«) generiert, die mit geeigneten Korrekturmaßnahmen zur Wiedererreichung der Standards hinterlegt sind. Alerts werden als automatischer Workflow schrittweise bis auf diejenige Entscheidungsebene eskaliert, die über den Einsatz der geeigneten Maßnahmen entscheiden kann.
- **Anticipatory Logistics**: Konzept, um die vom Kunden bestellten Güter schon im Voraus in die Nähe des Lieferortes zu bringen. Ziel ist eine Reduzierung der Lieferfrist bis zur sofortigen Bestellerfüllung. Auf Basis von Prognosen werden Bestände etwa im B2C-E-Commerce in Richtung des Empfängers transportiert und gegebenenfalls umgeroutet, sodass eine schnelle Reaktion nach dem Bestelleingang bei gleichzeitig niedrigem Gesamtbestand über das gesamte Netzwerk möglich ist.

> In dem relativ einfachen (da gut zu antizipierenden) Szenario der Ersatzteillogistik in der Luftfahrt werden hochpreisige Teile aus einem zentralen Lager an den Ort der Verwendung vorab geliefert, sofern diese (absehbar) zur Wartung benötigt werden.

- **Digitale Spedition**: Sie vereint die Koordination und Planung des Gütertransports an sich. Transporteure und die zu überbringende Fracht werden so miteinander verbunden, dass Nachfrageströme optimiert und Leerfahrten vermieden werden. Bündelungspotenziale können automatisiert realisiert werden, während gleichzeitig Preise ermittelt werden. Sie übernimmt im Idealfall als Vertragspartner sämtliche Verantwortlichkeiten und die Haftung wie ein klassischer Spediteur.
- **Estimated Time of Arrival**: Systeme schätzen die »erwartete Ankunftszeit« (»Estimated Time of Arrival«, ETA) mittels Fahrtzeiten aufgrund aktueller Informationen wie Geschwin-

digkeit, Fahrtrichtung und Wartezeiten. Im Fokus steht die dynamische Optimierung der Wertschöpfungskette, also eine höhere Effizienz in vor- und nachgelagerten Prozessen.

- **Matching-Plattform**: ist die Verbindung von Angebot und Nachfrage von Kapazitäten auf Transportmärkten. Leistungen der jeweiligen Akteure werden auf einer elektronischen Plattform zusammengebracht, um die Fahrzeugauslastung zu optimieren. Über Frachtenbörsen können Matching-Plattformen spezifiziert werden. Dabei ergibt sich der Preis oft über eine Ausschreibung oder über Auktionsverfahren (ohne Haftung).
- **Shared Logistics Resources**: Unausgelastete Ressourcen werden über eine Plattform einer Gemeinschaft zur Verfügung gestellt und durch die zusätzliche Nutzung von Dritten höher ausgelastet, mit entsprechenden ökonomischen und ökologischen Vorteilen.

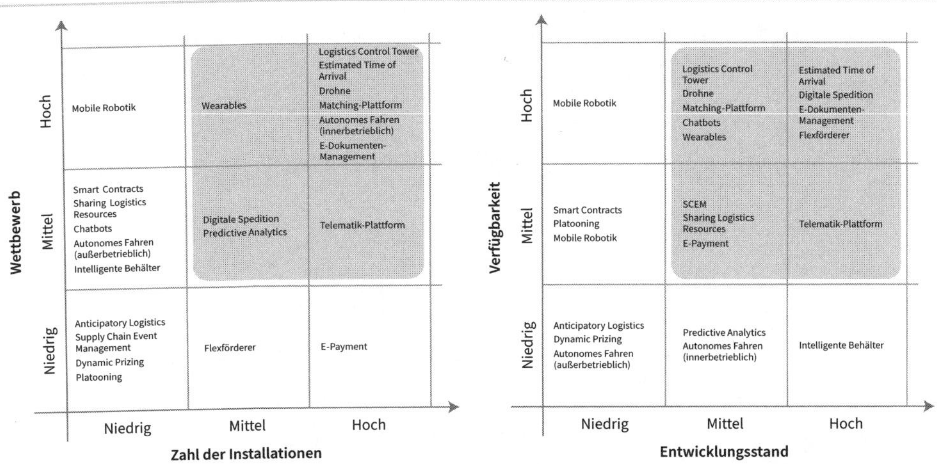

Abbildung 84 Portfolios zur Marktsituation: Wettbewerbssituation versus Häufigkeit der Installationen sowie Verfügbarkeit versus Entwicklungsstand (Stölzle et al., 2018, S. XX)

Um den Bedarf mit den verfügbaren Kapazitäten im Bereich der Logistik bei einem Frachtenüberschuss zusammenzubringen, entstehen immer mehr **Frachtenbörsen**. Frachtenbörsen bewirken, dass die Kapazitätsauslastung in der Transportlogistik Mitte 2018 bei durchschnittlich 76 % lag. Kämpften Transportunternehmer noch vor kurzer Zeit mit leeren Laderäumen, konnten sie Ende 2018 ihre Touren aus einem Überangebot an Transportanfragen auswählen. Bei hoher Auslastung wird es noch bedeutsamer, kleine lokale und spezialisierte Speditionen zu finden, die den Schwankungen durch ihre geringere Reichweite weniger unterliegen.

> Um den Anwendern die Nutzung und Auswahl zu erleichtern, hatte die Frachtenbörse ***Pamyra*** im Frühjahr 2018 ein Bewertungssystem integriert. Damit bietet die Vergleichs- und Buchungsplattform für Transporte seinen Nutzern die Möglichkeit, unkompliziert und transparent Feedback zu geben. Das Bewertungssystem richtet sich an Händler und Versender und vereinfacht die Auswahl an Speditionen. Kunden haben so die Möglichkeit,

Speditionen nach einem durchgeführten Auftrag mit bis zu fünf Sternen zu bewerten und die Bewertung auch noch mit Kommentaren anzureichern.

4.3 Geschäftsmodelle im Digital SCM: über integrierte Wertschöpfungsketten zu elektronischen Marktplätzen

Die Vielzahl möglicher Geschäftsmodelle zur Realisierung eines Digital SCM kann in drei unterschiedliche Typen kategorisiert werden: von 1:1-Anwendungen zwischen jeweils zwei Unternehmen über Internetauktionen und Handelsforen bis zu Internetmarktplätzen (vgl. Abbildung 85; Ivanov/Tsipoulanidis/Schönberger, 2019; Jelassi/Enders, 2008).

Geschäftsmodell		Digital-Anwendung	Beispiele
One-to-One (1:1)		EDI	Vielfältig
One-to-Many (1:n) 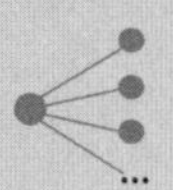	Einkäufer-Push	- Internet Auktionen - Intelligente Agenten	- GM, VW, Ford - FreeMarkets Inc. (SAP) - Sears, Carrefour
	Verkäufer-Push	- Unternehmenswebsites - Extranets	- Engelhard E-Link - Shell SIMON
Many-to-Many (m:n) 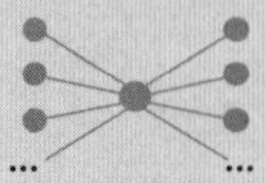	Handelsforum	- Standardisierungsgremien - Communities	- CIDX - Netmarketmakers - Vinexus
	Marktplatz	- Internet-Marktplätze	- ChemConnect (Dow Chemical) - Ariba Network (SAP) - Paperexchange

Abbildung 85 Digital-Supply-Chain-Geschäftsmodelle und elektronische Marktplätze (Ivanov/Tsipoulanidis/Schönberger, 2019; Mahadevan, 2003; Zhang/Bhattacharyya, 2010)

Einkäuferbasierte (1:n) Geschäftsmodelle stellen auf die Reduzierung der Einkaufs- sowie administrativen Kosten ab. Zulieferanten erhalten in diesem Geschäftsmodell Anfragen, ihre Kataloge den jeweiligen Einkaufsorganisationen zur Verfügung zu stellen. Die Inhalte werden meist zentral von der Einkaufsorganisation verwaltet. **Verkäuferbasierte Geschäftsmodelle** hingegen verbinden einen Zulieferanten mit einer Vielzahl an Abnehmern. Dieses Geschäftsmodell ist vor allem bei Herstellern mit größeren Marktanteilen oder spezifischen Produkten zu finden. Verkäuferbasierte Digital-SCM-Modelle werden umso eher durch größere Hersteller oder Distributoren realisiert, je fragmentierter der jeweilige Markt ist und die Gefahr besteht, dass Kunden andernfalls eine Vielzahl eigener (einkäuferbasierter) Marktplätze realisieren würden. Die Kostenvorteile der Realisierung eines Digital-SCM-Geschäftsmodells steigen tendenziell mit der Anzahl an Marktteilnehmern, was wiederum die Auswahl des jeweiligen Geschäftsmodells beeinflusst. Mit steigender Anzahl der Marktteilnehmer auf der Verkaufsseite steigt die Wettbewerbsintensität und führt zu eher sinkenden Preisen und damit Margen für die Verkäufer, was für die Einkäufer zusätzliche Anreize zur Teilnahme bietet (positiver Netzeffekt). Parallel sinken aufseiten der Verkäufer die marginalen Administrations- und Transaktionskosten und es entstehen einheitliche Zugangspunkte zu einer Vielzahl an Abnehmern, je mehr Einkäufer sich zur Etablierung des jeweiligen Digital-SCM-Modells entschließen. Es wird erwartet, dass sich die Zusammenarbeit zwischen Kunden und Zulieferanten durch den unternehmensübergreifenden Einsatz von Collaborations Tools eher noch weiter intensivieren wird, was der Weinmarktplatz *Vinexus* bereits eindrucksvoll demonstriert (Wang/Pettit, 2016; Reese, 2009).

> Die britische ***Royal Mail*** hat bereits 2013 einen »Click & Collect«-Service etabliert, mit dem Online-Käufer ihre Bestellung nicht nach Hause geliefert bekommen, sondern auf dem Postamt abholen können. Dazu wurden die Öffnungszeiten vieler Postämter verlängert; zudem sollen Abholer auch außerhalb der Öffnungszeiten Zugang zu ihren Paketen erhalten.

Vergleicht man die Vorteile der Realisierung des Digital SCM aus der Perspektive der jeweiligen Marktteilnehmer, zeigen sich Unterschiede (vgl. Abbildung 86). Aufseiten **des Einkaufs** erlauben elektronische Marktplätze als Umsetzungsalternative des Digital SCM die direkte Kommunikation mit einer Vielzahl an Zulieferanten, unter der Verfügbarkeit hochwertiger und aktueller Einkaufsinformationen, flexiblen Mehrwertdiensten sowie größtmöglicher organisatorischer Flexibilität bis zur Fremdvergabe einzelner Leistungen. Perfektes Einkaufswissen resultiert hauptsächlich aus der gesteigerten Transparenz in Bezug auf Preise, Verfügbarkeiten, mögliche Anbieter sowie alternative Produkte. Das bislang bestehende Paradigma als Optimum zwischen zentraler Kontrolle und dezentraler Flexibilität im Einkauf kann durch die Etablierung einer zentralen Prozesskontrolle und Einkaufsrichtlinien bei gleichzeitig größtmöglicher dezentraler Verantwortung und Flexibilität abgelöst werden.

> Im September 2018 haben 15 große Institutionen, darunter Banken und Handelskonzerne sowie Energiefirmen, in Genf gemeinsam das Unternehmen ***Komgo*** gegründet. *Komgo* soll künftig »wesentliche Prozesse der Handels- und Rohstofffinanzierung digitalisieren«. Ziel ist es, ein offenes und effizienteres Netzwerk im Rohstoffhandel aufzubauen. Die Blockchain-Technologie solle dazu beitragen, stabilere, kollaborative Geschäftsbeziehungen zu etablieren. *Komgo* will damit künftig nach eigenen Angaben das weltweit führende Unternehmen für die Rohstoffhandelsfinanzierung werden. Über die geplante Plattform sollen alle am Rohstoffhandel beteiligten Parteien weltweit miteinander verbunden werden. Der Gründung des Joint Ventures gingen mit *Easy Trading Connect 1 & 2* zwei Pilotprojekte voraus, über die Transaktionen im Bereich Handels- und Rohstofffinanzierung mithilfe der Blockchain verwaltet wurden. Die Blockchain-basierende Plattform soll es allen angeschlossenen Unternehmen ermöglichen, schneller an Echtzeit-Informationen zu kommen und die dahinterstehenden Prozesse effizienter und sicherer abzuwickeln (Hackius/Petersen, 2017). Bei der Plattform setzen die Entwickler wenig überraschend auf die *Ethereum*-Blockchain.

Auf der **Verkaufsseite** entsteht ein gleichberechtigter Zugang auch für kleinere Lieferanten sowie die Möglichkeit für Ad-hoc-Kooperationen zwischen Zulieferanten bei geringen marginalen Transaktionskosten. Für die Nutzung elektronischer Marktplätze als Gestaltungsoption einer digitalen Wertschöpfungskette besteht die Möglichkeit, kleinere Auftragsvolumina zu bündeln sowie auch Überbestände anonym zu verkaufen (Gally/Korpela/Nurminen, 2017). Derartigen Vorteilen stehen hohe Erwartungen an die Qualität des Digital SCM sowie tendenziell eher sinkende Margen gegenüber.

	Für den Einkäufer	Für den Verkäufer
Vorteile	+ wenige Zugangspunkte zu vielen Zulieferanten + tendenziell geringere Einkaufskosten + »perfektes Einkaufswissen« und Transparenz (Preise, Verfügbarkeiten, alternative Produkte und Anbieter) + zentrale Prozesskontrolle bei dezentraler Verantwortung und Flexibilität + Prozesstransparenz + Zulieferanten stellen Mehrwertdienste zur Verfügung + Flexibilität sichert kontinuierliche Zulieferung + Lagerhaltungsmanagement kann fremdvergeben werden (Outsourcing)	+ wenige Zugangspunkte zu vielen Kunden + gleichberechtigter Zugang auch für kleinere Zulieferanten + größeres Auftragsvolumen + Sammlung von Marktinformationen + ermöglicht Ad-hoc-Zusammenarbeit mit Wettbewerbern + Möglichkeit, sich in einem Commodity-Markt zu differenzieren + geringere marginale Transaktionskosten
Problemfelder	– sofortiger Einkauf bedeutet noch keine sofortige Auslieferung – globale Konsolidierung kann zur Reduktion der Anzahl an Zulieferanten führen	– Herausforderung, Erwartungen in Bezug auf Zeit und Distanzen zu erfüllen – Überwindung von Ineffizienzen – »perfektes Einkaufswissen« auf elektronischen Marktplätzen reduziert Margen – Mehrwertdienste werden im Zeitablauf ebenfalls Commodities

Abbildung 86 Vor- und Nachteile für Käufer und Verkäufer auf elektronischen Marktplätzen

Für die Weiterentwicklung der Umsetzungsalternativen ist zu erwarten, dass EDI-Transaktionen in den bereits erfolgten Implementierungen und Branchen fortbestehen. So werden Bestellaufträge beispielsweise bei Erreichen des Mindestbestands und Bestellzyklus im Fall von langfristig bestehenden Geschäftsbeziehungen automatisch aus den ERP-Systemen generiert. EDI-basierte Transaktionen können sich allerdings in Zukunft in ein zweistufiges Verfahren wandeln: Erst nach der erfolglosen Prüfung der Produktverfügbarkeit und Preisen auf offenen elektronischen Internetmarktplätzen erfolgt die Durchleitung des Auftrags an ausgewählte Zulieferanten.

> Unter dem Begriff des **Collaborative Commerce** (Geschäftsmodell »Coordination«) wird die vernetzte Zusammenarbeit (E-Collaboration) von Wertschöpfungspartnern sowie unternehmensübergreifende Geschäftsprozesse auf Basis eines internetbasierten Informationsaustausches in Echtzeit beschrieben, unabhängig von Plattformen (Wang/Pettit, 2016).

Zielsetzung eines Collborative Commerce im weiteren Sinne ist die Öffnung der Grenzen zu anderen Unternehmen und die flexible und dynamische Einbeziehung externer Partner als

»adaptive supply chain partnerships« (Chena/Yehb/Chen, 2010; Malhotra/Gosain/El Sawy, 2007). Unzureichend präzise IT-technische Standards können zumindest teilweise durch Webservices geheilt werden (Murtaza/Shah, 2004).

Blockchains versprechen Abhilfe in Bezug auf teilweise recht triviale Herausforderungen entlang der Supply Chain, wie etwa nicht konsistente oder nicht verfügbare Daten, manuelle (Papier-)Arbeitsschritte, fehlende Integration und Schnittstellenprobleme sowie begrenzte Informationen über Lebenszyklus und Transporthistorie der Produkte (Herzog/Oest, 2018). Die Blockchain erlaubt einen rechtssicheren Austausch von Daten zwischen einer beliebigen Anzahl von Akteuren, vom Lieferanten über den Produzenten, Großhändler, Logistikdienstleister, Einzelhändler bis hin zum Kunden, etwa am Beispiel von Dry-aged Beef oder anderen Produkten mit sensiblen Informationen (vgl. Abbildung 87).

Lieferant	Produzent	Großhändler	Logistikdienstleister	Einzelhändler	Filiale	Kunde
- stellt Daten über antibakterielle Futtermittel ein - das Rind erhält einen RFID-Chip zum Nachweis der Weidehaltung	- erhält Informationen über das Rind und die vorgesehenen Produkte, schneidet und portioniert das Fleisch entsprechend - versieht die Verpackung mit einem QR-Code	- erhält automatische Mitteilung über den Wareneingang der Fleischprodukte - wählt anhand der vollständig verfügbaren Daten über Kunde, Ware, Liefertermin usw. einen geeigneten Logistikdienstleister aus	- erhält Informationen über Herkunfts- und Bestimmungsort der Fleischprodukte - erhält Anweisungen für die Lagerung der Fleischprodukte - nutzt Transparenz zur flexiblen Netzwerkoptimierung	- erstellt eine Machine-Learning-basierte Abverkaufsprognose - fügt Rezept- und Weinempfehlungen hinzu - stellt App für Endkunden bereit	- hat volle Echtzeit-Transparenz über Lieferzeitpunkt - passt Bestellungen, Werbung usw. entsprechend an	- scannt den QR-Code mit der App - erhält Informationen über die Fleischherkunft, Reifedauer usw. sowie passende Rezept- und Weinempfehlungen - erhält Punkte für ein unternehmensübergreifendes Treueprogramm

Abbildung 87 Blockchain-basierte Supply Chain am Beispiel Dry-aged Beef (Herzog/Oest, 2018)

Über eine Blockchain-Datenbank können Beteiligte über einen QR-Code auf ihrem Smartphone jeden einzelnen Abschnitt der Supply Chain nachvollziehen (Wang/Pettit, 2016). Sämtliche Informationen über das Produkt liegen in Echtzeit in einer einzigen, konsistenten Version vor (»Single Source of Truth«). Dazu zählen Herkunft (Fütterung und Aufzucht der Tiere), zeitliche Abläufe (Reifezeit, Transportdauer, Mindesthaltbarkeit) und Standort (des Aufzuchtbetriebs bzw. des Fleischprodukts entlang der gesamten Supply Chain). Im Vergleich zu herkömmlichen Tracking & Tracing-Systemen wird neben der Rechtssicherheit auch die Glaubwürdigkeit erhöht (vgl. Abbildung 88). Gleichzeitig können Einzelhändler die Datensätze in der Blockchain mit eigenen Informationen ergänzen und damit neue Umsatzpotenziale durch Cross-/Upsell generieren, etwa durch Rezept- oder weitergehende Produktempfehlungen.

Traditionelles Tracking & Tracing	Blockchain
Zentrale Datenbank, die von einem Akteur verwaltet wird (Abhängigkeit)	Verteilte Datenbank (Distributed Ledger), auf die jeder Akteur unabhängig zugreifen kann
Nicht revisionssicher	Revisionssicher durch Design
Keine vollständige Validierung der Aktivitäten möglich	Vollständige Validierung aller Aktivitäten in der Supply Chain
Anfälligkeit gegenüber Cyberattacken, je nach Schutz der zentralen Datenbank	Hoher Schutz vor Cyberattacken, aufgrund dezentraler Speicherung
Beschränkung auf Tracking- und Tracing-relevante Daten (Ort und Zeit)	Anreicherung der einzelnen Datensätze mit beliebigen Informationen
Begrenztes Automatisierungspotenzial, da Daten nicht revisionssicher sind und Abhängigkeit vom Verwalter der Datenbank besteht	Hohes Automatisierungspotenzial durch Revisionssicherheit der Daten und Schnittstellenmöglichkeiten, etwa für Apps

Abbildung 88 Vergleich traditionelles Tracking & Tracing versus Blockchain (Herzog/Oest, 2018)

Blockchains wird daher das Potenzial zugeschrieben, in Zukunft komplexe Prozesse, die heute noch manuelle Arbeitsschritte erfordern, weitergehend zu automatisieren. Dazu zählen etwa eine automatisierte Rechnungsabwicklung bei der Bestätigung von Liefereingängen entlang der gesamten Supply Chain oder intelligente Verträge (via Smart Contracts), die Bürgschaften über mehrere Unternehmen in der Supply Chain hinweg übernehmen. In der Logistik ermöglichen Blockchain-Anwendungen voll digitalisierte Frachtpapiere, digitale Nachweise für den Haftungsübergang für Waren oder auch automatisierte Zollabfertigungen.

4.4 Implementierung des Digital SCM

Auf der Grundlage einer vorab definierten Strategie zur Digitalisierung folgt die Umsetzung eines Digital SCM idealtypisch einem **vierstufigen Vorgehensmodell** (vgl. Abbildung 89; Wang/Pettit, 2016; Bose/Pal/Ye, 2008).

Zunächst (**Phase 1**) ist die im Rahmen des strategischen Planungsprozesses erarbeitete Strategie zur Digitalisierung zu konkretisieren und durch konkrete Zielvorgaben (z. B. *Reduzierung der Durchlaufzeiten um x %, Senkung der Prozesskosten um y %*) für die nachfolgende Implementierung internetbasierter Anwendungen und Geschäftsmodelle im SCM zu operationalisieren. Über konkrete (qualitative und quantitative) **Zielkriterien** wird eine frühzeitige Fokussierung der nachfolgenden Prozessanalyse auf die im strategischen Planungsprozess ermittelten Zielvorgaben abgesichert (Weber, 1990). Diese Zielvorgaben können aus der Innenperspektive des Unternehmens, unter Einbeziehung von Referenzbeispielen aus ähnlich gelagerten Fallbeispielen zur Implementierung eines Digital SCM oder auf der Grundlage einer eigenständigen Machbarkeitsstudie abgeleitet bzw. validiert werden. Ein systematisches unternehmensinternes, wettbewerbsorientiertes als auch funktionales Benchmarking (mit Branchenexternen) unterstützt die Projektvorbereitung, die Entwicklung prozessbezogener Kennzahlen sowie die spätere Evaluierung (Karlöf/Östblom, 1993). Parallel zum Benchmarking wird meist eine erste, noch grobe Analyse und Übersicht über die von der Implementierung betroffenen Prozesse durchgeführt.

Phase	I. Benchmarking & Best Practice	II. Analyse und Prozessplanung	III. Umsetzung & kontinuierliche Verbesserung	IV. Erfolgskontrolle & Evaluierung
Aktion	- Entwicklung der Vision eines Digital SCM - Definition der Zielsetzung und konkreter Zielvorgaben - Referenzbeispiele (gleiche/andere Branche) - Internes/externes Benchmarking - Machbarkeitsstudie - grobe Prozessanalyse - Erstinformation Betroffener - Selektion Pilotbereiche und -anwendungen - Ermittlung erster Optionen zur Nutzung digitaler Anwendungsszenarien in den Geschäftsprozessen	- Prozessanalyse, mit Fokus auf Digital SCM-Potenzialen - Durchführung Prozesskostenanalyse - Ermittlung von Zielkriterien zur Prozessverbesserung unter Nutzung von Digital-Anwendungen - Bewertung kritischer Prozesse und Beschreibung bestehender Schwachstellen - Entwicklung Lösungskonzepte (Soll-Prozess) und Informationsfluss - Festlegung der Digital-SCM-Variante, wie elektronische Marktplätze, E-Procurement u. Ä. - Erarbeitung von Maßnahmen unter Einbeziehung der Mitarbeiter - Kompetenzmodell	- Umsetzung durch Fach- und Projektteam - Schrittweiser Roll-out aus Pilotbereichen/ -anwendungen - Umsetzung Maßnahmenkatalog - Nachverfolgung und Klärung offener Fragen - Stellenbeschreibungen, Trainingsplan - Anstoß zur kontinuierlichen Verbesserung - Kommunikation & Mobilisierung (Promotoren) - Entwicklung und Implementierung Kennzahlen	- Ergebnis- und Prozessbewertung - Prozess-Audit - Verfolgen der Zielerreichung - Betreuung der Teams

Abbildung 89 Vorgehensmodell zur Umsetzung des Digital SCM

Um die schnelle Umsetzung sowie die Praktikabilität der Vorgehensweise zu testen, sind **Pilotbereiche** zu definieren, innerhalb derer die Maßnahmen kurzfristig umsetzbar sind und Auswirkungen der eingesetzten Maßnahmen, Anwendungen sowie erforderliche Technologien vor dem späteren »Rollout« exemplarisch erprobt werden können, etwa Demand Planning als Vorstufe zur Produktionsplanung und -steuerung (PPS; Gilchrist, 2018). Gesammelte Erfahrungen aus der Pilotanwendung sind systematisch zu erfassen und über **Promotoren** den Projektverantwortlichen in anderen Anwendungsbereichen zur Verfügung zu stellen. Erste **Kommunikationsmaßnahmen** erlauben die frühzeitige Einbeziehung betroffener Mitarbeiter sowie deren Mobilisierung (»Commitment«; Schein, 1987; Gouillart/Kelly, 1995). In dieser ersten Phase bleibt die Kommunikation meist auf die Bekanntgabe der Ziele, den Aufbau intensiver Kontakte zwischen Projekt- und Fachbereichen sowie die Erfassung erster Vorschläge seitens der Mitarbeiter zur Nutzung von Digital-Anwendungen beschränkt (Davenport, 1993). Gleichzeitig ist ein erster Entwurf (**Blueprint**) des angestrebten Geschäftsmodells zur Implementierung und Nutzung des Digital SCM zu entwickeln, etwa ob eher die Realisierung elektronischer Marktplätze, eine elektronische Beschaffung, Auktionen oder Mischformen aus diesen verschiedenen Ausgestaltungsoptionen im Fokus stehen sollen.

Im Rahmen dieser ersten Phase ist mit der konzeptionellen Ausgestaltung des Digital SCM auch eine Entscheidung über die Komponenten wie das Supply Chain Design, das Supply Chain Planning oder auch die Supply Chain Execution zu treffen (vgl. Abbildung 90; Ivanov/Tsipoulanidis/Schönberger, 2019; Gilchrist, 2018; Werner, 2010):

- **Supply Chain Design**: stellt benötigte Informationen und Restriktionsvorgaben für die untergeordneten Planungs- und Ausführungsebenen bereit, für eine langfristige Gestaltung einer optimalen Lieferkette. Mithilfe von »What-if-Simulationen« sollen kostenoptimale Entscheidungen in Bezug auf Investitions-, Verteilungs- oder auch Rationalisierungsmaßnahmen getroffen werden;
- **Supply Chain Planning**: umfasst alle strategischen, taktischen und operativen Planungsmodule zur Steigerung der Produktivität entlang der gesamten Lieferkette. Hierunter fallen Komponenten wie die
  - **Bedarfsplanung (Demand Planning)**: Prognose der zukünftigen Absatz- und Bedarfsmengen verschiedener Produkte und Dienstleistungen auf der Grundlage der Absatzzahlen der Vorperioden, Trendentwicklungen, Marktforschungsdaten, geplanten Verkaufsförderungsmaßnahmen von Abnehmern oder auch der Vertriebsplanung, etwa der Key Account Manager im Handel;
  - **Netzwerkplanung**: optimale Zuordnung vorhandener Kapazitäten entlang der Lieferkette. Im Rahmen einer sowohl unternehmensbezogenen und unternehmensübergreifenden Grobplanung werden sämtliche Kapazitäten in Beschaffung, Produktion und Distribution (Logistik) zur Erfüllung der prognostizierten Aufträge miteinander abgeglichen;
  - **Beschaffungsplanung**: Optimierung aller Bestände durch effiziente Beschaffungsstrategien entlang einer mehrstufigen Supply Chain unter Berücksichtigung von Parametern wie Lagerhaltungskosten, Transportlosgrößen oder auch Servicelevels;
  - **Produktionsplanung**: Erstellung eines abgestimmten Produktionsplans in Bezug auf eine optimale Auslastung der Kapazitäten, Bestandskosten sowie der prognostizierten Bedarfsmengen und -zeitpunkte gemäß der Bedarfsplanung. Mithilfe einer simultanen und engpassorientierten Ressourcenplanung werden Produktionsaufträge grob terminiert und Fertigungskapazitäten zugeteilt. In der Feinplanung werden durchführbare, reihenfolgedeterminierte und optimierte Produktionsaufträge unter Berücksichtigung von Anlagenstammdaten, Rüstzeiten oder auch Maschinenkapazitäten als exakte Produktionsfolgen festgelegt;
  - **Distributionsplanung**: umfasst die Planung von Lagerung, Kommissionierung und Verteilung von Produkten in Abhängigkeit betrieblicher Einflussfaktoren sowie Kunden- und Marktanforderungen. Die Steuerung der Bestände orientiert sich jeweils am »Pull« der nachgelagerten Stufe bis zum Endkundenbedarf im Handel. Auf dieser Grund-

lage werden die Nachschubzeitpunkte und als »Continuous Replenishment Planning« die Liefermengen zur Wiederauffüllung der Lagerbestände bestimmt. Dies erfolgt etwa im Rahmen von ECR-Konzepten, Vendor Managed Inventories oder einer produktionssynchronen Beschaffung (Just-in-Time; Wildemann, 1988). Entscheidungsparameter resultieren aus der Bestandsplanung, dem Servicelevel-Grad als auch optimalen Produktions- und Transportlosgrößen;
- **Available-to-Promise (ATP)**: Anwendungen erlauben Warenverfügbarkeitsprüfungen über alle Lagerstufen in Echtzeit durch Schnittstellen zwischen SCM- und ERP-Anwendungen aller an der Wertschöpfungskette beteiligten Partner. In der Erweiterung wird im »**Capable-to-Promise**« (CTP) überprüft, inwieweit ein Eilauftrag zu einem gewünschten Liefertermin in eine laufende Produktion eingelastet werden kann.

Die ***Deutsche Lufthansa*** konnte in der Ersatzteillogistik durch die Einführung eines Teileverfolgungssystems (in Echtzeit) bei gleichzeitiger Integration bestehender IT-Landschaften die Transport-, Logistik- und Lagerkosten signifikant reduzieren sowie die Flugbereitschaft signifikant erhöhen. Dank eines maßgeschneiderten Digital-SCM-Systems wurden Lagerhaltung, Laufzeiten und Zeiten ohne Flugbereitschaft deutlich reduziert, die Transportkapazitäten um knapp 30 % erhöht und sowohl die Servicequalität als auch die Kundeninformation deutlich verbessert.

- **Supply Chain Execution**: umfasst alle exekutiven Ausführungselemente wie die Beschaffung, Auftragsabwicklung oder auch die Transport-, Bestands- und Lagersteuerung. Unter diese transaktionsorientierten Komponenten fallen Aufgabenbereiche wie
  - **Controlling**: Überwachung aller Aktivitäten entlang einer Supply Chain, die Meldung von Planabweichungen und das Einleiten notwendiger Korrekturmaßnahmen;
  - **Auftragsabwicklung**: als Steuerung, Koordination und Unterstützung aller Vertriebsphasen;
  - **Bestandsmanagement**: technische Unterstützung der Beschaffungsvorgänge etwa durch E-Procurement, die Unterstützung bei der Lieferantenauswahl auf elektronischen Marktplätzen oder die Unterstützung einer Just-in-Time-Beschaffung;
  - **Produktionsabwicklung**: Als Umsetzung der Produktionsfeinplanung werden Aufträge kapazitätsgerecht eingelastet unter Nutzung von Kanban-Prinzipien (Pull-Prinzip) oder PPS-Systemen;
  - **Transportabwicklung**: als technische Unterstützung der Distribution bzw. Lager- und Transportprozesse, unter Berücksichtigung der Versandterminierung, Kapazitätsrestriktionen und die Einhaltung vorab definierter Servicelevel etwa durch Tracking & Tracing;
  - **Datenintegration**: als Bereitstellung und Aufbereitung der zur Planung benötigten Daten inkl. der Schnittstellen zu operativen, heterogen Anwendungslandschaften.

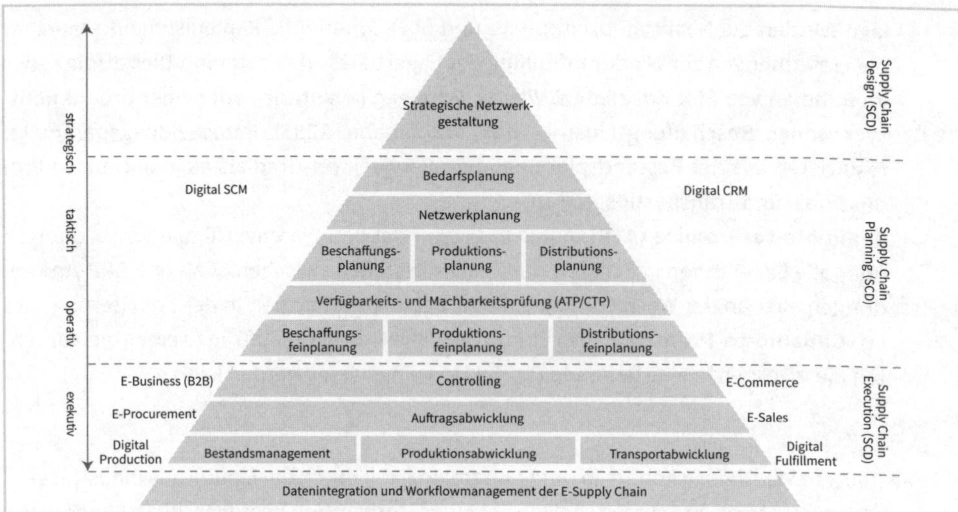

Abbildung 90 Ebenen und Module des Digital SCM nach *Fraunhofer IPA* (Wannenwetsch/Nicolai, 2004; Schulze, 2009; Wildemann, 2000)

In der **zweiten Phase** wird durch eine **Prozessanalyse** der Ist-Zustand der betroffenen Geschäftsprozesse ermittelt, der mithilfe einer Prozesskostenanalyse mit finanzwirtschaftlichen Kenngrößen unterlegt wird. Im Mittelpunkt steht die Frage, inwieweit die bestehenden Prozesse und Aufgabenbereiche den definierten Zielen und Anforderungen einer Implementierung digitaler Anwendungsszenarien genügen bzw. in einzelnen Prozessschritten oder über Teilprozesse hinweg weitergehende Potenziale erschlossen werden können. Als **Resultat der Prozessanalyse** entsteht unter anderem (Merzenich, et al., 2011; Gilchrist, 2018)

- eine transparente und detaillierte **Darstellung der Ist-Prozesse** sowie deren Teilprozesse und Aktivitäten, einschließlich der jeweils erforderlichen Stellen, Rollen, erforderlichen Kompetenzen, Schnittstellen sowie der IT-Unterstützung. Über Kennzahlen wie beispielsweise die Durchlaufzeiten oder den Lieferservicegrad wird die qualitative Analyse durch quantitative Kennzahlen ergänzt (Harrington, 1991);
- eine Übersicht über **Schwachstellen** (wie redundante Prozessschritte, Medienbrüche, komplexe Schnittstellen) der Ist-Prozesse;
- ein **Maßnahmenkatalog** für die Optimierung und Veränderung des Ist-Prozesses bis zur Implementierung eines neuen Digital-SCM-Geschäftsmodells sowie der angestrebten **Soll-Prozesse**;
- durch den Abgleich vorhandener mit erforderlichen Funktionalitäten und Anwendungen ein **Anforderungskatalog** auch für die spätere technische Implementierung.

Neben der bloßen Prozessbetrachtung sind strukturelle Aspekte wie die aufbauorganisatorische Einbettung der Prozesse, die Funktions- und Personalzuordnung als auch die bislang realisierte IT-Unterstützung zu berücksichtigen. Entgegen der in Fallbeispielen vorzufindenden Unternehmenspraxis gilt hier der Grundsatz, dass Veränderungen der Ablauforganisation (Prozesse) nicht losgelöst von der Aufbauorganisation (Organisationsstruktur, Funktionen, Stellen) betrachtet werden können. Entsprechend ist die Ist-Analyse unmittelbar durch eine Bewertung der **Aufbauorganisation** zu ergänzen. Für die Ermittlung kritischer Prozesse und Schwachstellen stehen bewährte Methoden wie Metaplan-Techniken zur Verfügung (Thaler, 2001). Bereits einfache Ursache-Wirkungs-Diagramme zeigen die wichtigsten prozessualen Einflussfaktoren sowie deren jeweilige Einflussstärke auf.

Das **Soll-Prozessmodell** enthält Aussagen über die angestrebte Prozessstruktur, etwa welche Teilprozesse in welchen Prozessschritten in einer bestimmten Organisationseinheit mithilfe welcher internetbasierter Anwendungen durchgeführt werden sollen (Möhrstädt/Bogner/Paxian, 2001; Merzenich, et al., 2011). Unter Einbeziehung der eingangs aufgestellten Leistungsindikatoren sowie des Soll-Prozessmodells können unterschiedliche **Ausgestaltungsoptionen und Geschäftsmodelle** eines Digital SCM detaillierter evaluiert werden, beispielsweise ob eher Anwendungen der Prozessplanung und -steuerung (APS), die Verbesserung der internen Kommunikation (Knowledge Management), die elektronische Beschaffung oder aber elektronische Marktplätze im Mittelpunkt stehen sollen (Ivanov/Tsipoulanidis/Schönberger, 2019). Soll-Prozesse und die darauf aufsetzende Realisierungsoption des Digital SCM erlauben schließlich die Entwicklung eines **DV-Konzeptes**, das ein auf die Prozesse abgestimmtes Anwendungskonzept einschließlich aller auftretenden Kosten (»Total Cost of Ownership«) und involvierten Anwendungen umfasst (wie etwa im Fall von *Neway Valve*; vgl. Abbildung 91).

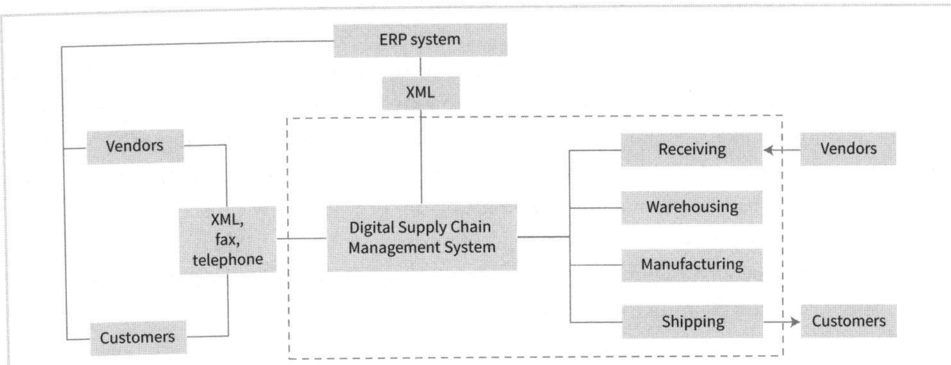

Abbildung 91 Beispiel für die Einbindung eines Digital-SCM-Systems am Beispiel *Neway Valve* (Bose/Pal/Ye, 2008, S. 237)

Eine parallel durchgeführte **Prozesskostenanalyse** erweitert die identifizierten Schwachstellen und Möglichkeiten zur Implementierung eines Digital SCM um eine finanzwirtschaftliche Betrachtungsperspektive. Im Rahmen der Prozesskostenanalyse erfolgt zunächst auf der Grundlage des Ist-Prozessmodells eine Kontrolle und systematische Zuordnung von Gemeinkosten bis auf die Ebene einzelner Kostenstellen und Aktivitäten. Nachdem die Teilprozesse und auftretenden Aktivitäten analysiert werden, können variable (leistungsmengeninduzierte) und fixe (leistungsmengenneutrale) **Kostenbestandteile** identifiziert werden. Für die variablen Bestandteile können Bezugsgrößen sowie Kosteneinflussgrößen (»**Cost Drivers**«) und Mengengerüste ermittelt werden. Diese Prozesskostensätze bieten Anhaltspunkte sowohl für eine höhere Ausschöpfung bestehender Kapazitäten als auch für die Optimierung der Prozesse (Rationalisierung) im Rahmen der Digital-SCM-Implementierung. Die Auswirkungen und Potenziale können auf der Grundlage der Leistungsindikatoren sowie der Prozesskostenanalyse in einem separaten **Business Case** einer zusammenfassenden Bewertung unterzogen werden.

Die systematische Einbeziehung des **Know-hows der Mitarbeiter** der beteiligten Fachbereiche erlaubt die Integration verfügbarer Ideen zur Nutzung von Digital-Anwendungen in den Geschäftsprozessen sowie die Erarbeitung realistischer Lösungsvorschläge (Mohr/Woehe, 1998). Gleichzeitig besteht die Chance, **(informelle) Promotoren** für die Umsetzung zu gewinnen und funktionsübergreifende Widerstände deutlich einzugrenzen. Im Rahmen eines **Kompetenzmodells** werden bestehende Kompetenzen mit dem für die Einführung von Digital SCM erforderlichen Know-how abgeglichen sowie spezifische Maßnahmen zur Schließung bestehender Kompetenzlücken (wie Training, Rekrutierung, Fremdvergabe) entwickelt.

Im Rahmen der Umsetzung der definierten Maßnahmen (**Phase 3**) wird das vorab erarbeitete Soll-Konzept ausgehend von ersten Pilotanwendungen schrittweise sowohl in Bezug auf die Funktionalität als auch die Anwendungsbereiche ausgeweitet. Die Implementierung ist permanent durch Kommunikations- und Mobilisierungsmaßnahmen zu begleiten, um neue Stellenbeschreibungen und Rollen innerhalb der Soll-Prozesse effizient umzusetzen und die Nutzung der Digital-Anwendung abzusichern (Doppler/Lauterburg, 2000).

Anhand des Kennzahlensystems ist zuletzt (**Phase 4**) ein systematisches Monitoring zu implementieren, das der begleitenden Ergebnis- und Projektevaluierung dient. Über Ist-Soll-Vergleiche der Leistungsindikatoren kann hier beispielsweise ein systematisches **Benefits Tracking** über das Projekt hinaus für alle zukünftigen prozessgestaltenden Maßnahmen realisiert werden. Die Grundlage für die permanente Evaluierung der Prozesse sowie der gewählten Digital-Anwendungen bilden Prozesskostensätze und Planprozessmengen (Horvath/Meyer, 1989). Im Falle von Ist-/Soll-Abweichungen sind eigenständige Lösungsvorschläge und Maßnahmenkataloge zu entwerfen und zu implementieren.

4.5 E-Procurement – der digitale Einkauf

4.5.1 Schwachstellen traditioneller Beschaffungsprozesse

Der Einsatz des Internets in Beschaffung und Einkauf (*E-Procurement*) als speziellem Anwendungsfall bzw. als wichtiger Teilaufgabe des Digital SCM eröffnet umfangreiche Potenziale, die über eine technische Abwicklung der Beschaffung weit hinausgehen.

> Eine Reduzierung der Beschaffungskosten um 5 Mio. EUR erhöht den Gewinn eines Unternehmens unmittelbar um den gleichen Betrag; selbst Unternehmen mit Gewinnmargen

von 10 % wären gezwungen, den Umsatz um 50 Mio. EUR zu erhöhen, um Gewinne in der gleichen Größenordnung realisieren zu können (Sipos, 1999; Puschmann/Alt, 2005).

Der **klassische Beschaffungsprozess** erstreckt sich von der Untersuchung des Beschaffungsmarktes über die Beschaffungsplanung, und -durchführung bis zur Beschaffungskontrolle (vgl. Abbildung 92; Bogaschewsky, 1999; Bräkling/Oidtmann, 2019). Im Zuge der **Analyse** des Beschaffungsmarktes wird ermittelt, welche Lieferanten zur Verfügung stehen und als geeignet erscheinen, die geforderten Waren und Dienstleistungen bereitzustellen. Die Bewertung potenzieller Zulieferanten erfolgt anhand von Kriterien wie dem Marktanteil, der Liefertreue, der Qualität und dem Preis. Im Rahmen der **Beschaffungsplanung** wird der unmittelbare Beschaffungsvorgang vorbereitet und grundsätzliche Rahmenbedingungen der Beschaffung determiniert, etwa ob die Beschaffung auf Vorrat oder produktionssynchron erfolgen soll oder über welche Beschaffungswege und bis zu welchem Zeitpunkt die Waren oder Dienstleistungen verfügbar sein müssen (Schwalbach, 2018). Damit verbunden ist die Festlegung der Beschaffungsmenge in Abhängigkeit von den Bestellkosten, möglichen Losgrößen oder Lagerkosten. Innerhalb der **Beschaffungsdurchführung** werden Angebote anhand der Vorgaben sowie zusätzlicher Bewertungskriterien geprüft und die Bestellung initiiert. Die **Beschaffungskontrolle** umfasst zusätzlich zur Wareneingangsprüfung und Zahlungsabwicklung die Kontrolle interner (wie Bestell- und Lagerkosten) sowie externer (wie Termintreue und Qualität) Planungsziele.

Marktforschung	Beschaffungsplanung	Beschaffungs-durchführung	Beschaffungs-kontrolle
Untersuchung des Beschaffungsmarktes: - vorhandene Lieferanten - geeignete Lieferanten **Bewertung der Lieferanten, u. a.:** - Marktanteil - Liefertreue - Dienstleistungsangebot - Produkte - Preise - Qualität - Einsatzeigenschaften **Allgemeine Marktbewertung:** - Marktstrukturen - Voraussagen zur Entwicklung	- Vorbereitung der Beschaffung - Beschaffungsprinzipien: • Vorrat • Einzelbeschaffung • Produktions-synchron - Beschaffungswege: Handel, Kommissionäre - Verfügbarkeits-zeitpunkt - Ermittlung der geeigneten Bestellmenge, in Abh. von: • Bestellkosten, • Losgrößen und • Lagerkosten	- Auswahl Lieferant, bei • abnehmender Fertigungstiefe • hoher Lieferantenbindung • Produktionssyn-chrone Anlieferung - Prüfung: • Vorgaben • Qualität • Preis • Lieferfrist - Bestellung: Beschaffenheit, Menge, Preis, Verpackung, Lieferort und -zeit - Zahlungs- und Lieferbedingungen - Wareneingangsprüfung - Zahlungsabwicklung	- Hinweise auf zukünftige Maßnahmen - Internet Planungsziele - Bestell- und Lagerkosten - Termintreue - Qualität

Abbildung 92 Traditioneller Beschaffungsprozess

Kennzeichen des klassischen Beschaffungsprozesses ist eine hohe Komplexität der **Genehmigungs- und Kontrollstrukturen**, ohne Differenzierung zwischen direkten, herstellungsrelevanten, hochwertigeren A-Gütern und geringerwertigen (indirekten) C-Verbrauchsgütern. Als B-Güter werden gemeinhin Güter mittleren Wertes und mittlerer Bestellhäufigkeit bezeichnet.

Im Rahmen einer **ABC-Analyse** können Vorräte entsprechend ihres Wertes und ihrer Menge in A-, B- und C-Materialien unterteilt werden: **C-Güter** sind durch eine hohe Bestellfrequenz, geringe Einzelwerte, ein niedriges Beschaffungsrisiko sowie einen hohen Standardisierungsgrad geprägt. ABC-Analysen über die in der Unternehmenspraxis auftretenden Beschaffungsvolumina zeigen (Konhäuser, 1999; Möhrstädt/Bogner/Paxian, 2001), dass

- 85 % der bestellten Waren bzw. 60 % der Bestellvorgänge C-Verbrauchsartikel sind, die 75 % der Zulieferanten eines Unternehmens betreffen,
- die jedoch nur 5 % des wertmäßigen Beschaffungsvolumens repräsentieren.

> Das mittelständische Handelsunternehmen für Büro- und Betriebseinrichtungen ***Udobär*** hat über einen Online-Marktplatz ein E-Procurement-System realisiert, das Kunden direkten Zugriff auf den Produktkatalog mit über 33.000 Produkten von rund 300 verschiedenen Lieferanten aus den Bereichen Büro- und Betriebseinrichtung erlaubt.

Selbst bei den geringerwertigen C-Gütern ist die Genehmigung durch den Vorgesetzten, eine (schriftliche) Bedarfsmeldung an einen zentralen Einkauf inkl. (manueller) Erfassung im Warenwirtschaftssystem und schließlich der schriftlichen oder telefonischen Bestellung beim Zulieferanten erforderlich (Schwalbach, 2018; Bräkling/Oidtmann, 2019.). Rückfragen oder Veränderungen einzelner Beschaffungsparameter erfordern mehrfache **Feedbackschleifen** intern zwischen Vorgesetzten und Bedarfsträgern sowie extern zwischen Kunden und Zulieferanten unter Nutzung unterschiedlicher Medien wie Telefon, E-Mail oder Fax. Derartige **Medienbrüche** entlang des Beschaffungsprozesses verursachen erhebliche Aufwendungen, unabhängig vom Wert der zugrunde liegenden Produkte. Umfangreiche Kontrollmechanismen für Bedarfs-, Mengen-, Preis-, Versandkosten- und Wareneingangskontrollen sowie die Kontrolle einzuhaltender Mindestbestellwerte bzw. gegebenenfalls zu entrichtende Mindermengenzuschläge erhöhen die Kostenwirksamkeit.

> Um die Vielzahl an Medienbrüchen im Einkaufsprozess zu vermeiden, wickelt ***Eurocopter***, ein EADS-Tochterunternehmen, seinen Einkauf bereits seit 2002 über ein integriertes E-Procurement-System ab. Auf diese Weise konnte *Eurocopter* eine durchgängige Prozesskette realisieren, die Warenwirtschaft, Bestellvorgang und Buchhaltung integriert. Es ist gelungen, die Arbeitsschritte von 67 auf 26 zu reduzieren, ohne Informationen zu verlieren. Jeder Prozessbeteiligte kann sich nun tagesaktuell über den Stand einer Bestellung informieren.

Gleichzeitig entstehen Mehrfacharbeiten etwa im Bereich der Wareneingangsprüfung: Da der Bedarfsträger seine spezifischen Bedarfe am besten kennt und vor der Belastung seiner Kostenstelle bzw. vor dem tatsächlichen Einsatz angelieferter Güter in jedem Fall eine Qualitätsprüfung durchführt, sind **Doppelarbeiten** zusätzlich zu den zentralen Wareneingangs- und

Rechnungsprüfungen die Regel. Eine Vielzahl an Kontroll- und Genehmigungsinstanzen, damit verbundene Liege-, Bearbeitungs- und Transportzeiten sowie die genannten Doppelarbeiten summieren sich zwangsläufig zu hohen Durchlaufzeiten.

> Selbst für einfache Büromaterialien konnten in Praxistests bis zu 45 Prozessschritte mit bis zu 91 Minuten Gesamtdauer für eine Bestellung ermittelt werden (Möhrstädt/Bogner/Paxian, 2001).

Als Konsequenz aus den hohen Durchlaufzeiten und komplexen Prozessabläufen nehmen die Bedarfsträger (spontane) Einzelbestellungen außerhalb bestehender Rahmenabkommen mit Zulieferanten vor (»**Maverick Buying**« oder »**Stadtgänge**«). Diese Bestellungen liegen preislich in aller Regel bis zu 20 % über den Preisen entsprechender Rahmenabkommen (Kulp et al., 2006). Intransparente bzw. nicht explizit geregelte Beschaffungsprozesse verhindern eine Bedarfsbündelung, erhöhen die **Anzahl an Lieferanten** und damit verbundene Handlingkosten. So zieht die Aufteilung von Bestellpositionen auf mehrere Zulieferanten einen erhöhten Bearbeitungsaufwand im Wareneingang, im innerbetrieblichen Transport, der Kreditorenpflege und notwendiger Rechnungsgänge im Rechnungswesen oder bei der Entsorgung von Verpackungsmaterialien nach sich (Möhrstädt/Bogner/Paxian, 2001). Die Vielzahl spezifischer Produktbegriffe und -beschreibungen unterschiedlicher Zulieferanten führt zu redundanten Informationen, unübersichtlichen, aufwendigen Suchverfahren und in der Konsequenz steigenden Aufwendungen im **Informationsmanagement**. Analysen von Beschaffungsprozessen zeigen, dass bei indirekten Materialien der Wert der bestellten Waren oftmals geringer ist als die damit verbundenen Bestellabwicklungs- und Prozesskosten (Bräkling/Oidtmann, 2019.).

Darüber hinaus korreliert die Anzahl der Zulieferanten positiv mit der Höhe der Bestände: Mit steigender Zahl an Zulieferanten und damit auch zunehmender Anzahl vorzuhaltender Produktbeschreibungen und Konfigurationen steigt die mittlere Bestandshöhe an Material und meist auch an Fertigprodukten. Zusätzlich zu der Steigerung der Prozesskosten ist infolgedessen ebenfalls eine Erhöhung der Kapitalbindungskosten zu verzeichnen (Wildemann, 2001). Bestehen Optimierungspotenziale für hochwertige A-Artikel meist in der Senkung der Einstandskosten etwa durch gemeinsame Planungs- und (Produkt-)Entwicklungsprozesse mit Systempartnern, steht für C-Artikel und Verbrauchsmaterialien dementsprechend eine Senkung der Prozesskosten (Gemeinkosten) und die Optimierung der Geschäftsprozesse im Fokus.

Zusammenfassend lassen sich traditionelle Beschaffungsvorgänge oftmals durch verzweigte Prozessketten mit redundanten Bearbeitungsschritten, langen Beschaffungs- und Durchlaufzeiten und einer nur eingeschränkten Flexibilität auf Veränderungen der Kundenanforderungen charakterisieren (Bräkling/Oidtmann, 2019; Bogaschewsky, 1999; Hartmann, 1999). **Ineffizienzen der traditionellen Beschaffung** resultieren aus

- einer **aufwendigen Informationsbeschaffung** durch verteilt vorliegende, unstrukturierte (Katalog-)Informationen,

- der Notwendigkeit zur **Einbindung** mehrerer Mitarbeiter und Hierarchieebenen selbst in einfachere Bestellvorgänge,
- einer **geringen Prozesstransparenz** und Mehrfacharbeiten in unterschiedlichen Abteilungen,
- **redundanten Prozessschritten** durch die Übergabe von Rechnungen und innerbetrieblichen Genehmigungsverfahren,
- **Medienbrüchen** im Informationsfluss zwischen den beteiligten Abteilungen und Unternehmen oder
- dem Wildwuchs von **Einzelbestellungen** außerhalb von Rahmenverträgen.

4.5.2 Potenziale des E-Procurement

Die Unterstützung des Beschaffungsprozesses durch die Nutzung von Digital-Anwendungen und Geschäftsmodellen eröffnet Potenziale sowohl zur Vereinfachung manueller Tätigkeiten als auch zur Prozessautomatisierung (Dolmetsch, 2000).

> **E-Procurement** beschreibt den elektronischen Einkauf von Produkten bzw. Dienstleistungen durch ein Unternehmen über digitale Netzwerke (Kollmann, 2011, S. 101).

Im Mittelpunkt des E-Procurement steht die selbstständige Bestellung der benötigten Güter sowie die Überwachung des Bestellvorganges durch den Bedarfsauslöser selbst: Nach der Authentifizierung können Bedarfsträger via Internet unter Nutzung von **Desktop-Purchasing-Systemen** direkt auf die Kataloge von Zulieferanten zugreifen und ohne weitergehende Medienbrüche eine Bestellung auslösen (Dolmetsch, 2000; Buchholz, 2001). Sämtliche erforderlichen Bestelldaten werden konsistent und ohne Mehrfacherfassungen übertragen und direkt im Anwendungssystem des Zulieferanten weiterverarbeitet. Ebenso können externe Online-Produktkataloge direkt im sogenannten Punch-out-Verfahren eingebunden werden.

> Als **Punch-out** wird ein Verfahren bezeichnet, mit dem ein externer Online-Produktkatalog aus einer Einkaufsapplikation aufgerufen werden kann. Der in diesem Onlinekatalog vom Besteller zusammengestellte Warenkorbinhalt wird in einem strukturierten Format zurück an die E-Procurement-Anwendung übergeben.

Die Rechte des jeweiligen Anwenders werden durch den zentralen Einkauf elektronisch hinterlegt, ebenso wie das Produktspektrum und die Lieferkonditionen einer begrenzten Anzahl von (System-)Zulieferanten. Individuelle **Rahmenwerte** erlauben es, dass ab einem bestimmten Bestellwert automatisch ein Genehmigungsverfahren gegebenenfalls unter Einschaltung des zentralen Einkaufs bzw. hierarchischer Vorgesetzter eingeleitet wird. Analysen des Beschaffungsmarktes können durch intelligente Agenten und Katalogsysteme unterstützt werden, die im Vergleich mit den klassischen Verfahren eine einfachere, aktuellere und kostengünstigere Angebotsanalyse gestatten (Block, 1999).

> Studien von *KPMG* zeigen, dass durch den Einsatz von E-Procurement die Dauer eines intraorganisationalen Beschaffungsprozesses von durchschnittlich neun auf 1,5 Tage reduziert werden kann (Wirtz; 2010).

Die Potenziale eines webbasierten Einkaufs tangieren damit eine operative, strategische sowie langfristige Ebene (vgl. Abbildung 93).

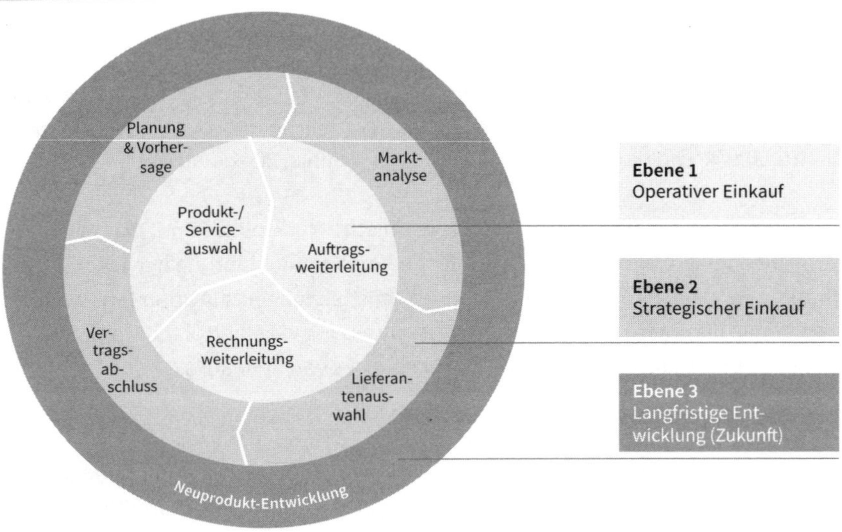

Abbildung 93 Ebenen des E-Procurement

Auf der Ebene des **operativen Einkaufs** stehen die Bestimmung der exakten Bedarfe und die Weiterleitung von Aufträgen sowie Rechnungen im Vordergrund. Diese Funktionalitäten werden im E-Procurement durch die Integration von ERP-Systemen, elektronischen Katalogen oder Online-Bestellungen bereitgestellt.

> ***Chevron*** oder ***Boehringer Ingelheim*** aggregieren in einem einkaufsbasierten Geschäftsmodell Inhalte einer Vielzahl von Anbietern auf dem Intranet des Käufers. Käufer kontrollieren die Aktualisierung der Inhalte sowie den Austausch der Information mit anderen Anbietern.
>
> Der ***Volkswagen-Konzern*** hat 2000 seine Online-Plattform *VWGroupSupply.com* gelauncht, über die heute in über 60 verschiedenen Anwendungen (wie Request for Quotation, Contract Negotiations, Catalog Purchases, Order Management, Vehicle Program Management

oder auch Payment) 90 % des gesamten Einkaufsvolumens des Konzerns abgedeckt werden. Grundlage der Einkaufsplattform ist die »*VWGroupSupply.com-Lieferantendatenbank*«, eines der größten Unternehmensverzeichnisse der Industrie. Hier werden Lieferantendaten aus allen Bereichen, von der Beschaffung über Logistik und Produktion, Qualität, technischer Entwicklung bis hin zu Finanzkennzahlen zusammengefasst. Jeder Lieferant registriert sich mit einem eindeutigen Zuordnungsschlüssel (DUNS-Nr.) und pflegt auf der Datenbank selbst seine Angaben und somit die »Visitenkarte« seines Unternehmens. Damit vergrößert er seine Chancen auf zusätzliche Aufträge, da die *Volkswagen*-Einkäufer weltweit jederzeit auf alle Daten zugreifen können. Neben Online-Verhandlungen (Auktionen) bestehen weitergehende Anwendungen etwa für Online-Katalogeinkäufe. Insgesamt sind hier derzeit mehr als 50.000 Zulieferanten registriert (Laudon/Traver, 2013).

Einkaufsanwendungen unterstützen das operative Einkaufsmanagement. Die zweiseitige (1:1) Kommunikation mit Systemzulieferanten kann durch die bereits skizzierten elektronischen (n:m) Marktplätze komplementär ergänzt werden (Buchholz, 2001; Rothkopf/Whinston, 2007).

Der Sportartikelhersteller ***Puma*** nutzt elektronische Marktplätze im E-Procurement (o. V., 2001b). Dienstleister stellen sowohl die Technologie zur Ausführung der Transaktionen im Web zur Verfügung als auch unterstützende Dienstleistungen zur Optimierung der Beschaffung. Ergebnis der Beschaffungsausschreibung via Marktplatz-Auktion im E-Procurement ist eine Reduzierung des Einstandspreises von über 30 %.

Operative Kostenvorteile entstehen im E-Procurement durch den Wegfall der Mehrfacherfassung von Daten oder die Reduktion der Übermittlungskosten und der Prozesskette.

Hewlett-Packard hat nach der Einführung von E-Procurement über Einsparungen von mehr als 100 Mio. US-Dollar pro Jahr durch die Ausweitung der Produktionsplanung bis zu den Zulieferanten berichtet. *General Electric* konnte durch elektronische Ausschreibungen die Einstandskosten um bis zu 40 % senken ***GlaxoSmithKline*** konnte zunächst trotz E-Procurement-Einführung die angestrebten Kosteneffizienzen nicht realisieren. Die Ursache: Angestrebte Einsparungen von 80–120 Mio. US-Dollar wurden außerhalb der Beschaffungsrichtlinien als »noncompliant purchases« getätigt. Durch die Implementierung strengerer Richtlinien und Vorgaben in IT-Systemen konnte nachfolgend die Einhaltung der Einkaufsrichtlinien bis auf ca. 50 % aller Einkäufe erhöht werden (Kulp et al., 2006).

Andere Praxisbeispiele zeigen, dass die Verwaltungskosten des Einkaufs bis auf 10 % der Kosten manueller Bestellungen reduziert werden konnten. Zeitliche Vorteile können durch die Beschleunigung der Bestellabwicklung, der internen Abläufe durch die direkte Datenübermittlung ohne weitergehende manuelle Erfassung, eine 24h-Verfügbarkeit sowie die unmittelbare

Reaktion auf Markt- und Kundenanforderungen realisiert werden. Der *Frankfurter Flughafen* hat beispielsweise durch die Einführung von E-Procurement die Durchlaufzeiten von 30 auf zwei Tage reduzieren können (vgl. Abbildung 94).

	Traditionelle Beschaffung	E-Procurement	Einsparungen
Wiederbe-schaffungs- und Bestellzyklen	30 Tage	2 Tage	93 %
Prozesskosten pro Auftrag (gesamt)	155 Euro (5,0 Mio. Euro)	19 Euro (0,6 Mio. Euro)	87 %
Materialauf-wendungen	150 Mio. Euro	147 Mio. Euro	2 %

Abbildung 94 Realisierte Einsparungen durch die Nutzung von E-Procurement am Beispiel des *Frankfurter Flughafens* (Konhäuser, 1999; Papazoglou/Ribbers, 2006; Turban et al., 2006)

Studien der *Aberdeen-Group* zeigen, dass Unternehmen mit einer E-Procurement-Lösung im Mittel 26 % mehr Einkäufe entsprechend der Einkaufsrichtlinien aufweisen, bei Kostenreduzierungen für die Abwicklung von Bedarfsanforderungen von 33 %, ähnlich wie eine um 61 % gesunkene Durchlaufzeit (Gupta/Browning, 2007; Ronchi et al., 2010).

Qualitative Vorteile entstehen durch reduzierte Fehler in der Datenübermittlung, eine höhere Aktualität der Daten etwa aufgrund von Echtzeit-Zugriffen, eine gesteigerte Markttransparenz, die Verfügbarkeit besserer Prognosedaten sowie die Vermeidung von Fehlern in der Dateneingabe (vgl. Abbildung 95).

Operative Effekte des E-Procurement		
Kosten	**Zeit**	**Qualität**
- Wegfall der Mehrfacherfassung von Daten - Reduktion der Übermittlungskosten - Reduktion der administrativen Kosten für das Beschaffen, Sammeln, Verteilen und Archivieren von Papierdokumenten - Reduktion der Personalkosten - Reduktion der Prozesskette - Prozesstransparenz	- Beschleunigung der Bestellabwicklung - Beschleunigung der internen Abläufe durch die direkte Datenübernahme ohne manuelle Erfassung - 24h-Erreichbarkeit und Überwindung von Zeitzonen - zügige Reaktion auf Markt- und Kundenanforderungen	- keine Fehler durch manuelle Datenerfassung - aktuelle Daten, evtl. Echtzeit-Zugriffe - Überwindung von Sprachbarrieren und Missverständnissen - hohe Markttransparenz - bessere Prognosedaten

Abbildung 95 Operative Vorteile des E-Procurement (Dörflein/Thome, 2000; Möhrstädt/Bogner/Paxian, 2001; Papazoglou/Ribbers, 2006; Turban et al., 2006; Wannenwetsch/Nicolai, 2004)

Cisco hat die Fehlerrate bei der Datenerfassung von 25 % auf 2 % reduzieren und gleichzeitig die durchschnittlichen Beschaffungskosten pro Auftrag von 130 EUR auf 25 EUR absenken können (Hartmann, 1999).

Der Verpackungshersteller ***Sealed Air*** konnte bereits durch die Einführung eines Barcode-Systems für das Warenlager und das Magazin die Kosten der Datenerfassung drastisch senken. Magazinarbeiter nutzen Barcode-Leser während der Sichtung der Bestände. Bei Erreichen eines Mindestbestandes wird der Produkt-Code als Stammnummer und Lagerplatzidentifizierung eingescannt. Nach der Warenkontrolle werden die Daten automatisch aus dem Lesegerät ausgelesen, zu einem externen Dienstleister transferiert und Einzelbestellungen zu größeren Chargen gebündelt (o. V., 2001c).

E-Procurement unterstützt die **strategische Beschaffung** mit Funktionalitäten wie der Online-Marktforschung (Beschaffungsmarketing) zur Ermittlung der qualitativ und preislich besten Zulieferanten, elektronische Ausschreibungsverfahren, Auktionen, den Austausch von umfassenden Informationen der Beschaffungsplanung im Abgleich mit den Zulieferanten, der Möglichkeit zur unmittelbaren Kontrahierung sowie die Bedarfsplanung (o. V. 2001c). Die automatische Erkennung von Produkten mittels RFID-Transpondern erlaubt die kontaktlose, Mikrochip-gestützte Identifikation realer Gegenstände und bewirkt im Rahmen der Lieferkette niedrigere Fehlerquoten, eine höhere Prozesseffizienz als auch Kosteneinsparungen (Lampe/Flörekemeier/Haller, 2005).

Fluggesellschaften wie ***Japan Airlines*** nutzen Ausschreibungsverfahren für die Beschaffung von Plastikbechern, deren exakte technische Spezifikationen unmittelbar auf der Website bereitgestellt werden (Mattes, 1999).

Auf dieser eher strategischen Ebene entstehen ***innerbetriebliche Vorteile*** durch die Reduktion von Lagerbeständen und die damit einhergehende Kapitalbindung, eine gesteigerte Planungs- und Dispositionssicherheit, die Möglichkeit zur Etablierung eines ***Global Sourcing*** oder auch eine verbesserte Kontrolle der Materialbewegungen sowie die Reduktion aufwendiger Genehmigungsverfahren (vgl. Abbildung 96). ***Zwischenbetrieblich*** werden die Geschäftsabwicklung und der Zahlungsverkehr beschleunigt, der Kontakt mit den strategischen Lieferanten intensiviert, die Verhandlungsposition gegenüber Lieferanten aufgrund einer höheren Markttransparenz (im Falle von Käufermärkten) gestärkt sowie infolge des Technologieeinsatzes Markteintrittsbarrieren aufgebaut. Gleichzeitig entstehen neue Formen für Kooperationen und die Möglichkeit, neue Marktplatzformen zu entwickeln. Im Rahmen eines Verhandlungsverfahrens sind die Zulieferanten für die Teilnahme zu gewinnen und die Prozesse zwischen den Unternehmen abzustimmen.

Strategische Effekte des E-Procurement	
innerbetrieblich	überbetrieblich
- Reduktion von Lagerbeständen und der damit verbundenen Kapitalbindung - Steigerung der Planungs- und Dispositionssicherheit - Entlastung des Personal von als monoton und lästig empfundenen Routinearbeiten - Realisation neuer Logistik- und Controlling-Konzepte aufgrund einer besseren Informationsverfügbarkeit - Unterstützung eines Global Sourcing - bessere Kontrolle der Materialbewegungen - Auslagerung betrieblicher Funktionen (Outsourcing) - Reduktion von Genehmigungsverfahren - Schnittstellenreduktion durch standardisierte Werkzeuge (Internet, Stammdatenabgleich XML u. a.)	- Beschleunigung der Geschäftsabwicklung - Intensivierung des Lieferantenkontaktes - Ausgleich von Standortnachteilen - neue Kooperationsformen zur effektiveren Zusammenarbeit - Angebot neuer Leistungen - Beschleunigung des Zahlungsverkehrs (z. B. Gutschriftenverfahren, Sammelrechnungen) - Entwicklung elektronischer Marktformen - Aufbau von Markteintrittsbarrieren und positive Imagewirkung durch Einsatz innovativer Technologien - Verbesserte Verhandlungsposition gegenüber Zulieferanten durch hohe Markttransparenz

Abbildung 96 Strategische Effekte des E-Procurement (Dörflein/Thome, 2000; Möhrstädt/Bogner/Paxian, 2001; Papazoglou/Ribbers, 2006; Turban et al., 2006; Wannenwetsch/Nicolai, 2004)

Zuletzt kann auf einer *dritten,* **langfristigen Ebene** durch webbasierte Projektmanagement-Tools und den Austausch von Entwicklungsdaten die Neuprodukt-Entwicklung unterstützt werden.

Im ***Ford Supplier Network*** erhalten Zulieferanten Direktzugriff auf umfassende Entwicklungsdaten. ***Clariant*** als weltweit tätiger Konzern der Spezialchemie hat 2009 ein Transformationsprogramm gestartet. Das Ziel: die Absicherung des nachhaltig profitablen Wachstums in einem zunehmend kompetitiven Umfeld (Tanner, 2012). Das Beschaffungsvolumen beträgt bei *Clariant* etwa 60 % des Umsatzes, was die Bedeutung der Beschaffung verdeutlicht. Kosten für indirekte Güter summieren sich auf ca. ein Viertel des Volumens. Insgesamt arbeitet *Clariant* weltweit mit etwa 30.000 Zulieferanten zusammen, davon ca. zwei Drittel im Bereich indirekter Güter. Bei der elektronischen Purchase-to-Pay-Lösung koordiniert die zentrale Group Procurement Services (GPS) die konzernweite Beschaffung (vgl. Abbildung 97). Hierfür werden eine gemeinsame Datenplattform und IT-Anwendungen bereitgestellt, ebenso wie konzernweite Standards und Prozesse für die Beschaffung. Der Einkauf der einzelnen Länder und Geschäftseinheiten (GE) beschafft die geschäftsspezifischen Produkte und pflegt Kontakte zu seinen Lieferanten und zu den lokalen Bedarfsträgern (Tanner, 2012). Er ist auch verantwortlich für die Umsetzung zentraler Vorgaben. Die Bedarfsträger in den Geschäftseinheiten bestellen indirekte Güter selbstständig und überwachen den Vorgang über den Wareneingang bis hin zur Rechnungskontrolle. Dies erfolgt ohne operativen Einbezug des Einkaufs, jedoch auf der Basis von Verträgen, die zwischen

Einkauf und Lieferanten vorverhandelt wurden und in welchen Sortimentsumfang, Fixpreise sowie die Zahlungs- und Lieferkonditionen vereinbart sind.

Jährlich werden so etwa 400.000 Positionen aus etwa 80 % der Materialgruppen elektronisch bestellt (Tanner, 2012). Diese Güter reichen von Werkzeugen, über Büromaterial, technische Instrumente, Labormaterial, Arbeitsschutz, Maler- und Bauleistungen bis hin zu Catering- oder Audit-Services. Mit E-Procurement verfolgt *Clariant* Zielsetzungen wie die Umsetzung standardisierter Vorgaben in Standardprozessen, die Automatisierung von Standardtransaktionen und Reduktion von manuellen Fehlern, die Etablierung schlanker, nachverfolgbarer Freigabeprozesse, ein verbessertes Kostencontrolling, die Reduktion von Bearbeitungszeiten und Abwicklungskosten, die Reduktion von Material- und Dienstleistungskosten durch eine Bündelung auf bevorzugte Anbieter und die Eliminierung eines Maverick Buying, die Reduktion der Kosten im Lieferantenmanagement und die Erhöhung der Transparenz über Zulieferanten und ihre Produkte (Tanner, 2012). Im Ergebnis konnten bis 2012 neben der Erreichung der sonstigen Ziele von den potenziell möglichen 280 Materialgruppen indirekter Güter etwa 80 % abgedeckt und ca. 600 Lieferanten in die *Clariant* E-Procurement-Lösung eingebunden werden. Von den insgesamt 400.000 Bestellpositionen werden 50 % von den Bedarfsträgern direkt elektronisch abgewickelt: Bestellungen werden unter Zugrundelegung von Rahmenverträgen von den Bedarfsträgern in den einzelnen Geschäftseinheiten ausgelöst und bis hin zur Rechnungskontrolle elektronisch überwacht (Tanner, 2012).

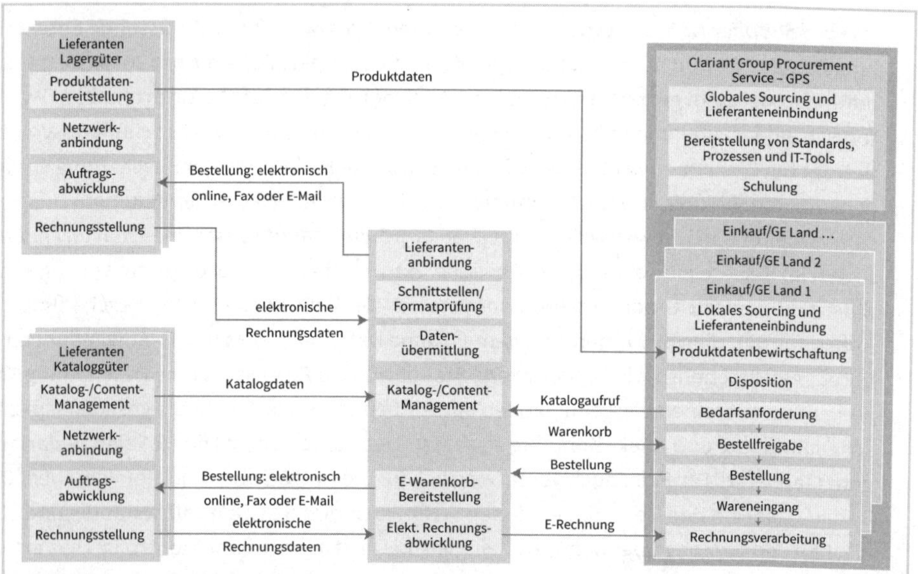

Abbildung 97 Rollen und Prozesse in der elektronischen Bestellabwicklung indirekter Güter am Beispiel von *Clariant* (nach Thanner, 2012, S. 5)

4.5.3 Erfahrungen mit der Nutzung von E-Procurement

Bislang setzt die Mehrheit aller Unternehmen bereits Bausteine des E-Procurement ein. Ähnlich wie bei der Nutzung anderer Digital-Anwendungen besteht auch hier Bedarf für den Ausbau. So wird das Internet oft nur im Rahmen der Analyse des Beschaffungsmarktes verwendet (was teilweise bereits als E-Procurement bezeichnet wird), der Rest des Beschaffungsprozesses ist ohne Unterstützung durch digitale Anwendungsszenarien den Schwachstellen traditioneller Beschaffungsprozesse verhaftet.

> So wurde in einem **Projektbeispiel** das Internet zur Analyse von Preisen und alternativen Zulieferanten eingesetzt, die Bestellung erfolgte auf der Grundlage des Papierausdrucks der gefundenen Websites, der manuellen Eingabe in die Warenwirtschaftssysteme sowie der anschließenden Bestellung per Fax.

Die Notwendigkeit zur Nutzung des Internets in der Beschaffung nimmt für Unternehmen umso stärker zu, je mehr in digitalen Anwendungsszenarien das **Potenzial** erkannt wird (Schwalbach, 2018; Bräkling/Oidtmann, 2019),

- zu einer größeren **Anzahl an Unternehmen Beziehungen** unterhalten zu können,
- die **Durchlaufzeit** zwischen der Bestellung und der Auslieferung von Produkten zu verkürzen oder
- eine **automatisierte Auftragsbearbeitung** der Geschäftsprozesse verwirklichen zu können.

Ein Ansteigen der **Komplexität der Logistikleistungen** etwa durch eine erhöhte Lagerhaltung und eine aufwendigere Distribution wird durch den Einsatz von E-Procurement von Unternehmensseite hingegen nicht erwartet. Fokussierte die Diskussion über die Möglichkeiten zur Realisierung einer EDI-basierten Beschaffung meist auf die Vielzahl verfügbarer technischer Standards mit einer Vielzahl branchenspezifischer Lösungen, stellt dies aus der Perspektive der Unternehmen keinen Hinderungsgrund für die Realisierung einer webbasierten Beschaffung dar.

Mit steigender **kundenindividueller Fertigung** (Mass Customization) steigt die Anzahl der Unternehmen mit E-Procurement überproportional an: Im Rahmen der Prozessintegration dehnt sich die kundenindividuelle Fertigung über die Wertschöpfungskette bis zur Realisierung einer internetbasierten, kundenindividuellen Beschaffung aus. Der Einsatz von E-Procurement repräsentiert eher ein Instrument zur Differenzierung gegenüber Wettbewerbern (etwa in Form der Realisierung kürzester Durchlaufzeiten) als zur Kostenreduzierung. Die größten Auswirkungen einer E-Procurement-Einführung werden von den Unternehmen in verbesserter Datenhaltung und Reporting und der Delegation von Einkaufsentscheidungen in die operativen Bereiche bei gleichzeitig stärkerer zentraler Kontrolle gesehen – dies jedoch unter Inkaufnahme erheblicher Probleme in der Integration mit bestehenden IT-Systemen im Unternehmen.

Reorganisationen der Beschaffungsprozesse werden in der Unternehmenspraxis im Zuge der Implementierung eines E-Procurement möglichst vermieden, was in der Konsequenz oftmals zu einer nur unzureichenden Realisierung möglicher Effizienzsteigerungspotenziale führt. So gestatten eher graduelle Verbesserungen der Beschaffungsprozesse in einigen der Unternehmen noch keine Dezentralisierung der operativen Bestellabwicklung. Die bislang durch den internetbasierten Einkauf realisierten Kosteneinsparungen beruhen damit weniger auf der Reorganisation des Einkaufsmanagements als auf der Verhandlungsmacht und dem Verhandlungsgeschick eines zentralisierten und über das Internet umfassend informierten Einkaufs. Die Dezentralisierung der operativen Bestellabwicklung öffnet den Weg für günstigere Einkaufskonditionen, kürzere Beschaffungszyklen und damit einhergehend auch eine geringere Lagerhaltung. Sofern eine internetbasierte Beschaffung eingesetzt wird und deren Implementierung gleichzeitig durch umfassende Reorganisationen sowie eine vollständige Integration der E-Procurement-Anwendungen in die bestehende IT-Infrastruktur begleitet wird, werden nachhaltige Steigerungen aller relevanten Effizienzkennzahlen (etwa in Bezug auf die Durchlaufzeiten oder die Transparenz der Prozesse) berichtet. Größter Hinderungsgrund gegen die Einführung von E-Procurement ist ein unzureichender **Datenschutz**: Die Übertragung unternehmenskritischer Informationen im Rahmen der Beschaffung erlaubt direkte Rückschlüsse auf die Produktions- sowie Vertriebsplanung (Bogaschewsky, 1999; Leu, 1999).

> Im Fall von ***Clariant*** zeigt sich, dass eine Reihe von Hinderungsgründen dem Erfolg mit E-Procurement entgegensteht, beispielsweise (a.) Landesorganisationen, in denen sich die Einführung einer E-Procurement-Lösung nicht auszahlt, (b.) Produkte, die sich aufgrund ihrer Komplexität kaum in Katalogen abbilden oder im ERP-System disponieren lassen oder auch (c.) Materialgruppen mit geringen Transaktionszahlen, wo sich die Einführung und Anbindung von Zulieferanten kaum rentiert (Thanner, 2012, S. 17).

4.5.4 Transformation der klassischen Beschaffung zum E-Procurement

Projektbeispiele belegen, dass die Implementierung und die Wahrnehmung aller Potenziale des E-Procurement zu Veränderungen bestehender Prozesse, der Organisationsstruktur, des IT-Managements sowie der Konsolidierung der Lieferantenbasis führt (vgl. Abbildung 98). Das Vorgehen orientiert sich damit eng an der Vorgehensweise zur Etablierung eines Digital SCM.

Die **E-Procurement-Strategie** ist aus der übergreifenden Strategie zur Digitalisierung abzuleiten. In diesem Zusammenhang wird festgelegt, über welchen Fokus der E-Procurement-Ansatz verfügen soll (Batran/Erben, 2017; Bräkling/Oidtmann, 2019). Zur Diskussion stehen hier die Reduzierung von Kosten, ein höherer Automatisierungsgrad oder ein verbessertes Dienstleistungsniveau. Gleichzeitig ist der Betrachtungsgegenstand abzugrenzen, d. h., welche Unternehmensbereiche und Prozesse in die elektronische Beschaffung einbezogen werden sollen, einschließlich der erforderlichen Schnittstellen zwischen diesen Bereichen bzw. Prozessen.

Ergebnisse dieses Strategiediskurses sind Regeln für das Lieferantenmanagement, unternehmensexterne Prozesse sowie für die Ausgestaltung eines **Content Providing** der elektronischen Einkaufskataloge (Hahn, 2001; Bräkling/Oidtmann, 2019). Als Alternativen bieten sich an:

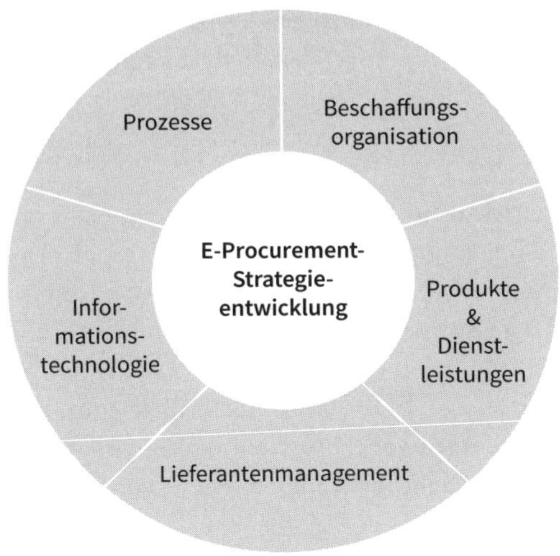

Abbildung 98 Veränderungsbereiche im E-Procurement (Panda/Sahu, 2012; Smart, 2010)

- **Erstellung der Katalogdaten beim Zulieferanten**: Der Vorteil ist die optimale Einbindung in die IT-Infrastruktur des Zulieferanten, jedoch ist dies mit kundenspezifischem Pflegeaufwand verbunden. Zusätzlich sind Verknüpfungen zu Ersatzteilen einzupflegen. Aus bestehenden Materialdatenbänken kann unter Zuhilfenahme verschiedener Anwendungen eine Konvertierung in XML-basierte Datenstrukturen durchgeführt werden. In Einzelfällen bietet es sich auch an, das Katalogmanagement an externe Dienstleister zu vergeben.
- **Datenaufbereitung beim Kunden**: Dies ermöglicht eine optimale Einbindung in die Kundeninfrastruktur, jedoch besteht für den Kunden das Problem der Aufbereitung und Integration externer Datenbestände. Das Einpflegen und die Aufbereitung von Lieferantenkatalogen in einen unternehmensspezifischen Gesamtkatalog sind meist mit nicht unerheblichem Personalaufwand verbunden.

Die permanente Aktualisierung der Katalogdaten erfordert insbesondere im Fall von Preisänderungen die Kontrolle durch den zentralen Einkauf. E-Procurement-Systeme bieten hier in aller Regel die Option, Updates per E-Mail zu übertragen und diese vor einer automatischen Einpflege durch einen zentralen Einkauf prüfen zu lassen.

Durch **BMEcat** steht bereits ein international nutzbarer, XML-basierter Standard zum einfachen und kostengünstigen Austausch multimedialer Produktkataloge sowie Referenzklassifikationen von Produkten und Dienstleistungen zur Verfügung (Renner, 1999).

Der angestrebte **Grad an Zentralität/Dezentralität** des Prozesses determiniert die erforderlichen Sicherheits- und Genehmigungsverfahren sowie den Restrukturierungsaufwand der internen Abläufe. Erfolgreiche Implementierungskonzeptionen sichern die Akzeptanz der Mitarbeiter durch begleitende Kommunikationsmaßnahmen ab (Smart, 2010). Gleichzeitig erfolgt die wirtschaftliche Bewertung einer angestrebten Lösung durch einen eigenständigen Business Case. Während die Kostenkategorien der E-Procurement-Implementierung für den Business Case weitgehend offensichtlich sind, liegt Transparenz über den weiteren Nutzen nur in Ausnahmefällen vor, beispielsweise sofern nicht direkte Kostenreduzierungen durch Personalabbau realisiert werden können.

Der größte betriebswirtschaftliche Nutzen einer E-Procurement-Implementierung besteht zumeist in der effizienteren Nutzung vorhandener Kapazitäten, etwa in Form eines Abbaus von Überstunden, Kosteneinsparungen durch günstigere Einstandspreise, der Reduzierung von Bearbeitungszeiten und der Lagerhaltung, einer einfacheren Abrechnung und Rechnungsprüfung durch Sammelrechnungen oder einer gesteigerten Motivation aufseiten der am Prozess beteiligten Mitarbeiter (Konhäuser, 1999; Mattes, 1999). Diese zum Teil nicht direkt quantifizierbaren **Effizienzpotenziale** sind entweder durch ein externes Benchmarking mit Unternehmen der gleichen Branche oder mit ähnlichen Funktionalbereichen zu ermitteln.

> Untersuchungen belegen, dass Effizienzsteigerungspotenziale von 35–66 % durch den Einsatz von E-Procurement realisiert werden können, sofern in einem ganzheitlichen Ansatz eine Optimierung der Prozesse und die Neuausrichtung der IT-Infrastruktur durchgeführt wird (Möhrstädt/Bogner/Paxian, 2001; Batran/Erben, 2017).

Aufbauend auf der strategischen E-Procurement-Konzeption sind vielfältige Veränderungen der bestehenden **Prozesse** umzusetzen. Das vorrangige Ziel der Prozessveränderungen ist es, die Durchlaufzeit zu reduzieren, die Prozesskomplexität zu verringern sowie einen erhöhten **Automatisierungsgrad** zu erreichen (Peukert/Ghazvinian, 2001). Den Ausgangspunkt für die Implementierung des E-Procurement bildet die Analyse aller verbundenen Prozesse (**Prozessanalyse**) einschließlich der jeweils anfallenden Kosten im Rahmen der **Prozesskostenanalyse**. Grundlage der Einführung und effizienten Nutzung sind detaillierte Informationen über Beschaffungsvolumina, zugehörige Kosteneinflussgrößen und die anteiligen Sach-, Funktions- und Personalkosten. Die Kosten der hiervon vorrangig betroffenen C-Artikel werden zu Beginn der Implementierung meist in Form von Gemeinkosten (z. B. Personalkosten der Beschaffung) erfasst, ohne Bezug zur Beschaffungsmenge. Für die Ermittlung der Prozesskosten sind diese Gemeinkosten der Anzahl der Bestellungen oder der getätigten Transaktionen zuzuordnen. Als Kostentreiber des Beschaffungsprozesses können die Anzahl der Bestellungen, Bestellpositionen, Rahmenverträge, Abrufe, Lieferungen, Rechnungen und Rechnungsprüfungen, Zahlungen oder Materialnummern, Artikel sowie Zulieferanten identifiziert werden.

Die Prozessanalyse eröffnet in den meisten Fällen die Option zur Konsolidierung des Wildwuchses unterschiedlicher **Beschaffungsprozesskategorien**. Nicht selten tritt der Fall auf, dass innerhalb einzelner Unternehmen identische Produkte sowohl über Lagerbeschaffungen, manuelle Bestellungen per Materialanforderung, Standardbestellungen, Abrufbestellungen aus Rahmenverträgen oder Bestellungen über BANF-Center (Bedarfsanforderungs-Center, zentrale Einkaufsbereiche; Dolmetsch, 2000) beschafft werden. Eine Konsolidierung dieser Beschaffungsprozesskategorien kann etwa die Bildung folgender Bestell- oder Abrufarten vorsehen (Ivanov/Tsipoulanidis/Schönberger, 2019):

- **Standardbestellungen**: werden im ERP-System erfasst, oftmals ohne eigene Lagerhaltung;
- **Abrufe aus Rahmenverträgen**: Lagermaterialien, verfügen über Materialstammnummern, eine hohe Bestellfrequenz sowie ein hohes Bestellvolumen. Direktabrufe erfolgen direkt durch Bedarfsträger, etwa für Arbeitskleidung;
- **Einzelbestellungen**: Einmalbedarf, nicht im ERP-System erfasst, strikt reglementiert und über den zentralen Einkauf abzuwickeln.

Zusätzlich zu einer höheren Transparenz erlaubt die Prozessanalyse die Effizienz entlang des gesamten Beschaffungsprozesses durch selektive Maßnahmen zu verbessern. Abstimmungszeiten zwischen unterschiedlichen Prozessstufen, Übermittlungsfehler, mehrfache Rückfragen, Genehmigungen und Kontrollen werden eliminiert und gleichzeitig Durchlaufzeiten reduziert. Nicht wertschöpfende Aktivitäten wie die Erstellung von Vorgangskopien zur eigenen Absicherung, die mehrfache Archivierung des Bestellvorgangs oder Auftragsbestätigungen selbst für C-Artikel entfallen. Projekterfahrungen zeigen, dass eine technische Implementierung zwar kurzfristig realisierbar ist, die Neugestaltung der Aufbau- und Ablauforganisation jedoch aufgrund des notwendigen Changemanagements weitaus schwieriger und zeitaufwendiger zu bewerkstelligen ist (Batran/Erben, 2017; Abu-Elsamen/Chakraborty/Warren, 2010; Brandon-Jones/Carey, 2011).

Auf der Produktseite ist im Rahmen des **Teilemanagements** festzulegen, welche Güter mit E-Procurement beschafft werden können (und sollen) und welche strategischen Zulieferanten aufgrund welcher Kriterien in Frage kommen (Shortlist). Die Grundlage bildet eine Materialklassifikation (z. B. via ABC-Analyse). Den identifizierten Materialgruppen sind im Anschluss die jeweiligen Zulieferanten einschließlich der Anzahl der bei ihnen platzierten Bestellungen sowie deren Gesamtwert innerhalb eines Betrachtungszeitraumes gegenüberzustellen (Konhäuser, 1999). Gemeinsam mit den Bedarfsträgern sind alle betroffenen Materialgruppen auf Redundanzen zu überprüfen und entsprechend der Nutzungshäufigkeit bzw. Wertigkeit in Standardkatalogen festzuschreiben. Die Produktanalyse sollte neben der strategischen bzw. wertmäßigen Bewertung der Produkte auch den Komplexitätsgrad sowie deren Automatisierungspotenzial berücksichtigen (Möhrstädt/Bogner/Paxian, 2001). Ein Ansatz zur Standardisierung der Materialklassifikation ist eCl@ss, das von führenden deutschen Unternehmen verwendet wird (Hahn, 2001).

Der Entwicklungspfad des E-Procurement in Unternehmen (Wirtz, 2010)

- startet in aller Regel mit hochstandardisierten, indirekten C-Gütern, die über elektronische Kataloge eine weitgehend einfach zu realisierende Prozesskostenreduktion nach sich ziehen;

- gefolgt von geringwertigen, direkten Gütern, wodurch im wesentlichen Informationskosten reduziert werden können;
- oder gefolgt von Rohstoffen über Auktionen und Börsen, was direkt die Produktionskosten tangiert, und schließlich
- hochwertige, direkte Güter, die nur wenig standardisiert sind und über die Lieferanten direkt im Sinne digitaler Collaboration-Anwendungen angebunden werden.

Projektbeispiele zeigen, dass sich indirekte Güter sehr gut für den Einstieg ins E-Procurement aufgrund der hohen Standardisierbarkeit ihrer Produkteigenschaften eignen (»low value, high volume«; Mahalik, 2012). Die Einbindung von geringerwertigen, direkten Gütern stellt sich aufgrund ihrer meist geringeren Standardisierbarkeit auch als deutlich weniger effizient dar. Mit zunehmender Erfahrung im Einsatz von E-Procurement können nachfolgend auch Rohstoffe und hochwertige, direkte Güter elektronisch beschafft werden.

Im Bereich der **Organisation** fokussiert E-Procurement auf die Bündelung strategischer Einkäufe und den Aufbau einer umfassenden Wissensbasis über Zulieferanten und Märkte im zentralen Einkaufsbereich. Die Delegation und damit Dezentralisierung großer Teile des operativen Einkaufs an die Bedarfsträger reduziert den Verwaltungsaufwand im Zentraleinkauf und schafft Freiräume für **strategische Einkaufsentscheidungen** sowie die Optimierung der Einkaufspreise durch die Konsolidierung unterschiedlicher Einkaufsvolumina (Mattes, 1999). Damit verbunden ist meist eine eingehende organisatorische Neustrukturierung bestehender Rollen und Verantwortlichkeiten über den gesamten Beschaffungsprozess hinweg. Als Ergebnis eröffnet sich die Option zur stärkeren Fokussierung auf Kernkompetenzen. Über den Einsatz professioneller Einkäufer gelingt es, eine stärkere Konzentration auf die Verhandlungsführung, die permanente **Wertanalyse** sowie die Analyse des Beschaffungsmarktes zu gewährleisten. Die Rolle des Einkaufs wandelt sich entsprechend stärker in Richtung **Beschaffungsmarktforschung** und zur Definition der Rahmenbedingungen des Einkaufs, die Rolle des Bedarfsträgers eher zur Koordination sowie der operativen Durchführung (Batran/Erben, 2017).

Die **Zersplitterung der Zulieferantenbasis** bei geringen Bestellmengen und Einkaufsvolumina führt zu erhöhten Kosten der Lieferantenbetreuung, der Bestellabwicklung und Logistik als auch des Datenpflegeaufwands. Die potenziellen Vorteile einer kostengünstigeren Beschaffung von verschiedensten Zulieferanten erodieren aufgrund einer Vielzahl nicht überschaubarer Konditionenwerke sowie unzureichender Skaleneffekte mangels Produktmengenbündelung. Erst die Konzentration auf wenige Zulieferanten im Rahmen eines systematischen **Zulieferantenmanagements** (z. B. als **Single bzw. Dual Sourcing**) eröffnet die Option für eine intensivere Zusammenarbeit und den Know-how-Austausch mit den Zulieferanten entlang des gesamten Beschaffungsprozesses. Eine verstärkte Beschaffungskooperation kann sich bis zur Einbindung der Zulieferanten in die Produktentwicklung und die Definition der Standardkataloge erstrecken. Neben gemeinsamen Lernkurveneffekten in Bezug auf die auftretenden Mengengerüste und Kapazitätsschwankungen im Zeitablauf sowie Qualitätsanforderungen wird der Zulieferant in die Lage versetzt, seine eigene Lagerhaltung entsprechend den Bedürfnissen des Kunden anzupassen (Batran/Erben, 2017). Damit einhergehende Kosteneinsparungen werden entweder direkt an den Kunden weitergegeben oder durch eine Erhöhung des Servicegrades kompensiert.

Eine derart integrierte Lösung erlaubt es im Idealfall auf die kundenseitige **Bevorratung von C-Artikeln** zu verzichten und über verbesserte Service-Zeiten eine höhere Akzeptanz, geringere Pufferlager (»Handlager«) sowie gegebenenfalls auch eine kostenstellengerechte Kommissionierung aufseiten des Zulieferanten zu erreichen. Hierfür ist die Beziehung zum Zulieferanten auf Dauer auszulegen und auf eine vertrauensvolle Basis zu stellen. Zusätzlich zu den in traditionellen Rahmenverträgen erfassten Bestellparametern (wie Lieferzeiten, Bestellrhythmus und Lieferkosten) umfassen Rahmenverträge im E-Procurement auch Aussagen über Katalogformate, Schnittstellen, Datenübertragung und -formate sowie die Verantwortung für die Katalogpflege (Möhrstädt/Bogner/Paxian, 2001; Fu/Chang/Wu, 2004). Die Übersicht über alle Kosten und das Einkaufsverhalten in verschiedenen Hierarchieebenen und Unternehmensbereichen als Ergebnis der Prozessanalyse bildet die inhaltliche Grundlage für die Evaluierung der bestehenden Lieferantenbasis sowie die Auswahl strategischer Partner.

> Ein Beispiel für ein integriertes E-Procurement-Angebot aufseiten eines Zulieferanten findet sich bei dem Hersteller von Getränkeabfüllanlagen ***Krones*** (o. V., 2001a). Über ein Online-Bestellsystem können Kunden direkt Ersatzteile für ihre Anlage auswählen. Im Anschluss an die Auswahl der Produkte erfolgt die Einwahl auf den *Krones*-Server, der wiederum Zugriff auf das *SAP*-basierte Warenwirtschaftssystem hat. Durch einen simulierten Bestellvorgang kann die Verfügbarkeit der Teile überprüft werden. Für den Fall einer positiven Verfügbarkeitsprüfung kann die Bestellung direkt durchgeführt werden. Befinden sich die erforderlichen Gebrauchsteile noch in der Fertigung, können unmittelbar Aussagen über voraussichtliche Liefertermine gemacht werden. Durch die informatorische Einbindung von Logistikdienstleistern wird Transparenz während des Transports sichergestellt. Über standardisierte Schnittstellen werden Daten des Maschinenbauunternehmens direkt in die Beschaffungssysteme der Kunden überführt. Durch Online-Monitoring kann jeder Kunde für seine spezielle Anlage eine individualisierte Ersatzteilliste angezeigt bekommen und Hinweise zur vorbeugenden Wartung der Maschinen inkl. Bevorratung erforderlicher Ersatzteile und der Lieferung von Verschleißteilen erhalten.

Im Rahmen der **IT-Architektur** sind nicht nur die Besonderheiten der abzubildenden Geschäftsprozesse in Form eines Anwendungskonzeptes zu berücksichtigen, sondern auch die Berechtigungsverwaltung, die Budget-/Limit-Verwaltung, die automatisierte Rechnungsprüfung sowie die Einbindung elektronischer Standardkataloge. Zugleich sind Sicherheitsverfahren wie ein eingeschränkter Zugriff auf bestimmte Lieferantenkataloge, eine systemgestützte Wareneingangskontrolle, komfortable Auswertungsmechanismen sowie ein Beschwerdemanagement zu implementieren (Linthicum, 2001). Elektronische **Problem-Tickets** mit (möglichst) eindeutigen Problembeschreibungen erlauben die kontinuierliche Steuerung und Kontrolle des Beschaffungsprozesses, die Bewertung der Lieferantenleistungsfähigkeit sowie die Umsetzung gezielter Maßnahmen im Lieferantenmanagement. Lieferantenspezifische Auswertungen innerhalb des E-Procurement-Systems gestatten präzise und aktuelle Aussagen über derzeitige und künftige (prognostizierte) Mengengerüste, Bestellstrukturen und -termine.

Systemgestützte Analysen weisen Einkaufsgewohnheiten und Volumina, die für den webbasierten Einkauf am besten geeigneten Produkte sowie die Bedarfe einzelner Bereiche aus. Auf der Grundlage dieser Datenbasis wird die **Neuverhandlung** von Rahmenverträgen erleichtert. Gleichzeitig ist zu erkennen, ob bei einzelnen Nutzern oder einzelnen Abteilungen eine Anhäufung von Problemen auftritt, was ein Indiz für die Notwendigkeit zusätzlicher **Schulungsmaßnahmen** oder für weitere Prozessanpassungen sein kann (Brandon-Jones/Carey, 2011). Auf der Grundlage vorkontierter, monatlicher Sammelrechnungen kann die Anzahl eingehender Rechnungen auf ein Mindestmaß reduziert werden, welche aufseiten des Kunden nur noch in Stichproben geprüft werden (Möhrstädt/Bogner/Paxian, 2001). Fehlerprotokolle erlauben die Nachverfolgung von Abweichungen zwischen Rechnung und Bestellung durch das Desktop-Purchasing-System. Gleichzeitig können auf Grundlage dieser qualifizierten Datenbasis **innerbetriebliche Verrechnungssätze** etwa für den operativen Einkauf, den innerbetrieblichen Transport oder Leistungen des Rechnungswesens ermittelt werden. Projekterfahrungen belegen, dass die Einführung solcher Systeme zunächst im Rahmen einer Pilotanwendung erfolgen sollte, die von einem breiten Anwenderkreis benötigt wird und wo die Durchführung einfacher Bestellungen keine Spezialkenntnisse über IT-Anwendungen erfordert.

Schwächen der bislang angebotenen E-Procurement-Einführung bestehen in der unzureichenden Unterstützung kleiner und mittelständischer Unternehmen sowie einer meistens hochgradig unternehmensspezifischen Implementierung (Shakir/Smith/Gulec, 2007). Zudem ist die informationstechnische Integration der Zulieferanten in der Praxis oft unzureichend (Smart, 2010; Brandon-Jones/Carey, 2011). Im Ergebnis verbleibt meist auch nach der Implementierung eine vergleichsweise hohe Anzahl manueller Bearbeitungsschritte. Lösungen zumindest für die einfachere Einbindung kleinerer Unternehmen bieten die von den IT-Lösungsanbietern betriebenen Marktplätze, jedoch gegebenenfalls verbunden mit dem Manko einer nach wie vor nur ungenügenden Einbindung in die bestehenden innerbetrieblichen Informationsprozesse. Risiken der E-Procurement-Implementierung bestehen vor allem in einer fehlenden oder nur unzureichenden innerbetrieblichen Kommunikation, in der mangelnden Akzeptanz aufseiten der Mitarbeiter sowie in der bloßen »Elektrifizierung« traditioneller, ineffizienter Beschaffungsprozesse. Projektbeispiele belegen, dass teilweise ungenügende Funktionalitäten der eingesetzten E-Procurement-Lösungen als Feigenblatt für eine tatsächlich unzureichende Nutzung und Einführung aufgrund unzureichender Akzeptanz dienen (Elbanna, 2010; Arbin, 2008; Purchase/Dooley, 2010).

5 Business- und IT Architecture – IT does Matter

5.1 Prozess-Domain-Modellierung

Zielsetzung von IT-Anwendungen ist es, Aufgabenstellungen einer bestimmten fachlichen Anwendungsdomäne zu unterstützen. Hierzu müssen die IT-Anwendungen bestmöglich zu der fachlichen Domäne passen, für die sie bestimmt ist (Nilsson, 2006; Duggan, 2012; Hruby, 2006). Grundlage ist ein Business Blueprint. Hier werden die Geschäftsprozesse des Unternehmens systematisiert und dokumentiert, die nachfolgend in IT-Anwendungen abgebildet werden sollen.

> Mit einem **Business Blueprint** werden die Funktionen und Geschäftsprozesse des Unternehmens dokumentiert, die in einer IT-Applikation abgebildet werden sollen. Insbesondere werden in diesem Zusammenhang alle relevanten Geschäftsszenarios, Geschäftsprozesse und Prozessschritte hierarchisch gegliedert. Schließlich können jedem Prozessschritt Transaktionen zugeordnet und damit festgelegt werden, wie Geschäftsprozesse IT-seitig ablaufen sollen und welche Anwendungen welche Geschäftsprozesse bzw. Teile von Geschäftsprozessen unterstützen sollen.

Die Definition dieses Business Blueprint erfordert eine ausführliche Beschreibung aller Prozesse und Systemanforderungen und ist nachfolgend die Voraussetzung für die Realisierungsphase, in der Geschäftsprozesse konfiguriert und getestet werden. Dies umschließt Organisationseinheiten, Stammdaten, Geschäftsszenarien bis auf die Ebene einzelner Prozessschritte. Insbesondere in komplexen Integrationsprojekten erfolgt die gemeinsame Prozess- und IT-Modellierung anhand eines *Domän-Modells* (Moser/Riha, 2019; Evans, 2003).

> In einem Fallbeispiel bei einem Automobilhersteller sollten über zwölf unterschiedliche Prozesse und darauf aufsetzende IT-Anwendungen miteinander integriert werden. Die Vielzahl involvierter, in unterschiedlicher Granularität und Semantik beschriebener Prozesse, fachlicher Anforderungen als auch konkurrierende und redundante IT-Anwendungen wurde durch eine Domain-Modellierung in ein einheitliches Gesamtkonzept gebracht. Hier wurden heterogene Prozessbeschreibungen und konfligierende IT-Anwendungen in ein gemeinsames Raster eingeordnet, um auf der Ebene der Anwendungsdomains dann entscheiden zu können, welche fachlichen Aufgabengebiete und damit verbundene Anforderungen durch welche IT-Anwendungen abzudecken sind.

Mit einem Domain-Modell werden die IT-Anwendung, die grundlegenden Konzepte und Elemente einer Domain sowie deren Beziehungen modelliert. Die **Domain-Modellierung** und darauf aufbauende **Architektur** ist meist durch sieben aufeinander aufbauende Schritte geprägt (Sandberg/Holmström/Lyytinen, 2019; Duggan, 2012; Vernon, 2013; vgl. Abbildung 99):

- **Fachliche Konsolidierung**: Sie umfasst die Vision der fachlichen Notwendigkeit und Prozessschritte sowie die damit verbundenen Ziele. Diese Kontextübersicht dient einer gesamthaften Übersicht über alle Modelle, ebenso deren jeweilige Grenzen und Schnittstellen, als auch funktionale Überlappungen. Hierdurch werden Kontextgrenzen einer fachlichen Domain etwa in Bezug auf die Teamzuordnung, den Verwendungszweck oder auch dahinter liegende Datenbankschemata ersichtlich. Beispielsweise wird hier der Domain »CRM« eine Sub-Domain »Kundenbeziehungsmanagement«, die Fähigkeit »Geschäftspartnerpflege« und die Funktion »Geschäftspartner anlegen« einmalig zugeordnet.

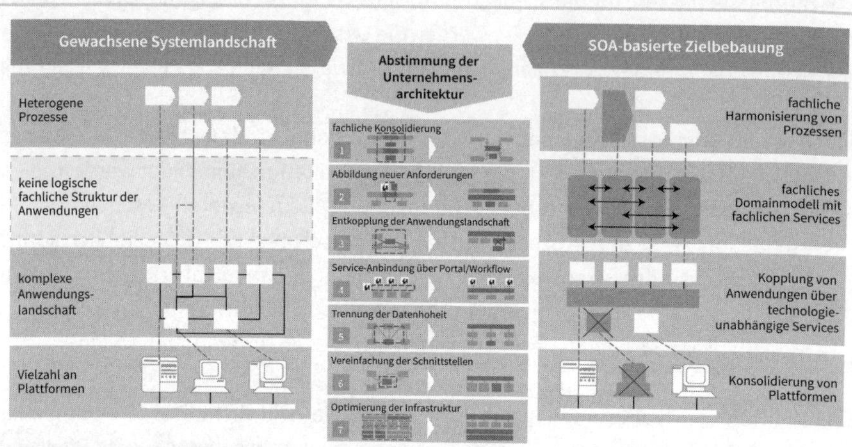

Abbildung 99 Vorgehen zur Erarbeitung und Umsetzung einer integrierten, serviceorientierten IT-Zielarchitektur

Andere Teile eines Domain-Modells dienen dazu, diese Kernfachlichkeit zu unterstützen bzw. funktional anzureichern. Hierauf gründet die

- **Abbildung neuer Anforderungen**: Neue Anforderungen werden durch den Fachbereich aufgeworfen und beispielsweise als »Services« neu komponiert und sind stets einer Domain und Funktion zuzuordnen. Nur so ist es möglich, fachlich-prozessuale Redundanzen – und damit nachfolgende Redundanzen in Bezug auf die eingesetzten IT-Applikationen – zu verhindern.
- **Entkoppelung der Anwendungslandschaft**: Abhängigkeiten und Redundanzen der Anwendungslandschaft werden eliminiert, um nachfolgend die IT-Anwendungen ebenso wie deren Zuordnung zu fachlichen Domains und Prozessschritten weiter optimieren zu können.
- **Service-Anbindung über Portal/Workflow**: Die Integration unterschiedlicher Prozesse und Anwendungen kann über einheitliche User Interfaces (etwa Portal) oder via Workflow stattfinden, wobei der primäre Fokus auf der Vermeidung von Doppeleingaben und Medienbrüchen entlang des Geschäftsprozesses liegen sollte. Alle Veränderungen eines Domain-Modells und der beteiligten Anwendungen sind laufend miteinander abzustimmen bzw. zu integrieren und gegen die bestehende Fachlichkeit (automatisiert) zu testen.

- **Trennung der Datenhoheit**: Datenverantwortlichkeiten werden präzise zugeordnet und die bestehenden – meist datenbankgetriebenen – Workflows abgelöst.
- **Vereinfachung der Schnittstellen**: Schnittstellen in der Anwendungslandschaft werden vereinheitlicht und die gesamte Komplexität reduziert.
- **Optimierung der Infrastruktur**: Schließlich kann so die gesamte Infrastruktur harmonisiert werden, inkl. der beteiligten Hardware-Plattformen und Betriebssysteme.

Projektbeispiele zeigen, dass vonseiten beauftragter externer Systemintegratoren die Einhaltung dieser Standards oftmals im Rahmen der Ausschreibung zugesagt wird, die tatsächliche Einhaltung den Versprechungen jedoch weit hinterherhinkt. In einem Realisierungsbeispiel in einem *Druck- und Verlagshaus* gipfelte es darin, dass sich der externe Projektleiter erst kurz vor der Live-Schaltung des zu diesem Zeitpunkt noch rudimentären Systems zur Auseinandersetzung mit den laut Businessplan avisierten Nutzerzahlen befleißigt sah und ein Integrationskonzept für die prozessuale und IT-seitige Integration verschiedenartigster Anwendungen anhand einer Domain-Modellierung gänzlich fehlte.

5.2 Abstimmungsbedarf zwischen IT- und Fachbereichsstrategie

Aus Unternehmenssicht stellt sich das Fehlen einer umfassenden und stimmigen IT-Strategie nach wie vor als eines der größten Hindernisse für den Erfolg in der Digitalisierung dar. Fehlende IT-Konzeptionen manifestieren sich etwa in nachhaltigen Problemen bei der Integration unterschiedlicher Software-Komponenten, in Sicherheitsbedenken, der hohen Komplexität der Software-Auswahl oder einem nur unzureichenden Know-how über technische Plattformen (Yeh/Lee/Pai, 2012). Die Strategie reduziert sich häufig auf »IT-Pläne«, die auf die Beschreibung der aktuell im Rahmen der Geschäftsaktivitäten und Prozesse eingesetzten Anwendungen, Architekturen und Entwicklungsstandards abstellt. Eine gemeinsame Entwicklung der Unternehmens- und IT-Strategie in Ausrichtung auf zukünftige Geschäftsfelder und die hierfür erforderlichen Anwendungen fehlt zumeist. Selbst für den selteneren Fall, dass bereits eine Strategiekonzeption vorliegt, verschwimmt die Differenzierung zwischen einer *IT-Strategie* als grundsätzliche Fundierung und Ausrichtung der IT-Nutzung auf der einen Seite und der operativen *IT-Umsetzungsplanung* auf der anderen Seite. Meist findet sich in den bestehenden Konzeptionen eine Vermischung unterschiedlichster Abstraktionsebenen, von der Infrastruktur, Anwendungen, Standards und den Produkten einzelner Anbieter, die die logische Unterteilung in verschiedene Ebenen einer Architektur wie der Infrastruktur (Netz-, Verzeichnis-, Sicherheits- oder Dateiservices), der Anwendungsunterstützung (wie E-Mail-Systeme, Workflow-Manager, Datenbankdienste oder Webserver) oder in konkrete Anwendungen entsprechend vernachlässigt (Koushik/Straeten, 2001; Chew/Gottschalk, 2009).

Obwohl in der Nutzung moderner IT bereits seit den 1980er-Jahren in vielfältigen Konzeptionen die Möglichkeit zur nachhaltigen Beeinflussung der Wettbewerbs- und Unternehmensstrategie erkannt wurde, unterbleibt häufig die tatsächliche Abstimmung bzw. Zusammenführung **technischer und wirtschaftlicher Strategiekonzeptionen** (Parsons, 1983; Davenport/Short, 1990). Die Nutzung der IT wird meist als Erfüllungswerkzeug einer einmal aufgestellten strategischen Ausrichtung verstanden. Erst nach Abschluss des strategischen Planungsprozesses erfolgt die Evaluierung der Möglichkeiten, wie die IT die erarbeiteten Zielsetzungen effizient unterstützen kann. Oder aber die (meist aus Eigeninteresse motivierten) Gestaltungsoptionen der IT dominieren die nachfolgende Prozessgestaltung und Umsetzung. Die Konsequenz: IT und Geschäftsprozesse werden nicht am Geschäftsmodell und den hierfür erforderlichen Anforderungen ausgerichtet, sondern reduzieren sich auf das aus IT-Sicht »Machbare«. Eine frühzeitige Integration und die gegenseitige Stimulation von Geschäfts- und IT-Strategie finden nur selten statt (Meador, 1999; Chew/Gottschalk, 2013).

Der Grund für die unzureichende Einbeziehung der IT in die Fachbereichs- und Unternehmensstrategie ist auf der einen Seite in ungenügenden **Kenntnissen** der strategischen Planer über das weitreichende Spektrum technischer Gestaltungsoptionen zu finden. Auf der anderen Seite gestattet es ein unzureichender **Operationalisierungsgrad** einer abstrakt bleibenden Unternehmensstrategie nicht, mögliche Potenziale des Einsatzes spezifischer Technologien und Anwendungen mit der Unternehmensstrategie abzugleichen. Ähnlich selten wird aufgrund der einseitigen Fokussierung der Beteiligten die Chance zur unmittelbaren Identifizierung von »**IT Best Practices**« im Rahmen der Wettbewerbsanalyse oder im Rahmen eines externen Benchmarking auch mit Branchenfremden wahrgenommen. Oft wird unter »IT« verkürzt die Auswahl einzelner, **spezifischer Anwendungen** unterschiedlicher Hersteller, beispielsweise *SAP* oder *Salesforce.com*, verstanden. Es wäre angebrachter, »IT« im Zuge von Überlegungen zur strategischen Fortentwicklung der gesamten IT-Infrastruktur zu betrachten (Koushik/Straeten, 2001). Auch wird die Entwicklung der IT-Architektur eher als eine nachgelagerte Frage aufgefasst, die sich nach der Auswahl einzelner Anwendungen »quasi automatisch« ergibt.

Die Forderung zur Einhaltung bestimmter **Serviceziele** (wie Echtzeit-Lesezugriff, Verfügbarkeit) sowie der Gesamtaufwand der Anwendungen (Total Cost of Ownership) gründet oft eher auf den Wünschen einzelner Anwender, denn auf einer profunden IT-Strategie und einer damit verbundenen analytischen Bewertung unterschiedlicher technischer Gestaltungsoptionen. Ein Migrationskonzept zu einer Meta-Architektur – in Konsistenz mit der Unternehmensstrategie – fehlt häufig völlig. Auf dieser Grundlage verfügen IT-Verantwortliche selten über ein differenziertes Bewertungsraster, anhand dessen die Vielzahl neuer Digitalanwendungen und -technologien (z. B. Web Services, Ajax, intelligente Agenten) noch vor dem unternehmensspezifischen Einsatz evaluiert werden können (Reitler, 2007; Gebhardt, 2007). Einzelne Entscheidungen über Anwendungen oder neue Technologien werden meist losgelöst von anderen Entscheidungen getroffen, ohne auf einer langfristigen Vision zur Fortentwicklung der gesamten IT-Infrastruktur innerhalb des Gesamtunternehmens aufbauen zu können. Die Nutzung der IT ist eher durch einen reaktiven Ansatz aufgrund von Unternehmens- als auch Technologieentwicklungen geprägt und weniger aufgrund einer aktiven, konzeptionell und strategisch untermauerten Gestaltung der IT, die mit der Unternehmensstrategie konform ist.

Der Grund für die **fehlende Abstimmung** zwischen IT und Unternehmensstrategie liegt oftmals in der technischen Fokussierung und Argumentation der IT-Verantwortlichen. Der betriebswirtschaftliche Anwendungskontext wird in den Darstellungen und Konzeptionen kaum ersichtlich und findet in der Konsequenz außerhalb des IT-Bereichs kaum Gehör (McFarlan/McKenney, 1983; Schein, 1994a). Aus einer Vielzahl an Projekten kristallisieren sich unterschiedliche **Konfliktpunkte** im Zusammenspiel zwischen den IT- und den operativen Fachbereichen heraus (Fleisch, 2001; Davenport, 1993; Weltz, 1993; Kütz, 2000; Szyperski, 1980; Turban/Volonino/Wood, 2013; Standing et al., 2006):

- Der **Prozess der Einführung** dauert meist länger als ursprünglich projektiert.
- Der Wunsch der Fachbereiche nach einer **pragmatischen**, handhabbaren Lösung steht dem Streben der IT-Verantwortlichen nach einer **technisch einmaligen Lösung** entgegen.
- Der hauptsächliche Grund für Verzögerungen und Schwierigkeiten in den Einführungsprojekten ist weniger in technischen Problemstellungen zu suchen als vielmehr in der schleppenden und unzureichenden **Entscheidungs- und Konsensbildung** zwischen den Bereichen und beteiligten Entscheidern.
- Die **Konflikte** im Planungs- und Entscheidungsprozess treten unerwartet auf, Mediatoren oder »Change Agents« zum Ausgleich unterschiedlicher Interessen etwa zwischen Fach- und IT-Bereich stehen nicht zur Verfügung.
- Kontroversen werden vordergründig auf der Ebene der technischen Gestaltung ausgetragen, obwohl der eigentliche Beweggrund in Fragen der Einflussverteilung, der **Macht** und in unzureichendem gegenseitigem Know-how bzw. Verständnis zu finden ist (Grudin, 1988; Lou/Scamell, 1996).

> In einem Projektbeispiel für ein Finanzdienstleistungsunternehmen basierte die Entscheidung für eine spezifische Anwendung keinesfalls auf einer eigenständigen IT-Strategie, sondern auf dem Bestreben, über bestimmte Funktionalitäten einzelner Anwendungen die Rahmenbedingungen für andere, konkurrierende IT-Bereiche abzustecken. In einem anderen Projekt für ein Versicherungsunternehmen oder auch einen Automobilhersteller führte bereits die Abstimmung zwischen der Unternehmensstrategie und der IT-Abteilung zu erheblichen Differenzen: Ohne spezielle Strategievorstellungen definierten die Fachverantwortlichen vielfältigste Anforderungen (Wunschliste) an den IT-Bereich (etwa eine internetbasierte Unterstützung der Vertreter, Produktkonfiguratoren u. Ä.), welcher sich aufgrund des Fehlens einer IT-Strategie außer Stande sah, diese Wünsche angemessen einschätzen und bewerten zu können. Aus der unmoderierten Diskussion über wünschenswerte Funktionalitäten entstand unmittelbar eine (politische) Verpflichtung für den IT-Bereich, möglichst allen beliebigen (teilweise recht unspezifischen) Forderungen nachzukommen. Ängste aufseiten der IT-Abteilung angesichts der überzogenen Vorstellungen der Anwendungsbereiche führten schließlich dazu, dass die weitergehende Abstimmung mit den Fachbereichen ausgesetzt wurde und sich die letztliche Realisierung lediglich an der technischen Machbarkeit orientierte. Die spätere Akzeptanzrate aufseiten der Fachanwender für das implementierte System sank infolgedessen auf unter 30 %.

Teilweise tritt in Realisierungsprojekten eine fehlende Governance zutage. Es fehlt im Projekt an formalen Autoritäten, welche die teilweise diffusen und widersprüchlichen Anforderungen verschiedenster Fachbereiche auch mit einem klaren und eindeutigen »Nein« beantworten können.

5.3 Entwicklung der IT-Strategie

Erfolgreiche Unternehmen kennzeichnet die integrale Betrachtung von Geschäftsmodellen und -potenzialen mit moderner IT. Im Mittelpunkt steht die Nutzung der IT in vielfältigen Facetten entlang aller Wertschöpfungsprozesse, wozu eine **Konsistenz** zwischen Unternehmens- und IT-Strategie erforderlich ist (Koushik/Straeten, 2001; Fleisch, 2001). Eckpfeiler einer IT-Strategie sind im Rahmen der IT-Planung in konkrete Maßnahmen zu übersetzen, die im Idealfall wiederum gleichzeitig darauf ausgelegt sind, die Unternehmensstrategie zu unterstützen (Davenport, 1993). Aus dem Wechselspiel zwischen IT- und Unternehmensstrategie resultieren eigenständige Maßnahmenpläne, Prozesse und Organisationsstrukturen für jeden Unternehmensbereich. Nur für diesen Fall besteht Konsistenz nicht nur *zwischen* der IT- und Geschäftsstrategie, sondern auch *innerhalb* der IT-Strategie und -struktur bzw. Geschäftsstrategie- und -struktur (Markus/Robey, 1988; Lederer/Mirchandani/Sims, 1997; vgl. Abbildung 100). Nicht die Erarbeitung einer qualitativ absolut besten IT-Strategie steht dabei im Mittelpunkt, sondern vielmehr der auf die unternehmensspezifischen Bedürfnisse der Prozesse, Organisation und Kompetenzen bestmöglich abgestimmte IT-Strategieansatz. Eine pragmatische Vorgehensweise zur Abstimmung beider Bereiche orientiert sich meist an konkreten Fragestellungen, etwa nach den erforderlichen Kompetenzen und dem Entwicklungskonzept.

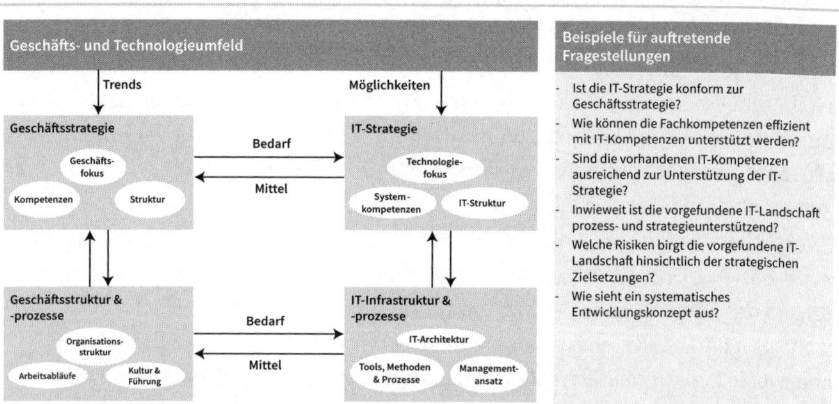

Abbildung 100 IT-Strategie-Modell nach *Henderson/Venkatraman* (Henderson/Venkatraman, 1994)

Durch die wechselseitige Spiegelung der Geschäfts- mit der IT-Strategie treten Fragen in den Mittelpunkt der Betrachtung wie (Henderson/Venkatraman, 1994; Crowston/Malone, 1994; Porter/Millar, 1985; Rockart/Scott Morton, 1984):

- **Fokus der IT-Nutzung**: grundlegende Prinzipien des IT-Einsatzes sowie der Priorisierung von Systemen und Implementierungsprojekten;
- **erforderliche Kompetenzen**: technische und geschäftliche Führungsstruktur der IT, kulturelle Richtlinien, notwendige (to be) Kompetenzen sowie erforderliche Schulungsmaßnahmen für neueste Technologien und Methoden (»Re-Skilling«);
- **Strukturen**: Festlegung des IT-Entscheidungsprozesses und der Support-Verantwortlichkeiten (Rollen, Verantwortlichkeiten, Messgrößen zur Kontrolle).

Aus den Lösungsansätzen für diese Fragestellungen können daraufhin aggregierte Mittel- bzw. Langfristpläne der IT-Entwicklung abgeleitet werden. Konform mit der Geschäftsstruktur sind im Rahmen der IT-Infrastruktur Aufgaben und **Fragen** bezüglich

- der Evaluierung unterschiedlicher organisatorischer **Gestaltungsoptionen** (wie Outsourcing, speziell auch im Zusammenhang mit Application Service Providing/ASP);
- der Festlegung von **Entwicklungswerkzeugen** und -methoden;
- der Feststellung der erforderlichen **Kompetenzen** und des Personalbedarfs inkl. notwendiger Schulungsmaßnahmen;
- der Definition von **Messgrößen** für die Bewertung der IT (Key Performance Indicators, KPI) und den hierfür zu etablierenden Kontrollprozess;
- des gegebenenfalls erforderlichen Redesigns der **IT-Organisation**;
- der Implementierung eines kompetenten **IT-Projektmanagements** sowie
- des Designs der (notwendigen) **IT-Architektur** (Daten, Anwendungen, Hardware)

aufzuwerfen und zu beantworten (Mougayar, 1998).

Projektbeispiele zeigen, dass die Erarbeitung und Operationalisierung der IT-Strategie einem mehrstufigen Verfahren folgen sollte: Im Anschluss an die IT-Vision erfolgt deren schrittweise Konkretisierung anhand der IT-Strategie, der IT-Planung sowie der konkreten Maßnahmenplanung (Mougayar, 1998; Raulf, 2000; Davenport/Short, 1990; vgl. Abbildung 101). Die Systemtransformation als technische Umsetzung ist nicht mehr der IT-Strategie im engeren Sinne zuzuordnen.

Nach der Erarbeitung einer grundlegenden **IT-Vision** sind in der darauf folgenden **IT-Strategieentwicklung** die Ergebnisse des unternehmensübergreifenden strategischen Planungsprozesses sowie die hier festgelegten Aufgaben der IT (am besten schriftlich) niederzulegen und zu kommunizieren. Der Rahmen für die Erarbeitung der IT-Strategie wird durch die Zielsetzungen der Geschäftsstrategie, die bestehenden Kompetenzen und den Zeithorizont der Umsetzung abgesteckt. Durch den Einsatz von IT-Strategie-Interviews und Workshops mit Managern aus Fach- und IT-Bereichen kann bereits ein erstes Strategiekonzept erarbeitet und auf Konformität mit der bestehenden Geschäftsstrategie überprüft werden (Henderson/Venkatraman, 1994). Ausgangspunkt dieser Workshops ist eine dokumentierte Geschäftsstrategie sowie die konsolidierten Ergebnisse bereichsübergreifender und externer Interviews. Die Workshops erlauben nicht nur eine frühzeitige Einbeziehung der von einer späteren Implementierung betroffenen Fachbereiche, sondern bereiten durch die Explizierung kritischer Bedarfe, Zielsetzungen und Prioritäten erst die inhaltliche Grundlage der darauf aufsetzenden IT-Strategie (Szyperski, 1980).

Abbildung 101 Vorgehensmodell zur Entwicklung der IT-Strategie und Maßnahmenplanung

Die **Bewertung** unternehmenskritischer IT-Aufgaben und -Funktionen sollte in diesem Rahmen nicht nur auf

- die derzeit (wahrgenommene) Performance (wie Verfügbarkeiten, Antwortzeiten) der Systeme begrenzt bleiben, sondern auch
- die strategische Bedeutung für die Zukunft

als Kriterium berücksichtigen (Meador, 1999).

Die in diesem Sinne für das Unternehmen wichtigsten Aufgaben und Funktionen sind die, die eine Bewertung mit einer »schlechten Performance« und »hohen strategischen Bedeutung« erhalten. Erst die kombinierte Bewertung von Performance und strategischer Bedeutung der IT-Aufgabenbereiche und Maßnahmen erlaubt Aussagen über die Effektivität (**IT-Effectiveness**): Einsatzfelder mit schlechter Performance, jedoch hoher strategischer Bedeutung weisen auf das Potenzial eines hohen RoI für alle durchgeführten Maßnahmen hin; Einsatzfelder mit hoher Performance, jedoch geringer strategischer Bedeutung geben Indizien auf einen geringen RoI und damit eine mögliche Verschwendung von Ressourcen (Meador, 1999; Kempis/Ringbeck, 1998). Die Ausdifferenzierung dieses Verfahrens für einzelne Unternehmensbereiche eröffnet eine differenzierte Bewertung der IT-Effektivität und im Anschluss die Ableitung bereichsspezifischer Maßnahmen.

Die Wechselwirkungen zwischen der IT- und der Geschäftsstrategie lassen sich in aller Regel durch den Vergleich mit »IT Best Practices« des jeweiligen Industriesegments oder im Rahmen eines unabhängigen IT-Assessments ableiten und darstellen (Österle, 1995). Dabei ist zu bedenken, dass eine langfristige, stabile IT-Strategieplanung aufgrund der enormen technischen Fortentwicklung nicht beliebig realisierbar ist. Dennoch sind im Rahmen einer **Technologiebewertung** möglichst nicht nur aktuell verfügbare Technologien einzubeziehen, sondern auch (zumindest rudimentär) zukünftige Technologieentwicklungen zu antizipieren. In einem abschließenden Workshop ist der eingangs aufgestellte IT-Strategie-Entwurf unter den Beteiligten abzustimmen und im Sinne einer verbindlichen Grundlage für die weitere Vorgehensweise zu verabschieden.

Die anschließende Phase zur Erarbeitung der **IT-Planung** präzisiert die IT-Infrastruktur zur Erreichung eingangs aufgestellter Zielsetzungen. In diesem Zusammenhang ist konform mit der Geschäftsstruktur (verstanden als Organisationsstruktur, Kultur und Prozesse) eine Technologie- und Datenplattform zu definieren. Anforderungen an die Architektur bestehen etwa in der (Fleisch, 2001; Koushik/Straeten, 2001)

- **Skalierbarkeit**: zufriedenstellendes Leistungsniveau auch bei steigenden Nutzerzahlen und Transaktionsvolumina;
- **Flexibilität**: Möglichkeit zur Integration neuer Produkte und Technologien;
- **Verfügbarkeit**: Einhalten bestimmter Serviceziele (Service Level Agreements);
- **Ausbaufähigkeit**: flexible Erweiterung zur Unterstützung neuer Geschäftsfunktionen und -modelle.

In Bezug auf die Entwicklungsumgebung stehen die schnelle Realisierung neuer bzw. die Modifikation bestehender Anwendungen sowie die Qualifizierung der IT-Mitarbeiter im Fokus. Die Entwicklung der IT-Planung gründet auf dem **IT-Assessment** bestehender Anwendungen, Datenstrukturen sowie grundlegender Technologien. Zusätzlich werden durch die Bewertung auch die IT-Organisation und zu unterstützende Prozesse einbezogen (Österle, 1995). Die analytische Grundlage erlaubt in einem letzten Schritt die Definition der strategischen IT-Infrastruktur. Diese beinhaltet sowohl die Anwendungs- und Technologieplattform als auch die hierzu erforderlichen Kompetenzen und permanenten Kontrollmechanismen.

Im Zuge der Evaluierung der tatsächlichen **IT-Effektivität** stehen in einer letzten Phase Ansatzpunkte zur Veränderung der IT-Organisation im Vordergrund. Hierunter fallen etwa Projekte zur Steigerung der Effektivität der Anwendungsentwicklung bzw. des Systemmanagement, die Ableitung von IT-Teilplänen für nachgeordnete Unternehmensbereiche oder der systematische Konsistenzabgleich zwischen der Unternehmens-/Organisationsentwicklung auf der einen Seite und der IT-Infrastruktur auf der anderen Seite.

Enterprise Architectures übernehmen zunehmend die Rolle, Strukturen für einen schnellen Markteintritt, eine schnelle Adaption an frühes Kunden-Feedback und kurze Iterationszyklen zu schaffen. Es entwickelt sich hin zur Composable Enterprise, das seine Fähigkeiten schnell neu orchestrieren kann, um mit hoher Geschwindigkeit Produkte oder Services zu erzeugen, die der Markt nachfragt (Owen/Burnett, 2018; Fowler, 2002).

> *Amazon* dient auch hier als ein gutes Beispiel. Die vielleicht wichtigste Maxime ist, dass alle unternehmensinternen Services auch zu vermarktbaren Produkten zusammengesetzt

und extern angeboten werden können. *Amazon Web Services* sind historisch einmal aus internen Überkapazitäten heraus entstanden.

Hatten Enterprise Architectures in der Vergangenheit vornehmlich den Schwerpunkt, mit immer exakterer Planung Risiken in der IT einzudämmen, liegt der entscheidende Faktor für die Überlebensfähigkeit eines Unternehmens künftig nicht mehr in der Risikovermeidung, sondern der Anpassungsfähigkeit. Aus einem »Risk Management« wird damit in der IT ein »Management von Uncertainty«. Redundanzfreiheit und Stabilität stehen damit deutlich weniger im Vordergrund als Agilität, Anpassungsfähigkeit und Geschwindigkeit (Foegen/Kaczmarek, 2016; Hohpe/Woolf, 2012). Die Rolle von Enterprise-Architekten entwickelt sich damit in allen Unternehmen von einer zentralen »Gatekeeper-Funktion« zu einer beratenden Coaching- und Moderationsrolle in den Produktteams. Damit mutieren diese vom »Hüter langfristiger Bebauungspläne« (Master Construction Plan), die den Status quo dokumentieren und als zentrale Controller an den Quality Gates die Compliance der jeweiligen Lösungen freigeben, zum wertschöpfenden und lösungsorientierten Begleiter der Umsetzungsteams (Fowler, 2002). Die Grenze zwischen Fachbereich und IT weicht in der Digitalisierung ebenso auf wie die Stufengrenzen im Software-Entwicklungsprozess (im sogenannten Development Operations). Die Vertikalisierung der Eigenverantwortung erfordert gleichzeitig eine höhere Autonomie. Technisch geht man dazu in Richtung von Microservices, die im Kern das SOA-Prinzip der losen Kopplung auf immer kleinere Einheiten fortsetzen als »Mikro-Divisionalisierung«. Die semantische Kohärenz kann über **Data-Grids** als tabellarischer Darstellung von Daten automatisiert erzeugt werden. Organisatorisch bilden sich über den vertikalen Produktteams, den »Squats« (wie sie z. B. in der *Spotify*-Organisation genannt werden), matrixähnliche Zusatzstrukturen, die »Chapter«. Diese stellen die Durchgängigkeit und inhaltliche Passung der agilen Einzelaktivitäten im Unternehmenskontext sicher. Enterprise Architecture könnten dort ebenfalls ein Chapter sein, das den Innovationsprozess an der Schnittstelle zur IT moderiert (Owen/Burnett, 2018; Hohpe/Woolf, 2012).

5.4 Elemente einer Digital Business IT-Architektur

Alle der bislang skizzierten Konzepte zur Digitalisierung fußen auf einer informationstechnischen Basis. Die Gesamtheit aller Software- und Hardware-Komponenten lässt sich begrifflich als »Digital IT-Architektur« fassen. Gemeinhin ist die Sphäre der informationstechnischen Gestaltung und Architektur, ohne ein Mindestmaß an Fachkenntnissen kaum zu überblicken – geschweige denn zu bewerten. Allerdings sind hierfür Digitalisierungsmanager gefordert, Verantwortung bei den Entscheidungen hinsichtlich der IT-Architektur zu übernehmen. Folglich sind Kenntnisse der Technologien und Komponenten einer IT-Architektur essenziell.

Hierbei bietet es sich an, zwei Dimensionen zu unterscheiden:

- **Systemklasse** und
- **(Software-)Komponente**.

- Software-Komponenten sind für die Ausgestaltung der jeweiligen Systemklasse von Bedeutung.

Am Beispiel der prinzipiellen IT-Architektur eines größeren »Commerce-Systems« kann das Gliederungskonzept grundlegend veranschaulicht werden (vgl. Abbildung 102). Derartige IT-Architekturen bestehen vereinfacht meist aus fünf Systemklassen mit den jeweiligen Systemkomponenten (in Anlehnung an Mougayar, 1998; Linthicum, 2001):

- **Kundenschnittstelle/Präsentationssysteme (»Content Access«, »Presentation Logic«):** Die Interaktion mit dem Kunden kann prinzipiell über mehrere Kanäle und verschiedene Endgeräte erfolgen, die dem Kunden die kommunizierten Inhalte lesegerecht (unter Umständen multimedial) aufbereitet, darunter das Internet respektive über Webbrowser, (mobile) Smartphones, spezielle Information Appliances wie vernetzte Personal Digital Assistants (PDAs) oder Messaging Services (z. B. SMS) nebst spezieller Devices (z. B. Pager).
- **Delivery und Hosting-Systeme (»Content Delivery«)**: Dies sind Systeme, auf denen die Websites bzw. Inhalte vorgehalten und abgerufen werden, z. B. auf/von dezidierten Webservern, die große Anfragevolumina bewältigen helfen.
- **Contentmanagementsysteme (»Content Aggregation«)**: Dies sind Systeme, die für die Entwicklung sowie das Management von Inhalten zuständig sind. Spezifische Komponenten helfen bei der Integration ausgewählter Inhalte, die bei den gegebenenfalls individuell aufzubauenden Websites berücksichtigt werden sollen. In Abhängigkeit vom Nutzerdialog bieten sich weitere Komponenten an, die insbesondere mit Applikationen etwa aus dem CRM-Kontext zusammenspielen.
- **Geschäfts- und Transaktionssysteme (Applications, Abbildung der Business Logic)**: Sie realisieren Anwendungen und Dienste, welche die einzelnen Markttransaktionsphasen – insbesondere die Vereinbarungs- und Abwicklungsphase – unterstützen. Dabei erbringen die jeweiligen Software-Komponenten (»Engines«) entsprechende Dienstleistungen wie Preisbildung bei z. B. Auktionen oder automatischen Verhandlungen (»trading engine«), »elektronischer Einkaufswagen« oder Auftragsmanagement. CRM-Komponenten realisieren beispielsweise Funktionen im Rahmen der Individualisierung (Verwaltung von Kundenprofilen, Zuordnung von Inhalten zu individuellen Profilen etc.). Zentral ist die Anbindung an bestehende Unternehmensdatenbanken und die Integration der Komponenten untereinander, insbesondere mit Komponenten einer bereits bestehenden IT-Architektur (Legacy-Systeme),
- **Systeme zur Integration von internen und externen Applikationen und Diensten:** Sie dienen der inner- und insbesondere der überbetrieblichen Vernetzung zur Integration weiterer Applikationen und Dienste, insbesondere der Verknüpfung mit Bezahlsystemen, Logistik- und Sicherheitsdiensten sowie ERP-Systemen. Ein Teil der in den übrigen Systemklassen vorgestellten Komponenten kann prinzipiell auch von externen Dritten im Rahmen eines Application Service Providing erbracht werden.

Praktisch bei allen Systemklassen bestehen Schnittstellen zu Datenbanken respektive Datenbank-Managementsystemen. Häufig bezeichnet man die Datenbanken als das eigentliche

»Herz« einer IT-Architektur mit höchsten Sicherheitsanforderungen. Grundsätzlich wird die gesamte IT-Architektur mit Infrastrukturdiensten unterstützt, z. B. Sicherheitsdienste, Netzwerkmanagementdienste sowie allgemeine Betriebssystemdienste.

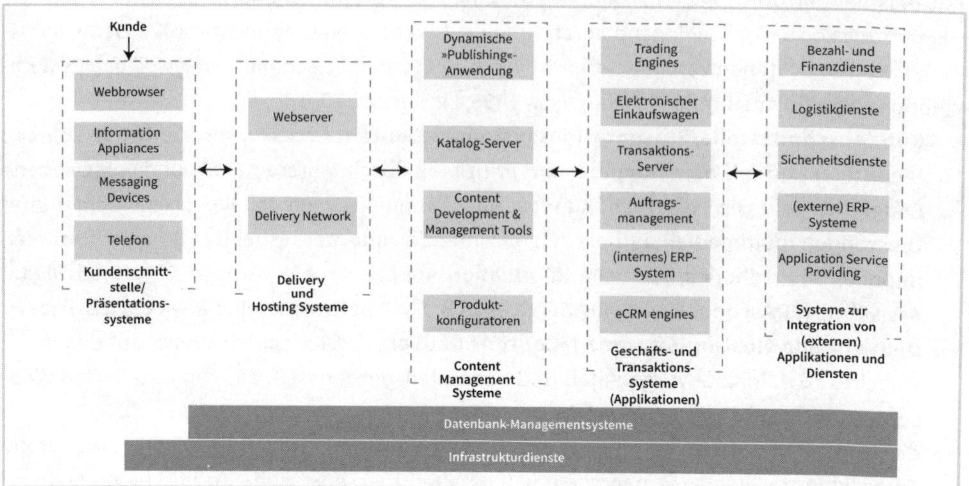

Abbildung 102 Beispiel für die Struktur einer digitalen IT-Architektur

Der Maschinenbauer ***Trumpf*** als Spezialist für Blechbearbeitungsmaschinen und Lasertechnik sieht seine Zukunft in digitalen Services für Kunden, mit Fokus auf Smart Factories, Manufacturing as a Service und eine möglichst perfekte Customer Journey (Röwekamp, 2018). Die erste digitale Fabrik eröffnete *Trumpf* im September 2017 in Chicago. In dieser sogenannten *Smart Factory* laufen alle Produktionsprozesse komplett vernetzt. Die Steuerung der Fertigungsmaschinen erfolgt aus einem hochgelegenen, gläsernen Büro mit Blick über die Produktionshalle. Rechner simulieren dort auf Bildschirmen alle Abläufe. Außerdem können die Mitarbeiter auf Gitterstegen (»Skywalks«) oberhalb der Maschinenstraßen via Tablets die Produktion in Echtzeit steuern. Die Smart Factory dient nicht nur als Showroom für Kunden, sie können dort auch Aufträge bearbeiten lassen. In Zukunft ist zu erwarten, dass immer mehr Unternehmen die Produktion vollständig digital mit Industrie-4.0-Lösungen steuern, die Maschinenhersteller wie *Trumpf* entwickeln. Dabei werden die Kunden von *Trumpf* ihre Fertigung auch nicht mehr unbedingt allein managen, sondern zusammen mit den Maschinenbauern. So analysiert und optimiert *Trumpf* mit dem Produkt »TrueConnect« gemeinsam mit seinen Kunden dessen Prozesse und sucht Optimierungspotenziale. Hinzu kommt, dass Kunden von *Trumpf* teure Maschinen künftig auch nicht mehr besitzen wollen. Je größer und leistungsfähiger eine Maschine ist, desto eher erwarten sie, diese in einem »As a Service«-Modell im Cloud-Manufacturing nutzen und somit verbrauchsabhängig bezahlen zu können (Röwekamp, 2018).

Trends wie Manufacturing as a Service (MaaS) und die Smart Factory stehen für *Trumpf* exemplarisch für dramatische Verschiebungen am Markt: Maschinenbauer müssen vermehrt die Customer Journey ihrer Kunden vollständig begleiten und abdecken. Es gilt, Kundenprobleme mit digitalen Services zu lösen. Eine große Aufgabe bei der Digitalisierung in dieser Branche wird sein, den kompletten Prozessverlauf vom Auftragseingang bis zur Auslieferung zu analysieren. Es ist in diesem Zusammenhang weniger entscheidend, dass Maschinen eine immer noch höhere Stückzahl liefern, sondern dass der Kunde wiederum seine Endkunden besser bedienen kann (Röwekamp, 2018). So haben ca. 80 % eines Auftrags nichts mit der Fertigung an sich zu tun. Die Verbesserung einer einzelnen Maschine trägt also nur einen vergleichsweise kleinen Teil zur Wertschöpfung bei. Aus einer vernetzten Produktion zieht der Kunde einen vielfach höheren Nutzen als aus der Optimierung einzelner Maschinen (Röwekamp, 2018). Als Reaktion auf diese Entwicklungen verabschiedete *Trumpf* bereits 2016 einen Fünfjahresplan mit dem Ziel, alle eigenen Werke mittels Industrie 4.0 zu vernetzen. Die digitalen Lösungen des Unternehmens sollen auch den Kunden helfen, lautete die Vorgabe. Denn diese sehen sich mit einer immer individueller werdenden Nachfrage konfrontiert, bis hin zum Wunsch nach Einzelstückfertigung. Die Digitalisierung ermöglicht den Unternehmen die dafür benötigte Flexibilität und Geschwindigkeit und steigert gleichzeitig die Produktivität. Die digitale Strategie im Konzern konzentriert sich heute auf drei Bereiche: Kunden (digitale Lösungen), das eigene Unternehmen (Technologieführerschaft und neue Geschäftsfelder) sowie Mitarbeiter (digitale Kompetenzen und Organisation). Darunter teilt *Trumpf* seine digitalen Ziele in vier große Felder auf: die interne digitale Transformation der eigenen Business-IT, Smart-Factory-Lösungen für bestehende Produkte, Smart-Factory-Lösungen für neue Services und Geschäftsfelder sowie disruptive Geschäftsmodelle. Als Motor des Wandels soll die interne IT-Abteilung agieren, die sich bis 2020 als »*Digital Accelerator*« des Unternehmens neu positionieren will. Noch 2015 konnten ca. ein Drittel der Projekte nicht weitergeführt werden, da die IT (ungewollt) weniger als ein »Wachstums-Enabler« als (analog zu anderen Unternehmen) vielmehr als ein »Bottleneck« wirkte. Mit dem Programm »Working the Backlog«, in dem es um IT-Kernfragen wie Sourcing-Strategie, die richtige Fertigungstiefe und die Kultur in der Organisation ging, wurde die Transformation gestartet. Ein Benchmark ergab, dass *Trumpf* mehr in Sachen IT-Sicherheit tun musste, schließlich investiert der Werkzeugmaschinen-Hersteller ca. 10 % seines Umsatzes in Forschung und Entwicklung (Röwekamp, 2018).

Mit »*Supporting the digital Agenda*« wurde die nächste Phase auf dem Weg zum Digital Accelerator initiiert. An neuen digitalen Technologien und innovativen Use Cases für *Trumpf*-Kunden mangelt es nicht. So legte die IT zunächst fest, welche Aufgaben sie in den Bereichen Betrieb, Projekte und Strategie allein oder aber mit Herstellern und Partnern bewältigen will. Die Hersteller, so wurde entschieden, sollen Standarddienste bieten, den Partnern soll aber eine besondere Rolle zukommen. Gemeinsam mit ihnen will *Trumpf* strategische und innovative Themenfelder angehen, wobei Externe ihr Wissen aus den Projekten in anderen Unternehmen und Industrien einfließen lassen sollen. Beispiele für diese Aufgabenteilung finden sich in den Bereichen künstliche Intelligenz (KI), Product Information Management, Master Data Management (MDM) und Robotic Process Automation (RPA). Erfahrungen mit robusten MDM-Prozessen wurden hierzu mit Unternehmen aus anderen Industrien ausgetauscht (Röwekamp, 2018). Für die Zusammenarbeit mit Dienstleistern spricht aus Sicht von *Trumpf* vornehmlich ein quantitatives Argument: Die IT von *Trumpf* ist angesichts einer Steigerung um 30–50 % an zumindest »IT-nahen« Projekten nicht mehr in der Lage, diese ohne Unterstützung umsetzen zu können. Die Voraussetzung und Auflage hierfür: Der Partner muss jeweils seine besten Leute für ein Projekt abstellen, gleichzeitig müssen Skillset und Motivation mit *Trumpf* harmonieren und (abstrakt) »passen«. Die Qualität und Ausbildung der Experten ist für *Trumpf* umso wichtiger, je größer der Analytics- und KI-Anteil an den gestarteten Digitalprojekten wird. Übrig bleiben noch eher speziellere Themen, wie etwa die native Cloud-Entwicklung interner IT-Produkte, Data Governance oder auch die für *Trumpf* enorm wichtige digitale Maschinenakte, die aufgrund besonderer Anforderungen sämtlich nur intern gelöst werden können (Röwekamp, 2018).

Auf dem Weg zum Digital Accelerator baut die IT ebenfalls die eigene Architektur massiv um. Das Ziel ist, sich in Richtung Kunde weiter zu öffnen. Die Vision: Wenn künftig eine Maschine beim Kunden ein Problem hat, dann loggt sich der Anwender in die *Trumpf*-Website ein und wird automatisch samt seiner Maschinenkonstellation erkannt und individuell bedient. Er erhält automatisch einen Vorschlag, wo das Problem liegen könnte und welches Ersatzteil er im Webshop, via App oder gar an der Maschine selbst ordern sollte (Röwekamp, 2018). Schließlich verfügt *Trumpf* über alle Daten zu der installierten Maschine. ***Digital Twins***, also digitale Zwillinge einer physischen Maschine, werden diese Entwicklung künftig mithilfe weiterer kundennaher Services noch weiter pushen. Es ist aus Sicht von *Trumpf* zu erwarten, dass in der digitalen Zukunft der Kunde seine interne Komplexität an den Partner auslagern möchte. Hieraus entsteht die Notwendigkeit, Kundenanforderungen losgelöst von den eigenen internen Prozessen und Komplexitäten zu betrachten. Deswegen begann die *Trumpf*-IT bereits Anfang 2017 mit dem Aufbau einer »Customer Experience Platform«, die künftig alle Shop- und After-Sales-Services für Kunden bündeln soll. Den Kern der Plattform bildet die *Data Integration Platform* (DIP), die den neuen IoT-Diensten Daten aus dem ERP-System, dem Servicesystem sowie aus verschiedensten Cloud-Lösungen im Sales-Umfeld, aber auch aus den Kundendaten der Maschinen zu Verfügung stellt. Zur Steigerung der Offenheit, Flexibilität und Geschwindigkeit baut *Trumpf* eine servicebasierte, integrationsfähige IT-Architektur für Kunden, Lieferanten und Mitarbeiter auf. Eine serviceorientierte Architektur mit einem Enterprise Service Bus soll es ermöglichen, Innovationen aus der Cloud einzubinden und via moderner Schnittstellen die neuen Services zur Verfügung zu stellen. Der Wechsel in die Cloud wird sich hierbei erheblich auswirken: Gegenwärtig betreibt die IT 80 % ihrer Infrastruktur selbst, im Jahre 2021 soll dieser Anteil analog etwa auch zur *Deutschen Lufthansa* auf 15 % absinken. Mitte 2018 erfolgte die Anbindung an *AWS* und *Microsoft Azure*. Zusätzlich bezieht *Trumpf* die Cloud-Dienste von der eigenen Start-up-Tochter *Axoom*, das externen Unternehmen eine IoT-Plattform für Industrie 4.0 anbietet. Bis 2021 soll die Quote von Cloud-Application-Services beträchtlich wachsen (Röwekamp, 2018). Fast alle Digitalprojekte laufen agil im DevOps-Modus, Neuerungen und Ablösungen großer Systemlösungen werden aber auch klassisch (Plan, Build, Run) umgesetzt. Als Faustregel gilt hierbei: Je höher der Innovationsgrad eines Produkts, desto eher eignet sich der agile Weg. Je reifer dagegen ein Produkt, desto effektiver lässt sich mit klassischen »Wasserfall-Methoden« arbeiten. Die Herausforderung besteht darin, die Vielzahl an Projekten, die neuen digitalen Architekturen und ihre gegenseitigen Abhängigkeiten zu orchestrieren. Um den Überblick über die oft eng verzahnten Projekte zu behalten, wurde ein Abhängigkeitsmanagement etabliert (Röwekamp, 2018): Bei sogenannten *Projektknoten*, die zeitlich, inhaltlich oder ressourcenmäßig Interdependenzen aufweisen, werden Projektmanager aufgefordert, sich untereinander (wöchentlich) abzusprechen. Eine weitere Herausforderung besteht darin, Projekte schnell zu skalieren. Dazu greift die IT auf den MVP-Ansatz (**Minimum Viable Product**) zurück. So besteht jedes große Vorhaben wie etwa die Customer Experience Platform aus vielen Basisprojekten wie ESB (Enterprise Service Bus), PIM (Product Information System) oder DIP (Datenintegrationsplattform). In jedem dieser Unterprojekte implementiert die IT mit dem MVP-Ansatz nur genau den Teil, der für das Gesamtprojekt jeweils wichtig ist.

Die massiven Veränderungen bei Geschäftsmodellen, Technologien und Architektur verlangen bei *Trumpf* einen kompletten Umbau der IT-Organisation. Als Zielbild dient eine lernende Organisation, in der Mitarbeiter ein bis drei digitale Kompetenzen innerhalb von drei Jahren in drei Stufen vertiefen sollen. Zusammen mit der Personalabteilung hat die IT hierfür ein auf die Mitarbeiter abgestimmtes Kompetenzprogramm aufgebaut. Zu den neuen wichtigen Kompetenzen zählen vor allem Architektur-, Partner- und Datenmanagement. Sekundiert wird dies durch Jobrotation (Röwekamp, 2018).

5.5 Vorgehensmodell zum Aufbau einer IT-Architektur und -Anwendung

Projekterfahrungen für den Aufbau einer Online-Plattform im Versandhandel, vertikalen B2B-Marktplätzen oder auch im Automobilvertrieb zeigen, dass der Aufbau der endgültigen IT-Architektur und ihrer detaillierten Komponenten im Rahmen der **Systemtransformation** einem mehrstufigen Verfahren folgen sollte:

- **Konzeption und Planung (Stufe 1)**: Ausgehend von den avisierten Kunden und der definierten Marketing- und Vertriebsstrategie sind zumindest Abschätzungen über die voraussichtliche Anzahl der Artikel und deren Komplexität, die Häufigkeit notwendiger Änderungen, die erlaubten Zahlungsarten sowie die Weiterverarbeitung der Daten bis in die Logistikabwicklung festzulegen. Aus dem Business Case können ähnliche Abschätzungen für die Anzahl und Komplexität der Transaktionen getroffen werden. Voraussetzung ist in jedem Fall die Definition der Webangebote und Mehrwertdienste wie Produktkonfiguratoren, Online-Tarifberechnungen zum Vergleich alternativer Produktvarianten, erforderliche Suchsysteme oder die technische Infrastruktur einschließlich der Diskussion eines externen Hosting durch einen ISP oder ASP aus der Diskussion einer »Customer Experience Chain« (Gothelf/Seiden, 2017). Aus dem angestrebten Webangebot und den hierzu erforderlichen Funktionalitäten können Kriterien für die Auswahl sowohl der technischen Plattform als auch möglicher **Anwendungssoftware** aufgestellt werden. Gleichzeitig kann auf der Basis dieser grundlegenden Architektur analysiert werden, inwieweit die Standardanwendungen und Dienstleister die marktseitigen Anforderungen in den Bereichen Hosting (z. B. Verfügbarkeit), Contentmanagement oder in Bezug auf die Transaktionssysteme erfüllen. Teile dieser Analysen und Bewertungen bilden die Grundlage für das nachfolgende **Fachkonzept**.

- **Spezifikation und Design (Stufe 2)**: In Stufe 2 wird das Fachkonzept weitergehend vertieft und die Kundenschnittstelle bis zum Informationsdesign (»Storyboard«) definiert. Neben den eher technischen Grundlagen sind auch grundlegende Einführungskonzepte bereitzustellen, etwa in Form eines Trainingsplans.
- **Realisierung & Prototyping (Stufe 3)**: Parallel zur Erfassung aller Produkt- und Artikeldaten bzw. -beschreibungen erfolgt die Anbindung an die Backoffice- oder auch Supply-Chain-Management-Systeme sowie gegebenenfalls an Zulieferanten. Am Ende dieser Phase besteht neben dem arbeitsfähigen Webangebot eine vollständige Dokumentation einschließlich **Testkonzept** und **Inlife-/Rollout-Planung**.
- **Test (Stufe 4)**: Innerhalb der Testphase steht neben den Tests des eigentlichen Systems auch die Integration mit der bestehenden EDV-Infrastruktur im Mittelpunkt. Zu den Systemtests gehören etwa Belastungs- und Performance-Tests, Konfigurationstests und Sicherheitstests. Daneben ist zu überprüfen, ob die Integration mit der bestehenden Infrastruktur erfolgt, also etwa Kunden- und Auftragsdaten ordnungsgemäß einschließlich aller Attribute übergeben werden.
- **»Live-Schaltung« & Launch (Stufe 5)**: Nach der Online-Stellung des Systems sind alle beispielhaft vorgestellten Komponenten sowohl einzeln als auch im funktionalen Zusammenhang permanent zu kontrollieren und entsprechend der Marktresonanz weitergehend zu skalieren.

Für die Phasen 1–3 wird zumeist seit einigen Jahren in Abkehr von einem streng sequenziellen »Wasserfall-Modell« das Scrum-Verfahren im Rahmen des Projektmanagements und der IT-Anwendungsentwicklung präferiert. Ziel ist der schnelle, kostengünstige und qualitativ hochwertige Abschluss eines Projektes bzw. die Fertigstellung einer IT-Anwendung.

> **Scrum** (engl. »Gedränge«) als Vorgehensmodell zur Entwicklung von Software-Anwendungen kennzeichnet ein inkrementelles und iteratives Vorgehen. Es beruht auf der Ansicht, dass die meisten (Entwicklungs-)Projekte zu komplex sind, um durchgängig planbar zu sein (Larman/Vodde, 2009; Gloger, 2011).

Die Umsetzung einer Vision im Rahmen einer Projektorganisation erfolgt nicht entlang möglichst detaillierter (tayloristischer) Anforderungslisten, die dann phasenweise umgesetzt werden, sondern durch das Ausformulieren von klaren Zielsetzungen (etwa Projektergebnissen) aus Kundensicht, die dann in sich wiederholenden, gleichlangen Intervallen, sogenannten Sprints, iterativ umgesetzt werden (Gloger, 2010). Die Sprints beginnen mit einem »Sprint Planning« und enden mit einem »Sprint Review Meeting« und anschließender »Sprint Retrospective«. In »Daily Scrums« stimmen sich Teammitglieder untereinander ab und informieren sich gegenseitig über den aktuellen Stand ihrer Teilaufgaben. Scrum versucht hierbei, die Komplexität durch folgende Prinzipien zu reduzieren (Preußig, 2015; Larman/Vodde, 2009):

- **Transparenz**: Der Fortschritt und die Hindernisse eines Projektes werden täglich und für alle sichtbar festgehalten.
- **Überprüfung**: In regelmäßigen Abständen werden Zwischenergebnisse geliefert und beurteilt.
- **Anpassung**: Die detaillierten Arbeitsschritte und Zwischenergebnisse werden nicht initial festgeschrieben, sondern nach jedem Sprint neu bewertet und bei Bedarf angepasst.

Diese Anforderungen aus Kundensicht werden meist als »User Stories« bezeichnet. Am Ende eines jeden Sprints steht die Lieferung eines konkreten Zwischenergebnisses auf dem Weg zur Realisierung der Vision. Projektleiter werden damit zu Teammitgliedern und ihre Rolle wandelt sich zu der eines Moderators eines sich selbstorganisierenden Teams (Larman/Vodde, 2009). Vor jedem Sprint finden Kick-off Meetings statt. Hier werden die Aufgaben innerhalb des Scrum-Teams definiert inkl. des jeweils erforderlichen Aufwands. Der Erfolg einer derartigen agilen Organisation, umgesetzt in Scrum-Teams, geht letztlich auf ein gelungenes Wissensmanagement zurück und fördert die Nutzung von implizitem, subjektivem und intuitivem Wissen im Rahmen der Teamarbeit (Nonaka/Takeuchi, 2008). Während sich explizites Wissen leicht darstellen und verarbeiten lässt (etwa in Groupware-Anwendungen), gelingt dies bei implizitem Wissen kaum. Dadurch bekommen die Entwicklungsteams den nötigen Freiraum, um ihr Wissens- und Kreativitätspotenzial in Eigenregie zur Entfaltung zu bringen. Erfahrungen in der Umsetzung von Scrum und der Realisierung einer agilen Organisation unterstreichen die Verfolgung der Prinzipien der Selbstorganisation (Preußig, 2015; Foegen/Kaczmarek, 2016):

- Individuen und Interaktionen gelten mehr als Prozesse und Tools.
- Funktionierende Projekt-Zwischenergebnisse (wie Prototypen) wird der Vorrang gegeben gegenüber ausführlichen Dokumentationen.
- Die stetige Zusammenarbeit mit dem Projektauftraggeber bzw. Kunden steht über formalen Abmachungen und Verträgen.
- Mut und Offenheit für Änderungen steht über dem sklavischen Befolgen eines initial festgelegten Plans.

Das Scrum-Vorgehensmodell kennt dabei explizit drei Rollen mit jeweils verschiedenen Verantwortungen (Preußig, 2015):

- **Product Owner**: Er verantwortet die strategische Entwicklung im Rahmen des Projektes, inkl. die Konzeption und Mitteilung einer klaren Vision, die Festlegung und Priorisierung der jeweils zu realisierenden Zwischenergebnisse (bzw. Produkteigenschaften) sowie die Entscheidung darüber, ob das vom Projektteam am Ende jedes Sprints gelieferte Zwischenresultat aus Kundensicht akzeptabel ist. Ihm allein obliegt die Entscheidung über Projekt-Meilensteine, Zwischenergebnisse und Kosten.

- **Projektteam**: Dies ist für die Lieferung der Zwischenergebnisse und des Endergebnisses in der vom Product Owner gewünschten Reihenfolge verantwortlich. Zudem trägt das Entwicklungsteam die Verantwortung für die Einhaltung der zuvor vereinbarten Qualitätsstandards. Das Entwicklungsteam ist insofern autonom, als es allein entscheidet, wie viele Zwischenergebnisse es in einem Sprint erreichen will. Hierzu geht es im Sprint Planning ein »Commitment« ein, in dem es sich zum Erreichen der freiwillig ausgewählten Ziele verpflichtet.
- **Scrum-Master**: Er trägt die Verantwortung, dass Scrum gelingt. Dazu arbeitet er mit dem Projektteam zusammen, gehört aber diesem selbst nicht an. Er führt die Scrum-Regeln ein und überprüft deren Einhaltung, moderiert die Meetings und kümmert sich um jede Störung des Scrum-Prozesses. Der Scrum-Master ist verantwortlich für die Beseitigung aller Hindernisse im Projektablauf, wie etwa innerhalb des Projektteams (z. B. aufgrund mangelnder Kommunikation und Zusammenarbeit, persönlicher Konflikte) und im gesamten Scrum-Team (etwa in der Zusammenarbeit zwischen Product Owner und Projektteam), sowie bei Störungen von außen etwa aufgrund zusätzlicher Anforderungen. Damit wirkt der Scrum-Master gegenüber dem Projektteam als Führungskraft, ist aber nicht deren formaler Vorgesetzter. Vor diesem Hintergrund kann er einzelnen Teammitgliedern weder konkrete Arbeitsanweisungen erteilen, noch kann er diese beurteilen oder disziplinarisch maßregeln. Seine Rolle ist die eines »Servant Leaders« – der Scrum-Master sichert sich Anerkennung und Gefolgschaft, indem er sich der Bedürfnisse der Teammitglieder annimmt. Im Idealfall wird der Scrum-Master vom Projektteam gewählt. Ist Scrum erst einmal wohl etabliert, kann dieser seine Rolle als Changemanager wahrnehmen.

Im Rahmen des Systemaufbaus sind damit grundlegende Entscheidungen über alle vorstehend skizzierten Komponenten zu treffen, etwa was die Auswahl der Plattform und des Betriebssystems betrifft. Innerhalb der einzelnen Komponenten ist die **Middleware** (etwa für E-Mail-, Netzwerk-, Sicherheits-, Bezahlungs- und Datenbankanwendungen) sowie eine Vielzahl spezifischer Anwendungen (wie Contentmanagementsystem, Product Information Management, Data Warehouse, Callcenter-Anbindung etc.) zu definieren.

5.6 Datenschutz und Datensicherheit

5.6.1 Anforderungen an Datenschutz und Datensicherheit

Die Digitalisierung erfordert den Austausch sensibler Daten über öffentliche Netze. Etwa im Fall von E-Procurement können detaillierte Produktions- und damit auch indirekt Absatzzahlen übertragen werden, bei Bestellungen durch Endkonsumenten personenbezogene Daten (Müller/Kohl/Schoder, 1997). Empirische Erkenntnisse zeigen, dass Sicherheitsprobleme zu den größten Hindernissen der Digitalisierung gezählt werden müssen (Gosh, 1998). Die Skandale um gehackte Daten bzw. die Weitergabe privater Nutzerinformationen durch *Facebook* haben spätestens das Interesse auch einer breiteren Öffentlichkeit auf dieses Thema gelenkt. Nach »IT-Integration«, einer »aufwendigen Anpassung bestehender Abläufe« sowie »hohen Implementierungskosten« wird eine »unzureichende Datensicherheit (etwa Vertrauensprobleme, Gefahr der Fälschung der Daten oder Verlust vertraulicher Kommunikation, Fälschungssicherheit)« von den Unternehmen als eine maßgebliche Hürde für den Erfolg in der Digitalisierung identifiziert.

> ***Privacy International*** hat in einer Studie den Datenverkehr von beliebten *Android*-Apps wie *Spotify, Skyscanner, Yelp, Indeed Job Search* oder auch *Kayak* mit *Facebook* analysiert: 61 % der Apps mit jeweils 10–500 Millionen Nutzern schicken Daten über den Nutzer und das Nutzungsverhalten an graph.facebook.com (Privacy International, 2018). Die Daten werden der Studie zufolge selbst dann an *Facebook* verschickt, wenn der Nutzer nie einen *Facebook*-Account angelegt hat. Wenn Android-Nutzer in *Kayak* einen Flug suchen, würden Daten wie der Abflugsort, Flughäfen, Flugdatum, Anzahl der Tickets (und Zahl der Kinder) und, ob Economy oder erste Klasse gewählt wurde, an *Facebook* gesendet (Vollmer, 2019). Die Apps übertragen die Daten zusammen mit einer sogenannten *Google®-Advertising-ID* – einer Kennnummer, mit der die Daten, die über einen Nutzer in unterschiedlichen Apps und auf Websites gesammelt werden, zu einem Profil zusammengeführt werden können. Schon seit einigen Jahren gehen Experten davon aus, dass Facebook auch über Menschen, die sich nie dort angemeldet haben, sogenannte Schattenprofile anlegt und dazu Daten sammelt.

Um einen sicheren Umgang mit Daten und informationsverarbeitenden Systemen zu gewährleisten, ist es erforderlich, zu der jeweiligen Gefährdungslage entsprechende Sicherheitsstandards zu entwickeln und unternehmensweit einzuhalten. Als einheitlicher Maßstab zur Beurteilung der Sicherheit informationstechnischer Systeme dienen **Sicherheitskriterien** für die Prüfung und Bewertung. Durch informations- und kommunikationstechnische Innovationen, das Auftreten neuer Bedrohungs- und Angriffsszenarien sowie neue Anwendungsmöglichkeiten der Informationstechnik sind diese Kriterien einer steten Weiterentwicklung unterworfen. Die in neuerer Zeit propagierten cloudbasierten Anwendungsszenarien verstärkten die Forderung nach Sicherheitsstandards (Clemons/Chen, 2011). Hierfür besteht eine Vielzahl an Sicherheitskriterien (Bhimani, 1996; Raepple, 2001; »mehrseitige Sicherheit« Müller/Reichenbach, 2001). Die Sicherheitskriterien stehen allerdings zum Teil untereinander im Widerspruch, z. B. Nachvollziehbarkeit versus Anonymität. Entsprechend kann die Technik allein keine allumfassende Lösung für die gleichzeitige Gewährleistung aller Sicherheitskriterien bereitstellen. Hierzu bedarf es ergänzend der Aushandlung zwischen Kommunikationspartnern (etwa ob die Kommunikation anonym erfolgen soll, unter der bewussten Inkaufnahme beschränkter Nachvollziehbarkeit) und der Einbindung auch organisatorischer Ansätze.

Im Mittelpunkt steht die **Cyberresilienz** als Fähigkeit eines Systems, Störungen und Schocks zu absorbieren und trotzdem erfolgreich weiterzuarbeiten. Zu den wichtigsten Kriterien der

Cyberresilienz im Datenschutz zählen (Jaquith, 2007; Eckert, 2018; Günter, 2007; Dannenberg/Ulrich, 2004):

- **Vertraulichkeit/Zugriffskontrolle**: Es muss sichergestellt sein, dass Transaktionen von unerwünschten Dritten nicht eingesehen werden. Sensible Informationen, etwa die Übermittlung von Angebotsdaten eines Außendienstmitarbeiters an den Zentralrechner seines Unternehmens sollten nicht beliebigen Personen zugänglich sein. Der Zugriff auf diese Informationen muss – in enger Abstimmung mit denen, über die die Informationen etwas aussagen – idealerweise durch diese selbst kontrolliert werden können.

> Durch einen Fehler von ***Amazon.de*** fielen rund 1.700 höchst private Alexa-Sprachaufzeichnungen von *Echo*-Geräten fremder Personen in die Hände eines Unbefugten (Bleich, 2018). Ein *Amazon.de*-Kunde hatte die deutsche Niederlassung des Konzerns um Auskunft über die zu ihm gespeicherten Daten gemäß DSGVO gebeten. Unter diesen Daten befanden sich auch rund 1.700 WAV-Dateien sowie eine PDF-Datei, die chronologisch unsortierte Transskripte darüber enthielt, was *Amazons* Sprachassistent *Alexa* aus diversen Spracheingaben verstanden hatte. Das Problem: Der Kunde hatte noch nie *Alexa* genutzt. Er teilte *Amazon.de* mit, dass die ihm zugesandte ZIP-Datei offensichtlich *Alexa*-Sprachaufzeichnungen eines ihm fremden *Amazon*-Kontos enthielt und bat um Auskunft darüber. Die Sprachaufzeichnungen stammten hörbar aus der Intimsphäre fremder Personen, beispielsweise aus Wohnzimmer, Schlafzimmer und Bad. Anhand des Inhalts der Aufzeichnungen, etwa der Nennung von Namen und Abfragen lokaler Wettervorhersagen, konnte der eigentliche *Echo*-Besitzer identifiziert werden (Bleich, 2018).

- **Anonymität**: Eine striktere Auslegung von Vertraulichkeit ergibt sich, wenn zudem gefordert wird, dass Sender und/oder Empfänger von Nachrichten anonym bleiben sollen. Eine weitere Stufe wird beschritten, wenn Unbeteiligte (inkl. Netzbetreiber) nicht in der Lage sein sollen, Sender und Empfänger zu beobachten (vgl. auch Unbeobachtbarkeit).
- **Zurechenbarkeit/Unabstreitbarkeit/Verbindlichkeit**: Besonders bei kommerziellen Anwendungen sind unabstreitbare Nachweise wichtig, z. B. darüber, dass jemand eine bestimmte Nachricht, etwa eine Bestellung oder eine Stornierung, tatsächlich selbst verfasst oder fristgerecht erhalten hat. Entsprechend müssen rechtsrelevante Institutionen wie die Unterschrift oder Einschreibebriefe elektronisch nachgebildet werden. Eng verknüpft damit ist die Forderung nach
- **Pseudonymität**: Die Eigenschaften der Anonymität stehen in Konkurrenz zu den Eigenschaften etwa der Verbindlichkeit. Falls eine Kombination beider Kriterien erforderlich ist, etwa eine Entgeltabrechnung für einen anonym in Anspruch genommenen Dienst, bietet Pseudonymität eine Lösung. Ein Pseudonym liefert keine Angaben über die Identität seines Trägers. Es kann jedoch nachträglich aufgedeckt werden, wer eine verbindliche Handlung ausgeführt hat, falls dies etwa in einem Streitfall erforderlich wird.
- **Authentizität**: Es muss sichergestellt sein, dass die an einer Übertragung beteiligten Parteien diejenigen sind, für die sie sich ausgeben (sichere Identifikation).

In diversen Schweizer Kantonen wird bereits **E-Voting via Blockchain** getestet. Die Stadt Zug ist die einzige, in der der Prozess der Abstimmung nicht über einen zentralen Server, sondern über eine Blockchain auf vielen Computern verteilt erfolgt. Das E-Voting ergänzt die bereits eingeführte blockchainbasierte E-ID, über die einige Hundert der 30.000 Einwohner Zugs verfügen. Eine Testabstimmung im Juli 2018 war Teil eines Pilotprojekts, mit dem die Stadt sicherheitsrelevante Aspekte überprüfen wollte – z. B. Persönlichkeitsschutz, Abstimmungsgeheimnis und Unveränderbarkeit der Abstimmung. Das Voting ist jedoch nicht alles, was künftig per Blockchain abgewickelt werden können soll. Auch die Nutzung städtischer Fahrräder, ein digitalisiertes Parkmanagement oder das Ausleihen von Büchern ohne Bibliotheksausweis soll für Inhaber einer digitalen ID möglich sein. Zug machte schon 2016 von sich reden, als sie als erste Stadt weltweit Bitcoins als Zahlungsmittel für städtische Dienstleistungen akzeptierte. Auch beim Handelsregisteramt des Kantons Zug ist seit November 2017 die Bezahlung mit Bitcoins möglich. Viel in Anspruch genommen wurden E-Voting und neue Zahlungsmöglichkeiten allerdings bislang nicht und auch ein finanzieller Gewinn mit der Kryptowährung ist nicht zu verbuchen, da die Stadt die Bitcoins automatisch in Schweizer Franken umtauscht.

- **Übertragungsintegrität**: Übertragene Daten müssen unmanipuliert bei ihren Empfängern ankommen. Besonders wichtig ist dabei der Schutz vor teilweisen Manipulationen, etwa der Mengenangaben in einer Bestellung, und der Schutz vor der Aufzeichnung und erneuten Versendung einer (geänderten) Nachricht, etwa einer Bestellung, durch Dritte.

Das Medienunternehmen ***Comcast*** arbeitet nach eigenen Aussagen mit NBCUniversal zusammen, um die Funktionen von Blockgraph zu testen. Die Aufnahme in das adressierbare Angebot soll Anfang 2019 erfolgen. Blockgraph soll eine »Identitätsebene« für die TV-Branche bereitstellen, mit der Medienunternehmen nicht identifizierbare Publikumsdaten teilen können. Zugleich soll die Peer-to-Peer-Plattform die Effizienz und Effektivität von TV-Marketing und Werbung verbessern.

- **Verfügbarkeit**: Kommunikationspartner sollen in Kontakt treten können, wenn sie dies wünschen; Transaktionen müssen nachvollziehbar vollständig abgeschlossen werden.
- **Unbeobachtbarkeit**: Eine kommunikative Handlung, etwa ein E-Mail-Austausch, muss durchgeführt werden können, ohne dass Außenstehende (auch Netzbetreiber müssen gegebenenfalls als Außenstehende gelten) die Möglichkeit haben, davon zu erfahren. Zugleich sollten Unbeteiligte (inkl. Netzbetreiber) nicht in der Lage sein, die Kommunikation zu beobachten. Dies gilt insbesondere im Falle der Mobilkommunikation. Weder potenzielle Kommunikationspartner noch Unbeteiligte sollen ohne Einwilligung den momentanen Ort oder die Bewegung der Kommunizierenden ermitteln können.
- **Unverkettbarkeit**: Mehrere kommunikative Handlungen, etwa zwei E-Mails, dürfen nicht miteinander in Verbindung gebracht werden können, da auf diese Weise erstellte Informationssammlungen die Anonymität und Unbeobachtbarkeit gefährden können.

Durch die wachsende Abhängigkeit der Wirtschaft und Verwaltung von dem einwandfreien Funktionieren informationstechnischer Systeme nimmt insbesondere die Vertraulichkeit, Zurechenbarkeit, Verfügbarkeit und Integrität der Daten (**IT-Sicherheit**) einen immer höheren Stellenwert ein.

Seitens der EU wurde bereits 2009 die Novellierung der datenschutzrechtlichen Anforderungen für Websites beschlossen, häufig als »Cookie-Richtlinie« bezeichnet. Hierdurch müssen die Betreiber von Websites entsprechend der »E-Privacy-Richtlinie« der EU Besucher darüber informieren, welche Cookies sie zu welchen Zwecken speichern. Danach müssen Website-Besucher eine »informierte Einwilligung« vor der erstmaligen Speicherung und Verarbeitung bestimmter personenbezogener Daten abgeben, auch wenn diese aktuell noch nicht durchgesetzt wird. Ohne das Einverständnis der Besucher dürfen damit grundsätzlich keine werberelevanten Cookies gesetzt werden.

> Im April 2018 hatte *Google®* damit begonnen, die Nutzer seiner Suchmaschine über die Speicherung von Cookies zu informieren. Das Unternehmen will damit offenbar präventiv der E-Privacy-Richtlinie der Europäischen Union entsprechen.

Damit wird ein deutlicher Hinweis zur Art und Weise der Verwendung von werblich relevanten Cookies, platziert auf allen Einstiegsseiten in die Website, zukünftig zur Pflichtmaßnahme. Durch die Anforderung, eine aktive, informierte Einwilligung des Besuchers einzuholen, werden Informationen zu Cookies und Datenhaltung also fester Bestandteil des Besuchererlebnisses einer Website. Für die Umsetzung gibt es verschiedene Optionen, wie

- **statischer Informationsbanner**: Oben auf der Homepage wird der Nutzer über das Setzen von Cookies informiert und nach dessen Einwilligung gefragt. An dieser Stelle wird ein Link zur Datenschutzerklärung mit genauen Erklärungen zu den Verantwortlichen und den Zwecken der Verarbeitung angeboten.
- **Splash Screen**: Beim Aufrufen der Website wird erklärt, welche Cookies bei Einwilligung des Nutzers von welchen Parteien gesetzt werden.
- **Pop-up-Fenster**: Damit wird sehr prominent über die Verwendung von Cookies informiert und nach der Erteilung einer Einwilligung gefragt.

Unternehmen befürchten, dass sich die notwendigen Umsetzungen im Seiten-Layout negativ auf die Customer Experience auswirken werden. Für den Einsatz von Cookies herrscht dahingegend Übereinstimmung, dass folgende wesentliche Informationen einfach zugänglich bereitzustellen sind:

- Welche verantwortliche Stelle platziert das Cookie?
- Welche Arten von Informationen werden gesammelt?
- Werden mittels des Cookies Nutzerprofile erstellt?
- Werden die Cookies zur Schaltung maßgeschneiderter Werbung genutzt?
- Ermöglichen die Cookies die Identifizierung des Nutzers über mehrere Websites hinweg?

Diese Informationen sollten interaktiv auf dem Bildschirm angeboten werden. Vor allem aber entscheidet der Inhalt des Einwilligungstextes darüber, ob die Einwilligung wirksam ist. Diese muss in jedem Fall protokolliert sowie – je nach Einzelfall – elektronisch zum Abruf vorgehalten werden. Für das Online-Marketing, hier insbesondere die Kennzeichnungspflicht, die Übernahme fremder Inhalte und den Markenschutz, greifen mittlerweile weitgehend ausgereifte rechtliche Rahmenbedingungen (Schirmbacher, 2010). So muss etwa beim **Double-Opt-in** der Eintrag der Abonnentenliste in einem zweiten Schritt durch den Nutzer nochmals bestätigt werden. Meist wird hierzu an die eingetragene Kontaktadresse eine E-Mail-Nachricht gesendet, mit der Bitte um Bestätigung. Handelt es sich um ein echtes, das heißt erwünschtes Opt-in, bekommt der Abonnent eine Bestätigung seiner angegebenen Kontaktdaten; handelt es sich dagegen um einen missbräuchlich erfolgten Eintrag, kann sich der unfreiwillige Abonnementkandidat vor einem Eintrag in die Abonnementliste schützen, indem er auf die Bestätigungsanfrage nicht reagiert. Eine Registrierung beim Double-Opt-in wird erst dann wirksam, wenn sie bestätigt wird. Dieses Verfahren hat sich mittlerweile im Direktmarketing durchgesetzt und wird auch im Wege der Adressgenerierung fast ausschließlich verwendet (Bahr, 2011).

> Da bei zugekauften Adressen nicht immer sichergestellt ist, ob der E-Mail-Empfänger tatsächlich dem Erhalt über ein Double-Opt-in zugestimmt hat, kann auch hier die Blockchain helfen. Mit der »*Doichain*« (der Name leitet sich von Doi = Double-Opt-in ab) wird eine Lösung angeboten: Erteilt ein Mail-Empfänger seine Einwilligung, wird diese in der *Doichain* transparent und unveränderbar abgelegt, der Versender kann dies jederzeit überprüfen (Fröhlich, 2018). Die Nutzung der gesicherten Adressen bezahlt der Versender mit »DOIs«, den Token der *Doichain*. Diese dienen nicht als Einnahmequelle, sondern dem Schutz vor Spam und werden nach dem Bezahlvorgang vernichtet. Der Betrieb der *Doichain* soll an eine unabhängige gemeinnützige Stiftung übertragen werden (Fröhlich, 2018).

Ein ähnlich enges Korsett gilt für die Verwendung **anonymisierter bzw. personenbezogener Nutzerprofile** (Eickmeier/Hansmersmann, 2011). Grundsätzlich dürfen Nutzungsprofile laut Telemediengesetz zum Zweck der Werbung, Marktforschung oder zur bedarfsgerechten Gestaltung von Diensten nur als Pseudonyme verwendet werden, sofern der Nutzer diesem Einsatz nicht widerspricht. Der Dienstanbieter hat den Nutzer auf sein Widerspruchsrecht im Rahmen der Unterrichtung nach § 13 Abs. 1 Telemediengesetz hinzuweisen (bis zur Verschärfung durch die DGSVO). Nutzungsprofile dürfen damit nicht mit Daten über den Träger des Profils zusammengeführt werden. Hieraus ergibt sich für die Erstellung und Verwendung von Nutzungsprofilen Folgendes:

- **personenbezogene Nutzungsprofile**: dürfen grundsätzlich nur mit expliziter Einwilligung des Betroffenen erstellt werden;
- **pseudonomisierte Nutzungsprofile**: sind unter bestimmten gesetzlichen Voraussetzungen bis zum Widerspruch des Betroffenen zulässig;
- **anonymisierte Nutzungsprofile**: unterliegen aufgrund des fehlenden Personenbezugs keiner datenschutzrechtlichen Bestimmung.

Studien zeigen, dass selbst anonymisierte (mobile) Standortdaten unter Umständen nicht anonym sind: Smartphone-Besitzer können anhand ihrer Bewegungsprofile problemlos wiedererkannt werden (de Montjoye et al., 2013).

> Anhand der Analyse anonymisierter Nutzungsdaten inkl. der hieraus erstellten Bewegungsprofile können Individuen sehr einfach wiedererkannt werden. Hierzu wurden in einer Studie anonymisierte Daten eines europäischen Mobilfunkanbieters untersucht, insbesondere, in welche Funkzelle ein Kunde bei einem Anruf oder dem Versenden von SMS eingebucht gewesen ist. Aus den Daten von 1,5 Millionen Kunden aus einem Zeitraum von 15 Monaten zwischen 2006 und 2007 konnten 114 Datenpunkte pro Nutzer und Monat generiert werden, also 114 Kombinationen aus Standort und Zeitpunkt. Es zeigt sich, dass das Profil einer bestimmten Person über den Beobachtungszeitraum von 15 Monaten eindeutig aus der Masse der 1,5 Millionen Kunden heraussticht (o. V., 2013a). Die Profile waren so einzigartig, dass bereits vier willkürlich ausgewählte Datenpunkte aus einem Profil ausreichten, um bereits 95 % der Nutzer wiederzuerkennen. Zwei Informationspunkte reichten bereits aus, um die Hälfte der Bewegungsmuster einer bestimmten Person zuzuordnen (de Montjoye et al., 2013). Um auch die Namen der Smartphone-Besitzer herauszufinden und das Bewegungsprofil somit einer realen Person zuzuordnen, bedarf es allerdings des Abgleichs mit einer zweiten Datenbank. Das könnten soziale Netzwerke wie Facebook oder Twitter sein, denn die dort veröffentlichten Fotos enthalten in der Regel auch Daten zu Ort und Zeitpunkt der Aufnahme (o. V., 2013a).

5.6.2 Anforderungen an den Datenschutz gemäß DSGVO und E-Privacy-Verordnung

Bereits im Jahr 2009 hat sich die EU-Kommission zum Ziel gesetzt, die seit den 1990er-Jahren geltende Europäische Datenschutzgrundverordnung (EU-DSGVO) zu modernisieren und zukunftsfähig zu gestalten. Eines der Hauptprobleme der Richtlinie war schon immer die uneinheitliche Umsetzung, in deren Folge Europa zu einem Flickwerk unterschiedlichster Datenschutzregeln wurde. So mussten sich z. B. deutsche Marketingspezialisten einem sehr strengen Datenschutzgesetz unterwerfen, während schwedische oder portugiesische Marketingabteilungen den Vorteil wesentlich flexiblerer juristischer Realitäten nutzen konnten. Im Jahr 2016 ist eine Europäische Datenschutzverordnung verabschiedet worden, die unter anderem die Wettbewerbsgleichheit innerhalb der EU sicherstellen soll. Im Unterschied zu einer Richtlinie wird eine Verordnung als gültiges Gesetz direkt in den EU-Mitgliedstaaten umgesetzt, ohne dass weitere Anpassungen möglich sind. Seit Mai 2018 gilt die Verordnung in ganz Europa (Koglin, 2017).

Die Verordnung stellt sicher, dass personalisierte Werbung ein berechtigtes Interesse für kommerzielle Organisationen darstellt. Seit der BDSG-Novelle aus dem Jahr 2009 ist die Nutzung von Daten aus öffentlichen Verzeichnissen mehr oder weniger eingeschränkt, sofern keine Einwilligung vorhanden ist. Derartige Verbote gibt es bisher übrigens nur in Deutschland. Ab 2018 ist Neukundengewinnung mithilfe von öffentlich zugänglichen Daten, auch wenn sie nicht in Telefonbüchern enthalten sind, auch in Deutschland wieder möglich – unter der (sehr schwammigen) Voraussetzung, dass »*nicht die Interessen oder Grundrechte und Grundfreiheiten der betroffenen Person, die den Schutz personenbezogener Daten erfordern, überwiegen*«. Verpflichtend einzusetzende Datenschutzbeauftragte können nach einer Datenschutzfolgenabschätzung zusätzliche Schutzmaßnahmen vorschlagen, z. B. das Ersetzen von Namen, Anschriften und E-Mail-Adressen durch Pseudonyme oder, noch besser, durch das Beauftragen einer Trusted Third Party für die Datenverarbeitung. Eine wasserdichte Durchführung der Dokumentation und Datenschutzfolgenabschätzung wird dabei künftig der Schlüssel für ein erfolgreiches und gesetzkonformes Marketing sein (Koglin, 2017; Voigt/von dem Bussche, 2018).

> Große deutsche Unternehmen bereiten sich hierauf mit sogenannten **Login-Allianzen** vor, wie ***Verimi***, ein Zusammenschluss von *Allianz*, *Axel Springer*, *Daimler* und *Deutsche Bank*. Als weitere Partner sind die *Deutsche Telekom*, *Lufthansa* und die *Bundesdruckerei* dabei. Als zweite Allianz ***NetID*** gehen *RTL*, *ProSiebenSat.1* und *United Internet* mit dem ersten Partner *Zalando* an den Start. Die Nutzer bekommen als Mehrwert einen Login für alle Partnerseiten der Allianz.

Die Änderungen betreffen in Marketing und Vertrieb im Kern alle Funktionen und Prozesse mit Kundendaten, etwa (Scheuing, 2017; Puscher, 2017; Voigt/von dem Bussche, 2018):

- Das Setzen von Cookies wird in Artikel 8 grundsätzlich untersagt, es sei denn, der Nutzer hat diesen ausdrücklich zugestimmt (Opt-in), was das in Deutschland geltende liberalere Telemediengesetz mit dem Opt-out-Prinzip ablöst.
- Bei der Installation eines Browsers oder einer App müssen Nutzer gemäß Art. 10 eine Grundsatzentscheidung zu ihren Privacy-Einstellungen treffen, wobei ihnen auch zwingend eine Variante angeboten werden muss, die alle Cookies von Dritten blockt.
- Wenn aufgrund eines Datenlecks ein hohes Risiko für die Beeinträchtigung der Rechte und der Freiheit von Verbrauchern droht, muss dieses sowohl der zuständigen Datenschutzaufsichtsbehörde gemeldet, als auch zeitnah öffentlich (also für den Verbraucher ersichtlich) bekannt gegeben werden. Damit fordert die neue Verordnung zur Pannenmeldungspflicht, dass Datenlecks oder -pannen bei der Datenschutzaufsichtsbehörde zu melden und Verbraucher zu informieren sind, sofern diese ein hohes Risiko der Beeinträchtigung darstellen.
- Neu ist die Einführung des Konzeptes der Rechenschaftspflicht (»Accountability Principle«). Dieses Konzept ist fest verankert in der Verordnung, unter anderem in Artikeln über Datenschutzfolgenabschätzung, der Bestellung des Datenschutzbeauftragten, des Datenschutzes durch Technikgestaltung und datenschutzfreundlichen Voreinstellungen (»Privacy by Design und Default«). Entsprechend dieser Pflicht ist es nicht ausreichend, nur die Grundprinzipien des Datenschutzes einzuhalten. Zukünftig muss deren Einhaltung auch schriftlich belegt werden können. Diese Regelung bedeutet für viele mittelständische Unterneh-

men eine zusätzliche Dokumentation. Gerade um innovative Marketingkonzepte lückenlos zu begleiten, wird in den kommenden Jahren der Bedarf an automatisierter Protokollierungs- und Prüfungssoftware sowie die dazugehörigen Schulungen und Beratungen steigen.

- Der größte Unsicherheitsfaktor – sowohl für Mittelständler als auch für Großkonzerne – ist die im Rahmen der EU-Datenschutzgrundverordnung beschlossene Bußgelderhöhung. Bei Verstößen können fortan Bußgelder in Höhe von bis zu 4 % des weltweiten Jahresumsatzes verhängt werden.
- Mit der Einführung der Verordnung wird die Liste erforderlicher Informationen bei Datenschutzhinweisen erweitert. Neben bereits erforderlichen Hinweisen, wie der Identität des Unternehmens, müssen fortan bestimmte Informationen wie die Rechtsgrundlage für die Datenverarbeitung und die Speicherdauer der Daten ersichtlich werden. Eine Belehrung, nämlich der Hinweis auf das Beschwerderecht bei der Datenschutzaufsichtsbehörde, ist seit Mai 2018 fester Bestandteil der Datenschutzrichtlinie.
- Laut Artikel 20 der Verordnung werden Verbraucher künftig das Recht haben, von Unternehmen zu fordern, dass ihre Daten übertragen werden. Allerdings handelt es sich hier nur um den Datensatz, den der Verbraucher dem Unternehmen bereitgestellt hat. So ist dieses Recht z. B. nicht anwendbar auf geschätzte bzw. abgeleitete Daten (via Predictive Analytics), die andeuten, dass diese Verbraucher mit einer bestimmten Wahrscheinlichkeit zu einem bestimmten Kundensegment gehören (könnten). Die Verbraucher sollen die Daten »in einem strukturierten, gängigen und maschinenlesbaren Format« erhalten. Es war Ende 2018 noch nicht vollends klar, in welcher Form diese Daten übertragen werden müssen.

Das Bayerische Landesamt für Datenschutzaufsicht hatte bereits 2017 einem Onlineshop untersagt, »*Facebook Custom Audience*« zu verwenden (Schutzmann, 2018). Dieses ermöglicht es Unternehmen, Kunden, die auch Facebook User sind, dort gezielt bewerben zu lassen. Hierzu erstellt der Onlineshop eine Liste seiner Kunden oder Interessenten mit Namen, Wohnort, E-Mail-Adresse und Telefonnummer. Diese Kundenliste wird im *Facebook*-Konto des Onlineshops an *Facebook* übergeben. Zuvor werden die Kundendaten unter Einsatz des Hash-Verfahrens in Zeichenketten umgewandelt. Aus »Max Mustermann in München« wird beispielsweise »dddfab9b5b8a360150547065daff114ff218b39c8b-0986b761075977aeeca3c3«. *Facebook* gleicht die Kundenliste des Shops mit allen *Facebook*-Nutzern ab und kann so feststellen, welcher Kunde des Shops auch bei *Facebook* registriert ist. Dann kann der Onlineshop diese Zielgruppe auf *Facebook* gezielt bewerben.

Das Bayerische Landesamt für Datenschutzaufsicht hatte den bayerischen Onlineshop aufgefordert, dieses Marketing-Tool nicht mehr einzusetzen. Der Grund: Der Onlineshop holte keine Einwilligung des Nutzers ein, was aus Sicht der Datenschutzaufsicht aber erforderlich war, da Kundendaten direkt an *Facebook* übermittelt wurden. *Facebook* ist im konkreten Fall kein Auftragsverarbeiter, sondern Dritter. Der Einsatz des Marketing-Tools »*Facebook Custom Audience* über die Kundenliste« sei nur rechtmäßig, wenn der Nutzer explizit eingewilligt hat. Zwar habe der Werbetreibende ein berechtigtes Interesse an zielgerichteter Werbung, diesem Interesse stehen jedoch die überwiegenden, schutzwürdigen Interessen der Betroffenen gegenüber. Denn sie rechnen nicht damit, dass ihre E-Mail-Adresse an *Facebook* übermittelt wird (Schutzmann, 2018).

Die DSGVO regelt den Datenschutz in der Europäischen Union technikneutral. Speziell für die elektronische Kommunikation sieht das EU-Parlament Handlungsbedarf und arbeitete Ende 2018 noch an einer ergänzenden **E-Privacy-Verordnung** (EPVO). Diese soll die alte E-Privacy-Richtlinie von 2002 und die Cookie-Richtlinie von 2009 ersetzen (Aktuelle Gesetze, 2018; Voigt/von dem Bussche, 2018). Als Lex Specialis der DSGVO soll die E-Privacy-Verordnung gewisse Sachverhalte der DSGVO konkretisieren, wenn es um personenbezogene elektronische Kommunikationsdaten geht – darunter auch Cookie-Daten, die somit zukünftig unter die spezielleren Regelungen der neuen E-Privacy-Verordnung fallen. Da Cookie-Kennungen aber grundsätzlich personenbezogene Daten sind, sind die Vorschriften der DSGVO seit Mai 2018 bereits voll anwendbar. Anders als die DSGVO ist die EPVO nur für Unternehmen relevant, die Kommunikationsdienste anbieten wie Telefon, Internetzugang, E-Mail, Chat, Messenger oder auch Audio- und Videochats. Damit fällt hierunter gegebenenfalls jedes gewerbliche Medienangebot, sobald Onlinewerbung und Tracking-Cookies zum Einsatz kommen. Im Wesentlichen dehnt der Entwurf der E-Privacy-Verordnungen bestehende Regelungen des Telemediengesetzes und des Gesetzes gegen unlauteren Wettbewerb auf die gesamte EU aus. Für Telefonanbieter, Internet-Provider, E-Mail-Hoster oder Entwickler von Messengern und ähnlichen Apps ändert sich wenig. Wahrscheinlich müssen sie nur den einen oder anderen Passus ihrer Nutzungsbedingungen überarbeiten. Telefonwerbung mit Cold Calls und unerwünschte Werbe-E-Mails bleiben auch weiterhin verboten. Kommunikationsanbieter dürfen nur diejenigen Daten erheben, die sie brauchen, um die Kommunikation ihrer Nutzer abzuwickeln. Besonders die dabei immer anfallenden Meta-Daten dürfen ausschließlich dafür benutzt werden und nicht, um Profile für Marketingzwecke oder Onlinewerbung anzulegen. Der Anwendungsbereich der EPVO erfasst sämtliche elektronischen Kommunikationsdaten, auch ohne Personenbezug. Daher stammt wohl das Missverständnis, dass Cookies auch erst mit der neuen E-Privacy-Verordnung geregelt werden.

Konkret dürfte *Google®* etwa keine E-Mails mehr in *Google® Mail* scannen, um personalisierte Werbung einzublenden. Erlaubt wäre das nur unter der Einschränkung der expliziten Einwilligung der Nutzer (Voigt/von dem Bussche, 2018).

Gleichzeitig enthält die Verordnung auch strengere Regeln zum Umgang mit Cookies und Werbetrackern. Sie sieht vor, dass Websites ihre Nutzer künftig explizit fragen müssen, ob Tracking-Cookies gesetzt werden dürfen. Anders als bisher handelt es sich nicht um eine reine Information, die einfach wirkungslos weggeklickt werden kann. Es muss vielmehr explizit möglich sein, Tracking-Cookies zu verweigern und die jeweilige Website dennoch nutzen zu können. Die

EPVO sieht unter anderem vor, dass für Cookies, die nur für technische Zwecke verwendet werden (etwa um sich zu merken, was beim Online-Einkauf in den Warenkorb gelegt wurde), keine Zustimmung nötig ist. Wird das Cookie jedoch für Tracking oder Werbung verwendet, bedarf es weiterhin der expliziten, freiwilligen Einwilligung. Die grundlegende Einstellung soll bereits im Browser vorgenommen werden können, wo das Verweigern von Tracking-Cookies Default-Einstellung sein muss. Sollte die EPVO in der gegenwärtig diskutierten Variante kommen, wäre das automatische Versteigern und Platzieren personalisierter Onlinewerbung anhand von Behavioral Targeting oder Programmatic Advertising nicht mehr zulässig. Nur ein absehbar kleiner Teil der Anwender dürfte dem Tracking freiwillig zustimmen. Im Kern zielt die Verordnung darauf ab, sogenannte **Tracking-Walls** zu beseitigen. Diese sind Websites, die den Zugriff auf die Inhalte der Seite verhindern, es sei denn, der Nutzer stimmt Cookies zu. Websites dürfen Nutzern den Zugriff nicht mehr verwehren, wenn sie Cookies nicht zustimmen.

Die Verordnung könnte unerwünschte Nebenwirkungen haben und zu einer weiteren Konzentration auf große Plattformen mit »**Walled Gardens**« führen. Die EPVO unterscheidet nicht mehr zwischen personalisiertem und pseudonymem Tracking (Voigt/von dem Bussche, 2018). Meistens wissen die Vermarkter trotz des Profiling nicht, mit wem sie in personam interagieren. Cookie-Nummern werden Merkmale wie das ungefähre Alter, vermutliche Geschlecht, die besuchten Websites etc. zugeordnet, nicht jedoch die Person (pseudonymes Tracking). Dies ändert sich für Plattformanbieter wie *Facebook*, *Apple, Google®* und *Amazon* (GAFA). Bei ihnen melden sich Nutzer in aller Regel bewusst unter ihrem echtem Namen an. Auf Basis der Nutzerdaten, die die Plattformanbieter sowieso im Rahmen der ganz normalen Nutzung gewinnen und zu deren Nutzung sie vorab explizit im Rahmen der jeweiligen AGB die Zustimmung der Nutzer eingeholt haben, wissen diese Plattformen meistens genau, mit wem sie interagieren und können entsprechend auch weiterhin personalisierte Werbung ausspielen (personalisiertes Tracking). Damit hätte die EPVO den Nebeneffekt, genau diese großen GAFA-Plattformen noch weiter zu stärken und die bestehenden GAFA-Monopole weiter auszubauen (Park, 2018). Unabhängig davon, wie realistisch die derzeit kolportierten Zahlen sind, dürften zahlreiche Onlinemedien, deren Geschäftsmodell primär auf Werbeeinnahmen rekurriert, diese Gesetzesreform nur schwer überstehen.

Zusammenfassend erwarten Experten, dass die Verordnung dafür sorgen wird, dass Funktionen wie Targeting, Programmatic Advertising oder auch Frequency Capping nur noch eingeschränkt möglich sein werden, mit unmittelbaren Auswirkungen auf Onlineshopping, Tracking und die Reichweitenmessung.

> Analysen der Organisation der Mediaagenturen (OMG) im Jahr 2018 gehen davon aus, dass die Online-Werbeeinnahmen vieler deutscher Medienhäuser um ca. 30 % einbrechen werden, wenn die E-Privacy-Verordnung wie derzeit geplant kommt. Dementsprechend wird gefordert, Verordnungsartikel 8 und 10 zu ändern bzw. zu streichen. Dort werden die umstrittenen verschärften Datenschutzregeln festgeschrieben, die in der Konsequenz

> nach übereinstimmender Meinung aller Wirtschaftsverbände Tracking und Targeting künftig unmöglich machen würden.

Nutzer sollten auch künftig die Möglichkeit haben, auf einzelnen Webseiten mit einem Klick entscheiden zu können, welche Cookies sie akzeptieren wollen und welche nicht. Auch müsse das Funktionieren von Reichweiten- und Leistungswertmessungen weiterhin sichergestellt werden. Eine andere Folge könnte sein, dass sich Paywalls noch weiter verbreiten. Denn durch das Login wird es den Verlagen wieder möglich, Leser zu identifizieren und personalisierte Werbung zu schalten. Der Preis für die Paywall selbst könnte dann entsprechend niedriger ausfallen.

> Das Ziel von Login-Datenallianzen wie ***Verimi*** und ***NetID*** ist es, einen Gegenpol zu den US-Plattformen als »Walled Gardens« zu schaffen, die in den vergangenen Jahren mit ihrem Social-Login einen Quasi-Standard für die Authentifizierung im Netz etabliert haben. Während *Microsoft* und *Samsung* bereits international an Lösungen arbeiten, digitale Identitäten zu managen, treten *Verimi* sowie die *NetID Foundation* mit Fokus auf Deutschland an. Aus unternehmerischer Sicht liegen die Vorteile von Login-Allianzen auf der Hand: Die digitalen Identitäten der einzelnen Nutzer werden geschützt, sodass die sensiblen Daten den EU-Rechtsraum nicht verlassen. Durch einen Single-Sign-on verfügen Verbraucher über eine Art Generalschlüssel, der es ihnen ermöglicht, sich sicher bei Webseiten, Diensten oder Apps von Dritten mit einem zentralen Login anzumelden. Nutzer können sich so ihre Identität bestätigen lassen, Zahlungen durchführen oder qualifizierte Unterschriften leisten. Auch lassen sich dadurch Checkout- und Anmeldeprozesse vereinfachen. Durch den internen Datenaustausch vergrößern die beteiligten Unternehmen ihr Wissen über die eigenen Nutzer und können somit gezielter Marketingkampagnen aussteuern. Dies wird jedoch durch die Betreiber in Abrede gestellt. Die Anforderung besagt, dass für einen umfangreichen Datenschutz nur reine ID-Informationen (also keine personenbezogenen Merkmale) gespeichert werden sollten.

In Folge der Diskussionen zum Thema Datenschutz ist zu erwarten, dass **Data Lineage** weiteren Aufwind erhalten wird. Data Lineage ist eine Aufzeichnung aller Änderungen, Anpassungen und Entwicklungen an Daten. Hier wird sowohl der Ursprung von einem Datensatz als auch die an ihm durchgeführten Änderungen, seine Zielbestimmung und seine Attribute nachverfolgt. Kommen also beispielsweise in einem Data Warehouse Informationen aus unterschiedlich strukturierten Datenquellen zusammen, erfolgt das durch den ETL-Prozess: Extrahieren, Transformieren und Laden der Daten (vgl. Abbildung 103). Beim Thema Data Lineage geht es darum, den ETL-Prozess im Kern umzudrehen und in umgekehrter Weise über alle im Datenfluss vorhandenen Systeme nachzuvollziehen (Blokdyk, 2017).

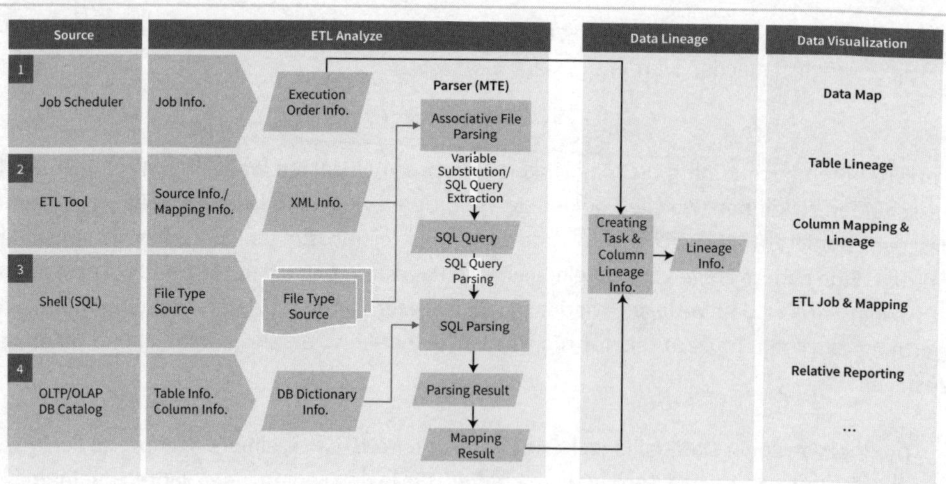

Abbildung 103 Schematischer Ablauf Data Lineage

5.6.3 Sicherheitsrelevante Schwachstellen der Internetarchitektur

Schwachstellen der Datensicherheit bestehen sowohl auf der Ebene der Netzwerke- und Transportschichten, der Anwendungsprotokolle, des World Wide Web als auch in anderweitigen Gefahrenquellen. Das *Bundesamt für Sicherheit in der Informationstechnik* (BSI) listet mehrere Dutzend Gefahrenquellen auf (Müller/Reichenbach, 2001). Die nachfolgende Auswahl gewährt einen Einblick in die prinzipiellen Funktionsweisen bekannter Gefährdungen (Raepple, 2001; Gattiker, 2004; Günter, 2007; Lenhard, 2017):

- **IP-Spoofing** (Verletzung der Vertraulichkeit): Zunächst verschafft sich der Angreifer Absenderadressen eines vertrauenswürdigen Systems. Der Angreifer verwendet die vertrauenswürdige Adresse, hängt diese an seine Nachrichten und verschafft sich so Zugriff auf Systeme, die von einer Kommunikation mit einem vertrauenswürdigen System ausgehen.
- **Denial-of-Service**-Attacken (Verletzung der Verfügbarkeit): Das IT-System wird durch eine Vielzahl von Anfragen überflutet, wodurch der Empfangspuffer überlastet wird. Dies führt dazu, dass legitime Verbindungsanfragen zwischen Rechnern nicht mehr bedient werden können. Derartige Angriffe auf einen Server können auch von mehreren Systemen aus gleichzeitig als »Distributed-Denial-of-Service-Angriff« ausgeführt werden.
- **Session Hijacking** (Verletzung der Integrität, Zugriffskontrolle): Hier wird eine bestehende Verbindung übernommen und der Datenstrom zwischen Client und Server gezielt mittels gefälschter Daten und Inhalte verändert. Die gesamte Rechner-Kommunikation erfolgt nicht mehr mit dem eigentlichen Zielsystem, sondern mit einem nicht vertrauenswürdigen Fremdsystem.
- Bei **Mail-Attacken** (**E-Mail Bombing**) wird an ein Zielsystem eine hohe Anzahl voluminöser E-Mails gesandt, um die Kapazitäten auf dem E-Mail-Server zu überlasten (Gefährdung der Verfügbarkeit).

- Über **E-Mail-Spoofing** können Nachrichten unter falschen Absenderangaben verschickt werden (Raepple, 2001; Verletzung der Authentizität).
- Wurden **Paket-Sniffer** oder Netzwerkmonitore ursprünglich dazu entwickelt, über Mitschnitte des Netzwerkverkehrs z. B. Aussagen über die relative Auslastung der Bandbreite treffen zu können, können diese ebenso zur Analyse unverschlüsselter Inhalte eingesetzt werden (Verletzung der Vertraulichkeit).
- Auf der Ebene der **WWW-Sicherheitsrisiken** wird im **Web-Spoofing** durch die sehr enge Anlehnung des Webdesigns an die Inhalte regulärer Webserver ein vertrauenswürdiger Anbieter vorgespielt (Verletzung der Integrität). Der Nutzer wird mit einer leicht veränderten URL getäuscht (etwa *www.meine-bank.net* statt *www.meine-bank.de*) und auf eine andere als die intendierte Site geleitet. Nach der Angabe persönlicher Daten wie der Benutzerkennung und dem Passwort auf der falschen Site wird der Vorgang abgebrochen (»*Service zur Zeit nicht verfügbar*«). Anschließend wird mit den so gewonnenen Daten mit dem Zielsystem ein »regulärer« Zugriff aufgebaut (Verletzung der Vertraulichkeit und der Integrität).
- **Angriffe** über Java- bzw. ActiveX-Applets modifizieren bzw. zerstören Systemressourcen wie etwa Dateien und Speicherinhalte, die Vertraulichkeit von Dateien oder beanspruchen Rechnerressourcen oder provozieren Systemabstürze (Verletzung der Verfügbarkeit).

> Betrüger haben eine raffinierte Infrastruktur aufgebaut, mit der sie mit gefälschten Klicks auf Werbung auf gefälschten Webseiten Millionen am Tag verdienen. Leidtragende sind nicht selten namhafte Publisher, deren Domain missbraucht wird, um Werbegelder abzugreifen. Zum Opfer dieser Domain-Spoofing-Methode im Bereich der Online-Werbung ist auch die britische ***Financial Times*** geworden. Eine Untersuchung der Zeitung, auf welchen Plattformen Werbeplätze auf FT.com angeboten wurden, ergab, dass ein Großteil der Marktplätze keinerlei Geschäftsbeziehung mit der *Financial Times* unterhielt (One-to-One Marketing, 2018). Die dort angebotene und verkaufte Werbung wurde also nie an das Verlagshaus ausgeliefert. Sie wurde auf anderen Websites ausgespielt, wo sie teilweise nur von Bots abgerufen wurde. Dem Werbekunden wurde also vorgegaukelt, in einem hochwertigen Umfeld Anzeigen gebucht zu haben. *Google*® bezifferte den 2017 entstandenen Schaden für Verlage durch Domain-Spoofing auf ca. 1,27 Mrd. US-Dollar – was 3,5 Mio. US-Dollar an Werbegeldern pro Tag entspricht.

Vereinfacht ausgedrückt handelt es sich beim IP oder Domain-Spoofing um ein Verfahren im Real-Time-Bidding-Prozess, durch das Betrüger qualitativ minderwertiges Inventar als qualitativ hochwertiges bzw. als Premium-Site ausgeben. Die grundlegende Natur des Domain-Spoofings beruht darauf, dass Personen in der Lage sind, Inventar anzubieten, auf das sie kein Recht haben. Dabei kann diese Art von Fraud in vier Hauptkategorien unterteilt werden (One-to-One Marketing, 2018):

- **Einfaches Domain-Spoofing**:
  - **URL-Austausch**: Dies ist die einfachste Form und lässt sich auch am einfachsten erkennen. Betrüger führen die Advertiser während der Abgabe von Geboten hinters Licht, indem sie eine gefälschte URL in die Ad-Exchange oder das Ad-Network einschleusen, die bzw. das die Auktion hostet. In diesem Fall geben sich die Betrüger nicht allzu viel Mühe, ihre Spuren zu verwischen. Die Werbeanzeige wird auf einer anderen Site ausgespielt als derjenigen, für die das Gebot abgegeben wurde. Nur durch einen Abgleich zwischen den Geboten und den angezeigten Impressions können Unstimmigkeiten aufgedeckt werden. Bei höheren Volumen an Impressions ist die Nutzung von automatisierten, technologischen Lösungen ressourcenschonender und präziser als ein manueller Abgleich.
  - **Cross-Domain-Einbettung**: Hier werden zwei Sites miteinander verbunden – eine mit viel Traffic und qualitativ minderwertigem Inhalt und eine zweite mit wenig Traffic und absolut sicherem Inhalt. Unter Verwendung eines benutzerdefinierten iFrames können die Betrüger eine Version der sicheren Site – minimiert auf die Anzeigengröße – innerhalb der unsicheren Site öffnen. Die Anzeige wird dadurch auf der betreffenden Site mit höherem Traffic-Volumen ausgespielt. Bevorzugt wird diese Taktik von Publishern angewendet, die Eigentümer von Websites mit unvorteilhaften bzw. verbotenen Inhalten sind. Diese Seiten ziehen zwar Traffic in großem Umfang an, lassen sich bei Werbetreibenden jedoch schwer monetarisieren. Zur Gewinnmaximierung verbinden sich die Site-Betreiber mit Betreibern von Sites mit weniger Traffic, beteiligen diese am Gewinn oder betreiben die wenig besuchte Site als reine Fassade. Nur über einen externen Verifizierungspartner kann identifiziert werden, wo sich der Browser des Benutzers tatsächlich befindet, und die betreffende URL mit der URL, auf der die Anzeige bereitgestellt wurde, abgleichen.
- **Komplexes Domain-Spoofing**
  - **Benutzerdefinierte Browser**: Hierüber können Bots beliebige Websites im Internet besuchen, einschließlich gesperrter Sites, die über handelsübliche Browser nicht erreichbar sind. Die Bots können die URL der besuchten Site manipulieren und so aussehen lassen, als handele es sich um eine andere, scheinbar hochwertige Site. Wenn also eine Ad die URL, auf der sie ausgespielt wird, aus dem Browser abliest, meldet sie die gespoofte URL zurück. In diesem Fall können nur über Browser- und Geräte-Matching nichtmenschliche Interaktionen gezielt aufspürt und blockiert werden.
  - **Human Browser**: Dies ähnelt dem Prinzip werblicher Schad-Software (sogenannte Adware), also Programme, die sich in Computersysteme einhacken, um Werbung einzublenden und Suchanfragen auf Werbeseiten umzuleiten. Hierzu werden Rechner über Browserschwachstellen infiziert und imitieren bzw. manipulieren die gesamte Browseroberfläche. Beim Besuch von Websites über den Fake-Browser werden dann Anzeigen in gefälschten Umgebungen ausgespielt. Seriöse Publisher erhalten für diese eingefügten Werbeanzeigen kein Geld, stattdessen streichen Dritte die Einnahmen ein.

Aktuelle Entwicklungen wie die Verbreitung des Anti-Fraud-Skripts ads.txt durch das IAB stellen eine Lösung dar, indem sie die Kontrolle über die Art und Weise, wie Anzeigen ausgetauscht werden, erhöhen. Die manipulierten Browser sind zwar in der Lage, für normale Browser unzugängliche Sites aufzurufen, diese Aktivität kann jedoch aufgedeckt werden, indem nach gemeldeten URLs gesucht wird, die mit Sites übereinstimmen, die ein menschlicher Browser (Nutzer) nicht besuchen kann.

Andere, **protokollunabhängige Gefahrenquellen** entstehen vor allem durch Viren, Würmer oder Trojaner (Lenhard, 2017; Eckert, 2018), die je nach Ausrichtung alle erhobenen Sicherheitsanforderungen betreffen können. **Computerviren** modifizieren ausführbare Programmsequenzen, die beim Aufruf je nach Konfiguration Systemschäden anrichten. **Würmer** sind Programme, die wiederum aus einer Vielzahl von Unterprogrammen bestehen. Diese übertragen und aktivieren sich selbst oder eine modifizierte Abbildung über das Netzwerk auf andere Systeme. **Trojaner** präsentieren sich als vermeintlich harmlose Anwendungsprogramme, die z. B. nach Benutzerkennungen und Passwörtern fragen und daraufhin uneingeschränkten Zugriff auf sicherheitsrelevante Daten eines Systems erhalten.

Ähnliche Wirkungen haben **nichttechnische Sicherheitsbeeinträchtigungen** wie eine unzureichende Einhaltung von Sicherheitsrichtlinien, Gutgläubigkeit oder die unüberlegte Wahl einfacher Passwörter, die mit überschaubarem Aufwand systematisch erraten werden können.

5.6.4 Sicherheitsmaßnahmen – insbesondere Sicherheitspolitik

Sicherheitsmaßnahmen müssen darauf abzielen, das benannte Gefährdungspotenzial auf ein ökonomisch und politisch akzeptables Maß zu minimieren. Es gilt dabei zu bedenken, dass aus prinzipiellen Gründen ein 100 % sicheres System kaum realisierbar ist und die Kosten der Gewinnung zusätzlicher Sicherheit erfahrungsgemäß überproportional steigen. Auf der anderen Seite existieren eine Reihe »einfacher« Verfahren und Methoden, um mit vergleichsweise wenig Aufwand ein relativ hohes Sicherheitsniveau zu erreichen. Im Weiteren werden vor allem die Maßnahmen beschrieben, die in der »Hoheit« des jeweiligen Unternehmens liegen (Radhamani/Rao, 2010, 2007).

Für informationstechnische Lösungsansätze und die operative Ausgestaltung sei auf die Literatur verwiesen (z. B. Raepple, 2001; BSI). Auch werden hier Maßnahmen zur Erhöhung der Host-/Serversicherheit und zur Steigerung der Netzwerksicherheit ausgeblendet. Die Maßnahmen sind mit Spezialisten der IT-Abteilungen in Fachkonzepten unter Berücksichtigung der tatsächlich verfügbaren Sicherheits-Hardware und -Software zu formulieren. Rechtliche Bestimmungen im Bereich der Computersicherheit bieten lediglich einen Präventivschutz, d. h., sie können ein Vergehen oder eine Straftat prinzipiell nicht verhindern, aber den potenziellen Täter durch Androhung einer Strafe gegebenenfalls abschrecken.

Grundlage von konkreten Sicherheitsmaßnahmen sollte für das eigene Unternehmen die Formulierung einer umfassenden **Sicherheitspolitik** sein, deren Um- und Durchsetzung institutionalisiert zu überwachen ist. Zentrale Aufgabengebiete einer Sicherheitspolitik schließen neben technischen insbesondere **organisatorische Sicherheitsmaßnahmen** ein (Eckert, 2018; Herrmann, 2007; Hayden, 2010):

- **Verantwortlichkeiten**: Grundvoraussetzung für alle organisatorischen Maßnahmen ist die Zuordnung der Verantwortlichkeiten, wie sie auch in der funktionalen Struktur einer Organisation vorgenommen wird. Dabei sollten die Verantwortlichkeiten für Sicherheitsfragen von den funktionalen Verantwortlichkeiten getrennt werden, um die Auseinanderhaltung möglicherweise konfligierender wirtschaftlicher Ziele und von Sicherheitszielen gewährleisten zu können. Innerhalb des Sicherheitsbereichs sollten Vorgabe und Realisierung der Sicherheitspolitik verschiedenen Verantwortlichen angehören. Wichtige Tätigkeiten sollten von mehreren Personen zusammen verantwortet und ausgeführt werden (»Mehr-Augen-Prinzip«).
- **Revision und Audits**: Eine Revision ist eine auf die Vergangenheit gerichtete Untersuchung bestimmter, in mehr oder weniger regelmäßigen Abständen wiederkehrender oder auch einmaliger Vorgänge oder Ereignisse durch natürliche, prozessunabhängige Personen. Eine Sicherheitsrevision (**Security Audit**) beruht dabei auf der Auswertung von Protokollen, die sicherheitsrelevante Ereignisse wie etwa Zutrittsversuche, Authentifikationsaktionen der Zugriffe auf Informationen aufzeichnen. Durch Revision werden im Nachhinein die Beteiligten eindeutig für ihre durchgeführten Aktionen (nachvollziehbar) verantwortlich gemacht. Die Revision beugt also nicht unbedingt aktiv Sicherheitsverletzungen vor, sondern dient eher dazu, Angreifer durch die potenzielle Nachvollziehbarkeit der Angriffe und die damit verbundenen Folgen abzuhalten. Die Protokolldaten sind dabei selbst vor Manipulation und Einsichtnahme unautorisierter Dritter zu schützen, um für die Angreifer das Verwischen von Spuren zu vereiteln oder um legale Benutzer, deren Aktions- und Bewegungsprofile sich aus diesen Dateien ableiten lassen, vor Missbrauch zu schützen.
- **Personelle Maßnahmen**: Viele Statistiken berichten von enormen Schäden, die unternehmensintern von den eigenen Mitarbeitern durch gezielte Angriffe bewirkt wurden. Oftmals verfügen gerade die internen Mitarbeiter über spezifische Zugangsrechte und haben weitreichende Kenntnisse über die IT-Infrastruktur und ihre Schwächen. Um das Bedrohungspotenzial durch Mitarbeiter zu minimieren, bieten sich Maßnahmen im Personalbereich an. Diese beginnen bereits mit einer gezielten Auswahl besonders privilegierter Mitarbeiter, etwa von Systemadministratoren, und deren Überprüfung bei der Einstellung. Ein Gefährdungspotenzial kann auch durch Nachlässigkeit und Unwissenheit entstehen. Schulung, Aufklärung und Motivation können dabei auch zur Sensibilisierung für und Einhaltung von gegebenenfalls als lästig empfundenen Sicherheitspraktiken beitragen. Häufig ist es zur Gewährleistung von sicherheitstechnischen Mindeststandards auch notwendig, eine disziplinarische Verpflichtung der Anwendung von etwa Verschlüsselungsmechanismen oder organisatorischen Ablaufregelungen (z. B. »Mehr-Augen-Prinzip«) einzufordern.
- **Katastrophenschutzplanung**: Erfahrungen aus der Unternehmenspraxis zeigen, dass eine konsequente Vorbereitung auf einen größeren, sicherheitstechnischen Zwischenfall das

Unternehmen vor erheblichen finanziellen Verlusten bewahren kann. Im Falle einer Katastrophe stellt die Wiederbeschaffung der zerstörten Komponenten der Hard- und Software, der Daten und infrastrukturellen Einrichtungen den zentralen Schritt dar. Ein Notfallplan sollte beschreiben, welche Schritte mit welcher Priorität vollzogen werden müssen, um eine schnelle Verfügbarkeit zu erreichen.

- **Back-up-Verfahren:** Die Sicherung der Software insbesondere der Daten stellt aufgrund der häufigeren Änderungen besondere Anforderungen an ein Datensicherungskonzept. Üblich sind Back-up-Verfahren, bei welchen die Daten oder Datenveränderungen in regelmäßigen Intervallen auf zusätzliche Datenträger gespeichert werden. Im Bedarfsfall können diese Daten dann wieder zurückkopiert werden. Es ist zu definieren, welche Daten, wie oft auf welche Datenspeicherungssysteme gesichert werden sollen. Die Datenträger sollten am besten an einem geografisch anderen Ort aufbewahrt werden.
- **Versicherungen**: Versicherungen bieten eine finanzielle Kompensation beim Eintritt von Schadensfällen, deren Verhinderung unmöglich oder unverhältnismäßig aufwendig wäre. Am Markt existieren mittlerweile spezielle Versicherungen, die jeweilige Risiken unter einschränkenden Bedingungen in Teilen abdecken (Elektroniksachversicherung, Datenträgerversicherung, Betriebsunterbrechungsversicherung, Computermissbrauch von Mitarbeitern etc.). Einige Versicherungen bieten auch Leistungen insbesondere bei internetbezogenen Schäden.

Andere Maßnahmen sehen im Rahmen der Authentifizierung beispielsweise die Ergänzung einer Passwortabfrage mit anderen Fragestellungen vor (**Challenge-Response-Verfahren**), nutzen **Chipkarten** oder auch **biometrische Verfahren** (etwa Fingerprint; Lenhard, 2017).

> ***Airbnb*** nutzt »Verified Identification« um sicherzustellen, dass die Online-Identität eines Nutzers mit seiner realen Identität übereinstimmt. Auf diese Weise will das Unternehmen in der Sharing Economy für mehr Vertrauen und Sicherheit sorgen (Carr, 2013). Dazu müssen die Nutzer ihre *Airbnb*-Accounts zunächst über *Facebook* oder *LinkedIn* verifizieren oder bereits über mindestens drei positive Bewertungen verfügen. Außerdem müssen sie ihren Ausweis einscannen und eine Reihe von Fragen, beispielsweise die nach den letzten vier Ziffern ihrer Sozialversicherungsnummer, beantworten (Carr, 2013).

Eine Sicherung unternehmensinterner Ressourcen erfolgt meist durch den Einsatz von **Firewalls**. Unter einer Firewall werden ganz allgemein alle Systeme erfasst, die ein privates Netz mit einem öffentlichen koppeln und zugleich den Schutz des privaten Netzes absichern (Ghosh, 1998). Als Überwachungsrouter werden in der Firewall diejenigen Computer festgelegt, die aus dem öffentlichen Netz über diesen Filter Datenpakete in das private Netz transferieren dürfen. Durch DNS Spoofing können diese Filtermechanismen einer Firewall umgangen werden. Bei **Proxy-Servern** bzw. Application Gateways wird für die gesamte unternehmensexterne Kommunikation ein Proxy-Server zwischengeschaltet, sodass Angriffe nicht auf die unternehmensinternen Ressourcen erfolgen, sondern bereits durch den vorgeschalteten

Proxy-Server abgefangen werden können. Während Firewalls dazu eingesetzt werden, den Inbound- und Outbound-Datenverkehr in einem Netzwerk zu monitoren, überprüft die **Microsegmentation** den Datenverkehr innerhalb eines Netzwerks. Das exponentielle Wachstum unterschiedlichster Microservices und die damit verbundene Notwendigkeit zur Anbindung erfordert ein skalierbares Verfahren zur Überprüfung des Datenverkehrs. Mittels **Nanosegmentation** wird der Datenaustausch zwischen Microservices erfasst und die Beziehungen der Services mithilfe einer Whitelist kategorisiert. Wenn nicht zugelassene Services versuchen, mit einem Microservice zu kommunizieren, wird der jeweilige Request zurückgewiesen.

5.6.5 Verschlüsselung, digitale Signatur und Trusted Third Parties

Datentransfers via Internet können durch **kryptografische Verfahren** abgesichert werden. Durch den Einsatz eines elektronischen Schlüssels werden die zu übertragenden Daten vor dem Transport über öffentliche Netze durch Verschlüsselung »unlesbar« gemacht. Beim Empfänger werden diese Daten wieder entschlüsselt. Da bei der **symmetrischen Verschlüsselung** die Schlüssel zur Ver- und Entschlüsselung gleich sind, steht dem Vorteil der Schnelligkeit des Verfahrens der Nachteil einer leichteren Entschlüsselung durch unautorisierte Anwender gegenüber. Bei der **asymmetrischen Verschlüsselung** nutzen Sender und Empfänger unterschiedliche, jedoch verwandte Schlüssel. Der **öffentliche Schlüssel** (**Public Key**) wird z. B. im Rahmen von Trust Center allgemein zugänglich gemacht und dient der Verschlüsselung der Daten, während der **private Schlüssel** (**Private Key**) nur dem berechtigten Schlüsselbesitzer vorliegt und die korrespondierende Entschlüsselung erlaubt. Eine Public-Key-Verschlüsselung mit ausreichend großer Schlüssellänge gestattet es, die Vertraulichkeit und Integrität der Datenübertragung sicherzustellen (Rueppel/Wildhaber, 1995).

Die Verschlüsselung kann in erheblichem Maße dazu beitragen, einen Großteil der formulierten Sicherheitskriterien zu erfüllen. Insbesondere im Zusammenspiel mit der **digitalen Signatur** wird sicherstellt, dass der Absender einer Nachricht einwandfrei identifiziert wird (Eckert, 2018). Gleichzeitig kann garantiert werden, dass die übersandten Inhalte während der Übermittlung nicht verändert worden sind. Die Entschlüsselung beim Empfänger erlaubt die Überprüfung des Inhalts auf Integrität und Identität (Grant, 1998; Pernkopf, 2006). Sollte es während der Übertragung zu Manipulationen gekommen sein, kann der Inhalt der Nachricht nicht einwandfrei sichtbar gemacht werden.

Die hierbei verwendeten digitalen Zertifikate bescheinigen die Zuordnung eines öffentlichen Signaturschlüssels zu einer natürlichen Person und garantieren die Authentizität eines Nutzers mithilfe zentraler Authentifizierungsstellen. Anhand der Zertifikate kann man die Identität des Kommunikationspartners überprüfen (Eckert, 2018). Übergeordnete Kontrollinstanzen (**Trusted Third Parties**) vergeben digitale Zertifikate und machen den Kauf auch bei unbekannten Unternehmen bzw. Kunden sicherer.

Als vertrauenswürdige Dritte (**Trusted Third Parties/TTP**; **Trust Center**) kommen alle Wirtschaftssubjekte in Betracht (z. B. Banken, Unternehmen, staatliche Behörden, lizensierte Institutionen), denen für die Abwicklung oder Bereitstellung entsprechender Dienstleistungen von den übrigen in Wirtschaftsbeziehungen stehenden Akteuren hinreichend Vertrauen entgegengebracht wird. In einigen Bereichen können Regelungen vorliegen, die es nur bestimmten Institutionen unter gegebenenfalls weiteren Auflagen erlaubt, überhaupt als Trusted Third Party aufzutreten. So sieht etwa das deutsche Signaturgesetz für Signaturstellen vor, dass Unternehmen sich im Sinne des Signaturgesetzes lizensieren lassen müssen, wenn sie mit einem entsprechenden (Werbe-)Vermerk am Markt agieren wollen (Kuhlen, 1999).

Am Beispiel des Aufgabenspektrums einer Zertifizierungsstelle (Certification Authority/CA) lassen sich sicherheitsstiftende Dienstleistungen anführen (Eckert, 2018; Grant, 1998):

- **Gewährleistung von Authentizität:** Die Authentizität einer Nachricht kann durch eine digitale Signatur auf Grundlage von Verschlüsselungsverfahren sichergestellt werden. Die Trusted Third Party kann dem Empfänger mithilfe digitaler Zertifikate garantieren, dass der für die digitale Signatur benutzte Schlüssel auch tatsächlich dem Absender gehört (Cerny/Pohl, 1997).
- **Schlüsselerzeugung und -verwaltung:** Die Erzeugung eines Schlüsselpaares (ein öffentlicher, ein privater) im Zusammenhang mit asymmetrischen Verschlüsselungsverfahren kann entweder von der CA zentral durchgeführt werden, die dann dem Nutzer seinen privaten Schlüssel übermittelt, oder dezentral von den Nutzern, die dann der CA ihre öffentlichen Schlüssel mitteilen. Aus Gründen der Sicherheit scheint die dezentrale Schlüsselerzeugung sinnvoller zu sein (Federrath et al., 1995). Die öffentlichen Schlüssel werden dann in einem Verzeichnis allgemein zugänglich gemacht.
- **Registrierung:** Die CA muss den Nutzer registrieren und dabei dessen Identität über einen sicheren Kanal überprüfen, damit der Nutzer später seinem Zertifikat zugeordnet werden kann. Für Zertifikate nach dem Signaturgesetz ist dafür z. B. die Vorlage des Personalausweises erforderlich, was ein persönliches Erscheinen des Nutzers impliziert.
- **Erstellung eines Zertifikates:** Die CA unterschreibt mit ihrem privaten Schlüssel den öffentlichen Schlüssel des Nutzers und erstellt damit ein Zertifikat. Ein gültiges Zertifikat nach dem Signaturgesetz muss neben dem öffentlichen Schlüssel des Nutzers weitere Angaben enthalten wie den Namen des Nutzers und der CA, die laufende Nummer und Gültigkeitsdauer des Zertifikats, die Identifikation der verwendeten Algorithmen und etwaige Einschränkungen der Verwendbarkeit.
- **Überprüfung von Zertifikaten:** Legt ein Nutzer einem anderen zwecks Authentifizierung ein Zertifikat vor, so muss der Empfänger dieses Zertifikat und dessen Gültigkeit überprüfen. Dazu muss er zunächst über den authentischen korrespondierenden Schlüssel verfügen.
- **Widerrufung von Zertifikaten:** Es kann nötig sein, Zertifikate vor dem regulären Ablauf zu widerrufen. Daher muss die CA eine regelmäßig aktualisierte »Sperrliste« (CRL) publizieren. Damit sind allerdings einige Problembereiche verknüpft. Dazu gehört die genannte Aktualität der CRL, die zu der Unsicherheit des Empfängers führt, möglicherweise ein ungültiges

Zertifikat zu akzeptieren, mit der Folge, dass der das Zertifikat nutzende Sender eventuell eingegangene Verpflichtungen zurückweisen könnte (»repudiation«). Auch ungültige Zertifikate müssen überprüfbar bleiben, denn zum Zeitpunkt der Vorlage kann das Zertifikat noch gültig gewesen sein. Die Handhabung widerrufener Zertifikate und die Klärung entsprechender Verantwortlichkeiten sind juristisch noch nicht befriedigend gelöst. So könnte jemand versuchen, aus der absichtlichen Verwendung ungültiger Zertifikate Vorteile zu ziehen.

- **Verzeichnisdienste und Archive:** Vertrauliche Kommunikation durch Verschlüsselung erfordert den Zugriff auf den authentischen öffentlichen Schlüssel des Gegenübers. Aus diesem Grund stellt die CA eine Liste gültiger Zertifikate zur Verfügung. Ein solches Verzeichnis, ähnlich einem Telefonbuch, kann offline vertrieben oder online für Abfragen verfügbar gemacht werden. Ein solches historisches Verzeichnis, oder auch Archiv, wird von der CA geführt, um auch noch nach längeren Zeiträumen elektronische Unterschriften, z. B. bei juristischen Auseinandersetzungen, verifizieren bzw. nachweisen zu können.
- **Notariatsdienste:** Für den Fall der Kompromittierung eines privaten Schlüssels bzw. der Widerrufung eines Zertifikates ergeben sich unter Umständen Streitfälle, die juristisch abzuhandeln sind. Es ist daher nötig, digitale Signaturen mit Zeitstempeln zu versehen, um deren Gültigkeit auch bei einer späteren Widerrufung des Zertifikates nachweisen zu können. Die CA kann gewissermaßen als Notar, bei dem alle relevanten Daten gespeichert sind, die entsprechenden Nachweise erbringen. Es bietet sich daher an, dass die CA die vorgerichtliche Klärung von Streitfällen übernimmt.
- **Anwendungen mit Zertifikaten:** Mit einer Infrastruktur für Zertifikate sind vielfältige Anwendungsmöglichkeiten gegeben. Durch Signierung und Verschlüsselung wird die vertrauliche Übermittlung von E-Mails auch über unsichere Kanäle möglich. Insbesondere im Geschäftsverkehr können damit z. B. Vertragsverhandlungen über das Internet abgewickelt werden. Händler können durch ihre digitale Signatur und die Präsentation eines Zertifikats ihre Authentizität beweisen und damit sichere Angebote machen. Ebenso können Kunden mit digital signierten Aufträgen Angebote sicher annehmen bzw. Zahlungsvorgänge einleiten. Als Notar ermöglicht die CA einen fairen Handel, denn die Verbindlichkeit der Willenserklärungen der Transaktionspartner wird gesichert. Hier bieten sich verschiedene Optionen an. Die CA kann das Inkasso übernehmen, bzw. bei Streitfällen die Authentizität der Willenserklärungen überprüfen. Sie kann auch den Austausch digitaler Güter für andere abwickeln, sodass Transaktionspartner ihre verbindlichen Willenserklärungen nur gegenüber der CA abgeben. Durch eine Haftungsübernahme würde das Vertrauen in die CA gestärkt. All dies kann global über das Internet geschehen, ohne dass sich Geschäftspartner persönlich begegnen müssen.

> Die Outdoor-Ausstatter *Deuter*, *Eagle Creek*, *Nordisk*, *Ortlieb* und *Tatonka* wollen ab Herbst 2018 Handelspartner, mit denen sie offizielle Vertriebsvereinbarungen haben, im Online-Handel explizit kennzeichnen. Möglich macht dies das Start-up ***authorized.by*** (Rotzoll, 2018). Als erste marken- und branchenunabhängige Autorisierungsplattform wurde in

enger Abstimmung mit IT-Experten, Juristen und Supply-Chain-Spezialisten ein neuer Standard entwickelt, mit dem Marken ihre offiziellen Handelspartner fälschungssicher kennzeichnen können. Im Onlineshop der Händler selbst zeigt ein »Authorized Partner«-Siegel den Verbrauchern an, für welche Marken der Händler eine Vertriebslizenz hat. Auf der Produktdetailseite kann sodann ein »Verified Original«-Siegel sicherstellen, dass es sich bei dem Produkt um Originalware handelt. Die Einbindung des Siegels ist sowohl für Händler als auch Marken kostenlos möglich. Das Start-up möchte sich in Zukunft mehr über Premium-Services wie Echtzeit-Produkt-Contentverwaltung, Marktforschung und Marketingservices refinanzieren (Rotzoll, 2018).

Aus der Perspektive der Unternehmen sollten mit hoher Zustimmung Trust Center verschiedenartigste Funktionen wie die Bestätigung digitaler Dokumente und Online-Transaktionen für Beweiszwecke oder die Identifizierung und Bewertung von unbekannten Transaktionspartnern erfüllen, ebenso wie die anonymisierte Verwaltung von Kundenprofilen. Obwohl die rechtlichen Grundlagen für die Etablierung von Trust Centern im Rahmen einer Public-Key-Infrastruktur gelegt und auch bereits erste Trust Center gegründet worden sind (wie *Telesec* der *Deutschen Telekom*), sehen Unternehmen noch erheblichen Bedarf, was den möglichen Einsatz in der Fläche und das Erreichen einer kritischen Masse angeht. Gemeinhin sehen Unternehmen Trusted Third Parties mittlerweile als »Problemlöser« für ein breites Spektrum an Hürden im Bereich Datenschutz oder auch als Intermediär zur Absicherung unmittelbarer Transaktionen und der konkreten Zahlungsabwicklung (Schoder/Pai-Ling, 2000). Das Bemühen aufseiten des Gesetzgebers, möglichst alle denkbaren Sicherheitsfragestellungen im Rahmen einer Public-Key-Infrastruktur abzudecken, entspricht dem Wunsch der Unternehmen – allerdings verbunden mit der Sorge, im Ergebnis zu einer »überladenen« und damit dann weniger praktikablen Lösung zu kommen.

6 Organisation und Führung – von der Hierarchie zur Selbstorganisation

6.1 Rahmenbedingungen von Organisation und Führung im Digital

6.1.1 Anforderungen an die Unternehmensorganisation im New Work

Steht während der Implementierung digitaler Anwendungsszenarien meist die Optimierung der horizontalen Geschäftsprozesse (**Ablauforganisation**) im Mittelpunkt, sind diese zwangsweise durch Überlegungen zur Gestaltung effizienter Organisationsstrukturen (**Aufbauorganisation**) und **-kulturen** zu komplementieren. Die Digital-Euphorie ebenso wie das Abwandern von Mitarbeitern traditioneller Unternehmen zu »Start-up-Kulturen« bewirkt, dass die organisatorische Leistungsfähigkeit als »digitale Dauerbaustelle« nach wie vor hohe Aufmerksamkeit auf sich zieht. Über adäquate organisatorische Strukturen ist die innerbetriebliche Kooperation und Koordination entlang der webgestützten Wertschöpfungsprozesse sowie die Innovationsbereitschaft abzusichern (Hutzschenreuter, 2001).

Als wichtigste Anforderungen und Gestaltungsprinzipien der Organisation kristallisieren sich folgende Punkte heraus (Slywotzky/Morrison, 2000; Gulati/Garino, 2000; Treen, 2000; Jelassi/Enders, 2008):

- **Flexibilität**: die Sicherstellung einer ausreichenden organisatorischen Anpassungsflexibilität und Geschwindigkeit in der Reaktion auf die hohe Markt- und Wettbewerbsdynamik; in Bezug auf die Mitarbeiter unter anderem als Flexibilisierung der Arbeitszeit, Arbeitsinhalte, Qualifikation und Entgelt (Drucker, 1988; Gaitanides/Wicher, 1986);
- **Kultur**: die Substitution formaler Organisationsstrukturen durch ausgeprägte »*kundenorientierte Organisationskulturen*« (Schein, 1985, 1984b; Ziegler, 2001);
- **Innovationsgeschwindigkeit**: als Bereitschaft für schnelle Reaktionen auf sich ändernde Marktbedingungen und ein schnelles Einführen neuer Produkte und Dienstleistungen (Gemünden/Kaluza/Pleschak, 1992; Staudt, 1986);
- **Teamwork**: Kooperationsfähigkeit bei wechselnden Aufgaben in verschiedenen Rollen und über verschiedene Funktionsbereiche hinweg (Tjosvold, 1990; Tjosvold, 1984; Neck/Manz, 1994);
- **lernende Organisation**: Etablierung einer lernenden Organisation als permanente Fortentwicklung des individuellen Know-hows, die nachhaltige Verfügbarmachung der erworbenen Kompetenzen in der gesamten Organisation sowie die permanente Anpassung des »*organisatorischen Wissens*« an sich verändernde Umwelt- und Wettbewerbsstrukturen (Daft/Huber, 1987; Huber, 1991; Probst/Büchel, 1994; Wiegand, 1995);
- **Selbstorganisation**: einen hohen Grad an Selbstorganisation aufseiten der Mitarbeiter und der Organisationsstruktur mit großen Dispositionsspielräumen insbesondere im Rahmen der Durchführung von Maßnahmen und Aktivitäten; damit verbunden ist die Bildung

einer »Vertrauensorganisation« durch Delegation der Verantwortung auf möglichst niedrige operative Ebenen (Hackman, 1986; Kieser, 1994; Manz/Sims, 1980);
- **internes Unternehmertum**: Förderung eines »internen Unternehmertums« durch personale und/oder organisationsstrukturelle Maßnahmen; damit Schaffung größerer unternehmerischer Handlungsspielräume bis zur rechtlichen Verselbstständigung bzw. loser Kooperationsformen.

Start-up-Kulturen sind dafür bekannt, dass Mitarbeiter in schneller Abfolge neue Aufgaben und Rollen übernehmen. Die erfolgreiche Umsetzung dieser Gestaltungsprinzipen erfordert eine hohe Eigenverantwortung bei allen Organisationsmitgliedern entlang der Wertschöpfungsprozesse und geht stets mit einem hohen Grad organisatorischer Dezentralisierung einher (Picot, 1993; Borchert, 2001). **New Work** ist in diesem Zusamenhang eine Zwangsläufigkeit, der sich kaum ein Unternehmen entziehen kann. Die zentralen Werte des Konzepts von New Work sind die Selbstständigkeit, die Freiheit und die Teilhabe an der Gemeinschaft. New Work soll neue Wege von Freiräumen für Kreativität und Entfaltung der eigenen Persönlichkeit bieten und somit etwas wirklich Wesentliches und Wichtiges zum Arbeitsmarkt beitragen. Auf diese Weise wird echte »Handlungsfreiheit« ermöglicht. Ein selbstbestimmtes Handeln steht hier im Vordergrund, wobei die alten starren Arbeitsmethoden der Vergangenheit angehören. Kernelemente des New Work sind unter anderem:
- In der Strategieentwicklung werden Mitarbeiter mit einbezogen. Dazu gehört auch, dass Leistungs- und Lernziele selbst festgelegt werden können. Auch die Arbeitszeit kann selbst für eigene oder kreative Projekte bestimmt werden.
- Eine moderne und demokratische Führungskultur zwischen Führungs- und Fachkarriere.
- Agilität für schnelle Entscheidungsprozesse und weniger Hierarchiestufen.
- Flexibilität mit flexiblen Arbeitsorten, wie Homeoffice-Möglichkeiten und flexiblen Arbeitszeiten. Auch die Job Rotation wie der Wechsel von Arbeitsaufgaben sorgen für höhere Freiheitsgrade.
- Neue Bürokonzepte wie kreative Work-Spaces, in denen Kreative, kleinere Start-ups oder digitale Nomaden in meist größeren, offenen Räumen zusammenarbeiten können und auf diese Weise voneinander profitieren. Sie agieren unabhängig voneinander und in unterschiedlichen Firmen, können aber gemeinsam in Projekten aktiv sein oder auch gemeinsam Projekte verwirklichen und auf diese Weise neue Mitstreiter finden.

Damit geht es nicht nur um Prozesse und Vernetzung, sondern ebenso um Führung, Werte, Kultur, Innovation. New Work folgt in allen Dimensionen der Logik der Digitalisierung (DMT, 2018):
- Offenheit und Transparenz;
- Optionen statt Eindeutigkeit;
- Speed/Agilität;
- Vernetzung in der Gemeinschaft.

Die Arbeitsumgebung – der physische Raum – wird zum Katalysator im Veränderungsprozess (Reinhardt/Popp, 2018). Gut gemacht, schafft er die Balance zwischen Technologie und Prozessen einerseits und der Sehnsucht nach Heimat, Community, Identität auf der anderen Seite. Die Klarheit über die Ziele und die Bereitstellung erforderlicher Kompetenzen, Netzwerke und gemeinsame Werte führen dazu, dass die Struktur (also auch »New Work« versus »Old Work«) eher zweitrangig wird. Die derzeitigen Diskussionen um New Work bieten eine wunderbare Basis, um eine inhaltliche Diskussion rund um die »Zukunft der Arbeit« zu führen – in einer Zeit, in welcher der Markt von Arbeitnehmern (und nicht Arbeitgebern) bestimmt wird.

6.1.2 Erfahrungen mit der Unternehmensorganisation und -führung im Digital-Kontext

Die Einzelinterviews mit Managern zeigen, dass alle Digital-Themen- und Aufgabenstellungen zunehmend in den strategischen und marktnahen Unternehmensbereichen verankert sind. Mit der Ansiedelung der Digital-Verantwortung in den oberen Führungsebenen und den Fachbereichen ist für die Zukunft zu erwarten, dass die zu Beginn bemängelte Orientierung rein an der technischen Machbarkeit in Zukunft weiter durch finanzwirtschaftlich (RoI, Business Case) motivierte Vorgehensweisen und Entscheidungskalküle überlagert wird.

Bislang erweist sich jedoch die Unternehmensorganisation bei den meisten Unternehmen als noch nicht in der Lage, die spezifischen Digital-Anforderungen zu erfüllen, obgleich bei der Mehrheit der Unternehmen bereits Reorganisationen als konsequente Maßnahme zur Beseitigung bestehender Unzulänglichkeiten durchgeführt worden sind. Die hier geübte Kritik an den vorhandenen Strukturen steigt mit zunehmender Fokussierung der Unternehmensstrategie auf die Differenzierung: Je mehr Differenzierungsstrategien im Mittelpunkt der Strategie zur Digitalisierung stehen, desto eher erfahren die derzeit existierenden Strukturen eine Bewertung als »unzureichend«. Die Umsetzung der Differenzierungsstrategie stellt damit vielschichtige Anforderungen nicht nur in Bezug auf das Webangebot im »Front-end«-Bereich, sondern ebenfalls in Bezug auf die für die Realisierung attraktiver Inhalte und Mehrwertdienste erforderliche Organisationsstruktur und unternehmensinterne Prozesse.

Trotz der erheblichen Probleme zur Integration digitaler Anwendungsszenarien in die bestehende Organisationsstruktur kommen **Ausgliederungen (»Spin-offs«)** aus etablierten Unternehmen eher selten in Frage. Die Gründe sind meist Bedenken gegenüber einer unnötigen organisatorischen Komplexität und Wildwuchs außerhalb der definierten Unternehmensstrategie und -prozesse. Die wenigen bislang realisierten Ausgliederungen sind nicht zwangsläufig großen Unternehmen als vielmehr eher dem Mittelstand vorbehalten. Vorrangiges Ziel ist es, die erforderlichen Kompetenzen außerhalb des mittelständischen Kerngeschäftes aufzubauen bzw. zu bündeln. Diese sollen aber nach einem erfolgreichen Aufbau meist wieder mit dem Kerngeschäft zusammengeführt werden.

Neue Organisationsformen wie interne Digital-Accelerator-Einheiten oder Competence Center, eigens gegründete Unternehmen (»Start-ups«) oder Ausgründungen aus etablierten Unternehmen (»Spin-offs«) – wenn bislang auch nur eher selten realisiert – erweisen sich aus der Perspektive der Unternehmen als systematisch besser geeignet, die facettenreichen Digital-Anforderungen zu erfüllen. Führungskräfte in dezidierten Digital-Strukturen sind tendenziell zufriedener mit der bestehenden Organisationsstruktur und stufen diese konsequenterweise auch als eher erfolgversprechend ein. Umgekehrt werden derartige separate Digital-Organisationen aus der Sicht der Führungskräfte in traditionellen Unternehmen als eher schwierig integrierbar mit den bestehenden Wertschöpfungsprozessen eingestuft. Die größten Probleme mit der bestehenden Organisation zeigen sich in traditionell gewachsenen Unternehmen, die in Ergänzung zu ihren bisherigen Tätigkeiten digitale Anwendungsszenarien nutzen (wollen) und dazu gezwungen sind, neue Wertschöpfungsprozesse zu implementieren. Meist wird hier der Versuch unternommen, im Rahmen der Implementierung zwar Veränderungen der zur unmittelbaren operativen Abwicklung notwendigen Wertschöpfungsprozesse vorzunehmen, die Aufbauorganisation (und damit verbundene Herrschaftsbereiche) jedoch weitestgehend unangetastet zu belassen.

> ***GKN Sinter Metall*** ist im Bereich der additiven Fertigung und 3-D-Druck für die Herstellung von Teilen für die Automobilindustrie eine Kooperation eingegangen, um ein Plattform-Geschäftsmodell zu etablieren und die Back-end-Prozesse zu digitalisieren (Wildhirt et al., 2019).

Abhängig von der **Dauer des Digital-Engagements** und der Intensität der webbasierten Kommunikationsbeziehungen mit Kunden steigt die Wahrscheinlichkeit, dass die Auseinandersetzung mit Strategien zur Digitalisierung bereits zu Reorganisationen geführt hat. Zusätzlich zur (qualitativen) Intensität der Kommunikationsbeziehungen steigt bei Unternehmen mit Schwerpunkt der Geschäftsaktivitäten im Bereich B2C die (quantitative) Anzahl der Geschäftskontakte. In der Folge finden sich in B2C-Unternehmen deutlich eher Reorganisationen als in vergleichbaren Unternehmen mit Fokus auf Geschäftskunden (B2B). Für Unternehmen mit Fokus auf Geschäftskunden stellt der Einstieg zunächst vor allem eine Ergänzung der bestehenden Geschäftsprozesse um einen weiteren Interaktionskanal dar, ohne die Notwendigkeit für weitergehende organisatorische Modifikationen.

Wurde die Organisation im Zuge des Internet-Engagements zumindest in Teilen umgestellt, präsentieren sich Unternehmen in der Folge als tendenziell unempfindlicher gegenüber möglichen Hürden. Die abgeschlossene Durchführung von Reorganisationen führt beispielsweise dazu, dass Hürden im Bereich Sicherheit und Abrechnung wie eine fehlende Integrität der übertragenen Informationen, die Sicherstellung vertraulicher Kommunikation, die Beweisbarkeit von Online-Transaktionen oder die Gewinnung von Mitarbeitern mit dem erforderlichen Know-how systematisch niedriger eingestuft werden als bei Unternehmen, die ihre traditionelle Aufbauorganisation weiter erhalten haben. Die bereits durchgeführten Reorganisationen erlauben es in aller Regel eher, die vielfach angepriesenen »Digital-Potenziale« zur Unterstützung und Automatisierung der Geschäftsprozesse auch tendenziell eher realistisch einschätzen und nachfolgend auch realisieren zu können.

6.1.3 Ansatzpunkte zur Realisierung einer »Digital-Organisation«

Die Anpassung der bestehenden Organisation und Führungsmechanismen an die besonderen Anforderungen kann in vier Bereiche unterteilt werden: die Organisationsstruktur, die betriebliche Kontrolle, die verfügbaren Kompetenzen sowie Führung und Kultur (vgl. Abbildung 104).

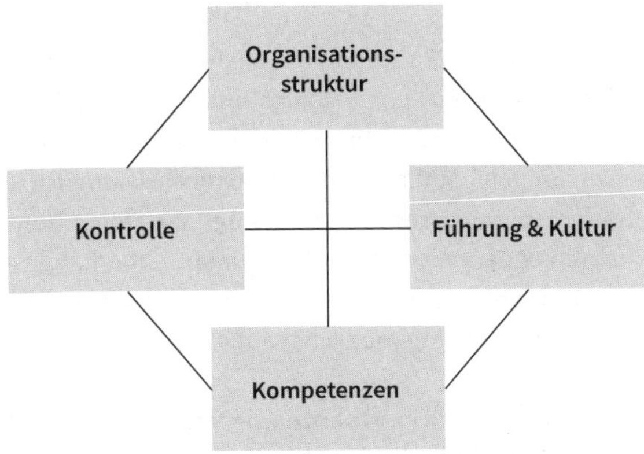

Abbildung 104 Eckpfeiler zur Realisierung einer »Digital-Organisation«

In der **Organisationsstruktur** steht die Realisierung flacher Strukturen mit geringen Fixkosten bei hoher Flexibilität und Geschwindigkeit in der Reaktion auf Veränderungen im Markt im Fokus. Partnerschaften und Allianzen erlauben die schnelle Entwicklung neuer Geschäftsfelder, die Reduzierung von Risiken sowie die Gewinnung des für neue Aufgabengebiete erforderlichen Know-hows. Die Hauptaufgaben bestehen im Aufbau des Managements der Kundenbeziehungen und des Markennamens, etwa durch

- die Konzentration auf den Kundenkontakt und dessen Ausbau,
- die Festlegung, welche Zielgruppen in welcher Form akquiriert und an das Unternehmen (langfristig) gebunden werden sollen oder aber auch
- den Einsatz von Online-/Offline-Marketinginstrumenten.

Die starke Ausrichtung auf **Allianzen und Partner** erfordert eine exakte Definition und Festlegung der Servicequalität und Auswahl entsprechender Partner, die Festlegung von Regeln und Parametern für das tägliche Management der Partnerbeziehungen sowie möglicher Eskalationspfade und -maßnahmen bei Problemen zwischen den Partnern. Das Spektrum zur Ausgestaltung möglicher Formen einer Partnerschaft erstreckt sich von taktischen/reaktiven Zulieferantenbeziehungen über strategische Partnerschaften bis zu strategisch/aktiven Eigenkapitalbeteiligungen, Joint Ventures und Akquisitionen.

Die **Kontrollfunktion** erfolgt in eigenverantwortlichen Organisationseinheiten, mit klar definierten Entscheidungsträgern und bereichsübergreifender Unterstützung. Wie die Ergebnisse der empirischen Analyse als auch Projektbeispiele eindrucksvoll zeigen, bietet es sich oftmals an, die Verantwortung und Kontrolle für die Digitalisierung (zumindest zeitweise) in eigenständig operierenden Bereichen zu bündeln. Hierzu sind Ressourcen und Budgets klar zuzuordnen und die Unterstützung des Gesamtunternehmens (»Commitment«) abzusichern. Für die Ansiedelung der Kontrollfunktion im Bereich Controlling würde sicherlich die Unabhängigkeit von den Fachverantwortlichen sprechen, jedoch unter Inkaufnahme eines nur unzureichenden Einblicks in die Abläufe und Tätigkeiten des operativen Bereichs (Köhler, 2006; Reinecke/Janz, 2006).

Die Zielrichtung organisatorischer Gestaltungsmaßnahmen im Bereich von **Führung und Unternehmenskultur** ist die Sicherstellung organisatorischer Flexibilität. Im Mittelpunkt steht die Steigerung der Geschwindigkeit der Entscheidungsfindung für auftretende operative und strategische Aufgabenstellungen. Mitarbeiterbeteiligungsinstrumente (wie Optionen oder Aktien) bieten sich (bei entsprechender Ausgestaltung) zur Motivation unternehmerischen Handelns auf allen Hierarchieebenen an (Jost, 2001; Hauptmann/Lang/Steger, 2012). Zusammenfassend können als **Rahmenparameter der Führung** identifiziert werden:

- die **Delegation von Verantwortung** möglichst auf unterste Ebenen (allgemein als Selbstorganisation umschrieben);
- die flexible und eigenverantwortliche **Übernahme von Rollen und Aufgaben** durch alle Mitarbeiter (speziell der Selbstkoordination);
- die schnelle Bildung von **Teams und Interaktion** über Hierarchieebenen und Funktionalbereiche (etwa Marketing, Vertrieb, Service) hinweg;
- eine **Kultur**, die Fehler zulässt (Schein, 1985), sowie
- Anreizsysteme für **internes Unternehmertum** etwa in Form von Bonuszahlungen oder Aktienoptionsprogrammen, die direkt mit dem Erfolg der Marketingaktivitäten bzw. dem Unternehmenserfolg verbunden sind.

Hinsichtlich der im Unternehmen verfügbaren Kompetenzen kristallisieren sich mindestens **fünf Kompetenzfelder** heraus:

- Kompetenzen im **Innovationsmanagement** sichern die Umsetzung der von den Unternehmen angestrebten Differenzierungsstrategie gegenüber Wettbewerbern ab. Im Mittelpunkt des Innovationsmanagements steht die Etablierung eines standardisierten Prozesses zur systematischen Entwicklung und Integration von Produkt- und Prozessinnovationen, etwa zur Nutzung von Social Media im Rahmen der Marketingkommunikation.
- Die professionelle Auswahl und Überwachung von hochwertigen Inhalten, externen Dienstleistern und Partnern erfordert gleichzeitig Know-how im **Allianzmanagement**. Gegenstand des Allianzmanagements ist die permanente Analyse des Marktes nach attraktiven Partnern (»Screening«), die Erarbeitung möglicher Partnerschaftskonzeptionen sowie die permanente Betreuung einmal gewonnener Allianzpartner.

> Beispiele von *IT-Systemhäusern* zeigen, dass zwar oftmals erhebliche Anstrengungen für die Auswahl und Verhandlung mit potenziellen Kooperationspartnern unternommen werden, die anschließende Betreuung im Sinne eines »In-Life«-Managements der geschlossenen Partnerschaft jedoch nicht weiter verfolgt und an die operativen Fachbereiche delegiert wird. Diese Bereiche sind jedoch aufgrund der geringen Einbindung in die Evaluierung und Verhandlung der Partnerschaft zu Beginn meist überfordert bzw. reagieren mit Ablehnung. Als Folge kommen die mühevoll vertraglich fixierten Partnerschaften niemals tatsächlich zum Tragen.

- Aus der Notwendigkeit, schnell die »kritische Masse« an Nutzern und Marktanteile sowie den Aufbau weitergehender Geschäftsfelder zu realisieren, ist Expertise im Bereich der **Unternehmensbewertung und -zusammenführung (Mergers & Acquisitions)** erforderlich. Ähnlich wie beim Allianzmanagement stehen hier Aufgaben der Bewertung potenzieller Akquisitionskandidaten sowie die nachfolgende Integration im Rahmen einer Post-Merger-Integration im Mittelpunkt.
- Das Management, die Analyse und Synthese umfangreicher und unstrukturierter Datenvolumina unter dem Stichwort »Big Data« erfordert »**Data Scientists**« mit Kenntnissen in IT (Datenbankmanagement, Analyseanwendungen), gepaart mit Kenntnissen und Erfahrungen in multivariater Statistik (Scheffler/Wirths, 2019, Davenport/Patil, 2012; Ayres, 2008).
- Erfahrungen in der Kundenbindung (**Community Management**) ergänzen das Spektrum notwendiger Kompetenzen. Hier stehen Fragestellungen wie die systematische Gewinnung und Bindung von Kunden etwa im Rahmen des Managements virtueller Communities, Blogs oder auch einer unterschwelligen, »Mund-zu-Mund-Werbung« (Viral Marketing) im Web 2.0 im Vordergrund.

War das Industriezeitalter noch durch ein »autoritäres Führen durch hierarchische Macht« geprägt, ändern sich die Ansprüche an die Führung dramatisch. Im mechanistischen und deterministischen Führungs- und Organisationsbild waren Mitarbeiter gefragt, die pünktlich erscheinen, ihre (weitgehend) vorbestimmten Aufgaben diszipliniert erledigen und sich möglichst wenig mit Kollegen austauschen. Die vorherrschende Führungsmaxime war: rigide Vorgaben, autoritärer Duktus, Kontrolle und Androhung negativer Konsequenzen. Die Konsequenz: Angst und ein eher ineffzientes Arbeiten. Über die letzten 20 Jahre dominieren zunehmend Führungsstile mit emotionaler Intelligenz. In der Wissensgesellschaft sind nicht mehr die »tüchtigsten Hände«, sondern die klügsten Köpfe und Inspiration gefragt (vgl. Abbildung 105). Anders formuliert: Konzepte und Analysen der Führungs- und Organisationsentwicklung etwa im Umfeld von Organisational Learning und Teamwork seit den 1960er-Jahren finden zunehmend Niederschlag im Unternehmensalltag. Damit steht immer häufiger die Beeinflussung der Mitarbeiter (»Nudging«) im Fokus (Shu, 2016). Der Manager muss sich zum Motivator (gegebenenfalls auch Manipulator) und Coach weiterentwickeln, der dem Mitarbeiter zeigt, wie er Einstellungen, Denken und Handeln mit den Unternehmenszielen bestmöglich in Deckung bringen kann und auch in seinen spezifischen Kompetenzen am besten gefördert werden kann.

Autoritäre Führung	Transaktionale Führung	Inspirierende Führung	Demokratische Führung	Shared Leadership	Leaderless Organizations
- feste Führungsverantwortung - Entscheidungen von Einzelpersonen - Willkürentscheidungen möglich	- Zielsetzung - Leistungskontrolle - systematisches Feedback - Belohnung/Bestrafung	- inspirierende Motivation - Sinn (»Purpose«) vermitteln - Zukunftsbild entwickeln	- Wahl des Vorgesetzten durch Mitarbeiter - in demokratischen Wahlverfahren	- flexible Hierarchie - Führung als Teamaufgabe	- keine formale Führung (Holacracy) - flache Hierarchien - absolute Gleichheit aller Mitglieder der Organisation - hohes Maß an Zusammenarbeit

Abbildung 105 Entwicklung neuartiger Führungskonzepte

Die Digitalisierung sorgt gleichzeitig für eine größere Sehnsucht nach zwischenmenschlicher Wärme im direkten Kontakt. Es entsteht eher ein Führungsstil, der sich durch Inspiration, Reputation und ein hohes Maß an Zusammenarbeit auszeichnet. Hierbei avancieren ein ernsthaftes Interesse und exzellente Fragen zur Kernkompetenz, mit der »Leaderless Organisation« als Maximalausprägung (Holacracy). Damit wandeln sich auch die Grundsätze der Führung in Richtung **Digital Leadership**: Mit der Offenheit für den Einsatz neuerer Instrumente demonstrieren Führungskräfte, dass sie selbst diese Instrumente nutzen, eher agil sein wollen, sich im Unternehmen vernetzen und Mitarbeiter an Prozessen stärker teilhaben lassen (Van Dick et al., 2016). »User Centricity« bezieht sich damit nicht nur auf (externe) Kunden, sondern auch auf die Unternehmensorganisation.

Ein Digital Leadership umfasst damit mehrere Betrachtungsebenen (Petry, 2016; Creusen/Gall, 2017; Wagner, 2017; vgl. Abbildung 106): Ein Digital Leader beobachtet das wirtschaftliche, technologische, gesellschaftliche und ökologische Umfeld des Unternehmens (»Screening«), im Bewusstsein, dass sich Technologien und Anwendungsszenarien exponentiell entwickeln können. Dabei werden digitale Anwendungsszenarien auch unmittelbar und aktiv für die Führungsarbeit genutzt, etwa zur Kommunikation, Koordination und Kollaboration – was gleichzeitig auch in der Organisation und in die Teams kaskadiert wird. Über das Führungsverhalten wird ein Kulturwandel hin zu mehr Agilität, Transparenz, Vernetzung, aber auch Disziplin forciert. Mit einer positiven Grundhaltung (als **Digital Mindset**) werden neue Herausforderungen adressiert (Gatterer, 2016; Bosch/Hentschel/Kramer, 2018). Im Bewusstsein, dass Organisationen auch bewusst irritiert und gestört werden müssen, um sich zu entwickeln und zu lernen, wird die Führungsverantwortung wahrgenommen und die Entwicklung digitaler Produkte, Prozesse und Geschäftsmodelle forciert.

	Traditionelle Führung	Digital Leadership
Verantwortung	Position: dauerhaft und hierarchieorientiert. Führungskräfte sorgen in ihrem jeweiligen Bereich für die Abgrenzung von Verantwortung, durch Definition von Zuständigkeiten und Befugnissen. Aufgaben jenseits der Hierarchie und gegensätzliche Aktivitäten führen zu Konflikten.	Rolle: temporär und integrativ: Führungskräfte besitzen ein breites Spektrum an Rollen. Je nach Situation und Kontext werden Aufgaben dauerhaft oder temporär übernommen, vor allem aber werden Kompetenzen der Führungskräfte und Mitarbeiter vernetzt.
Entscheidung	Position und Hierarchie prägen: Position verleiht formelle Macht und individuellen Entscheidungsrahmen, gegebenenfalls auch um die Fachentscheider zu überstimmen.	Prinzipien und Prozess treiben an: Führungskräfte agieren innerhalb verbindlicher Prinzipien und Prozesse, die überprüft werden können. Es gibt nur in klar definierten und transparenten Ausnahmefällen Sonderrechte.
Ergebnis	Delegation und Kontrolle im Fokus: Führungskräfte steuern Aufträge und planen die Ressourcen, übertragen Aufgaben und bewerten Ergebnisse.	Abstimmung und Reflexion zum Bewerten: Führungskräfte priorisieren und bewerten mit Mitarbeitern gemeinsam Aufgaben und Ergebnisse. Sie steuern die entsprechenden Abstimmungsprozesse.
Information	In Stufen und selektiv: Informationen werden regelmäßig über Hierarchieebenen verteilt. Entscheidung über die Relevanz, »Bringschuld« für Inhalt liegt in der Hierarchie oder bei einzelnen Führungskräften.	In Echtzeit und vollständig: Führung schafft den Rahmen für hohe Transparenz und Verfügbarkeit von Informationen. Mitarbeiter haben »Holschuld«, sich auf den aktuellen Informationsstand zu bringen.
Zielsetzung und Beurteilung	Einzeln und periodisch: Fokus liegt auf der Einzelleistung, individuelle Ziele und persönliche Leistungsbeurteilung, die in festen Zyklen erfolgen (»Was erreicht?«). Kontrolle und Feedback erfolgt von direkten Vorgesetzten, meist in Zweiergesprächen.	Kollektiv und kontinuierlich: Der Fokus liegt gleichrangig auf Mitarbeitern und Team. Kontinuierlicher Austausch und Feedback, auch über gemeinsame Ziele und einzelne Beiträge. Dabei zählen auch die Zusammenarbeit und das Verhalten der Person sowie die Ergebnisqualität der Prozesse (»Wie erreicht?«).
Fehler & Konflikte	Regelwerke und Konsequenzen: Regeln sollen Fehler und Konflikte möglichst vermeiden. Einhaltung wird kontrolliert und bei Verstößen die Konsequenzen verfolgt.	Lernfortschritte und Unterstützung: Führungskräfte sorgen für verbindliche Prozesse zum Lernen aus Fehlern und zur produktiven Klärung von Konflikten. Sie unterstützen, moderieren und schaffen den Rahmen, dass die Ergebnisse verfügbar sind.
Veränderung	Effizienz und Optimierung: Führung wird letztlich von aktuellen Kosten, stabiler Qualität und minimierten Risiken dominiert. Spielraum für Kreativität und Originalität ist eher begrenzt. Die Optimierung von bestehenden Strukturen und Prozessen soll schnell erreichbar sein.	Innovation und Wachstum: Führung richtet sich auf hohe Wirksamkeit für künftige Anforderungen, entsprechende Spielräume für ein schnelles Erreichen von Vorteilen. Eine nachhaltig hohe Bereitschaft und Fähigkeit zum Wandel fördert eigenverantwortliches Handeln – und umgekehrt.

Abbildung 106 Unterschiede zwischen traditioneller Führung und Digital Leadership (van Dick et al., 2016; Petry, 2016; Creusen/Gall, 2017; Wagner, 2017)

Zweigeteilt präsentiert sich die Einschätzung von Führungskräften nach den eigenen Fähigkeiten zum Digital Leadership (CMO Academy, 2018; van Dick et al., 2016). Diese ist nicht besonders stark ausgeprägt. Die Führung hinkt dem eigenen Anspruch – selbst in der Eigenwahrnehmung – noch deutlich hinterher. Es zeigt sich also ein Widerspruch zwischen der Bedeutsamkeit digitaler Fähigkeiten und den eigenen (tatsächlichen) Fähigkeiten. Ein weiterer Kompetenzaufbau und -ausbau ist entsprechend dringend notwendig. Umso erstaunlicher ist, dass Führungskräfte selbst und auch Unternehmen vergleichsweise wenig Anstrengungen unternehmen, um die erforderlichen Kompetenzen aufzubauen. Führungskräfte wollen über das Thema zwar den Erfahrungsaustausch mit anderen Führungskräften und auch außerhalb des Unternehmens (etwa im Rahmen der *CMO Community* oder der *digital CMO Community*) suchen, planen aber nur in geringem Ausmaß, das Thema systematisch und strukturiert in Schulungen anzugehen. Hieraus ergibt sich ein »Henne-Ei-Problem«: Der Erfahrungsaustausch benötigt entsprechend erfahrene und kompetente Gesprächspartner, die es jedoch ohne entsprechende Systematik und spezifische Vermittlung der erforderlichen Kompetenzen kaum geben kann. Prominente Vorbilder eines »Digital Leader« bei *Amazon* et al. oder auch Fallbeispiele anderer Unternehmen haben eine deutlich geringere Bedeutung, als es die öffentliche Diskussion über vermeintliche »Best Practices« vermuten lassen würde. Diese Vorbilder helfen bei den ganz spezifischen Herausforderungen der Unternehmen in der Realität kaum. Das gilt eher für den Erfolg von Wettbewerbern, die ähnlich strukturiert sind, den erfolgreichen testweisen Einsatz von neuen Instrumenten und an erster Stelle das Vorbild und die Überzeugung der Unternehmensleitung.

6.2 Koordinationsmechanismus: Selbstorganisation als Koordinationsprinzip

Die Unzufriedenheit mit der bestehenden Organisationsform wird in aller Regel auf tradierte, hierarchische Koordinationsmechanismen zurückgeführt, die den Gestaltungsprinzipien im Digital wie der Flexibilität und der hohen Innovationsgeschwindigkeit kaum gerecht werden. **Hierarchische Koordinationsformen** als Ausweg aus einem ausgeprägten »*Silodenken*« bedingen oftmals die Überlastung übergeordneter Instanzen und der formellen Dienstwege, was die Möglichkeiten zur Koordination der Wertschöpfungsprozesse sowohl in der Planung als auch der Durchführung nachhaltig beeinträchtigt bzw. zeitaufwendig gestaltet (Harter/Landry/Tipping, 2007).

> Ein gern und vielzitiertes Beispiel für die Überlastung übergeordneter Instanzen und Kommunikationswege sind die Genehmigungsverfahren und Abstimmungen selbst bei einfacheren Aktivitäten. Beispielsweise kann die Versendung eines Direkt-Mailings erst nach mehrfachen Abstimmungsrunden mit mehreren übergeordneten Instanzen erfolgen, die wiederum jeweils unterschiedliche (individuell motivierte) Anforderungen und Änderungsbedarfe artikulieren.

Neben der Überlastung bewirkt die Distanz zum operativen Geschäft, dass übergeordnete Instanzen oft zu Entscheidungen gezwungen sind, deren Auswirkungen diese mangels Detailkenntnissen zum Zeitpunkt der Entscheidung kaum annähernd überblicken können. In der Folge überlasten notwendige Erklärungen und Erläuterungen nachgelagerter Hierarchieebenen die vertikalen Kommunikationswege zusätzlich. Darüber hinaus verhindert ein Übermaß an Fremdorganisation die Wahrnehmung von Bedürfnissen aufseiten der Mitarbeiter in Bezug auf Arbeitsautonomie, Selbstverantwortung und **Selbstverwirklichung** (Fitz-Enz, 2001; Leonhard-Barton, 1992).

Im Gegensatz zu den oftmals vorzufindenden hierarchischen Koordinationsmechanismen eröffnet **Selbstorganisation** vielfältige Optionen für die Realisierung von Digital-Organisationen und einer »Digital-Kultur« (Smith/Comer, 1994; Frese/Stöber, 2002; Bernoff/Schadler, 2010):

- die **Entlastung** der ansonsten notwendigen hierarchischen Koordination und damit die Reduzierung formaler, vertikaler Kommunikationsprozesse,
- die Erhöhung der **Motivation** aufseiten der Mitarbeiter stimuliert zusätzliche gemeinsame Lernprozesse (»Organizational Learning«) und
- erhöht in der Folge die **Flexibilität** der Organisation.

Die praktische Realisierung von **Selbstorganisation** kennt dabei unterschiedliche **Ausprägungsformen**, von (Hackman, 1989; Kieser, 1994; Strauß, 1996; vgl. Abbildung 107)

- der **Selbst-Führung**: Die Verantwortung der Mitarbeiter erstreckt sich nicht nur auf die korrekte Ausführung der (hierarchisch) zugewiesenen Tätigkeiten, sondern auch auf die permanente Überwachung und Steuerung der Aufgabendurchführung entlang der übergreifenden Prozesse; damit verbunden ist die Selbstabstimmung zwischen verschiedenen Mitgliedern einer Arbeitsgruppe zur Aufgabenverteilung innerhalb der Gruppe;
- der **Selbst-Strukturierung**: Organisationsmitglieder besitzen zusätzlich die Möglichkeit, die Organisationsstruktur sowie die Schnittstellen zu anderen Gruppierungen (wie dem Vertrieb) eigenständig zu definieren und auszugestalten;
- bis zur sich **selbst Ziele setzenden Einheit**: Sie bleibt realistischerweise der partizipativen Zielfindung meist auf Leitungsebene vorbehalten.

Grenzen der Selbstabstimmung oder -koordination treten auf, sofern zwischen einzelnen Gruppen oder Abteilungen ein ausgeprägtes Konkurrenzdenken vorherrscht oder individualoptimierende Verhaltensweisen einzelner Organisationsteilnehmer auftreten (Bierhoff/Müller, 1993). Im Grundmodell der Selbstabstimmung dürfte es keine spezialisierten Organisationsmitglieder geben, vielmehr müsste die Koordination durch eine Beteiligung aller Mitarbeiter erfolgen. Dagegen sprechen neben einem erhöhten Zeitaufwand auch erhebliche qualifikatorische Probleme: Sowohl für strategische Entscheidungen als auch für die operative Ausführung müssten weiträumige und umfassende Qualifikationen zur Verfügung stehen. Die Fülle an auftretenden Entscheidungsaufgaben führt daher lediglich dazu, dass zumindest Teile der operativen Arbeitsaufgaben der *Selbstkoordination* überstellt werden, der Rest hingegen der hierarchischen Fremdsteuerung vorbehalten bleibt.

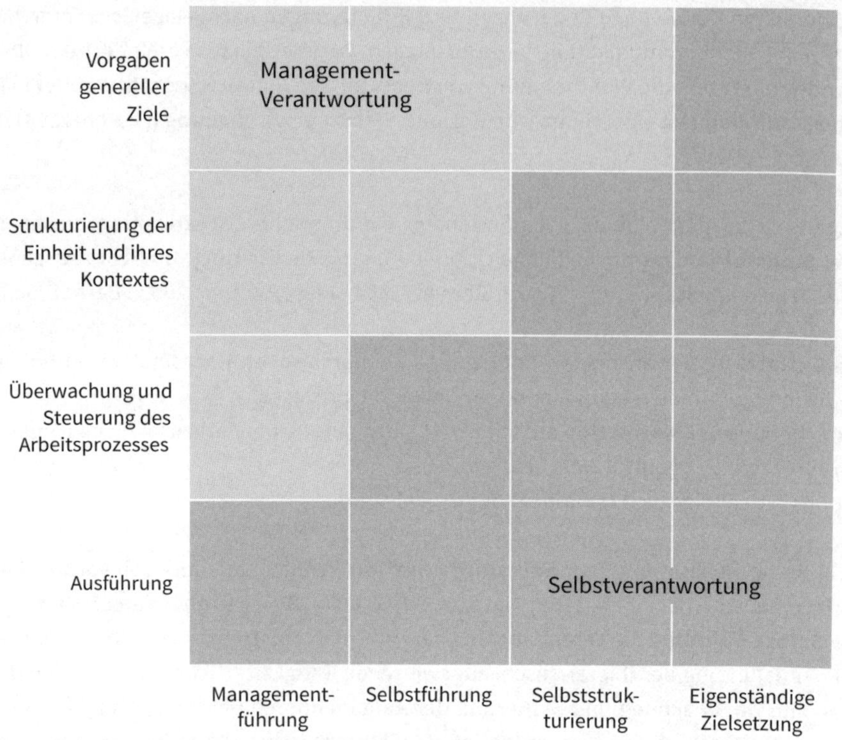

Abbildung 107 Ausgestaltungsformen der Selbstorganisation als Koordinationsprinzip (Hackman, 1986; Strauß, 1996)

Der **Fokus der Organisationsgestaltung** liegt damit auf dem Setzen von Rahmenbedingungen für die Realisierung der Selbstorganisation, etwa der Planungs- und Informationssysteme, Lohnsysteme oder der Führungsstruktur. Hierarchische **Vorgesetztenrollen** erleiden bei der Umsetzung einer Selbstkoordination meist eine nachhaltige Veränderung im Vergleich mit bisherigen Einfluss- und Gestaltungsmöglichkeiten: Die Führung selbstorganisierender Einheiten verändert sich zur Rolle eines »Facilitators« entlang der Wertschöpfungs- und Lernprozesse und beschränkt sich auf das Setzen der formalen Rahmenbedingungen (»*Leading others to lead themselves*«, Manz/Sims, 1989). Als Instrument der Führung können etwa Zielvereinbarungen herangezogen werden (**Management-by-Objectives**).

> Die Agentur ***Grabarz & Partner*** nutzt die Scrum-Methodik für die Zusammenarbeit von Planern, Kundenberatern, Textern, Art-Direktoren, Point-of-Sales- sowie Digital-Experten in Kundenprojekten (Mulch, 2013). Ziel ist es, hochwertige, integrierte Kundenlösungen in extremst kurzen Zeiträumen mittels crossfunktionalem Teamwork zu realisieren.

> Die Zusammensetzung der Gruppe wird aufgrund von Kapazitäten und Kompetenzen durch das Agenturmanagement festgelegt. Die Organisation innerhalb des Teams erfolgt eigenverantwortlich. So legt das Team sowohl die Rollen als auch Einzelaufgaben fest, inkl. der Fertigstellungstermine und zu erreichender Meilensteine. Anstelle eines Product Owners tritt ein Campaign Owner (Mulch, 2013). Auf Arbeitszetteln werden die einzelnen Arbeitsschritte wie das Definieren der Zielgruppe oder das Verfassen der Storyboards notiert und abhängig von ihrem Erledigungsstatus auf einer Pinnwand angeordnet. Auf diese Weise machen Teammitglieder sich gegenseitig den jeweils aktuellen Stand des Projektes transparent. Als eine der größten Herausforderungen hat sich hier die Überwindung formaler Hierarchien innerhalb des Scrum-Teams herauskristallisiert (Mulch, 2013).

Für die Umsetzung von Prinzipien der Selbstorganisation in Form einer »agilen Organisation« wird seit einigen Jahren das bereits skizzierte *Scrum-Verfahren* im Rahmen des IT-Projektmanagements herangezogen. Ziel ist der schnelle, kostengünstige und qualitativ hochwertige Abschluss eines Projektes bzw. die Fertigstellung eines Produktes, das einer zu Beginn formulierten Vision folgen soll. Scrum stellt damit als Operationalisierung einer selbstorganisierenden, agilen Organisation den Gegenentwurf zur Befehls- und Kontrollorganisation dar, in der Mitarbeitern möglichst genaue Arbeitsanweisungen zu geben sind. Scrum baut stattdessen auf hoch qualifizierte, interdisziplinär besetzte Projektteams, die zwar eine klare Zielvorgabe bekommen, für die Umsetzung jedoch allein zuständig sind (Foegen/Kaczmarek, 2016). Das Prinzip der Selbstorganisation erstreckt sich entsprechend auch bis zu einer »Self-Organizing Adaptive Supply Chain« (Wagner/Kontny, 2017).

> ***ING*** bezeichnet sich selbst als »erste agile Bank«. Hier wurde bis 2015 in klassischen, hierarchischen Strukturen gearbeitet, bis man realisierte, dass diese Organisationsform kaum dazu geeignet erscheint, sich in einer Welt voller Fintechs und Hyperconnectivity noch zu behaupten (Janke, 2018). Die Inspiration durch *Spotify* führte dazu, dass am *ING*-Stammsitz in den Niederlanden in Squads gearbeitet wird. Kleine, autonome Teams, die aus verschiedenen Spezialisten für Customer-Journey-Analyse, Datenanalyse oder auch IT-Entwicklung bestehen. Ein Product Owner kontrolliert die Arbeit und übernimmt die Verantwortung für das Arbeitsergebnis. Mitglieder verschiedener Squads, aber mit identischen Skills tauschen sich in sogenannten Chapters aus. Die Squads werden zusammengefasst zu Tribes mit gemeinsamen, übergreifenden Themenfeldern wie »Daily Banking« oder »Hypotheken«. Das Ergebnis laut Unternehmensangaben: eine höhere Motivation und ein verstärkter Austausch zwischen den Mitarbeitern sowie eine höhere Effizienz in den unternehmensinternen Abläufen (Janke, 2018).

Ein weiter fortgeschrittener Ansatz der Arbeitsgestaltung und Unternehmensorganisation im Sinne von (agiler) Selbstorganisation und New Work ist die »Holacracy«.

Holokratie (engl. holacracy) ist ein Verfahren zur Organisation von Unternehmen, um in großen und vielschichtigen Unternehmen die Entscheidungsfindung transparent zu gestalten, um stets anpassungs- und wandlungsfähig zu bleiben und im Rahmen der unternehmerischen Verantwortung (Corporate Social Responsibility, CSR) im Kerngeschäft ökosozial und ethisch verantwortlicher zu wirtschaften (Robertson/Kauschke, 2016).

Holacracy versucht damit einen dritten Weg zwischen autokratischer und rein demokratischer Arbeitsorganisation einzuschlagen und greift stark in die Organisationsstrukturen eines Unternehmens ein. Während es bei agilen Methoden möglich ist, diese nur in einem Bereich des Unternehmens einzuführen, hat Holacracy in seiner Reinform den Anspruch, das ganze Unternehmen zu durchsetzen. Dabei dient der menschliche Körper als Metapher: Eine Zelle ist eine eigenständige Einheit, die mit anderen Einheiten zusammen ein Organ, was wiederum gemeinsam mit vielen anderen Organen den menschlichen Körper bildet (Östereich/Schröder, 2016). Dieses Prinzip, etwas als Teil eines Ganzen aufzufassen, ist die Grundlage der Holokratie. Traditionelle Stellenpläne gibt es nicht. Kontinuierlich wird das Unternehmen verändert und alle Mitarbeiter und Unternehmensteile werden dabei einbezogen. Die Entscheidungsgewalt wird nicht bei Führungskräften gebündelt, die eine Position innehaben und die einer Abteilung vorstehen. Positionen und Titel werden bei Holacracy genauso aus der Organisation verbannt wie starre Abteilungs- und Funktionsgrenzen. Stattdessen wird das Unternehmen in sogenannten Kreisen organisiert, die aus Rollen bestehen (Prinzip des Holons). Diese Rollen sind an den Aufgaben ausgerichtet und haben feste Verantwortlichkeiten. Die Kreise, zu denen die Rollen zusammengefasst werden, organisieren sich selbst. Sie entwickeln neue Rollen, definieren Rollen um oder schaffen andere ab (Östereich/Schröder, 2016). Dies wird mit direktem Bezug zu den konkreten Arbeitsaufgaben getan. So kann ein Mitarbeiter verschiedene Rollen übernehmen. Wenn eine Rolle zu komplex wird, dann bildet sich eine neue. Wenn mehrere Rollen zusammenkommen, entsteht daraus ein neuer Kreis. Kontinuierlich werden die Rollen erneuert, abhängig davon, wie sich die Herausforderungen innerhalb eines Kreises entwickeln. Die Rollen und Kreise besitzen einen dynamischen Charakter. So findet immerfort eine dezentrale Organisationsentwicklung statt, die einen evolutionären Charakter hat.

> ***Zappos*** war als Onlineschuhhändler die Blaupause für *Zalando* und gehört heute zu *Amazon*. Das Unternehmen schaffte bereits 2013 seine Chefs ab und führte die Holokratie ein. Das bedeutete einen Abschied von Jobtiteln für alle. Dies stieß nicht überall auf Gegenliebe, viele Manager verließen das Unternehmen – durchaus gewollt. Gründer *Tony Tsieh* kommentierte das entsprechend mit »*adopt holacracy or leave*«.

Wenn eine Rolle nicht mehr zu den Anforderungen und zur Umwelt passt und nicht mehr gebraucht wird, wird sie abgeschafft. Da eine Rolle keine Position ist, muss der Mitarbeiter nicht um seinen Arbeitsplatz oder seine Arbeitsaufgaben fürchten. Er wendet sich verstärkt einer seiner anderen Rollen zu oder entwickelt eine neue. Die Mitglieder der Kreise entsenden Vertreter in die allgemeineren Kreise, die wiederum Vertreter in den generellen Unternehmenskreis entsenden. Hier werden die strategischen Unternehmensentscheidungen getroffen (Holacracy One). Jeder Kreis hat einen Zweck und kennt seine Ziele. Die Koordination erfolgt autonom und wird analog zu Scrum durch intensive Meetings begleitet: Arbeitsaufgaben werden in und durch regelmäßige Treffen synchronisiert. Drei Arten von Meetings sind dabei besonders wichtig (Robertson/Kauschke, 2016):

- **Tacticals**: Diese Meetings finden am Anfang jeder Woche in den Kreisen statt. Es wird besprochen, wie die Ziele der Woche erreicht werden können und welche Hindernisse bestehen. Der Stand der Projekte wird überprüft und die nächsten Schritte geplant. Nur solche Themen werden behandelt, die direkt mit den Aufgaben des Kreises zu tun haben. Die Tacticals ähneln den Scrum-Meetings.
- **Issue-specific Meetings**: Hier werden spezifische Probleme behandelt, die nicht in den Tacticals gelöst werden konnten. Es kommen alle Rollen zusammen, die mit dem Problem zu tun haben oder aufgrund ihrer Expertise zur Lösungsfindung beitragen können.
- **Governance Meetings**: Diese Treffen werden alle 1–3 Monate durchgeführt. Falls sich viel in der Organisation ändert, dann finden diese monatlich statt. Hier werden der generelle Zweck und die Ziele eines Kreises hinterfragt. Dasselbe gilt auch für die einzelnen Rollen, aus denen sich der Kreis zusammensetzt.

> Bei ***Gore-Tex*** als weltweit bekanntem Erfinder der Kunststoff-Membran-Bekleidung suchen sich Mitarbeiter ihre Aufgaben selbst aus und bestimmen demokratisch einen Vorgesetzten aus den eigenen Reihen. Damit verfügt das Unternehmen über keine formalen Organisationsstrukturen und Stellenbeschreibungen (Disselkamp/Heinemann, 2018). An die Stelle von Vorgaben und Anweisungen treten auf Vertrauen basierende Abmachungen unter den Mitarbeitern. Die Grenze dieser Struktur findet sich bei Einheiten von mehr als 200 Mitarbeitern. Bei Erreichen einer Größe von 200 Mitarbeitern werden zwei neue Einheiten gebildet, um weiterhin kleine, eigenständige Einheiten mit hoher Effizienz führen zu können.

Analog zu Scrum existiert ein umfangreiches Regelwerk (Holacracy Constitution), das Sicherheit und Orientierung geben und Anarchie im Keim ersticken soll. Dieses Regelwerk wird transparent in einer Art Unternehmensverfassung veröffentlicht als »Grundgesetz der Holacracy«. Jeder Mitarbeiter verpflichtet sich den Regeln. Die Mitarbeiter haben die Freiheit, im Unternehmen alles zu tun, was sie für richtig halten. Ein Rolleninhaber darf aber nicht die Rolle eines anderen verletzen oder etwas unternehmen, was der Verfassung widerspricht (Robertson/Kauschke, 2016).

6.3 Organisationsstrukturen und -modelle

Für die Umsetzung der Digitalisierung kristallisiert sich in der Praxis eine Vielzahl unterschiedlicher Organisationsmodelle heraus, die in unterschiedliche Engagement-Modelle und Kategorien unterteilt werden können (Meffert/Meffert, 2017, S. 300; Hutzschenreuter 2001), wie in ein »Digital Competence Center oder Hub«, eine »Silo-Struktur«, ein »Spin-off« oder auch eine zentralisierte Koordinationsstelle« (vgl. Abbildung 108).

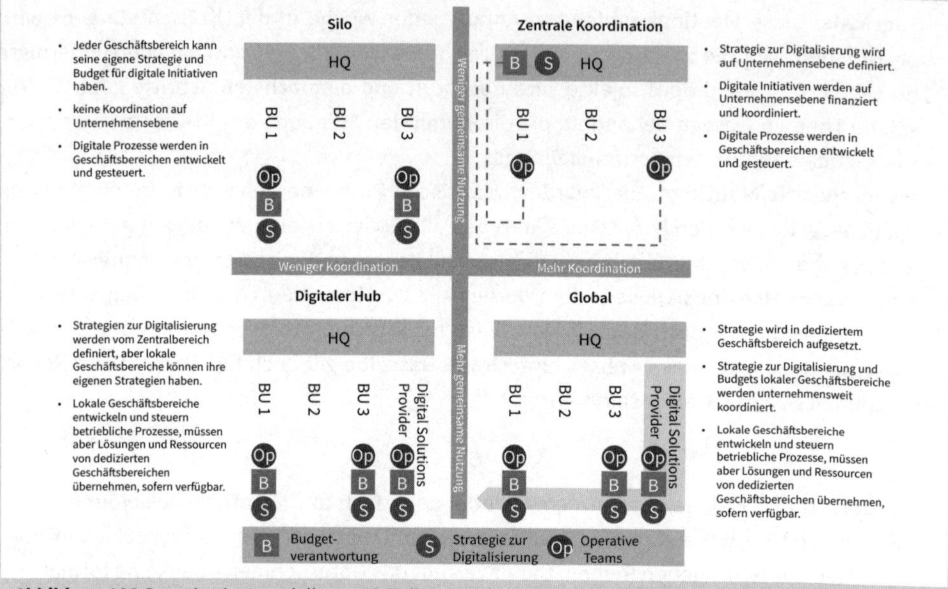

Abbildung 108 Organisationsmodelle zur Digitalisierung (MIT, 2012; Gulati/Garino, 2000)

Merkmal eines **Digital Hub** ist die Vollintegration in die bestehenden Organisationsstrukturen. Aufgabe dieser Organisationseinheit ist die Ableitung der Strategie zur Digitalisierung aus der übergeordneten Unternehmensstrategie, die Koordination von Projekten, die Entwicklung und Weitergabe des erforderlichen Realisierungs-Know-hows sowie die Unterstützung bei der Fortentwicklung der bestehenden Organisationsstrukturen. Die Umsetzungs- und Weisungsbefugnis verbleibt in den zuständigen Fachbereichen, die zentralen Digital-Verantwortlichen unterstützen diese bei allen auftretenden Fragestellungen im relevanten Themenbereich und berichten über Fortschritte bzw. nachhaltige Problemstellungen meist funktionsübergreifend an den Vorstand. Über den Hub ist sicherzustellen, dass alle Initiativen den übergeordneten Unternehmenszielen entsprechen und Synergien über verschiedene Bereiche hinweg genutzt werden. Da häufig keine operativen Geschäftsaktivitäten in den Digital Hub verlagert werden, liegt der Schwerpunkt auf stabsstellenähnlichen Funktionen der Beratung, Analyse und Planung. Als nachteilig erweist sich im Modell des Hub meist ein hoher Zeitaufwand zur Durchführung von Veränderungen in den einzelnen Fachbereichen und die Notwendigkeit zur Überzeugungsarbeit in Ermangelung formal abgesicherter Entscheidungsvorgaben und Weisungsbefugnisse sowie gegebenenfalls mehrfach auftretende (und konkurrierende) Strategieansätze.

Im Mittelpunkt einer **eigenständigen Digital-Einheit** steht die Etablierung einer neuen Organisation, in die Ressourcen und Geschäftsfelder von den Hauptbereichen entsprechend ihrer Größe, ihrem Umsatz und ihrer »Digital-Relevanz« transferiert werden. Ausprägungen des Organisationsmodells sehen vor, dass die erforderlichen Aufgaben entweder zwischen der Digital-Einheit und den bestehenden Funktionalbereichen aufgeteilt werden (1., »**hybrides Modell**«) oder aber eine **vollständige Bündelung** (2.) der Strategie und aller Budgets für alle Digital-Aktivitäten in einer zentralen Digital-Einheit erfolgt (zentrale Koordination).

In **hybriden Organisationsmodellen** werden Strategie, Budgets und Umsetzung auf verschiedenste Weise aufgeteilt. Die besonders betroffenen Geschäftsaktivitäten werden gegebenenfalls in der eigenständigen Einheit separiert. Neben der operativen Abwicklung steht die Fortentwicklung der Strategie zur Digitalisierung einschließlich der Identifizierung und Evaluierung neuer Geschäftsmodelle im Brennpunkt einer zentralisierten Organisation, während die operativen Funktionsbereiche die Umsetzung in ihrer jeweiligen Fachdomäne verantworten. Vorteile des Hybridmodells bestehen in einer höheren Fokussierung, der Bündelung notwendiger Kompetenzen sowie einer hohen Flexibilität. Nachteilig wirkt sich meist die Koordination zwischen einer zentralisierten Digital-Einheit und bestehenden Funktionsbereichen aus, die über gleiche oder zumindest ähnliche Aufgabenschwerpunkte verfügen. Der Erfolg dieses Organisationsmodells ist daher stark abhängig von der Fähigkeit zur kooperativen Zusammenarbeit zwischen den Funktionalbereichen und gegebenenfalls bestehenden zentralen Organisationseinheiten. Hier besteht die Gefahr der Errichtung eines neuen organisatorischen Silos. Teilweise wird ein hybrides Organisationsmodell dazu benutzt, ähnlich wie ein Pilotprojekt als »Facilitator« zunächst den schnellen Einstieg in enger Abstimmung mit den bestehenden Fachbereichen zu realisieren. Nach erfolgreichem Einstieg und Aufbau werden Know-how und Geschäftsaktivitäten schrittweise in die traditionellen Bereiche zurückgeführt.

> ***Walmart*** hat bereits vor Jahren seine globale E-Commerce-Organisation hybrid aufgestellt. Während die zentrale E-Commerce-Einheit *Global.com* sowohl die globale Strategie, Richtlinien als auch die globale Plattform verantwortet, nutzen die Landesorganisationen diese Plattform für ihren eigenen E-Commerce-Auftritt (Stambor, 2010). Damit liegt die Verantwortung für E-Commerce und die Integration in den stationären Handel in der Landesorganisation. Die Leiter E-Commerce der jeweiligen Länder berichten an den jeweiligen Geschäftsführer des Landes, parallel mit »dotted-line« in *Global.com*. Ziel ist es, sowohl möglichst kundennah als auch vertriebskanalübergreifend agieren zu können, unter Nutzung globaler Synergien und mit einem konsistenten Auftritt gegenüber dem Kunden.

Eine **vollständige Zentralisierung und Bündelung** sämtlicher Geschäftsaktivitäten hingegen gestattet den bestehenden Funktionalbereichen die Konzentration auf die bereits existierenden Geschäftsfelder. Eine vollständige Zentralisierung bietet sich vor allem für Unternehmen an, in denen entweder die Implementierung digitaler Anwendungszenarien erheblichen internen Widerständen ausgesetzt ist oder die Realisierung neuer digitaler Geschäftsfelder außerhalb des bestehenden Kerngeschäftes im Fokus steht. Die Projekte der letzten 20 Jahre zeigen ebenfalls, dass sich ein stärker zentralisierter Ansatz anbietet, falls in der Organisation das erforderliche Know-how nicht zur Verfügung steht oder aber auch aufgrund von bereits gemachten (negativen) Erfahrungen mit IT-nahen Projekten eher Vorbehalte bestehen. Den Vorteilen der vollständigen Zentralisierung wie der vergleichsweise leichten und zeitnahen Realisierbarkeit steht das Problem gegenüber, dass Impulse zur Transformation der bestehenden Organisation durch die Nutzung digitaler Anwendungsszenarien unterbleiben.

In **Spin-offs** oder **Incubator-Modellen** werden alle Digital-Aktivitäten in juristisch eigenständige Gesellschaften ausgegliedert. Diese neue Einheit bündelt sämtliche erforderlichen Kompetenzen, dient als »Labor« zur Fortentwicklung und kann »ohne Rücksichtnahme« auf die Mutter-Organisation agieren bzw. Geschäftsmodelle verfolgen, die nicht im unmittelbaren Fokus der Unternehmensstrategie des Mutterunternehmens stehen. Fallbeispiele zeigen, dass in diesem Organisationsmodell in der Regel zwingend Marketing und Vertrieb anzusiedeln sind, da sich die traditionellen Organisationseinheiten in der Regel kaum bereit erweisen, die Marktpräsenz »fremder« Organisationseinheiten zu unterstützen. Meist wird dieses Modell präferiert, wenn umfangreiche Kannibalisierungseffekte zwischen den Digital-Aktivitäten und dem traditionellen Geschäft zu erwarten sind. Eine Transformation der bestehenden Organisation zur »Digital-Organisation« unterbleibt bei diesem Organisationsmodell meistens vollständig.

Spin-offs oder **Incubator Modelle** aus Akquisitionen und Ausgründungen bieten sich vor allem an, wenn (Schein, 1994a)

- der Aufbau der notwendigen **Kompetenzen** und Mitarbeiter in der traditionellen Organisation extrem schwierig zu bewerkstelligen ist;
- **hochinnovative Geschäftsmodelle** außerhalb der bestehenden Kernkompetenzen bzw. der Unternehmensstrategie verfolgt werden sollen;
- höchste **Flexibilität** und **Selbstorganisation** erforderlich sind;
- der Einstieg in digitale Anwendungsszenarien erst spät mit erheblichem **Aufholpotenzial** vollzogen wurde;
- aufgrund eines erheblichen **Finanzengagements** externen Investoren die Gelegenheit zur Übernahme von Anteilen geboten werden soll.

Die **Evaluierung möglicher Organisationsmodelle** und die Entscheidung über die anzustrebende Gestaltungsoption sollten auf der Grundlage unternehmensspezifischer Kriterien erfolgen. Fallbeispiele zeigen, dass hierzu bis zu 50 unterschiedliche Kriterien gegeneinander abgewogen werden müssen, wie etwa (Treen, 2000)

- die Fähigkeit, existierende Prozesse und Know-how einzubinden;
- eine schnelle Umsetzung zu garantieren;
- einen hohen »Fit« mit der angestrebten Kultur zu ermöglichen;

- eine flexible und niedrige Kostenstruktur zu bieten;
- Mitarbeiter mit entsprechendem Know-how gewinnen zu können;
- eine hohe Adaptierbarkeit und Skalierbarkeit der Organisation zu bieten oder
- eine klare Umsatz-/Kostenverantwortung realisieren zu können.

Der Aufbau notwendiger Digital-Kompetenzen mittels Akquisitionen erfordert die systematische Integration unterschiedlicher Kulturen und Führungsstile im Rahmen einer Post-Merger-Integration. Die oftmals eher wenig erfolgreichen Akquisitionen lassen sich neben einer generellen Überbewertung der akquirierten Unternehmen vor allem darauf zurückführen, dass Synergieeffekte zwischen verschiedenen Unternehmen im Rahmen der **Post-Merger-Integration** nicht wahrgenommen wurden (vgl. Abbildung 109).

Abbildung 109 Hauptfehlerquellen im Bereich M&A (Venzin/Vizzaccaro, 2018)

Beispielsweise sind oftmals Vertrieb und Support-Funktionen über mehrere Unternehmen parallel erhalten geblieben. Neben erhöhten »Overhead«-Kosten kommt es in der Folge zu einer Mehrfachansprache gleicher Kunden durch unterschiedliche »Konzernunternehmen«. Unterschiedliche Kulturen und die wenig systematische Integration bewirken in aller Regel ein rasches Abwandern der wichtigsten Kompetenzträger.

6.4 Vorgehensmodell der organisatorischen Transformation

Projekterfahrungen zeigen, dass die Überführung traditioneller Organisationen in Digital-Strukturen meist einem mehrstufigen Vorgehensmodell folgt (vgl. Abbildung 110). Analog zur Strategieentwicklung werden nach der **Analyse** der bestehenden Organisationsstruktur und einem (externen) Benchmarking erste Optionen der Organisationsgestaltung in einem **Makro-Design** fixiert und einer ersten Bewertung unterzogen. Im anschließenden **Mikro-Design** werden die Gestaltungsprinzipien der Digital-Organisation weitergehend vertieft, unter anderem die Rollen und Verantwortlichkeiten, Führungsprinzipien, erforderliche Kompetenzen im Rahmen des Kompetenzmodells oder Kompensationsmodelle (Davenport, 1993). Mit der verantwortlichen Führungsebene wird ein detaillierter **Umsetzungsplan** erarbeitet und in unternehmensweiten Kickoffs kommuniziert. Die **Implementierung** erfordert Feedback-Mechanismen aller Veränderungen an die betroffenen Mitarbeiter sowie den aktiven Aufbau und die Nutzung des vorhandenen Wissens (**Operationalisierung & Lernen;** Knowledge Management; Davenport/Prusak, 1998).

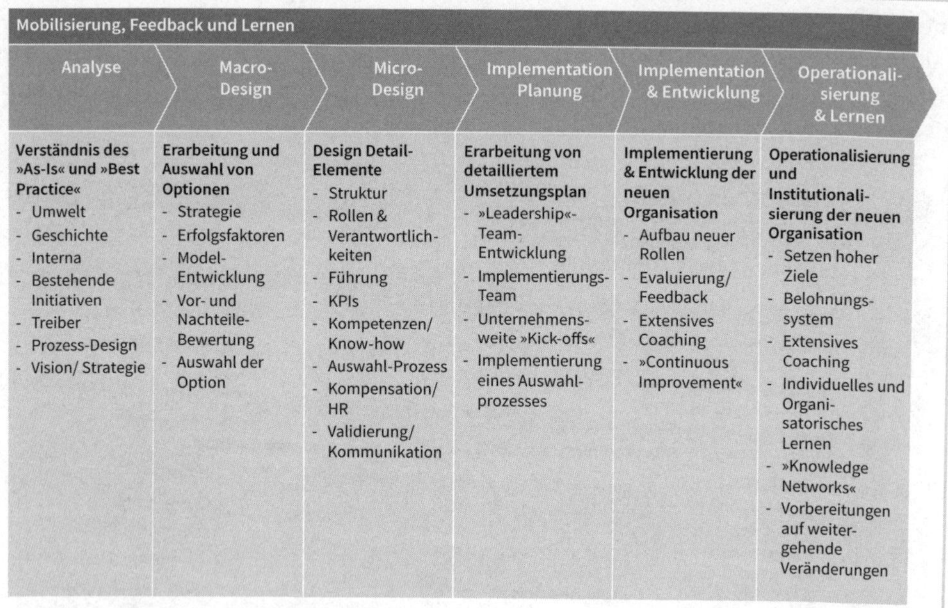

Abbildung 110 Vorgehen zur Organisationstransformation

Für die Entwicklung neuer Lösungsanätze auch im Organisationsumfeld hat sich in neuerer Zeit **Design Thinking** als Prozess zur Förderung kreativer Ideen etabliert. Ähnlich dem User-centered Design (UCD) fokussiert Design Thinking darauf, Innovationen hervorzubringen, die sich streng an Nutzerinteressen und deren Bedürfnissen orientieren (Lewrick/Link, 2018; Lewrick, 2018). Dabei basiert die Methode Design Thinking auf vier wesentlichen Komponenten, um Probleme zu lösen und Innovation zu fördern:

- **Iterativer Prozess**: Eines der wesentlichen Elemente des Design Thinking ist der klar strukturierte Prozess, der sich in iterativen Schleifen vollzieht. So wird früh prototypisiert und Einsichten werden wiederholt rekapituliert. Der iterative Prozess des Design Thinking besteht in der Regel aus sechs Schritten:
  - Verstehen: Im ersten Schritt geht es um das Verständnis des Problems. Dies mündet in der Wahl einer geeigneten Fragestellung, welche die Bedürfnisse und Herausforderungen des Projektes definiert.
  - Beobachten: Es folgt eine intensive Recherche und Feldbeobachtung, um wichtige Einsichten und Erkenntnisse zu gewinnen und die Rahmenbedingungen des Status quo zu definieren.

  - Point-of-View: Die gemachten Beobachtungen werden dann auf einen einzelnen, prototypischen Nutzer heruntergebrochen, dessen Bedürfnisse in einer klar definierten Brainstorming-Frage kondensiert werden.
  - Ideenfindung: Sie besteht vor allem aus dem Brainstorming, das der Entwicklung und Visualisierung unterschiedlicher Konzepte dient.
  - Prototyping: Zum Testen und Veranschaulichen der Ideen werden erste, aufwandsarme Prototypen entwickelt und an der Zielgruppe getestet.
  - Verfeinerung: Auf Basis der durch Prototypen gewonnenen Einsichten wird das Konzept weiter verbessert und solange verfeinert, bis ein optimales, nutzerorientiertes Produkt entstanden ist. Dieser Iterationsschritt kann sich auf alle bisherigen Schritte beziehen.
- **Eigene Werte**: Bekannt geworden sind die klar definierten Werte der Brainstorming-Phase:
  - Arbeite visuell (»be visual«).
  - Nur einer spricht (»one conversation at a time«).
  - Fördere verrückte Ideen (»encourage wild ideas«).
  - Stelle Kritik zurück (»defer judgment«).
  - Quantität ist wichtig (»go for quantity«).
  - Bleib beim Thema (»stay on topic«).
  - Baue auf den Ideen anderer auf (»build on the ideas of others«).
- **Interdisziplinäre Teams**: Um möglichst vielfältige Herangehensweisen an eine Problemstellung zu gewährleisten, kommen beim Design Thinking Personen aus unterschiedlichen Disziplinen zusammen. Dies können berufliche Unterschiede sein, aber auch kulturelle, nationale oder einfach nur Alters- und Geschlechtsunterschiede. Entscheidend ist der vielschichtige Blick auf eine Thematik.
- **Mobile Raumkonzepte**: Raum nimmt eine große Rolle beim Design Thinking ein, etwa via Arbeiten im Stehen, Schreiben auf Whiteboards und mobile Raumkonzepte.

Die **Widerstände**, die im Rahmen einer organisatorischen Neuausrichtung auftreten, haben meist vielschichtige Gründe. Auf der Ebene einzelner **Mitarbeiter** finden sich Phänomene wie (Doppler/Lauterburg, 2000)

- (bequeme) eingefahrene Gewohnheiten;
- eine selektive Wahrnehmung von Informationen, die nicht in den gewohnten Bezugsrahmen passen;
- eine hohe Abhängigkeit von den Wertvorstellungen, Einstellungen und Überzeugungen der wichtigsten Bezugspersonen;
- Unsicherheit und Regression, etwa Angst vor dem Verlust des eigenen Arbeitsplatzes oder der Gefahr der Dequalifizierung;
- eine sozialpsychologische Angst vor einem noch unspezifizierten »Neuen«.

Vor diesem Hintergrund ist ein derartiger Veränderungsprozess in den meisten Organisationen erheblichen Schwankungen und Phasen unterworfen. Nach einer Phase der ersten Information über anstehende Veränderungen und dem darauf folgenden Schock, steigt nach der Phase der Verneinung langsam die Einsicht und Erkenntnis, bis schließlich neue Strukturen und Prozesse akzeptiert werden (vgl. Abbildung 111). Passend zu jeder Phase sollten die Veränderungen durch unterschiedliche Instrumente in einem umfassenden Veränderungsmanagement begleitet werden. Studien belegen, dass ein unzureichendes oder fehlendes Changemanagement eine der Hauptursachen für das Scheitern von Digital-Projekten sind (Hofert/Thonet, 2019; McLaughlin, 2009).

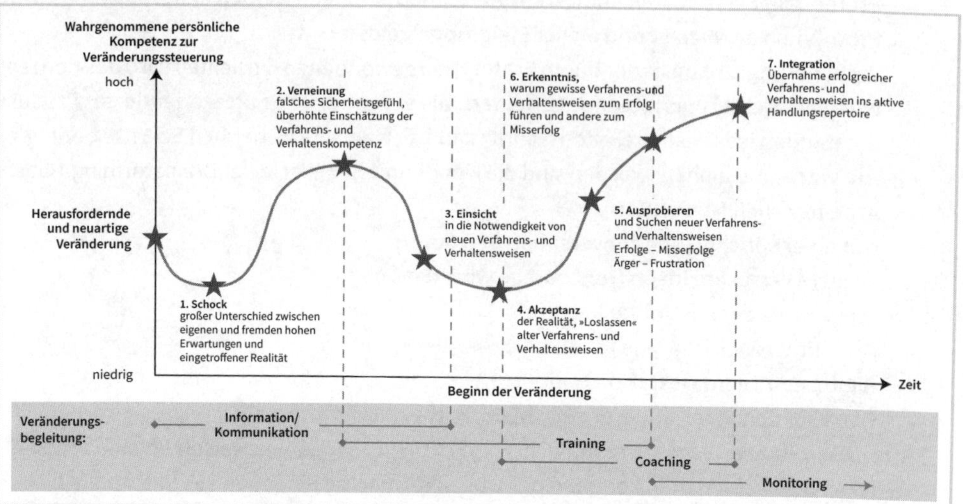

Abbildung 111 Changemanagement-Zyklus zur Umsetzung von Veränderungen

Besonders starke Widerstände treten meist bei Personen auf, die sich primär auf die eigene Erfahrung berufen, an einen einzigen Weg glauben oder eine ausgeprägt niedrige Risikoneigung aufweisen. Widerstände in Gruppen treten hingegen verstärkt dann auf, wenn die Gruppenmitglieder über ein hohes Zusammengehörigkeits- und Überlegenheitsgefühl verfügen (Hofert/Thonet, 2019; Cameron/Green, 2012).

Auf der Ebene der gesamten **Organisation** treten **Widerstände** etwa aufgrund

- der Nichtkonformität mit bestehenden organisatorischen Normen und Traditionen;
- von Interdependenzen mit Subsystemen, die kaum überschaubar bzw. eingrenzbar sind;
- von Privilegien, Tabus oder Widerständen gegen externe Ideen (*»not invented here«*)

auf (Staehle, 1991; Hofert/Thonet, 2019).

> ***Friendscout24*** hat gezeigt, dass die Internet-Arbeitskultur mit flachen Hierarchien, lockerer Kleidung und einem hohen Grad an individueller Selbstverwirklichung mit zunehmender Größe und Wettbewerbsintensität eine Straffung erfahren muss. Das Unternehmen war zunächst als Pionier und Marktführer im Segment Online-Datings gestartet, konnte dann aber weiteres Wachstum aufgrund zunehmender Wettbewerbsintensität nur noch über Marktanteilsgewinne realisieren. Gleichzeitig hatte die Organisation aus Unternehmenssicht mit über 100 Mitarbeitern eine Größe erreicht, die neue Führungsstrukturen

erforderlich machte. Das Verlassen einer »Post-Start-up-Romantik« und die Einführung einer neuen Hierarchie und moderne agile Arbeitsweisen wurden durch Prozesse im Bereich Entscheidung, Umsetzung und Kommunikation getragen.

Für die (1.) Entscheidungsprozesse war der Aufbau eines mittleren Managements mit klaren Entscheidungs- und Berichtsstrukturen notwendig. Aus Unternehmenssicht hat die kreative Unruhe nicht nur neue Ideen wachsen lassen, sondern auch Persönlichkeiten. In Bezug auf die Führungskräfte war es essentiell, dass diese langsam aufgebaut und geschult wurden. Aufgabe des Topmanagements war es, das eigene Führungsteam zu »Evangelisten des Wandels« zu machen.

In Bezug auf die (2.) Umsetzungsprozesse stand die Geschwindigkeit beim Wandel im Brennpunkt. Zentrales Ziel des Changemanagements war es für *Friendscout24*, die Produktionsprozesse zu beschleunigen und die Effizienz unternehmensübergreifend zu steigern, um damit zeitnah auf unerwartete Herausforderungen reagieren zu können. Im Produktionsprozess erweist sich das hierarchische Wasserfallmodell als unflexibel und zu zeitaufwendig, weshalb in den meisten Fällen agile Scrum-Methoden aus der Software-Entwicklung mit einem hohen Grad an Selbstkoordination in crossfunktionalen Arbeitsteams zum Einsatz kommen. Anstelle größerer Releases und Launches treten kontinuierliche Optimierungen am Produkt. Dies fördert einen früheren Cash Flow als auch eine höhere Umsetzungsgeschwindigkeit im »Continuous Live Delivery«.

Transparenz stand im Mittelpunkt aller (3.) Kommunikationsprozesse. Ziel war es für *Friendscout24*, Mitarbeiter zu »Mitunternehmern« zu machen, um deren aktive Unterstützung in allen Veränderungen zu gewinnen. Transparente Kommunikation erlaubt es jedem einzelnen Mitarbeiter, seinen Beitrag im Unternehmen einschätzen zu können. Ein festes Wertefundament bietet Orientierung für das Selbstverständnis im Handeln und in der Kommunikation und somit das Führungsverständnis auf unterschiedlichen Ebenen und Aufgaben. Changemanagement stellt sich dabei aus Sicht von *Friendscout24* als ein permanenter Prozess dar.

Mit steigender Organisationsgröße wird die Umgestaltung der bestehenden Organisation aus diesem Grund häufig durch **Fachpromotoren** begleitet, die sich unabhängig von ihrer Position und Aufgabe und parallel zu gegebenenfalls bereits gestarteten Reorganisationsmaßnahmen um die Verbreitung von Digital-Know-how und die Umsetzung der Anforderungen kümmern. Diese Fachpromotoren (oder **Change Agents**) verfügen in aller Regel über kein Weisungsrecht gegenüber den funktionalen Bereichen, versuchen aber aktiv durch die Bündelung von Markt-Know-how und den Transfer von Erfahrungen anderer Unternehmensbereiche Impulse zur Realisierung einer ganzheitlichen Digital-Organisation zu geben. Über den Einsatz der Fachpromotoren kann es besser gelingen, Differenzen zwischen unterschiedlichen Funktionalbereichen wie IT und Marketing zu überwinden und ein gemeinsames, übergreifendes Verständnis für die Potenziale und notwendigen Realisierungsschritte zu etablieren. Zwecknotwendig ist auch die Unterstützung durch **Macht-Promotoren**, auch wenn diese meist keine operative Rolle im Rahmen der Umsetzung wahrnehmen. Die meisten digitalen Transformationen traditioneller Unternehmen erfolgen mithilfe **externer Berater**, insbesondere um (Nippa, 1993)

- objektivierende Aussagen hinsichtlich der Kundenanforderungen und Wettbewerbern einzubringen;
- unternehmens- und branchenübergreifendes Know-how beizusteuern;
- interdisziplinäre Kompetenzen und daraus resultierende Möglichkeiten zur Schaffung funktionsübergreifender Lösungsansätze zu nutzen;
- Projektmanagement- und Methodenwissen in die Implementierung zu integrieren;
- erforderliche Ressourcen bereitzustellen und Kapazitätsengpässe auszugleichen;
- weitestgehende Unabhängigkeit von unternehmensinternen Strukturen und machtpolitischen Konstellationen zu realisieren.

Für **interne Change Agents** spricht umgekehrt eine bessere Vertrautheit mit der eigenen Organisation, die leichtere Anerkennung auf unteren Ebenen und die weitgehende Identität der Wertvorstellungen mit den Betroffenen. Im Brennpunkt steht in beiden Fällen ein gutes Einfühlungsvermögen in die Sozialstruktur und politischen Kräftefelder sowie in die dort agierenden Schlüsselpersonen. Social Media kann hierbei als Initiator, Treiber oder auch Katalysator der Veränderungen wirken (Back/Gronau/Tochtermann, 2008), um

- die Grenzen zwischen Funktionen, Divisionen und Ländern zu überwinden;
- Innovation und Veränderungsprozesse dadurch zu fördern, dass Kommunikation, Marketing, Wissensmanagement, Entwicklung und Vertrieb ihr Wissen, ihre Plattformen und den Zugang zu Experten teilen.

Neben der Nutzung von Promotoren werden erfolgreiche Implementierungen durch vielfältige Maßnahmen zur Kommunikation und Mobilisierung begleitet, wie »Info-Fairs«, Projekt-Zeitschriften oder durch eine frühzeitige Einbindung Betroffener im Rahmen von Workshops. Projekterfahrungen zeigen, dass es über die frühzeitige Realisierung erster Erfolge (**Quick Wins**) gelingt, ein Vertrauensklima aufzubauen (Doppler/Lauterburg, 2000; Mohr/Woehe, 1998). Nichterfolgreiche Implementierungen kranken hingegen immer wieder daran, dass zwar gegebenenfalls unter Zuhilfenahme externer Unterstützung analytische und quantifizierte Konzepte erarbeitet wurden, die eigentliche Umsetzung in der Organisation jedoch aufgrund fehlender Kompetenzen und Empathie (Einfühlungsvermögen) der Akteure misslingt.

Die Ursache für Widerstände findet sich in den meisten Fällen in den zugrunde liegenden psychologischen Denkfiguren, die das Handeln dominieren (Dück, 2016). Hilfestellung bietet hier der **Myers-Briggs-Typindikator** (MBTI) als ein Klassiker in der Persönlichkeitsdiagnostik, der zwischen acht Dimensionen einer Persönlichkeit unterscheidet (Rosen/Carlson, 2016; Bents/Blank, 2001). Ausgangspunkt ist die Überzeugung, dass zumeist eine der folgenden Kategorien beim Menschen überwiegt:

- **Intraversion** und **Extraversion** (I/E): Der Extrovertierte ist kontaktfreudiger und handlungsbereiter, der Introvertierte konzentrierter und intensiver.

- **Intuition** und **Sensing** (N/S): Der intuitive Typ verlässt sich stärker auf sein Bauchgefühl und Spekulationen, der sensorische ist detailorientierter und realistischer.
- **Feeling** und **Thinking** (F/T): Hier wird unterschieden, wie Entscheidungen getroffen werden. Der Fühlende (F) urteilt subjektiv und berücksichtigt Ideale und Emotionen, der Denker (T) trifft sie rational und mittels Logik.
- **Judging** und **Perceiving** (J/P): Dies beschreibt die Gewissheit der getroffenen Entscheidungen. Der Urteilende (J) entscheidet schnell, teils bevor ihm alle Informationen vorliegen, und hält daran unbeirrbar fest, der Flexible (P) handelt spontaner und ist bereit, sich aufgrund neuer Informationen anzupassen.

Studien wie die der Ashridge University aus 2012 mit 22.000 europäischen Managern zeigen, dass der tendenziell am häufigsten vorkommende Typus der ESTJ-Manager ist (ca. ein Viertel aller Manager), gefolgt von ENTJ (15 %), ISTJ (14,2 %) und ENTP (11,2 %; Dück, 2016). Die im Management eher seltener vorkommenden Typen sind INFP, INFJ, ESFP und ISFP. Von den vier häufigsten Typen unter den Führungskräften interagieren alle hart, die vier seltensten Typen alle eher kooperativ. Das zeigt, dass hartes Interagieren eher eine typische Eigenschaft von Führungskräften ist: egozentrisches, profitorientiertes Denken, harte Entscheidungen treffen, Konflikten nicht aus dem Weg gehen und die eigene Meinung auch gegenüber anderen vertreten. Empathisches Verhalten ist dagegen bei vielen Führungskräften tendenziell eher schwächer ausgeprägt. Tugenden der Führung sind Entschlusskraft (»Decisiveness«), eher »denkend« statt »fühlend«, stets an Fakten/Zahlen orientiert, weniger intuitiv urteilend. Damit dominieren tendenziell eher Persönlichkeitstypen, die dem ISTJ-Muster im Sinne von *»Controller, Kosten senken, korrekt vorgehen«* oder dem ESTJ-Muster *»Antreiber, Umsatz steigern, Speed«* folgen. »STJ« meint, dass alles schnell, kostengünstig, planmäßig, prozessorientiert, methodisch, analytisch, logisch, »ISO-9000-compliant« abgearbeitet werden muss. ISTJ neigt unter Stress eher zu harter Review-Bürokratie und Zwanghaftigkeit, ESTJ zu Überstundenstress und Aktionismus (Emre, 2018; Bents/Blank, 2001). Die eigentliche Macht in einer Hauptverwaltung haben meist Introvertierte in Stabsfunktionen. Andere Persönlichkeitsausprägungen wie Gefühl (F), Spontanes (P) und Intuitives (N) werden angesichts der klar strukturierten Machtverhältnisse meist weniger verstanden und als »sonderbar« eher ausgegrenzt. Dies führt im Umkehrschluss dazu, dass neuartige Herausforderungen zu Problemen führen (Rosen/Carlson, 2016):

- Innovation benötigt Intuition;
- Wandel, insbesondere Digitalisierung, erfordert Intuition und Flexibilität;
- im chaotischen Wandel kann aus Vergangenheitszahlen nicht auf die Zukunft geschlossen werden (»Bankrott der linearen Planung«);
- Vertrautheit und Nähe zum Kunden, Gefühl für den Kunden (F) oder auch
- Vertrauenskultur unter den Mitarbeitern (F).

Diese Probleme können besser von Führungskräften adressiert werden, die eine stärkere Ausprägung im Bereich N, F und P haben. Intuition, Gefühl und Spontaneität aber werden von STJ-geprägtem Management tendenziell eher abgelehnt (Emre, 2018). Hier wird versucht, die Probleme mit Plan, Methode, Zahlenquoten und Prozess zu lösen, weil das Management im Kollektiv gesehen so denkt und handelt und andere Denkmuster aufgrund der inhärenten Persönlichkeitsstruktruren kollektiv kaum zulassen kann (und wird). Die Konsequenz: der Versuch, Intuition, Gefühl und Spontaneität in ein methodisches und geplantes Ideenmanagement, Innovations-/Change-Prozesse, »Big Data Customer Intelligence« und Brainstorming zu pressen, also der Nichtlinearität mit noch mehr linearen Vorgehensmodellen entgegenzutreten. Teilweise wird versucht unter dem Stichwort der »Agilität« oder unter Nutzung von Design-Thinking-Methoden Konzepte der Kreativität wieder zu methodisieren und in starre Ablaufprozesse zu gießen. Ein intuitives Hinarbeiten auf ein tolles Ergebnis wird in neuen »STJ-Regeln erstickt« (Bents/Blank, 2001).

Der oft vorzufindende Vorwurf, dass große Konzerne Innovationen oder auch die Digitalisierung inkl. neu auftretender Geschäftsmodelle »verschlafen« würden, stimmt dementsprechend so nicht. Vielmehr werden die Zahlen der Vergangenheit ausgiebig analysiert, unter Zuhilfenahme neuer Methoden und Pläne. Die Herausforderung (Dück, 2016): Die *Inhalte* der sich exponentiell entwickelnden Welt entstehen im Bereich des Gefühls, der Intuition und der Spontaneität. Innovationen und Neues entstehen nicht aus Methoden und Prozessen. STJ sind hingegen fokussiert auf die *Form*. Sie können Bekanntes in der bestmöglichen Form schnell und gut herstellen. Aber sie können nicht mit Unbekanntem umgehen und all das nicht gut verstehen, was nicht durch Zahlen und Fakten darstellbar ist. Der hohe Wert der STJ kommt erst dann zum Tragen, wenn man weiß, *was* man will. Sobald man weiß, *was* man will, überlegen die STJ, wieviel man will und wie schnell etc. Eine STJ-geprägte Managementkultur ist damit in Gefahr, das eigene Geschäftsmodell im Wandel sehr methodisch und planmäßig und unter Beachtung aller Prozesse, unter ungezählten Überstunden und ständigen Analysen bei bestem Wissen und Gewissen systematisch in die falsche Richtung zu führen.

Als wirksamstes Instrument zur Transformation einer Organisation hat sich **Storytelling** herauskristallisiert (Smith, 2012; Smith 2016; Hofert/Thonet, 2019). Geschichten werden strategisch dazu eingesetzt, um Traditionen, Werte und Unternehmenskultur zu vermitteln, um Ressourcen zu wecken, aber auch um innere und äußere Konflikte in einer Metapher bildhaft und emotional erfahrbar zu machen und Lösungswege aufzuzeigen. Nicht das Erreichte zählt, sondern das Erzählte reicht. Es geht darum, ergreifende Geschichten zu erzählen, die zum Denken und Handeln anregen. Mitarbeiter-Erzählungen werden genutzt, um Auskunft über die Unternehmenskultur zu erhalten und um kostspielige Prozessschwächen aufzudecken. Im Vergleich zu abstrakter Information haben Geschichten den Vorteil, verständlicher zu sein, stärker im Gedächtnis zu bleiben und Sinn und Identität stiften zu können. Diese Corporate Storys weisen tradierte Elemente und Strukturen von Erzählungen wie Akteure, Ereignisse, Orte, zeitliche und logische Verläufe und Handlungsmuster auf, die das Identitäts-, Aufmerksamkeits- und Deutungsmanagement der Organisation unterstützen. Storytelling beschreibt eine Methode, mit der Wissen von Mitarbeitern über einschneidende Ereignisse im Unternehmen (z. B. ein Pilotprojekt, eine Fusion, Reorganisation oder eine Produkteinführung) aus unterschiedlichsten Perspektiven der Beteiligten erfasst, ausgewertet und in Form einer gemeinsamen Erfahrungsgeschichte aufbereitet wird (Thier, 2016; Krüger, 2015). Im Kern geht es nach *Sinek* um die Vermittlung eines abstrakten »Warum«, eingebettet in eine narrative Rahmenhandlung (Sinek, 2014): »*The narrative's content and structure inspires people, dispels unbelief, and compels transformation. [...] When used properly, a story can help people see the future and can transform them from adversaries into advocates working hard to create that future*« (Furr/Nel/Ramsoy, 2018, S. 13–14). Studien zeigen jedoch, dass weniger als 10 % der Unternehmen über ein sinnvolles »strategic narrative« verfügen, geschweige denn dieses systematisch im Rahmen einer Transformation umsetzen.

7 Launch- und Projektmanagement

7.1 Launch- und Projektmanagement in der Digitalisierung

Die Erarbeitung von Strategien zur Digitalisierung bis zur Umsetzung innerhalb kürzester Zeiträume stellt neue Anforderungen an die Projektorganisation und -durchführung. Garantiert in traditionellen IT-Projekten die Erarbeitung eines umfangreichen und bis auf das Maskendesign detaillierten Fachkonzeptes noch Sicherheit sowohl für den Kunden als auch den IT-Dienstleister für die spätere Abnahme und Vergütung der Projektergebnisse, tritt an die Stelle dieses formalen Verfahrens schrittweise eine evolutionäre, **partnerschaftliche Vorgehensweise** mit dem externen IT-Dienstleister sowie der Entwicklung von Prototypen mit geringeren formalen Absicherungen und konzeptioneller Detaillierungstiefe (vgl. Abbildung 112). Enge zeitliche Rahmenbedingungen und eine hohe Anforderung an die Kompetenz des externen Dienstleisters zwingt dazu, erfahrene **Projektmanager** und Digital-Spezialisten einzusetzen, die gleichermaßen technische und betriebswirtschaftliche Aspekte integrieren können.

	Klassische Projekte	Digital-Projekt
Dauer der Strategieentwicklung	4-12 Monate	8-16 Wochen, evolutionäre Weiterentwicklung
Know-how	begrenzte technische oder betriebswirtschaftliche Kenntnisse	breites Anwendungswissen und Erfahrungsbasis (IT & betriebswirtschaftliche Kenntnisse)
Ausgangspunkt der IT-Projekte	Technologie oder Kosten	Neue Geschäftsmodelle
Zeitdruck	Gering	Hoch
Lebenszyklus der Ergebnisse und Anwendungen	5-7 Jahre	12-18 Monate
Entwicklungsprozess	Abgeschlossen	Evolutionär entwickelnd
Profil externer Berater	Projektbegleitung	Problemlösung
Projektvorgehensmodell	Misslingen wenig akzeptabel	Misslingen möglicherweise unternehmenskritisch
Funktionalitäten der IT-Anwendung	Statisch, Batch-Verarbeitung	Realtime
Häufige Rolle des Dienstleisters zu Projektbeginn	Prozess-Beratung	Inhalts- und Prozessberatung (»Thought Leadership«)
Steuerung und Abnahme der IT-Leistungen	Fachkonzept-orientiert	Evolutionäre, gemeinsam abgestimmte Entwicklung und Prototyping im Scrum

	Klassische Projekte	Digital-Projekt
Referenzbasis	Know-how, Referenzkunden	Demo-Center, stärkerer Fokus auf Referenzkunden
Know-how-Gewinnung	Schulung, Projekte	Projekte, Zugang zu Erfahrungen von Start-ups und Anwendern
Funktionaler Schwerpunkt	funktionaler Bereich, etwa getrennt nach Marketing, IT oder Einkauf	funktionsübergreifend über mehrere Fachbereiche
Anforderungen	Sind scheinbar zu Beginn bereits vollständig bekannt. Änderungen sind eigentlich nicht vorgesehen	Sind zu Beginn noch unscharf – und werden auch entsprechend behandelt. Permanente Aktualisierung und Veränderung in Form von User Stories.
Entwicklungsprozess	Sequentiell	Parallel
Einbindung Kunde	Erhält Projektergebnis am Ende vorgestellt	Permanente Einbindung auch für Zwischenstände
Projektorganisation	Große Teams, hierarchisch strukturiert mit formalen Aufgaben. Team-Mitglieder sitzen räumlich getrennt.	Kleinere Teams, die sich in hohem Maße selbst organisieren. Crossfunktionale Projektteams sitzen direkt zusammen.
Projektkommunikation	Menge an formaler Kommunikation wie Status Reports, To-do-Listen etc.	Informelle Kommunikation, Standup-Meetings
Aufwandsschätzung	Erfolgt durch hierarchisch übergeordneten Projektleiter	Erfolgt durch Projektteam (Experten)

Abbildung 112 Unterschiede zwischen traditionellen und Digital-Projekten (Strauß, 2013; Preußig, 2015; McCarthy, 1999)

Während in der ersten Phase Strategieentwicklung und IT-Analyse noch getrennt erfolgen können, ist aus Zeit- und Abstimmungsgründen spätestens bei der Entwicklung der Geschäfts- und IT-Strategie eine enge inhaltliche Verzahnung erforderlich (vgl. Abbildung 113). Im Bereich der EDV/Informationsverarbeitung erfolgt der umgehende Aufbau von Prototypen parallel zur Entwicklung eines zumindest grundlegenden Fachkonzeptes. Eine ähnliche Vorgehensweise bietet sich auf der Ebene der Geschäftsmodelle und Strategieentwicklung in Form der prototypischen Realisierung von Geschäftsprozessen oder Organisationsstrukturen im Rahmen einer abgegrenzten Organisationseinheit (z. B. Niederlassung) als »**Hothousing**« an. Im Ergebnis werden Erfahrungen für die weitere Konzeption und Umsetzung gewonnen.

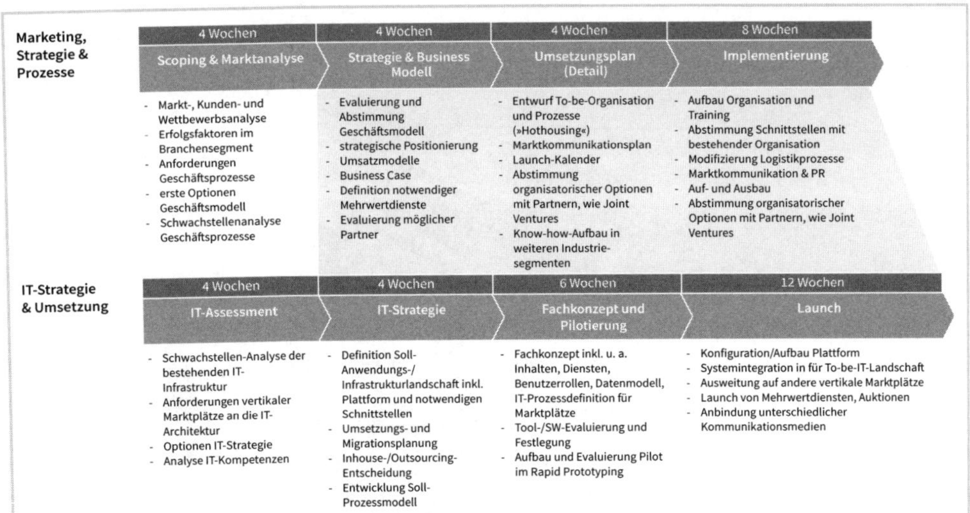

Abbildung 113 Beispiel für die Vorgehensweise in einem Projekt für den Aufbau eines vertikalen Marktplatzes (B2B)

Der Erfolg des Projektes wird meist in der Auswahl möglicher externer Dienstleister vorherbestimmt. Kürzere Projektlaufzeiten und die Notwendigkeit zum Verständnis von Marketing/Strategie sowie der EDV erfordern erfahrene **Projektmanager** mit Kenntnissen in beiden Gebieten sowie eine stärkere Inhaltsorientierung mit »State-of-the-art«-Know-how. Die Person des Projektleiters erfordert eine Führungskraft, die das Projekt in fachlicher, methodischer und führungsbezogener Sicht bis zum Launch begleitet (Eggers/Hoppen, 2001). Beispiele aus einem Digital-Projekt in einem Finanzdienstleistungsunternehmen sowie im Automobil- als auch Chemiebereich zeigen, dass über ein **Programmmanagement** (Etzel/Faißt/Richter, 2000)

- die **Umsetzung und Operationalisierung** der Strategie über verschiedene Projekte hinweg sichergestellt wird;
- die zwischen diesen Projekten und dem Digital-Projekt auftretenden **IT- und Prozessanforderungen** zeitlich und inhaltlich optimal aufeinander abgestimmt werden;
- eine hohe **Transparenz** über den Projektstatus aller Projekte hergestellt wird;
- **Risiken und Aufgabenstellungen** über verschiedene Projekte konsolidiert und aktiv gesteuert werden können;
- sowie die bestmögliche **Verwendung von Mitarbeitern** entsprechend ihrer Kompetenzen im Rahmen aller Projekte sichergestellt wird.

7.2 Transformation Map

Eine Transformation Map stellt im Grunde genommen nichts anderes dar als eine Abbildung der Ziele und der Schrittfolgen zur Erreichung dieser Ziele im zeitlichen Ablauf. Im Idealfall enthält eine Transformation Map alle wichtigen Elemente einer Transformation, wie Aktivitäten, Meilensteine, angestrebte Ergebnisse sowie daraus resultierende Auswirkungen (Weingarth et al., 2019; Sacolick, 2017; vgl. Abbildung 114). Projekterfahrungen zeigen, dass selbst reduzierte Varianten einer Transformation Map bereits dazu dienen,

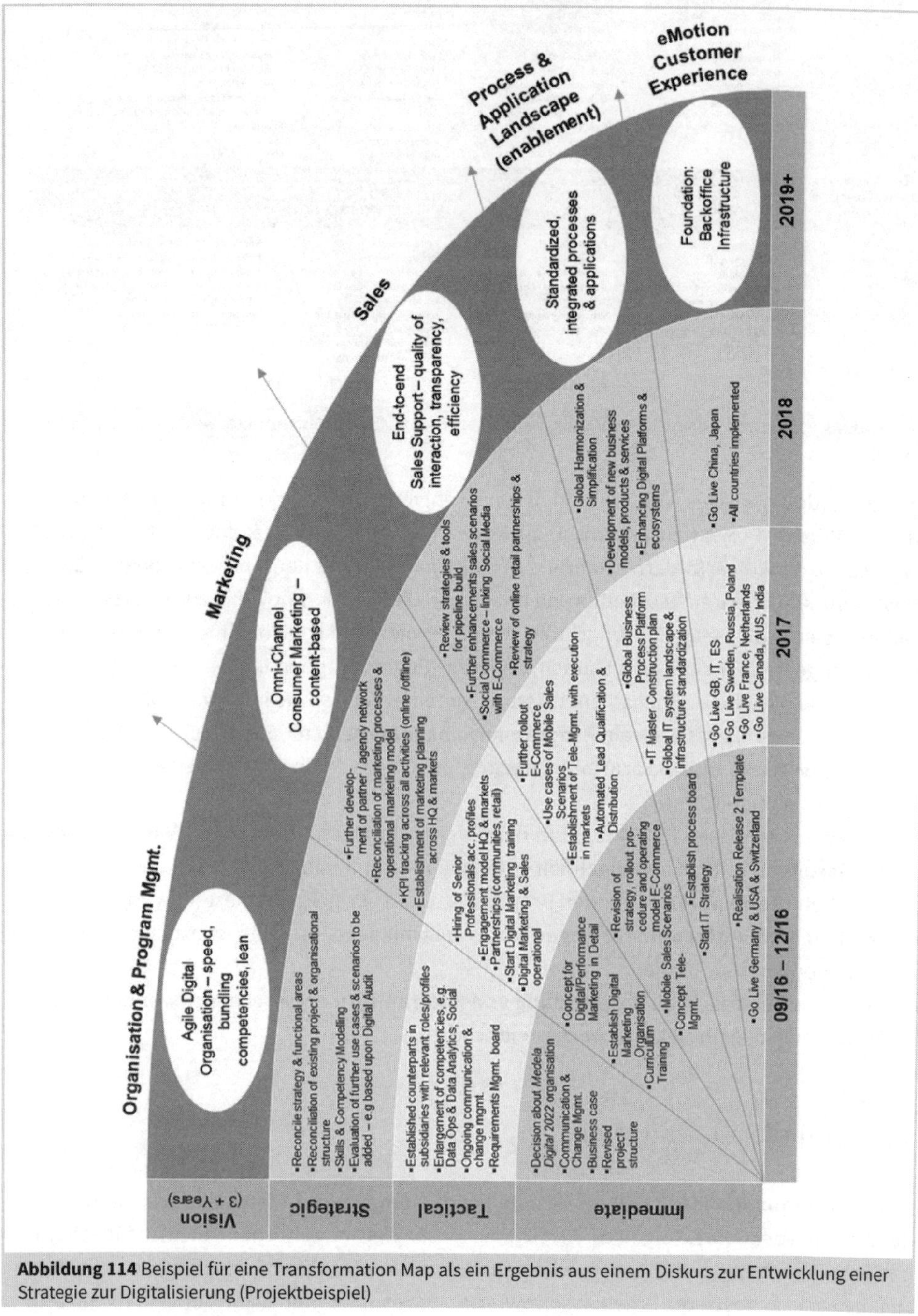

Abbildung 114 Beispiel für eine Transformation Map als ein Ergebnis aus einem Diskurs zur Entwicklung einer Strategie zur Digitalisierung (Projektbeispiel)

- die einzelnen Maßnahmen zur Umsetzung der Strategie darzustellen und zu operationalisieren;
- die einzelnen Maßnahmen nach inhaltlichen wie zeitlichen Kriterien zu gliedern;
- den Fahrplan für die Implementierung der einzelnen Schritte transparent abzubilden, etwa in Bezug auf die Umsetzung im Sinne von Changemanagement und Kommunikation, der Integration von Prozessen und Systemen;
- operative Einzelprojekte abzubilden und wie diese in den Gesamtzusammenhang passen, wie beispielsweise »*Bonussystem 2022*«;
- alle Maßnahmen auch hinsichtlich ihres zeitlichen Zusammenfallens mit anderen Maßnahmen einzuschätzen.

Die Transformation Map wird dabei nur in den wenigsten Fällen ein deterministischer Handlungsplan sein. Vielmehr sind Themenschwerpunkte und Handlungsfelder immer wieder flexibel neu zu kalibrieren (Weingarth et al., 2019).

7.3 Requirements Engineering

Das Anforderungsmanagement umfasst im Kern die Definition der Anforderungen aus der Anforderungsanalyse (Requirements Elicitation), Anforderungsdokumentation (Requirements Documentation) und Anforderungsvalidierung (Requirements Validation), während die Anforderungsverwaltung alle Aktivitäten zur Steuerung, Kontrolle und Verwaltung von Anforderungen, also Risikomanagement, Änderungsmanagement und Umsetzungsmanagement umfasst.

> **Requirements Engineering** can be defined as the systematic process of developing requirements through an iterative co-operative process of analysing the problem, documenting the resulting observations in a variety of representation formats, and checking the accuracy of the understanding gained (Dick/Hull, 2017; Pohl/Rupp, 2015).

Ziel ist es, bereits zu Beginn zumindest ein gemeinsames Grundverständnis über ein zu entwickelndes System zu erreichen. Anforderungen dürfen nicht nur Aussagen über gewünschte Eigenschaften machen, sondern müssen parallel dazu Kriterien beschreiben, wie diese Eigenschaften überprüft werden können (Akzeptanzkriterien). Grundlage der Ermittlung fachlich fundierter Anforderungen sind die Soll-Prozesse, die nachfolgend abgebildet werden sollen (vgl. Abbildung 115). Erfahrungen zeigen, dass eine Demo-Session zu Projektbeginn hilft, weitergehende Klarheit über die angestrebten (generischen) Anwendungsszenarien zu erhalten und direkt die nachfolgende, eher abstrakte Diskussion auf Papier durchgehend mit praktischen Demos zu durchsetzen und zu veranschaulichen.

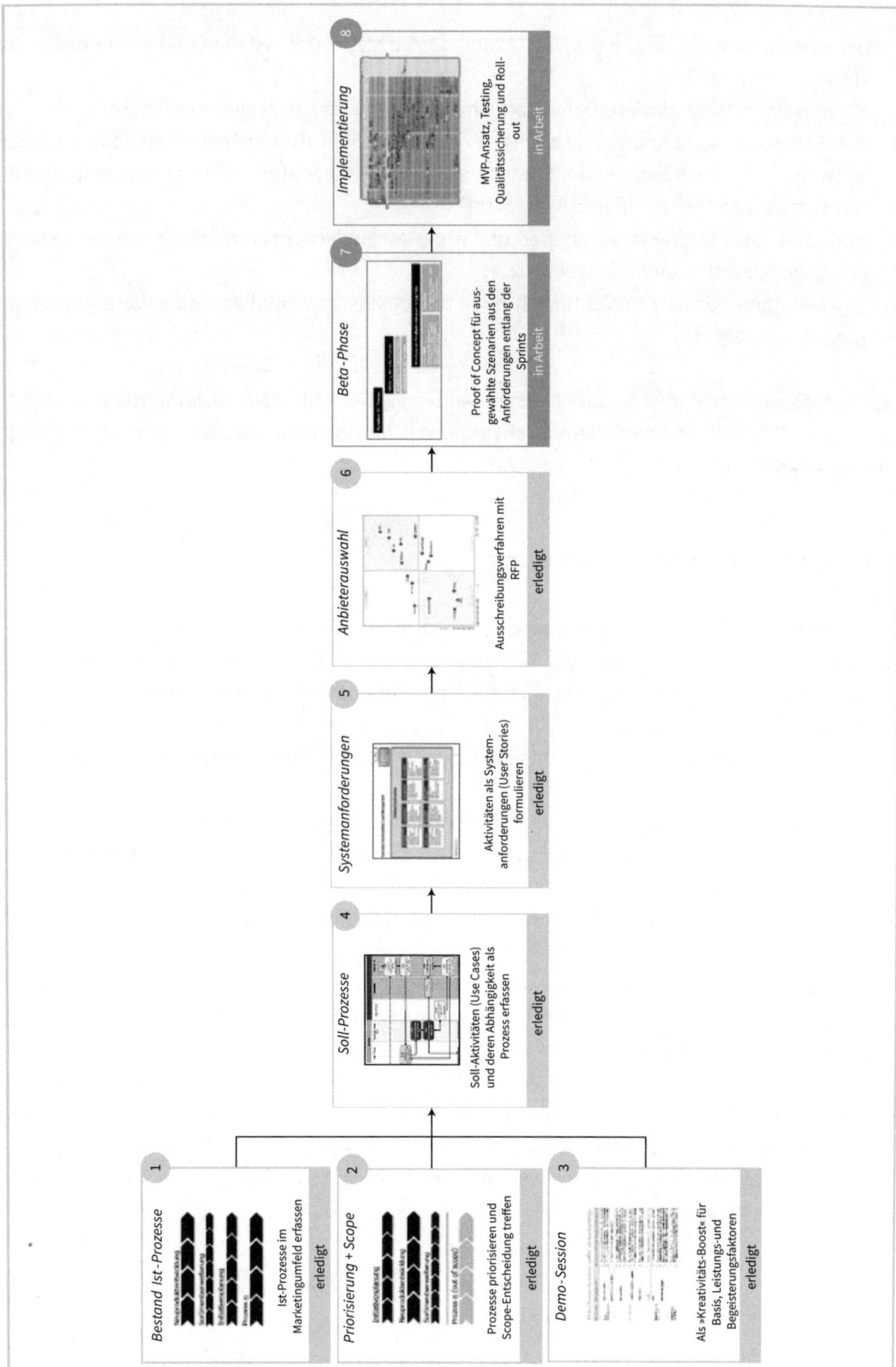

Abbildung 115 Beispiel für ein Projektvorgehen von der Prozessanalyse bis zur Implementierung

Das Management von Anforderungen bedeutet gleichzeitig, dass Prozesse definiert und implementiert werden, indem die Anforderungsdokumentation während des gesamten Projektverlaufs aktualisiert wird und diese am Ende als Grundlage für die Erstellung von Testfällen verwendet werden kann. Als Standard zum einheitlichen Austausch von Anforderungen hat sich das sogenannte Requirements Interchange Format (ReqIF) etabliert. ReqIF wird durch ein XML Schema definiert und ist ein Format und Datenmodell, das Strukturen für Anforderungen, deren Attribute, Typen, Zugriffsrechte, Relationen (Links) und dergleichen enthält.

Anforderungen dürfen im Rahmen des Anforderungsmanagements nicht nur Aussagen über gewünschte Eigenschaften machen, sondern müssen parallel dazu Kriterien beschreiben, wie diese Eigenschaften überprüft werden können (Akzeptanzkriterien). Diese als Testfälle bezeichneten Kriterien dienen nicht nur der Qualitätssicherung, sondern bestimmen ganz wesentlich die Qualität der Anforderungen selbst, da die Beschreibung eines Akzeptanzkriteriums zu einer sofortigen inhaltlichen Überprüfung der Anforderung zwingt, gegebenenfalls unterstützt durch ein **Rapid Prototyping**. Hierunter entfällt im Bereich der Entwicklung von Digital-Anwendungen die automatische Generierung von Codes, etwa aus Wireframe-Programmen, die etwa der Entwicklung von Webseiten dienen. Im Vordergrund steht die einfache, automatisierte und vor allem schnelle Durchführung eines Prototyps, um bereits in frühen Phasen der Planung auf ganz einfache Art und Weise eine Art Probemodell zu bauen.

Die detaillierten Anforderungen dienen als Grundlage für die Ausschreibung (Request for Information) als auch für die hierauf aufbauende Fit-Gap-Analyse (vgl. Abbildung 116). Hier werden mögliche Anbieter und IT-Plattformen dahingehend untersucht, inwieweit diese die detaillierten Anforderungen unmittelbar im Standard erfüllen bzw. gegebenenfalls welche Erweiterungen mit welchem Aufwand im Rahmen eines Customizing vorzunehmen sind. Über den Abgleich mit der bestehenden Applikationslandschaft und Architektur können Aussagen zum Fit in den Master Construction Plan (als Zielbild) der weiteren Applikationsbebauung getroffen sowie Integrationsszenarien inkl. der hier jeweils erforderlichen Schnittstellen diskutiert werden.

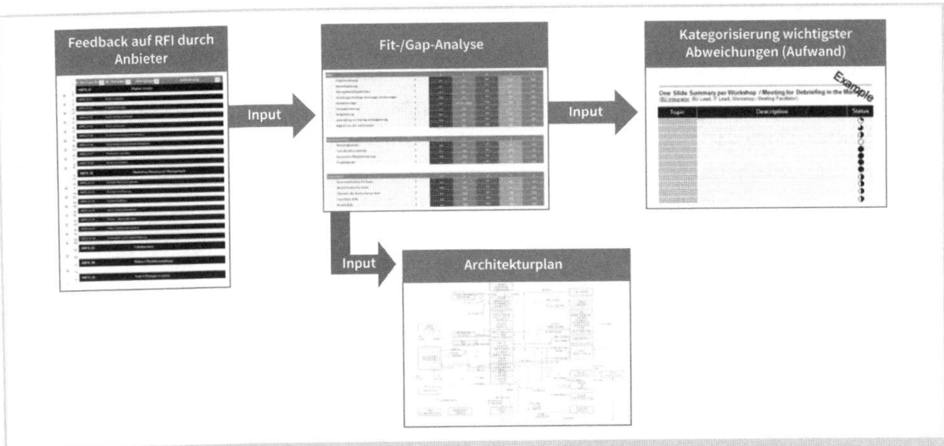

Abbildung 116 Vorgehensmodell Fit-Gap-Analyse auf Basis von Anforderungen und dem Abgleich mit der Systemarchitektur (Projektbeispiel)

In den späteren Phasen der Implementierung bietet es sich an, dem MVP-Ansatz (**Minimum Viable Product**), also einem Produkt mit minimalen Anforderungen und Eigenschaften, zu folgen (Grossman, 2017). Der grundlegende Gedanke bei der Erstellung eines MVP ist es, ein Produkt möglichst schnell mit nur den nötigsten Funktionen zu erstellen, etwa eine Landing Page. Diese wird dann umgehend veröffentlicht und zunächst Feedback von (potenziellen) Kunden eingeholt. Dieses Feedback wird im Folgenden genutzt, um das MVP zu erweitern und zu verbessern. Jede weiterführende Funktion wird in der Regel beim MVP außen vor gelassen. Nur die Funktionen, die unbedingt nötig sind, um den eigentlichen Zweck des Produktes zu ermöglichen, werden integriert. Der Hauptgrund für das Entwickeln eines MVP ist das Minimieren von Risiko im Vergleich zum vollumfänglichen Endprodukt. Zugleich besteht das Risiko, dass Anwendungen am Markt und an den Kundenbedürfnissen vorbei entwickelt werden. Für die meisten MVP werden in der Regel keine umfangreichen Kenntnisse in Programmierung oder Ähnlichem benötigt. So gibt es beispielsweise Baukästen, mit denen sich auch ohne Wissen in der Webentwicklung rudimentäre Websites erstellen lassen, um das eigene Konzept zu testen. Gleichzeitig können Vorgänge, welche später vollautomatisch ablaufen, zunächst von Hand ausprobiert werden. So können Produkteigenschaften getestet werden, ohne diese vorher aufwendig programmieren zu müssen. Analog nutzen immer mehr Unternehmen einen **Feature-based Design-Ansatz**: Anwendungen starten mit einer Basisausstattung an Funktionen (»Features«) und werden sukzessive im Funktionsumfang erweitert (Meffert/Meffert, S. 191).

Probleme in der Umsetzung der Digitalisierung gründen in den meisten Projektbeispielen in einem nur unzureichenden Requirements Engineering bereits am Anfang. Die Ursachen sind ebenso trivial, wie vielfältig:

- **Prozess**: Der Entwicklungsprozess selbst ist fehlerhaft, sodass z. B. Budgets, Zeitvorgaben etc. nicht eingehalten werden können.
- **Interaktion**: Das Software-System arbeitet zwar korrekt, stellt aber nur einen geringen Nutzen für die Anwender dar.
- **Erwartungen**: Die Erwartungen mindestens einer Interessengruppe (außer den Anwendern) konnten nicht erfüllt werden.

Die Ursachen liegen meist in:

- **Entwicklungsprozess**: Fehlen eines gemeinsamen Vorgehensmodells, Vernachlässigung oder mangelhafte Organisation der frühen Entwicklungsphasen, etwa welche Inhalte und Teilprozesse im Rahmen eines User-Acceptance-Tests bereits in frühen Releases erprobt werden können;
- **Kommunikation**: mangelhafte Kommunikation zwischen allen Beteiligten;
- **Wissen**: mangelhaftes Wissen und Verständnis sowie unzureichende Einsicht der Beteiligten bezüglich des angestrebten Gesamtsystems und auch sehr oft fehlendes bzw. unzureichendes Wissen im Fachbereich über detaillierte Prozessabläufe und die daraus resultierenden Anforderungen;
- **Dokumentation**: fehlerhafte, unvollständige oder ungenaue Dokumentation von Anforderungen;
- **Projektmanagement**: unzureichendes Management von Personen und Ressourcen, sodass etwa wichtige Schlüsselpersonen (»go-to man«) nicht an Bord sind bzw. diesem Projekt nur ungenügend Zeit einräumen können.

7.4 Digital Controlling: Festsetzung von KPIs und Controlling mit der Balanced Scorecard

Die traditionelle Erfolgsmessung im Rahmen der Kostenrechnung oder auch der Einsatz einzelner Kennzahlen erweist sich angesichts der gestiegenen Dynamik und Wettbewerbsintensität häufig als nicht hinreichend. Neben finanzwirtschaftlichen Kenngrößen sind ebenso die Wirkungen aller Maßnahmen auf den Kunden (wie die Verbesserung der Servicequalität), die inhaltliche Verbesserung der Prozesse etwa in der Abwicklung (z. B. eine erhöhte Transparenz) sowie die Auswirkungen auf die Motivation und Lernprozesse der Mitarbeiter gesondert auszuweisen. Hier versucht das Konzept der Balanced Scorecard anzusetzen.

Zielsetzung der **Balanced Scorecard** ist es, anhand einer überschaubaren Anzahl von Kennzahlen ein mehrdimensionales Steuerungsinstrument zur Unternehmensführung zur Verfügung zu stellen (Horvath/Knust/Schindera, 2001; Horvath, 2000; Horvath/Kaufmann 1998). Finanzielle Kennzahlensysteme werden durch eine Kunden-, eine interne Prozess- sowie eine Lern-/Entwicklungsperspektive ergänzt (Schäffer/Weber, 2001).

Durch die Fokussierung auf Kennzahlen in allen Perspektiven der Balanced Scorecard wird diese zu einem Bindeglied zwischen einer noch recht abstrakten Strategie auf der einen Seite und der Umsetzung anhand konkreter Zielvorgaben auf der anderen Seite. Antizipierende Leistungsindikatoren werden finanzwirtschaftlichen (ex post) Ergebniszahlen gleichgestellt, verbreitern den stark eingegrenzten Realitätsausschnitt einzelner Kennzahlen und setzen diese in den Kontext ihres Beziehungsgefüges.

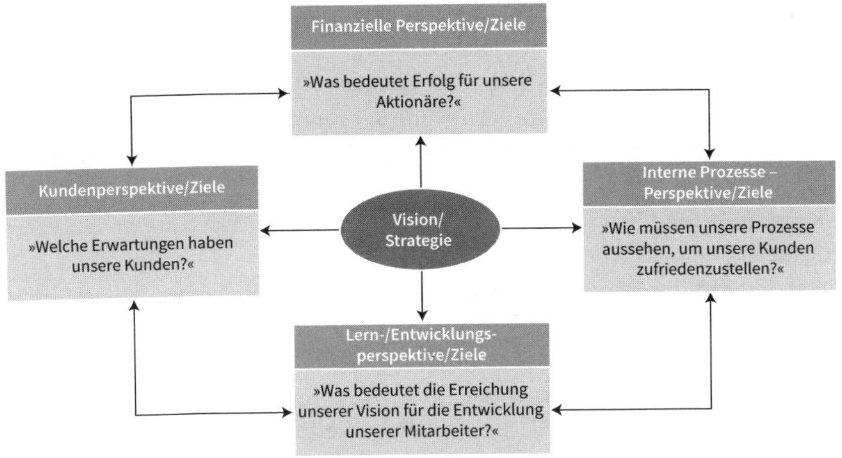

Abbildung 117 Perspektiven der Balanced Scorecard

Im Mittelpunkt des Balanced-Scorecard-Verfahrens steht die Vision, die durch konkrete Strategien und Aktivitäten bis auf die Ebene von Kennzahlen zu operationalisieren ist (Weber/Schäffer/Freise, 2001; Horvath/Knust/Schindera, 2001; vgl. Abbildung 117):

- **Finanzperspektive**: Die Finanzperspektive spiegelt die Auswirkungen aller Aktivitäten auf die Rentabilität sowie die Vermögens-, Kapital- und Ergebnislage der Unternehmung wider. Finanzielle Kennzahlen fokussieren auf der einen Seite auf die im Rahmen des strategischen Planungsprozesses definierten Leistungsziele, auf der anderen Seite stellen diese die Endziele der anderen Perspektiven der Balanced Scorecard dar. Zur operativen Steuerung kommen monetäre Kennzahlen in Frage wie
  - die **Umsatzwirkungen** (z.B. Umsatz aus Onlineshop, Anteil des marketinginduzierten Umsatzes am Gesamtumsatz; Umsatzveränderung/Channel; durchschnittliches Bestellvolumen; Online-Konversionsrate »click-to-buy«);
  - **Kosteneinsparungen** in **der Beschaffung und Abwicklung mit Dienstleistern** wie Agenturen (z.B. realisierte Einkaufspreise versus Marktpreise);
  - **Reduzierung der Prozesskosten** (etwa Ressourceneinsatz zu Umsatz, Kundenzahl im Vertrieb oder Service, Anzahl generierter Neukunden);
  - **übergreifender Ressourceneinsatz** (wie Umschlagshäufigkeit der Produkte, Frachtkosten, Gewinn, Cash Flow, gesamte Marketingkosten oder »Economic Value Added«/EVA).
- **Kundenperspektive**: Im Mittelpunkt der Kundenperspektive stehen Kennzahlen wie die Kundenzufriedenheit im Rahmen eines Kundenbarometers, die Kundentreue bzw. Abwanderungsrate (»Churn Rate«) sowie der Marktanteil im relevanten Marktsegment. Die Ausweitung der Kundenperspektive zur Marktperspektive erlaubt zusätzlich die Berücksichtigung von Lieferanten- und Konkurrenzattributen. Kennzahlen der Kundenperspektive bestehen etwa in der (Farris, et al., 2007)
  - **Verbesserung der Beratungs- und Servicequalität** durch Selfservice und Online-Fehlerdiagnosen (gemessen etwa als Umfang der bereitstehenden Informationen, Anzahl der per E-Mail eingehenden Anfragen, durchschnittliche Antwortzeit auf Kundenanfragen);
  - **Kundenbindung** (etwa Anzahl der Wiederkäufer, Umsatz pro Kunde pro Bestellung; Relation Online-/Offline-Umsatz);
  - **Bereitschaft zur Weiterempfehlung** durch bestehende Kunden, gemessen im »Net Promotor-Index«;
  - Steigerung der **Kundenzufriedenheit** (etwa durch Zufriedenheitsmessung);
  - Steigerung des **Lieferservicegrades**;
  - Steigerung des **Marktanteils** und der **Reichweite** (Verteilung der Kundenkontakte nach Regionen, Wachstum).
- **Prozessperspektive**: Abbildung derjenigen Prozesse, die zur Erreichung der finanziellen und der Kundenperspektive erforderlich sind. Als Messgrößen dienen beispielsweise
  - die **Prozesseffizienz** (etwa die Anzahl an Medienbrüchen entlang der Prozesse, Durchlaufzeiten z.B. für die Erstellung von Kampagnen oder die anschließende Qualifizierung

  und Nachverfolgung durch den Vertrieb bis zum Vertragsabschluss, Auskunftsbereitschaft, Transparenz der Abläufe intern oder auch mit externen Agenturen);
  - die **Qualität** der Produkte (Fehlerraten);
  - der **Integrationsgrad** aller Aktivitäten entlang der Wertschöpfungskette;
  - die **Flexibilität** (Responsezeiten auf Anfragen/Bestellungen);
  - der **Anteil neuer Produkte** im Sortiment.
- **Lern- und Entwicklungsperspektive**: Sie beschreibt die Infrastruktur, die zur Realisierung der ersten drei Perspektiven der Balanced Scorecard notwendig ist, wie die Mitarbeiterzufriedenheit, die Mitarbeitertreue oder die Anzahl eingehender Verbesserungsvorschläge. Dabei können Kategorien wie die Qualifizierung der Mitarbeiter, die Leistungsfähigkeit des Informationssystems sowie die Zielausrichtung von Mitarbeitern einbezogen werden. Als Kennzahlen dienen
  - der **Wissensstand** bezüglich moderner Digital-Konzepte (z. B. nach Trainings);
  - die **Nutzung** von neuen Tools und Kommunikationskanälen (etwa die Anzahl eingesetzter Tools, die Anwendungsmethodik, die Nutzung von Suchmaschinenmarketing);
  - ein effektives **Knowledge-Management** (etwa die Bereitschaft zur Wissensweitergabe innerhalb der Logistik oder auch zwischen Marketing und Vertrieb);
  - die Optionen zur aktiven Gestaltung von **Lernprozessen** (etwa Workshops, Competence Center, Schulungsbudgets, Digital-Zirkel);
  - die Anzahl an **Fachleuten** (z. B. der Anteil an Mitarbeitern mit Marketingausbildung bzw. Marketingverständnis im Sinne eines Kompetenzprofils);
  - die **Zufriedenheit** der Mitarbeiter, Fluktuationsrate.

Die hier beispielhaft vorgestellten Kennzahlen dürfen nicht darüber hinwegtäuschen, dass diese jeweils unternehmensspezifisch zu entwickeln sind, um die jeweiligen Visionen und Strategien bis auf die Ebene quantifizierbarer Messgrößen herunterzubrechen. Um die Überschaubarkeit und effiziente Steuerung zu gewährleisten, sollten für jede der vier Dimensionen der Balanced Scorecard möglichst nicht mehr als 4–5 Kennzahlen abgeleitet werden (Link/Münster/Gary, 2011).

> Das Stuttgarter Handelsunternehmen ***E. Breuninger*** gliedert seine Scorecards in die Bereiche Finanzwirtschaft, interne Prozesse/Ressourcen, Kunde/Markt sowie Ware/Lieferant. Die gesamte Scorecard ist auf die Vision ausgerichtet, das kundenfreundlichste Einzelhandelsunternehmen in Deutschland zu werden.

In einem kaskadierenden Prozess werden aus der Balanced Scorecard des Gesamtunternehmens gemeinsam mit den betroffenen Mitarbeitern bereichsspezifische Balanced Scorecards erarbeitet, meist im Rahmen von **Balanced Scorecard Workshops**. Die Einbeziehung der Mitarbeiter bei der Zieldefinition führt innerhalb der Organisation zu einem intensiven Kommunikations- und Mobilisierungsprozess und in der Folge zu einer deutlich höheren Identifikation mit den gesetzten Zielgrößen. Ursache-Wirkungs-Ketten zwischen den unterschiedlichen Perspektiven der Balanced Scorecard erlauben die Analyse von Kausalzusammenhängen – etwa welche Auswirkungen eine Verringerung der Durchlaufzeiten in der Produktion auf die Kundenzufriedenheit und den Gewinn hat. Zielabweichungen der Balanced Scorecard können dazu genutzt werden, sowohl unmittelbare, taktische Anpassungsmaßnahmen zu initiieren, als auch im Sinne eines Feedbacks zur Fortentwicklung der eingeschlagenen Strategie beizutragen.

Der Einsatz der Balanced Scorecard als strategischem Steuerungsinstrument erlaubt es, der dynamischen Markt- und Wettbewerbsentwicklung ein formalisiertes Steuerungsinstrument an die Seite zu stellen, ohne jedoch durch eine übermäßige Reglementierung in eine »Bürokratiefalle« zu laufen. Gleichzeitig wird durch die Vorgabe expliziter Regeln und Kenngrößen sichergestellt, dass koordinierte und zielgerichtete Verhaltensmuster im Sinne eines »Management-by-Objectives« umgesetzt werden und somit auch die »Chaosfalle« als Ausprägung der unternehmerischen Steuerungslosigkeit als dem anderen Extrem vermieden wird (Weber/Schäffer/Freise, 2001). Die Interaktionen der Akteure werden durch die Balanced Scorecard durch eine begrenzte, jedoch akzeptierte Anzahl von Strukturen festgelegt. Realtime-Informationen aus den Kundeninteraktionen und den Prozessen gestatten die Erfassung zeitbezogener Kennzahlen und die Implementierung von »Online-Scorecards«, etwa für Kunden- oder Prozesskennzahlen. Die (unmittelbare) Konsequenz ist eine höhere Prozesstransparenz.

Auf der Grundlage der Balanced Scorecard kann der bereits skizzierte *Digital-Audit* anhand von Checklisten erneut aufgegriffen werden. Dieser Audit umfasst die Zielerreichungsgrade der im strategischen Planungsprozess gesetzten Strategie, der Vertriebskanalintegration, der internen Prozesse, des eingesetzten Marketing-Mix, der Integration oder auch der Prozesse (etwa anhand von Durchlaufzeiten). Projekterfahrungen zeigen, dass in diesem Zusammenhang etwa Fragen beantwortet werden müssen wie:

- **Strategie**: Erweist sich die eingeschlagene Strategie angesichts der weiteren Marktentwicklung und angestrebten Positionierung als tragfähig? Inwieweit wurden die gesetzten Zielparameter erreicht?
- **CRM**: Wie profitabel sind die bestehenden und angestrebten Kundensegmente etwa anhand des Customer Lifetime Value? Welche Konflikte ergeben sich mit den traditionellen Vertriebskanälen und wie können diese effizient aufgelöst werden? Wie stark ist die Kundenbindung bzw. Abwanderungsrate (»Churn«)?
- **Individualisierung**: Welche Ausgestaltungsformen werden bislang eingesetzt oder sollen eingesetzt werden? Welche Auswirkungen hat die Individualisierung bislang gehabt? Inwieweit unterstützt der Einsatz von Individualisierung die eingeschlagene Marketingstrategie?
- **Organisationsgestaltung**: Inwieweit erfüllt die bestehende Organisation die gestellten Anforderungen zur Marktbearbeitung? Welche Widerstände bestehen in der Organisation und welche Maßnahmen eines »Changemanagements« sind einzusetzen? Wie flexibel reagiert die Organisation auf Veränderungen im Markt sowie der Kunden?
- **IT-Strategie**: Welche IT-Infrastruktur wird eingesetzt? Besteht ein integriertes Gesamtsystem oder eher eine lose Koppelung von Einzelanwendungen? Welche Funktionalitäten wer-

den eingesetzt? Liegt eine IT-Strategie vor? Geht die IT-Strategie konform mit der Geschäfts- und Marketingstrategie?
- **Integrationsmanagement**: Welche Kennzahlen werden zur permanenten Steuerung und zum Controlling verwendet? Inwieweit bilden die hauptsächlich verwendeten Kennzahlen die Strategie des Unternehmens tatsächlich ab? Wie werden die Mitarbeiter (Mobilisierung und Kommunikation) in die Implementierung eingebunden?

Der endgültige Kriterienkatalog ist unternehmensspezifisch zu entwickeln, um sowohl die Besonderheiten der jeweiligen Branche, der strategischen Ausrichtung des einzelnen Unternehmens sowie die bisherigen Bemühungen entlang der Bausteine zur Digitalisierung erfassen und bewerten zu können. Die Erarbeitung eines Kriterienkataloges sollte durch ein neutrales Auditing-Team vorgenommen werden bzw. durch einen allgemein akzeptierten, neutralen Koordinator/Moderator begleitet werden. Ohne die Neutralität des Auditing-Teams (gegebenenfalls mit Unterstützung externer Experten) besteht die Gefahr, dass bereits im Zuge der Auswahl der Prüfkriterien durch die betroffenen Fachbereiche das spätere Ergebnis der Evaluierung präjudiziert wird.

E. Ausblick: Digitalisierung Next Generation

Das beispiellose Tempo digitaler Innovationen erfordert weit mehr als nur eine kontinuierliche Anpassung. Um für die Herausforderungen gerüstet zu sein, stehen Unternehmen aktuell vor tiefgreifenden Transformationsprozessen in nahezu allen Branchen und Unternehmensbereichen. Der anhaltende Kostendruck erfordert eine ständige Effizienzsteigerung, volatile Märkte machen ein grundlegend verbessertes Kundenverständnis nötig. Zusätzlich verschärfen neue Marktteilnehmer den Wettbewerb weitergehend. Wer auch künftig am Markt bestehen will, wer Mitarbeiter, Produkte und Abläufe zukunftsfest verbessern möchte, muss den Gestaltungsmöglichkeiten der digitalen Transformation höchste Priorität einräumen. Mutige strategische Entscheidungen und deren präzise Umsetzung sind hier wichtiger denn je. Dabei zeigen die Erfahrungen der letzten fast 30 Jahre und alle Projekte, dass es nicht um Technologie per se geht, welche die digitale Transformation antreibt, sondern die richtige Strategie bei ihrem Einsatz: von der Neuausrichtung der Unternehmensprozesse und Geschäftsmodelle bis hin zu einer gewandelten Unternehmenskultur. Das Ziel ist keine singuläre Verbesserung in einzelnen Funktionen, sondern vielmehr die Orchestrierung crossfunktionaler Teams.

Der Erfolg einer Digitalen Transformation wird im besten Drucker'schen Sinne durch die eigene Organisation vorherbestimmt: »*Culture eats Strategy for Breakfast.*« Eine nicht ausreichende crossfunktionale Zusammenarbeit zwischen Fachbereichen und IT, ungenaue Vorstellungen über die angestrebten Anwendungsszenarien, konkurrierende Projekte oder auch das Festhalten an altbekannten (und bislang sehr erfolgreichen) Entscheidungs- und Verhaltensmustern verhindern den Erfolg von Anfang an. Das Scheitern vieler Projekte ist bereits im Projektorganigramm vorherbestimmt: Wichtige Know-how-Träger sind nicht oder nur zu einem zu geringen Anteil involviert, fundiertes Fachwissen liegt nicht vor, statt Inhalten werden Powerpoints produziert und mit gesundem Halbwissen auf dem Fundamt von Buzzwords Potemkinsche Dörfer aufgebaut. Der Schlüssel zur erfolgreichen Digitalen Transformation liegt in aller Regel in der eigenen Organisation verborgen. Das Wissen um Changemanagement ist hier der Schlüssel, gepaart mit Analysen zu den Motiven und Denkmustern der beteiligten Akteure (etwa entlang des Myers-Briggs-Type-Indikators). In der Organisation ist nachhaltig zu verankern, dass dieser Change nicht einmalig sein wird, sondern eher als kontinuierlicher Prozess aufzufassen ist, der immer wieder neue Änderungen und Anwendungsszenarien generieren wird. Die hauptsächliche Herausforderung: Stehen in den Projekten Budgetkürzungen an, werden die Budgets zum Changemanagement meistens als erste herausgestrichen, da diese wenigstens (haptisch) greifbar sind. Mit anderen Worten: Es wird versucht, den Herausforderungen der Zukunft mit der Logik der Vergangenheit zu begegnen.

Erfolgreiche Digitalisierungen denken Produkte und Prozesse strikt vom Kunden her. Im Mittelpunkt steht damit die Customer Centricity – abgleitet aus Kundenanforderungen sind interne und externe Prozesse und Anwendungsszenarien zu gestalten. Lediglich ca. 14 % der deutschen Marken werden durch ihre eigenen Kunden in Bezug auf »bislang gemachte Erfahrungen« mit »gut« bewertet. Ein konsequenter Kundenfokus sieht dementsprechend anders aus. Die Grundlage bietet kontextbezogenes Wissen über Kunden, Produkte, Services und Geschäftsfelder. Quantitative Daten, beispielsweise gewonnen aus Analytics, Session-Recording-Tools oder AB-Tests, geben Einblicke in das Verhalten, allerdings nicht in die Beweggründe. Teilweise helfen hier Voice-of-Customer-Lösungen (VoC, wie *Usabilla*), um wahre »Pain Points« aus Kundensicht zu identifizieren, Zielgruppen zu befragen und die Datensätze mit dem »Warum« anzureichern. So entstehen die kontextbezogenen Erkenntnisse, die es braucht, um kundenorientierte Innovation zu fördern.

Voraussetzung eines digitalen Kulturwandels ist eine abgestimmte Agenda zur Digitalisierung. Ein Unternehmen bedarf einer Strategie zur Digitalisierung, die den Bezugsrahmen über alle Geschäftsbereiche definiert. Die Zielsetzungen müssen klar und gut kommuniziert werden und kongruent sein. Customer Centricity ist als oberstes Ziel im Leitbild mit zu verankern. Nur wenn Unternehmensvision und -mission vom Topmanagement definiert wurden, kann sich eine Kultur der Transformation entwickeln. Dabei ist die Forderung nach einer digitalen Unternehmensvision alles andere als trivial. Nur flache Hierarchien erlauben ein agiles Arbeiten und schnelle Entscheidungen. Kritisch ist die Rolle eines Chief Digital Officers (CDO) zu betrachten, wenn dieser nur als »Overlay« über die bestehenden Funktionsbereiche etabliert wird und in der Folge dafür sorgt, dass es eher zu noch mehr Abstimmungsorgien zwischen den Fachbereichen, der IT und dem dann neu etablierten CDO-Bereich kommt. Zum Experimentieren mit digitalen Geschäftsideen können Spin-offs, Inkubatoren und auch der Erwerb von Anteilen an Start-ups dienen. Die Fähigkeiten von Führungskräften und Mitarbeitern müssen um spezielle Kenntnisse erweitert werden, insbesondere in den Bereichen IT und im Projektmanagement. Der Wandel hin zu einer »digitalen Kultur« basiert auf dem »Versuch und Irrtum«-Prinzip und setzt auf eine erhöhte Risikobereitschaft von Führungskräften und Mitarbeitern. Adaptives Ausprobieren und Lernen sind erwünscht. Hierzu muss eine Fehlerkultur etabliert werden, die Fehler als Teil eines iterativen, agilen Handelns begreift. Damit liegt es in der Hand der Organisation selbst, die Konzepte, die in der Betriebswirtschaftslehre und Informatik bereits seit Jahrzehnten weitreichend analysiert und beschrieben wurden, in der Praxis digital mit Leben zu erfüllen.

Anhang

Literaturverzeichnis

Aaker, D. A.: Building Strong Brands, New York 1996.

Aaker, D. A.: Developing Business Strategies, New York 2001.

Aaker, D. A.; Joachimsthaler, E.: Brand Leadership, New York 2000.

Abel, S.: Pitching Is Dead: Try Content Marketing Instead, in: eContent, November 2012, p. 11.

Abu-Elsamen, A.; Chakraborty, G.; Warren, D.: A Process-Based Analysis of e-Procurement Adoption, in: Journal of Internet Commerce, Vol. 9 (2010), No. 3–4, pp. 243–259.

Afuah, A.: Business Models – A Strategic Management Approach, New York 2004.

Afuah, A.; Tucci, C. L.: Internet Business Models and Strategies, New York 2003.

Ahrholdt, D.: Erfolgsfaktoren einer E-Commerce-Website, Wiesbaden 2010.

Akshay, R. R.; Monroe, K. B.: The Effect of Price, Brand Name, and Store Name on Buyers‹ Perceptions of Product Quality: An Integrative Review, in: Journal of Marketing Research, Vol. 26 (July 1957), pp. 205–210.

Aktuelle Gesetze: ePrivacy, ePrivacy-Verordnung mit Nebenrichtlinien, 1 Aufl., Bonn 2018.

Alaimo, D.: NCR acquires StopLift to combat self-checkout theft, in: Retail Dive, November 7, 2018, unter: (www.retaildive.com), https://tinyurl.com/y2xzar62, abgerufen am 24.12.2018.

Alaimo, D.: Walmart files patent for stress-tracking cart handle, in: Retail Dive, October 1, 2018, unter: (www.retaildive.com), https://tinyurl.com/ya9qgr7s, abgerufen am 24.12.2018.

Alby, T.: Das mobile Web, München 2008.

Alby, T.: Web 2.0. Konzepte, Anwendungen, Technologien, 2., aktualisierte Aufl., München 2007.

Alexander, T.: Das Skypebuch. Internettelefonie: Alles über Skype. Rund um die Welt kostenlos telefonieren. 3., überarb. Aufl., Berlin, 2011.

Ali, M. S.; Vecchio, M.; Pincheira, M.; Dolui, K.; Antonelli, F.; Rehmani, M. H.: Applications of Blockchain in the Internet of Things: A Comprehensive Study, in: IEEE Communications Surveys & Tutorials, doi: 10.1109/COMST.2018.2886932, 2018.

Allen, T. J.; Scott Morton, M. S. (eds.): Information Technology and the Corporation of the 1990s, New York 1994.

Allensbacher Computer- und Technik Analyse (ACTA): Mobile: Neue Dimensionen der Internetnutzung, August 2011, Allensbach 2011.

Alreck, P. L.; Settle, R. B.: Consumer reactions to online behavioral tracking and targeting, in: Database Marketing & Customer Strategy Management, Vol. 15 (2007), No. 1, pp. 11–23.

Altimeter Group: The 8 success factors of digital transformation, Boston 2016.

Al-Turjman, F.: Edge Computing: From Hype to Reality, Wiesbaden 2018.

Amit, R.; Zott, C.: Value creation in e-Business, in: Strategic Management Journal, 22. Jg. (2001), No. 6, pp. 493–520.

Anderson, C.: Blog: www.longtail.com, 2012.

Anderson, C.: The Long Tail – der lange Schwanz: Nischenprodukte statt Massenmarkt – das Geschäfts der Zukunft, München 2007.

Anderson, C.: The Long Tail, in: Wired, Oct. 2004.

Aoaeh, B. L.: Skype's Business Model, in: Tekedia, November 28, 2011, unter: http://tekedia.com/30422/skypes-business-model/, abgerufen am 2.11.2012.

Arbin, K.: The structure of determinants of individual adoption and use of e-ordering systems, in: Human Systems Management, Vol. 27 (2008), pp. 143–159.

ARD/ ZDF-Onlinestudie 2012: Mindestens 1 Mal pro Woche genutzte Anwendungen, Mainz, 2012, http://www.ard-zdf-onlinestudie.de/index.php?id=onlinenutzunganwend0.

Argyris, C.: Knowledge for Action. A Guide to Overcoming Organizational Barriers to Organizational Change, San Francisco 1993.

Argyris, C.; Schön, D. A.: Theory in Practice, San Francisco 1974.

Ariely, D.: Predictably Irrational, Revised and Expanded Edition: The Hidden Forces That Shape Our Decisions, New York 2010.

Armstrong, A.; Hagel, J.: Der wahre Wert von Online-Gemeinschaften, in: Tapscott, D. (Hrsg.): Erfolg im e-Business, München 2000a. a. O., S. 196–208.

Arndt, J.: Role of Product-related Conversations in the Diffusion of a New Product, in: Journal of Marketing Research, Vol. 4 (1967), No. 3, pp. 291–295.

Arndt, R.: Konzept- und Produkttests im Internet, in: Theobald, A.; Dreyer, M.; Starsetzki, T. (Hrsg., 2001), a. a. O., S. 291–302.

Ayres, I.: Super Crunchers. Why thinking-by-numbers is the new way to be smart, New York 2008.

Bacher, F.: 7 Programmatic-Trends für 2016, unter: (www.internetworld.de), http://tinyurl.com/yyxsaudf, abgerufen am 24.12.2017.

Back, A.; Gronau, N.; Tochtermann, K. (Hrsg.): Web 2.0 in der Unternehmenspraxis, München 2008.

Backhaus, K.; Schneider, H.: Strategisches Marketing, Stuttgart 2007.

Backhaus, M.: e-Procurement – ein Rezept zur Verbesserung der Wettbewerbssituation von Unternehmen, in: Bogaschewsky, R. (Hrsg., 1999), a. a. O., S. 57–74.

Bader, J.: Mobile Video, in: Giordano, M.; Hummel, J. (Hrsg.): Mobile Business. Vom Geschäftsmodell zum Geschäftserfolg, mit Fallbeispielen zu Mobile Marketing, mobilen Portalen und Content-Anbietern, Wiesbaden 2005, S. 285–312.

Bahr, M.: Rechtskonformes Opt-in im Onlinebereich, in: Schwarz, T. (Hrsg.): Leitfaden Online Marketing, Band 2, Waghäusel 2011, S. 950–956.

Baier, D.; Rese, A.; Nonenmacher, N.; Treybog, S.; Bressem, B.: Digital Technologies for Ordering and Delivering Fashion: How Baur Integrates the Customer's Point of View, in: Urbach, N.; Röglinger, M. (eds.): Digitalization Cases. How Organizations Rethink Their Business for the Digital Age, Berlin 2019, pp. 59–77.

Bailey, A.: Consumer Awareness und Use of Product Review Websites, in: Journal of Interactive Advertising, Vol. 6 (2005), No. 1, pp. 90–108.

Bailey, J.; Bakos, Y.: An Exploratory Study of the Emerging Role of Electronic Intermediaries, in: International Journal of Electronic Commerce, Vol. 1 (1997), No. 3, pp. 7–20.

Bakos, Y.: Reducing Buyers Search Costs: Implications for Electronic Marketplaces, In: Management Science, Vol. 43 (1977), No. 12, pp. 1676–1692.

Balci, I.; Bülbül, I.: Web Content Management und Cross-Media Publishing im Web 2.0, in: Kollmann, T.; Häsel, M. (Hrsg.): Web 2.0. Trends und Technologien im Kontext der Net Economy, Wiesbaden 2007, S. 69–90.

Ballantyne, R.; Warren, A.; Nobbs, K.: The evolution of brand choice, in: Brand Management, Vol. 13 (June 2006), No. 4/5, pp. 339–352.

Bannan, K.: RADirect uses Web analytics to improve online video success, in: BtoB, Vol. 93 (2008), No. 13, September 29, 2008.

Baraglia, R.; Silvestri, F.: Dynamic Personalization of Web Sites Without User Intervention, in: Communications of the ACM, Vol. 50 (February 2007), No. 2, pp. 63–67.

Barkewitz, K.; Rieß, M.: Werbewirkungstest: Online-Spot vs. TV-Spot, Marktforschung SPIEGEL-Verlag, September 2008.

Barney, J.: Gaining and sustaining competitive advantage, 2 Aufl., Upper Saddle River 2003.

Baron, P.: Big Data für IT-Entscheider, München 2013.

Barwise, P.; Meehan, S.: The One Thing You Must Get Right When Building a Brand, in: Harvard Business Review, December 2010, pp. 80–84.

Basheer, A. M. A.; Ibrahim, A. M. A.: Mobile Marketing: Examining the Impact of Trust, Privacy Concern and Consumers' Attitudes on Intention to Purchase, in: International Journal of Business and Management, Vol. 5 (March 2010), No. 3, pp. 28–41.

Bashford, S.: Brands take the reins on content, in: Marketing Magazine UK, June 20, 2012, pp. 39–45.

Batran, A.; Erben, A.: Procurement 4.0: A survival guide in a digital, disruptive world, Frankfurt 2017.

Bauer, C.; Greve, G.; Hopf, G. (Hrsg.): Online Targeting und Controlling, Wiesbaden 2011.

Bauer, H. H.; Dirks, T.; Bryant, M. D. (Hrsg.): Erfolgsfaktoren des Mobile Marketing. Strategien, Konzepte und Instrumente, Berlin 2008.

Bauer, H. H.; Haber, T. E.; Reichardt, T.; Bökamp, M.: Konsumentenakzeptanz von Location Based Services, in: Bauer, H. H.; Dirks, T.; Bryant, M. D. (Hrsg.): Erfolgsfaktoren des Mobile Marketing. Strategien, Konzepte und Instrumente, Berlin 2008, S. 205–220.

Bauer, H. H.; Hammerschmidt, M.; Hartung, R.; Shenawai, N.: Messung und Analyse der Online-Werbeeffizienz, in: Controlling – Zeitschrift für erfolgsorientierte Unternehmenssteuerung, 22. Jg. (2010), Nr. 2, S. 83–88.

Bauer, H. H.; Heinrich, D.; Mühl, J. C. M.: Emotionale Kundenbindung im Mobilfunkmarkt, in: Bauer, H. H.; Dirks, T.; Bryant, M. D. (Hrsg., 2008), a. a. O., S. 91–108.

Baumgarten, T.: Herr Kaiser hat ausgedient, in: Internet World Business, Nr. 13/2018, S. 8–10.

Bayers, C.: The promise of one-to-one, in: Wired, May 1998, pp. 130–135, 185–187.

Beales, H.: The Value of Behavioral Targeting, Network Advertising Initiative (NAI), unter: (www.networkadvertising.org), http://tinyurl.com/ybcoebz, 15.12.2010.

Beck, G.: Der Einfluss der Customer Journey auf die Kaufentscheidung, in: AdZine, 8.10.2012.

Beenken, M.; Knörrer, D.: Digital Insurance: Strategien, Geschäftsmodelle, Daten, Stuttgart 2018.

Bellin, A.: About You – Entwicklung eines neuen Attributionsansatzes, in: Böckenholdt, I.; Mehn, A.; Westermann, A. (Hrsg.): Konzepte und Strategien für Omnichannel-Excellenz, Wiesbaden 2018, S. 217–235.

Belz, C.: Inbound Marketing, in: Belz, C.; Schögel, M.; Tomczak, T. (Hrsg.): Innovation Driven Marketing. Vom Trend zur innovativen Marketinglösung, Wiesbaden 2007, S. 45–48.

Benady, D.: The 7 sins of content marketing, in: Marketing Magazine UK, February, 22, 2012, pp. 26–28.

Bents, R.; Blank, R.: MBTI. Eine dynamische Persönlichkeitstypologie, 3 Aufl., München 2001.

Berger, J.: Word-of-Mouth and Interpersonal Communication: An Organizing Framework and Directions for Future Research, unter: (www.pitt.edu), https://tinyurl.com/y3l4l3bz, abgerufen am 24.12.2018.

Berger, J.; Milkman, K. L.: What Makes Online Content Viral?, in: Journal of Marketing Research, Vol. 2437 (2011), No. 2, pp. 1–17.

Berger, P. D.; Nasr, N. I.: Customer Lifetime Value: Marketing Models and Applications, in: Journal of Interactive Marketing, Vol. 12 (1998), No. 1, pp. 17–30.

Berke, J.; Bergermann, M.; Klesse, H.-J.; Kiani-Kress, R.; Kroker, M.; Seiwert, M.: Die Welt ist flat, in: Wirtschaftswoche, 21.12.2007, Nr. 52, S. 88–94.

Berman, S. J.; Battino, B.; Feldman, K.: New Business Models for Emerging Media and Entertainment Revenue Opportunities, in: Strategy & Leadership, Vol. 39 (2011), No. 3, pp. 44–53.

Bernoff, J.; Schadler, T.: Empowered, Unleash Your Employees, Energize Your Customers, Transform Your Business, Boston 2010.

Berry, L. L.; Carbone, L. P.; Haeckel, S. H.: Managing the Total Customer Experience, in: Sloan Management Review, Vol. 43 (Spring 2002), No. 3, pp. 1–5.

Beutin, N.: Verfahren zur Messung der Kundenzufriedenheit im Überblick, in: Homburg, C. (Hrsg.): Kundenzufriedenheit: Konzepte – Methoden – Erfahrungen, 6 Aufl., Wiesbaden 2006, S. 121–170.

Bhatnagar, A.: Web Analytics for Business Intelligence, in: Online, Nov/Dec 2009, pp. 32–35.

Bhimani, A. B.: Securing the Commercial Internet, in: Communications of the ACM, Vol. 39 (1996), No. 6, pp. 29–35.

Bieger, T.; Knyphausen-Aufseß, D. z.; Krys, C. (Hrsg.): Innovative Geschäftsmodelle, Berlin 2011.

Bieger, T.; Reinhold, S.: Das wertbasierte Geschäftsmodell – ein aktualisierter Strukturierungsansatz, in: Bieger, T.; Knyphausen-Aufseß, D. z.; Krys, C. (Hrsg.): Innovative Geschäftsmodelle, Berlin 2011, S. 13–70.

Bierhoff, H. W.; Müller, G. F.: Kooperation in Organisationen, in: Zeitschrift für Arbeits- und Organisationspsychologie, Nr. 37, 1993, S. 42–51.

Bitkom e. V.; DFKI GmbH: Künstliche Intelligenz – Wirtschaftliche Bedeutung, gesellschaftliche Herausforderungen, menschliche Verantwortung, Kaiserslautern 2017.

Bitkom: Big Data im Praxiseinsatz – Szenarien, Beispiele, Effekte, Berlin 2012.

Blair, A.: Urban Outfitters Omnichannel Inventory Supports Store-Based Fulfillment, 7.4.2013, unter: (https://risnews.com), http://tinyurl.com/y2t9yp7o, abgerufen am 24.12.2018.

Bleich, H.: Amazon gibt intime Alexa-Sprachdateien preis, in: Heise Online, 20.12.2018, unter: (www.heise.de), http://tinyurl.com/ybfymcjh, abgerufen am 22.12.2018.

Bliemel, F.; Eggert, A.; Adolphs, K.: Preispolitik mit Electronic Commerce, in: Bliemel, F.; Fassott, G.; Theobald, A. (Hrsg.): Electronic Commerce. Herausforderungen – Anwendungen – Perspektiven, 3 Aufl., Wiesbaden 2000, S. 205–218.

Bliemel, F.; Fassott, G.: Produktpolitik mit e-Share, in: Bliemel, F.; Fassott, G.; Theobald, A. (Hrsg.): Electronic Commerce. Herausforderungen – Anwendungen – Perspektiven, 3 Aufl., Wiesbaden 2000, S. 191–204.

Bliemel, F.; Fassott, G.; Theobald, A. (Hrsg.): Electronic Commerce. Herausforderungen – Anwendungen – Perspektiven, 3 Aufl., Wiesbaden 2000.

Blinman, D.: What Coca Cola Can Teach Us About Content Marketing, in: Social Media Today, November 20, 2012, unter: (www.socialmediatoday.com), http://tinyurl.com/yxh8evxr, abgerufen am 24.12.2018.

Bloching, B.; Luck, L.; Ramge, T.: Data Unser: Wie Kundendaten die Wirtschaft revolutionieren, München 2012.

Block, C. H.: Professionell Einkaufen mit dem Internet, München 2001.

Blokdyk, G.: Data lineage: Tactics, Mindset and Tips, North Charleston 2017.

Blokdyk, G: Data Management Platforms Complete Self-Assessment Guide, North Charleston 2018.

Bloomstein, M.: Content Strategy at Work. Real-world stories to strengthen every interactive project, Amsterdam 2013.

Bocionek, S. R.: Agent Systems that Negotiate and Learn. International Journal of Human-Computer Studies, Vol. 42 (1995), pp. 265–288.

Bock, A. H.: »Telekom hilft«– Kundenservice im Social Web ist mehr als das neue Marketing, in: Schulten, M.; Mertens, A.; Horx, A. (Hrsg.): Social Branding. Strategien – Praxisbeispiele – Perspektiven, Wiesbaden 2012, S. 253–262.

Bock, M.; Wiener, M.; Gronau, R.; Martin, A.: Industry 4.0 Enabling Smart Air: Digital Transformation at Kaeser Compressors, in: Urbach, N.; Röglinger, M. (eds., 2019), a. a. O., pp. 101–117.

Böckenholdt, I.; Mehn, A.; Westermann, A. (Hrsg.): Konzepte und Strategien für Omnichannel-Excellenz, Wiesbaden 2018.

Bockhorni, M.: Customer Journey optimieren – Touchpoint-Analyse im Multichannel-Marketing, in: OnlineMarketingPraxis, unter: (www.onlinemarketing-praxis.de), http://tinyurl.com/chcbsq5, abgerufen am 24.12.2018.

Bogaschewsky, R.: Electronic Procurement – Neue Wege der Beschaffung, in: Bogaschewsky, R. (Hrsg., 1999), a. a. O., S. 13–40.

Bogaschewsky, R. (Hrsg.): Elektronischer Einkauf, Gernsbach 1999.

Bongartz, M.; Burmann, C.; Maloney, P.: Marke und Markenführung im Kontext des Electronic Commerce, in: Meffert, H.; Burmann, C.; Koers, M. (Hrsg.): Markenmanagement. Identitätsorientierte Markenführung und praktische Umsetzung, 2., vollst. überarb. und erw. Aufl., Wiesbaden 2005, S. 433–468.

Borchert, S.: Einfluss von e-Commerce auf das operative Management, in: Gora, W.; Mann, E. (Hrsg.): Handbuch Electronic Commerce, Berlin 2001, S. 200–215.

Bosch, U.; Hentschel, S.; Kramer, S.: Digital Offroad. Erfolgsstrategien für die digitale Transformation, Freiburg 2018.

Bose, I.; Pal, R.; Ye, A.: ERP and SCM systems integration: The case of a valve manufacturer in China, in: Information & Management, Vol. 45 (2008), pp. 233–241.

Bose, R.: Advanced analytics: Opportunities and challenges, in: Industrial Management & Data Systems, Vol. 109 (2009), No. 2, pp. 155–172.

Bottler, D.: Virtuelle Erlebniswelten als Instrument der Markenkommunikation, in: Theobald, E.; Haisch, P. T. (Hrsg.): Brand Evolution, Wiesbaden 2011, S. 235–250.

Bouchard, G.: 4 Ways to Help Consumers Discover Your Mobile App, 23.4.2012, unter: (http://searchenginewatch.com), http://tinyurl.com/y3y34zbp, abgerufen am 24.12.2018.

Bourne, F. S.: Product, Brand and Preference-Group Influence, in: Britt, S. H. (ed.): Consumer Behavior and the Behavioral Sciences, New York 1966, pp. 351–353.

Bousonville, T.: Logistik 4.0: Die digitale Transformation der Wertschöpfungskette, Wiesbaden 2016.

Bräkling, E.; Oidtmann, K.: Beschaffungsmanagement: Erfolgreich einkaufen mit Power in Procurement, 2 Aufl., Wiesbaden 2019.

Brandes, D.: Einfach Managen. Klarheit und Verzicht – der Weg zum Wesentlichen, München 2005.

Brandon-Jones, A.; Carey, S.: The impact of user-perceived e-procurement quality on system and contract compliance, in: International Journal of Operations & Production Management, Vol. 31 (2011), No. 3, pp. 274–296.

Brauckmann, O.: Digitale Revolution in der industriellen Fertigung – Denkansätze, Berlin 2019.

Brehm, L.; Ferencak, R.: Potenzial der SCM-Software für das Management unternehmensübergreifender Prozesse, in: Dangelmaier, W.; Pape, U.; Rüther, M. (Hrsg.): Die Supply Chain im Zeitalter von e-Business und Global Sourcing, Paderborn 2001, S. 281–300.

Breuer, S.: Beschreibung von Geschäftsmodellen internetbasierter Unternehmen. Konzeption – Umsetzung – Anwendung, Bamberg 2004.

Brexendorf, T. O.; Henkel, S.: Steuern die Markenmanager oder die Konsumenten die Marke?, in: Schulten, M.; Mertens, A.; Horx, A. (Hrsg., 2012), a. a. O., S. 15–30.

Briggs, R.; Hollis, N.: Advertising on the Web: Is there Response before Click-Through?, in: Journal of Advertsing Research, March-April 1997, pp. 33–45.

Briggs, R.; Stuart, G.: What Sticks, Chicago 2006.

Broder, A.; Fontoura, M.; Josifovski, V.; Riedel, L.: A Semantic Approach to Contextual Advertising. In: Proceedings of the 30th Annual International ACM SIGIR Conference on Research and Development in Information Retrieval, 2007, pp. 559–566.

Brodt, T. L.: The Management of Experience Design, St. Gallen 2007.

Broschart, S.: Suchmaschinenoptimierung und Usability, Poing 2011.

Brown, S. L.; Engelhardt, K. M.: Competing on the Edge, Boston 1998.

Bruce, A.: Der ROPO-Effekt – online stärker als offline, in: Schwarz, T. (Hrsg., 2011), a. a. O., S. 177–182.

Brynjolfsson, E.; Hu, Y. F.; Smith, M. D.: From Niches to Riches. MIT Sloan Management Review, Vol. 47 (2006), No. 4, pp. 67–71.

Bscheid, W.; Frank, M.; Klaus, M.: Online Video Marketing: Perspektiven und Erfolgsfaktoren, Heidelberg 2009.

Buchholz, W.: Netsourcing Business Modells, in: Dangelmaier, W.; Pape, U.; Rüther, M. (Hrsg., 2001), a. a. O., S. 37–52.

Bucklin, C. B.; Thomas-Graham, P. A.; Webster, E. A.: Channel Conflict: When is it dangerous?, in: The McKinsey Quarterly, No. 3, 1997, pp. 37–43.

Bucklin, C. B.; DeFalco, S. P.; DeVincentis, J. R.; Levis, J. P.: Are you tough enough to manage your channels?, in: The McKinsey Quarterly, No. 1, 1996, pp. 105–114.

Bucklin, L. P.: Competition and evolution in the distributive trades, Englewood Cliffs 1972.

Bullinger, H.-J.; Schuster, E.; Wilhelm, S.: Content Management Systeme, Stuttgart 2000.

Bund, M.; Granthien, M.: Ganzheitliches Beziehungsmanagement im Electronic Commerce, in: Walther, J.; Bund, M. (Hrsg.): Supply Chain Management, Frankfurt 2001, S. 129–157.

Burmann, C.: Konsumentenzufriedenheit als Determinante der Marken- und Händlerloyalität, in: Marketing ZFP, Heft 4, 1991, S. 249–258.

Burmann, C.; Hemmann, F.; Eilers, D.; Kleine-Kalmer, B.: Authentizität in der Interaktion als zentraler Erfolgsfaktor der Markenführung in Social Media, in: Schulten, M.; Mertens, A.; Horx, A. (Hrsg., 2012), a. a. O., S. 129–145.

Burmann, C.; Meffert, H.: Theoretisches Grundkonzept der identitätsorientierten Markenführung, in: Meffert, H.; Burmann, C.; Koers, M. (Hrsg., 2005), a. a. O., S. 37–72.

Burmann, C.; Meffert, H.; Koers, M.: Stellenwert und Gegenstand des Markenmanagements, in: Meffert, H.; Burmann, C.; Koers, M. (Hrsg., 2005), a. a. O., S. 3–18.

Burmann, C.; Zeplin, S.: Innengerichtetes identitätsbasiertes Markenmanagement, in: Meffert, H.; Burmann, C.; Koers, M. (Hrsg., 2005), a. a. O., S. 115–142.

Burr, W.: Das Konzept des verteidigungsfähigen Wettbewerbsvorteils – Ansatzpunkte zur Dynamisierung und Operationalisierung, in: Die Unternehmung, Nr. 5, 2003, S. 357–373.

Busch, A.; Rüther, M.: SCM zwischen intra- und interorganisationaler Optimierung, in: Dangelmaier, W.; Pape, U.; Rüther, M. (Hrsg., 2001), a. a. O., S. 257–269.

Busch, O. (Hrsg.): Programmatic Advertising: The Successful Transformation to Automated, Data-Driven Marketing in Real-Time (Management for Professionals), Berlin 2016.

Büst, R.: Künstliche Intelligenz als Geschäftsmodell: Wie Unternehmen sie einsetzen können, in: tn3, 21.9.2017.

Buyya, R.; Srirama, S.: Fog and Edge Computing: Principles and Paradigms, Hoboken 2019.

BVDW (Hrsg.): Targeting – Begriffe & Definitionen, unter: (www.bvdw.org), http://tinyurl.com/y48vj32u, abgerufen am 20.2.2019.

BVDW: Digitale Nutzung in Deutschland, München 2018.

Cakim, I. M.: Implementing Word-of-Mouth Marketing, Hoboken 2010.

Cameron, E.; Green, M.: Making sense of change management, 3rd edition, London 2012.

Caniato, F.; Cagliano, R.; Kalchschmidt, M.; Golini, R.; Spina, G.: Evolutionary patterns in e-Business Strategy, in: International Journal of Operations and Production Management, Vol. 29 (2009), No. 9, pp. 921–945.

Carare, O.: The impact of bestseller rank on demand: evidence from the app market, in: International Economic Review, Vol. 53 (August 2012), No. 3, pp. 717–742.

Carey, J.: Interactive Television Trials and Marketplace Experiences, in: Multimedia Tools and Applications, Vol. 5 (1997), pp. 207–216.

Carr, A.: Could Airbnb Create The «Verified ID« For the Sharing Economy?, in: Fast Company, 30.4.2013, unter: (www.fastcompany.com), http://tinyurl.com/cnqhmfc, abgerufen am 2.8.2017.

Carter, D.: Living in Virtual Communities: An Ethnography of Human Relationships in Cyberspace, in: Communication & Society, Vol. 8 (2005), No. 2, pp. 148–167.

Casadesus-Masanell, R.; Ricart, J. E.: From Strategy to Business Models and Onto Tactics, in: Long Range Planning, Vol. 43 (2010), pp. 195–215.

Casadesus-Masanell, R.; Ricart, J. E.: How to Design a Winning Business Model, in: Harvard Business Review, January–February 2011, pp. 3–9.

CB Insights Briefing: Disrupting CPG. The startups, corporations, and emerging technologies transforming consumer packaged goods, September 2018.

Cerny, D.; Pohl, H.: Trusted Third Parties und Sicherheitsinfrastrukturen, in: Wirtschaftsinformatik, Vol. 39 (1997), No. 6, S. 616–622.

Cespedes, F. V.; Corey, E. R.: Managing multiple channels – combining direct and indirect sales channels, in: Business Horizons, Vol. 33 (1990), No. 7/ 8, pp. 67–77.

Chaffey, D.: e-Business and e-Commerce Management – Strategy, Implementation and Practice, 5th edition, Essex 2011.

Chaffey, D.; Ellis-Chadwick, F.: Digital Marketing. Strategy, Implementation and Practice, 5th edition, Essex 2012.

Charlier, M.: Barrieren vermeiden – nicht nur aus Menschenfreundlichkeit, in: Schwarz, T. (Hrsg.): Leitfaden Online-Marketing, Hamburg 2007, S. 247–255.

Chen, Y.; Kapralov, M.; Pavlov, D.; Canny, J. F.: Factor Modeling for Advertisement Targeting, unter: (http://papers.nips.cc), http://tinyurl.com/y48h9mzj, 2009a, abgerufen am 20.2.2019.

Chen, Y.; Pavlov, D.; Canny, J. F.: Large-Scale Behavioral Targeting. In: Proceedings of the 15th ACM SIGKDD International Conference on Knowledge Discovery and Data Mining, 2009b, pp. 209–218.

Chen, Y.; Xie, J.: Online Consumer Review: Word-of-Mouth as a New Element of Marketing Communication Mix, in: Management Science, Vol. 54 (March 2008), No. 3, pp. 477–491.

Chena, M.-C.; Yehb, C.-T.; Chen, K.-Y.: Development of collaborative transportation management framework with Web Services for TFT-LCD supply chains, in: International Journal of Computer Integrated Manufacturing, Vol. 23 (January 2010), No. 1, pp. 1–19.

Chesbrough, H.; Rosenbloom, R. S.: The Role of the Business Model in Capturing Value from Innovation: Evidence from Xerox Corporation's Technology, in: Industrial and Corporate Change, Vol. 11 (2002), No. 3, pp. 529–555.

Chevalier, J. A.; Mayzlin, D.: The Effect of Word of Mouth on Sales: Online Book Reviews, Journal of Marketing Research, Vol. 43 (2006), No. 3, pp. 345–354.

Chew, E. K.; Gottschalk, P.: Knowledge Driven Service Innovation and Management: IT Strategies for Business Alignment and Value Creation, Hershey 2013.

Chiem, R.; Arriola, J.; Browers, D.; Gross, J.; Limman, E.; Nguyen, P. V.; Sembodo, D.; Song, Y.; Seal, K. C.: The critical success factors for marketing with downloadable applications: lessons learned from selected European countries, in: International Journal of Mobile Marketing, Vol. 5 (Winter 2010), No. 2, pp. 43–56.

Chloe: BBC recipe site links to Tesco online basket, in: Internet Retailing, 13.2.2013, unter: (http://internetretailing.net), http://tinyurl.com/y2wuugtm, abgerufen am 14.2.2013.

Chollet, F.: Was mich an künstlicher Intelligenz beunruhigt, in: Schrader, M.; Mertens, V.: Digital Fix, Hamburg 2018, S. 82–103.

Christensen, C. M.; Matzler, K.; von den Eichen, S. F.: The Innovator's Dilemma: Warum etablierte Unternehmen den Wettbewerb um bahnbrechende Innovationen verlieren, München 2011.

Cialdini, R. B.: Influence: Science and practice (4th ed.), Boston 2001a.

Cialdini, R. B.: The science of persuasion, in: Scientific American, Vol. 284 (2001b), pp. 76–81.

Clark, D.: Intel's Name Recognition Offers a Target, in: The Wall Street Journal, Europe, Dec. 6, 1994, p. 4.

Clement, M.: Interaktives Fernsehen. Analyse und Prognose seiner Nutzung, Wiesbaden 2000.

Clement, M.; Hille, A.; Lucke, B.; Schmidt-Stölting, C.: Sambeth, F.: Der Einfluss von Rankings auf den Absatz – Eine empirische Analyse der Wirkung von Bestsellerlisten und Rangpositionen auf den Erfolg von Büchern, in: Zeitschrift für betriebswirtschaftliche Forschung, Vol. 60 (2008), pp. 746–777.

Clemons, E. K.: Business Models for Monetizing Internet Applications and Web Sites: Experience, Theory, and Predictions, in: Journal of Management Information Systems, Vol. 26 (Fall 2009), No. 2, pp. 15–41.

Clemons, E. K.; Chen, Y.: Making the Decision to Contract for Cloud Services: Managing the Risk of an Extreme Form of IT Outsourcing, in: 2011 44th Hawaii International Conference on System Sciences (HICSS), January 4–7, 2011.

CMO Council: Engage at every stage. Using Mobile Relationship Marketing (MRM) to Put More Interaction in the Hands of the Customer, Report, Palo Alto 2012.

Cohen, M. A.; Huchzermeier, A.: Global Supply Chain Management: A Survey of Research and Applications, Chapter 21, in: Quantitative Models for Supply Chain Management, Kluwer Academic Press, 1999, pp. 669–702.

Cole, T.: Digitale Transformation, München 2015.

Coleman-Lochner, L.: Social Networking Takes Center Stage at P&G, in: Business Week, March 29, 2012, unter: (www.businessweek.com), http://tinyurl.com/y56stq5u, abgerufen am 3.1.2013.

Conniff, M.: In Search of the Personal Newspaper, in: Editor & Publisher, March 6, 1993, pp. 60–64.

Conrad, S.; Hasselbring, W.; Koschel, A.; Tritsch, R.: Enterprise Application Integration. Grundlagen – Konzepte – Entwurfsmuster – Praxisbeispiele, München 2006.

Consoli, J.: Targeted before Tailored. Editor&Publisher, June 19, 1993, p. 24.

Constine, J.: Facebook Collections Lets Retailers Augment Posts With «Want/Collect« Buttons That Save Products To Pinteresque Profile Sections, in: Techcrunch, October 8th, 2012, unter: (http://techcrunch.com), http://tinyurl.com/8mlxhhw, abgerufen am 12.12.2012.

Cooper, W.: Mapping value across the customer journey, in: Marketingweek UK, January 2011, pp. 40–41.

Cornelsen, J.: Kundenbewertung mit Referenzwerten, in: Günter, B.; Helm, S. (Hrsg.): Kundenwert. Grundlagen – Innovative Konzepte – Praktische Umsetzungen, 3., überarb. und erw. Aufl., Wiesbaden 2006, S. 183–215.

Corsten, H.: Grundlagen der Wettbewerbsstrategie, Stuttgart 1998.

Corsten, H.; Will, T.: Wettbewerbsvorteile durch strategiegerechte Produktionsorganisation, in: Corsten, H. (Hrsg.): Produktion als Wettbewerbsfaktor, Wiesbaden 1995, S. 1–13.

Costine, J.: Watch Out Ecommerce, Facebook Turns Karma Acquisition Into ‹Gifts', in: TechCrunch, September 27th, 2012, unter: (http://techcrunch.com), http://tinyurl.com/y5f7us66, abgerufen am 24.12.2018.

Cramer, T.: Facebook Stories: A Stroke of Content Marketing Genius?, in: econtentmag.com, Nr. 4, 2012.

Creusen, U.; Gall, B.: Digital Leadership: Führung in Zeiten des digitalen Wandels, Wiesbaden 2017.

Cristal, G.: Ad Serving Technology, London 2014.

Crowston, K.; Malone, T. W.: Information Technology and Work Organization, in: Allen, T. J.; Scott Morton, M. S. (eds.): Information Technology and the Corporation of the 1990s, New York 1994, pp. 249–275.

Cruz, P.; Salo, J.; Munoz-Gallego, P.; Laukkanen, T.: Heavy users of e-banking and Customer Experience Management: evidences on intrinsic motivation, in: International Journal of Electronic Business, Vol. 8 (2010), No. 2, pp.187–209.

D21-Digital-Index 2017/2018, Initiative D21 e. V., Berlin 2018.

Daft, R. L.; Huber, G. P.: How Organizations Learn: A Communication Framework, in: Ditomaso, N.; Bacharach, S. (eds.): Research in the Sociology of Organizations, Vol. 5 (1987), pp. 1–36.

Dahlman, E.; Parkvall, S.: 5G NR: The Next Generation Wireless Access Technology, Cambridge (Mass.) 2018.

Daigneau, R.: Service Design Patterns: Fundamental Design Solutions for SOAP/WSDL and RESTful Web Services, Amsterdam 2011.

Dance, G. J. X.; LaForgia, M.; Confessore, N.: As Facebook Raised a Privacy Wall, It Carved an Opening for Tech Giants, in: New York Times, December 18, 2018, unter: (www.nytimes.com), http://tinyurl.com/yblhxtsn, abgerufen am 19.12.2018.

Dangelmaier, W.; Pape, U.; Rüther, M. (Hrsg.): Die Supply Chain im Zeitalter von e-Business und Global Sourcing, Paderborn 2001.

Dannenberg, M.; Ulrich, A.: e-Payment und e-Billing. Elektronische Bezahlsysteme für Mobilfunk und Internet, Wiesbaden 2004.

Dastin, J.: Amazon scraps secret AI recruiting tool that showed bias against women, in: Reuters Business News, October 10, 2018, unter: (www.reuters.com), http://tinyurl.com/y8eelatr, abgerufen am 24.12.2018.

Daum, D.: Marketingproduktivität: Konzeption, Messung und empirische Analyse, Wiesbaden 2001.

Davenport, T. H.: Process Innovation. Reengineering Work through Information Technology, Boston 1993.

Davenport, T. H.; Patil, D. J.: Wir stellen ein: Data Scientists, in: Harvard Business Manager, November 2012, S. 32–40.

Davenport, T. H.; Prusak, L.: Working Knowledge, Boston 1998.

Davenport, T. H.; Short, J. E.: The New Industrial Engineering: Information Technology and Business Process Redesign, in: Sloan Management Review, Vol. 31 (Summer 1990), No. 4, pp. 11–26.

Davis, D.: Wal-Mart: ‹We can do what no one else does', in: Internet Retailer, March 26, 2013, unter: (www.digitalcommerce360.com) http://tinyurl.com/y5d26pzs, abgerufen am 24.12.2018.

Davydov, M.: Corporate Portals and E-Business Integration: A Manager's Guide, New York 2001.

De Kare-Silver, M.: E-shock. The Electronic Shopping Revolution: Strategies for Retailers and Manufacturers, New York 1998.

De la Boutetiere, H:; Montagner, A.; Reich, A.: Unlocking Success in digital Transformations, in: McKinsey Quarterly, Survey, October 2018.

de Montjoye, Y.-A.; Hidalgo, C. A.; Verleysen, M.; Blondel, V. D.: Unique in the Crowd: The privacy bounds of human mobility, in: Nature, Scientific Reports 3, Article number:1376doi:10.1038/srep01376, March 25, 2013.

Dedrick, J.; Xu, S. X.; Zhu, K. X.: How Does Information Technology Shape Supply-Chain Structure? Evidence on the Number of Suppliers, in: Journal of Management Information Systems, Vol. 25 (Fall 2008), No. 2, pp. 41–72.

Dellarocas, C. N.: The digitization of Word-of-Mouth: Promises and Challenges of Online Feedback Mechanisms, in: Management Science, Vol. 49 (2003), No. 10, pp. 1407–1424.

Dellarocas, C.; Xiaoquan, Z.; Awad, N. F.: Exploring the value of online product reviews in forecasting sales: The case of motion pictures, in: Journal of Interactive Marketing, Vol. 21 (2007), No. 4, pp. 23–45.

Demery, P.: Marks & Spencer turns on in-store e-commerce displays, in: Internet Retailer, January 17, 2013a, unter: (www.digitalcommerce360.com), http://tinyurl.com/yxre2q4o, abgerufen am 13.3.2013.

Demery, P.: Sears rolls out the Fulfilled by Sears program for other retailers, in: InternetRetailer, March 22, 2013b, unter: (www.digitalcommerce360.com), http://tinyurl.com/yxo5ecvb, abgerufen am 25.3.2013.

Deschene, L.: What is Behavioral Targeting?, in: BNET (April 28, 2004), unter: (www.bnet.com), http://tinyurl.com/649z4v, abgerufen 26.12.2012.

Deutscher Marketing Tag (DMT): marketing getting smarter, Hannover 2018.

Dhar, S.; Varshney, U.: Challenges and Business Models for Mobile Location-based Services and Advertising, in: Communications of the ACM, Vol. 54 (May 2011), No. 5, pp. 121–129.

Dick, J.; Hull, E.: Requirements Engineering, Berlin 2017.

Dietrich, H.: Realtime Targeting im Internet, in: Bauer, C.; Greve, G.; Hopf, G. (Hrsg.): Online Targeting und Controlling, Wiesbaden 2011, S. 43–54.

Diller, H. (Hrsg.): Marketingplanung, 2., vollst. neu bearb. und erg. Aufl., München 1998.

Ding, D. X.; Hu, P. J.-H.; Verma, R.; Wardell, D. G.: The Impact of Service System Design and Flow Experience on Customer Satisfaction, in: Journal of Service Research, Vol. 13 (2010), No. 1, pp. 96–110.

Disselkamp, M.; Heinemann, S.: Digital-Transformation-Management: Den digitalen Wandel erfolgreich umsetzen, Stuttgart 2018.

Dobele, A.; Lindgreen, A.; Beverland, M.; Vanhamme, J.; van Wijk, R.: Why Pass On Viral Messages? Because They Connect Emotionally, in: Business Horizons, Vol. 50 (2007), No. 4, pp. 291–304.

Dodgson, M.; Gann, D.; Salter, A.: The role of technology in the shift towards open innovation: the case of Procter & Gamble, in: R&D Management, Vol. 36 (2006), No. 3, pp. 333–346.

Dolmetsch, R.: eProcurement, München 2000.

Domin, A.: Tracking ohne Cookies: So funktioniert Canvas-Fingerprinting, in: tn3, 31.12.2018, unter: (www.t3n.de), http://tinyurl.com/yxnbff3u, abgerufen am 2.1.2019.

Donnella, A.: Preissuchmaschine.de konvertiert am besten, in: Internet World Business, 14.5.2010.

Doppler, K.; Lauterburg, C.: Change Management, Frankfurt 2000.

Dörflein, M.; Hennig, A.: Electronic Commerce und EDI, in: Thome, R.; Schinzer, H. (Hrsg.): Electronic Commerce: Anwendungsbereiche und Potenziale der digitalen Geschäftsabwicklung, München 2000, S. 181–208.

Dörflein, M.; Thome, R.: Electronic Procurement, in: Thome, R.; Schinzer, H. (Hrsg., 2000), a. a. O., S. 45–80.

Doringer, C.: Kundenindividuelle Fertigung, Wien 1991.

Dorloff, F.-D.; Leukel, J.; Schmitz, V. (Hrsg.): e-Business – Standardisierung und Integration, Tagungsband zur Multikonferenz Wirtschaftsinformatik, Göttingen 2004.

Dornan, A.: The Essential Guide to Wireless Communications Applications, from Cellular Systems to WAP and M-Commerce, Upper Saddle River 2001.

Downes, L.; Mui, C.: Unleashing the Killer App. Digital Strategies for Market Dominance, Boston 1998.

Drescher, D.: Blockchain Basics, Frankfurt 2017.

Drucker, P. F.: The Coming of the New Organization, in: Harvard Business Review, Vol. 66 (January–February 1998), No. 1, pp. 45–53.

Dück, G.: DD263: STJ-Menschen dominieren methodisch analytisch nach Planin: Omnisophie, 13.4.2016, unter: (www.omnisophie.com), http://tinyurl.com/y66627w6, abgerufen am 10.12.2018.

Duggan, D.: Enterprise Software Architecture and Design: Entities, Services, and Resources, Chichester 2012.

Duschek, S.; Rometsch, M.: Netzwerktypologien – Nutzen und Grenzen am Beispiel Kompetenzentwicklung, in: Stahl, H. K.; von den Eichen, S. A. F. (Hrsg.): Vernetzte Unternehmen. Wirkungsvolles Agieren in Zeiten des Wandels, Berlin 2005, S. 121–138.

Dushinski, K.: The Mobile Marketing Handbook, 2. Edition, Medford 2012.

Düweke, E.; Rabsch, S.: Erfolgreiche Websites, SEO, SEM, Online-Marketing, Usability, Bonn 2011.

Dyson, E.: Release 2.0. Die Internet-Gesellschaft, München 1997.

E&Y: Re-engineering the supply chain for the omni-channel of tomorrow, Global consumer goods and retail omni-channel supply chain survey, February 2015.

Eckert, C.: IT-Sicherheit. Konzepte – Verfahren – Protokolle, 10 Aufl., München 2018.

Eco – Verband der deutschen Internet-Wirtschaft: Die deutsche Internetwirtschaft 2015–2019, Berlin 2017.

Economist: 3D printing transforms the economics of manufacturing, in: Economist, July 1, 2017, unter: (www.economist.com), http://tinyurl.com/yxpwx8wx, abgerufen am 24.12.2018.

Egeli, M.: Erfolgsfaktoren von Mobile Business: Ein Reifegradmodell zur digitalen Transformation von Unternehmen durch Mobile IT, Berlin 2016.

Eggers, B.; Hoppen, G. (Hrsg.): Strategisches e-Commerce-Management, Wiesbaden 2001.

Eggers, B.; Hoppen, G.: Strategisches e-Commerce-Management: Zentrale Aufgaben und Prozesse, in: Eggers, B.; Hoppen, G. (Hrsg.): Strategisches e-Commerce-Management, Wiesbaden 2001, S. 671–690.

Eggert, A.: Konzeptionelle Grundlagen des elektronischen Kundenbeziehungsmanagements, in: Eggert, A.; Fassott, G. (Hrsg.): eCRM – Electronic Customer Relationship Management, Stuttgart 2001, S. 87–106.

Eggert, A.; Fassott, G. (Hrsg.): eCRM – Electronic Customer Relationship Management, Stuttgart 2001.

Eggert, A.; Fassott, G.: Elektronisches Kundenbeziehungsmanagement (eCRM), in: Eggert, A.; Fassott, G. (Hrsg., 2001), a. a. O., S. 1–14.

Ehrlich, O.: Determinanten der Kanalwahl im Multichannel-Kontext, Wiesbaden 2011.

Ehrmann, T.; Schmale, H.: Renaissance der Randsortimente, in: Absatzwirtschaft – Zeitschrift für Marketing, Nr. 2/2008, S. 44–46.

Eickmeier, F.; Hansmersmann, P.: Datenschutzkonforme Nutzerprofile im Internet, in: Bauer, C.; Greve, G.; Hopf, G. (Hrsg., 2011), a. a. O., S. 95–121.

Eisenächer, H. W.: Lufthansa – Excellence in Branding, in: Meffert, H.; Burmann, C.; Koers, M. (Hrsg., 2005), a. a. O., S. 819–836.

Elbanna, A.: From intention to use to actual rejection: the journey of an e-procurement system, in: Journal of Enterprise Information Management, Vol. 23 (2010), No. 1, pp. 81–99.

Elberse, A.: Should you invest in the long tail?, in: Harvard Business Review, Vol. 86 (July–August 2008), No. 7/8, pp. 88–96.

Elberse, A.; Oberholzer-Gee, F.: Superstars and Underdogs: An Examination of the Long Tail Phenomenon in Video Sales. Harvard Business School Working Paper Series No. 07–15 / 2006.

Emre, M.: The Personality Brokers: The Strange History of Myers-Briggs and the Birth of Personality Testing, New York 2018.

Enderle, M., Wirtz, B.: Weitreichende Änderungen, in: Absatzwirtschaft – Zeitschrift für Marketing, Nr. 1/2008, S. 36–39.

Enders, A.; Jelassi, T.: Leveraging multichannel retailing: the experience of Tesco.com, in: MIS Quarterly Executive, Vol. 8 (June 2009), No. 2, pp. 89–100.

Enge, E.; Spencer, S.; Stricchiola, J.; Fishkin, R.: Die Kunst des SEO, 2 Aufl., Köln 2012.

Erl, T.: Cloud Computing: Concepts, Technology & Architecture, Upper Saddle River 2013.

Erlhofer, S.: Suchmaschinenoptimierung, 5., aktualisierte und erweiterte Aufl., Bonn 2011.

Ernst & Young: Re-engineering the supply chain for the omni-channel of tomorrow, Global consumer goods and retail omni-channel supply chain survey, February 2015.

Ernst, H.: Erfolgsfaktoren neuer Produkte – Grundlagen für eine valide empirische Forschung, Wiesbaden, 2001

Erxleben, C.; Gillner, S.: Alle Facebook-Werbeformate in der Übersicht, in: Internet World Business, 3.4.2017, unter: (www.internetworld.de), http://tinyurl.com/y68ado3y, abgerufen am 24.12.2018.

Esch, F.-R.: Der Affe in uns. Worauf sich das Marketing einstellen muss, in: Absatzwirtschaft – Zeitschrift für Marketing, Nr. 12 (2007), S. 30–35.

Esch, F.-R.; Wicke, A.: Herausforderungen und Aufgaben des Markenmanagements, in: Esch, F.-R. (Hrsg.): Moderne Markenführung, 2 Aufl., Wiesbaden 2000, S. 3–60.

Esser, S.: Versicherungen und der digitale Kunde. Chancen und Risiken für InsurTechs, Norderstedt 2018.

Etzel, H.-J.; Faißt, D.; Richter, R.: Umsetzung einer IT-Strategie in einem stark veränderlichen betrieblichen Umfeld, in: Etzel, H.-J.; Heilmann, H.; Richter, R. (Hrsg.): IT – Projektmanagement. Fallstricke und Erfolgsfaktoren, Heidelberg 2000, S. 95–113.

Etzel, H.-J.; Heilmann, H.; Richter, R. (Hrsg.): IT – Projektmanagement. Fallstricke und Erfolgsfaktoren, Heidelberg 2000.

Evans, E. J.: Domain-Driven Design: Tackling Complexity in the Heart of Software, Amsterdam 2003.

Ezeanaka, M.: Dropshipping: Discover How to Make Money Online, Build Sustainable Streams of Passive Income and Gain Financial Freedom Using The Dropshipping E-commerce Business Model, Luxemburg 2018.

Faber, R.; Prestin, S.: Social Media und Location Based Marketing, München 2012.

Farney, T. A.: Click Analytics: Visualizing Website Use Data, in: Information Technology and Libraries, September 2011, pp. 141–148.

Farris, P. W.; Bendle, N. T.; Pfeifer, P. E.; Reibstein, D. J.: Marketing messbar machen, Frankfurt 2007.

Fasel, C.: Sprache im Internet – Texten im Zeitalter von Web 2.0, in: Schwarz, T. (Hrsg., 2007), a. a. O., S. 171–177.

Federrath, H.; Jerichow, A.; Pfitzmann, A.; Pfitzmann, B.: Mehrseitig sichere Schlüsselerzeugung, in: Horster, P. (Hrsg.): Trust Center. Grundlagen, Rechtliche Aspekte, Standardisierung, Realisierung, Braunschweig 1995, S. 117–131.

Feist, J.: Efficient Retargeting, in: Schwarz, T. (Hrsg., 2011), a. a. O., S. 365–376.

Fellenstein, C.; Wood, R.: Exploring e-Commerce, Global e-Business, and e-Societies, Upper Saddle River 2000.

Fidelman, M.; Hinchcliffe, D.: Rethinking the Customer Journey in a Social World, in: Forbes, 26.11.2012, unter: (www.forbes.com), http://tinyurl.com/cdzgkmo, abgerufen am 13.1.2013.

Fink, D.; Knoblach, B.; Wamser, C.: Vernetzung – ein Managementkonzept der Zukunft?, in: Stahl, H. K.; von den Eichen, S. A. F. (Hrsg., 2005), a. a. O., S. 21–38.

Finkel, B.; Dill, M.: Big Data Analytics im Marketing, in: Absatzwirtschaft.de vom 28.11.2012, unter: (www.absatzwirtschaft.de), http://tinyurl.com/yxb2axhp, abgerufen am 28.11.2012.

Fischer, M.: Bin ich blöd? Das MediaMarkt-Desaster, in: Website Boosting, 03/04, 2012, S. 48–61.

Fischer, M.: Usability und Stickiness, in: Schwarz, T. (Hrsg., 2007), a. a. O., S. 189–198.

Fischer, M.: Website Boosting 2.0. Suchmaschinen-Optimierung, Usability, Online-Marketing, 2., aktualisierte und erweiterte Aufl., Heidelberg 2009.

Fischermann, T.; Hamann, G.: Die ewige Werbepause, in: Die Zeit, 21.07.2005, Nr. 30-21.

Fischermann, T.; Hamann, G.: Wer hebt das Datengold?, in: Die Zeit Online, vom 06.01.2013, unter: http://mobil.zeit.de/2013/02/Big-Data, abgerufen am 24.12.2018.

Fitz-Enz, J.: The e-Aligned Enterprise, New York 2001.

Fleck, A.: Hybride Wettbewerbsstrategien, Wiesbaden 1995.

Fleisch, E.: Das Netzwerkunternehmen, Berlin 2001.

Floemer, A.: YouTube: Google nennt neue, beeindruckende Zahlen, in: t3n vom 23.01.2012, (http://t3n.de), http://tinyurl.com/y37tjoql, abgerufen am 20.2.2019.

Foegen, M.; Kaczmarek, C.: Organisation in einer digitalen Zeit, 3 Aufl., Darmstadt 2016.

Forman, C.; Ghose, A.; Wiesenfeld, B.: Examing the Relationship Between Reviews and Sales: The Role of Reviewer Identity Discloser in Electronic Markets, in: Information Systems Research, Vol. 19 (2008), No. 3, pp. 291–313.

Fortmann, L.; Haffke, I.; Benlian, A.: Navigating through digital transformation using bimodal IT: How changing IT organizations facilitates the digital transformation journey at Deutsche Bahn Vertrieb GmbH, in: Urbach, N.; Röglinger, M. (eds., 2019), a. a. O., pp. 393–410.

Fowler, M.: Patterns of Enterprise Application Architecture, Boston 2002.

Fränkl, G.; Karpf, P.: Digital Rights Management Systeme – Einführung, Technologien, Recht, Ökonomie und Marktanalyse, München 2004.

Frazier, C.: Swap Meet. Consumers are willing to exchange personal information for personalized products, in: American Demographics, July 2001, pp. 51–55.

Frederiksen, L. W.; Is Your Website Catching New Clients? How content marketing can improve your website's value and enhance the growth of your firm, in: CPA Practice Management Forum, June 2012, pp. 5–11.

French, J. R. P.; Raven, B.: The basis of social power, in: Cartwright, D. (ed.): Studies in Social Power, Ann Arbor 1959, pp. 150–167.

Frese, E.; Stöber, H.: Internet und Organisationsmanagement, Aufbruch zu neuen Ufern – zwölf Thesen, in: Frese, E.; Stöber, H. (Hrsg.): e-Organisation. Strategische und organisatorische Herausforderungen des Internet, Wiesbaden 2002, S. 10–16.

Freter, H.; Obermeier, O.: Marktsegmentierung, in: Hermann, A.; Homburg, C. (Hrsg.): Marktforschung: Methoden, Anwendungen, Praxisbeispiele, 2 Aufl., Wiesbaden 2000, S. 739–764.

Fritz, W.: Internet-Marketing und Electronic Commerce, Wiesbaden 2000.

Fröhlich, C.: Die Ketten gesprengt, in: Internet World Business, Nr. 16/ 2018, 13. August 2018, S. 8–10.

Frohmann, F.: Digitales Pricing. Strategische Preisbildung in der digitalen Wirtschaft mit dem 3-Level-Modell, Wiesbaden 2018.

Fu, H.-P.; Chang, T.-H.; Wu, W.-H.: An implementation model of an e-Procurement system for auto parts: a case study, in: Production Planning & Control, Vol. 15 (October 2004), No. 7, pp. 662–670.

Furr, N.; Nel, K.; Ramsoy, T. Z.: Leading Transformation. How to take charge of your company's future, Boston 2018.

Gärtner, M.: Studie: Wie verlässlich sind Produktbewertungen auf Amazon?, unter: (www.amazon-watchblog.de), http://tinyurl.com/y5k5drqy, abgerufen am 2.1.2019.

Gaitanides, M.; Westphal, J.: Strategische Gruppen und Unternehmenserfolg, in: Zeitschrift für Planung, o. Jg. (1991), H. 3, S. 247–265.

Gaitanides, M.; Wicher, H.: Strategien und Strukturen innovationsfähiger Organisationen, in: Zeitschrift für Betriebswirtschaft, 56. Jg. (1986), Heft 4/5, S. 385–403.

Gally, O.; Korpela, K.; Nurminen, J. K.: A Peer-to-Peer Platform for Decentralized Logistics, in: Kersten, W.; Blecker, T.; Ringle, C. M. (eds.): Digitalization in Supply Chain Management and Logistics, Berlin 2017, pp. 19–34.

Gangadharbatla, H.: Facebook Me: Collective Self-Esteem, Need to Belong, and Internet Self-Efficacy as Predictors of the iGeneration's Attitudes toward Social Networking Sites, in: Journal of Advertising, Vol. 8 (2008), No. 2, pp. 1–28.

Garrett, J. J.: Die Elemente der User Experience. Anwenderzentriertes (Web-)Design, 2 Aufl., München 2012.

Gassmann, O.: Crowdsourcing. Innovationsmanagement mit Schwarmintelligenz, 2 Aufl., München 2013.

Gassmann, O.; Sutter, P.: Digitale Transformation im Unternehmen gestalten: Geschäftsmodelle, Erfolgsfaktoren, Fallstudien, Handlungsanweisungen, München 2016.

Gaston, G.: Making the Omni-channel Experience a Reality: Lessons from outside the industry, BAI Retail Delivery, Chicago 2014.

Gatterer, H.: Mind the Future: das digitale Jetzt, in: Digitale Erleuchtung. Alles wird gut, Trendstudie Zukunftsinstitut, Frankfurt 2016, S. 102–107.

Gattiker, U. E.: The Information Security Dictionary: Defining the Terms that Define Security for E-Business, Internet, Information and Wireless Technology, Berlin 2004.

Gay, R.; Charlesworth, A.; Esen, R.: Online Marketing, a customer-led approach, Oxford 2007.

Gebhardt, M.: Ajax als Schlüsseltechnologie des Web 2.0 – asynchrone Browser-Server-Kommunikation in der Net Economy, in: Kollmann, T.; Häsel, M. (Hrsg., 2007), a. a. O., S. 121–141.

Gehirn & Geist: Das Manifest. Elf führende Neurowissenschaftler über Gegenwart und Zukunft der Hirnforschung, 25.9.2006.

Geiger, C.; Pagel, S.: Schöner leben. Augmented City 2012 – auf dem Weg in die digital ergänzte Stadt, in: Heise Online, Nr. 11/ 2012, unter: (www.heise.de), http://tinyurl.com/y5j47xcz, abgerufen am 24.12.2018.

Gemünden, H. G.; Kaluza, B.; Pleschak, F.: Management von Prozeßinnovationen, in: Gemünden, H. G.; Pleschak, F. (Hrsg.): Innovationsmanagement und Wettbewerbsfähigkeit, Wiesbaden 1992, S. 33–54.

Gersdorf, R.: Potenziale des Content Managements, in: Wirtschaftsinformatik, Vol. 44 (2002), No. 1, pp. 72, 73, 75–78.

Gerybadze, A.: Strategic Alliances and Process Redesign: Effective Management and Restructuring of Cooperative Projects and Networks, Berlin 1994.

Ghosh, A. K.: e-Commerce Security, Weak Links, Best Defenses, New York 1998.

Gilbert, F.: Beacons, Bugs, and Pixel Tags: Do You Comply with the FTC Behavioral Marketing Principles and Foreign Law Requirements? In: Journal of Internet Law, Vol. 11. (2008), No. 11, pp. 3–10.

Gilchrist, A.: Supply Chain 4.0. From Stacking Shelves to Running the World, Warschau 2018.

Gillner, S.: Nike Live: Der datenbasierte Laden der Zukunft, in: Internet World Business, 14.11.2018, unter: (www.internetworld.de), http://tinyurl.com/yyebeefs, abgerufen am 14.11.2018.

Gilmore, J. H.; Pine, B. J. (eds.): Markets of One. Creating Customer-Unique Value through Mass Customization, Boston 2000.

Gimenez, C.; Lourenco, H. R.: e-SCM: internet's impact on supply chain processes, in: The International Journal of Logistics Management, Vol. 19 (2008), No. 3, pp. 309–343.

Giordano, M.; Hummel, J. (Hrsg.): Mobile Business. Vom Geschäftsmodell zum Geschäftserfolg, mit Fallbeispielen zu Mobile Marketing, mobilen Portalen und Content-Anbietern, Wiesbaden 2005.

Gloger, B.: Scrum: Der Paradigmenwechsel im Projekt- und Produktmanagement. Eine Einführung, in: Informatik Spektrum, Vol. 33 (2010), No. 2, pp. 195–200.

Gloger, B.: Scrum-Produkte zuverlässig und schnell entwickeln, 3 Aufl., München 2011.

Gloor, P.: Coolfarming: Turn Your Great Idea into the Next Big Thing, Columbus 2010.

Gloor, P.: Predicting the Outcome of the Swiss Popular Votes on March 11, 2012, in: SwarmCreativity, 3.3.2012, unter: (http://swarmcreativity.blogspot.nl), http://tinyurl.com/yxr2z4we, abgerufen am 24.12.2018.

Gloor, P.; Cooper, S.: Coolhunting. Chasing down the next big thing, New York 2007.

Godes, D.; Mayzlin, D.: Using Online Conversations to Study Word of Mouth Communication, in: Marketing Science, Vol. 23 (2004), No. 4, pp. 545–560.

Goff, C.: Following footsteps, in: New Media Age, 16.02.06, pp. 23–24.

Goktan, A. B.; Miles, G.: Innovation speed and radicalness: are they inversely related?, in: Management Decision, Vol. 49 (2011), No. 4, pp. 533–547.

Goldfarb, A.; Tucker, C.: Online Display Advertising: Targeting and Obtrusiveness, in: Marketing Science, Vol. 30 (May–June 2011), No. 3, pp. 389–404.

Goldmann, H. M.: Wie man Kunden gewinnt. Das weltweit erfolgreichste Leitbuch moderner Verkaufspraxis, Berlin 2005.

Goldstein, N. J.; Martin, S. J.; Cialdini, R. B.: Yes! 50 Scientifically Proven Ways to be Persuasive, New York 2008.

Gomez, V.: Best Buy gets in on third-party swap, in: Retailing Today, January 18, 2013, unter: (www.chainstoreage.com), http://tinyurl.com/y5l6vk95, abgerufen am 21.1.2013.

Goodstein, L.; Nolan, T.; Pfeiffer, J. W.: Applied Strategic Planning. How to Develop a Plan that Really Works, New York 1993.

Google: The Arrival of Real-Time Bidding and What it Means for Media Buyers, 2011.

Göpfert, Y.: Customer Centricity: Diese Marken haben's drauf, in: Werben & Verkaufen, 19.12.2018, unter: (www.wuv.de), http://tinyurl.com/y3xxxd3e, abgerufen am 19.12.2018.

Gora, W.; Mann, E. (Hrsg.): Handbuch Electronic Commerce, Berlin 2001.

Gosh, A. K.: e-Commerce Security: Weak Links, Best Defenses, New York 1998.

Gothelf, J.; Seiden, J.: Sense & Respond, How successful organisations listen to customers and create new products continuously, Boston 2017.

Götz, P.: Strategische Analyse, in: Diller, H. (Hrsg.): Marketingplanung, 2., vollst. neu bearb. und erg. Aufl., München 1998, S. 33–71.

Gouillart, F. J.; Kelly, J. N.: Transforming the Organization, New York 1995.

Grabs, A.; Bannour, K.-P.: Follow me! Erfolgreiches Social Media Marketing mit Facebook, Twitter & Co., 2., aktualisierte Aufl., Bonn 2012.

Graham, R.: The Power of Retargeting, in: CLICKZ (Dec. 16, 2009), unter: (www.clickz.com), http://tinyurl.com/y3de6vzc, abgerufen 26.12.2012.

Grant, G. L.: Understanding Digital Signatures: Establishing Trust Over the Internet, New York 1998.

Greifeneder, H.: Erfolgreiches Suchmaschinen-Marketing, 2 Aufl., Wiesbaden 2010.

Grether, M.; Markarian, R.: Markenkommunikation im Internet – dank Targeting mehr als nur ein weiteres Massenmedium, in: Bauer, H. H.; Huber, F.; Albrecht, C.-M. (Hrsg.): Erfolgsfaktoren der Markenführung: Know-how aus Forschung und Management, München 2007, S. 285–298.

Greve, G.: Social CRM: Zielgruppenorientiertes Kundenmanagement mit Social Media, in: Bauer, C.; Greve, G.; Hopf, G. (Hrsg., 2011), a. a. O., S. 261–286.

Greve, G.; Hopf, G.; Bauer, C.: Einführung in das Online Targeting, in: Bauer, C.; Greve, G.; Hopf, G. (Hrsg., 2011), a. a. O., S. 3–22.

Grossman, S.: Minimum Viable Product: Master Early Learning and Develop an MVP with Scrum, Luxemburg 2017.

Grudin, J.: Groupware and Social Dynamics – Eight Challenges for Developers, in: Communications of the ACM, Vol. 37 (January 1994), No. 1, pp. 92–105.

Grudin, J.: Why CSCW Applications Fail: Problems in the Design and Evaluation of Organizational Interfaces, in: Proceedings of the Conference on Computer-Supported Cooperative Work, September 1988, pp. 85–93.

Guadagno, R. E.; Cialdini, R. B.: On-line persuasion: An examination of differences in computer-mediated interpersonal influence, in: Group Dynamics: Theory, Research and Practice, Vol. 6 (2002), pp. 38–51.

Gulati, R.; Garino, J.: Get the Right Mix of Bricks and Clicks for Your Company, in: Harvard Business Review, Vol. 78 (May–June 2000), No. 3, pp. 107–114.

Gunasekaran, A.; Ngai, E.W.T.: Information systems in supply chain integration and management, in: European Journal of Operational Research, Vol. 159 (2004), pp. 269–295.

Günter, M.: Web Security 2.0, in: Kollmann, T.; Häsel, M. (Hrsg., 2007), a. a. O., S. 143–158.

Günter, B.; Helm, S. (Hrsg.): Kundenwert. Grundlagen – Innovative Konzepte – Praktische Umsetzungen, 3., überarb. und erw. Aufl., Wiesbaden 2006.

Gupta, A.; Browning, W.: E-Procurement: Trials and Triumphs, Aberdeen Report, October 2007.

Gupta, S.; Giri, V.: Practical Enterprise Data Lake Insights: Handle Data-Driven Challenges in an Enterprise Big Data Lake, New York 2018.

Hackius, N.; Petersen, M.: Blockchain in Logistics and Supply Chain: Trick or Treat?, in: Kersten, W.; Blecker, T.; Ringle, C. M. (eds., 2017), a. a. O., pp. 3–18.

Hackman, J. R.: The Psychology of Self-Management in Organizations, in: Pallak, M. S.; Perloff, R. O. (eds.): Psychology and Work: Productivity, Change, Employment, Washington 1986, pp. 89–139.

Haenlein, M.; Kaplan, A. M.; Schoder, D.: Valuing the real option of abandoning unprofitable customers when calculating customer lifetime value, in: Journal of Marketing, Vol. 70 (2006), No. 3, pp. 5–20.

Hafen, T.: 5G wird Schlüsseltechnik der Digitalisierung, in: InternetWorld, 15.08.2018, unter: (www.internetworld.de), http://tinyurl.com/y6n4qcvr, abgerufen am 24.12.2018.

Hagel, J.; Armstrong, A. G. .: Net Gain, Boston 1997.

Hagel, J.; Singer, M.: Unbundling the Corporation, in: Harvard Business Review, Vol. 75 (1999), No. 1, pp. 133–141.

Hahn, A.: Produktdatenbereitstellung und -management aus Lieferantensicht, in: Dangelmaier, W.; Pape, U.; Rüther, M. (Hrsg., 2001), a. a. O., S. 53–66.

Hahn, D.: Problemfelder des Supply Chain Managements, in: Wildemann, H. (Hrsg.): Supply Chain Management, München 2000, S. 9–20.

Halliburton, C.; Ziegfeld, A.: How do major European companies communicate their corporate identity across countries? – An empirical investigation of corporate internet communications, in: Journal of Marketing, Vol. 25 (2009), No. 9–10, pp. 909–925.

Halvorson, K.; Rach, M.: Content Strategy for the Web, 2nd edition, Berkeley 2012.

Hamel, G. M.; Prahalad, C. K.: Competing for the future, Boston 1994.

Handford, R.: Over 7M users for Starbucks payment app, in: Mobile World Live, unter: (www.mobileworldlive.com), http://tinyurl.com/y6b3mokb, abgerufen am 5.3.2013.

Handley, A.; Chapman, C. C.: Content Rules: How to Create Killer Blogs, Podcasts, Videos, Ebooks, Webinars (and More) That Engage Customers and Ignite Your Business (New Rules Social Media), Chichester 2012.

Handy, C.: Vertrauen: Die Grundlage der virtuellen Organisation, in: Tapscott, D. (Hrsg., 2000): a. a. O., S. 130–143.

Hanke, K.: Weil du es bist, in: Absatzwirtschaft – Zeitschrift für Marketing, Nr. 11/2018, S. 21.

Hannig, U.: Marketing und Sales Automation, in: Hannig, U. (Hrsg.): Marketing und Sales Automation: Grundlagen – Tools – Umsetzung, Berlin 2017, S. 3–18.

Hansmann, K.: Prognose und Prognoseverfahren, in: Betriebswirtschaftliche Forschung und Praxis, 47. Jg. (1995), Nr. 3, S. 269–286.

Harding, W. T.; Reed, A.; Gray, R. L.: Cookies and Web Bugs: What They Are and How They Work Together. In: Tipton, H. F.; Krause, M. (eds.): Information Security Management Handbook, Band 3, 4th ed., Boca Raton 2002, pp. 259–272.

Hargrave, S.: The safe path, in: New Media Age, 7.4.2011, pp. 27–28.

Harrington, H. J.: Business Process Improvement, New York 1991.

Harter, G.; Landry, E.; Tipping, A.: The New Complete Marketer, in: Strategy & Business, 2007.

Hartman, A.; Sifonis, J.: Net Ready. Strategies for Success in the e-Conomy, New York 2000.

Hartmann, D. R.: Wettbewerbsvorteile durch Electronic Procurement, in: Bogaschewsky, R. (Hrsg., 1999), a. a. O., S. 41–56.

Hass, B. H.; Willbrandt, K. W.: Targeting von Onlinewerbung: Grundlagen, Formen und Herausforderungen, in: MedienWirtschaft: Zeitschrift für Medienmanagement und Kommunikationsökonomie, 8. Jg. (2011), Nr. 1, S. 12–21.

Hassan, S.; Li, F.: Evaluating the usability and the content usefulness of websites – a benchmarking approach, in: Journal of Electronic Commerce in Organizations, Vol. 3 (April-June 2005), No. 3, pp. 46–67.

Hassler, M.: Web Analytics, 3., aktualisierte und erweiterte Aufl., München 2012.

Hau, S.-M.; Theobald, E.: Erfolgsfaktoren und Grenzen der Markenführung im Internet, in: Theobald, E.; Haisch, P. T. (Hrsg., 2011), a. a. O., S. 127–150.

Hauptmann, S.; Lang, R.; Steger, T.: Individuen und Kollektive in Organisation in Zeiten des Web 2.0, in: Armutat, S.; Seisreiner, A. (Hrsg.): Differentielles Management, Wiesbaden 2012, S. 16–34.

Häusel, H.-G.: Neuromarketing. Erkenntnisse der Hirnforschung für Markenführung, Werbung und Verkauf, Freiburg 2006.

Havas Group: Meaningful Brands, unter: https://www.meaningful-brands.com/en, abgerufen am 24.12.2018.

Hayden, L.: IT Security Metrics: A Practical Framework for Measuring Security and Protecting Data, Columbus 2010.

HDE – Handelsverband Deutschland: Handel Digital Online-Monitor 2018, Berlin 2018.

Hegge, U.: Targeted Advertising, in: Schwarz, T. (Hrsg.): Leitfaden Online Marketing, 2 Aufl., Waghäusel 2008, S. 286–296.

Heine, C.: Frito-Lay Likes the Data From Doritos' ‹Crash the Super Bowl', Facebook-anchored effort hits 100 million views, in: Adweek News, 7.2.2013, unter: (www.adweek.com), http://tinyurl.com/apcn23x, abgerufen am 10.5.2013.

Heinemann, C.: Das e-Commerce-Unternehmen: Möglichkeiten der organisatorischen Umsetzung, in: Eggers, B.; Hoppen, G. (Hrsg., 2001), a. a. O., S. 125–140.

Heinemann, G.: Cross-Channel-Management. Integrationserfordernisse im Multi-Channel-Handel, 3 Aufl., Wiesbaden 2011.

Heinemann, G.: Der neue Mobile Commerce. Erfolgsfaktoren und Best Practices, Wiesbaden 2012a.

Heinemann, G.: No-Line-Handel: Höchste Evolutionsstufe im Multi-Channeling, Wiesbaden 2012b.

Heinrich, D.; Toma, B.; Martin, I.; Bauer, H. H.: Social Media Analyse – wie verlässlich ist Marktforschung in sozialen Netzwerken?, in : Bauer, H. H.; Rösger, J.; Toma, B. (Hrsg.): Social Media und Brand Community Marketing. Grundlagen, Strategien und Erfolgskonzepte aus der Praxis, München 2013, S. 115–138.

Heintz, J.: Netstructuring als Option zur strategischen Vernetzung der Konsumgüterbranche: Status, Entwicklungsmöglichkeiten und Erfolgsfaktoren am Beispiel des Konsumgüterherstellers Procter & Gamble, Hamburg 2006.

Heiny, L: Wachsende Unruhe, in: FTD medbiz, Nr. 16/2007, S. 4–7.

Hell, M.: Online-Baumärkte: Ein sperriges Geschäft, in: Internet World, 22.9.2018, unter: (www.internetworld.de), http://tinyurl.com/y2ybmaqp, abgerufen am 24.12.2018.

Heller, L.: Don't Forget About The Retail Apocalypse, in: Forbes, November 30, 2017, unter: (www.forbes.com), http://tinyurl.com/y674avqd, abgerufen am 24.12.2018.

Helm, S.; Günter, B.: Kundenwert – eine Einführung in die theoretischen und praktischen Herausforderungen der Bewertung von Kundenbeziehungen, in: Günter, B.; Helm, S. (Hrsg., 2006), a. a. O., S. 3–40.

Helmke, S.; Dangelmaier, W. (Hrsg.): Effektives Customer Relationship Management, Wiesbaden 2001.

Henderson, J.; Venkatraman, N.: IT Strategy Alignment: A Model for Organizational Transformation via Information Technology, in: Allen, T. J.; Scott Morton, M. S. (eds., 1994), a. a. O., pp. 202–220.

Henkel, R.: China: Tmall will zum Bestandteil der Produktentwicklung werden, in: FashionUnited, 19.10.2018, unter: (www.fashionunited.de), http://tinyurl.com/yy4krkaf, abgerufen am 24.12.2018.

Henningson, S.; Nishu, N.: Sitecore: Retaining Technological Leadership Through Digital Tech Acquisitions, in: Urbach, N.; Röglinger, M. (eds., 2019), a. a. O., pp. 183–204.

Henseler, W.: Social Media Branding, Markenbildung im Zeitalter von Web 2.0 und App-Computing, in: Theobald, E.; Haisch, P. T. (Hrsg., 2011), a. a. O., S. 111–126.

Herchenhein, N.; Schmalz, A.: Integration elektronischer Marktplätze in das Supply Chain Management, in: Dangelmaier, W.; Pape, U.; Rüther, M. (Hrsg., 2001), a. a. O., S. 123–139.

Herden, S.; Gomez, J. M.; Rautenstrauch, C.; Zwanziger, A.: Software-Architekturen für das E-Business, Berlin 2006.

Hermanns, A.; Sauter, M.: Electronic Commerce – Grundlagen, Potenziale, Marktteilnehmer und Transaktionen, in: Hermanns, A; Sauter, M. (Hrsg.): Management – Handbuch Electronic Commerce, München, 1999, S. 13–30.

Hermes, O.: Ein Weltkonzern scheitert an Social Media, in: Absatzwirtschaft – Zeitschrift für Marketing, 28.4.2010, unter: (www.absatzwirtschaft.de), http://tinyurl.com/y5yun6yv, abgerufen am 6.12.2012.

Herrmann, D. S.: Complete Guide to Security and Privacy Metrics: Measuring Regulatory Compliance, Operational Resilience, and ROI, Boca Raton 2007.

Herrmann, S.: Lexus lässt Werbespot von KI schreiben, in: Werben & Verkaufen, 19.11.2018, unter: (www.wuv.de), http://tinyurl.com/y57ly4ed, abgerufen am 20.11.2018.

Herzog, C.; Oest, P.: Blockchains in der Supply Chain, in: Lebensmittelzeitung, unter: (www.oliverwyman.de), https://tinyurl.com/y3srkkuy, abgerufen am 14.12.2018.

Heß, G.: Supply-Strategie in Einkauf und Beschaffung. Systematischer Ansatz und Praxisfälle, 2., aktualisierte und überarb. Aufl., Wiesbaden 2010.

Heutschi, R.; Alt, R.: eDetailing – Elektronisches Marketing in der Pharmaindustrie, Uni St. Gallen 2003.

Hienerth, C.: Kennzahlenmodell zur Erfolgsbewertung des e-Commerce. Wiesbaden 2010.

Hieronimus, F.; Burmann, C.: Persönlichkeitsorientiertes Markenmanagement, in: Meffert, H.; Burmann, C.; Koers, M. (Hrsg., 2005), a. a. O., S. 365–386.

Hilker, C.: Erfolgreiche Social-Media-Strategien für die Zukunft, Wien 2012.

Hill, K.: Facebook Is Giving Advertisers Access to Your Shadow Contact Information, in: Gizmodo, 26.9.2018, unter: (www.gizmodo.com), https://tinyurl.com/y7hedkv5, abgerufen am 24.12.2018.

Hille, M.: Mehr Ordnung im Cloud-Chaos, in: tn3, Nr. 52, 2018, S. 148–150.

Hippner, H.; Hubrich, B.; Wilde, K. D. (Hrsg.): Grundlagen des CRM. Strategie, Geschäftsprozesse und IT-Unterstützung, 3., vollst. überarb. und erweiterte Aufl., Wiesbaden 2011.

Hippner, H.; Wilde, K. D.: Komponenten einer CRM-Lösung, in: Helmke, S.; Dangelmaier, W. (Hrsg.): Effektives Customer Relationship Management, Wiesbaden 2001, S. 3–38.

Hitzler, P.; Krötzsch, M.; Rudolph, S.; Sure, Y.: Semantik Web, Berlin 2008.

Ho, L. T.; Lin, G. C. I.: Critical success factor framework for the implementation of integrated-enterprise systems in the manufacturing environment, in: International Journal of Production Research, Vol. 42 (September 2004), No.17, pp. 3731–3742.

Hofert, S.; Thonet, C.: Der agile Kulturwandel: 33 Lösungen für Veränderungen in Organisationen, Wiesbaden 2019.

Hoffmann, C. P.; Klose, M.: Logistik und Electronic Commerce, in: Weiber, R. (Hrsg.): Handbuch Electronic Business, Wiesbaden 2001, S. 599–622.

Hoffmann, M.: Modernes Webdesign. Gestaltungsprinzipien, Webstandards, Praxis, Bonn 2013.

Hohpe, G.; Woolf, B.: Enterprise Integration Patterns. Designing, Building, and Deploying Messaging Solutions, Boston 2012.

Holland, P.: Supply Chain Optimization Systems in der Materialwirtschaft, in: Walther, J.; Bund, M. (Hrsg., 2001), a. a. O., S. 79–98.

Homburg, C.; Giering, A.; Hentschel, F.: Der Zusammenhang zwischen Kundenzufriedenheit und Kundenbindung, in: Die Betriebswirtschaft (DBW), 59. Jg. (1999), Nr. 2, S. 174–195.

Homburg, C.; Krohmer, H.: Marketingmanagement. Strategie – Umsetzung – Unternehmensführung, 2., überarb. und erweiterte Aufl., Wiesbaden 2006.

Homburg, C.; Schäfer, H.: Die Erschließung von Kundenwertpotenzialen durch Cross-Selling, in: Günter, B.; Helm, S. (Hrsg., 2006), a. a. O., S. 157–182.

Homburg, C.; Schneider, J.; Schäfer, H.: Sales Excellence, Wiesbaden 2001.

Hopkins, J.; Turner, J.: Go mobile, Hoboken 2012.

Horváth & Partner (Hrsg.): Balanced Scorecard umsetzen, Stuttgart 2000.

Horváth, P.; Kaufmann, L.: Balanced Scorecard. Ein Werkzeug zur Umsetzung von Strategien, in: Harvard Business Manager, 20. Jg. (1998), Heft 5, S. 39–48.

Horváth, P.; Knust, P.; Schindera, F.: Internet-Geschäfte erfordern ein wirksames e-Controlling, in: Harvard Business Manager, Nr. 5, 2001, S. 44–54.

Horx, A.: Crowdsourcing – Ein Blick in die Zukunft der Markenführung, in: Schulten, M.; Mertens, A.; Horx, A. (Hrsg., 2012a), a. a. O., S. 439–449.

Horx, M.: Kreative Digitalisierung: Eine neue Beziehungsqualität, in: Digitale Erleuchtung. Alles wird gut, Trendstudie Zukunftsinstitut, Frankfurt 2016, S. 18–25.

Horx, M: Trendreport 2013, Kelkheim 2012b.

Hosford, C.: Digging into Web analytics a low priority, in: BtoB, Vol. 96 (November 7, 2011), No. 8.

Howe, J.: Crowdsourcing. Why the power of the crowd is driving the future of business, New York 2009.

Hruby, P.: Model-Driven Design Using Business Patterns, Berlin 2006.

Huang, R. Y.: Identification, Ranking, and Categorization of Mobile Marketing Success Factors, in: International Journal of Mobile Marketing, Vol. 7 (Summer 2012), No. 2, pp. 86–97.

Huang, Z.; Cappel, J. J.: A Comparative Study of Web Site Usability Practices of Fortune 500 Versus INC. 500 Companies, in: Information Systems Management, Vol. 29 (2012), No. 2, pp. 112–122.

Huber, G. P.: Organizational Learning: The Contributing Processes and the Literatures, in: Organization Science, Vol. 2 (February 1991), No. 1, pp. 88–111.

Huizingh, E. K. R. E.: Towards Successful e-Business Strategies: A Hierarchy of Three Management Models, in: Journal of Marketing Management, Vol. 18 (2002), pp. 721–747.

Hummel, T.: Chancen und Grenzen der Computerunterstützung kooperativen Arbeitens, Wiesbaden 1996.

Hutzschenreuter, T.: Organisation von Internet-Aktivitäten in etablierten Mehrproduktunternehmen, in: Zeitschrift für Organisation, 70. Jg. (2001), Heft 4, S. 206-212.

Hwang, B.-N.; Chang, S.-C.; Yu, H.-C.; Chang, C.-W.: Pioneering e-supply chain integration in semiconductor industry: a case study, in: International Journal of Advanced Manufactoring Technologies, Vol. 36 (2008), pp. 825–832.

Hyman, P.: Web Analytics: What's Worth Paying For?, in: Customer Relationship Management, May 2011, pp. 31–33.

IAB International Advertising Bureau: Advertising Effectiveness Study 1997, www.iab.net

Ibeh, K. I. N.; Luo, Y.; Dinnie, K.: E-branding strategies of Internet companies: Some preliminary insights from the UK, in: Brand Management, Vol. 12 (June 2005), No. 5, pp. 355–373.

Ibi Research: Online-Kaufverhalten im B2B E-Commerce, Regensburg 2017.

Iezzi, T.: Red Bull Stratos Shatters Records – And Traditional Notions Of Marketing, in: Co.Create, 15.10.2012, unter: (www.fastcocreate.com), https://tinyurl.com/cfj27p5, abgerufen am 3.1.2013.

Ihde, T: Integriertes Online-Marketing bei Pelikan, in: Schwarz, T. (Hrsg., 2007), a. a. O., S. 30–31.

IP Deutschland: Bewegtbild@Work. Erste Werbewirkungsergebnisse einer Meta-Analyse von 13 Bewegtbildkampagnen im Internet von Oktober 2007–Januar 2008, Köln 2008.

Ivanov, D.; Tsipoulanidis, A.; Schönberger, J.: Global Supply Chain and Operations Management. A Decision-Oriented Introduction to the Creation of Value, 2nd edition, Cham 2019.

Iyengar, S. S.; Lepper, M. R.: When choice is demotivating: can one desire too much of a good thing?, in: Journal of Personality and Social Psychology, Vol. 79 (2000), No. 6, pp. 995–1006.

Jackson, F. R.: Custimer Lifetime Valuation to Support Marketing Decision Making, in: Journal of Direct Marketing, Vol. 3 (Autumn 1989), No. 4, pp. 8–15.

Jacobi, R.: Wie die Blockchain die Werbung verändern wird, in: InternetWorld, 3.8.2017.

Jacobs, K. et al.: Making the Digital Connection: Why Physical Retail Stores Need a Reboot, Capgemini Group 2017.

Jaffe, J.: Flip the funnel. How to Use Existing Customers to Gain New Ones, Chichester 2010.

Jakobsen, J.: Website-Konzeption, München 2011.

Janetzko, D.: Statistische Anwendungen im Internet. In Netzumgebungen Daten erheben, auswerten und präsentieren. München 1999.

Janke, K.: Die neue Wendigkeit, in: Absatzwirtschaft – Zeitschrift für Marketing, Nr. 12/2018, S. 26–37.

Janning, R.: Marketing Automation – Systeme & Tools zur Neukundengewinnung, (ohne Datum) in: (www.onlinemarketing-praxis.de), https://tinyurl.com/y35e5s46, abgerufen am 20.2.2019.

Janson, A.: Das Konzept der Customer Journey, München 2012.

Jaquith, A.: Security Metrics: Replacing Fear, Uncertainty, and Doubt, Amsterdam 2007.

Jarboe, G.: YouTube and Video Marketing. An Hour a Day, 2. ed., London 2011.

Jaworska, J.; Sydow, M.: Behavioral Targeting in On-Line Advertising: An Empirical Study, in: Bailey, J.; Maier, D.; Schewe, K.-D.; Thalheim, B.; Wang, X. S. (eds.): Web Information Systems Engineering – WISE 2008, Berlin 2008, pp. 62–76.

Jefferson, S.; Tanton, S.: Valuable Content Marketing: How To Make Quality Content The Key To Your Business Success, London 2013.

Jehle, S.: Vertrauen und Recht im Internet. Am Beispiel vorvertraglicher Informationspflichten und des Bezahlverfahrens PayPal, Hamburg 2010.

Jelassi, T.; Enders, A.: Strategies for e-Business. Creating value through Electronic and Mobile Commerce, 2nd ed., Essex 2008.

Jentner, B.: Praxisorientiertes Benchmarking für die gesamte Wertschöpfungskette der Vertriebsfunktion am Beispiel eines Automobilherstellers, in: Zeitschrift für Betriebswirtschaft, 68. Jg. (1998), Nr. 9, S. 950–977.

Jiang, J.; Köhler, J.; Williams, C. M.; Zaletelj, J.; Güntner, G.; Horstmann, H.; Ren, J.; Löffler, J.; Wenig, Y.: LIVE: An Integrated Production and Feedback System for Intelligent and Interactive TV Broadcasting, in: IEEE Transactions on Broadcasting, Vol. 57 (September 2011), No. 3, pp. 646–661.

Jodeleit, B.: Social Media Relations: Leitfaden für erfolgreiche PR-Strategien und Öffentlichkeitsarbeit im Web 2.0, Heidelberg 2010.

Johnigk, M.; Reick, M.; Kähmann, J.: Die Omnichannel-Strategie der SIGNAL Iduna Gruppe als Antwort auf geändertes Kundenverhalten, in: Böckenholdt, I.; Mehn, A.; Westermann, A. (Hrsg., 2018), a. a. O., S. 191–214.

Johnson, M E.; Whang, S.: e-business and supply chain management: an overview and framework, in: Production and Operations Management, Vol. 11 (Winter 2002), No. 4, pp. 413–423.

Johnson, M. W.; Christensen, C. M.; Kagermann, H.: Reinventing your business model, in: Harvard Business Review, Vol. 89 (December 2008), No. 12, pp. 59–67.

Jonetzki, A.: Rechtsrahmen innovativer Zahlungssysteme für das Internet. Am Beispiel von PayPal, Frankfurt 2010.

Jost, P.-J.: Organisation und Motivation. Eine ökonomisch-psychologische Einführung, Wiesbaden 2001.

Kalakota, R.; Robinson, M.: e-Business 2.0, Roadmap for Success, Reading 2001.

Kalakota, R.; Whinston, A. B.: Frontiers of Electronic Commerce, Reading 1996.

Kaluza, B.: Dynamische Produktdifferenzierungsstrategie und moderne Produktionssysteme, in: Wildemann, H. (Hrsg.): Produktions- und Zuliefernetzwerke, München 1996, S. 191–234.

Kannan, P.K.; Kopalle, P.K.: Dynamic Pricing on the Internet: Importance and Implications for Consumer Behaviour, in: International Journal of Electronic Commerce, Vol. 5 (Spring 2001), No. 3, pp. 63–83.

Kaplan, A. M.; Haenlein, M.: Users of the world, unite! The challenges and opportunities of Social Media, in: Business Horizons, Vol. 53 (2010), No. 1, pp. 59–68.

Karig, F.: Jeder kann Werbung, in: Brand Eins, Nr. 6/2007, S. 14–15.

Karle, R.: Werbung im Web: Da bewegt sich was, in: Absatzwirtschaft – Zeitschrift für Marketing, Nr. 11/2012, S. 48–49.

Karlöf, B.; Östblom, S.: Benchmarking, Chichester 1993.

Kastalli, I. V.; van Looy, B.: Servitization: Disentanging the impact of service business model innovation on manufacturing firm performance, in: Journal of Operations Management, Vol. 31 (2013), No. 4, S. 169–180.

Kaufmann, L.: Purchasing and Supply Management – A Conceptual Framework, in: Hahn, D.; Kaufmann, L. (Hrsg.): Handbuch Industrielles Beschaffungsmanagement, Wiesbaden 1999, S. 3–32.

Kaulfuss, S.: Apple und die Händler: Beziehungsprobleme, in: Giga Mac, 7.2.2013, unter: (www.giga.de), https://tinyurl.com/yyn9vzfx, abgerufen am 20.3.2013.

Keller, A.-K.: Pinterest erfolgreich für den Onlinehandel nutzen, in: Absatzwirtschaft – Zeitschrift für Marketing, 8.11.2012, unter: (www.absatzwirtschaft.de), https://tinyurl.com/yyumz4qs, abgerufen am 24.12.2018.

Kempis, R.-D.; Ringbeck, J.: Do IT Smart, New York 1998.

Kent, M. L.; Carr, B. J.; Husted, R. A.; Pop, R. A.: Learning web analytics: A tool for strategic communication, in: Public Relations Review, Vol. 37 (2011), pp. 536–543.

Kersten, W.; Blecker, T.; Ringle, C. M. (eds.): Digitalization in Supply Chain Management and Logistics, Berlin 2017.

Kieser, A.: Fremdorganisation, Selbstorganisation und evolutionäres Management, in: Zeitschrift für die betriebswirtschaftliche Forschung, 46. Jg. (1994), Heft 3, S. 199–228.

Kim, W. C.; Mauborgne, R.: Blue Ocean Strategy, Boston 2005.

Kim, W. C.; Mauborgne, R.: Fair Process: Managing in the Knowledge Economy, in: Magretta, J. (ed.): Managing in the New Economy, Boston 1999, pp. 115–132.

Kim, W. C.; Mauborgne, R.: Value Innovation: The Strategic Logic of Growth, in: Harvard Business Review, January-February 1997, pp. 103–112.

Kirby, J.; Marsden, P.: (eds): Connected Marketing. The viral, Buzz and Word of Mouth Revolution, 2nd edition, Oxford 2007.

Kirkpatrick, M.: Google Health: Why It's Ending & What It Means, in: ReadWriteWeb, June 24th, 2011, unter: (www.readwrite.com), https://tinyurl.com/y4ommozf, abgerufen am 14.10.2012.

Kleedorfer, F.; Huemer, C.: Towards a Web based Transportation Infrastructure, in: Kersten, W.; Blecker, T.; Ringle, C. M. (eds., 2017), a. a. O., pp. 55–73.

Kleinaltenkamp, M.: Dahlke, B.: Der Wert des Kunden als Informant – auf dem Weg zu einem »knowledge based customer value«, in: Günter, B.; Helm, S. (Hrsg., 2006), a. a. O., S. 217–240.

Kleinaltenkamp, M.: Standardisierung und Individualisierung, in: Tietz, B. (Hrsg.): Handwörterbuch des Marketing, 2 Aufl., Stuttgart 1995, Sp. 2354–2364.

Kleppmann, M.: Designing Data-Intensive Applications: The Big Ideas Behind Reliable, Scalable, and Maintainable Systems, London 2017.

Kletti, J.: MES – Manufacturing Execution System: Moderne Informationstechnologie unterstützt die Wertschöpfung, 2 Aufl., Berlin 2016.

Klusch, M.: Intelligente Informationsagenten für die Wissensentdeckung und Data Mining im Internet, in: Meyer, M.; Wilde, K. (Hrsg.): Handbuch Data Mining im Marketing, Wiesbaden 2001, S. 511–542.

Knapp, F.: Markenführung im Internet, in: Theobald, A.; Dreyer, M.; Starsetzki, T. (Hrsg., 2001), a. a. O., S. 237–248.

Köbler, N.: Serverless Computing in der AWS Cloud, Frankfurt 2017.

Koch, A.; Richter, A.: Enterprise 2.0. Planung, Einführung und erfolgreicher Einsatz von Social Software in Unternehmen, München 2007.

Koch, J.: Der gefährliche Pfad des Erfolgs, in: Harvard Business Manager, 2005, S. 97–102.

Kofler, T.: Das digitale Unternehmen. Systematische Vorgehensweise zur zielgerichteten Digitalisierung, Berlin 2018.

Koglin, O.: Neues Datenschutzrecht – DSGVO, BDSG, ePrivacy-VO: Textbuch mit den neuen europäischen und deutschen Datenschutznormen sowie Arbeitshilfen für die Praxis, Charleston 2017.

Köhler, R.: Marketingcontrolling: Konzepte und Methoden, in: Reinecke, S.; Tomczak, T. (Hrsg.): Handbuch Marketing-Controlling. Effektivität und Effizienz einer marktorientierten Unternehmensführung, 2 Aufl., Wiesbaden 2006, S. 39–62.

Köhler, T.: Aufbau des digitalen Vertriebs, in: Thome, R.; Schinzer, H. (Hrsg., 2000), a. a. O., S. 107–124.

Kolbrück, O.: Ein Trio mischt im Web mit – Mymuesli.com ist trotz Lieferproblemen auf Erfolgskurs, in: Horizont, 8. Juni 2007, S. 20.

Kolbrück, O.: Mobile Commerce: Auf dem Weg zur Herrschaft, in: eTailment, 2.3.2017, unter: (www.etailment.de), https://tinyurl.com/yyd43xeu, abgerufen am 24.12.2018.

Kolbrück, O.: Virtuelle Anprobe: Adidas nimmt im Webshop Maß, in: eTailment, 4. April 2013, unter: (www.etailment.de), https://tinyurl.com/y4vnznp5, abgerufen am 8.4.2013.

Kollmann, T.: E-Business – Grundlagen elektronischer Geschäftsprozesse in der Net Economy, 5 Aufl., Wiesbaden 2013.

Kollmann, T.; Häsel, M. (Hrsg.): Web 2.0. Trends und Technologien im Kontext der Net Economy, Wiesbaden 2007.

Kollmann, T.; Schmidt, H.: Deutschland 4.0: Wie die Digitale Transformation gelingt, Berlin 2016.

Kollmannsperger, M.: Erfolgskriterien des Konfliktmanagements: eine empirische Untersuchung, Frankfurt 2000.

Kolmar, S.: Diese Vorteile bieten Graphdatenbanken, in: Big Data Insider, 19.7.2017, unter: (www.bigdata-insider.de), https://tinyurl.com/y27xjjvj, abgerufen am 25.12.2018.

Konhäuser, C.: C-Artikelmanagement im Intranet/Internet, in: Bogaschewsky, R. (Hrsg., 1999), a. a. O., S. 75–98.

Koop, H. J.; Jäckel, K. K.; van Offern, A. L.: Erfolgsfaktor Content Management, Braunschweig 2001.

Korell, T.; Kiefer, T.: Zahlungsverfahren und Zahlungsmittel der deutschen Finanzindustrie im Marketspace, in: Eggers, B.; Hoppen, G. (Hrsg., 2001), a. a. O., S. 243–268.

Kormann, B.; Altendorfer-Kaiser, S.: Influence of Patterns and Data-Analytics on Production logistics, in: Kersten, W.; Blecker, T.; Ringle, C. M. (eds., 2017), a. a. O., pp. 233–254.

Kosorin, D.: Data Management Platform Buyer's Guide, London 2018.

Kotha, S.: Mass Customization: Implementing the Emerging Paradigm for Competitive Advantage, in: Strategic Management Journal, Vol. 16. (1995), special edition «Technological Transformation and the New Competitive Landscape«, pp. 21–42.

Kotler, P.; Hessekiel, D.: Good Works! – Marketing and Corporate Initiatives that Build a Better World ... and the Bottom Line, New York 2012.

Kotzab, H.: Zum Wesen des Supply Chain Management, in: Wildemann, H. (Hrsg., 2000), a. a. O., S. 21–48.

Koushik, S.; Straeten, D.: Eine strategische Roadmap zur Implementierung von e-Business-Lösungen, in: Weiber, R. (Hrsg., 2001), a. a. O., S. 91–114.

Krafft, M.: Der Kunde im Fokus: Kundennähe, Kundenzufriedenheit, Kundenbindung – und Kundenwert?, in: Die Betriebswirtschaft, 59. Jg. (1999), Nr. 4, S. 511–530.

Krafft, M.; Götz, O.: Der Zusammenhang zwischen Kundennähe, Kundenzufriedenheit und Kundenbindung sowie deren Erfolgswirkungen, in: Hippner, H.; Hubrich, B.; Wilde, K. D. (Hrsg.): Grundlagen des CRM. Strategie, Geschäftsprozesse und IT-Unterstützung, 3., vollst. überarb. und erweiterte Aufl., Wiesbaden 2011, S. 213–246.

Kraft, A.: Content vs. Service, in: Giordano, M.; Hummel, J. (Hrsg., 2005), a. a. O., S. 411–428.

Kramer, A. D. I.; Guillory, J. E.; Hancock, J. T.: Experimental evidence of massive-scale emotional contagion through social networks, in: Proceedings of the National Academy of Sciences, June 17th, 2014.

Kreutzer, R. T.: Passion – der differenzierende Erfolgsfaktor mit Zukunft, in: Kreutzer, R. T.; Merkle, W. (Hrsg.): Die neue Macht des Marketing, Wiesbaden 2008, S. 49–78.

Kreutzer, R. T.: Praxisorientiertes Online-Marketing. Konzepte – Instrumente – Checklisten, 3. Aufl., Wiesbaden 2018.

Kreutzer, R. T.; Kuhfuß, H.; Hartmann, W.: Marketing Excellence. Sieben Schlüssel zur Profilierung Ihrer Marketing Performance, Wiesbaden 2007.

Kreutzer, R. T.; Merkle, W. (Hrsg.): Die neue Macht des Marketing, Wiesbaden 2008.

Kreutzer, R. T.; Merkle, W.: Die Notwendigkeit zur Neuausrichtung des Marketing, in: Kreutzer, R. T.; Merkle, W. (Hrsg.,2008a), a. a. O., S. 13–20.

Kreutzer, R. T.; Merkle, W.: Web 2.0 – welche Potenziale gilt es zu heben?, in: Kreutzer, R. T.; Merkle, W. (Hrsg., 2008b), a. a. O., S. 149–184.

Krishnamurthi, L.; Raj, S.: An empirical analysis of the relationship between brand loyalty and consumer price elasticity, in: Marketing Science, Vol. 10 (1991), No. 2, pp. 172–183.

Krüger, F.: Corporate Storytelling, Wiesbaden 2015.

Krum, C.: Mobile Marketing. Erreichen Sie Ihre Zielgruppen (fast) überall, München 2012.

Krumm, R.; Geissler, C.: Outbound-Praxis. Aktives Verkaufen am Telefon erfolgreich planen und umsetzen. Wiesbaden 2005.

Krystek, U.; Müller-Stewens, G.: Frühaufklärung für Unternehmen, Stuttgart 2002.

Kuhlen, R.: Die Konsequenzen der Informationsassistenten. Was bedeutet informationelle Autonomie oder wie kann Vertrauen in elektronische Dienste in offenen Informationsmärkten gesichert werden?, Frankfurt 1999.

Kuhlmann, P.: Künstliche Intelligenz: Einführung in Machine Learning, Deep Learning, neuronale Netze, Robotik und Co., München 2018.

Kuhn, C.: Web 2.0 – Auswirkungen auf internetbasierte Geschäftsmodelle, Hamburg 2007.

Kulp, S. L.; Randall, T.; Brandyberry, G.; Potts, K.: Using Organizational Control Mechanisms to Enhance Procurement Efficiency: How GlaxoSmithKline Improved the Effectiveness of E-Procurement, in: Interfaces, Vol. 36 (May–June 2006), No. 3, pp. 209–219.

Kumar, T. V.: Digital Strategy of Procter & Gamble: Becoming more agile and efficient, in: IBS Center for Management Research, Hyderabad 2012.

Kupferschmitt, T.: Onlinevideo-Reichweite und Nutzungsfrequenz wachsen, Altersgefälle bleibt, in: MediaPerspektiven, 9/2018, S. 427–437.

Küstenmacher, W.; Seiwert, L. J.; Küstenmacher, T.: Simplify your life. Einfacher und glücklicher leben, Frankfurt 2004.

Kütz, M.: Benutzerorientiertes Projektmanagement in großen Softwareentwicklungs- und -Einführungsprojekten, in: Etzel, H.-J.; Heilmann, H.; Richter, R. (Hrsg., 2000), a. a. O., S. 43–94.

Laib, H.: Globale Kommunikationsnetzwerke – das European Network Exchange (ENX) der europäischen Automobilindustrie, in: Bogaschewsky, R. (Hrsg., 1999), a. a. O., S. 203–210.

Lammenett, E.: Praxiswissen Online-Marketing, 6 Aufl., Wiesbaden 2017.

Lammer, T. (Hrsg.): Handbuch e-Money, e-Payment und m-Payment, Heidelberg 2006.

Lamont, J.: Web analytics and beyond... it's a multichannel world, in: KMWorld, November/December 2012, S. 16–17.

Lampe, M.; Flörekemeier, C.; Haller, S.: Einführung in die RFID-Technologie, in: Fleisch, E.; Mattern, F. (Hrsg.): Das Internet der Dinge. Ubiquitous Computing und RFID in der Praxis, Berlin 2005, S. 69–86.

Lamprecht, S.: Wie Supermärkte in den USA ihr Geschäft optimieren, in: Location Insider, 4.9.2018b, unter: (www.locationinsider.de), https://tinyurl.com/y2wy32h8, abgerufen am 24.12.2018.

Lamprecht, S.: Zara eröffnet neuen Flagship-Store in Mailand, in: Location Insider, 6.9.2018a, unter: (www.locationinsider.de), https://tinyurl.com/y5osszec, abgerufen am 24.12.2018.

Landgraf, A.: Multi-Channel-Kunden sind die Besten, in: Schwarz, T. (Hrsg., 2011), a. a. O., S. 183–184.

Lang, A.; Reich, S.: »Outside in« – die erfolgreiche Integration von Endkunden in den Innovationsprozess, in: Kreutzer, R. T.; Merkle, W. (Hrsg., 2008), a. a. O., S. 131–148.

Langner, S.: Viral Marketing – wie Sie Mundpropaganda gezielt auslösen und Gewinn bringend nutzen, 3 Aufl., Wiesbaden 2009.

Langner, S.: Viral Marketing, in: Schwarz, T. (Hrsg., 2007), a. a. O., S. 659–671.

Lant, T. K.; Mezias, S. J.: An Organizational Learning Model of Convergence and Reorientation, in: Organization Science, Vol. 3 (February 1992), No. 1, pp. 47–71.

Lanzinger, R.: Strategien für die letzte Meile, in: Eurotransport, 3.12.2018, unter: (www.eurotransport.de), https://tinyurl.com/y6nc2v2l, abgerufen am 4.12.2018.

Larman, C.; Vodde, B.: Scaling Lean and Agile Development. Thinking and Organisational Tools for Large Scale Scrum, Boston 2009.

Laudenbach, P.: Wer soll das bezahlen?, in: BrandEins, Nr. 07/2012, S. 79–82.

Laudon, K. C.; Laudon, J. P.; Schoder, D.: Wirtschaftsinformatik: Eine Einführung, 3., vollständig überarbeitete Aufl., Hallbergmoos 2015.

Laudon, K. C.; Traver, C. G.: e-Commerce 2013. Business. Technology. Society. Upper Saddle River 2013.

Lause, M.; Wippermann, P.: Leben im Schwarm. Die Spielregeln der Netzwerkökonomie, Reutlingen 2012.

Lawrence, M.: App Store SEO – Wunderwaffe oder Hype?, in: Mobile Zeitgeist, 21.5.2012, unter: (www.mobile-zeitgeist.com), https://tinyurl.com/y5p5xc7b, abgerufen am 15.1.2013.

Lazar, J.: Web Usability: A User-Centered Design Approach, Boston 2006.

Lea, P.: Internet of Things for Architects: Architecting IoT solutions by implementing sensors, communication infrastructure, edge computing, analytics, and security, Birmingham 2018.

Lederer, A. L.; Mirchandani, D. A.; Sims, K.: The Link between Information Strategy and Electronic Commerce, in: Journal of Organizational Computing and Electronic Commerce, Vol. 7 (1997), No. 1, pp. 17–34.

Lenhard, T. H.: Datensicherheit: Technische und organisatorische Schutzmaßnahmen gegen Datenverlust und Computerkriminalität, Berlin 2017.

Lensker, P. B.: Marketing als Wachstumsmotor – nur die kundenzentrierte Innovation zählt, in: Kreutzer, R. T.; Merkle, W. (Hrsg., 2008), a. a. O., S. 113–130.

Leonhard-Barton, D.: The Factory as a Learning Laboratory, in: Sloan Management Review, Fall 1992, pp. 23–38.

Leppäniemi, M.; Karjaluoto, H.: Mobile Marketing: From Marketing Strategy to Mobile Marketing Campaign Implementation, in: International Journal of Mobile Marketing, Vol. 3 (June 2008), No. 1, pp. 50–61.

Leu, M.: Sicherheitsaspekte des Electronic Procurement – Risiken und Schutzmöglichkeiten, in: Bogaschewsky, R. (Hrsg., 1999), a. a. O., S. 141–170.

Lewrick, M.: Design Thinking: Radikale Innovationen in einer digitalisierten Welt, Stuttgart 2018.

Lewrick, M.; Link, P.: Das Design Thinking Playbook: Mit traditionellen, aktuellen und zukünftigen Erfolgsfaktoren, München 2018.

Li, C.; Bernoff, J.: Groundswell: Winning in a World transformed by Social Technologies, Boston 2008.

Liautaud, B.: e-Business Intelligence, New York 2001.

Lieb, R.: Content Marketing: Think Like a Publisher – How to Use Content to Market Online and in Social Media, Indianapolis 2011.

Lindgaard, G.; Fernandes, G.; Dudek, C.; Brown, J. M.: Attention web designers: You have 50 milliseconds to make a good first impression!, in: Behavior & Information Technology, Vol. 25 (2005), pp. 115–126.

Link, J.; Hildebrand, V.: Database Marketing und Computer Aided Selling, München 1993.

Link, J.; Münster, J.; Gary, A.: CRM-Controlling, in: Hippner, H.; Hubrich, B.; Wilde, K. D. (Hrsg., 2011), a. a. O., S. 157–182.

Linoff, G. S.; Berry, M. J. A.: Data Mining Techniques, 3rd edition, Indianapolis 2011.

Linthicum, D. S.: B2B Application Integration, Upper Saddle River 2001.

Linthicum, D. S.: Next Generation Application Integration. From Simple Information to Web Service, Boston 2004.

Linz, C.; Müller-Stewens, G.; Zimmermann, A.: Radical Business Model Transformation. Gaining the Competitive Edge in a Disruptive World, London 2017.

Litré, P.; Michels, D.; Walter, S.; Burke, M.: Soul Searching: True Transformations Start Within, Bain 2018.

Liu, D.; Chen, J.; Whinston, A. B.: Current Issues in Keyword Auctions. In: Adomavicius, G.; Gupta, A. (eds.): Business Computing, Handbooks in Information Systems, Vol. 3, Bingley 2009, pp. 69–97.

Liu, Y.: Social Media Marketing in China mit WeChat: Einsatzmöglichkeiten, Funktionen und Tools für ein erfolgreiches Mobile Business, Wiesbaden 2017.

Liu, Y.: Word of Mouth for Movies: Dynamics and Impact on Box Office Revenue, in: Journal of Marketing, Vol. 70 (July 2006), pp. 74–89.

Liu-Thompkins, Y.: Seeding Viral Content. The Role of Message and Network Factors, in: Journal of Advertising Research, Vol. 52 (2012), No. 4, pp. 59–72.

Lodish, L. M.: When Is Less More, and How Much More? Thoughts on the Psychological and Economic Implications of Online Targeting and Obtrusiveness, in: Marketing Science, Vol. 30 (May–June 2011), No. 3, pp. 405–408.

Löffler, H.; Scherfke, A.: Praxishandbuch Direktmarketing, Berlin 2000.

Lommer, I.: Warum Händler zu Herstellern werden, in: Internet World Business, 6.10.2018, unter: (www.internetworld.de), https://tinyurl.com/y65u8lm5, abgerufen am 24.12.2018.

Lorenz, M.-L.; von Oheimb, C.; Schögel, M.: Behavioral Targeting – Die richtigen Kunden in Kontakt mit dem Unternehmen bringen, in: Marketing Review St. Gallen, Nr. 6, 2009, S. 24–30.

Lou, H.; Scamell, R. W.: Acceptance of Groupware: The Relationships Among Use, Satisfaction, and Outcomes, in: Journal of Organizational Computing and Electronic Commerce, Vol. 6 (1996), No. 2, pp. 173–190.

Lovett, G.: New era dawns for Display Advertising, in: Marketingweek UK, January 2011, pp. 67–69.

Lüdi, A. (1997): Personalize or Perish, in: EM – Electronic Markets, Vol. 7 (1997), No. 3, unter: (www.electronicmarkets.org), https://tinyurl.com/y3lo6c8n, abgerufen am 25.12.2017.

Lynch, J.: App Store Optimization: 8 Tips for Higher Rankings, in: Search Engine Watch, 5. Oktober 2012, unter: (www.searchenginewatch.com), https://tinyurl.com/yxcpbug3, abgerufen am 15.1.2013.

Machuret, G.: ASO Ninja – Earn Your App Store Optimization Black Belt!, Luxemburg 2012.

MacMillan, I. C.; McGrath, R. G.: Discovering New Points for Differentiation, in: Harvard Business Review, July–August 1007, pp. 133–145.

Maes, P.: Agents That Reduce Work And Information Overload. Communications of the ACM, Vol. 37 (July 1994), No. 7, pp. 31–40.

Magretta, J.: Why Business Models Matter, in: Harvard Business Review, Vol. 80 (2002), No. 5, pp. 86–92.

Mahadevan, B.: Making Sense of Emerging Market Structures in B2B E-Commerce, in: California Management Review, Vol. 46 (Fall 2003), No. 1, pp. 86–100.

Mahalik, D. M.: Measuring the Effectiveness of e-Procurement: A Case Discussion on MCL, in: The IUP Journal of Supply Chain Management, Vol. IX (2012), No. 2, pp. 19–30.

Maier, F.: CRM bei SWISS – Balance zwischen analytischen Kundenbeziehungen und persönlichem Kundenkontakt, in: Marketing Review St. Gallen, Nr. 6, 2010, S. 26–30.

Malhotra, A.; Gosain, S.; El Sawy, O. A.: Leveraging Standard Electronic Business Interfaces to Enable Adaptive Supply Chain Partnerships, in: Information Systems Research, Vol. 18 (September 2007), No. 3, pp. 260–279.

Malik, O.: Why a Warby Parker flagship retail store is a big moment for online brands (video), in: Gigacom, 12.4.2013, unter: (www.gigaom.com), https://tinyurl.com/y5twgcle, abgerufen am 15.4.2013.

Maltzen, R.; Figge, P.: Marketing goes Viral, in: Marketing Review St. Gallen, 1/2009, S. 33–38.

Mangiaracina, R.; Brugnoli, G.; Perego, A.: The eCommerce Customer Journey: A Model to Assess and Compare the User Experience of the eCommerce Websites, in: Journal of Internet Banking & Commerce, Vol. 14 (December 2009), No. 3.

Mann, C.: Tesco to launch Clubcard TV, in: Advanced Television, February 12, 2013, unter: (www.advanced-television.com), https://tinyurl.com/y6jlh3t2, abgerufen am 12.2.2013.

Manz, C. C.: Self-Leading Work Teams: Moving Beyond Self-Management Myths, in: Human Relations, Vol. 45 (1992), No. 11, pp. 1119–1140.

Manz, C. C.; Sims, H. P. jr.: Self-Management as a Substitute for Leadership: a Social Learning Theory Perspective, in: Academy of Management Review, Vol. 5 (1980), No. 3, pp. 361–367.

Manz, C. C.; Sims, H. P. jr.: SuperLeadership. Leading others to lead themselves, New York 1989.

Markus, M. L.: Paradigm Shifts – e-Business and Business/Systems Integration, Communications of the Association for Information Systems, Vol. 4, Article 10, November 2000.

Markus, M. L.; Robey, D.: Information Technology and Organization Change, Causal Structure in Theory and Research, in: Management Science, Vol. 34 (1988), pp. 583–598.

Marr, B.: Data Strategy: How to Profit from a World of Big Data, Analytics and the Internet of Things, London 2017.

Mattes, F.: Electronic Business-to-Business. e-Commerce mit Internet und EDI, Stuttgart 1999.

Mau, G.; Schulz, S.; Silberer, G.: Determinanten des Weiterempfehlens im viralen Marketing, in: Transfer – Werbeforschung und Praxis, Vol. 33 (2008), Nr. 1, S. 43–56.

Maxmin, J.; Zuboff, S.: The Support Economy: Why Corporations Are Failing Individuals and the Next Episode of Capitalism, London 2004.

Mayer, R.: Strategien erfolgreicher Produktgestaltung. Individualisierung und Standardisierung, Wiesbaden 1993.

Mayer-Schönberger, V.; Cukier, K.: Big Data, London 2013.

McAfee, A.; Brynjolfsson, E.: Besser entscheiden mit Big Data, in: Harvard Business Manager, November 2012, S. 23–30.

McCarthy, M.: Internet and e-Commerce Services Market: A Competitive Analysis, IDC 1999.

McCloskey, J.: The PerfectBook Machine, in: Business 2.0, July 10, 2001, pp. 24–26.

McDougall, M.: Target your online dollars, in: b&t weekly Australia, August 11, 2006, p. 31.

McFarlan, F. W.; McKenney, J. L.: Corporate Information Systems Management: The Issues facing Senior Executives, Homewood 1983.

McKenna, R.: Marketing in an Age of Diversity, in: Gilmore, J. H.; Pine B. J. II (eds.): Markets of One, Boston 2000a, pp. 17–34.

McKenna, R.: Marketing in Echtzeit, in: Tapscott, D. (Hrsg., 2000b), a. a. O. , S. 167–181.

McKenna, R.: Real Time: Preparing for the Age of the Never Satisfied Customer, Boston 1997.

McLaughlin, S.: The imperatives of e-business: case study of a failed project, in: Journal of Business Strategy, Vol. 30 (2009), No. 1, pp. 40–49.

McStay, A.: The Mood of Information: A Critique of Online Behavioural Advertising, London 2011.

Meador, C. L.: IT/Strategy Alignment. Identifying the Role of Information Technology in Competitive Strategy, Working Paper No. 9403, MIS Quarterly 1997, unter (www.unibz.it), http://tinyurl.com/y3927o2z, abgerufen am 20.2.2019.

Meffert, J.; Meffert, H.: Eins oder Null, Berlin 2017.

Meffert, H.; Burmann, C.; Koers, M. (Hrsg.): Markenmanagement. Identitätsorientierte Markenführung und praktische Umsetzung, 2., vollst. überarb. und erw. Aufl., Wiesbaden 2005.

Mehn, A.; Wirtz, V.: Stand der Forschung – Entwicklung von Omni-Channel-Strategien als Antwort auf neues Konsumentenverhalten, in: Böckenholdt, I.; Mehn, A.; Westermann, A. (Hrsg., 2018), a. a. O., S. 3–36.

Meier, A.; Stormer, H.: eBusiness & eCommerce. Management der digitalen Wertschöpfungskette, 2 Aufl., Berlin 2008.

Mena, J.: Data Mining Your Website, Woburn 1999.

Mendrina, T.: Targeting im Display-Engine-Marketing: Programmatischer Einkauf von Zielgruppen mit Realtime Bidding, in: Bauer, C.; Greve, G.; Hopf, G. (Hrsg., 2011), a. a. O., S. 55–66.

Merzenich, M.; Hippner, H.; Jaeck, H.-F.; Wilde, K.-D.: Gestaltung kundenbezogener Geschäftsprozesse, in: Hippner, H.; Hubrich, B.; Wilde, K. D. (Hrsg., 2011), a. a. O., S. 91–128.

Meyer, M.; Wilde, K. (Hrsg.): Handbuch Data Mining im Marketing, Wiesbaden 2001.

Miller, A.; Dess, G. G.: Assessing Porter's Model in Terms of its Generalizability, Accuracy and Simplicity, in: Journal of Management Studies, Vol. 30. (1993), No. 4, pp. 553–585.

Miller, C. C.: Google Is Testing Same-Day Delivery for Shoppers, in: New York Times, 26. October 2012, unter: (https://bits.blogs.nytimes.com), http://tinyurl.com/92zzfwn, abgerufen am 14.11.2012.

Miller, M.: Online Marketing Heroes, Indianapolis 2008.

Minelli, M.; Chambers, M.; Dhiraj, A.: Big Data Analytics, Hoboken 2013.

MIT Center for Digital Business and Capgemini Consulting: Digital Transformation: a Roadmap for Billion-Dollar Organizations, Boston 2012.

MIT: Digital Transformation: a Roadmap for Billion-Dollar Organizations – findings from phase 1 of the digital transformation, Boston 2011.

Mohr, N.; Woehe, J. M.: Widerstand erfolgreich managen, Frankfurt 1998.

Möhrstädt, D. G.; Bogner, P.; Paxian, S.: Electronic Procurement. Planen – einführen – nutzen, Stuttgart 2001.

Moschis, G. P.: Social Comparison and informal group influence, in: Journal of Marketing Research, Vol. 13 (August 1976), pp. 237–244.

Moser, C.: User Experience Design: Mit erlebniszentrierter Softwareentwicklung zu Produkten, die begeistern, Berlin 2012.

Moser, C.; Riha, K.: Digitalization of information-intensive logistics processes to reduce production lead times at ENGEL Austria GmbH: extending value stream mapping with subject-oriented business process management, in: Urbach, N.; Röglinger, M. (eds., 2019), a. a. O., pp. 293–312.

Mougayar, W.: Opening Digital Markets: Battle Plans and Business Strategies for Internet Commerce, New York 1998.

Mroz, R.: App-Marketing für iPhone und Android, Heidelberg 2013.

Mulch, J.: Das Spiel mit bunten Post-its, in: Horizont, Nr. 9/ 2013, 28. Februar 2013, S. 18.

Mull, S.: Customer-Journey-Attributionsmodelle am Beispiel der Energiewirtschaft, in: Böckenholdt, I.; Mehn, A.; Westermann, A. (Hrsg., 2018), a. a. O., S. 251–273.

Mullan, E.: Apps are influencing every corner of the digital market, and publishers need to keep pace, in: eContent, June 2012, pp. 20–24.

Müller, A.: Wirtschaftlichkeit der Integration. Eine ökonomische Analyse der Standardisierung betrieblicher Anwendungssysteme, Wiesbaden 2005.

Müller, G.; Kohl, U.; Schoder, D.: Unternehmenskommunikation – Telematiksysteme für vernetzte Unternehmen, Bonn 1997.

Müller, G.; Reichenbach, M.: Sicherheitskonzepte für das Internet, Berlin 2001.

Müller, J.: Hugo Boss, Adidas, Gerry Weber – wenn Lieferanten zu Konkurrenten werden, in: ProFashionals, 16.3.2012, unter: (www.profashionals.de), http://tinyurl.com/y4ygh6z3, abgerufen am 18.3.2013.

Müller-Lankenau, C.; Klein, S.: Aufbau und Durchsetzung von Web Services für den branchenweiten Geschäftsdatenaustausch, in: Dorloff, F.-D.; Leukel, J.; Schmitz, V. (Hrsg.): e-Business – Standardisierung und Integration, Tagungsband zur Multikonferenz Wirtschaftsinformatik, Göttingen 2004, S. 41–62.

Müller-Stewens, G.; Lechner, C.: Strategisches Management: Wie strategische Initiativen zum Wandel führen, 3 Aufl., Stuttgart 2005.

Murtaza, M. B.; Shah, J. R.: Developing Efficient Supply Chain Links Using Web Services, in: Journal of Internet Commerce, Vol. 3 (2004), No. 3, pp. 63–81.

Muther, A.: Electronic Customer Care, 2 Aufl., Berlin 2000.

Naseri, M. B.; Elliott, G.: Role of demographics, social connectedness and prior internet experience in adoption of online shopping: Applications for direct marketing, in: Journal of Targeting, Measurement and Analysis for Marketing, Vol. 19 (2011), pp. 69–84.

Naudi, S.: Advanced Telesales, 2nd Edition: The Definitive Guide to Success, Warriewood 2003.

Neck, C. P.; Manz, C. C.: From Groupthink to Teamthink: Toward the Creation of Constructive Thought Patterns in Self-Managing Work Teams, in: Human Relations, Vol. 47 (1994), No. 8, pp. 929–952.

Neimarlija, I.: Web Services als interorganisationale Schnittstellen, in: Kollmann, T.; Häsel, M. (Hrsg., 2007), a. a. O., S. 91–102.

Newman, D.: 4 Ways Blockchain Will Transform Digital Marketing And Advertising, in: Forbes, 14.11.2017.

Nielsen, J.; Tahir, M.: Homepage Usability – 50 enttarnte Website, München 2002.

Nilsson, J.: Applying Domain-Driven Design and Patterns, Upper Saddle River 2006.

Nippa, M.: Informationstechnik – Motor und Bremse des organisatorischen Wandels, in: Scharfenberg, H. (Hrsg.): Strukturwandel in Management und Organisation, Baden-Baden 1993, S. 323–345.

Nonaka, I.; Takeuchi, H.: A Theory of the Firm's Knowledge-Creation Dynamics, in: Chandler, A.; Hagström, P.; Sölvell, Ö. (eds.): The Dynamic Firm. The Role of Technology, Strategy, Organization, and Regions, New York 2008, pp. 215–216.

Nunes, P. F.; Cespedes, F. V.: So fangen Sie Kunden, in: Harvard Business Manager, 26. Jg. (Mai 2004), Nr. 5, S. 46–59.

Nykiel, R. A.: Marketing your business. A guide to developing a strategic marketing plan, New York 2003.

o. V.: Alles auf den Prüfstand, in: Internet World Business, 8.8.2018, S. 20–21.

o. V.: Bewegungsprofile sind individueller als gedacht, in: Zeit Online, 1.4.2013a, unter: (www.zeit.de), http://tinyurl.com/bsn5m6o, abgerufen am 3.4.2013.

o. V.: Deichmann testet QR-Shopping, in: Der Handel, 28.2.2013b, unter: (www.derhandel.de), http://tinyurl.com/y4cy7gwp, abgerufen am 19.2.2013.

o. V.: Den Spuren der Nutzer folgen, in: InternetWorldBusiness, 29. 4. 2013c, Nr. 9/13, S. 36–37.

o. V.: Direkte Navigation zur Ladentür, in: Internet World Business, 14.2.2013d, unter: (www.internetworld.de), http://tinyurl.com/y3k9vjfw, abgerufen am 18.3.2013.

o. V.: Effektives Zusammenspiel von Online- und Mobile Advertising, in: AdZine, 12.3.2013e, unter: (www.adzine.de), http://tinyurl.com/y59ybjnt, abgerufen am 18.3.2013.

o. V.: Fujitsu und die Webguerillas lassen Vielflieger bloggen, in: One-to-One, 18.10.2012c, unter: (www.onetoone.de), http://tinyurl.com/y6gbrevo, abgerufen am 13.3.2013.

o. V.: Long tail – SEO Optimierung, in: WebmasterPro, (www.webmasterpro.de), http://tinyurl.com/y5fdzncb, aufgerufen am 11.10.2012d.

o. V.: Maßgeschneiderte Ersatzteile über das Internet, in: Computerwoche, Nr. 32, 2001a, S. 32–33.

o. V.: Mit dem iPhone schneller zahlen, Internet World Business, 3.1.2013f, unter: (www.internetworld.de), http://tinyurl.com/y6oqbj29, abgerufen am 5.3.2013.

o. V.: Musik-App Shazam steigt ins interaktive TV ein, in: One-To-One, 17. September 2012e, unter: (www.onetoone.de), http://tinyurl.com/y2abr9y5, abgerufen am 15.10.2012.

o. V.: Online-Abos bringen mehr Geld als Anzeigengeschäft, in: Internet World Business, vom 11.02.2013 g, unter: (www.internetworld.de), http://tinyurl.com/y23435gw, abgerufen am 11.2.2013.

o. V.: Schuhkartons aus dem World Wide Web, in: Logistik Heute, Nr. 6, 2001b, S. 34.

o. V.: Sealed Air reduziert Prozesskosten, in: Logistik Heute, Nr. 1–2, 2001c, S. 38–39.

o. V.: Showrooming in Großbritannien. Jeder Vierte vergleicht Preise im Laden, in: Internet World Business, 09.01.2013h, unter: (www.internetworld.de), http://tinyurl.com/yxalqo97, abgerufen am 15.1.2013.

o. V.: Beispiele erfolgreicher Digitalisierung: Signal Iduna, in: tn3, 5.10.2018, unter: (https://t3n.de), http://tinyurl.com/y295yjo5, abgerufen am 24.12.2018.

o. V.: Customer-Data-Plattformen: Das steckt hinter dem Trend, in: Internet World Business, 28.7.2018, unter: (www.internetworld.de), http://tinyurl.com/y4e87ty2, abgerufen am 23.12.2018.

o. V.: Schenker pusht sein Daten-Business, in: CIO, 16.10.2018, unter: (www.cio.de), http://tinyurl.com/yx98ct34, abgerufen am 24.12.2018.

O'Driscoll, G.: The Essential Guide to Digital Set-Top-Boxes and Interactive TV, Upper Saddle River 1999.

Okazaki, S.; Barwise, P.: Has the Time Finally Come for the Medium of the Future? Research on Mobile Advertising, in: Journal of Advertising Research, March 2011, Supplement, pp. 59–71.

One-to-One Marketing Management: Wie man Domain-Spoofing erkennt und verhindert, unter (https://onetoone.de), http://tinyurl.com/y27srb7f, abgerufen am 13.9.2018.

O'Reilly, L.: Every brand has a story to tell – don't fluff up your lines, in: Marketing Week (Online Edition), No. 6/7 (2012).

Orenstein, D.: Hidden Treasure, in: Business 2.0, July 10, 2001, pp. 41–43.

Orlikowski, W.: Learning from Notes: Organizational Issues in Groupware Implementation, in: Proceedings of the Conference on Computer Supported Cooperative Work, Toronto 1992, pp. 362–369.

Ortmann, Y.: Google setzt jetzt auch auf Same-Day-Delivery, in: t3n vom 27.10.2012, unter: (https://t3n.de), http://tinyurl.com/y3a3w7fr, abgerufen am 14.11.2012a.

Östereich, B.; Schröder, C.: Das kollegial geführte Unternehmen: Ideen und Praktiken für die agile Organisation von morgen, München 2016.

Österle, H.: Business Engineering. Prozeß- und Systementwicklung, Band 1, Entwurfstechniken, 1995.

Osterwalder, A.; Pigneur, Y.: Business Model Generation. Ein Handbuch für Visionäre, Spielveränderer und Herausforderer, Frankfurt 2011.

Osterwalder, A.; Pigneur, Y.; Tucci, C. L.: Clarifying Business Models: Origins, Present, and Future of the Concept, in: Communications of the Association for Information Systems, Vol. 16. (2005), No. 1, pp. 1–15.

Otto, A.; Kotzab, H.: Der Beitrag des Supply Chain Management zum Management von Supply Chains – Überlegungen zu einer unpopulären Frage, in: Zeitschrift für die betriebswirtschaftliche Forschung, Vol. 53 (März 2001), S. 157–176.

OVK Online-Report 2018: Zahlen und Trends im Überblick, Düsseldorf, September 2018.

Owen, M.; Burnett, A.: Agile Enterprise Architecture and Innovation Management, London 2018.

Pakkalaa, H.; Presserb, K.; Christensen, T.: Using Google Analytics to measure visitor statistics: The case of food composition websites, in: International Journal of Information Management, Vol. 32 (2012), pp. 504–512.

Paley, N.: A strategic marketing plan. A step-by-step guide, Boca Raton 2000.

Palfrey, J.; Gasser, U.: Born Digital: Understanding the First Generation of Digital Natives, London 2008.

Panda, P.; Sahu, G. P.: e-Procurement Implementation: Critical Analysis of the Impact of Success Factors on Project Outcome, in: The IUP Journal of Supply Chain Management, Vol. IX (2012), No. 2, pp. 44–72.

Papazoglou, M. P.; Ribbers, P. M. A.: e-Business – Organizational and Technical Foundations, Sussex 2006.

Paperlein, J.: Ran an die TV-Budgets, in: Horizont, Nr. 41 (11. Oktober 2012), S. 13.

Park, E.: E-Privacy-Verordnung: Die DSGVO war noch nicht alles, in: tn3, 25.5.2018, unter: (https://t3n.de), http://tinyurl.com/y3jje235, abgerufen am 24.12.2018.

Parsons, G.: Information Technology: A New Competitive Weapon, in: Sloan Management Review, Vol. 24 (Winter 1983), pp. 3–14.

Patanjali, K.: Machine Learning for Decision Makers: Cognitive Computing Fundamentals for Better Decision Making, Luxemburg 2018.

Pauwels, K.; Weiss, A.: Moving from Free to Free: How Online Firms Market to Change Their Business Models Successfully, In: Journal of Marketing, Vol. 72 (2008), No. 3, pp. 14–31.

Pendleton, G.; Lundstrom, W.; Dixit, A.: Exploring a paradigm shift in marketing communications: consumers changing from a passive to an active role, in: Journal of Academy of Business and Economics, Vol. 12 (2012), No. 1, pp. 151–160.

Pepels, W.: Darstellung und Bedeutung des Kundenlebenszeitwerts im Business-to-Business Marketing, in: Helmke, S.; Dangelmaier, W. (Hrsg., 2001a), a. a. O., S. 49–84.

Pepels, W.: Grundzüge eines Beschwerdemanagements, in: Helmke, S.; Dangelmaier, W. (Hrsg., 2001b), a. a. O., S. 117–132.

Peppers, D.; Rogers, M.: Enterprise One-to-One. Tools for Competing in the Interactive Age. New York 1997.

Peppers, D.; Rogers, M.: The one to one fieldbook, New York 1998.

Peppers, D.; Rogers, M.: The one to one future, New York 1993.

Peppers, D.; Rogers, M.: The One to One Manager. Real-World Lessons in Customer Relationship Management, New York 1999.

Peppers, D.; Rogers, M.; Dorf, B.: Is Your Company Ready for One-To-One-Marketing?, in: Gilmore, J. H.; Pine, B. J. (eds.): Markets of One. Creating Customer-Unique Value through Mass Customization, Boston 2000, pp. 75–98.

Pernkopf, E.: Digitale Signatur – gelebte Praxis gerade auch im Finanzdienstleistungsbereich, in: Lammer, T. (Hrsg.): Handbuch e-Money, e-Payment und m-Payment, Heidelberg 2006, S. 155–168.

Perrey, J., Wagener, N., Wallmann, C.: Kreativität + Content Fit = Werbeerfolg, McKinsey & Comp., Düsseldorf 2007.

Perry, T. S.: The trials and travails of Interactive TV, in: IEEE Spectrum, April 1996, pp. 22–28.

Peters, T. J.; Waterman, R. H.: In Search of Excellence: Lessons from America's Best-Run Companies, New York 2004.

Petry, T.: Digital Leadership: Erfolgreiches Führen in Zeiten der Digital Economy, München 2016.

Petty, R. E.; Cacioppo, J. T.: The Elaboration Likelihood Model of Persuasion. In: Advances in Experimental Social Psychology, Vol. 19 (1986), pp. 123–205.

Peukert, J.; Ghazvinian, A.: e-Procurement als neue Beschaffungsstrategie, in: Eggers, B.; Hoppen, G. (Hrsg., 2001), a. a. O., S. 187–218.

Peverelli, R.; Feniks, R. D.: Reinventing Customer Engagement – Kundenbeziehungen neu erfinden: Wie Banken und Versicherungen die digitale Transformation meistern – Mit mehr als 200 Best-Practice-Beispielen, Frankfurt 2017.

Pichlmeier, T.: Die Bedeutung des M-Commerce als eigenständige Multi-Channel-Strategie des stationären Einzelhandels, Ingolstadt 2010.

Picot, A.: Organisationsstrukturen im Spannungsfeld von Zentralisierung und Dezentralisierung, in: Scharfenberg, H. (Hrsg., 1993), a. a. O., S. 217–236.

Picot, A.; Neuburger, R.: Grundzüge des Produktionsmanagements in vernetzten Organisationen, in: Kaluza, B.; Blecker, Th. (Hrsg.): Produktions- und Logistikmanagement in virtuellen Unternehmen und Unternehmensnetzwerken, Berlin 2000, S. 177–188.

Piller, F. T.: Interview: Frank Piller about Mass Customization and Customer Co-Creation, in: Mass Customization and Open Innovation Blog, 15. Dezember 2008, unter: (www.frankpiller.com), https://tinyurl.com/y3muymjg, abgerufen am 5.3.2019.

Piller, F. T.: Kundenindividuelle Massenproduktion, München 1998.

Piller, F. T.: Mass Customization, 4., akt. Aufl., Wiesbaden 2006.

Piller, F. T.; Schoder, D.: Mass Customization und Electronic Commerce, in: Zeitschrift für Betriebswirtschaft, 69. Jg. (1999), H. 10, S. 1111–1136.

Pine, J.: Mass Customization – The New Frontier in Business Competition, Boston 1993.

Pine, J.; Peppers, R.; Rogers, M.: Do you want to keep your customers forever?, in: Harvard Business Review, No. 3–4, 1995, pp. 103–104.

Pirou, M.; Vill, A.: Demokratisierung in der Markenführung, in: Schulten, M.; Mertens, A.; Horx, A. (Hrsg.): Social Branding, Wiesbaden 2012, S. 31–42.

Pispers, R.; Rode, J.: Neuromarketing im Internet: Gehirngerechtes Kundenerlebnis in der digitalen Welt, Freiburg 2018.

Plummer, J.; Rappaport, S.; Hall, T.; Barocci, R.: The Online Advertising Playbook, New York 2007.

Pohl, K.; Rupp, C.: Basiswissen Requirements Engineering: Aus- und Weiterbildung nach IREB-Standard zum Certified Professional for Requirements Engineering Foundation Level, Heidelberg 2015.

Poon, J.; Dryja, T.: The Bitcoin Lightning Network: Scalable Off-Chain Instant Payments, Whitepaper, January 14, 2016, Draft Version 0.5.9.2, unter: https://lightning.network/lightning-network-paper.pdf, abgerufen am 28.11.2018.

Popova, I.; Tanglertpanya, T.: Measuring effectiveness of Internet advertisement, in: Perspectives of Innovations, Economics & Business, Vol. 7 (2011), No. 1, pp. 51–54.

Poppendiek, N.: Mobile Bezahlmechanismen: Konzepte und Technologien, Saarbrücken 2007.

Porter, M. E.: Bewährte Strategien werden durch das Internet noch wirksamer, in: Harvard Business Manager, 23. Jg. (2001), Nr. 5, S. 64–81.

Porter, M. E.: Clusters and the New Economics of Competition, in: Magretta, J. (eds.): Managing in the New Economy, Boston 1999, pp. 25–48.

Porter, M. E.; Millar, V. E.: How Information Technology Gives You Competitive Advantage, in: Harvard Business Review, July-August 1985, pp. 149–160.

Porter, M.: Competitive Strategy, New York 1980.

Pousttchi, K.: Mobile Payment in Deutschland: Szenarienübergreifendes Referenzmodell für mobile Bezahlvorgänge, Wiesbaden 2005.

Pousttchi, K.; Goeke L.: Determinants of customer acceptance for mobile data services: An empirical analysis with formative constructs, in: International Journal of Electronic Business, Vol. 9 (2011), No. 1–2, S. 26–43.

Pousttchi, K.; Wiedemann, D. G.: Mobile Marketing Management: Marketing Objectives, Types and Implementation Techniques, in: Pousttchi, K.; Wiedemann, D. G. (eds.): Handbook of Research on Mobile Marketing Management, Hershey 2009, pp. 1–9.

Prahald, C. K.; Ramaswamy, V.: Co-Creating unique value with customers, in: Strategy and Leadership, Vol. 32 (2004), No. 3, pp. 4–9.

Prasarnphanich, P.; Gillenson, M. L.: The Hybrid Clicks and Bricks Model, in: Communications of the ACM, Vol. 46 (December 2003), No. 12, pp. 178–185.

Preißner, A.: Electronic Procurement in der Praxis, München 2002.

Preuss, S.: H&M investiert in E-Commerce Startup Thread, in: FashionUnited, 22.10.2018, unter: (www.fashionunited.de), http://tinyurl.com/y4snaaqs, abgerufen am 24.12.2018.

Preußig, J.: Agiles Projektmanagement: Scrum, Use Cases, Task Boards & Co., Freiburg 2015.

Priebe, A.: Google trackt deinen Standort – ob du willst oder nicht, in: OnlineMarketing.de, 14.8.2018, unter: (https://onlinemarketing.de), http://tinyurl.com/y3r2yvbm, abgerufen am 24.12.2018.

Privacy International: How Apps on Android Share Data with Facebook – Report, 29.12.2018, unter: (www.privacyinternational.org), http://tinyurl.com/yaonr6ta, abgerufen am 1.1.2019.

Probst, G. J. B.; Büchel, B. S. T.: Organisationales Lernen, Wiesbaden 1994.

Prockl, G.: Enterprise Resource Planning und Supply Chain Management – Gemeinsamkeiten, Unterschiede, Zusammenhänge, in: Walther, J.; Bund, M. (Hrsg., 2001), a. a. O., S. 59–78.

Proff, H.; Proff, H.: Möglichkeiten und Grenzen hybrider Strategien – dargestellt am Beispiel der deutschen Automobilindustrie, in: Die Betriebswirtschaft, 57. Jg. (1997), H. 6, S. 796–809.

Prox, C.: Wie Marken zu Magneten werden, in: Horizont Nr. 10/2013, 7.3.2013, S. 19.

Pulizzi, J.: The Transformation of Content Marketing, in: eContent, December 2012, p. 21.

Pulizzi, J.; Barrett, N.: Get Content, Get Customers: Turn Prospects into Buyers with Content Marketing, New York 2009.

Pulizzi, J.; Handley, A.: B2B Content Marketing: 2013 Benchmarks, Budgets, and Trends—North America, Cleveland 2013.

Punzet, J.: paybox Austria – eine M-Payment Erfolgsgeschichte, in: Lammer, T. (Hrsg., 2006), a. a. O., S. 221–236.

Purchase, S.; Dooley, K.: The acceptance and use of e-procurement systems, in: International Journal of Logistics: Research and Applications, Vol. 13 (December 2010), No. 6, pp. 459–473.

Puscher, F.: Datenschutzgrundverordnung. Was kommt auf das Marketing zu?, in: Absatzwirtschaft – Zeitschrift für Marketing Online, 6.7.2017, unter: (www.absatzwirtschaft.de), http://tinyurl.com/yxlzvc78, abgerufen am 24.12.2018.

Puscher, F.: Gute Suche gewinnt Kunden, in: Schwarz, T. (Hrsg., 2007), a. a. O., S. 212–220.

Puschmann, T.; Alt, R.: Successful use of e-procurement in supply chains, in: Supply Chain Management, Vol. 10 (2005), No. 2, pp. 122–133.

Raab, G.; Gernsheimer, O.; Schindler, M.: Einführung in die Welt des Neuromarketing, Berlin 2009.

Radhamani, G.; Rao, G. S. V. R. K.: Web Services Security and E-Business, Hershey 2007.

Raepple, M.: Sicherheitskonzepte für das Internet, Heidelberg 2001.

Ramaswamy, V.; Ozcan, K.: The Co-Creation Paradigm, Stanford 2014.

Ramge, T.: Von Perlen und Luftblasen, in: BrandEins, Nr. 07/2012, S. 101–107.

Ramge, T.: Wandel lohnt sich, in: BrandEins, 04/2013, S. 30–36.

Ramisch, F.: Audi startet mobiles Parken und Bezahlen, in: Mobilbranche.de, 13. Juni 2013, unter: (www.mobilbranche.de), http://tinyurl.com/y3wh7x33, abgerufen am 14.6.2013.

Ranchhod, A.: Developing mobile marketing strategies, in: International Journal of Mobile Marketing, Vol. 2 (June 2007), No. 1, pp. 76–83.

Randall, T.; Terwiesch, C.; Ulrich, K.: User design of customized products, in: Marketing Science, Vol. 26 (March–April 2007), No. 2, pp. 268–280.

Raschkowski, B.: Was war los in Bonn? Der Online-Handel 2013 Recap, in: Future Commerce, unter: (www.future-commerce.de), http://tinyurl.com/yyx9pr3x, abgerufen am 28.1.2013.

Raub, S. P.; Probst, G. J. B.: Knowledge Management und e-Business, in: Weiber, R. (Hrsg., 2001), a. a. O., S. 403–428.

Raulf, M.: Analyse, Auswahl, Anpassung, Fehlschlag – die Historie einer Standardsoftwareeinführung, in: Etzel, H.-J.; Heilmann, H.; Richter, R. (Hrsg., 2000), a. a. O., S. 133–178.

Rayport, J. F.; Jaworski, B. J.: Best Face Forward. Why Companies Must Improve Their Service Interfaces with Customers, Boston 2005.

Rayport, J. F.; Jaworski, B. J.: e-Commerce, Boston 2001.

Rebstock, M.; Fengel, J.; Paulheim, H.: Ontologies-Based Business Integration, Berlin 2009.

Reckwitz, A.: Die Gesellschaft der Singularitäten: Zum Strukturwandel der Moderne, Berlin 2017.

Redlich, T.; Moritz, M.: Co-Creation: Reshaping Business and Society in the Era of Bottom-up Economics, Berlin 2018.

Reese, A. K.: Supply Chain Collaboration 2.0, in: Supply & Demand Chain Executive December 2008/ January 2009, pp. 20–22.

Reichheld, F. F.: Der Loyalitäts-Effekt – die verborgene Kraft hinter Wachstum, Gewinnen und Unternehmenswert, Frankfurt 1997.

Reichwald, R.; Piller, F. T.: Interaktive Wertschöpfung, Open Innovation, Individualisierung und neue Formen der Arbeitsteilung, 2., vollst. überarb. und erweiterte Aufl., Wiesbaden 2009.

Reichwald, R.; Piller, F. T.: Mass Customization-Konzepte im Electronic Business, in: Weiber, R. (Hrsg., 2001), a. a. O., S. 359–382.

Reinecke, S.: Return-on-Marketing?, in: Reinecke, S.; Tomczak, T. (Hrsg.): Handbuch Marketing-Controlling. Effektivität und Effizienz einer marktorientierten Unternehmensführung, 2 Aufl., Wiesbaden 2006, S. 3–38.

Reinecke, S.; Janz, S.: Organisation des Marketingcontrollings, in: Reinecke, S.; Tomczak, T. (Hrsg., 2006), a. a. O.,, S. 915–932.

Reinecke, S.; Tomczak, T. (Hrsg.): Handbuch Marketing-Controlling. Effektivität und Effizienz einer marktorientierten Unternehmensführung, 2 Aufl., Wiesbaden 2006.

Reinhardt, U.; Popp, R.: Schöne neue Arbeitswelt, Hamburg 2018.

Reinheimer, S.: Cloud Computing: Die Infrastruktur der Digitalisierung, Berlin 2018

Reinhold, S.; Reuter, E.; Bieger, T.: Innovative Geschäftsmodelle – Die Sicht des Managements, in: Bieger, T.; Knyphausen-Aufseß, D. z.; Krys, C. (Hrsg., 2011), a. a. O., S. 71–92.

Reitler, Y.: Web 2.0 – Sozi-technisches Phänomen oder Marketing-Hype?, in: Kollmann, T.; Häsel, M. (Hrsg., 2007), a. a. O., S. 15–34.

Reitsperger, W. D.; Daniel, S. J.; Tallman, S. B.; Chismar, W. G.: Product Quality and Cost Leadership: Compatible Strategies, in: Management International Review, Vol. 33 (1993), No. 1, pp. 7–21.

Renner, T.: Produktkataloge und der BMEcat-Standard – Chancen und Grenzen elektronischer Produktkataloge in Intranet und Internet, in: Bogaschewsky, R. (Hrsg., 1999), a. a. O., S. 111–140.

Rentz, I.: Digitale Dreiecksbeziehung, in: Horizont, Nr. 38 (20. September 2012), S. 19.

Rentzmann, R.; Hippner, H.; Hesse, F.; Wilde, K. D.: IT-Unterstützung durch CRM-Systeme, in: Hippner, H.; Hubrich, B.; Wilde, K. D. (Hrsg., 2011), a. a. O., S. 129–156.

Reust, F.: Strategie: Mobile Marketing. Grundlagen, Technologien, Fallbeispiele, St. Gallen 2010.

Rey, D.; Wender, K. F.: Neuronale Netze: Eine Einführung in die Grundlagen, Anwendungen und Datenauswertung, Bern 2010.

Rickens, C.: US-Flops – VerticalNet, Zu hoch gepokert, in: Manager Magazin, 6.9.2001, unter: (www.manager-magazin.de), http://tinyurl.com/y3btnoqd, abgerufen am 24.12.2018.

Riedl, J.: Rahmenbedingungen der Online-Kommunikation, in: Bliemel, F.; Fassott, G.; Theobald, A. (Hrsg., 2000), a. a. O., S. 239–258.

Riedl, S.: Multi-Channel dominiert die Branche, in: IT Business, Nr. 19, 2007, S. 15–16.

Riemenschneider, M.: Der Wert von Produktvielfalt: Wirkung großer Sortimente auf das Verhalten von Konsumenten, Wiesbaden 2006.

Ries, A.; Ries, L.: Die Entstehung der Marken, München 2005.

Riesenbeck, H.; Perrey, J.: Mega-Macht Marke – Erfolg messen, machen, managen, 2 Aufl., Frankfurt 2005.

Rigby, C.: Monsoon makes an extra £1.4 m in the first month of its ship-from-store project, in: Internet Retailing, September 25, 2018, unter: (www.internetretailing.net), http://tinyurl.com/y22xj2rd, abgerufen am 24.12.2018.

Rigsby, J.: Amazon Releases New Search-as-a-Service in the Cloud, in: CMS Wire, Apr 12, 2012, unter: (www.cmswire.com), http://tinyurl.com/y5etyvju, abgerufen am 24.12.2018.

Robertson, B. J.; Kauschke, M.: Holacracy: Ein revolutionäres Management-System für eine volatile Welt, München 2016.

Robinson, I.; Webber, J.: Graph Databases: New Opportunities for Connected Data, London 2015.

Rockart, J. F.; Scott Morton, M. S.: Implications of Changes in Information Technology for Corporate Strategy, in: Interfaces, No. 14, 1984, pp. 84–95.

Rogers, D. L.: Digital Transformation Playbook: Rethink Your Business for the Digital Age, New York 2016.

Ronchi, S.; Brun, A.; Golini, R.; Fan, X.: What is the value of an IT e-procurement system? in: Journal of Purchasing & Supply Management, Vol. 16 (2010), pp. 131–140.

Rösch, B.: Logistik: Vielversprechende Alternativen zu Same Day Delivery, in: eTailment, 18.4.2013, unter: (https://etailment.de), http://tinyurl.com/y2zrkmzm, abgerufen am 21.4.2013.

Rose, C.: Neuromarketing – Kauferlebnis im Wandel, in: Internet World Business, Nr. 21, 2011, vom 13.10.2011.

Rose, R.; Pulizzi, J.: Managing Content Marketing, Cleveland 2011.

Rose, S.; Clark, M.; Samouel, P.; Hair, N.: Online Customer Experience in e-Retailing: An empirical model of Antecedents and Outcomes, in: Journal of Retailing, Vol. 88 (2012), No. 2, pp. 308–322.

Rosen, M. J.; Carlson, D.: Just My Type: Understanding Personality Profiles, Minneapolis 2016.

Rothfuss, G.; Ried, C.: Content Management mit XML, Berlin 2001.

Rothkopf, M. H.; Whinston, A. B.: On E-Auctions for Procurement Operations, in: Production and Operations Management, Vol. 16 (July–August 2007), No. 4, pp. 404–408.

Röttgers, J.: Mix, Burn & R.I.P. Das Ende der Musikindustrie, Hannover 2003.

Rotzoll, M.: Outdoor-Ausrüster führen Siegel für Online-Händler ein, in: Sport-Fachhandel, 30.10.2018, unter: (www.sport-fachhandel.com), http://tinyurl.com/y2yun8fz, abgerufen am 24.12.2018.

Röwekamp, R.: Die Digitalstrategie von Trumpf, in: CIO, 5.10.2018, unter: (www.cio.de), http://tinyurl.com/y2rms2a6, abgerufen am 24.12.2018.

Rowley, J.: Understanding digital content marketing, in: Journal of Marketing Management, Vol. 24 (2008), No. 5–6, pp. 517–540.

Rubinstein, H.; Griffith, C.: Branding matters more on the Internet, in: Brand Management, Vol. 8 (July 2001), No. 6, pp. 394–404.

Rüdiger, M.: E-Customer-Innovation-Potenziale der internetbasierten Kundeneinbindung in Innovationsprozessen, in: Krafft, M. (Hrsg.): Wissenschaftliche Schriftenreihe des Zentrums für Marktorientierte Unternehmensführung an der WHU, Nr. 20, Juli 2001.

Rueppel, R.; Wildhaber, B.: Public Key Infrastructure – Survey and Issues, in: Horster, P. (Hrsg.): Trust Center, Grundlagen, Rechtliche Aspekte, Standardisierung, Realisierung, Braunschweig 1995, S. 197–212.

Ruhrmann, G.; Nieland, J.-U.: Interaktives Fernsehen, Opladen 1997.

Runte, M.: Personalisierung im Internet. Individualisierte Angebote mit Collaborative Filtering, Wiesbaden 2000.

Rusnjak, A.; Schallmo, D. R. A.: Customer Experience im Zeitalter des Kunden: Best Practices, Lessons Learned und Forschungsergebnisse, Berlin 2018.

Russel, S.; Norvig, P.: Künstliche Intelligenz, Ein moderner Ansatz, 3., aktualisierte Aufl., Hallbergmoos 2012.

Rust, R. T.; Zeithaml, V. A.; Lemon, K. N.: Driving Customer Equity, New York 2000.

Rymer, J. R.; Gualtieri, M.: Three rules to build your digital experience strategy, in: KMWorld, September 2012, pp. 10–11.

Saal, M.: Spot-Premiere: Die Telekom rockt mit Spotify ab, in: Horizont, 16.11.2012, unter: (www.horizont.net), http://tinyurl.com/y35qqxcp, abgerufen am 19.11.2012.

Sacolick, I.: Driving Digital: The Leader's Guide to Business Transformation Through Technology, New York 2017.

Safko, L.; Brake, D. K.: The Social Media Bible – Tactics & Tools for Business Success. Hoboken 2009.

Salibian, S.: Gucci Expands DIY Service, in: WWD Section, November 13, 2018, unter: (https://wwd.com), http://tinyurl.com/yxbayufu, abgerufen am 13.11.2018.

Samad, F.; Samad, S. A.; Chowdary, N. V.: Virtual World ‹Second Life': INSEAD's New Campus, IBSCDS, Case Study 310-062-1, 2010.

Sandberg, J.; Holmström, J.; Lyytinen, K.: Digital transformation of ABB through platforms: the emergence of hybrid architecture in process automation, in: Urbach, N.; Röglinger, M. (eds., 2019), a. a. O., pp. 273–291.

Sarkar, M.; Butler, B.; Steinfeld, C.: Intermediaries and Cybermediaries: A continuing Role for Mediating Players in the Electronic Marketplace, in: Journal of Computer Mediated Communication, Vol. 1 (1995), No. 3.

Sauter, M.: From GSM to LTE-Advanced Pro and 5G: An Introduction to Mobile Networks and Mobile Broadband, London 2017.

Schaal, U.: Das strategische Management von Contentrechten: Schlüsselherausforderung für audiovisuelle Medienunternehmen (The Business of Entertainment), Wiesbaden 2010.

Schäfer, J.; Toma, D.: Trends und Strategien im Mobile Marketing, in: Bauer, H. H.; Dirks, T.; Bryant, M. D. (Hrsg., 2008), a. a. O., S. 17–31.

Schäffer, U.; Weber, J.: Controlling von eBusiness, in: kostenrechnungspraxis, Sonderheft 2/2001, S. 5–11.

Schallmo, D.; Rusnjak, A.: Roadmap zur Digitalen Transformation von Geschäftsmodellen, in: Schallmo, D.; Rusnjak, A.; Anzengruber, J.; Werani, T.; Jünger, M. (Hrsg.): Digitale Transformation von Geschäftsmodellen, Grundlagen, Instrumente und Best Practices, Wiesbaden 2017, S. 1–32.

Scharfenberg, H. (Hrsg.): Strukturwandel in Management und Organisation, Baden-Baden 1993.

Schauer, C.: Mitarbeiter als Markenbotschafter – mit Leidenschaft die Marke vertreten, in: Kreutzer, R. T.; Merkle, W. (Hrsg., 2008), a. a. O., S. 79–98.

Schauf, M.: Telemanagement. Telearbeit als Managementproblem, Mering 2002.

Scheffler, A.; Wirths, C. P.: Data Innovation @ AXA Germany: Journey towards a data-driven insurer, in: Urbach, N.; Röglinger, M. (eds., 2019), a. a. O., pp. 363–378.

Schein, E. H.: Process Consultation, Vol. II, New York 1987.

Schein, E.: Coming to a New Awareness of Organizational Culture, in: Sloan Management Review, Winter 1984, pp. 3–15.

Schein, E.: Innovative Cultures and Organizations, in: Allen, T. J.; Scott Morton, M. S. (eds., 1994a), a. a. O., pp. 125–146.

Schein, E.: Organizational Culture and Leadership, San Francisco 1985.

Schelske, A.: Überallmarketing im Web 3.0, in: Absatzwirtschaft – Zeitschrift für Marketing, Nr. 11, 2007, S. 26–29.

Schenk, G.: Individualisierung und Personalisierung – Kernprinzipien für Online-Geschäftsmodelle im Web 2.0, in: Kollmann, T.; Häsel, M. (Hrsg., 2007), a. a. O., S. 35–51.

Scheuing, S.: EU-Datenschutz 2018. Die Folgen für das Marketing, Computerwoche, 14.2.2017; Datenschutzbeauftragter, 29.12.2017

Schinzer, H.; Böhnlein, C.: Supply Chain Management, in: Thome, R.; Schinzer, H. (Hrsg., 2000), a. a. O., S. 27–44.

Schinzer, H.; Steinacker, B.: Virtuelle Gemeinschaften, in: Thome, R.; Schinzer, H. (Hrsg., 2000), a. a. O., S. 81–106.

Schirmbacher, M.: Online-Marketing und Recht, Frechen 2010.

Schlie, E.; Rheinboldt, J.; Waesche, N. M.: Simply Seven. Seven Ways to Create a Sustainable Internet Business, London 2011.

Schlömer, B.: Inbound! Das Handbuch für modernes Marketing, 1 Aufl., Bonn 2018.

Schmalen, H.; Pechtl, H.: Grundlagen und Probleme der Betriebswirtschaft, 17. Aufl., Passau 2012.

Schmidt, J.: Das neue Netz. Merkmale, Praktiken und Folgen des Web 2.0, 2., überarb. Aufl., Konstanz 2011.

Schmitt, S.: Die Existenz des hybriden Käufers. Verhaltenstheoretische Analyse und empirische Untersuchung der Preisbereitschaft von Konsumenten, 1. Aufl., Wiesbaden 2005.

Schmitz-Axe, A.; Többens, T.; Wilkoszewski, A.: Social Brand Controlling – Chancen und Herausforderungen von Measurement & Monitoring im Social Web, in: Schulten, M.; Mertens, A.; Horx, A. (Hrsg., 2012), a. a. O., S. 391–405.

Schnaars, S. P.: Marketing Strategy, 2nd revised and updated version, New York 1998.

Schnäbele, P.: Mass Customized Marketing, Wiesbaden 1997.

Schober, K.-S.: Benchmarking, in: Diller, H. (Hrsg., 1998), a. a. O., S. 199–212.

Schoder, D.: Erfolg und Misserfolg telematischer Innovationen, Wiesbaden 1995.

Schoder, D.: Forecasting the success of telecommunication services in the presence of network effects, in: Information Economics and Policy, Vol. 12 (2000), pp. 181–200.

Schoder, D.: The Flaw in Customer Lifetime Value, [Forethought] in: Harvard Business Review, 12/2007, p. 26.

Schoder, D.; Müller, G.: Potenziale und Hürden des Electronic Commerce. Eine Momentaufnahme, in: Informatik Spektrum, Band 22, Heft 4, August 1999, S. 252–260.

Schoder, D.; Pai-Ling, Y.: Building Firm Trust Online – Barriers to E-Commerce and the Critical Role of Government, in: Communications of the ACM, Vol. 43 (Dec. 2000), No. 12, pp. 73–112.

Schoder, D.; Strauß, R. E., Welchering, P.: Electronic Commerce Enquete, Executive Report, Stuttgart 1998.

Schögel, M.; Walter, V.: Behavioral Targeting – Chancen und Risiken einer neuen Form des Online-Marketing, in: Högg, R. et al. (Hrsg.): Web 2.0 – Grundlagen und Geschäftsmodelle, Baden-Baden 2008, S. 135–161.

Scholl, G.; Schulz, L.; Süßbauer, E.; Otto, S.: Nutzen statt Besitzen – Perspektiven für ressourceneffizienten Konsum durch innovative Dienstleistungen, Institut für ökologische Wirtschaftsforschung (IÖW), Wuppertal Institut für Klima, Umwelt, Energie, Paper zu Arbeitspaket 12 »Konsumenten- und kundennahe Ressourcenpolitikoptionen« des Projekts »Materialeffizienz und Ressourcenschonung« (MaRess), Wuppertal, August 2010.

Scholz, H.: Retail-As-A-Service: Chance für stationäre Händler?, in: Zukunft des Einkaufens, 27.11.2018, unter: https://zukunftdeseinkaufens.de/retail-as-a-service/, abgerufen am 30.11.2018.

Scholz, J.; Thess, M.: Next Best Action – Recommendation Systems Next Level, in: Gentsch, P.: Künstliche Intelligenz für Sales, Marketing und Service, Wiesbaden 2018, S. 173–185.

Schrader, M.: Transformationale Produkte, Hamburg 2017.

Schreiber, A.: Henkel Beauty Care berät per NFC und App direkt am Regal, in: Location Insider, 8.11.2018, unter: (https://locationinsider.de), http://tinyurl.com/y2jkxl8r, abgerufen am 24.12.2018.

Schreiber, A.: Schuhplus setzt auf elektronische Etiketten und Dynamic Pricing, in: Location Insider, 10.9.2018, unter: (https://locationinsider.de), http://tinyurl.com/y4jnopv3, abgerufen am 24.12.2018.

Schreiber, A.: Service per Chat wirkt – Rinascente aus Italien macht gute Erfahrungen, in: Location Insider, 22.10.2018, unter: (https://locationinsider.de), http://tinyurl.com/y6ho2ezg, abgerufen am 24.12.2018.

Schroeder, A.: Real-Time-Bidding – schöne neue Welt?, in: media 41, Nr. 4, 2011, S. 50–54.

Schroeter, A.; Westermeyer, P.; Müller, C.; Schlottke, T.: Die Zukunft des Display Advertising. Intelligenter – automatisierter – effizienter durch Real Time Bidding, Hamburg 2012.

Schubert, P.: e-Business-Integration, in: Schubert, P.; Wölfle, R.; Dettling, W. (Hrsg.): E-Business-Integration, Fallstudien zur Optimierung elektronischer Geschäftsprozesse, München 2003, S. 1–22.

Schubert, P.; Dettling, W.: Integration von e-Business Applikationen: Erfahrungen aus Praxisprojekten, in: Dorloff, F.-D.; Leukel, J.; Schmitz, V. (Hrsg., 2004), a. a. O., S. 1–40.

Schubert, P.; Selz, D.; Haertsch, P.: Digital erfolgreich. Fallstudien zu strategischen e-Business-Konzepten, Berlin 2001.

Schüller, A. M.: Touchpoints. Auf Tuchfühlung mit dem Kunden von Heute, 3., aktualisierte Aufl., Offenbach 2013.

Schüller, A.: Empfehlungen sind planbar, in: io new management, Nr. 7–8, 2006, S. 40–44.

Schulte-Hillen, W. J.: Die radikale Revolution im stationären Einzelhandel. Teil 1: Stories statt Stores, in: Location Insider, 8.1.2018, unter: (https://locationinsider.de), http://tinyurl.com/y6q2noa6, abgerufen am 24.12.2018.

Schulten, M.; Mertens, A.; Horx, A. (Hrsg.): Social Branding. Strategien – Praxisbeispiele – Perspektiven, Wiesbaden 2012.

Schulze, U.: Informationstechnologieeinsatz im Supply Chain Management. Eine konzeptionelle und empirische Untersuchung zu Nutzenwirkungen und Nutzenmessung, Wiesbaden 2009.

Schutzmann, I.: Entscheidung zum Einsatz von Facebook Custom Audience, in: Internet World Business, 20.11.2018, unter: (www.internetworld.de), http://tinyurl.com/y6y372we, abgerufen am 21.11.2018.

Schutzmann, I.: Tools für die Shop-Personalisierung, in: InternetworldBusiness, 21.10.2018, unter: (www.internetworld.de), http://tinyurl.com/y3mc66vh, abgerufen: 21.12.2018.

Schwaber, K.; Beedle, M.: Agile Software Development with Scrum, Upper Saddle River 2001.

Schwalbach, L.: Einkauf 4.0 – Umsetzung der Digitalisierung: Voraussetzungen schaffen, Fachkonzept schreiben und praxisgerecht umsetzen, Norderstedt 2018.

Schwarz, T. (Hrsg.): Leitfaden Online Marketing, Band 2, Waghäusel 2011.

Schwarz, T. (Hrsg.): Leitfaden Online-Marketing, Hamburg 2007.

Schwegler, P.: Wie Welt der Wunder die Blockchain für den Bewegtbildhandel nutzt, in: wuv.de, 3.1.2018, unter: (www.wuv.de), http://tinyurl.com/y3qofnt9, abgerufen am 24.12.2018.

Sebastian, K.-H.; Simon, H.: Ingredient Branding – Reift ein junger Markentypus?, in: Absatzwirtschaft – Zeitschrift für Marketing, 1995, S. 42.

Sehgal, N. K.; Bhatt, P. C. P.: Cloud Computing: Concepts and Practices, Cham 2018.

Selbmann, M.: Banken – sichere Zahlungsmittel im Internet, in: Gora, W.; Mann, E. (Hrsg., 2001), a. a. O., S. 263–277.

Servant, F.-P.: Semantic Web Technologies in Automotive Repair and Diagnostic. Herausgegeben von Renault. Online verfügbar unter (https://www.w3.org), http://tinyurl.com/y3o6n3y5, May 2007, abgerufen am 24.12.2018.

Seybold, P. B.: Customers.com. How to Create a Profitable Business Strategy for the Internet and Beyond, New York 1998.

Seybold, P. B.: The Customer Revolution, New York 2001.

Shakir, M.; Smith, G. R.; Gulec, E.: E-Procurement: Reaching out to small and medium businesses, in: MIS Quarterly Executive, Vol. 6 (December 2007), No. 4, pp. 225–238.

Shamdasani, P. N.; Stanaland, A. J. S.; Tan, J.: Location, Location, Location: Insights for Advertising Placement on the Web, in: Journal of Advertising Research, Vol. 41 (2001), No. 4, pp. 7–21.

Shang, S. S. C.; Li, E. Y.; Wub, Y.-L.; Hou, O. C. L.: Understanding Web 2.0 service models: A knowledge-creating perspective, in: Information & Management, Vol. 48 (2011), pp. 178–184.

Shapiro, C.; Varian, H. R.: Information Rules. A Strategic Guide to the Network Economy, Boston 1999.

Shapiro, C.; Varian, H. R.: Versioning: The Smart Way to Sell Information, in: Gilmore, J. H.; Pine, B. J. (eds., 2000), a. a. O., pp. 133–148.

Shirky, C.: Here comes everybody: The Power of Organizing without Organisations, New York 2008.

Shlopak, M.; Myhre, R.; Jünge, G. H.: Business Model Innovation: A case of the Offshore Lifting Equipment Supplier, in: Kersten, W.; Blecker, T.; Ringle, C. M. (eds., 2017), a. a. O., pp. 175–193.

Shoham, A.: Flow Experiences and Image Making: An Online Chatroom Ethnography, in: Psychology & Marketing, Vol. 21 (2004), No. 10, pp. 855–882.

Shu, S.: Inside Nudging: Implementing Behavioral Science Initiatives, North Charleston 2016.

Siegel, D.: Creating Killer Web Sites, Indianapolis 1997.

Siegel, E.: Predictive Analytics. The Power To Predict Who Will Click, Buy, Lie, Or Die, Hoboken 2013.

Silberer, G.; Förster, F.; Raffée, H.; Fritz, W.; Hilger, H.: Erfolgsrelevante Wirkungen vergleichender Warentestergebnisse auf Kaufentscheidungen der Konsumenten, in: Silberer, G.; Raffée, H. (Hrsg.): Warentest und Konsument: Nutzung, Wirkungen und Beurteilung des vergleichenden Warentests im Konsumentenbereich, Frankfurt 1984, S. 107–163.

Simon, D.: Die Früherkennung von strategischen Diskontinuitäten, Wien 1985.

Simon, H.: Hidden Champions des 21. Jahrhunderts. Die Erfolgsstrategien unbekannter Weltmarktführer, Frankfurt 2007.

Sinek, S.: Frag immer erst: Warum – Wie Top-Firmen und Führungskräfte zum Erfolg inspirieren, München 2014.

Sipos, W.: Lieferanten-/Produktsuche und Informationsbeschaffung über das Internet, in: Bogaschewsky, R. (Hrsg., 1999), a. a. O., S. 97–110.

Skiera, B.: Preispolitik und Electronic Commerce – Preisdifferenzierung im Internet, Frankfurt 2000.

Skiera, B.; Garczorz, I.: Barrieren aufbauen, Kunden binden. Wechselkosten im Electronic Commerce als strategisches Instrument, in: Cybiz, Vol. 1 (Februar 2000), S. 52–55.

Skiera, B.; Spann, M.: Flexible Preisgestaltung im e-Business, in: Weiber, R. (Hrsg., 2001), a. a. O., S. 539–557.

Skinner, C.: The complete customer journey: avoiding technology and business barriers to measure the total value of media, in: Business Strategy Series, Vol. 11 (2010), No. 4, pp. 223–226.

Skuplik, J.: Web-Apps erstellen mit CMS-Daten, Haar/München 2012.

Slywotzky, A. J.; Morrison, D. J.: How digital is your business?, New York 2000.

Smart, A. F.: E-procurement and its impact on supply management – evidence from industrial case studies, in: International Journal of Logistics: Research and Applications, Vol. 13 (December 2010), No. 6, pp. 423–440.

Smeltzer, L. R.; Carter, J. R.: How to Build an e-Procurement Strategy, in: Supply Chain Management Review, March/April 2001, pp. 76–83.

Smith, C.; Comer, D.: Self-Organization in Small Groups: A Study of Group Effectiveness within non-equilibrium conditions, in: Human Relations, Vol. 47 (1994), No. 5, pp. 553–581.

Smith, M.: Targeted, How Technology is Revolutionizing Advertising and the way companies reach consumers, New York 2015.

Smith, P.: Lead with a story. A guide to crafting business narratives that captivate, convince, and inspire, New York 2012.

Smith, P.: Sell with a Story: How to Capture Attention, Build Trust, and Close the Sale, New York 2016.

Smith, W. K.; Binns, A.; Tushman, M. L.: Complex Business Models: Managing Strategic Paradoxes Simultaneously, in: Long Range Planning, Vol. 43 (2010), No. 2–3, pp. 448–461.

So, S.; Sun, H.: Supplier integration strategy for lean manufacturing adoption in electronic-enabled supply chains, in: Supply Chain Management: An International Journal, Vol. 15 (2010), No. 6, pp. 474–487.

Soat, M.: Success by self-depreciation, in: AMA Marketing News, January 2013, pp. 45–50.

Sobczak, S.; Groß, M.: Crowdsourcing. Grundlagen und Bedeutung für das e-Business, Boizenburg 2010.

Solis, B.: End Of Business As Usual: Rewire The Way You Work To Succeed In The Consumer Revolution, Mumbai 2017.

Solis, B.: X: The Experience When Business Meets Design, Hoboken 2015.

Sorrell, M.: Riding the Rapids, in: Business Strategy Review, Vol. 8. (1997), No. 3, pp. 19–26.

Southern, M.: Mobile Shopping Now Accounts for Over 50 % of Online Transactions, in: Search Engine Journal, 20.8.2018, unter: (www.searchenginejournal.com), http://tinyurl.com/ybla27qu, abgerufen am 24.12.2018.

Specht, D.; Hellmich, K.: Management der Zulieferbeziehungen in dynamischen Produktionsnetzen, in: Wildemann, H. (Hrsg., 2000), a. a. O., S. 89–116.

Spengler, J.: Behavioural Targeting, Saarbrücken 2009.

Spies, M.: Branded Interactions. Digitale Markenerlebnisse planen und gestalten, Mainz 2012.

Spiliopoulou, M.: Web Usage Mining: Data Mining über die Nutzung des Web, in: Meyer, M.; Wilde, K. (Hrsg., 2001), a. a. O., S. 489–510.

Spöde, S.: Wechat – Das Portal zu Chinas digitaler Welt, in: tn3, 15.11.2017.

Srinivasan, S. S.; Anderson, R.; Ponnavolu, K.: Customer Loyalty in E-Commerce: An Exploration of its Antecedents and Consequences, in: Journal of Retailing, Vol. 39 (2002), No. 78, pp. 41–50.

Staehle, W. H.: Management – eine verhaltenswissenschaftliche Perspektive, 6., überarb. Aufl., München 1991.

Stahl, H. K.; von den Eichen, S. A. F.: Vernetzte Unternehmen. Wirkungsvolles Agieren in Zeiten des Wandels, Berlin 2005.

Stambor, Z.: Wal-Mart creates a global e-commerce unit, reorganizes U.S. web operations, in: Internet Retailer, January 29, 2010, unter: (www.digitalcommerce360.com), http://tinyurl.com/yy7y4m9l, abgerufen am 15.4.2013.

Standing, C.; Guilfoyle, A.; Lin, C.; Love, P. E. D.: The attribution of success and failure in IT projects, in: Industrial Management & Data Systems, Vol. 106 (2006), No. 8, pp. 1148–1165.

Staudt, E.: Schmeisser, W.: Invention, Kreativität und Erfinder, in: Staudt, E. (Hrsg.): Das Management von Innovationen, Frankfurt 1986, S. 289–294.

Stauss, B.; Seidel, W.: Beschwerdemanagement: Fehler vermeiden – Leistung verbessern – Kunden binden, 2 Aufl., München 1998.

Staykova, K. S.; Damsgaard, J.: Dual-Track‹s Strategy for Incumbent's Transformation: The Case of Danske Bank Adopting a Platform Business Model, in: Urbach, N.; Röglinger, M. (eds., 2019), a. a. O., pp. 119–137.

Steel, E.: How Marketers Hone Their Aim Online, in: Wall Street Journal (June 19, 2007), unter (https://online.wsj.com), http://tinyurl.com/yxfh3lbu, abgerufen 26.12.2012

Steimel, B.; Paulke, S.; Klemann, J.: Praxisleitfaden Mobile Marketing, Meerbusch 2008.

Stemmann, B.: Die Erfolgswahrscheinlichkeit von Standards für Geschäftsdaten, Wiesbaden 2007.

Stern, J.: Google Self-Driving Car License Approved in Nevada, in: abcnews, May 8, 2012, unter: (https://abcnews.go.com), http://tinyurl.com/6opvk4o, abgerufen am 15.10.2012.

Stern, L. W.; El-Ansary, A.: Marketing Channels, 4th edition, Englewood Cliffs 1992.

Sterne, J.: Customer Service on the Internet: Building relationships, increasing loyalty and staying competitive, New York 1996.

Sterne, J.: Social Media Monitoring, Heidelberg 2011.

Stippel, P.: Vom Aufschwung zum Aufbruch, in: Absatzwirtschaft – Zeitschrift für Marketing, Nr. 9, 2007, S. 14–28.

Stöger, R.: Toolbox Digitalisierung. Vorsprung durch Vernetzung, Stuttgart 2017.

Stölzle, W.; Schmidt, T.; Kille, C.; Schulze, F.; Wildhaber, V.: Digitalisierungswerkzeuge in der Logistik: Einsatzpotenziale, Reifegrad und Wertbeitrag, St. Gallen 2018.

Stracke, T.: Beratungssysteme im Internet, in: Schwarz, T. (Hrsg., 2007), a. a. O., S. 541–555.

Strauß, R. E.: Determinanten und Dynamik des Organizational Learning, Wiesbaden 1996.

Strauß, R. E.: Digital Business Excellence – Strategien und Erfolgsfaktoren im E-Business, Stuttgart 2013.

Strauss, R. E.: Marketing Planning by Design. Systematic Planning for Successful Marketing Strategy, Chichester 2008a.

Strauß, R. E.: Marketingplanung mit Plan. Strategien für ergebnisorientiertes Marketing, Stuttgart 2008b.

Strauß, R. E.; Heydecke, J.: CMO Agenda 2011 – im Spannungsfeld zwischen Customer Experience und Marketing Operations, The CMO Community Studie, Walldorf/Hamburg, Oktober 2010.

Strauß, R. E.; Olesch, A.: Online goes Bewegtbild. Wie verändern sich Werbung und Markenkommunikation im Web 2.0?, The CMO Community Studie, Walldorf/München, April 2009.

Strauß, R. E.; Schoder, D.: Breitbandig zum interaktiven Endkonsumenten. Teil 1: Erfahrungen aus über 100 Feldversuchen in USA und Europa zu interaktivem Fernsehen (iTV), Göttingen 2002.

Strauß, R. E.; Schoder, D.: eReality. Das e-Business Bausteinkonzept. Strategien und Erfolgsfaktoren für das e-Business-Management, Frankfurt 2001.

Strauß, R. E.; Schoder, D.: Massenhafte Individualisierung und One-to-One-Marketing im Electronic Commerce, in: Albers, S. (Hrsg.): Electronic Commerce, Frankfurt 1999a, S. 109–120.

Strauß, R. E.; Schoder, D.: Wie werden Produkte den Kundenwünschen angepasst?, in: Albers, S.; Clement, M.; Peters, K.; Skiera, B. (Hrsg.): eCommerce, Frankfurt 1999b, S. 109–121.

Suckow, C.: Markenaufbau im Internet, Wiesbaden 2011.

Sullivan, L.: Amazon Ad Model Forces Changes In Search Engine Marketing, in: OnlineMediaDaily, Oct 11, 2012, unter: (www.mediapost.com), http://tinyurl.com/y3cecsbh, abgerufen am 15.10.2012.

Sydow, J.: Wie entwickeln sich Unternehmensnetzwerke? Neue Einsichten in die Praxis des Networking, in: Stahl, H. K.; von den Eichen, S. A. F. (Hrsg., 2005), a. a. O., S. 39–64.

Szyperski, N.: Strategisches Informationsmanagement im technologischen Wandel. Fragen zur Planung und Implementierung von Informations- und Kommunikationssystemen, in: Angewandte Informatik, Nr. 4, 1980, S. 141–148.

Tapscott, D. (Hrsg.): Erfolg im e-Business, München 2000.

Tan, B. L.; Tang, N. K. H.; Forrester, P. L.: Application of QFD for e-Business planning, in: Production Planning & Control, Vol. 15 (December 2004), No. 8, pp. 802–818.

Tanner, C.: Globale Procurement Transformation mittels Informationstechnologie unterstützen. Fallstudie Clariant. Elektronischer Purchase-to-Pay-Prozess für indirekte Güter, Basel 2012.

Tantau, B.: Pinterest, der neue Star am Social-Media-Himmel?, in: Website Boosting, Nr. 05/06 (2012), S. 78–82.

Tapscott, D.: The Digital Economy. Promise and Peril in the Age of Networked Intelligence, New York 1995.

Tapscott, D.; Ticoll, D.; Lowy, A.: Digital Capital – von den erfolgreichen Geschäftsmodellen profitieren, Frankfurt 2001.

Tapscott, D.; Ticoll, D.; Lowy, A.: The Rise of the Business Web, in: Business 2.0, November 1999, S. 197–208.

Tassel, J. V.: Digital TV over Broadband, Boston 2001.

Taylor, D. G.; Strutton, D.; Thompson, K.: Self-Enhancement as a Motivation for Sharing Online Advertising, in: Journal of Interactive Advertising, Vol. 12 (2012), No. 2, pp. 13–28.

Teece, D. J.: Business Models, Business Strategy and Innovation, in: Long Range Planning, Vol. 43 (April–June 2010), No. 2–3, pp. 172–194.

TeleGeography: International Call Traffic Growth Slows as Skype's Volumes Soar, January 09, 2012; unter: (www.telegeography.com), http://tinyurl.com/y3jn7efg, abgerufen am 2.11.2012.

Thaler, K.: Supply Chain Management. Prozessoptimierung der logistischen Kette, Köln 2001.

Theobald, A.; Dreyer, M.; Starsetzki, T. (Hrsg.): Online-Marktforschung, Wiesbaden 2001.

Theobald, A.: Marktforschung im Internet, in: Bliemel, F.; Fassott, G.; Theobald, A. (Hrsg., 2000), a. a. O., S. 297–314.

Theobald, E.; Haisch, P. T. (Hrsg.): Brand Evolution, Wiesbaden 2011.

Theobald, E.: Die Herausforderung Internet in Markenführung und Markenkommunikation, in: Theobald, E.; Haisch, P. T. (Hrsg., 2011), a. a. O., S. 95–110.

Thibaut, J.: App-Store-Optimierung: So verbesserst du das Ranking von iOS- und Android-Apps, in: tn3, 17.10.2012, unter: (https://t3n.de), http://tinyurl.com/y249gfro, abgerufen am 15.1.2013.

Thier, K.: Storytelling: Eine Methode für das Change-, Marken-, Projekt- und Wissensmanagement, 3 Aufl., Wiesbaden 2016.

Thome, R.; Schinzer, H. (Hrsg.): Electronic Commerce: Anwendungsbereiche und Potenziale der digitalen Geschäftsabwicklung, München 2000.

Thompson, A. A.; Strickland, A. J.: Strategic Management: Concepts and Cases, Homewood, 1990.

Thorelli, H. B.; Becker, H.; Englewood, J.: The information seekers, Cambridge 1975.

Timmers, P.: Electronic Commerce. Strategies and Models for Business-to-Business-Trading, West Sussex 1999.

Tiwana, A.: The Essential Guide to Knowledge Management, Upper Saddle River, 2001.

Tjosvold, D.: Cooperation Theory and Organisations, in: Human Relations, Vol. 37 (1984), pp. 743–767.

Tjosvold, D.: Making a Technological Innovation Work: Collaboration to Solve Problems, in: Human Relations, Vol. 43 (1990), No. 11, pp. 1117–1131.

Tölle, K.; Hofacker, T.; Kaas, K. P.: Der »Information Seeker«: Konsumbegeistert oder konsumkritisch?, in: Marketing ZFP, Heft 1 (1981), S. 47–50.

Tomczak, T.; Schögel, M.; Birkhofer, B.: Online-Distribution als innovativer Absatzkanal, in: Bliemel, F.; Fassott, G.; Theobald, A. (Hrsg., 2000), a. a. O., S. 219–238.

Tomorrow Focus AG: Werbewirkung von Online Video Ads, München 2007.

Treen, D.: Vanishing Walls, in: Ivey Business Journal, September/October 2000, pp. 55–59.

Treiß, F.: Expertenumfrage: Was sind 2017 die größten Herausforderungen des Handels?, in: Location Insider, unter: (https://locationinsider.de), 12.Januar 2017, http://tinyurl.com/y2fweorf, abgerufen am 24.12.2018.

Treiß, F.: Interview: Holger Spielberg über die Bedeutung des Mobile Web für PayPal, in: Mobilbranche.de, vom 22. August 2012, unter: (http://mobilbranche.de), https://tinyurl.com/y6lxbd68, abgerufen am 24.12.2018.

Trisko, A.: iOS 6: So funktioniert Passbook – Lufthansa und Euronics XXL bereits verfügbar, in: apfelnews, 20.09.2012, unter: (www.apfelnews.eu), https://tinyurl.com/y4gac6e3, abgerufen am 5.3.2013.

TRUSTe (ed.): 2009 Study: Consumer Attitudes About Behavioral Targeting. http://forms.truste.com/go/truste/btconsumerstudy, 2009, abgerufen am 31.12.2012.

Tsai, M.-H.; Lin, Y.-D.; Su, Y.-H.: A grounded theory study on the business model structure of Google, in: International Journal of Electronic Business Management, Vol. 9 (2011), No. 3, pp. 231–242.

Turban, E.; King, D.; Viehland, D.; Lee, J.: Electronic Commerce. A Managerial Perspective, Upper Saddle River 2006.

Turban, E.; Volonino, L.; Wood, G. R.: Information Technology for Management – Advancing Sustainable, Profitable Business Growth, New York 2013.

Turowski, K.; Pousttchi, K.: Mobile Commerce. Grundlagen und Techniken, Berlin 2004.

Tuttle, B.: Angie's List IPO: So Maybe a Paid-Membership Business Model Can Work?, in: Time, Nov. 18, 2011, unter: (http://business.time.com), https://tinyurl.com/y2ddtqwe, abgerufen am 3.12.2012.

Upshaw, L. B.: Building Brand Identity, New York 1995.

Urbach, N.; Röglinger, M. (eds.): Digitalization Cases. How Organizations Rethink Their Business for the Digital Age, Berlin 2019.

Urs, O.; Körner, A.: Mundpropaganda Marketing: Schwarz, T. (Hrsg., 2007), a. a. O., S. 672–680.

Van der Graaf, P.: App Store Optimization, in: Search Engine Watch, 16. Februar 2012, unter: (https://searchenginewatch.com), https://tinyurl.com/y4zglgrr, abgerufen am 15.1.2013.

Van Dick, R.; Helfritz, K. H.; Holz, F.; Stickling, E.: Digital Leadership – Die Zukunft der Führung in Unternehmen, Frankfurt 2016.

Van Eimeren, B.; Frees, B.: 76 % der Deutschen Online – Neue Nutzungsperspektiven durch mobile Endgeräte, in: Media Perspektiven 7–8/ 2012, S. 362–379.

Van Eimeren, B.; Frees, B.: Bewegtbildnutzung im Internet, in: Media Perspektiven 7/2008a.

Van Eimeren, B.; Frees, B.: Internetverbreitung: Größter Zuwachs bei Silver Surfern, in: Media Perspektiven 7/2008b.

Van Eimeren, B; Gerhard, H.; Frees, B.: Internetverbreitung in Deutschland: unerwartet hoher Zuwachs, in: Media Perspektiven 8/2003, S. 338–358.

Van Rinsum, H.: Märklin: Fahrt in die digitale Zukunft, in: Internet World Business, 12.8.2018, unter: (www.internetworld.de), https://tinyurl.com/y264rv4n, abgerufen am 24.12.2018.

Van Rinsum, H.: Wo Personalisierung dem Marketing hilft, in: Internet World Business, 1.11.2018, unter: (www.internetworld.de), https://tinyurl.com/y3vuos76, abgerufen am 24.12.2018.

VanBoskirk, S.: The Reality Of Behavioral Ad Targeting, Forrester Research Report, March 10, 2006.

VDZ: Handbuch Online Video-Werbung, Berlin 2007.

Venzin, M.; Vizzaccaro, M.: Making Mergers and Acquisitions Work: From Strategy and Target Selection to Post Merger Integration, Bingley 2018.

Verband Deutscher Sportfachhandel (VDS): Weltmarkführer Nike steuert im Internet Konfrontationskurs, vds Pressemitteilung, 11.12.2006.

Vernon, V.: Implementing Domain-Driven Design, Amsterdam 2013.

Villa, J.: Time for a Marketing Facelift? Usability testing provides insider view for Web site development, in: Marketing Health Services, Fall 2009, pp. 30–31.

Villanueva, J.; Yoo, S.; Hanssens, D. M.: The Impact of Marketing Induced Versus Word-of-Mouth Customer Acquisition on Customer Equity Growth, in: Journal of Marketing Research, Vol. 45 (2008), No. 1, pp. 48–59.

Voigt, P.; von dem Bussche, A.: EU-Datenschutz-Grundverordnung (DSGVO): Praktikerhandbuch, Berlin 2018.

Vollmer, J.: Studie: Android-Apps schicken deine Daten ungefragt an Facebook, in: tn3, unter: (https://t3n.de), https://tinyurl.com/yx9fo6gr, abgerufen am 2.1.2019.

Von den Eichen, S. A. F.; Hinterhuber, H. H.; Mirow, M.; Stahl, H. K.: Das Netz knüpfen, in: Harvard Business Manager, Nr. 1, 2005, S. 41–49.

Von Reibnitz, U.: Szenario-Technik, in: Schulte, C. (Hrsg.): Lexikon des Controlling, München 1996, S. 747–751.

Wagner, A.: Wie die Blockchain das Geschäftsmodell der Agenturen gefährdet, in: Werben & Verkaufen, 29.12.2017.

Wagner, D. J.: Digital Leadership: Kompetenzen – Führungsverhalten – Umsetzungsempfehlungen, Wiesbaden 2017.

Wagner, J.; Kontny, H.: Use Cases of Self-Organizing Adaptive Supply Chain, in: Kersten, W.; Blecker, T.; Ringle, C. M. (eds., 2017), a. a. O., pp. 255–273.

Wais, J. S.; Clemons, E. K.: Understanding and implementing mobile social advertising, in: International Journal of Mobile Marketing, Vol. 3 (June 2008), No. 1, pp. 12–18.

Walter, N.; Meissner, H.: Customer Co-Creation – Wie Konsumgüterunternehmen ihre Kunden bei Produktinnovationen mithilfe von Social Media miteinbeziehen können, in: Marke 41, 2/2018.

Walther, J.: Konzeptionelle Grundlagen des Supply Chain Managements, in: Walther, J.; Bund, M. (Hrsg., 2001), a. a. O., S. 11–31.

Walther, J.; Bund, M. (Hrsg.): Supply Chain Management, Frankfurt 2001.

Walther, J.; Guß, H.: Supply Chain Management in Deutschland und der Schweiz – Ergebnisse der Studie 2000, in: Walther, J.; Bund, M. (Hrsg., 2001), a. a. O., S. 159–177.

Wang, Y.; Pettit, S.: E-Logistics: Managing Your Digital Supply Chains for Competitive Advantage, London 2016.

Wannenwetsch, H. H.; Nicolai, S. (Hrsg.): e-Supply-Chain-Management. Grundlagen – Strategien – Praxisanwendungen, 2., überarb. und erweiterte Aufl., Wiesbaden 2004.

Warc: Amazon in fashion push, unter: (www.warc.com), https://tinyurl.com/y5x62gzz, abgerufen am 5.12.2012.

Ward, B.: Fit für Content Marketing: Inhalt mit Nutzen statt leerer Versprechen, Göttingen 2018.

Ware, J.; Gebauer, J.; Hartman, A.; Roldan, M.: The Search for digital excellence, New York 1998.

Wartala, R.: Hadoop. Zuverlässige, verteilte und skalierbare Big-Data-Anwendungen, München 2012.

Watson, P.; Morgan, M.; Hemmington, N.: Online Communities and the Sharing of Extraordinary Restaurant Experiences, in: Journal of Foodservice, Vol. 19 (2008), No. 6, pp. 289–302.

Watts, D. J.; Hasker, S.: Marketing in an Unpredictable World, in: Harvard Business Review, Vol. 84 (2006), No. 9, pp. 25–30.

Webb, N. J.: The Digital Innovation Playbook: Creating a Transformative Customer Experience, Chichester 2011.

Weber, B.: Procter & Gamble: Online Soap Opera, in: Lebensmittelzeitung, 2. März 2007.

Weber, J.: Logistik-Controlling, Stuttgart 1990.

Weber, J.; Schäffer, U.; Freise, H.-U.: Controlling von e-Commerce auf Basis der Balanced Scorecard, in: Eggers, B.; Hoppen, G. (Hrsg., 2001), a. a. O., S. 445–464.

Weiber, R. (Hrsg.): Handbuch Electronic Business, Wiesbaden 2001.

Weiber, R.; Kollmann, T.: Wertschöpfungsprozesse und Wettbewerbsvorteile im Marketspace, in: Bliemel, F.; Fassott, G.; Theobald, A. (Hrsg., 2000), a. a. O., S. 47–62.

Weiber, R.; Krämer, T.: Paradoxien des Electronic Business, in: Weiber, R. (Hrsg.): Handbuch Electronic Business, Wiesbaden 2001, S. 149–177.

Weiber, R.; Weber, M. R.: Customer Lifetime Value als Entscheidungsgröße im CRM, in: Weiber, R. (Hrsg., 2001), a. a. O., S. 473–503.

Weide, K.: Real-Time Bidding in the United States and Western Europe, 2010–2015, IDC White Paper, Framingham 2011.

Weide, K.: U.S. and Western Europe Real-Time Bidding 2011–2015 Forecast, IDC Study, October 2011.

Weidemann, M.: Neuer Onlinewerbetrend aus den USA: Realtime-Bidding, in: Schwarz, T. (Hrsg., 2011), a. a. O., S. 377–381.

Weinberg, T.: Social Media Marketing. Strategien für Twitter, Facebook & Co., 3 Aufl., Köln 2012.

Weiner, N.; Renner, T.; Kett, H.: Geschäftsmodelle im »Internet der Dienste« – aktueller Stand der Forschung und Praxis, Fraunhofer-Institut für Arbeitswissenschaft und Organisation IAO, Stuttgart 2010.

Weingarth, J.; Hagenschulte, J.; Schmidt, N.; Balser, M.: Building a digitally enabled future: an insurance case study on digitalization, in: Urbach, N.; Röglinger, M. (eds., 2019), a. a. O., pp. 249–269.

Weltz, F.: Konsensmanagement bei der Einführung von Informationstechnik, in: Scharfenberg, H. (Hrsg., 1993), a. a. O., S. 71–90.

Werbach, K.: Content Syndication. The Emerging Model for Business in the Internet Area, in: Harvard Business Review, May–June 2000, S. 84–93.

Werner, A.: Site Promotion. Werbung auf dem WWW, Heidelberg 2000.

Werner, A.: Social Media – Analytics & Monitoring, Heidelberg 2013.

Werner, H.: Supply Chain Management, 4., aktualisierte und überarb. Aufl., Wiesbaden 2010.

Westermann, G.; Bonnet, D.: Leading Digital: Turning Technology into Business Transformation, Boston 2014.

Westphal, F.: Mashups: Remix me!, in: OBJEKTspektrum 2/2007, 27.4.2007

Wheelen, T. L.; Hunger, J. D.: Essentials of Strategic Management, 2nd edition, Upper Saddle River 2001.

Wiedmann, K.-P.; Frenzel, T.; Buxel, H.: Strategisches e-Commerce-Marketing, in: Eggers, B.; Hoppen, G. (Hrsg., 2001), a. a. O., S. 417–444.

Wiedmann, K.-P.; Reeh, M.-O.; Schumacher, H.: Near Field Communication im Mobile Marketing. Einsatzmöglichkeiten und Akzeptanzchancen, in: Bauer, H. H.; Dirks, T.; Bryant, M. D. (Hrsg., 2008), a. a. O., S. 305–325.

Wiegand, M.: Prozesse organisationalen Lernens, Wiesbaden 1995.

Wieken, J. H.: Der Weg zum Data Warehouse. Wettbewerbsvorteile durch strukturierte Unternehmensinformationen, München 1999.

Wiener, C.: User Experience Design, in: Giordano, M.; Hummel, J. (Hrsg., 2005), a. a. O., S. 95–132.

Wiengarten, F.; Humphreys, P.; McKittrick, A.; Fynes, B.: Investigating the impact of e-business applications on supply chain collaboration in the German automotive industry, International Journal of Operations & Production Management, Vol. 33 (2013), No. 1, pp. 25–48.

Wiese, J.: Kennzahlendefinition und -messung im Social-Media-Marketing, in: Schulten, M.; Mertens, A.; Horx, A. (Hrsg., 2012), a. a. O., S. 361–370.

Wildemann, H.: Das Just-in-Time-Konzept. Produktion und Zulieferung auf Zuruf, Frankfurt 1988.

Wildemann, H.: Fertigungsstrategien, 2. Aufl., München 1994.

Wildemann, H.: Logistik-Prozeßmanagement. Organisation und Methoden, 2., neubearb. Aufl., München 2001.

Wildemann, H. (Hrsg.): Supply Chain Management, München 2000.

Wildemann, H.: Von Just-in-Time zu Supply Chain Management, in: Wildemann, H. (Hrsg., 2000), a. a. O., S. 49–86.

Wildhirt, K.; Seidel, C.; Bub, U.; Josten, M.; Kühr, S.: Digitalization Partnership: How GKN established a digital platform with 3YD to realize the disruptive potential of additive manufacturing, in: Urbach, N.; Röglinger, M. (eds., 2019), a. a. O., pp. 139–157.

Willhardt, R.: Das seltsame Paarungsverhalten von Marken, in: Absatzwirtschaft – Zeitschrift für Marketing, Nr. 7, 2007, S. 40–43.

Wilson, R. D.: Using clickstream data to enhance business-to-business web site performance, in: Journal of Business & Industrial Marketing, Vol. 25 (2010), No. 3, pp. 177–187.

Winkel, O.: Bürgerpartizipation – Organisation und Vitalisierung politischer Prozesse durch Electronic Government, in: dms – der moderne staat – Zeitschrift für Public Policy, Recht und Management, 4. Jg. (2011), Heft 2, S. 381–402.

Winkelhake, U.: Die digitale Transformation der Automobilindustrie. Treiber – Roadmap – Praxis, Berlin 2017.

Wirtz, B. W., Schilke; O.; Ullrich, S.: Strategic Development of Business Models. Implications of the Web 2.0 for Creating Value on the Internet, in: Long Range Planning, Volume 43 (April–June 2010), No. 2–3, pp. 272–290.

Wirtz, B. W.: Business Modell Management. Design – Instrumente – Erfolgsfaktoren von Geschäftsmodellen, 2., aktualisierte und überarb. Aufl., Wiesbaden 2011.

Wirtz, B. W.: Electronic Business, 3., vollst. überarb. und aktualisierte Aufl., Wiesbaden 2010.

Wirtz, B. W.: Multi-Channel-Marketing. Grundlagen – Instrumente – Prozesse, Wiesbaden 2008.

Wirtz, B. W.; Becker, D.: Geschäftsmodelle im Electronic Business – Eine Analyse zu Erscheinungsformen und Entwicklungsperspektiven von Geschäftsmodellen, in: Scheer, A.-W. (Hrsg.): Die eTransformation beginnt!, 2. Aufl., Heidelberg 2001, S. 159–189.

Wirtz, B.; Lütje, S.; Schierz, P. G.: An Empirical Analysis of the Acceptance of E-Procurement in the German Public Sector, in: International Journal of Public Administration, Vol. 33 (2010), pp. 26–42.

Wohlsen, M.: The Next Big Thing You Missed: Companies That Work Better Without Bosses, in: Wired, 1.7.2014, unter: (www.wired.com), https://tinyurl.com/yx98z43n, abgerufen am 14.12.2018.

Wöhrle, M.: 7 Wege wie Blockchain das Marketing revolutionieren wird, in: The Restless CMO, 13.9.2017.

Wolff, E.: Microservices: Grundlagen flexibler Softwarearchitekturen, 2., aktualisierte Aufl., Heidelberg 2018.

Woods, D.: Enterprise Services Architecture, Bonn 2004.

World Economic Forum (WEC): Digital Transformation Initiative, Unlocking $100 Trillion for Business and Society from Digital Transformation, May 2018.

Wray, J.; Plante, D.: Mobile advertising engine for centralized mobile coupon delivery, in: International Journal of Management and Marketing Research, Vol. 4 (2011), No. 1, pp. 75–85.

Xie, Z. C.; Barnes, S. J.: Website quality in the UK airline industry: a longitudinal examination, in: Journal of Computer Information Systems, Winter 2008–2009, pp. 50–57.

Yan, J.; Liu, N.; Wang, G.; Zhang, W.; Jiang, Y.; Chen, Z.: How much can Behavioral Targeting Help Online Advertising?, in: Proceedings of the 18th International Conference on World Wide Web, Madrid 2009, pp. 261–270

Yang, H.; Zhou, L.: Extending TPB and TAM to mobile viral marketing: An exploratory study on American young consumers' mobile viral marketing attitude, intent and behavior, in: Journal of Targeting, Measurement and Analysis for Marketing, Vol. 19 (2011), No. 2, pp. 85–98.

Yaniv, G.: Sold on mobile marketing: effective wireless carrier mobile advertising and how to make even more so, in: International Journal of Mobile Marketing, Vol. 3 (December 2008), No. 2, pp. 86–91.

Yeh, C.-H.; Lee, G.-G.; Pai, J.-C.: How information system capability affects e-business information technology strategy implementation. An empirical study in Taiwan, in: Business Process Management Journal, Vol. 18 (2012), No. 2, pp. 197–218.

Yousif, R. O.: Factors affecting consumer attitudes towards mobile marketing, in: Journal of Database Marketing & Customer Strategy Management, Vol. 19 (2012), No. 3, pp. 147–162.

Yubo, C.; Jinhong, X.: Online Consumer Review: Word-of-Mouth as a New Element of Marketing Communication Mix, in: Management Science, Vol. 54 (2008), No. 3, pp. 477–491.

Zadek, H.: e-Supply Chain Management in der Automobilindustrie, in: Dangelmaier, W.; Pape, U.; Rüther, M. (Hrsg., 2001), a. a. O., S. 325–337.

Zentralverband der deutschen Werbewirtschaft (ZAW): Werbung in Deutschland 2008.

Zerdick, A.; Picot, A.; Schrape, K.; Artope, A.; Goldhammer, K.; Heger, D. K.; Lange, U. T.; Vierkant, E.; Lopez-Escobar, E.; Silverstone, R.: Die Internet-Ökonomie, 3 Aufl., Berlin 2001.

Zhang, Y.; Bhattacharyya, S.: Analysis of B2B e-marketplaces: an operations perspective, in: Information Systems & e-Business Management, Vol. 8 (2010), pp. 235–256.

Ziegler, S.: Organisation der Kundenorientierung, in: Absatzwirtschaft – Zeitschrift für Marketing, 1.7.2001, S. 42–46.

Ziems, D.: Markenmythen – die neue Bedeutung für die Markenführung, in: Kreutzer, R. T.; Merkle, W. (Hrsg., 2008), a. a. O., S. 99–112.

Zimmerling, J.; Werner, U.: Schutz vor Rechtsproblemen im Internet. Handbuch für Unternehmen. Berlin 2001.

Zobel, J.: Mobile Business und M-Commerce, München 2001.

Zollenkop, M.: Geschäftsmodellinnovation, Wiesbaden 2006.

Zoratti, S.; Gallagher, L.: Precision Marketing, London 2012.

Zott, C.; Amit, R.: Business Model Design: An Activity System Perspective, in: Long Range Planning, Vol. 43 (2010), pp. 216–226.

Zott, C.; Amit, R.: The Fit Between Product Market Strategy and Business Model: Implications for Firm Performance, in: Strategic Management Journal, Vol. 29 (2008), pp. 1–26.

Zott, C.; Amit, R.; Massa, L.: The Business Model: Recent Developments and Future Research, in: Journal of Management, Vol. 37 (2011), No. 4, pp. 1019–1042.

Zühlke, K.: Künstliche Intelligenz für Produktion & Wartung, 3. November 2016, in: (www.elektroniknet.de), https://tinyurl.com/y42rguzw, abgerufen am 24.12.2018.

Zunke, K.: Alte Zöpfe abschneiden, in: Internet World Business, Nr. 09 (2012a), 30. April 2012, S. 18–19.

Zunke, K.: Die Legende ist tot, in: Internet World Business, Nr. 08 (2012b), 16. April 2012, S. 20–21.

Zunke, K.: Reise ins Ungewisse, in: Internet World Business, Nr. 10 (2012c), 14. Mai 2012, S. 18–19.

Zunke, K.: RTB: Reicht die Reichweite?, in: AdZine, 09.02.2012d, unter: (www.adzine.de), https://tinyurl.com/y35yj6q5, abgerufen am 13.1.2013.

Danksagung

Dank gebührt allen Kollegen, welche die Erstellung der empirischen Studien, die Sammlung unterschiedlichster Erfahrungen in Projekten, Workshops, weiterführenden Interviews, Diskussionen oder auch im Rahmen der CMO Community Meetings, Digital CMO Community Meetings, des Marketing Tech Summits sowie des Deutschen Marketing Tags ermöglicht haben. Ein herzliches Dankeschön geht an die mehr als 80 Marketingleiter und -vorstände in der CMO Community sowie die 35 Kollegen in der Digital CMO Community für vielfältige Diskussionen über alle Themen der Digitalisierung – ebenso wie allen anderen wichtigen Themen des Lebens.

Ein herzliches Dankeschön geht an meine Kollegen der Customer Excellence GmbH wie Andrea Geisler, Carsten Thierbach, Sven Scheiner, Thomas Pasche, Susanne Schurz (CMO Academy GmbH), Kerstin Clessienne (Rooftop Consulting), Katja Wehlitz (digital CMO Community) und Katja Brandt (CMO Community). Dank gilt ebenso meinen früheren Kollegen der Volkswagen Konzern-IT (Wolfsburg), Konrad Schneider, Detlef van der Vorst und Peter Schubert, für alle Diskussionen um serviceorientierte Architekturen und Integrationsszenarien. Ein herzliches Dankeschön geht ebenfalls an Ulrich Busch (Business Gateway AG, Starnberg) für immer wieder neue Einsichten in das effiziente Management von IT-Projekten.

Meiner gesamten Familie ein herzliches Dankeschön für ihr Verständnis für das schlichte »Nichtmelden« aufgrund der Manuskripterstellung dieses Buches – ich gelobe (immer mal wieder) Besserung! Danke, dass Ihr mir das immer noch glaubt …!

Autor

Ralf Strauß ist Managing Partner der auf Marketing, Vertrieb, Service und Digitalisierung spezialisierten Unternehmensberatung Customer Excellence GmbH, Managing Partner der CMO Academy GmbH, Initiator der 2006 gegründeten CMO Community (www.cmocommunity.de), Initiator der 2015 gegründeten Digital CMO Community (www.digitalcmocommunity.de), Managing Partner Marketing Tech Lab, Präsident des Deutschen Marketing Verbands (DMV), Vice Chairman European Marketing Confederation (EMC) als auch Professor für Digitales Marketing & E-Business an der Hamburg School of Business Administration (HSBA). Zuvor hat er zwischen 2011 und 2012 als Senior Vice President für den Volkswagen-Konzern die Digitale Transformation von Marketing und Vertrieb verantwortet. Vor seinem Einstieg bei Volkswagen war er zwischen 2008 und 2011 globaler Leiter des Produktmanagements CRM Marketing und zuvor langjähriger Marketingleiter der SAP in Deutschland und Zentraleuropa. Vor seiner Tätigkeit für SAP und Volkswagen konnte er bereits auf mehrjährige Erfahrungen in Marketing-, Vertriebs- und Digital-Projekten in der Unternehmensberatung zurückblicken, bevor er 2002 als Leiter der Unternehmensentwicklung zur SAP Deutschland kam.

Sowohl durch die Arbeit als Unternehmensberater sowie durch die Linienverantwortung im Hause SAP und Volkswagen kann er auf vielfältige Projekterfahrungen im Bereich der strategischen Planung, Marketing-/Vertriebs-Transformation, Reorganisation, Firmen- und Neuprodukt-Launch oder auch der IT-Strategie- und -Implementierung zurückblicken – unter anderem in Projekten und Projektleitungen im Bereich Telekommunikation & Medien, Versicherungen, Automotive, Handel, Digital Marketing, Konsumgüterherstellung, Marketing Automatisierung, Customer Relationship Management (CRM), vernetzten Unternehmensstrukturen sowie der Transformation traditioneller Unternehmen. Er ist Fachautor von mehr als 60 Veröffentlichungen.

Kontaktadresse:
Prof. Dr. Ralf E. Strauß
Customer Excellence GmbH
Sierichstraße 8
22301 Hamburg
E-Mail: ralf.strauss@customerexcellence.de
E-Mail: ralf.strauss@cmocommunity.de
Mobil: +49 (152) 53 13 16 90

Erste Stimmen zum Buch

Wie Schritt halten bei der Entwicklung und Umsetzung der Digitalisierung? Angesichts des rasanten Wandels stehen viele Unternehmen vor dieser Frage. Der Autor – mit Erfahrung aus mehr als 20 Jahren in Senior-Managementfunktionen bei SAP, Volkswagen und aus einer Vielzahl an Strategie- und Umsetzungsprojekten – zeigt, wie erfolgreiche Strategien entwickelt und umgesetzt werden und liefert die Bausteine für digitale Spitzenleistungen. In seinem Buch stellt er Faktoren vor, die sich als gemeinsame Merkmale erfolgreicher digitaler Transformationen herauskristallisiert haben und unterstützt bei der Erschließung der Potenziale. Zahlreiche Best-Practice-Beispiele helfen bei der Umsetzung in der Praxis.

- Digitale Transformation: Analyse-, Entscheidungs- und Umsetzungsprobleme in Unternehmen
- Empirische Erkenntnisse und neueste Entwicklungen aus der Praxis und aus Umsetzungsprojekten
- Erfolgsfaktoren und Best-Practice-Beispiele

Das Buch ist die Fortführung des Bestsellers »Digital Business Excellence« auf dem aktuellen Stand von Forschung und Praxis.

»Die Digitale Transformation ist für uns eine strategische, strukturelle und kulturelle Herausforderung. Sie bietet große Chancen, bedarf aber betriebswirtschaftlicher Nüchternheit. Ralf Strauß behandelt dies tiefgründig und verständlich auf der Grundlage von vielen Projekterfahrungen. Ein Buch, dass beim Strukturieren hilft und wertvolle Impulse setzt!«
Jan Wicke, Vorsitzender des Vorstands, HDI Deutschland AG

»Alle beklagen das Fehlen geeigneter Mitarbeiter und die Herausforderungen bei der Schaffung geeigneter Organisationsstrukturen. ›Digitale Transformation‹ greift diese Herausforderungen systematisch auf und stellt – statt plattitüdenhaft und deskriptiv einfach nur bestehende Unzulänglichkeiten zu skizzieren – auf der Grundlage langjähriger, praktischer Management-Erfahrungen Lösungsansätze vor.«
Dr. Rahmyn Kress, Chief Digital Officer, Henkel AG & Co. KGaA

»Inhaltlich, konzeptioneller Tiefgang kombiniert mit den Erfahrungen aus einer Vielzahl praktischer Umsetzungsprojekte machen dieses Buch zu einem praktischen Ratgeber für die vielschichtigen Ebenen der Digitalisierung.«
Dr. Uwe Kolks, Geschäftsführer, E.ON Energie Deutschland GmbH

»Dem Thema Digitalisierung muss sich jeder stellen. Das Buch ist ein sehr guter Grund und Anlass, über die Verbindung von Marketing und IT konzeptionell nachzudenken – jenseits aller eingefahrenen Strukturen und Denkmuster.«
Corinna Sattler, Marketing Director Luxury DACH, Coty Inc.

»Statt modisch opportun auf der Ebene von Buzz-Words zu agieren, verbindet ›Digitale Transformation‹ aktuelle Erkenntnisse der Betriebswirtschaftslehre mit modernen IT-Konzepten und der Vielzahl eigener Praxiserfahrungen von der Strategie bis zur Umsetzung.«
Jürgen Lieberknecht, Vorstand Privatkunden, TARGOBANK AG

»Um Fehler im Verständnis und in der Umsetzung der Digitalen Transformation zu vermeiden, sollte dieses Werk zur Pflichtlektüre jeden Managers gehören, der die Kultur der Transformation aktiv gestalten will.«
Dr. Uwe Stuhldreier, Vorstand HUK24 AG

»Das Buch schafft den Spagat zwischen konzeptionellem Anspruch, sehr guter Lesbarkeit und hoher Relevanz für die Praxis. Es bietet einen umfassenden Überblick über die wesentlichen Aspekte der Digitalisierung und damit ein perfekter Ratgeber für Manager und Unternehmer.«
Dr. Florian Heinemann, Geschäftsführer Project-A Ventures GmbH

»Endlich ein Buch, wo die Frage nach dem ›Weg von A nach B‹ in einer digitalen Transformation aufgegriffen wird – jenseits aller Schlagworte mit viel praktischem und konzeptionellem Tiefgang.«
Andreas Friesch, CEO / Spokesman of the Board, LR Global Holding GmbH

»›Digitale Transformation‹ bietet herausragende praktische Beispiele und Empfehlungen für die Digitalisierung: wie kann man die Vielzahl verschiedener Konzepte verbinden, eine agile Organisation schaffen und einen Testen & Lernen-Ansatz implementieren, der den meisten Organisationen erstmal fremd erscheint? Hier ist es wichtig auch auf Erkenntnisse der Psychologie zurück zu greifen, unabhängig vom jeweiligen Industriesegment.«
Marcus Haus, Bereichsleiter Marketing Penny-Markt GmbH, Bereichsleiter Konzernmarketing REWE Group

»Digitalisierung ist nicht IT per se – vielmehr die Verbindung zwischen Strategie, Prozessen, Organisation, Psychologie (Change) und Projektmanagement. ›Digitale Transformation‹ beschreibt dieses Zusammenspiel par excellence.«
Christof Queisser, Vorsitzender der Geschäftsführung, Rotkäppchen-Mumm Sektkellereien GmbH

Abbildungsverzeichnis

Abbildung 1 Segmente im Digital Business (Hermanns/Sauter, 1999; Jelassi/Enders, 2008, S. 67) ... 19
Abbildung 2 Investitionen von Unternehmen in neue Technologien (World Economic Forum, 2018, S. 11) ... 25
Abbildung 3 Entwicklung Onlineumsatz (netto) 2000–2018e (in Mrd. EUR, Handelsverband Deutschland, 2018; Bundesverband des Deutschen Versandhandels, 2018) ... 26
Abbildung 4 Szenarien einer Digitalen Transformation aus Unternehmenssicht ... 29
Abbildung 5 Leadgenerierung über Entry Points zur automatisierten Qualifizierung im Vertrieb (TE Connectivity, 2018) ... 41
Abbildung 6 *Medela* Funktionsüberblick im *WeChat*-Mini-Programm (Medela, 2018) ... 42
Abbildung 7 Entwicklungsschritte zum Semantischen Web (Kollmann, 2013, S. 85) ... 44
Abbildung 8 Arten von Analysedaten und Datenstrukturen für den Einsatz von Big Data (Finkel/Dill, 2012) ... 46
Abbildung 9 Unterschiede zwischen Data Warehouse und Data Lake (Gupta/Giri, 2018; Kleppmann, 2017) ... 50
Abbildung 10 Multi-Cloud-Szenario mit Microservices (Reinheimer, 2018; Hille, 2018) ... 54
Abbildung 11 Servicemodelle in der Cloud (Reinheimer, 2018; Erl, 2013) ... 55
Abbildung 12 Prinzip von Microservices und Containern (Wolff, 2018) ... 56
Abbildung 13 Klassifizierung unterschiedlicher Formen Künstlicher Intelligenz im Machine Learning (JP Morgan, 2018) ... 62
Abbildung 14 Logische Repräsentation einer Blockchain ... 68
Abbildung 15 Ablauf einer Bitcoin-Transaktion (schematisch) ... 71
Abbildung 16 Block-Header-Felder und Merkle Tree zur Speicherung von Transaktionen in einem Block (Ali et al., 2018) ... 73
Abbildung 17 Ursachen der E-Business-Paradoxie (Strauß, 2013; Gay/Charlesworth/Esen, 2007) ... 80
Abbildung 18 Bausteine für den Erfolg in der Digitalisierung ... 95
Abbildung 19 Veränderungen im strategischen Unternehmensumfeld (Hartman/Sifonis, 2000; Fitz-Enz, 2001) ... 99
Abbildung 20 Virtualisierung von Organisationen, Übergang zu Netzwerkorganisationen (von den Eichen et al., 2005) ... 102
Abbildung 21 Digitale Wettbewerbsstrategien nach *Rayport/Jaworski* (Rayport/Jaworski, 2001, S. 94) ... 115
Abbildung 22 Digital Value Web zur Typisierung von Geschäftsmodellen ... 122
Abbildung 23 Illustration »Long-Tail-Effekt« ... 130
Abbildung 24 Übersicht über unterschiedliche (institutionelle) Geschäftsmodelle (Timmers, 1999; Afuah/Tucci, 2003; Strauß/Schoder, 2001) ... 138
Abbildung 25 Übersicht über unterschiedliche (erlösorientierte) digitale Geschäftsmodelle (nach Schlie/Rheinboldt/Waesche, 2011) ... 144

Abbildung 26 »Push«/»Pull«-Medien und Integration in die Markenführung des Unternehmens (Strauß, 2008a) ... 159
Abbildung 27 Web-2.0-Anwendungen und Geschäftsmodelle nach *Enderle/Wirtz* (Enderle/Wirtz, 2008, S. 37; Wirtz, 2010, S. 330; Alby, 2007; Faber/Prestin, 2012) ... 162
Abbildung 28 Typisierung von Geschäftsmodellen im Digital Value Web 2.0 ... 168
Abbildung 29 Idealtypisches 4-Phasen-Vorgehensmodell zur Entwicklung einer Strategie zur Digitalisierung (Chaffey/Ellis-Chadwick, 2012; Jelassi/Enders, 2008) ... 173
Abbildung 30 Strategischer Fokus der Strategie zur Digitalisierung (Strauß/Schoder, 2001) ... 174
Abbildung 31 Idealtypisches Vorgehensmodell zur Entwicklung der Strategie zur Digitalisierung (Aaker, 2001; Goodstein/Nolan/Pfeiffer, 1993) ... 178
Abbildung 32 Beispiel für die natürliche Evolution, aufgegriffen in einer *Mini*-Kampagne ... 179
Abbildung 33 Beispiel für eine SWOT-Analyse (Strauß, 2008b) ... 191
Abbildung 34 Beispiel Projektergebnis Digital Audit ... 193
Abbildung 35 Strategische Positionierungsoptionen, abhängig von der Selektion von Zielmarkt und Produkt-/Service-Kombination (nach Jelassi/Enders, 2008, S. 72) ... 195
Abbildung 36 Einflussgrößen und Ergebnisse für die Ermittlung des »Return on Digital« ... 196
Abbildung 37 Fokusthemen (Architektur) der Digitalisierung im Marketing als Ergebnis der strategischen Priorisierung (Projektbeispiel) ... 197
Abbildung 38 Ebenen einer Digital-Integration (analog Schubert, 2003) ... 200
Abbildung 39 Kontinuum möglicher Partnerschaftsformen ... 202
Abbildung 40 Manuelle Methode zur Analyse der Wertschöpfungskette (»*Brown-Paper-Methode*«; analog Merzenich et al., 2011; Moser/Riha, 2019) ... 204
Abbildung 41 Beispielhafter Projektplan E-Commerce-Plattform ... 211
Abbildung 42 Vergleich der Auswirkungen zufriedener und nicht zufriedener Kunden (Tiwana, 2001) ... 214
Abbildung 43 Nettoumsatz und EBT-Verteilung im Fall von *Zooplus* im Jahr 2017 (o. V., 2018) ... 214
Abbildung 44 CRM-Kreislauf (Strauß/Schoder, 2001) ... 219
Abbildung 45 Ausgestaltungsformen Telemanagement (Schauf, 2002; Goldmann, 2005) ... 221
Abbildung 46 Gründe einer unzureichenden Datenqualität und Implikationen für das notwendige Vorgehen ... 226
Abbildung 47 Vorgehensmodell zur Kundendatenbereinigung (Projektbeispiel) ... 229
Abbildung 48 Kreislauf des Database Management ... 230
Abbildung 49 Gestaltungsoptionen des digitalen Preismanagements ... 241
Abbildung 50 Gründe für das Entstehen von Omnichannel (Ernst & Young, 2015; Gaston, 2014) ... 250
Abbildung 51 Prinzip der Disintermediation (Kalakota/Robinson, 2001; Sarkar/Butler/Steinfeld, 1995) ... 259
Abbildung 52 Unterschiedliche Modelle der Vertriebskanalintegration am Beispiel der Automobilindustrie ... 267
Abbildung 53 Beispiel eines E-Mail-basierten One-to-One-Marketing (Strauß/Schoder, 1999b) ... 276
Abbildung 54 Tools zur Personalisierung im Internethandel (Schutzmann, 2018) ... 279

Abbildung 55 Struktur des internetbasierten One-to-One-Marketing (Spengler, 2009) 281
Abbildung 56 Phasenmodell der Individualisierung (Strauß, 2013) 283
Abbildung 57 Formen der Mass Customization (Piller/Schoder, 1999)...................... 294
Abbildung 58 Bausteine zur Umsetzung eines Total-Customer-Experience-Ansatzes aus Projekterfahrungen (Strauß/Heydecke, 2010; Schüller, 2018)............ 304
Abbildung 59 Struktur und Funktionalitäten eines Contentmanagementsystems (Bullinger/Schuster/Wilhelm, 2000) 306
Abbildung 60 Beispiel zur Entwicklung von Nutzerangeboten im Rahmen der zehnstufigen »Customer Experience Chain« (Baier, et al., 2019; Strauß/Schoder, 2001)...... 324
Abbildung 61 Kriterien zur heuristischen Evaluierung der »Customer Experience« Broschart, 2011; Düweke/Rabsch, 2011; Wiener, 2005) 325
Abbildung 62 Funktionen von Marken 326
Abbildung 63 Definition des Markenkerns und der Positionierung (Spies, 2012)............ 329
Abbildung 64 »Markentrichter« oder Markenwertschöpfungskette 329
Abbildung 65 Markentrichter, differenziert nach Kunden, Nichtkunden und Wettbewerber (Projektbeispiel) 330
Abbildung 66 Der Long-Tail-Effekt am Beispiel einer Suchmaschinen-Optimierung (o. V., 2012d) 345
Abbildung 67 Nutzertypen des Social Technographics Profiles nach *Forrester Research* (Li/Bernoff, 2008; Hilker, 2012) 347
Abbildung 68 Unterschiedliche Filmformate (Strauß/Olesch, 2009)........................ 355
Abbildung 69 Statische Attributionsmodelle zur Analyse der Customer Journey (Zunke, 2012b, S. 22).. 366
Abbildung 70 Beispiel für eine Customer-Journey-Analyse entlang des Markentrichters (Beck, 2013) 367
Abbildung 71 Schematischer Ablauf Real-time Bidding.................................. 369
Abbildung 72 Ablaufschema Demand-Side- und Supply-Side-Plattformen im Programmatic Advertising 371
Abbildung 73 Bietstrategien im dynamischen Retargeting (Schroeter et al., 2012; Dietrich, 2011) 378
Abbildung 74 Marketingautomatisierung (Janning, 2015) 383
Abbildung 75 Prozess App-Analytics im Mobile Marketing 386
Abbildung 76 Optionen zur Ausgestaltung des Mobile Marketing (Pousttchi/Wiedemann, 2009, S. 4) 389
Abbildung 77 Zusammenspiel von Kreativität und Content Fit beim ökonomischen Werbeerfolg (Perrey/Wagener/Wallmann, 2007, S. 37) 400
Abbildung 78 Mögliche Kennzahlen im Rahmen der Online-Marketinganalyse und -reporting (nach Hassler, 2012; Wiese, 2012; Schmitz-Axe/Többens/Wilkoszewski, 2012).. 405
Abbildung 79 CRM-Management der Kundenlebenszyklusphasen........................ 406
Abbildung 80 Berechnung des Customer Lifetime Value (Weiber/Weber, 2001) 407
Abbildung 81 Ansatzpunkte einer Digital Supply Chain.................................. 417

Abbildung 82 Unterschiede zwischen EDI und webbasierter Unternehmenskommunikation (Werner, 2010) 420
Abbildung 83 Modell einer integrierten Lösung bei *Fruit of the Loom* *423*
Abbildung 84 Portfolios zur Marktsituation: Wettbewerbssituation versus Häufigkeit der Installationen sowie Verfügbarkeit versus Entwicklungsstand (Stölzle et al., 2018, S. XX) 429
Abbildung 85 Digital-Supply-Chain-Geschäftsmodelle und elektronische Marktplätze (Ivanov/Tsipoulanidis/Schönberger, 2019; Mahadevan, 2003; Zhang/Bhattacharyya, 2010) 430
Abbildung 86 Vor- und Nachteile für Käufer und Verkäufer auf elektronischen Marktplätzen 432
Abbildung 87 Blockchainbasierte Supply Chain am Beispiel Dry-aged Beef (Herzog/Oest, 2018) 433
Abbildung 88 Vergleich traditionelles Tracking & Tracing versus Blockchain (Herzog/Oest, 2018) 434
Abbildung 89 Vorgehensmodell zur Umsetzung des Digital SCM 435
Abbildung 90 Ebenen und Module des Digital SCM nach *Fraunhofer IPA* (Wannenwetsch/Nicolai, 2004; Schulze, 2009; Wildemann, 2000) 438
Abbildung 91 Beispiel für die Einbindung eines Digital-SCM-Systems am Beispiel *Neway Valve* (Bose/Pal/Ye, 2008, S. 237) 439
Abbildung 92 Traditioneller Beschaffungsprozess 441
Abbildung 93 Ebenen des E-Procurement 445
Abbildung 94 Realisierte Einsparungen durch die Nutzung von E-Procurement am Beispiel des *Frankfurter Flughafens* (Konhäuser, 1999; Papazoglou/Ribbers, 2006; Turban et al., 2006) 447
Abbildung 95 Operative Vorteile des E-Procurement (Dörflein/Thome, 2000; Möhrstädt/Bogner/Paxian, 2001; Papazoglou/Ribbers, 2006; Turban et al., 2006; Wannenwetsch/Nicolai, 2004) 447
Abbildung 96 Strategische Effekte des E-Procurement (Dörflein/Thome, 2000; Möhrstädt/Bogner/Paxian, 2001; Papazoglou/Ribbers, 2006; Turban et al., 2006; Wannenwetsch/Nicolai, 2004) 449
Abbildung 97 Rollen und Prozesse in der elektronischen Bestellabwicklung indirekter Güter am Beispiel von *Clariant* (nach Thanner, 2012, S. 5) 450
Abbildung 98 Veränderungsbereiche im E-Procurement (Panda/Sahu, 2012; Smart, 2010) ... 453
Abbildung 99 Vorgehen zur Erarbeitung und Umsetzung einer integrierten, serviceorientierten IT-Zielarchitektur 460
Abbildung 100 IT-Strategie-Modell nach *Henderson/Venkatraman* (Henderson/Venkatraman, 1994) 464
Abbildung 101 Vorgehensmodell zur Entwicklung der IT-Strategie und Maßnahmenplanung .. 466
Abbildung 102 Beispiel für die Struktur einer digitalen IT-Architektur 470
Abbildung 103 Schematischer Ablauf Data Lineage 488
Abbildung 104 Eckpfeiler zur Realisierung einer »Digital-Organisation« 503

Abbildung 105 Entwicklung neuartiger Führungskonzepte 506
Abbildung 106 Unterschiede zwischen traditioneller Führung und Digital Leadership (van Dick et al., 2016; Petry, 2016; Creusen/Gall, 2017; Wagner, 2017) 507
Abbildung 107 Ausgestaltungsformen der Selbstorganisation als Koordinationsprinzip (Hackman, 1986; Strauß, 1996) 510
Abbildung 108 Organisationsmodelle zur Digitalisierung (MIT, 2012; Gulati/Garino, 2000)........ 514
Abbildung 109 Hauptfehlerquellen im Bereich M&A (Venzin/Vizzaccaro, 2018)........ 517
Abbildung 110 Vorgehen zur Organisationstransformation 518
Abbildung 111 Changemanagement-Zyklus zur Umsetzung von Veränderungen........ 520
Abbildung 112 Unterschiede zwischen traditionellen und Digital-Projekten (Strauß, 2013; Preußig, 2015; McCarthy, 1999)........ 528
Abbildung 113 Beispiel für die Vorgehensweise in einem Projekt für den Aufbau eines vertikalen Marktplatzes (B2B)........ 529
Abbildung 114 Beispiel für eine Transformation Map als ein Ergebnis aus einem Diskurs zur Entwicklung einer Strategie zur Digitalisierung (Projektbeispiel) 530
Abbildung 115 Beispiel für ein Projektvorgehen von der Prozessanalyse bis zur Implementierung........ 532
Abbildung 116 Vorgehensmodell Fit-Gap-Analyse auf Basis von Anforderungen und dem Abgleich mit der Systemarchitektur (Projektbeispiel) 533
Abbildung 117 Perspektiven der Balanced Scorecard 535

Stichwortverzeichnis

Symbole

5C-Net Business Model 121
5G 37
50/1-Regel 412

A

Abgleichverfahren 227
Ability 323
Abonnement 146
About You 277
Accelerated Mobile Pages 42
Accor 273
additive Fertigung 272
Addressable TV 122
Adeven 411
Adidas 256, 259, 287, 319, 356
Adressbereinigung 227
AdScale 237
Advanced Planning Systems 420
Affiliate-Modell 143
- Affiliate-Networks 314
- Affiliates 314
- Merchant 314
Affinitas 60
Affinity Groups 312
Agile Organisation 475, 511
Airbnb 493
Albert Heijn 235
Aldiana 365
Alibaba 173, 177, 387
Alitalia 158
Amazon 31, 66, 120, 150, 176, 217, 275, 300, 467
- Amazon Air 151
- Amazon Game Studios 152
- Amazon Marketplace 25
- Amazon Prime 31
- Amazon Restaurants 152
American Airlines 216
Analyx 404
Angies List 239
Anticipatory Logistics 428
Apple 123, 155, 189, 202, 255, 300
Application Integration 198
Application Programming Interfaces, APIs 154
Apps 36
App-Store 166
- Optimization 390
Asklepios Kliniken 24
Assekuradeur 117
Asset Management-Systeme 305
AstraZeneca 137
ATP 420
Attraction 125
Attributionsanalysen 364
Audience Management 284
Augmented
- Augmented Analytics 50
- Augmented Business Intelligence 67
- Augmented Reality 386
Auktion
- englische Auktion 126
- holländische Auktionen 126
- Reverse Auction 126
Auktionen 141, 243
authorized.by 496
Automated Guaranteed 381
Available-to-Promise 420, 437

B

b8ta 246
Bad Ads 314
Balanced Scorecard 535
- Verfahren 222
- Workshops 537
Bandbreitenspirale 80
BANF-Center 455
Banner 310
Bargaining/Negotiation 126
Barilla 392
Behavioral Pricing 238

below-the-fold 285
Benchmarking 190
Ben & Jerry's 167
Best Buy 201, 385
Best Practices 190
Bigpoint 285
Bimodale IT 280
Bionade 103, 189
Blended Learning 24
Blockchain 67
Block-Strategie 115
Blocktarife 242
Blogs 335
Blue Ocean-Strategie 113
Blueprint 206
BMEcat 453
BMW 220
Boehringer Ingelheim 445
Bonprix 389
Booking.com 240, 323
BookTailor 293
Bosch 38, 59
Brand
- Design 334
- Funnel 188
- Identity 334
Branded Entertainment 359
Brick & Click 92
Brokerjet 363
Brooks 287
Brown-Paper Methode 204
Browser Sharing 220
Brunnen 111
buchbare Nutzerprofile 369
Build-a-Bear 287, 293
Bull-Whip-Effekt 414
Bundesanstalt für Arbeit 22
Bundesverwaltungsamt 22
Burberry 288
Burger King 356
Business Blueprint 459
Business Planning 196

C

Cadbury 351
Call Center Agent 220
Canvas Fingerprinting 374
Capable-to-Promise 437
Capacity as a Service 426
Capital One Bank 233
Cardrops 129
Casino 234
Caterpillar 31
Certification Authority 495
Challenge-Response-Verfahren 493
Change Agents 521
Channel Preference 268
Channel-Relationship-Management 253
Chapters 511
Check24 344
Chevron 445
Chicagocrime 155
Churn 219
Cisco 448
Claas 421
Clariant 449
Cloud Computing 51
CMS 305
Co-Branding 328
Coca-Cola 156, 397
Coffee Circle 339
Collaboration Platforms 141
Collaborative
- Consumption 181
- Filtering 229
- Planning 418
- Sharing 181
Co-Marketing-Ansatzes 258
Comcast 479
Comdirect 122
Communication Center 220
Community Cloud 53
Computerviren 491
Conceptual Design 210
Confirmation 215
Conrad 251

Consumer Generated Content 22, 153
Container 55
Content
- Management 305
- Management-Systeme 305
- Marketing 395
- Providing 453
- Sourcing 124
- Syndication 307
Contextual Advertising 313
Converse 289
Cookies 223
Coolhunting 236
Covisint 115
Covolution 268
Coya 27
CRM 213
- analytisches 219
- kommunikatives 222
- operatives 222
Cross Docking 205, 416
Cross-Media Publishing 307
Cross-Selling 213
Cross/Upsell 215
Crowdsourcing 164
Curated Shopping 277
Customer Centricity 164
Customer Co-Creation 20
Customer Data Platform 279, 375
Customer Experience Chain 323
Customer Journey 284, 364
Customer Lifetime Value 188, 222, 406
Customer Relationship Management 213
Customer Touch Points 268
Customization
- Group 164
- Personal 164
- Social 164
Customizing 270
Cyberresilienz 477

D

Daimler 38
Data Lake 49
Data Lineage 487
Data Management Platform 375
Data Management Plattformen 373
Data Mining 218, 229
Data Scientists 505
Data Transparency Label 225
Data Warehouse 218, 227
Datenschutz 476
Datensicherheit 476
dauerhaftes Beta 150
DB Schenker 230
DB Vertrieb GmbH 280
Deep Support 182
Deichmann 385
Dell 100, 295
Delphi-Methode 183
Demand Planning 436
Demand Side Plattform 372
Demmelhuber 133
Denial-of-Service 488
Design Thinking 518
Desigual 259
Desktop-Purchasing-Systeme 444
Deutsche Lufthansa 301, 333, 437
Deutsche Telekom 202, 242, 400
Dick's Sporting Goods 419
Differenzierung
- durch bessere Kundenbeziehungen 111
- kundenbezogene 242
- leistungsbezogene 242
- mengenbezogene 242
Differenzierungsstrategie 110
Digital-Audit 538
Digital CRM 218
digitaler Zwilling 422
Digitale Signatur 494
Digitale Spedition 428
Digitale Transformation 29
digitale Zertifikate 494
Digital Hub 514
Digital Leadership 506
Digital-out-of-Home 375
Digital Signage 253
Digital Value Web 121

DILO 161
Disintermediation 109
Disintermediation 259
Display-Netzwerk 313
Distribution
- exklusive 248
- intensive 248
- selektive 248
dm Drogeriemärkte 167, 232
DocMorris 249
Doichain 481
Dolce Gusto 108
Dolzer 294
Domän-Modell 459
Domin Fluid Power 273
Double-Opt-in 481
Douglas-Gruppe 389
Dove 156
Dropshipping 426
Dubletten 227
Dunkelverarbeitung 117
Dynafit 293
Dynamic Pricing 236
Dynamic Realtime Pricing 238
dynamisches Preismanagement 243

E
EAI 198
Earned Media 347
eBay 126, 131, 174
E. Breuninger 537
Echtzeit-Pricing 236, 237
E-Detailing 23
Edge Computing 57
EDI 419
E-Dokumentenmanagement 428
Education 124
Efficient Consumer Response 204, 416
Egg 336
E-Government 23
E-Health 23
Electronic Product Clinics 20, 222
Elektronische Shopping-Malls 140
ELSTER 22
E-Mail Bombing 488
Emil 118
Emirates 31
Emmas Enkel 247
Emotional Contagion 349
emotionaler Zusatznutzen 326
Enhanced Campaigns 391
Enterprise Application Integration 198
Enterprise Architectures 467
Entertainment 123
E-Privacy-Richtlinie 480
E-Privacy-Verordnung 485
E-Procurement 126, 440
Ericsson 140
Ernsting's family 105
E-Shops 137
Esprit 423
Estimated Time of Arrival 428
Estland 23
E-Tailing 127
Eurocopter 442
Evian 400
Evolumania 178
Exasol 48
Expedia.com 328
Experience Design 296

F
Facebook 39, 174, 352, 363
Fachkonzept 474
Fachpromotoren 521
Factory-Outlet-Stores 251
FAZ.NET-App 273
Feature-based Design-Ansatz 534
Fiat 21
Financial Times 489
Firewalls 493
First! 294
First Copy Costs 125
Flatrate 181
Flexförder-Technologie 427
flexible Preisgestaltung 237
Flickr 155
Follow-the-Free 238

Foodora 65
Ford 181, 319
- Ford Supplier Network 449
Frachtenbörsen 429
Frankfurter Flughafen 447
Frequency Capping 285
Friendscout24 520
Frühwarnsysteme 183
Fruit-of-the-Loom 423
Fulfillment-Anbieter 142
Function18.com 278
Function as a Service 57
Fuzzy-Logik-Verfahren 228

G

Galeria Kaufhof 106
Gamb.io 70
Gap 268
Gateway Computer 268
Geek Squad 111
General Electric 446
General Interest 312
General Motors 194
Geschäftsmodell 116, 118
GHX 137
Gillette 125
GKN Sinter Metall 502
GlaxoSmithKline 446
Globetrotter 396
Google 39, 148, 173, 480
- Enhanced Campaigns 395
- Google+ 342
- Google Earth 155
- Google Express 128
- Google Maps 155
- Google Merchant Center 344
- Google Pay 129
Gore-Tex 170, 513
Grabarz & Partner 510
Graphdatenbank 51
Grohe 205, 355, 415
Groupware-Systeme 306
Guaranteed Deals 376
Gucci 287

H

Hadoop 48
Haftpflichthelden 117
Hallmark 293
HANA-Anwendungen 48
Handelsforen 430
Hansebloc 172
Hard Customization 293
HDI-Versicherung 202
Header Bidding 381
Heineken 357, 375
Henkel 389
HERE 38, 203
Herlitz 420
Hertz Gold Service 293
Hewlett-Packard 319, 446
Hire 66
H&M 63, 318
Holmes Place Lifestyle Clubs 234
Holokratie 512
Home24 31
Honda 356
Hotel Chocolat 185
Hotel Hollmann Beletage 325
Hothousing 528
Housingmaps 155
HSBC 316
Huawei 105
Hugo Boss 251, 259, 283
Hybrid Cloud 53
hybride Konsument 247
Hybridstrategie 88

I

IBM 48
Ikea 318, 387
ImmobilienScout24 391, 411, 412
In-App-Werbung 394
inbound 221
Inbound Marketing 382
individuelle Endfertigung im Handel 293
Infomediaries 269
Information 123
Information Brokerage 142

Information Seeker 105, 337
Informationsreichtum 335
Infotainment 123
Inframa 295
Infrastructure as a Service 54
ING 511
Ingredient Branding 327
Inlife/Roll-Out-Planung/Migration 474
Innovators Dilemma 104
INSEAD 124
Intel 328
Intelligente Agenten 223, 237
Intelligente Behälter 427
Interaction Configuration 164
Interaktivität 335
Intermediation 268
Internal Branding 327
Internet-Auktionen 430
Internet-Marktplätze 430
Internet-of-Things 422
IP-Spoofing 488
IPTV 242
IT-Sicherheit 480

J
Jägermeister 273
Japan Airlines 448
Java- /ActiveX- Applets 489
JC Penney 250
Jewson 128
John Deere 421
Jovoto 165
Jungheinrich 119

K
Kaeser 119
Kanal-Integration 265
kanalzentrierte Strategie 265
Karstadt 140, 423
Kazaa 148
Kernkompetenzen 188
Key Identifier 228
Keyword Advertising 311, 339
Keyword Density 343
Kia Motors Deutschland 348
Kitkat 156
Klingel 278
KLM 265
Klöckner & Co 32
Knowledge Management 306
Komgo 431
kritische Masse 79, 239, 426
Kroger 261
Krones 457
Krups 108
kryptographische Verfahren 494
Kundenlebenszyklus 406
Kundenloyalität 188, 215
Kundenprofitabilität 406
Kundenzufriedenheit 215

L
Land's End 302
Lead Qualifizierung 221
Learning Relationship 274
Lego 121, 387
Leica 103
Leitszenario 183
Lernende Organisation 499
Lernzyklus 403
Levis Jeans 264
Levi Strauss 292
Lexus 61
Lightning-Network 74
Lindt 321
LinkARENA 134
Link-Baiting 344
Lintech 294
Location Based Services 39, 233
Lock-In 107, 108
Lock-In 238
Login-Allianzen 483
Logistics Control Tower 428
Logistik 4.0 426
LogIT-Modellierung 404
Long Tail 130
L'Oréal 363, 387
Lowe's 182

Lufthansa 30
Lulu.com 288

M

Machtausübung 252
Macht-Promotoren 522
Macy's 47
Maklerportale 266
Managed Service DSP 372
Manufacturing Execution-Systeme 421
Manufacturing Integration & Intelligence 426
Marke 326
Markenauftritt 327
Markenerscheinung 334
Markenführung 335
Markenkern 329
Markenkontrolle 327
Markenkraft 334
Markennamen 333
Markennutzen 329
Markenpersönlichkeitsmodell 333
Markenstatur 334
Markenstrategie 327
Markentrichter 188, 329
Markenwerte 334
Marketing Automatisierung 382
Märklin 265
Marks & Spencer 133
Marktplätze 141
Marktpotenzialanalyse 186
Mars 288
Maschine-Mensch-Analogien 179
Maserati 422
Mash-Ups 154
Mass Customization 272, 286
massenhafte Individualisierung 272
Master Data Management 228
Matching-Plattform 429
Maverick Buying 443
McDonald's 244, 301, 396
Medela 42
Mediamarkt 139
MediaSaturn-Holding 139, 201
medienneutrale Datenbanken 305
Mentos 156
Mercedes-Benz 38
Microsegmentation 494
Microservices 55
Microsoft 242, 244
Microtrainings 124
Middleware 207, 476
mikrogeographische Segmentierung 227
Miner 68
Mini 334
Minimum Viable Product 473, 534
Mobile Business 35, 384
Mobile Marketing 384
Mobile Robotik 427
Mobile Search Engine Advertising 390
Mobile Telemetrie 38
Mock-Up-Prototypen 210
Moments-of-Truth 367
Monarch Airlines 366
Motion-S 118
Multi-Access-Portale 143
Multi-Channel Kunden 133
Multi-Cloud 53
Multi-Cloud Management 55
Multi-Tenant Architecture 52
MustHave.de 131
Myers-Briggs-Typindikator 522
Mymuesli.com 31, 177, 290
My Virtual Model 296
my-World 140

N

Nanosegmentation 494
Napster 148
Native Advertising 312
NCR 61
Near Field Communication 388
Needs-based Customization 295
Neiman Marcus 256
Nespresso 108, 303
Nestlé 108, 156
Netezza 48
Netflix 152
NetID 483

Net Promoter Score 212
Net Promotor-Index 536
Network Slicing 37
Netzeffekt
- positiver 239
Netzwerkorganisation 101
Neural Embeddings 345
Neuromarketing 320
Neway Valve 425
New Game-Strategie 113
New Work 500
New York Times 123
Next Best Action 279
nichtlineare Preisbildung 242
Nike 202, 248, 253
- Nike+ 202
- NikeID 289
- Nike Live Concept Store 265
- NikePlus-Mitglieder 265
- Niketowns 248
No-Line
- No-Line-Systeme 234
Nomos 260
notlikeyou.de 287
Nutzerprofile
- anonymisierte 481
- personenbezogene 481

O

O2 376
OBI 382
One-Click-Bestellung 217
One-to-One-Marketing 272, 276
Online-Communities 222
Online-Produkt-Konfiguratoren 294
Opel 363
Open Innovation 166
Open Profiling Standard 282
Option-Based Customization 295
Optionismus 180
Organic Search 339
Organisationsstruktur 503
Otto 60, 196, 232
- Otto-Trendshop 318
outbound 221
Owned Media 347

P

P3P 282
Page-Rank 339
Page-Rank-Algorithmus 342
Paid Media 347
- Paid Social Media 158
Paid Search 339
Paket Sniffer 489
Paradoxie des E-Business 77
Pass Back-Verfahren 284
Pauschalpreisen 181
Paydirekt 127
Pay-for-Performance-Advertising 119
PayPal 127
P&C 318
Peer-to-Peer-Plattformen 147
Performance
- Emotional 334
- Factual 334
Performance Marketing 286, 309
Performance Networks 394
Permission Marketing 224
Personalisierung 336
Personalisierungs-Index 275
personenbezogene Daten 224
Philips 108
Phonetischer Abgleich 228
Pilot 210
Pinterest 155, 169
Pirelli 357
Placement-bezogenes Targeting 313
Places 155
Platform as a Service 54
Platooning 427
Plattform 196
Polaroid 252
Ponoko 289
Portale 143
Post-Merger-Integration 517
Predictive Analytics 229
Preisbündelung 242

Preisdifferenzierung 241
Preisstrategie 198
Preisvergleichsdienste 236
Price Capturing 108
Price Customization 236
priceline.com 243
Priming-Effekt 322
Privacy International 477
Private Auction 375
Private Cloud 52
Private Key 494
Procter & Gamble 103, 160, 204, 416
Profiling 281
Prognoseverfahren 183
Programmatic
- Programmatic Advertising 284, 370
- Programmatic Creativity 382
- Programmatic Premium 371
Programm-Management 529
Progressive Web Apps 43
Prudential 336
Public Key 494
Puma 446
Punch-Out 444
Pure-Play E-Tailers 137
Purpose Driven Marketing 332
Push-Informationen 319

R

Radio Frequency Identification 416
RADirect 351
Rapid Prototyping 210, 533
Razor & Blade 108
real,- 60
Really Simple Syndication 160
Realtime Offer Management 284
Recommendation
- Recommendation Apps 394
- Recommendation Engine 279
- Recommendation System 143
Red Bull 347
Re-Intermediation 259, 268
Response Tracking & Controlling 222
Responsive Web-Design 325
Retail-As-A-Service 246
Reverse-Look-Up 224
REWE 278, 414
RFM-Methode 408
Rinascente 42
Ritter Sport 20, 31
Robots 338
Rocket Fuel Inc. 59
Rolls-Royce 100
ROPO 105
Rossmann 348
Royal Mail 431
RSA Security 180
RSS 160
Run-Strategie 115

S

Same-Day-Delivery 127
Samsung 158
Sandvik Coromant 294
SAP 48, 244, 333
Saturn 139
Schleich 51
Schuhe24 257
schwache Signale 183
Schweizer Volksentscheid 236
Scrum 474
Sealed Air 448
Search-Engine-Advertising 339
Sears 233
Second Life 124
Second Screen 36
Security Audit 492
Seeding 359
- Targeted 359
- Touchpoint 359
Seidensticker 259
Selbstindividualisierung 293
Selbstorganisation 499, 509
Self-Assembled Ads 278
Self-Service DSP 372
Sell-Side B2B Exchange 127
Semikron 47
Sensitivitätsanalyse 196

Sentimentanalysen 235
Serverless Computing 57
Server-Log-Files 223
Serviceindividualisierung 293
Service Meshs 56
Service orientierte Architektur 52
serviceorientierte Software-Architekturen 209
Session Hijacking 488
Shared Logistics Resources 429
Shared Service Center 102
Share-of-Wallet 213, 406
Showrooming 385
Shutl 127
Sicherheitskriterien 477
Sicherheitspolitik 492
Siemens 422
Simplicity 180
simTD 38
Simultaneitätshypothese 112
Single Tenant Architecture 51
Singularität 60
Site Reliability Engineering 58
Skype 145
Smart Contracts 69
Smart Data 286
Smart Labels 426
SmartTags 311
Social Identity 163
Social Media 153
Social Network Analysis 235
Social Trust 163
Soft Customization 293
Software as a Service 54
Soundcloud 146
Sourcing 126
Southwest Airlines 113
Special Interest 312
Speed-Leadership 114
Spotify 31, 146
Spreadshirt.com 101, 286
Sprint 475
Squads 511
Square.com 146
Staples 238
Staples Inc. 420
Starbucks 21, 255
Stärken-/Schwächen – Analyse 190
Statement Stores 262
Stickiness 124
Strategie der Kostenführerschaft 110
strategische Allianz 202
Streckengeschäft 426
stuck in the middle 112
Supply Chain Event Management 428
Supply Side Plattformen 370
Surf-and-Turf 137
SWISS 223
Switching Costs 107
SWOT-Analyse 190, 331
Szenariotechnik 183

T

Taiwan Semiconductor 425
Tally Weil 251
Target 263
Targeting 360
– Behavioral-Targeting 361
– Content-Targeting 361
– Context-Targeting 361
– Geo-Targeting 361
– Keyword-Targeting 361
– Placement-Targeting 361
– Predictive-Behavioral-Targeting 362
– Retargeting 362
– Semantisches Targeting 361
– Social Media-Targeting 363
– Soziodemographisches Targeting 360
– Technisches Targeting 361
Tassimo 108
Tchibo
– Tchibo Ideas 167
Team-Up-Strategie 115
Technical Design 210
TE Connectivity 41
Teilemanagement 455
Telecoverage 221
Telemarketing 221
Tele-Partner-Enablement 221

Tesco 93, 328
Testkonzept 474
Textroboter 308
Time-Lags 82
Time Series Databases 50
Time Warner 155
Tiramizoo 128
Tmall 388
T-Mobile 316
Tommy Hilfiger 253
Topical-Leadership 114
Total Customer Experience Management 296
Toyota 106
Tracking-Daten 224
Tracking-Walls 486
Trade-Lens 171
Transactions 127
transformationale Produkte 100
Tribes 511
Trilogy 319
Triple-Play 136, 242
Trojanische Pferde 491
Trumpf 470
Trust Center 495
Trusted Third Parties 494, 495
TUI Cruises 233
Twitter 177

U

Ubiquität 38
Udobär 442
Umfeldbuchung 313
Urban Outfitters 419
User Centered Design 323
User Experience 317
User Generated
- Content 124, 164
- Creativity 165

V

Value Webs 116
Variety Seeking Behaviour 271
Vendor Managed Inventory 205, 416
Vente-privee 318
Verimi 483
Verpackung24 GmbH 295
Verschlüsselung
- asymmetrische 494
- symmetrische 494
Versioning 242, 286
VerticalNet 141
Vertriebsinnendienst 221
Vertriebskanäle 259
Vertriebskanalintegration 259
Vertriebskanalkonflikt
- dysfunktional 255
- horizontal 254
- vertikal 254
Vertriebskanalkonflikte 254
VHS 108
Vickreyauction 371
Viral Marketing 156, 505
Virtual Communities 105
Virtualisierung 99
virtuelle Gemeinschaft 141
Visa 389
Vodafone 247
Volition 317, 323
Volkswagen 126, 244
- Volkswagen-Konzern 445
Volkswagen PKW 267

W

Walbusch 30
Walled Gardens 486, 487
Wall Street Journal 294
Walmart 73, 131, 161, 170, 204, 234, 247, 261, 416, 515
- WalmartLabs 232
Warby Parker 234
Warner Bros. 152
Wasserzeichen 311
Web 2.0 153, 154
Webasto AG 222
Web Controlling-Daten 224
WebEDI 419

Web Service 208
Web-Spoofing 489
Web Usage Mining 223
WeChat 40, 100
– WeChat-Pay 41
Wechselkosten 107
Wein & Vinos 157
Weiterempfehlung 215
Weltbild 424
Wempe 260
Werbeerfolgsmessung 309
Werbeformen 310
Werbeframes 311
Wertschöpfungskettenanalyse 203
Wertschöpfungskettenintegratoren 142
Windowing 286
Wirecard 70
Word-of-Mouth 163
Workflow-Prozesse 305
Würmer 491

X

XML 206, 419

Y

Yelp 155
YouTube 124
YouTube Slam 125

Z

ZackZack 237
Zafu.com 288
Zalando 31, 110
Zanox 314
Zappos 173, 512
Zara 264
Zazzle 290
Zielgruppenmatrix 186
Zooplus 214, 257
Zozosuit 274
Zweiteilige Tarife 242